正規分布ハンドブック

蓑谷千凰彦［著］

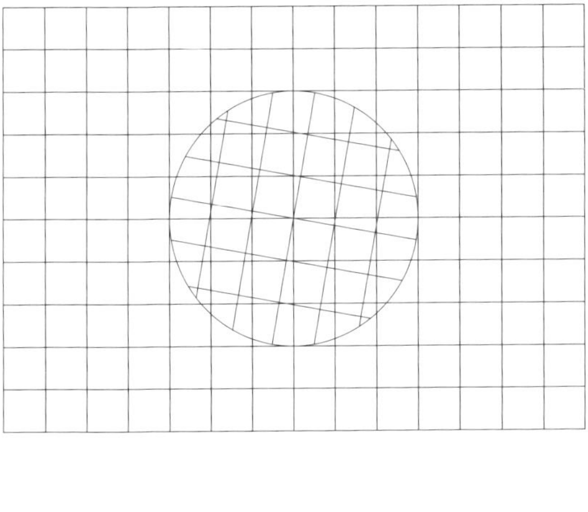

朝倉書店

まえがき

正規分布は確率論や統計学においてもっとも重要な分布である．その理由をいくつか挙げてみよう．

1. 正規分布は理論的にその分布特性および正規母集団からの統計量を用いる推測において最適性がもっとも良く解明されている分布である．
2. 正規分布に従う偶然現象はきわめて多い．
3. 母集団分布として正規分布を仮定できるとき，標本統計量の分布としてカイ2乗，スチューデントの t および F 分布という重要な標本分布が導かれる．
4. 非正規分布であっても極限分布は正規分布になる分布が多い．
5. 独立な確率変数の和は，ほとんどの分布において正規分布に収束する(中心極限定理)．
6. 正の値をとる確率変数は対数変換あるいは平方根変換などによって正規分布になる場合がよく生ずる．

本書はこの正規分布に関するハンドブックである．内容は多岐にわたるため，すべての事項に証明を与えてはいないが，正規分布のあるいは関連ある基本的な事項には証明も示した．

本書は統計学の基礎的な知識，初等的な微分・積分および行列代数の知識があれば充分理解できる内容である．

各章の内容を概略示しておこう．

1章は正規分布の特性である．確率密度関数（pdf)，分布関数（cdf)，生存関数，危険度関数，積率母関数（mgf)，特性関数（cf)，キュミュラント母関数（cgf）を説明し，グラフを示した．原点まわりのモーメント，平均まわりのモーメント，キュミュラント，これら3者の間の関係を与えた．累積確率や分位点の近似計算法はいくつかあるが，近似の精度が高い計算方法と結果を示した．正規乱数を発生させる3通りの方法をモンテ・カルロ実験で調べ，どの方法も遜色なしという結果を得ている．

2章は標準正規分布のpdf，cdfを被積分関数に含む積分を主にして，不定積分を38項目，定積分を27項目挙げ，正規分布，半正規分布，非対称正規分布などへの応用も示した．

統計学でもっとも重要な定理である中心極限定理（CLT）をあつかっているのが3章である．3章の内容を大きく分ければ次のようになる．

1. 確率変数 $X_1, \cdots, X_n$ の和 $S_n = \sum_{i=1}^{n} X_i$ に対して，どのような条件あるいは状況のもとで S_n は正規分布に収束するか．リンドベルグ-レヴィのCLT，リンドベルグ-フェラーのCLT，リヤプノフのCLTを示し，リンドベルグの条件がどのような意味を有しているかを説明した．また，証明は省略したが，次のようなケースでCLTが成立することを示した．マルチンゲール差，移動平均過程（MA），ARMA(p, q)，m 従属確率過程，関数CLT，格子分布のCLT，U 統計量．
2. $S_n/B_n - A_n$ が正規分布に収束するような定数 A_n と $B_n > 0$ を見出すことができるか（ベルンシュタイン-フェラーの定理）．
3. 標本モーメントおよび確率変数の関数の漸近的正規性．
4. CLTが成立するとき，正規分布への収束速度の次数は $n^{-\frac{1}{2}}$ なのか，あるいはもっと急速な n^{-1} や n^{-2} の次数なのか（ベリー-エシンの定理）．
5. S_n の正規分布への収束を精密に示すエッジワース展開．
6. S_n の極限分布はすべて正規分布になるわけではない．S_n の極限分布のクラスは無限分解可能な分布のクラス（このクラスに正規分布，ポアッソン分布，コーシー分布などが属する）に一致する．無限分解可能な分布とはどのような分布か．いかなる条件のもとで S_n は無限分解可能な分布の他の分布ではなく正規分布に収束するのか．

4章は確率分布の正規近似を述べている．取り上げた分布は2項，ポアッソン，負の2項，ガンマ，逆ガウス，カイ2乗，非心カイ2乗，t，非心 t，F である．累積確率の正規近似による計算と結果を示したのは2項，ポアッソン，負の2項分布である．分位点を正規近似によって求める計算はカイ2乗，非心カイ2乗，t，非心 t，F 分布に対して種々の方法を比較し，近似の精度が高い方法と結果を示した．

正規分布の性質，中心極限定理について基本的なことを把握した上で正規分布の歴史を振り返ってみようというのが5章 正規分布の歴史である．1733年，2項分布の極限分布として正規分布を得たド・モアブル，1795年のガウスによる誤差分布としての正規分布の「再発見」，1810年代ラプラスによるCLTの数学的展開を経て，チェビシェフ，マルコフ，リヤプノフ，レヴィ，リンドベルグによるCLTの数学的精緻化に到るまでの正規分布の歴史である．

ベッセル，ハーゲン，ケトレー，ゴルトン，フェヒナー，ヤング，エビングハウスにも言及している．正規分布について詳細な知識がなくても独立した章として5章を読むこともできる．

6章は2変量正規分布である．2変量正規分布の特性（pdf，mgfとモーメント，cgfとキュミュラント，共分散と相関係数）を説明し，周辺分布と条件つき分布，2変量正規変数の関数の分布，2変量正規分布に関して注意すべき点を示した．

正の値のみとる確率変数は対数変換あるいは平方根変換などによって正規分布に従うケースが実際的にもよく生ずる．とくに対数正規分布は応用上重要である．これらをあつかっているのが7章 対数正規分布およびその他の変換である．対数正規分布に関してその特性を説明し，一般対数正規，3パラメータ対数正規，多変量対数正規分布についても触れた．対数変換以外には逆数変換，バーンバーム-サンダース分布を示した．

8章 特殊な正規分布では切断正規，2変量切断正規，折り返し正規，半正規，2変量半正規，次数rの正規分布族，ベキ正規，非対称正規，2変量非対称正規，これらの分布と性質を説明し，グラフを示した．とくに非対称正規，2変量非対称正規分布について詳しく説明した．章の後半は正規分布との混合分布について一般的説明をした後，ε-汚染正規，正規・ロジスティック混合，正規・ラプラス混合，ベータ・正規，正規・ガンマ混合を示した．適切な経験的分布を模索するとき，あるいはモンテ・カルロ実験においてこれらの混合分布は使用される．

9章は正規母集団からの標本分布である．カイ2乗，スチューデントのt，F分布という代表的な標本分布以外に，非心カイ2乗，非心t，非心F分布についても触れ，これらの分布と関連ある標本統計量を説明した．取り上げた標本統計量は，カイ2乗分布との関連で標本分散，重回帰モデルの誤差分散の推定量，カイ分布との関連で標本標準偏差，t分布との関連で標本平均，標本平均の差，回帰係数の最小2乗推定量，非心t分布を用いる回帰係数の仮説検定における検定力の計算，F分布との関連で標本分散比，重回帰係数に関する仮説検定統計量である．非心F分布を用いるF検定の検定力の計算も示した．

その他，正規母集団からの標本平均偏差と標本標準偏差の比として定義されるギアリーのa，標本歪度，標本尖度，標本変動係数，2変量正規母集団からの標本平均，標本相関係数の分布について説明した．

正規母集団からの標本順序統計量は章を改め10章を充てた．まず，中位数，四分位数，範囲の標本分布，期待値と分散，漸近的正規性を示し，次に標本分位点の同時pdfの漸近的正規性，母分位点の信頼区間を与えた．

10.11節で，15章の正規性検定に用いるランキットとその計算方法，正規確率プロットの作成法を説明した．10.12節で，外れ値を削除する削除平均とその漸近的正規性を与え，尖度>3のε-汚染正規分布を例として削除平均の漸近的効率が標本平均より高いことを示した．

11章は多変量正規分布である．6章の2変量正規分布の単なる一般化ではなく，次の内容である．

1. 多変量正規分布の特性．
2. 正規変数の線形関数の独立およびダルムア-スキトヴィッチの定理．
3. 正規変数の2次形式の分布．
4. 正規変数の1次関数と2次形式の独立および2つの2次形式の独立のための条件．
5. 多変量正規分布からの標本分布と関連あるウィッシャート分布，ホテリングのT^2分布，多変量t分布．

12章から15章までは統計的推測をあつかっており，12章はパラメータ推定である．推定法としてモーメント法，最尤法，最小MSE基準を説明しているが，主な推定法は最尤法であり，推定量としてとくに最小分散不偏推定量(MVUE) に注目している．本章で取り上げたパラメータは次のとおりである．μ，σ^2，σ，σ^r，μ^k，$X \sim N(\mu, V(\mu))$ のときのμ，規準2変量正規分布

の相関係数 ρ，2 変量正規分布の $(\mu_1, \mu_2, \sigma_1, \sigma_2, \rho)$，多変量正規分布の $\boldsymbol{\mu}$ と $\boldsymbol{\Sigma}$，対数正規分布 $\log X \sim N(\mu, \sigma^2)$ のときの μ と σ^2，X の期待値 μ_X と分散 ${\sigma_X}^2$，正規線形回帰モデルのパラメータ，プロビットモデルのパラメータ．また本章で，複数の未知パラメータがあるとき，関心あるパラメータの対数尤度関数を図示するプロファイル対数尤度関数の計算方法とグラフも具体例で示した．

13 章は信頼区間と許容区間である．パラメータ θ の信頼区間

$$P(\theta_L \leq \theta \leq \theta_U) = 1 - \alpha$$

は，次章の仮説検定

$$H_0 : \theta = \theta_0, \quad H_1 : \theta \neq \theta_0$$

における仮説 H_0 の受容域と同じである．したがって本章では仮説検定のことも考慮して説明している信頼区間や信頼域もある．

本章で信頼区間あるいは信頼域をあつかっているパラメータは次のとおりである．2 項分布の p（正規近似），μ，$\mu_1 - \mu_2$，対比較における処理の差，σ^2，${\sigma_2}^2/{\sigma_1}^2$，$(\mu, \sigma^2)$ の信頼域，2 変量正規母集団の ρ，多変量正規分布の $\boldsymbol{\mu}$ の信頼域（$\boldsymbol{\Sigma}$ 既知のときと未知のとき），$\boldsymbol{a}'\boldsymbol{\mu}$ の信頼区間，T^2 同時信頼区間およびボンフェローニ同時信頼区間，多変量対比較の信頼域，$\boldsymbol{C}\boldsymbol{\mu}$ の信頼域，$\mu_i - \mu_j$ の T^2 同時信頼区間およびボンフェローニ同時信頼区間，正規線形回帰モデルの回帰係数 $\boldsymbol{\beta}$ の信頼域，$\boldsymbol{a}'\boldsymbol{\beta}$ の同時信頼区間およびボンフェローニ同時信頼区間，誤差分散 σ^2 の信頼区間，$\boldsymbol{R}\boldsymbol{\beta} = \boldsymbol{r}$ の信頼域，回帰モデルによる予測区間，以上が 13.1 節から 13.13 節までである．

13.14 節以降は許容区間と許容限界の説明である．$N(\mu, \sigma^2)$ からの無作為標本 $X_1, \cdots, X_n$ を所与としたとき，この正規母集団から $X_1, \cdots, X_n$ とは独立な X が得られる場合を考える．確率 p および α を所与とするとき

$$P\{P_X(X \leq U \mid \bar{X}, S) \geq p\} = 1 - \alpha$$

$$U = \bar{X} + \lambda S$$

を満たす U（上側許容限界），あるいは

$$P\{P_X(X \geq L \mid \bar{X}, S) \geq p\} = 1 - \alpha$$

$$L = \bar{X} - \lambda S$$

を満たす L（下側許容限界），したがって λ を求めたい．あるいは

$$A = P_X(L \leq X \leq U)$$

とするとき

$$P(A>p)=1-\alpha$$

を満たす分布の許容限界 L と U を求めたい.

この許容限界を求める問題は非心 t 分布による計算，あるいは非心カイ 2 乗分布を含む積分方程式の解を求めるという困難な計算が必要となる. 回帰モデルの許容区間も説明したが，本章は許容区間に関する基本的な事項を紹介したにすぎない.

14 章は仮説検定である. 重要なことは仮説検定の技術的な手続きの方法ではなく，ネイマンと E. S. ピアソンによって 1920 年代から 30 年代にかけて確立された仮説検定の考え方である. それゆえまず μ に関する仮説検定を例にとり，仮説検定の論理を次の 5 段階に沿って説明した.

1. 仮説の設定
2. 検定統計量とその分布の決定
3. 有意水準と棄却域の決定
4. 検定方式の確認
5. 検定の実施と結論

本章の仮説検定で取り上げたパラメータは 13 章と同じである. 検定は正規検定，t 検定，カイ 2 乗検定，F 検定である. 代表的な各検定の具体例には検定力も計算し，検定力曲線を図示した. 非正規母集団のとき，正規母集団の仮定のもとで導かれる F 検定の第 I 種の過誤確率は名目サイズから大きく崩れることも示した. 最後の 14.18 節は許容限界に関する仮説検定であり，品質管理の例で説明した.

12 章から 14 章の統計的推測は正規母集団が仮定されている. この正規分布という仮定が正しいかどうかを検定するのが 15 章 正規性の検定である.

正規性検定統計量は多数あるが，本章で取り上げた検定方法は次の 5 種類である.

1. 正規確率プロット
2. 歪度と尖度を用いる検定

   ボウマン-シェントン検定 (ジャルク-ベラ検定)，ダゴスティーノの $\sqrt{\beta_1}=0$ の検定，アンスコーム-グリンの $\beta_2=3$ の検定，ダゴスティーノ-ピアソン検定.

3.　ギアリー検定
4.　スチューデント化範囲を用いる範囲検定
5.　シャピロ-ウィルク検定およびダゴスティーノの D

正規分布，ラプラス分布，誤差分布，ベータ分布，対数正規分布，ジョンソン無限分布，ジョンソン有界分布から発生させた乱数を用いてモンテ・カルロ実験を行い，上記検定統計量の第 I 種の過誤および検定力を計算・比較し，非正規性の状況に応じて適用すべき検定統計量を示した.

最後になったが，本書も企画・内容・編集すべてにわたって朝倉書店編集部の方々にお世話になったことを記し感謝致します.

2012 年 1 月

蓑谷千凰彦

目　　次

1

正規分布の特性

1.1　特　　性

正規分布 normal distribution（ガウス分布 Gaussian distribution とよばれることもある）の分布特性は以下のとおりである．

確率密度関数 probability density function は pdf，（累積）分布関数 cumulative distribution function は cdf，積率母関数 moment generating function は mgf，特性関数 characteristic function は cf，キュミュラント母関数 cumulant generating function は cgf と略されることが多い．

(1)　パラメータ　　$-\infty<\mu<\infty,\quad \sigma>0$

(2)　範　　囲　　$-\infty<x<\infty$

(3)　確率密度関数

$$f(x)=\frac{1}{\sqrt{2\pi}\,\sigma}\exp\left[-\frac{1}{2\sigma^2}(x-\mu)^2\right]$$

(4)　分布関数

$$F(x)=P(X\leq x)=\int_{-\infty}^{x}f(u)\,du$$

平均 μ，分散 σ^2 の正規分布に従う確率変数 X を

$$X\sim N(\mu,\sigma^2)$$

と表す．

また，$\mu=0$，$\sigma=1$ の標準正規変数の pdf，cdf はそれぞれ，$\phi(x)$，$\Phi(x)$ と表す．すなわち

$$\phi(x)=\frac{1}{\sqrt{2\pi}}\exp\left(-\frac{1}{2}x^2\right)$$

$$\Phi(x)=\int_{-\infty}^{x}\phi(u)\,du$$

(5)　生存関数

確率変数 X が x より大きい値をとる確率

$$S(x)=P(X>x)=1-F(x)=\int_x^{\infty} f(u)\,du$$

を生存関数 survival function という．したがって

$$f(x)=-\frac{dS(x)}{dx}$$

の関係がある．

X を寿命時間とすれば，$\{X>x\}$ は寿命時間が x をこえる，いいかえれば x まで生存している，という事象を表す．工学で信頼度関数，医学で生存関数とよばれ，生存時間分析で重要な関数である．

(6)　危険度関数

危険度関数 hazard function $h(x)$ は

$$h(x)=\lim_{\Delta x\to 0}\frac{P(x\leq X<x+\Delta x\mid X>x)}{\Delta x}$$

と定義される．連続確率変数のとき

$$h(x)=\frac{f(x)}{1-F(x)}=\frac{f(x)}{S(x)}=-\frac{d}{dx}[\log S(x)]$$

と表すことができる．

$$h(x)\Delta x\approx P(x\leq X<x+\Delta x\mid X>x)$$

は，X を寿命時間とすれば，x 時間まで生存していたという条件が与えられたとき，$[x, x+\Delta x)$ の微小時間内に寿命がくる確率を示す．

信頼性工学の分野では故障率 failure rate，ファイナンスの分野で強度関数 intensity function，人口統計では死亡力 force of mortality とよばれ，年齢 x における死亡率を表す．

標準正規分布の危険度関数の逆数

$$R(x)=\frac{1-\Phi(x)}{\phi(x)}$$

はミルズ比 Mill's ratio とよばれる．

$X\sim N(\mu, \sigma^2)$ のとき

$$\lim_{x\to\infty} h(x) = \lim_{x\to\infty}\left[\frac{f(x)}{1-F(x)}\right] = \lim_{x\to\infty}\left[\frac{f'(x)}{-f(x)}\right]$$

$$= \lim_{x\to\infty}\left[\frac{-\frac{1}{\sigma^2}(x-\mu)f(x)}{-f(x)}\right] = \lim_{x\to\infty}\frac{1}{\sigma^2}(x-\mu) = \infty$$

$$\lim_{x\to-\infty} h(x) = \frac{0}{1} = 0$$

である．

(7)　累積危険度関数

危険度関数の積分

$$H(x) = \int_{-\infty}^{x} h(u)\,du$$

は累積危険度関数 cumulative hazard function とよばれる．

$$\frac{dH(x)}{dx} = h(x) = \frac{f(x)}{1-F(x)} = \frac{-d[1-F(x)]/dx}{1-F(x)}$$

$$= -\frac{d\log[1-F(x)]}{dx}$$

であるから

$$H(x) = -\log[1-F(x)]$$

$$\log S(x) = -H(x)$$

の関係がある．したがって $u>0$ のとき

$$S(x) = e^{-H(x)} = \exp\left[-\int_0^x h(u)\,du\right]$$

と表すこともできる．

(8)　積率母関数　　$M_X(t) = \exp\left(\mu t + \frac{1}{2}\sigma^2 t^2\right)$

(9)　特性関数　　$\psi_X(t) = \exp\left(i\mu t - \frac{1}{2}\sigma^2 t^2\right)$

(10)　キュミュラント母関数

$$K_X(t) = \mu t + \frac{1}{2}\sigma^2 t^2$$

(11)　*r* 次キュミュラント

$$\kappa_1 = \mu, \qquad \kappa_2 = \sigma^2, \qquad \kappa_r = 0, \qquad r>2$$

(12)　期 待 値　　μ

(13)　r 次モーメント（平均まわり）

$$\begin{cases} \mu_r = 0, & r \text{ 奇数} \\ \mu_r = \dfrac{\sigma^r r!}{2^{\frac{r}{2}}\left(\dfrac{r}{2}\right)!} & \\ \quad = (r-1)(r-3)\cdot\cdots\cdot 3\cdot 1\cdot\sigma^r, & r \text{ 偶数} \end{cases}$$

(14)　分　散　　σ^2

(15)　中位数　　μ

(16)　モード　　μ

(17)　平均偏差　　$\nu = E\,|X-\mu| = \sigma\left(\dfrac{2}{\pi}\right)^{\frac{1}{2}}$

(18)　歪　度　　$\sqrt{\beta_1} = 0$

(19)　尖　度　　$\beta_2 = 3$

1.2　$\int_{-\infty}^{\infty}\phi(z)\,dz = 1$ の証明

$X \sim N(\mu, \sigma^2)$ のとき，X の pdf は

$$f(x) = \frac{1}{\sqrt{2\pi}\,\sigma}\exp\left[-\frac{1}{2\sigma^2}(x-\mu)^2\right]$$

である．

$$Z = \frac{X-\mu}{\sigma}$$

とおき，Z の pdf を求めると

$$\begin{aligned} \phi(z) &= f(\sigma z + \mu)\left|\frac{dx}{dz}\right| \\ &= \frac{1}{\sqrt{2\pi}\,\sigma}\exp\left[-\frac{1}{2\sigma^2}(\sigma z)^2\right]\sigma \\ &= \frac{1}{\sqrt{2\pi}}\exp\left(-\frac{1}{2}z^2\right) \end{aligned}$$

となる．

以下，この標準正規変数の pdf $\phi(z)$ が

$$\int_{-\infty}^{\infty}\phi(z)\,dz = 1 \qquad (1.1)$$

を満たすことを 3 通りの方法で証明する．

(1) 確率積分による方法

$$\int_0^{\infty} e^{-nz^2}\,dz=\frac{1}{2}\sqrt{\frac{\pi}{n}}$$

を用いると，$n=1/2$ のとき

$$\int_0^{\infty} e^{-\frac{z^2}{2}}\,dz=\frac{1}{2}\sqrt{2\pi}$$

となり，$\phi(z)$ は z の偶関数であるから

$$\int_{-\infty}^{\infty}\phi(z)\,dz=2\int_0^{\infty}\phi(z)\,dz=\frac{2}{\sqrt{2\pi}}\int_0^{\infty}e^{-\frac{z^2}{2}}\,dz=1$$

は直ちに得られる．

(2) ガンマ分布による方法

本質的に (1) と同じである．

$$g=\int_{-\infty}^{\infty}\exp\left(-\frac{z^2}{2}\right)dz=2\int_0^{\infty}\exp\left(-\frac{z^2}{2}\right)dz$$

において，$z^2=y$ とおくと

$$g=2\int_0^{\infty}e^{-\frac{y}{2}}\frac{1}{2}y^{-\frac{1}{2}}\,dy$$

$$=\int_0^{\infty}y^{\frac{1}{2}-1}\,e^{-\frac{y}{2}}\,dy$$

となり，この結果は，ガンマ分布

$$\int_0^{\infty}x^{\alpha-1}\exp\left(-\frac{x}{\beta}\right)dx=\beta^{\alpha}\Gamma(\alpha)$$

において $\alpha=1/2$，$\beta=2$ の場合であるから

$$g=2^{\frac{1}{2}}\,\Gamma\left(\frac{1}{2}\right)=\sqrt{2\pi}$$

を得る．この結果から (1.1) 式が成立する．

(3) 極座標変換による方法

$$A=\int_{-\infty}^{\infty}\phi(z)\,dz$$

とおくと

$$A^2=\frac{1}{\sqrt{2\pi}}\int_{-\infty}^{\infty}\exp\left(-\frac{1}{2}z^2\right)dz\frac{1}{\sqrt{2\pi}}\int_{-\infty}^{\infty}\exp\left(-\frac{y^2}{2}\right)dy$$

$$=\frac{1}{2\pi}\int_{-\infty}^{\infty}\int_{-\infty}^{\infty}\exp\left[-\frac{1}{2}(y^2+z^2)\right]dydz$$

となる．そして y, z を極座標に変換し

$$y = r\sin\theta$$

$$z = r\cos\theta$$

とおくと，$0<r<\infty$，$0<\theta<2\pi$，ヤコービアン

$$|J| = \begin{vmatrix} \partial y/\partial r & \partial y/\partial\theta \\ \partial z/\partial r & \partial z/\partial\theta \end{vmatrix} = r$$

に注意すれば

$$\begin{aligned} A^2 &= \frac{1}{2\pi}\int_0^\infty\int_0^{2\pi} r\exp\left(-\frac{1}{2}r^2\right)d\theta dr \\ &= \int_0^\infty r\exp\left(-\frac{1}{2}r^2\right)dr \\ &= -\exp\left(-\frac{r^2}{2}\right)\Big|_0^\infty \\ &= 1 \end{aligned}$$

となる．$A>0$ であるから，$A=1$ を得る．

1.3　積率母関数 mgf，特性関数 cf，キュミュラント母関数 cgf

$$X \sim N(\mu, \sigma^2)$$

のとき，X の mgf は次のようにして得られる．

$$\begin{aligned} M_X(t) = E(e^{tX}) &= \int_{-\infty}^\infty e^{tx}\frac{1}{\sqrt{2\pi}\sigma}\exp\left[-\frac{1}{2\sigma^2}(x-\mu)^2\right]dx \\ &= \frac{1}{\sqrt{2\pi}\sigma}\int_{-\infty}^\infty \exp\left(-\frac{x^2}{2\sigma^2}+\frac{\mu+t\sigma^2}{\sigma^2}x-\frac{\mu^2}{2\sigma^2}\right)dx \\ &= \frac{1}{\sqrt{2\pi}\sigma}\int_{-\infty}^\infty \exp\left[-\frac{1}{2\sigma^2}(x-\mu-\sigma^2 t)^2+\mu t+\frac{\sigma^2 t^2}{2}\right]dx \\ &= \exp\left(\mu t+\frac{\sigma^2 t^2}{2}\right)\int_{-\infty}^\infty \frac{1}{\sqrt{2\pi}\sigma}\exp\left[-\frac{1}{2\sigma^2}(x-\mu-\sigma^2 t)^2\right]dx \end{aligned}$$

上式の被積分関数はパラメータ $\mu+\sigma^2 t$，σ^2 の正規分布の pdf であるから積分は 1 となり，したがって mgf

$$M_X(t) = \exp\left(\mu t+\frac{\sigma^2 t^2}{2}\right) \tag{1.2}$$

が得られる．この mgf からキュミュラント母関数（cgf）

$$K_X(t) = \log M_X(t) = \mu t+\frac{\sigma^2 t^2}{2} \tag{1.3}$$

を得る．このキュミュラント母関数から

$$E(X)=K'_X(0)=\kappa_1=\mu+\sigma^2 t\,|_{t=0}=\mu \tag{1.4}$$

$$\mathrm{var}(X)=K''_X(0)=\kappa_2=\sigma^2 \tag{1.5}$$

が得られるから，パラメータ μ は期待値，σ^2 は分散である．

特性関数は mgf の引数 t を it にすれば得られる．すなわち，正規分布の特性関数は

$$\psi_X(t)=\exp\left(\mu it-\frac{\sigma^2 t^2}{2}\right) \tag{1.6}$$

となる．

正規分布に限らず，一般に積率母関数の重要な性質は次の 4 点である．

1．X の mgf を $M_X(t)$ とすると，$Y=a+bX$ (a, b は定数) の mgf $M_Y(t)$ は

$$M_Y(t)=e^{at}M_X(bt) \tag{1.7}$$

によって求めることができる．

この性質を用いれば，$X \sim N(\mu, \sigma^2)$ のとき

$$Z=\frac{X-\mu}{\sigma}$$

は $a=-\mu/\sigma$，$b=1/\sigma$ であるから，Z の mgf は

$$M_Z(t)=\exp\left(-\frac{\mu}{\sigma}t\right)\exp\left[\mu\left(\frac{t}{\sigma}\right)+\frac{\sigma^2}{2}\left(\frac{t}{\sigma}\right)^2\right]$$
$$=\exp\left(\frac{t^2}{2}\right) \tag{1.8}$$

となる．

2．$X_1, X_2, \cdots, X_n$ は独立であり，それぞれの mgf を $M_{X_1}(t), M_{X_2}(t), \cdots, M_{X_n}(t)$ とすると

$$Y=X_1+X_2+\cdots+X_n$$

の mgf $M_Y(t)$ は次式によって与えられる．

$$M_Y(t)=\prod_{i=1}^{n}M_{X_i}(t) \tag{1.9}$$

とくに，$X_1, \cdots, X_n$ が同じ mgf $M_X(t)$ をもつとき

$$M_Y(t)=[M_X(t)]^n \tag{1.10}$$

となる．

3.　確率変数 X の mgf $M_X(t)$ と，Y の mgf $M_Y(t)$ が $t=0$ の近傍で等しければ，X と Y は同じ分布をもつ．

この性質 3 は mgf は一義的に分布を決定するということを示している．たとえば，標本平均 $\bar{X}$ の mgf が

$$\exp\left[\mu t+\frac{1}{2}\left(\frac{\sigma^2}{n}\right)t\right]$$

のとき，$\bar{X}\sim N\left(\mu, \dfrac{\sigma^2}{n}\right)$ である．

以上の 3 つの性質は特性関数も同様である．

4.　mgf の収束

$X_1, X_2, \cdots, X_n$ それぞれの cdf を $F_{X_i}(x)$，mgf を $M_{X_i}(t)$，X の cdf を $F_X(x)$，mgf を $M_X(t)$ とする．このとき 0 の近傍のすべての t に対して

$$\lim_{n\to\infty} M_{X_n}(t)=M_X(t)$$

が成立するならば

$$\lim_{n\to\infty} F_{X_n}(x)=F_X(x) \tag{1.11}$$

である．すなわち 0 の近傍で mgf が収束するならば分布収束する．しかし逆は真ではない．分布収束は 0 の近傍における mgf の収束を必ずしも意味しない．

例 1.1　2 項分布の正規分布への収束

X は 2 項分布

$$\binom{n}{x}p^x q^{n-x}, \qquad x=0, 1, \cdots, n$$

$$0<p, q<1, \qquad p+q=1$$

に従うとき，期待値 np，分散 npq であり，X の mgf は

$$M_X(t)=(pe^t+q)^n$$

である．X を規準化すると

$$Z=\frac{X-np}{\sqrt{npq}}$$

である．Z の mgf は

$$M_Z(t)=\exp\left(-\frac{np}{\sqrt{npq}}t\right)\left[p\exp\left(\frac{t}{\sqrt{npq}}\right)+q\right]^n$$

となるから，$M_Z(t)$ の対数は次式になる．

$$\log M_Z(t) = -\frac{npt}{\sqrt{npq}} + n\log\left[p\exp\left(\frac{t}{\sqrt{npq}}\right) + q\right]$$

そして

$$\exp\left(\frac{t}{\sqrt{npq}}\right) = 1 + \frac{t}{\sqrt{npq}} + \frac{1}{2!}\cdot\frac{t^2}{npq} + \cdots$$

であるから

$$\begin{aligned}
n\log\left[p\exp\left(\frac{t}{\sqrt{npq}}\right)+q\right] &= n\log\left[p\left(1+\frac{t}{\sqrt{npq}}+\frac{t^2}{2npq}+\cdots\right)+q\right] \\
&= n\log\left[1+p\left(\frac{t}{\sqrt{npq}}+\frac{t^2}{2npq}+\cdots\right)\right] \\
&= n\left[p\left(\frac{t}{\sqrt{npq}}+\frac{t^2}{2npq}\cdots\right)\right. \\
&\qquad \left. -\frac{p^2}{2}\left(\frac{t}{\sqrt{npq}}+\frac{t^2}{2npq}+\cdots\right)^2+\cdots\right] \\
&= \frac{npt}{\sqrt{npq}}+\frac{npt^2}{2npq}+o(n^{\frac{1}{2}})-\left[\frac{np^2t^2}{2npq}+o(n^{\frac{1}{2}})\right]
\end{aligned}$$

となる．したがって $n\to\infty$ のとき

$$\log M_Z(t) = \frac{t^2}{2}$$

を得る．ゆえに

$$M_Z(t) \to \exp\left(\frac{t^2}{2}\right)$$

となり，これは $N(0,1)$ の mgf であるから $n\to\infty$ のとき $Z \xrightarrow{d} N(0,1)$ である．

逆が真とならないのは，たとえば X が自由度 n の t 分布に従うとき，$X \xrightarrow[n\to\infty]{d} N(0,1)$ であるが，X の mgf

$$E(e^{tX}) \xrightarrow[n\to\infty]{} \infty$$

となり，$N(0,1)$ の mgf には収束しない．

特性関数においては，積率母関数と異なり

$$\lim_{n\to\infty}\phi_{X_n}(t) = \phi_X(t) \Longleftrightarrow \lim_{n\to\infty}F_{X_n}(x) = F_X(x)$$

が成立する．

特性関数でさらに重要な定理は反転定理 inversion theorem である．

反転定理

関数 $\varphi(x)$ は $(-\infty, \infty)$ で定義されており

$$\int_{-\infty}^{\infty} \varphi(x)\,dx, \qquad \int_{-\infty}^{\infty} |\varphi(x)|\,dx$$

がともに存在するとき，関数 φ は絶対可積分 absolutely integrable であるという．

連続確率変数 X の特性関数

$$\phi_X(t) = E(e^{itX}) = \int_{-\infty}^{\infty} e^{itx} f(x)\,dx$$

が絶対可積分ならば

$$f(x) = \frac{1}{2\pi}\int_{-\infty}^{\infty} e^{-itx}\phi_X(t)\,dt$$

が成り立つ．

もし X が整数値のみをとる離散確率変数ならば

$$p(x) = \frac{1}{2\pi}\int_{-\pi}^{\pi} e^{-itx}\phi_X(t)\,dt$$

が成り立つ．

$\phi_X(t)$ から $f(x)$，$p(x)$ を求めるこれらの式が反転定理である．

1.4　歪度と尖度

キュミュラント母関数からわかるように，3 次以上のキュミュラント κ_r $(r \geq 3)$ はすべて 0 であるから，X の平均まわりの 3 次モーメント $\mu_3 = \kappa_3 = 0$，4 次モーメント

$$\mu_4 = \kappa_4 + 3\kappa_2^2 = 3\kappa_2^2 = 3\mu_2^2 = 3\sigma^4$$

となるから

$$\text{歪度 skewness} \quad \sqrt{\beta_1} = \frac{\mu_3}{\mu_2^{3/2}} = 0 \tag{1.12}$$

$$\text{尖度 kurtosis} \quad \beta_2 = \frac{\mu_4}{\mu_2^2} = \frac{3\sigma^4}{\sigma^4} = 3 \tag{1.13}$$

となる．歪度 0，尖度 3 は正規分布の大きな特徴であり，この 2 つの特性を pdf が有しているかどうかは正規性からの乖離の尺度となる．

正規分布の歪度 $\sqrt{\beta_1}=0$ は，μ を中心に左右対称であることを示す．$\sqrt{\beta_1}>0$ の分布は正の歪み（分布の右すそが長い），$\sqrt{\beta_1}<0$ の分布は負の歪み（分布の左すそが長い）をもつ分布である．**図 1.1** にベータ分布

$$f(x)=\frac{x^{p-1}(1-x)^{q-1}}{B(p,q)}, \qquad 0\leq x\leq 1 \tag{1.14}$$

$$p>0, \quad q>0$$

において $p=q=5$ ($\sqrt{\beta_1}=0$)，$p=2$，$q=8$ ($\sqrt{\beta_1}>0$)，$p=8$，$q=2$ ($\sqrt{\beta_1}<0$) のケースが示されている．

尖度 β_2 は超過尖度 excess kurtosis β_2-3 として定義される場合もある．$\beta_2>3$ の分布は正規分布より両すそが厚く，急尖的分布 leptokurtic distribution とよばれる．$\beta_2<3$ の分布は正規分布より両すそが薄く，緩尖的分布 platykurtic distribution とよばれる．

図 1.2 は誤差分布

$$f(x)=\frac{\exp\left[-\frac{1}{2}\left|\frac{x-\mu}{\phi}\right|^{\frac{2}{\gamma}}\right]}{2^{\frac{\gamma}{2}+1}\Gamma\left(\frac{\gamma}{2}+1\right)}, \qquad -\infty<x<\infty \tag{1.15}$$

$$-\infty<\mu<\infty, \qquad \phi>0, \qquad \gamma>0$$

において，$\mu=0$，$\phi=1$ を固定して $\gamma=1$ ($\beta_2=3$，この分布は標準正規分布と同じになる)，$\gamma=2$ ($\beta_2=6$)，$\gamma=0.4$ ($\beta_2=2.07$) の 3 ケースである．3 つの分布はすべて $\sqrt{\beta_1}=0$ である．

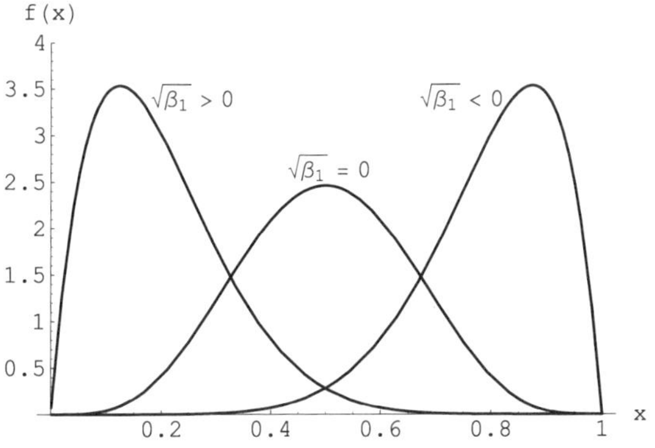

図 1.1 歪度の異なるベータ分布

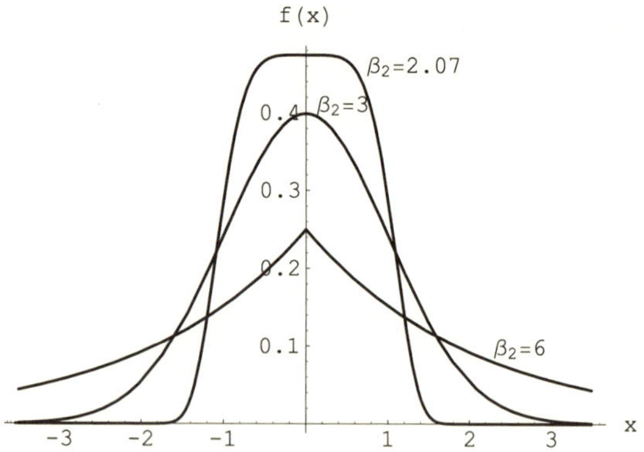

図 1.2　尖度の異なる誤差分布

1.5　平均まわりのモーメント

3 次以上のキュミュラントがすべて 0 になるから，X の平均まわりの奇数次モーメントはすべて 0 になる．r が偶数のとき平均まわりのモーメントは次のようになる．$r=2n$ とおく．n は正の整数である．

$Y=X-\mu\sim N(0,\sigma^2)$ であるから

$$E(X-\mu)^{2n}=\frac{1}{\sqrt{2\pi}\,\sigma}\int_{-\infty}^{\infty}y^{2n}\exp\left(-\frac{y^2}{2\sigma^2}\right)dy$$

$y^2/2\sigma^2=u$ とおくと，$dy/du=2^{1/2}\,\sigma(1/2)\,u^{-1/2}$ となるから次の結果を得る．

$$\begin{aligned}E(X-\mu)^{2n}&=\frac{\sigma^{2n}}{\sqrt{2\pi}}\,2^{n+\frac{1}{2}}\int_0^{\infty}u^{n-\frac{1}{2}}\exp(-u)\,du\\&=\frac{\sigma^{2n}}{\sqrt{2\pi}}\,2^{n+\frac{1}{2}}\,\Gamma\left(n+\frac{1}{2}\right)\\&=\frac{\sigma^{2n}}{\sqrt{2\pi}}\,2^{n+\frac{1}{2}}\,\frac{\sqrt{\pi}}{2^n}(2n-1)!!\\&=(2n-1)!!\,\sigma^{2n}=(1\cdot3\cdot5\cdots(2n-1))\,\sigma^{2n}\end{aligned}\qquad(1.16)$$

1.6 中位数と最頻値

$Z \sim N(0,1)$ の pdf $\phi(z)$ は0を中心として対称的な偶関数であるから，$\Phi(0)=0.5$ となり0はZの中位数（中央値 median）でもある．$Z=0$ となるのは $X=\mu$ のときであるから，μ はXの中位数でもある．また $f'(x)=0$ より μ はXの最頻値 mode でもある．すなわち μ はXの期待値であり，中位数であり，最頻値であり，中心の3つの尺度がすべて等しい．

1.7 グ　ラ　フ

(1)　$\mu=0$ を固定して $\sigma=0.5, 1, 2, 3$ の4通りについて，**図 1.3** に確率密度関数，**図 1.5** に分布関数，**図 1.7** に生存関数，**図 1.9** に危険度関数のグラフが示されている．

(2)　$\sigma=1$ を固定して $\mu=-2, 0, 2$ の3通りについて，**図 1.4** に確率密度関数，**図 1.6** に分布関数，**図 1.8** に生存関数，**図 1.10** に危険度関数のグラフが示されている．

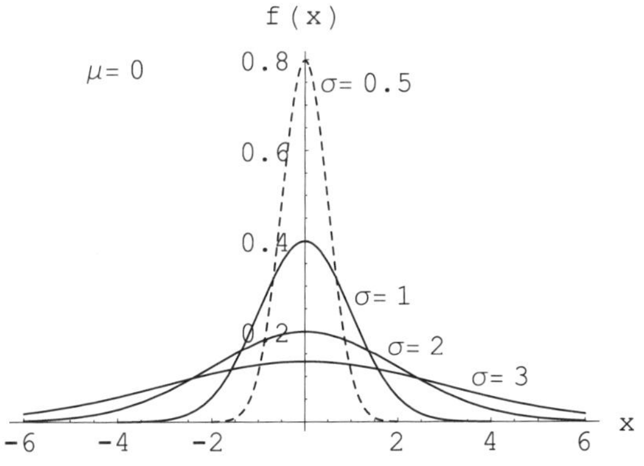

図 1.3　確率密度関数

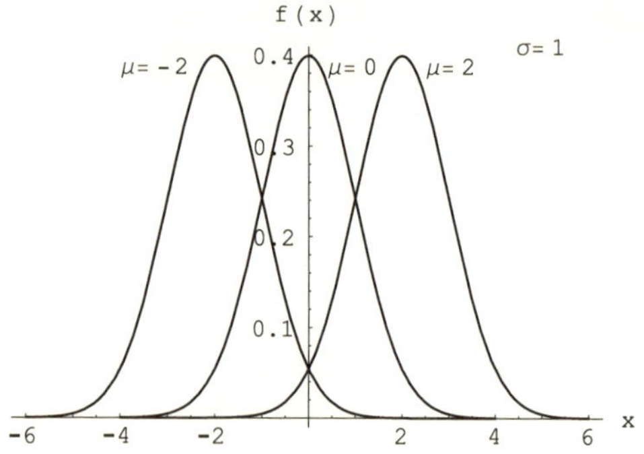

図 1.4　確率密度関数

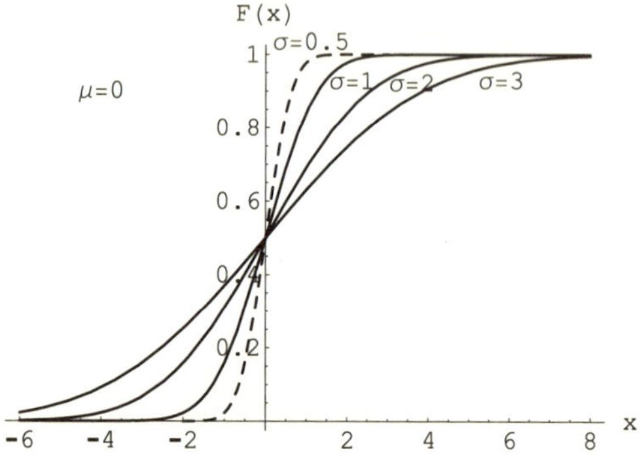

図 1.5　分布関数

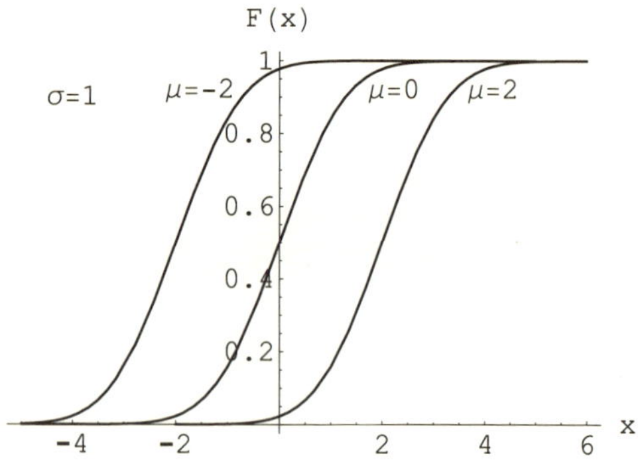

図 1.6　分布関数

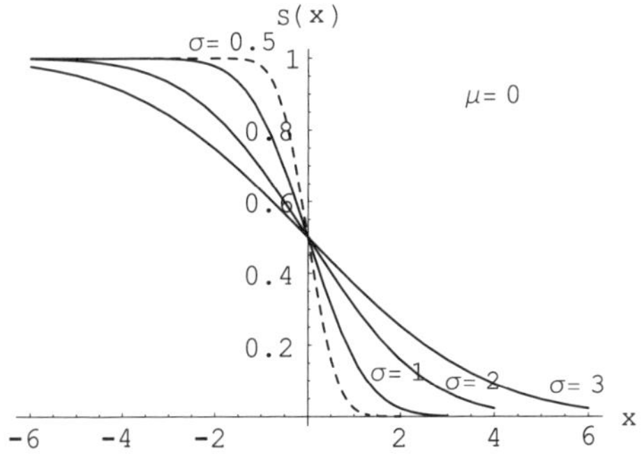

図 1.7　生存関数

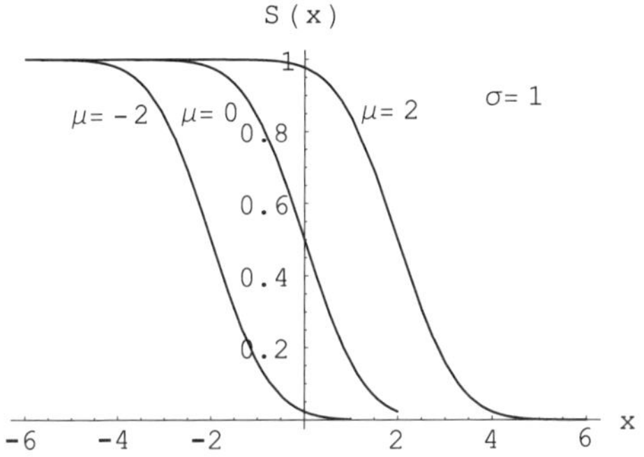

図 1.8　生存関数

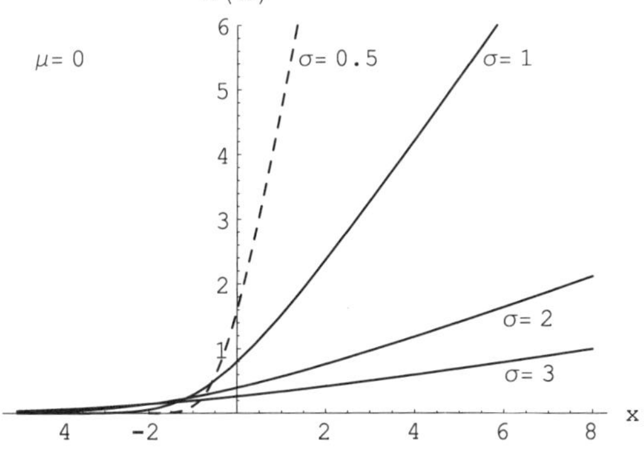

図 1.9　危険度関数

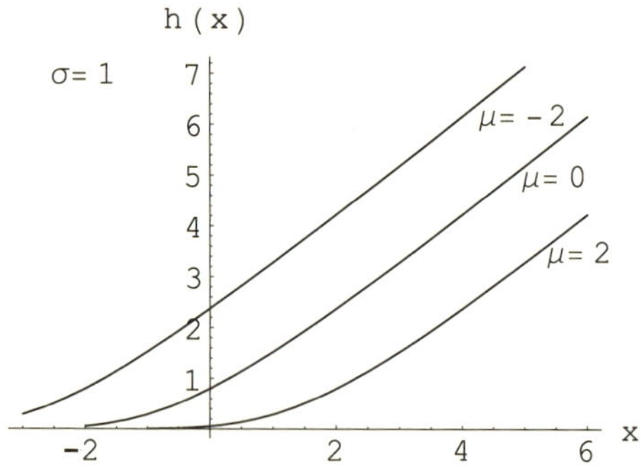

図 1.10 危険度関数

1.8 確率計算の例

付表1の標準正規分布表は，$Z \sim N(0,1)$ とすると，zを与えたときの上側確率

$$P(Z \geq z) = 1 - \Phi(z)$$

の値を与える．たとえば，付表1から

$$P(Z \geq 1.96) = 0.025$$

である．Z は0を中心に左右対称であるから，この確率の値から，次の確率が得られる（**図 1.11**）．

$$P(Z \leq 1.96) = 1 - P(Z \geq 1.96) = 0.975$$

$$P(Z \leq -1.96) = 0.025$$

$$P(-1.96 \leq Z \leq 1.96) = 0.95$$

例 1.2 $Z \sim N(0,1)$ とする．

$$P(|Z| \leq 3) = 1 - P(|Z| > 3) = 1 - 2 \times P(Z > 3)$$
$$= 1 - 2 \times (0.0013499) \fallingdotseq 0.9973$$

$X \sim N(\mu, \sigma^2)$ のとき $Z = (X - \mu)/\sigma$ であるから

$$P(|Z| \leq 3) = P(|X - \mu| \leq 3\sigma) = P(\mu - 3\sigma \leq X \leq \mu + 3\sigma)$$
$$= 0.9973$$

となり，X の 99.73% は μ から標準偏差の3倍の区間内に入る．いいかえれ

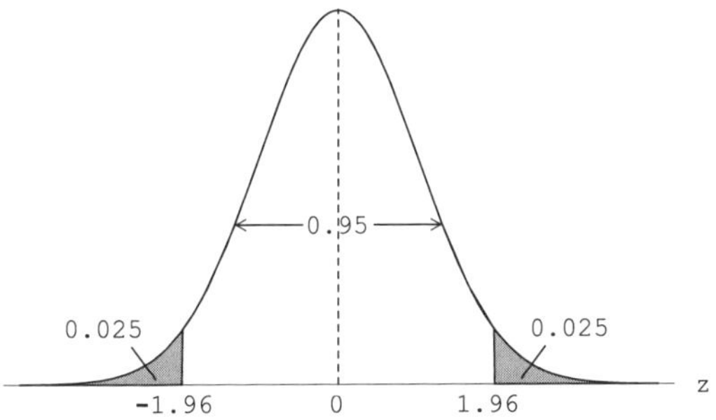

図 1.11　標準正規分布

ば $\mu+3\sigma$ より大きいあるいは $\mu-3\sigma$ より小さい X の値は 0.27% しかない．$|X-\mu|>3\sigma$ の X は外れ値 outlier とよばれている．

1.9　原点まわりのモーメントと平均まわりのモーメント

連続確率変数 X の原点まわりの r 次モーメントを

$$\mu'_r=E(X^r)$$

平均まわりの r 次モーメントを

$$\mu_r=E(X-\mu)^r$$

と表す．$\mu'_0=1$，$\mu'_1=\mu$，$\mu_1=0$，$\mu_2=\sigma^2$ である．

(a)　$X\sim N(\mu,\sigma^2)$ のとき，原点まわりのモーメントは次式で求めることができる．

$$\mu'_{2r-1}=\sigma^{2r-1}\sum_{i=1}^{r}\frac{(2r-1)!}{(2i-1)!(r-i)!2^{r-i}}\left(\frac{\mu}{\sigma}\right)^{2i-1},\qquad r=1,2,3,\cdots$$

$$\mu'_{2r}=\sigma^{2r}\sum_{i=0}^{r}\frac{(2r)!}{(2i)!(r-i)!2^{r-i}}\left(\frac{\mu}{\sigma}\right)^{2i},\qquad r=1,2,3,\cdots \tag{1.17}$$

$$\mu'_{r+1}=r\sigma^2\mu'_{r-1}+\mu\mu'_r,\qquad r=1,2,3,\cdots$$

(b)　平均まわりの r 次モーメントは 1.5 節で示したが，次のように表すこともできる．

$$\mu_{2r+1}=0,\qquad r=0,1,2,3,\cdots$$

$$\mu_{2r}=\frac{\left(\dfrac{\sigma^2}{2}\right)^r(2r)!}{r!},\qquad r=1,2,3,\cdots \tag{1.18}$$

正規分布に限らず，一般に，μ'_r と μ_r の間には次の関係がある．

$$x^r=(x-\mu+\mu)^r$$
$$=\sum_{j=0}^{r}\binom{r}{j}(x-\mu)^{r-j}\mu^j$$

であるから

$$\mu'_r=\int_{-\infty}^{\infty}x^rf(x)\,dx$$
$$=\int_{-\infty}^{\infty}\sum_{j=0}^{r}\binom{r}{j}(x-\mu)^{r-j}\mu^jf(x)\,dx$$
$$=\sum_{j=0}^{r}\binom{r}{j}\mu^j\int_{-\infty}^{\infty}(x-\mu)^{r-j}f(x)\,dx$$
$$=\sum_{j=0}^{r}\binom{r}{j}\mu_{r-j}\mu^j$$

が得られる．

他方

$$(x-\mu)^r=\sum_{j=0}^{r}\binom{r}{j}x^{r-j}(-\mu)^j$$

であるから

$$\mu_r=\sum_{j=0}^{r}\binom{r}{j}\mu'_{r-j}(-\mu)^j \tag{1.19}$$

が得られる．

これらの関係を用いて 4 次モーメントまでの関係を求めると次のとおりである．

$$\mu'_2=\mu_2+\mu^2$$
$$\mu'_3=\mu_3+3\mu_2\mu+\mu^3$$
$$\mu'_4=\mu_4+4\mu_3\mu+6\mu_2\mu^2+\mu^4$$

あるいは

$$\mu_2=\mu'_2-\mu^2$$
$$\mu_3=\mu'_3-3\mu'_2\mu+2\mu^3$$
$$\mu_4=\mu'_4-4\mu'_3\mu+6\mu'_2\mu^2-3\mu^4$$

1.10　原点まわりのモーメントとキュミュラント

正規分布に限らず，一般に，原点まわりのモーメントとキュミュラントとの間の関係を示そう．

X の mgf は

$$M_X(t)=E(e^{tX})=E\left(1+tx+\frac{t^2}{2!}x^2+\frac{t^3}{3!}x^3+\cdots\right)$$
$$=1+t\mu_1'+\frac{t^2}{2!}\mu_2'+\frac{t^3}{3!}\mu_3'+\cdots$$
$$=\sum_{j=0}^{\infty}\frac{t^j}{j!}\mu_j'$$

と展開することができるから μ_j' は $t^j/j!$ の係数である．

他方，X の cgf を

$$K_X(t)=\log M_X(t)=\sum_{j=0}^{\infty}\frac{t^j}{j!}\kappa_j$$

と展開したときの $t^j/j!$ の係数 κ_j が j 次のキュミュラントである．上式で $j=0$，したがって κ_0 は定義されないことに注意せよ．

$$M_X(t)=\sum_{j=0}^{\infty}\frac{t^j}{j!}\mu_j'=\exp[K_X(t)]=\exp\left(\sum_{j=1}^{\infty}\frac{t^j}{j!}\kappa_j\right)$$

であるから，κ_j と μ_j' との間には

$$\exp\left(\sum_{j=1}^{\infty}\frac{t^j}{j!}\kappa_j\right)=\sum_{j=0}^{\infty}\frac{t^j}{j!}\mu_j'$$

の関係がある．

キュミュラント κ_j と原点まわりのモーメント μ_j' の $j=6$ までの関係を示すと次のようになる．

$$\begin{aligned}
\kappa_1&=\mu_1'=\mu\\
\kappa_2&=\mu_2'-\mu^2\\
\kappa_3&=\mu_3'-3\mu_2'\mu+2\mu^3\\
\kappa_4&=\mu_4'-4\mu_3'\mu-3\mu_2'^2+12\mu_2'\mu^2-6\mu^4\\
\kappa_5&=\mu_5'-5\mu_4'\mu-10\mu_3'\mu_2'+20\mu_3'\mu^2+30\mu_2'^2\mu-60\mu_2'\mu^3+24\mu^5\\
\kappa_6&=\mu_6'-6\mu_5'\mu-15\mu_4'\mu_2'+30\mu_4'\mu^2-10\mu_3'^2+120\mu_3'\mu_2'\mu\\
&\quad-120\mu_3'\mu^3+30\mu_2'^3-270\mu_2'^2\mu^2+360\mu_2'\mu^4-120\mu^6
\end{aligned}\tag{1.20}$$

逆にキュミュラントで原点まわりのモーメントを6次まで表すと，次のようになる．

$$
\begin{aligned}
\mu_1' &= \mu = \kappa_1 \\
\mu_2' &= \kappa_2 + \kappa_1^2 \\
\mu_3' &= \kappa_3 + 3\kappa_2\kappa_1 + \kappa_1^3 \\
\mu_4' &= \kappa_4 + 4\kappa_3\kappa_1 + 3\kappa_2^2 + 6\kappa_2\kappa_1^2 + \kappa_1^4 \\
\mu_5' &= \kappa_5 + 5\kappa_4\kappa_1 + 10\kappa_3\kappa_2 + 10\kappa_3\kappa_1^2 + 15\kappa_2^2\kappa_1 + 10\kappa_2\kappa_1^3 + \kappa_1^5 \\
\mu_6' &= \kappa_6 + 6\kappa_5\kappa_1 + 15\kappa_4\kappa_2 + 15\kappa_4\kappa_1^2 + 10\kappa_3^2 + 60\kappa_3\kappa_2\kappa_1 + 20\kappa_3\kappa_1^3 \\
&\quad + 15\kappa_2^3 + 45\kappa_2^2\kappa_1^2 + 15\kappa_2\kappa_1^4 + \kappa_1^6
\end{aligned}
\tag{1.21}
$$

一般に次の関係がある．

$$
\kappa_r = \mu_r' - \sum_{j=1}^{r-1} \binom{r-1}{j-1} \mu_{r-j}' \kappa_j \tag{1.22}
$$

$$
\mu_r' = \sum_{j=1}^{r} \binom{r-1}{j-1} \mu_{r-j}' \kappa_j \tag{1.23}
$$

1.11　平均まわりのモーメントとキュミュラント

正規分布に限らず，一般に，平均まわりのモーメントとキュミュラントとの間には次の関係がある．

$$
\begin{aligned}
\kappa_2 &= \mu_2 \\
\kappa_3 &= \mu_3 \\
\kappa_4 &= \mu_4 - 3\mu_2^2 \\
\kappa_5 &= \mu_5 - 10\mu_3\mu_2 \\
\kappa_6 &= \mu_6 - 15\mu_4\mu_2 - 10\mu_3^2 + 30\mu_2^3
\end{aligned}
\tag{1.24}
$$

逆にキュミュラントで平均まわりのモーメントを6次まで表すと，次のようになる．

$$
\begin{aligned}
\mu_2 &= \kappa_2 \\
\mu_3 &= \kappa_3 \\
\mu_4 &= \kappa_4 + 3\kappa_2^2 \\
\mu_5 &= \kappa_5 + 10\kappa_3\kappa_2 \\
\mu_6 &= \kappa_6 + 15\kappa_4\kappa_2 + 10\kappa_3^2 + 15\kappa_2^3
\end{aligned}
\tag{1.25}
$$

$X \sim N(\mu, \sigma^2)$ のときには，(1.3) 式のキュミュラント母関数からわかるように

$$\kappa_1 = \mu, \quad \kappa_2 = \sigma^2, \quad \kappa_r = 0, \quad r \geq 3$$

であるから

$$\begin{aligned} \mu_2 &= \kappa_2 = \sigma^2 \\ \mu_3 &= \kappa_3 = 0 \\ \mu_4 &= 3\sigma^4 \\ \mu_5 &= 0 \\ \mu_6 &= 15\sigma^6 \end{aligned} \tag{1.26}$$

となる．

1.12　平均偏差のモーメント

$X \sim N(\mu, \sigma^2)$ のとき，平均偏差の k 次モーメントを

$$\nu_k = E(|X - \mu|^k)$$

と表し，ν_k を求めよう．

$Z \sim N(0, 1)$ のとき $|Z|$ の k 次モーメントは次のようになる．

$$E(|Z|^k) = \frac{1}{\sqrt{2\pi}} 2\int_0^\infty z^k \exp\left(-\frac{z^2}{2}\right) dz$$

$z^2/2 = u$ とおくと，$dz/du = 2^{1/2}(1/2)\,u^{-1/2}$ より

$$\begin{aligned} E(|Z|^k) &= \frac{1}{\sqrt{2\pi}} \int_0^\infty 2^{\frac{k}{2}+\frac{1}{2}} u^{\frac{k}{2}-\frac{1}{2}} \exp(-u)\, du = \frac{1}{\sqrt{2\pi}} 2^{\frac{k}{2}+\frac{1}{2}} \Gamma\left(\frac{k+1}{2}\right) \\ &= \frac{1}{\sqrt{\pi}} 2^{\frac{k}{2}} \Gamma\left(\frac{k+1}{2}\right) \end{aligned}$$

となる．したがって $Z = (X - \mu)/\sigma$ であるから

$$E(|X - \mu|^k) = \sigma^k |Z|^k$$

となり，次式を得る．

$$\nu_k = E(|X - \mu|^k) = \frac{\sigma^k}{\sqrt{\pi}} 2^{\frac{k}{2}} \Gamma\left(\frac{k+1}{2}\right) \tag{1.27}$$

$\Gamma(1) = 1$，$\Gamma(3/2) = (1/2)\sqrt{\pi}$，$\Gamma(2) = 1$，$\Gamma(5/2) = (3/4)\sqrt{\pi}$，$\Gamma(7/2) = (15/8)\sqrt{\pi}$ であるから

$$\nu_1=\sigma\left(\frac{2}{\pi}\right)^{\frac{1}{2}},\quad \nu_2=\sigma^2,\quad \nu_3=2\sigma^3\left(\frac{2}{\pi}\right)^{\frac{1}{2}},\quad \nu_4=3\sigma^4$$

$$\nu_5=8\sigma^5\left(\frac{2}{\pi}\right)^{\frac{1}{2}},\quad \nu_6=15\sigma^6$$

が得られる．

1.13　正規分布の再生性

$X_1, \cdots, X_n$ は独立で，$X_i \sim N(\mu_i, \sigma_i^2)$ のとき c_i を定数とすると，c_iX_i の mgf は 1.3 節の mgf の性質 1 を用いて

$$\exp\left(c_i\mu_i t + c_i^2\sigma_i^2\frac{t^2}{2}\right)$$

となる．次に mgf の性質 2 を用いると $\sum_{i=1}^n c_iX_i$ の mgf は $c_1X_1, \cdots, c_nX_n$ の mgf の積であるから

$$\exp\left\{\sum_{i=1}^n c_i\mu_i t + \sum_{i=1}^n c_i^2\sigma_i^2\left(\frac{t^2}{2}\right)\right\}$$

となり

$$\sum_{i=1}^n c_iX_i \sim N\left(\sum_{i=1}^n c_i\mu_i, \sum_{i=1}^n c_i^2\sigma_i^2\right)$$

が成立し，$X_1, \cdots, X_n$ の線形結合はやはり正規分布する．

とくに $\mu_i=\mu$，$\sigma_i^2=\sigma^2$，$c_i=1/n$，$i=1, \cdots, n$ のとき

$$\frac{1}{n}\sum_{i=1}^n X_i=\bar{X}\sim N\left(\mu, \frac{\sigma^2}{n}\right)$$

となる．

1.14　累積確率の値と近似計算

$Z\sim N(0, 1)$ のとき，累積確率

$$\Phi(z)=P(Z\le z)=\int_{-\infty}^{z}\phi(u)\,du$$

の値を求めたい．

この値が得られれば

$$P(Z \geq z) = 1 - P(Z \leq z)$$
$$P(Z \leq -z) = P(Z \geq z)$$

等々が得られる．

現在は統計解析ソフトで標準正規分布の累積確率を簡単に求めることができるが，精度の高い近似計算の方法を知ることは無駄にはならない．

Patel and Read (1996), pp. 49～55 に $\Phi(z)$ を求めるいくつかの近似計算の方法が紹介されている．実際に計算をしてどの方法が良いかを検討した結果，近似の精度がもっともすぐれていたのは，Johnson *et al.* (1994), p. 113, (13.46) 式に示されている次式であった．

表 1.1　累積確率

z	正確な値	近似値	z	正確な値	近似値
0.0	0.500000	0.500000	2.6	0.995339	0.995337
0.1	0.539828	0.539828	2.7	0.996533	0.996532
0.2	0.579260	0.579258	2.8	0.997445	0.997444
0.3	0.617911	0.617906	2.9	0.998134	0.998134
0.4	0.655422	0.655410	3.0	0.998650	0.998650
0.5	0.691462	0.691442	3.1	0.999032	0.999032
0.6	0.725747	0.725717	3.2	0.999313	0.999313
0.7	0.758036	0.757998	3.3	0.999517	0.999517
0.8	0.788145	0.788099	3.4	0.999663	0.999663
0.9	0.815940	0.815889	3.5	0.999767	0.999767
1.0	0.841345	0.841292	3.6	0.999841	0.999841
1.1	0.864334	0.864281	3.7	0.999892	0.999892
1.2	0.884930	0.884880	3.8	0.999928	0.999928
1.3	0.903200	0.903154	3.9	0.999952	0.999952
1.4	0.919243	0.919203	4.0	0.999968	0.999968
1.5	0.933193	0.933158	4.1	0.999979	0.999979
1.6	0.945201	0.945172	4.2	0.999987	0.999987
1.7	0.955435	0.955411	4.3	0.999991	0.999991
1.8	0.964070	0.964051	4.4	0.999995	0.999995
1.9	0.971283	0.971269	4.5	0.999997	0.999997
2.0	0.977250	0.977239	4.6	0.999998	0.999998
2.1	0.982136	0.982127	4.7	0.999999	0.999999
2.2	0.986097	0.986091	4.8	0.999999	0.999999
2.3	0.989276	0.989272	4.9	1.000000	1.000000
2.4	0.991802	0.991799	5.0	1.000000	1.000000
2.5	0.993790	0.993788			

$$\Phi(z) \fallingdotseq 1-(z\sqrt{2\pi})^{-1}\exp\left(-\frac{z^2}{2}\right)\left[1-c\left\{z\sqrt{\frac{\pi}{2}}+\left[\frac{1}{2}\pi z^2+c\exp\left(-\frac{z^2}{2}\right)\right]^{\frac{1}{2}}\right\}^{-1}\right] \tag{1.28}$$

ここで

$$c=\frac{(1+bz^2)^{\frac{1}{2}}}{1+az^2}$$

$$a=\frac{1}{2\pi}\left[1+(1+6\pi-2\pi^2)^{\frac{1}{2}}\right]=0.212024$$

$$b=\frac{1}{2\pi}\left[1+(1+6\pi-2\pi^2)^{\frac{1}{2}}\right]^2=0.282455$$

である．

表 1.1 は，z を与えたとき，$\Phi(z)$ の正確な値と (1.28) 式による近似値を示している．計算の一部のみ紹介したが，近似の精度はきわめて高いことがわかる．

1.15 上側確率を与える分位点と近似計算

$Z \sim N(0,1)$ とし，上側確率 α を与えたとき

$$P(Z \geq z_\alpha)=\alpha$$

あるいは同じことであるが

$$\Phi(z_\alpha)=1-\alpha$$

となる分位点 z_α を求めたい．

$$z_\alpha=\Phi^{-1}(1-\alpha)$$

であるが，逆分布関数 Φ^{-1} は明示できない．

統計解析ソフトを用いれば z_α は得られるが，z_α を求める近似計算を示しておこう．Patel and Read (1996), pp. 66～70 に z_α を求めるいくつかの近似計算の方法が示されている．実際に計算してもっとも近似の精度が高かった方法は次式である (Patel and Read (1996), p. 69 [3.9.7])．

(1) $10^{-7}<\alpha<0.50$，すなわち $0<z_\alpha<5.2$ のとき

$$z_\alpha=\left[\frac{\{(4a+100)a+205\}a^2}{\{(2a+56)a+192\}a+131}\right]^{\frac{1}{2}} \tag{1.29}$$

ここで

$$a=-\log(2\alpha)$$

である．

(2)　$0.50\times10^{-112}<\alpha<10^{-7}$，すなわち $5.2<z_\alpha<22.6$ のとき

$$z_\alpha=\left[\frac{\{(2a+280)a+572\}a}{(a+144)a+603}\right]^{\frac{1}{2}} \tag{1.30}$$

表 1.2 は上側確率 α を与えたときの z_α の正確な値と（1.29）式による近似値である．小数点第 3 位まではほとんど同じであり，十分実用に耐え得る値である．表 1.2 には示さなかったが，$\alpha=0.025$ のとき z_α の正確な値，近似値の関心ある値は次のとおりである．

0.025　　1.959964　　1.960065

表 1.2　上側確率の分位点

上側確率	分位点		上側確率	分位点	
	正確な値	近似値		正確な値	近似値
0.01	2.326348	2.326473	0.26	0.643345	0.643423
0.02	2.053749	2.053857	0.27	0.612813	0.612880
0.03	1.880794	1.880889	0.28	0.582842	0.582897
0.04	1.750686	1.750774	0.29	0.553385	0.553428
0.05	1.644854	1.644938	0.30	0.524401	0.524431
0.06	1.554774	1.554857	0.31	0.495850	0.495867
0.07	1.475791	1.475876	0.32	0.467699	0.467701
0.08	1.405072	1.405159	0.33	0.439913	0.439901
0.09	1.340755	1.340846	0.34	0.412463	0.412435
0.10	1.281552	1.281646	0.35	0.385320	0.385277
0.11	1.226528	1.226627	0.36	0.358459	0.358400
0.12	1.174987	1.175090	0.37	0.331853	0.331780
0.13	1.126391	1.126498	0.38	0.305481	0.305394
0.14	1.080319	1.080429	0.39	0.279319	0.279219
0.15	1.036433	1.036546	0.40	0.253347	0.253236
0.16	0.994458	0.994573	0.41	0.227545	0.227425
0.17	0.954165	0.954281	0.42	0.201893	0.201767
0.18	0.915365	0.915481	0.43	0.176374	0.176244
0.19	0.877896	0.878012	0.44	0.150969	0.150840
0.20	0.841621	0.841735	0.45	0.125661	0.125537
0.21	0.806421	0.806531	0.46	0.100434	0.100319
0.22	0.772193	0.772299	0.47	0.075270	0.075172
0.23	0.738847	0.738947	0.48	0.050154	0.050079
0.24	0.706303	0.706397	0.49	0.025069	0.025027
0.25	0.674490	0.674576			

1.16 正規乱数の発生

シミュレーションやモンテ・カルロ実験を行う場合に正規乱数を発生させる必要が生ずる．ここでは $Z \sim N(0,1)$ を発生させる次の 3 通りを示しておこう．

(1) 統計解析ソフト TSP による正規乱数

TSP の正規乱数の発生は L'Ecuyer, P. (1999), Random numbers for simulation, Communications of the ACM, pp. 85-97 の Algorithm # 488 にもとづくと説明されている．この方法による正規乱数を $Z1$ とする．

(2) Box-Muller 法

一様分布

$$\frac{1}{\beta-\alpha}, \qquad \alpha<\beta$$

に従う確率変数を $U(\alpha, \beta)$ と表す．

U_1, U_2 は独立で，ともに $U(0,1)$ とする．

$$Z2=\sqrt{-2\log(U_1)}\cos(2\pi U_2)$$

$$Z3=\sqrt{-2\log(U_1)}\sin(2\pi U_2)$$

とすると，$Z2$, $Z3$ は独立に $N(0,1)$ になる．

この方法の理論的説明は蓑谷（2010）pp. 86〜88 にある．

(3) 棄却法（Gentle (2003), p. 173, Algorithm 5.1)

1. U_1, U_2 を独立に $U(-1,1)$ から発生させ

$$r^2=U_1^2+U_2^2$$

　とする．

2. もし $r^2 \geq 1$ ならばステップ 1 へ．

　$r^2<1$ ならば

$$Z4=U_1\sqrt{-2\log r^2/r^2}$$

$$Z5=U_2\sqrt{-2\log r^2/r^2}$$

　この $Z4$, $Z5$ は独立に $N(0,1)$ になる．

例 1.3 モンテ・カルロ実験

上記 $Z1$ から $Z5$ のいずれも $N(0,1)$ に従う正規乱数を，$n=20, 60, 100, 200$ について発生させ，平均，標準偏差，歪度，超過尖度の 4 つの指標の実験結果が**表 1.3** に示されている．それぞれの n について 10,000 回実験を行い，表の値は 4 つの指標すべて 10,000 回の平均である．$N(0,1)$ の 4 つの指標の真の値はそれぞれ 0, 1, 0, 0 である．

モンテ・カルロ実験と 4 つの指標による判断にすぎないが，$Z1$ から $Z5$ の間で大きな差異はみられない．どの方法も標準偏差 $\sigma=1$ を若干過小推定しているが，これはジェンセンの不等式

$$E(S) \leq \{E(S^2)\}^{\frac{1}{2}} = \sigma$$

から予想されるとおりである．ここで S は表 1.3 の標準偏差

$$S_j = \left[\frac{1}{n-1}\sum_{i=1}^{n}(Z_{ji} - \overline{Z}_j)^2\right]^{\frac{1}{2}}, \qquad j = 1, \cdots, 5$$

である．$n=20$ と小標本のときには $Z1$～$Z5$ いずれも尖度をわずかとはいえ

表 1.3 発生させた標準正規乱数の特性

		平 均	標準偏差	歪 度	尖 度
$n=20$	$Z1$	−0.00005298	0.98510	0.00331830	−0.008474
	$Z2$	0.00077372	0.98627	−0.00588390	−0.019918
	$Z3$	−0.00296310	0.98581	−0.00638780	−0.004912
	$Z4$	0.00236900	0.98449	0.00535970	−0.000896
	$Z5$	−0.00027186	0.98728	−0.00535940	−0.000759
$n=60$	$Z1$	0.00071915	0.99460	−0.00056663	0.011682
	$Z2$	−0.00011970	0.99674	0.00270020	0.002586
	$Z3$	−0.00278240	0.99579	0.00016542	0.002416
	$Z4$	0.00064957	0.99728	0.00044380	−0.005956
	$Z5$	−0.00218580	0.99570	−0.00114510	−0.008291
$n=100$	$Z1$	−0.00052330	0.99711	0.00097853	0.006174
	$Z2$	0.00135800	0.99756	−0.00375770	0.000262
	$Z3$	−0.00121760	0.99773	0.00026954	−0.004566
	$Z4$	−0.00019575	0.99784	0.00031166	−0.007601
	$Z5$	0.00059214	0.99681	−0.00145920	0.002091
$n=200$	$Z1$	0.00032710	0.99888	0.00046298	0.007088
	$Z2$	0.00031086	0.99914	−0.00151650	−0.000435
	$Z3$	−0.00050139	0.99855	−0.00162920	−0.000826
	$Z4$	0.00051526	0.99911	0.00107950	0.003714
	$Z5$	0.00022857	0.99840	0.00063706	0.000673

過小推定している．

1.17 パラメータ推定

$X_1, \cdots, X_n$ は $N(\mu, \sigma^2)$ からの無作為標本のとき，最尤法，モーメント法とも μ，σ^2 の推定量はそれぞれ

$$\bar{X}=\frac{1}{n}\sum_{i=1}^{n}X_i$$

$$\hat{\sigma}^2=\frac{1}{n}\sum_{i=1}^{n}(X_i-\bar{X})^2$$

である．

2
正規分布に関連する積分

正規分布に限らないが，主に正規分布との関連をもち，一般に，統計理論を展開する際に有用な不定積分および定積分を示す．正規分布に関する積分は Owen (1980) から，それ以外は Gradshteyn and Ryzhik (1980)，Jeffrey (2005) からである．

$\phi(x)$，$\Phi(x)$ はそれぞれ規準正規変数 X の pdf，cdf とする．

2.1 不定積分

(1) $\int x\phi(x)\,dx = -\phi(x)$

(2) $\int x^2\phi(x)\,dx = \Phi(x) - x\phi(x)$

(3) $\int x^3\phi(x)\,dx = -(x^2+2)\phi(x)$

(4) $\int x^4\phi(x)\,dx = 3\Phi(x) - (x^3+3x)\phi(x)$

(5) n が奇数のとき

$$\begin{aligned}\int x^n\phi(x)\,dx &= -[x^{n-1} + (n-1)x^{n-3} + (n-1)(n-3)x^{n-5} \\ &\quad + (n-1)(n-3)(n-5)x^{n-7} + \cdots \\ &\quad + (n-1)(n-3)\cdots 6\cdot 4\cdot 2]\phi(x) \\ &= -\sum_{i=0}^{\frac{1}{2}(n-1)} 2^{\frac{n-2i-1}{2}}\left(\frac{n-1}{2}\right)!\frac{x^{2i}}{i!}\phi(x)\end{aligned}$$

(6)　n が偶数のとき

$$\int x^n\phi(x)\,dx=(n-1)(n-3)(n-5)\cdots 5\cdot 3\cdot 1\,\Phi(x)$$
$$-\{x^{n-1}+(n-1)x^{n-3}+(n-1)(n-3)x^{n-5}+\cdots$$
$$+(n-1)(n-3)\cdots 5\cdot 3\cdot 1\cdot x\}\phi(x)$$

(7)　$\int[\phi(x)]^2dx=\frac{1}{2\sqrt{\pi}}\Phi(x\sqrt{2})$

(8)　$\int x[\phi(x)]^2dx=\frac{-1}{2\sqrt{2\pi}}\phi(x\sqrt{2})$

(9)　$\int x^2[\phi(x)]^2dx=-\frac{x}{2}[\phi(x)]^2+\frac{1}{4\sqrt{\pi}}\Phi(x\sqrt{2})$

(10)　$\int\phi(a+bx)\,dx=\frac{1}{b}\Phi(a+bx)$

(11)　$\int x\phi(a+bx)\,dx=-\frac{1}{b^2}\phi(a+bx)-\frac{a}{b^2}\Phi(a+bx)$

(12)　$\int x^2\phi(a+bx)\,dx=\left(\frac{a^2+1}{b^3}\right)\Phi(a+bx)-\left(\frac{bx-a}{b^3}\right)\phi(a+bx)$

(13)　$\int\phi(x)\phi(a+bx)\,dx=u\phi(ua)\,\Phi\left(\frac{x}{u}+uab\right),\qquad u=\frac{1}{\sqrt{1+b^2}}$

(14)　$\int[\phi(a+bx)]^n\,dx=\frac{1}{\sqrt{n}(2\pi)^{\frac{n-1}{2}}b}\Phi[\sqrt{n}(a+bx)]$

(15)　$\int\phi(x)[\phi(a+bx)]^n\,dx=\frac{t}{(2\pi)^{\frac{n-1}{2}}}\phi(ta\sqrt{n})\times\Phi\left(\frac{x}{t}+tabn\right),$

$$t=\frac{1}{\sqrt{1+nb^2}},\qquad n>\frac{1}{b^2}$$

(16)　$\int\Phi(a+bx)\,dx=\frac{a+bx}{b}\Phi(a+bx)+\frac{1}{b}\phi(a+bx)$

(17)　$\int x\Phi(a+bx)\,dx=\left(\frac{b^2x^2-a^2-1}{2b^2}\right)\Phi(a+bx)+\left(\frac{bx-a}{2b^2}\right)\phi(a+bx)$

(18)　$\int x^2\Phi(x)\,dx=\frac{1}{3}x^3\Phi(x)+\frac{1}{3}(x^2+2)\phi(x)$

(19)　$\int x^n\Phi(x)\,dx=\frac{1}{n+1}x^{n+1}\Phi(x)+\frac{1}{n+1}x^n\phi(x)$

$$-\frac{n}{n+1}\int x^{n-1}\phi(x)\,dx$$

(20) n が奇数 ($n>0$) のとき

$$\int x^n \Phi(x)\,dx = \frac{1}{n+1}[x^{n+1} - n(n-2)\cdots 5\cdot 3]\,\Phi(x)$$
$$+\frac{1}{n+1}[x^n + nx^{n-2} + n(n-2)\,x^{n-4} + \cdots$$
$$+ n(n-2)\cdots 5\cdot 3\cdot x]\,\phi(x)$$

(21) n が偶数 ($n\geq 0$) のとき

$$\int x^n \Phi(x)\,dx = \frac{1}{n+1}x^{n+1}\,\Phi(x) + \frac{1}{n+1}[x^n + nx^{n-2}$$
$$+ n(n-2)\,x^{n-4} + \cdots + n(n-2)\cdots 6\cdot 4\cdot 2]\,\phi(x)$$

(22) $$\int \phi(x)\,\Phi(bx)\,dx = -T(x, b) + \frac{1}{2}\Phi(x)$$

ここで

$$T(h, a) = \int_0^a \frac{\phi(h)\,\phi(hx)}{1+x^2}dx$$
$$-\infty < h < \infty, \qquad 0 < a < \infty$$

(23) $$\int \phi(x)\,\Phi(a+bx)\,dx = T\left(x, \frac{a}{x\sqrt{1+b^2}}\right) + T\left(\frac{a}{\sqrt{1+b^2}}, \frac{x\sqrt{1+b^2}}{a}\right)$$
$$- T\left(x, \frac{a+bx}{x}\right) - T\left(\frac{a}{\sqrt{1+b^2}}, \frac{ab + x(1+b^2)}{a}\right)$$
$$+ \Phi(x)\,\Phi\left(\frac{a}{\sqrt{1+b^2}}\right)$$

$T(h, a)$ は (22) に同じ.

$T(h, a)$ の性質

1. $T(h, 0) = 0$
2. $T(0, a) = \dfrac{\tan^{-1} a}{2\pi}$
3. $T(h, 1) = \Phi(h)\dfrac{1-\Phi(h)}{2}$
4. $T(h, \infty) = \dfrac{1-\Phi(|h|)}{2}$
5. $T(-h, a) = T(h, a)$
6. $T(h, -a) = -T(h, a)$

(24)　$\int x\phi(x)\Phi(a+bx)\,dx = ub\phi(ua)\Phi\left(\frac{x}{u}+uab\right)-\Phi(a+bx)\phi(x)$

ここで

$$u=\frac{1}{\sqrt{1+b^2}}$$

(25)　$\int e^{cx}\phi(x)\,dx = e^{\frac{c^2}{2}}\Phi(x-c)$

(25) を用いて 8.3 節で説明する半正規分布 half normal distribution の mgf を導くことができる．まず (25) が成り立つことは

$$\Phi'(x-c)=\phi(x-c)=\frac{1}{\sqrt{2\pi}}\exp\left[-\frac{1}{2}(x-c)^2\right]$$
$$=e^{-\frac{c^2}{2}}e^{cx}\phi(x)$$

より明らかである．

$\sigma=1$ の半正規分布に従う Y の pdf は

$$g(y)=\sqrt{\frac{2}{\pi}}\exp\left(-\frac{y^2}{2}\right),\qquad y>0$$

であるから，Y の mgf は

$$\begin{aligned}M_Y(t)&=E(e^{tY})\\&=\int_0^\infty e^{ty}\sqrt{\frac{2}{\pi}}\exp\left(-\frac{y^2}{2}\right)dy\\&=2\left(e^{\frac{t^2}{2}}\Phi(y-t)\Big|_0^\infty\right)=2e^{\frac{t^2}{2}}(1-\Phi(-t))\\&=2e^{\frac{t^2}{2}}\Phi(t)\end{aligned}$$

となる．

(26)　$\int e^{cx}[\phi(bx)]^n\,dx=\frac{1}{b\sqrt{n}(2\pi)^{\frac{n-1}{2}}}\exp\left(\frac{c^2}{2nb^2}\right)$

$$\times\Phi\left(bx\sqrt{n}-\frac{c}{b\sqrt{n}}\right),\qquad b\neq 0,\ n>0$$

(27)　$\int xe^{ax}\,dx=e^{ax}\left(\frac{x}{a}-\frac{1}{a^2}\right)$

(28)　$\int x^2e^{ax}\,dx=e^{ax}\left(\frac{x^2}{a}-\frac{2x}{a^2}+\frac{2}{a^3}\right)$

(29)　$\int x^3e^{ax}\,dx=e^{ax}\left(\frac{x^3}{a}-\frac{3x^2}{a^2}+\frac{6x}{a^3}-\frac{6}{a^4}\right)$

(30)　$\int x^4 e^{ax}\,dx = e^{ax}\left(\frac{x^4}{a} - \frac{4x^3}{a^2} + \frac{12x^2}{a^3} - \frac{24x}{a^4} + \frac{24}{a^5}\right)$

(31)　$\int x^m e^{ax}\,dx = \frac{x^m e^{ax}}{a} - \frac{m}{a}\int x^{m-1}\,e^{ax}\,dx$

一般に $P_m(x)$ を x の m 次多項式とすると次のように表すこともできる.

(32)　$\int P_m(x)\,e^{ax}\,dx = \frac{e^{ax}}{a}\sum_{k=0}^{m}(-1)^k\frac{P^{(k)}(x)}{a^k}$

ここで $P^{(k)}(x)$ は $P_m(x)$ の k 次導関数である.

(33)　指数積分関数 exponential integral function

定義　$E_i(x) = \int \frac{e^x}{x}dx$

(34)　$E_i(x) = \log|x| + \frac{x}{1!} + \frac{x^2}{2\cdot 2!} + \frac{x^3}{3\cdot 3!} + \cdots + \frac{x^k}{k\cdot k!} + \cdots$　　$(x^2 < \infty)$

(35)　$\int \frac{e^{ax}}{x}dx = E_i(ax)$

(36)　$\int \frac{e^{ax}}{x^2}dx = -\frac{e^{ax}}{x} + aE_i(ax)$

(37)　$\int \frac{e^{ax}}{x^3}dx = -\frac{e^{ax}}{2x^2} - \frac{ae^{ax}}{2x} + \frac{a^2}{2}E_i(ax)$

(38)　$\int \frac{e^{ax}}{x^n}dx = -\frac{e^{ax}}{(n-1)\,x^{n-1}} - \frac{ae^{ax}}{(n-1)(n-2)\,x^{n-2}} - \cdots - \frac{a^{n-2}\,e^{ax}}{(n-1)!x} + \frac{a^{n-1}}{(n-1)!}E_i(ax)$

2.2 定　積　分

(1)　$\int_{-\infty}^{\infty} x^2[\phi(x)]^n\,dx = n^{-\frac{3}{2}}(2\pi)^{-\frac{n-1}{2}}$

(2)　$\int_0^c x^n\phi(bx)\,dx = \frac{2^{\frac{n-1}{2}}\,\Gamma\left(\frac{n+1}{2}\right)}{\sqrt{2\pi}\,b^{n+1}}P(Y \leq b^2c^2)$

ここで $Y \sim \chi^2(n+1)$ である.

(3)　$\int_0^{\infty}\phi(ax)\,\Phi(bx)\,dx = \frac{1}{2\pi a}\cos^{-1}\left(\frac{-b}{\sqrt{a^2+b^2}}\right) = \frac{1}{2\pi a}\left(\frac{\pi}{2} - \tan^{-1}\frac{b}{a}\right)$

(4)　$\int_{-\infty}^{0}\phi(ax)\,\Phi(bx)\,dx = \frac{1}{2\pi a}\tan^{-1}\left(\frac{a}{b}\right)$

(5)　$\displaystyle\int_0^\infty x\phi(x)\,\Phi(bx)\,dx=\frac{1}{2\sqrt{2\pi}}\left(1+\frac{b}{\sqrt{1+b^2}}\right)$

(6)　$\displaystyle\int_{-\infty}^\infty x\phi(x)\,\Phi(bx)\,dx=\frac{b}{\sqrt{2\pi(1+b^2)}}$

(7)　$\displaystyle\int_0^\infty x^2\phi(x)\,\Phi(bx)\,dx=\frac{1}{4}+\frac{1}{2\pi}\left(\tan^{-1}b+\frac{b}{1+b^2}\right)$

(8)　$\displaystyle\int_0^\infty x^3\phi(x)\,\Phi(bx)\,dx=\frac{1}{2\sqrt{2\pi}}\left[2+\frac{2b^3+3b}{(1+b^2)^{\frac{3}{2}}}\right]$

(9)　$\displaystyle\int_0^\infty x^4\phi(x)\,\Phi(bx)\,dx=\frac{3}{4}+\frac{3}{2\pi}\tan^{-1}b+\frac{b(3b^2+5)}{2\pi(1+b^2)^2}$

(10)　$\displaystyle\int_{-\infty}^\infty x[\phi(x)]^2\Phi(x)\,dx=\frac{1}{4\pi\sqrt{3}}$

(11)　$\displaystyle\int_0^\infty[\Phi(bx)]^2\,\phi(x)\,dx=\frac{1}{2\pi}(\tan^{-1}b+\tan^{-1}\sqrt{1+2b^2})$

(12)　$\displaystyle\int_{-\infty}^\infty[\Phi(bx)]^2\phi(x)\,dx=\frac{1}{\pi}\tan^{-1}\sqrt{1+2b^2}$

(13)　$\displaystyle\int_{-\infty}^\infty\Phi(a+bx)\,\phi(x)\,dx=\Phi\left(\frac{a}{\sqrt{1+b^2}}\right)$

(14)　$\displaystyle\int_{-\infty}^0\phi(x)\,\Phi(a+bx)\,dx=\frac{1}{2}\Phi(ua)-T(ua,b)$

ここで

$$u=\frac{1}{\sqrt{1+b^2}}$$

$$T(c,d)=\int_0^d\frac{\phi(x)\,\phi(cx)}{1+x^2}dx,\qquad |c|<\infty,\qquad 0<d<\infty$$

である．

(15)　$\displaystyle\int_0^\infty\phi(x)\,\Phi(a+bx)\,dx=\frac{1}{2}\Phi(ua)+T(ua,b)$

u および $T(c,d)$ は (14) に同じ．

(14) と (15) から (13) は得られる．(13) を用いて 8.7 節で説明する非対称正規分布 skew normal distribution の pdf の積分が 1 になることを示すことができる．非対称正規分布の pdf は次式である．

$$f(x)=2\phi(x)\,\Phi(\lambda x),\qquad -\infty<x<\infty$$

$$-\infty<\lambda<\infty$$

(13) において $a=0$, $b=\lambda$ とおけば

$$\int_{-\infty}^{\infty} f(x)\,dx = 2\int_{-\infty}^{\infty} \phi(x)\,\Phi(\lambda x)\,dx = 2\Phi(0) = 1$$

また，(13) を用いて非対称正規分布の mgf を次のようにして求めることができる．

$$M_X(t) = E(e^{tX}) = 2\int_{-\infty}^{\infty} e^{tx}\,\phi(x)\,\Phi(\lambda x)\,dx$$

$$e^{tx}\,\phi(x) = \frac{1}{\sqrt{2\pi}}\exp\left(tx - \frac{x^2}{2}\right)$$

$$= \frac{1}{\sqrt{2\pi}}\exp\left(\frac{t^2}{2}\right)\exp\left[-\frac{1}{2}(x-t)^2\right]$$

であるから

$$M_X(t) = 2\exp\left(\frac{t^2}{2}\right)\int_{-\infty}^{\infty} \frac{1}{\sqrt{2\pi}}\exp\left[-\frac{1}{2}(x-t)^2\right]\Phi(\lambda x)\,dx$$

$y=x-t$ とおき

$$M_X(t) = 2\exp\left(\frac{t^2}{2}\right)\int_{-\infty}^{\infty} \frac{1}{\sqrt{2\pi}}\exp\left(-\frac{1}{2}y^2\right)\Phi[\lambda(y+t)]\,dy$$

$$= 2\exp\left(\frac{t^2}{2}\right)\int_{-\infty}^{\infty} \phi(y)\,\Phi(\lambda t + \lambda y)\,dy$$

$$= 2\exp\left(\frac{t^2}{2}\right)\Phi\left(\frac{\lambda t}{\sqrt{1+\lambda^2}}\right)$$

ここで

$$\delta = \frac{\lambda}{\sqrt{1+\lambda^2}}$$

とおくと，mgf

$$M_X(t) = 2\exp\left(\frac{t^2}{2}\right)\Phi(\delta t)$$

を得る．

(16)　$$\int_0^{\infty} x\Phi(a+bx)\,\phi(x)\,dx = (ub)\,\phi(ua)\,\Phi(-uab) + \frac{\Phi(a)}{\sqrt{2\pi}}$$

u は (14) に同じ．

(17)　$$\int_{-\infty}^{\infty} x\Phi(a+bx)\,\phi(x)\,dx = ub\phi(ua)$$

u は (14) に同じ．

(6) あるいは (17) を用いて非対称正規分布の期待値を求めることができる．

$$E(X)=2\int_{-\infty}^{\infty}x\phi(x)\Phi(\lambda x)\,dx=2\frac{\lambda}{\sqrt{1+\lambda^2}}\phi\left(\frac{0}{\sqrt{1+\lambda^2}}\right)$$

$$=\sqrt{\frac{2}{\pi}}\left(\frac{\lambda}{\sqrt{1+\lambda^2}}\right)$$

が (15) で説明した pdf $f(x)$ をもつ非対称正規分布の期待値である．

(18)　$\int_0^{\infty}x^n\,\Phi(ax+b)\,\phi(x)\,dx$

$$=\frac{\Gamma\left(\frac{n+1}{2}\right)2^{\frac{n-1}{2}}}{\sqrt{2\pi}}P(t(n+1,-b)<a\sqrt{n+1})$$

ここで $t(n+1,-b)$ は自由度 $n+1$，非心度 $\delta=-b$ の非心 t 分布である．

(19)　$\int_{-\infty}^{\infty}[\Phi(a+bx)]^2\,\phi(x)\,dx=\Phi(ua)-2\,T\left(ua,\frac{1}{\sqrt{1+2b^2}}\right)$

u および $T(c,d)$ は (14) に同じ．

(20)　$\int_{-\infty}^{\infty}x[\Phi(a+bx)]^2\,\phi(x)\,dx=2ub\phi(ua)\,\Phi\left(\frac{ua}{\sqrt{1+2b^2}}\right)$

u は (14) に同じ．

(21)　$\int_h^k\Phi(a+bx)\,\phi(x)\,dx$

$$=\int_{-\infty}^{c}\Phi(k\sqrt{1+b^2}+bx)\,\phi(x)\,dx$$

$$-\int_{-\infty}^{c}\Phi(h\sqrt{1+b^2}+bx)\,\phi(x)\,dx$$

ここで

$$c=\frac{a}{\sqrt{1+b^2}}$$

この積分は $h\to-\infty$，$k\to\infty$ のとき (13) になる．

(22)　$\displaystyle\int_0^\infty x^{2n}\,e^{-px^2}\,dx=\frac{(2n-1)!!}{2(2p)^n}\sqrt{\frac{\pi}{p}}$

$p>0$

$n=0, 1, 2, \cdots,$

$(2n-1)!!=1\cdot3\cdot5\cdot\cdots(2n-1)$

$n=0$ のとき $(2n-1)!!=1$ とする．

(23)　$\displaystyle\int_0^\infty x^{2n+1}\,e^{-px^2}\,dx=\frac{n!}{2p^{n+1}}$

$p>0,\quad n=0, 1, 2, \cdots$

(22)，(23) を用いて X が半正規分布

$$f(x)=\sqrt{\frac{2}{\pi}}\exp\left(-\frac{x^2}{2}\right),\qquad x>0$$

に従うとき

$$\mu'_{2r}=E(X^{2r}),\qquad \mu'_{2r+1}=E(X^{2r+1})$$

を求めることができる．

$$\mu'_{2r}=\int_0^\infty x^{2r}\sqrt{\frac{2}{\pi}}\exp\left(-\frac{x^2}{2}\right)dx$$

$$=\sqrt{\frac{2}{\pi}}\frac{(2r-1)!!}{2}\sqrt{2\pi}=(2r-1)!!,\qquad r=0, 1, 2, \cdots$$

$$\mu'_{2r+1}=\int_0^\infty x^{2r+1}\sqrt{\frac{2}{\pi}}\exp\left(-\frac{x^2}{2}\right)dx$$

$$=\sqrt{\frac{2}{\pi}}\frac{r!}{2^{-r}}=2^r r!\left(\frac{2}{\pi}\right)^{\frac{1}{2}},\qquad r=0, 1, 2, \cdots$$

(22) を用いて正規分布の平均まわりの偶数次モーメントを求めることもできる．$X\sim N(\mu, \sigma^2)$ のとき

$$\mu_{2r}=E(X-\mu)^{2r}=\int_{-\infty}^\infty (x-\mu)^{2r}\frac{1}{\sqrt{2\pi}\,\sigma}\exp\left[-\frac{1}{2\sigma^2}(x-\mu)^2\right]dx$$

$$z=\frac{x-\mu}{\sigma}$$

とおくと

$$\mu_{2r}=\int_{-\infty}^\infty \frac{1}{\sqrt{2\pi}}(\sigma z)^{2r}\exp\left(-\frac{1}{2}z^2\right)dz$$

$$=\sqrt{\frac{2}{\pi}}\sigma^{2r}\int_0^\infty z^{2r}\exp\left(-\frac{1}{2}z^2\right)dz$$

$$=\sigma^{2r}(2r-1)!!,\qquad r=0, 1, 2, \cdots$$

(24)　$\int_0^b e^{-q^2x^2}\,dx=\frac{\sqrt{\pi}}{2q}\,\mathrm{erf}(qb),\qquad q>0$

ここで，$\mathrm{erf}(x)$ はエラー関数 error function

$$\mathrm{erf}(x)=\frac{2}{\sqrt{\pi}}\int_0^x e^{-t^2}dt$$

である．

(25)　$\int_{-\infty}^{\infty}\exp(-p^2x^2\pm qx)\,dx=\frac{\sqrt{\pi}}{p}\exp\left(\frac{q^2}{4p^2}\right),\qquad p>0$

この式はとくに正規分布において有用である．2つの使用例を示す．

(a)　$X\sim N(\mu,\sigma^2)$ のとき X の pdf は

$$f(x)=\frac{1}{\sqrt{2\pi}\sigma}\exp\left[-\frac{1}{2\sigma^2}(x-\mu)^2\right],\qquad -\infty<x<\infty$$

である．(25) を用いて

$$\int_{-\infty}^{\infty}f(x)\,dx=1$$

を示す．

$$\exp\left[-\frac{1}{2\sigma^2}(x-\mu)^2\right]=\exp\left(-\frac{\mu^2}{2\sigma^2}\right)\exp\left(-\frac{1}{2\sigma^2}x^2+\frac{\mu}{\sigma^2}x\right)$$

であるから，(25) で $p=(\sqrt{2}\sigma)^{-1}$，$q=\mu/\sigma^2$ とおき

$$\int_{-\infty}^{\infty}\exp\left(-\frac{1}{2\sigma^2}x^2+\frac{\mu}{\sigma^2}x\right)dx=\sqrt{2\pi}\sigma\exp\left(\frac{\mu^2}{2\sigma^2}\right)$$

したがって

$$\int_{-\infty}^{\infty}f(x)\,dx=1$$

(b)　$X\sim N(\mu,\sigma^2)$ の mgf

$$M_X(t)=E(e^{tX})=\int_{-\infty}^{\infty}\frac{1}{\sqrt{2\pi}\sigma}e^{tx}\exp\left[-\frac{1}{2\sigma^2}(x-\mu)^2\right]dx$$

$$=\frac{1}{\sqrt{2\pi}\sigma}\exp\left(-\frac{\mu^2}{2\sigma^2}\right)\int_{-\infty}^{\infty}\exp\left[-\frac{1}{2\sigma^2}x^2+\left(\frac{\mu}{\sigma^2}+t\right)x\right]dx$$

と表し，(25) で

$$p=\frac{1}{\sqrt{2}\sigma},\qquad q=\frac{\mu}{\sigma^2}+t$$

とおき，X の mgf

$$M_X(t)=\exp\left(\mu t+\frac{\sigma^2}{2}t^2\right)$$

を得る．

(26) $$\int_0^\infty x^{k-1}\exp(-qx^p)\,dx=\frac{1}{p}q^{-\frac{k}{p}}\Gamma\left(\frac{k}{p}\right)$$

$$k>0,\qquad p>0,\qquad q>0$$

(a) 半正規分布のモーメント

この (26) において，$q=1/2$，$p=2$ とおけば半正規分布（$\sigma=1$）の原点まわりのモーメントを求めることができる．

$$\int_0^\infty x^{k-1}\exp\left(-\frac{1}{2}x^2\right)dx=2^{\frac{k}{2}-1}\Gamma\left(\frac{k}{2}\right)$$

であるから，$k=2$ のとき

$$E(X)=\sqrt{\frac{2}{\pi}}\Gamma(1)=\sqrt{\frac{2}{\pi}}$$

$k=3$ のとき

$$E(X^2)=\sqrt{\frac{2}{\pi}}\,2^{\frac{1}{2}}\,\Gamma\left(\frac{3}{2}\right)=\frac{2}{\sqrt{\pi}}\cdot\frac{1}{2}\sqrt{\pi}=1$$

$k=4$ のとき

$$E(X^3)=\sqrt{\frac{2}{\pi}}\,2\Gamma(2)=2\sqrt{\frac{2}{\pi}}$$

$k=5$ のとき

$$E(X^4)=\sqrt{\frac{2}{\pi}}\,2^{\frac{3}{2}}\,\Gamma\left(\frac{5}{2}\right)=\sqrt{\frac{2}{\pi}}\,2^{\frac{3}{2}}\cdot\frac{3}{4}\sqrt{\pi}=3$$

等々である．

(b) ガンマ分布のモーメント

パラメータ α,β のガンマ分布の原点まわりの r 次モーメントは

$$E(X^r)=\int_0^\infty x^r\frac{x^{\alpha-1}\exp(-x/\beta)}{\beta^\alpha\,\Gamma(\alpha)}dx$$

であるから，(26) で $k=r+\alpha$，$q=1/\beta$，$p=1$ とおき

$$E(X^r)=\frac{\beta^{r+\alpha}\,\Gamma(r+\alpha)}{\beta^\alpha\,\Gamma(\alpha)}=\beta^r\frac{\Gamma(r+\alpha)}{\Gamma(\alpha)},\qquad r=0,1,\cdots$$

を得る．

(27) $\displaystyle\int_0^\infty x^{k-1}[1-\exp(-qx^p)]\,dx=-\frac{1}{|p|}q^{-\frac{k}{p}}\Gamma\left(\frac{k}{p}\right)$

$q>0$

$p>0$ のとき　$-p<k<0$

$p<0$ のとき　$0<k<-p$

(28) 標準正規分布の cdf の級数展開

$X\sim N(0,1)$ とする.

$$P(X\leq x)=\Phi(x)=\frac{1}{\sqrt{2\pi}}\int_{-\infty}^{x}\exp\left(-\frac{t^2}{2}\right)dt$$

$$=\frac{1}{2}+\frac{1}{\sqrt{2\pi}}\left(x-\frac{x^3}{6}+\frac{x^5}{40}-\frac{x^7}{336}+\frac{x^9}{3456}-\cdots\right)$$

$$=\frac{1}{2}+\frac{1}{\sqrt{2\pi}}\sum_{k=0}^{\infty}\frac{(-1)^k x^{2k+1}}{k!2^k(2k+1)},\qquad x\geq 0$$

(29) $$Q(x)=\frac{1}{\sqrt{2\pi}}\int_x^\infty\exp\left(-\frac{t^2}{2}\right)dt=1-\Phi(x)=\Phi(-x)$$

$$=\frac{1}{2}-\frac{1}{\sqrt{2\pi}}\left(x-\frac{x^3}{6}+\frac{x^5}{40}-\frac{x^7}{336}+\frac{x^9}{3456}-\cdots\right)$$

$$=\frac{1}{2}-\frac{1}{\sqrt{2\pi}}\sum_{k=0}^{\infty}\frac{(-1)^k x^{2k+1}}{k!2^k(2k+1)},\qquad x\geq 0$$

(30) $$A(x)=\frac{1}{\sqrt{2\pi}}\int_{-x}^{x}\exp\left(-\frac{t^2}{2}\right)dt=2\Phi(x)-1$$

$$=\sqrt{\frac{2}{\pi}}\left(x-\frac{x^3}{6}+\frac{x^5}{40}-\frac{x^7}{336}+\frac{x^9}{3456}-\cdots\right)$$

$$=\sqrt{\frac{2}{\pi}}\sum_{k=0}^{\infty}\frac{(-1)^k x^{2k+1}}{k!2^k(2k+1)}$$

3

中心極限定理とエッジワース展開

3.1　中心極限定理

正規分布がもっとも重要でかつ有用な分布である理由のひとつは中心極限定理がほとんどの確率分布で成立するからである．確率変数例 $\{X_n\}$ における大数の法則は標本平均の収束に関する法則であるが，確率変数の和

$$S_n = X_1 + \cdots + X_n$$

の極限分布が正規分布の場合は，とくに中心極限定理 central limit theorem (CLT) として知られている．

3.1.1　リンドベルグ-レヴィ Lindberg-Levy の CLT

$\{X_n\}$ は iid とし

$$E(X_i) = \mu, \qquad \mathrm{var}(X_i) = \sigma^2$$

とする．iid は independently, identically distributed, 同一の分布に従い独立，の略である．このとき

$$\frac{1}{\sqrt{n}\sigma}\left(\sum_{i=1}^{n} X_i - n\mu\right) = \frac{\bar{X} - \mu}{(\sigma/\sqrt{n})} \xrightarrow{d} N(0, 1) \qquad (3.1)$$

である．あるいは

$$S_n = X_1 + \cdots + X_n$$

とすると

$$S_n \underset{\text{asy}}{\sim} N(n\mu, n\sigma^2)$$

$$\bar{X} \underset{\text{asy}}{\sim} N\left(\mu, \frac{\sigma^2}{n}\right) \qquad (3.2)$$

と表すこともできる．asy は asymptotically 漸近的に，の略である．

X_i の mgf が存在すると仮定して証明しよう．

$$Z_i=\frac{X_i-\mu}{\sigma},\qquad i=1,\cdots,n$$

とおくと

$$E(Z_i)=0,\qquad \mathrm{var}(Z_i)=E(Z_i^2)=1$$

である．

　そして

$$Y_n=\frac{1}{\sqrt{n}\sigma}\left(\sum_{i=1}^{n}X_i-n\mu\right)=\frac{1}{\sqrt{n}}\sum_{i=1}^{n}\left(\frac{X_i-\mu}{\sigma}\right)$$
$$=\frac{1}{\sqrt{n}}\sum_{i=1}^{n}Z_i$$

とすると，Z_i は iid であるから，Y_n の mgf を $M_{Y_n}(t)$ とすれば

$$M_{Y_n}(t)=\prod_{i=1}^{n}M_{Z_i}\left(\frac{t}{\sqrt{n}}\right)=\left[M_Z\left(\frac{t}{\sqrt{n}}\right)\right]^n$$
$$=\exp\left\{n\log M_Z\left(\frac{t}{\sqrt{n}}\right)\right\}$$

となる．そして

$$M_Z\left(\frac{t}{\sqrt{n}}\right)=E\left\{\exp\left(\frac{t}{\sqrt{n}}Z\right)\right\}$$
$$=E\left\{1+\frac{t}{\sqrt{n}}Z+\frac{t^2}{2n}Z^2+\frac{t^3}{6n^{\frac{3}{2}}}Z^3+\cdots\right\}$$
$$=1+\frac{t}{\sqrt{n}}E(Z)+\frac{t^2}{2n}E(Z^2)+\frac{t^3}{6n^{\frac{3}{2}}}E(Z^3)+\cdots$$
$$=1+\frac{t^2}{2n}+\frac{t^3}{6n^{\frac{3}{2}}}\mu_3'+\cdots$$
$$=1+\frac{t^2}{2n}+o\left(\frac{t^2}{n}\right)$$

したがって

$$n\log M_Z\left(\frac{t}{\sqrt{n}}\right)=n\log\left[1+\frac{t^2}{2n}+o\left(\frac{t^2}{n}\right)\right]$$
$$=\frac{\log\left[1+\frac{t^2}{2n}+o\left(\frac{t^2}{n}\right)\right]}{\left(\frac{1}{n}\right)}$$

$$\xrightarrow[n\to\infty]{} \frac{\left(-\frac{t^2}{2n^2}-\frac{t^3}{4n^{\frac{5}{2}}}\mu_3'-\cdots\right)}{-\frac{1}{n^2}\left[1+\frac{t^2}{2n}+o\left(\frac{t^2}{n}\right)\right]}$$

$$=\frac{\frac{t^2}{2}+\frac{t^3}{4n^{\frac{1}{2}}}\mu_3'+\frac{t^4}{12n}\mu_4'+\cdots}{1+\frac{t^2}{2n}+o\left(\frac{t^2}{n}\right)} \xrightarrow[n\to\infty]{} \frac{t^2}{2}$$

ゆえに

$$M_{Y_n}(t)=\left[M_Z\left(\frac{t}{\sqrt{n}}\right)\right]^n \xrightarrow[n\to\infty]{} \exp\left(\frac{t^2}{2}\right)$$

ところが $\exp(t^2/2)$ は $N(0,1)$ の mgf である．

したがって

$$Y_n \xrightarrow{d} N(0,1)$$

である．

$$Y_n=\frac{\sqrt{n}(\bar{X}-\mu)}{\sigma} \xrightarrow{d} N(0,1)$$

と表すこともできるから

$$\bar{X} \underset{\text{asy}}{\sim} N\left(\mu, \frac{\sigma^2}{n}\right)$$

が得られる．

例 3.1 $\{X_n\}$ は自由度 1 のカイ 2 乗分布に従い，iid であるとする．これを $X_i \sim \chi^2(1)$ と表す．このとき

$$\sum_{i=1}^{n} X_i \sim \chi^2(n)$$

であり，$E\left(\sum_{i=1}^{n} X_i\right)=n$，$\mathrm{var}\left(\sum_{i=1}^{n} X_i\right)=2n$ であるから

$$Y_n=\frac{\sum_{i=1}^{n} X_i-n}{\sqrt{2n}}=\frac{\sqrt{n}(\bar{X}-1)}{\sqrt{2}} \xrightarrow{d} N(0,1)$$

が得られる．あるいは

$$\sum_{i=1}^{n} X_i \underset{\text{asy}}{\sim} N(n, 2n)$$

と表されることもある．

例 3.2 $\{X_n\}$ はパラメータ p, q のベータ分布に従い，iidとする．$X \sim \mathrm{BETA}(p, q)$ と表す．X の pdf，期待値 μ，分散 σ^2，歪度 $\sqrt{\beta_1}$，尖度 β_2 を以下に示す．

$$f(x)=\frac{x^{p-1}(1-x)^{q-1}}{B(p,q)}, \qquad 0 \leq x \leq 1$$

$$p>0, \qquad q>0$$

ここで

$$B(p,q)=\int_0^1 u^{p-1}(1-u)^{q-1}\,du$$

はベータ関数である．

$$\mu=\frac{p}{p+q}$$

$$\sigma^2=\frac{pq}{(p+q)^2(p+q+1)}$$

$$\sqrt{\beta_1}=\frac{2(q-p)(p+q+1)^{\frac{1}{2}}}{(p+q+2)(pq)^{\frac{1}{2}}}$$

$$\beta_2=3+\frac{6(p-q)^2(p+q+1)}{pq(p+q+2)(p+q+3)}-\frac{6}{p+q+3}$$

CLT より

$$Z=\frac{\sqrt{n}(\bar{X}-\mu)}{\sigma} \xrightarrow{d} N(0,1)$$

である．

(p, q) の 2 つのケースで，この Z の分布をモンテ・カルロ実験によって求め，実験から得られる Z の分布の分位点を $N(0,1)$ と比較してみよう．

(i) $p=q=2$

このとき $\mu=0.5$，$\sigma=0.22361$，$\sqrt{\beta_1}=0$，$\beta_2-3=-0.85714$ となるから，$\mu=0.5$ のまわりで左右対称であり，尖度は正規分布より小さく，正規分布より両すそが薄い．

(ii) $p=2$，$q=8$

このとき $\mu=0.2$，$\sigma=0.1206$，$\sqrt{\beta_1}=0.82916$，$\beta_2-3=0.49038$ となるから，右すそが長い正の歪みをもつ分布になる．図 1.1 の $\sqrt{\beta_1}>0$ のケースである．

(i)，(ii) とも $n=20, 100$ の 2 ケースで $\mathrm{BETA}(p, q)$ に従い，独立な $X_1, \dots, X_n$ を発生させ

$$Z=\frac{\sqrt{n}(\bar{X}-\mu)}{\sigma}$$

を求め，(i)，(ii)，$n=20,100$ それぞれについて 30,000 回実験を行い，得られた Z の柱状図とカーネル密度関数のグラフが**図 3.1** から**図 3.4** である．

図 3.1 は $p=q=2$，$n=20$，図 3.2 は $p=q=2$，$n=100$，図 3.3 は $p=2$，$q=8$，$n=20$，図 3.4 は $p=2$，$q=8$，$n=100$ である．**表 3.1** はこの 4 つのケースについて，実験から得られた Z の分布から下側，上側それぞれ確率 0.10，0.05，0.01 の分位点を求め，標準正規分布の分位点と比較した表である．

ベータ分布が $p=q=2$ の対称的な場合には，$n=20$ の小標本においてさえ，

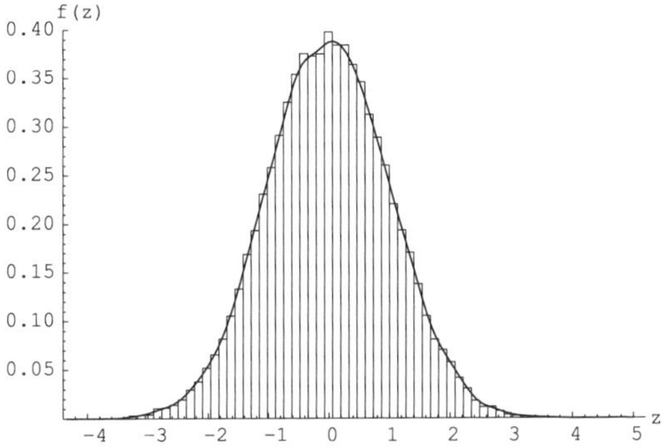

図 3.1 ベータ分布からの規準化標本平均の分布($p=q=2, n=20$)

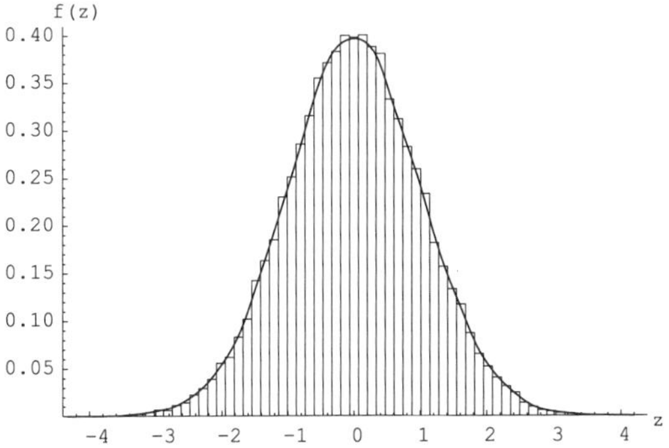

図 3.2 ベータ分布からの規準化標本平均の分布($p=q=2, n=100$)

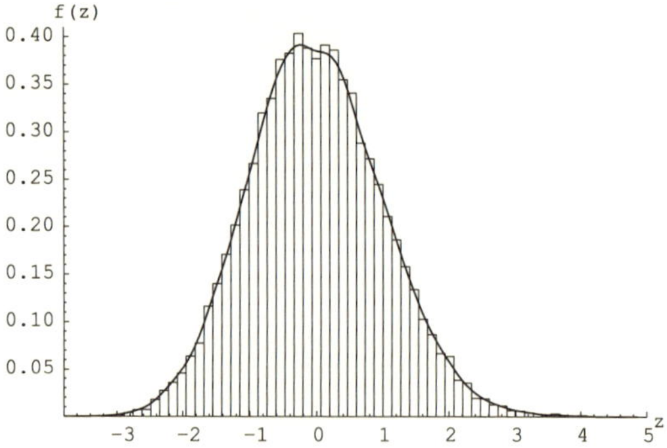

図 3.3 ベータ分布からの規準化標本平均の分布($p=2, q=8, n=20$)

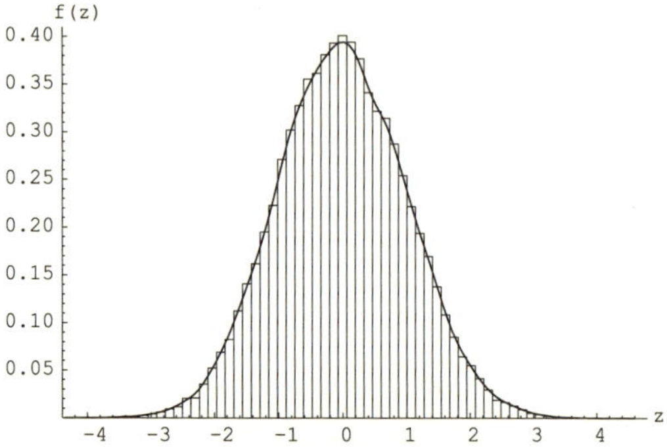

図 3.4 ベータ分布からの規準化標本平均の分布($p=2, q=8, n=100$)

表 3.1 ベータ分布からの規準化標本平均の分布の分位点

	上側確率			下側確率		
	0.10	0.05	0.01	0.10	0.05	0.01
標準正規分布	1.2816	1.6449	2.3264	−1.2816	−1.6449	−2.3264
BETA(2,2), $n=20$	1.2832	1.6308	2.2739	−1.2817	−1.6372	−2.3216
BETA(2,8), $n=20$	1.2897	1.6793	2.4378	−1.2583	−1.5834	−2.1766
BETA(2,2), $n=100$	1.2836	1.6434	2.3199	−1.2760	−1.6340	−2.3300
BETA(2,8), $n=100$	1.2875	1.6439	2.3398	−1.2863	−1.6338	−2.2749

Z の分布は図 3.1，表 3.1 から $N(0,1)$ への収束が相当速いということがわかる．$n=100$ の場合とあまり差異がない．

ベータ分布が $p=2$，$q=8$ と右すそが長い場合には，$p=q=2$ とくらべれば

$N(0,1)$ との近似の程度は少し悪いが，図 3.3，図 3.4 から $N(0,1)$ との差異はわずかである．

$\{X_n\}$ が同一の分布という条件を緩めたのが次の CLT である．

3.1.2 リンドベルグ Lindberg の CLT

$\{X_n\}$ は独立であるが，同一の分布ではなく

$$E(X_i)=\mu_i, \qquad \mathrm{var}(X_i)=\sigma_i{}^2$$

をもつと仮定する．X_i の cdf を $F_i(x)$ とする．

$$B_n{}^2=\sum_{i=1}^{n}\sigma_i{}^2$$

とおく．このとき

$$\frac{1}{B_n}\sum_{i=1}^{n}(X_i-\mu_i)$$

が正規分布へ収束するためにはどのような条件が必要かを示しているのが次のリンドベルグの条件である．

任意の $\tau>0$ に対して

$$\lim_{n\to\infty}\frac{1}{B_n{}^2}\sum_{i=1}^{n}\int_{|x-\mu_i|\geq\tau B_n}(x-\mu_i)^2dF_i(x)=0 \tag{3.3}$$

X が離散確率変数のとき，リンドベルグの条件は次のようになる．X_i の確率関数を $f_i(x_i)$ とする．

$$\lim_{n\to\infty}\frac{1}{B_n{}^2}\sum_{i=1}^{n}\sum_{|x_i-\mu_i|\geq\tau B_n}(x_i-\mu_i)^2f_i(x_i)=0 \tag{3.4}$$

このリンドベルグの条件が満たされるならば次の CLT が成立する．

$$\frac{1}{B_n}\sum_{i=1}^{n}(X_i-\mu_i)=\frac{\sum_{i=1}^{n}X_i-\sum_{i=1}^{n}\mu_i}{\left(\sum_{i=1}^{n}\sigma_i{}^2\right)^{1/2}}\xrightarrow{d}N(0,1) \tag{3.5}$$

この CLT の証明はグネジェンコ (1971)，Feller (1971)，Petrov (1996)，Rohatgi (1976)，Chow and Teicher (1997) 等を参照されたい．ここでは一見わかりにくいリンドベルグの条件が何を意味しているのかを説明しておこう．

$$A_i=\{|X_i-\mu_i|\geq\tau B_n\}, \qquad i=1,\cdots,n$$

とし

$$P\left\{\max_{1\le i\le n}|X_i-\mu_i|\ge\tau B_n\right\}$$

を評価しよう．

$$\left\{\max_{1\le i\le n}|X_i-\mu_i|\ge\tau B_n\right\}=\bigcup_{i=1}^{n}A_i$$

であるから

$$P\left\{\max_{1\le i\le n}|X_i-\mu_i|\ge\tau B_n\right\}=P\left(\bigcup_{i=1}^{n}A_i\right)\le\sum_{i=1}^{n}P(A_i)$$

が成り立つ．

そして

$$P(A_i)=\int_{|x-\mu_i|\ge\tau B_n}dF_i(x)\le\frac{1}{(\tau B_n)^2}\int_{|x-\mu_i|\ge\tau B_n}(x-\mu_i)^2\,dF_i(x)$$

であるから，次の不等式が得られる．

$$P\left\{\max_{1\le i\le n}|X_i-\mu_i|\ge\tau B_n\right\}\le\frac{1}{\tau^2 B_n{}^2}\sum_{i=1}^{n}\int_{|x-\mu_i|\ge\tau B_n}(x-\mu_i)^2\,dF_i(x)$$

リンドベルグの条件は，この不等式の右辺が，定数 $\tau>0$ がどれほど小さくても，$n\to\infty$ のとき 0 に近づくということを述べている．したがってリンドベルグの条件は

$$\frac{1}{B_n}\sum_{i=1}^{n}(X_i-\mu_i)$$

の各項

$$\frac{|X_i-\mu_i|}{B_n}$$

が一様に小さいことを要求している．

あるいはこのリンドベルグの条件は次のことも意味している．

$$\begin{aligned}
\sigma_i{}^2&=\int(x-\mu_i)^2\,dF_i(x)\\
&=\int_{|x-\mu_i|\le\tau B_n}(x-\mu_i)^2\,dF_i(x)+\int_{|x-\mu_i|>\tau B_n}(x-\mu_i)^2\,dF_i(x)\\
&\le\tau^2 B_n{}^2\int_{|x-\mu_i|\le\tau B_n}dF_i(x)+\int_{|x-\mu_i|>\tau B_n}(x-\mu_i)^2\,dF_i(x)\\
&\le\tau^2 B_n{}^2\int dF_i(x)+\int_{|x-\mu_i|>\tau B_n}(x-\mu_i)^2\,dF_i(x)\\
&=\tau^2 B_n{}^2+\int_{|x-\mu_i|>\tau B_n}(x-\mu_i)^2\,dF_i(x)
\end{aligned}$$

であるから

$$\max_{1\le i\le n}\frac{\sigma_i{}^2}{B_n{}^2}\le\max\frac{1}{B_n{}^2}\left(\tau^2B_n{}^2+\int_{|x-\mu_i|>\tau B_n}(x-\mu_i)^2\,dF_i(x)\right)$$
$$\le\tau^2+\frac{1}{B_n{}^2}\sum_{i=1}^{n}\int_{|x-\mu_i|>\tau B_n}(x-\mu_i)^2\,dF_i(x)$$

この不等式の右辺は，$\tau>0$ をどのように小さくとることも可能であるから，$n\to\infty$ のとき 0 に収束する．

したがって

$$\lim_{n\to\infty}\frac{\sigma_i{}^2}{B_n{}^2}=0$$

がリンドベルグの条件から得られる．これは n が大きいとき，X_i の分散 σ_i^2 の $\sum_{j=1}^{n}X_j$ の分散 $\sum_{j=1}^{n}\sigma_j{}^2$ への寄与はきわめて小さいことを示している．

1923 年，リンドベルグによって CLT の十分条件として示されたこのリンドベルグの条件は，1935 年，フェラー Feller によって必要条件であることも示された．すなわち

$$\frac{1}{B_n}\sum_{i=1}^{n}(X_i-\mu_i)\xrightarrow{d}N(0,1)$$

ならば

$$\lim_{n\to\infty}\frac{1}{B_n{}^2}\sum_{i=1}^{n}\int_{|x-\mu_i|\ge\tau B_n}(x-\mu_i)^2\,dF_i(x)=0$$

このことから，この 3.1.2 項の CLT はリンドベルグ-フェラーの CLT といわれることもある．

例 3.3　$X_1,\cdots,X_n$ は独立であるが同一の分布には従わず

$$X_i\sim\mathrm{BETA}(p_i,q_i)$$
$$p_i=2+0.1i$$
$$q_i=8+0.1i$$
$$i=1,\cdots,n$$

と仮定しよう．$E(X_i)=\mu_i$，$\mathrm{var}(X_i)=\sigma_i^2$ は例 3.2 で示した μ,σ^2 の式で p_i, q_i が一定ではないから，μ_i,σ_i^2 は i によって変化する．

(3.5) 式の規準化された確率変数を

$$Z=\frac{1}{B_n}\sum_{i=1}^{n}(X_i-\mu_i)$$

とする．

BETA(p_i, q_i) に従う X_i，$i=1,\cdots,n$ を発生させ，Z を求め，m回の実験によって得られる m 個の Z の柱状図を描く．$n=20$ と $n=100$ の 2 ケースそれぞれ 30,000 回（$m=30,000$）の実験を行った．**図 3.5** は $n=20$，**図 3.6** は $n=100$ の Z の柱状図とカーネル密度関数である．**表 3.2** は Z の分布から得られる分位点を，表 3.1 と同様に $N(0,1)$ の分位点と比較した表である．

(3.5) 式から予想されるように，実験から得られた Z の分布は $n=20$ の小標本においても，モードは 0 より少し左に偏っているが，かなり $N(0,1)$ に近い．$n=100$ になればモードの偏りもなくなる．

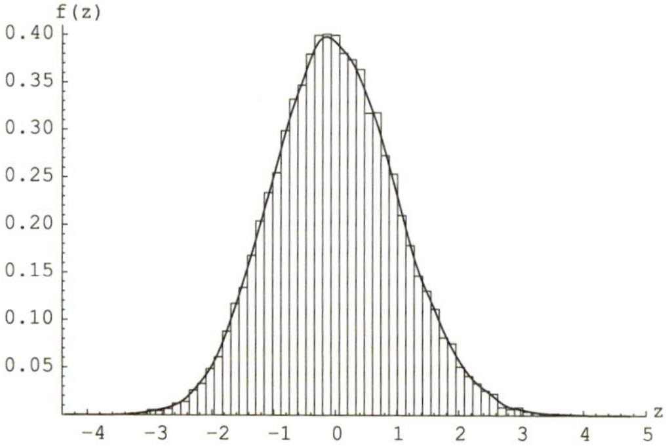

図 3.5　ベータ分布からの規準化標本総和の分布$(p_i, q_i, n=20)$

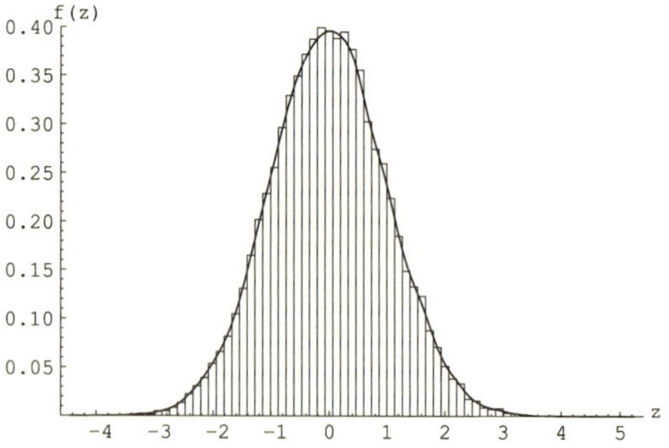

図 3.6　ベータ分布からの規準化標本総和の分布$(p_i, q_i, n=100)$

表 3.2 ベータ分布からの規準化標本平均の分布の分位点

	上側確率			下側確率		
	0.10	0.05	0.01	0.10	0.05	0.01
標準正規分布	1.2816	1.6449	2.3264	−1.2816	−1.6449	−2.3264
BETA (p_i, q_i), $n=20$	1.2931	1.6818	2.4230	−1.2762	−1.6075	−2.2320
BETA (p_i, q_i), $n=100$	1.2745	1.6423	2.3044	−1.2663	−1.6266	−2.2880

$n=20$ のとき $\sum_{i=1}^{n}\mu_i=4.90981$, $B_n{}^2=\sum_{i=1}^{n}\sigma_i{}^2=47.92150$, $\max_i(\sigma_i{}^2)=\sigma_{20}^2=3.00057$ であるから

$$\frac{\sigma_{20}^2}{B_n{}^2}=0.06261$$

である．$n=100$ のとき $\sum_{i=1}^{n}\mu_i=33.42037$, $B_n{}^2=469.72083$, $\max_i(\sigma_i{}^2)=\sigma_{100}^2=7.38785$ であるから

$$\frac{\sigma_{100}^2}{B_n{}^2}=0.01573$$

となり，最大の分散の $B_n{}^2$ に占める割合 1.573% は，$n=20$ のときの 6.261% より小さい．

リンドベルグの条件を用いて，次の 3.1.3 項，3.1.4 項が得られる．

3.1.3 有界な確率変数の CLT

$\{X_n\}$ は独立で

$$P(|X_i|\le m)=1, \qquad m\in(0,\infty)$$
$$E(X_i)=\mu_i, \qquad \mathrm{var}(X_i)=\sigma_i{}^2$$

とする．このとき

$$B_n{}^2=\mathrm{var}\left(\sum_{i=1}^{n}X_i\right)=\sum_{i=1}^{n}\mathrm{var}(X_i)=\sum_{i=1}^{n}\sigma_i{}^2 \xrightarrow[n\to\infty]{} \infty$$

$$\Longrightarrow \frac{\sum_{i=1}^{n}X_i-\sum_{i=1}^{n}\mu_i}{B_n} \xrightarrow{d} N(0,1).$$

証明を以下に示す．

$$P(|X_i-\mu_i|\le 2m)=1$$

と仮定する．X_i の cdf を $F_i(x)$，$\tau>0$ とすると

$$\int_{|x-\mu_i|>\tau B_n}(x-\mu_i)^2\,dF_i(x)\leq 4m^2\int_{|x-\mu_i|>\tau B_n}dF_i(x)$$

$$=4m^2P(|X_i-\mu_i|>\tau B_n)\leq 4m^2\frac{E(X_i-\mu_i)^2}{\tau^2B_n{}^2}$$

（マルコフの不等式）

$$=\frac{4m^2\sigma_i{}^2}{\tau^2B_n{}^2}$$

したがって

$$\frac{1}{B_n{}^2}\sum_{i=1}^{n}\int_{|x-\mu_i|>\tau B_n}(x-\mu_i)^2\,dF_i(x)$$

$$\leq\frac{4m^2}{\tau^2B_n{}^4}\sum_{i=1}^{n}\sigma_i{}^2=\frac{4m^2}{\tau^2B_n{}^2}\xrightarrow[n\to\infty]{}0$$

となり，リンドベルグの条件を満たす．したがって

$$\frac{\sum_{i=1}^{n}X_i-\sum_{i=1}^{n}\mu_i}{B_n}\xrightarrow{d}N(0,1)\tag{3.6}$$

が得られる．

例 3.4　$\{Y_n\}$ は回帰モデル

$$Y_i=X_i\beta+u_i,\qquad i=1,2,\cdots,n$$

によって生成され，説明変数 X_i は所与であり，確率誤差項 u_i および X_i は次の仮定を満たすものとする．

(i)　$\frac{1}{n}\sum_{i=1}^{n}X_i^2>a>0,\qquad |X_i|<d<\infty$

(ii)　$E(u_i)=0$

$\mathrm{var}(u_i)=\sigma^2$

$P(|u_i|\leq m)=1,\qquad m\in(0,\infty)$

β の最小 2 乗推定量を $\hat{\beta}_n$ とすると

$$\hat{\beta}_n-\beta=\frac{\sum_{i=1}^{n}X_iu_i}{\sum_{i=1}^{n}X_i^2}$$

が得られる．したがって

$$W_n=\left(\sum_{i=1}^{n}X_i^2\right)^{\frac{1}{2}}\frac{\widehat{\beta}_n-\beta}{\sigma}=\sum_{i=1}^{n}\frac{X_iu_i}{\left(\sigma^2\sum_{i=1}^{n}X_i^2\right)^{\frac{1}{2}}}$$

において $Z_i=X_iu_i$ とおくと

$$E(Z_i)=X_iE(u_i)=0$$

$$\mathrm{var}(Z_i)=X_i^2\,\mathrm{var}(u_i)=\sigma^2X_i^2<\sigma^2d^2<\infty$$

$$\sum_{i=1}^{n}\mathrm{var}(Z_i)=\sigma^2\sum_{i=1}^{n}X_i^2=\sigma^2n\left(\frac{\sum_{i=1}^{n}X_i^2}{n}\right)>\sigma^2\,na\xrightarrow[n\to\infty]{}\infty$$

さらに

$$P(|X_iu_i|\leq dm)=P(|Z_i|\leq dm)=1$$

したがって

$$W_n=\frac{\sum_{i=1}^{n}Z_i}{\left[\sum_{i=1}^{n}\mathrm{var}(Z_i)\right]^{\frac{1}{2}}}\xrightarrow[n\to\infty]{}N(0,1)$$

となるから

$$\widehat{\beta}_n\xrightarrow{d}N\left(\beta,\,\sigma^2\left(\sum_{i=1}^{n}X_i^2\right)^{-1}\right)$$

が得られる．

同一の分布という仮定を緩めたのは次のリヤプノフの CLT の方が 3.1.2 項のリンドベルグの CLT より 20 年早い．

3.1.4 リヤプノフ Liapounov の CLT

$\{X_n\}$ は独立であり

$$E(X_i)=\mu_i$$

$$\mathrm{var}(X_i)=\sigma_i^2<\infty$$

が存在すると仮定する．ある $\delta>0$ に対して

$$\lim_{n\to\infty}\frac{\sum_{i=1}^{n}E|X_i-\mu_i|^{2+\delta}}{\left(\sum_{i=1}^{n}\sigma_i^2\right)^{1+\frac{\delta}{2}}}=0\quad\Longrightarrow\quad\frac{\sum_{i=1}^{n}X_i-\sum_{i=1}^{n}\mu_i}{\left(\sum_{i=1}^{n}\sigma_i^2\right)^{\frac{1}{2}}}\xrightarrow{d}N(0,1)\qquad(3.7)$$

このCLTはリンドベルグの条件から得られる．

$$B_n{}^2=\sum_{i=1}^{n}\sigma_i{}^2$$

とおく．まず，次の結果が得られる．$\tau>0$ とする．

$$\int_{|x-\mu_i|\geq\tau B_n}(x-\mu_i)^2\,dF_i(x)=\int_{|x-\mu_i|\geq\tau B_n}|x-\mu_i|^{\delta}|x-\mu_i|^{-\delta}(x-\mu_i)^2\,dF_i(x)$$

$$\leq(\tau B_n)^{-\delta}\int_{|x-\mu_i|\geq\tau B_n}|x-\mu_i|^{2+\delta}\,dF_i(x)$$

$$\leq(\tau B_n)^{-\delta}E(|X-\mu_i|^{2+\delta})$$

最初の不等式は

$$(x-\mu_i)^2\geq(\tau B_n)^2$$

であるから，$\delta>0$ のとき

$$|x-\mu_i|^{-\delta}\leq(\tau B_n)^{-\delta}$$

次の不等式は

$$\int_{|x-\mu_i|\geq\tau B_n}|x-\mu_i|^{2+\delta}\,dF_i(x)$$

$$\leq\int_{|x-\mu_i|\geq\tau B_n}|x-\mu_i|^{2+\delta}\,dF_i(x)+\int_{|x-\mu_i|<\tau B_n}|x-\mu_i|^{2+\delta}\,dF_i(x)$$

$$=E(|X-\mu_i|^{2+\delta})$$

より得られる．

したがって

$$\lim_{n\to\infty}\frac{1}{B_n{}^2}\sum_{i=1}^{n}\int_{|x-\mu_i|\geq\tau B_n}(x-\mu_i)^2\,dF_i(x)$$

$$\leq\lim_{n\to\infty}\frac{1}{B_n{}^2}\sum_{i=1}^{n}(\tau B_n)^{-\delta}E(|X-\mu_i|^{2+\delta})$$

$$\leq\tau^{-\delta}\lim_{n\to\infty}\sum_{i=1}^{n}\left[\frac{E(|X-\mu_i|^{2+\delta})}{(B_n{}^2)^{1+\frac{\delta}{2}}}\right]=0$$

となり，任意の $\tau>0$ に対してリンドベルグの条件が成立し，リヤプノフのCLTが証明された．

3.1.5 マルチンゲール差に対するCLT

$\{X_n\}$ は次の性質を有するときマルチンゲール差 martingale difference といわれる．

(1) $E|X_n|<\infty$

(2) $E(X_n|X_{n-1}, X_{n-2}, \cdots, X_1, X_0)=0$

たとえば，S_n がランダム・ウォーク

$$S_n=S_{n-1}+X_n$$
$$X_n\sim \mathrm{iid}(0, \sigma^2)$$
$$S_0=0$$

に従うとき，$n-1$ 期までの情報（この情報セットの中に（$X_{n-1}, X_{n-2}, \cdots, X_1, X_0$）も含まれる）が所与のとき

$$E(S_n|S_{n-1}, \cdots, S_1, S_0)$$
$$=E(S_{n-1}+X_n|S_{n-1}, \cdots, S_0)=S_{n-1}+E(X_n|S_{n-1}, \cdots, S_0)=S_{n-1}$$

と S_n はマルチンゲール過程となる．X_n はこのマルチンゲール過程 S_n の差

$$X_n=S_n-S_{n-1}$$

として表され，マルチンゲール差になる．マルチンゲールはつねにある情報セットに関して定義される．

このマルチンゲール差 $\{X_n\}$ は次の条件を満たすと仮定する．$\{X_n\}$ に iid は仮定していない．

(a) $E(X_n|X_{n-1}, X_{n-2}, \cdots, X_1, X_0)=0$

(b) $\mathrm{var}(X_n)=\sigma_n{}^2<\infty, \quad n=1, 2, \cdots$

$$\delta_n{}^2=E(X_n{}^2|X_{n-1}, \cdots, X_1, X_0), \qquad V_n{}^2=\sum_{i=1}^{n}\delta_i{}^2, \qquad B_n{}^2=\sum_{i=1}^{n}\sigma_i{}^2$$

とおくと

(c) $\dfrac{V_n{}^2}{B_n{}^2}\xrightarrow{p} 1$

(d) $\displaystyle\lim_{n\to\infty}\frac{1}{B_n{}^2}\sum_{i=1}^{n}\int_{|x|>\tau B_n}x^2\,dF_i(x)=0$

これらの条件のもとで次の結果が得られる．

$$\frac{\sum_{i=1}^{n}X_i}{B_n}\xrightarrow{d} N(0,1) \tag{3.8}$$

条件（d）はリンドベルグの条件であり，（c）は条件つき分散

$$\delta_1{}^2 = \mathrm{var}(X_1 \mid X_0)$$
$$\delta_2{}^2 = \mathrm{var}(X_2 \mid X_1, X_0)$$
$$\vdots$$
$$\delta_n{}^2 = \mathrm{var}(X_n \mid X_{n-1}, \cdots, X_0)$$

の総和 $V_n{}^2$ が，無条件分散の和 $B_n{}^2$ に確率収束することを仮定している．

$\{X_n\}$ がマルチンゲール差のとき，$i<j$ とすると

$$E(X_i X_j \mid X_{j-1}, X_{j-2}, \cdots, X_1, X_0) = X_i E(X_j \mid X_{j-1}, \cdots, X_0) = 0$$

であるから，$i<j$ に対して $\mathrm{cov}(X_i, X_j)=0$ である．マルチンゲール差 $\{X_n\}$ は独立であると仮定されていないが，無相関である．

そして

$$E[E(X_n{}^2 \mid X_{n-1}, \cdots, X_0)] = E(X_n{}^2) = \sigma_n{}^2$$

すなわち

$$E(\delta_n{}^2) = \sigma_n{}^2$$

であるから

$$E(V_n{}^2) = B_n{}^2 = \sum_{i=1}^{n} \sigma_i{}^2 = \sum_{i=1}^{n} \mathrm{var}(X_i) = \mathrm{var}\left(\sum_{i=1}^{n} X_i\right)$$

でもあり

$$\frac{\sum_{i=1}^{n} X_i}{B_n}$$

は，マルチンゲール差 $\{X_n\}$ の総和を $\sum_{i=1}^{n} X_i$ の標準偏差で規準化した変数である．

このようにマルチンゲール差 $\{X_n\}$ に対する CLT は，$\{X_n\}$ の独立性や同一分布を仮定していない．

CLT は次のような確率過程においても成立する．移動平均過程 moving average process (MA)，ARMA(p, q)，m 従属確率過程，関数 CLT について述べる．

3.1.6 移動平均過程の CLT

$$Y_t = \mu + \sum_{j=0}^{m} b_j \varepsilon_{t-j} \tag{3.9}$$

$$b_0=1, \qquad \sum_{j=0}^{m} b_j \neq 0$$

とする．そして ε_t は白色雑音 white noise

$$E(\varepsilon_i)=0$$

$$E(\varepsilon_t\varepsilon_s)=\begin{cases}\sigma^2, & t=s\\ 0, & t\neq s\end{cases}$$

と仮定する．さらに

$$\bar{\varepsilon}_T=\frac{1}{T}\sum_{t=1}^{T}\varepsilon_t$$

とすると

$$\sqrt{T}\,\bar{\varepsilon}_T=\frac{1}{\sqrt{T}}\sum_{t=1}^{T}\varepsilon_t \xrightarrow{d} N(0, \sigma^2)$$

と仮定する．

このとき

$$\sqrt{T}(\bar{Y}_T-\mu) \xrightarrow{d} N\left(0, \sigma^2\left[\sum_{j=0}^{m} b_j\right]^2\right) \tag{3.10}$$

が成り立つ．ここで

$$\bar{Y}_T=\frac{1}{T}\sum_{t=1}^{T} Y_t$$

である (Fuller (1996), p. 320)．

(3.9) 式は Y_t が ε_t の有限の MA の場合であるが，無限の MA においても，(3.10) 式と同様の CLT が成立する．

$$Y_t=\mu+\sum_{j=0}^{\infty}\alpha_j\varepsilon_{t-j} \tag{3.11}$$

$$\alpha_j\neq 0, \qquad \sum_{j=0}^{\infty}|\alpha_j|<\infty$$

とする．ε_t に関する仮定は同じである．このとき

$$\sqrt{T}\,\bar{Y}_T=\frac{1}{\sqrt{T}}\sum_{t=1}^{T}(Y_t-\mu) \xrightarrow{d} N\left(0, \sum_{j=-\infty}^{\infty}\gamma_j\right) \tag{3.12}$$

ここで

$$\sum_{j=-\infty}^{\infty}\gamma_j=\sigma^2\left(\sum_{j=0}^{\infty}\alpha_j\right)^2$$

である (Fuller (1996), pp. 326～327)．

3.1.7　ARMA(p, q) 過程の CLT

Y_t は ARMA(p, q) モデル

$$\phi(L)\,Y_t=\theta(L)\,\varepsilon_t \tag{3.13}$$

$$\varepsilon_t \sim \mathrm{iid}(0, \sigma^2)$$

に従うと仮定しよう．自己回帰移動平均 ARMA とは autoregressive moving average の略である．L はラグ演算子であり

$$\phi(L)=1-\phi_1 L-\phi_2 L^2-\cdots-\phi_p L^p$$

$$\theta(L)=1-\theta_1 L-\theta_2 L^2-\cdots-\theta_q L^q$$

である．

そして次の 2 つの条件を仮定する．

① $\phi(z)=0$ の p 個のすべての根の絶対値は単位円の外にある（安定条件）．

② $\theta(z)=0$ の q 個のすべての根の絶対値は単位円の外にある（反転可能性）．

このとき

$$Y_t=\phi(L)^{-1}\,\theta(L)\,\varepsilon_t=\sum_{j=0}^{\infty}a_j\varepsilon_{t-j} \tag{3.14}$$

$$a_0=1$$

と表すことができる．$E(Y_t)=\mu$ のときには

$$Y_t-\mu=\sum_{j=0}^{\infty}a_j\varepsilon_{t-j}$$

と表せばよい．a_j に関しては

$$\sum_{j=0}^{\infty}|\,a_j|<\infty, \qquad \sum_{j=0}^{\infty}ja_j^2<\infty$$

が満たされると仮定する．

Y_t と Y_{t-s} の共分散を

$$\gamma_s=\mathrm{cov}(Y_t,\ Y_{t-s}) \tag{3.15}$$

とする．γ_s はラグ s の共分散とよばれる．とくに $\gamma_0=\mathrm{var}(Y_t)=\sigma_y^2$ である．ラグ s の自己相関係数を

$$\rho_s=\frac{\mathrm{cov}(Y_t,\ Y_{t-s})}{\sqrt{\mathrm{var}(Y_t)\mathrm{var}(Y_{t-s})}}=\frac{\gamma_s}{\sigma_y^2}=\frac{\gamma_s}{\gamma_0} \tag{3.16}$$

と定義する．$\rho_0=1$ である．

γ_s は

$$c_s=\frac{1}{T}\sum_{t=s+1}^{T}(Y_t-\bar{Y})(Y_{t-s}-\bar{Y}),\qquad s=0,1,2,\cdots$$

によって推定することができるから，ρ_s の推定量は

$$r_s=\frac{c_s}{c_0}$$

によって求めることができる．

Y_t がこの ARMA(p,q) 過程に従うとき

$$\sqrt{T}[\boldsymbol{r}(h)-\boldsymbol{\rho}(h)]\xrightarrow{d}N(\boldsymbol{0},\ \boldsymbol{W}) \tag{3.17}$$

が成立する (Brockwell and Davis (1991), Theorem 7.2.2).

ここで

$$\boldsymbol{r}(h)=\begin{bmatrix} r_1 \\ r_2 \\ \vdots \\ r_h \end{bmatrix},\qquad \boldsymbol{\rho}(h)=\begin{bmatrix} \rho_1 \\ \rho_2 \\ \vdots \\ \rho_h \end{bmatrix}$$

である．共分散行列 $\boldsymbol{W}$ の (i,j) 要素は次式で与えられる．

$$w_{ij}=\sum_{k=1}^{\infty}\left\{(\rho_{k+i}+\rho_{k-i}-2\rho_i\rho_k)(\rho_{k+j}+\rho_{k-j}-2\rho_j\rho_k)\right\}$$

この式はバートレットの公式 Bartlett formula とよばれている．

また，ARMA(p,q) のパラメータ

$$\boldsymbol{\xi}'=(\phi_1,\phi_2,\cdots,\phi_p,\theta_1,\theta_2,\cdots,\theta_q)$$

の推定量を $\hat{\boldsymbol{\xi}}'$ とすると，次式が成立する．

$$\sqrt{T}(\hat{\boldsymbol{\xi}}-\boldsymbol{\xi})\xrightarrow{d}N(\boldsymbol{0},\ \boldsymbol{V}^{-1}) \tag{3.18}$$

ここで

$$\boldsymbol{V}=\lim_{t\to\infty}E(\boldsymbol{U}_t\boldsymbol{U}_t')$$

$$\boldsymbol{U}_t'=(a_{1t},a_{2t},\cdots,a_{pt},b_{1t},b_{2t},\cdots,b_{qt})$$

であり

$$\varepsilon_t=Y_t-\sum_{j=1}^{p}\phi_jY_{t-j}+\sum_{i=1}^{q}\theta_i\varepsilon_{t-i}$$

と表すと

$$a_{jt}=-\frac{\partial\varepsilon_t}{\partial\phi_j}=Y_{t-j}+\sum_{s=1}^{q}\theta_s a_{j,t-s}$$

$$b_{it} = -\frac{\partial \varepsilon_t}{\partial \theta_i} = -\varepsilon_{t-i} + \sum_{i=1}^{q} \theta_s a_{i,t-s}$$

である（Fuller（1996），pp. 430～432）．

3.1.8 *m* 従属確率過程の CLT

確率変数列 $\{Y_t\}$，$t \in (0, \pm 1, \pm 2, \cdots)$ は

$$(\cdots, Y_{r-2}, Y_{r-1}, Y_r) \text{ と } (Y_s, Y_{s+1}, Y_{s+2}, \cdots)$$

が，$s-r>m$（m は正の整数）に対して独立のとき，m 従属 m-dependent といわれる．

この Y_t に対して次の CLT が成立する．

m 従属な確率変数列 $\{Y_t\}$，$t=1, 2, \cdots$ があり

$$E(Y_t) = 0$$

$$E(Y_t^2) = \sigma_t^2 < \beta < \infty$$

$$E\{|Y_t|^{2+2\delta}\} \leq \beta^{2+2\delta}, \qquad \delta > 0$$

と仮定する．

$$A_t = E(Y_{t+m}^2) + 2\sum_{j=1}^{m} E(Y_{t+m-j} Y_{t+m})$$

を定義し

$$\lim_{T\to\infty} \frac{1}{T} \sum_{j=1}^{T} A_{t+j} = A \neq 0, \qquad t = 1, 2, \cdots$$

と仮定すると

$$\frac{1}{\sqrt{T}} \sum_{t=1}^{T} Y_t \xrightarrow{d} N(0, A) \tag{3.19}$$

が成立する（Fuller（1996），p. 321）．

3.1.9 関数 functional CLT

$$u_t = \psi(L)\,\varepsilon_t = \sum_{j=0}^{\infty} \psi_j \varepsilon_{t-j}$$

とする．L はラグ演算子である．そして

$$E(\varepsilon_t) = 0$$

$$E(\varepsilon_t \varepsilon_s) = \begin{cases} \sigma^2, & t = s \\ 0, & t \neq s \end{cases}$$

$$E(\varepsilon_t{}^4)<\infty$$

$$\sum_{j=0}^{\infty} j\,|\,\psi_j|<\infty$$

と仮定する．

このとき

$$Y_T(r)=\frac{1}{T}\sum_{t=1}^{[Tr]^*} u_t$$

とすると

$$\sqrt{T}\,Y_T(\cdot)\xrightarrow{d}\sigma\psi(1)\,W(\cdot) \tag{3.20}$$

が成立する．ここで

$[Tr]^*$ は Tr 以下の最大の整数を示す．したがって

$$Y_T(r)=\begin{cases} 0, & 0\leq r<1/T \\ u_1/T, & 1/T\leq r<2/T \\ (u_1+u_2)/T, & 2/T\leq r<3/T \\ \quad\vdots & \\ (u_1+u_2+\cdots+u_T)/T, & r=1 \end{cases}$$

$$\psi(1)=\sum_{j=0}^{\infty}\psi_j$$

$W(\cdot)$ は標準ブラウン運動であり，次の条件を満たす．

(a) $W(0)=0$

(b) $0\leq t_1<t_2<\cdots<t_k\leq 1$ に対して

$[W(t_2)-W(t_1)], [W(t_3)-W(t_2)], \cdots, [W(t_k)-W(t_{k-1})]$ は独立であり

$s<t$ とするとき

$$W(t)-W(s)\sim N(0,t-s)$$

したがって，$W(t)\sim N(0,t)$，$W(1)\sim N(0,1)$ である．

(c) $W(t)$ は t に関して連続である．

とくに $r=1$ のとき

$$Y_T(1)=\frac{1}{T}\sum_{t=1}^{T}u_t=\overline{u}$$

であるから

$$\sqrt{T}\,Y_T(1)=\frac{1}{\sqrt{T}}\sum_{t=1}^{T}u_t\xrightarrow{d}\sigma\psi(1)\,W(1)$$

$W(1) \sim N(0,1)$ であるから

$$\sqrt{T}\,Y_T(1) = \frac{1}{\sqrt{T}} \sum_{t=1}^{T} u_t \xrightarrow{d} N(0, \sigma^2[\psi(1)]^2)$$

は通常の CLT である（以上 Hamilton (1994), pp. 504～505 を参照）．

3.1.10　格子分布の CLT（局所極限定理 local limit theorem）

離散分布のなかで，確率変数 X のとり得る値が

$$a-2k,\ a-k,\ a,\ a+k,\ a+2k, \cdots$$

と等間隔で

$$a+dz \quad (z=0, \pm 1, \pm 2, \cdots), \qquad d>0$$

の形をしているとき，X は周期 d（あるいは幅 d）の格子分布 lattice distribution に従うといわれる．

X は格子分布に従い

$$X_i \sim \mathrm{iid}(\mu, \sigma^2), \quad i=1, \cdots, n$$

$$S_n = \sum_{i=1}^{n} X_i$$

$$p_n(x) = P\left(\frac{S_n - n\mu}{\sqrt{n}\sigma} = x\right)$$

$$x \in L_n = \{[n(a-\mu)+dz]/\sqrt{n}\sigma\ ;\ z \in Z = \text{整数空間}\}$$

とすると，次の CLT が成立する（Durrett (2010), p. 143）．

$$\sup_{x \in L_n} \left| \frac{\sqrt{n}\,p_n(x)}{d} - \phi(x) \right| \xrightarrow[n\to\infty]{} 0 \tag{3.21}$$

3.1.11　ベルンシュタイン–フェラーの定理

1926 年，ベルンシュタイン（Bernstein, Sergei Natanovich, 1880-1968）は，これまで説明してきた CLT とは異なる観点から，CLT 成立の問題を考察した．$X_1, X_2, \cdots, X_n$ を独立な確率変数の系列とし，期待値や分散の存在を仮定しないとき，$S_n = \sum_{i=1}^{n} X_i$ とすると

$$\frac{S_n}{B_n} - A_n$$

の分布関数が正規分布に収束するような定数 A_n と $B_n > 0$ を見出すことができるであろうか，という問いである．

ベルンシュタインはこの問題に対する十分条件を与え，その条件は必要条件であることを，1935 年フェラーは証明した．それが次の定理である．

ベルンシュタイン-フェラーの定理 Bernstein-Feller theorem (Petrov (1996), p. 121)：

$X_1, X_2, \cdots, X_n$ は独立な確率変数列とし，X_n の分布関数を $F_n(x)$ とする．

$$\sup \left| P\left(\frac{S_n}{B_n} - A_n \leq x\right) - \Phi(x) \right| \underset{n\to\infty}{\longrightarrow} 0$$

かつ

$$\max P\left(\left|\frac{X_k}{B_n}\right| \geq \varepsilon\right) \underset{n\to\infty}{\longrightarrow} 0, \text{ すべての固定した } \varepsilon > 0 \text{ に対して}$$

を満たす定数列 $\{A_n\}$，$\{B_n > 0\}$ が存在するためには

$$\text{定数列 } \{c_n\} \text{ において } c_n \underset{n\to\infty}{\longrightarrow} \infty$$

$$\sum_{k=1}^{n} \int_{|x| \geq c_n} dF_k(x) \underset{n\to\infty}{\longrightarrow} 0 \tag{3.22}$$

$$c_n^{-2} \sum_{k=1}^{n} \left\{ \int_{|x| < c_n} x^2 \, dF_k(x) - \left(\int_{|x| < c_n} x dF_k(x) \right)^2 \right\} \underset{n\to\infty}{\longrightarrow} \infty$$

となる定数列 $\{c_n\}$ が存在することが必要・十分条件である．

このとき

$$\begin{aligned} B_n^2 &= \sum_{k=1}^{n} \left\{ \int_{|x| < c_n} x^2 \, dF_k(x) - \left(\int_{|x| < c_n} x dF_k(x) \right)^2 \right\} \\ A_n &= B_n^{-1} \sum_{k=1}^{n} \int_{|x| < c_n} x dF_k(x) \end{aligned} \tag{3.23}$$

である．

多変量においても，1 変量の場合と同様，CLT が成立する．

3.2　多変量中心極限定理

$\{\boldsymbol{X}_n\}$ は $k \times 1$ の確率変数ベクトル列であるとしよう．確率ベクトル列の分布収束の問題も，確率スカラー列の分布収束の問題に帰着させることができる．それが次のクラメール-ウォルドの方法 Cramér-Wold's device である．

$$\underset{k\times 1}{\{\boldsymbol{X}_n\}} \xrightarrow{d} \underset{k\times 1}{\boldsymbol{X}} \iff \underset{1\times k}{\boldsymbol{c}'} \underset{k\times 1}{\boldsymbol{X}_n} \xrightarrow{d} \underset{1\times k}{\boldsymbol{c}'} \underset{k\times 1}{\boldsymbol{X}} \tag{3.24}$$

ここで $\boldsymbol{c}$ は任意の $\mathbf{0}$ でない $k\times 1$ 定数ベクトルである．

この方法の十分性をまず示そう．mgf の存在を仮定する．$\boldsymbol{X}_n, \boldsymbol{X}$ は $k\times 1$ の確率ベクトルである．

$$\boldsymbol{c}'\boldsymbol{X}_n \xrightarrow{d} \boldsymbol{c}'\boldsymbol{X} \Longrightarrow M_{\boldsymbol{c}'\boldsymbol{X}_n}(t) \longrightarrow M_{\boldsymbol{c}'\boldsymbol{X}}(t), \qquad t\in(-h, h)$$

上の結果は，$\boldsymbol{t}^*=t\boldsymbol{c}$ とおくと

$$E\{\exp(t\boldsymbol{c}'\boldsymbol{X}_n)\}=E\{\exp(\boldsymbol{t}^{*\prime}\boldsymbol{X}_n)\}\to E\{\exp(\boldsymbol{t}^{*\prime}\boldsymbol{X})\}=E\{\exp(t\boldsymbol{c}'\boldsymbol{X})\}$$

に等しく，これはあらゆる $\boldsymbol{t}^*$ に対して

$$M_{X_n}(\boldsymbol{t}^*) \longrightarrow M_X(\boldsymbol{t}^*)$$

に等しく，したがって $\boldsymbol{X}_n \xrightarrow{d} \boldsymbol{X}$ である．

この方法の必要性は次のとおりである．

$\boldsymbol{c}'\boldsymbol{X}$ は $\boldsymbol{X}$ の連続関数であるから，$g(\boldsymbol{X}_n)=\boldsymbol{c}'\boldsymbol{X}_n$ とおくと

$$\boldsymbol{X}_n \xrightarrow{d} \boldsymbol{X} \Longrightarrow g(\boldsymbol{X}_n) \xrightarrow{d} g(\boldsymbol{X}) \Longrightarrow \boldsymbol{c}'\boldsymbol{X}_n \xrightarrow{d} \boldsymbol{c}'\boldsymbol{X}$$

このクラメール-ウォルドの方法を使うと，たとえば

$$\boldsymbol{X}_n \xrightarrow{d} N(\boldsymbol{\mu}, \boldsymbol{\Sigma}) \Longrightarrow \boldsymbol{c}'\boldsymbol{X}_n \xrightarrow{d} N(\boldsymbol{c}'\boldsymbol{\mu}, \boldsymbol{c}'\boldsymbol{\Sigma}\boldsymbol{c})$$

が直ちに得られる．ここで $\boldsymbol{\mu}$，$\boldsymbol{\Sigma}$ はそれぞれ $k\times 1$，$k\times k$ の平均ベクトル，分散・共分散行列である．

3.2.1 多変量リンドベルグ-レヴィ CLT

$\{\boldsymbol{X}_n\}$ は $k\times 1$ の iid 確率ベクトル列であり

$$E\Big(\underset{k\times 1}{\boldsymbol{X}_i}\Big)=\underset{k\times 1}{\boldsymbol{\mu}}$$

$$\mathrm{var}\Big(\underset{k\times 1}{\boldsymbol{X}_i}\Big)=\underset{k\times k}{\boldsymbol{\Sigma}}, \qquad \boldsymbol{\Sigma}\text{ は正値定符号}$$

とする．このとき次の結果が成り立つ．

$$\sqrt{n}\left(\frac{1}{n}\sum_{i=1}^{n}\boldsymbol{X}_i-\boldsymbol{\mu}\right) \xrightarrow{d} N\Big(\underset{k\times 1}{\mathbf{0}}, \underset{k\times k}{\boldsymbol{\Sigma}}\Big) \tag{3.25}$$

以下，証明を示す．

$\boldsymbol{c}\neq\mathbf{0}$ を $k\times 1$ の任意の定数ベクトルとし

$$Z_i=\boldsymbol{c}'\boldsymbol{X}_i$$

とおく．このとき

$$\mu_Z = E(Z_i) = E(\boldsymbol{c}'\boldsymbol{X}_i) = \boldsymbol{c}'\boldsymbol{\mu}$$

$$\sigma_Z{}^2 = \mathrm{var}(Z_i) = \mathrm{var}(\boldsymbol{c}'\boldsymbol{X}_i) = \boldsymbol{c}'\boldsymbol{\Sigma}\boldsymbol{c}$$

となる．$\{\boldsymbol{X}_n\}$ は iid であるから，$\{Z_n\}=\{\boldsymbol{c}'\boldsymbol{X}_n\}$ は iid 確率スカラー列である．したがってスカラー $\{Z_n\}$ にリンドベルグ-レヴィ CLT を適用すれば

$$\frac{\sum_{i=1}^{n} Z_i - n\mu_Z}{\sqrt{n}\sigma_Z} = \frac{\sum_{i=1}^{n} \boldsymbol{c}'\boldsymbol{X}_i - n\boldsymbol{c}'\boldsymbol{\mu}}{\sqrt{n}(\boldsymbol{c}'\boldsymbol{\Sigma}\boldsymbol{c})^{\frac{1}{2}}}$$

$$= \frac{\boldsymbol{c}'\left(\sum_{i=1}^{n} \boldsymbol{X}_i - n\boldsymbol{\mu}\right)}{\sqrt{n}(\boldsymbol{c}'\boldsymbol{\Sigma}\boldsymbol{c})^{\frac{1}{2}}} = \frac{\boldsymbol{c}'\sqrt{n}\left(\frac{1}{n}\sum_{i=1}^{n} \boldsymbol{X}_i - \boldsymbol{\mu}\right)}{(\boldsymbol{c}'\boldsymbol{\Sigma}\boldsymbol{c})^{\frac{1}{2}}} \xrightarrow{d} N(0, 1)$$

したがって

$$\boldsymbol{c}'\sqrt{n}\left(\frac{1}{n}\sum_{i=1}^{n} \boldsymbol{X}_i - \boldsymbol{\mu}\right) \xrightarrow{d} N(0, \boldsymbol{c}'\boldsymbol{\Sigma}\boldsymbol{c})$$

ゆえにクラメール-ウォルドの方法により

$$\sqrt{n}\left(\frac{1}{n}\sum_{i=1}^{n} \boldsymbol{X}_i - \boldsymbol{\mu}\right) \xrightarrow{d} N(\boldsymbol{0}, \boldsymbol{\Sigma})$$

が得られる．

3.2.2　独立で有界な確率ベクトルに対する CLT

独立で有界な確率ベクトルのケースを考えよう．1 変数のときは 3.1.3 項で示した．

$\{\boldsymbol{X}_n\}$ は $k\times 1$ の独立な確率ベクトルであり，すべての i に対して

$$P(|X_{1i}| < m, |X_{2i}| \le m, \cdots, |X_{ki}| \le m) = 1$$

とする．$m \in (0, \infty)$ である．

$$E\Bigl(\underset{k\times 1}{\boldsymbol{X}_i}\Bigr) = \underset{k\times 1}{\boldsymbol{\mu}_i}$$

$$\mathrm{var}\Bigl(\underset{k\times 1}{\boldsymbol{X}_i}\Bigr) = \underset{k\times k}{\boldsymbol{V}_i}$$

とし

$$\lim_{n\to\infty}\left(\frac{1}{n}\sum_{i=1}^{n} \boldsymbol{V}_i\right) = \underset{k\times k}{\boldsymbol{V}}, \qquad \boldsymbol{V} \neq \boldsymbol{0}, \text{ 正値定符号}$$

と仮定する．このとき次の結果が成立する．

$$\frac{1}{\sqrt{n}}\sum_{i=1}^{n}\Bigl(\underset{k\times 1}{\boldsymbol{X}_i} - \underset{k\times 1}{\boldsymbol{\mu}_i}\Bigr) \xrightarrow{d} N\Bigl(\underset{k\times 1}{\boldsymbol{0}}, \underset{k\times k}{\boldsymbol{V}}\Bigr)$$

証明を以下に示す．

任意の $k\times 1$ 定数ベクトルを $\boldsymbol{c}\ (\neq \boldsymbol{0})$

$$Z_i = \boldsymbol{c}'\boldsymbol{X}_i$$

とする．このとき

$$E(Z_i) = E(\boldsymbol{c}'\boldsymbol{X}_i) = \boldsymbol{c}'\boldsymbol{\mu}_i$$
$$\mathrm{var}(Z_i) = \mathrm{var}(\boldsymbol{c}'\boldsymbol{X}_i) = \boldsymbol{c}'\boldsymbol{V}_i\boldsymbol{c}$$

となり，$\{\boldsymbol{X}_n\}$ は独立な確率ベクトル列であるから，$\{Z_n\}=\{\boldsymbol{c}'\boldsymbol{X}_n\}$ は独立な確率スカラー列である．さらに $\{\boldsymbol{X}_n\}$ は有界であるから，$Z_n=\boldsymbol{c}'\boldsymbol{X}_n$ も有界である．したがって

$$P(|Z_i|\leq\delta)=1$$

となる定数 $\delta>0$ が存在する．そして

$$\frac{1}{n}\sum_{i=1}^{n}\mathrm{var}(Z_i) = \frac{1}{n}\sum_{i=1}^{n}\boldsymbol{c}'\boldsymbol{V}_i\boldsymbol{c} \underset{n\to\infty}{\longrightarrow} \boldsymbol{c}'\boldsymbol{V}\boldsymbol{c}>0$$

であるから

$$\sum_{i=1}^{n}\mathrm{var}(Z_i) \underset{n\to\infty}{\longrightarrow} \infty$$

となる．それゆえ有界な確率変数の CLT (3.1.3 項) から

$$\frac{\sum_{i=1}^{n}Z_i-\sum_{i=1}^{n}\boldsymbol{c}'\boldsymbol{\mu}_i}{\left\{\sum_{i=1}^{n}\mathrm{var}(Z_i)\right\}^{\frac{1}{2}}} = \frac{\boldsymbol{c}'\left(\sum_{i=1}^{n}\boldsymbol{X}_i-\sum_{i=1}^{n}\boldsymbol{\mu}_i\right)}{\left(\sum_{i=1}^{n}\boldsymbol{c}'\boldsymbol{V}_i\boldsymbol{c}\right)^{\frac{1}{2}}}$$

$$= \frac{\boldsymbol{c}'\frac{1}{\sqrt{n}}\left(\sum_{i=1}^{n}\boldsymbol{X}_i-\sum_{i=1}^{n}\boldsymbol{\mu}_i\right)}{\left(\sum_{i=1}^{n}\boldsymbol{c}'\left(\frac{1}{n}\boldsymbol{V}_i\right)\boldsymbol{c}\right)^{\frac{1}{2}}} \xrightarrow{d} N(0, 1)$$

そして

$$\lim_{n\to\infty}\sum_{i=1}^{n}\left(\boldsymbol{c}'\left(\frac{1}{n}\boldsymbol{V}_i\right)\boldsymbol{c}\right)^{\frac{1}{2}} = (\boldsymbol{c}'\boldsymbol{V}\boldsymbol{c})^{\frac{1}{2}}$$

である．したがって

$$\boldsymbol{c}'\frac{1}{\sqrt{n}}\left(\sum_{i=1}^{n}\boldsymbol{X}_i-\sum_{i=1}^{n}\boldsymbol{\mu}_i\right) \xrightarrow{d} N(0, \boldsymbol{c}'\boldsymbol{V}\boldsymbol{c})$$

ゆえに，クラメール-ウォルドの方法より

$$\frac{1}{\sqrt{n}}\left(\sum_{i=1}^{n}\boldsymbol{X}_i-\sum_{i=1}^{n}\boldsymbol{\mu}_i\right) \xrightarrow{d} N(\boldsymbol{0}, \boldsymbol{V}) \tag{3.26}$$

が得られる．

3.2.3 $\{X_n\}$ が独立でないときの CLT

$\boldsymbol{X}_1, \boldsymbol{X}_2, \cdots, \boldsymbol{X}_n$ はそれぞれ $k\times 1$ の列ベクトルであり，共分散定常，すなわち

$$E(\boldsymbol{X}_t)=\boldsymbol{\mu}$$
$$E\{(\boldsymbol{X}_t-\boldsymbol{\mu})(\boldsymbol{X}_{t-j}-\boldsymbol{\mu})'\}=\boldsymbol{\Gamma}_j$$

と仮定する．そして

$$\bar{\boldsymbol{X}}_n=\frac{1}{n}\sum_{t=1}^{n}\boldsymbol{X}_t\xrightarrow{p}\boldsymbol{\mu}$$

さらに，$\boldsymbol{\Gamma}_s$ は絶対和可能，すなわち共分散定常で

$$\sum_{s=-\infty}^{\infty}\boldsymbol{\Gamma}_s=\boldsymbol{\Gamma}<\infty$$

と仮定すれば

$$\lim_{n\to\infty}\{nE(\bar{\boldsymbol{X}}_n-\boldsymbol{\mu})(\bar{\boldsymbol{X}}_n-\boldsymbol{\mu})'\}=\sum_{s=-\infty}^{\infty}\boldsymbol{\Gamma}_s=\boldsymbol{\Gamma}$$

となる（証明は蓑谷（2007），pp. 520～522 にある）．

このとき

$$\sqrt{n}(\bar{\boldsymbol{X}}_n-\boldsymbol{\mu})\xrightarrow{d}N(\boldsymbol{0},\boldsymbol{\Gamma}) \tag{3.27}$$

が成立する．

3.3 正規分布への収束速度

CLT が成立するとき，次の問題は正規分布への収束速度である．収束の次数は $n^{-1/2}$ なのか n^{-1} なのか，あるいはもっと急速に n^{-2} なのかという問題である．ベリー-エシンの定理 Berry-Esseen theorem がこの問題に答えてくれる．この定理はさまざまな形で示される．

3.3.1 iid の場合

$$X_i\sim \text{iid}(\mu,\sigma^2),\qquad i=1,2,\cdots,n$$
$$\nu_3=E|X_i-\mu|^3 \text{ は存在する}$$

と仮定する．$S_n=\sum_{i=1}^{n}X_i$ とすると

$$E(S_n)=n\mu, \qquad \mathrm{var}(S_n)=n\sigma^2$$

である．S_n を規準化した

$$Z_n=\frac{S_n-n\mu}{\sqrt{n}\sigma}$$

の cdf を F_n とする．

このとき，すべての実数 x に対して，次の不等式を満たす正の定数 γ が存在する（Gnedenko and Kolmogorov (1954), p. 201）．

$$|F_n(x)-\Phi(x)|<\gamma\left(\frac{\nu_3}{\sigma^3}\right)\frac{\log n}{\sqrt{n}} \tag{3.28}$$

$$n=1, 2, \cdots$$

次のように示すこともできる（Gnedenko and Kolmogorov (1954), p. 201, Feller (1971), p. 542）．

$$|F_n(x)-\Phi(x)|\leq\frac{C\nu_3}{\sqrt{n}\sigma^3} \tag{3.29}$$

$$n=1, 2, \cdots$$

(3.28) 式や (3.29) 式で重要な点は γ や C の値ではなく，γ や C は X_i の cdf には依存しない，という点である．フェラーは $C=3$ を与えている．(3.28) 式および (3.29) 式は，正規分布への収束の次数は $n^{-1/2}$ であるということを示している．

3.3.2 独立であるが同一の分布ではない場合

$X_1, X_2, \cdots, X_n$ は互いに独立であり

$$E(X_i)=\mu_i, \quad \mathrm{var}(X_i)=\sigma_i^2, \quad E|X_i-\mu|^3=\nu_i$$

$$i=1, 2, \cdots, n$$

とする．

$$S_n=\sum_{i=1}^{n}X_i, \quad M_n=\sum_{i=1}^{n}\mu_i, \quad B_n^2=\sum_{i=1}^{n}\sigma_i^2$$

$$\gamma_n=\sum_{i=1}^{n}\nu_i$$

と表すと

$$E(S_n)=\sum_{i=1}^{n}\mu_i=M_n,\quad \mathrm{var}(S_n)=\sum_{i=1}^{n}\sigma_i^2=B_n^2$$

である．S_n を規準化した

$$Z_n=\frac{S_n-M_n}{B_n}$$

の cdf を F_n とすると，次の不等式を満たす，n に依存しない正の定数 C が存在する（Feller (1971), p. 544，前園（2001），p. 34）．

$$|F_n(x)-\Phi(x)|\le C\frac{\gamma_n}{B_n^3} \tag{3.30}$$

フェラーは $C=6$ を与えている．C の値は X_i の分布によって異なった値をとる．

(3.30) 式は，さらに次のように，$0<\delta\le 1$ に対して一般化することができる（Petrov (1996), p. 154, Dasgupta (2008), p. 658)．

$$|F_n(x)-\Phi(x)|\le C\frac{\sum_{i=1}^{n}|X_i-\mu|^{2+\delta}}{B_n^{2+\delta}} \tag{3.31}$$

(3.31) 式は $\delta=1$ のとき (3.30) 式になる．

$$\delta=1,\quad \mu_i=\mu,\quad \sigma_i^2=\sigma^2,\quad \nu_i=\nu_3,\quad i=1,2,\cdots,n$$

のとき

$$M_n=n\mu,\quad B_n^2=n\sigma^2,\quad \gamma_n=n\nu_3$$

となるから，(3.31) 式の右辺は

$$C\frac{\sum_{i=1}^{n}|X_i-\mu|^3}{B_n^3}=C\frac{n\nu_3}{n^{\frac{3}{2}}\sigma^3}=C\frac{\nu_3}{\sqrt{n}\,\sigma^3}$$

となり，(3.29) 式になる．このとき C は

$$\frac{\sqrt{10}+3}{6\sqrt{2\pi}}=0.49732\le C<0.7975$$

を満たすことがわかっている（Lehman (1999), p. 78)．

3.3.3　X の 3 次モーメントの存在を仮定しない場合

X の 2 次モーメントすなわち分散は仮定するが，3 次モーメントの存在を仮定しない，さらに一般的な次のような定理を Petrov (1996), p. 151 は与えている．

$X_1, X_2, \cdots, X_n$ は独立な確率変数であり

$$E(X_i)=0,\quad \mathrm{var}(X_i)=\sigma^2,\quad E[X_i^2 g(X_i)]<\infty$$
$$i=1, 2, \cdots, n$$

とする．ここで関数 g は実数値関数である．

$$S_n=\sum_{i=1}^{n} X_i,\quad B_n^2=\sum_{i=1}^{n}\sigma_i^2$$

とし，$F_n(x)$ を S_n/B_n の cdf とすると，次の不等式が成立する．

$$|F_n(x)-\Phi(x)|\leq\frac{A}{B_n^2 g(B_n)}\sum_{i=1}^{n}E[X_i^2 g(X_i)] \tag{3.32}$$

ここで $A>0$ は定数である．

この定理で $g(X)=|X|^\delta$，$0<\delta\leq 1$ とすると（このとき $E|X_i|^{2+\delta}<\infty$ が仮定されている），(3.32) 式右辺は

$$\frac{A}{B_n^{2+\delta}}\sum_{i=1}^{n}|X_i|^{2+\delta}$$

となり，これは (3.31) 式で $\mu=0$ の場合になる．

3.3.4　独立の仮定もモーメントの存在も仮定しない場合

さらに，$X_1, X_2, \cdots, X_n$ の独立の仮定もモーメントの存在も仮定しない次のようなベリー-エシンの定理が Petrov (1996), p. 155 に示されている．

$X_1, X_2, \cdots, X_n$ の分布関数をそれぞれ $F_1(x), F_2(x), \cdots, F_n(x)$ とする．$X_1, X_2, \cdots, X_n$ が互いに独立であるとは仮定されていない．$t_1, t_2, \cdots, t_n$ を正の値とし，次のような切断確率変数を定義する．

$$\bar{X}_j=\begin{cases} X_j, & |X_j|<t_j \text{ のとき} \\ 0, & |X_j|\geq t_j \text{ のとき}\end{cases}$$
$$j=1, 2, \cdots, n$$

そして

$$M_n=\sum_{j=1}^{n}E(\bar{X}_j)=\sum_{j=1}^{n}\int_{|x|<t_j} x\,dF_j(x)$$

$$N_n=\mathrm{var}\left(\sum_{j=1}^{n}\bar{X}_j\right)$$

$$D_n=\sup\left|P\left(N_n^{-\frac{1}{2}}\sum_{j=1}^{n}[\bar{X}_j-E(\bar{X}_j)]<x\right)-\Phi(x)\right|$$

$$\Gamma_n=\sum_{j=1}^{n}P(|X_j|\geq t_j)$$

とする．このときすべての $a>0$ および b に対して次の不等式が成立する．

$$\sup\left|P\left(\frac{1}{a}\sum_{j=1}^{n}X_j-b<x\right)-\Phi(x)\right|$$
$$\leq D_n+\Gamma_n+\frac{|ab-M_n|}{\sqrt{2\pi N_n}}+\frac{1}{2\sqrt{2\pi e}}\left|1-\frac{N_n}{a^2}\right|\max\left(1,\frac{a^2}{N_a}\right) \tag{3.33}$$

もし $X_1, X_2, \cdots, X_n$ が独立ならば，切断確率変数 $\bar{X}_1, \bar{X}_2, \cdots, \bar{X}_n$ も独立であるから，このとき

$$D_n \leq AN_n^{-\frac{3}{2}}\sum_{j=1}^{n}E|\bar{X}_j-E(\bar{X}_j)|^3$$

が成立する．

多変量 CLT におけるベリー–エシン定理に関しては Götge (1991) を参照されたい．

これらの定理がベリー–エシン定理とよばれているのは，1941 年にベリーが 3.3.1 項の場合，エシンが 1945 年に 3.3.2 項の場合の証明を与えていることに依る．CLT の収束速度に関する詳細な展開は Petrov (1996) 第 5 章にある．

3.4 U 統計量の CLT

CLT は U 統計量に対しても成立する．

3.4.1 U 統計量

$X_1, X_2, \cdots, X_n$ は分布関数 F からの独立な観測値とする．$h(x_1, x_2, \cdots, x_m)$ は m 個の引数 $x_1, \cdots, x_m$ の実数値関数であり，順列対称 permutation symmetric とする．すなわち $(1, 2, \cdots, m)$ の任意の並べかえ $(i_1, i_2, \cdots, i_m)$ に対して

$$h(x_1, \cdots, x_m)=h(x_{i_1}, \cdots, x_{i_m})$$

とする．$n \geq m$ である．もし順列対称でなければ，関数 h を

$$\frac{1}{m!}\sum_{p}h(x_{i_1}, \cdots, x_{i_m})$$

によっておきかえればよい．ここで $\sum_{p}$ は $(1, \cdots, m)$ の $m!$ 通りの順列 $(i_1,$

$\cdots, i_m$) に対する和を表す．関数 h はカーネル kernel 関数とよばれる．

関数 h の期待値を θ と表す．

$$\theta=\theta(F)=E_F h(x_1,\cdots,x_m)$$
$$=\int\cdots\int h(x_1,\cdots,x_m)\,dF(x_1),\cdots,dF(x_m)$$

である．

$X_1,\cdots,X_n$ から θ を推定する U 統計量は，任意の h に対して，h を対称的に平均することによって得られる．すなわち

$$U_n=U(x_1,\cdots,x_n)=\frac{1}{\binom{n}{m}}\sum_c h(x_{i_1},\cdots,x_{i_m}) \tag{3.34}$$

である．ここで $\sum_c$ は $(1,\cdots,n)$ から m 個の異なる要素 $(i_1,\cdots,i_m)$ を取り出す $\binom{n}{m}$ 通りのすべてに対する和を示す．U_n は θ の不偏推定量を与える．

例 3.5

$m=1$，$h(x)=x$ とすると

$$U_n=\frac{1}{\binom{n}{1}}\sum_{i=1}^{n}h(x_i)=\frac{1}{n}\sum_{i=1}^{n}x_i=\bar{x}$$

と標本平均を与え

$$\theta=\theta(F)=E_F(X)=\mu=\int x dF(x)$$

の不偏推定量を与える．

例 3.6

$m=2$，$h(x_1,x_2)=x_1x_2$ とすると

$$U_n=\frac{1}{\binom{n}{2}}\sum_i\sum_{\substack{j\\(i\neq j)}}h(x_i,x_j)=\frac{2}{n(n-1)}\sum_i\sum_{\substack{j\\(i\neq j)}}x_ix_j$$
$$=\frac{1}{n(n-1)}\left[\left(\sum_{i=1}^{n}x_i\right)^2-\sum_{i=1}^{n}x_i^2\right]$$

となり，この U_n は

$$\theta=\theta(F)=\left[\int x dF(x)\right]^2=[E_F(X)]^2=E_F(X^2)-\mathrm{var}(X)$$

の不偏推定量を与える.

例 3.7

$m=2$, $h(x_1, x_2)=\frac{1}{2}(x_1-x_2)^2$ とすると

$$
\begin{aligned}
U_n &= \frac{2}{n(n-1)} \sum_{\substack{1\le i\le j\le n \\ (i\neq j)}} h(x_i, x_j) \\
&= \frac{2}{n(n-1)}\cdot\frac{1}{2} \sum_{1\le i\le j\le n} (x_i-x_j)^2 \\
&= \frac{1}{n(n-1)}\cdot\frac{1}{2} \sum_{i=1}^{n}\sum_{j=1}^{n} (x_i-x_j)^2 \\
&= \frac{1}{2n(n-1)} \sum_{i=1}^{n}\sum_{j=1}^{n} \Big[(x_i-\overline{x})-(x_j-\overline{x})\Big]^2 \\
&= \frac{1}{2n(n-1)} \sum_{i=1}^{n}\sum_{j=1}^{n} \Big[(x_i-\overline{x})^2+(x_j-\overline{x})^2-2(x_i-\overline{x})(x_j-\overline{x})\Big] \\
&= \frac{1}{n-1}\sum_{i=1}^{n}(x_i-\overline{x})^2 = S^2
\end{aligned}
$$

と標本分散を与える. S^2 は

$$\theta=\theta(F)=\mathrm{var}(X)=\int(x-\mu)^2\,dF(x)$$

の不偏推定量を与える.

3.4.2 *U* 統計量の CLT

U 統計量に関する CLT はヘフディング (Hoeffding, Wassily, 1914-1991) によって 1948 年の論文に発表された.

まず, 次の定義をする (以下, 前園 (2001) に依る).

$E(|h(X_1, \cdots, X_m)|)<\infty$ のとき $1\le k\le m$ に対して

$$
\begin{aligned}
&\alpha_k(x_1, \cdots, x_k)=E[h(X_1, \cdots, X_m)\,|\,X_1=x_1, \cdots, X_k=x_k]-\theta(F) \\
&g_1(x_1)=\alpha_1(x_1) \\
&g_2(x_1, x_2)=\alpha_2(x_1, x_2)-g_1(x_1)-g_2(x_2) \\
&\quad\vdots \\
&g_m(x_1, \cdots, x_m)=\alpha_m(x_1, \cdots, x_m)-\sum_{k=1}^{m-1}\sum_{c} g_k(x_{i_1}, \cdots, x_{ik}) \\
&\xi_k^2=E[g_k{}^2(x_1, \cdots, x_k)]
\end{aligned}
$$

このとき

$$\sigma_n{}^2=\mathrm{var}(U_n)=\sum_{k=1}^{m}\binom{m}{k}^2\binom{n}{k}^{-1}\xi_k^2$$
$$=\frac{m}{n}\xi_1^2+\frac{[m(m-1)]^2}{2n(n-1)}\xi_2^2+\cdots+\frac{m!}{n(n-1)\cdots(n-m+1)}\xi_m^2$$

と表すことができる．

ヘフディングによって示された U 統計量に関する CLT は以下のとおりであり，正規分布への収束の次数はやはり $n^{-1/2}$ である．

$E[h^2(X_1,\cdots,X_m)]<\infty$，$\xi_1^2>0$ ならば，m を固定し，$n\to\infty$ のとき

$$(U_n-\theta(F))\xrightarrow{d}N(0,\sigma_n{}^2) \tag{3.35}$$

U 統計量の正規分布への収束速度を示すベリー-エシンの不等式は次式で示される．

$E(|h(X_1,\cdots,X_m)|^3)<\infty$，$\xi_1^2>0$ のとき

$$\sup|P(\sigma_n{}^{-1}[U_n-\theta(F)]\leq x)-\Phi(x)|\leq\frac{C_h}{\sqrt{n}} \tag{3.36}$$

(前園 (2001)，p. 57)．

U 統計量に関しては前園 (2001) に厳密に説明されている．Serfling (1980) も参考になる．

U 統計量はヘフディングの名のもとで知られている．ヘフディングは 1914 年，フィンランドのムスタマキで生まれた．父はデンマーク人，母はフィンランド人である．ヘフディングが 6 歳のとき一家はドイツへ移り，1933 年高校卒業後，ヘフディングは経済学を志したが数学へ転向し，1940 年ベルリン大学で関連と相関のノンパラメトリック尺度に関する論文で博士の学位を得た．

第 2 次世界大戦中もヘフディングはベルリンに住み，数学雑誌の編集助手として働いた．1946 年アメリカに移住し，コロンビア大学に在籍した後，チャペルヒルにあるノースカロライナ大学に職を得，1956 年に教授になった．1948 年 *Annals of Mathematical Statistics* に発表された U 統計量に関する画期的な論文

「漸近的に正規分布をする統計量のクラス」A class of statistics with asymptotically normal distribution

は，もし第 2 次世界大戦がなかったならば，もっと早く完成していたであろう

といわれている．

3.5　標本モーメントの漸近的正規性

標本モーメントの母モーメントへの確率収束はチェビシェフの不等式によって，漸近的な正規分布への収束はCLTによって得られる．

原点まわり，平均まわりの k 次母モーメントをそれぞれ，前と同様，次のように表す．$\mu=E(X)$ とする．

$$\begin{aligned}\mu_k'&=E(X^k)\\ \mu_k&=E(X-\mu)^k,\qquad \mu_1=0\\ &k=1,2,\cdots\end{aligned}\tag{3.37}$$

$X_1,\cdots,X_n$ は独立な確率変数

$$X_i\sim\mathrm{iid}(\mu,\sigma^2),\qquad i=1,2,\cdots,n$$

とするとき，原点まわり，平均まわりの k 次標本モーメントをそれぞれ

$$\begin{aligned}m_k'&=\frac{1}{n}\sum_{i=1}^n X_i^k,\qquad k=1,2,\cdots\\ m_k&=\frac{1}{n}\sum_{i=1}^n(X_i-\bar{X})^k,\qquad m_1=0,\ \ k=1,2,\cdots\end{aligned}\tag{3.38}$$

とする．ここで $\bar{X}=m_1'$ である．

3.5.1　原点まわりの標本モーメントの漸近的正規性

原点まわりの標本 k 次モーメント m_k' の特性は以下の5点である．

(i)　$E(m_k')=\mu_k'$

(ii)　$\mathrm{var}(m_k')=\dfrac{1}{n}[\mu_{2k}'-(\mu_k')^2]$

(iii)　$\mathrm{plim}\ m_k'=\mu_k'$

(iv)　$\dfrac{m_k'-\mu_k'}{[\mathrm{var}(m_k')]^{\frac{1}{2}}}\xrightarrow{d}N(0,1)$

(v)　$m_k'\underset{\mathrm{asy}}{\sim}N\left(\mu_k',\dfrac{1}{n}[\mu_{2k}'-(\mu_k')^2]\right)$

証明は以下のとおりである．

(i)　$E(m_k')=E\left(\dfrac{1}{n}\sum X_i^k\right)=\dfrac{1}{n}\sum E(X_i^k)=\dfrac{1}{n}(n\mu_k')=\mu_k'$

(ii)　$\mathrm{var}(m'_k)=\mathrm{var}\left(\frac{1}{n}\sum X_i^k\right)=\frac{1}{n^2}\mathrm{var}(\sum X_i^k)$

$$=\frac{1}{n^2}\sum\mathrm{var}(X_i^k)$$

$$\mathrm{var}(X_i^k)=E(X_i^k)^2-[E(X_i^k)]^2=E(X_i^{2k})-[E(X_i^k)]^2$$
$$=\mu'_{2k}-(\mu'_k)^2$$

したがって

$$\mathrm{var}(m'_k)=\frac{1}{n}[\mu'_{2k}-(\mu'_k)^2]$$

(iii)

$$E(m'_k)=\mu'_k$$
$$\lim_{n\to\infty}\mathrm{var}(m'_k)=0$$

であるから，チェビシェフの不等式

$$0\leq P(|m'_k-\mu'_k|\geq\varepsilon)\leq\frac{\mathrm{var}(m'_k)}{\varepsilon^2}$$

によって，標本モーメントの一致性

$$\mathrm{plim}\ m'_k=\mu'_k$$

が得られる．

(iv)

$$Z_n=\frac{\sum X_i^k-E(\sum X_i^k)}{[\mathrm{var}(\sum X_i^k)]^{\frac{1}{2}}}\xrightarrow{d}N(0,1)\qquad\text{(CLT)}$$

すなわち

$$Z_n=\frac{\sum X_i^k-n\mu'_k}{\{n[\mu'_{2k}-(\mu'_k)^2]\}^{\frac{1}{2}}}$$
$$=\frac{m'_k-\mu'_k}{n^{-\frac{1}{2}}[\mu'_{2k}-(\mu'_k)^2]\}^{\frac{1}{2}}}\xrightarrow{d}N(0,1)$$

これより (v) は直ちに得られる．

(v) は一般的に，原点まわりのモーメントの漸近的正規性として次のように表すことができる．

$$\sqrt{n}\begin{bmatrix}m'_1-\mu'_1\\ m'_2-\mu'_2\\ \vdots\\ m'_k-\mu'_k\end{bmatrix}\xrightarrow{d}N(\underset{k\times1}{\mathbf{0}},\underset{k\times k}{\mathbf{\Sigma}})\tag{3.39}$$

あるいは

$$\begin{bmatrix} m_1' \\ m_2' \\ \vdots \\ m_k' \end{bmatrix} \underset{\text{asy}}{\sim} N\left(\boldsymbol{\mu}, \frac{1}{n}\boldsymbol{\Sigma}\right) \tag{3.40}$$

ここで

$$\boldsymbol{\mu} = \begin{bmatrix} \mu_1' \\ \mu_2' \\ \vdots \\ \mu_k' \end{bmatrix}, \qquad \boldsymbol{\Sigma} = \{\sigma_{ij}\}, \qquad i, j = 1, 2, \cdots, k$$

$$\sigma_{ij} = \mu_{i+j}' - \mu_i'\mu_j'$$

であり，σ_{ij}/n は以下に示すように，$\mathrm{cov}(m_i', m_j')$ である．

$$\begin{aligned} \mathrm{cov}(m_i', m_j') &= E(m_i' - \mu_i')(m_j' - \mu_j') \\ &= E(m_i'm_j') - \mu_i'\mu_j' \end{aligned}$$

$$\begin{aligned} E(m_i'm_j') &= E\left(\frac{1}{n}\sum_t X_t^i \frac{1}{n}\sum_s X_s^j\right) \\ &= \frac{1}{n^2}E(X_1^i + \cdots + X_n^i)(X_1^j + \cdots + X_n^j) \\ &= \frac{1}{n^2}(n\mu_{i+j}' + n(n-1)\mu_i'\mu_j') = \frac{1}{n}(\mu_{i+j}' + (n-1)\mu_i'\mu_j') \end{aligned}$$

ゆえに

$$\mathrm{cov}(m_i', m_j') = \frac{1}{n}(\mu_{i+j}' - \mu_i'\mu_j') = \frac{1}{n}\sigma_{ij}$$

となる．

3.5.2 平均まわりの標本モーメントの漸近的正規性 (Serfling (1980), p. 71)

同様にして次の結果が成り立つ．$\mu_{2k} < \infty$ とする．

$$\sqrt{n}\begin{bmatrix} m_2 - \mu_2 \\ \vdots \\ m_k - \mu_k \end{bmatrix} \xrightarrow{d} N(\mathbf{0}, \boldsymbol{\Sigma}^*) \tag{3.41}$$

ここで

$$\boldsymbol{\Sigma}^* = \{\sigma_{ij}^*\}, \qquad i, j = 1, 2, \cdots, k-1$$

$$\sigma_{ij}^* = \mu_{i+j+2} - \mu_{i+1}\mu_{j+1} - (i+1)\mu_i\mu_{j+2} - (j+1)\mu_{i+2}\mu_j$$
$$+ (i+1)(j+1)\mu_i\mu_j\mu_2 \tag{3.42}$$

である．$k=2,3,\cdots$ に対して $\mathrm{var}[\sqrt{n}(m_k-\mu_k)]=\sigma_{k-1,k-1}^*$ と表していることに注意されたい．

例 3.8

$m_2=\frac{1}{n}\sum_{i=1}^{n}(X_i-\bar{X})^2=\hat{\sigma}^2$ とおくと

$$\sqrt{n}(m_2-\mu_2)=\sqrt{n}(\hat{\sigma}^2-\sigma^2)$$
$$\mathrm{var}[\sqrt{n}(m_2-\mu_2)]=\sigma_{11}^*=\mu_4-\mu_2^2-2\mu_1\mu_3-2\mu_3\mu_1+4\mu_1^2\mu_2$$
$$=\mu_4-\sigma^4 \quad (\because \mu_1=0,\ \mu_2=\sigma^2)$$

したがって

$$\hat{\sigma}^2 \underset{\mathrm{asy}}{\sim} N\left(\sigma^2, \frac{\mu_4-\sigma^4}{n}\right)$$

もし $X_i \sim \mathrm{NID}(\mu,\sigma^2)$，$i=1,\cdots,n$ ならば $\mu_4=3\sigma^4$ (1.1 節 (13)) であるから，このとき

$$\hat{\sigma}^2 \underset{\mathrm{asy}}{\sim} N\left(\sigma^2, \frac{2\sigma^4}{n}\right)$$

が得られる．

もう 1 つの標本分散

$$S^2=\frac{1}{n-1}\sum_{i=1}^{n}(X_i-\bar{X})^2=\left(\frac{n}{n-1}\right)\hat{\sigma}^2$$

も，漸近的分布は $\hat{\sigma}^2$ と同じになる．

3.5.3 確率変数の関数の漸近的正規性

標本の大きさ n にもとづく統計量 T_n は

$$\sqrt{n}(T_n-\theta) \xrightarrow{d} N(0,\sigma^2(\theta)), \qquad \sigma(\theta)>0$$

を満たすものとする．関数 g は $t=\theta$ において $g'(t)$ が存在し，$g'(\theta)\neq 0$ の実数値関数とすると

$$\sqrt{n}(g(T_n)-g(\theta)) \xrightarrow{d} N(0,[g'(\theta)]^2\sigma^2(\theta)) \tag{3.43}$$

が成立する．

証明は以下のとおりである．

$g(T_n)$ を θ のまわりでテイラー展開すると

$$g(T_n)=g(\theta)+(T_n-\theta)g'(\theta)+R(T_n,\theta)$$

を得る．ここで剰余項 $R(T_n,\theta)$ は $T_n \xrightarrow{p} \theta$ のとき 0 である．

上式より

$$\sqrt{n}(g(T_n)-g(\theta))=\sqrt{n}(T_n-\theta)g'(\theta)+\sqrt{n}R(T_n,\theta) \qquad (3.44)$$

となり，$T_n \xrightarrow{p} \theta$ のとき $\sqrt{n}R(T_n,\theta)=0$ であるから (3.44) 式を用いて (3.43) 式が得られる．

例 3.9 S を標本標準偏差とすると，S^2 は例 3.8 で示したように

$$\sqrt{n}(S^2-\sigma^2) \xrightarrow{d} N(0,\mu_4-\sigma^4)$$

であるから，$S=g(S^2)=\sqrt{S^2}$ とおくと $g(\sigma^2)=\sqrt{\sigma^2}=\sigma$．$g'(\sigma^2)=\frac{1}{2}(\sigma^2)^{-\frac{1}{2}}$ となり，$[g'(\sigma^2)]^2=\frac{1}{4\sigma^2}$ を得るから

$$\sqrt{n}(S-\sigma) \xrightarrow{d} N\left(0,\frac{\mu_4-\sigma^4}{4\sigma^2}\right)$$

あるいは

$$S \underset{\text{asy}}{\sim} N\left(\sigma,\frac{\mu_4-\sigma^4}{4n\sigma^2}\right)$$

と表される．

$$X_i \sim \mathrm{NID}(\mu,\sigma^2), \qquad i=1,\cdots,n$$

のときには

$$S \underset{\text{asy}}{\sim} N\left(\sigma,\frac{\sigma^2}{2n}\right)$$

を得る．

例 3.10

$$\sqrt{n}(\bar{X}-\mu) \xrightarrow{d} N(0,\sigma^2)$$

であるとき $g(\bar{X})=\bar{X}^2$ とおくと，$g'(\mu)=2\mu$ であるから

$$\sqrt{n}(\bar{X}^2-\mu^2) \xrightarrow{d} N(0,4\mu^2\sigma^2)$$

あるいは

$$\overline{X}^2 \underset{\text{asy}}{\sim} N\left(\mu^2, \frac{4\mu^2\sigma^2}{n}\right)$$

と表される．しかし $\overline{X}^2$ は μ^2 の不偏推定量ではない．例 3.13 参照．

3.5.4 確率ベクトルの関数の漸近的正規性

前項の結果は確率ベクトルの関数に対しても成立する．

$$\underset{h\times 1}{\boldsymbol{x}} = \begin{bmatrix} x_1 \\ \vdots \\ x_h \end{bmatrix}, \qquad \boldsymbol{\mu} = \begin{bmatrix} \mu_1 \\ \vdots \\ \mu_h \end{bmatrix}$$

$f(\boldsymbol{x})$ はスカラー関数とし

$$\underset{h\times 1}{\boldsymbol{g}} = \left.\begin{matrix} \dfrac{\partial f}{\partial x_1} \\ \vdots \\ \dfrac{\partial f}{\partial x_h} \end{matrix}\right|_{\boldsymbol{x}=\boldsymbol{\mu}}$$

はゼロでないと仮定する．f を $\boldsymbol{\mu}$ のまわりでテイラー展開して次式を得る．

$$f(\boldsymbol{x}) = f(\boldsymbol{\mu}) + \boldsymbol{g}'(\boldsymbol{x}-\boldsymbol{\mu}) + R(\boldsymbol{x}, \boldsymbol{\mu}) \tag{3.45}$$

ここで剰余項 $R(\boldsymbol{x}, \boldsymbol{\mu})$ は

$$R(\boldsymbol{\mu}, \boldsymbol{\mu}) = \boldsymbol{0}$$

を満たす．

$\boldsymbol{x}$ は

$$\sqrt{n}(\boldsymbol{x}-\boldsymbol{\mu}) \xrightarrow{d} \boldsymbol{z} \sim N(\boldsymbol{0}, \underset{h\times h}{\boldsymbol{\Sigma}}) \tag{3.46}$$

となる確率ベクトルとする．すなわち

$$\boldsymbol{x}-\boldsymbol{\mu} \xrightarrow{d} N\left(\boldsymbol{0}, \frac{1}{n}\boldsymbol{\Sigma}\right)$$

であるから

$$\operatorname*{plim}_{n\to\infty} \boldsymbol{x} = \boldsymbol{\mu}$$

である．(3.45) 式より

$$\sqrt{n}[f(\boldsymbol{x}) - f(\boldsymbol{\mu})] = \boldsymbol{g}'\sqrt{n}(\boldsymbol{x}-\boldsymbol{\mu}) + \sqrt{n}R(\boldsymbol{x}, \boldsymbol{\mu})$$

が得られる．

この式で

$$\operatorname*{plim}_{n\to\infty}\sqrt{n}R(\boldsymbol{x},\boldsymbol{\mu})=\sqrt{n}R(\operatorname{plim}\boldsymbol{x},\boldsymbol{\mu})=\sqrt{n}R(\boldsymbol{\mu},\boldsymbol{\mu})=\boldsymbol{0}$$

他方

$$[\boldsymbol{g}'\sqrt{n}(\boldsymbol{x}-\boldsymbol{\mu})]\xrightarrow{d}\boldsymbol{g}'\boldsymbol{z}\sim N(\boldsymbol{0},\boldsymbol{g}'\boldsymbol{\Sigma}\boldsymbol{g})$$

したがって

$$\sqrt{n}[f(\boldsymbol{x})-f(\boldsymbol{\mu})]\xrightarrow{d}N(\boldsymbol{0},\boldsymbol{g}'\boldsymbol{\Sigma}\boldsymbol{g}) \tag{3.47}$$

あるいは次のように表すこともできる．

$$f(\boldsymbol{x})\underset{\text{asy}}{\sim}N\left(f(\boldsymbol{\mu}),\frac{1}{n}\boldsymbol{g}'\boldsymbol{\Sigma}\boldsymbol{g}\right) \tag{3.48}$$

$h\times 1$ の関数ベクトル $\boldsymbol{g}$ は $\boldsymbol{x}=\boldsymbol{\mu}$ で評価されていることに注意されたい．

この結果をさらにベクトル関数へ一般化すれば次のようになる．

$$\underset{k\times 1}{\boldsymbol{F}(\boldsymbol{x})}=\begin{bmatrix} f_1(\boldsymbol{x}) \\ \vdots \\ f_k(\boldsymbol{x}) \end{bmatrix}$$

$f_j(\underset{h\times 1}{\boldsymbol{x}})$ はスカラー関数

とすれば

$$\underset{1\times 1}{f_j(\boldsymbol{x})}=\underset{1\times 1}{f_j(\boldsymbol{a})}+\underset{1\times h}{\boldsymbol{g}_j'}(\underset{h\times 1}{\boldsymbol{x}-\boldsymbol{a}})+\underset{1\times 1}{R_j}(\boldsymbol{x},\boldsymbol{a})$$

$$j=1,\cdots,k$$

は $f_j(\boldsymbol{x})$ の $\boldsymbol{a}$ のまわりのテイラー展開である．

$$\underset{k\times h}{\boldsymbol{G}}=\begin{bmatrix} \boldsymbol{g}_1' \\ \vdots \\ \boldsymbol{g}_k' \end{bmatrix}=\begin{bmatrix} \dfrac{\partial f_1}{\partial x_1} & \cdots & \dfrac{\partial f_1}{\partial x_h} \\ \vdots & & \vdots \\ \dfrac{\partial f_k}{\partial x_1} & \cdots & \dfrac{\partial f_k}{\partial x_h} \end{bmatrix}$$

$$\underset{k\times 1}{\boldsymbol{R}}(\boldsymbol{x},\boldsymbol{a})=\begin{bmatrix} R_1(\boldsymbol{x},\boldsymbol{a}) \\ \vdots \\ R_k(\boldsymbol{x},\boldsymbol{a}) \end{bmatrix}$$

とおくと，テイラー展開は

$$\underset{k\times 1}{\boldsymbol{F}(\boldsymbol{x})}=\underset{k\times 1}{\boldsymbol{F}(\boldsymbol{a})}+\underset{k\times h}{\boldsymbol{G}}(\underset{h\times 1}{\boldsymbol{x}-\boldsymbol{a}})+\underset{k\times 1}{\boldsymbol{R}}(\boldsymbol{x},\boldsymbol{a})$$

と表すことができる．$\boldsymbol{R}(\boldsymbol{a},\boldsymbol{a})=\boldsymbol{0}$ である．

$\boldsymbol{a}=\boldsymbol{\mu}$ とすると

$$\boldsymbol{F}(\boldsymbol{x})=\boldsymbol{F}(\boldsymbol{\mu})+\boldsymbol{G}(\boldsymbol{x}-\boldsymbol{\mu})+\boldsymbol{R}(\boldsymbol{x},\boldsymbol{\mu})$$

したがって

$$\sqrt{n}[\boldsymbol{F}(\boldsymbol{x})-\boldsymbol{F}(\boldsymbol{\mu})]=\sqrt{n}\boldsymbol{G}(\boldsymbol{x}-\boldsymbol{\mu})+\sqrt{n}\boldsymbol{R}(\boldsymbol{x},\boldsymbol{\mu})$$

$$\operatorname*{plim}_{n\to\infty}\sqrt{n}\boldsymbol{R}(\boldsymbol{x},\boldsymbol{\mu})=\sqrt{n}\boldsymbol{R}(\operatorname*{plim}_{n\to\infty}\boldsymbol{x},\boldsymbol{\mu})=\sqrt{n}\boldsymbol{R}(\boldsymbol{\mu},\boldsymbol{\mu})=\boldsymbol{0}$$

他方

$$\sqrt{n}\boldsymbol{G}(\boldsymbol{x}-\boldsymbol{\mu})\xrightarrow{d}N(\boldsymbol{0},\boldsymbol{G\Sigma G'})$$

したがって

$$\sqrt{n}[\boldsymbol{F}(\boldsymbol{x})-\boldsymbol{F}(\boldsymbol{\mu})]\xrightarrow{d}N(\boldsymbol{0},\boldsymbol{G\Sigma G'})\tag{3.49}$$

あるいは

$$\boldsymbol{F}(\boldsymbol{x})\underset{\text{asy}}{\sim}N\left(\boldsymbol{F}(\boldsymbol{\mu}),\frac{1}{n}\boldsymbol{G\Sigma G'}\right)\tag{3.50}$$

あるいは

$$\left[\boldsymbol{G}\left(\frac{1}{n}\boldsymbol{\Sigma}\right)\boldsymbol{G}'\right]^{-\frac{1}{2}}[\boldsymbol{F}(\boldsymbol{x})-\boldsymbol{F}(\boldsymbol{\mu})]\xrightarrow{d}N(\boldsymbol{0},\boldsymbol{I})\tag{3.51}$$

と表すこともできる．

$$\boldsymbol{G}=\begin{bmatrix}\boldsymbol{g}_1'(\boldsymbol{x})\\ \vdots\\ \boldsymbol{g}_k'(\boldsymbol{x})\end{bmatrix}_{\boldsymbol{x}=\boldsymbol{\mu}}$$

の意味であることに注意されたい．

3.5.3，3.5.4 項で説明した，確率変数の関数の分散を求める式は統計学でデルタ法 delta method とよばれている．

例 3.11　2 変量確率ベクトルを

$$\boldsymbol{x}=\begin{bmatrix}X_1\\ X_2\end{bmatrix}$$

とし

$$E(\boldsymbol{x})=\boldsymbol{\mu}=\begin{bmatrix}\mu_1\\ \mu_2\end{bmatrix}\neq\boldsymbol{0},\qquad \mathrm{var}(\boldsymbol{x})=\boldsymbol{\Sigma}=\begin{bmatrix}\sigma_1^2 & \sigma_{12}\\ \sigma_{12} & \sigma_2^2\end{bmatrix}$$

とするとき，スカラー関数

$$f(\boldsymbol{x})=\frac{X_1}{X_2},\qquad X_2\neq 0$$

の分散をデルタ法で求めよう．デルタ法で分散を求めるとき $\boldsymbol{x}$ の漸近的正規性の仮定は必要ない．

$$\frac{\partial f}{\partial X_1}=\frac{1}{X_2}, \qquad \frac{\partial f}{\partial X_2}=-\frac{X_1}{X_2^2}$$

であるから

$$\boldsymbol{g}=\begin{bmatrix} \dfrac{1}{\mu_2} \\ -\dfrac{\mu_1}{\mu_2^2} \end{bmatrix}$$

となり，$f(\boldsymbol{x})$ の分散

$$\mathrm{var}\left(\frac{X_1}{X_2}\right)=\boldsymbol{g}'\boldsymbol{\Sigma g}=\left(\frac{\mu_1}{\mu_2}\right)^2\left(\frac{{\sigma_1}^2}{{\mu_1}^2}+\frac{{\sigma_2}^2}{{\mu_2}^2}-\frac{2\sigma_{12}}{\mu_1\mu_2}\right)$$

が得られる．

もし

$$\boldsymbol{x} \xrightarrow{d} N(\boldsymbol{\mu}, \boldsymbol{\Sigma})$$

ならば

$$f(\boldsymbol{x}) \xrightarrow{d} N\left(\frac{\mu_1}{\mu_2}, \boldsymbol{g}'\boldsymbol{\Sigma g}\right)$$

である．

例 3.12

$$X_i \sim \mathrm{iid}(\mu, \sigma^2), \qquad i=1, \cdots, n$$

とするとき，標本変動係数

$$V=\frac{S}{\bar{X}}$$

の漸近的分布を求めよう．$\bar{X}=m_1'$ であり，n が十分大きいとき

$$S^2=\left(\frac{n}{n-1}\right)m_2 \fallingdotseq m_2$$

である．

$$\mathrm{cov}(m_1', m_r)=\frac{1}{n}(\mu_{r+1}-r\mu_2\mu_{r-1})+o(n^{-1})$$

(Stuart and Ord (1994), vol. I p. 350)

を用いると，$\mu_1=0$ であるから

$$\mathrm{cov}(m_1', m_2) = \frac{1}{n}\mu_3$$

が得られ，例 3.8 の結果を用いると

$$\sqrt{n}\begin{bmatrix} m_1' - \mu \\ m_2 - \sigma^2 \end{bmatrix} \xrightarrow{d} N(\mathbf{0}, \boldsymbol{\Sigma})$$

が成立する．ここで

$$\boldsymbol{\Sigma} = \begin{bmatrix} \sigma^2 & \mu_3 \\ \mu_3 & \mu_4 - \sigma^4 \end{bmatrix}$$

である．

関数ベクトルを

$$\boldsymbol{F}(m_1', m_2) = \begin{bmatrix} f_1(m_1') \\ f_2(m_2) \end{bmatrix} = \begin{bmatrix} m_1' \\ {m_2}^{1/2} \end{bmatrix}$$

とおくと

$$\boldsymbol{G} = \begin{bmatrix} \dfrac{\partial f_1}{\partial m_1'} & \dfrac{\partial f_1}{\partial m_2} \\ \dfrac{\partial f_2}{\partial m_1'} & \dfrac{\partial f_2}{\partial m_2} \end{bmatrix}_{m_1'=\mu,\ m_2=\sigma^2} = \begin{bmatrix} 1 & 0 \\ 0 & \dfrac{1}{2}{\mu_2}^{-1/2} \end{bmatrix} = \begin{bmatrix} 1 & 0 \\ 0 & \dfrac{1}{2\sigma} \end{bmatrix}$$

となるから

$$\boldsymbol{G\Sigma G'} = \begin{bmatrix} \sigma^2 & \dfrac{\mu_3}{2\sigma} \\ \dfrac{\mu_3}{2\sigma} & \dfrac{\mu_4 - \sigma^4}{4\sigma^2} \end{bmatrix}$$

を得る．すなわち次の結果が得られた．

$$\sqrt{n}\begin{bmatrix} m_1' - \mu \\ S - \sigma \end{bmatrix} \xrightarrow{d} N\left(\begin{bmatrix} 0 \\ 0 \end{bmatrix}, \begin{bmatrix} \sigma^2 & \dfrac{\mu_3}{2\sigma} \\ \dfrac{\mu_3}{2\sigma} & \dfrac{\mu_4 - \sigma^4}{4\sigma^2} \end{bmatrix}\right)$$

したがって標本変動係数

$$V = \frac{S}{\overline{X}}$$

の分散は例 3.11 の結果を用いて

$$\mathrm{var}(V) = \frac{1}{n}\left(\frac{\sigma}{\mu}\right)^2\left(\frac{\mu_4 - \sigma^4}{4\sigma^4} + \frac{\sigma^2}{\mu^2} - \frac{\mu_3}{\mu\sigma^2}\right) = \sigma_V^2$$

となる．

確率変数の関数の漸近的正規性より，$\mu \neq 0$ のとき

$$V=\frac{S}{\bar{X}}\xrightarrow{d}N\left(\frac{\sigma}{\mu},\sigma_V^2\right)$$

が成立する．

もし $X_i \sim \mathrm{NID}(\mu,\sigma^2)$ ならば $\mu_3=0$，$\mu_4=3\sigma^4$ であるから

$$\mathrm{var}(V)=\frac{1}{n}\left(\frac{\sigma}{\mu}\right)^2\left(\frac{1}{2}+\frac{\sigma^2}{\mu^2}\right)$$

となる．

$\mu=0$ のときには

$$\frac{\sqrt{n}\bar{X}}{S}\xrightarrow{d}N(0,1)$$

であるから

$$\frac{1}{\sqrt{n}}\frac{S}{\bar{X}}\xrightarrow{d}\frac{1}{N(0,1)}$$

となる．

例 3.13　デルタ法のモーメントへの応用を示そう．

$$X_i\sim \mathrm{iid}(\mu,\sigma^2),\qquad i=1,\cdots,n$$

とする．κ_j は X のキュムラントを示す．

$$E(\bar{X}-\mu)^2=\frac{\kappa_2}{n}$$

$$E(\bar{X}-\mu)^3=\frac{\kappa_3}{n^2}$$

$$E(\bar{X}-\mu)^4=\frac{\kappa_4+3n\kappa_2^2}{n^3}$$

$$E(\bar{X}-\mu)^5=\frac{\kappa_5+10n\kappa_3\kappa_2}{n^4}$$

$$E(\bar{X}-\mu)^6=\frac{\kappa_6+15n\kappa_4\kappa_2+10n^2\kappa_3^2}{n^5}$$

一般に

$$E(\bar{X}-\mu)^k=\sum_{j=\left[\frac{k+1}{2}\right]}^{k-1}C_{jk}n^{-j}$$

と表すと

$$C_{12}=\kappa_2,\qquad C_{23}=\kappa_3,\qquad C_{24}=3\kappa_2^2,\qquad C_{34}=\kappa_4$$

$k=4$ のとき $j=2,3$

等々であり C_{jk} は n に依存しない．

$E|X|^{2k+1}<\infty$ と仮定する．実数値関数 $h(x)$ はすべての x に対して $2k+1$

回微分可能であるとき，$h(\bar{X})$ を μ のまわりでテイラー展開し，次の結果を得る．

$$E[h(\bar{X})]=a_0+\frac{a_1}{n}+\frac{a_2}{n^2}+\cdots+\frac{a_k}{n^k}+O\left[\frac{1}{n^{\frac{2k+1}{2}}}\right]$$

ここで

$$a_0=h(\mu)$$

$$a_1=h''(\mu)\frac{\sigma^2}{2}$$

$$a_2=h^{(3)}(\mu)\frac{\kappa_3}{6}+h^{(4)}(\mu)\frac{\sigma^4}{8}$$

$$\vdots$$

$$a_r=\sum_{j=r+1}^{2r}C_{rj}h^{(j)}(\mu)/j!, \qquad r\geq 1$$

である．

次に，$E|X|^{2k+2}<\infty$ で，$g(x)$ はすべての x に対して $2k+2$ 回微分可能な実数値関数のとき，$g(\bar{X})$ を μ のまわりでテイラー展開し，次式を得る．

$$E[g(\bar{X})]=g(\mu)+\frac{g''(\mu)\sigma^2}{2n}+O(n^{-2})$$

$g(\bar{X})=[h(\bar{X})]^2$ とおくと

$$g'(u)=2h(u)h'(u)$$

$$g''(u)=2[h'(u)]^2+2h(u)h''(u)$$

であるから，$g(\bar{X})$ を μ のまわりでテイラー展開して次式を得る．

$$E[h(\bar{X})]^2=[h(\mu)]^2+\frac{[h'(\mu)]^2\sigma^2}{n}+\frac{h(\mu)h''(\mu)\sigma^2}{n}+O(n^{-2})$$

また

$$\{E[h(\bar{X})]\}^2=\left\{h(\mu)+\frac{h''(\mu)\sigma^2}{2n}+O(n^{-2})\right\}^2$$

$$=[h(\mu)]^2+\frac{h(\mu)h''(\mu)\sigma^2}{n}+O(n^{-2})$$

であるから，したがって

$$\mathrm{var}[h(\bar{X})]=\frac{[h'(\mu)]^2\sigma^2}{n}+O(n^{-2})$$

を得る．

結局，n が十分大きいとき

$$E[h(\bar{X})]=h(\mu)+\frac{h''(\mu)}{2n}\sigma^2$$

$$\mathrm{var}[h(\bar{X})]=\frac{[h'(\mu)]^2\sigma^2}{n}$$

を得る．

たとえば $h(\bar{X})=\bar{X}^2$ のとき

$$E(\bar{X}^2)=\mu^2+\frac{\sigma^2}{n}, \qquad \mathrm{var}(\bar{X}^2)=\frac{4\mu^2\sigma^2}{n}$$

となるから，$\bar{X}^2$ は μ^2 の不偏推定量ではない．μ^2 の不偏推定量は $\bar{X}^2-\sigma^2/n$ であり，σ^2 未知のとき，σ^2 の不偏推定量 S^2 を用いて $\bar{X}^2-S^2/n$ が μ^2 の不偏推定量になる．

3.6 エッジワース展開

$$X_i \sim \mathrm{iid}(\mu, \sigma^2), \qquad i=1, \cdots, n$$

とする．

$$Z_n=\frac{\sqrt{n}(\bar{X}-\mu)}{\sigma}$$

とおき，Z_n の分布関数を $F_n(x)=P(Z_n \leq x)$ とする．CLT はほとんどすべての x に対して $F_n(x) \longrightarrow \Phi(x)$ であることを示し，ベリー-エシンの定理は，X が3次モーメントをもてば

$$|F_n(x)-\Phi(x)|=O(n^{-\frac{1}{2}})$$

と $\Phi(x)$ への収束速度は $n^{-1/2}$ であることを示している．

規準化された確率変数に対して，cdf $F_n(x)$ あるいは pdf $f_n(x)$ の正規近似をもっと精密に論じているのがエッジワース展開 Edgeworth expansion である．

$F_n(x)$ のエッジワース展開は次式で与えられる．

$$\begin{aligned} F_n(x) &= \Phi(x)+\phi(x)\left\{-\frac{1}{6}\lambda_3(x^2-1)\left(\frac{1}{n}\right)^{\frac{1}{2}}-\frac{1}{24}\lambda_4(x^3-3x)\left(\frac{1}{n}\right)\right. \\ &\qquad \left.-\frac{1}{120}\lambda_5(x^4-6x^2+3)\left(\frac{1}{n}\right)^{\frac{3}{2}}-\cdots\right\} \\ &= \Phi(x)+\phi(x)\left\{\frac{Q_1(x)}{\sqrt{n}}+\frac{Q_2(x)}{n}+\frac{Q_3(x)}{n\sqrt{n}}+\cdots\right\} \end{aligned} \tag{3.52}$$

ここで

$$\lambda_j=\frac{\kappa_j}{\sigma^j}$$

$\kappa_j=j$ 次キュミュラント

$$\lambda_3=\frac{\kappa_3}{\sigma^3}=\frac{\mu_3}{\sigma^3}=\sqrt{\beta_1}\quad(\text{歪度})$$

$$\lambda_4=\frac{\kappa_4}{\sigma^4}=\frac{\mu_4-3\sigma^4}{\sigma^4}=\frac{\mu_4}{\sigma^4}-3=\beta_2-3\quad(\text{超過尖度})$$

$$\begin{cases} Q_1(x)=-\dfrac{1}{6}\lambda_3(x^2-1) \\ Q_2(x)=-\dfrac{1}{24}\lambda_4(x^3-3x)-\dfrac{1}{72}\lambda_3{}^2(x^5-10x^3+15x) \\ Q_3(x)=-\dfrac{1}{120}\lambda_5(x^4-6x^2+3) \\ \qquad\qquad -\dfrac{1}{144}\lambda_3\lambda_4(x^6-15x^4+45x^2-15) \\ \qquad\qquad -\dfrac{1}{864}\lambda_3{}^2(x^8-28x^6+210x^4-420x^2+105) \end{cases} \tag{3.53}$$

等々である．

(3.52) 式はエルミート多項式を用いて表すこともできる．

$$\begin{cases} Q_1(x)=-\dfrac{1}{6}\lambda_3H_2(x)=-\dfrac{1}{3!}\lambda_3H_2(x) \\ Q_2(x)=-\dfrac{1}{24}\lambda_4H_3(x)-\dfrac{1}{72}\lambda_3{}^2H_5(x) \\ \qquad\quad =-\dfrac{1}{4!}\lambda_4H_3(x)-\dfrac{10}{6!}\lambda_3{}^2H_5(x) \\ Q_3(x)=-\dfrac{1}{5!}\lambda_5H_4(x)-\dfrac{35}{7!}\lambda_3\lambda_4H_6(x)-\dfrac{280}{9!}\lambda_3{}^3H_8(x) \\ \qquad\qquad \vdots \end{cases} \tag{3.54}$$

であるから，(3.52) 式は

$$\begin{aligned} F_n(x)=\Phi(x)-\phi(x)\biggl\{&\frac{\lambda_3}{3!}H_2(x)\left(\frac{1}{n}\right)^{\frac{1}{2}}+\left[\frac{\lambda_4}{4!}H_3(x)+\frac{10}{6!}\lambda_3{}^2H_5(x)\right]\left(\frac{1}{n}\right) \\ &+\left[\frac{1}{5!}\lambda_5H_4(x)+\frac{35}{7!}\lambda_3\lambda_4H_6(x)+\frac{280}{9!}\lambda_3{}^3H_8(x)\right]\left(\frac{1}{n}\right)^{\frac{3}{2}} \\ &+\cdots\biggr\} \end{aligned} \tag{3.55}$$

と表すこともできる．

チェビシェフ-エルミート多項式 Chebyshev-Hermite 多項式 $H_r(x)$ は $\exp\left(tx-\frac{1}{2}t^2\right)$ のテイラー展開における $\frac{t^r}{r!}$ の係数として得られ，次のような関数である．

$H_r(x)$ の $r=1$ から 10 までを示す．

$$\begin{aligned}
&H_0=1\\
&H_1=x\\
&H_2=x^2-1\\
&H_3=x^3-3x\\
&H_4=x^4-6x^2+3\\
&H_5=x^5-10x^3+15x\\
&H_6=x^6-15x^4+45x^2-15\\
&H_7=x^7-21x^5+105x^3-105x\\
&H_8=x^8-28x^6+210x^4-420x^2+105\\
&H_9=x^9-36x^7+378x^5-1260x^3+945x\\
&H_{10}=x^{10}-45x^8+630x^6-3150x^4+4725x^2-945
\end{aligned} \tag{3.56}$$

次に，Z_n の pdf $f_n(x)$ の展開式を求めよう．(3.52) 式の両辺を x で微分して

$$f_n(x)=\phi(x)\left\{1+\frac{R_1(x)}{\sqrt{n}}+\frac{R_2(x)}{n}+\frac{R_3(x)}{n\sqrt{n}}+\cdots\right\} \tag{3.57}$$

を得る．ここで

$$\left\{\begin{aligned}
R_1(x)&=\frac{1}{6}\lambda_3(x^3-3x)=\frac{1}{3!}\lambda_3H_3(x)\\
R_2(x)&=\frac{1}{24}\lambda_4(x^4-6x^2+3)+\frac{1}{72}\lambda_3{}^2(x^6-15x^4+45x^2-15)\\
&=\frac{1}{4!}\lambda_4H_4(x)+\frac{10}{6!}\lambda_3{}^2H_6(x)\\
R_3(x)&=\frac{1}{5!}\lambda_5H_5(x)+\frac{35}{7!}\lambda_3\lambda_4H_7(x)+\frac{280}{9!}\lambda_3{}^3H_9(x)\\
&\ \ \vdots
\end{aligned}\right. \tag{3.58}$$

であるから，(3.57) 式は

$$f_n(x)=\phi(x)\left\{1+\frac{1}{6}\lambda_3 H_3(x)\left(\frac{1}{n}\right)^{\frac{1}{2}}+\left[\frac{1}{4!}\lambda_4 H_4(x)+\frac{10}{6!}\lambda_3{}^2 H_6(x)\right]\left(\frac{1}{n}\right)\right.$$
$$\left.+\left[\frac{1}{5!}\lambda_5 H_5(x)+\frac{35}{7!}\lambda_3\lambda_4 H_7(x)+\frac{280}{9!}\lambda_3{}^3 H_9(x)\right]\left(\frac{1}{n}\right)^{\frac{3}{2}}+\cdots\right\} \tag{3.59}$$

と表すこともできる．

Z_n の cdf $F_n(x)$ の (3.52) 式あるいは (3.55) 式，pdf $f_n(x)$ の (3.57) 式あるいは (3.59) 式の展開はエッジワース展開とよばれる．

チェビシェフ-エルミート多項式，エッジワース展開の詳細な説明は蓑谷 (2010) を参照されたい．ここでは結果のみ示した．エッジワース展開のいくつかの応用例を示そう．

例 3.14 ガンマ分布の分布関数のエッジワース展開の精度

$X_1, \cdots, X_n$ は独立で，パラメータ α, β のガンマ分布に従うことを

$$X_i \overset{\text{iid}}{\sim} \text{GAM}(\alpha, \beta)$$

と表す．X の pdf は

$$f(x)=\frac{x^{\alpha-1}\exp\left(-\dfrac{x}{\beta}\right)}{\beta^\alpha\,\Gamma(\alpha)}, \qquad x>0$$
$$\alpha>0, \qquad \beta>0$$

であり

$$E(X)=\mu=\alpha\beta,\ \ \text{var}(X)=\sigma^2=\alpha\beta^2,\ \ \lambda_3=\sqrt{\beta_1}=\frac{2}{\sqrt{\alpha}},\ \ \lambda_4=\beta_2-3=\frac{6}{\alpha}$$

である．α が整数のとき X の cdf は

$$F(x)=1-\left[\exp\left(-\frac{x}{\beta}\right)\right]\left[\sum_{i=0}^{\alpha-1}\frac{\left(\dfrac{x}{\beta}\right)^i}{i!}\right]$$

によって与えられる．

$$S_n=X_1+X_2+\cdots+X_n$$

とすると

$$S_n\sim\text{GAM}(n\alpha, \beta)$$

となる．

いま，$\alpha=2$，$\beta=1$ のガンマ分布を考え

$$Z_n=\frac{\sqrt{n}(\bar{X}-\mu)}{\sigma}$$

の分布関数

$$F_n(x)=P(Z_n\leq x)$$

の正確な値と，(3.52) 式の $F_n(x)$ のエッジワース展開

1 項エッジワース　$\Phi(x)+\phi(x)\dfrac{Q_1(x)}{\sqrt{n}}$

2 項エッジワース　$\Phi(x)+\phi(x)\left\{\dfrac{Q_1(x)}{\sqrt{n}}+\dfrac{Q_2(x)}{n}\right\}$

による値を比較し，エッジワース展開がどれぐらい正確な値を近似できるかを考察しよう．

$$\begin{aligned}F_n(x)&=P(Z_n\leq x)=P\left(\frac{\sqrt{n}(\bar{X}-\mu)}{\sigma}\leq x\right)\\&=P\left(\bar{X}<\mu+\frac{\sigma x}{\sqrt{n}}\right)\\&=P(S_n\leq n\mu+\sqrt{n}\sigma x)\\&=P(S_n\leq n\alpha\beta+\sqrt{n\alpha}\beta x)\end{aligned}$$

と表し，$\alpha=2$，$\beta=1$ のとき $\alpha\beta=2$，$\sigma=\sqrt{\alpha}\beta=\sqrt{2}$ であるから

$$\begin{aligned}F_n(x)&=P(S_n\leq 2n+\sqrt{2n}x)\\&=1-[\exp(-2n-\sqrt{2n}x)]\left[\sum_{i=0}^{2n-1}\frac{(2n+\sqrt{2n}x)^i}{i!}\right]\end{aligned}$$

によって $F_n(x)$ の正確な値を求めることができる．

表 3.3 は $n=5, 20$ の 2 通りのケースで，x のいくつかの値に対する $F_n(x)$ の正確な値，CLT による $\Phi(x)$ の値，1 項エッジワース，2 項エッジワース展開による $F_n(x)$ の値である．

$n=5$ の小標本においても，歪度を考慮した 1 項エッジワース展開，さらに尖度も考慮した 2 項エッジワース展開の近似の精度はかなり高いことがわかる．$n=20$，2 項エッジワース展開ではさらに近似の精度はよくなる．

表 3.3　エッジワース展開の精度と CLT

	x	$F_n(x)$の正確な値	$\Phi(x)$	1項エッジワース	2項エッジワース
$n=5$	0.0	0.54207	0.50000	0.54205	0.54205
	0.5	0.71910	0.69146	0.71930	0.71911
	1.0	0.84464	0.84134	0.84134	0.84538
	2.0	0.96315	0.97725	0.96018	0.96288
	3.0	0.99328	0.99865	0.99491	0.99248
	3.5	0.99735	0.99977	0.99873	0.99730
$n=20$	0.0	0.52103	0.50000	0.52103	0.52103
	0.5	0.70533	0.69146	0.70538	0.70533
	1.0	0.84225	0.84134	0.84134	0.84235
	2.0	0.96944	0.97725	0.96871	0.96939
	3.0	0.99627	0.99865	0.99678	0.99617
	3.5	0.99888	0.99977	0.99925	0.99889

例 3.15　標本分位点の分布関数のエッジワース展開

$X_1, X_2, \cdots, X_n$ は cdf F からの独立な標本とする．$0<\alpha<1$ とし，左片側 α の確率を与える分位点を $\xi_\alpha=F^{-1}(\alpha)$ とし，F はξ_α で 3 回微分可能とする．$[n\alpha]$ を $n\alpha$ を超えない整数とすると，標本順序統計量

$$X_{(1)}\leq X_{(2)}\leq\cdots\leq X_{(n)}$$

において $X_{[n\alpha]}$ は ξ_α に対応する標本分位点である．以下，Reiss (1989)，とくに Corollary 2.1.5 に依り議論を進めよう．$X_{[n\alpha]}$ の規準化は

$$Z_n=\sqrt{n}\,(X_{[n\alpha]}-\xi_\alpha)\frac{p_\alpha}{\sigma_\alpha} \tag{3.60}$$

によって与えられる．ここで

$$\sigma_\alpha=\sqrt{\alpha(1-\alpha)}, \qquad p_\alpha=F'(\xi_\alpha)$$

である．

Z_n の分布関数を $F_n(x)$ とすると，$F_n(x)$ の 2 項までのエッジワース展開は次式になる (Reiss (1989), Corollary 2.1.5)．

$$\begin{aligned}F_n(x)&=P(Z_n\leq x)=P\left(\sqrt{n}\,(X_{[n\alpha]}-\xi_\alpha)\frac{p_\alpha}{\sigma_\alpha}\leq x\right)\\&=\Phi(x)+\phi(x)\left\{\frac{R_1(x)}{\sqrt{n}}+\frac{R_2(x)}{n}\right\}\end{aligned} \tag{3.61}$$

ここで

$$R_1(x)=\left(\frac{d_1}{2}-a_1\right)x^2-2a_1-b_1$$

$$R_2(x)=-\left(\frac{d_1}{2}-a_1\right)^2\frac{x^5}{2}-\left(\frac{5}{2}a_1{}^2+a_2+a_1b_1-\frac{1}{2}b_1d_1-\frac{1}{6}d_2\right)x^3$$
$$-\left(\frac{15}{2}a_1{}^2+3a_1b_1+3a_2+\frac{1}{2}b_1{}^2+b_2\right)x$$

$$a_1=\frac{1-2\alpha}{3\sigma_\alpha},\qquad a_2=-\frac{\alpha^3+(1-\alpha)^3}{4\sigma_\alpha^2}$$

$$b_1=\frac{\alpha-\{n\alpha\}}{\sigma_\alpha},\qquad b_2=\frac{(1-\alpha)^2\{n\alpha\}+\alpha^2(1-\{n\alpha\})}{2\sigma_\alpha^2}$$

$$\{n\alpha\}=n\alpha-[n\alpha]$$

$$d_1=\frac{\sigma_\alpha F''(\xi_\alpha)}{p_\alpha^2},\qquad d_2=\frac{\sigma_\alpha^3F^{(3)}(\xi_\alpha)}{p_\alpha^3}$$

である．

例として標準コーシー分布

$$f(x)=\frac{1}{\pi(1+x^2)}$$

で $\alpha=1/2$，したがって $\xi_\alpha=0$，$X_{[n\alpha]}$=標本中位数を考えよう．

$$\sigma_\alpha=\frac{1}{2},\qquad p_\alpha=f(\xi_\alpha)=f(0)=\frac{1}{\pi},\qquad a_1=0,\qquad a_2=-\frac{1}{4},$$

$$b_1=0,\qquad b_2=\frac{1}{2},\qquad d_1=0,\qquad d_2=-\frac{\pi^2}{2}$$

となるから

$$R_1(x)=0,\qquad R_2(x)=\frac{x}{4}+\frac{3-\pi^2}{12}x^3$$

が得られ，したがって，標準コーシー分布の規準化標本中位数の分布関数の 2 項エッジワース展開は次式になる．

$$P\left(\sqrt{n}X_{\left[\frac{n}{2}\right]}\frac{2}{\pi}\le x\right)=\Phi(x)+\phi(x)\left(\frac{x}{4n}+\frac{3-\pi^2}{12n}x^3\right)\qquad(3.62)$$

表 3.4 は $n=11, 41, 101$ のとき (3.62) 式から計算した $F_n(x)$ の値と $\Phi(x)$ の値である．$n=11$ と小標本のときコーシー分布の規準化標本中位数の分布関数の値を $\Phi(x)$ から求めると $F_n(x)$ との差はかなりある．$n=41$, 101 と n が大きくなるにしたがって，当然予想されるように $F_n(x)$ の値は $\Phi(x)$ の値に近付く．

表 3.4 コーシー分布規準化標本中位数の分布関数

x	$\Phi(x)$	$F_n(x)$		
		$n=11$	$n=41$	$n=101$
0.0	0.50000	0.50000	0.50000	0.50000
0.1	0.53983	0.54071	0.54006	0.53992
0.2	0.57926	0.58087	0.57969	0.57944
0.3	0.61791	0.61998	0.61847	0.61814
0.4	0.65542	0.65754	0.65599	0.65565
0.5	0.69146	0.69317	0.69192	0.69165
0.6	0.72575	0.72655	0.72596	0.72583
0.7	0.75804	0.75743	0.75787	0.75797
0.8	0.78814	0.78569	0.78749	0.78788
0.9	0.81594	0.81129	0.81469	0.81543
1.0	0.84134	0.83425	0.83944	0.84057
1.5	0.93319	0.91486	0.92827	0.93120
2.0	0.97725	0.95723	0.97188	0.97507

3.7 スチューデント化 U 統計量のエッジワース展開

スチューデント化 U 統計量を

$$t_U=\frac{\sqrt{n}\,[U_n-E(U_n)]}{V_J^{\frac{1}{2}}}$$

とおく．ここで

$$V_J=(n-1)\sum_{i=1}^{n}\Big[U_n(i)-U_n\Big]^2$$

$U_n(i)=$第 i 番目を除いた $n-1$ 個の標本にもとづく U_n に対応する U 統計量

このとき，n^{-1} の項までの t_U の cdf $F_n(x)$ のエッジワース展開は次式で与えられる（前園 (2001)，p. 134）．

$$\begin{aligned}F_n(x)&=P(t_U\leq x)\\&=\Phi(x)+\phi(x)\left\{\frac{1}{6\sqrt{n}}(\lambda_1x^2+\lambda_2)+\frac{1}{72n}(\nu_1x^5+\nu_2x^3+\nu_3x)\right\}\end{aligned}\tag{3.63}$$

ここで

$$\lambda_1=\frac{1}{\xi_1^{\ 3}}(2e_1+3e_2)$$

$$\lambda_2=\frac{1}{\xi_1^3}(e_1+3e_2)$$

$$\nu_1=-\frac{1}{\xi_1^6}(2e_1+3e_2)^2$$

$$\nu_2=\frac{6}{\xi_1^4}(e_3-6\xi_1^4+12e_4+6e_5+4e_6)-\frac{2}{\xi_1^6}(2e_1+3e_2)(2e_1+9e_2)$$

$$\nu_3=\frac{3}{\xi_1^6}(4e_1^2+12e_1e_2+3e_2^2)$$

$$+\frac{18}{\xi_1^4}(\xi_1^2(m-1)^2\xi_2^2-e_3+2\xi_1^4-4e_4-2e_5)$$

$$e_1=E[g_1^3(X_1)]$$

$$e_2=(m-1)E[g_1(X_1)g_1(X_2)g_2(X_1,X_2)]$$

$$e_3=E[g_1^4(X_1)]$$

$$e_4=(m-1)E[g_1^2(X_1)g_1(X_2)g_2(X_1,X_2)]$$

$$e_5=(m-1)^2E[g_1(X_2)g_1(X_3)g_2(X_1,X_2)g_2(X_1,X_3)]$$

$$e_6=(m-1)(m-2)E[g_1(X_1)g_1(X_2)g_1(X_3)g_3(X_1,X_2,X_3)]$$

$$\xi_k^2=E[g_k^2(X_1,\cdots,X_k)]$$

g_j は 3.4.2 項参照.

例 3.16 (前園 (2001), p. 131)

$m=1$ のカーネル $h(x)=x$ の場合を考えよう.

$$U_n=\frac{1}{n}\sum_{i=1}^{n}X_i=\bar{X}$$

$$U_n(i)=\frac{1}{n-1}\sum_{j\neq i}X_j=\frac{1}{n-1}\sum_{j=1}^{n}X_j-\frac{1}{n-1}X_i$$

$$=\frac{n}{n-1}\bar{X}-\frac{X_i}{n-1}$$

$$U_n(i)-U_n=-\frac{1}{n-1}(X_i-\bar{X})$$

したがって

$$V_J=(n-1)\sum_{i=1}^{n}(U_n(i)-U_n)^2=\frac{1}{n-1}\sum_{i=1}^{n}(X_i-\bar{X})^2=S^2$$

となり, $X_i\sim\mathrm{NID}(\mu,\sigma^2)$, $i=1,\cdots,n$ ならば

$$t_U=\frac{\sqrt{n}(\bar{X}-\mu)}{S}$$

は自由度 $n-1$ の t 分布に従う．

3.8 コーニッシュ-フィッシャー展開

3.8.1 コーニュッシュ-フィッシャー展開(1)

コーニッシュとフィッシャーは，連続確率変数の分布の分位点（臨界点ともいう）quantile x を，標準正規分布の対応する分位点 z によって表す式を求めた．$X_i \sim \text{iid}(\mu, \sigma^2)$，キュミュラント $\kappa_j\,(j \geq 3)$ をもつとする．このとき

$$Z_n = \frac{\sqrt{n}\,(\bar{X}_n - \mu)}{\sigma}$$

とすると，Z_n の cdf $F_n(x)$ のエッジワース展開は次式である．

$$F_n(x) = \Phi(x) + \sum_{k=1}^{\infty} P_k(x)\,\phi(x) \tag{3.64}$$

ここで

$$P_k(x) = Q_k(x)\left(\frac{1}{n}\right)^{\frac{k}{2}}$$

$$Q_k(x) = \text{エッジワース展開の項の (3.53) 式}$$

である．

$$F_n(x) = \Phi(z)$$

となる x と z の関係式を与えるのが次式である．

$$z = x - \frac{1}{6\sqrt{n}}\lambda_3(x^2-1) - \frac{1}{24n}\lambda_4(x^3-3x) + \frac{1}{36n}\lambda_3{}^2(4x^3-7x) + \cdots \tag{3.65}$$

$\lambda_k = \kappa_k/\sigma^k$ である．

3.8.2 コーニッシュ-フィッシャー展開 (2)

次に，x を z で表すことを考えよう．カイ 2 乗分布，F 分布，非心 t 分布などの臨界点を，正規分布の臨界点を用いて近似しようとするときに用いられるのがこの展開である．次式である．

$$x = z + \frac{1}{6\sqrt{n}}\lambda_3(z^2-1) + \frac{1}{24n}\lambda_4(z^3-3z) - \frac{1}{36n}\lambda_3{}^2(2z^3-5z) + \cdots \tag{3.66}$$

(3.65) 式および (3.66) 式はコーニッシュ-フィッシャー展開 Cornish-Fisher expansions とよばれている.

例 3.17 コーニッシュ-フィッシャー展開の応用例

コーニッシュ-フィッシャー展開の応用として，自由度 m のカイ 2 乗分布の上側 100 α% 点 C_α の近似式を求める場合を考えよう.

$X \sim \chi^2(m)$ のとき $E(X)=m$，$\mathrm{var}(X)=2m$ であるから X を規準化した

$$Y=\frac{X-m}{\sqrt{2m}}$$

は，キュミュラント

$$\begin{aligned}
&\kappa_1=0\\
&\kappa_2=1 &&(3.67)\\
&\kappa_j=\frac{2^{j-1}(j-1)!m}{(2m)^{\frac{j}{2}}}, \qquad j=3,4,\cdots
\end{aligned}$$

をもつ.

z_α, y_α をそれぞれ $\Phi(z)$，Y の分布関数 $F_Y(y)$ の上側 100α% 点とする.

y_α は

$$y_\alpha \fallingdotseq z_\alpha + B_1(z_\alpha) + \cdots$$

と近似することができる（蓑谷(2010)，pp. 165～169）．ここで

$$\begin{aligned}
B_1(z)&=\frac{1}{6}\lambda_3(z^2-1)\\
B_2(z)&=\frac{1}{24}\lambda_4(z^3-3z)-\frac{1}{36}\lambda_3{}^2(2z^3-5z)\\
B_3(z)&=\frac{1}{120}\lambda_5(z^4-6z^2+3)-\frac{1}{24}\lambda_3\lambda_4(z^4-5z^2+2)\\
&\quad+\frac{1}{324}\lambda_3{}^3(12z^4-53z^2+17) \qquad (3.68)\\
B_4(z)&=\frac{1}{720}\lambda_6(z^5-10z^3+15z)-\frac{1}{180}\lambda_3\lambda_5(2z^5-17z^3+21z)\\
&\quad-\frac{1}{384}\lambda_4{}^2(3z^5-24z^3+29z)+\frac{1}{288}\lambda_3{}^2\lambda_4(14z^5-103z^3+107z)\\
&\quad-\frac{1}{7776}\lambda_3{}^4(242z^5-1688z^3+1511z)
\end{aligned}$$

ただし，$\mathrm{var}(Y)=1$ であるから $\lambda_j=\kappa_j$ である.

$$C_\alpha = m + \sqrt{2m}\,y_\alpha$$

であるから，いま C_α の $O(m^{-1})$ までの近似式を求めるとすれば y_α について $O(m^{-\frac{3}{2}})$ まで，すなわち $B_3(z)$ までで近似すればよい．

Y のキュミュラント (3.67) 式を (3.68) 式へ代入して

$$\begin{aligned} B_1(z) &= \frac{2}{3}\cdot\frac{1}{\sqrt{2m}}(z^2-1) \\ B_2(z) &= \frac{1}{9}\cdot\frac{1}{2m}(z^3-7z) \\ B_3(z) &= -\frac{4}{405}\cdot\frac{1}{(2m)^{\frac{3}{2}}}(3z^4+7z^2-16) \end{aligned} \tag{3.69}$$

が得られる．したがって

$$\begin{aligned} y_\alpha \fallingdotseq z_\alpha &+ \frac{2}{3}\cdot\frac{1}{\sqrt{2m}}({z_\alpha}^2-1) + \frac{1}{9}\cdot\frac{1}{2m}({z_\alpha}^3-7z_\alpha) \\ &- \frac{4}{405}\cdot\frac{1}{(2m)^{\frac{3}{2}}}(3{z_\alpha}^4+7{z_\alpha}^2-16) \end{aligned} \tag{3.70}$$

$$\begin{aligned} C_\alpha \fallingdotseq m + \sqrt{2m}\,z_\alpha &+ \frac{2}{3}({z_\alpha}^2-1) + \frac{1}{9\sqrt{2m}}({z_\alpha}^3-7z_\alpha) \\ &- \frac{2}{405m}(3{z_\alpha}^4+7{z_\alpha}^2-16) \end{aligned} \tag{3.71}$$

という近似式が得られる．

表 3.5 は自由度 $m=5, 10(1)40$，上側確率 0.10，0.05，0.01 を与える分位点（臨界点）の正確な値と (3.71) 式にもとづく近似値である．$m=5$ のとき上側確率 0.05，0.01 のときの近似値は少し真の値から離れているが，近似の精度はきわめて高く，(3.71) 式は十分実用に耐え得る近似式である．

3.9　無限分解可能な分布

独立な確率変数の和の分布関数が正規分布の分布関数 $\Phi(x)$ へ収束するための，もっとも一般的なゆるい条件を見つけることが CLT の研究者達によって追求されてきた．そしてリヤプノフ，リンドベルグ，フェラーによって解決された．

別の問題が探求されるようになった．独立な確率変数の和の極限分布が正規分布とならないような分布族はあるのか，という問題である．それが無限分解

表 3.5　カイ 2 乗分布の分位点とコーニッシュ-フィッシャー展開による近似値

df	0.10		0.05		0.01	
	正確な値	近似値	正確な値	近似値	正確な値	近似値
5	9.2364	9.2361	11.0705	11.0657	15.0863	15.0596
10	15.9872	15.9872	18.3070	18.3052	23.2093	23.1990
11	17.2750	17.2750	19.6751	19.6736	24.7250	24.7160
12	18.5493	18.5493	21.0261	21.0247	26.2170	26.2090
13	19.8119	19.8119	22.3620	22.3608	27.6882	27.6812
14	21.0641	21.0641	23.6848	23.6837	29.1412	29.1348
15	22.3071	22.3071	24.9958	24.9948	30.5779	30.5721
16	23.5418	23.5418	26.2962	26.2953	31.9999	31.9946
17	24.7690	24.7690	27.5871	27.5863	33.4087	33.4038
18	25.9894	25.9894	28.8693	28.8685	34.8053	34.8008
19	27.2036	27.2036	30.1435	30.1428	36.1909	36.1867
20	28.4120	28.4120	31.4104	31.4098	37.5662	37.5624
21	29.6151	29.6151	32.6706	32.6699	38.9322	38.9286
22	30.8133	30.8133	33.9244	33.9238	40.2894	40.2860
23	32.0069	32.0069	35.1725	35.1719	41.6384	41.6352
24	33.1962	33.1962	36.4150	36.4145	42.9798	42.9768
25	34.3816	34.3816	37.6525	37.6520	44.3141	44.3113
26	35.5632	35.5632	38.8851	38.8847	45.6417	45.6390
27	36.7412	36.7412	40.1133	40.1128	46.9629	46.9604
28	37.9159	37.9159	41.3371	41.3367	48.2782	48.2758
29	39.0875	39.0875	42.5570	42.5566	49.5879	49.5856
30	40.2560	40.2560	43.7730	43.7726	50.8922	50.8900
31	41.4217	41.4217	44.9853	44.9850	52.1914	52.1893
32	42.5847	42.5847	46.1943	46.1939	53.4858	53.4838
33	43.7452	43.7452	47.3999	47.3995	54.7755	54.7737
34	44.9032	44.9032	48.6024	48.6020	56.0609	56.0591
35	46.0588	46.0588	49.8018	49.8015	57.3421	57.3403
36	47.2122	47.2122	50.9985	50.9982	58.6192	58.6175
37	48.3634	48.3634	52.1923	52.1920	59.8925	59.8909
38	49.5126	49.5126	53.3835	53.3833	61.1621	61.1605
39	50.6598	50.6598	54.5722	54.5720	62.4281	62.4266
40	51.8051	51.8051	55.7585	55.7582	63.6907	63.6893

可能な分布 infinitely divisible distribution である．「独立な確率変数の和の極限にあたる分布のクラスは無限分解可能な分布のクラスと一致することが明らかになった」（グネジェンコ（1972），訳書II p. 327）．

3.9.1　無限分解可能な分布

まず，無限分解可能な分布を定義しよう．

所与の cf $\phi(t)$ が，任意の自然数 n に対して，同一の cf $\phi_n(t)$ に従う n 個の独立な確率変数の和の cf，すなわち

$$\phi(t)=\{\phi_n(t)\}^n$$

として表すことができるとき，$\phi(t)$ は無限分解可能な cf といわれる．そして対応する pdf も無限分解可能といわれる．

いくつか例をあげよう．

(1) 正規分布

$$\begin{aligned}\phi(t)&=\exp\left(i\mu t-\frac{\sigma^2}{2}t^2\right)\\&=\left[\exp\left\{i\left(\frac{\mu}{n}\right)t-\frac{1}{2}\left(\frac{\sigma^2}{n}\right)t^2\right\}\right]^n\end{aligned}$$

ゆえに

$$\phi_n(t)=\exp\left\{i\left(\frac{\mu}{n}\right)t-\frac{1}{2}\left(\frac{\sigma^2}{n}\right)t^2\right\}$$

であり，この cf は期待値 μ/n，分散 σ^2/n の正規分布の cf である．

(2) コーシー分布

$$\begin{aligned}\phi(t)&=\exp(i\mu t-\phi|t|)\\&=\left[\exp\left\{i\left(\frac{\mu}{n}\right)t-\frac{\phi}{n}|t|\right\}\right]^n.\end{aligned}$$

ゆえに

$$\phi_n(t)=\exp\left\{i\left(\frac{\mu}{n}\right)t-\frac{\phi}{n}|t|\right\}$$

はパラメータ μ/n，ϕ/n のコーシー分布の cf である．

(3) ポアッソン分布

$$\begin{aligned}\phi(t)&=\exp[\lambda\{\exp(it)-1\}]\\&=\left[\exp\left\{\frac{\lambda}{n}[\exp(it)-1]\right\}\right]^n\end{aligned}$$

$$\phi_n(t)=\exp\left\{\frac{\lambda}{n}[\exp(it)-1]\right\}$$

はパラメータ λ/n のポアッソン分布の cf である．

(4) ガンマ分布（$\alpha=1$ のときの指数分布を含む）

$$\begin{aligned}\phi(t)&=(1-i\beta t)^{-\alpha}\\&=[(1-i\beta t)^{-\frac{\alpha}{n}}]^n\end{aligned}$$

$$\psi_n(t)=(1-i\beta t)^{-\frac{\alpha}{n}}$$

はパラメータ α/n，β のガンマ分布の cf である．

(5)　負の 2 項分布

$$\psi(t)=\left[\frac{p}{(1-qe^{it})}\right]^k$$

$$=\left\{\frac{p^{\frac{k}{n}}}{(1-qe^{it})^{\frac{k}{n}}}\right\}^n$$

$$\psi_n(t)=\frac{p^{\frac{k}{n}}}{(1-qe^{it})^{\frac{k}{n}}}$$

はパラメータ p，q の k/n 次の負の 2 項分布の cf である．

(6)　逆ガウス分布

$$\psi(t)=\exp\left[\frac{\lambda}{\mu}\left\{1-\left(1-\frac{2\mu^2 it}{\lambda}\right)^{\frac{1}{2}}\right\}\right]$$

$$=\exp\left[\frac{\lambda}{n\mu}\left\{1-\left(1-\frac{2\mu^2 it}{\lambda}\right)^{\frac{1}{2}}\right\}\right]^n$$

$$\psi_n(t)=\exp\left[\frac{\lambda}{n\mu}\left\{1-\left(1-\frac{2\mu^2 it}{\lambda}\right)^{\frac{1}{2}}\right]\right.$$

$$=\exp\left\{\frac{\left(\frac{\lambda}{n^2}\right)}{\left(\frac{\mu}{n}\right)}\left(1-\left[1-\frac{2\left(\frac{\mu}{n}\right)^2 it}{\left(\frac{\lambda}{n^2}\right)}\right]\right)^{\frac{1}{2}}\right\}$$

はパラメータ μ/n，λ/n^2 の逆ガウス分布の cf である．

(7)　対数正規分布

$$f(x)=\frac{1}{\sqrt{2\pi}\,\sigma x}\exp\left\{-\frac{1}{2\sigma^2}(\log x-\mu)^2\right\}$$

も無限分解可能な分布であるが，上記 (1)～(6) のように簡単に証明できない．Bondesson (1979) は pdf が

$$g(x)=Cx^{\beta-1}h(x),\qquad x>0$$

$$\beta>0,\qquad h(0)=1$$

と表され，固定した u に対して，関数

$$h[uv(t)]h\left[\frac{u}{v(t)}\right],\qquad v(t)=t+1+(t^2+2t)^{\frac{1}{2}}$$

は $(0,\infty)$ で完全単調ならば，$g(x)$ は無限分解可能であることを示した．こ

の Bondesson に従うと，対数正規分布において

$$\beta=\frac{\mu+\frac{1}{\alpha}}{\sigma^2},\qquad \alpha>0$$

$$h(x)=\exp\left(-\frac{x^{\alpha}}{\sigma^2\alpha^2}\right)$$

$$C=\frac{1}{\sqrt{2\pi}\,\sigma}\exp\left(-\frac{\mu^2}{2\sigma^2}\right)$$

とおくと

$$x^{\beta}=\exp(\beta\log x)=\exp\left\{\frac{1}{2\sigma^2}(2\mu\log x)+\frac{1}{\sigma^2\alpha}\log x\right\}$$

であるから

$$x^{\beta}h(x)=\exp\left\{\frac{1}{2\sigma^2}(2\mu\log x)+\frac{1}{\sigma^2\alpha}\log x-\frac{x^{\alpha}}{\sigma^2\alpha^2}\right\}$$

となる．そして

$$\frac{1}{\sigma^2\alpha}\log x-\frac{x^{\alpha}}{\sigma^2\alpha^2}=-\frac{1}{\sigma^2}\left(\frac{x^{\alpha}-\alpha\log x-1}{\alpha^2}\right)-\frac{1}{\sigma^2\alpha^2}$$

と書き直し

$$\frac{x^{\alpha}-\alpha\log x-1}{\alpha^2}\xrightarrow[\alpha\to 0]{}\frac{\log x(x^{\alpha}-1)}{2\alpha}\xrightarrow[\alpha\to 0]{}\frac{(\log x)^2}{2}$$

$$\exp\left(-\frac{1}{\sigma^2\alpha^2}\right)\xrightarrow[\alpha\to 0]{}1$$

であるから

$$Cx^{\beta}h(x)\xrightarrow[\alpha\to 0]{}\frac{1}{\sqrt{2\pi}\,\sigma}\exp\left\{-\frac{1}{2\sigma^2}(\log x-\mu)^2\right\}$$

となり

$$Cx^{\beta-1}h(x)\xrightarrow[\alpha\to 0]{}f(x)$$

が得られる．すなわち正の $\alpha\to 0$ という条件のもとで対数正規分布は無限分解可能な分布である．

(8)　**ワイブル分布**

パラメータ γ,ϕ のワイブル分布の pdf は次式である．

$$f(x)=\frac{\gamma}{\phi^{\gamma}}x^{\gamma-1}\exp\left(-\frac{x^{\gamma}}{\phi^{\gamma}}\right),\qquad x\geq 0$$

$$\phi>0,\qquad \gamma>0$$

この pdf で

$$C=\frac{\gamma}{\phi^{\gamma}}, \qquad \beta=\gamma, \qquad h(x)=\exp\left(-\frac{x^{\gamma}}{\phi^{\gamma}}\right)$$

とおけば，ワイブル分布も無限分解可能な分布である．

(9) バー分布XII

タイプXIIのバー分布の pdf は

$$f(x)=\delta k x^{\delta-1}(1+x^{\delta})^{-(1+k)}, \qquad x>0$$

$$\delta>0, \qquad k>0$$

であるから

$$C=\delta k, \qquad \beta=\delta, \qquad h(x)=(1+x^{\delta})^{-(1+k)}$$

とおけば，バー分布XIIも無限分解可能な分布である．

同様にしてバー分布III，X も無限分解可能な分布である．

無限分解可能な分布の cf $\psi(t)$ の対数は次式で表される（Gnedenko and Kolmogorov (1954), p. 76)．

$$\log\psi(t)=i\gamma t+\int\left\{\exp(itu)-1-\frac{itu}{1+u^2}\right\}\frac{1+u^2}{u^2}dG(u) \qquad (3.72)$$

ここで

γ＝実数の定数

$G(u)$＝有界変動の非減少関数

$\left[\left\{\exp(itu)-1-\frac{itu}{1+u^2}\right\}\frac{1+u^2}{u^2}\right]_{u=0}=-\frac{t^2}{2}$ と定義

特性関数を

$$[\psi(t)]^n=\psi(a_n t)\exp(itb_n)$$

と表すことができる $a_n>0, b_n$ が存在するならば，cf $\psi(t)$ をもつ分布は安定分布 stable distribution といわれる．安定分布は無限分解可能な分布であるが，逆は真ではない．たとえば，ポアッソン分布は無限分解可能な分布であるが，$[\psi(t)]^n$ を上式のように表すことができる $a_n>0, b_n$ は存在しないから，ポアッソン分布は安定分布ではない（安定分布に関しては蓑谷 (2010) を参照されたい)．

3.9.2 無限分解可能な分布の性質

無限分解可能な分布の基本的な性質として次の 4 点あげておこう（グネジェ

ンコ (1972), 訳書II pp. 328～330, Gnedenko and Kolmogorov (1954), pp. 72～74).

1. 無限分解可能な分布の特性関数は0にならない.
2. 無限分解可能な分布に従う確率変数の有限個の和の分布は, やはり無限分解可能な分布に従う.
3. 無限分解可能な分布の分布関数列 $F_n(x)$ が分布関数 $F(x)$ へ分布収束すれば, $F(x)$ も無限分解可能である.
4. $\phi(t)$ を無限分解な分布のcfとすると, すべての $c>0$ に対して $\{\phi(t)\}^c$ もcfである.

3.9.3 正規分布へ収束するための条件

無限分解可能な分布に従う独立な確率変数の和の極限分布のクラスは無限分解可能な分布のクラスと一致する. 無限分解可能な分布は, すでに述べたように, 多数あり, 正規分布はそのひとつにすぎない. それではどのような条件が満たされているとき, 和の極限分布が正規分布に収束するのか, ということが問題になる.

まず確率変数列の基本系を定義しよう.

確率変数の系列

$$\begin{array}{cccc} X_{11}, & X_{12}, & \cdots, & X_{1k_1} \\ X_{21}, & X_{22}, & \cdots, & X_{2k_2} \\ \vdots & \vdots & & \vdots \\ X_{n1}, & X_{n2}, & \cdots, & X_{nk_n} \end{array} \tag{3.73}$$

において, $X_{i1}, X_{i2}, \cdots, X_{ik_i}$ $(i=1, 2, \cdots, n)$ は独立であるとする.

次の条件を満たす (3.73) 式の系列は確率変数列の基本系といわれる.

1. 確率変数 X_{nk} $(1\leq k\leq k_n,\ n=1, 2, \cdots)$ の分散は有限である.
2. 和 $Y_n=X_{n1}+X_{n2}+\cdots+X_{nk_n}$ $(n=1, 2, \cdots)$ の分散は定数 C をこえない. C は n に依存しない.
3. $\beta_n=\max\limits_{1\leq k\leq k_n}[\mathrm{var}(X_{nk})] \xrightarrow[n\to\infty]{} 0$ である.

この条件3は, Y_n を構成する要素 X_{nj} の和 Y_n への影響は, どの要素も n が大きくなるにしたがって益々小さくなる, ということを意味する.

いま，確率変数 X_{nk} は基本系であり，その cdf を $F_{nk}(x)$，$\bar{X}_{nk}=X_{nk}-E(X_{nk})$ の cdf を $\bar{F}_{nk}(x)$ と表す．

$$\bar{F}_{nk}(x)=F_{nk}[x+E(X_{nk})]$$

の関係がある．このとき

確率変数 X_{nk} $(1\leq k\leq k_n)$ の和

$$Y_n=X_{n1}+X_{n2}+\cdots+X_{nk_n}$$

の cdf が $n\to\infty$ のとき正規分布の cdf

$$\Phi(x)=\frac{1}{\sqrt{2\pi}}\int_{-\infty}^{x}\exp\left(-\frac{z^2}{2}\right)dz$$

へ収束するための必要・十分条件は次の (i)～(iii) が満たされることである．

(i)　$\displaystyle\sum_{k=1}^{k_n}\int x dF_{nk}(x)\longrightarrow 0$

(ii)　$\displaystyle\sum_{k=1}^{k_n}\int_{|x|>\tau}x^2\,d\bar{F}_{nk}(x)\longrightarrow 0$

(iii)　$\displaystyle\sum_{k=1}^{k_n}\int_{|x|<\tau}x^2\,d\bar{F}_{nk}(x)\longrightarrow 1$

ここで $\tau>0$ は任意の定数である（グネジェンコ (1972)，訳書II p. 344)．

確率変数列の基本系が

$$\sum_{k=1}^{k_n}\int x^2\,dF_{nk}(x)=1$$

$$\int x dF_{nk}(x)=0\quad(1\leq k\leq k_n,\quad n=1,2,\cdots)$$

を満たし，規準化されていれば，前述の (i)～(iii) の条件は，リンドベルグの条件

$$\sum_{k=1}^{k_n}\int_{|x|>\tau}x^2\,dF_{nk}(x)\longrightarrow 0$$

になる．

4 確率分布の正規近似

4.1 2項分布の正規近似

4.1.1 CLTによる解釈

パラメータ n, p の2項分布に従う X （$X \sim b(n, p)$ と表す）が，$n \to \infty$ のとき正規分布に収束することは例1.1でmgfを用いて証明した．中心極限定理CLTの観点からいえば，次のようになる．

n 回のベルヌーイ試行において，成功確率 p （失敗確率 $q=1-p$）のベルヌーイ確率変数を

$$X_i = \begin{cases} 1, & \text{成功} \\ 0, & \text{失敗} \end{cases}$$

とすれば，$S_n = \sum_{i=1}^{n} X_i$ は成功回数であり

$$E(S_n) = E\left(\sum_{i=1}^{n} X_i\right) = np$$

$$\mathrm{var}(S_n) = \mathrm{var}\left(\sum_{i=1}^{n} X_i\right) = npq$$

であるから

$$\frac{S_n - np}{\sqrt{npq}} \xrightarrow{d} N(0, 1) \tag{4.1}$$

が成立する．

4.1.2 2項確率の近似計算

n が十分大きければ2項確率

$$p(x) = \binom{n}{x} p^x q^{n-x}$$

を正規近似しても近似による誤差は小さいが，n があまり大きくなく，かつ p が 0.1 や 0.9 に近いときは近似の誤差は大きくなる．2項確率の計算に正規近似を用いるとき，経験則として次の3つがある．

(1)　$\min(np, nq) > 10$

　　これよりもっと弱い基準として $\min(np, nq) \geq 5$ がある．

(2)　$0.1 \leq p \leq 0.9$ でかつ，$npq > 5$

(3)　$npq > 25$

例として $n=20$，$p=0.2, 0.4, 0.5$ の場合をとりあげる．$p=0.2$ のときは (1) のもっとも弱い基準も満たさない．$p=0.4$ あるいは 0.5 のとき，(1) の $\min(np, nq) > 5$ は満たすが，(2)，(3) は満たさない．

$n=20$，$p=0.4$，$x=4$ を例にすると，2項確率は

$$\binom{20}{4} 0.4^4\, 0.6^{16} = 0.03499$$

となる．連続修正して正規近似すると

$$\mu = np = 8, \qquad \sigma = \sqrt{npq} = 2.19089$$

であるから，$Z = (X-8)/2.19089 \sim N(0, 1)$ と考え

$$\begin{aligned} P(X=4) &\approx P(3.5 \leq X < 4.5) \\ &= P\left(\frac{3.5-8}{2.19089} \leq Z < \frac{4.5-8}{2.19089}\right) \\ &= P(-2.05396 \leq Z < -1.59752) = 0.03508 \end{aligned}$$

となり，近似の程度は悪くない．$P(7 \leq X \leq 10)$ の正規近似は

$$\begin{aligned} P(7 \leq X \leq 10) &\approx P\left(\frac{6.5-8}{2.19089} \leq Z \leq \frac{10.5-8}{2.19089}\right) \\ &= (-0.68465 \leq Z \leq 1.14109) \\ &= 0.63274 \end{aligned}$$

と計算されるが，真の2項確率の値は

$$P(7 \leq X \leq 10) = \sum_{x=7}^{10} \binom{20}{x} 0.4^x\, 0.6^{20-x} = 0.62247$$

となる．

図 4.1 は $n=20$，$p=0.4$ の2項分布の確率柱状図と，$\mu = np = 8$，$\sigma = \sqrt{npq} = 2.19089$ の正規曲線である．$P(X=4)$ の正規近似は $X=4$ の柱の面積を正規曲線で 3.5 から 4.5 までの面積（図の薄い網掛け部分）で近似してい

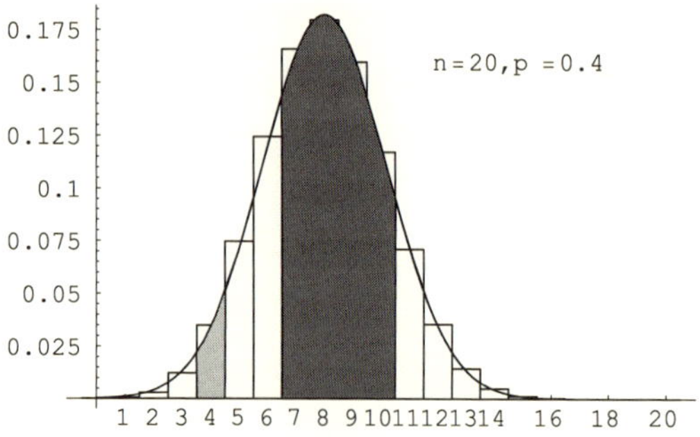

図 4.1　2 項分布の正規近似

表 4.1　$n=20(p=0.2, 0.4, 0.5)$ の 2 項確率と正規近似

x	$p=0.2$		$p=0.4$		$p=0.5$	
	2 項確率	正規近似	2 項確率	正規近似	2 項確率	正規近似
0	0.01153	0.01926	0.00004	0.00026	0.00000	0.00001
1	0.05765	0.05593	0.00049	0.00120	0.00002	0.00006
2	0.13691	0.11974	0.00309	0.00453	0.00018	0.00033
3	0.20536	0.18906	0.01235	0.01396	0.00109	0.00143
4	0.21820	0.22015	0.03499	0.03508	0.00462	0.00513
5	0.17456	0.18906	0.07465	0.07184	0.01479	0.01513
6	0.10910	0.11974	0.12441	0.11986	0.03696	0.03668
7	0.05455	0.05593	0.16588	0.16296	0.07393	0.07301
8	0.02216	0.01926	0.17971	0.18052	0.12013	0.11939
9	0.00739	0.00489	0.15974	0.16296	0.16018	0.16036
10	0.00203	0.00091	0.11714	0.11986	0.17620	0.17694
11	0.00046	0.00013	0.07099	0.07184	0.16018	0.16036
12	0.00009	0.00001	0.03550	0.03508	0.12013	0.11939
13	0.00001	0.00000	0.01456	0.01396	0.07393	0.07301
14	0.00000	0.00000	0.00485	0.00453	0.03696	0.03668
15	0.00000	0.00000	0.00129	0.00120	0.01479	0.01513
16	0.00000	0.00000	0.00027	0.00026	0.00462	0.00513
17	0.00000	0.00000	0.00004	0.00005	0.00109	0.00143
18	0.00000	0.00000	0.00000	0.00001	0.00018	0.00033
19	0.00000	0.00000	0.00000	0.00000	0.00002	0.00006
20	0.00000	0.00000	0.00000	0.00000	0.00000	0.00001

る．$P(7\leq X\leq 10)$ の正規近似は $X=7,8,9,10$ の 4 本の柱の面積を，6.5 から 10.5 までの正規曲線の面積（図の濃い網掛け部分）で近似している．

表 4.1 は $n=20$，$p=0.2, 0.4, 0.5$ のときの 2 項確率 $p(x)$，$x=0,1,\cdots,20$ の値と，連続修正した正規近似の値である．$p=0.2$ のとき x が 4（$=np$）の

とき以外近似の程度は悪い．$p=0.4$ のとき $np=8$ を中心に $x=4$ から 12 までの近似の程度は悪くない．$p=0.5$ のとき $np=10$ を中心に $x=6$ から 14 までの近似は悪くないが，$0\leq x\leq 3$，$15\leq x\leq 20$ の近似は精度が低い．

4.1.3 累積2項確率の正規近似

累積2項確率

$$F(x)=P(X\leq x)=\sum_{k=0}^{x}\binom{n}{k}p^k q^{n-k}$$

を正規近似によって計算する方法が，Patel and Read (1996)，竹内・藤野 (1981) にいくつか紹介されている．実際に種々の近似式で計算し，比較した結果近似の精度がもっとも高かったのは，竹内・藤野 (1981) にも紹介されている Peizer and Pratt (1968) の (1.2 a)，(1.2 b) 式であり，次式である．

$$F(x)\fallingdotseq\Phi(z_i),\qquad i=1,2$$

$x'=x+0.5$ と連続修正した x' と x を用いて，z_1, z_2 は次式で与えられる．

$$z_i=\frac{d_i}{|x'-np|}\left[\frac{2}{1+\dfrac{1}{6n}}\left\{x'\log\left(\frac{x'}{np}\right)+(n-x')\log\left(\frac{n-x'}{nq}\right)\right\}\right]^{\frac{1}{2}}$$

$$i=1,2 \tag{4.2}$$

$$d_1=x'-np+\frac{q-p}{6}$$

$$d_2=d_1+0.02\left\{\frac{q}{x+1}-\frac{p}{n-x}+\frac{q-p}{2(n+1)}\right\}$$

表4.2 は $n=30$，$p=0.1, 0.3, 0.5$ を例として，累積2項確率 $F(x)$ の正確な値と，(4.2) 式の z_2 を用いて計算した $F(x)$ の近似値である．$p=0.1$ したがって $np=3$ と小さくても近似の精度は高い．詳細な累積2項確率の表を利用できないことが多いので，(4.2) 式は実用上有用である．

表 4.2　累積 2 項確率と正規近似($n=30$)

x	$p=0.1$		$p=0.3$		$p=0.5$	
	累積 2 項確率	正規近似	累積 2 項確率	正規近似	累積 2 項確率	正規近似
0	0.042391	0.041309	0.000023	0.000021	0.000000	0.000000
1	0.183695	0.183115	0.000312	0.000307	0.000000	0.000000
2	0.411351	0.411143	0.002113	0.002097	0.000000	0.000000
3	0.647439	0.647390	0.009317	0.009282	0.000004	0.000004
4	0.824505	0.824470	0.030155	0.030099	0.000030	0.000030
5	0.926810	0.926765	0.076595	0.076527	0.000162	0.000162
6	0.974173	0.974138	0.159523	0.159463	0.000715	0.000714
7	0.992216	0.992197	0.281377	0.281340	0.002611	0.002607
8	0.997980	0.997972	0.431518	0.431504	0.008062	0.008054
9	0.999546	0.999543	0.588809	0.588808	0.021387	0.021374
10	0.999911	0.999910	0.730370	0.730371	0.049369	0.049351
11	0.999985	0.999985	0.840678	0.840675	0.100244	0.100225
12	0.999998	0.999998	0.915530	0.915523	0.180797	0.180780
13	1.000000	1.000000	0.959947	0.959940	0.292332	0.292321
14	1.000000	1.000000	0.983063	0.983057	0.427768	0.427764
15	1.000000	1.000000	0.993630	0.993627	0.572232	0.572236
16	1.000000	1.000000	0.997875	0.997874	0.707668	0.707680
17	1.000000	1.000000	0.999374	0.999373	0.819203	0.819220
18	1.000000	1.000000	0.999838	0.999837	0.899756	0.899775
19	1.000000	1.000000	0.999963	0.999963	0.950631	0.950649
20	1.000000	1.000000	0.999993	0.999993	0.978613	0.978626
21	1.000000	1.000000	0.999999	0.999999	0.991938	0.991946
22	1.000000	1.000000	1.000000	1.000000	0.997389	0.997393
23	1.000000	1.000000	1.000000	1.000000	0.999285	0.999286
24	1.000000	1.000000	1.000000	1.000000	0.999838	0.999838
25	1.000000	1.000000	1.000000	1.000000	0.999970	0.999970
26	1.000000	1.000000	1.000000	1.000000	0.999996	0.999996
27	1.000000	1.000000	1.000000	1.000000	1.000000	1.000000
28	1.000000	1.000000	1.000000	1.000000	1.000000	1.000000
29	1.000000	1.000000	1.000000	1.000000	1.000000	1.000000
30	1.000000	1.000000	1.000000	1.000000	1.000000	1.000000

4.2　ポアッソン分布の正規近似

4.2.1　mgf による正規分布への収束の証明

パラメータ λ のポアッソン分布は

$$p(x)=\frac{e^{-\lambda}\lambda^x}{x!},\qquad x=0,1,2,\cdots$$

$$\lambda > 0$$

と表され

$$E(X) = \lambda, \quad \mathrm{var}(X) = \lambda$$

mgf は

$$M_X(t) = \exp\{\lambda[\exp(t) - 1]\}$$

である． X を規準化した

$$Z = \frac{X - \lambda}{\sqrt{\lambda}}$$

の mgf は次式になる．

$$M_Z = \exp(-\sqrt{\lambda}\,t)\exp\left\{\lambda\left[\exp\left(\frac{t}{\sqrt{\lambda}}\right) - 1\right]\right\}$$

対数をとると

$$\begin{aligned}\log M_Z &= -\sqrt{\lambda}\,t + \lambda\left[\exp\left(\frac{t}{\sqrt{\lambda}}\right) - 1\right] \\ &= -\sqrt{\lambda}\,t + \lambda\left(\frac{t}{\sqrt{\lambda}} + \frac{1}{2}\cdot\frac{t^2}{\lambda} + \frac{1}{3!}\cdot\frac{t^3}{\lambda^{\frac{3}{2}}} + \cdots\right) \\ &= \frac{t^2}{2} + \frac{1}{6}\cdot\frac{t^3}{\sqrt{\lambda}} + \cdots \xrightarrow[\lambda\to\infty]{} \frac{t^2}{2}\end{aligned}$$

したがって

$$\lambda \to \infty \text{ のとき} \quad M_Z(t) \to \exp\left(\frac{t^2}{2}\right)$$

となり，Z の mgf は標準正規変数の mgf に収束する．

図 4.2 は $\lambda = 0.5, 1, 3, 5, 10$ のポアッソン分布の $p(x)$ のグラフである．$\lambda =$

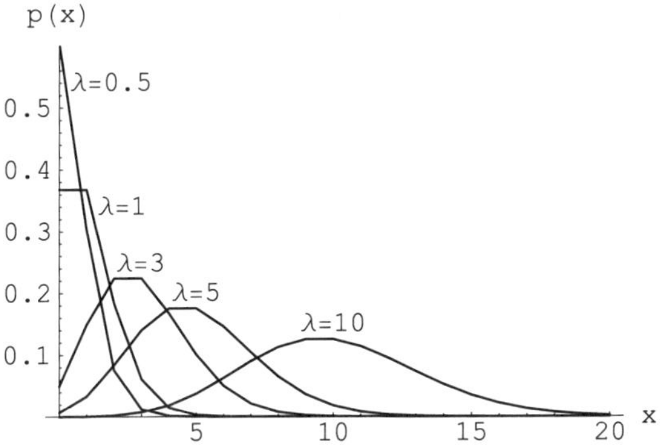

図 4.2 ポアッソン分布の確率関数

10になれば，かなり正規分布に近くなっていることがわかる.

4.2.2 累積ポアッソン確率の正規近似

累積ポアッソン確率

$$F(x)=P(X\leq x)=\sum_{k=0}^{x}\frac{e^{-\lambda}\lambda^k}{k!}$$

の正規近似についてもPeizer and Pratt (1968)，竹内・藤野 (1981)，Patel and Read (1996) に種々の方法が紹介されている．実際に計算を試み，比較した結果，近似の精度が高いのは，竹内・藤野 (1981) にも紹介されているPeizer and Pratt (1968) の次式である．$x'=x+0.5$ である．

$$F(x)\fallingdotseq\Phi(z_i),\qquad i=1,2$$

ここで

$$z_i=\frac{d_i}{|x'-\lambda|}\left\{2x'\log\left(\frac{x'}{\lambda}\right)+2(\lambda-x')\right\}^{\frac{1}{2}}$$

$$d_1=x'-\lambda+\frac{1}{6} \tag{4.3}$$

$$d_2=d_1+\frac{0.02}{x+1}$$

表4.3は $\lambda=0.1, 0.3, 1, 2$ の累積ポアッソン確率と (4.3) 式の z_2 を用いる

表 4.3 累積ポアッソン確率と正規近似

x	$\lambda=0.1$		$\lambda=0.3$		$\lambda=1.0$		$\lambda=2.0$	
	累積ポアッソン確率	正規近似	累積ポアッソン確率	正規近似	累積ポアッソン確率	正規近似	累積ポアッソン確率	正規近似
0	0.904837	0.906506	0.740818	0.740088	0.367879	0.364244	0.135335	0.133019
1	0.995321	0.995320	0.963064	0.963090	0.735759	0.735505	0.406006	0.405431
2	0.999845	0.999843	0.996401	0.996389	0.919699	0.919673	0.676676	0.676560
3	0.999996	0.999996	0.999734	0.999732	0.981012	0.980997	0.857123	0.857099
4	1.000000	1.000000	0.999984	0.999984	0.996340	0.996334	0.947347	0.947334
5			0.999999	0.999999	0.999406	0.999404	0.983436	0.983428
6			1.000000	1.000000	0.999917	0.999916	0.995466	0.995462
7					0.999990	0.999990	0.998903	0.998902
8					0.999999	0.999999	0.999763	0.999762
9					1.000000	1.000000	0.999954	0.999953
10						1.000000	0.999992	0.999992
11						1.000000	0.999999	0.999999
12						1.000000	1.000000	1.000000

正規分布による近似値である．$x=0$ のときの誤差は少し大きいが，近似の精度はきわめて高い．

4.3　負の2項分布の正規近似

4.3.1　mgf による正規分布への収束の証明

k 次の負の2項分布の確率関数は次式である．

$$p(x)=\binom{k+x-1}{k-1}p^k q^x, \qquad x=0,1,2,\cdots$$

$$0<p<1, \qquad q=1-p, \qquad k>0$$

期待値，分散，mgf は以下のとおりである．

$$E(X)=\frac{kq}{p}, \qquad \mathrm{var}(X)=\frac{kq}{p^2}$$

$$M_X(t)=\frac{p^k}{(1-qe^t)^k}$$

X を規準化した

$$Z=\frac{X-kq/p}{\sqrt{kq}/p}=\frac{p}{\sqrt{kq}}X-\sqrt{kq}$$

の mgf は

$$M_Z(t)=\exp(-\sqrt{kq}\,t)\frac{p^k}{\left\{1-q\exp\left(\frac{pt}{\sqrt{kq}}\right)\right\}^k}$$

となるから

$$\log M_Z(t)=-\sqrt{kq}\,t+k\log p-k\log\left\{1-q\exp\left(\frac{pt}{\sqrt{kq}}\right)\right\}$$

を得る．そして

$$\exp\left(\frac{pt}{\sqrt{kq}}\right)=1+\frac{pt}{\sqrt{kq}}+\frac{p^2t^2}{2kq}+\frac{p^3t^3}{6(kq)^{\frac{3}{2}}}+\cdots$$

であるから

$$\log\left\{1-q\exp\left(\frac{pt}{\sqrt{kq}}\right)\right\}$$

$$=\log\left\{1-q\left(1+\frac{pt}{\sqrt{kq}}+\frac{p^2t^2}{2kq}+\cdots\right)\right\}$$

$$=\log\left[p\left\{1-\frac{q}{p}\left(\frac{pt}{\sqrt{kq}}+\frac{p^2t^2}{2kq}+\cdots\right)\right\}\right]$$

$$=\log p+\log\left\{1-\frac{q}{p}\left(\frac{pt}{\sqrt{kq}}+\frac{p^2t^2}{2kq}+\cdots\right)\right\}$$

$$=\log p-\frac{q}{p}\left(\frac{pt}{\sqrt{kq}}+\frac{p^2t^2}{2kq}+\cdots\right)-\frac{q^2}{2p^2}\left(\frac{pt}{\sqrt{kq}}+\frac{p^2t^2}{2kq}+\cdots\right)^2-\cdots$$

$$=\log p-\frac{\sqrt{q}}{\sqrt{k}}t-\frac{p}{2k}t^2-\frac{q}{2k}t^2-\cdots$$

ゆえに $k\to\infty$ のとき $k^{-3/2}, k^{-2}, \cdots$ の項を 0 とおき

$$\log M_Z(t)=-\sqrt{kq}\,t+k\log p-k\log p+\sqrt{kq}\,t+\frac{t^2}{2}+\cdots\underset{k\to\infty}{\longrightarrow}\frac{t^2}{2}$$

となるから

$$M_Z(t)\underset{k\to\infty}{\longrightarrow}\exp\left(\frac{t^2}{2}\right)$$

が得られ，Z は規準正規分布に収束する．

図 4.3 は $p=0.4$ を固定して $k=3,5,10$ の $p(x)$ のグラフである．k が 3 の右すその長い分布から $k=5,10$ と対称的な分布に近づくことがわかる．

パラメータ k の負の 2 項分布の

$$歪度\ \sqrt{\beta_1}=\frac{1+q}{\sqrt{kq}},\qquad 尖度\ \beta_2=3+\frac{6}{k}+\frac{p^2}{kq}$$

であるから，$k\to\infty$ のとき，$\sqrt{\beta_1}\to 0$，$\beta_2\to 3$ であることも正規分布への収束と整合的である．

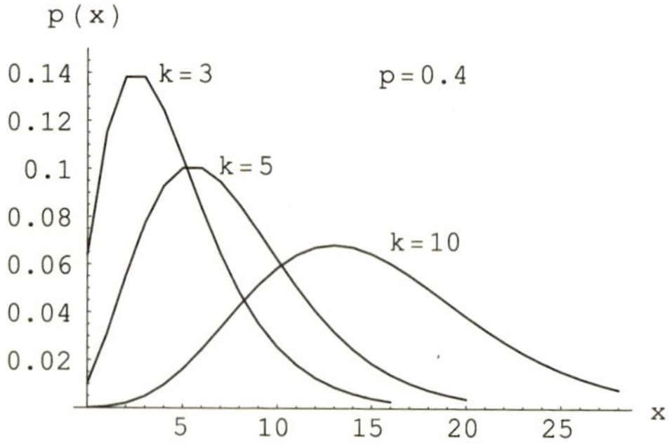

図 4.3 負の 2 項分布の確率関数

4.3.2 累積負の2項確率の正規近似

累積負の2項確率

$$F(x)=P(X\leq x)=\sum_{j=0}^{x}\binom{k+j-1}{k-1}p^k q^j$$

の正規近似の方法が Peizer and Pratt (1968), Patel and Read (1996) に示されている．近似の精度が高かった式は，Patel and Read (1996), p. 193 [7.3.4] の次式である．

$$\begin{aligned} F(x) &\simeq \Phi\{2\sqrt{(x+1)p+A}-2\sqrt{kq+B}\}, \qquad p\neq 0.5 \\ A &= \frac{(4-10q+7q^2)(px-kq+0.5)^2}{36(k+x)pq}-\frac{1}{18}(8-11q+5q^2) \\ B &= \frac{(1-4q+7q^2)(px-kq+0.5)^2}{36(k+x)pq}-\frac{1}{18}(2+q+5q^2) \end{aligned} \tag{4.4}$$

$p=0.5$ のとき

$$F(x)\simeq\Phi\{\sqrt{2x+2+\beta}-\sqrt{2k+\beta}\}$$

$$\beta=-\frac{\{(k-x-1)^2-10(k+x)\}}{12(k+x)}$$

表 4.4 は $p=0.4$ を固定して，$k=2,4,6$ の累積負の2項確率と (4.4) 式による正規近似の値である．近似の精度はかなり高いといってよいであろう．

4.4 ガンマ分布の正規近似

パラメータ α,β のガンマ分布の pdf は次式である．

$$f(x)=\frac{x^{\alpha-1}\exp\left(-\dfrac{x}{\beta}\right)}{\beta^\alpha\Gamma(\alpha)}, \qquad x>0$$

$$\alpha>0, \qquad \beta>0$$

期待値，分散，歪度，尖度，mgf は以下のとおりである．

$$E(X)=\alpha\beta, \qquad \mathrm{var}(X)=\alpha\beta^2$$

$$\text{歪度 } \sqrt{\beta_1}=\frac{2}{\sqrt{\alpha}}, \qquad \text{尖度 } \beta_2=3+\frac{6}{\alpha}$$

$$M_X(t)=(1-\beta t)^{-\alpha}, \qquad t<\frac{1}{\beta}$$

規準化ガンマ変数を

表 4.4 累積負の 2 項確率と正規近似(p=0.4)

x	k=2		k=4		k=6	
	累積負の 2 項確率	正規近似	累積負の 2 項確率	正規近似	累積負の 2 項確率	正規近似
1	0.160000	0.155366	0.025600	0.024808	0.004096	0.004068
2	0.352000	0.352301	0.087040	0.086246	0.018842	0.018697
3	0.524800	0.526656	0.179200	0.178775	0.049807	0.049569
4	0.663040	0.664943	0.289792	0.289835	0.099353	0.099114
5	0.766720	0.768201	0.405914	0.406305	0.166239	0.166094
6	0.841370	0.842394	0.517390	0.517950	0.246502	0.246499
7	0.893624	0.894290	0.617719	0.618299	0.334791	0.334926
8	0.929456	0.929873	0.703716	0.704228	0.425604	0.425839
9	0.953643	0.953898	0.774663	0.775073	0.514145	0.514434
10	0.969767	0.969921	0.831420	0.831727	0.596784	0.597081
11	0.980409	0.980501	0.875691	0.875910	0.671160	0.671434
12	0.987375	0.987429	0.909498	0.909649	0.736069	0.736303
13	0.991902	0.991934	0.934853	0.934955	0.791242	0.791430
14	0.994828	0.994846	0.953577	0.953645	0.837078	0.837222
15	0.996709	0.996719	0.967219	0.967264	0.874401	0.874508
16	0.997912	0.997918	0.977041	0.977072	0.904260	0.904336
17	0.998680	0.998683	0.984039	0.984060	0.927774	0.927828
18	0.999167	0.999169	0.988979	0.988994	0.946031	0.946069
19	0.999476	0.999477	0.992437	0.992448	0.960029	0.960056
20	0.999671	0.999671	0.994839	0.994847	0.970638	0.970657
21	0.999794	0.999794	0.996497	0.996503	0.978594	0.978608
22	0.999871	0.999871	0.997633	0.997638	0.984505	0.984516
23	0.999919	0.999919	0.998408	0.998412	0.988857	0.988866
24	0.999950	0.999950	0.998934	0.998937	0.992036	0.992043
25	0.999969	0.999969	0.999289	0.999291	0.994341	0.994347
26	0.999981	0.999980	0.999527	0.999529	0.996001	0.996006
27	0.999988	0.999988	0.999687	0.999688	0.997188	0.997192
28	0.999993	0.999992	0.999793	0.999794	0.998032	0.998035
29	0.999995	0.999995	0.999864	0.999864	0.998629	0.998632
30	0.999997	0.999997	0.999911	0.999911	0.999049	0.999051
31	0.999998	0.999998	0.999941	0.999942	0.999343	0.999345
32	0.999999	0.999999	0.999962	0.999962	0.999548	0.999549
33	0.999999	0.999999	0.999975	0.999975	0.999690	0.999691
34	1.000000	1.000000	0.999984	0.999984	0.999788	0.999789
35			0.999989	0.999990	0.999856	0.999856
36			0.999993	0.999993	0.999902	0.999902
37			0.999996	0.999996	0.999934	0.999934
38			0.999997	0.999997	0.999955	0.999955
39			0.999998	0.999998	0.999970	0.999970
40			0.999999	0.999999	0.999980	0.999980
41			0.999999	0.999999	0.999986	0.999987
42			1.000000	1.000000	0.999991	0.999991
43					0.999994	0.999994
44					0.999996	0.999996
45					0.999997	0.999997
46					0.999998	0.999998
47					0.999999	0.999999
48					0.999999	0.999999
49					0.999999	1.000000
50					1.000000	1.000000

$$Z=\frac{X-\alpha\beta}{\sqrt{\alpha}\,\beta}=\frac{1}{\sqrt{\alpha}\,\beta}X-\sqrt{\alpha}$$

とすると，Z の mgf は

$$M_Z(t)=\exp(-\sqrt{\alpha}\,t)\left[1-\beta\left(\frac{t}{\sqrt{\alpha}\,\beta}\right)\right]^{-\alpha}$$
$$=\exp(-\sqrt{\alpha}\,t)\left(1-\frac{t}{\sqrt{\alpha}}\right)^{-\alpha}$$

となる．

$$\log M_Z(t)=-\sqrt{\alpha}\,t-\alpha\log\left(1-\frac{t}{\sqrt{\alpha}}\right)$$
$$=-\sqrt{\alpha}\,t-\alpha\left(-\frac{t}{\sqrt{\alpha}}-\frac{t^2}{2\alpha}-\frac{t^3}{3\alpha^{\frac{3}{2}}}-\cdots\right)\xrightarrow[\alpha\to\infty]{}\frac{t^2}{2}$$

であるから，$\alpha\to\infty$ のとき

$$M_Z(t)=\exp\left(\frac{t^2}{2}\right)$$

となり，$Z\sim N(0,1)$ に収束する．

図 4.4 は $\beta=2$ を固定して $\alpha=2,5,10,20$ のガンマ分布の pdf を示している．$\alpha=2$ のときは右すその長い（$\beta_2=6$）分布であるが，$\alpha=20$ になると $\sqrt{\beta_1}=0.447$，$\beta_2=3.3$ となり，正規分布の $\sqrt{\beta_1}=0$，$\beta_2=3$ に近くなる．

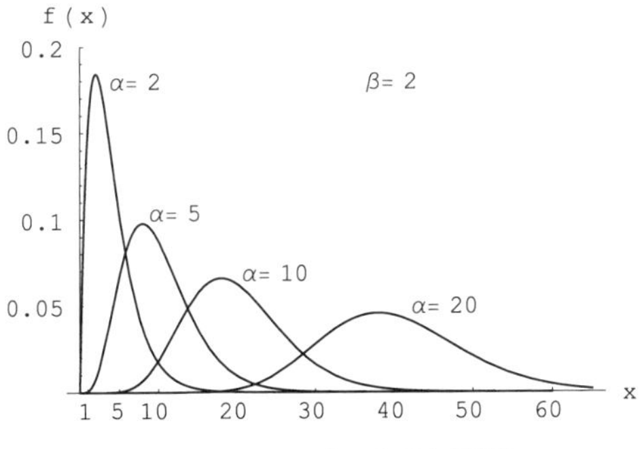

図 4.4　ガンマ分布の確率密度関数

4.5　逆ガウス分布の正規近似

パラメータ μ, λ の逆ガウス分布（$IG(\mu, \lambda)$ と表す）の pdf，期待値，分散，歪度 $\sqrt{\beta_1}$，尖度 β_2，mgf を以下に示す．

$$f(x)=\left(\frac{\lambda}{2\pi x^3}\right)^{\frac{1}{2}}\exp\left[\frac{-\lambda(x-\mu)^2}{2\mu^2 x}\right], \quad x>0$$

$$\mu>0, \quad \lambda>0$$

$$E(X)=\mu, \quad \mathrm{var}(X)=\sigma^2=\frac{\mu^3}{\lambda} \tag{4.5}$$

$$\sqrt{\beta_1}=3\left(\frac{\mu}{\lambda}\right)^{\frac{1}{2}}, \quad \beta_2=3+15\left(\frac{\mu}{\lambda}\right)$$

$$M_X(t)=\exp\left\{\frac{\lambda}{\mu}\left[1-\left(1-\frac{2\mu^2 t}{\lambda}\right)^{\frac{1}{2}}\right]\right\}$$

$\sqrt{\beta_1}, \beta_2$ の値から，μ が固定されていれば，$\lambda\to\infty$ のとき $\sqrt{\beta_1}\to 0$，$\beta_2\to 3$ となり，このとき $IG(\mu, \lambda)$ は正規分布に収束することが予想される．

mgf を μ と σ^2 で表すために

$$\frac{\lambda}{\mu}=\left(\frac{\mu}{\sigma}\right)^2, \quad \frac{\mu^2}{\lambda}=\frac{\sigma^2}{\mu}$$

を mgf に代入すると

$$M_X(t)=\exp\left\{\left(\frac{\mu}{\sigma}\right)^2\left[1-\left(1-\frac{2\sigma^2 t}{\mu}\right)^{\frac{1}{2}}\right]\right\}$$

となる．

X を規準化すると

$$Z=\frac{X-\mu}{\sqrt{\frac{\mu^3}{\lambda}}}=\sqrt{\frac{\lambda}{\mu^3}}X-\sqrt{\frac{\lambda}{\mu}}=\frac{1}{\sigma}X-\frac{\mu}{\sigma}$$

であるから，Z の mgf は次式になる．

$$M_Z(t)=\exp\left(-\frac{\mu t}{\sigma}\right)\exp\left\{\left(\frac{\mu}{\sigma}\right)^2\left[1-\left(1-\frac{2\sigma t}{\mu}\right)^{\frac{1}{2}}\right]\right\}$$

$|u|<1$ のとき 2 項定理

$$(1-u)^{\frac{1}{2}}=1-\frac{1}{2}u-\frac{1}{8}u^2-\frac{1}{16}u^3-\cdots$$

を用いると，$|2\sigma t/\mu|<1$，すなわち $|t|<\mu/2\sigma$ のとき

$$\left(1-\frac{2\sigma t}{\mu}\right)^{\frac{1}{2}}=1-\left(\frac{\sigma}{\mu}\right)t-\frac{1}{2}\left(\frac{\sigma}{\mu}\right)^2 t^2-\frac{1}{2}\left(\frac{\sigma}{\mu}\right)^3 t^3-\cdots$$

を代入して

$$\begin{aligned}M_Z(t)&=\exp\left(-\frac{\mu t}{\sigma}\right)\exp\left[\left(\frac{\mu}{\sigma}\right)^2\left\{\left(\frac{\sigma}{\mu}\right)t+\frac{1}{2}\left(\frac{\sigma}{\mu}\right)^2 t^2+\frac{1}{2}\left(\frac{\sigma}{\mu}\right)^3 t^3+\cdots\right\}\right]\\&=\exp\left(-\frac{\mu t}{\sigma}\right)\exp\left\{\frac{\mu t}{\sigma}+\frac{t^2}{2}+\frac{1}{2}\left(\frac{\sigma}{\mu}\right)t^3+\cdots\right\}\\&=\exp\left\{\frac{t^2}{2}+\frac{1}{2}\left(\frac{\sigma}{\mu}\right)t^3+\cdots\right\}\end{aligned}$$

となる．μ を固定して $\sigma\to 0$，すなわち $\lambda\to\infty$ のとき

$$M_Z(t)\longrightarrow\exp\left(\frac{t^2}{2}\right)$$

が得られるから

$$Z\xrightarrow{d}N(0,1)$$

である．

図 4.5 は $\mu=0.5$ を固定して $\lambda=2,5,10,15$ の pdf のグラフである．λ が大きくなると対称的になっていくことがわかる．

$$Z1=\frac{X-\mu}{\sqrt{\dfrac{\mu^3}{\lambda}}}=\sqrt{\frac{\lambda}{\mu}}\left(\frac{X}{\mu}-1\right) \tag{4.6}$$

と表すと，$Z1$ よりもっと良い正規近似は

$$Z2=\frac{1}{2}\sqrt{\frac{\mu}{\lambda}}+\sqrt{\frac{\lambda}{\mu}}\log\left(\frac{X}{\mu}\right) \tag{4.7}$$

によって与えられることが Johnson *et al*. (1994)，p. 270，(15.26) 式に示されている．

実際，IG(20, 100) に従う X を発生させ，$Z1$，$Z2$ により規準化し，この実験を 10,000 回行ったときの $Z1$，$Z2$ の柱状図とカーネル密度関数を $N(0,1)$ の pdf と比較したのが**図 4.6** と**図 4.7** である．図からわかるように $Z1$ は IG(μ,λ) のもつ右すそが長いという特性をまだ残しているが，$Z2$ と $N(0,1)$ との差は小さい．

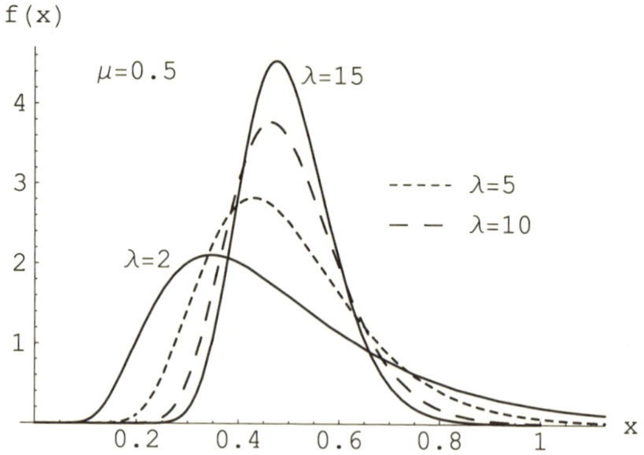

図 4.5　逆ガウス分布の確率密度関数

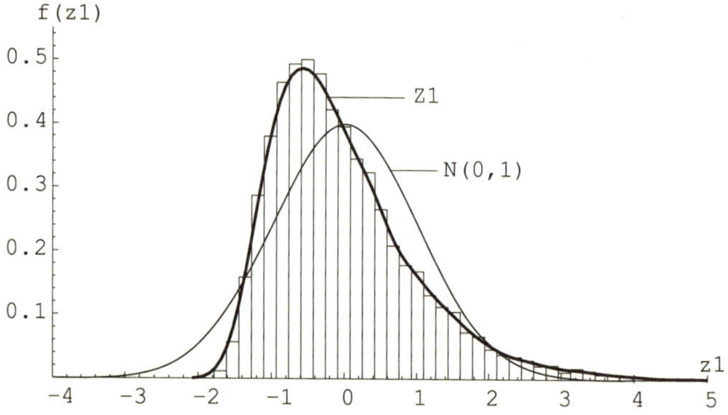

図 4.6　規準化逆ガウス($Z1$)と$N(0,1)$

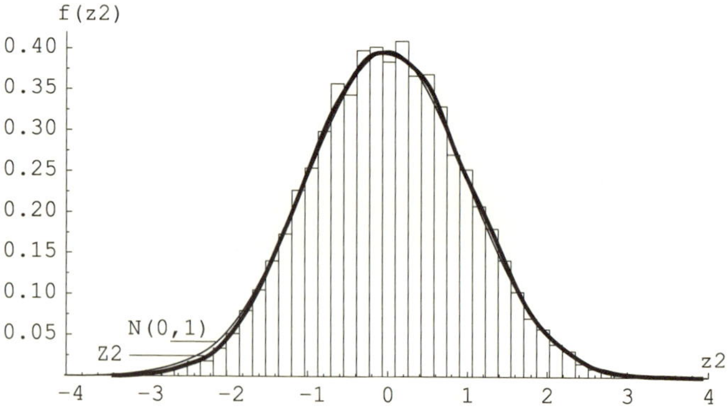

図 4.7　規準化逆ガウス($Z2$)と$N(0,1)$

4.6　カイ2乗分布の正規近似

4.6.1　mgfによる正規分布への収束の証明

自由度 m のカイ2乗分布のpdf，期待値，分散，歪度 $\sqrt{\beta_1}$，尖度 β_2，mgfは以下のとおりである．

$$f(x)=\frac{1}{2^{\frac{m}{2}}\Gamma\left(\frac{m}{2}\right)}e^{-\frac{x}{2}}x^{\frac{m}{2}-1}, \qquad x\geq 0$$

$$m>0$$

$$E(X)=m, \qquad \mathrm{var}(X)=2m,$$

$$\sqrt{\beta_1}=\sqrt{\frac{8}{m}}, \qquad \beta_2=3+\frac{12}{m} \tag{4.8}$$

$$M_X(t)=(1-2t)^{-\frac{m}{2}}$$

X を規準化した

$$Z=\frac{X-m}{\sqrt{2m}}=\frac{1}{\sqrt{2m}}X-\sqrt{\frac{m}{2}}$$

のmgfは

$$M_Z(t)=\exp\left(-\sqrt{\frac{m}{2}}t\right)\left(1-\sqrt{\frac{2}{m}}t\right)^{-\frac{m}{2}}$$

となるから

$$\begin{aligned}\log M_Z(t)&=-\sqrt{\frac{m}{2}}t-\frac{m}{2}\log\left(1-\sqrt{\frac{2}{m}}t\right)\\&=-\sqrt{\frac{m}{2}}t-\frac{m}{2}\left(-\sqrt{\frac{2}{m}}t-\frac{2t^2}{2m}-\frac{2\sqrt{2}}{6m^{\frac{3}{2}}}t^3-\cdots\right)\\&=\frac{t^2}{2}+\frac{\sqrt{2}}{6\sqrt{m}}t^3+\cdots\xrightarrow[m\to\infty]{}\frac{t^2}{2}\end{aligned}$$

したがって $m\to\infty$ のとき

$$M_Z(t)\longrightarrow\exp\left(\frac{t^2}{2}\right)$$

を得る．

自由度 m のカイ2乗分布は $\alpha=m/2$，$\beta=2$ のガンマ分布であるから，この結果は当然である．**図4.8** は $m=3, 5, 10, 20, 30$ のときのpdfのグラフである．

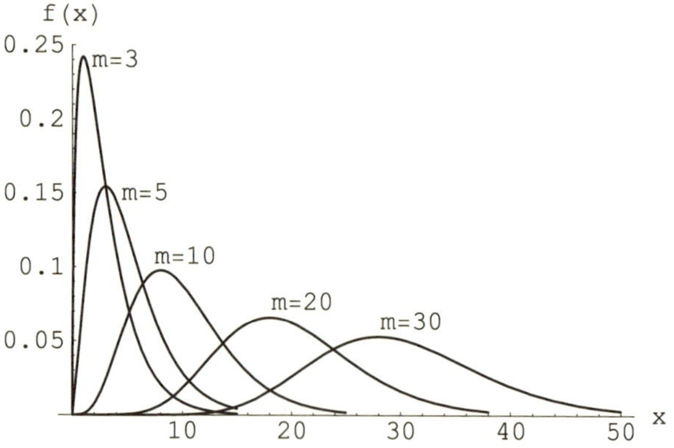

図 4.8 カイ 2 乗分布の確率密度関数

4.6.2 カイ 2 乗分布の分位点の正規近似

例 3.17 でコーニッシュ-フィッシャー展開によるカイ 2 乗分布の上側確率 0.10, 0.05, 0.01 を与える分位点を示し，十分実用に耐え得る近似であることを示した．この例 3.17 で示した表 3.5 の値より，上側確率 0.05, 0.01 のとき，わずかであるがもっと精度の高い近似は次式である（Patel and Read (1996), p. 208 [7.8.11]）．

自由度 m のカイ 2 乗分布の上側確率 α を与える分位点を χ^2_α，対応する標準正規分布の分位点 $z_\alpha = z$ と表す．

$$\begin{aligned}\left(\frac{\chi^2_\alpha}{m}\right)^{\frac{1}{3}} \simeq 1 - \frac{2}{9m} + \frac{(4z^4+16z^2-28)}{1215m^2} \\ + \frac{(8z^6+720z^4+3216z^2+2904)}{229635m^3} \\ + \left(\frac{2}{m}\right)^{\frac{1}{2}} \left\{ \frac{z}{3} + \frac{3z-z^3}{162m} - \frac{3z^5+40z^3+45z}{5832m^2} \right. \\ \left. + \frac{301z^7-1519z^5-32769z^3-79349z}{7873200m^3} \right\}\end{aligned} \tag{4.9}$$

表 4.5 は自由度 $m=1(1)40$，上側確率 $\alpha=0.10, 0.05, 0.01$ のカイ 2 乗分布の分位点の正確な値と (4.9) 式による近似値である．小数点第 6 位まで示した．表 3.5 の値と比較されたい．$\alpha=0.05, 0.01$ のときは表 4.5 の近似値の方が表 3.5 の近似値より精度が高い．

表 4.5 カイ2乗分布の分位点と正規近似

df	0.10		0.05		0.01	
	正確な値	正規近似	正確な値	正規近似	正確な値	正規近似
1	2.705543	2.656950	3.841459	3.749181	6.634897	6.422469
2	4.605170	4.594640	5.991465	5.971873	9.210340	9.166219
3	6.251389	6.247270	7.814728	7.807004	11.344867	11.327475
4	7.779440	7.777349	9.487729	9.483761	13.276704	13.267736
5	9.236357	9.235125	11.070498	11.068135	15.086272	15.080906
6	10.644641	10.643843	12.591587	12.590040	16.811894	16.808364
7	12.017037	12.016484	14.067140	14.066059	18.475307	18.472829
8	13.361566	13.361164	15.507313	15.506520	20.090235	20.088410
9	14.683657	14.683353	16.918978	16.918374	21.665994	21.664600
10	15.987179	15.986943	18.307038	18.306566	23.209251	23.208154
11	17.275009	17.274821	19.675138	19.674759	24.724970	24.724087
12	18.549348	18.549195	21.026070	21.025760	26.216967	26.216243
13	19.811929	19.811803	22.362032	22.361775	27.688250	27.687646
14	21.064144	21.064038	23.684791	23.684574	29.141238	29.140727
15	22.307130	22.307040	24.995790	24.995605	30.577914	30.577477
16	23.541829	23.541752	26.296228	26.296068	31.999927	31.999549
17	24.769035	24.768969	27.587112	27.586973	33.408664	33.408334
18	25.989423	25.989365	28.869299	28.869178	34.805306	34.805016
19	27.203571	27.203520	30.143527	30.143420	36.190869	36.190613
20	28.411981	28.411935	31.410433	31.410337	37.566235	37.566006
21	29.615089	29.615049	32.670573	32.670488	38.932173	38.931968
22	30.813282	30.813246	33.924438	33.924362	40.289360	40.289176
23	32.006900	32.006867	35.172462	35.172392	41.638398	41.638231
24	33.196244	33.196215	36.415029	36.414966	42.979820	42.979668
25	34.381587	34.381560	37.652484	37.652427	44.314105	44.313966
26	35.563171	35.563147	38.885139	38.885086	45.641683	45.641556
27	36.741217	36.741195	40.113272	40.113224	46.962942	46.962825
28	37.915923	37.915902	41.337138	41.337094	48.278236	48.278128
29	39.087470	39.087451	42.556968	42.556927	49.587884	49.587785
30	40.256024	40.256006	43.772972	43.772934	50.892181	50.892089
31	41.421736	41.421720	44.985343	44.985308	52.191395	52.191309
32	42.584745	42.584730	46.194260	46.194227	53.485772	53.485692
33	43.745180	43.745166	47.399884	47.399854	54.775540	54.775465
34	44.903158	44.903145	48.602367	48.602339	56.060909	56.060839
35	46.058788	46.058776	49.801850	49.801823	57.342073	57.342008
36	47.212174	47.212163	50.998460	50.998435	58.619215	58.619153
37	48.363408	48.363398	52.192320	52.192296	59.892500	59.892442
38	49.512580	49.512570	53.383541	53.383519	61.162087	61.162032
39	50.659770	50.659761	54.572228	54.572207	62.428121	62.428069
40	51.805057	51.805048	55.758479	55.758460	63.690740	63.690691

4.7 非心カイ2乗分布の正規近似

4.7.1 mgf による正規分布への収束の証明

自由度 m，非心度 δ の非心カイ2乗分布の pdf，期待値，分散，歪度 $\sqrt{\beta_1}$，尖度 β_2，mgf は以下のとおりである．

$$f(x)=\frac{\exp\left[-\frac{1}{2}(x+\delta)\right]}{2^{\frac{m}{2}}}\sum_{j=0}^{\infty}\left(\frac{\delta}{4}\right)^j\frac{x^{\frac{m}{2}+j-1}}{j!\Gamma\left(\frac{m}{2}+j\right)},\qquad x>0$$

$$m>0,\qquad \delta\geq 0$$

$$E(X)=m+\delta,\qquad \mathrm{var}(X)=2(m+2\delta)$$

$$\sqrt{\beta_1}=\frac{\sqrt{8}(m+3\delta)}{(m+2\delta)^{\frac{3}{2}}},\qquad \beta_2=3+\frac{12(m+4\delta)}{(m+2\delta)^2}\tag{4.10}$$

$$M_X(t)=(1-2t)^{-\frac{m}{2}}\exp\left(\frac{\delta t}{1-2t}\right),\qquad t<\frac{1}{2}$$

$\mu=m+\delta$，$\sigma=\sqrt{2(m+2\delta)}$ とおくと，X を規準化した

$$Z=\frac{X-(m+\delta)}{\sqrt{2(m+2\delta)}}=\frac{1}{\sigma}X-\frac{\mu}{\sigma}$$

と表すことができる．Z の mgf を

$$M_Z(t)=\exp\left(-\frac{\mu t}{\sigma}\right)\left\{1-2\left(\frac{t}{\sigma}\right)\right\}^{-\frac{m}{2}}\exp\left\{\frac{\delta\left(\frac{t}{\sigma}\right)}{1-2\left(\frac{t}{\sigma}\right)}\right\}$$

$$=\exp\left(-\frac{\mu t}{\sigma}\right)\left(1-\frac{2t}{\sigma}\right)^{-\frac{m}{2}}\exp\left(\frac{\delta t/\sigma}{1-2t/\sigma}\right)$$

と表すと

$$\log M_Z(t)=-\frac{\mu t}{\sigma}-\frac{m}{2}\log\left(1-\frac{2t}{\sigma}\right)+\frac{\delta t/\sigma}{(1-2t/\sigma)}$$

$$=-\frac{\mu t}{\sigma}-\frac{m}{2}\left\{-\frac{2}{\sigma}t-\frac{1}{2}\left(\frac{2}{\sigma}\right)^2t^2-\frac{1}{3}\left(\frac{2}{\sigma}\right)^3t^3-\cdots\right\}$$

$$+\frac{\delta t}{\sigma}\left\{1+\frac{2t}{\sigma}+\left(\frac{2t}{\sigma}\right)^2+\left(\frac{2t}{\sigma}\right)^3+\cdots\right\}$$

$$=\left\{\frac{-(\mu-\delta)+m}{\sigma}\right\}t+\left(\frac{m+2\delta}{\sigma^2}\right)t^2+\cdots$$

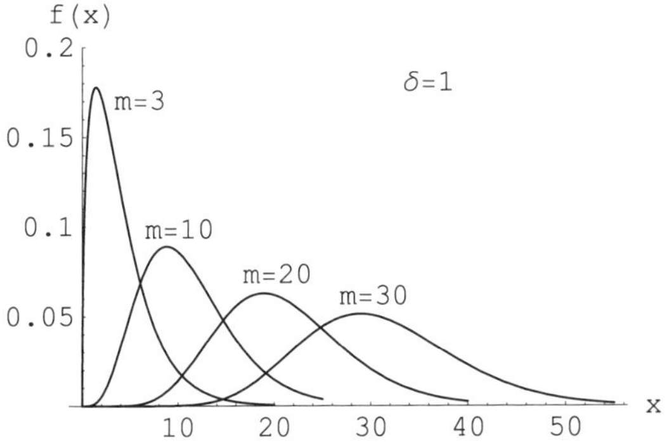

図 4.9 非心カイ 2 乗分布の確率密度関数

$$\xrightarrow[m\to\infty]{\delta固定} \frac{t^2}{2} \quad (\sigma\to\infty \text{ は } \delta \text{ 固定のとき } m\to\infty)$$

となる．したがって

$$M_Z(t) \xrightarrow[m\to\infty]{\delta固定} \exp\left(\frac{t^2}{2}\right)$$

が得られ，δ を固定し，$m\to\infty$ のとき $Z \xrightarrow{d} N(0,1)$ となる．

図 4.9 は $\delta=1$ を固定したとき $m=3, 10, 20, 30$ の非心カイ 2 乗分布の pdf である．$m=3, 10, 20$ では右すそが長いが，$m=30$ になれば対称性が現れる．

4.7.2 非心カイ 2 乗分布の分布関数の正規近似

自由度 m，非心度 δ の非心カイ 2 乗分布の分布関数は次式である．

$$F(x)=e^{-\frac{\delta}{2}}\sum_{j=0}^{\infty}\frac{\dfrac{\left(\frac{\delta}{2}\right)^j}{j!}}{2^{\frac{m}{2}+j}\,\Gamma\left(\dfrac{m}{2}+j\right)}\int_0^x y^{\frac{m}{2}+j-1}\,e^{-\frac{y}{2}}\,dy$$

この $F(x)$ の値を正規近似で求める 6 通りの方法が Patel and Read (1996) に示されている．そのなかで近似の精度が良かったのは，同書 p. 210 [7.9.3] に示されている次式である．

$$F(x)\simeq\Phi(u)$$

$$u=\frac{\left\{x/(m+\delta)\right\}^{\frac{1}{3}}-1+2(m+2\delta)/\{9(m+\delta)^2\}}{[2(m+2\delta)/\{9(m+\delta)^2\}]^{\frac{1}{2}}} \tag{4.11}$$

表 4.6　非心カイ 2 乗分布の累積分布関数の値($m=20$)

x	$\delta=0.5$ 正確な値	$\delta=0.5$ 正規近似	$\delta=1.0$ 正確な値	$\delta=1.0$ 正規近似
5	0.000228	0.000275	0.000188	0.000228
6	0.000917	0.001022	0.000763	0.000854
7	0.002787	0.002967	0.002343	0.002500
8	0.006909	0.007152	0.005867	0.006083
9	0.014670	0.014933	0.012583	0.012820
10	0.027591	0.027805	0.023898	0.024096
15	0.202974	0.202414	0.183977	0.183429
20	0.511670	0.511006	0.481083	0.480888
21	0.572165	0.572174	0.541947	0.541927
22	0.629670	0.629831	0.600000	0.600142
23	0.682837	0.683119	0.654300	0.654576
24	0.731125	0.731490	0.704194	0.704567
25	0.774273	0.774680	0.749295	0.749725
26	0.812252	0.812667	0.789453	0.789904
27	0.845221	0.845615	0.824718	0.825156
28	0.873476	0.873828	0.855290	0.855690
29	0.897404	0.897700	0.881477	0.881822
30	0.917445	0.917678	0.903661	0.903942
31	0.934055	0.934226	0.922259	0.922472
32	0.947691	0.947802	0.937700	0.937847
33	0.958782	0.958842	0.950403	0.950491
34	0.967728	0.967744	0.960764	0.960801
35	0.974885	0.974867	0.969148	0.969143
36	0.980568	0.980524	0.975880	0.975842
37	0.985048	0.984987	0.981247	0.981185
38	0.988556	0.988484	0.985496	0.985419
39	0.991285	0.991208	0.988839	0.988754
40	0.993396	0.993318	0.991454	0.991364

$m=20$, $\delta=0.5, 1$ のときこの (4.11) 式によって $F(x)$ の値を近似したのが**表 4.6** である．表 4.6 の「正確な値」は Mathematica で計算した値である．$x \leq 8$ のときの近似の精度は良くないが，$x \geq 9$ になるとそれほど悪くはない．

4.7.3　非心カイ 2 乗分布の分位点の正規近似

非心カイ 2 乗分布の上側確率 α を与える分位点 C'_α を正規近似によって求める 2 通りの方法が，Patel and Read (1996), p. 212 [7.9.6] に (a), (b) として示されている．近似の精度は (a), (b) で大同小異であったから，ここ

では計算の簡単な (a) を示す．次式である．

$$C'_\alpha \simeq (m+\delta)(z_\alpha\sqrt{C}+1-C)^3 \tag{4.12}$$

ここで

z_α＝標準正規分布の上側確率 α を与える分位点

$$C=\frac{2(m+2\delta)}{9(m+\delta)^2}$$

である．

表 4.7 は $\delta=1$ を固定し，$\alpha=0.10, 0.05, 0.01$ について $m=5(1)30$ に対する (4.12) 式による C'_α の値を正規近似として示した．表の「正確な値」は Mathematica を用いた．カイ2乗分布の分位点の正規近似とくらべれば近似

表 4.7　非心カイ2乗分布の分位点($\delta=1$)

m	0.10		0.05		0.01	
	正確な値	正規近似	正確な値	正規近似	正確な値	正規近似
5	11.0254	10.9807	13.1702	13.1427	17.8302	17.9296
6	12.3714	12.3341	14.6004	14.5779	19.4057	19.4906
7	13.6943	13.6622	16.0039	15.9848	20.9499	21.0243
8	14.9982	14.9698	17.3852	17.3684	22.4675	22.5338
9	16.2862	16.2606	18.7475	18.7326	23.9618	24.0219
10	17.5606	17.5371	20.0936	20.0799	25.4357	25.4908
11	18.8231	18.8014	21.4253	21.4127	26.8914	26.9426
12	20.0752	20.0549	22.7443	22.7326	28.3310	28.3787
13	21.3180	21.2989	24.0519	24.0410	29.7559	29.8008
14	22.5525	22.5345	25.3494	25.3392	31.1675	31.2100
15	23.7795	23.7624	26.6377	26.6279	32.5670	32.6075
16	24.9996	24.9833	27.9175	27.9082	33.9554	33.9940
17	26.2136	26.1979	29.1895	29.1807	35.3335	35.3705
18	27.4217	27.4067	30.4545	30.4460	36.7022	36.7377
19	28.6246	28.6102	31.7128	31.7047	38.0620	38.0963
20	29.8226	29.8086	32.9650	32.9572	39.4136	39.4467
21	31.0160	31.0025	34.2115	34.2039	40.7575	40.7896
22	32.2052	32.1921	35.4526	35.4453	42.0942	42.1254
23	33.3903	33.3776	36.6888	36.6817	43.4241	43.4544
24	34.5717	34.5593	37.9202	37.9134	44.7477	44.7772
25	35.7496	35.7375	39.1474	39.1406	46.0650	46.0940
26	36.9241	36.9124	40.3700	40.3635	47.3770	47.4051
27	38.0979	38.0840	41.5869	41.5825	48.6866	48.7108
28	39.2639	39.2527	42.8039	42.7978	49.9846	50.0115
29	40.4365	40.4185	44.0036	44.0094	51.3494	51.3073
30	41.5923	41.5816	45.2234	45.2176	52.5727	52.5985

の精度は悪いが，とくに悪いわけではない．

4.8 t 分布および非心 t 分布の正規近似

4.8.1 t 分布の正規分布への収束

自由度 m の t 分布に従う確率変数は

$$Z \sim N(0,1)$$
$$V \sim \chi^2(m)$$
$$Z \text{ と } V \text{ は独立}$$

のとき

$$T = \frac{Z}{\sqrt{\dfrac{V}{m}}} \sim t(m)$$

として得られる．

$$v_i \sim \mathrm{NID}(0,1), \qquad i=1,\cdots,m$$

とすると

$$V = \sum_{i=1}^{m} v_i^2 \sim \chi^2(m)$$

であるから

$$\frac{V}{m} = \frac{1}{m}\sum_{i=1}^{m} v_i^2 \xrightarrow{p} E(v_i^2) = 1$$

となり，したがって $m \to \infty$ のとき

$$T \xrightarrow{d} N(0,1)$$

が成立する．

T の pdf

$$f(x) = \frac{\Gamma\left(\dfrac{m+1}{2}\right)}{(\pi m)^{\frac{1}{2}}\,\Gamma\left(\dfrac{m}{2}\right)}\left(1+\frac{x^2}{m}\right)^{-\frac{m+1}{2}}$$

から，$m \to \infty$ のとき $f(x)$ の $N(0,1)$ への収束を導くこともできる（蓑谷(2009)，pp. 377～378)．

4.8.2　t 分布の分位点の正規近似

t 分布の上側確率 α を与える分位点の正規近似は，Patel and Read (1996)，竹内 (1975) に示されているが，もっとも精度の高い近似は Patel and Read (1996)，p. 215 に示されている次のコーニッシュ-フィッシャー展開による式である．上側確率 α を与える自由度 m の t 分布の分位点を t_α，標準正規分布の分位点 z_α を z と表す．

$$\begin{aligned}t_\alpha = z &+ \frac{1}{4m}(z^3+z) + \frac{1}{96m^2}(5z^5+16z^3+3z)\\ &+ \frac{1}{384m^3}(3z^7+19z^5+17z^3-15z)\\ &+ \frac{1}{92160m^4}(79z^9+776z^7+1482z^5-1920z^3-945z) \qquad (4.13)\end{aligned}$$

表 4.8 はこの (4.13) 式による $m=2(1)40$，$\alpha=0.10, 0.05, 0.025, 0.01$ の t_α の近似値と正確な値である．$m=1$ のとき t 分布はコーシー分布になり，この $m=1$ は除いた．

小数点第 6 位を四捨五入して第 5 位まで示したが，$\alpha=0.01$ の場合でも $m \geq 14$ のとき近似値は正確な値と全く同じになり，(4.13) 式は t 分布の表に示されていない分位点が必要なとききわめて有用である．

4.8.3　非心 t 分布の分位点の正規近似

自由度 m，非心度 δ の非心 t 分布の pdf は次式である．

$$f(x) = \frac{\exp\left(-\frac{\delta^2}{2}\right)}{\sqrt{m\pi}\,\Gamma\left(\frac{m}{2}\right)} \sum_{j=0}^{\infty} \Gamma\left(\frac{m+j+1}{2}\right) \frac{(\delta x)^j}{j!} \left(\frac{2}{m}\right)^{\frac{j}{2}} \left(1+\frac{x^2}{m}\right)^{-\frac{m+j+1}{2}}$$

δ を固定したとき，m が十分大きければ

$$E(X) \fallingdotseq \delta, \quad m>1, \qquad \mathrm{var}(X) \fallingdotseq 1+\frac{\delta^2}{2m}, \quad m>2$$

$$\text{歪度 } \sqrt{\beta_1} \fallingdotseq \frac{\delta}{m}\left(3-\frac{\delta^2}{m}\right), \quad m>3$$

$$\text{尖度 } \beta_2 \fallingdotseq \frac{1.406(m-3.2)}{m-4}\beta_1 + \frac{3(m-2)}{m-4}, \quad m>4$$

となるから，非心 t 分布は対称的ではない．

この非心 t 分布の分位点を正規近似で求める方法が，Patel and Read

表 4.8 スチューデントの t 分布の分位点と正規近似

m	0.10		0.05		0.025		0.01	
	正確な値	正規近似	正確な値	正規近似	正確な値	正規近似	正確な値	正規近似
2	1.88562	1.88328	2.91999	2.91178	4.30265	4.27055	6.96456	6.81221
3	1.63774	1.63743	2.35336	2.35234	3.18245	3.17862	4.54070	4.52318
4	1.53321	1.53313	2.13185	2.13161	2.77645	2.77558	3.74695	3.74305
5	1.47588	1.47586	2.01505	2.01497	2.57058	2.57031	3.36493	3.36370
6	1.43976	1.43975	1.94318	1.94315	2.44691	2.44680	3.14267	3.14219
7	1.41492	1.41492	1.89458	1.89457	2.36462	2.36458	2.99795	2.99773
8	1.39682	1.39681	1.85955	1.85954	2.30600	2.30598	2.89646	2.89635
9	1.38303	1.38303	1.83311	1.83311	2.26216	2.26214	2.82144	2.82138
10	1.37218	1.37218	1.81246	1.81246	2.22814	2.22813	2.76377	2.76373
11	1.36343	1.36343	1.79588	1.79588	2.20099	2.20098	2.71808	2.71806
12	1.35622	1.35622	1.78229	1.78229	2.17881	2.17881	2.68100	2.68098
13	1.35017	1.35017	1.77093	1.77093	2.16037	2.16037	2.65031	2.65030
14	1.34503	1.34503	1.76131	1.76131	2.14479	2.14479	2.62449	2.62449
15	1.34061	1.34061	1.75305	1.75305	2.13145	2.13145	2.60248	2.60248
16	1.33676	1.33676	1.74588	1.74588	2.11991	2.11990	2.58349	2.58348
17	1.33338	1.33338	1.73961	1.73961	2.10982	2.10982	2.56693	2.56693
18	1.33039	1.33039	1.73406	1.73406	2.10092	2.10092	2.55238	2.55238
19	1.32773	1.32773	1.72913	1.72913	2.09302	2.09302	2.53948	2.53948
20	1.32534	1.32534	1.72472	1.72472	2.08596	2.08596	2.52798	2.52798
21	1.32319	1.32319	1.72074	1.72074	2.07961	2.07961	2.51765	2.51765
22	1.32124	1.32124	1.71714	1.71714	2.07387	2.07387	2.50832	2.50832
23	1.31946	1.31946	1.71387	1.71387	2.06866	2.06866	2.49987	2.49987
24	1.31784	1.31784	1.71088	1.71088	2.06390	2.06390	2.49216	2.49216
25	1.31635	1.31635	1.70814	1.70814	2.05954	2.05954	2.48511	2.48511
26	1.31497	1.31497	1.70562	1.70562	2.05553	2.05553	2.47863	2.47863
27	1.31370	1.31370	1.70329	1.70329	2.05183	2.05183	2.47266	2.47266
28	1.31253	1.31253	1.70113	1.70113	2.04841	2.04841	2.46714	2.46714
29	1.31143	1.31143	1.69913	1.69913	2.04523	2.04523	2.46202	2.46202
30	1.31042	1.31042	1.69726	1.69726	2.04227	2.04227	2.45726	2.45726
31	1.30946	1.30946	1.69552	1.69552	2.03951	2.03951	2.45282	2.45282
32	1.30857	1.30857	1.69389	1.69389	2.03693	2.03693	2.44868	2.44868
33	1.30774	1.30774	1.69236	1.69236	2.03452	2.03452	2.44479	2.44479
34	1.30695	1.30695	1.69092	1.69092	2.03224	2.03224	2.44115	2.44115
35	1.30621	1.30621	1.68957	1.68957	2.03011	2.03011	2.43772	2.43772
36	1.30551	1.30551	1.68830	1.68830	2.02809	2.02809	2.43449	2.43449
37	1.30485	1.30485	1.68709	1.68709	2.02619	2.02619	2.43145	2.43145
38	1.30423	1.30423	1.68595	1.68595	2.02439	2.02439	2.42857	2.42857
39	1.30364	1.30364	1.68488	1.68488	2.02269	2.02269	2.42584	2.42584
40	1.30308	1.30308	1.68385	1.68385	2.02108	2.02108	2.42326	2.42326

(1996), Johnson *et al*. (1995), 竹内 (1975) にいくつか示されているが，δ と z_α の範囲に制限があり，計算できない場合が多い．δ と z_α の範囲に制限がなく，近似の精度も，自由度 4 以下の場合を除けば，それほど悪くないのは次のコーニッシュ-フィッシャー展開による近似式である．

上側確率 α を与える自由度 m，非心度 δ の非心 t 分布の分位点を t'_α，標準正規分布の分位点 z_α を z と表す．

(a)　$\alpha>0.5$ のとき

表 4.9　非心 t 分布の分位点と正規近似($\delta=1$)

m	0.99		0.95		0.90	
	正確な値	正規近似	正確な値	正規近似	正確な値	正規近似
1	−6.6202	−4.1586	−1.1931	−1.1455	−0.3961	−0.4026
2	−2.5815	−2.3731	−0.8575	−0.8531	−0.3347	−0.3358
3	−1.9972	−1.9421	−0.7755	−0.7743	−0.3159	−0.3163
4	−1.7794	−1.7574	−0.7389	−0.7384	−0.3069	−0.3071
5	−1.6673	−1.6564	−0.7183	−0.7180	−0.3016	−0.3017
6	−1.5994	−1.5932	−0.7050	−0.7049	−0.2982	−0.2982
7	−1.5539	−1.5500	−0.6958	−0.6957	−0.2957	−0.2958
8	−1.5213	−1.5188	−0.6891	−0.6890	−0.2939	−0.2939
9	−1.4969	−1.4951	−0.6839	−0.6838	−0.2925	−0.2925
10	−1.4779	−1.4766	−0.6798	−0.6798	−0.2914	−0.2914
11	−1.4627	−1.4617	−0.6765	−0.6764	−0.2905	−0.2905
12	−1.4502	−1.4495	−0.6737	−0.6737	−0.2897	−0.2897
13	−1.4399	−1.4393	−0.6714	−0.6714	−0.2891	−0.2891
14	−1.4311	−1.4307	−0.6695	−0.6694	−0.2885	−0.2885
15	−1.4236	−1.4232	−0.6678	−0.6677	−0.2880	−0.2880
16	−1.4171	−1.4168	−0.6663	−0.6663	−0.2876	−0.2876
17	−1.4114	−1.4111	−0.6650	−0.6650	−0.2873	−0.2873
18	−1.4064	−1.4062	−0.6638	−0.6638	−0.2869	−0.2870
19	−1.4019	−1.4017	−0.6628	−0.6628	−0.2867	−0.2867
20	−1.3979	−1.3978	−0.6619	−0.6619	−0.2864	−0.2864
21	−1.3943	−1.3942	−0.6611	−0.6611	−0.2862	−0.2862
22	−1.3911	−1.3910	−0.6603	−0.6603	−0.2860	−0.2860
23	−1.3881	−1.3880	−0.6596	−0.6596	−0.2858	−0.2858
24	−1.3855	−1.3854	−0.6590	−0.6590	−0.2856	−0.2856
25	−1.3830	−1.3829	−0.6584	−0.6584	−0.2854	−0.2854
26	−1.3807	−1.3806	−0.6579	−0.6579	−0.2853	−0.2853
27	−1.3786	−1.3785	−0.6574	−0.6574	−0.2851	−0.2851
28	−1.3767	−1.3766	−0.6569	−0.6569	−0.2850	−0.2850
29	−1.3749	−1.3748	−0.6565	−0.6565	−0.2849	−0.2849
30	−1.3732	−1.3731	−0.6561	−0.6561	−0.2848	−0.2848

$$t'_\alpha = z+\delta+\{z^3+z+(2z^2+1)\delta+z\delta^2\}/(4m)$$
$$+\{5z^5+16z^3+3z+3(4z^4+12z^2+1)\delta+6(z^3+4z)\delta^2$$
$$-4(z^2-1)\delta^3-3z\delta^4\}/(96m^2)+O(m^{-3}) \tag{4.14}$$

(b) $\alpha<0.5$ のとき

$$t'_\alpha = t_{m,\alpha}+\delta+\delta(1+2z^2+z\delta)/(4m)$$
$$+\delta\{3(4z^4+12z^2+1)+6(z^3+4z)\delta-4(z^2-1)\delta^2$$
$$-3z\delta^3\}/(96m^2)+O(m^{-3})$$

表 4.10 非心 t 分布の分位点と正規近似($\delta=1$)

m	0.1		0.05		0.01	
	正確な値	正規近似	正確な値	正規近似	正確な値	正規近似
1	8.5705	6.4600	17.2508	10.1305	86.4288	23.1464
2	4.0845	3.8857	5.9942	5.4007	13.7805	10.0980
3	3.2973	3.2432	4.4192	4.2628	8.0329	7.1434
4	2.9843	2.9624	3.8385	3.7760	6.2691	5.9276
5	2.8178	2.8068	3.5413	3.5103	5.4475	5.2818
6	2.7147	2.7085	3.3617	3.3441	4.9787	4.8862
7	2.6448	2.6409	3.2417	3.2308	4.6775	4.6206
8	2.5942	2.5916	3.1560	3.1488	4.4682	4.4308
9	2.5560	2.5542	3.0917	3.0867	4.3146	4.2887
10	2.5261	2.5248	3.0417	3.0381	4.1972	4.1785
11	2.5020	2.5011	3.0018	2.9991	4.1046	4.0907
12	2.4823	2.4815	2.9692	2.9671	4.0297	4.0191
13	2.4658	2.4652	2.9420	2.9403	3.9679	3.9596
14	2.4518	2.4513	2.9190	2.9177	3.9161	3.9094
15	2.4398	2.4394	2.8993	2.8983	3.8719	3.8666
16	2.4293	2.4290	2.8823	2.8814	3.8339	3.8295
17	2.4201	2.4199	2.8673	2.8666	3.8009	3.7972
18	2.4121	2.4119	2.8542	2.8536	3.7719	3.7688
19	2.4049	2.4047	2.8425	2.8420	3.7462	3.7436
20	2.3985	2.3983	2.8321	2.8316	3.7233	3.7211
21	2.3927	2.3925	2.8227	2.8223	3.7028	3.7008
22	2.3874	2.3873	2.8142	2.8138	3.6843	3.6826
23	2.3826	2.3825	2.8064	2.8061	3.6675	3.6660
24	2.3783	2.3782	2.7994	2.7991	3.6522	3.6509
25	2.3743	2.3742	2.7929	2.7927	3.6382	3.6371
26	2.3706	2.3705	2.7870	2.7868	3.6254	3.6244
27	2.3672	2.3671	2.7815	2.7813	3.6136	3.6127
28	2.3640	2.3640	2.7764	2.7762	3.6027	3.6019
29	2.3611	2.3610	2.7717	2.7715	3.5926	3.5918
30	2.3584	2.3583	2.7673	2.7672	3.5832	3.5825

ここで $t_{m,\alpha}$ は自由度 m の（中心）t分布の上側確率 α を与える分位点（臨界点）である．

表 4.9 は $\delta=1$ を固定して，$m=1(1)30$ について $\alpha=0.99, 0.95, 0.90$（したがって下側確率 $0.01, 0.05, 0.10$）の t'_α の値（表の「正確な値」は Mathematica で計算）と（4.14）式による近似値である．**表 4.10** は $\alpha=0.10, 0.05, 0.01$ の t'_α と（4.14）式による近似値である．

$\alpha=0.99$ で $m\leq 3$，$\alpha=0.1$ で $m\leq 3$，$\alpha=0.05$ で $m\leq 4$，$\alpha=0.01$ で $m\leq 5$ のとき近似の精度は悪いが，自由度 5～6 以上になれば，近似の精度は良い．

4.9　F 分布の正規近似

4.9.1　F 分布の規準化正規分布による近似

Krishnamoorthy（2006）は，自由度（m_1, m_2）の F 分布は次のような変換によって規準正規分布で近似することができると述べ，2 通りの変換を示している．

$F\sim F(m_1, m_2)$ とする．

$$Z1=\frac{\sqrt{2(m_2-1)\,m_1F/m_2}-\sqrt{2m_1-1}}{\sqrt{1+m_1F/m_2}}\simeq N(0,1)$$

$$Z2=\frac{F^{\frac{1}{3}}\left(1-\dfrac{2}{9m_2}\right)-\left(1-\dfrac{2}{9m_1}\right)}{\sqrt{\dfrac{2}{9m_1}+F^{\frac{2}{3}}\dfrac{2}{9m_2}}}\simeq N(0,1)$$

1 つの実験例を示そう．自由度（3, 20）の F 分布に従う確率変数を発生させ，$Z1$ および $Z2$ への変換を行い，実験 30,000 回から得られた $Z1$ と $Z2$ のカーネル密度関数のグラフを $N(0,1)$（図で塗りつぶしてある）とともに**図 4.10** に示した．Krishnamoorthy（2006）には自由度が小さくても $Z1$ の近似は良いと記されているが，図からわかるように $Z1$ は左に偏っており，明らかに $Z2$ の近似の方が良い．

30,000 回の実験から得られた $Z1$ と $Z2$ の分布から，下側，上側それぞれ $0.10, 0.05, 0.01$ の分位点を求め，$N(0,1)$ の分位点と比較したのが**表 4.11** である．この表からも $Z2$ による近似の方が $Z1$ よりも良いことがわかる．

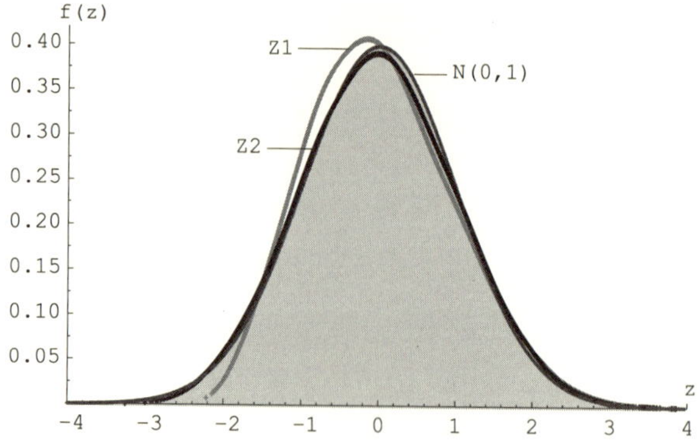

図 4.10 F 分布(3, 20)の正規近似

表 4.11 F 分布(3, 20)の規準化正規近似の分位点

	上側確率			下側確率		
	0.10	0.05	0.01	0.10	0.05	0.01
標準正規分布	1.2816	1.6449	2.3264	−1.2816	−1.6449	−2.3264
$Z1$	1.2962	1.6939	2.3887	−1.1561	−1.4024	−1.7573
$Z2$	1.2989	1.6722	2.3345	−1.2699	−1.6049	−2.1583

4.9.2 *F* 分布の分位点の正規近似

Patel and Read (1996) に示されている F 分布の分位点を正規近似で求める方法のなかで，比較的良い近似を与えるのは次の式である．上側確率 α を与える F 分布の分位点を f_α，標準正規分布の分位点 $z_\alpha=z$ とする．

$$f_\alpha^{\frac{1}{3}} \simeq \frac{A}{B}$$

$$\begin{aligned} A &= (1-h_1)(1-h_2)+[z^2\{(h_1+h_2)(1+h_1h_2)-h_1h_2(z^2+4)\}]^{\frac{1}{2}} \\ B &= (1-h_2)^2-z^2\,h_2 \qquad (4.15) \\ h_1 &= \frac{2}{9m_1}, \qquad h_2=\frac{2}{9m_2} \end{aligned}$$

$m_1=2$ を固定して $m_2=2(1)40$，$\alpha=0.10, 0.05, 0.01$ の F 分布の分位点と (4.15) 式による近似値を示したのが**表 4.12** である．$\alpha=0.05$，0.01 で $m_2\leq3$ のときの近似値は全く悪い．$m_2\geq4$ においても近似の精度は有効数字 2 桁ぐらいまでしか信用できない．

表 4.12 自由度 $(2, m_2)$ の F 分布の分位点と正規近似

m_2	0.1		0.05		0.01	
	正確な値	正規近似	正確な値	正規近似	正確な値	正規近似
2	9.0000	9.6838	19.0000	23.9166	99.0000	561.2375
3	5.4624	5.5563	9.5521	10.0904	30.8165	42.4220
4	4.3246	4.3452	6.9443	7.0790	18.0000	20.1717
5	3.7797	3.7805	5.7861	5.8275	13.2739	13.9856
6	3.4633	3.4562	5.1433	5.1522	10.9248	11.2282
7	3.2574	3.2463	4.7374	4.7321	9.5466	9.6963
8	3.1131	3.0996	4.4590	4.4463	8.6491	8.7296
9	3.0065	2.9914	4.2565	4.2397	8.0215	8.0669
10	2.9245	2.9084	4.1028	4.0834	7.5594	7.5854
11	2.8595	2.8426	3.9823	3.9612	7.2057	7.2204
12	2.8068	2.7893	3.8853	3.8631	6.9266	6.9344
13	2.7632	2.7451	3.8056	3.7825	6.7010	6.7044
14	2.7265	2.7080	3.7389	3.7152	6.5149	6.5155
15	2.6952	2.6764	3.6823	3.6581	6.3589	6.3577
16	2.6682	2.6491	3.6337	3.6092	6.2262	6.2239
17	2.6446	2.6253	3.5915	3.5667	6.1121	6.1090
18	2.6239	2.6044	3.5546	3.5294	6.0129	6.0094
19	2.6056	2.5858	3.5219	3.4966	5.9259	5.9221
20	2.5893	2.5693	3.4928	3.4673	5.8489	5.8450
21	2.5746	2.5545	3.4668	3.4412	5.7804	5.7765
22	2.5613	2.5411	3.4434	3.4176	5.7190	5.7151
23	2.5493	2.5289	3.4221	3.3963	5.6637	5.6599
24	2.5383	2.5178	3.4028	3.3769	5.6136	5.6099
25	2.5283	2.5077	3.3852	3.3592	5.5680	5.5644
26	2.5191	2.4984	3.3690	3.3429	5.5263	5.5229
27	2.5106	2.4898	3.3541	3.3280	5.4881	5.4848
28	2.5028	2.4819	3.3404	3.3142	5.4529	5.4498
29	2.4955	2.4745	3.3277	3.3014	5.4204	5.4175
30	2.4887	2.4677	3.3158	3.2895	5.3903	5.3876
31	2.4824	2.4613	3.3048	3.2784	5.3624	5.3598
32	2.4765	2.4554	3.2945	3.2681	5.3363	5.3339
33	2.4710	2.4498	3.2849	3.2585	5.3120	5.3097
34	2.4658	2.4445	3.2759	3.2494	5.2893	5.2871
35	2.4609	2.4396	3.2674	3.2409	5.2679	5.2660
36	2.4563	2.4350	3.2594	3.2329	5.2479	5.2461
37	2.4520	2.4306	3.2519	3.2254	5.2290	5.2273
38	2.4479	2.4265	3.2448	3.2182	5.2112	5.2097
39	2.4440	2.4225	3.2381	3.2115	5.1944	5.1930
40	2.4404	2.4188	3.2317	3.2051	5.1785	5.1772

5

正規分布の歴史

前章までで正規分布の特性，2 項分布の正規近似，リヤプノフやリンドベルグの CLT，ベリー-エシンの定理，マルチンゲール差 CLT 等々を説明してきたのは，正規分布の歴史を述べるにあたって，予備知識として知っておくと，歴史的展開もより理解しやすいと考えたからである．本章で正規分布の歴史を振り返ってみよう．

5.1　ド・モアブルによる正規分布の発見

正規分布を最初に発見したのはド・モアブル（Moivre, Abraham, de, 1667-1754）である．1733 年に 2 項分布の極限分布として正規分布を得た（例 1.1 では mgf を用いて証明したが，これはド・モアブルの方法ではない）．

ド・モアブルは 1667 年フランス，シャンパーニュ州ビトリでプロテスタントの両親のもとで生まれた．11 歳のときプロテスタントアカデミーへ入りギリシャ語を学んだ．1681 年 14 歳のときこのアカデミーは閉鎖されたため，1682 年から 1684 年の間ソミュールで基礎数学とユークリッド幾何学を学び，ホイヘンスの『サイコロ遊びにおける計算について』にも関心を抱いた．

家族とともにパリへ移ったド・モアブルは，ソルボンヌ大学のオザナム（Ozanam, Jecque, 1640-1717）のもとで幾何学，3 角法，力学，透視法，球面 3 角法，ユークリッドとテオドシウスの球面幾何を学んだ．

1685 年ルイ 14 世がカトリックで国教を統一しようとしてナントの勅令を廃止し，新教徒を迫害したため，ド・モアブルは一時セント・マルタン修道院に拘禁され，21 歳のときロンドンへ逃れた．このときド・モアブルには「金も友人も信用もなく，……彼の唯一の財産は自分の数学の知識だけだった」（David（1962），訳書 pp. 175～176）．

1692 年ド・モアブルは天文学者ハレー（Halley, Edmund, 1656-1742）と知

己になり，彼を通じてニュートン（Newton, Issac, 1642-1727）もメンバーの一人であった王立協会 Royal Society の数学者達のサークルを紹介された．ニュートンとの接触はド・モアブルの数学的成長を促した．1697 年ド・モアブルは王立協会会員に選出されたが，大学で職を得ることはできなかった．そのため貴族の息子の家庭教師をしたり，賭博家や投機家にアドバイスをして生計を立てねばならなかった．偶然のゲームと関わりをもち，それを解き，成功したことは，彼の二冊の著作『偶然論』*The Doctrine of Chance* (1718) と『生命表』*A Treatise of Annuities upon Lives* (1725) の素材となり，彼の経済的困窮は後世の人々にとっては大きな恩恵となった，と皮肉を言う人もいる．

『偶然論』(1718) 初版にはニュートンへの献辞があり，1738 年に第 2 版，死去 2 年後の 1756 年に第 3 版が刊行されている．「『偶然論』初版は数学的才能においてモンモールやベルヌーイ一族にすでに勝っていた人物によって書かれたことは疑いのないことであるし，さらに第 3 版は彼が円熟期に達したときに作られ，確率論の近代的な最初の書物となったことも疑いないことである」(David (1962)，訳書 p. 186)．

ド・モアブルによる 2 項分布の正規近似は 1733 年の未公表の論文「2 項式 $(a+b)^n$ の級数展開における項の和の近似」Approximatio ad Summam Terminorum Binomii $(a+b)^n$ in Seriem expansi に示され，『偶然論』第 2 版，第 3 版に収められている．ド・モアブルは 1730 年初版の『解析雑論』*Miscellanea Analytica de Seriebus et Quadraturis* の 1745 年版に，次のようにこの正規近似の論文に言及している．

「ここで私は 1733 年 11 月 12 日に印刷された私の論文を翻訳しておく．その論文は私の友人数人に送っておいたが，いまだ公表していないものである．それは私自身の考えがどんどん発展していくために，公表をさし控えていたものであるが，ここに公表する必要が求められた．」

(David (1962)，訳書 p. 189)．

1733 年のこの論文は『偶然論』の第 3 版 pp. 243〜254 に収められているが，原文のままではわかりにくいので，Hald (1990) に依拠しつつ，ド・モアブルの与えた 2 項分布の正規近似を示しておこう．

1730 年スターリングによって証明され，現在スターリングの公式として知られている $n!$ の近似式を，ド・モアブルは同じ 1730 年に別の方法によって次のような式を示した.

$$n! = \sqrt{2\pi n}\, n^n \exp\left(-n + \frac{1}{12n} - \frac{1}{360n^3} + \cdots\right) \tag{5.1}$$

したがって

$$\log\left(\frac{n^n}{n!}\right) \simeq n - \frac{1}{2}\log n - \frac{1}{2}\log(2\pi) \tag{5.2}$$

が得られる.

いま，パラメータ n, p の 2 項分布を

$$b(x) = b(x, n, p) = \binom{n}{x} p^x q^{n-x}, \qquad x = 0, 1, \cdots, n$$

$$p > 0,\quad q > 0,\quad p + q = 1$$

と表すと

$$b(np) = \binom{n}{np} p^{np} q^{nq} = \frac{(np)^{np}}{(np)!} \cdot \frac{(nq)^{nq}}{(nq)!} \cdot \frac{n!}{n^n} \tag{5.3}$$

となる. (5.3) 式に (5.2) 式を適用し

$$\log\left[\frac{(np)^{np}}{(np)!}\right] \simeq np - \frac{1}{2}\log(np) - \frac{1}{2}\log(2\pi)$$

$$\log\left[\frac{(nq)^{nq}}{(nq)!}\right] \simeq nq - \frac{1}{2}\log(nq) - \frac{1}{2}\log(2\pi)$$

となるから

$$\log[b(np)] = n - \frac{1}{2}\log n - \frac{1}{2}\log(npq) - \log(2\pi)$$

$$-n + \frac{1}{2}\log n + \frac{1}{2}\log(2\pi)$$

となり

$$b(np) \simeq (2\pi npq)^{-\frac{1}{2}} \tag{5.4}$$

が得られる.

他方

$$b(np+d) = \binom{n}{np+d} p^{np+d} q^{nq-d}$$

$$= \frac{(np)^{np+d}(nq)^{nq-d}}{(np+d)!(nq-d)!} \cdot \frac{n!}{n^n}$$

であるから

$$\frac{b(np)}{b(np+d)}=\frac{(np+d)!(nq-d)!(nq)^d}{(np)!(nq)!(np)^d}$$

$$=\left(1+\frac{d}{np}\right)\prod_{i=1}^{d-1}\left(\frac{1+\dfrac{i}{np}}{1-\dfrac{i}{nq}}\right)$$

を得る．そして

$$\log\left(1+\frac{d}{np}\right)=\frac{d}{np}-\frac{1}{2}\left(\frac{d}{np}\right)^2+\cdots$$

$$\log\left(\frac{1+\dfrac{i}{np}}{1-\dfrac{i}{nq}}\right)=\log\left(1+\frac{i}{np}\right)-\log\left(1-\frac{i}{nq}\right)$$

$$=\frac{i}{npq}+\cdots$$

であるから

$$\sum_{i=1}^{d-1}\log\left(\frac{1+\dfrac{i}{np}}{1-\dfrac{i}{nq}}\right)\simeq\sum_{i=1}^{d-1}\left(\frac{i}{npq}\right)=\frac{d(d-1)}{2npq}$$

となり，$d=O(\sqrt{n})$ かつ n が大きければ次の近似式が得られる．

$$\log\left[\frac{b(np)}{b(np+d)}\right]=\frac{d(d-1)}{2npq}+\frac{d}{np}+\cdots$$

$$\simeq\frac{d^2}{2npq} \tag{5.5}$$

(5.4) 式，(5.5) 式を用いて

$$\log[b(np+d)]\simeq-\frac{1}{2}\log(2\pi npq)-\frac{d^2}{2npq}$$

すなわち

$$b(np+d)\simeq\frac{1}{\sqrt{2\pi npq}}\exp\left(-\frac{d^2}{2npq}\right) \tag{5.6}$$

が得られる．

改めて $np+d=x$ とおけば，$d=x-np$ であるから

$$b(x)\simeq\frac{1}{\sqrt{2\pi npq}}\exp\left[-\frac{(x-np)^2}{2npq}\right] \tag{5.7}$$

となる．この 2 項分布の近似式は期待値 np，分散 npq の正規分布にほかならない．$d=x-np$ は x の期待値 np からの偏差であり，$\sqrt{npq}=\sigma$ とおけば

(5.7) 式は

$$f(d)=\frac{1}{\sqrt{2\pi}\sigma}\exp\left(-\frac{d^2}{2\sigma^2}\right)$$

と表すことができる．

さらにド・モアブルは2項分布の正規近似によって，成功回数 x が期待値から標準偏差の1, 2, 3倍の範囲内に入る確率を求めている．『偶然論』第3版 Corollary 4で，$n=3600$，$p=1/2$ のとき，$np=1800$，$\sqrt{npq}=30$ であるから

$$P(np-\sqrt{npq}\leq x\leq np+\sqrt{npq})=P(1770\leq x\leq 1830)$$
$$=0.682688$$

の確率を得ている．$Z=(x-np)/\sqrt{npq}$ とすれば，上記の確率は

$$P(-1\leq Z\leq 1)=\int_{-1}^{1}\frac{1}{\sqrt{2\pi}}\exp\left(-\frac{z^2}{2}\right)dz=0.68268949$$

とほとんど同じである．

同様に Corollary 6で

$$P(np-2\sqrt{npq}\leq x\leq np+2\sqrt{npq})$$
$$=P(1740\leq x\leq 1860)=0.95428$$
$$P(np-3\sqrt{npq}\leq x\leq np+3\sqrt{npq})=0.99874$$

と計算している．正規分布からのそれぞれの正確な値0.95449974，0.99730020にきわめて近い．

ド・モアブルは正規分布という用語も確率分布という用語も用いていないが，ド・モアブルの『偶然論』は確率論および統計学を前進させる大きな一歩となったことは間違いない．ド・モアブルによる正規分布の発見の重要さを認識し，高く評価したのはK. ピアソン（Pearson, Karl, 1857-1936）である．K. ピアソンは1926年に，トドハンターの『確率論の歴史』(1865）においては，ド・モアブルの重要な貢献であるスターリングの公式の原型，正規曲線の初めての出現はラプラスさらにその後のガウスに先んじているということを見逃し，そして $p=q=1/2$ のときばかりでなく，$p\neq 1/2$ の非対称的な2項分布の極限もド・モアブルはあつかっていることも見逃されていると指摘している．正規分布の最初の発見者ド・モアブルについてK. ピアソンは，Pearson (1978）に収められている論文で次のように述べている．

「正規分布をド・モアブルの著作の中で見出したとき，それは私にとって全

く意外な新事実の発見であったことを告白しなければならない．数年前，ラプラスの研究をしているとき，いわゆる誤差曲線（正規曲線）をガウスに帰するのは大きな間違いであることを確信した．なぜなら，ラプラスはガウスに先んじていたからである．そのとき私は，誤差曲線をラプラス＝ガウス曲線，あるいはもっとよい名前として正規曲線と呼ぶように提案した．後者の名称は残しておいてよいが，しかし正規分布の創始者はラプラスでさえなく，ラプラスに先んじること40年前のド・モアブルであるということである」．

5.2　ラプラスの中心極限定理（CLT）

正規分布の数理およびCLTを飛躍的に発展させたのはラプラス（Laplace, Pierre-Simon, 1749-1827）である．ラプラスは1749年フランス，ノルマンディーのボン・レベックの4マイル西，ボーモン・アン・オージュで生まれた．貧しい農家の子として生まれたなどと記されている伝記もあるが，Fisher (2001) はブルジョワの環境で育ったと述べ，『確率論』の訳者伊藤清・樋口順四郎両氏は訳者はしがきで，ラプラスの父ピエールはオージュ地方のシードル（リンゴ酒）を商い，syndic（共同体の代表）でもあったと記されているので貧農の子は間違いであろう．

最初ラプラスは聖職者になることを運命づけられていたが，自らの数学的才能に気づき，数学者への道を歩んだ．2年間カーン大学で学び1768年パリへ行き，ダランベール（d'Alember, Jean de Rond, 1717-1783）に才能を認められ，1771年パリの士官学校 École Militaire の教師となり，ラプラスの研究活動が始まった．1773年にはパリ科学アカデミー会員となり，1780年代アカデミー指導メンバーの一人となった．

1783年士官学校の砲術検査官のとき若きナポレオン・ボナパルトと知己になった．1794年7月2日，テルミドールの反動とよばれる中産市民を中心とした反ロベスピエール派によってロベスピエールが処刑されて恐怖政治が終結した後，ラプラスは避難地からパリへ帰り，新しく設立された理工科学校 École Polytechnique および高等師範学校 École Normale の教授に任命され，再び研究活動を始めた．

1795年，学士院の会員，やがて数学部門の会長に任命された．ナポレオンもこの学士院の会員であり，親交を深めた．1799年，ナポレオンがブリュメール（霧月）18日のクーデターによって統領政府を樹立したとき内務大臣に任命されたが，政治家としては有能ではなかったようであり，6週間後には免職させられている．ナポレオンのラプラス評がある．「ラプラースは一流の数学者ではあるが，行政家としては凡庸であることをたちまちにして暴露した．かれの最初の仕事ぶりから，われわれは幻滅を感じた．ラプラースは問題を真の観点からみない．かれはいたるところで陰険さを求め，疑惑しか抱かない．そして最後に行政のうちに無限小の精神をもちこんだ．」(Bell (1937)，訳書II p. 66から引用)

ラプラスは物理，純粋数学，天体力学（彼は“第2のニュートン”と称された）にも秀でていたが，確率・統計への最大貢献者の一人でもある．確率論に関する18篇の覚え書は，1772～1782年の10年間に書かれ，フランス革命による約10年間の空白の後，1795年以降のエコール・ノルマルでの講義録を主に，1812年『確率の解析理論』*Théorie Analytique des Probabilités* を著した．「歴史上もっとも偉大な数学者によって書かれたもっとも素晴らしい著作のひとつ」(トドハンター）といわれるこの書において，ラプラスはこれまでの良く整理されていない結果を体系化し，証明方法を改善し，種々の統計的規則性研究の基礎を築き，確率論の種々の分野への応用を図った．母関数，確率の加法・乗法定理，ベルヌーイの大数の法則，中心極限定理，幾何学的確率論，観測誤差，ベイズの定理，確率の応用等々種々の内容が含まれている本書によって古典的確率論は完成したといわれている．

この『確率の解析理論』は1814年第2版，1820年第3版が刊行され，初版本の邦訳が伊藤清・樋口順四郎訳・解説で共立出版から出版されている．第I編に母関数

$$g(t)=\int_{-\infty}^{\infty} f(x)\,e^{tx}dx$$

t を it に換えて得られるフーリエ変換

$$\phi(t)=\int_{-\infty}^{\infty} e^{itx}f(x)\,dx$$

が示され，レヴィの特性関数を用いたCLTの証明へとつながる議論が展開されている．

第II編は確率の一般理論であり，ド・モアブルの2項分布の正規近似を数学的に厳密化してド・モアブル-ラプラスの定理といわれるようになった次の定理

$$P\left(a<\frac{x-np}{\sqrt{npq}}<b\right)=\int_a^b \frac{1}{\sqrt{2\pi}}\exp\left(-\frac{x^2}{2}\right)dx$$

が示されている．$X\sim b(n, p)$ である．

CLTの観点からは，この『確率の解析理論』が刊行された1812年より2年前の論文「大数の関数である公式の近似とその確率への応用」は統計理論の期を画すことになる論文である．ラプラスは特性関数と反転定理という新しい手法を用いて，離散型一様分布，連続型一様分布，そして最後に任意の分布からの確率変数の和についてCLTを展開した．

ラプラスによるCLTの証明の一例をHald (1998) に依りながら紹介しよう．

確率変数 X は独立に $-a, -a+1, \cdots, a'-1, a'$ という整数値を，確率 $f\left(\frac{x}{a+a'}\right)$ でとると仮定する．したがって

$$\sum_{x=-a}^{a'} f\left(\frac{x}{a+a'}\right)=1$$

である．

$$E(X^r)=\mu'_r, \qquad r=0, 1, 2, \cdots$$
$$\mathrm{var}(X)=\sigma^2=\mu'_2-(\mu'_1)^2$$

とする．このとき X の特性関数cfは

$$\begin{aligned}\phi(t)&=E(e^{itx})=1+iE(X)t+\frac{1}{2!}(it)^2E(X^2)+\cdots\\&=1+i\mu'_1t-\frac{1}{2}\mu'_2t^2+\cdots\end{aligned}$$

であるから

$$\log\psi(t)=\log\left(1+i\mu_1't-\frac{1}{2}\mu_2't^2+\cdots\right)$$

$$=i\mu_1't-\frac{1}{2}\mu_2't^2+\cdots-\frac{1}{2!}\left(i\mu_1't-\frac{1}{2}\mu_2't^2+\cdots\right)^2+\cdots$$

$$=i\mu_1't-\frac{1}{2}(\mu_2'-\mu_1'^2)t^2+\cdots$$

$$=i\mu_1't-\frac{1}{2}\sigma^2t^2+\cdots$$

が得られる．

$$S_n=X_1+X_2+\cdots+X_n$$

とすると S_n の cf は

$$\psi_{S_n}(t)=[\psi(t)]^n=\left(1+i\mu_1't-\frac{1}{2}\mu_2't^2+\cdots\right)^n$$

であるから

$$\log\psi_{S_n}(t)=n\log\psi(t)=n\left(i\mu_1't-\frac{1}{2}\sigma^2t^2+\cdots\right)$$

となる．

反転定理

$$P(X=x)=\frac{1}{2\pi}\int_{-\pi}^{\pi}\psi(t)e^{-itx}dt$$

を用いて，$E(S_n)=n\mu_1'$ であるから $S_n=n\mu_1'+\varepsilon$ とおくと

$$P(S_n=n\mu_1'+\varepsilon)$$
$$=\frac{1}{2\pi}\int_{-\pi}^{\pi}\exp\{-it(n\mu_1'+\varepsilon)\}\psi^n(t)\,dt$$

が得られる．そして ε はたかだか $\sqrt{n}$ の次数であると仮定すると

$$\exp\{-it(n\mu_1'+\varepsilon)\}\psi^n(t)$$
$$=\exp\{-it(n\mu_1'+\varepsilon)\}\exp\{n\log\psi(t)\}$$
$$=\exp\{-it(n\mu_1'+\varepsilon)\}\exp\left\{n\left(i\mu_1't-\frac{1}{2}\sigma^2t^2\right)+\cdots\right\}$$
$$=\exp\left(-it\varepsilon-\frac{n}{2}\sigma^2t^2+\cdots\right)$$

であるから

$$\begin{aligned}
&P(S_n-n\mu_1'=\varepsilon)\\
&=\frac{1}{2\pi}\int_{-\pi}^{\pi}\exp\left(-it\varepsilon-\frac{n}{2}\sigma^2t^2+\cdots\right)dt\\
&\fallingdotseq\frac{1}{2\pi}\exp\left(\frac{-\varepsilon^2}{2n\sigma^2}\right)\int_{-\pi}^{\pi}\exp\left\{-\frac{1}{2}n\sigma^2\left(t+\frac{i\varepsilon}{n\sigma^2}\right)^2\right\}dt\\
&=\frac{1}{2\pi\sqrt{n}\sigma}\exp\left(\frac{-\varepsilon^2}{2n\sigma^2}\right)\int_{-\sqrt{n}\sigma\pi}^{\sqrt{n}\sigma\pi}\exp\left\{-\frac{1}{2}\left(z+\frac{i\varepsilon}{\sqrt{n}\sigma}\right)^2\right\}dz\\
&\xrightarrow[n\to\infty]{}\frac{1}{\sqrt{2\pi}\sqrt{n}\sigma}\exp\left(-\frac{\varepsilon^2}{2n\sigma^2}\right)
\end{aligned}$$

この結果は，$S_n-E(S_n)=S_n-n\mu_1'=\varepsilon$，すなわち S_n の期待値からの差 ε の分布は漸近的に $N(0, n\sigma^2)$ となることを示している．したがって

$$S_n \xrightarrow{d} N(n\mu_1', n\sigma^2)$$

あるいは

$$\bar{X}=\frac{S_n}{n} \xrightarrow{d} N\left(\mu_1', \frac{\sigma^2}{n}\right)$$

を得る．さらに

$$Y=\frac{X}{a+a'}$$

とおき，Y を有限区間 $[-a/(a+a'),\ a'/(a+a')]$ の連続確率変数と考え，S_n から

$$\sum_{i=1}^{n}[Y_i-E(Y)] \xrightarrow{d} N\left(0, \frac{n\sigma^2}{(a+a')^2}\right)$$

が得られることをラプラスは示し，同様の結果は，モーメントの存在を仮定して，$-\infty<y<\infty$ の連続確率変数にも適用できることを証明した．

ラプラス以降，ポアッソン（Poisson, Siméon-Denis, 1781-1840）は 1824 年，1829 年の論文および 1837 年の著書において，ラプラスによる CLT の証明を改善した．さらに iid 確率変数の和，次にその線形結合，そして単調関数の和へと CLT を一般化した．

1838 年にはベッセルが根源誤差のハーゲン仮説を一般化し，CLT の証明を与えた．1844 年にはケンブリッジの数学者エリス（Ellis, Robert Leslie, 1817-1859）がフーリエ積分を用いて，1853 年にはコーシー（Cauchy, Augustin-Louis, 1789-1857）が，$x_1, \cdots, x_n$ を pdf $f(x)$ からの iid 確率変数とするとき，加重平均

$$S_n=\sum_{i=1}^{n} w_i x_i, \qquad \sum_{i=1}^{n} w_i=1$$

の $P(|S_n|<h)$ と Φ との関係（$|P(|S_n|<h)-\Phi|$ の上限）を考察し，$n\to\infty$ のとき $P\to\Phi$ となることを示した．

このようなラプラス以降コーシーに到る1810年から1853年までのCLTの歴史的展開についてはHald (1998) Ch. 17がくわしい．

5.3 誤差分布としての正規分布

ド・モアブルは2項確率の近似計算として正規分布を発見した．しかし天文学者にとって関心は賭博や生命表の確率計算ではなかった．たとえば地球とある惑星との距離を測定しようとするとき観測値は観測誤差を伴なって計測される．真の距離 μ に対する観測値 $X_1, \cdots, X_n$ はどのようなメカニズムのもとで発生し，n 個の観測値の情報を μ を推定するためにどのように利用すればよいのかが問題であった．

すでにガリレオ（Galilei, Galileo, 1564-1642）は1632年，観測誤差に関して次のように述べている（Klein (1997), p. 151）．

- 誤差は不可避である．
- 過大推定あるいは過小推定への偏りはない．すなわち誤差は対称的である．
- 小さい誤差は大きな誤差よりも蓋然的 probable である．すなわち小さい誤差の方が大きな誤差よりも頻繁に生じる．
- 誤差の大きさは測定器具の精度に依存する．

誤差分布を特定した一人にシンプソン（Simpson, Thomas, 1710-1761）がいる．x を観測誤差とすると，シンプソンは x の分布として対称的3角分布

$$p(x)=\frac{a+1-|x|}{(a+1)^2}, \qquad x=-a, -a+1, \cdots, a$$

を与え，この分布から母関数

$$g(t)=\frac{(1-t^{a+1})^2}{(a+1)^2 t^a (1-t)^2}$$

を導いた．そしてこの母関数は区間 $\left[-\frac{1}{2}a, \frac{1}{2}a\right]$ における3角分布の母関数の2乗，すなわち2つの3角変数の和に等しいことに注目した．そして

$$S_n = x_1 + x_2 + \cdots + x_n$$

とすると

$$P(S_n = s) = p_n(s)$$
$$= (a+1)^{-2n} \sum_i (-1)^i \binom{2n}{i} \binom{2n+s+na-1-(a+1)i}{2n-1}$$
$$0 \leq i \leq \left[\frac{(s+na)}{a+1}\right]$$

を導き，$p_n(s)$ の対称性に注目して次の結果を得た．

$$P(-na+k \leq S_n \leq na-k) = \sum_{-na+k}^{na-k} p_n(s)$$
$$= 1 - \frac{2}{(a+1)^{2n}} \sum_i (-1)^i \binom{2n}{i} \binom{2n+k-1-(a+1)i}{2n}$$
$$0 \leq i \leq \left[\frac{k-1}{a+1}\right], \qquad k = 1, 2, \cdots, na-1$$

この式を用いてシンプソンは，$P(|x| \leq a-k/n)$ よりも $P(|\bar{x}| \leq a-k/n)$ の方がよい，すなわち単一の観測値よりも $\bar{x}\,(=s/n)$ の方がよいと述べている（以上は Hald (1998), pp. 35～37 に依る）．

すでにチコ・ブラーエ（Tycho, Brahe, 1546-1601）は，牡羊座の α 星の赤経の測定において，偶然誤差を除去するために観測値の算術平均を用いている（安藤（1995），pp. 5～6）が，シンプソンはこの方法に1つの数学的解答を与えた．

5.4　ガウスの誤差分布

誤差分布として正規分布を導いたのはガウス（Gauss, Carl Friedrich, 1777-1855）である．1795年ガウスがゲッチンゲン大学へ入学した18歳のときといわれている．

ガウスは1777年4月30日ドイツ，ブラウンシュヴァイクで生まれた．父ゲブハルト・ディートリッヒは水道工事の親方の称号を有し，最後の15年間は

造園業の職についた．父ゲブハルトは非常に字もうまく，数の計算もよくできたので埋葬保険会社の会計の仕事を任せられることもあった．母ドロテアは特別の学校教育を受けたこともなく，書くことも読むこともほとんどできなかったといわれる．しかし人間的には聡明な母であり，仕事を継がせようとする頑迷な父からガウスを守ったのは母である．また，母の弟ヨハン・フリードリッヒは，ガウスの才能に早くから気づき，才能を開花させる手助けをした．ガウスは父親の眠っていた数学的才能を受け継いだに違いない．

「数学の王者」といわれるガウスには幼・少年時代からエピソードに事欠かない．Dunnington (1955) から 2 つのエピソードを紹介しよう．引用は訳書からである．

自分の下で働いていた人達に残業手当も考慮して賃金計算し，お金を渡そうとしていた父に，3 歳のガウスが立ち上って「とうちゃん，勘定がちがっているよ」と叫んだ．再計算するとガウスの言った通りであったという．

1784 年 7 歳のとき聖カタリーナ国民学校に入学した．教師ビュットナーは生徒全員に，1 から 100 までのすべてを合算するといくつになるか，という問題を与えた．この課題にガウスは直ちに答を出し，ブラウンシュヴァイクの粗野な方言でいった．「でけたよ」．それは正しい答 5050 であった．答をどのようにして出したかをガウスはビュットナー先生に説明した．

「100＋1＝101，99＋2＝101，98＋3＝101 というふうに二つずつ足します．これが 100 のなかの対だけありますから，答は 50×101 つまり 5050 です」．

ガウスの才能に注目したビュットナーは助手のバルテスにガウスの数学の勉強を手伝うよう依頼した．

ガウスは 11 歳のとき独力で 2 項定理を証明し，無限級数の理論にも関心を抱いた．

1788 年ギムナジウム（9 年制中等学校）2 年級に入学し，語学にも優れた才能を発揮した．1792 年 15 歳でカロリナ高等学校に入学したガウスはニュートン，オイラー，ラグランジュの著作で学び，素数分布の法則，整数論に魅惑され，とくにニュートンに強く魅きつけられた．1795 年ゲッチンゲン大学へ入学した年にガウスは最小 2 乗原理を発見し，この原理を測地学，天文学において真の距離を推定する方法として用いた．

ガウスが“再発見”した誤差分布としての正規分布をみておこう．ガウスは

まず観測誤差 ε について次の仮定をおく．

(i)　誤差 ε は0のとき最大の確率をとる．

(ii)　誤差曲線は0を中心に左右対称である．したがって $\varepsilon_0>0$ と $-\varepsilon_0<0$ は同じ確率の値をとる．

(iii)　$|\varepsilon|$ の大きな値が生ずる確率は小さく，$|\varepsilon|$ がきわめて大きな値をとる確率は0である．

少し長くなるが原文を示しておこう．

「我々は最初に，すべての観測に際して，その状態が他の状態よりも正確でないと認める根拠は何もないこと，およびおのおのの観測に際し，同じ大きさの誤差は同程度に確からしいとみなすことを仮定する．何かある誤差 $\varDelta$ に与えるべき確率は $\varDelta$ のある関数によって表現されるだろう．これを $\varphi(\varDelta)$ で表わすことにする．いまこの関数について精密に述べることはできないまでも，少なくとも次のこと，すなわちそれらの値は $\varDelta=0$ のとき最大となること，一般に絶対値が等しく符号が反対である $\varDelta$ に対しては同じ値をとることおよび $\varDelta$ として最大の誤差をとるかまたはそれより大きい値をとるときは0になることは保証される．したがって本来 $\varphi(\varDelta)$ は離散的関数の族に入れられるところであるが，実際の応用のために連続変数関数として取扱おうとするならば，$\varDelta=0$ から両側に遠ざかっていくにつれて，漸近的に0に収束するように修正しなければならない．そうすれば，問題にしている限界の外では実際はほとんど0になっているとみなすことができる．さらに，誤差 $\varDelta$ が $\varDelta+d\varDelta$ の間にある確率は，$\varphi(\varDelta)\,d\varDelta$ で表わすことができるだろう．ここに $d\varDelta$ は無限小変化である．したがって，一般に誤差が D と D' の間にある確率は $\varDelta=D$ から $\varDelta=D'$ までの積分 $\int\varphi(\varDelta)\,d\varDelta$ によって表わされる．もしこの積分を，$\varDelta$ について絶対値が最大の負の値から最大の正の値まで，あるいはさらに一般に $\varDelta=-\infty$ から $\varDelta=\infty$ までとるならば，それは当然1に等しくなければならない」．

(Gauss (1821)，引用は訳書 pp. 96～97)．

真の距離 μ を推定するために，同じ条件のもとで観測され，同じ信頼性をもつ独立な n 個の観測値 $x_1,\cdots,x_n$ があり，x_i は観測誤差 ε_i を伴なって観測される．すなわち

$$x_i = \mu + \varepsilon_i$$

である．

誤差分布に連続型分布 $f(\varepsilon)$ を仮定すると，誤差 ε の生ずる確率は $f(\varepsilon)\,d\varepsilon$ である．誤差 $\varepsilon_1, \cdots, \varepsilon_n$ は独立であるから，$\varepsilon_1, \cdots, \varepsilon_n$ の同時確率は

$$P = f(\varepsilon_1) f(\varepsilon_2) \cdots f(\varepsilon_n)\, d\varepsilon_1 d\varepsilon_2 \cdots d\varepsilon_n$$

と表すことができる．

P（あるいは同じことであるが $\log P$）が最大になるのは誤差が最小の値をとるとき，すなわちもっともおこりやすい場合の確率（最確値 the most probable value）は算術平均のときである，とガウスは仮定する．この仮定についてガウスは次のように述べている．

「すべての観測値の相加平均は，絶対的な厳密さでないまでも，少なくとも最確値に非常に近い値を与えることは，普通は公理として扱われる仮説である．すなわち，この方法を採用することはいつももっとも安全であるとみなされる」．

(Gauss (1821)，訳書 p. 100 から引用)．

$$\log P = \log f(\varepsilon_1) + \log f(\varepsilon_2) + \cdots + \log f(\varepsilon_n) + \log d\varepsilon_1 + \log d\varepsilon_2 + \cdots + \log d\varepsilon_n$$

であり，$\log P$ を最大にする μ の値は

$$\frac{d \log P}{d\mu} = 0$$

を満たさなければならないから

$$\frac{d \log P}{d\mu} = \frac{d \log f(\varepsilon_1)}{d\varepsilon_1} \frac{d\varepsilon_1}{d\mu} + \cdots + \frac{d \log f(\varepsilon_n)}{d\varepsilon_n} \frac{d\varepsilon_n}{d\mu} = 0$$

である．$d\varepsilon_i / d\mu = -1$ であるから，上式は

$$\frac{d \log P}{d\mu} = \sum_{i=1}^{n} \frac{d \log f(\varepsilon_i)}{d\varepsilon_i} = 0$$

したがって

$$\frac{d \log f(\varepsilon_1)}{\varepsilon_1 d\varepsilon_1} \varepsilon_1 + \cdots + \frac{d \log f(\varepsilon_n)}{\varepsilon_n d\varepsilon_n} \varepsilon_n = 0 \tag{5.8}$$

である．他方，$\mu = \bar{x}$ のとき $\log P$ が最大になるという仮定は，$\varepsilon_i = x_i - \mu = x_i - \bar{x}$ と仮定していることになるから

$$\varepsilon_1 + \varepsilon_2 + \cdots + \varepsilon_n = 0 \tag{5.9}$$

であるという仮定に等しい．

$$\boldsymbol{\varepsilon}=\begin{bmatrix}\varepsilon_1\\ \vdots\\ \varepsilon_n\end{bmatrix},\quad \boldsymbol{d}=\begin{bmatrix}d\log f(\varepsilon_1)/\varepsilon_1 d\varepsilon_1\\ \vdots\\ d\log f(\varepsilon_n)/\varepsilon_n d\varepsilon_n\end{bmatrix},\quad \boldsymbol{i}=\begin{bmatrix}1\\ \vdots\\ 1\end{bmatrix}$$

とおくと，(5.8)，(5.9) 式はそれぞれ

$$\boldsymbol{\varepsilon}'\boldsymbol{d}=0$$

$$\boldsymbol{\varepsilon}'\boldsymbol{i}=0$$

と表すことができるから，この 2 本の式より $k(\neq 0)$ を比例定数とすると

$$\boldsymbol{d}=k\boldsymbol{i}$$

でなければならない．すなわち

$$\frac{d\log f(\varepsilon_i)}{\varepsilon_i d\varepsilon_1}=k$$

したがって

$$\frac{d\log f(\varepsilon_i)}{d\varepsilon_i}=k\varepsilon_i$$

でなければならない．積分して

$$\log f(\varepsilon_i)=\frac{1}{2}k\varepsilon_i{}^2+c'$$

ゆえに

$$f(\varepsilon_i)=c\exp\left(\frac{k}{2}\varepsilon_i{}^2\right),\qquad i=1,\cdots,n$$

すなわち

$$f(\varepsilon)=c\exp\left(\frac{k}{2}\varepsilon^2\right)$$

を得る．

誤差 ε が大きいほどその確率は小さくなるという仮定より $k<0$ でなければならない．

$$\frac{k}{2}=-h^2$$

と表すと

$$f(\varepsilon)=c\exp(-h^2\varepsilon^2)$$

となる．この $f(\varepsilon)$ は絶対値の等しい負の誤差と正の誤差の生起確率は等しいという仮定も満たしている．

$$\int_{-\infty}^{\infty} f(\varepsilon)\, d\varepsilon = 1$$

でなければならないから，c は

$$1 = \int_{-\infty}^{\infty} c \exp(-h^2\varepsilon^2)\, d\varepsilon$$

より決定される．上式の被積分関数は偶関数であるから

$$1 = 2c \int_0^{\infty} \exp(-h^2\varepsilon^2)\, d\varepsilon$$

に等しい．$h^2\varepsilon^2 = z$ とおくと，上式は

$$1 = \frac{c}{h}\int_0^{\infty} z^{-\frac{1}{2}} \exp(-z)\, dz = \frac{c}{h}\Gamma\left(\frac{1}{2}\right) = \frac{c}{h}\sqrt{\pi}$$

したがって

$$c = \frac{h}{\sqrt{\pi}}$$

となり

$$f(\varepsilon) = \frac{h}{\sqrt{\pi}} \exp(-h^2\varepsilon^2)$$

が得られた．期待値 0，標準偏差 $(\sqrt{2}\,h)^{-1}$ の正規分布である．標準偏差を σ と表すと

$$h = \frac{1}{\sqrt{2}\,\sigma}$$

であり，ガウスは h を「観測の精度に関する尺度」とよんだ．h が大きいほど精度は高い．

正規分布が誤差分布とかガウス分布とよばれるのはガウスによるこの正規分布の“再発見”による．

もし，μ の最確値として，ガウスが仮定した算術平均ではなく，幾何平均や調和平均を仮定したとすればどのような誤差法則が導かれるであろうか．ガウスの仮定した状況においては，ガウスの導出した正規誤差曲線のみが，最確値として算術平均を与えることを明らかにしたのはベルトラン（Bertrand, Joseph François, 1822-1900）である（安藤（1995），pp. 224～225）．

観測値をもたらす μ の最確値が算術平均であるという仮定から正規分布を導出したガウスの議論の展開に対して，後に批判が起きた．ガウスの議論は論理が倒錯し，本質的に循環論に陥っており，前提と脈絡のない不合理な推論で

あるという批判である（Stigler (1986), p. 141).

ガウスの仮定には恣意性があると批判し，もっと一般的な仮定のもとで誤差分布を考察したのはエリス，グレイシャー（Glaisher, James Whitbread Lee, 1848-1928）である（Hald (1998), pp. 373～380 参照）．ケインズ（Keynes, John Maynard, 1883-1946）は μ の最確値が幾何平均ならば，あるいは調和平均ならば，あるいは中位数ならばどのような誤差分布が導かれるかを考察している（Keynes (1921)，訳書 pp. 227～241）．たとえば最確値として中央値を仮定した場合，誤差分布は

$$f(\varepsilon)=A\exp(-k^2|\varepsilon|)$$

とラプラス分布になることを示している．

5.5 誤差分布の経験的妥当性

ラプラス，ガウスによって“再発見”された誤差分布（正規分布）は理論的に演繹された分布である．この誤差分布からの理論値と観測値がよく適合することを経験的に確かめたのはベッセルである．

ドイツの天文学者ベッセル（Bessell, Friedrich Wilhelm, 1784-1846）は 1784 年ミンデンに生まれた．ギムナジウムではラテン語が大の苦手であったが，計算好きの生徒であった．嫌な勉強を続けることはない，という教師の勧めにしたがい学校を中退して商店に勤めた．ブレーメンのクーレンカンプ商館に 1799 年，15 歳から 7 年間無給の丁稚奉公である．仕事上航海術の知識が必要であり，そのためには天文航法を学ばねばならず，ベッセルは天文学に魅きつけられた．ベッセルの努力は社長に認められ，給与が少し支給されるようになった．

ベッセルは『ベルリン天文年鑑』に載っていたオルバース（Olbers, Heinrich Wilhelm Matthias, 1758-1840）の彗星の軌道に関する論文を読み，ハレー彗星の軌道計算に取り組み，計算結果のノートを持って 1804 年オルバースを訪ねた．オルバースはこのノートを添削してベッセルの処女論文「1607 年の彗星に関するハリオットとトルボルリフの観測の計算」が『月刊通信』に発表された．まだ丁稚奉公をしている 5 年目である．この論文は博士論文の域に達していると高く評価された．

7年間の奉公を終えたとき，ブレーメン近くのリリエンタールにあるシュレータという人の私設天文台の助手の口をオルバースが見つけてくれた．この天文台でベッセルは土星の観測，彗星軌道の決定，イギリスの天文学者ブラッドリが1750年から1762年の間に観測した約60000個の観測値にもとづいて，3222個の恒星の位置観測値の解析を行った．この分析結果は1818年『天文学の基礎』として出版された（安藤（1995），p. 154，Stigler（1986），p. 204にベッセルの分析結果が示されている）．

ベッセルのこの分析はガウスの誤差法則を経験的に検証して，いわば法則の実在を確かめたという重要な意義を有している．当時，ベッセルの行った理論値と観測事実との照合という方法論的意義の重要性は十分認識されなかった．ベッセルの研究は，観測データの理論モデルからの乖離を単純に観測誤差のみにその原因を帰することなく，測定誤差以外の誤差の根源やいかなるメカニズムによってその乖離が発生するかを探求する契機となった．

1809年25歳のベッセルはケーニヒスベルク天文学教授兼天文台長に指命された．着任にあたってベッセルは学位を有していないという点が問題になったが，ガウスが無審査で博士号を出した．すでにベッセルはそれほど優れた業績を有していたことを示している．

ベッセルは1815年，蓋然誤差 probable error の概念を導入した．蓋然誤差を ε とすると

$$P(|x-\mu|<\varepsilon)=P(|x-\mu|>\varepsilon)=\frac{1}{2}$$

である．また，平均偏差を

$$\nu=E(|x-\mu|)$$

標準偏差を σ とすると，正規分布において

$$\varepsilon=0.8453\nu=0.6745\sigma$$

の関係があることをベッセルは示した．この蓋然誤差の概念は広く用いられるようになり，誤差理論において標準の用語となった．

ベッセルはこのケーニヒスベルクを終生離れることがなかった．ベッセル関数でもベッセルの名は知られている（ベッセルの伝記は安藤（1995），Stigler（1986）に多く負っている）．

ベッセル以降，誤差法則と観測事実との照合が多数行われ，誤差法則が観測

結果と良く適合することが明らかになり，19 世紀後半の「正規分布信仰」へとつながる.「誰もがガウス誤差法則を信じているのは，この法則を実験者は数学的定理であり，数学者は実験的事実だと考えているからである」(ポアンカレが 1896 年の著書で同僚リップロンの言葉として引用).

5.6　ハーゲンの根源誤差仮説

ガウスは真の値のもっとも確からしい値は標本平均であるという，後に疑問視されるようになった仮定から出発して誤差法則を導いた．そして，とくにベッセル以降確かにこの誤差法則は観測事実によく適合することが明らかになった．しかし一体なぜ観測誤差は正規分布するのか，という疑問は残されたままであった．この疑問に取り組んだのはヤング (Young, Thomas, 1773-1829) であり，ハーゲン (Hagen, Gotthilf Heinrich Ludwing, 1797-1884) である.

ヤングは医者，物理学者であり，エジプト象形文字およびパピルスに関する研究でも有名な多才なイギリスの学者である．光の干渉，波動説の復活，弾性体のヤング率，保険会社の計算主任，王立研究所自然哲学教授，聖ジョージ病院医師と，彼の活動分野はきわめて広範囲にわたる.

1819 年に「物理的観測値における誤差の確率に関する所見」と題する論文を発表した．この論文のなかで，ヤングは“大きな集団における特別な結果の頻度が見掛け上安定しているのはなぜか”を問題にした．そして「各々絶え間のない変動に見舞われている独立な根源誤差の多様な結果は，それらの多様性と独立性から導かれる総合効果によって，総変異を減少させる傾向が自然に備わっている」(安藤 (1995)，p. 192) と述べている.

ハーゲンは 1797 年，ドイツのケーニヒスベルグで生まれた．ハーゲンはベッセルから天文学を学び，1826 年ピラオの港湾管理者，1831 年ベルリンの建築上級顧問，一時期ベルリン砲兵工学校の河川工事の講師，ベルリン建築アカデミー会員，1805 年商務省上級顧問，1866 年建築技術者団体の理事，ヴィルヘルムス・ハーフェン港の設計などもっぱら実務畑で活躍した．『河川工事技術ハンドブック』の著書がある (伝記は安藤 (1995)，p. 193 より).

ハーゲンは 1837 年の著書『確率計算綱要』のなかで，観測誤差は，測定器具，環境，天候状態，観測者に依存するきわめて多数の要因によってひき起こされた互いに独立な小さな誤差から成る．測定結果に含まれる誤差は，すべて同じ大きさをもち，正，負それぞれ同様の確からしさで生ずる無限に多くの根源誤差の総和である．

この仮説はハーゲンの根源誤差仮説とよばれるようになり，一般的になった．ハーゲンの正規分布の導出は，以下に示すように，2 項分布の極限として得られている．

観測誤差 v は x 個の正の根源誤差 ε と $n-x$ 個の負の根源誤差（$-\varepsilon$）から成る．すなわち

$$v=x\varepsilon+(n-x)(-\varepsilon)=2\varepsilon\left(x-\frac{1}{2}n\right)$$

である．正，負の誤差が等確率 1/2 で生ずるから，$(1/2)n$ はパラメータ n, $p=q=1/2$ の 2 項分布の期待値 m に等しい．すなわち $n=2m$ である．

したがって n 回の観測で正の根源誤差が x 回，負の根源誤差が $n-x$ 回得られる確率は，$y=x-m$ とおくと

$$\binom{n}{x}p^x q^{n-x}=\binom{2m}{m+y}\left(\frac{1}{2}\right)^{2m}=p(y), \qquad |y|=0,1,\cdots,m$$

を得る．

$$p(y-1)=\binom{2m}{m+y-1}\left(\frac{1}{2}\right)^{2m}$$

$$\frac{p(y)}{p(y-1)}=\frac{m-y+1}{m+y}$$

であるから

$$\frac{p(y)-p(y-1)}{p(y-1)}=-\frac{2y-1}{m+y}=-\frac{2y}{m\left(1+\dfrac{y}{m}\right)}+\frac{1}{m+y}$$

となる．

誤差 y が期待値 m にくらべて小さく，$n\to\infty$ したがって $m\to\infty$ のとき

$$\frac{y}{m}\to 0, \qquad \frac{1}{m+y}\to 0$$

であるから，上の差分方程式を微分方程式

$$d\log p(y)=-\frac{2y}{m}dy$$

でおきかえ，この方程式を解き

$$p(y)=p(0)\exp\left(-\frac{y^2}{m}\right)$$

を得る．

$$p(0)=\binom{2m}{m}\left(\frac{1}{2}\right)^{2m}=\frac{(2m)!}{m!m!}\left(\frac{1}{2}\right)^{2m}=\frac{(2m)!}{2^{2m}(m!)^2}$$

であるから，ウォリスの公式を用いて

$$\lim_{m\to\infty}p(0)=\frac{1}{\sqrt{\pi m}}$$

となる．したがって

$$p(y)=\frac{1}{\sqrt{\pi m}}\exp\left(-\frac{y^2}{m}\right)$$

が得られ，$y\sim N(0, (1/2)m)$ である．

観測誤差 $v=2\varepsilon y$ であるから，$v\sim N(0, \varepsilon^2 n)$ が得られる．

2 項分布の極限として正規分布を導いているという点ではド・モアブルと同じであるが，ハーゲンはスターリングの公式ではなく，ウォリスの公式を用いていること，ベルヌーイ試行における賭け事の成功回数としてではなく，誤差分布として正規分布を得ていることに注意されたい．また，ガウスのように標本平均を真の値の最確値として仮定していない．

ハーゲン以外にアメリカの数学者アドレイン（Adrain, Robert, 1775-1843），イギリスの天文学者ハーシェル（Herschel, John Frederick William, 1792-1871），イギリスの物理学者マックスウェル（Maxwell, James Clerk, 1831-1879）がそれぞれ正規分布の導出に関わりをもっている（Hald（1998），pp. 368～373）．

5.7　正規分布の社会現象への適用—ケトレー

1830 年から 1849 年までの 20 年間は「統計学熱狂時代」ともいうべき時代であったとウェスターゴード（Westergaad, Harald Ludvig, 1853-1936）は『統計学史』で述べている．「この時代を通じて，統計学は社会一般の関心を異常な程度に喚起した．官庁統計の機関が数ヶ国に於いて創設或は再興され，又多くの統計学会が興されてこれらの機関に協力した．又統計学の雑誌が刊行され，而して例えばケトレー A. Quetelet の如き有能なる学者が諸種の統計観察の結果を明晰なる行文を以て発表し，これに依って一見無味乾燥なる観察も魅力のある方法に於いて解釈された.」

この「統計学熱狂時代」に「統計学を全科学の女王として祭り上げんとした」立役者こそケトレーであり，「ケトレー時代」を現出せしめた（引用は Westergaad（1932），訳書 p. 173）.

ケトレー（Quetelet, Lambert-Adolphe-Jacques, 1796-1874）は 1796 年ベルギーのゲント市に生まれ，7 歳のとき父が死去，17 歳で高等学校を終えたとき，自ら生計の資を得なければならないという境遇であった. 生計の資を得るためにゲント市の高等学校の数学教師となったが，当時ケトレーの関心は科学よりも芸術であり，画家の弟子入りをしたこともあった.

数学の研究を始めたのは，新設のゲント大学で数学と天文学の教授 J. G. ガルニエの影響によるものであり，ゲント大学で 1819 年に論文「ある幾何学的場一焦点曲線について」によって学位を得た後，ブリュッセルの学士院の数学教授となり，初等数学を教え，1820 年には王立科学アカデミーの会員に選ばれた.

数学，物理学，天文学を研究していたが，1823 年，ブリュッセル天文台建設のため，道具買入れと計算方法修得のためパリへ派遣されたとき，ブヴァールによってラプラス，ポアッソン，フーリエ（Fourier, Jean Baptiste Joseph, 1768-1830）を紹介された. このとき，とりわけラプラスから強い影響を受けたことが契機となって，統計学，とくに社会現象への統計学の応用へと関心は移っていった.

1810 年代，20 年代に誤差法則は天文学者，物理学者の間で広く一般的に用いられるようになっていた. しかし確率論を社会現象に適用するという試みは成功していなかった. もちろんすでに出生性比，死亡表など人口統計の発達，ヤコブ・ベルヌーイ（Jakob（Jacques とも書く），Bernouille, 1654-1705）の『推論法』*Ars Conjectandi*（1713）における確率論を市民的・道徳的・経済的現象に応用しようという試みはあった.

イギリスの政治算術，フランスの確率論，ドイツの国状学を統計学の名のもとに統合し，自然法則と同じような規則性が社会現象にもあると考えたケトレーは，この規則性究明のための学問として統計学を位置づけた.

ケトレーはラプラスの CLT から示唆を受け，きわめて多くの重要でない諸要因が，人間の自然的特質（身長，胸囲など）あるいは人間行動（犯罪率など）の差異をもたらし，これらの諸要因がラプラス理論の誤差に対応すると考えた．人間の自然的特質あるいは人間行動の特性は，観測値の平均をとることによって，平均に集団としての同質性が現れる．データが適切に収集され，分類されるならば，ほとんどすべての分布は正規分布に従い，その分布の中心，人間でいえば「平均人」の重要性を強調した．誤差分布の真の値に対応しているのが「平均人」であり，平均からの散らばりは「誤差」であり，この「誤差」は正規分布に従う．もっともケトレーは正規分布ではなく，可能性曲線 la courbe de possibilité，あるいは 2 項曲線 la courbe de binomiale という用語を用いている．

ケトレーは「平均人」とそれを考察することこそ人間と社会体制の科学にとってもっとも重要である，と次のように述べている．

「私のここで考察せんとする人間は，恰も物体に於ける重心と同様の地位を社会に於て占める．即ちその人間は，社会の諸要素がその周りを動揺するところの一つの平均である．云わば一の仮想人であって，彼にとっては一切のことが社会に対して得られた平均的結果に適合して起るのである．もし吾々が一の社会物理学の基礎を幾らかでも確立せんとするならば，必ずこの種の人間を考察すべく，特殊の場合や非正常的事項に係わったり，又は或る個人がその能力の或るものに於て多少卓越せる発達をなし得るかどうかを尋ねたりすべきではない」．(Quetelet (1835)，訳書上 p. 34)．

すなわち，偏差や散らばりという「誤差」ではなく，「平均人」こそ考察すべき重要な概念であること，そしてしばしば誤解されるように，「平均人」は実体ではなく「仮想人」である，とケトレーは言っている．そして

「平均人を考察することは人間と社会体制との科学に最も重要な役立ちを供し得る．それは必然的に社会物理学に関係ある他のあらゆる研究の前提たるべきものである．何故なら，それが言わばそれらの研究の基礎をなすものだから．実に，平均人の一国民に於けるは重心の物体に於けるが如くである．均衡と運動とのあらゆる現象の評価は，結局この平均人の考察に帰する．それのみでなく，それをそれ自体として考察する時，それは顕著な諸特質を示す」．(Quetelet (1835)，訳書下 p. 223)．

ケトレーは，『人間の諸能力の発達について』(副題，社会物理学，1835 年)

において，犯罪率，自殺者数，婚姻率の規則性を示し，身長・体重・筋力などの測定から「平均人」の肉体的特性を考察している.「平均人」とは，もともと大量観察によって得られた典型的と思われる肉体的性質を備えた人間のことであったが，この概念を道徳的知的性質に対しても拡張し，「平均人」に「社会の重心」としての位置を与えた. この世に存在するあらゆる壮・美・善は諸々の能力の真正の均衡であるとすれば，肉体的，道徳的，知的に平均的特性を備えた「平均人」こそ，壮・美・善が具現化された人間であるという極論を主張するようになった.

ケトレーは「規則性」を個人の自由意思が関与しえない自然法則と同じであるとみなし，不用意に統計学の適用範囲を広げ，社会条件に依存する「原因究明」という社会科学的分析へは進んでいない.

人間の自由意思を過小評価し，犯罪者特有の傾向を看過したケトレーの有名な表現がある.

「社会はその中に，犯されるべき一切の犯罪の萌芽と同時にその実現に必要な便宜とを蔵している. 社会は言はばこれらの犯罪を準備するのであって，犯罪人はこれを実行する道具に過ぎない」.

(Quetelet (1935)，訳書上 pp. 25～26).

ケトレーの議論は，社会統計の調査に刺激を与えたが，確率を社会科学に適用することへの疑念をむしろひき起こしたのではないか，とケトレーに対して辛辣な評価をしたのはケインズである.

「自殺数の規則性，「犯罪が繰り返し引き起こされる，恐ろしいほどの精確さ」等々，ケトレーはほとんど宗教的畏敬の念をもって，これらの神秘的な法則のことを書いており，したがってそれらの法則をそれ自体物理学の法則と同じように適切で完全なものとして，またそれ以上の分析や説明をなんら要しないものとして扱うという誤りを確かに犯している. ケトレーの扇情的な言葉は，たぶん社会統計の調査に少なからぬ刺激を与えたであろうが，また彼の言葉は，〔フランスの社会学者〕コントのように，確率の数学的計算を社会科学に適用することは「単に空想的であるだけでなく，それゆえにまったく排すべきである」と考える人びとの頭のなかに，統計学にはわずかながら疑わしい要素があるという考えをもたらした. いかさまではないかとの疑念はいまだ消滅してはいない. 確率論が科学のサロンにおいて申し分なく相当な地位を得ることを妨げた，長い一連のすばらしい著者たち——こういう人はいまだに消滅していないが——のなかにケトレーが含まれるということは認めなければならない．科学者にとって，確率論には依然として占星術，あるいは錬金術じみたところがある．」

(Keynes (1921)，訳書 pp. 384〜385 より引用)．

計量経済学も錬金術と批判したケインズらしい皮肉な文章である．しかしケトレーはイギリス生物統計学派，とりわけゴルトンに大きな影響を与えた．

5.8 正規分布の生物学への応用—ゴルトン

ケトレーの分析に刺激され，正規分布を中心とする統計学を生物学とくに遺伝学へ応用し，また統計学を大きく発展させたのはゴルトン (Galton, Francis, 1822-1911) である．

フランシス・ゴルトンは1822年，イングランド，ウォーリックシャーのダッドストンに生まれた．父サムエル・T・ゴルトンは銀行家であった．母ヴィオレッタ・ダーウィンは，エラスムス・ダーウィンの後妻の娘であった．エラスムス・ダーウィンと先妻の孫に，『種の起源』で有名なチャールズ・R・ダーウィンがいる．いとこ同士のゴルトンとチャールズ・R・ダーウィンは容貌が似ていたという．

1835年，13歳のとき，バーミンガムのKing Edward校へ入学し，2年間在学した．ダーウィン家の伝統に従い，最初は医学を学んだ．1838年バーミンガムのGeneral Hospitalで最初の1年，ロンドンのKing's Collegeで次の1年間を医学生として過ごした．1840年，ケンブリッジのTrinity Collegeへ数学専攻生として入学したが，健康を損ねたため，1843年普通学位を取るだけで終わった．

ゴルトンは3歳前に簡単な本を読むことができ，機械に関する発明の才は若い頃から生涯絶えることがなかった．しかしゴルトンにとって学校は面白くなく，選択させられた医者への道も性に合わなかった．1844年，父が死亡したとき，医学を直ちに放棄し，十二分の遺産を得たため時間とエネルギーを狩猟に費やした．

父の死後，ゴルトンはウィーン，コンスタンチノープルを訪れ，エジプト，ハルツーム，シリアへも行った．1850年にはC. J. アンダーソン博士と共に喜望峰へ出発し，ウォルビスーベイ（ウォルビスバイともいう．現在アフリカ南西部，ナミビア中西部の港湾都市）からヌガミ湖（アフリカ南部，ボツワナ北西部の沼沢池）まで探険しながら，奥地で2年間過ごした．草原のダマラ地方を支配していたホッテントットの酋長に15の簡単な法律を作ってやり，ホッテントット語に関心あるイギリス人のために初級の辞書を編纂した．1852年，30歳のときイングランドへ帰った．このアフリカでの経験が，人種間の能力の相違に関心を抱かせ，遺伝の問題へとゴルトンを向かわせる契機となったのかもしれない．

帰国後，王立地理協会へ提出した旅行記『熱帯南アフリカ』に，1853年金メダルが授与され，1854年にはフランス地理協会から銀メダルを受けた．1853年にルイザ・バトラーと結婚し，ヨーロッパへの長期の新婚旅行の後，ようやくロンドンに落ち着いた．研究を開始したのは1855年，ゴルトン33歳のときであった．

ゴルトンはケトレーおよびいとこのチャールズ・ダーウィンから大きな知的影響を受けた．ゴルトンは誤差法則を知能指数のような人間の精神的特性にも適用できると述べた．しかしゴルトンの関心は分布の中心（ケトレーの「平均人」）ではなく，多様性を示す散らばりにあった．誤差分布の理論においては，測定器具を改良したり，観測条件を制御することによって観測誤差を小さくすることが目的になる．しかしゴルトンにとって散らばり（変動）は小さくすべき誤差ではなく，きわめて有能な人とは自然による大きな誤差であり，それ自体が研究対象であった．ゴルトンは誤差に代えて偏差 deviation という用語を用い，誤差法則ではなく平均からの偏差の法則 the law of deviation from average，あるいは誤差の度数法則 the law of frequency of error ともよび，後に正規分布とよぶようになった．

ゴルトンは『自然遺伝』*Natural Inheritance*（1889）において次のように述べている．

「誤差法則は，きわめて精度の高い観測値を得ようとしている天文学者達に用いられていたが，この誤差法則が人間の測定にも適用可能であるとは，ケトレーの時代まで誰も全く思い及ばなかった．しかし，誤差，差異，偏差，散らばり，個々の変動これらはすべて同種の原因にもとづく．同じ名称をもち，あるいは同一の語句で表すことができるものは共通の類似点をもち，同じ種や綱 class あるいはどのようなグループ名でよぼうと，同一種のメンバーとして分類することができる．他方，すべてのものにはそれに個有の差異があり，この差異によって他のものと区別される．

この一般論は数千の例に適用可能である．個々の特殊性が「偶然」accidents が重なり，結合することによって生ずる場合には誤差法則が現れる．」(Galton (1889), pp. 54～55).

ゴルトンの偏差を重視する誤差分布に対するこの考え方は，分布特性の分析をケトレーのように平均ではなく，変動へと重心を移した．変動の尺度として最初は，ゴルトンも蓋然誤差 probable error を用いていたが，標準偏差を使用するようになり，さらに順位を重視して中位数，四分位数，四分位数間範囲という概念を導入した．

1869 年刊行の『遺伝的天才』*Hereditary Genius* において，ゴルトンは，遺伝を統計的にあつかい，数値的結果に到達し，“平均からの偏差の法則”を遺伝に関する議論へ導入したのは私が最初であると述べた．

知的能力の等級づけを含めて人体測定値によく正規曲線を適用したケトレーと同様の分析をゴルトンは行った．ゴルトンは判事，将軍，科学者，政治家，画家，詩人，牧師などの地位を得た人々の親族の能力を調べた．彼は一般能力と特殊能力を区別し，各々の個性を，自然能力と初期の環境によって育くまれる優勢的な力が結合したもの，すなわち氏（うじ）と育ち nature and mature の結合とみなした．この氏と育ちという考え方は彼の著作にくりかえし現れる．

ゴルトンは，同時代のケンブリッジ大学生の優れた資質は遺伝によるところが大きいという観察から，「人種改善は克服できない困難ではない」と考えた．能力は自然的なものであって社会的なものではないから，育ちよりも氏を大切にしようとする．もっとも有能な人々の間で，注意深く，初期に多数の子供が作られるならば，人口集団の能力は著しく向上するであろうとゴルトンは言う．ゴルトンの造語である優生学 eugenics の提唱である．刊行されなかったが，晩年に書いた小説 *Kantsaywhere* はゴルトンの優生ユートピアである．Kantsaywhere 島は慈悲深い少数の独裁政治集団である優生大学によって支配され，住民は完全にこの大学の規則に従う．この優生大学は住民の優生的適合を調べ，適合者の早婚を奨励し，不適合者を国外追放あるいは隔離するというユートピア（残酷？）物語である．

性別の身長，腕の長さ，握手の強さなどの特性，資質や能力の分布は正規分布するという分析を示したばかりでなく，ゴルトンは身長や能力などの資質がいかにして子孫へ継承されるのかという点に関心を抱き，回帰 regression という概念を着想する．ゴルトンの統計学はK. ピアソン，ウェルドン（Weldon, Walter Frank Raphael, 1860-1906），エッジワース（Edgeworth, Francis Ysidro, 1845-1926）のイギリス生物統計学派へ継承され，統計学の発展に大きく寄与した．

最後に，ゴルトンの正規分布への賛嘆を記しておこう．

「私は“誤差の度数法則”によって表されている宇宙の秩序の驚くべき形式ほど感銘を与えるものを何も知らない．もし古代ギリシア人がこの法則を知っていたならば，それは擬人化され，神格化されたであろう．この法則は，非常な無秩序のなかで静かにそして全く表面に出ないように君臨している．群が大きいほど，また外見上無秩序が甚だしいほど，この法則の支配力は完全である．それは無理由の至高の法則である．無秩序な諸要素のなかから大標本を抽出し，それらを大きさの順に並べるならば，思いもよらぬ非常に美しい秩序の形式がかくされていたことが明らかになる．」

(Galton (1889), p. 66)．

5.9 正規分布と心理学

人の感覚測定に誤差法則を用いたのは実験心理学の祖といわれるフェヒナー（Fechner, Gustav Theodor, 1801-1887）である．

フェヒナーは1801年ドイツのハレに生まれ，1817年ライプツィヒ大学に入学した．最初医学を学んだが，関心は実験物理学へ移り，ライプツィヒ大学で物理学教授の地位を得た．

1839年，38歳のとき，うつ病による神経衰弱と拒食症で一時的に視力も失い，意気消沈し，物理学教授の地位も失った．

1846年病は回復し，フェヒナーはさまざまなテーマ，とくに精神と肉体の問題について講義し始めた．そして精神物理的並行論あるいは心身平行説とよばれる心身相関論を展開し，これは19世紀に科学者の間で非常にポピュラーになった．この理論にもとづいてフェヒナーは精神物理学を創始し，実験数量心理学を始めた．1860 年の『精神物理学要義』*Elemente der Psychophysik* は実験心理学の期を画する書であるといわれている．この書で，フェヒナーは精神物理学とは，肉体と精神，もっと一般的にいえば肉体と精神的，心理的および心霊的世界との間の関数関係あるいは従属関係であると定義している．

フェヒナーは，感覚量 E は刺激 R の対数に比例するというウェーバー-フェヒナーの法則

$$E = k \log R$$

の名でも知られている．

フェヒナーはガウスの誤差法則を用いて次のような関係を導いた．重さ P の 2 つの容器があり，その 1 つに重さ D のものを入れて重さ $P+D$ とし，どちらの容器が重いかを尋ねる．実験を n 回行い，正しい回答数を r とする．この実験からフェヒナーは次のような正規分布で表される関数を得た．

$$\frac{2r}{n} - 1 = \theta\left(\frac{hD}{2}\right)$$

ここで

$$\theta(t) = \frac{1}{\sqrt{\pi}}\int_{-t}^{t} e^{-u^2} du = \frac{2}{\sqrt{\pi}}\int_{0}^{t} e^{-u^2} du$$

h＝ガウスの観測の精度を示す尺度，ここでは個々人の感覚量

したがって $Z \sim N(0, 1)$ とすると

$$\theta\left(\frac{hD}{2}\right) = P(-hD \leq \sqrt{2}Z \leq hD)$$

あるいは

$$\frac{1}{2}\left[1 + \theta\left(\frac{hD}{2}\right)\right] = P(\sqrt{2}Z \leq hD) = \Phi\left(\frac{hD}{\sqrt{2}}\right)$$

の関係が得られる．

フェヒナー以降，確率論は実験心理学に基本的な分析手段となった．誤差法則を心理学に応用したもう 1 人重要な研究者として，エビングハウス (Ebbinghaus, Hermann, 1850-1909) がいる．エビングハウスはドイツのハレ大学で哲学を専攻し，後にベルリン大学教授になった．旅行でパリへ行ったとき偶然フェヒナーの『精神物理学要義』と出会い，ドイツへ帰国後記憶に関する数量研究に着手した．

1885年に刊行されたエビングハウスの『記憶について』*Über das Gedächtnis* は，「統計学史の観点から，高等心理過程研究に，誤差論を実際に適用した画期的な書」(Walker (1929), p. 44) といわれている．

フェヒナー，エビングハウスについてもう少しくわしい説明は Stigler (1986) を参照されたい．

5.10　セント・ペテルスブルグ学派による CLT

正規分布の社会現象への応用，心理学への応用をみてきたが，ここで再び正規分布の統計理論の歴史的展開へ戻る．チェビシェフ，マルコフ，リヤプノフを中心とするロシア，セント・ペテルスブルグ学派による CLT の数学的厳密化である．

5.10.1　チェビシェフ

1733年ド・モアブル『偶然論』で CLT が示され，1810年ラプラスによって任意の iid 確率変数に対して CLT は一般化された．1887年 CLT はチェビシェフ (Chebyshev, Pafnuty Lvovich, 1821-1894) によって任意の独立な確率変数の和に対して成立することが厳密に証明された．

確率論のロシア学派の創設者といわれるチェビシェフは，1821年モスクワの南，カルーガ，ボロウスキー，オカトヴァ村で生まれた．1832年家族がモスクワへ移るまでチェビシェフは読み書きを両親から，数学とフランス語は姪のスクハレーヴァから教わった．

1837年モスクワ大学へ入学後，チェビシェフはゼルノフ (Zernov, Nikolai Efimovich, 1804-1862) から純粋数学を学び，ブラックマン (Brakman, Nikolai Dmitrivich, 1796-1866) からは数学的着想の多くを学んだ．生涯を通じてチェビシェフはブラックマンを崇敬した．チェビシェフの修士論文は「確率論の基本的分析に関する覚書き」である．

修士課程を終えセント・ペテルスブルグ大学へ移ったチェビシェフは，1847年高等数学および数論の講義を始めた．確率論を講義していたブニャコフスキー (Buniakovsky, Viktor Yakovlevich, 1804-1889) が1859年に退任した後を継承してチェビシェフは確率論を担当した．

教授になった1850年から1860年までの10年間はチェビシェフの活発な研究活動の時期であった．フランス，ベルギー，ドイツ，イングランドへ行き多くの人と会ったが，統計学と確率論の観点からみると，チェビシェフの会った重要な人物は，パリにおけるコーシーとビネメ（Bienaymé, Irénée-Jules, 1796-1878）である．

ビネメ-チェビシェフの不等式

$$P(|X-\mu|<k\sigma)\geq 1-\frac{1}{k^2}$$

$$(E(X)=\mu,\qquad \mathrm{var}(X)=\sigma^2)$$

はよく知られている．

チェビシェフの研究の多くは実際的な問題から示唆を受け，数学の発展には理論と実践の相互作用が重要であると考えた．チェビシェフは1856年に次のように述べている．

「理論は古い方法をさらに拡張し，新しく応用することによって大きな刺激を受けるが，さらに新しい方法を発見することによって一層の展開がみられ，このとき科学は実践への信頼できる指針となる．」

(Maistrov (1974), p. 192).

チェビシェフによるCLTの証明方法の概略を示そう．

$X_1, X_2, \cdots X_n$ は独立で

$$E(X_i)=0,\qquad \mathrm{var}(X_i)=\sigma_i^2,\qquad i=1,\cdots,n$$

とする．X_n の pdf を $f_n(x)$ とし，k 次モーメント

$$A_n^{(k)}=E(X_n^k)=\int_{-\infty}^{\infty}x^k f_n(x)$$

がすべての k に対して存在すると仮定する．さらに

$$\frac{1}{n}\sum_{i=1}^{n}\sigma_i^2 \xrightarrow{p} \sigma^2$$

と仮定したとき（これは暗に仮定されている），すべてのモーメント $A_n^{(k)}$，$k=1,2,\cdots$ が

$$\frac{q}{\sqrt{2\pi}}\int_{-\infty}^{\infty}x^k\exp\left(-\frac{q^2x^2}{2}\right)dx$$
$$=\begin{cases}\dfrac{1\cdot3\cdot5\cdot\cdots\cdot(k-1)}{q^k}, & k\text{ 偶数}\\ 0, & k\text{ 奇数}\end{cases}$$

のモーメントと一致するならば

$$\frac{1}{\sqrt{n}}(X_1+X_2+\cdots+X_n)$$

の分布はド・モアブル-ラプラス分布（正規分布）に近づくことを証明した．モーメント法といわれる証明である．

1948 年にグネジェンコ（Gnedenko, Boris Vladiminovich, 1912-1995）はチェビシェフのこの研究に次のような評価を与えている．

「チェビシェフはこの（中心極限）定理の厳密な証明を与えなかったし，定理が成立するために必要な条件を導入しなかった．しかしこのような論理的欠陥があるとはいえ，中心極限定理というこの重要な問題に注意を集中させ，その証明法（モーメント法）を組立てたという点できわめて称賛に値する研究を成し遂げた．チェビシェフはこの問題への関心を弟子たちに喚起させ，弟子たちはこの所説を完成させたばかりでなく，さらに自然な制約にまで応用可能条件を拡張した.」

(Maistrov (1974), p. 206).

チェビシェフは自身の貢献のみならず，多くの若い研究者たちの研究を指導し，ロシアにおける数学とくに確率論の発展に寄与した．チェビシェフが礎を築いたペテルスブルグ学派からは，CLT を改善・発展させたマルコフ，リヤプノフ以外に，A. N. Korkin (1837-1908), E. L. Zolotarev (1847-1878), K. A. Posse, D. A. Grave (1863-1939) , G. F. Voronoi (1868-1908), A. V. Vasilev, V. A. Steklov (1864-1926), A. N. Krylov, M. P. Kravchuk 等々きわめて多くの人材が輩出している．

5.10.2 マルコフ

マルコフ（Markov, Andrei Andreevich, 1856-1922）は 1856 年ロシア，リャザンで生まれ，1866 年ギムナジウム 5 年に入学した．数学以外の成績は良くなかったといわれている．1874 年ペテルスブルグ大学へ入学し，コルキン，ゾロタレフ，チェビシェフのいる物理・数学学部のクラスに出席し，才能を認められた．1878年卒業時金メダルを受賞し，研究者への道を歩むことになった．

1883年チェビシェフが大学から去り，マルコフは確率論の議義を引き継いだ．1886年にはチェビシェフの推薦によりセント・ペテルスブルグ科学アカデミー会員に選出された．

確率論研究のマルコフの最初の刺激は，師チェビシェフによるCLTの証明であった．自らの考えをヴァシレフにぶつけながら，マルコフはチェビシェフのモーメント法は踏襲し，($\sum_{i=1}^{n}\sigma_i^2/n \underset{n\to\infty}{\longrightarrow} \sigma^2$ が暗に仮定されている）チェビシェフの条件を別のもっとゆるい条件におきかえようとしていた．

マルコフは1898年の論文で次のようにCLTを証明している．

$X_1, \cdots, X_n$ は独立で

$$E(X_i)=0, \qquad \mathrm{var}(X_i)=\sigma_i^2, \qquad i=1, \cdots, n$$

とする．そしてすべての整数 k に対して $E(X_i^k)$ が存在すると仮定する．

$$\frac{1}{\sqrt{n}}(X_1+\cdots+X_n)=\frac{S_n}{\sqrt{n}}$$

と表し，まず

$$E\left[\left(\frac{S_n}{\sqrt{n}}\right)^k\right]-A_k\left\{E\left[\left(\frac{S_n}{\sqrt{n}}\right)^2\right]\right\}^{\frac{k}{2}} \underset{n\to\infty}{\longrightarrow} 0$$

を証明する．ここで

$$A_k=\frac{2^{\frac{k}{2}}}{\sqrt{\pi}}\int_{-\infty}^{\infty} t^k \exp(-t^2)\,dt$$

であるから，A_k は k が奇数のとき0である．たとえば $k=4$ のとき $A_k=3$ になるから

$$E\left[\left(\frac{S_n}{\sqrt{n}}\right)^4\right]-3\left\{E\left(\frac{S_n}{\sqrt{n}}\right)^2\right\}^2 \underset{n\to\infty}{\longrightarrow} 0$$

である．マルコフは $n\to\infty$ のとき

$$E\left(\frac{S_n}{\sqrt{n}}\right)^2=\frac{1}{n}(\sigma_1^2+\cdots+\sigma_n^2)>0$$

を仮定すると

$$E\left[\frac{X_1+\cdots+X_n}{\sqrt{2(\sigma_1^2+\cdots+\sigma_n^2)}}\right]^k \longrightarrow \frac{1}{\sqrt{\pi}}\int_{-\infty}^{\infty} t^k e^{-t^2} dt$$

が成立する．すなわち

$$S'_n = \frac{X_1 + \cdots + X_n}{\sqrt{2(\sigma_1^2 + \cdots + \sigma_n^2)}}$$

が正規分布に収束することを示した．

さらにマルコフはモーメント法を用いて，1901 年に発表された CLT のリヤプノフの定理を証明している．マルコフはチェビシェフの CLT は離散確率変数にも適用できること，1910 年から 11 年の一連の論文において，独立でない従属関係にある確率変数においても，モーメント法を用いて CLT が成立することを証明した．マルコフ連鎖定理とよばれている定理であり，マルコフはモスクワの数学者ネクラソフ（Nekrasov, P. A., 1853-1924）との論争を通じてマルコフ連鎖の着想を得ている．たとえば，1910 年マルコフはモーメント法を用いて

$$p'_i = P(x_i = 1 \mid x_{i-1} = 1), \qquad p''_i = P(x_i = 1 \mid x_{i-1} = 0)$$

とすると，n とは独立な定数 p_0 に対して

$$p_0 < p'_i < 1 - p_0, \qquad p_0 < p''_i < 1 - p_0$$

のとき，$S_n = \sum_{i=1}^{n} x_i$ に対して CLT が成立することを証明した．1915 年には独立な 2 次元確率ベクトルの和に関しても CLT が成立することを証明した．

5.10.3 リヤプノフ

リヤプノフ（Liapunov（Lyapunov とも書く），Alexander Mikhailovich, 1857-1918）はモスクワの北，ヤロスラーヴリに生まれた．1855 年までカザン大学の天文学者であった父からリヤプノフは基礎的な教育を受け，1870 年に高校入学，1876 年セント・ペテルスブルグ大学物理・数学学部へ入学した．入学 1 か月後に数学学部へ転部した．ペテルスブルグ大学にはリヤプノフの研究方向に大きな影響を与えたチェビシェフがいた．

1880 年卒業時の流体静力学に関する研究で金メダルを受章している．1885 年リヤプノフはハリコフ大学の力学教授，1902 年セント・ペテルスブルグ大学応用数学学部教授になり，科学アカデミーのメンバーにも選出された．

1900 年から 1901 年にかけての 4 篇の論文がリヤプノフの定理として知られている CLT に関する論文である．リヤプノフの証明はチェビシェフやマルコ

フの用いたモーメント法ではなく，特性関数を用いるより一般的な証明である．

1900 年の論文「確率論の定理について」において次の CLT を与えている(この論文の英語版は Adams (2009), Appendix に収められている).

$X_1, X_2, \cdots$ は独立な確率変数で

$$E(X_i)=\mu_i<\infty$$
$$E(X_i^2)=\mu'_{2i}<\infty$$
$$E|X_i|^3=C_i<\infty$$
$$i=1,2,\cdots$$

を仮定する．

$$\mathrm{var}(X_i)=\mu'_{2i}-\mu_i^2=\sigma_i^2$$

と表し

$$A=\frac{1}{n}(\sigma_1^2+\cdots+\sigma_n^2)$$
$$L^3=\max_{1\leq i\leq n}\{C_i\}$$

とする．このとき

$$\lim_{n\to\infty}\frac{L^2 n^{-\frac{1}{3}}}{A}=0$$

ならば，$n\to\infty$ のとき，$t>s$ の任意の実数に対して次式が成立する．

$$P=P(s\sqrt{2nA}<X_1-\mu_1+\cdots+X_n-\mu_n<t\sqrt{2nA})$$
$$\longrightarrow \frac{1}{\sqrt{\pi}}\int_s^t e^{-x^2}dx.$$

リヤプノフは P の

$$N=\frac{1}{\sqrt{\pi}}\int_s^t e^{-x^2}dx$$

への収束が

$$|P-N|\leq C\psi\frac{\log n}{\sqrt{n}}$$

を満たすことも示している．ここで ψ は μ_i と μ'_{2i} の関数である．

この定理をさらに一般化した定理が 1901 年の論文「確率の極限定理の新しい型」に示されており，この定理が 2.1.4 項に示されているリヤプノフの CLT である（この論文の英語版も Adams (2009), Appendix に収められてい

る).

チェビシェフ，マルコフ，リヤプノフのセント・ペテルスブルグ学派によって確率論は厳密な数理科学の水準に高められた．しかしこのセント・ペテルスブルグ学派の確率論への貢献の意義が西側世界に正当に評価されたのは，ようやく1920年代あるいは30年代に入ってからに過ぎない．セント・ペテルスブルグ学派以前も含めて，ロシアにおける確率論の発展についてはMaistrov (1974) がくわしい.

5.11　リンドベルグのCLT

1901年のリヤプノフのCLTに対する改善は約20年後，ロシアの学派によってではなく，ヘルシンキ大学のリンドベルグ (Lindeberg, Jarl Waldemar, 1876-1932) によって成し遂げられた.

リンドベルグはフィンランドの数学者であり，統計学者である．父はヘルシンキ科学技術専門学校の教師であった．1897年パリへ留学し，偏微分方程式を研究した．1902年ヘルシンキ大学講師，3年後に数学助手，1919年には教授になり，フィンランド科学アカデミーのメンバーに選出された．1904年から1915年頃まで変分法に取り組み，1918年頃短い期間であったが関数論にも関心を抱いた.

一時期，保険会社の仕事を引き受けたことから確率論に興味をもつようになり，1916年以降確率論を講義した．晩年は（といっても56歳の短い生涯であったが）確率および統計学の分野へと進んだ.

リンドベルグの確率および統計学におけるもっとも大きな貢献は，1920年および1922年の論文に発表されたCLTの新しい証明である.

CLTの厳密な証明は，1901年リヤプノフによって特性関数を用いて示されていた．1920年の論文執筆時にリンドベルグはこのリヤプノフの論文には気がついていなかった．リンドベルグは自分の机で一人，先行者の研究業績を参考にするよりは自ら思考することによって研究する一匹狼であったかのようにみえる．実際，リンドベルグは他人の著作を研究することは面倒だったらしい，と Elfving (2001) はリンドベルグの一面を紹介している.

1920年の論文によるCLTの証明は，特性関数による方法ではなく，次のような内容である．

$X_1, \cdots, X_n$ は独立で

$$E(X_i)=0, \quad \mathrm{var}(X_i)=\sigma_i^2, \quad E|X_i|^3=\gamma_i<\infty, \quad i=1, \cdots, n$$

と仮定し

$$S_n=\sum_{i=1}^{n} X_i, \quad B_n^2=\sum_{i=1}^{n} \sigma_i^2, \quad \Gamma_n=\sum_{i=1}^{n} \gamma_i$$

とする．すべての X_i とは独立な $Y_i \sim \mathrm{NID}(0, \sigma_i^2), i=1, \cdots, n$ は X_i と同じ期待値と分散をもつ正規変数である．$S_n=X_1+\cdots+X_n$ における X_j を一度に1個ずつ Y_j に逐次おきかえていくと，$n \to \infty$ のとき

$$\frac{\Gamma_n}{B_n^3} \longrightarrow 0 \text{ ならば } \frac{S_n}{B_n} \text{ の分布は } \Phi \text{ に収束する}$$

という証明である（証明は Chung (2001), pp. 210～214 に示されている）．

リヤプノフによるCLTの証明を知った後，リンドベルグは1920年の論文を改善し，発展させた．リンドベルグの条件として知られている2.1.2項で説明したリンドベルグのCLTである．1922年のこのCLTの証明は「完全で根源的な証明であった」(Le Cam (1986))．

CLTの「完全な証明」以外に，1925年リンドベルグはK. ピアソンの相関係数は自然のいかなる疑問に対しても答えることができないと批判し，“相関のパーセント”（後にケンドールの τ として知られる）という概念を提唱した．

リンドベルグは線形多変量解析にも関心を抱き，2篇の論文を発表している．小標本理論におけるリンドベルグの業績にも注目すべきであり，イギリス学派は気がついていないが，リンドベルグは“スチューデントの t 分布”も導いていると Elfving (2001) は指摘している．

5.12 レヴィのCLT，無限分解可能な分布

CLTの証明，無限分解可能な分布，特性関数，確率過程の研究などによって確率論に偉大な業績を残したのはレヴィ (Lévy, Paul Pierre, 1886-1971) である．

レヴィは1886年パリで生まれた．父および祖父は数学者である．リセ

Louis le Grand およびリセ Saint-Louis Paris で学び 1904 年から 1906 年までパリ理工科学校で学んだ．理工科学校にはアンリ・ポアンカレ教授がいた．

1 年間の兵役終了後レヴィは鉱山学校 École de Mines に 3 年間在籍し，1913 年にエティアン鉱山学校教授，1920 年にはパリ理工科学校教授に任命され，1959 年に退職した．教え子にフラクタルで有名なマンデルブロー（Mandelbrot, Benoit, B., 1924-2010）がいる．

コレージュ・ド・フランスで受講したアダマールの影響を受け，レヴィの研究のスタートは関数解析であり，『関数解析講義』(1922) の著書がある．その後関心は確率論に移り，1925 年には『確率計算』を著している．クラメール（Cramér, Harald, 1893-1985）は 1976 年，*The Annals of Probability* の special invited paper, ‘Half a century with probability theory : some personal recollections’ において，この書を次のように高く評価している．

「数理確率論の発展において，本書は重要な業績であると直ちに私は認識した．本書は数学的に厳密な方法を用いて，確率論を一貫した体系として示そうとする最初の試みであることは明らかであると思った，この書によって初めて確率変数とその確率分布，特性関数の理論が体系的に提示された．私自身これらの概念を数年間用いてきたが，レヴィの説明は私にとって新鮮な刺激であった．彼はまた本書で非常に興味深い気体分子運動論に関する章のみならず，中心極限定理と安定分布の議論も展開している．」

(Cramér (1976))．

レヴィの確率論における貢献は顕著である．主要な業績を列挙しよう．

(1) CLT の証明

2.1.1 項でリンドベルグ-レヴィの CLT として，mgf を用いて証明したが，レヴィは特性関数を用いている．以下のような証明である．

$X_i \sim \mathrm{iid}(0,1)$，$i=1,\cdots,n$ の特性関数 $\phi(t)$ を $t=0$ のまわりでテイラー展開し次式を得る．

$$\phi(t)=\phi(0)+\phi'(0)t+\frac{1}{2}\phi''(0)t^2(1+\varepsilon(t))$$

ここで

$$\lim_{t\to 0}\varepsilon(t)=0$$

である．

$$\psi(t)=E(e^{itX})$$

であるから

$$\psi'(t)=E(iXe^{itX}), \qquad \psi''(t)=E\{(iX)^2e^{itX}\}$$

となり

$$\psi(0)=1, \qquad \psi'(0)=0, \qquad \psi''(0)=-1$$

を得る．したがって X の cf は

$$\psi(t)=1-\frac{t^2}{2}(1+\varepsilon(t))$$

となる．

$$S_n=X_1+\cdots+X_n$$

とすると

$$E(S_n)=0$$

$$B_n{}^2=\mathrm{var}(S_n)=\sum_{i=1}^{n}\mathrm{var}(X_i)=n$$

であるから，S_n を規準化すると

$$Z_n=\frac{S_n-E(S_n)}{B_n}=\frac{S_n}{\sqrt{n}}$$

となる．したがって Z_n の cf は次式になる．

$$\psi_{Z_n}(t)=\left[\psi\left(\frac{t}{\sqrt{n}}\right)\right]^n$$

$$=\left[1-\frac{t^2}{2n}\left(1+\varepsilon\left(\frac{t}{\sqrt{n}}\right)\right)\right]^n$$

そして

$$\lim_{n\to\infty}a_n=a$$

のとき

$$\lim_{n\to\infty}\left(1-\frac{a_n}{n}\right)^n=e^{-a}$$

を用いると，t を固定して $n\to\infty$ のとき

$$\lim_{n\to\infty}\psi_{Z_n}(t)=\lim_{n\to\infty}\left[1-\frac{t^2}{2n}\left(1+\varepsilon\left(\frac{t}{\sqrt{n}}\right)\right)\right]^n$$

において，$n\to\infty$ のとき

$$a_n=\frac{t^2}{2}\left(1+\varepsilon\left(\frac{t}{\sqrt{n}}\right)\right)\longrightarrow\frac{t^2}{2}$$

であるから

$$\lim \phi_{Z_n}(t) = e^{-\frac{t^2}{2}}$$

となり

$$Z_n = \frac{S_n}{\sqrt{n}} \xrightarrow{d} N(0,1)$$

が得られる.

(2)　レヴィ-クラメールの定理

X_1, X_2 は独立な確率変数のとき，X_1+X_2 が正規分布すれば，X_1, X_2 もそれぞれ正規分布する.

X_1, X_2 の cf をそれぞれ $\phi_1(t)$, $\phi_2(t)$ とし，X_1+X_2 の cf を $\phi(t)$ とすれば，X_1 と X_2 は独立であるから

$$\phi(t) = \phi_1(t)\,\phi_2(t)$$

の関係がある.

$X_1+X_2 \sim N(\mu, \sigma^2)$ とすると

$$\phi(t) = \exp\left(\mu t - \frac{\sigma^2}{2}t^2\right)$$

である.

$$\mu = w\mu + (1-w)\mu, \qquad 0 \leq w \leq 1$$
$$\sigma^2 = v\sigma^2 + (1-v)\sigma^2, \qquad 0 < v < 1$$

と表すと

$$\phi(t) = \exp\left(w\mu t - \frac{v\sigma^2}{2}t^2\right)\exp\left[(1-w)\mu t - \frac{(1-v)\sigma^2}{2}t^2\right]$$

と分解できるから

$$X_1 \sim N\left(w\mu,\ \frac{v\sigma^2}{2}\right)$$
$$X_2 \sim N\left((1-w)\mu,\ \frac{(1-v)\sigma^2}{2}\right)$$

が得られる.

(3)　特性関数の研究

(i)　レヴィの反転公式

確率変数 X の cdf を $F(x)$, cf を $\phi(t)$ とすると，x_1, x_2 が $F(x)$ の連続点ならば次式が成立する.

$$F(x_2)-F(x_1)=\frac{1}{2\pi}\lim_{c\to\infty}\int_{-c}^{c}\frac{e^{-itx_1}-e^{-itx_2}}{it}\psi(t)\,dt$$

この反転公式より次の一意性の定理が得られる．

確率変数の分布関数はその特性関数によって一意的に決まる．

（グネジェンコ（1969），訳書II pp. 278～281，Gnedenko and Kolmogorov (1954), pp. 48～52）．

（ii）レヴィの連続定理

分布関数列

$$F_1(x), F_2(x), \cdots, F_n(x), \cdots$$

がある分布関数 $F(x)$ へ分布収束すれば，対応する特性関数

$$\psi_1(t), \psi_2(t), \cdots, \psi_n(t), \cdots$$

は $F(x)$ に対応する特性関数 $\psi(t)$ へ収束し，この収束は t の任意の有限区間において一様である．

逆に，特性関数列

$$\psi_1(t), \psi_2(t), \cdots, \psi_n(t), \cdots$$

がある連続関数 $\psi(t)$ へ収束するならば，対応する分布関数列

$$F_1(x), F_2(x), \cdots, F_n(x), \cdots$$

はある分布関数 $F(x)$ へ分布収束する．

この連続定理より

$$\psi(t)=\int e^{itx}dF(x)$$

が得られる．（グネジェンコ（1969），訳書II pp. 290～293，Gnedenko and Kolmogorov (1954), pp. 52～55）．

(iii) レヴィ-ヒンチンの公式

3.9.1項で無限分解可能な分布を説明し，(3.72)式にその特性関数を示した．この（3.72)式はcfが無限分解可能な分布であることの必要十分条件であり，(3.72)式はレヴィ-ヒンチンの公式 Lévy-Khintchine formula とよばれている．必要十分条件の証明はGnedenko-Kolmogorov (1954), pp. 30～33に示されている．

無限分解可能な分布は1929年フィネッティ（Finetti, Bruno de, 1906-1985）によって導入され，1930年代レヴィ，コルモゴロフ（Kolmogorov, Andrei

Nikolaevich, 1903-1987)，ヒンチン (Khintchine, Aleksandr Yakovlevich, 1894-1959) によって発展した．1936 年ヒンチンとレヴィは論文「安定法則に関して」で，安定分布 stable distribution は無限分解可能な分布であり，安定分布の特性関数が次の形で表すことができるとき，そのときに限り，分布関数は安定であることを示した．

$$
\log\psi(t)=\begin{cases} i\delta t-c^{\alpha}|t|^{\alpha}\left[1-i\beta\left(\dfrac{t}{|t|}\right)\tan\left(\dfrac{\pi\alpha}{2}\right)\right] \\ \qquad 0<\alpha\leq 2, \quad \alpha\neq 1 \\ i\delta t-c|t|\left[1+i\beta\left(\dfrac{t}{|t|}\right)\dfrac{2}{\pi}\log|t|\right] \\ \qquad \alpha=1 \end{cases}
$$

α=形状パラメータ．$1<\alpha\leq 2$ のときのみ期待値が存在．

β=歪度の指標．$|\beta|\leq 1$

$\beta=0$ ならば対称

$\beta>0$ ならば右に歪み

$\beta<0$ ならば左に歪み

δ=位置パラメータ

c=尺度パラメータ．$c>0$.

正規分布 ($\alpha=2$ のとき $\tan\pi=0$ であるから，β の値に関係なく期待値 δ, 分散 $2c^2$ の正規分布)，コーシー分布 ($\alpha=1$, $\beta=0$, このときパラメータ δ, c のコーシー分布)，$\alpha=1/2$, $\beta=1$, $\delta=0$, $c=1$ のときレヴィ分布

$$
\frac{1}{\sqrt{2\pi}}\exp\left(-\frac{1}{2x}\right)x^{-\frac{3}{2}}
$$

を与える．

cf が上記のように表されることが分布が安定であるための必要十分条件であることの証明は Gnedenko and Kolmogorov (1954), pp. 164～171 に示されている．(安定分布についてくわしくは蓑谷 (2010) を参照されたい)．

その他，3.1.5 項で説明したマルチンゲール差の CLT も 1934 年にレヴィが示し，ブラウン運動についてもウィーナー-レヴィ過程として知られている研究がある．

3.1.2 項で説明したリンドベルグの条件は必要条件でもあることは 1935 年フェラー (Feller, William, 1906-1970) が証明した，と述べたがこの件に関し

てはフェラーとレヴィの間で優先権の問題がありLe Cam（1986）が詳細にこの問題を取り上げている．

以上，ド・モアブルによる正規分布の発見，ガウスによる誤差分布としての正規分布の“再発見”，ラプラスによる数学的精緻化，誤差分布の経験的事実による検証，社会現象や心理学への正規分布の応用，CLTの歴史的展開をみてきた．正規分布，CLTを含めて確率論および統計学の歴史をあつかった書は多い．引用した書も含めて，順不同であるが以下，代表的な書を挙げておこう．

トドハンター『確率論史—パスカルからラプラスまでの数学史一断面—』は1865年に刊行された浩瀚な書であるが，カルダン，ケプラー，ガリレオから始まり，パスカルとフェルマー，ド・モアブル等々，ラプラスまでの確率論史であり，安藤洋美訳で改訂版が2002年現代数学社から出版されている．

ディヴィッド・安藤洋美訳『確率論の歴史—遊びから科学へ—』（海鳴社，1975）は専門的な確率の知識がなくても読むことができる．ある程度確率，統計学の知識があることが望ましいが，安藤洋美『確率論の生い立ち』（現代数学社，1992），安藤洋美『最小二乗法の歴史』（現代数学社，1995）も有益である．

統計学の歴史に関して，ジャック・ベルヌーイ，モンモール，ド・モアブルから1928年までは，Walkerの*Studies in the History of Statistical Method* (the Williams & Wilkins, 1929) がある．1750年より前の確率および統計学の歴史はHald, *A History of Probability and Statistics and Their Applications before* 1750 (John Wiley & Sons, 1990)，1750年から1930年までの数理統計学の歴史はやはりHaldの*A History of Mathematical Statistics* (John Wiley & Sons, 1998) があり，800ページ近くの大著であるが，研究者の伝記とともに統計理論も解説されている．Haldにはパラメトリック推測の歴史をあつかった*A History of Parametric Statistical Inference from Bernoulli to Fisher, 1713-1935* (Springer, 2007) もある．

Stigler, *The History of Statistics—the Measurement of Uncertainty before 1900*—(The Belknap Press of Harvard University, 1986) は2部に分かれ，第1部はThe Development of Mathematical Statistics in Astronomy and

Geodesy before 1827, 第 2 部は The Struggle to Extend a Calculus of Probability to Social Sciences である．第 2 部は類書ではあつかわれていない社会科学への確率論の応用と苦闘が示され，ケトレー，ゴルトン，エッジワース，ユールも登場する．

同じ Stigler の *Statistics on the Table—The History of Statistical Concepts and Methods*—(Harvard University Press, 1999) も統計学と社会科学，ゴルトン，K. ピアソン，最尤推定量，ガウスと最小 2 乗法，誰がベイズの定理を発見したかなど統計的概念と方法の歴史書である．

イギリスの 19 世紀末から 1930 年にかけてゴルトン，K. ピアソンを中心とする生物統計学派，R. A. フィッシャーによる数理統計学の発達は統計学史においてきわめて重要な時期である．Mackengie, *Statistics in Britain 1865-1930—The Social Constraction of Scientific Knowledge*—(Edinburgh University Press, 1981) はまさにこの時期をあつかっている．

Chatterjee の *Statistical Thought: A Perspective and History* (Oxford University Press, 2003) は科学的方法論，科学哲学も問題にしており，いわゆる歴史書ではない．第 1 部 Perspective では統計的思考の哲学的背景，統計的帰納法，確率とはなどを問題にしており，第 2 部が History であるが，第 1 部での問題を歴史的に追究している．

セント・ペテルスブルグ学派も含めてロシアにおける確率論の歴史は Maistrov, *Probability Theory—A Historical Sketch*—(Academic Press, 1974) がくわしい．1967 年刊のロシアの原著を Samuel Kotz が英語に翻訳した書である．

CLT に限定すると，Adams, *The Life and Times of the Central Limit Theorem*, 2nd ed. (AMS, 2009) があり，この第 2 版には，Feller (1945) の論文 The Fundamental Limit Theorems in Probability, Le Cam (1986) の論文 The Central Limit Theorem Around 1935 が収められ，Appendix に Lyapunov の 4 篇の CLT に関する論文も収められている．

16 世紀から 20 世紀の統計学者の伝記は Heyde and Seneta (eds.) の *Statisticians of the Centuries* (Springer-Verlag, 2001) が 100 名をあつかっている．

刊行年は少し古いが，E. S. Pearson 編集による K. Pearson の 1921 年から 1933 年までの University College London での講義を収めた *The History of*

Statistics in the 17th & 18th Centuries—against the changing background of intellectual, scientific and religious thought—という興味ある副題の付いた書が1978年Charles Griffin & Company Limitedより出版されている．

E. S. PearsonとKendallが編集した主にイギリス統計学派の論文集*Studies in the History of Statistics and Probability*のVolume Iが1970年，Volume IIが1977年にCharles Griffin & Company Limitedから出版されている．I，II巻とも500ページ近くの論文集である．

人口統計，経済学，気象学，生物学あるいは物理学において，時系列データの統計分析は古くから行われてきた．時系列分析においては自己相関，移動平均，長期トレンド，循環変動，季節変動，定常性，ブラウン運動，確率過程，見せかけの相関等々きわめて多くの問題が現れる．1662年から1938年まで約280年間の時系列の歴史をあつかっている書に，Kleinの*Statistical Visions in Time* (Cambridge University Press, 1997) がある．

6
2 変量正規分布

本章は 2 変量正規分布とその特性をあつかう．2 変量を多変量へと一般化することは簡単であるが，2 変量で説明すべきことは多いので 2 変量のみ 1 つの章として独立させ，多変量は 11 章で説明する．

6.1　2 変量正規分布の同時確率密度関数

2 変量 (X_1, X_2) の同時確率密度関数 joint probability density function は次式で与えられる．

$$f(x_1, x_2)=\frac{1}{2\pi\sigma_1\sigma_2\sqrt{1-\rho^2}}e^{-\frac{1}{2}Q} \tag{6.1}$$

ここで

$$Q=\frac{1}{1-\rho^2}\left[\left(\frac{x_1-\mu_1}{\sigma_1}\right)^2-2\rho\left(\frac{x_1-\mu_1}{\sigma_1}\right)\left(\frac{x_2-\mu_2}{\sigma_2}\right)+\left(\frac{x_2-\mu_2}{\sigma_2}\right)^2\right]$$

$$\rho=\frac{\sigma_{12}}{\sigma_1\sigma_2}\ \text{は母相関係数,}\qquad -\infty<x_1, x_2<\infty$$

$$-\infty<\mu_1, \mu_2<\infty,\qquad \sigma_1>0,\qquad \sigma_2>0,\qquad -1\leq\rho\leq 1$$

まず

$$\int_{-\infty}^{\infty}\int_{-\infty}^{\infty}f(x_1, x_2)\,dx_1dx_2=1 \tag{6.2}$$

を示そう．$f(x_1, x_2)>0$ である．

$$z_1=\frac{x_1-\mu_1}{\sigma_1},\qquad z_2=\frac{x_2-\mu_2}{\sigma_2}$$

とおくと，ヤコービアンは

$$|\mathrm{J}|=\begin{vmatrix}\dfrac{\partial x_1}{\partial z_1} & \dfrac{\partial x_1}{\partial z_2}\\[2mm] \dfrac{\partial x_2}{\partial z_1} & \dfrac{\partial x_2}{\partial z_2}\end{vmatrix}=\begin{vmatrix}\sigma_1 & 0\\ 0 & \sigma_2\end{vmatrix}=\sigma_1\sigma_2$$

であるから

$$\int_{-\infty}^{\infty}\int_{-\infty}^{\infty} f(x_1, x_2)\,dx_1dx_2=\int_{-\infty}^{\infty}\int_{-\infty}^{\infty}\frac{1}{2\pi\sqrt{1-\rho^2}}e^{-\frac{1}{2}Q}dz_1dz_2$$

ここで

$$Q=\frac{1}{1-\rho^2}(z_1{}^2-2\rho z_1z_2+z_2{}^2)$$

である．

$$Q=\frac{1}{1-\rho^2}\{(z_1-\rho z_2)^2+(1-\rho^2)z_2{}^2\}$$

と表し

$$w=\frac{z_1-\rho z_2}{\sqrt{1-\rho^2}}$$

とおくと，$dz_1/dw=\sqrt{1-\rho^2}$ であるから

$$\int_{-\infty}^{\infty}\int_{-\infty}^{\infty}\frac{1}{2\pi\sqrt{1-\rho^2}}e^{-\frac{1}{2}Q}dz_1dz_2$$

$$=\int_{-\infty}^{\infty}\frac{1}{\sqrt{2\pi}}e^{-\frac{w^2}{2}}dw\int_{-\infty}^{\infty}\frac{1}{\sqrt{2\pi}}e^{-\frac{z_2{}^2}{2}}dz_2$$

となり，上式の各積分は1であるから（6.2）式が成立する．

6.2 等　高　線

$f(x_1, x_2)$＝一定の等高線は，Q＝一定のときである．c を定数とすると

$$Q=\frac{1}{1-\rho^2}(z_1{}^2-2\rho z_1z_2+z_2{}^2)=c$$

が $f(x_1, x_2)$＝一定の等高線となる．$\rho=0$ のとき（0,0）を中心とする円，$\rho>0$ のとき楕円の長軸は45°線に沿って長さが $2\sqrt{c(1+\rho)}$，短軸は長さ $2\sqrt{c(1-\rho)}$ である．$\rho<0$ のとき長軸は135°線に沿って，長さ $2\sqrt{c(1-\rho)}$，短軸は長さ $2\sqrt{c(1+\rho)}$ の楕円である．

図 6.1 は $\mu_1=\mu_2=0$，$\sigma_1=\sigma_2=1$，$\rho=0$ の $f(x_1, x_2)$，**図 6.2** はこの $f(x_1, x_2)$＝一定の等高線，**図 6.3** は $\mu_1=\mu_2=0$，$\sigma_1=\sigma_2=1$，$\rho=0.9$ の $f(x_1, x_2)$，**図 6.4** はこの $f(x_1, x_2)$＝一定の等高線，**図 6.5** は $\mu_1=\mu_2=0$，$\sigma_1=\sigma_2=1$，$\rho=-0.9$ の $f(x_1, x_2)$，**図 6.6** はこの $f(x_1, x_2)$＝一定の等高線である．

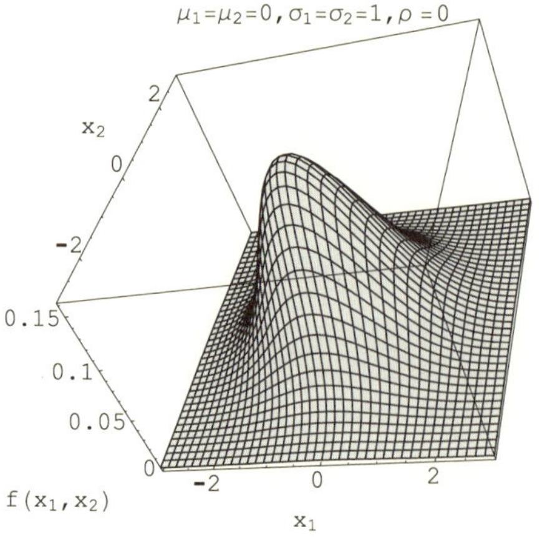

図 6.1　(X_1, X_2)の同時確率密度関数

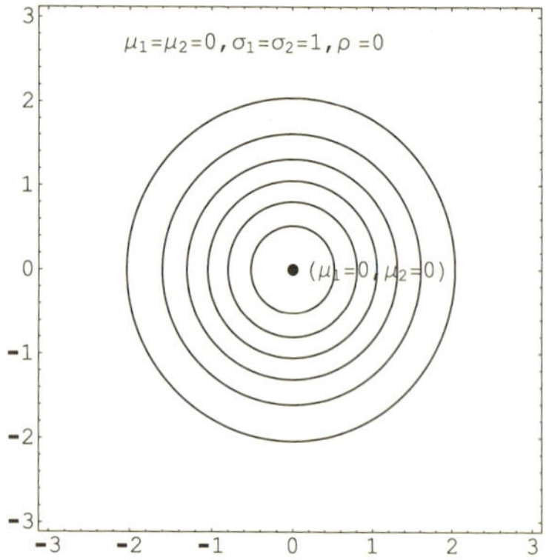

図 6.2　$f(x_1, x_2)=$一定の等高線

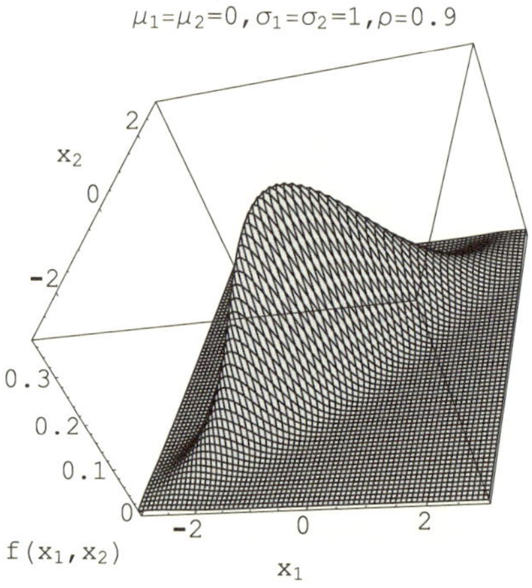

図 6.3　(X_1, X_2)の同時確率密度関数

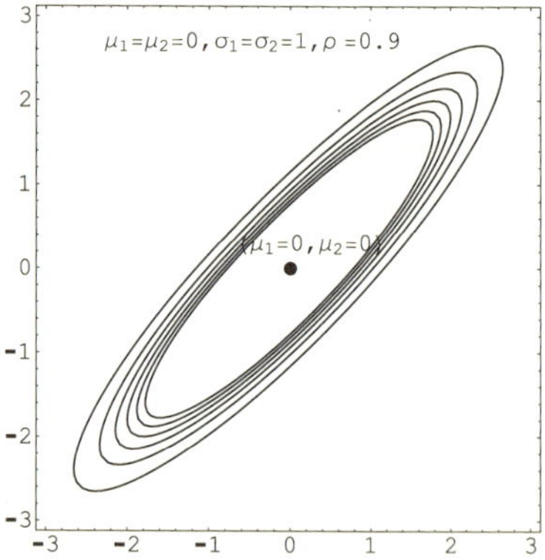

図 6.4　$f(x_1, x_2)=$一定の等高線

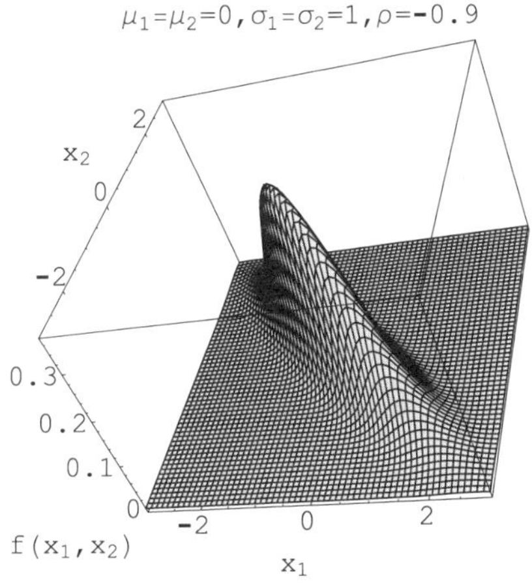

図 6.5 (X_1, X_2)の同時確率密度関数

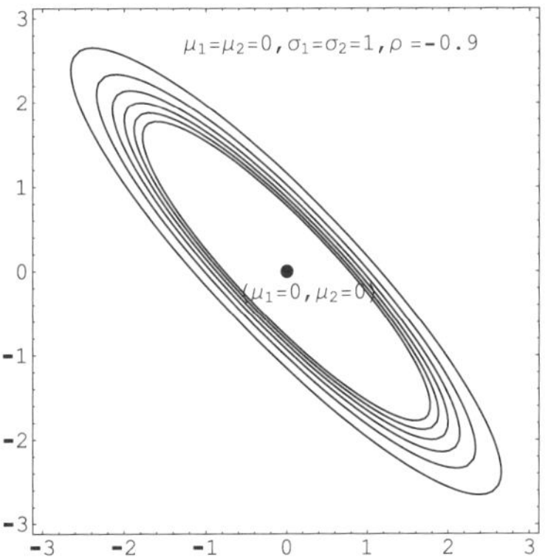

図 6.6 $f(x_1, x_2)$＝一定の等高線

6.3 同時積率母関数 mgf とモーメント

(X_1, X_2) の同時 mgf の定義は

$$\begin{aligned} M(t_1, t_2) &= E[\exp(t_1X_1+t_2X_2)] \\ &= \int_{-\infty}^{\infty}\int_{-\infty}^{\infty}\exp(t_1x_1+t_2x_2)f(x_1, x_2)\,dx_1dx_2 \end{aligned} \quad (6.3)$$

であり，2変量正規分布のとき次式で与えられる．

$$M(t_1, t_2)=\exp\left[t_1\mu_1+t_2\mu_2+\frac{1}{2}(t_1^2\sigma_1^2+2\rho t_1t_2\sigma_1\sigma_2+t_2^2\sigma_2^2)\right] \quad (6.4)$$

以下証明を示す．

再び

$$z_1=\frac{x_1-\mu_1}{\sigma_1}, \qquad z_2=\frac{x_2-\mu_2}{\sigma_2}$$

とおくと

$$t_1x_1+t_2x_2=t_1\mu_1+t_2\mu_2+t_1\sigma_1z_1+t_2\sigma_2z_2$$

であるから，(6.3) 式は次式のように表すことができる．

$$M(t_1, t_2)=\exp(t_1\mu_1+t_2\mu_2)\int_{-\infty}^{\infty}\int_{-\infty}^{\infty}\exp(t_1\sigma_1 z_1+t_2\sigma_2 z_2)\frac{1}{2\pi\sqrt{1-\rho^2}}e^{-\frac{1}{2}Q}dz_1dz_2$$

$$Q=\frac{1}{1-\rho^2}(z_1{}^2-2\rho z_1z_2+z_2{}^2).$$

上式の

$$\exp(t_1\sigma_1z_1+t_2\sigma_2z_2)e^{-\frac{1}{2}Q}$$

$$=-\frac{1}{2(1-\rho^2)}\{z_1{}^2-2\rho z_1z_2+z_2{}^2-2(1-\rho^2)t_1\sigma_1z_1-2(1-\rho^2)t_2\sigma_2z_2\}$$

$$=-\frac{1}{2(1-\rho^2)}\{[z_1-\rho z_2-(1-\rho^2)t_1\sigma_1]^2+(1-\rho^2)(z_2-\rho t_1\sigma_1-t_2\sigma_2)^2$$

$$-(1-\rho^2)(t_1{}^2\sigma_1{}^2+2\rho t_1t_2\sigma_1\sigma_2+t_2{}^2\sigma_2{}^2)\}$$

と表し

$$u=\frac{z_1-\rho z_2-(1-\rho^2)t_1\sigma_1}{\sqrt{1-\rho^2}},\qquad v=z_2-\rho t_1\sigma_1-t_2\sigma_2$$

とおくと

$$\int_{-\infty}^{\infty}\int_{-\infty}^{\infty}\exp(t_1\sigma_1z_1+t_2\sigma_2z_2)\frac{1}{2\pi\sqrt{1-\rho^2}}e^{-\frac{1}{2}Q}dz_1dz_2$$

$$=\exp\left[\frac{1}{2}(t_1\sigma_1{}^2+2\rho t_1t_2\sigma_1\sigma_2+t_2\sigma_2{}^2)\right]$$

$$\times\int_{-\infty}^{\infty}\frac{1}{\sqrt{2\pi}}e^{-\frac{u^2}{2}}du\int_{-\infty}^{\infty}\frac{1}{\sqrt{2\pi}}e^{-\frac{v^2}{2}}dv$$

$$=\exp\left[\frac{1}{2}(t_1\sigma_1{}^2+2\rho t_1t_2\sigma_1\sigma_2+t_2\sigma_2{}^2)\right]$$

となるから，同時 mgf (6.4) 式が得られる

$$\mu'_{rs}=E(X_1{}^rX_2{}^s)$$

と表すと

$$\mu'_{10}=E(X_1)=\left.\frac{\partial M(t_1, t_2)}{\partial t_1}\right|_{t_1=t_2=0}=\mu_1$$

$$\mu'_{01}=E(X_2)=\left.\frac{\partial M(t_1, t_2)}{\partial t_2}\right|_{t_1=t_2=0}=\mu_2$$

$$\mu'_{11}=E(X_1X_2)=\left.\frac{\partial^2 M(t_1, t_2)}{\partial t_1\partial t_2}\right|_{t_1=t_2=0}=\mu_1\mu_2+\rho\sigma_1\sigma_2$$

$$\mu'_{20}=E(X_1{}^2)=\left.\frac{\partial^2 M(t_1, t_2)}{\partial t_1{}^2}\right|_{t_1=t_2=0}=\mu_1{}^2+\sigma_1{}^2$$

$$\mu'_{02}=E(X_2{}^2)=\left.\frac{\partial^2 M(t_1, t_2)}{\partial t_2{}^2}\right|_{t_1=t_2=0}=\mu_2{}^2+\sigma_2{}^2$$

が得られるから

$$\mathrm{var}(X_1)=E(X_1^2)-[E(X_1)]^2=\sigma_1^2$$
$$\mathrm{var}(X_2)=E(X_2^2)-[E(X_2)]^2=\sigma_2^2$$
$$\mathrm{cov}(X_1, X_2)=E(X_1X_2)-E(X_1)E(X_2)=\rho\sigma_1\sigma_2$$

したがって

$$\rho=\frac{\mathrm{cov}(X_1, X_2)}{\sigma_1\sigma_2}$$

となる．一般に

$$\mu'_{rs}=\left.\frac{\partial^{r+s}M(t_1, t_2)}{\partial t_1{}^r\partial t_2{}^s}\right|_{t_1=t_2=0}$$

によって求めることができる．

$$Y_1=X_1-\mu_1, \qquad Y_2=X_2-\mu_2$$

とおくと，(Y_1, Y_2) の同時 mgf は

$$M_{Y_1,Y_2}(t_1, t_2)=\exp(-\mu_1t_1-\mu_2t_2)M(t_1, t_2)$$

によって得られるから

$$M_{Y_1,Y_2}(t_1, t_2)=\exp\left[\frac{1}{2}(t_1\sigma_1{}^2+2\rho t_1t_2\sigma_1\sigma_2+t_2\sigma_2{}^2)\right] \tag{6.5}$$

となる．

$$\mu_{rs}=E\{(X_1-\mu_1)^r(X_2-\mu_2)^s\}=E(Y_1{}^rY_2{}^s)$$

は

$$\left.\frac{\partial^{r+s}M_{Y_1,Y_2}(t_1, t_2)}{\partial t_1{}^r\partial t_2{}^s}\right|_{t_1=t_2=0}$$

によって求めることができる．

$$\mu_{20}=E(X_1-\mu_1)^2=\mathrm{var}(X_1)=\sigma_1{}^2$$
$$\mu_{11}=E(X_1-\mu_1)(X_2-\mu_2)=\mathrm{cov}(X_1, X_2)=\rho\sigma_1\sigma_2$$
$$\mu_{02}=E(X_2-\mu_2)^2=\mathrm{var}(X_2)=\sigma_2{}^2$$
$$\mu_{30}=\mu_{21}=\mu_{12}=\mu_{03}=0$$
$$\mu_{40}=3\sigma_1{}^4, \qquad \mu_{31}=3\rho\sigma_1{}^3\sigma_2, \quad \mu_{22}=(1+2\rho^2)\sigma_1{}^2\sigma_2{}^2$$
$$\mu_{13}=3\rho\sigma_1\sigma_2{}^3, \qquad \mu_{04}=3\sigma_2{}^4$$

等々が得られる．

　規準化 (r, s) 同時モーメントを

$$\lambda_{rs}=\frac{\mu_{rs}}{\sigma_1{}^r\sigma_2{}^s}=\lambda_{sr}$$

と表すと，次の結果が得られる．

$$\lambda_{11}=\rho,\quad \lambda_{13}=3\rho,\quad \lambda_{15}=15\rho,\quad \lambda_{17}=105\rho,\quad \lambda_{19}=945\rho$$

$$\lambda_{22}=1+2\rho^2,\quad \lambda_{24}=3(1+4\rho^2),\quad \lambda_{26}=15(1+6\rho^2)$$

$$\lambda_{28}=105(1+8\rho^2),\quad \lambda_{2,10}=945(1+10\rho^2)$$

$$\lambda_{33}=3\rho(3+2\rho^2),\quad \lambda_{35}=15(3+4\rho^2)$$

$$\lambda_{44}=3(3+24\rho^2+8\rho^4)$$

一般に次の漸化式が成り立つ．

$$\lambda_{rs}=(r+s+1)\rho\lambda_{r-1,s-1}+(r-1)(s-1)(1-\rho^2)\lambda_{r-2,s-2}$$

そして $t=\min(r,s)$ とすると次式が成立する．

$$\lambda_{2r,2s}=\frac{(2r)!(2s)!}{2^{r+s}}\sum_{j=0}^{t}\frac{(2\rho)^{2j}}{(r-j)!(s-j)!(2j)!}$$

$$\lambda_{2r+1,2s+1}=\frac{(2r+1)!(2s+1)!}{2^{r+s}}\rho\sum_{j=0}^{t}\frac{(2\rho)^{2j}}{(r-j)!(s-j)!(2j+1)!}$$

$$\lambda_{2r,2s+1}=\lambda_{2r+1,2s}=0$$

(Stuart and Ord (1994), p. 120).

2変量正規分布 bivariate normal distribution に従う (X_1, X_2) の pdf (6.1) 式より，パラメータは $\mu_1, \mu_2, \sigma_1, \sigma_2, \rho$ であるから

$$(X_1, X_2)\sim \mathrm{BVN}(\mu_1, \mu_2, \sigma_1, \sigma_2, \rho)$$

と表し

$\mu_1=\mu_2=0$，$\sigma_1=\sigma_2=1$，相関係数 ρ の規準2変量正規分布に従う (Z_1, Z_2) を

$$(Z_1, Z_2)\sim \mathrm{SBVN}(\rho)$$

と表すことにする．S は standardized の頭文字である．

6.4　同時キュミュラント母関数 cgf

$$(X_1, X_2)\sim \mathrm{BVN}(\mu_1, \mu_2, \sigma_1, \sigma_2, \rho)$$

のとき，(X_1, X_2) の同時 cgf は次式で与えられる．

$$\begin{aligned}K(t_1, t_2)&=\log M(t_1, t_2)\\&=t_1\mu_1+t_2\mu_2+\frac{1}{2}(t_1\sigma_1{}^2+2\rho t_1t_2\sigma_1\sigma_2+t_2\sigma_2{}^2)\qquad(6.6)\\&=\sum_{r=0}^{\infty}\sum_{s=0}^{\infty}\kappa_{rs}t_1{}^rt_2{}^s\end{aligned}$$

したがって $r+s>2$ のとき，キュミュラント $\kappa_{rs}=0$ である，$r\neq s$，$s\neq 0$ のとき κ_{rs} は直積キュミュラント product cumulant といわれる．$\kappa_{10}=\mu_1$，$\kappa_{01}=\mu_2$ である．

6.5 同時特性関数 cf

$$(X_1, X_2) \sim \mathrm{BVN}(\mu_1, \mu_2, \sigma_1, \sigma_2, \rho)$$

のとき (X_1, X_2) の同時 cf は

$$\begin{aligned}\psi(t_1, t_2) &= M(it_1, it_2)\\ &= \exp\left[it_1\mu_1 + it_2\mu_2 + \frac{1}{2}(it_1\sigma_1{}^2 - 2\rho t_1 t_2 \sigma_1\sigma_2 + it_2\sigma_2{}^2)\right] \quad (6.7)\end{aligned}$$

となる．

6.6 同時絶対モーメント

$$(Z_1, Z_2) \sim \mathrm{SBVN}(\rho)$$

とし，(Z_1, Z_2) の (r, s) 絶対モーメントを

$$\nu_{rs} = E|Z_1{}^r Z_2{}^s| = \int_{-\infty}^{\infty}\int_{-\infty}^{\infty} |z_1|^r |z_2|^s f(z_1, z_2)\, dz_1 dz_2 \quad (6.8)$$

とする．ここで

$$f(z_1, z_2) = \frac{1}{2\pi\sqrt{1-\rho^2}} \exp\left[-\frac{1}{2(1-\rho^2)}(z_1{}^2 - 2\rho z_1 z_2 + z_2{}^2)\right]$$

である．$\nu_{rs}=\nu_{sr}$ であり，次の結果が得られる．

$$\begin{aligned}
&\nu_{10} = \sqrt{\frac{2}{\pi}},\quad \nu_{20}=1,\quad \nu_{30}=2\sqrt{\frac{2}{\pi}},\quad \nu_{40}=3\\
&\nu_{50} = 8\sqrt{\frac{2}{\pi}},\quad \nu_{60}=15\\
&\nu_{11} = \frac{2}{\pi}(\sqrt{1-\rho^2} + \rho\sin^{-1}\rho),\quad \nu_{12} = \sqrt{\frac{2}{\pi}}(1+\rho^2)\\
&\nu_{13} = \frac{2}{\pi}\{\sqrt{1-\rho^2}(2+\rho^2) + 3\rho\sin^{-1}\rho\} \quad (6.9)\\
&\nu_{14} = \sqrt{\frac{2}{\pi}}(3+6\rho^2-\rho^4)
\end{aligned}$$

$$\nu_{15}=\frac{2}{\pi}\{15\rho\sin^{-1}\rho+\sqrt{1-\rho^2}(8+9\rho^2-2\rho^4)\}$$

$$\nu_{22}=1+2\rho^2$$

$$\nu_{23}=\sqrt{\frac{2}{\pi}}2(1+3\rho^2)$$

$$\nu_{24}=3(1+4\rho^2)$$

$$\nu_{33}=\frac{2}{\pi}\{\sqrt{1-\rho^2}(4+11\rho^2)+3\rho(3+2\rho^2)\sin^{-1}\rho\}$$

一般に $r+s\leq 12$ のとき次式によって ν_{rs} を得ることができる.

$$\nu_{rs}=\left(\frac{1}{\pi}\right)2^{\frac{r+s}{2}}(1-\rho^2)^{r+s+1}$$
$$\times\sum_{k=0}^{\infty}\left\{\Gamma\left[\frac{1}{2}(r+1)+k\right]\cdot\Gamma\left[\frac{1}{2}(s+1)+k\right](2\rho)^{2k}/(2k)!\right\} \quad (6.10)$$

(Kamat (1953), Balakrishnan and Lai (2009)).

6.7 同時不完全モーメント

$$(Z_1, Z_2)\sim \mathrm{SBVN}(\rho)$$

とする.

$$\gamma_{rs}=\int_0^{\infty}\int_0^{\infty}z_1{}^r z_2{}^s f(z_1, z_2)\,dz_1 dz_2 \quad (6.11)$$

は (Z_1, Z_2) の (r, s) 不完全モーメントといわれる. $f(z_1, z_2)$ は (6.8) 式の $f(z_1, z_2)$ である. γ_{rs} に関して次の結果が得られる.

$$\gamma_{00}=\frac{1}{2\pi}\left(\frac{1}{2}\pi+\sin^{-1}\rho\right)$$

$$\gamma_{10}=\frac{1}{4}\sqrt{\frac{2}{\pi}}(1+\rho)$$

$$\gamma_{20}=\frac{1}{2\pi}\left(\frac{1}{2}\pi+\sin^{-1}\rho+\rho\sqrt{1-\rho^2}\right)$$

$$\gamma_{30}=\frac{1}{4}\sqrt{\frac{2}{\pi}}(1+\rho^2)(2-\rho)$$

$$\gamma_{40}=\frac{1}{2\pi}\left\{3\left(\frac{1}{2}\pi+\sin^{-1}\rho\right)+\sqrt{1-\rho^2}(5\rho-2\rho^3)\right\}$$

$$\gamma_{50}=\frac{1}{4}\sqrt{\frac{2}{\pi}}(1+\rho)^3(8-9\rho+3\rho^2)$$

$$\gamma_{60}=\frac{1}{2\pi}\left\{15\left(\frac{1}{2}\pi+\sin^{-1}\rho\right)+\sqrt{1-\rho^2}\,(33\rho-26\rho^3+8\rho^5)\right\}$$

$$\gamma_{11}=\frac{1}{2\pi}\left\{\rho\left(\frac{1}{2}\pi+\sin^{-1}\rho\right)+\sqrt{1-\rho^2}\right\}$$

$$\gamma_{21}=\frac{1}{4}\sqrt{\frac{2}{\pi}}(1+\rho)^2 \tag{6.12}$$

$$\gamma_{31}=\frac{1}{2\pi}\left\{3\rho\left(\frac{1}{2}\pi+\sin^{-1}\rho\right)+\sqrt{1-\rho^2}\,(2+\rho^2)\right\}$$

$$\gamma_{41}=\frac{1}{4}\sqrt{\frac{2}{\pi}}(1+\rho)^3(3-\rho)$$

$$\gamma_{51}=\frac{1}{2\pi}\left\{15\rho\left(\frac{1}{2}\pi+\sin^{-1}\rho\right)+\sqrt{1-\rho^2}\,(8+9\rho^2-2\rho^4)\right\}$$

$$\gamma_{22}=\frac{1}{2\pi}\left\{(1+2\rho^2)\left(\frac{1}{2}\pi+\sin^{-1}\rho\right)+3\rho\sqrt{1-\rho^2}\right\}$$

$$\gamma_{23}=\frac{1}{4}\sqrt{\frac{2}{\pi}}\,2(1+\rho)^3$$

$$\gamma_{24}=\frac{1}{2\pi}\left\{3(1+4\rho^2)\left(\frac{1}{2}\pi+\sin^{-1}\rho\right)+\sqrt{1-\rho^2}\,(13\rho+2\rho^3)\right\}$$

$$\gamma_{33}=\frac{1}{2\pi}\left\{3\rho(3+2\rho^2)\left(\frac{1}{2}\pi+\sin^{-1}\rho\right)+\sqrt{1-\rho^2}\,(4+11\rho^2)\right\}$$

(Kamat (1953)).

6.8　共分散，相関係数と独立

X_1 と X_2 が独立ならば $E(X_1X_2)=E(X_1)E(X_2)$ であるから

$$\mathrm{cov}(X_1, X_2)=E(X_1X_2)-E(X_1)E(X_2)=0$$

したがって相関係数

$$\rho=\frac{\mathrm{cov}(X_1, X_2)}{\sigma_1\sigma_2}=0$$

である．一般に逆は必ずしも真でない．しかし

$$(X_1, X_2)\sim\mathrm{BVN}(\mu_1, \mu_2, \sigma_1, \sigma_2, \rho)$$

のとき，共分散 0，したがって $\rho=0$ のとき，(6.1) 式は

$$f(x_1, x_2)=\frac{1}{\sqrt{2\pi}\,\sigma_1}\exp\left[-\frac{1}{2\sigma_1{}^2}(x_1-\mu_1)^2\right]\cdot\frac{1}{\sqrt{2\pi}\,\sigma_2}\exp\left[-\frac{1}{2\sigma_2{}^2}(x_2-\mu_2)^2\right]$$

と (X_1 の pdf)×(X_2 の pdf) となるから，2 変量正規分布で $\rho=0$ は独立も意

味する．すなわち2変量正規分布のとき X_1，X_2 が独立であることと共分散＝0あるいは $\rho=0$ は同値である．

6.9 正規変数の線形変換

多変量へと一般化するために行列表示をする．

$$\boldsymbol{x}=\begin{bmatrix} X_1 \\ X_2 \end{bmatrix},\quad \boldsymbol{\mu}=\begin{bmatrix} \mu_1 \\ \mu_2 \end{bmatrix},\quad \boldsymbol{\Sigma}=\begin{bmatrix} \sigma_1{}^2 & \rho\sigma_1\sigma_2 \\ \rho\sigma_1\sigma_2 & \sigma_2{}^2 \end{bmatrix}$$

と表す．$\boldsymbol{\mu}$ は期待値ベクトル

$$\boldsymbol{\Sigma}=\begin{bmatrix} \mathrm{var}(X_1) & \mathrm{cov}(X_1, X_2) \\ \mathrm{cov}(X_1, X_2) & \mathrm{var}(X_2) \end{bmatrix}=\begin{bmatrix} \sigma_1{}^2 & \rho\sigma_1\sigma_2 \\ \rho\sigma_1\sigma_2 & \sigma_2{}^2 \end{bmatrix}$$

は $\boldsymbol{x}$ の分散共分散行列である．

$$\boldsymbol{t}=\begin{pmatrix} t_1 \\ t_2 \end{pmatrix}$$

とすると，$\boldsymbol{x}$ の mgf は $E(e^{\boldsymbol{t}'\boldsymbol{x}})$ であり，(6.4) 式は

$$M(\boldsymbol{t})=\exp\left(\boldsymbol{t}'\boldsymbol{\mu}+\frac{1}{2}\boldsymbol{t}'\boldsymbol{\Sigma}\boldsymbol{t}\right) \tag{6.13}$$

と表すことができる．X_1，X_2 の線形関数を

$$\boldsymbol{y}=\boldsymbol{A}\boldsymbol{x}+\boldsymbol{b}$$

と表そう．

$$\boldsymbol{y}=\begin{bmatrix} Y_1 \\ Y_2 \end{bmatrix},\quad \boldsymbol{A}=\begin{bmatrix} a_{11} & a_{12} \\ a_{21} & a_{22} \end{bmatrix},\quad \boldsymbol{b}=\begin{bmatrix} b_1 \\ b_2 \end{bmatrix}$$

である．

$\boldsymbol{y}$ の mgf は

$$\begin{aligned} M_Y(\boldsymbol{t})&=E(e^{\boldsymbol{t}'\boldsymbol{y}})=E[\exp(\boldsymbol{t}'\boldsymbol{A}\boldsymbol{x}+\boldsymbol{t}'\boldsymbol{b})] \\ &=\exp(\boldsymbol{t}'\boldsymbol{b})E[\exp(\boldsymbol{t}'\boldsymbol{A}\boldsymbol{x})] \end{aligned}$$

であるから，$\boldsymbol{x}$ の mgf の引数 $\boldsymbol{t}'$ を $\boldsymbol{t}'\boldsymbol{A}$ と考え

$$\begin{aligned} M_Y(\boldsymbol{t})&=\exp(\boldsymbol{t}'\boldsymbol{b})\exp\left(\boldsymbol{t}'\boldsymbol{A}\boldsymbol{\mu}+\frac{1}{2}\boldsymbol{t}'\boldsymbol{A}\boldsymbol{\Sigma}\boldsymbol{A}'\boldsymbol{t}\right) \\ &=\exp\left[\boldsymbol{t}'(\boldsymbol{b}+\boldsymbol{A}\boldsymbol{\mu})+\frac{1}{2}\boldsymbol{t}'\boldsymbol{A}\boldsymbol{\Sigma}\boldsymbol{A}'\boldsymbol{t}\right] \end{aligned} \tag{6.14}$$

が得られるから，$\boldsymbol{y}$ も

期待値ベクトル $\boldsymbol{b}+\boldsymbol{A\mu}$

分散共分散行列 $\boldsymbol{A\Sigma A'}$

の2変量正規分布に従うことがわかる．

6.10 周辺分布，条件つき分布

6.10.1 周辺分布

$(X_1, X_2) \sim \mathrm{BVN}(\mu_1, \mu_2, \sigma_1, \sigma_2, \rho)$ とすると，$f(x_1, x_2)$ は (6.1) 式である．X_1，X_2 の周辺分布 marginal distribution をそれぞれ $f_1(x_1)$，$f_2(x_2)$ とすると，$f_1(x_1)$，$f_2(x_2)$ も正規分布し

$$f_1(x_1)=\int_{-\infty}^{\infty} f(x_1, x_2)\, dx_2$$

$$f_2(x_2)=\int_{-\infty}^{\infty} f(x_1, x_2)\, dx_1$$

として求めることができる．

$f_1(x_1)$ を示す．

$$z_2=\frac{x_2-\mu_2}{\sigma_2}$$

とおくと

$$Q=\frac{1}{1-\rho^2}\left[(1-\rho^2)\left(\frac{x_1-\mu_1}{\sigma_1}\right)^2+\left\{z_2-\rho\left(\frac{x_1-\mu_1}{\sigma_1}\right)\right\}^2\right]$$

と表すことができるから

$$f_1(x_1)=\int_{-\infty}^{\infty}\frac{1}{2\pi\sigma_1\sqrt{1-\rho^2}}$$
$$\times\exp\left[-\frac{1}{2}\left(\frac{x_1-\mu_1}{\sigma_1}\right)^2-\frac{1}{2(1-\rho^2)}\left\{z_2-\rho\left(\frac{x_1-\mu_1}{\sigma_1}\right)\right\}^2\right]dz_2$$

となり，上式で

$$u=\frac{z_2-\rho(x_1-\mu_1)/\sigma_1}{\sqrt{1-\rho^2}}$$

とおくと

$$f_1(x_1)=\frac{1}{\sqrt{2\pi}\,\sigma_1}\exp\left[-\frac{1}{2}\left(\frac{x_1-\mu_1}{\sigma_1}\right)^2\right]\int_{-\infty}^{\infty}\frac{1}{\sqrt{2\pi}}\exp\left(-\frac{u^2}{2}\right)du$$
$$=\frac{1}{\sqrt{2\pi}\,\sigma_1}\exp\left[-\frac{1}{2}\left(\frac{x_1-\mu_1}{\sigma_1}\right)^2\right]$$

が得られ，$X_1 \sim N(\mu_1, \sigma_1^2)$ である．

6.10.2　条件つき分布

2 変量正規分布に従う (X_1, X_2) において，$X_2=x_2$ が与えられたときの X_1 の分布を

$$f(x_1|x_2)$$

と表し，この $f(x_1|x_2)$ を $X_2=x_2$ 所与のときの X_1 の条件つき分布 conditional distribution という．関数形が異なるから正確には $f_{X_1|X_2}(x_1|x_2)$ と表示すべきであるが，簡略化して $f(x_1|x_2)$ と表すことにする．

$f(x_1|x_2)$ も正規分布し

$$E(X_1|x_2)=\mu_1+\rho\frac{\sigma_1}{\sigma_2}(x_2-\mu_2)$$

$$\mathrm{var}(X_1|x_2)=\sigma_1^2(1-\rho^2)$$

である．証明を以下に示す．

$$f(x_1|x_2)=\frac{f(x_1, x_2)}{f_2(x_2)}$$

であるから，この定義から

$$f(x_1|x_2)=\frac{1}{\sqrt{2\pi}\sigma_1\sqrt{1-\rho^2}}\exp\left[-\frac{1}{2\sigma_1^2(1-\rho^2)}\left\{x_1-\mu_1-\frac{\rho\sigma_1}{\sigma_2}(x_2-\mu_2)\right\}^2\right] \tag{6.15}$$

となる．この式は期待値 $\mu_1+(\rho\sigma_1/\sigma_2)(x_2-\mu_2)$，分散 $\sigma_1^2(1-\rho^2)$ の正規分布の pdf である．

$E(X_1|x_2)$ は所与の x_2 に対する回帰関数 regression function である．(X_1, X_2) が 2 変量正規分布のとき，回帰関数は x_2 の線形関数であることがわかる．$x_2=\mu_2$ のとき $E(X_1|x_2)=\mu_1$ であり，回帰係数$=\rho(\sigma_1/\sigma_2)$ であるから，回帰係数は ρ，σ_1 と σ_2（したがって X_1 および X_2 の単位）に依存する．$\mathrm{var}(X_1|x_2)$ は所与の x_2 とは独立であることに注目されたい．

同様にして $X_1=x_1$ 所与のとき X_2 の条件つき分布は次式になる．

$$f(x_2|x_1)=\frac{1}{\sqrt{2\pi}\sigma_2\sqrt{1-\rho^2}}\exp\left[-\frac{1}{2\sigma_2^2(1-\rho^2)}\left\{x_2-\mu_2-\rho\frac{\sigma_2}{\sigma_1}(x_1-\mu_1)\right\}^2\right] \tag{6.16}$$

$$E(X_2|x_1)=\mu_2+\rho\frac{\sigma_2}{\sigma_1}(x_1-\mu_1)$$

$$\mathrm{var}(X_2|x_1)=\sigma_2{}^2(1-\rho^2)$$

X_1 と X_2 が独立ならば $\rho=0$ であるから

$$E(X_1|x_2)=\mu_1=E(X_1)$$

$$\mathrm{var}(X_1|x_2)=\sigma_1{}^2$$

$$E(X_2|x_1)=\mu_2=E(X_2)$$

$$\mathrm{var}(X_2|x_1)=\sigma_2{}^2$$

となり，条件つき期待値は条件と関係なく，条件つき期待値，分散とも周辺分布の期待値，分散に等しい．

6.10.3 条件 $\{X_2>\alpha\}$ のもとでの期待値と分散

$$(X_1, X_2)\sim \mathrm{BVN}(\mu_1, \mu_2, \sigma_1, \sigma_2, \rho)$$

のとき

$$E(X_1|X_2>\alpha)=\mu_1+\rho\sigma_1\lambda(\alpha_z) \tag{6.17}$$

$$\mathrm{var}(X_1|X_2>\alpha)=\sigma_1{}^2\{1-\rho^2\lambda(\alpha_z)[\lambda(\alpha_z)-\alpha_z]\} \tag{6.18}$$

ここで

$$\lambda(\alpha_z)=\frac{\phi(\alpha_z)}{1-\Phi(\alpha_z)}$$

$$\alpha_z=\frac{\alpha-\mu_2}{\sigma_2}$$

証明は以下のとおりである．

$$E(X_1|X_2)=\mu_1+\rho\frac{\sigma_1}{\sigma_2}(X_2-\mu_2)$$

であるから

$$\begin{aligned}X_1&=E(X_1|X_2)+\varepsilon_1\\&=\mu_1+\rho\frac{\sigma_1}{\sigma_2}(X_2-\mu_2)+\varepsilon_1\end{aligned}$$

と表すと，ε_1 と X_2 は独立で

$$E(\varepsilon_1)=0$$

$$\mathrm{var}(\varepsilon_1)=\sigma_1{}^2(1-\rho^2)$$

である．

$$
\begin{aligned}
&E(X_1|X_2>\alpha)\\
&=E\left[\mu_1+\rho\frac{\sigma_1}{\sigma_2}(X_2-\mu_2)+\varepsilon_1|X_2>\alpha\right]\\
&=E\left[\mu_1+\rho\frac{\sigma_1}{\sigma_2}(X_2-\mu_2)|X_2>\alpha\right]+E(\varepsilon_1|X_2>\alpha)\\
&=\mu_1+\rho\sigma_1 E\left(\frac{X_2-\mu_2}{\sigma_2}\middle|\frac{X_2-\mu_2}{\sigma_2}>\frac{\alpha-\mu_2}{\sigma_2}\right)
\end{aligned}
$$

$$Z_2=\frac{X_2-\mu_2}{\sigma_2}$$

$$\alpha_z=\frac{\alpha-\mu_2}{\sigma_2}$$

とおくと，上式は

$$E(X_1|X_2>\alpha)=\mu_1+\rho\sigma_1 E(Z_2|Z_2>\alpha_z)$$

と表すことができる．指標関数を

$$I(Z_2>\alpha_z)=\begin{cases}1, & Z_2>\alpha_z \text{ のとき}\\ 0, & \text{その他}\end{cases}$$

とする．

$$E(Z_2|Z_2>\alpha_z)=\frac{P[Z_2\cdot I(Z_2>\alpha_z)]}{P(Z_2>\alpha_z)}$$

$$
\begin{aligned}
&P[Z_2\cdot I(Z_2>\alpha_z)]\\
&=\int_{\alpha_z}^{\infty} z_2\phi(z_2)\,dz_2=-\int_{\alpha_z}^{\infty}\phi'(z_2)\,dz_2=\int_{-\infty}^{-\alpha_z}\phi'(z_2)\,dz_2\\
&=\phi(-\alpha_z)=\phi(\alpha_z)\\
&P(Z_2>\alpha_z)=1-P(Z_2\leq\alpha_z)=1-\Phi(\alpha_z)
\end{aligned}
$$

であるから，これらの結果を用いて (6.17) 式

$$E(X_1|X_2>\alpha)=\mu_1+\rho\sigma_1\frac{\phi(\alpha_z)}{1-\Phi(\alpha_z)}=\mu_1+\rho\sigma_1\lambda(\alpha_z)$$

が得られる．

次に (6.18) 式を証明する．

$$\mathrm{var}(X_1|X_2>\alpha)=E(X_1^2|X_2>\alpha)-[E(X_1|X_2>\alpha)]^2$$

であるから $E(X_1^2|X_2>\alpha)$ をまず求める．

$$
\begin{aligned}
&E(X_1{}^2 \mid X_2 > \alpha) \\
&\quad = E\left\{\left[\mu_1 + \rho\frac{\sigma_1}{\sigma_2}(X_2 - \mu_2) + \varepsilon_1\right]^2 \middle| X_2 > \alpha\right\} \\
&\quad = E\left\{\left[\mu_1 + \rho\frac{\sigma_1}{\sigma_2}(X_2 - \mu_2)\right]^2 \middle| X_2 > \alpha\right\} \\
&\qquad + 2E\left\{\left[\mu_1 + \rho\frac{\sigma_1}{\sigma_2}(X_2 - \mu_2)\right]\varepsilon_1 \middle| X_2 > \alpha\right\} + E(\varepsilon_1{}^2 \mid X_2 > \alpha) \\
&\quad = \mu_1{}^2 + 2\rho\mu_1\sigma_1 E\left(\frac{X_2 - \mu_2}{\sigma_2} \middle| \frac{X_2 - \mu_2}{\sigma_2} > \frac{\alpha - \mu_2}{\sigma_2}\right) \\
&\qquad + \rho^2\sigma_1{}^2 E\left[\left(\frac{X_2 - \mu_2}{\sigma_2}\right)^2 \middle| \frac{X_2 - \mu_2}{\sigma_2} > \frac{\alpha - \mu_2}{\sigma_2}\right] \\
&\qquad + 2\mu_1 E(\varepsilon_1 \mid X_2 > \alpha) + 2\rho\frac{\sigma_1}{\sigma_2}E[(X_2 - \mu_2)\varepsilon_1 \mid X_2 > \alpha] + E(\varepsilon_1{}^2) \\
&\quad = \mu_1{}^2 + 2\rho\mu_1\sigma_1 E(Z_2 \mid Z_2 > \alpha_z) + \rho^2\sigma_1{}^2 E(Z_2{}^2 \mid Z_2 > \alpha_z) + \sigma_1{}^2(1 - \rho^2)
\end{aligned}
$$

$$
E(Z_2{}^2 \mid Z_2 > \alpha_z) = \frac{E[Z_2{}^2 \cdot I(Z_2 > \alpha_z)]}{P(Z_2 > \alpha_z)}
$$

$$
\begin{aligned}
E[Z_2{}^2 \cdot I(Z_2 > \alpha_z)] &= \int_{\alpha_z}^{\infty} z_2{}^2 \phi(z_2)\,dz_2 = \int_{\alpha_z}^{\infty} z_2 \cdot z_2\phi(z_2)\,dz_2 \\
&= -\int_{\alpha_z}^{\infty} z_2 d\phi(z_2) \\
&= -\left\{ z_2\phi(z_2)\Big|_{\alpha_z}^{\infty} - \int_{\alpha_z}^{\infty} \phi(z_2)\,dz_2 \right\} \\
&= \alpha_z\phi(\alpha_z) + [1 - \Phi(\alpha_z)]
\end{aligned}
$$

したがって

$$
E(Z_2{}^2 \mid Z_2 > \alpha_z) = 1 + \alpha_z\frac{\phi(\alpha_z)}{1 - \Phi(\alpha_z)} = 1 + \alpha_z\lambda(\alpha_z)
$$

以上の結果を用いて次式が得られる．

$$
\begin{aligned}
&E(X_1{}^2 \mid X_2 > \alpha) \\
&\quad = \mu_1{}^2 + 2\rho\mu_1\sigma_1\lambda(\alpha_z) + \rho^2\sigma_1{}^2[1 + \alpha_z\lambda(\alpha_z)] + \sigma_1{}^2(1 - \rho^2)
\end{aligned}
$$

したがって

$$
\begin{aligned}
&\mathrm{var}(X_1 \mid X_2 > \alpha) \\
&\quad = \mu_1{}^2 + 2\rho\mu_1\sigma_1\lambda(\alpha_z) + \rho^2\sigma_1{}^2[1 + \alpha_z\lambda(\alpha_z)] + \sigma_1{}^2(1 - \rho^2) \\
&\qquad - [\mu_1 + \rho\sigma_1\lambda(\alpha_z)]^2 \\
&\quad = \sigma_1{}^2\{1 - \rho^2\lambda(\alpha_z)[\lambda(\alpha_z) - \alpha_z]\}
\end{aligned}
$$

となり，(6.18) 式を得る．

6.11　3変量から2変量正規変数への変換

Z_0, Z_1, Z_2 は独立でそれぞれ $N(0,1)$ に従うものとする．任意ではあるが所与の

$$\boldsymbol{\mu}=\begin{bmatrix}\mu_1\\ \mu_2\end{bmatrix},\qquad \boldsymbol{\Sigma}=\begin{bmatrix}\sigma_1^2 & \rho\sigma_1\sigma_2\\ \rho\sigma_1\sigma_2 & \sigma_2^2\end{bmatrix},\qquad |\rho|<1$$

に対して

$$\begin{aligned}X_1&=\sigma_1(\sqrt{1-|\rho|}Z_1+\sqrt{|\rho|}Z_0)+\mu_1\\ X_2&=\sigma_2(\sqrt{1-|\rho|}Z_2+\delta\sqrt{|\rho|}Z_0)+\mu_2\end{aligned}\tag{6.19}$$

$$\delta=\begin{cases}1, & \rho\ge 0\\ -1, & \rho<0\end{cases}$$

とおくと，(X_1, X_2) は2変量正規分布

$$(X_1, X_2)\sim \mathrm{BVN}(\mu_1, \mu_2, \sigma_1, \sigma_2, \rho)$$

に従う（Tong (1990), p. 13)．

この結果を用いると (X_1, X_2) の cdf を次のように表すことができる．$\rho\ge 0$ のとき

$$\begin{aligned}F(x_1, x_2)&=P(X_1\le x_1,\ X_2\le x_2)\\ &=P\left(\frac{X_1-\mu_1}{\sigma_1}\le\frac{x_1-\mu_1}{\sigma_1},\ \frac{X_2-\mu_2}{\sigma_2}\le\frac{x_2-\mu_2}{\sigma_2}\right)\\ &=P(\sqrt{1-\rho}Z_1\le-\sqrt{\rho}Z_0+a_1,\ \sqrt{1-\rho}Z_2\le-\sqrt{\rho}Z_0+a_2)\\ &=P\left(Z_1\le\frac{-\sqrt{\rho}Z_0+a_1}{\sqrt{1-\rho}},\ Z_2\le\frac{-\sqrt{\rho}Z_0+a_2}{\sqrt{1-\rho}}\right)\end{aligned}$$

と表すことができる．ここで $a_i=(x_i-\mu_i)/\sigma_i$, $i=1, 2$ である．

$Z_0=z$ 所与のとき Z_1, Z_2 は独立に $N(0,1)$ に従う．したがって，まず $Z_0=z$ 所与という条件のもとで条件つき確率を求め，次に無条件のもとで $\phi(-z)=\phi(z)$ に注意すれば

$$F(x_1, x_2)=\int_{-\infty}^{\infty}\Phi\left(\frac{\sqrt{\rho}z+a_1}{\sqrt{1-\rho}}\right)\Phi\left(\frac{\sqrt{\rho}z+a_2}{\sqrt{1-\rho}}\right)\phi(z)\,dz$$

を得る．同様にして $\rho<0$ のとき

$$F(x_1, x_2)=P\left(Z_1\leq\frac{-\sqrt{|\rho|}Z_0+a_1}{\sqrt{1-|\rho|}},\ Z_2\leq\frac{\sqrt{|\rho|}Z_0+a_2}{\sqrt{1-|\rho|}}\right)$$
$$=\int_{-\infty}^{\infty}\Phi\left(\frac{\sqrt{|\rho|}z+a_1}{\sqrt{1-|\rho|}}\right)\Phi\left(\frac{-\sqrt{|\rho|}z+a_2}{\sqrt{1-|\rho|}}\right)\phi(z)\,dz$$

となるから，結局

$$F(x_1, x_2)=\int_{-\infty}^{\infty}\Phi\left(\frac{\sqrt{|\rho|}z+a_1}{\sqrt{1-|\rho|}}\right)\Phi\left(\frac{\delta\sqrt{|\rho|}z+a_2}{\sqrt{1-|\rho|}}\right)\phi(z)\,dz \quad (6.20)$$

が得られる（Tong (1990), pp. 14～15).

$F(x_1, x_2)$ のこの表現は $F(x_1, x_2)$ を求めるときに有用である.

6.12　X_1/X_2 の分布

$$(X_1, X_2)\sim \mathrm{BVN}(\mu_1, \mu_2, \sigma_1, \sigma_2, \rho)$$

とすると，$U=X_1/X_2$ の pdf は次式になる（Hinkley (1969)).

$$g(u)=\frac{b(u)\,d(u)}{\sqrt{2\pi}\,\sigma_1\sigma_2a^3(u)}\left[\Phi\left\{\frac{b(u)}{\sqrt{1-\rho^2}\,a(u)}\right\}-\Phi\left\{-\frac{b(u)}{\sqrt{1-\rho^2}\,a(u)}\right\}\right]$$
$$+\frac{\sqrt{1-\rho^2}}{\pi\sigma_1\sigma_2a^2(u)}\exp\left[-\frac{c}{2(1-\rho^2)}\right],\qquad -\infty<u<\infty \quad (6.21)$$

ここで

$$a(u)=\left(\frac{u^2}{\sigma_1{}^2}-\frac{2\rho u}{\sigma_1\sigma_2}+\frac{1}{\sigma_2{}^2}\right)^{\frac{1}{2}}$$
$$b(u)=\frac{\mu_1u}{\sigma_1{}^2}-\frac{\rho(\mu_1+\mu_2u)}{\sigma_1\sigma_2}+\frac{\mu_2}{\sigma_2{}^2}$$
$$c=\mu_2{}^2a^2\left(\frac{\mu_1}{\mu_2}\right)$$
$$d(u)=\exp\left[\frac{b^2(u)-ca^2(u)}{2(1-\rho^2)\,a^2(u)}\right]$$

である.

Aroian (1986) は U の pdf として次式を導いた.

$$h(u)=\frac{\sigma_2}{\sigma_1}\cdot\frac{1}{\sqrt{1-\rho^2}}\,w(t),\qquad -\infty<u<\infty \quad (6.22)$$

ここで

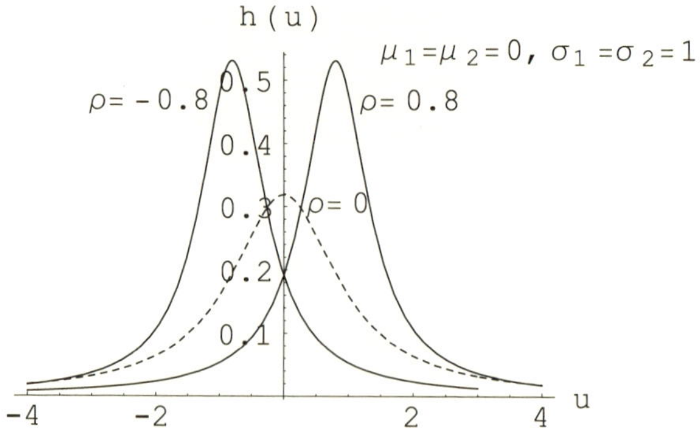

図 6.7 $U = X_1/X_2$ の確率密度関数

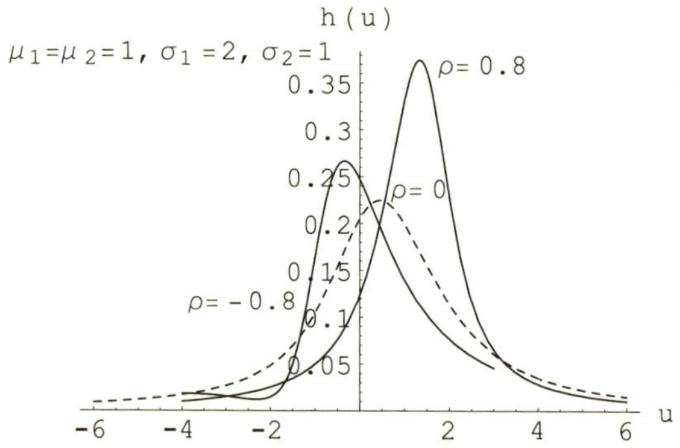

図 6.8 $U = X_1/X_2$ の確率密度関数

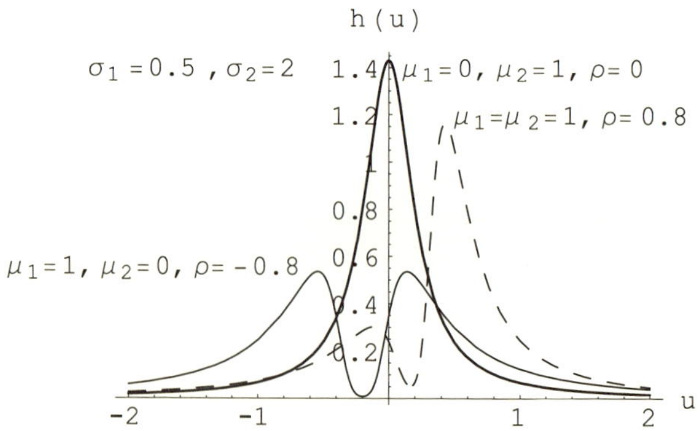

図 6.9 $U = X_1/X_2$ の確率密度関数

$$w(t)=\frac{1}{\pi}\cdot\frac{1}{1+t^2}\exp\left[-\frac{1}{2}(a^2+b^2)\right]\left[1+\frac{q}{\phi(q)}\int_0^q\phi(z)\,dz\right]$$

$$q=\frac{b+at}{\sqrt{1+t^2}}$$

$$a=\left(\frac{\mu_1}{\sigma_1}-\rho\frac{\mu_2}{\sigma_2}\right)/\sqrt{1-\rho^2}$$

$$b=\frac{\mu_2}{\sigma_2}$$

$$t=\left(\frac{\sigma_2}{\sigma_1}u-\rho\right)/\sqrt{1-\rho^2}$$

である．

$\mu_1=\mu_2=0$ のとき $a=b=0$ になり，(6.22) 式は

$$h(u)=\frac{\sigma_1\sigma_2\sqrt{1-\rho^2}}{\pi}(\sigma_1{}^2-2\rho\sigma_1\sigma_2u+\sigma_2{}^2u^2)^{-1} \tag{6.23}$$

となる．さらに $\sigma_1=\sigma_2=1$ のとき，X_1/X_2 はコーシー分布

$$h(u)=\frac{\sqrt{1-\rho^2}}{\pi(1-2\rho u+u^2)}$$

になる．

(6.22) 式の $h(u)$ において $\mu_1=\mu_2=0$，$\sigma_1=\sigma_2=1$ を固定して $\rho=-0.8$，0，0.8 のグラフが**図 6.7**，$\mu_1=\mu_2=1$，$\sigma_1=2$，$\sigma_2=1$ を固定して $\rho=-0.8$，0，0.8 のグラフが**図 6.8**，$\sigma_1=0.5$，$\sigma_2=2$ を固定して $(\mu_1,\mu_2,\rho)=(0,1,0)$，$(1,1,0.8)$，$(1,0,-0.8)$ のグラフが**図 6.9** である．

6.13　2 変量正規変数の関数の分布

$$(X_1, X_2)\sim \mathrm{BVN}(\mu_1,\mu_2,\sigma_1,\sigma_2,\rho)$$

とする．行列表示すれば

$$\boldsymbol{x}=\begin{bmatrix}X_1\\X_2\end{bmatrix},\qquad \boldsymbol{\mu}=\begin{bmatrix}\mu_1\\\mu_2\end{bmatrix},\qquad \boldsymbol{\Sigma}=\begin{bmatrix}\sigma_1{}^2&\sigma_{12}\\\sigma_{21}&\sigma_2{}^2\end{bmatrix}$$

と表すと

$$\boldsymbol{x}\sim N(\boldsymbol{\mu},\boldsymbol{\Sigma})$$

である．$g_1(X_1,X_2)$，$g_2(X_1,X_2)$ はともに X_1，X_2 の実数値関数とする．

$$\boldsymbol{G}=\begin{bmatrix}\dfrac{\partial g_1}{\partial x_1} & \dfrac{\partial g_1}{\partial x_2}\\[2mm] \dfrac{\partial g_2}{\partial x_1} & \dfrac{\partial g_2}{\partial x_2}\end{bmatrix}$$

とすると

$$\boldsymbol{G\Sigma G}'=\begin{bmatrix}\tau_1{}^2 & \tau_{12}\\ \tau_{21} & \tau_2{}^2\end{bmatrix}$$

$$\tau_1{}^2=\left(\frac{\partial g_1}{\partial x_1}\right)^2\sigma_1{}^2+2\left(\frac{\partial g_1}{\partial x_1}\right)\left(\frac{\partial g_1}{\partial x_2}\right)\sigma_{12}+\left(\frac{\partial g_1}{\partial x_2}\right)^2\sigma_2{}^2$$

$$\tau_{12}=\tau_{21}=\left(\frac{\partial g_1}{\partial x_1}\right)\left(\frac{\partial g_2}{\partial x_1}\right)\sigma_1{}^2+\left\{\left(\frac{\partial g_1}{\partial x_1}\right)\left(\frac{\partial g_2}{\partial x_2}\right)+\left(\frac{\partial g_1}{\partial x_2}\right)\left(\frac{\partial g_2}{\partial x_1}\right)\right\}\sigma_{12}$$
$$+\left(\frac{\partial g_1}{\partial x_2}\right)\left(\frac{\partial g_2}{\partial x_2}\right)\sigma_2{}^2$$

$$\tau_2{}^2=\left(\frac{\partial g_2}{\partial x_1}\right)^2\sigma_1{}^2+2\left(\frac{\partial g_2}{\partial x_1}\right)\left(\frac{\partial g_2}{\partial x_2}\right)\sigma_{12}+\left(\frac{\partial g_2}{\partial x_2}\right)^2\sigma_2{}^2$$

を得る．ただし

$$\left(\frac{\partial g_1}{\partial x_1}\right)\left(\frac{\partial g_2}{\partial x_2}\right)\neq\left(\frac{\partial g_1}{\partial x_2}\right)\left(\frac{\partial g_2}{\partial x_1}\right)$$

とし，偏微分はすべて $x_1=\mu_1$，$x_2=\mu_2$ で評価するものとする．

このとき (3.49) 式を用いて

$$\left(\begin{bmatrix}g_1(X_1, X_2)-g_1(\mu_1, \mu_2)\end{bmatrix}\atop\begin{bmatrix}g_2(X_1, X_2)-g_2(\mu_1, \mu_2)\end{bmatrix}\right)\xrightarrow{d} N\left(\begin{bmatrix}0\\0\end{bmatrix}, \begin{bmatrix}\tau_1{}^2 & \tau_{12}\\ \tau_{21} & \tau_2{}^2\end{bmatrix}\right)$$

が得られる（ここでは $\sqrt{n}(\boldsymbol{x}-\boldsymbol{\mu})$ ではなく $\boldsymbol{x}-\boldsymbol{\mu}\sim N(\mathbf{0}, \boldsymbol{\Sigma})$ である）．

例 6.1

$$g_1(X_1, X_2)=X_1+X_2=Y_1$$
$$g_2(X_1, X_2)=X_1{}^2-X_2=Y_2$$

とすると

$$\tau_1{}^2=\sigma_1{}^2+2\sigma_{12}+\sigma_2{}^2$$
$$\tau_{12}=2\mu_1\sigma_1{}^2+(2\mu_1-1)\sigma_{12}-\sigma_2{}^2$$
$$\tau_2{}^2=4\mu_1{}^2\sigma_1{}^2-4\mu_1\sigma_{12}+\sigma_2{}^2$$

となり，μ_2 は現れない．$\mu_1=0$，$\sigma_1=\sigma_2=1$，$\sigma_{12}=0.8$，したがって $\rho=\sigma_{12}/(\sigma_1\sigma_2)=0.8$ とすると

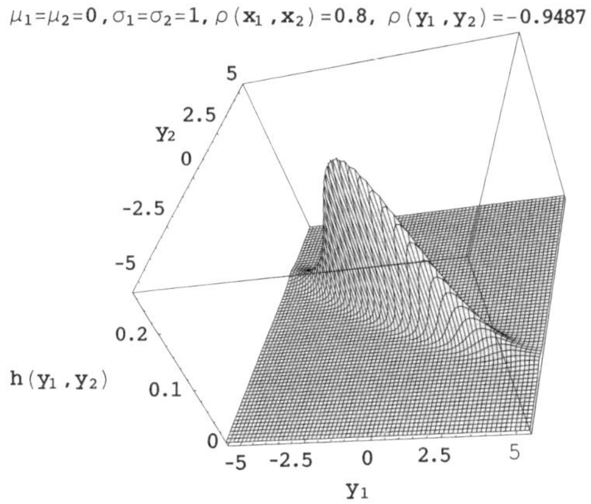

図 6.10　(Y_1, Y_2)の同時確率密度関数

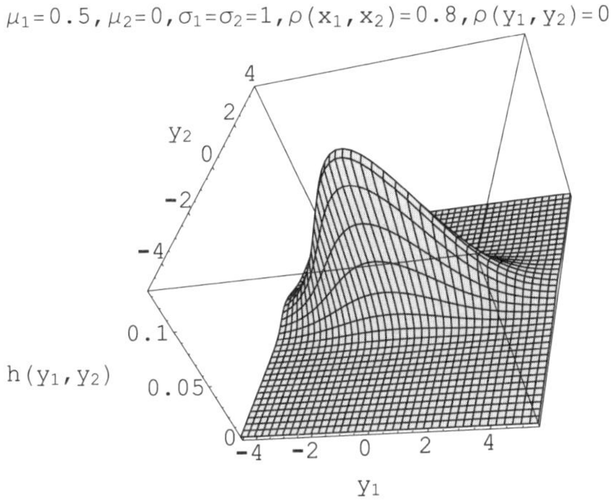

図 6.11　(Y_1, Y_2)の同時確率密度関数

$$\tau_1{}^2=3.6, \qquad \tau_{12}=-1.8, \qquad \tau_2{}^2=1$$

であるから，μ_2 も 0 のとき

$$\begin{pmatrix} Y_1 \\ Y_2 \end{pmatrix} \xrightarrow{d} N\left(\begin{bmatrix} 0 \\ 0 \end{bmatrix}, \begin{bmatrix} 3.6 & -1.8 \\ -1.8 & 1 \end{bmatrix}\right)$$

を得る．Y_1 と Y_2 の相関係数は-0.9487 と負になる．

$\mu_1=0.5$, $\sigma_1=\sigma_2=1$, $\sigma_{12}=\rho=0.8$ とすると

$$\tau_1^2=3.6, \qquad \tau_{12}=0, \qquad \tau_2^2=0.4$$

となり，Y_1 と Y_2 の相関係数は 0 となる．

図 6.10 は $\mu_1=\mu_2=0$, $\sigma_1=\sigma_2=1$, $\sigma_{12}=0.8$ のときの (Y_1, Y_2) の同時確率密度 $h(y_1, y_2)$，**図 6.11** は $\mu_1=0.5$, $\mu_2=0$, $\sigma_1=\sigma_2=1$, $\sigma_{12}=0.8$ のときの $h(y_1, y_2)$ のグラフである．

6.14　2変量正規分布に関する注意

(a)　2 変量正規変数 (X_1, X_2) の同時 pdf の混合 $h(x_1, x_2)$ は 2 変量正規分布ではないが，$h(x_1, x_2)$ からの X_1, X_2 の周辺分布は正規分布になる．

たとえば

$$g(x_1, x_2\,|\,\rho_1)=\frac{1}{2\pi\sqrt{1-\rho_1^2}}\exp\left\{-\frac{1}{2(1-\rho_1^2)}(x_1^2-2\rho_1x_1x_2+x_2^2)\right\}$$

$$f(x_1, x_2\,|\,\rho_2)=\frac{1}{2\pi\sqrt{1-\rho_2^2}}\exp\left\{-\frac{1}{2(1-\rho_2^2)}(x_1^2-2\rho_2x_1x_2+x_2^2)\right\} \tag{6.24}$$

としよう．これらの pdf は期待値 0，分散 1 で相関係数が異なる 2 変量正規分布である．いま

$$h(x_1, x_2)=pg(x_1, x_2\,|\,\rho_1)+(1-p)f(x_1, x_2\,|\,\rho_2), \qquad 0\le p\le 1$$

とすると，$h(x_1, x_2)$ は明らかに 2 変量正規分布の pdf ではない．しかし $h(x_1, x_2)$ から得られる X_1 と X_2 の周辺分布はともに正規分布である．たとえば X_1 の周辺分布を求めると

$$\begin{aligned}
f_1(x_1)&=\int_{-\infty}^{\infty}h(x_1, x_2)\,dx_2\\
&=p\int_{-\infty}^{\infty}g(x_1, x_2\,|\,\rho_1)\,dx_2+(1-p)\int_{-\infty}^{\infty}f(x_1, x_2\,|\,\rho_2)\,dx_2\\
&=p\frac{1}{\sqrt{2\pi}}\exp\left(-\frac{x_1^2}{2}\right)\int_{-\infty}^{\infty}\frac{1}{\sqrt{2\pi}\sqrt{(1-\rho_1^2)}}\exp\left\{-\frac{(x_2-\rho_1x_1)^2}{2(1-\rho_1^2)}\right\}dx_2\\
&\quad+(1-p)\frac{1}{\sqrt{2\pi}}\exp\left(-\frac{x_1^2}{2}\right)\int_{-\infty}^{\infty}\frac{1}{\sqrt{2\pi}\sqrt{1-\rho_2^2}}\exp\left\{-\frac{(x_2-\rho_2x_1)^2}{2(1-\rho_2^2)}\right\}dx_2\\
&=\frac{1}{\sqrt{2\pi}}\exp\left(-\frac{x_1^2}{2}\right)
\end{aligned}$$

となり，これは標準正規分布である．

しかし，もし $h(x_1, x_2)$ が 2 変量正規分布であれば，6.10.1 項で示したように，X_1，X_2 の周辺分布は必ず正規分布である．

図 6.12 は (6.24) 式で $p=0.7$，$\rho_1=0.6$，$\rho_2=-0.8$ を与えたときの $h(x_1, x_2)$ のグラフである．

pdf $h(x_1, x_2)$ に従う (x_1, x_2) の相関係数を ρ とすると

$$\rho=p\rho_1+(1-p)\rho_2$$

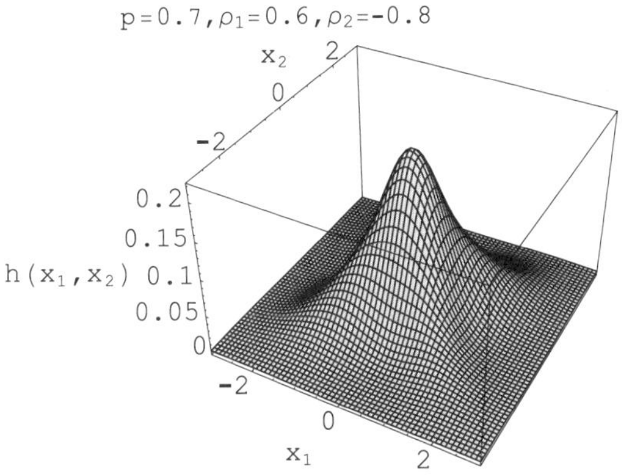

図 **6.12**　2 変量正規分布の混合

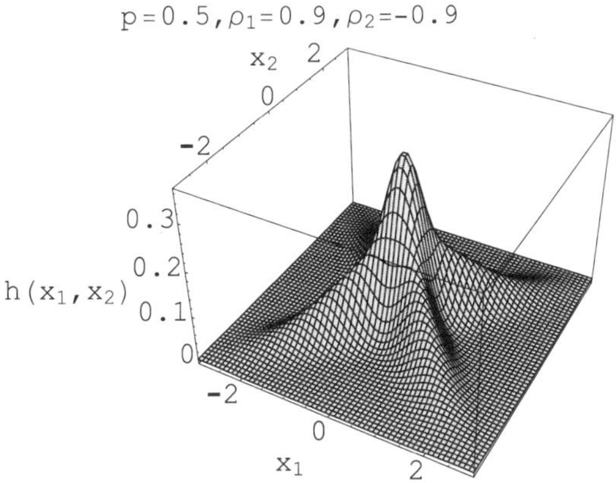

図 **6.13**　2 変量正規分布の混合

であるから，$p=0.5$，$\rho_1=-\rho_2$ のとき $\rho=0$ となる．すなわち標準2変量正規分布 $g(x_1, x_2|\rho_1)$ と $f(x_1, x_2|\rho_2)$ の混合から，X_1 と X_2 が無相関な2変量分布 $h(x_1, x_2)$ が得られる．

図6.13 は $p=0.5$，$\rho_1=0.9$，$\rho_2=-0.9$ のときの $h(x_1, x_2)$ のグラフである．$h(x_1, x_2)$ の $\rho=0$ である．図6.12の $h(x_1, x_2)$ の $\rho=0.7\times0.6+0.3\times(-0.8)=0.18$ である．

(b)　X_1，X_2，X_1+X_2，X_1-X_2 はそれぞれ正規分布に従い，X_1 と X_2 は無相関であっても，(X_1, X_2) が2変量正規分布するとは限らない (Stoyanov (1997), p. 94)．

X_1，X_2 の次の関数を考えよう．

$$f(x_1, x_2)=\frac{1}{2\pi}\exp\left[-\frac{1}{2}(x_1^2+x_2^2)\right]$$
$$\times\left\{1+x_1x_2(x_1^2-x_2^2)\exp\left[-\frac{1}{2}(x_1^2+x_2^2+2\varepsilon)\right]\right\} \quad (6.25)$$

ここで定数 ε は次の不等式を満たすように選ばれる．

$$\left|x_1x_2(x_1^2-x_2^2)\exp\left[-\frac{1}{2}(x_1^2+x_2^2+2\varepsilon)\right]\right|\leq 1$$

f のフーリエ変換（特性関数）ϕ は次式になる．

$$\phi(s, t)=\int_{-\infty}^{\infty}\int_{-\infty}^{\infty}\exp(isx_1+itx_2)f(x_1, x_2)\,dx_1dx_2$$
$$=\exp\left[-\frac{1}{2}(s^2+t^2)\right]+\frac{1}{32}st(s^2-t^2)\exp\left[-\varepsilon-\frac{1}{4}(s^2+t^2)\right]$$

この $\phi(s, t)$ より次の結果を得る．

(1)　$\phi(0, 0)=\int_{-\infty}^{\infty}\int_{-\infty}^{\infty}f(x_1, x_2)\,dx_1dx_2=1$ となるから，$f(x_1, x_2)$ は (X_1, X_2) の確率密度関数である．

(2)　$\phi(0, t)=\phi(t, 0)=\exp\left(-\frac{t^2}{2}\right)$ であるから

$$X_1\sim N(0, 1), \qquad X_2\sim N(0, 1)$$

である．

(3)　$\phi(t, t)=\exp(-t^2)=\exp\left(-\frac{t^2}{2}\right)\exp\left(-\frac{t^2}{2}\right)$ であるから $X_1+X_2\sim N(0, 2)$ である．

(4)　X_1-X_2 も $N(0, 2)$ である．

(5)　X_1 と X_2 は無相関である．

しかし上式 $f(x_1, x_2)$ は 2 変量正規分布の pdf ではない．

(2) は，たとえば

$$\int_{-\infty}^{\infty} f(x_1, x_2)\,dx_2 = \frac{1}{\sqrt{2\pi}} \exp\left(-\frac{1}{2} x_1^2\right)$$

からも確かめることができる．

(5) は

$$E(X_1X_2) = \int_{-\infty}^{\infty}\int_{-\infty}^{\infty} x_1x_2 f(x_1, x_2)\,dx_1dx_2 = 0$$

となり，$E(X_1) = E(X_2) = 0$ であるから

$$\mathrm{cov}(X_1, X_2) = E(X_1X_2) = 0$$

から確かめることができる．

図 6.14 は $\varepsilon=1$ を与えたときの $f(x_1, x_2)$ のグラフであり，図 6.1 と区別がつかない．

(c)　条件つき分布 $g_1(x_1 | x_2)$，$g_2(x_2 | x_1)$ はともに正規分布でも，(X_1, X_2) は必ずしも 2 変量正規分布にならない（Stoyanov (1997), p. 97)．

(X_1, X_2) の同時 pdf を

$$g(x_1, x_2) = C\exp[-(1+x_1^2)(1+x_2^2)]$$

とする．$C>0$ は

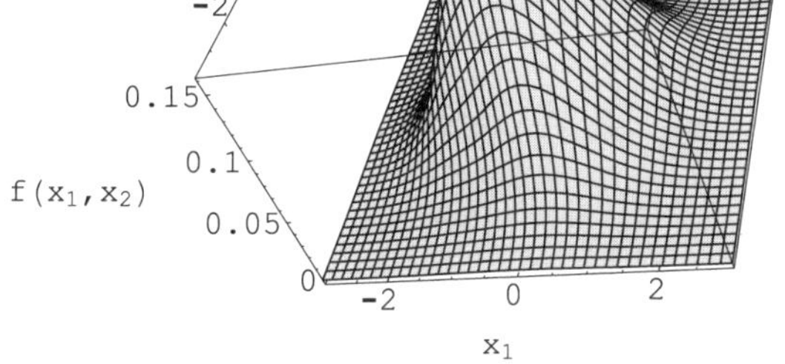

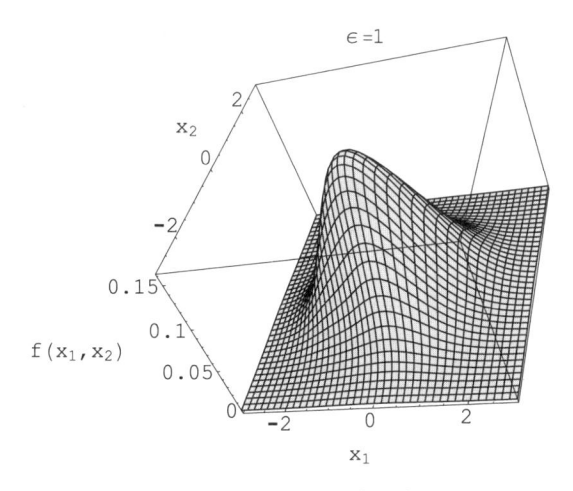

図 6.14　$\varepsilon=1$ を与えたときの $f(x_1, x_2)$ のグラフ

$$\int_{-\infty}^{\infty}\int_{-\infty}^{\infty} g(x_1, x_2)\,dx_1 dx_2 = 1$$

を満たす定数である．実際

$$\frac{1}{C}=\sqrt{\frac{\pi}{e}}K_0\left(\frac{1}{2}\right)$$

$K_0(x)$ は第2種の修正ベッセル関数

である．

X_1 の周辺分布は

$$g_1(x_1)=\int_{-\infty}^{\infty} g(x_1, x_2)\,dx_2 = C\sqrt{2\pi}\,\sigma_1 \exp[-(1+x_1^2)]$$

$$\sigma_1^2=\frac{1}{2(1+x_1^2)}$$

となるから，X_2 の条件つき分布

$$h_2(x_2\,|\,x_1)=\frac{g(x_1, x_2)}{g_1(x_1)}=(2\pi\sigma_1^2)^{-\frac{1}{2}}\exp\left(-\frac{x_2^2}{2\sigma_1^2}\right)$$

が得られ，正規分布である．

同様にして X_1 の条件つき分布は

$$h_1(x_1\,|\,x_2)=(2\pi\sigma_2^2)^{-\frac{1}{2}}\exp\left(-\frac{x_1^2}{2\sigma_2^2}\right)$$

$$\sigma_2^2=\frac{1}{2(1+x_2^2)}$$

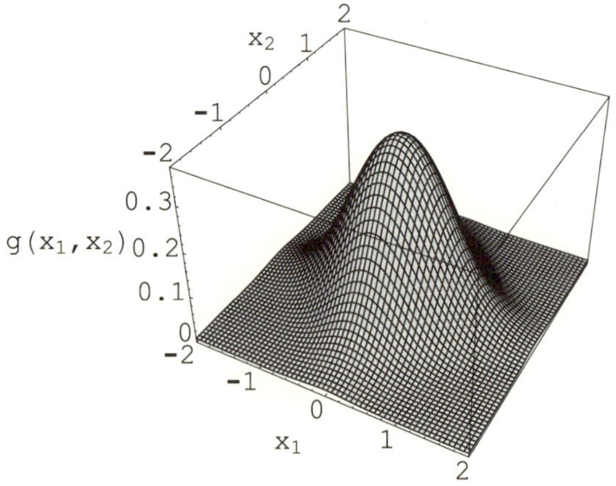

図 6.15　2変量分布 $g(x_1, x_2)$

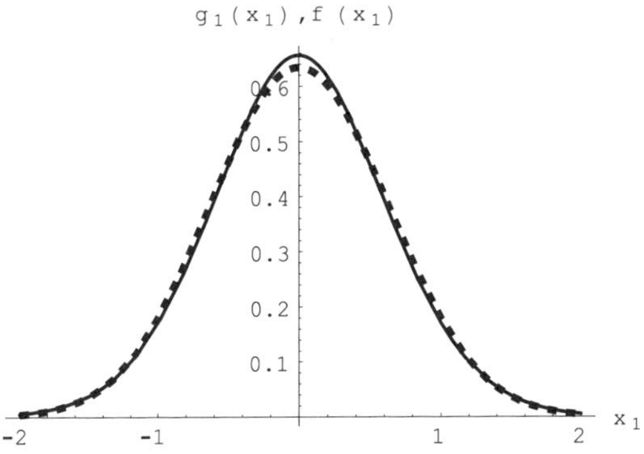

図 6.16　X_1 の周辺分布 $g_1(x_1)$ と正規分布 $f(x_1)$

となり，やはり正規分布である．しかし $g(x_1, x_2)$ は2変量正規分布の同時 pdf ではない．X_1，X_2 の周辺分布も正規分布ではない．

図 6.15 は

$$g(x_1, x_2)=C\exp[-(1+x_1^2)(1+x_2^2)]$$

$$C=\left[\sqrt{\frac{\pi}{e}}K_0\left(\frac{1}{2}\right)\right]^{-1}$$

のグラフである．X_1 の周辺分布

$$g_1(x_1)=C\sqrt{2\pi}\sigma_1\exp[-(1+x_1^2)]$$

$$=\frac{1.08176}{(1+x_1^2)^{\frac{1}{2}}}\exp\left(-\frac{1}{2}-x_1^2\right)$$

に従う X_1 は

$$E(X_1)=0,\quad \mathrm{var}(X_1)=\tau_1^2=0.395936,\quad \tau_1=0.629235$$

をもつ．**図 6.16** はこの $g_1(x_1)$ および同じ期待値と分散をもつ正規分布 $N(0, \tau_1^2)$ の pdf $f(x_1)$ のグラフである．実線が $g_1(x_1)$，点線が $f(x_1)$ である．両者の相違はきわめてわずかであるが，$g_1(x_1)$ は正規分布ではない．

6.15 パラメータ推定

$X_1=X$, $X_2=Y$ とおく．n 個の観測値の組 $(X_1, Y_1), (X_2, Y_2), \cdots, (X_n, Y_n)$ は独立で

$$(X, Y) \sim \mathrm{BVN}(\mu_1, \mu_2, \sigma_1, \sigma_2, \rho)$$

とする．このとき μ_1, μ_2, σ_1^2, σ_2^2, ρ の最尤推定量はそれぞれ以下のとおりである（証明は 12 章で行う）．

$$\hat{\mu}_1=\bar{X}_1=\frac{1}{n}\sum_{i=1}^{n} X_i$$

$$\hat{\mu}_2=\bar{Y}=\frac{1}{n}\sum_{i=1}^{n} Y_i$$

$$\hat{\sigma}_1^2=\frac{1}{n}\sum_{i=1}^{n}(X_i-\bar{X})^2$$

$$\hat{\sigma}_2^2=\frac{1}{n}\sum_{i=1}^{n}(Y_i-\bar{Y})^2$$

$$\hat{\rho}=r=\frac{\sum_{i=1}^{n}(X_i-\bar{X})(Y_i-\bar{Y})}{\left[\sum_{i=1}^{n}(X_i-\bar{X})^2\sum_{i=1}^{n}(Y_i-\bar{Y})^2\right]^{\frac{1}{2}}}$$

7

対数正規分布およびその他の変換

確率変数 X が正規分布しないとき，$X>0$ であれば対数 $\log X$ への，あるいは $\sqrt{X}$ への変換によって $\log X$ や $\sqrt{X}$ が正規分布する場合は多い．$\log X$ や $\sqrt{X}$ を含む一般的な変換はボックス-コックス変換

$$X^{(\lambda)}=\frac{X^{\lambda}-1}{\lambda}$$

であり

$$\lim_{\lambda\to 0} X^{(\lambda)}=\log X$$

である．

とくに，$X>0$ のとき $\log X \sim N(\mu, \sigma^2)$ の対数正規分布が重要である．

7.1 特　　　性

$X>0$ を対数変換した

$$\log X \sim N(\mu, \sigma^2)$$

のとき，X は対数正規分布に従うという．

(1) **パラメータ**　　μ,　σ^2

(2) **範　　囲**　　$0<x<\infty$

以下，$m=\exp(\mu)$，$\omega=\exp(\sigma^2)$ とおく．

(3) **確率密度関数**

$$f(x)=\frac{1}{\sqrt{2\pi}\,\sigma x}\exp\left\{\frac{-\left(\log\dfrac{x}{m}\right)^2}{2\sigma^2}\right\}=\frac{1}{\sqrt{2\pi}\,\sigma x}\exp\left[-\frac{(\log x-\mu)^2}{2\sigma^2}\right]$$

(4) **分布関数**　　$F(x)=\Phi\left(\dfrac{\log x-\mu}{\sigma}\right)$

ここで，$\Phi(\cdot)$ は標準正規変数の cdf である．

$\log X \sim N(\mu, \sigma^2)$ であるから

$$Z=\frac{\log X-\mu}{\sigma}\sim N(0,1)$$

$$F(x)=P(X\leq x)=P(\log X\leq \log x)=P\left(\frac{\log X-\mu}{\sigma}\leq\frac{\log x-\mu}{\sigma}\right)$$

$$=P\left(Z\leq\frac{\log x-\mu}{\sigma}\right)=\Phi\left(\frac{\log x-\mu}{\sigma}\right)$$

(5)　生存関数　　　$S(x)=1-\Phi\left(\frac{\log x-\mu}{\sigma}\right)$

(6)　危険度関数

$$h(x)=\frac{\exp\left[-\frac{1}{2\sigma^2}(\log x-\mu)^2\right]}{\sqrt{2\pi}\,\sigma x\left[1-\Phi\left(\frac{\log x-\mu}{\sigma}\right)\right]}$$

(7)　累積危険度関数

$$H(x)=-\log\left[1-\Phi\left(\frac{\log x-\mu}{\sigma}\right)\right]$$

(8)　*r* 次モーメント（原点まわり）

$$m^r\exp\left(\frac{1}{2}r^2\sigma^2\right)=\exp\left(r\mu+\frac{1}{2}r^2\sigma^2\right)$$

原点まわりの r 次モーメントは，簡単に求めることができる．$Y=\log X\sim N(\mu,\sigma^2)$ とすると $X=e^Y$ であるから，$E(X^r)=E(e^{rY})$ となるが，これは正規変数 Y の r を引数とする mgf にほかならないから

$$E(X^r)=\exp\left(r\mu+\frac{1}{2}r^2\sigma^2\right)$$

を得る．

(9)　*r* 次モーメント（平均まわり）

$$\omega^{\frac{r}{2}}\left\{\sum_{j=0}^{r}(-1)^j\binom{r}{j}\omega^{\frac{(r-j)(r-j-1)}{2}}\right\}e^{r\mu}$$

(10)　期 待 値　　　$m\omega^{\frac{1}{2}}=\exp\left(\mu+\frac{1}{2}\sigma^2\right)$

X の期待値は

$$\log E(X)=\mu+\frac{1}{2}\sigma^2=E(\log X)+\frac{1}{2}\mathrm{var}(\log X)$$

と表すこともできる．

(11)　分　　散

$$m^2\omega(\omega-1)=\exp(2\mu+\sigma^2)[\exp(\sigma^2)-1]$$

X の分散と期待値との間には

$$\mathrm{var}(X)=[E(X)]^2[\exp(\sigma^2)-1]$$
$$\propto[E(X)]^2 \qquad (\propto\text{は比例関係})$$

という関係，すなわち X が対数正規分布に従うとき，σ^2 一定ならば X の分散は X の期待値の 2 乗とともに大きくなる．いいかえれば X のボラティリティ（標準偏差）は X の平均的な水準が大きくなると大きくなる，という関係がある．

(12)　3 次モーメント（平均まわり）

$$\omega^{\frac{1}{2}}(\omega-1)^2(\omega+2)e^{3\mu}$$

(13)　4 次モーメント（平均まわり）

$$\omega^2(\omega-1)^2(\omega^4+2\omega^3+3\omega^2-3)e^{4\mu}$$

(14)　モ ー ド　$\dfrac{m}{\omega}=\exp(\mu-\sigma^2)$

(15)　中 位 数　$m=e^{\mu}$

中心の 3 つの尺度の大小関係は

$$\text{モード}\exp(\mu-\sigma^2)<\text{中位数}\exp(\mu)<\text{期待値}\exp\left(\mu+\frac{1}{2}\sigma^2\right)$$

となる．

(16)　歪　　度　$(\omega+2)(\omega-1)^{\frac{1}{2}}>0$

(17)　尖　　度　$\omega^4+2\omega^3+3\omega^2-3>3$

7.2　グ　ラ　フ

$(\mu,\sigma)=(-0.5,0.4)$，$(-0.5,1)$，$(0,0.5)$，$(0,1)$，$(1,0.3)$，$(1,0.5)$ の 6 通りのパラメータについて，確率密度関数 $f(x)$，分布関数 $F(x)$，生存関数 $S(x)$，危険度関数 $h(x)$ のグラフがそれぞれ**図 7.1**，**図 7.2**，**図 7.3**，**図 7.4** に示されている．**表 7.1** はこの 6 通りのパラメータに対する対数正規分布に従う X のモード，中位数，平均および標準偏差である．

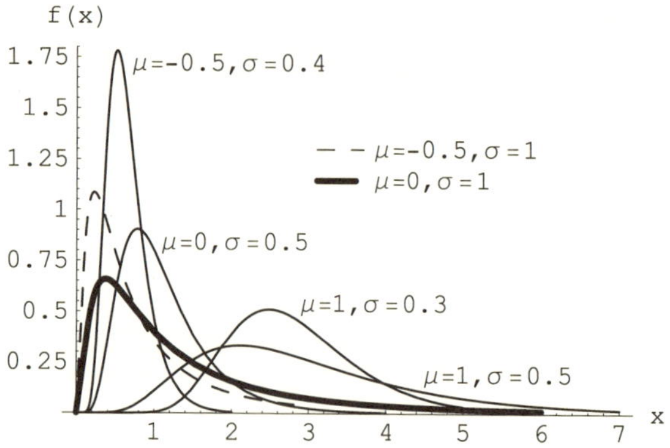

図 7.1 対数正規分布の確率密度関数

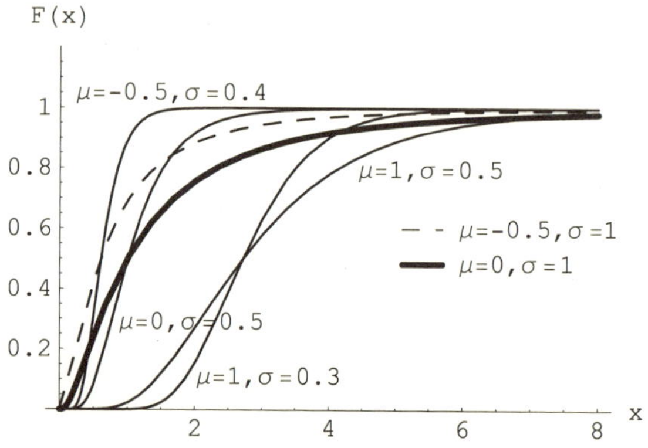

図 7.2 対数正規分布の分布関数

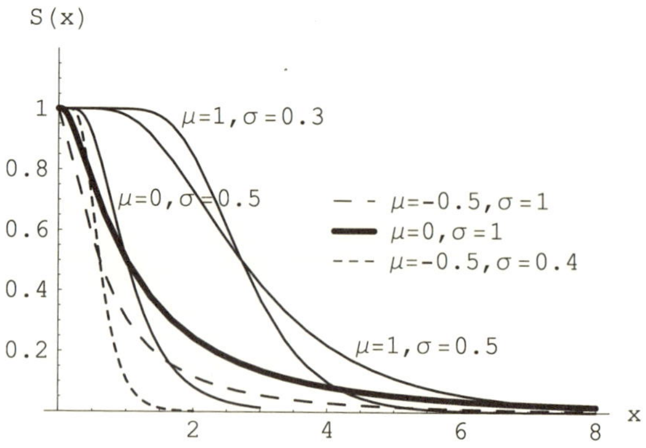

図 7.3 対数正規分布の生存関数

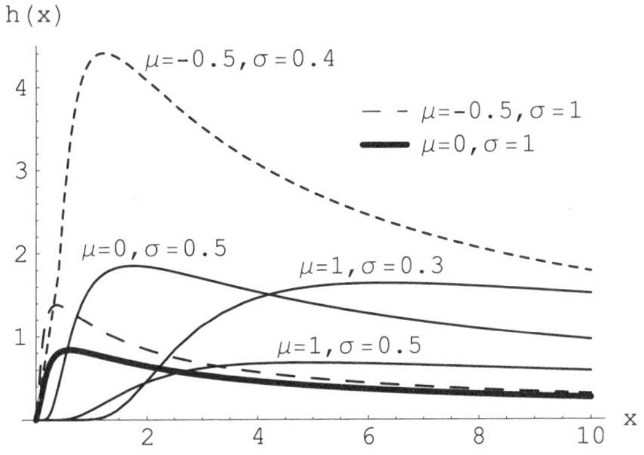

図 7.4 対数正規分布の危険度関数

表 7.1 対数正規分布

(μ,σ)	$(-0.5, 0.4)$	$(-0.5, 1)$	$(0, 0.5)$	$(0, 1)$	$(1, 0.3)$	$(1, 0.5)$
モード	0.5169	0.2231	0.7788	0.3679	2.4843	2.1170
中位数	0.6065	0.6065	1.0000	1.0000	2.7183	2.7183
平　均	0.6570	1.0000	1.1331	1.6487	2.8434	3.0802
標準偏差	0.2737	1.3108	0.6039	2.1612	0.8726	1.6416

7.3 対数正規分布の分位点と標準正規分布の分位点の関係

X がパラメータ μ, σ^2 の対数正規分布に従うとき

$$P(X \leq x_\alpha) = \alpha$$

となる x_α を，$Z \sim N(0,1)$ の分位点

$$P(Z \leq z_\alpha) = \alpha$$

となる z_α を用いて表すと，$Z = (\log X - \mu)/\sigma$ であるから

$$x_\alpha = \exp(\mu + z_\alpha \sigma)$$

となる．

7.4 対数正規変数の積も比も対数正規分布する

対数正規分布に従う確率変数の積および比の対数も正規分布に従う．

X_1 と X_2 は独立とし，$\log X_1 \sim N(\mu_1, \sigma_1^2)$，$\log X_2 \sim N(\mu_2, \sigma_2^2)$ とする．このとき 6.9 節で示した 2 変量正規変数の線形関数の分布も正規分布という性質から

$$\log(X_1X_2) \sim N(\mu_1+\mu_2,\ \ {\sigma_1}^2+{\sigma_2}^2)$$
$$\log\left(\frac{X_1}{X_2}\right) \sim N(\mu_1-\mu_2,\ \ {\sigma_1}^2+{\sigma_2}^2)$$

が成り立つ．このことを用いると，$\log X_i$，$i=1, 2, \cdots, n$ が $N(\mu, \sigma^2)$ からの無作為標本のとき

$$\frac{1}{n}\sum_{i=1}^{n}\log X_i \sim N\left(\mu, \frac{\sigma^2}{n}\right)$$

が得られる．

$X_1, X_2, \cdots, X_n$ の幾何平均 $(X_1X_2\cdots X_n)^{\frac{1}{n}}$ の対数が $\frac{1}{n}\sum_{i=1}^{n}\log X_i$ である．

7.5　ブラック-ショールズ過程

対数正規分布の例としてブラック-ショールズ過程（一般的には幾何ブラウン運動）がある．株価などの資産価格 $X(t)$ が次のブラック-ショールズ過程で表すことができると仮定しよう．

$$dX(t) = \mu X(t)\,dt + \sigma X(t)\,dW(t)$$
$$W(t) = \text{標準ブラウン運動} \sim N(0, t)$$

この確率微分方程式の解は次式で与えられる．

$$\log X(t) = \log X(0) + \left(\mu - \frac{1}{2}\sigma^2\right)t + \sigma W(t)$$

したがって $\log X(0) = x_0$ 所与のとき

$$\log X(t) \sim N\left(x_0 + \left(\mu - \frac{1}{2}\sigma^2\right)t,\ \ \sigma^2 t\right)$$

と，$\log X(t)$ はガウス過程，すなわち $X(t)$ は対数正規分布をする．

$$E(X(t)) = \exp(x_0 + \mu t)$$
$$\mathrm{var}(X(t)) = \exp[2(x_0 + \mu t)]\{\exp(\sigma^2 t) - 1\}$$

である．

図 7.5 は $\mu=0.08$，$\sigma=0.12$，$X(0)=1$ のときブラック-ショールズ過程の

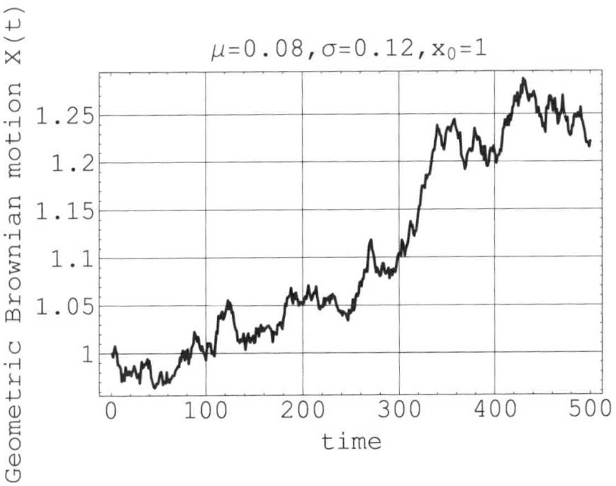

図 7.5 ブラック-ショールズ過程

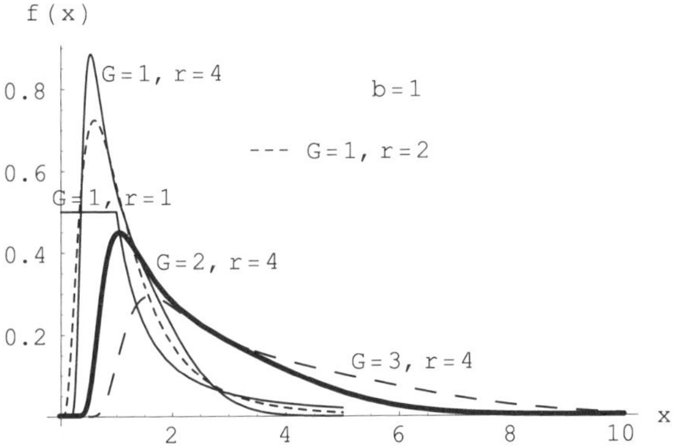

図 7.6 次数 r の対数正規分布族

標本過程の1つである.

7.6 次数 r の対数正規分布族

Vianelli (1983) は次の pdf を次数 r の対数正規分布族と名付けた.

$$f(x)=\frac{b^{\frac{1}{r}}}{2\Gamma\left(1+\frac{1}{r}\right)x}\exp\{-b\,|\log x-\log G|^r\}$$

$0<x<\infty$

$b>0,\quad r\geq 1,\quad G=X$ の幾何平均

図 7.6 は $b=1$ を固定して $(G,r)=(1,1)$, $(1,2)$, $(1,4)$, $(2,4)$, $(3,4)$ の 5 通りの $f(x)$ のグラフである.

7.7 一般対数正規分布

次数 q の一般対数正規分布は, X が誤差分布に従うとき, $Y=e^X$ とおくことによって得られる Y の分布である.

誤差分布の pdf は次式である.

$$f(x)=\frac{\exp\left[-\dfrac{1}{2}\left|\dfrac{x-\mu}{\phi}\right|^{\frac{2}{\gamma}}\right]}{2^{\frac{\gamma}{2}+1}\Gamma\left(\dfrac{\gamma}{2}+1\right)\phi},\qquad -\infty<x<\infty$$

$$-\infty<\mu<\infty,\qquad \phi>0,\qquad \gamma>0$$

$X=\log Y$ であるから, X の誤差分布より, Y の pdf は次式で与えられる.

$$g(y)=\frac{\exp\left[-\dfrac{1}{2}\left|\dfrac{\log y-\mu}{\phi}\right|^{q}\right]}{2^{\frac{1}{q}+1}\phi y\Gamma\left(1+\dfrac{1}{q}\right)},\qquad 0<y<\infty$$

$$q=\frac{2}{\gamma}>0,\qquad \phi>0,\qquad -\infty<\mu<\infty$$

$q=1$ のとき Y は対数ラプラス分布であり, pdf は次式になる.

$$\frac{1}{4\phi y}\exp\left[-\frac{1}{2}\left|\frac{\log y-\mu}{\phi}\right|\right],\qquad 0<y<\infty$$

$$\phi>0,\qquad -\infty<\mu<\infty$$

一般対数正規分布の k 次モーメント（原点まわり）は次式になる.

$$\frac{\exp(k\mu)}{\Gamma\left(\dfrac{1}{q}\right)}\sum_{i=0}^{\infty}\frac{(2^{\frac{1}{q}}k\phi)^{2i}}{(2i)!}\Gamma\left(\frac{1+2i}{q}\right)$$

中位数$=\exp(\mu)$

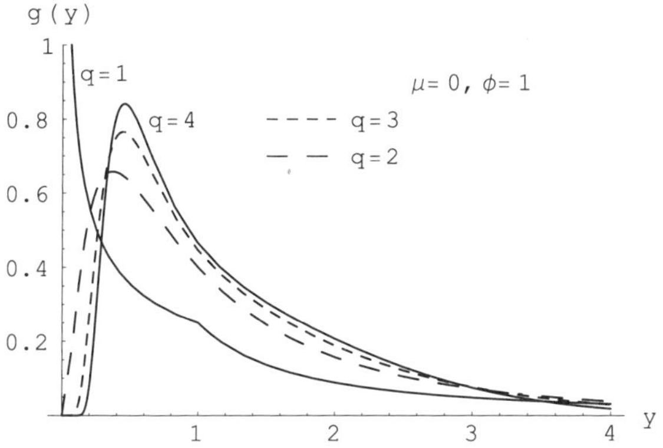

図 7.7　一般対数正規分布

$$\text{モード} = \begin{cases} \exp\left\{\mu - \left[\phi^q\left(\dfrac{q}{2}\right)\right]^{-\frac{1}{q-1}}\right\}, & q>1 \text{ のとき} \\ \exp(\mu), \quad q=1, & \phi<\dfrac{1}{2} \text{ のとき} \end{cases}$$

であり，中心の3つの尺度の大小関係も対数正規分布と同じである．

図 7.7 は一般対数正規分布で $\mu=0$, $\phi=1$ を固定して，$q=1,2,3,4$ のときの $g(y)$ のグラフである．

7.8　3パラメータ対数正規分布

$X>\lambda$ で $Y=\log(X-\lambda)\sim N(\mu,\sigma^2)$ となる実数 λ が存在するならば，X は3パラメータ対数正規分布に従う．3パラメータ対数正規分布の特性は以下のとおりである．

(1)　pdf

$$f(x)=\frac{1}{\sqrt{2\pi}\,\sigma(x-\lambda)}\exp\left\{-\frac{1}{2\sigma^2}[\log(x-\lambda)-\mu]^2\right\}, \qquad x>\lambda$$

(2)　cdf

$$F(x)=\Phi\left(\frac{\log(x-\lambda)-\mu}{\sigma}\right)$$

(3)　λ まわりの r 次モーメント

$$E[(X-\lambda)^r]=\exp\left(r\mu+\frac{r^2}{2}\sigma^2\right)$$

(4)　中心の3つの尺度

$$E(X)=\lambda+\exp\left(\mu+\frac{\sigma^2}{2}\right)$$

$$\text{中位数}=\lambda+\exp(\mu)$$

$$\text{モード}=\lambda+\exp(\mu-\sigma^2)$$

(5)　分位点と標準正規分布の分位点の関係

$$P(X\leq x_\alpha)=\alpha$$

$Z\sim N(0,1)$ のとき

$$P(Z\leq z_\alpha)=\alpha$$

とすると

$$x_\alpha=\lambda+\exp(\mu+z_\alpha\sigma)$$

7.9　対数正規乱数の発生

$Y\sim N(\mu,\sigma^2)$ を発生させ，$X=\exp(Y)$ とすれば，X は対数正規分布に従う．

7.10　多変量対数正規分布

$p\times1$ ベクトル $\boldsymbol{x}=(X_1,\cdots,X_p)'$ は平均ベクトル $\boldsymbol{\mu}$，共分散行列 $\boldsymbol{\Sigma}=\{\sigma_{ij}\}$（対称，正値定符号）をもつ p 変量正規分布をするとしよう．確率ベクトル $\boldsymbol{y}$ を

$$\boldsymbol{y}=(Y_1,\cdots,Y_p)'$$

とし

$$\log\boldsymbol{y}=(\log Y_1,\cdots,\log Y_p)'$$

を定義する．$\log Y_i=X_i$，$i=1,\cdots,p$ である．

このとき $\boldsymbol{y}$ は p 変量対数正規分布をするといわれ，$\boldsymbol{y}$ の同時確率密度関数は次式で与えられる．

$$f(\boldsymbol{y})=(2\pi)^{-\frac{p}{2}}|\boldsymbol{\Sigma}|^{-\frac{1}{2}}\left(\prod_{i=1}^{p}y_i{}^{-1}\right)$$
$$\times\exp\left\{-\frac{1}{2}(\log\boldsymbol{y}-\boldsymbol{\mu})'\boldsymbol{\Sigma}^{-1}(\log\boldsymbol{y}-\boldsymbol{\mu})\right\}$$
$$y_i>0,\qquad i=1,\cdots,p$$

Y_i のモーメントは次のとおりである．r は正の整数である．

$$E(Y_i^r)=\exp\left(r\mu_i+\frac{1}{2}r^2\sigma_{ii}\right)$$
$$\mathrm{var}(Y_i)=\exp(2\mu_i+2\sigma_{ii})-\exp(2\mu_i+\sigma_{ii})$$
$$\mathrm{cov}(Y_i,\ Y_j)=\exp\left\{\mu_i+\mu_j+\frac{1}{2}(\sigma_{ii}+\sigma_{jj})+\sigma_{ij}\right\}$$
$$-\exp\left\{\mu_i+\mu_j+\frac{1}{2}(\sigma_{ii}+\sigma_{jj})\right\}$$

7.11　2変量対数正規分布

$X=Y_1$，$Y=Y_2$，すなわち

$$\begin{pmatrix}\log X\\ \log Y\end{pmatrix}\sim N\left(\begin{pmatrix}\mu_1\\ \mu_2\end{pmatrix},\ \begin{pmatrix}\sigma_1{}^2 & \sigma_{12}\\ \sigma_{21} & \sigma_2{}^2\end{pmatrix}\right)$$

の2変量対数正規分布に従う X と Y の共分散，相関係数，条件つき期待値と分散は以下のようになる．

$$\mathrm{cov}(X,\ Y)=\exp\left\{\mu_1+\mu_2+\frac{1}{2}(\sigma_1{}^2+\sigma_2{}^2)+\sigma_{12}\right\}$$
$$-\exp\left\{\mu_1+\mu_2+\frac{1}{2}(\sigma_1{}^2+\sigma_2{}^2)\right\}$$

X と Y の相関係数を $\rho(X,\ Y)$ と表すと

$$\rho(X,\ Y)=\frac{\exp(\sigma_{12})-1}{\sqrt{[\exp(\sigma_1{}^2)-1][\exp(\sigma_2{}^2)-1]}}$$

$\log X$ と $\log Y$ の相関係数 ρ は

$$\rho=\frac{\sigma_{12}}{\sigma_1\sigma_2}$$

であるから，$\rho(X,\ Y)$ の分子は $\exp(\rho\sigma_1\sigma_2)-1$ と表すこともできる．

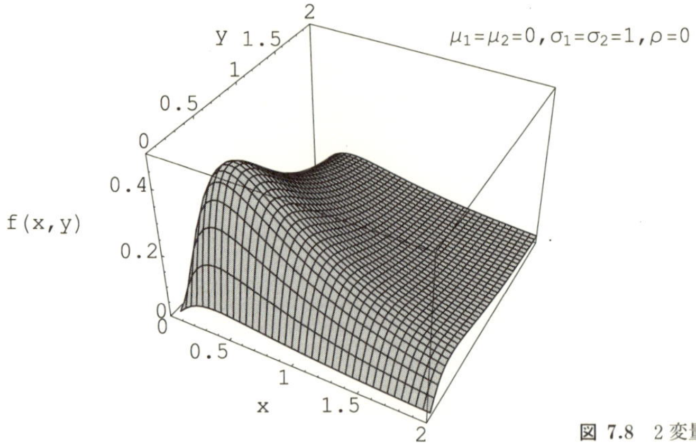

図 7.8　2 変量対数正規分布

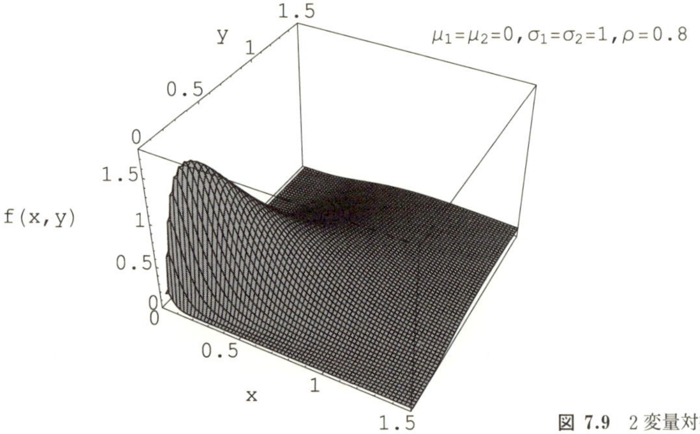

図 7.9　2 変量対数正規分布

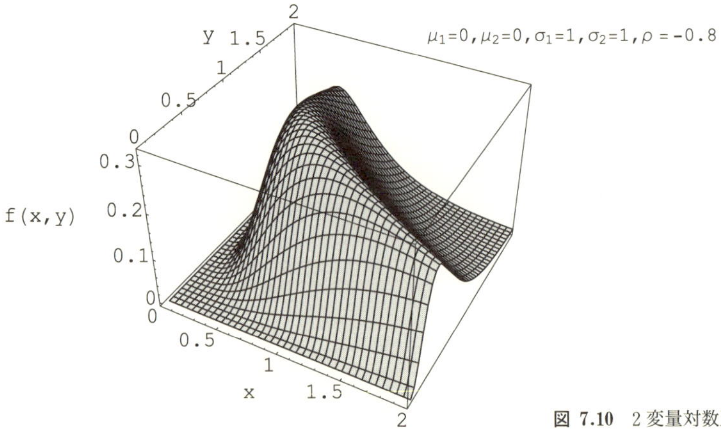

図 7.10　2 変量対数正規分布

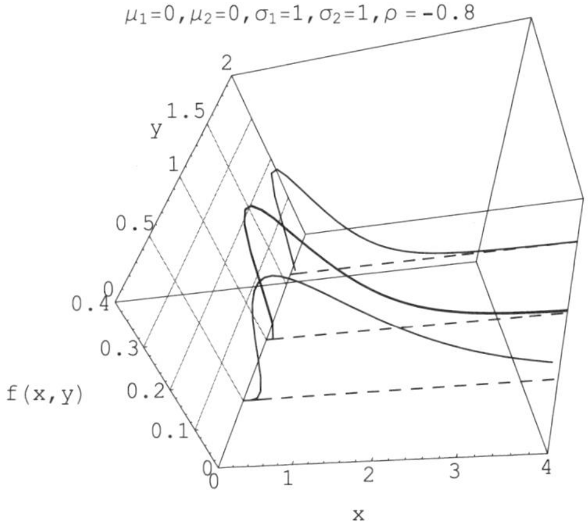

図 7.11 2変量対数正規分布 $f(x, \bar{y})$ ($\bar{y}$ 固定)

$$E(Y\,|\,X=x)=x^{\gamma}\exp\left[-\frac{1}{2}(1-\rho^2)\sigma_2{}^2+\mu_2-\gamma\mu_1\right]$$

ここで $\gamma=\rho\sigma_2/\sigma_1$.

$$\mathrm{var}(Y\,|\,X=x)=\tau(\tau-1)x^{2\gamma}\exp[2(\mu_2-\gamma\mu_1)]$$

ここで $\tau=\exp[(1-\rho^2)\sigma_2{}^2]$.

2変量対数正規分布のグラフを示す.

図 7.8 は $\mu_1=0$, $\mu_2=0$, $\sigma_1=1$, $\sigma_2=1$, 相関係数 $\rho=\sigma_{12}/(\sigma_1\sigma_2)=0$ のときの $f(x, y)$ のグラフである.

図 7.9: $\mu_1=0$, $\mu_2=0$, $\sigma_1=1$, $\sigma_2=1$, $\rho=0.8$.

図 7.10: $\mu_1=0$, $\mu_2=0$, $\sigma_1=1$, $\sigma_2=1$, $\rho=-0.8$ の $f(x, y)$ である.

図 7.11 は図 7.10 の $f(x, y)$ で $y=\bar{y}$ に固定したときの $f(x, \bar{y})$, $\bar{y}=0.5$, 1, 1.6 のグラフである.

図 7.12 は図 7.8 の等高線, **図 7.13** は図 7.9 の等高線, **図 7.14** は図 7.10 の等高線である.

ρ は $\log X$ と $\log Y$ の相関係数であるから, $\sigma_1=\sigma_2=1$ のとき $\rho=0.8$ は $\rho(X, Y)=0.7132$, $\rho=-0.8$ のとき $\rho(X, Y)=-0.3205$ を与える. $\rho=0$ のときは σ_1, σ_2 の値に関わりなく, $\rho(X, Y)$ も 0 である.

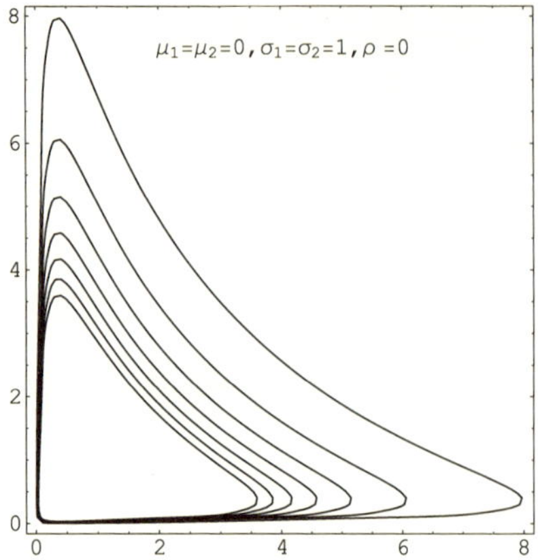

図 7.12 2 変量対数正規分布の等高線

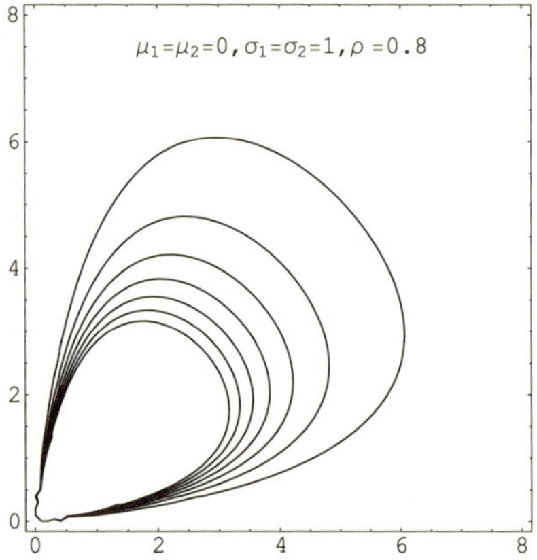

図 7.13 2 変量対数正規分布の等高線

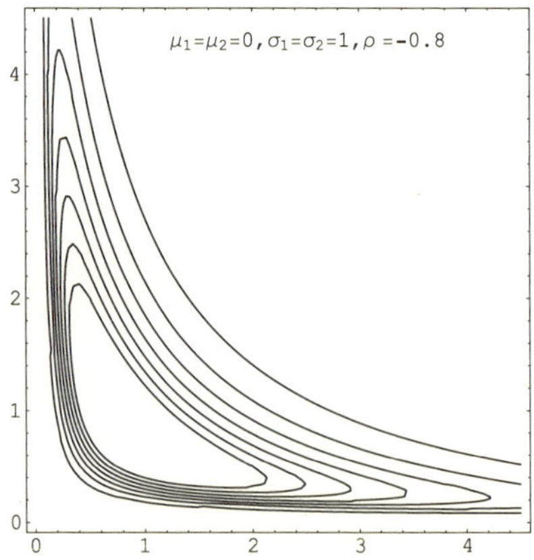

図 7.14 2 変量対数正規分布の等高線

7.12 パラメータ推定

$$X_i > 0, \quad i = 1, \cdots, n$$

で独立

$$Y_i = \log X_i \sim N(\mu, \sigma^2), \quad i = 1, \cdots, n$$

とする．

(1) 最尤法

$$\mu \text{ の推定量} = \overline{Y}$$

$$\sigma^2 \text{ の推定量} = \frac{1}{n}\sum_{i=1}^{n}(Y_i - \overline{Y})^2$$

(2) モーメント法

X_i，$i=1, \cdots, n$ の標本平均，標本分散をそれぞれ

$$\overline{X} = \frac{1}{n}\sum_{i=1}^{n} X_i$$

$$\hat{\sigma}_X{}^2 = \frac{1}{n}\sum_{i=1}^{n}(X_i - \overline{X})^2$$

とおく，μ および σ^2 のモーメント法による推定量をそれぞれ $\tilde{\mu}$，$\tilde{\sigma}^2$ とおくと

$$\tilde{\mu} = \log\left[\frac{\overline{X}^2}{(\overline{X}^2 + \hat{\sigma}_X{}^2)^{\frac{1}{2}}}\right]$$

$$\tilde{\sigma}^2 = \log\left(\frac{\overline{X}^2 + \hat{\sigma}_X{}^2}{\overline{X}^2}\right)$$

が，モーメント法による推定量である．

対数変換ではなく，正規変数の逆数あるいは標準正規変数の 2 次関数から得られる分布がある．以下，それを示す．

7.13 逆正規分布

$X \sim N(\mu, \sigma^2)$ のとき $Y = 1/X$ は次の pdf をもち，Y は逆正規分布 inverse normal distribution とよばれる．

$$g(y)=\frac{1}{\sqrt{2\pi}\,\sigma y^2}\exp\left[-\frac{1}{2\sigma^2}\left(\frac{1}{y}-\mu\right)^2\right]$$

この分布を一般化した一般逆正規分布の pdf は

$$h(y)=\frac{K}{|y|^{\alpha}}\exp\left[-\frac{1}{2\sigma^2}\left(\frac{1}{y}-\mu\right)^2\right]$$

$$\alpha>1,\qquad \sigma>0$$

と表される．

ここで K は，pdf が 1 となるように選ばれる定数である．この $h(y)$ はつねに二山分布であり，2 つのモードは次式で与えられる．

$$y_1=-\frac{\mu+\sqrt{\mu^2+4\alpha\sigma^2}}{2\alpha\sigma^2},\qquad y_2=\frac{\sqrt{\mu^2+4\alpha\sigma^2}-\mu}{2\alpha\sigma^2}$$

図 7.15 は逆正規分布で $\sigma=1$ を固定して，$\mu=0$，0.5，1 と変化させたときの $g(y)$ である．

図 7.16 は一般逆正規分布で $\alpha=2$，$\mu=0$，$\sigma=1$（このとき $K=(2.50663)^{-1}$），$\alpha=3$，$\mu=1$，$\sigma=2$（$K=(8.97968)^{-1}$），$\alpha=5$，$\mu=0$，$\sigma=1$（$K=4^{-1}$）のときの $h(y)$ である．

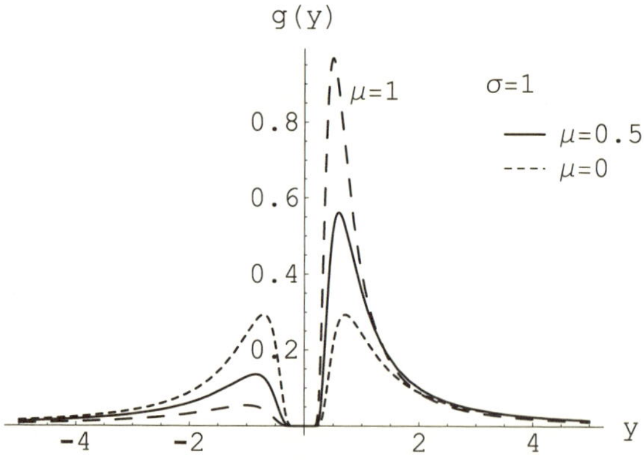

図 7.15　逆正規分布

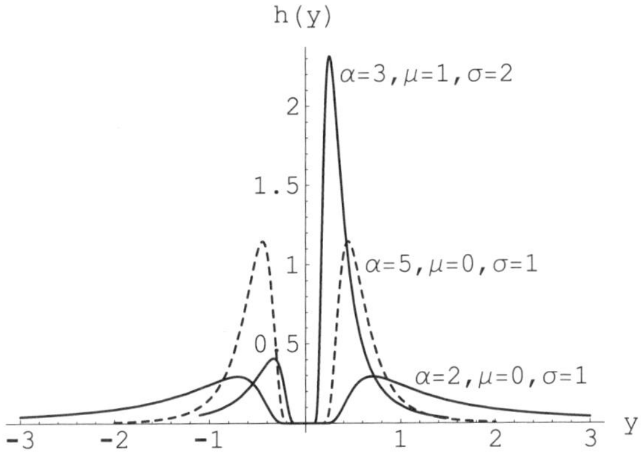

図 7.16 一般逆正規分布

7.14 バーンバーム-サンダース分布

$$Z \sim N(0,1)$$

のとき

$$X=\beta\left\{\frac{1}{2}Z\alpha+\left[1+\left(\frac{1}{2}Z\alpha\right)^2\right]^{\frac{1}{2}}\right\}^2$$

はバーンバーム-サンダース分布 Birnbaum-Saunders distribution とよばれ X の pdf は次式で与えられる.

$$\frac{\exp(\alpha^{-2})}{2\alpha\sqrt{2\pi\beta}}x^{-\frac{3}{2}}(x+\beta)\exp\left[-\frac{1}{2\alpha^2}\left(\frac{x}{\beta}+\frac{\beta}{x}\right)\right]$$

$$x>0, \qquad \alpha>0, \qquad \beta>0$$

期待値, 分散, 歪度および尖度は次のとおりである.

$$E(X)=\beta\left(1+\frac{1}{2}\alpha^2\right)$$

$$\mathrm{var}(X)=\alpha^2\beta^2\left(1+\frac{5}{4}\alpha^2\right)$$

$$\sqrt{\beta_1}=4\alpha\left[\frac{(11\alpha^2+6)}{(5\alpha^2+4)^3}\right]^{\frac{1}{2}}$$

$$\beta_2 = 3 + \frac{6\alpha^2(93\alpha^2+41)}{(5\alpha^2+4)^2}$$

もし

$$Z = \frac{1}{\alpha}\left(\sqrt{\frac{X}{\beta}} - \sqrt{\frac{\beta}{X}}\right) \sim N(0,1)$$

ならば，X はバーンバーム-サンダース分布に従う．

図 7.17 は $\alpha=1$ を固定して $\beta=2,3,4$ と変化させたとき，**図 7.18** は $\beta=1$ を固定して $\alpha=1,2,3$ と変化させたときのバーンバーム-サンダース分布の pdf である．

このような変換以外に，ジョンソン分布システムがある．Johnson (1949) は，確率変数 X を，関数 f，パラメータ α，β，γ，δ によって，標準正規変数 Z で近似できる変換

$$Z = \gamma + \delta f\left(\frac{x-\alpha}{\beta}\right)$$

$$\delta > 0, \qquad \beta > 0$$

を考察した．この変換はジョンソン分布システムといわれる分布族を与える．ジョンソン分布システムの詳細な説明は蓑谷 (2010) にある．

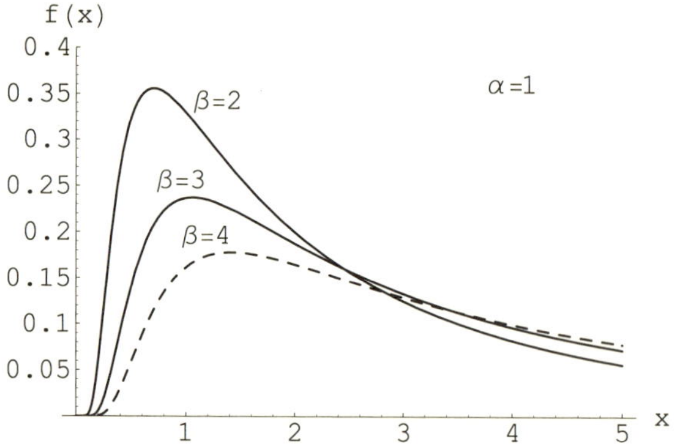

図 7.17　バーンバーム-サンダース分布

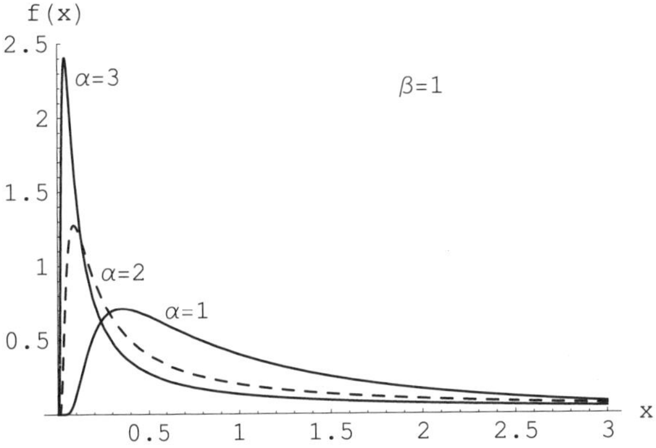

図 7.18　バーンバーム-サンダース分布

8

特殊な正規分布

8.1 切断正規分布

正規確率変数 X は，範囲 $-\infty<x<\infty$ ではなく，$A\leq x\leq B$ で定義され，次の確率密度関数をもつとき，二重に切断された正規分布 doubly truncated normal distribution に従うといわれる．

8.1.1 特　　性

(1) 確率密度関数

$$\frac{1}{\sqrt{2\pi}\sigma}\exp\left[-\frac{1}{2\sigma^2}(x-\mu)^2\right]$$
$$\times\left\{\frac{1}{\sqrt{2\pi}\sigma}\int_A^B\exp\left[-\frac{1}{2\sigma^2}(x-\mu)^2\right]\right\}^{-1}$$
$$=\frac{1}{\sigma}\phi\left(\frac{x-\mu}{\sigma}\right)\left[\Phi\left(\frac{B-\mu}{\sigma}\right)-\Phi\left(\frac{A-\mu}{\sigma}\right)\right]^{-1} \qquad (8.1)$$

ここで

$$\phi(x)=\frac{1}{\sqrt{2\pi}}\exp\left(-\frac{1}{2}x^2\right)$$

$$\Phi(x)=\int_{-\infty}^x\phi(u)\,du$$

(2) パラメータ　　$\mu,\quad \sigma^2$

(3) 範　　囲　　$A\leq x\leq B$

以下

$$\frac{A-\mu}{\sigma}=a,\qquad \frac{B-\mu}{\sigma}=b$$

とおく．

(4) **期待値**
$$\mu+\frac{\phi(a)-\phi(b)}{\Phi(b)-\Phi(a)}\sigma \tag{8.2}$$

(5) **分　散**
$$\left\{1+\frac{a\phi(a)-b\phi(b)}{\Phi(b)-\Phi(a)}-\left[\frac{\phi(a)-\phi(b)}{\Phi(b)-\Phi(a)}\right]^2\right\}\sigma^2 \tag{8.3}$$

とくに，$A-\mu=-(B-\mu)=-\delta\sigma$ のとき期待値と分散は次のようになる．

期待値　μ

分　散　$\left[1-\frac{2\delta\phi(\delta)}{2\Phi(\delta)-1}\right]\sigma^2$

(6) **平均偏差**
$$\frac{2\{\phi(J)-\phi(b)-[\Phi(b)-\Phi(J)]J\}}{\Phi(b)-\Phi(a)}$$

ここで
$$J=\frac{\phi(a)-\phi(b)}{\Phi(b)-\Phi(a)}$$

(7) **歪　度**
$$-\frac{1}{V^{\frac{3}{2}}}[2(z_1-z_0)^3+(3Bz_1-3Az_0-1)(z_1-z_0)+B^2z_1-A^2z_0]$$

(8) **尖　度**
$$\frac{1}{V^2}[-3(z_1-z_0)^4-6(Bz_1-Az_0)(z_1-z_0)^2-2(z_1-z_0)^2$$
$$-4(B^2z_1-A^2z_0)(z_1-z_0)-3(Bz_1-Az_0)$$
$$-(B^3z_1-A^3z_0)+3]$$

ここで
$$V=1-(Bz_1-Az_0)-(z_1-z_0)^2$$
$$z_0=\frac{\phi(A)}{\Phi(B)-\Phi(A)},\qquad z_1=\frac{\phi(B)}{\Phi(B)-\Phi(A)}$$

8.1.2 単一切断正規分布

$A\to-\infty$ のときこの分布は上から切断された，$B\to\infty$ のとき下から切断された単一切断正規分布とよばれる．

$B\to\infty$ のとき $\phi(b)=0$，$\Phi(b)=1$ であるから，8.1.1 項 (4)，(5) は

$$期待値=\mu+\frac{\sigma}{R(a)}$$

$$分散=\sigma^2\left\{1+\frac{a}{R(a)}-\left[\frac{1}{R(a)}\right]^2\right\} \tag{8.4}$$

となる．ここで

$$R(a)=\frac{1-\Phi(a)}{\phi(a)}$$

はミルズ比 Mills' ratio である．

さらに $A=0$，$B\to\infty$，すなわち x は 0 を除き，$x>0$ の領域で定義されているとき

$$a=-\frac{\mu}{\sigma}, \qquad b=\frac{B-\mu}{\sigma}\to\infty$$

であるから

$$\phi(a)=\phi\left(-\frac{\mu}{\sigma}\right)=\phi\left(\frac{\mu}{\sigma}\right)$$

$$1-\Phi(a)=1-\Phi\left(-\frac{\mu}{\sigma}\right)=\Phi\left(\frac{\mu}{\sigma}\right)$$

と表され，したがって

$$期待値=\mu+\sigma\frac{\phi\left(\frac{\mu}{\sigma}\right)}{\Phi\left(\frac{\mu}{\sigma}\right)} \tag{8.5}$$

$$分散=\sigma^2-\mu\sigma\frac{\phi\left(\frac{\mu}{\sigma}\right)}{\Phi\left(\frac{\mu}{\sigma}\right)}-\sigma^2\left[\frac{\phi\left(\frac{\mu}{\sigma}\right)}{\Phi\left(\frac{\mu}{\sigma}\right)}\right]^2 \tag{8.6}$$

となる．$x>0$ の領域でのみ定義されているということは条件 $\{x>0\}$ が与えられていると考えれば，上の期待値と分散の式は，通常の正規分布の $E(X|x>0)$ であり，$\mathrm{var}(X|x>0)$ である（この証明は蓑谷（1997），第 19 章数学注（2）にある）．

$B\to\infty$ のとき歪度と尖度は次のようになる．

$$歪度 \quad \frac{2z_0^3-3Az_0^2+(A^2-1)z_0}{V_0^{\frac{3}{2}}}$$

$$尖度 \quad \frac{-3z_0^4+6Az_0^3-2(2A^2+1)z_0^2-(A^3+3A)z_0+3}{V_0^2}$$

ここで

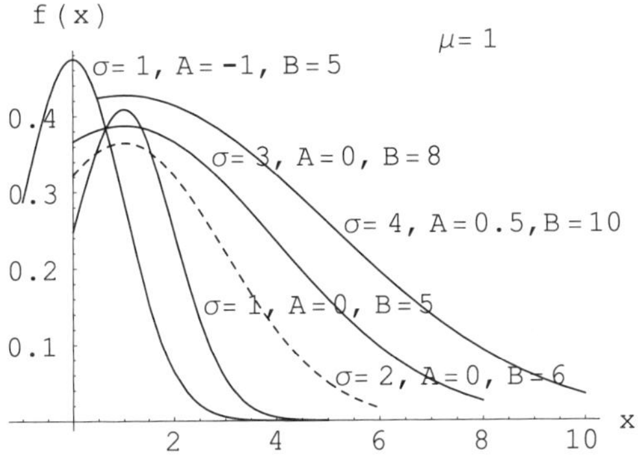

図 8.1 切断正規分布

$$V_0=1+Az_0-z_0^2, \qquad z_0=\frac{\phi(A)}{1-\Phi(A)}$$

8.1.3 半正規分布

$A=0$, $B=\infty$ で $\mu=0$ のとき切断正規分布は半正規分布になる．半正規分布については 8.3 節で説明する．

8.1.4 グ ラ フ

図 8.1 は $\mu=1$ を固定して，$(\sigma, A, B)=(1, -1, 5)$，$(1, 0, 5)$，$(2, 0, 6)$，$(3, 0, 8)$，$(4, 0.5, 10)$ の切断正規分布のグラフである．

8.1.5 パラメータ推定

$B\to\infty$ のとき μ および σ^2 の推定量はそれぞれ次式で与えられる．

$$\mu \text{ の推定量} \quad A-\frac{2m_1'm_2'-m_3'}{2m_1'^2-m_2'}$$

$$\sigma^2 \text{ の推定量} \quad \frac{m_1'm_3'-m_2'^2}{2m_1'^2-m_2'}$$

ここで

$$m_r'=\frac{1}{n}\sum_{i=1}^{n}(X_i-A)^r$$

8.2 切断2変量正規分布

8.2.1 pdf と mgf

2変量正規分布に従う同時pdfを $f(x_1, x_2)$ ((6.1) 式) とする．X_2 は A 以下，B 以上で切断されているとき，この切断2変量正規分布の同時pdfは次式で与えられる．

$$g(x_1, x_2) = \frac{f(x_1, x_2)}{\Phi\left(\frac{B-\mu_2}{\sigma_2}\right) - \Phi\left(\frac{A-\mu_2}{\sigma_2}\right)} \tag{8.7}$$

$$-\infty < x_1 < \infty, \qquad A < x_2 < B$$

$Z_1 = (X_1 - \mu_1)/\sigma_1$, $Z_2 = (X_2 - \mu_2)/\sigma_2$ とおくと，Z_1 と Z_2 の mgf は次式になる (Arnold *et al.* (1993))．

$$M_Z(t_1, t_2)$$
$$= \frac{1}{\gamma}\exp\left[\frac{1}{2}(t_1^2 + 2\rho t_1 t_2 + t_2^2)\right][\Phi(\beta - \rho t_1 - t_2) - \Phi(\alpha - \rho t_1 - t_2)] \tag{8.8}$$

ここで

$$\alpha = \frac{A-\mu_2}{\sigma_2}, \qquad \beta = \frac{B-\mu_2}{\sigma_2}, \qquad \gamma = \Phi(\beta) - \Phi(\alpha)$$

Z_1 の pdf $g_1(z_1)$ および mgf$M_1(t)$ は次式になる．

$$g_1(z_1) = \frac{1}{\gamma}\phi(z_1)\left\{\Phi\left(\frac{\beta - \rho z_1}{\sqrt{1-\rho^2}}\right) - \Phi\left(\frac{\alpha - \rho z_1}{\sqrt{1-\rho^2}}\right)\right\} \tag{8.9}$$

$$M_1(t) = M_Z(t, 0)$$
$$= \frac{1}{\gamma}\{\Phi(\beta - \rho t) - \Phi(\alpha - \rho t)\}\exp\left(\frac{t^2}{2}\right) \tag{8.10}$$

したがってこの mgf より

$$E(Z_1) = \frac{\rho}{\gamma}[\phi(\alpha) - \phi(\beta)] \tag{8.11}$$

が得られる．

一般に $E(Z_1{}^k)$ と $E(X_1{}^k)$ の間には次の関係がある．

$$E(X_1{}^k) = \sum_{j=0}^{k}\binom{k}{j}\mu_1{}^{k-j}\sigma_1{}^j E(Z_1{}^j) \tag{8.12}$$

8.2.2　X_1 の pdf

(8.7) 式を X_2 に関して積分し，次式の X_1 の pdf が得られる．

$$h_1(x_1)=\frac{1}{\sigma_1}g\left(\frac{x_1-\mu_1}{\sigma_1}\right),\qquad -\infty<x_1<\infty \tag{8.13}$$

ここで関数 g は

$$g(u)=\frac{1}{\gamma}\phi(u)\left\{\Phi\left(\frac{\beta-\rho u}{\sqrt{1-\rho^2}}\right)-\Phi\left(\frac{\alpha-\rho u}{\sqrt{1-\rho^2}}\right)\right\} \tag{8.14}$$

である．

とくに $\alpha=0$（すなわち $A=\mu_2$），$\beta\to\infty$（すなわち $B\to\infty$）のとき，$\gamma=1/2$ となり (8.14) 式は

$$g(u)=2\phi(u)\Phi\left(\frac{\rho u}{\sqrt{1-\rho^2}}\right)=2\phi(u)\Phi(\lambda u) \tag{8.15}$$

$$\lambda=\frac{\rho}{\sqrt{1-\rho^2}}$$

となる．この (8.15) 式は 8.7 節で説明する非対称正規分布であり，(8.15) 式の λ は ρ の関数である．$\rho=0$ のとき $g(u)=\phi(u)$，$h_1(x_1)$ は $N(\mu_1, \sigma_1^2)$ になる．

8.2.3　グ　ラ　フ

(8.7) 式の $g(x_1, x_2)$ のグラフは，$\mu_1=\mu_2=0$，$\sigma_1=\sigma_2=1$，$A=0$，$B=4$ を固定して，**図 8.2** に $\rho=0$，**図 8.3** に $\rho=0.9$，**図 8.4** に $\rho=-0.9$ のケースが示されている．

図 8.5 は $g(u)$ が (8.15) 式で与えられるときの (8.13) 式の $h_1(x_1)$ のグラフで，$\sigma_1=1$ を固定して，$(\mu_1, \rho)=(0, -0.9)$，$(0, 0)$，$(0, 0.9)$，$(2, 0.9)$ のケースが示されている．

8.2.4　パラメータ推定

$\alpha=0$，$\beta\to\infty$ のとき (8.13) 式と (8.15) 式から，X_1 の pdf は次式になる．

$$h_1(x_1)=\frac{2}{\sigma_1}\phi\left(\frac{x_1-\mu_1}{\sigma_1}\right)\Phi\left[\frac{\rho\dfrac{(x_1-\mu_1)}{\sigma_1}}{\sqrt{1-\rho^2}}\right] \tag{8.16}$$

この (8.16) 式のパラメータ μ_1，σ_1^2，ρ の推定量を以下に示す．

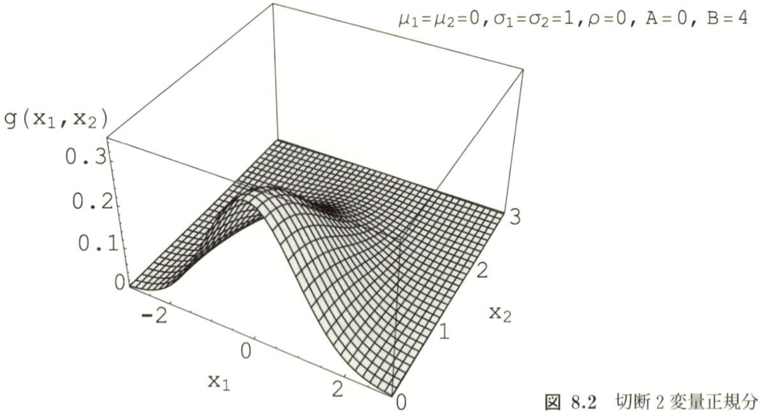

図 8.2 切断 2 変量正規分布

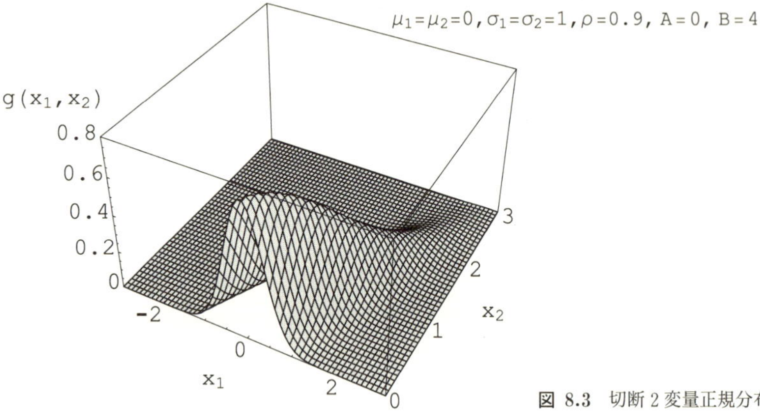

図 8.3 切断 2 変量正規分布

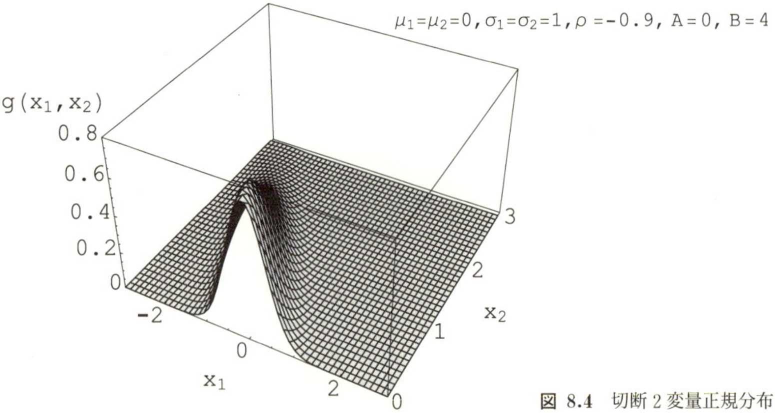

図 8.4 切断 2 変量正規分布

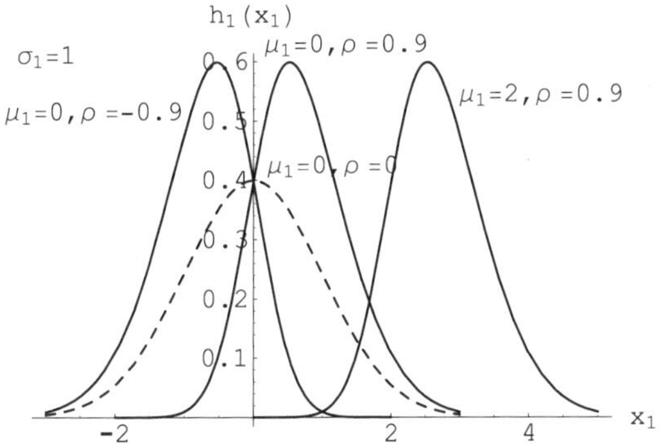

図 8.5 切断 2 変量正規分布における X_1 の周辺分布

(1) モーメント法

$$\tilde{\mu}_1 = \bar{X}_1 - a_1\left(\frac{m_3}{b_1}\right)^{\frac{1}{3}}$$

$$\tilde{\sigma}_1{}^2 = s^2\left[1 - \frac{a_1{}^2}{s^2\left(\frac{b_1}{m_3}\right)^{\frac{2}{3}} + a_1{}^2}\right]^{-1} \tag{8.17}$$

$$\tilde{\rho} = \left[a_1{}^2 + s^2\left(\frac{b_1}{m_3}\right)^{\frac{2}{3}}\right]^{-\frac{1}{2}}$$

$$\mathrm{sign}(\tilde{\rho}) = \mathrm{sign}(m_3)$$

ここで

$$a_1 = \left(\frac{2}{\pi}\right)^{\frac{1}{2}}$$

$$b_1 = \left(\frac{4}{\pi} - 1\right)\left(\frac{2}{\pi}\right)^{\frac{1}{2}}$$

$$\bar{X}_1 = \frac{1}{n}\sum_{i=1}^{n} X_{1i}$$

$$s^2 = \frac{1}{n-1}\sum_{i=1}^{n}(X_{1i} - \bar{X}_1)^2$$

(2) 最尤法

(8.16) 式の対数尤度関数は次式になる．

$$\log L = n\log\left(\frac{2}{\sigma_1}\right) - \frac{n}{2}\log(2\pi) - \frac{1}{2\sigma_1{}^2}\sum_{i=1}^{n}(x_{1i} - \mu_1)^2 + \sum_{i=1}^{n}\log\Phi\left[\lambda\left(\frac{x_{1i} - \mu_1}{\sigma_1}\right)\right]$$

μ_1，σ_1^2，λ の最尤推定量（MLE）は次式を満たさなければならない．

$$\hat{\mu}_1=\bar{X}_1-\left(\frac{\hat{\lambda}\,\hat{\sigma}_1}{n}\right)\sum_{i=1}^{n}W(x_{1i})$$

$$\hat{\sigma}_1{}^2=\frac{1}{n}\sum_{i=1}^{n}(x_{1i}-\hat{\mu}_1)^2$$

$$0=\sum_{i=1}^{n}\left(\frac{x_{1i}-\hat{\mu}_1}{\hat{\sigma}_1}\right)W(x_{1i})$$

したがってMLEは次のように表すことができる．

$$\hat{\lambda}=\frac{\sum_{i=1}^{n}\left(\frac{x_{1i}-\hat{\mu}_1}{\hat{\sigma}_1}\right)}{\sum_{i=1}^{n}W(x_{1i})}$$

$$\hat{\sigma}_1{}^2=\frac{1}{n}\sum_{i=1}^{n}(x_{1i}-\hat{\mu}_1)^2$$

$$\hat{\mu}_1=\frac{\sum_{i=1}^{n}x_{1i}W(x_{1i})}{\sum_{i=1}^{n}W(x_{1i})} \tag{8.18}$$

$$\hat{\rho}=\frac{\hat{\lambda}}{(1+\hat{\lambda}^2)^{\frac{1}{2}}}$$

ここで

$$W(x_{1i})=\frac{\phi\left[\frac{\hat{\lambda}(x_{1i}-\hat{\mu}_1)}{\hat{\sigma}_1}\right]}{\Phi\left[\frac{\hat{\lambda}(x_{1i}-\hat{\mu}_1)}{\hat{\sigma}_1}\right]}$$

である．

$\rho=0$，したがって $\lambda=0$ のときは通常の

$$\hat{\mu}=\bar{x}_1,\quad \hat{\sigma}_1{}^2=\frac{1}{n}\sum_{i=1}^{n}(x_{1i}-\bar{x}_1)^2$$

となる．

もし λ が固定されていれば，次式によって μ_1，σ_1^2 のMLEが得られる．

$$\hat{\mu}_1=\bar{x}_1-\left(\frac{\lambda\hat{\sigma}_1}{n}\right)\sum_{i=1}^{n}W(x_{1i})$$

$$\hat{\sigma}_1{}^2=\frac{1}{n}\sum_{i=1}^{n}(x_{1i}-\hat{\mu}_1)^2-\left(\frac{\lambda\hat{\sigma}_1}{n}\right)\sum_{i=1}^{n}(x_{1i}-\hat{\mu}_1)W(x_{1i})$$

8.2.5　単一切断2変量正規分布の期待値と分散

$B\to\infty$ のとき，すなわち $-\infty<x_1<\infty$，$A<x_2<\infty$ のとき，$\gamma=1-\Phi(\alpha)=\Phi(-\alpha)$ となり，(8.8) 式より (X_1, X_2) の mgf は

$$M_X(t_1, t_2)=\exp(\mu_1 t_1+\mu_2 t_2)M_Z(\sigma_1 t_1, \sigma_2 t_2)$$

で与えられるから

$$M_X(t_1, t_2)=\frac{\Phi(\rho\sigma_1 t_1+\sigma_2 t_2-\alpha)}{\Phi(-\alpha)}\exp\left[t_1\mu_1+t_2\mu_2+\frac{1}{2}(\sigma_1^2 t_1^2+2\rho\sigma_1\sigma_2 t_1 t_2+\sigma_2^2 t_2)\right] \tag{8.19}$$

となる．この mgf より cgf は次式になる．

$$K_X(t_1, t_2)=\log\Phi(\rho\sigma_1 t_1+\sigma_2 t_2-\alpha)-\log\Phi(-\alpha)+t_1\mu_1+t_2\mu_2+\frac{1}{2}(\sigma_1^2 t_1^2+2\rho\sigma_1\sigma_2 t_1 t_2+\sigma_2^2 t_2) \tag{8.20}$$

この cgf より

$$E(X_2)=\left.\frac{\partial K_X(t_1, t_2)}{\partial t_2}\right|_{t_1=t_2=0}=\mu_2+\frac{\sigma_2\phi(-\alpha)}{\Phi(-\alpha)} \tag{8.21}$$

$$\mathrm{var}(X_2)=\sigma_2^2\left\{1+\frac{\alpha\phi(\alpha)}{\Phi(-\alpha)}-\left[\frac{\phi(\alpha)}{\Phi(-\alpha)}\right]^2\right\} \tag{8.22}$$

を得る．同様に次の結果が得られる．

$$E(X_1)=\left.\frac{\partial K_X(t_1, t_2)}{\partial t_1}\right|_{t_1=t_2=0}=\mu_1+\rho\sigma_1\frac{\phi(\alpha)}{\Phi(-\alpha)} \tag{8.23}$$

$$\mathrm{var}(X_1)=\left.\frac{\partial^2 K_X(t_1, t_2)}{\partial t_1^2}\right|_{t_1=t_2=0}=\sigma_1^2\left\{1+\alpha\rho^2\frac{\phi(\alpha)}{\Phi(-\alpha)}-\rho^2\left[\frac{\phi(\alpha)}{\Phi(-\alpha)}\right]^2\right\} \tag{8.24}$$

この (8.23) 式と (6.17) 式，(8.24) 式と (6.18) 式との類似と相違に注目されたい．

8.3　折り返し正規分布および半正規分布

確率変数 X は正あるいは負の実数をとり得るが，絶対値 $|X|$ の分布に関心がある場合がある．たとえば，X を資産の収益率とすると，X は長い記憶 long memory をもたないが，$|X|$ は長い記憶をもつといわれる．このような

場合 $|X|$ の分布を知る必要が生ずる．

$|X|$ の分布は折り返し分布 folded distribution とよばれる．とくに $X\sim N(\mu,\sigma^2)$ のとき，$|X|$ の分布は折り返し正規分布 folded normal distribution とよばれる．

8.3.1 特　　性

(a)　$X\sim N(\mu,\sigma^2)$ のとき，$Y=|X|$ の pdf $g(y)$ は次式となる．

$$g(y)=\sqrt{\frac{2}{\pi}}\cdot\frac{1}{\sigma}\cosh\left(\frac{\mu y}{\sigma^2}\right)\exp\left(-\frac{y^2+\mu^2}{2\sigma^2}\right) \tag{8.25}$$

$$y>0, \qquad -\infty<\mu<\infty, \qquad \sigma>0$$

(b)　Y の期待値と分散は次式で与えられる．

$$\begin{aligned} E(Y)&=\sigma\sqrt{\frac{2}{\pi}}\exp\left(-\frac{\mu^2}{2\sigma^2}\right)-\mu\left[1-2\Phi\left(\frac{\mu}{\sigma}\right)\right] \\ \mathrm{var}(Y)&=\mu^2+\sigma^2-[E(Y)]^2 \end{aligned} \tag{8.26}$$

(c)　U を自由度 1，非心パラメータ μ^2/σ^2 の非心カイ 2 乗分布に従う確率変数とすると，Y の pdf $g(y)$ は $\sigma\sqrt{U}$ の pdf でもある．

(d)　折り返し正規分布は $\mu=0$ のとき半正規分布 half normal distribution とよばれる．半正規分布の pdf は次のようになる．

$$g(y)=\sqrt{\frac{2}{\pi}}\left(\frac{1}{\sigma}\right)\exp\left(-\frac{y^2}{2\sigma^2}\right) \tag{8.27}$$

$$y>0, \qquad \sigma>0$$

さらに $\sigma=1$ のとき

$$g(y)=\sqrt{\frac{2}{\pi}}\exp\left(-\frac{y^2}{2}\right), \qquad y>0 \tag{8.28}$$

となり，これは自由度 1 のカイ分布の pdf に等しい．

(e)　(d) で述べたことから，$X\sim N(0,1)$ のとき，$Y=|X|$ の pdf は

$$g(y)=\sqrt{\frac{2}{\pi}}\exp\left(-\frac{y^2}{2}\right)$$

で与えられ，このとき Y の特性は以下のとおりである．

(i)　原点まわりのモーメント

$$\mu'_{2r}=\frac{(2r)!}{2^r r!},\qquad r=0,1,2,\cdots$$
$$\mu'_{2r+1}=2^r r!\left(\frac{2}{\pi}\right)^{\frac{1}{2}},\qquad r=0,1,2,\cdots \tag{8.29}$$

この μ'_{2r}，μ'_{2r+1} は2.2節（22)，(23）の定積分を用いて導いている．μ'_1 から μ'_4 まで2.2節（26）の定積分で示している．

（ii）　mgf

$$M(t)=\exp\left(\frac{1}{2}t^2\right)\left(\frac{2}{\pi}\right)^{\frac{1}{2}}\int_{-\infty}^{t}e^{-\frac{u^2}{2}}du \tag{8.30}$$

$$\left(\frac{2}{\pi}\right)^{\frac{1}{2}}\int_{-\infty}^{t}\exp\left(-\frac{u^2}{2}\right)du=2\Phi(t)$$

であるから，mgf は

$$M(t)=2\exp\left(\frac{1}{2}t^2\right)\Phi(t)$$

と表すこともできる．この mgf は2.1節不定積分（25）を用いて導出している．

（iii）　キュミュラント

$$\kappa_1=\mu=\left(\frac{2}{\pi}\right)^{\frac{1}{2}}$$

$$\kappa_2=\mathrm{var}(Y)=1-\frac{2}{\pi}$$

$$\kappa_3=\left(\frac{4}{\pi}-1\right)\left(\frac{2}{\pi}\right)^{\frac{1}{2}}$$

$$\kappa_4=\left(1-\frac{3}{\pi}\right)\left(\frac{8}{\pi}\right)$$

（f）

$$\cosh z=\frac{e^z+e^{-z}}{2}$$

であるから，$X\sim N(\mu,\sigma^2)$ のとき $Y=|X|$ の pdf は次のように表すこともできる．

$$g(y)=\frac{1}{\sqrt{2\pi}\sigma}\left\{\exp\left[-\frac{(y-\mu)^2}{2\sigma^2}\right]+\exp\left[-\frac{(y+\mu)^2}{2\sigma^2}\right]\right\} \tag{8.31}$$
$$y>0,\qquad -\infty<\mu<\infty,\qquad \sigma>0$$

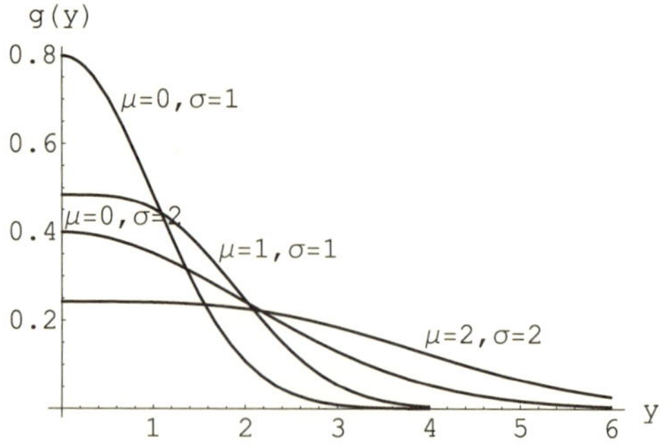

図 8.6 折り返し正規分布

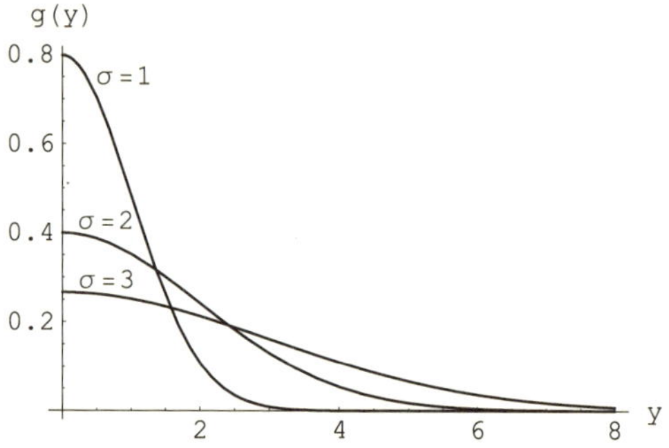

図 8.7 半正規分布

8.3.2 折り返し正規分布および半正規分布のグラフ

図 8.6 は $(\mu, \sigma)=(0,1)$, $(0,2)$, $(1,1)$, $(2,2)$ の折り返し正規分布のグラフである．

図 8.7 は $\sigma=1,2,3$ の半正規分布のグラフである．

8.4 次数 r の正規分布族

8.4.1 特　　性

Vianelli (1983) は次の pdf をもつ確率変数を，次数 r の正規分布族と名付けた．

$$f(x)=\frac{1}{2r^{\frac{1}{r}}\Gamma\left(1+\frac{1}{r}\right)S_r}\exp\left\{-\frac{|x-M|^r}{rS_r{}^r}\right\} \tag{8.32}$$

$$-\infty<x<\infty, \quad r>0$$

$M=$期待値あるいは中位数

$$S_r{}^r=E|X-M|^r$$

であり，S_r を Vianelli は $f(x)$ の構造変動指標 structural variability index とよんだ．

$S_r{}^r$ を一般的に与えることはできないが，正規分布の r 次平均偏差

$$\nu_r=E|X-\mu|^r$$

を $S_r{}^r$ としても $f(x)$ は pdf になる．

(a) $r=1$ のとき

$M=\mu$，$S_1{}^1=S_1=\nu_1=\sqrt{\dfrac{2}{\pi}}\sigma$ とおけば

$$f(x)=\frac{\sqrt{\pi}}{2\sqrt{2}\,\sigma}\exp\left\{-\frac{\sqrt{\pi}}{\sqrt{2}\,\sigma}|x-\mu|\right\}$$

となり，これは

$$\phi=\sqrt{\frac{2}{\pi}}\sigma$$

とおけばラプラス分布に等しい．

したがって

$$E(X)=\mu, \quad \mathrm{var}(X)=2\phi^2=\frac{4\sigma^2}{\pi}$$

となる．

(b) $r=2$ のとき

$M=\mu$ とおくと，$S_2{}^2=\nu_2=\sigma^2$ であるから，このとき $f(x)$ は $N(\mu,\sigma^2)$ になる．

(c) $r=3$ のとき

$M=\mu$，$S_3{}^3=\nu_3=2\sigma^3\sqrt{\dfrac{2}{\pi}}$ とおくと

$$f(x)=\frac{1}{2\cdot 3^{\frac{1}{3}}\Gamma\left(1+\frac{1}{3}\right)\nu_3{}^{\frac{1}{3}}}\exp\left\{-\frac{|x-\mu|^3}{3\nu_3}\right\}$$

となる．

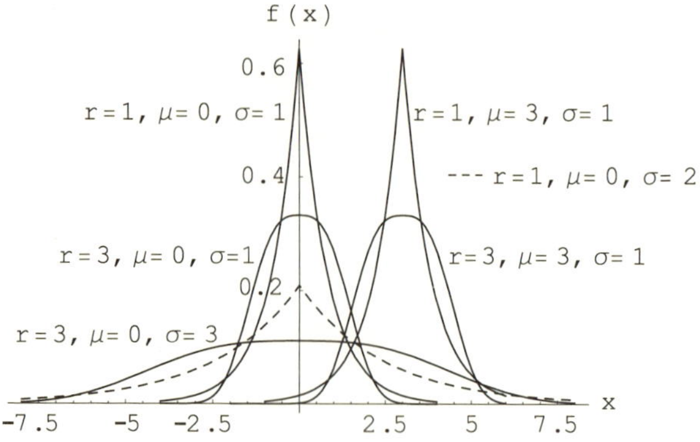

図 8.8　次数 r の正規分布族

8.4.2 グ ラ フ

図8.8は $(r, \mu, \sigma)=(1,0,1)$, $(1,0,2)$, $(1,3,1)$, $(3,0,1)$, $(3,0,3)$, $(3,3,1)$ の6通りの次数 r の正規分布族のグラフである．$r=1$ のときの $(\mu, \sigma)=(0,1)$, $(0,2)$, $(3,1)$ の3ケースの期待値はそれぞれ 0, 0, 3, 分散は $4/\pi$, $16/\pi$, $4/\pi$ であり，$\sqrt{\beta_1}$ はすべて0, $\beta_2=$すべて6である．$\sqrt{\beta_1}$, β_2 はラプラス分布と同じである．

$r=3$ のときの $(\mu, \sigma)=(0,1)$, $(0,3)$, $(3,1)$ の3ケースの期待値はそれぞれ0, 0, 3, 分散は1.06031, 9.54276, 1.06031, $\sqrt{\beta_1}$ はすべて0, β_2 は2.71889, 2.41840, 2.71889 とすべて3より小さい．

8.5　2変量半正規分布

2変量正規分布において，$\mu_1=0$, $\mu_2=0$ のときの $(|X_1|, |X_2|)$ の分布を2変量半正規分布 bivariate half normal distribution という．絶対値を外して示す．結合 pdf は次式で与えられる．

$$f(x_1, x_2)=2[\pi\sigma_1\sigma_2\sqrt{1-\rho^2}]^{-1} \times\left\{\exp\left[-\frac{\left(\frac{x_1}{\sigma_1}\right)^2+\left(\frac{x_2}{\sigma_2}\right)^2}{2(1-\rho^2)}\right]\cosh\left[\frac{\rho x_1x_2}{(1-\rho^2)\sigma_1\sigma_2}\right]\right\} \quad (8.33)$$

$$x_1>0, \qquad x_2>0$$

$X_1=x_1$ が与えられたときの条件つき期待値は次式になる.

$$E(X_2|x_1)=|\rho|x_1+2\phi\left(\frac{\rho x_1}{\sqrt{1-\rho^2}}\right)$$

ここで $\phi(\cdot)$ は標準正規変数の pdf である.

図 8.9, **図 8.10** は $\sigma_1=\sigma_2=1$, $\rho=0$ のときの $f(x_1, x_2)$ と等高線, **図 8.11**, **図 8.12** は $\sigma_1=\sigma_2=1$, $\rho=0.9$ のときの $f(x_1, x_2)$ と等高線である. $\rho=-0.9$

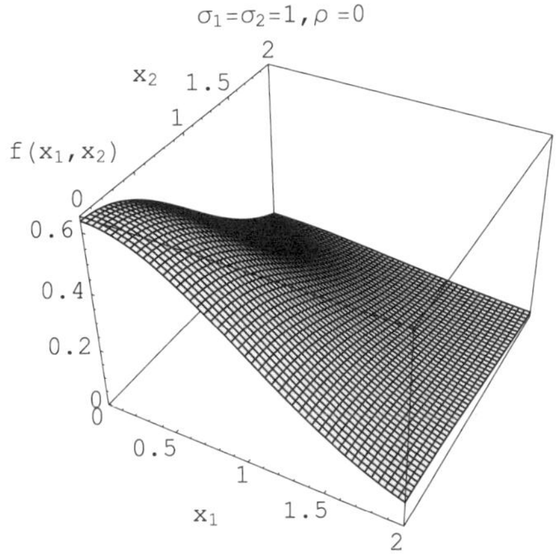

図 8.9　2 変量半正規分布

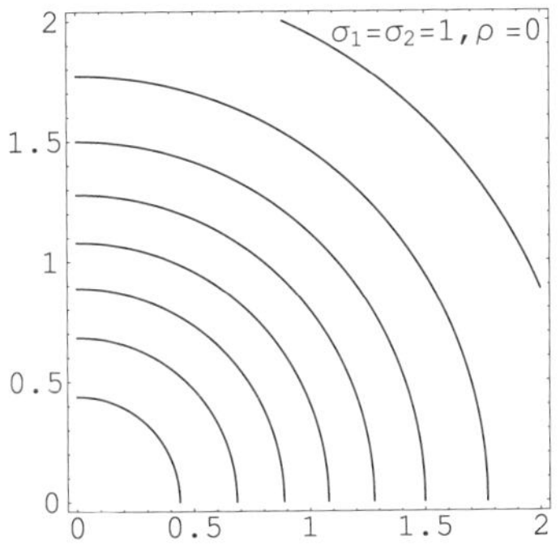

図 8.10　2 変量半正規分布(図 8.9)の等高線

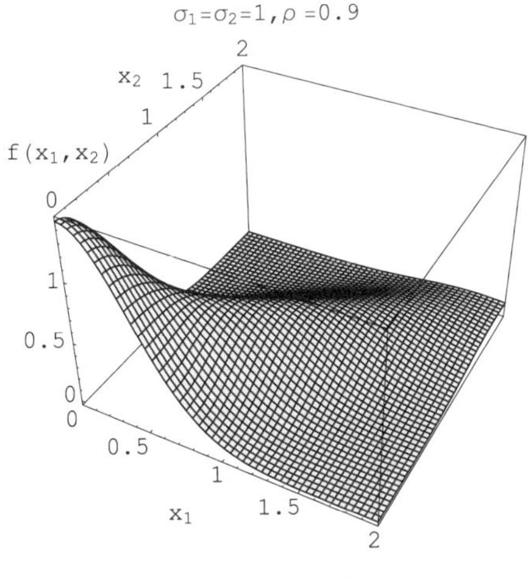

図 8.11　2 変量半正規分布

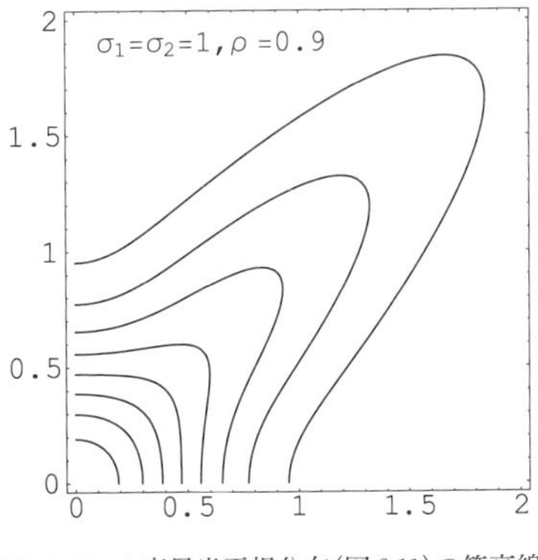

図 8.12　2 変量半正規分布(図 8.11)の等高線

のときも $f(x_1, x_2)$, 等高線とも $\rho=0.9$ の場合と同じである.

8.6 ベキ正規分布

次の pdf をもつ確率変数 X はベキ正規分布 power-normal distribution に従うといわれる.

$$\frac{1}{\sqrt{2\pi}\sigma}\cdot\frac{x^{\lambda-1}}{A}\exp\left[-\frac{1}{2\sigma^2}(Z(\lambda)-\mu)^2\right] \qquad (8.34)$$

$$0<x<\infty$$

ここで

$$Z(\lambda)=\begin{cases}\dfrac{x^\lambda-1}{\lambda}, & \lambda\neq 0\\ \log x, & \lambda=0\end{cases}$$

は x のボックス-コックス変換である.

$m=\dfrac{|1+\lambda\mu|}{\lambda\sigma}$ とすると

$$A=\begin{cases}\Phi(m), & \lambda>0\\ 1, & \lambda=0\\ \Phi(-m), & \lambda<0\end{cases}$$

$\Phi(\cdot)$ は標準正規変数の cdf

$\lambda=0$ のベキ正規分布は対数正規分布になる.

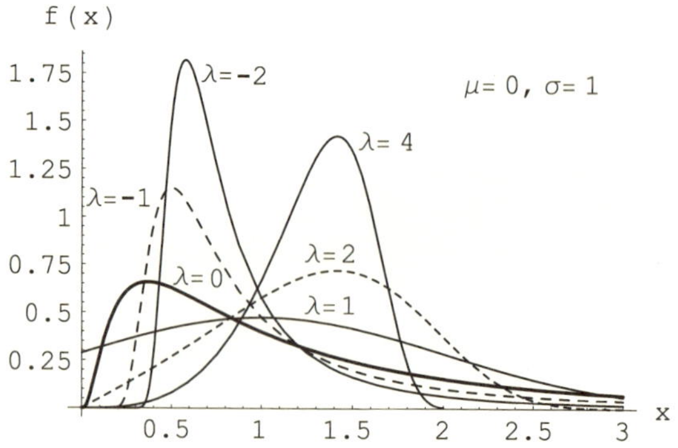

図 8.13 ベキ正規分布

図 8.13 は $\mu=0$，$\sigma=1$ を固定して，$\lambda=-2,-1,0,1,2,4$ と変えたときのベキ正規分布の pdf である．

8.7　非対称正規分布

確率変数 X が，pdf

$$f(x)=2\phi(x)\Phi(\lambda x),\quad -\infty<x<\infty \qquad (8.35)$$
$$-\infty<\lambda<\infty$$

に従うとき，X はパラメータ λ の非対称正規分布 skew-normal distribution であるといわれ，$X\sim SN(\lambda)$ と表す．

8.7.1　特　　性

$X\sim SN(\lambda)$ とすると X の mgf は次式で与えられる．

$$M(t)=2\exp\left(\frac{t^2}{2}\right)\Phi(\delta t) \qquad (8.36)$$

ここで

$$\delta=\frac{\lambda}{\sqrt{1+\lambda^2}}$$

である．

2.2 節の定積分 (13) を用いて非対称正規分布の

$$\int_{-\infty}^{\infty}f(x)\,dx=1$$

であること，同じ (13) を用いて mgf もすでに導出した．

この mgf を用いて

$$E(X)=b\delta$$
$$\mathrm{var}(X)=1-(b\delta)^2 \qquad (8.37)$$

ここで

$$b=\sqrt{\frac{2}{\pi}}$$

が得られる．$E(X)$ は 2.2 節の定積分 (6) あるいは (17) からも得られることは前述した．

8.7.2 性　　質

$SN(\lambda)$ は次の性質をもつ.

(a) $SN(0)$ は標準正規分布になる.

(b) $X\sim SN(\lambda)$ ならば$-X\sim SN(-\lambda)$ であり，逆も成り立つ.

(c) $f(x)$ は単峰 unimodal である.

(d) $\lambda\to\infty$ のとき $f(x)$ は半正規分布の pdf に収束する.

(e) $SN(\lambda)$ の cdf を $F(x,\lambda)$ とすると次の関係がある.

$$F(x,-\lambda)=1-F(-x,\lambda)$$
$$F(x,1)=\{\Phi(x)\}^2$$

(f) $X\sim SN(\lambda)$ のとき $X^2\sim\chi^2(1)$

8.7.3 非対称正規分布を発生させるモデル

非対称正規分布は種々のモデルから発生する.

(1) 切断 2 変量正規分布から (8.15) 式で示される $SN(\lambda)$ が得られることはすでに示した.

(2) Z_1，Z_2 はそれぞれ $N(0,1)$ に従い，独立のとき

$$\frac{\lambda}{\sqrt{1+\lambda^2}}|Z_1|+\frac{1}{\sqrt{1+\lambda^2}}Z_2\sim SN(\lambda)$$

$\delta=\lambda/\sqrt{1+\lambda^2}$ とおくと，上式は

$$\delta|Z_1|+(1-\delta^2)^{\frac{1}{2}}Z_2$$

と表すことができる.

$|Z_1|$ の mgf は (8.30) 式に示されているから，$\delta|Z_1|$ の mgf は

$$M_1(t)=2\exp\left(\frac{1}{2}\delta^2t^2\right)\Phi(\delta t)$$

となる．他方 $(1-\delta^2)^{1/2}Z_2$ の mgf は

$$M_2(t)=\exp\left[\frac{1}{2}(1-\delta^2)t^2\right]$$

になり，Z_1 と Z_2 は独立であるから $\delta|Z_1|+(1-\delta^2)^{1/2}Z_2$ の mgf $M(t)$ は

$$M(t)=M_1(t)M_2(t)=2\exp\left(\frac{t^2}{2}\right)\Phi(\delta t)=(8.36)\text{式}$$

となる.

この正規分布と半正規分布の和から得られる非対称正規分布は，計量経済学

で確率的フロンティア生産関数に現れる（蓑谷・牧編（2010），第6章）．

(3)

$$(Z_1, Z_2) \sim \mathrm{SBVN}(\rho)$$

のとき

$$\max(Z_1, Z_2) \sim SN(\lambda)$$

ここで

$$\lambda = \left(\frac{1-\rho}{1+\rho}\right)^{\frac{1}{2}}$$

(Valle (2004))．

(4)　$X \sim SN(\lambda)$，$U \sim U(0,1)$，X と U は独立のとき

$$\frac{X+U}{\sqrt{2}} \sim SN\left(\frac{\lambda}{\sqrt{2+\lambda^2}}\right)$$

8.7.4 グ ラ フ

図 8.14 は（8.35）式の $SN(\lambda)$ のグラフである．$\lambda = -3, -1, 1, 3$ の4ケースを示した．$E(X)$ はそれぞれ $-0.757, -0.564, 0.564, 0.757$ である．

8.7.5 パラメータ推定

（8.35）式の X から位置パラメータ μ，尺度パラメータ σ を入れて

$$Y = \mu + \sigma X$$

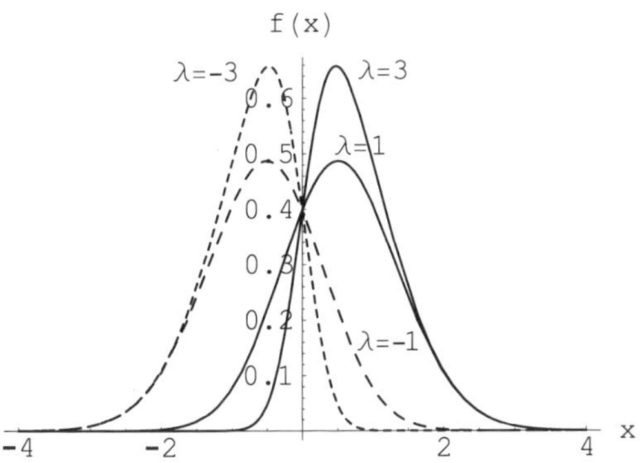

図 8.14　非対称正規分布（(8.35)式）

と変換すると Y の pdf は次式で表される．

$$g(y\,;\,\mu,\sigma,\lambda)=\frac{2}{\sigma}\phi\left(\frac{y-\mu}{\sigma}\right)\Phi\left[\lambda\left(\frac{y-\mu}{\sigma}\right)\right] \tag{8.38}$$

$$E(Y)=\mu+\sigma b\delta$$

$$\mathrm{var}(Y)=\sigma^2[1-(b\delta)^2]$$

$$\delta=\frac{\lambda}{\sqrt{1+\lambda^2}},\qquad b=\sqrt{\frac{2}{\pi}}$$

である．$Y\sim SN(\mu,\sigma,\lambda)$ と表される．

(8.38) 式の対数尤度関数は次式である．

$$\log L=n\log 2-n\log\sigma-\frac{n}{2}\log(2\pi)-\frac{1}{2\sigma^2}\sum_{i=1}^{n}(y_i-\mu)^2+\log\sum_{i=1}^{n}\Phi\left[\lambda\left(\frac{y_i-\mu}{\sigma}\right)\right]$$

μ，σ^2，λ の MLE は次式の解として得られる．

$$\hat{\mu}=\bar{y}-\hat{\lambda}\,\hat{\sigma}\,\bar{\beta}$$

$$\hat{\sigma}^2=s^2(1-\hat{\lambda}^2\bar{\beta}^2)^{-1}$$

$$\sum_{i=1}^{n}\beta_i\left(\frac{y_i-\hat{\mu}}{\hat{\sigma}}\right)=0$$

ここで

$$\beta_i=\frac{\phi\left[\hat{\lambda}\left(\frac{y_i-\hat{\mu}}{\hat{\sigma}}\right)\right]}{\Phi\left[\hat{\lambda}\left(\frac{y_i-\hat{\mu}}{\hat{\sigma}}\right)\right]}$$

$$\bar{\beta}=\frac{1}{n}\sum_{i=1}^{n}\beta_i$$

$$\bar{y}=\frac{1}{n}\sum_{i=1}^{n}y_i$$

$$s^2=\frac{1}{n-1}\sum_{i=1}^{n}(y_i-\bar{y})^2$$

である (Valle (2004))．

8.7.6　$SN(\lambda)$ の一般化

(8.35) 式の $SN(\lambda)$ はパラメータを 1 個追加して，pdf を

$$f(x\,;\,\alpha_0,\alpha_1)=\frac{\phi(x)\,\Phi(\alpha_0+\alpha_1 x)}{\Phi\left(\dfrac{\alpha_0}{\sqrt{1+\alpha_1{}^2}}\right)} \tag{8.39}$$

と一般化することができる．(8.35) 式は $\alpha_0=0$，$\alpha_1=\lambda$ のケースである．(8.39) 式は 2.2 節 (13) から得られる pdf である．

(8.39) 式の mgf は 2.2 節 (13) を用いて

$$M(t)=\frac{\exp\left(\dfrac{t^2}{2}\right)\Phi\left(\dfrac{\alpha_0+\alpha_1 t}{\sqrt{1+\alpha_1{}^2}}\right)}{\Phi\left(\dfrac{\alpha_0}{\sqrt{1+\alpha_1{}^2}}\right)} \tag{8.40}$$

となる．

$$E(X)=\frac{\dfrac{\alpha_1}{\sqrt{1+\alpha_1{}^2}}\phi\left(\dfrac{\alpha_0}{\sqrt{1+\alpha_1{}^2}}\right)}{\Phi\left(\dfrac{\alpha_0}{\sqrt{1+\alpha_1{}^2}}\right)} \tag{8.41}$$

である．

図 8.15 は (8.39) 式の $(\alpha_0,\alpha_1)=(-5,5)$，$(-2,7)$，$(-0.5,1)$，$(5,3)$，$(5,10)$ のグラフである．

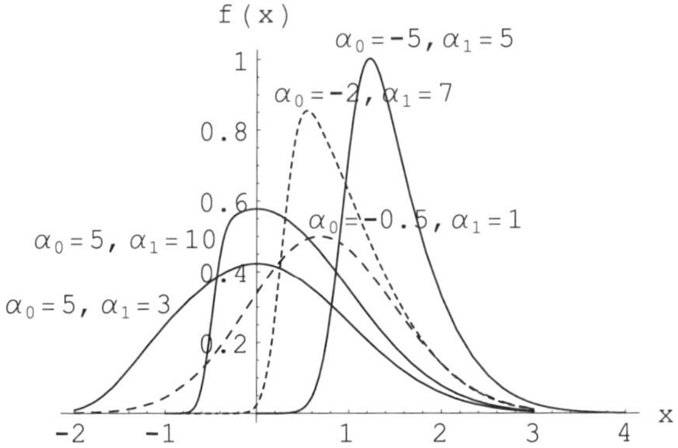

図 8.15　非対称正規分布((8.39)式)

8.8　p 変量非対称正規分布

Azzalini and Valle (1996), Arnold and Beaver (2004) および Valle (2004) を参考にして p 変量非対称正規分布の主要点のみ説明する．詳細はこの 3 論文を参照されたい．

$\boldsymbol{x}$ は $p\times 1$ の確率変数ベクトルとする．$\boldsymbol{x}$ の同時 pdf が次式で与えられるとき $\boldsymbol{x}$ は p 変量非対称正規分布するといわれ，$\boldsymbol{x}\sim SN_p(\boldsymbol{\mu}, \boldsymbol{\Omega}, \boldsymbol{\alpha})$ と表す．

$$f(\boldsymbol{x})=2\phi_p(\boldsymbol{x}\,;\,\boldsymbol{\mu}, \boldsymbol{\Omega})\,\Phi[\boldsymbol{\alpha}'(\boldsymbol{x}-\boldsymbol{\mu})] \tag{8.42}$$

ここで

$\phi_p(\boldsymbol{x}\,;\,\boldsymbol{\mu}, \boldsymbol{\Omega})$ は $E(\boldsymbol{x})=\boldsymbol{\mu}$，$\mathrm{var}(\boldsymbol{x})=\boldsymbol{\Omega}$ の p 変量正規分布の同時 pdf（11.1 節参照）．

$\boldsymbol{\alpha}=p\times 1$ の定数ベクトル

$\boldsymbol{x}\sim SN_p(\boldsymbol{0}, \boldsymbol{\Omega}, \boldsymbol{\alpha})$ のとき

$$\boldsymbol{y}=\boldsymbol{\mu}+\boldsymbol{\Lambda}\boldsymbol{x}$$

$$\boldsymbol{\mu}=\begin{bmatrix}\mu_1\\ \vdots \\ \mu_p\end{bmatrix}, \qquad \boldsymbol{\Lambda}=\mathrm{diag}(\lambda_1, \cdots, \lambda_p)$$

とすると，$\boldsymbol{y}$ の pdf は

$$g(\boldsymbol{y})=2\phi_p(\boldsymbol{y}\,;\,\boldsymbol{\mu}, \boldsymbol{\Lambda\Omega\Lambda})\,\Phi[\boldsymbol{\alpha}'\boldsymbol{\Lambda}^{-1}(\boldsymbol{y}-\boldsymbol{\mu})]$$

と表すことができる．

8.8.1　特　　性

(1)　$\boldsymbol{x}\sim SN_p(\boldsymbol{\mu}, \boldsymbol{\Omega}, \boldsymbol{\alpha})$ のとき

$$\begin{aligned} E(\boldsymbol{x})&=\boldsymbol{\mu}+\left(\frac{2}{\pi}\right)^{\frac{1}{2}}\boldsymbol{\delta} \\ \mathrm{var}(\boldsymbol{x})&=\boldsymbol{\Omega}-\frac{2}{\pi}\boldsymbol{\delta}\boldsymbol{\delta}' \end{aligned} \tag{8.43}$$

ここで

$$\boldsymbol{\delta}=\frac{\boldsymbol{\Omega\alpha}}{\sqrt{1+\boldsymbol{\alpha}'\boldsymbol{\Omega\alpha}}}$$

(2)　$\boldsymbol{x}\sim SN_p(\boldsymbol{0}, \boldsymbol{\Omega}, \boldsymbol{\alpha})$ の mgf（Azzalini and Valle (1996)）

$$M(\boldsymbol{t})=2\exp\left(\frac{1}{2}\boldsymbol{t}'\boldsymbol{\Omega}\boldsymbol{t}\right)\Phi\left(\frac{\boldsymbol{\alpha}'\boldsymbol{\Omega}\boldsymbol{t}}{\sqrt{1+\boldsymbol{\alpha}'\boldsymbol{\Omega}\boldsymbol{\alpha}}}\right) \tag{8.44}$$

したがって cgf は次式になる．

$$K(\boldsymbol{t})=\log M(\boldsymbol{t})$$
$$=\frac{1}{2}\boldsymbol{t}'\boldsymbol{\Omega}\boldsymbol{t}+\log[2\Phi(\boldsymbol{\lambda}'\boldsymbol{t})]$$

ここで

$$\boldsymbol{\lambda}=\frac{\boldsymbol{\Omega}\boldsymbol{\alpha}}{\sqrt{1+\boldsymbol{\alpha}'\boldsymbol{\Omega}\boldsymbol{\alpha}}}$$

(3)　$(\boldsymbol{x}-\boldsymbol{\mu})(\boldsymbol{x}-\boldsymbol{\mu})'\sim$Wishart（尺度パラメータ $\boldsymbol{\Omega}$，自由度 1）

(4)　$(\boldsymbol{x}-\boldsymbol{\mu})'\boldsymbol{\Omega}^{-1}(\boldsymbol{x}-\boldsymbol{\mu})\sim\chi^2(p)$

p 変量非対称正規分布の同時 pdf として次式による表し方もある．(8.39) 式の p 変量への拡張である．

$Z_1,\cdots,Z_p$，U は独立でいずれも $N(0,1)$ であり $\boldsymbol{Z}=(Z_1,\cdots,Z_p)'$ とすると

$$\alpha_0+\boldsymbol{\alpha}_1'\boldsymbol{z}>U$$

を所与の条件とするとき，この条件のもとで pdf は次式である．

$$f(\boldsymbol{z}\,;\,\alpha_0,\boldsymbol{\alpha}_1)=\frac{\left(\prod_{i=1}^{p}\phi(z_i)\right)\Phi(\alpha_0+\boldsymbol{\alpha}_1'\boldsymbol{z})}{\Phi\left(\dfrac{\alpha_0}{\sqrt{1+\boldsymbol{\alpha}_1'\boldsymbol{\alpha}_1}}\right)} \tag{8.45}$$

(8.42) 式で $\boldsymbol{\mu}=\boldsymbol{0}$，$\boldsymbol{\Omega}=\boldsymbol{I}$ であり，上式で $\alpha_0=0$ ならば (8.45) 式は (8.42) 式と同じになる．

(8.45) 式の mgf は次式になる．

$$M(\boldsymbol{t})=\frac{\exp\left(\dfrac{1}{2}\boldsymbol{t}'\boldsymbol{t}\right)\Phi\left[\dfrac{\alpha_0+\boldsymbol{\alpha}_1'\boldsymbol{t}}{(1+\boldsymbol{\alpha}_1'\boldsymbol{\alpha}_1)^{\frac{1}{2}}}\right]}{\Phi\left[\dfrac{\alpha_0}{(1+\boldsymbol{\alpha}_1'\boldsymbol{\alpha}_1)^{\frac{1}{2}}}\right]} \tag{8.46}$$

この (8.46) 式を求めるとき次の結果を用いている．$p\times1$ の確率ベクトル $\boldsymbol{v}$ は $N(\boldsymbol{0},\boldsymbol{\Omega})$ に従うとき

$$E[\Phi(\boldsymbol{a}+\boldsymbol{b}'\boldsymbol{v})]=\Phi\left[\frac{\boldsymbol{a}}{(1+\boldsymbol{b}'\boldsymbol{\Omega}\boldsymbol{b})^{\frac{1}{2}}}\right]$$

が得られる．ここで $\boldsymbol{a}$，$\boldsymbol{b}$ は任意の $p\times1$ 定数ベクトルである．2.2 節 (13) の一般化である．

$p=2$ のとき，$\boldsymbol{\alpha}_1=(\alpha_1, \alpha_2)'$ とすると

$$M(\boldsymbol{t})=\frac{\exp\left[\dfrac{1}{2}(t_1^2+t_2^2)\right]\Phi\left[\dfrac{\alpha_0+\alpha_1 t_1+\alpha_2 t_2}{(1+\alpha_1^2+\alpha_2^2)^{\frac{1}{2}}}\right]}{\Phi\left[\dfrac{\alpha_0}{(1+\alpha_1^2+\alpha_2^2)^{\frac{1}{2}}}\right]} \tag{8.47}$$

であるから

$$E(Z_1)=\frac{\alpha_1\phi(\beta)}{(1+\alpha_1^2+\alpha_2^2)^{\frac{1}{2}}\Phi(\beta)} \tag{8.48}$$

$$E(Z_2)=\frac{\alpha_2\phi(\beta)}{(1+\alpha_1^2+\alpha_2^2)^{\frac{1}{2}}\Phi(\beta)} \tag{8.49}$$

ここで

$$\beta=\frac{\alpha_0}{(1+\alpha_1^2+\alpha_2^2)^{\frac{1}{2}}}$$

である．

8.8.2 2変量非対称正規分布

$p=2$ の2変量非対称正規分布の同時 pdf は $X=X_1$，$Y=X_2$ とおきかえると (8.42) 式から

$$f(x, y)=2\phi_2(x, y\,;\boldsymbol{\mu}, \boldsymbol{\Omega})\,\Phi[\alpha_1(x-\mu_1)+\alpha_2(y-\mu_2)] \tag{8.50}$$

である．$\phi_2(x, y\,;\boldsymbol{\mu}, \boldsymbol{\Omega})$ は2変量正規分布の pdf (6.1) 式で $X_1=X$，$X_2=Y$ とおきかえればよい．

(8.45) 式で $p=2$ のとき，$Z_1=X$，$Z_2=Y$ とおきかえ，$\boldsymbol{\alpha}=(\alpha_1, \alpha_2)'$ とすると

$$f(x, y)=\frac{\phi(x)\,\phi(y)\,\Phi(\alpha_0+\alpha_1 x+\alpha_2 y)}{\Phi\left(\dfrac{\alpha_0}{(1+\alpha_1^2+\alpha_2^2)^{\frac{1}{2}}}\right)} \tag{8.51}$$

となる．

(8.50) 式の pdf をもつ $\boldsymbol{x}=(X, Y)'$ の期待値，分散共分散行列，X と Y の相関係数は以下のとおりである．

$$\boldsymbol{\alpha}'\boldsymbol{\Omega}\boldsymbol{\alpha}=(\alpha_1^2\sigma_1^2+2\alpha_1\alpha_2\rho\sigma_1\sigma_2+\alpha_2^2\sigma_2^2)$$

$$\boldsymbol{\Omega}\boldsymbol{\alpha}=\begin{bmatrix}\alpha_1\sigma_1^2+\alpha_2\rho\sigma_1\sigma_2\\ \alpha_1\rho\sigma_1\sigma_2+\alpha_2\sigma_2^2\end{bmatrix}$$

となるから

$$\begin{bmatrix} \delta_1 \\ \delta_2 \end{bmatrix} = \frac{1}{(1+\alpha_1{}^2\sigma_1{}^2+2\alpha_1\alpha_2\rho\sigma_1\sigma_2+\alpha_2{}^2\sigma_2{}^2)^{\frac{1}{2}}} \begin{bmatrix} \alpha_1\sigma_1{}^2+\alpha_2\rho\sigma_1\sigma_2 \\ \alpha_1\rho\sigma_1\sigma_2+\alpha_2\sigma_2{}^2 \end{bmatrix}$$

である．したがって

$$E(\boldsymbol{x}) = E\begin{pmatrix} X \\ Y \end{pmatrix} = \begin{bmatrix} \mu_1 \\ \mu_2 \end{bmatrix} + \left(\frac{2}{\pi}\right)^{\frac{1}{2}} \begin{bmatrix} \delta_1 \\ \delta_2 \end{bmatrix} \tag{8.52}$$

$$\mathrm{var}(\boldsymbol{x}) = \begin{bmatrix} \sigma_1{}^2 - \dfrac{2}{\pi}\delta_1{}^2 & \rho\sigma_1\sigma_2 - \dfrac{2}{\pi}\delta_1\delta_2 \\ \rho\sigma_1\sigma_2 - \dfrac{2}{\pi}\delta_1\delta_2 & \sigma_2{}^2 - \dfrac{2}{\pi}\delta_2{}^2 \end{bmatrix} \tag{8.53}$$

を得る．

X と Y の相関係数は

$$\rho(X, Y) = \frac{\rho\sigma_1\sigma_2 - \dfrac{2}{\pi}\delta_1\delta_2}{\left[\left(1-\dfrac{2}{\pi}\delta_1{}^2\right)\left(1-\dfrac{2}{\pi}\delta_2{}^2\right)\right]^{\frac{1}{2}}} \tag{8.54}$$

である．$\rho=0$ でも $\rho(X, Y)=0$ にならない場合の方が多い．$\rho=0$ かつ $\delta_1=0$ あるいは $\delta_2=0$ ならば $\rho(X, Y)=0$ である．

グラフをいくつか示そう．(8.50) 式において $\mu_1=\mu_2=0$，$\sigma_1=\sigma_2=1$，したがって

$$\boldsymbol{\Omega} = \begin{bmatrix} 1 & \rho \\ \rho & 1 \end{bmatrix}$$

を固定して，α_1, α_2, ρ を変化させる．この 3 つのパラメータで $f(x, y)$ の形状はかなり異なってくる．$\rho(X, Y)=\eta$ とする．

図 8.16 は $\alpha_1=\alpha_2=1$，$\rho=0$ ($\eta=-0.2694$)，$E(X)=E(Y)=0.3676$，**図 8.17** はこの等高線である．

図 8.18 は $\alpha_1=\alpha_2=1$，$\rho=0.9$ ($\eta=0.8081$)，$E(X)=E(Y)=0.5521$，**図 8.19** はこの等高線である．

図 8.20 は $\alpha_1=\alpha_2=1$，$\rho=-0.9$ ($\eta=-0.9101$)，$E(X)=E(Y)=0.05812$，**図 8.21** はこの等高線である．

図 8.22 は $\alpha_1=-5$，$\alpha_2=10$，$\rho=0$ ($\eta=0.3842$)，$E(X)=-0.2836$，$E(Y)=0.5671$，**図 8.23** はこの等高線である．

図 8.24 は $\alpha_1=-5$，$\alpha_2=10$，$\rho=0.9$ ($\eta=0.8848$)，$E(X)=0.4244$，$E(Y)=0.5836$，**図 8.25** はこの等高線である．

図 8.26 は $\alpha_1=-5$, $\alpha_2=10$, $\rho=-0.9$ ($\eta=-0.7528$), $E(X)=-0.6064$, $E(Y)=0.6281$, **図 8.27** はこの等高線である.

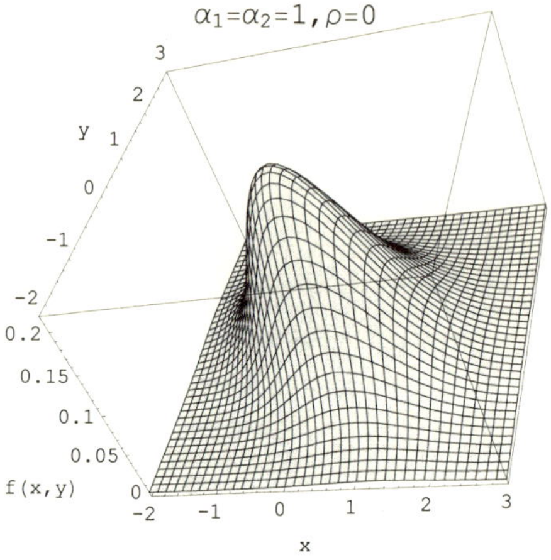

図 8.16　2 変量非対称正規分布((8.50)式)

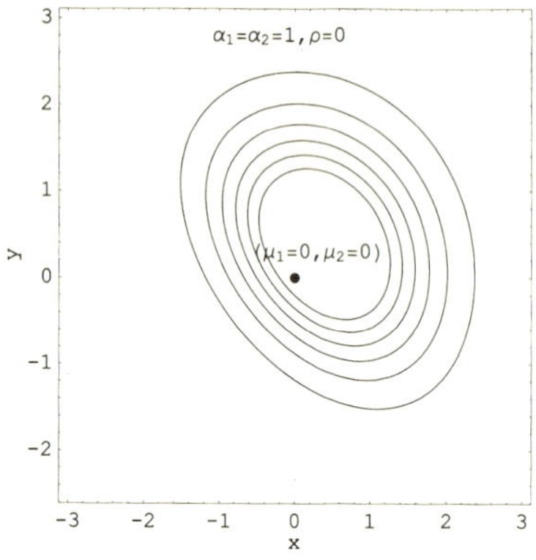

図 8.17　図 8.16 の等高線

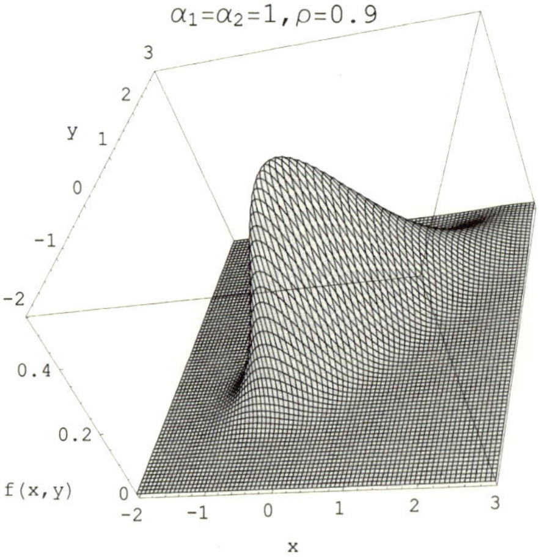

図 8.18　2 変量非対称正規分布((8.50)式)

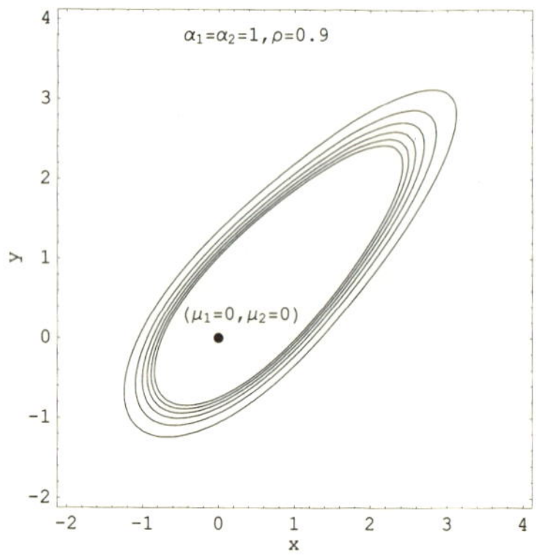

図 8.19　図 8.18 の等高線

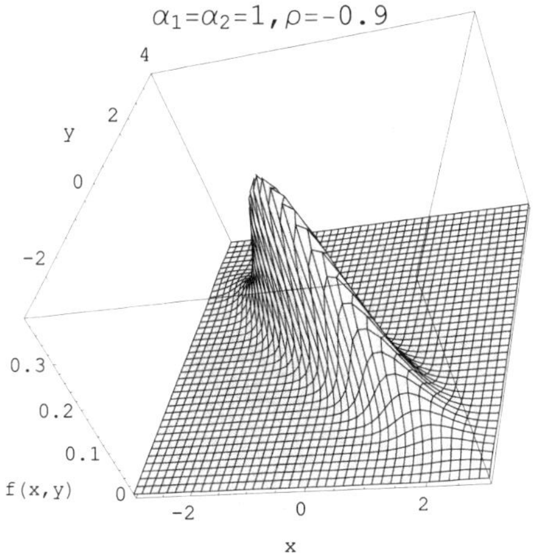

図 8.20　2 変量非対称正規分布((8.50)式)

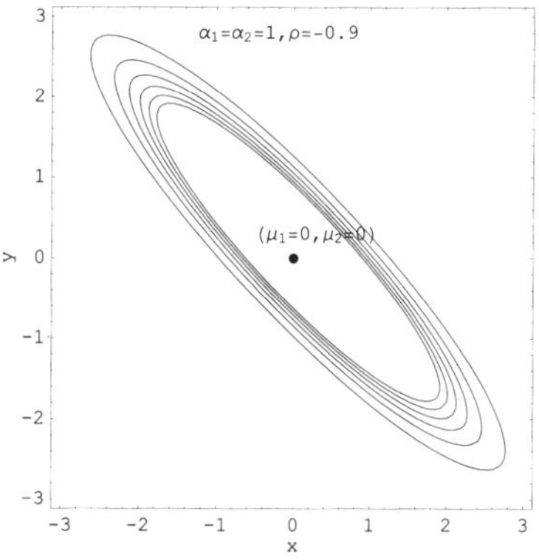

図 8.21　図 8.20 の等高線

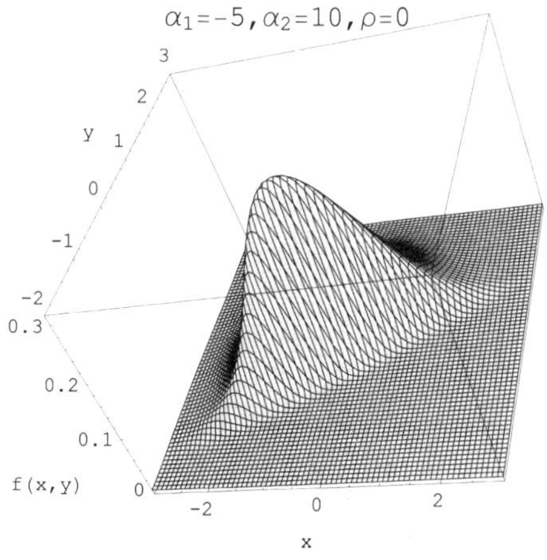

図 8.22　2 変量非対称正規分布((8.50)式)

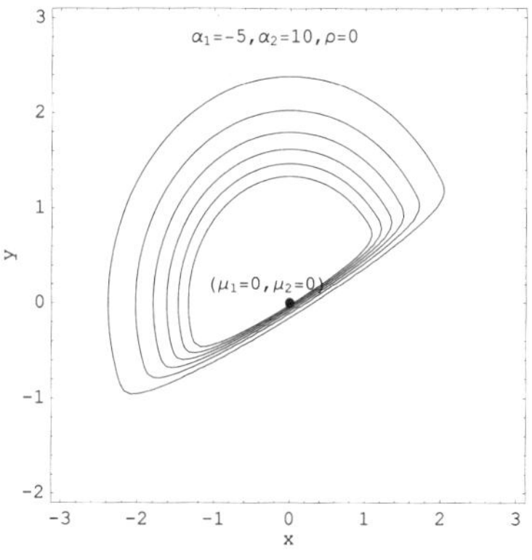

図 8.23　図 8.22 の等高線

次に (8.51) 式の $f(x,y)$ のグラフを示そう．(8.51) 式では $\mu_1=\mu_2=0$, $\sigma_1=\sigma_2=1$, $\rho=0$ が仮定されているから，(8.50) 式で $\mu_1=\mu_2=0$, $\sigma_1=\sigma_2=1$, $\rho=0$ の場合とくらべれば α_0 のみの相違である．

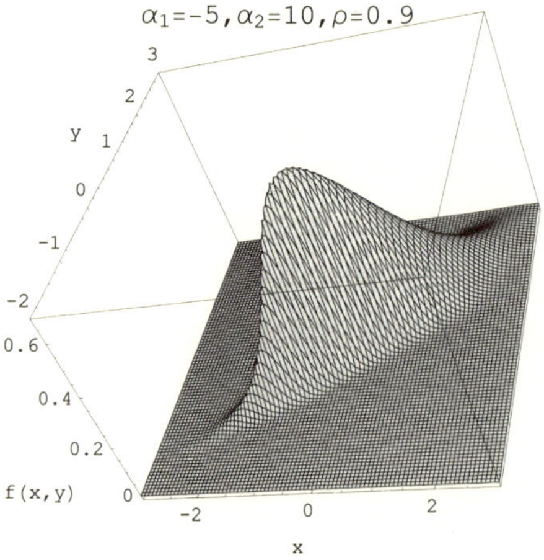

図 8.24　2 変量非対称正規分布((8.50)式)

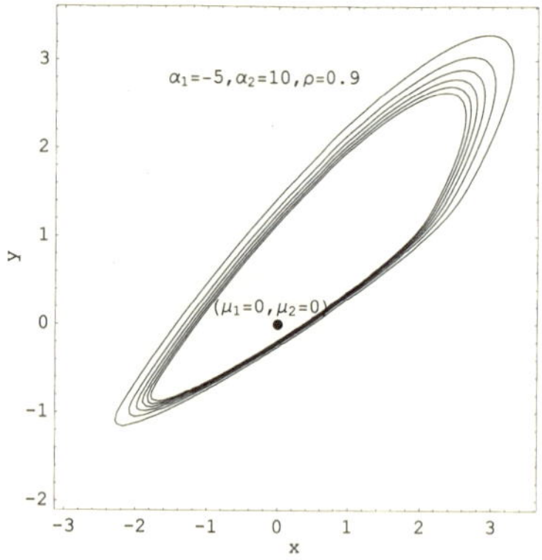

図 8.25　図 8.24 の等高線

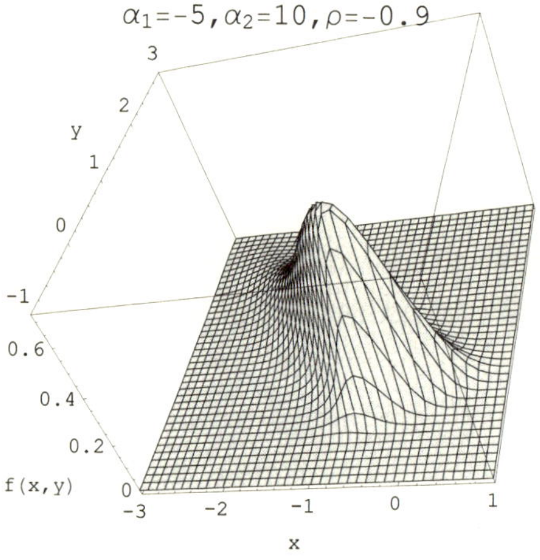

図 8.26　2 変量非対称正規分布((8.50)式)

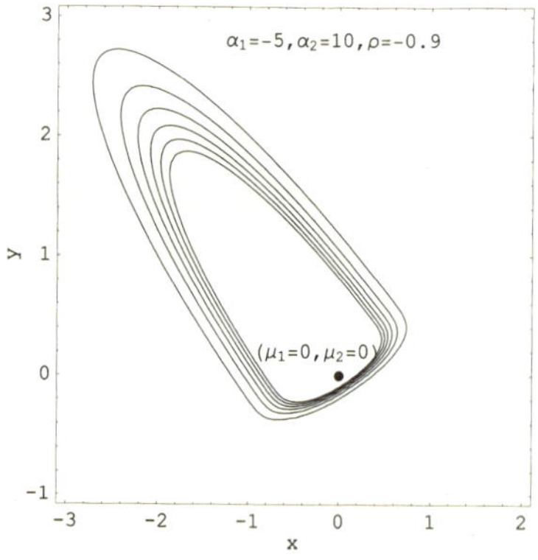

図 8.27　図 8.26 の等高線

図 8.28 は $\alpha_0=-1$，$\alpha_1=\alpha_2=1$，**図 8.29** はこの等高線である．$E(X)=E(Y)=0.6917$ である．

図 8.30 は $\alpha_0=-5$，$\alpha_1=\alpha_2=10$，**図 8.31** はこの等高線である．$E(X)=E(Y)=0.7301$ である．

図 8.32 は $\alpha_0=5$，$\alpha_1=-10$，$\alpha_2=5$，**図 8.33** はこの等高線である．

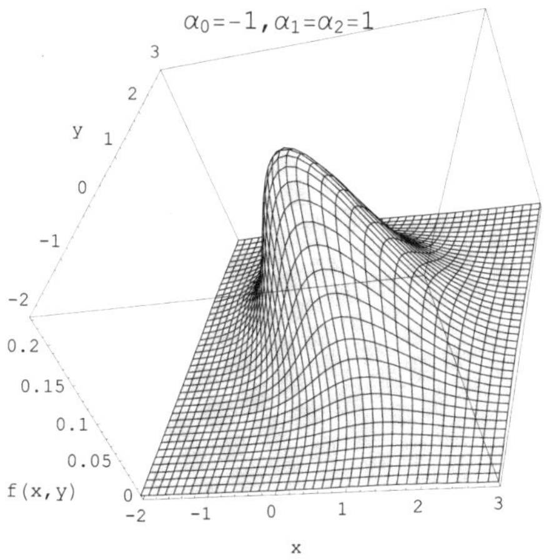

図 **8.28** 2 変量非対称正規分布((8.51)式)

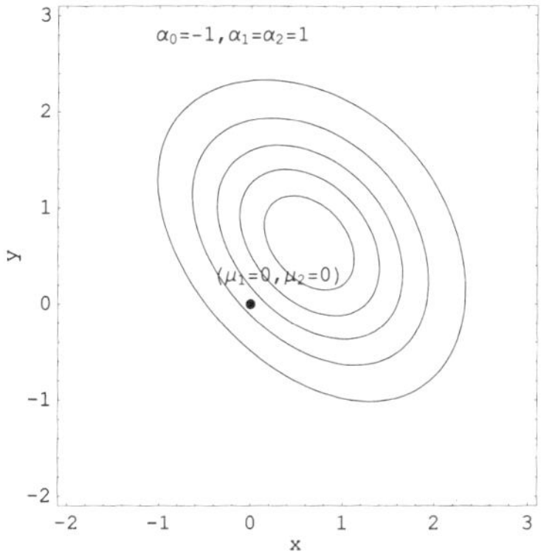

図 **8.29** 図 8.28 の等高線

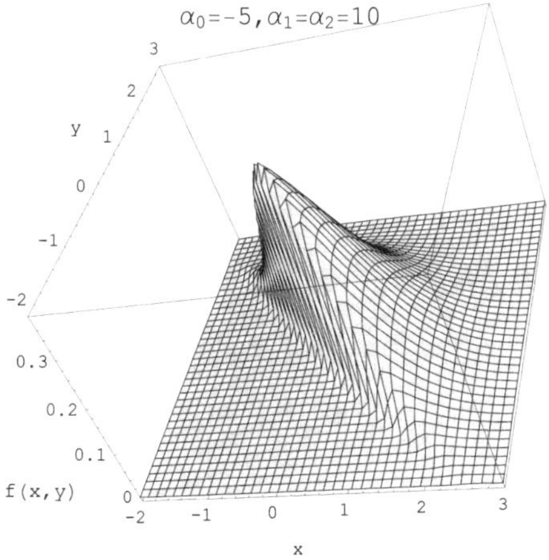

図 **8.30** 2 変量非対称正規分布((8.51)式)

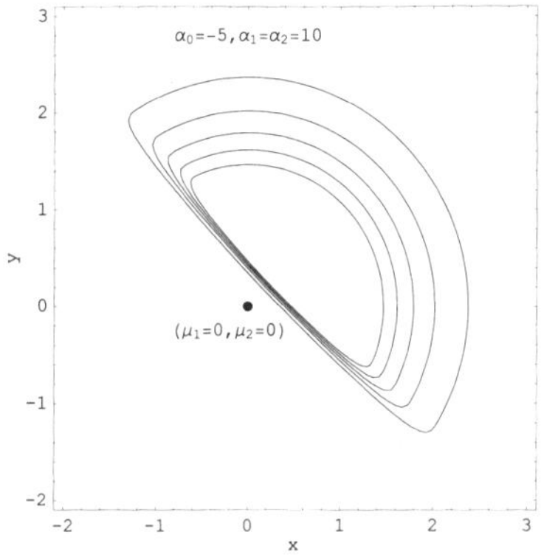

図 **8.31** 図 8.30 の等高線

$E(X)=-0.4789$, $E(Y)=0.2395$ である.

図 8.34 は $\alpha_0=-10$, $\alpha_1=-10$, $\alpha_2=10$, **図 8.35** はこの等高線である. $E(X)=-0.9131$, $E(Y)=0.9131$ である.

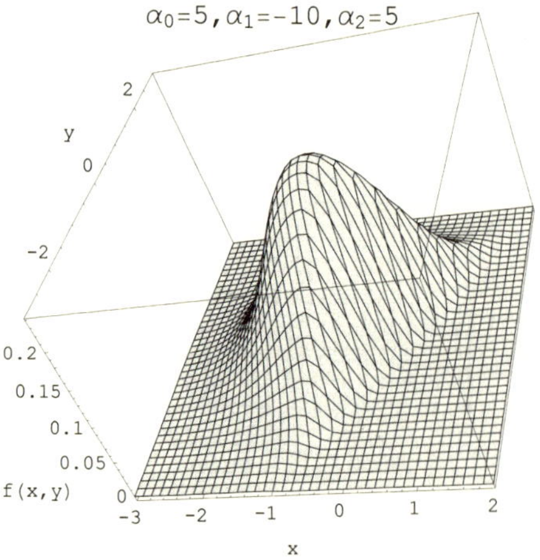

図 8.32 2 変量非対称正規分布((8.51)式)

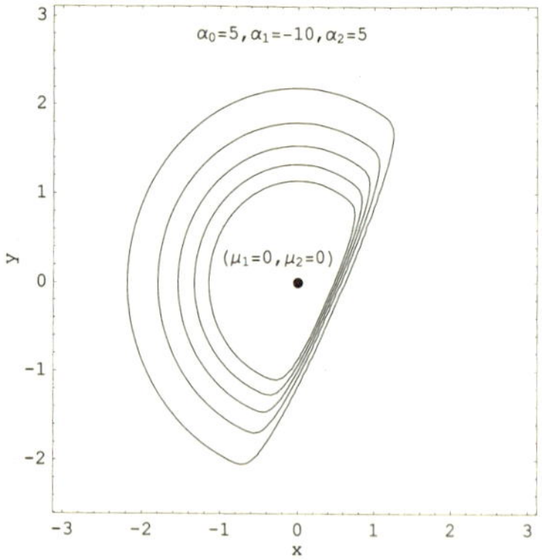

図 8.33 図 8.32 の等高線

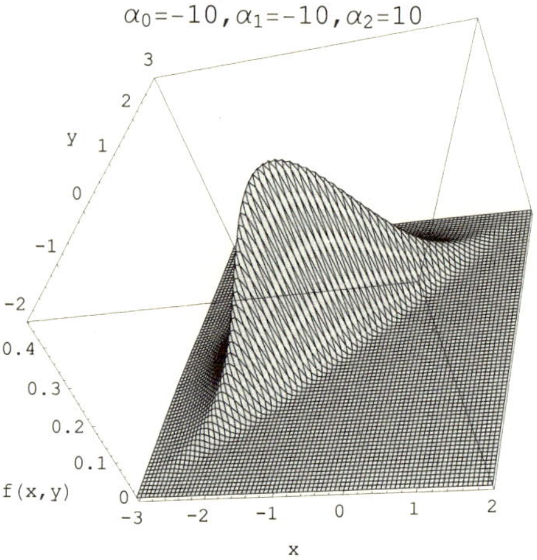

図 8.34 2 変量非対称正規分布((8.51)式)

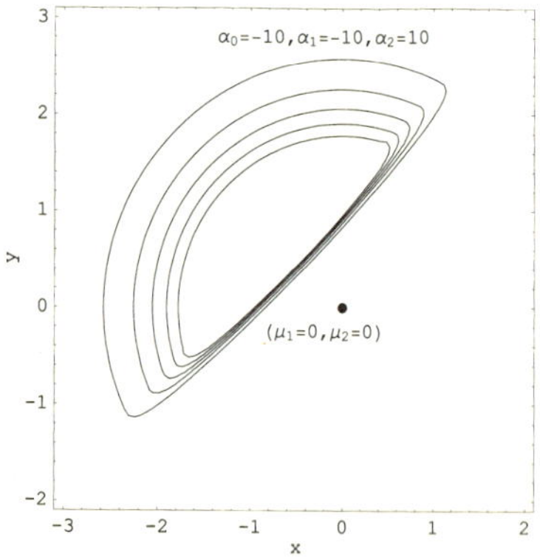

図 8.35 図 8.34 の等高線

8.8.3 条件つき分布

$$\begin{pmatrix} Z_1 \\ Z_2 \end{pmatrix} \sim SN_2(\mathbf{0}, \boldsymbol{R}, \boldsymbol{\alpha})$$

とする．ここで

$$\boldsymbol{R}=\begin{bmatrix}1 & \rho \\ \rho & 1\end{bmatrix}, \qquad \boldsymbol{\alpha}=\begin{bmatrix}\alpha_1 \\ \alpha_2\end{bmatrix}$$

である．

$Z_1=z_1$ が与えられたときの Z_2 の条件つき分布は次式になる．

$$f(z_2|Z_1=z_1)=\frac{\phi_c(z_2|z_1\,;\,\rho)\,\Phi(\alpha_1 z_1+\alpha_2 z_2)}{\Phi(\alpha_1 z_1)} \tag{8.55}$$

ここで

$$\phi_c(z_2|z_1\,;\,\rho)=\frac{1}{\sqrt{2\pi(1-\rho)^2}}\exp\left[-\frac{1}{2(1-\rho^2)}(z_2-\rho z_1)^2\right]$$

である．

$Z_1=z_1$ 所与のときの Z_2 の mgf は次式で与えられる．

$$M(t_2)=\exp\left[\frac{1}{2}(1-\rho^2)\,t_2{}^2+2\rho t_2 z_1\right]\Phi\left[\frac{\delta_1 z_1+t_2(\delta_2-\rho\delta_1)}{(1-\delta_1{}^2)^{\frac{1}{2}}}\right]$$
$$\times[\Phi(\alpha_1 z_1)]^{-1} \tag{8.56}$$

ここで

$$\boldsymbol{\delta}=\frac{\boldsymbol{R\alpha}}{(1+\boldsymbol{\alpha}'\boldsymbol{R\alpha})^{\frac{1}{2}}}$$

である．

$$y=\frac{z_2-\rho z_1}{\sqrt{1-\rho^2}}$$

とおくと (8.55) 式は

$$\frac{\phi(y)\,\Phi[(\alpha_1+\alpha_2\rho)\,z_1+\alpha_2\sqrt{1-\rho^2}\,y]}{\Phi(\alpha_1 z_1)}$$

と表すことができるから

$$E(Z_2|Z_1=z_1)$$
$$=\frac{1}{\Phi(\alpha_1 z_1)}\int_{-\infty}^{\infty}(\rho z_1+\sqrt{1-\rho^2}\,y)\,\phi(y)\,\Phi(a+by)\,dy$$
$$a=(\alpha_1+\alpha_2\rho)\,z_1, \qquad b=\alpha_2\sqrt{1-\rho^2}$$

である．この積分は 2.2 節の (17) を用いて

$$E(Z_2|Z_1=z_1)=\frac{1}{\Phi(\alpha_1 z_1)}\left\{\rho z_1\Phi\left(\frac{a}{\sqrt{1+b^2}}\right)+\frac{\alpha_2(1-\rho^2)}{\sqrt{1+b^2}}\,\phi\left(\frac{a}{\sqrt{1+b^2}}\right)\right\} \tag{8.57}$$

となる．a，b は上述の値である．

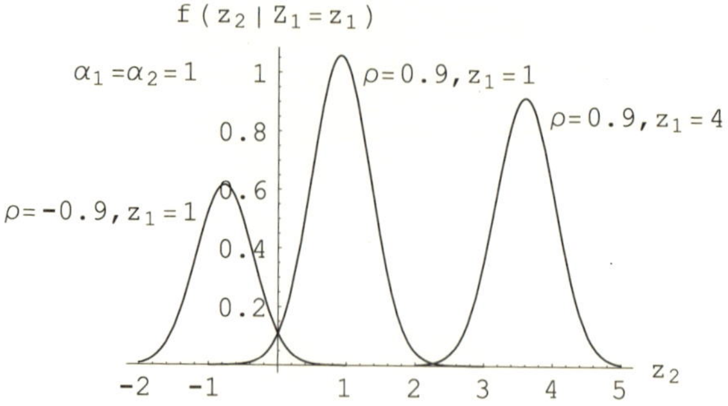

図 8.36　条件つき分布((8.55)式)

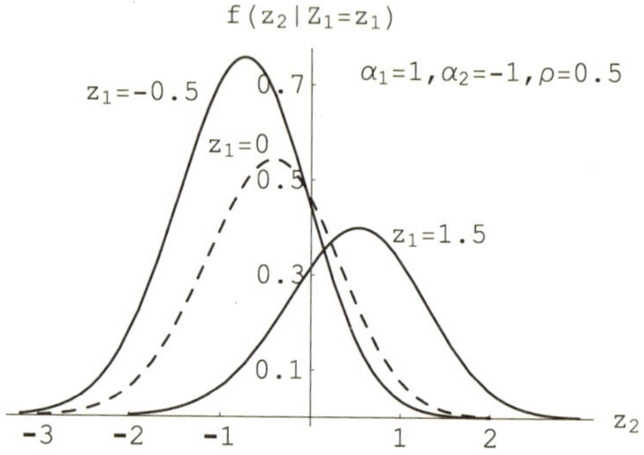

図 8.37　条件つき分布((8.55)式)

図 8.36 は $\alpha_1=\alpha_2=1$ を固定して $(\rho, z_1)=(-0.9, 1)$, $(0.9, 1)$, $(0.9, 4)$ の (8.55) 式のグラフである．$E(Z_2|Z_1=z_1)$ はそれぞれ-0.4917, 1.0442, 3.6001 である．

図 8.37 は $\alpha_1=1$, $\alpha_2=-1$, $\rho=0.5$ を固定して，$z_1=-0.5$, 0, 1.5 の (8.55)式のグラフである．$E(Z_2|Z_1=z_1)$ はそれぞれ-1.0645, -0.4524, 0.3680 である．

8.9　正規分布との混合分布

8.9.1　確率分布の混合

最初に混合分布の一般的な説明をしよう．いま k 種類の確率分布 $f_1(x)$,

$f_2(x), \cdots, f_k(x)$ があり，それぞれ期待値 $\mu_1, \mu_2, \cdots, \mu_k$，分散 $\sigma_1{}^2, \sigma_2{}^2, \cdots, \sigma_k{}^2$ をもつと仮定しよう．この k 種類の確率分布から確率 $p_1, p_2, \cdots, p_k$ でつくられる混合分布 mixture distribution を $g(x)$ とする．すなわち

$$g(x) = p_1 f_1(x) + p_2 f_2(x) + \cdots + p_k f_k(x) \tag{8.58}$$

ここで

$$p_i \geq 0, \qquad \sum_{i=1}^{k} p_i = 1$$

確率分布 $g(x)$ をもつ確率変数 X の期待値と分散は次のようになる．

$$E(X) = \int_{-\infty}^{\infty} xg(x)\,dx = \sum_{i=1}^{k} p_i \int_{-\infty}^{\infty} xf_i(x)\,dx = \sum_{i=1}^{k} p_i\mu_i = \bar{\mu} \tag{8.59}$$

$$\begin{aligned}
\mathrm{var}(X) &= E(X-\bar{\mu})^2 = \int_{-\infty}^{\infty} (x-\bar{\mu})^2 g(x)\,dx \\
&= \sum_{i=1}^{k} p_i \int_{-\infty}^{\infty} (x-\bar{\mu})^2 f_i(x)\,dx \\
&= \sum_{i=1}^{k} p_i \int_{-\infty}^{\infty} [(x-\mu_i)+(\mu_i-\bar{\mu})]^2 f_i(x)\,dx \\
&= \sum_{i=1}^{k} p_i \int_{-\infty}^{\infty} (x-\mu_i)^2 f_i(x)\,dx + \sum_{i=1}^{k} p_i(\mu_i-\bar{\mu})^2 \int_{-\infty}^{\infty} f_i(x)\,dx \\
&\quad + 2\sum_{i=1}^{k} p_i(\mu_i-\bar{\mu}) \int_{-\infty}^{\infty} (x-\mu_i) f_i(x)\,dx
\end{aligned}$$

上式右辺第 3 項は 0 であるから

$$\mathrm{var}(X) = \sigma^2 = \sum_{i=1}^{k} p_i\sigma_i{}^2 + \sum_{i=1}^{k} p_i(\mu_i-\bar{\mu})^2 \tag{8.60}$$

とくに，$\mu_1 = \mu_2 = \cdots = \mu_k$ のとき

$$\mathrm{var}(X) = \sum_{i=1}^{k} p_i\sigma_i{}^2$$

となる．

$$\mu_3 = E(X-\bar{\mu})^3, \quad \mu_4 = E(X-\bar{\mu})^4,$$
$$\mu_{3i} = E(X-\mu_i)^3, \quad \mu_{4i} = E(X-\mu_i)^4, \quad i=1, \cdots, k$$

とおくと，同様にして次式を得る．

$$\mu_3 = \sum_{i=1}^{k} p_i\mu_{3i} + 3\sum_{i=1}^{k} p_i(\mu_i-\bar{\mu})\sigma_i{}^2 + \sum_{i=1}^{k} p_i(\mu_i-\bar{\mu})^3 \tag{8.61}$$

$$\mu_4 = \sum_{i=1}^{k} p_i\mu_{4i} + 4\sum_{i=1}^{k} p_i(\mu_i-\bar{\mu})\mu_{3i} + 6\sum_{i=1}^{k} p_i(\mu_i-\bar{\mu})^2\sigma_i{}^2 + \sum_{i=1}^{k} p_i(\mu_i-\bar{\mu})^4 \tag{8.62}$$

8.9.2　ε–汚染正規分布

$p_1=(1-\varepsilon)$ で $N(0,1)$，$p_2=\varepsilon$で $N(0,9)$ の混合正規分布をつくる．このような混合分布は ε–汚染正規分布 ε-contaminated normal distribution とよばれる．$\varepsilon=0.5$ としよう．$\mu_1=\mu_2=0$，$\sigma_1{}^2=1$，$\sigma_2{}^2=9$ であるから

$$g(x)=0.5\frac{1}{\sqrt{2\pi}}\exp\left(-\frac{x^2}{2}\right)+0.5\frac{1}{\sqrt{2\pi}3}\exp\left(-\frac{x^2}{18}\right) \qquad (8.63)$$

となり

$$E(X)=0.5\times 0+0.5\times 0=0=\bar{\mu}$$

$$\mathrm{var}(X)=0.5\times 1+0.5\times 9=5.0$$

となる．$g(x)$ は期待値 0 のまわりで対称であるから歪度は 0 である．尖度を求めるために 4 次モーメントを計算する．

$$\mu_4=E(X-\bar{\mu})^4=E(X^4)=\int x^4 g(x)\,dx=\sum_{i=1}^{2} p_i\int_{-\infty}^{\infty} x^4 f_i(x)\,dx$$

最後の等号は $\mu_1=\mu_2=\bar{\mu}=0$ であるから，(8.62) 式から得られる．

$f_1(x)$ の 4 次モーメントは $3\sigma_1{}^4=3$，$f_2(x)$ の 4 次モーメントは $3\sigma_2{}^4=243$ であるから，$\mu_4=0.5\times 3+0.5\times 243=123$．したがって尖度 β_2 は

$$\beta_2=\frac{\mu_4}{\sigma^4}=\frac{123}{5^2}=4.92$$

となる．この混合正規分布の尖度 4.92 は正規分布の尖度 3 よりはるかに大きく，正規分布より両すその厚い分布になる．正規性検定統計量の検定力を調べるモンテ・カルロ実験において，非正規分布のモデルとして ε–汚染正規分布はよく使われる．

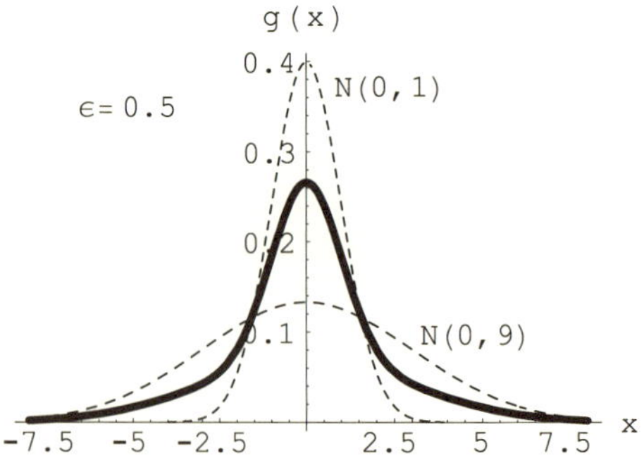

図 8.38　ε–汚染正規分布

図 8.38 は (8.63)式の ε-汚染正規分布（実線）と標準正規分布（点線）および $N(0,9)$（破線）である.

8.9.3 正規・ロジスティック混合分布

標準正規分布

$$f_1(x)=\frac{1}{\sqrt{2\pi}}\exp\left(-\frac{1}{2}x^2\right),\qquad -\infty<x<\infty$$

ロジスティック分布（$\mu=0$）

$$f_2(x)=\frac{\exp\left(\frac{x}{\phi}\right)}{\phi\left[1+\exp\left(\frac{x}{\phi}\right)^2\right]},\qquad -\infty<x<\infty$$

の混合を

$$g(x)=(1-p)f_1(x)+pf_2(x),\qquad 0\leq p\leq 1$$

とする. この $g(x)$ を pdf としてもつ X の期待値, 分散, 歪度 $\sqrt{\beta_1}$, 尖度 β_2 は以下のようになる. $\mu_1=\mu_2=0$, $\sigma_1{}^2=1$, $\sigma_2{}^2=\pi^2\phi^2/3$, 正規分布の $\mu_4=3$, ロジスティック分布の $\mu_4=\frac{7}{15}\pi^4\phi^4$ である.

$$E(X)=(1-p)\mu_1+p\mu_2=\mu=\overline{\mu}=0$$

$$\mathrm{var}(X)=(1-p)\sigma_1{}^2+p\sigma_2{}^2=1-p+p\frac{\pi^2\phi^2}{3}=1+p\left(\frac{\pi^2\phi^2}{3}-1\right)$$

$$\sqrt{\beta_1}=0$$

$$\mu_4=(1-p)(3)+p\frac{7}{15}\pi^4\phi^4$$

$$=3+p\left(\frac{7}{15}\pi^4\phi^4-3\right)$$

したがって

$$\beta_2=\frac{3+p\left(\frac{7}{15}\pi^4\phi^4-3\right)}{\left\{1+p\left(\frac{\pi^2\phi^2}{3}-1\right)\right\}^2}$$

$p=0.6$, $\phi=0.2$ のとき

$$\mu=0,\ \mathrm{var}(X)=0.4790,\qquad \beta_2=5.421$$

となる. **図 8.39** はこの正規・ロジスティック混合のグラフであり, $f_1(x)$ を実線（$N(0,1)$）, $\mu_2=0$, $\phi=0.2$ のロジスティック分布 $f_2(x)$ を点線, 混合

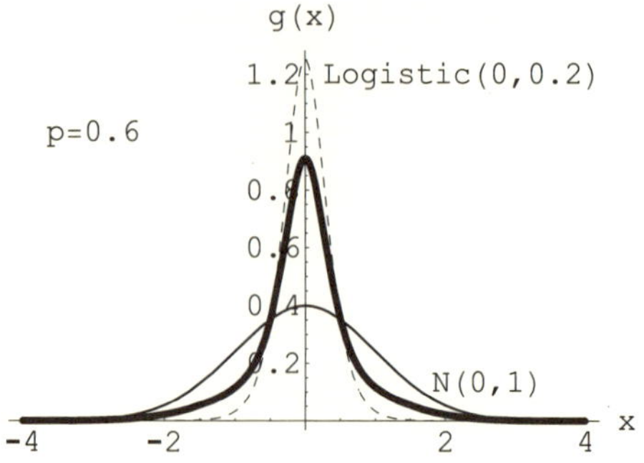

図 8.39　正規・ロジスティック混合分布

分布 $g(x)$ を太い実線で示してある.

8.9.4　正規・ラプラス混合分布

正規分布

$$f_1(x)=\frac{1}{\sqrt{2\pi}}\exp\left(-\frac{1}{2}x^2\right),\qquad -\infty<x<\infty$$

ラプラス分布

$$f_2(x)=\frac{1}{2\phi}\exp\left(-\frac{|x|}{\phi}\right),\qquad -\infty<x<\infty$$

$$\phi>0$$

の混合

$$g(x)=(1-p)f_1(x)+pf_2(x),\qquad 0\le p\le 1$$

を考えよう. 正規, ラプラスとも期待値 0, 分散は正規分布は 1, ラプラス分布は $\sigma_2{}^2=2\phi^2$ である. 歪度は両分布とも 0, μ_4 は正規分布 $3\sigma_1{}^4=3$, ラプラス分布 $4!\phi^4$ である.

$g(x)$ を pdf にもつ X の期待値, 分散, 歪度 $\sqrt{\beta_1}$, 尖度 β_2 は以下のとおりである.

$$E(X)=(1-p)\mu_1+p\mu_2=\mu=\bar{\mu}=0$$

$\mu_1=\mu_2=\bar{\mu}=0$ であるから

$$\mathrm{var}(X)=(1-p)\sigma_1{}^2+p\sigma_2{}^2=(1-p)+p(2\phi^2)=1-p+2p\phi^2$$

両分布とも $\mu_{31}=\mu_{32}=0$ であるから

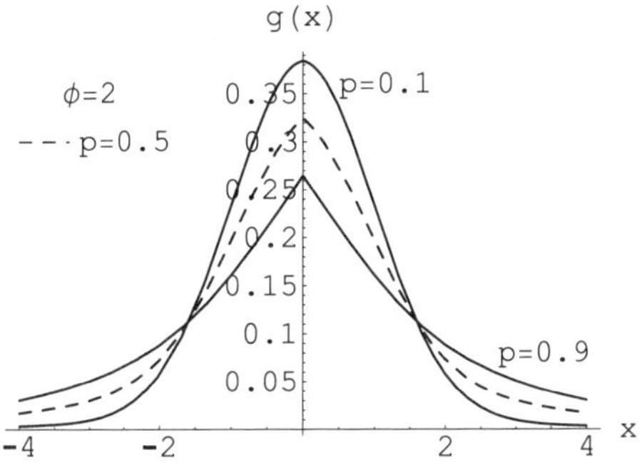

図 8.40　正規・ラプラス混合分布

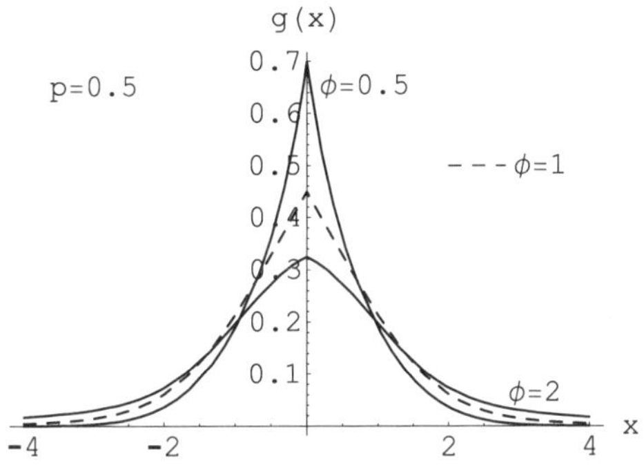

図 8.41　正規・ラプラス混合分布

$$\sqrt{\beta_1}=0$$

$$\mu_4=(1-p)3\sigma_1{}^4+p(4!\phi^4)=3(1-p)+24p\phi^4$$

したがって

$$\beta_2=\frac{\mu_4}{[\mathrm{var}(X)]^2}=\frac{3(1-p)+24p\phi^4}{(1-p+2p\phi^2)^2}$$

図 8.40 は $\phi=2$ を固定して，$p=0.1$，0.5，0.9 の 3 通りの $g(x)$ のグラフである．期待値と歪度は 3 ケースとも 0，分散はそれぞれ 1.7，4.5，7.3，μ_4 はそれぞれ 41.1，193.5，345.9，尖度はそれぞれ 14.22，9.56，6.49 である．

図 8.41 は $p=0.5$ を固定して，$\phi=0.5$，1，2 の 3 通りの $g(x)$ のグラフである．期待値と歪度は 3 ケースとも 0．分散はそれぞれ 0.75，1.5，4.5，μ_4 はそれぞれ 2.25，13.5，193.5，尖度はそれぞれ 4.0，6.0，9.56 である．

8.9.5 ベータ・正規分布

ベータ分布の分布関数

$$F(x)=\frac{1}{B(p,q)}\int_0^{G(x)}u^{p-1}(1-u)^{q-1}du, \qquad p>0,\ q>0 \quad (8.64)$$

において $G(x)$ を $N(\mu,\sigma^2)$ の cdf とするとき，X はベータ・正規分布に従うといわれる．$N(\mu,\sigma^2)$ の cdf を上式の $G(x)$ に代入し，微分して X の pdf が得られる．次式である．

$$f(x)=\frac{1}{\sigma B(p,q)}\left\{\Phi\left(\frac{x-\mu}{\sigma}\right)\right\}^{p-1}\left\{1-\Phi\left(\frac{x-\mu}{\sigma}\right)^{q-1}\right\}\phi\left(\frac{x-\mu}{\sigma}\right) \tag{8.65}$$

この分布は 2002 年 Eugene 他によって導入され，Nadarajah and Gupta (2004) で紹介されている．以下，この論文による．

まず $f(x)$ のグラフを示す．グラフと照合しつつ $f(x)$ の以下の特徴をチ

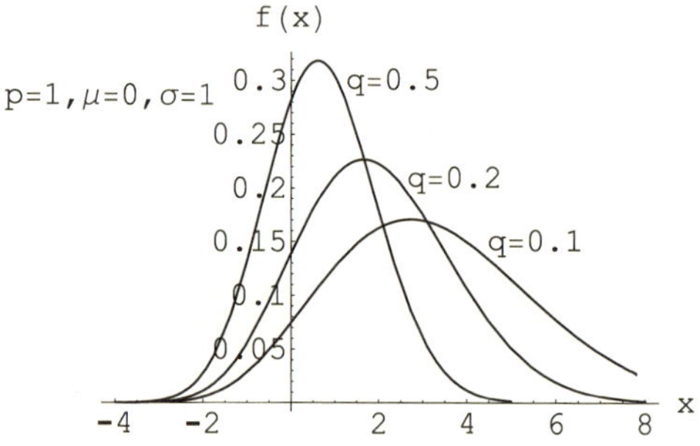

図 8.42　ベータ・正規分布

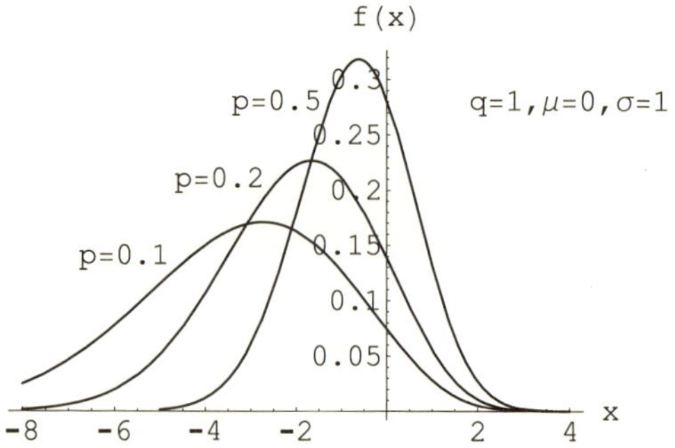

図 8.43　ベータ・正規分布

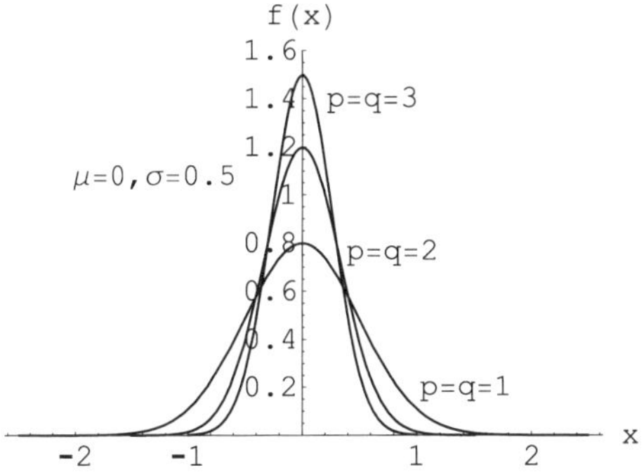

図 8.44 ベータ・正規分布

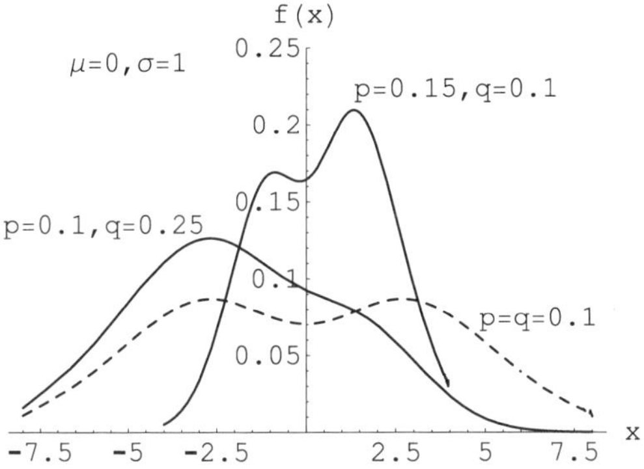

図 8.45 ベータ・正規分布

ェックされたい．

図 8.42 は $\mu=0$，$\sigma=1$，$p=1$ を固定して $q=0.1$，0.2，0.5 の $f(x)$ のグラフである．$p>q$ のケースである．

図 8.43 は $\mu=0$，$\sigma=1$，$q=1$ を固定して $p=0.1$，0.2，0.5 の $f(x)$ のグラフである．$p<q$ のケースである．

図 8.44 は $\mu=0$，$\sigma=0.5$ を固定して $p=q=1$，2，3 の $f(x)$ のグラフである．$p=q$ のケースである．

図 8.45 は $\mu=0$，$\sigma=1$ を固定して，$(p, q)=(0.1, 0.1)$，$(0.1, 0.25)$，$(0.15, 0.1)$ の $f(x)$ のグラフである．$p<1$，$q<1$ のケースである．

ベータ・正規分布の $f(x)$ は次の特徴を有する．

(1) $p>q$ のとき正の歪みをもち，p が大きくなるほど正の歪みは大きくなる．

(2) $p<q$ のとき負の歪みをもち，q が大きくなるほど負の歪みは大きくなる．

(3) $p<1$，$q<1$ かつ $p=q$ のとき $f(x)$ は対称で緩尖的（$\beta_2<3$）である．p および q がともに小さくなるにしたがって二山分布になり，分布の両すそは厚くなる．

(4) $p>1$，$q>1$ のとき $f(x)$ は急尖的（$\beta_2>3$）になり，p および q が大きくなるほど分布のピークは高くなる．

ベータ・正規分布のモーメントを明示的に示すことはできないが次の点は明らかになっている．標準偏差を $SD(X)$ とする．

(1) $E(X)$ は p の増加関数，q の減少関数である．

(2) $SD(X)$ は p あるいは q が大きくなると小さくなる．

(3) $q<p$ のとき X の尖度は p の増加関数，$p<q$ のとき q の減少関数である．

(4) $p>q$ のとき $E(X)>\mu$，$p<q$ のとき $E(X)<\mu$ である．$(p,q)=(2,1)$，$(3,1)$，$(4,1)$，$(5,1)$，$(1,2)$，$(3,2)$，$(4,2)$ のケースでは $E(X)$ を明示的に示すことができる（Nadarajah and Gupta (2004), pp. 151～152)．

8.9.6 確率密度関数をウエイトとする混合

確率分布の混合は，有限個の確率分布の加重平均

$$\sum_{i=1}^{k} p_i f(x_i), \qquad 0\le p_i\le 1, \qquad \sum_{i=1}^{k} p_i=1$$

に制限されない．ウエイト $p_1, p_2, \cdots, p_k$ に代えて，連続確率変数の pdf をウエイト関数として用いることができる．

確率変数 X の pdf を $f(x)$，パラメータを θ とすると，θ が与えられたときの X の条件つき分布 $f(x|\theta)$ において，θ がある連続確率変数の pdf $p(\theta)$ をウエイト関数としてもつとき，X と θ の同時確率密度関数（pdf）は

$$h(x,\theta)=f(x|\theta)\,p(\theta)$$

となる．したがって X の pdf $g(x)$ は

$$g(x)=\int_{-\infty}^{\infty} h(x,\theta)\,d\theta=\int_{-\infty}^{\infty} f(x\,|\,\theta)\,p(\theta)\,d\theta$$

によって得られる．

ポアッソン・ガンマ混合，ガンマ・ガンマ混合などがよく知られているが，ここでは正規・ガンマ混合を示そう．

正規・ガンマ混合　$\theta=1/\sigma^2$ が所与のとき，確率変数 X は $N(0, 1/\theta)$，すなわち

$$f(x\,|\,\theta)=\frac{\sqrt{\theta}}{\sqrt{2\pi}}\exp\left(-\frac{\theta x^2}{2}\right),\qquad \theta>0$$

であり，θ はパラメータ α，β のガンマ分布（GAM(α,β) と表す）をすると仮定しよう．このとき X と θ の同時 pdf は

$$h(x,\theta)=\frac{\sqrt{\theta}}{\sqrt{2\pi}}\exp\left(-\frac{\theta x^2}{2}\right)\frac{\theta^{\alpha-1}\exp\left(-\dfrac{\theta}{\beta}\right)}{\beta^{\alpha}\Gamma(\alpha)},\qquad -\infty<x<\infty,\qquad \alpha,\beta,\theta>0$$

となる．したがって X の pdf は

$$\begin{aligned}g(x)&=\int_0^{\infty} h(x,\theta)\,d\theta\\&=\frac{1}{\sqrt{2\pi}\,\beta^{\alpha}\Gamma(\alpha)}\int_0^{\infty}\theta^{\alpha+\frac{1}{2}-1}\exp\left[-\theta\left(\frac{x^2}{2}+\frac{1}{\beta}\right)\right]d\theta\end{aligned}$$

によって得られる．上式の積分は

$$\left(\frac{2\beta}{\beta x^2+2}\right)^{\alpha+\frac{1}{2}}\Gamma\left(\alpha+\frac{1}{2}\right)$$

となるから

$$g(x)=\frac{\left(\dfrac{\beta}{2}\right)^{\frac{1}{2}}\Gamma\left(\alpha+\dfrac{1}{2}\right)}{\sqrt{\pi}\,\Gamma(\alpha)\left(1+\dfrac{\beta x^2}{2}\right)^{\alpha+\frac{1}{2}}},\qquad -\infty<x<\infty,\qquad \alpha,\beta>0 \quad (8.66)$$

が得られる．この $g(x)$ において

(1)　$\alpha=m/2$，$2/\beta=m$ とおくと

$$g(x)=\frac{\Gamma\left(\dfrac{m+1}{2}\right)}{\sqrt{m\pi}\,\Gamma\left(\dfrac{m}{2}\right)\left(1+\dfrac{x^2}{m}\right)^{\frac{m+1}{2}}}$$

となり，これは自由度 m の t 分布に等しい．

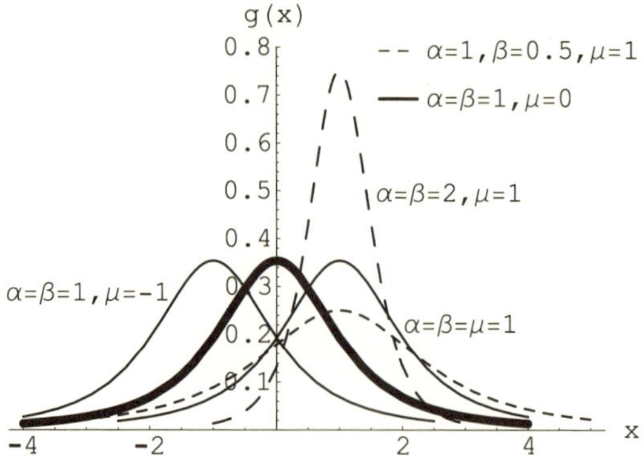

図 8.46　正規・ガンマ混合分布

$\theta=1/\sigma^2\sim\mathrm{GAM}(\alpha,\beta)$ は σ^2 が逆ガンマ分布に従うことと同じであり，X が正規確率変数ベクトルのときこの混合は多変量 t 分布をもたらす.

(2)　$g(x)$ は，一般 t 分布

$$\frac{p}{2q^{1/p}B\left(\frac{1}{p},q\right)\left(1+\frac{|x|^p}{q}\right)^{q+\frac{1}{p}}},\qquad p,q>0$$

において，$p=2$，$q=\alpha=2/\beta$ とおいた分布に等しい.

$N(0,1/\theta)$ ではなく，$N(\mu,1/\theta)$ とすれば (8.66) 式は

$$g(x)=\frac{\left(\frac{\beta}{2}\right)^{\frac{1}{2}}\Gamma\left(\alpha+\frac{1}{2}\right)}{\sqrt{\pi}\,\Gamma(\alpha)\left[1+\frac{\beta(x-\mu)^2}{2}\right]^{\alpha+\frac{1}{2}}}\tag{8.67}$$

となる.

図 8.46 は (8.67) 式で $(\alpha,\beta,\mu)=(1,1,-1)$，$(1,1,0)$，$(1,0.5,1)$，$(1,1,1)$，$(2,2,1)$ と変化させたときの $g(x)$ のグラフである．$\alpha=\beta=1$，$\mu=0$ のとき自由度 2 の t 分布である（図の太い実線).

9

正規母集団からの標本分布

正規母集団からの標本統計量の分布，カイ2乗分布，スチューデントの t 分布および F 分布とその特性を標本統計量との関連で説明する．

9.1　カイ2乗分布

カイ2乗分布 chi square distribution は，規準正規変数の2乗の分布として定義される．$Z \sim N(0,1)$ とするとき Z^2 は自由度1のカイ2乗分布になり

$$Z^2 \sim \chi^2(1)$$

と表す．

9.1.1　特　　性

(1)　パラメータ　　m

パラメータ m はカイ2乗分布の自由度である．

(2)　範　　囲　　$0 \leq x < \infty$

(3)　分布関数

$$\frac{\Gamma_{x/2}\left(\frac{m}{2}\right)}{\Gamma\left(\frac{m}{2}\right)}, \qquad x > 0$$

ここで $\Gamma_x(\alpha)$ は不完全ガンマ関数

$$\Gamma_x(\alpha) = \int_0^x e^{-t} t^{\alpha-1} dt, \qquad x > 0$$

である．

(4)　確率密度関数

$$\frac{1}{2^{\frac{m}{2}} \Gamma\left(\frac{m}{2}\right)} e^{-\frac{x}{2}} x^{\frac{m}{2}-1}, \qquad x \geq 0$$

(5) 生存関数

$$\frac{\Gamma\left(\frac{m}{2}\right)-\Gamma_{x/2}\left(\frac{m}{2}\right)}{\Gamma\left(\frac{m}{2}\right)}$$

(6) 危険度関数

$$\frac{1}{2^{\frac{m}{2}}}e^{-\frac{x}{2}}x^{\frac{m}{2}-1}\left[\Gamma\left(\frac{m}{2}\right)-\Gamma_{x/2}\left(\frac{m}{2}\right)\right]^{-1}$$

(7) 積率母関数 $(1-2t)^{-\frac{m}{2}}, \quad t<\frac{1}{2}$

カイ2乗分布の mgf は

$$\frac{1}{2^{\frac{m}{2}}\Gamma\left(\frac{m}{2}\right)}\int_0^\infty x^{\frac{m}{2}-1}\exp\left[-\left(\frac{1-2t}{2}\right)x\right]dx$$

であるから，2.2節 (26) で

$$k=\frac{m}{2}, \quad p=1, \quad q=\frac{1-2t}{2}$$

とおくことによって得られる．

(8) 特性関数 $(1-2it)^{-\frac{m}{2}}$

(9) キュミュラント母関数

$$-\frac{m}{2}\log(1-2t)$$

(10) *r* 次モーメント（原点まわり）

$$2^r\prod_{i=0}^{r-1}\left(\frac{m}{2}+i\right)=\frac{2^r\Gamma\left(\frac{m}{2}+r\right)}{\Gamma\left(\frac{m}{2}\right)}$$

r 次モーメント

$$\frac{1}{2^{\frac{m}{2}}\Gamma\left(\frac{m}{2}\right)}\int_0^\infty x^{\frac{m}{2}+r-1}\exp\left(-\frac{x}{2}\right)dx$$

は，2.2節 (26) で

$$k=\frac{m}{2}+r, \quad p=1, \quad q=\frac{1}{2}$$

とおくことによって得られる．

(11) *r* 次キュミュラント

$$2^{r-1}m(r-1)!, \quad r\geq 1$$

(12) 期待値 m

(13) **分　散** $2m$

(14) **モード** $m-2, \quad m \geq 2$

(15) **中位数** (大きな m に対して近似的に)

$$m-\frac{2}{3}$$

(16) **平均偏差**

$$\frac{e^{-\frac{m}{2}} m^{\frac{m}{2}}}{2^{\frac{m}{2}-1} \Gamma\left(\frac{m}{2}\right)}$$

(17) **歪　度** $\sqrt{\frac{8}{m}}$

(18) **尖　度** $3+\frac{12}{m}$

9.1.2 カイ2乗分布の再生性

$$Z_i \sim \mathrm{NID}(0,1), \quad i=1,2,\cdots,m$$

Z_i と Z_j は独立とする．このとき

$$\sum_{i=1}^{m} Z_i^2 \sim \chi^2(m)$$

これはカイ2乗分布の加法性あるいは再生性といわれる．

$Z_i^2 \sim \chi^2(1)$ の mgf は

$$M(t)=(1-2t)^{-\frac{1}{2}}$$

であり，$Z_1^2, \cdots, Z_m^2$ は独立で同じ mgf をもつから

$$\sum_{i=1}^{m} Z_i^2 \text{ の mgf} = [M(t)]^m = (1-2t)^{-\frac{m}{2}}$$

となり，この mgf は自由度 m のカイ2乗分布である．

9.1.3 $\bar{X}$ と $(X_1-\bar{X}, X_2-\bar{X}, \cdots, X_n-\bar{X})$ は独立

$X_1, \cdots, X_n$ は $N(\mu, \sigma^2)$ からの無作為標本であり

$$\bar{X}=\frac{1}{n}\sum_{i=1}^{n} X_i$$

$$S^2=\frac{1}{n-1}\sum_{i=1}^{n}(X_i-\bar{X})^2$$

とする．まず正規母集団からの標本において重要な性質である $\bar{X}$ と $(X_1-\bar{X}, X_2-\bar{X}, \cdots, X_n-\bar{X})$ は独立であることを示し，この性質を用いて S^2 の分布

を求める．

$\bar{X}$ と $X_1-\bar{X}, X_2-\bar{X}, \cdots, X_n-\bar{X}$ の同時 mgf を求めよう．

$$\begin{aligned}
M(t, t_1, t_2, \cdots, t_n) &= E\{\exp[t\bar{X}+t_1(X_1-\bar{X})+t_2(X_2-\bar{X})+\cdots \\
&\qquad +t_n(X_n-\bar{X})]\} \\
&= E\left\{\exp\left[\sum_{i=1}^{n} t_i X_i - \left(\sum_{i=1}^{n} t_i - t\right)\bar{X}\right]\right\} \\
&= E\left\{\exp\left[\sum_{i=1}^{n} X_i\left(t_i - \frac{t_1+t_2+\cdots+t_n-t}{n}\right)\right]\right\} \\
&= E\left\{\prod_{i=1}^{n} \exp\left[\frac{X_i(nt_i-n\bar{t}+t)}{n}\right]\right\}, \qquad \bar{t}=\frac{1}{n}\sum_{i=1}^{n} t_i \\
&= \prod_{i=1}^{n} E\left(\exp\left\{\frac{X_i[t+n(t_i-\bar{t})]}{n}\right\}\right)
\end{aligned}$$

そして $E(e^{tX_i})=X_i$ の $\mathrm{mgf}=\exp(\mu t+(\sigma^2/2)t^2)$ であるから

$$\begin{aligned}
&E\left(\exp\left\{\frac{X_i[t+n(t_i-\bar{t})]}{n}\right\}\right) \\
&\quad = \exp\left\{\mu\left[\frac{t+n(t_i-\bar{t})}{n}\right]+\frac{\sigma^2}{2}\left[\frac{t+n(t_i-\bar{t})}{n}\right]^2\right\} \\
&\quad = \exp\left\{\frac{\mu t}{n}+\mu(t_i-\bar{t})+\frac{\sigma^2}{2n^2}[t+n(t_i-\bar{t})]^2\right\}
\end{aligned}$$

となり，したがって

$$\begin{aligned}
M(t, t_1, t_2, \cdots, t_n) &= \exp\left\{\mu t+n\sum_{i=1}^{n}(t_i-\bar{t})+\frac{\sigma^2}{2n^2}\sum_{i=1}^{n}\left[t+n(t_i-\bar{t})\right]^2\right\} \\
&= \exp\left(\mu t+\frac{\sigma^2}{2n}t^2\right)\exp\left[\frac{\sigma^2}{2}\sum_{i=1}^{n}(t_i-\bar{t})^2\right]
\end{aligned}$$

が得られる．

$\bar{X}\sim N(\mu, \sigma^2/n)$ であるから，$\bar{X}$ の mgf は

$$\exp\left(\mu t+\frac{\sigma^2}{2n}t^2\right)$$

となり，上記の $(\bar{X}, X_1-\bar{X}, \cdots, X_n-\bar{X})$ の同時 mgf は

$$M(t, 0, 0, \cdots, 0)\,M(0, t_1, t_2, \cdots, t_n)$$

と分解することができる．したがって $\bar{X}$ と $(X_1-\bar{X}, X_2-\bar{X}, \cdots, X_n-\bar{X})$ は独立であることがわかる．

9.1.4 S^2 の分布と特性

前項の結果から S^2 と $\bar{X}$ は独立である．この性質を用いて S^2 の分布を求めることができる．

$$X_i-\mu=X_i-\bar{X}+(\bar{X}-\mu), \qquad \sum_{i=1}^{n}(X_i-\bar{X})=0$$

を用いて次式を得る．

$$\sum_{i=1}^{n}(X_i-\mu)^2=\sum_{i=1}^{n}(X_i-\bar{X})^2+n(\bar{X}-\mu)^2$$

$Z_i=(X_i-\mu)/\sigma\sim N(0,1)$ であるから，$Z_i^2\sim\chi^2(1)$ であり，9.1.2項で示したカイ2乗分布の再生性から

$$\sum_{i=1}^{n}Z_i^2=\frac{1}{\sigma^2}\sum_{i=1}^{n}(X_i-\mu)^2\sim\chi^2(n)$$

$\bar{X}\sim N(\mu,\sigma^2/n)$ であるから

$$\left(\frac{\bar{X}-\mu}{\frac{\sigma}{\sqrt{n}}}\right)^2=\frac{n(\bar{X}-\mu)^2}{\sigma^2}\sim\chi^2(1)$$

さらに，$\sum_{i=1}^{n}(X_i-\bar{X})^2$ と $\bar{X}$ の独立を用いて

$$\frac{1}{\sigma^2}\sum_{i=1}^{n}(X_i-\bar{X})^2=\frac{1}{\sigma^2}\sum_{i=1}^{n}(X_i-\mu)^2-\frac{1}{\sigma^2}n(\bar{X}-\mu)^2\sim\chi^2(n-1)$$

ゆえに

$$V=\frac{(n-1)S^2}{\sigma^2}\sim\chi^2(n-1) \tag{9.1}$$

を得る．

(9.1) 式より

$$S^2=\frac{\sigma^2 V}{n-1}$$

の pdf は $S^2=X$，$n-1=m$ とおき次式となる．

$$f(x)=\frac{m^{\frac{m}{2}}x^{\frac{m}{2}-1}\exp\left(-\frac{m}{2\sigma^2}x\right)}{2^{\frac{m}{2}}\sigma^m\Gamma\left(\frac{m}{2}\right)}, \qquad x>0 \tag{9.2}$$

$V\sim\chi^2(n-1)$ の mgf は

$$(1-2t)^{-\frac{n-1}{2}}, \qquad t<\frac{1}{2}$$

であるから，S^2 の mgf は

$$M(t)=\left(1-\frac{2\sigma^2}{n-1}t\right)^{-\frac{n-1}{2}}$$

となる．この mgf より

S^2 の期待値，および期待値まわりのモーメントは次のとおりである．

$$\begin{aligned} E(S^2)&=\sigma^2 \\ \mathrm{var}(S^2)&=\frac{2\sigma^4}{n-1} \\ \mu_3(S^2)&=\frac{8\sigma^6}{(n-1)^2} \\ \mu_4(S^2)&=\frac{12(n+3)\sigma^8}{(n-1)^3} \end{aligned} \tag{9.3}$$

一般に

$$\mu_r(S^2)=\left(\frac{\sigma^2}{n-1}\right)^r E\{(\chi^2_{n-1}-n+1)^r\}$$

である．したがって S^2 の分布の

$$歪度\ \sqrt{\beta_1}(S^2)=\sqrt{\frac{8}{n-1}}>0, \qquad n>1$$

$$尖度\ \beta_2(S^2)=3+\frac{12}{n-1}>3, \qquad n>1$$

となり，それぞれ自由度 $n-1$ のカイ 2 乗分布の歪度と尖度に等しい．

9.1.5　標本平均と標本分散の独立性の条件

9.1.3 項で述べたことから，正規母集団からの無作為標本において，$\bar{X}$ は

$$\hat{\sigma}^2=\frac{1}{n}\sum_{i=1}^{n}(X_i-\bar{X})^2, \qquad \tilde{\sigma}^2=\frac{1}{n+1}\sum_{i=1}^{n}(X_i-\bar{X})^2$$

とも独立である．

さらに，$\bar{X}$ と S^2（あるいは $\hat{\sigma}^2$, $\tilde{\sigma}^2$）が独立であるための必要十分条件は，$X_1, \cdots, X_n$ が正規分布からの無作為標本である（Kagan *et al*. (1973), p. 103)．

$\bar{X}$ は $X_1, \cdots, X_n$ の線形関数であり，S^2 や $\hat{\sigma}^2$ は 2 次関数である．このことから次の定理がある．

$X_1, \cdots, X_n$ は cdf F からの無作為標本であり

$$U=a_1X_1+\cdots+a_nX_n, \qquad \sum_{i=1}^{n}a_i^2=1$$

$$V=\sum_{i=1}^{n}X_i^2-(\sum_{i=1}^{n}a_iX_i)^2$$

とする．U と V が独立であるための必要十分条件は，$X_1, \cdots, X_n$ が正規分布からの無作為標本であることである（Kagan *et al*. (1973), p. 106）．

9.1.6 グ ラ フ

カイ2乗分布の pdf $f(x)$ のグラフは図4.8に $m=3, 5, 10, 20, 30$ のグラフが示されている．$m=1$ あるいは2のケースは $f(x)$ が指数的に減少し，形状が図4.8のケースとは異なるので，**図9.1** に $m=1, 2, 5, 10, 20$ の $f(x)$ のグラフを示した．

$S^2=X$，$n-1=m$ とおいた S^2 の pdf (9.2) 式のグラフは**図9.2**，**図9.3** に示した．図9.2は $\sigma^2=1$ を固定して $m=2, 3, 10, 30$ の (9.2) 式の $f(x)$ のグラフである．期待値はすべて1である．図9.3は $m=20$ を固定して，$\sigma^2=1, 2, 3, 5$ の (9.2) 式の $f(x)$ のグラフである．

9.1.7 独立な2つの正規母集団からの標本分散とカイ2乗分布

$$X_i \sim \mathrm{NID}(\mu_1, \sigma_1^2), \qquad i=1, 2, \cdots, n_1$$
$$Y_j \sim \mathrm{NID}(\mu_2, \sigma_2^2), \qquad j=1, 2, \cdots, n_2$$
$$X \text{ と } Y \text{ は独立}$$

とすると

$$\frac{(n_1-1)S_1^2}{\sigma_1^2}+\frac{(n_2-1)S_2^2}{\sigma_2^2} \sim \chi^2(n_1+n_2-2) \tag{9.4}$$

ここで

$$S_1^2=\frac{1}{n_1-1}\sum_{i=1}^{n_1}(X_i-\bar{X})^2, \qquad S_2^2=\frac{1}{n_2-1}\sum_{j=1}^{n_2}(Y_j-\bar{Y})^2$$

この (9.4) 式は9.1.4項と9.1.2項のカイ2乗分布の再生性から得られる．

9.1.8 重回帰モデルの誤差分散の推定量

重回帰モデル

$$\boldsymbol{y}=\boldsymbol{X\beta}+\boldsymbol{u}$$

を考える．$\boldsymbol{y}$ は $n\times 1$，$\boldsymbol{X}$ は $n\times k$，$\boldsymbol{\beta}$ は $k\times 1$，$\boldsymbol{u}$ は $n\times 1$ であり

$$\boldsymbol{u} \sim N(\boldsymbol{0}, \sigma^2\boldsymbol{I})$$

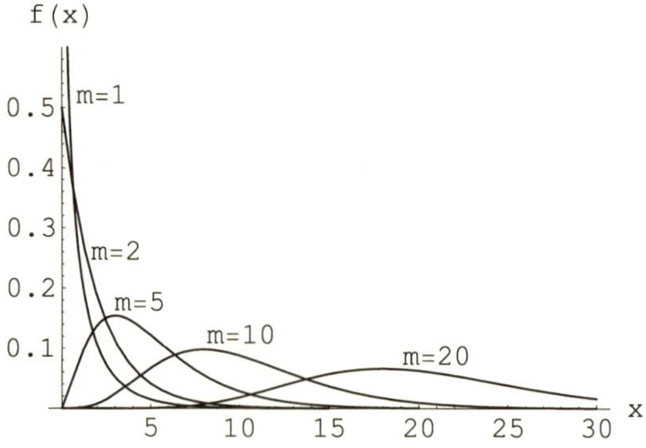

図 9.1　カイ 2 乗分布

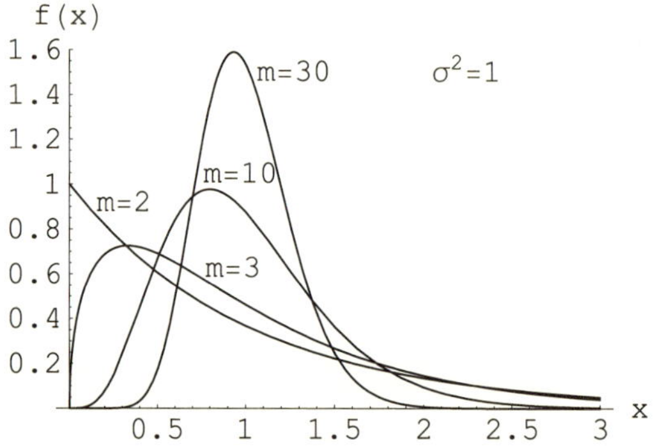

図 9.2　標本分散 S^2 の確率密度関数((9.2)式)

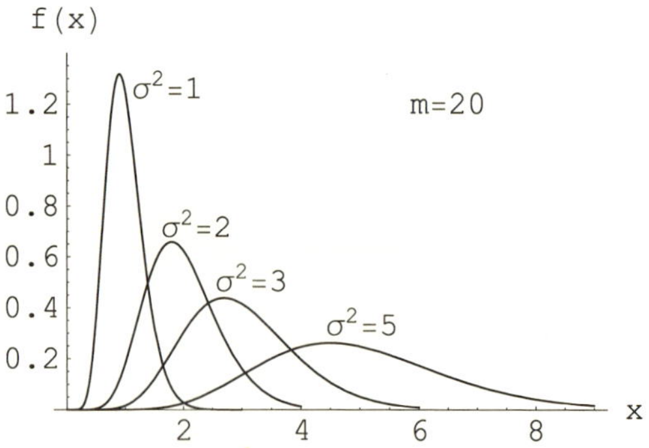

図 9.3　標本分散 S^2 の確率密度関数((9.2)式)

$$\boldsymbol{u} \text{ と } \boldsymbol{X} \text{ は独立}$$

$$\mathrm{rank}(\boldsymbol{X}) = k < n$$

とする．このとき，$\boldsymbol{e}=\boldsymbol{y}-\boldsymbol{X}\widehat{\boldsymbol{\beta}}$，$\widehat{\boldsymbol{\beta}}=(\boldsymbol{X}'\boldsymbol{X})^{-1}\boldsymbol{X}'\boldsymbol{y}$ とすると

$$s^2=\frac{1}{n-k}\boldsymbol{e}'\boldsymbol{e}$$

は誤差分散 σ^2 の不偏推定量を与え

$$\frac{(n-k)s^2}{\sigma^2}\sim\chi^2(n-k) \tag{9.5}$$

である．

9.1.9　カイ 2 乗分布の正規近似

$X\sim\chi^2(m)$ のとき，X を規準化した

$$Z=\frac{X-m}{\sqrt{2m}} \xrightarrow{d} N(0,1)$$

となることは 4.6 節で mgf を用いて示した．

カイ 2 乗分布の分位点を正規分布の分位点によって近似する方法は 3 章例 3.17 および 4.6.2 項で示した．

カイ 2 乗分布の cdf $F(x)$ を $\Phi(x)$ で近似するとき

$$F(x)\simeq\Phi\left(\frac{x-m}{\sqrt{2m}}\right)$$

より

$$F(x)\simeq\Phi(\sqrt{2x}-\sqrt{2m-1})$$

の方が近似の精度は高い．

9.2　標本標準偏差 S の分布

$X_1, X_2, \cdots, X_n$ を $N(\mu, \sigma^2)$ からの無作為標本とし，標本標準偏差 S を

$$S=\left\{\frac{1}{n-1}\sum_{i=1}^{n}(X_i-\overline{X})^2\right\}^{\frac{1}{2}}$$

とする．このとき S の pdf は次式で与えられる．

$$g(s)=\frac{s^{m-1}m^{\frac{m}{2}}\exp\left(-\frac{ms^2}{2\sigma^2}\right)}{2^{\frac{m}{2}-1}\sigma^m\Gamma\left(\frac{m}{2}\right)},\qquad s\geq 0,\qquad m=n-1\geq 1 \tag{9.6}$$

このpdfは (9.2) 式の $\sqrt{X}=S$ として得られ

$$\frac{\sigma}{\sqrt{n-1}}\times(\text{自由度 } n-1 \text{ のカイ分布})$$

に等しい.

$$\frac{(n-1)S^2}{\sigma^2}\sim\chi^2(n-1)$$

であるから, S^2 の pdf は

$$\frac{\sigma^2}{n-1}\times(\text{自由度 } n-1 \text{ のカイ 2 乗分布})$$

に等しい. ちょうどこれに対応して S の pdf は上記のようにカイ分布と対応していることがわかる.

S の原点まわりのモーメントは次のようになる.

$$\begin{aligned}
E(S)&=\sigma\sqrt{\frac{2}{n-1}}\frac{\Gamma\left(\frac{n}{2}\right)}{\Gamma\left(\frac{n-1}{2}\right)}\\
E(S^2)&=\sigma^2\\
E(S^3)&=\frac{n\sigma^2E(S)}{n-1}\\
E(S^4)&=\frac{\sigma^4(n+1)}{n-1}
\end{aligned} \tag{9.7}$$

一般に

$$E(S^r)=\left(\frac{2\sigma^2}{n-1}\right)^{\frac{r}{2}}\frac{\Gamma\left(\frac{n+r-1}{2}\right)}{\Gamma\left(\frac{n-1}{2}\right)},\qquad r=1,2,\cdots$$

この原点まわりの r 次モーメントは 2.2 節 (26) で

$$k=r+m,\qquad q=m/(2\sigma^2),\qquad p=2$$

とおくことによって得られる.

S^2 は σ^2 の不偏推定量であるが, S は σ の不偏推定量ではない. 平均的に S は σ を若干過小推定する.

ジェンセンの不等式より

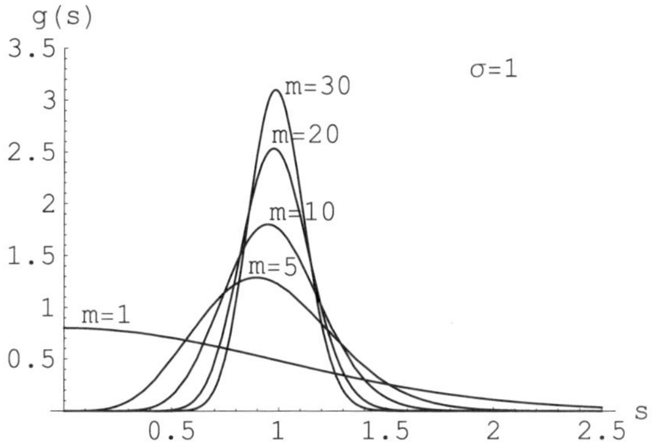

図 9.4 標本標準偏差 S の確率密度関数((9.6)式)

$$E(S)=E\{(S^2)^{\frac{1}{2}}\}<\{E(S^2)\}^{\frac{1}{2}}=\sigma$$

が得られるから過小推定は明らかである．

実際 $n=2, 5, 10, 20, 30, 40$ のとき $E(S)$ はそれぞれ 0.7979σ, 0.9400σ, 0.9727σ, 0.9869σ, 0.9914σ, 0.9936σ となる．

図 9.4 は $\sigma=1$ を固定して $m=1, 5, 10, 20, 30$ のときの (9.6) 式の S の pdf $g(s)$ のグラフである．

9.3 S^2 と S の漸近的分布

$X_1, \cdots, X_n$ が $N(\mu, \sigma^2)$ からの無作為標本ならば

$$S^2 \underset{\text{asy}}{\sim} N\left(\sigma^2, \frac{2\sigma^4}{n}\right)$$

であり，非正規母集団であっても

$$S^2 \underset{\text{asy}}{\sim} N\left(\sigma^2, \frac{\mu_4-\sigma^4}{n}\right)$$

が成り立つ (3 章例 3.8)．

S についても正規母集団のとき

$$S \underset{\text{asy}}{\sim} N\left(\sigma, \frac{\sigma^2}{2n}\right)$$

非正規母集団であっても

$$S \underset{\text{asy}}{\sim} N\left(\sigma, \frac{\mu_4-\sigma^4}{4n\sigma^2}\right)$$

が成り立つ（3 章例 3.9）.

9.4 非心カイ 2 乗分布

$Z_i \sim \mathrm{NID}(0,1)$, $i=1,2,\cdots,m$, $\delta_1,\cdots,\delta_m$ は定数とする.

$Y_i=Z_i+\delta_i$ とおけば $Y_i\sim\mathrm{NID}(\delta_i,1)$ である. いま

$$X=\sum_{i=1}^{m} Y_i^2=\sum_{i=1}^{m}(Z_i+\delta_i)^2$$

とおく. このとき X の分布は $\sum_{i=1}^{m}\delta_i^2$ を通してのみ $\delta_1,\cdots,\delta_m$ に依存するならば, X の分布は自由度 m, 非心度 $\delta=\sum_{i=1}^{m}\delta_i^2$ の非心カイ 2 乗分布 noncentral chi-square distribution とよばれ, $\chi^2(m,\delta)$ と表される. このことを $X\sim\chi^2(m,\delta)$ と表す.

9.4.1 特　　性

(1) パラメータ　　m,　δ

$m>0$ は自由度, $\delta\geq 0$ は非心パラメータである.

(2) 範　囲　　$0<x<\infty$

(3) 分布関数

$$e^{-\frac{\delta}{2}}\sum_{j=0}^{\infty}\frac{\dfrac{\left(\dfrac{\delta}{2}\right)^j}{j!}}{2^{\frac{m}{2}+j}\Gamma\left(\dfrac{m}{2}+j\right)}\int_0^x y^{\frac{m}{2}+j-1}e^{-\frac{y}{2}}dy, \qquad x>0$$

(4) 確率密度関数

$$\frac{\exp\left[-\dfrac{1}{2}(x+\delta)\right]}{2^{\frac{m}{2}}}\sum_{j=0}^{\infty}\left(\frac{\delta}{4}\right)^j\frac{x^{\frac{m}{2}+j-1}}{j!\,\Gamma\left(\dfrac{m}{2}+j\right)}$$

$$=e^{-\frac{\delta+x}{2}}\frac{1}{2}\left(\frac{x}{\delta}\right)^{\frac{m-2}{4}}I_{(m-2)/2}(\sqrt{\delta x}), \qquad x>0$$

ここで

$$I_a(y)=\left(\frac{1}{2}y\right)^a\sum_{j=1}^{\infty}\frac{\left(\frac{y^2}{4}\right)^j}{j!\Gamma(a+j+1)}$$

であり，これは次数 a の第1種の修正ベッセル関数である．

(5) 積率母関数

$$(1-2t)^{-\frac{m}{2}}\exp\left(\frac{\delta t}{1-2t}\right),\qquad t<\frac{1}{2}$$

X の mgf

$$2^{-\frac{m}{2}}\exp\left(-\frac{\delta}{2}\right)\left\{\sum_{j=0}^{\infty}\left(\frac{\delta}{4}\right)^j\left[j!\Gamma\left(\frac{m}{2}+j\right)\right]^{-1}\int_0^{\infty}x^{\frac{m}{2}+j-1}\exp\left[-\frac{1}{2}(1-2t)x\right]dx\right\}$$

において，積分は2.2節 (26) で

$$k=\frac{m}{2}+j,\qquad q=\frac{1}{2}(1-2t),\qquad p=1$$

とおけば

$$\left[\frac{1}{2}(1-2t)\right]^{-\frac{m}{2}-j}\Gamma\left(\frac{m}{2}+j\right)$$

となり

$$\sum_{j=0}^{\infty}\frac{1}{j!}\left[\frac{\left(\frac{\delta}{2}\right)}{1-2t}\right]^j=\exp\left(\frac{\frac{\delta}{2}}{1-2t}\right)$$

$$\exp\left(-\frac{\delta}{2}+\frac{\frac{\delta}{2}}{1-2t}\right)=\exp\left(\frac{\delta t}{1-2t}\right)$$

を用いて得られる．

(6) 特性関数 $\qquad (1-2it)^{-\frac{m}{2}}\exp\left(\frac{\delta it}{1-2it}\right)$

(7) キュミュラント母関数

$$-\frac{1}{2}m\log(1-2t)+\frac{\delta t}{1-2t}$$

(8) r 次キュミュラント

$$2^{r-1}(r-1)!(m+r\delta)$$

とくに

$$\kappa_1=m+\delta=E(X)$$

$$\kappa_2=2(m+2\delta)=\text{var}(X)$$

$$\kappa_3=8(m+3\delta)$$

$$\kappa_4 = 48(m+4\delta)$$

(9)　**r 次モーメント**（原点まわり）

$$2^r\Gamma\left(\frac{m}{2}+r\right)\sum_{j=0}^{r}\left\{\frac{\binom{r}{j}\left(\frac{\delta}{2}\right)^j}{\Gamma\left(\frac{m}{2}+j\right)}\right\}$$

(10)　**期待値**　　$m+\delta$

(11)　**モーメント**（平均まわり）

　　2 次（＝分散）　$2(m+2\delta)$

　　3 次　$8(m+3\delta)$

　　4 次　$48(m+4\delta)+12(m+2\delta)^2$

(12)　**歪　度**　　$\dfrac{\sqrt{8}\,(m+3\delta)}{(m+2\delta)^{\frac{3}{2}}}$

(13)　**尖　度**　　$3+\dfrac{12(m+4\delta)}{(m+2\delta)^2}$

9.4.2　グ　ラ　フ

図 4.9 は $\delta=1$ を固定して示したが $m=1$ のときの形状は大きく異なるので，別のグラフを示す．

図 9.5 は $m=10$ を固定して $\delta=0,1,3,10$ の pdf $f(x)$ のグラフ，**図 9.6** は $\delta=4$ を固定して $m=1,3,5,10,20$ の $f(x)$ のグラフである．

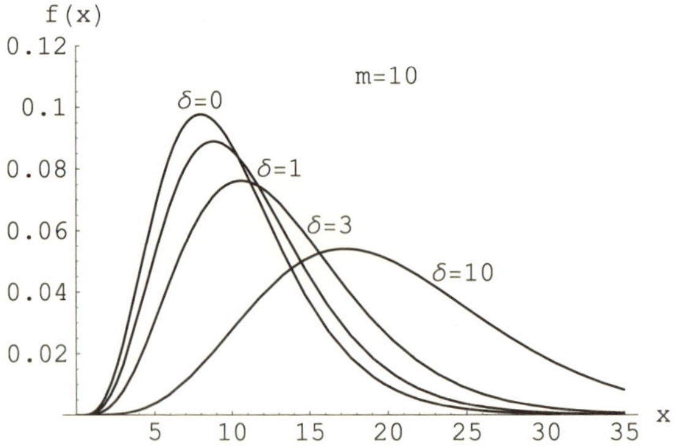

図 9.5　非心カイ 2 乗分布

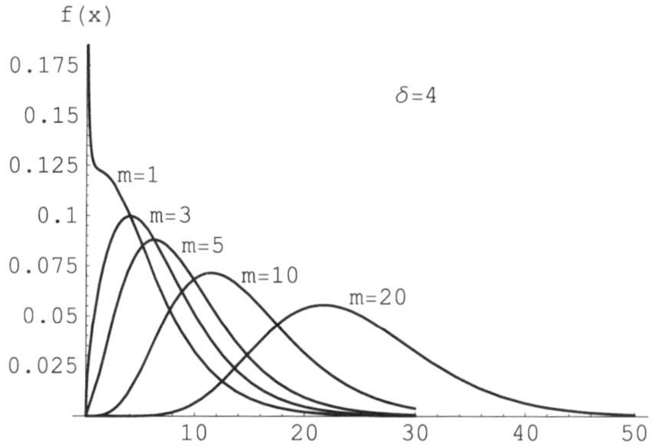

図 9.6 非心カイ2乗分布

9.4.3 非心カイ2乗分布の一般化

$$\boldsymbol{y}=\begin{bmatrix} Y_1 \\ \vdots \\ Y_m \end{bmatrix}, \qquad \boldsymbol{\delta}=\begin{bmatrix} \delta_1 \\ \vdots \\ \delta_m \end{bmatrix}$$

$$Y_i \sim \mathrm{NID}(\delta_i, 1), \qquad i=1, \cdots, m$$

とおくと

$$X=\boldsymbol{y}'\boldsymbol{y}$$

が自由度 m，非心度 $\lambda=\boldsymbol{\delta}'\boldsymbol{\delta}$ の非心カイ2乗分布をする，というのが前述の定義であった．もう少し一般化すると $\boldsymbol{A}$ を $m\times m$ の対称ベキ等行列（$\boldsymbol{A}=\boldsymbol{A}'=\boldsymbol{A}^2$ を満たす行列）とするとき

$$\boldsymbol{y}'\boldsymbol{A}\boldsymbol{y} \sim \chi^2(r, \lambda)$$

である．ここで

$$r=\mathrm{rank}(\boldsymbol{A})$$
$$\lambda=\boldsymbol{\delta}'\boldsymbol{A}\boldsymbol{\delta}$$

である．前述の非心カイ2乗分布は $\boldsymbol{A}=\boldsymbol{I}$ のケースである．

この $\boldsymbol{y}$ の2次形式に対して，次の関係が成立する．

(a) $\boldsymbol{y}'\boldsymbol{A}_1\boldsymbol{y}$ および $\boldsymbol{y}'\boldsymbol{A}_2\boldsymbol{y}$ は非心カイ2乗分布に従い，独立 $\Longleftrightarrow$ $\boldsymbol{A}_1\boldsymbol{A}_2=\boldsymbol{0}$

(b) $\boldsymbol{y}'\boldsymbol{A}\boldsymbol{y}$ と $\boldsymbol{B}\boldsymbol{y}$ は独立 $\Longleftrightarrow$ $\boldsymbol{B}\boldsymbol{A}=\boldsymbol{0}$

（$\boldsymbol{B}$ は $q\times m$ 行列）

さらに一般化したケースが次の9.4.4項に示されている．

9.4.4 正規確率変数の 2 次形式の分布

$p\times 1$ ベクトル $\boldsymbol{x}$ は $\boldsymbol{N}(\mathbf{0},\boldsymbol{\Sigma})$ に従うとき

$$\boldsymbol{x}'\boldsymbol{\Sigma}^{-1}\boldsymbol{x}\sim\chi^2(p)$$

である（11.3 節で証明する）．$\boldsymbol{x}\sim N(\boldsymbol{\mu},\boldsymbol{\Sigma})$ ならば，$\boldsymbol{x}'\boldsymbol{\Sigma}^{-1}\boldsymbol{x}$ の分布は自由度 p，非心度 $\boldsymbol{\mu}'\boldsymbol{\Sigma}^{-1}\boldsymbol{\mu}$ の非心カイ 2 乗分布に従う．

9.4.5 正規母集団からの標本平均ベクトルの 2 次形式の分布

それぞれ $p\times 1$ のベクトル $\boldsymbol{x}_1,\cdots,\boldsymbol{x}_n$ は $\boldsymbol{N}(\boldsymbol{\mu},\boldsymbol{\Sigma})$ からの無作為標本であり，$\bar{\boldsymbol{x}}$ は $p\times 1$ の標本平均ベクトルとする．このとき

$$n(\bar{\boldsymbol{x}}-\boldsymbol{\mu})'\boldsymbol{\Sigma}^{-1}(\bar{\boldsymbol{x}}-\boldsymbol{\mu})\sim\chi^2(p)$$

であるが

$$n(\bar{\boldsymbol{x}}-\boldsymbol{\mu}_0)'\boldsymbol{\Sigma}^{-1}(\bar{\boldsymbol{x}}-\boldsymbol{\mu}_0)$$

は自由度 p，非心度 $n(\boldsymbol{\mu}-\boldsymbol{\mu}_0)'\boldsymbol{\Sigma}^{-1}(\boldsymbol{\mu}-\boldsymbol{\mu}_0)$ の非心カイ 2 乗分布に従う．$n>p$ である．

9.4.6 非心カイ 2 乗分布の再生性

$V_1,\cdots,V_n$ は独立で，$V_i\sim\chi^2(m_i,\delta_i)$ のとき

$$\sum_{i=1}^{n}V_i\sim\chi^2(m,\delta)$$

ここで，$m=\sum_{i=1}^{n}m_i$，$\delta=\sum_{i=1}^{n}\delta_i$ である．

この再生性も V_i の mgf を

$$M_i(t)=(1-2t)^{-\frac{m_i}{2}}\exp\left(\frac{\delta_i t}{1-2t}\right)$$

とすれば，$\sum_{i=1}^{n}V_i$ の mgf は

$$\prod_{i=1}^{n}M_i(t)$$

より得られ，やはり非心カイ 2 乗分布になることから明らかである．

9.4.7 非心カイ 2 乗分布は $\boldsymbol{m}$（自由度）と $\boldsymbol{\delta}$（非心度）の減少関数である

$\chi^2(m,\delta)$ に従う確率変数の分布関数を $F(x;m,\delta)$ とすると，$F(x;m,\delta)$ はもちろん x の増加関数であるが，m と δ の減少関数であり，x を固定した

とき

$$\lim_{m\to\infty} F(x\,;m,\delta)=\lim_{\delta\to\infty} F(x\,;m,\delta)=0$$

である．

9.4.8 非心カイ 2 乗分布と正規分布

$V\sim\chi^2(m,\delta)$ とするとき，標準化された非心カイ 2 乗分布

$$\frac{V-(m+\delta)}{[2(m+2\delta)]^{\frac{1}{2}}}\xrightarrow[\delta\text{固定}]{m\to\infty} N(0,1)$$

である．この結果は 4.7.1 項で mgf を用いて証明した．

4.7.2 項では非心カイ 2 乗分布の cdf の標準正規分布の cdf Φ による近似，4.7.3 項では非心カイ 2 乗分布の分位点の正規近似を説明した．

9.5 スチューデントの t 分布

“スチューデント” Student のペンネームで 1908 年，ギネスビールの技術者ゴセット（Gosset, William Sealy, 1876-1937）が発見した分布である．それゆえスチューデントの t 分布とよばれるが，単に t 分布ということが多い．

t 分布の定義は次のとおりである．

$Z\sim N(0,1)$，$V\sim\chi^2(m)$，Z と V は独立とする．このとき

$$X=\frac{Z}{\sqrt{\dfrac{V}{m}}}\sim t(m)$$

は自由度 m の t 分布をする．

9.5.1 特　　性

(1) パラメータ（自由度）

$$m>0,\quad 整数$$

(2) 範　　囲　　$-\infty<x<\infty$

(3) 分布関数

$$\frac{1}{2}+\tan^{-1}\left(\frac{x}{m^{\frac{1}{2}}}\right)+\frac{xm^{\frac{1}{2}}}{m+x^2}\sum_{j=0}^{\frac{m-3}{2}}\frac{a_j}{\left(1+\frac{x^2}{m}\right)^j},\qquad m：奇数$$

$$\frac{1}{2}+\frac{x}{2(m+x^2)^{\frac{1}{2}}}\sum_{j=0}^{\frac{m-2}{2}}\frac{b_j}{\left(1+\frac{x^2}{m}\right)^j},\qquad m：偶数$$

ここで

$$a_j=\left(\frac{2j}{2j+1}\right)a_{j-1},\qquad a_0=1$$

$$b_j=\left(\frac{2j-1}{2j}\right)b_{j-1},\qquad b_0=1$$

あるいは，$t\sim t(m)$ の分布関数を次のように表すこともできる．

$$F(x)=\frac{1}{2}\left[1+I_k\left(\frac{1}{2},\frac{1}{2}m\right)\right]$$

ここで

$$k=\frac{x^2}{m+x^2}$$

$$F(x)=1-\frac{1}{2}I_j\left(\frac{1}{2}m,\frac{1}{2}\right)$$

$$j=\frac{m}{m+x^2}$$

$I_z(a,b)$ は不完全ベータ関数比である．

(4) 確率密度関数

$$\frac{\Gamma\left(\frac{m+1}{2}\right)}{(\pi m)^{\frac{1}{2}}\Gamma\left(\frac{m}{2}\right)\left(1+\frac{x^2}{m}\right)^{\frac{m+1}{2}}}$$

(5) 生存関数

$$\frac{1}{2}I_j\left(\frac{1}{2}m,\frac{1}{2}\right)$$

ここで $j=\frac{m}{m+x^2}$

(6) 危険度関数 $X\sim t(m)$ の pdf を $f(x)$ とすると

$$\frac{f(x)}{\frac{1}{2}I_j\left(\frac{1}{2}m,\frac{1}{2}\right)}$$

$$ここで\ j=\frac{m}{m+x^2}$$

(7) r 次モーメント

$$\mu_r=0, \qquad r：奇数$$

$$\mu_r=\frac{1\cdot3\cdot5\cdot\cdots\cdot(r-1)\,m^{\frac{r}{2}}}{(m-2)(m-4)\cdots(m-r)}, \qquad r：偶数, \qquad m>r$$

期待値0であるから，このモーメントは原点まわりであり，期待値まわりでもある．この r 次モーメントは次のようにして得られる．

$$X=\frac{Z}{\sqrt{\dfrac{V}{m}}}$$

であり，Z と V は独立であるから

$$E(X^r)=E\left[Z^r\left(\frac{V}{m}\right)^{-\frac{r}{2}}\right]=m^{\frac{r}{2}}E(Z^r)E(V^{-\frac{r}{2}})$$

となる．$Z\sim N(0,1)$ であるから

$$E(Z^r)=\int_{-\infty}^{\infty}\frac{z^r}{\sqrt{2\pi}}\exp\left(-\frac{z^2}{2}\right)dz$$

において，被積分関数は r が奇数のとき奇関数，r が偶数のとき偶関数になるから，上の積分は r が奇数のとき0，r が偶数のとき $r=2n$，$n=1,2,\cdots$ とおくと，(1.16) 式より

$$E(Z^r)=E(Z^{2n})=(2n-1)!!$$

が得られる．

$$\begin{aligned}(2n-1)!!&=(2n-1)(2n-3)\cdots5\cdot3\cdot1\\&=\frac{2n(2n-1)(2n-2)\cdots5\cdot4\cdot3\cdot2\cdot1}{2n(2n-2)(2n-4)\cdots4\cdot2\cdot1}\\&=\frac{(2n)!}{2^n n!}=\frac{r!}{2^{\frac{r}{2}}\left(\dfrac{r}{2}\right)!}, \qquad r=2,4,\cdots\end{aligned}$$

と表すこともできるから，r が偶数のとき

$$E(Z^r)=\frac{r!}{2^{\frac{r}{2}}\left(\dfrac{r}{2}\right)!} \tag{9.8}$$

としてもよい．

他方，$V\sim\chi^2(m)$ であるから，カイ2乗分布の r 次モーメントより

$$E(V^{-\frac{r}{2}})=\frac{2^{-\frac{r}{2}}\Gamma\left(\frac{m}{2}-\frac{r}{2}\right)}{\Gamma\left(\frac{m}{2}\right)}$$

となる．ただし $r<m$ でなければならない．

以上の結果を用いると，r が奇数のとき $E(Z^r)=0$ であり，r が偶数でかつ $r<m$ のとき

$$E(X^r)=m^{\frac{r}{2}}\frac{r!}{2^r\left(\frac{r}{2}\right)!}\cdot\frac{\Gamma\left(\frac{m}{2}-\frac{r}{2}\right)}{\Gamma\left(\frac{m}{2}\right)},\qquad r<m$$

が得られる．

上式の $\Gamma(m/2-r/2)/\Gamma(m/2)$ を計算可能な式で表そう．次の結果を用いる（大槻（1991），pp. 772～773）．

$$\frac{\Gamma(a-j)}{\Gamma(a)}=\frac{(-1)^j}{(1-a)_j},\qquad a\neq 1,2,\cdots,j,\qquad j=1,2,\cdots$$

ここでポッホハンマー記号 $(a)_j$ は

$$(a)_j=a(a+1)\cdots(a+j-1)$$

である．したがって

$$(1-a)_1=1-a$$
$$(1-a)_2=(1-a)(2-a)$$
$$(1-a)_3=(1-a)(2-a)(3-a)$$

等々であり，$a=m/2$, $j=r/2$ のとき，r が偶数であれば $j=1,2,\cdots$ となり

$$\left(1-\frac{m}{2}\right)_{r/2}=\left(1-\frac{m}{2}\right)\left(1-\frac{m}{2}+1\right)\cdots\left(1-\frac{m}{2}+\frac{r}{2}-1\right)$$

となる．r が偶数のときのみ $E(X^r)\neq 0$ であるから，r が偶数のとき

$$\frac{\Gamma\left(\frac{m}{2}-\frac{r}{2}\right)}{\Gamma\left(\frac{m}{2}\right)}=\left[\left(1-\frac{m}{2}\right)_{r/2}\right]^{-1}=\left[\left(\frac{1}{2}\right)^{\frac{r}{2}}(m-2)(m-4)\cdots(m-r)\right]^{-1}$$

以上より，r が偶数で $r<m$ のとき，r 次モーメントは次のようになる．

$$E(X^r)=m^{\frac{r}{2}}\frac{r!}{2^{\frac{r}{2}}\left(\frac{r}{2}\right)!}[(m-2)(m-4)\cdots(m-r)]^{-1}$$

$$=\frac{1\cdot3\cdot5\cdots(r-1)\,m^{\frac{r}{2}}}{(m-2)(m-4)\cdots(m-r)},\qquad m>r$$

この結果を用いて以下の期待値，分散，歪度，尖度が得られる．

(8) **期待値** $0,\quad m>1$

(9) **分散** $\dfrac{m}{m-2},\quad m>2$

(10) **平均偏差** $\dfrac{m^{\frac{1}{2}}\Gamma\left(\frac{m-1}{2}\right)}{\pi^{\frac{1}{2}}\Gamma\left(\frac{m}{2}\right)}$

(11) **モード** 0

(12) **歪度** $0,\quad m>3$

(13) **尖度** $\dfrac{3(m-2)}{m-4}=3+\dfrac{6}{m-4},\quad m>4$

(14) **r 次の絶対モーメント**

$$E(|X|^r)=\frac{m^{\frac{r}{2}}\Gamma\left(\frac{m-r}{2}\right)\Gamma\left(\frac{r+1}{2}\right)}{\pi^{\frac{1}{2}}\Gamma\left(\frac{m}{2}\right)},\quad 0\leq r<m$$

この r 次絶対モーメントは次のようにして得られる．

$$E(|X|^r)=E\left[|Z|^r\left(\frac{V}{m}\right)^{-\frac{r}{2}}\right]=m^{\frac{r}{2}}E(|Z|^r)E(V^{-\frac{r}{2}})$$

は t 分布の定義および Z と V の独立から，$|Z|$ と V は独立を用いて得られる．$Z\sim N(0,1)$ のとき $E(|Z|^r)$ は (1.27) 式から

$$E(|Z|^r)=\frac{1}{\sqrt{\pi}}2^{\frac{r}{2}}\Gamma\left(\frac{r+1}{2}\right)$$

であるから，この結果と前述の $E(V^{-r/2})$ を用いて，r 次絶対モーメントが得られる．

9.5.2 グラフ

図 9.7 は $m=2,5,30$ のときの t 分布の pdf のグラフ，**図 9.8** は $m=2$ の t 分布と $N(0,1)$ のグラフである．

9.5.3 正規母集団からの標本平均の分布と t 分布

$X_1, X_2, \cdots, X_n$ は $N(\mu, \sigma^2)$ からの無作為標本とし

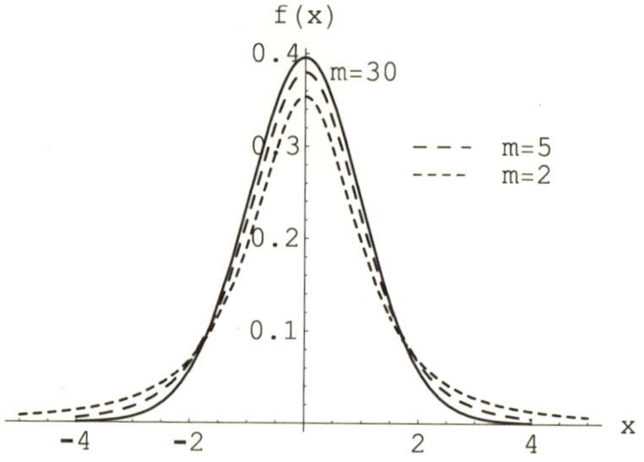

図 9.7 t 分布

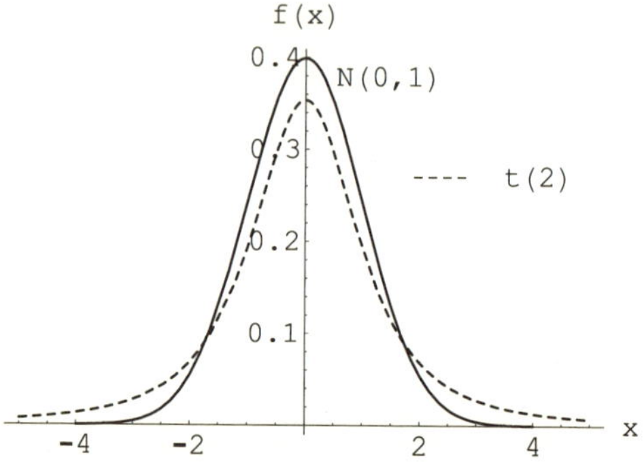

図 9.8 t 分布と標準正規分布

$$\bar{X}=\frac{1}{n}\sum_{i=1}^{n}X_i, \qquad S^2=\frac{1}{n-1}\sum_{i=1}^{n}(X_i-\bar{X})^2$$

とする．もう一度説明し直すと，X_i/n の mgf は

$$M_i(t)=\exp\left(\frac{\mu}{n}t+\frac{\sigma^2t^2}{2n^2}\right)$$

であるから，$\bar{X}$ の mgf は

$$\prod_{i=1}^{n}M_i(t)=\exp\left[\mu t+\frac{1}{2}\left(\frac{\sigma^2}{n}\right)t^2\right]$$

となり

$$\bar{X}\sim N\left(\mu,\frac{\sigma^2}{n}\right)$$

である．正規母集団でなくても CLT から

$$\bar{X} \xrightarrow{d} N\left(\mu, \frac{\sigma^2}{n}\right)$$

である．

正規母集団のとき

$$\frac{\bar{X}-\mu}{\sigma/\sqrt{n}}=\frac{\sqrt{n}(\bar{X}-\mu)}{\sigma}\sim N(0,1)$$

が成立する．σ 未知のとき σ を S で推定すると

$$T=\frac{\bar{X}-\mu}{S/\sqrt{n}}=\frac{\sqrt{n}(\bar{X}-\mu)}{S}\sim t(n-1) \tag{9.9}$$

である．この (9.9) 式の証明は以下のとおりである．

$$Z=\frac{\sqrt{n}(\bar{X}-\mu)}{\sigma}\sim N(0,1)$$

$$V=\frac{(n-1)S^2}{\sigma^2}\sim\chi^2(n-1)$$

$\bar{X}$ と S^2 は独立であるから Z と V は独立．

したがって t 分布の定義から (9.9) 式

$$\frac{Z}{\sqrt{V/(n-1)}}=\frac{\sqrt{n}(\bar{X}-\mu)/\sigma}{S/\sigma}=\frac{\sqrt{n}(\bar{X}-\mu)}{S}\sim t(n-1)$$

が得られる．

9.5.4 正規母集団からの標本平均の差の分布

$X_1, \cdots, X_{n_1}$ は $N(\mu_1, {\sigma_1}^2)$ からの無作為標本

$Y_1, \cdots, Y_{n_2}$ は $N(\mu_2, {\sigma_2}^2)$ からの無作為標本

とする．すべての i，j について X_i と Y_j も独立である．

このとき前項および正規変数の和（あるいは差）も正規分布する（6.9 節）ということから

$$\bar{X}\sim N\left(\mu_1, \frac{{\sigma_1}^2}{n_1}\right)$$

$$\bar{Y}\sim N\left(\mu_2, \frac{{\sigma_2}^2}{n_2}\right)$$

$$\bar{X}-\bar{Y}\sim N\left(\mu_1-\mu_2, \frac{{\sigma_1}^2}{n_1}+\frac{{\sigma_2}^2}{n_2}\right)$$

が成立する．したがって

$$Z=\frac{\bar{X}-\bar{Y}-(\mu_1-\mu_2)}{\sqrt{\dfrac{\sigma_1{}^2}{n_1}+\dfrac{\sigma_2{}^2}{n_2}}}\sim N(0,1) \tag{9.10}$$

である．とくに $\sigma_1{}^2=\sigma_2{}^2=\sigma^2$ のとき

$$Z=\frac{\bar{X}-\bar{Y}-(\mu_1-\mu_2)}{\sigma\sqrt{\dfrac{1}{n_1}+\dfrac{1}{n_2}}}\sim N(0,1)$$

となる．

共通の σ^2 をプールされた標本から

$$S_p{}^2=\frac{(n_1-1)S_1{}^2+(n_2-1)S_2{}^2}{n_1+n_2-1} \tag{9.11}$$

によって推定する．ここで

$$S_1{}^2=\frac{\sum_{i=1}^{n_1}(X_i-\bar{X})^2}{n_1-1},\qquad S_2{}^2=\frac{\sum_{i=1}^{n_2}(Y_i-\bar{Y})^2}{n_2-1}$$

である．共通の σ^2 をもつとき

$$V_1=\frac{(n_1-1)S_1{}^2}{\sigma^2}\sim\chi^2(n_1-1)$$

$$V_2=\frac{(n_2-1)S_2{}^2}{\sigma^2}\sim\chi^2(n_2-1)$$

であり，V_1 と V_2 は独立であるから，カイ 2 乗分布の再生性より

$$V=V_1+V_2=\frac{(n_1-1)S_1{}^2+(n_2-1)S_2{}^2}{\sigma^2}$$

$$=(n_1+n_2-1)\frac{S_p{}^2}{\sigma^2}\sim\chi^2(n_1+n_2-2)$$

が得られる．

$\bar{X}$，$\bar{Y}$ ともに $S_1{}^2$ と $S_2{}^2$ と独立であるから，(9.10) 式の Z と V は独立である．したがって t 分布の定義から

$$T=\frac{Z}{\sqrt{V/(n_1+n_2-1)}}=\frac{\bar{X}-\bar{Y}-(\mu_1-\mu_2)}{S_p\sqrt{\dfrac{1}{n_1}+\dfrac{1}{n_2}}}\sim t(n_1+n_2-1) \tag{9.12}$$

が得られる．

(9.9) 式の T は 13 章で μ の信頼区間，14 章で μ に関する仮説検定，(9.12) 式の T は 13 章で $\mu_1-\mu_2$ の信頼区間，14 章で $\mu_1-\mu_2$ の仮説検定に用いる．

9.5.5 回帰係数の最小 2 乗推定量と t 分布

回帰モデル

$$Y_i = \beta_1 + \beta_2 X_{2i} + \cdots + \beta_k X_{ki} + \varepsilon_i$$

において，誤差項 ε_i は次の仮定を満たすものとする．

$$E(\varepsilon_i) = 0$$

$$E(\varepsilon_i \varepsilon_j) = \begin{cases} \sigma^2, & i = j \\ 0, & i \neq j \end{cases}$$

X_{ji} と ε_i は独立，$j = 2, \cdots, k$，$i = 1, \cdots, n$

ε_i は正規分布に従う

このとき，β_j の最小 2 乗推定量を $\hat{\beta}_j$，σ^2 の不偏推定量を

$$s^2 = \frac{\sum_{i=1}^{n} e_i^2}{n-k}$$

とし，$\hat{\beta}_j$ の標準偏差の推定量を s_j とすると

$$T = \frac{\hat{\beta}_j - \beta_j}{s_j} \sim t(n-k), \qquad j = 1, \cdots, k \tag{9.13}$$

ここで，e_i は最小 2 乗残差

$$e_i = Y_i - \hat{Y}_i$$

$$\hat{Y}_i = \hat{\beta}_1 + \hat{\beta}_2 X_{2i} + \cdots + \hat{\beta}_k X_{ki}$$

である．(9.13) 式の証明は 12 章で行う．

9.5.6 t 分布と規準正規分布

自由度 m の t 分布は $m \to \infty$ のとき $N(0,1)$ に収束するということは，4.8.1 項で説明した．

t 分布の上側確率 α を与える分位点を，規準正規分布の分位点で近似する方法を 4.8.2 項で説明し，$m \geq 14$ のときこの近似はきわめて精度が高い，ということを確認している．

分位点ではなく，t 分布の cdf を規準正規分布の cdf Φ で近似する方法として次の方法がある．自由度 m の t 分布の cdf を $F(x; m)$

$$F(x; m) \simeq \Phi[z(x)]$$

と近似する．

(a)

$$z(x) \simeq u(x)\left\{1-\frac{[1-\exp(-y^2)]^{\frac{1}{2}}}{8m+3}\right\}$$

$$u(x)=\left[m\log\left(1+\frac{x^2}{m}\right)\right]^{\frac{1}{2}}$$

$$y=\frac{(0.184)(8m+3)}{u(x)\sqrt{m}}$$

$$x>0$$

(b)　(a) よりもっと精度の高い近似といわれるのは次の近似である．

表 9.1　t 分布の累積確率と正規近似

x	0.5			1			2		
df	cdf of t	近似(a)	近似(b)	cdf of t	近似(a)	近似(b)	cdf of t	近似(a)	近似(b)
1	0.64758	0.66620	0.65495	0.75000	0.77547	0.76166	0.85242	0.87655	0.86656
2	0.66667	0.67717	0.66677	0.78868	0.80321	0.78884	0.90825	0.92025	0.90845
3	0.67428	0.68149	0.67428	0.80450	0.81450	0.80451	0.93034	0.93779	0.93035
4	0.67834	0.68381	0.67834	0.81305	0.82063	0.81305	0.94194	0.94718	0.94194
5	0.68085	0.68525	0.68085	0.81839	0.82448	0.81839	0.94903	0.95301	0.94903
6	0.68256	0.68623	0.68256	0.82204	0.82712	0.82204	0.95379	0.95697	0.95379
7	0.68380	0.68695	0.68380	0.82469	0.82905	0.82469	0.95719	0.95983	0.95719
8	0.68473	0.68749	0.68473	0.82670	0.83052	0.82670	0.95974	0.96198	0.95974
9	0.68546	0.68792	0.68546	0.82828	0.83167	0.82828	0.96172	0.96367	0.96172
10	0.68605	0.68826	0.68605	0.82955	0.83260	0.82955	0.96331	0.96502	0.96331
11	0.68654	0.68854	0.68654	0.83060	0.83337	0.83060	0.96460	0.96613	0.96460
12	0.68694	0.68878	0.68694	0.83148	0.83402	0.83148	0.96567	0.96706	0.96567
13	0.68728	0.68898	0.68728	0.83222	0.83456	0.83222	0.96658	0.96784	0.96658
14	0.68758	0.68916	0.68758	0.83286	0.83504	0.83286	0.96736	0.96852	0.96736
15	0.68783	0.68931	0.68783	0.83341	0.83545	0.83341	0.96803	0.96910	0.96803
16	0.68806	0.68944	0.68806	0.83390	0.83581	0.83390	0.96861	0.96961	0.96861
17	0.68826	0.68956	0.68826	0.83433	0.83612	0.83433	0.96913	0.97006	0.96913
18	0.68843	0.68966	0.68843	0.83472	0.83641	0.83472	0.96959	0.97046	0.96959
19	0.68859	0.68975	0.68859	0.83506	0.83666	0.83506	0.97000	0.97082	0.97000
20	0.68873	0.68984	0.68873	0.83537	0.83689	0.83537	0.97037	0.97114	0.97037
21	0.68886	0.68991	0.68886	0.83565	0.83710	0.83565	0.97070	0.97143	0.97070
22	0.68898	0.68998	0.68898	0.83591	0.83729	0.83591	0.97100	0.97170	0.97100
23	0.68909	0.69005	0.68909	0.83614	0.83746	0.83614	0.97128	0.97194	0.97128
24	0.68919	0.69010	0.68919	0.83636	0.83762	0.83636	0.97153	0.97216	0.97153
25	0.68928	0.69016	0.68928	0.83655	0.83777	0.83655	0.97176	0.97237	0.97176
26	0.68936	0.69021	0.68936	0.83674	0.83791	0.83674	0.97198	0.97256	0.97198
27	0.68944	0.69025	0.68944	0.83691	0.83803	0.83691	0.97217	0.97273	0.97217
28	0.68951	0.69030	0.68951	0.83706	0.83815	0.83706	0.97236	0.97289	0.97236
29	0.68958	0.69034	0.68958	0.83721	0.83826	0.83721	0.97253	0.97304	0.97253
30	0.68964	0.69037	0.68964	0.83735	0.83836	0.83735	0.97269	0.97318	0.97269

$$z(x) \simeq w + \frac{w^3+3w}{b} - \frac{4w^7+33w^5+240w^3+855w}{10b(b+0.8w^4+100)}, \qquad x>0$$

$$w = \left[\left(m-\frac{1}{2}\right)\log\left(1+\frac{x^2}{m}\right)\right]^{\frac{1}{2}}$$

$$b = 48\left(m-\frac{1}{2}\right)^2$$

表 9.1 に $x=0.5, 1, 2$ のケースのみであるが，t 分布の $F(x;m)$ の正確な値（表の cdf of t）と近似(a)，(b)による値を $m=1(1)30$ に対して示した．$m=1$ のとき t 分布はコーシー分布になり，モーメントの存在しない分布になる．小数第 6 位を四捨五入しているが，自由度（表の df）わずか 4 以上で近似(b)の値は正確な値に一致する．t 分布の cdf の式から $F(x;m)$ を求める計算はきわめて困難であるが，近似(b)を用いれば簡単である．(a)，(b)ともに Patel and Read (1996), 7.10.

9.6　非心 t 分布

非心 t 分布の定義は次のとおりである．

$Y \sim N(\mu, \sigma^2)$，$V/\sigma^2 \sim \chi^2(m)$，$Y$ と V は独立とする．このとき

$$t = \frac{Y}{\sqrt{\frac{V}{m}}}$$

は自由度 m，非心度 $\delta=\mu/\sigma$ の非心 t 分布をする．$t(m, \delta)$ と表す．$\mu=0$，$\sigma^2=1$，したがって $\delta=0$ ならば，前の（中心）t 分布である．

非心 t 分布は次のように表すこともできる．

$$Z = \frac{Y-\mu}{\sigma} \sim N(0, 1)$$

と Y を標準化すると，標準正規変数 Z を用いて

$$Y = \sigma\left(Z+\frac{\mu}{\sigma}\right)$$

となる．$V/\sigma^2=U$ とおくと，$V=\sigma^2 U$ である．このとき

$$T = \frac{Y}{\sqrt{\frac{V}{m}}} = \frac{\sigma\left(Z+\frac{\mu}{\sigma}\right)}{\sqrt{\frac{\sigma^2 U}{m}}} = \frac{Z+\delta}{\sqrt{\frac{U}{m}}}$$

ここで

$$\delta=\frac{\mu}{\sigma}\ は非心度$$

$$Z \sim N(0,1)$$

$$U \sim \chi^2(m)$$

である．

9.6.1 特　　性

(1) パラメータ　$m,\quad \delta,\quad m$ は正の整数，$-\infty<\delta<\infty$

(2) 範　　囲　$-\infty<x<\infty$

(3) 分布関数

$$\Phi(-\delta)+\frac{1}{2}\exp\left(-\frac{\delta^2}{2}\right)\sum_{j=0}^{\infty}\frac{\left(\frac{\delta^2}{2}\right)^{\frac{j}{2}}}{\Gamma\left(\frac{j}{2}+1\right)}I_{x^2/(x^2+m)}\left(\frac{j+1}{2},\frac{m}{2}\right),\qquad x\geq 0$$

ここで $\Phi(\cdot)$ は標準正規変数の分布関数であり

$$\Phi(-\delta)=\int_{-\infty}^{-\delta}\frac{1}{\sqrt{2\pi}}\exp\left(-\frac{z^2}{2}\right)dz$$

である．そして

$$I_x(a,b)=\frac{1}{B(a,b)}\int_0^x v^{a-1}(1-v)^{b-1}dv,\qquad a>0,\qquad b>0$$

は不完全ベータ関数比である．

この分布関数は次のように表すこともできる．

$$\frac{\sqrt{2\pi}}{2^{\frac{m}{2}-1}\Gamma\left(\frac{m}{2}\right)}\int_0^{\infty}\Phi\left(\frac{xu}{\sqrt{m}}-\delta\right)u^{m-1}\phi(u)\,du$$

ここで

$$\phi(u)=\frac{1}{\sqrt{2\pi}}\exp\left(-\frac{u^2}{2}\right)$$

である．

(4) 確率密度関数

$$\frac{\exp\left(-\frac{\delta^2}{2}\right)}{\sqrt{m\pi}\,\Gamma\left(\frac{m}{2}\right)}\sum_{j=0}^{\infty}\Gamma\left(\frac{m+j+1}{2}\right)\frac{(\delta x)^j}{j!}\left(\frac{2}{m}\right)^{\frac{j}{2}}\left(1+\frac{x^2}{m}\right)^{-\frac{m+j+1}{2}}$$

(5) r 次モーメント (原点まわり)

$$\frac{\left(\frac{m}{2}\right)^{\frac{r}{2}}\Gamma\left(\frac{m-r}{2}\right)}{\Gamma\left(\frac{m}{2}\right)}\sum_{j=0}^{\left[\frac{r}{2}\right]}\binom{r}{2j}\frac{(2j)!}{2^j j!}\delta^{r-2j}, \qquad m>r$$

ここで $[r/2]$ は $r/2$ をこえない最大の整数を表す．

原点まわりの r 次モーメントは

$$t=\frac{Z+\delta}{\sqrt{\frac{U}{m}}}$$

の定義に戻って求めることができる．$t=x$ とおくと

$$E(X^r)=E\left[\left(\frac{Z+\delta}{\sqrt{\frac{U}{m}}}\right)^r\right]=E\left[m^{\frac{r}{2}}(Z+\delta)^r U^{-\frac{r}{2}}\right]$$

であり，Z と U は独立であるから

$$E(X^r)=m^{\frac{r}{2}}E(Z+\delta)^r E[(U^{\frac{1}{2}})^{-r}]$$

になる．

$$E(Z+\delta)^r=\sum_{j=0}^{r}\binom{r}{j}E(Z^j)\,\delta^{r-j}$$

において Z の奇数次モーメントは 0 であり，偶数次モーメントは 1.1 節 (13) より，r が偶数のとき

$$\mu_r=\frac{r!}{2^{\frac{r}{2}}\left(\frac{r}{2}\right)!}$$

となる．したがって r が偶数のときのみモーメントは 0 でないから

$$E(Z+\delta)^r=\sum_{j=0}^{\left[\frac{r}{2}\right]}\binom{r}{2j}\frac{(2j)!}{2^j j!}\delta^{r-2j}$$

を得る．他方，$U^{1/2}$ は自由度 m のカイ分布をするから

$$E[(U^{\frac{1}{2}})^{-r}]=\frac{2^{-\frac{r}{2}}\Gamma\left(\frac{m-r}{2}\right)}{\Gamma\left(\frac{m}{2}\right)}$$

となり，以上の結果を用いて，原点まわりの r 次モーメントが得られる．

(6) 期 待 値

$$\mu_1' = \frac{\delta\left(\frac{m}{2}\right)^{\frac{1}{2}} \Gamma\left(\frac{m-1}{2}\right)}{\Gamma\left(\frac{m}{2}\right)}, \qquad m>1$$

(7) 分　　散

$$\mu_2 = \frac{m}{m-2}(1+\delta^2) - \frac{m}{2}\delta^2 \left[\frac{\Gamma\left(\frac{m-1}{2}\right)}{\Gamma\left(\frac{m}{2}\right)}\right]^2$$

$$= \frac{m}{m-2}(1+\delta^2) - \mu_1'^2, \qquad m>2$$

(8) **3次モーメント**（平均まわり）

$$\mu_3 = \mu_1' \left[\frac{m(2m-3+\delta^2)}{(m-2)(m-3)} - 2\mu_2\right], \qquad m>3$$

(9) **4次モーメント**（平均まわり）

$$\mu_4 = \frac{m^2}{(m-2)(m-4)}(3+6\delta^2+\delta^4) - \mu_1'^2 \left\{\frac{m[(m+1)\delta^2+3(3m-5)]}{(m-2)(m-3)} - 3\mu_2\right\}$$

$$m>4$$

δ を固定したとき，m が大きければ次の近似が成立する．

$$\mu_1' \fallingdotseq \delta, \qquad m>1$$

$$\mu_2 \fallingdotseq 1 + \frac{\delta^2}{2m}, \qquad m>2$$

$$\mu_3 \fallingdotseq \frac{\delta}{m}\left(3 + \frac{5\delta^2}{4m}\right), \qquad m>3$$

歪度 $\sqrt{\beta_1} \fallingdotseq \frac{\delta}{m}\left(3 - \frac{\delta^2}{m}\right), \qquad m>3$

尖度 $\beta_2 \fallingdotseq \frac{1.406(m-3.2)}{m-4}\beta_1 + \frac{3(m-2)}{m-4}, \qquad m>4$

9.6.2 グ　ラ　フ

図 9.9 は $m=20$ を固定して $\delta=-2, 0.5, 3, 8$ の非心 t 分布の pdf $f(x)$ のグラフである．

図 9.10 は $\delta=2$ を固定して $m=2, 10, 30$ の $f(x)$ のグラフである．

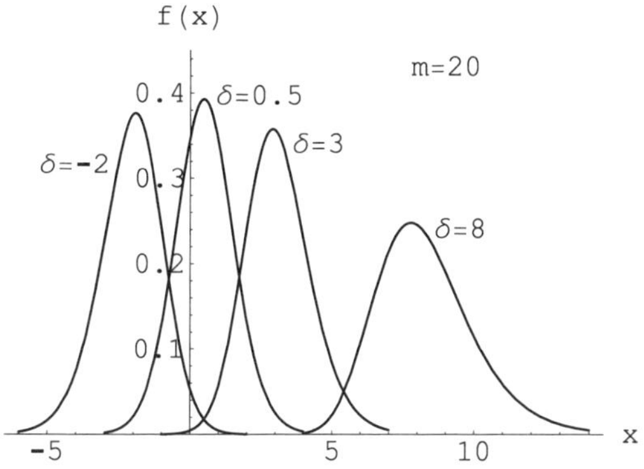

図 9.9 非心 t 分布

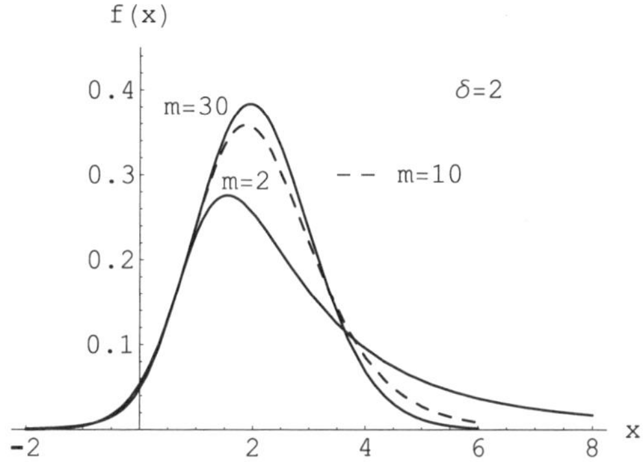

図 9.10 非心 t 分布

9.6.3 非心 t 分布の正規近似

$X \sim t(m, \delta)$ とすると，次の近似式が成り立つ．

$$Z = \frac{X\left(1 - \dfrac{1}{4m}\right) - \delta}{\left(1 + \dfrac{X^2}{2m}\right)^{\frac{1}{2}}} \simeq N(0, 1) \tag{9.14}$$

$t(m, \delta)$ の分位点を正規分布の分位点によって近似する方法は 4.8.3 項で述べた．

上述の Z による近似式を実験で確かめてみよう．$m=20$，$\delta=5$ の非心 t 分布に従う X を次の方法で発生させる（Krishnamoorthy (2006), p. 229)．

1. $U \sim N(0,1)$ を発生させる．
2. $W = U + \delta$ とする
3. $Y \sim \mathrm{GAM}(m/2, 2)$ を発生させる
4. $X = W\sqrt{m/Y}$ とする．

この X が $t(20,5)$ である．そして上式によって X から Z へ変換する．

図 9.11 は 30,000 回の実験から得られた Z のカーネル密度関数と $N(0,1)$ のグラフである．0 近辺で Z の確率密度が $N(0,1)$ より少し小さいが，近似はかなり良い．

表 9.2 はこの 30,000 回の実験から得られた Z の上側，下側それぞれ確率 0.01，0.05，0.10 を与える分位点を $N(0,1)$ の分位点と比較した表である．下側分位点の絶対値が $N(0,1)$ の分位点より大きく，上側分位点の値が小さい．しかし近似の程度は悪くはない．

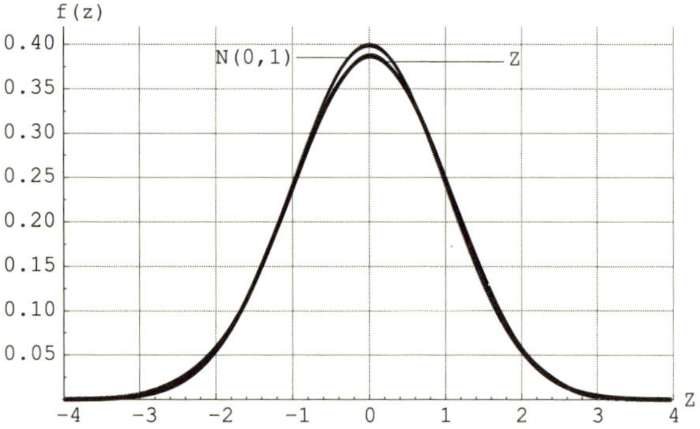

図 9.11 非心 t 変数の標準正規化 Z のカーネル密度関数と $N(0,1)$

表 9.2 非心 t 分布(20, 5)の正規近似の分位点

	上側確率			下側確率		
	0.10	0.05	0.01	0.10	0.05	0.01
標準正規分布	1.2816	1.6449	2.3264	−1.2816	−1.6449	−2.3264
Z	1.2836	1.6260	2.2647	−1.2867	−1.6572	−2.3601

9.6.4 非心 t 分布を用いる検定力の計算

重回帰モデル

$$Y_i=\beta_1+\beta_2 X_{2i}+\cdots+\beta_k X_{ki}+u_i, \qquad i=1,\cdots,n$$

$$u_i \sim \mathrm{NID}(0,\sigma^2)$$

$$X_{ji} \text{ と } u_s \text{ は独立, } i,s=1,\cdots,n,\ j=2,\cdots,k$$

において，仮説検定

$$H_0: \beta_j=0$$

$$H_1: \beta_j>0$$

を考えよう．β_j の最小 2 乗推定量 $\widehat{\beta}_j$，$\widehat{\beta}_j$ の標準偏差の推定量を s_j とすると，H_0 が正しいとき

$$t=\frac{\widehat{\beta}_j}{s_j}\sim t(n-k) \tag{9.15}$$

である．

ところが，もし H_1 が正しく，$\beta_j>0$ であり，$\widehat{\beta}_j$ の標準偏差を σ_j とすると，標準正規分布に従うのは次の Z である．

$$Z=\frac{\widehat{\beta}_j-\beta_j}{\sigma_j}\sim N(0,1)$$

ここで

$$\sigma_j^2=\frac{\sigma^2}{m_j^2}$$

$$m_j^2=\sum_{i=1}^{n}(X_{ji}-\overline{X}_j)^2(1-R_j^2)$$

ただし R_j^2 は X_j の（X_j を除く）残りの $k-1$ 個の説明変数への線形回帰を行ったときの決定係数である．

そして

$$U=\frac{(n-k)s^2}{\sigma^2}\sim \chi^2(n-k)$$

$$s^2=\frac{\sum_{i=1}^{n}e_i^2}{n-k}$$

$$e_i=\text{最小 2 乗残差}$$

$$s_j^2=\sigma_j^2 \text{ の推定量}=\frac{s^2}{m_j^2}$$

$$Z \text{ と } U \text{ は独立}$$

であるから，H_1 が正しいとき（中心）t 分布をするのは

$$t^*=\frac{Z}{\sqrt{\dfrac{U}{n-k}}}\sim t(n-k)$$

である．

$$Z=\frac{\hat{\beta}_j-\beta_j}{\sigma_j}=\frac{m_j(\hat{\beta}_j-\beta_j)}{\sigma}=\frac{m_j\hat{\beta}_j}{\sigma}-\frac{m_j\beta_j}{\sigma}$$

$$\sqrt{\frac{U}{n-k}}=\frac{s}{\sigma}=\frac{m_js_j}{\sigma}$$

であるから，H_0：$\beta_j=0$ の検定統計量は

$$t=\frac{\hat{\beta}_j}{s_j}=\frac{\dfrac{m_j\hat{\beta}_j}{\sigma}}{\sqrt{\dfrac{U}{n-k}}}=\frac{Z+\dfrac{m_j\beta_j}{\sigma}}{\sqrt{\dfrac{U}{n-k}}}$$

$$=\frac{Z+\delta}{\sqrt{\dfrac{U}{n-k}}},\qquad \delta=\frac{m_j\beta_j}{\sigma}$$

と表すことができる．非心パラメータ δ は H_0：$\beta_j=0$ が正しければ 0 である．

H_1が正しいとき，この t 検定の検定力を求めるためには，上記の非心 t 分布を用いなければならない．H_1 に属する β_j を種々動かして検定力を求めたい．

$$\frac{\delta}{\sqrt{\dfrac{U}{n-k}}}=\frac{\dfrac{m_j\beta_j}{\sigma}}{\dfrac{m_js_j}{\sigma}}=\frac{\beta_j}{s_j}$$

$$t^*=\frac{Z}{\sqrt{\dfrac{U}{n-k}}}\sim t(n-k)$$

であるから，H_1 が正しいとき，H_0：$\beta_j=0$ の検定統計量

$$t=t^*+\frac{\beta_j}{s_j}$$

と表すことができる．

$$\frac{\beta_j}{s_j}=\frac{m_j\beta_j}{s}$$

は，β_j を固定したとき非心度 $\delta=\dfrac{m_j\beta_j}{\sigma}$ の推定量を与える．

いずれにせよ，t 検定の検定力を計算するためには非心 t 分布が必要となる．

9.7 F 分 布

F 分布の定義は次のとおりである.

$U\sim\chi^2(m_1)$, $V\sim\chi^2(m_2)$, U と V は独立, このとき

$$X=\frac{\dfrac{U}{m_1}}{\dfrac{V}{m_2}}\sim F(m_1, m_2)$$

は自由度 (m_1, m_2) の F 分布をするといわれる.

9.7.1 特　　性

(1) パラメータ　　m_1, m_2

m_1, m_2 は正の整数, m_1 は分子の自由度, m_2 は分母の自由度とよばれる.

(2) 範　　囲　　$0\leq x<\infty$

(3) 分布関数　　$I_r\left(\dfrac{m_1}{2}, \dfrac{m_2}{2}\right)=\dfrac{B_r\left(\dfrac{m_1}{2}, \dfrac{m_2}{2}\right)}{B\left(\dfrac{m_1}{2}, \dfrac{m_2}{2}\right)}$

は不完全ベータ関数比.

ここで $\gamma=\dfrac{m_1x}{m_2+m_1x}$

(4) 確率密度関数

$$\frac{\Gamma\left[\dfrac{1}{2}(m_1+m_2)\right]\left(\dfrac{m_1}{m_2}\right)^{\frac{m_1}{2}}x^{\frac{m_1}{2}-1}}{\Gamma\left(\dfrac{m_1}{2}\right)\Gamma\left(\dfrac{m_2}{2}\right)\left(1+\dfrac{m_1}{m_2}x\right)^{\frac{m_1+m_2}{2}}}$$

ベータ関数を用いれば pdf を次のように表すこともできる.

$$\frac{1}{B\left(\dfrac{m_1}{2}, \dfrac{m_2}{2}\right)}\cdot\frac{\left(\dfrac{m_1}{m_2}\right)^{\frac{m_1}{2}}x^{\frac{m_1}{2}-1}}{\left(1+\dfrac{m_1}{m_2}x\right)^{\frac{m_1+m_2}{2}}}$$

(5) 生存関数　　$1-I_r\left(\dfrac{m_1}{2}, \dfrac{m_2}{2}\right)$

(6)　危険度関数

$$\frac{1}{B\left(\frac{m_1}{2},\frac{m_2}{2}\right)-B_r\left(\frac{m_1}{2},\frac{m_2}{2}\right)}\cdot\frac{\left(\frac{m_1}{m_2}\right)^{\frac{m_1}{2}}x^{\frac{m_1}{2}-1}}{\left(1+\frac{m_1}{m_2}x\right)^{\frac{m_1+m_2}{2}}}$$

(7)　*r* 次モーメント（原点まわり）

$$\frac{\left(\frac{m_2}{m_1}\right)^r\Gamma\left(\frac{m_1}{2}+r\right)\Gamma\left(\frac{m_2}{2}-r\right)}{\Gamma\left(\frac{m_1}{2}\right)\Gamma\left(\frac{m_2}{2}\right)},\quad m_2>2r$$

この原点まわりの r 次モーメントは次のようにして得られる．

F 分布の定義に現れる U と V は独立であるから

$$E(X^r)=\left(\frac{m_2}{m_1}\right)^rE(U^r)E(V^{-r})$$

カイ 2 乗分布の r 次モーメントの式

$$E(U^r)=\frac{2^r\Gamma\left(\frac{m_1}{2}+r\right)}{\Gamma\left(\frac{m_1}{2}\right)}$$

$$E(V^{-r})=\frac{2^{-r}\Gamma\left(\frac{m_2}{2}-r\right)}{\Gamma\left(\frac{m_2}{2}\right)},\quad m_2>2r$$

となるから

$$E(X^r)=\frac{\left(\frac{m_2}{m_1}\right)^r\Gamma\left(\frac{m_1}{2}+r\right)\Gamma\left(\frac{m_2}{2}-r\right)}{\Gamma\left(\frac{m_1}{2}\right)\Gamma\left(\frac{m_2}{2}\right)},\quad m_2>2r$$

上式において，ポッホハンマー記号

$$(a)_r=a(a+1)\cdots(a+r-1),\quad a\fallingdotseq 1,2,\cdots,r,\quad r=1,2,\cdots$$

を用いると

$$\frac{\Gamma\left(\frac{m_1}{2}+r\right)}{\Gamma\left(\frac{m_1}{2}\right)}=\left(\frac{m_1}{2}\right)_r$$

$$\frac{\Gamma\left(\frac{m_2}{2}-r\right)}{\Gamma\left(\frac{m_2}{2}\right)}=\frac{(-1)^r}{\left(1-\frac{m_2}{2}\right)_r}$$

となるから，$r=1$ のとき

$$\frac{\Gamma\left(\frac{m_1}{2}+1\right)}{\Gamma\left(\frac{m_1}{2}\right)}=\frac{m_1}{2}$$

$$\frac{\Gamma\left(\frac{m_2}{2}-1\right)}{\Gamma\left(\frac{m_2}{2}\right)}=\frac{(-1)}{1-\frac{m_2}{2}}=\frac{2}{m_2-2}, \qquad m_2>2$$

となり

$$E(X)=\frac{m_2}{m_2-2}, \qquad m_2>2$$

を得る．

$r=2$ のとき

$$\frac{\Gamma\left(\frac{m_1}{2}+2\right)}{\Gamma\left(\frac{m_1}{2}\right)}=\left(\frac{m_1}{2}\right)_2=\frac{m_1}{2}\left(\frac{m_1}{2}+1\right)$$

$$\frac{\Gamma\left(\frac{m_2}{2}-2\right)}{\Gamma\left(\frac{m_2}{2}\right)}=\frac{1}{\left(1-\frac{m_2}{2}\right)_2}=\frac{1}{\left(1-\frac{m_2}{2}\right)\left(2-\frac{m_2}{2}\right)}$$

$$=\frac{4}{(m_2-2)(m_2-4)}, \qquad m_2>4$$

となるから

$$E(X^2)=\frac{m_2{}^2(m_1+2)}{m_1(m_2-2)(m_2-4)}, \qquad m_2>4$$

を得る．したがって

$$\mathrm{var}(X)=E(X^2)-[E(X)]^2=\frac{2m_2{}^2(m_1+m_2-2)}{m_1(m_2-2)^2(m_2-4)}, \qquad m_2>4$$

となる．以下の歪度，尖度も同様にして得られる．

(8) 期待値 $\dfrac{m_2}{m_2-2}, \qquad m_2>2$

(9) 分　散 $\dfrac{2m_2{}^2(m_1+m_2-2)}{m_1(m_2-2)^2(m_2-4)}, \qquad m_2>4$

(10) モード $\dfrac{m_2(m_1-2)}{m_1(m_2+2)}, \qquad m_1>2$

(11) 歪　度

$$\frac{(2m_1+m_2-2)[8(m_2-4)]^{\frac{1}{2}}}{m_1^{\frac{1}{2}}(m_2-6)(m_1+m_2-2)^{\frac{1}{2}}}, \qquad m_2>6$$

(12) 尖　度

$$3+\frac{12[(m_2-2)^2(m_2-4)+m_1(m_1+m_2-2)(5m_2-22)]}{m_1(m_2-6)(m_2-8)(m_1+m_2-2)}$$

$$=\frac{3\left[m_2-4+\dfrac{1}{2}(m_2-6)\beta_1\right]}{m_2-8}, \qquad m_2>8 \qquad \sqrt{\beta_1}\text{ は歪度}$$

9.7.2 正規分布からの標本分散比は F 分布をする

$X_1, \cdots, X_{n_1}$ は $N(\mu_1, \sigma_1^2)$ からの無作為標本

$Y_1, \cdots, Y_{n_2}$ は $N(\mu_2, \sigma_2^2)$ からの無作為標本

X_i と Y_j は独立

とし，標本分散を

$$S_1^2=\frac{1}{n_1-1}\sum_{i=1}^{n_1}(X_i-\bar{X})^2$$

$$S_2^2=\frac{1}{n_2-1}\sum_{j=1}^{n_2}(Y_j-\bar{Y})^2$$

とすれば

$$U=\frac{(n_1-1)S_1^2}{\sigma_1^2}\sim\chi^2(n_1-1)$$

$$V=\frac{(n_2-1)S_2^2}{\sigma_2^2}\sim\chi^2(n_2-1)$$

U と V は独立

であるから

$$F=\frac{\dfrac{U}{n_1-1}}{\dfrac{V}{n_2-1}}=\frac{\dfrac{S_1^2}{\sigma_1^2}}{\dfrac{S_2^2}{\sigma_2^2}}\sim F(n_1-1, n_2-1) \tag{9.16}$$

とくに，$\sigma_1^2=\sigma_2^2$ のとき

$$F=\frac{S_1^2}{S_2^2}\sim F(n_1-1, n_2-1) \tag{9.17}$$

となり，標本分散比は F 分布をする．σ_1^2/σ_2^2 の区間推定，あるいは $\sigma_1^2=\sigma_2^2$ の仮説検定にこの F 分布が用いられる．

9.7.3 グ ラ フ

図 9.12 は $m_2=30$ を固定して，$m_1=1,2,5,10$ の pdf のグラフ，**図 9.13** は $m_1=4$ を固定して $m_2=1,10,30$ の pdf のグラフである．

9.7.4 *F* 分布の正規近似

4.9.1 項で $F(3,20)$ を例に，規準正規変数への 2 つの変換例を示した．

4.9.2 項で $m_1=2$ を固定して，$m_2=2(1)40$ に対して *F* 分布の分位点を正規分布の分位点で近似する方法を述べた．

9.7.5 重回帰モデルにおける *F* 分布の応用

重回帰モデル

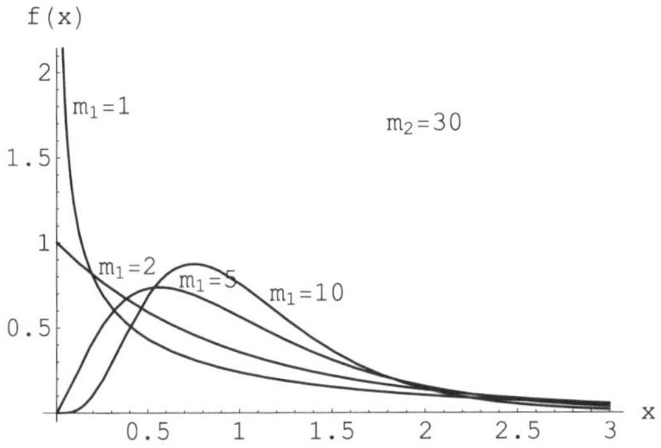

図 9.12 *F* 分布

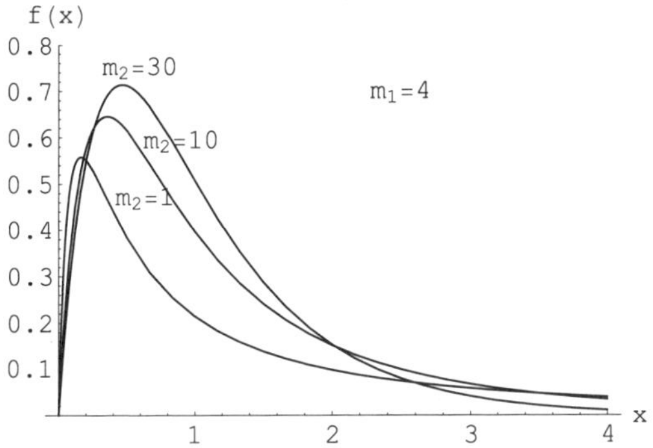

図 9.13 *F* 分布

$$\boldsymbol{y}=\boldsymbol{X\beta}+\boldsymbol{u}$$

がある．$\boldsymbol{y}$ は $n\times 1$ の被説明変数ベクトル，$\boldsymbol{X}$ は $n\times k$ の説明変数行列，$\boldsymbol{\beta}$ は $k\times 1$ のパラメータベクトル，$\boldsymbol{u}$ は $n\times 1$ の確率誤差項ベクトルである．n は観測値の数，k は（定数項を含む）説明変数の数で $n>k$ とする．

次の仮定が成立しているものとする．

$$\boldsymbol{u}\sim N(\boldsymbol{0},\sigma^2\boldsymbol{I})$$

$\boldsymbol{X}$ と $\boldsymbol{u}$ は独立であり，$\mathrm{rank}(\boldsymbol{X})=k$

$\boldsymbol{\beta}$ の最小2乗推定量を $\hat{\boldsymbol{\beta}}$ とすると

$$\hat{\boldsymbol{\beta}}=(\boldsymbol{X}'\boldsymbol{X})^{-1}\boldsymbol{X}'\boldsymbol{y}$$

で与えられる．

$\boldsymbol{\beta}$ に関する線形制約の仮説はすべて

$$\boldsymbol{R\beta}=\boldsymbol{r}$$

の形式で表すことができる．$\boldsymbol{R}$ は $q\times k$ の定数行列で，q は制約条件の数，$\boldsymbol{r}$ は $q\times 1$ の定数ベクトルである．

たとえば

$$Y_t=\beta_1+\beta_2X_{2t}+\cdots+\beta_kX_{kt}+u_t$$

の重回帰モデルにおいて

$$\beta_2=\beta_3=\cdots=\beta_k=0$$

という仮説，すなわち $X_2,\cdots,X_k$ は同時に Y を説明する要因ではないという仮説は，$q=k-1$ であり

$$\underset{(k-1)\times k}{\boldsymbol{R}}=\begin{bmatrix}0&1&0&\cdots&0\\0&0&1&\cdots&0\\\vdots&\vdots&\vdots&&\vdots\\0&0&0&\cdots&1\end{bmatrix},\quad \underset{k\times 1}{\boldsymbol{\beta}}=\begin{bmatrix}\beta_1\\\beta_2\\\vdots\\\beta_k\end{bmatrix},\quad \underset{(k-1)\times 1}{\boldsymbol{r}}=\begin{bmatrix}0\\\vdots\\0\end{bmatrix}$$

と定義すれば

$$\boldsymbol{R\beta}=\boldsymbol{r}$$

の形で表すことができる．

あるいは

$$\beta_2+\beta_3=1$$

$$\beta_4=\beta_5$$

の2個の線形制約は，$q=2$ であり，$\boldsymbol{\beta}$ は前と同じであるが

$$\boldsymbol{R}=\begin{bmatrix}0 & 1 & 1 & 0 & 0 & 0 & \cdots & 0\\ 0 & 0 & 0 & 1 & -1 & 0 & \cdots & 0\end{bmatrix},\qquad \boldsymbol{r}=\begin{bmatrix}1\\0\end{bmatrix}$$

と定義すれば，やはり

$$\boldsymbol{R\beta}=\boldsymbol{r}$$

の形になる．

$$\text{帰無仮説 } H_0：\boldsymbol{R\beta}=\boldsymbol{r}$$

$$\text{対立仮説 } H_1：\boldsymbol{R\beta}\neq\boldsymbol{r}$$

は次の F 検定によって行うことができる．

$$F=\frac{(\boldsymbol{R}\hat{\boldsymbol{\beta}}-\boldsymbol{r})'[\boldsymbol{R}(\boldsymbol{X}'\boldsymbol{X})^{-1}\boldsymbol{R}']^{-1}(\boldsymbol{R}\hat{\boldsymbol{\beta}}-\boldsymbol{r})/q}{s^2}\overset{H_0}{\sim}F(q,n-k) \tag{9.18}$$

ここで

$$s^2=\frac{\sum_{t=1}^{n}e_t{}^2}{n-k}$$

$$\sum_{t=1}^{n}e_t{}^2=\text{残差平方和}$$

$F\overset{H_0}{\sim}F(q,n-k)$ は H_0 が正しいとき，自由度 $(q,n-k)$ の F 分布をするという意味である．

9.8 非心 F 分布

非心 F 分布の定義は以下のとおりである．

U' は自由度 m_1，非心パラメータ δ のカイ 2 乗分布をするとき

$$U'\sim\chi^2(m_1,\delta)$$

と表す．

$$V\sim\chi^2(m_2)$$

$$U' \text{ と } V \text{ は独立}$$

とするとき

$$F=\frac{\dfrac{U'}{m_1}}{\dfrac{V}{m_2}}\sim F(m_1,m_2,\delta)$$

すなわち，F は自由度 (m_1, m_2)，非心度 δ の非心 F 分布をする．

9.8.1 特　性

(1) パラメータ　m_1,　m_2,　δ

分子の自由度 m_1，分母の自由度 m_2 は正の整数，$\delta>0$ は非心パラメータ

(2) 分布関数

$$\sum_{j=0}^{\infty}\left(\frac{\left[\frac{\delta}{2}\right]^j}{j!}e^{-\frac{\delta}{2}}\right)I_k\left(\frac{m_1}{2}+j,\ \frac{m_2}{2}\right)$$

ここで，$k=m_1x/(m_2+m_1x)$ であり，

$$I_k(a, b)=\frac{\int_0^k t^{a-1}(1-t)^{b-1}dt}{B(a, b)}$$

$$B(a, b)=\int_0^1 u^{a-1}(1-u)^{b-1}du$$

(3) 確率密度関数

$$\frac{e^{-\frac{\delta}{2}}m_1^{\frac{m_1}{2}}m_2^{\frac{m_2}{2}}}{B\left(\frac{m_1}{2}, \frac{m_2}{2}\right)}\cdot\frac{x^{\frac{m_1}{2}-1}}{(m_2+m_1x)^{\frac{m_1+m_2}{2}}}$$

$$\times\sum_{j=0}^{\infty}\left[\left(\frac{\frac{1}{2}\delta m_1x}{m_2+m_1x}\right)^j\frac{(m_1+m_2)(m_1+m_2+2)\cdots(m_1+m_2+2j-2)}{j!m_1(m_1+2)\cdots(m_1+2j-2)}\right]$$

$$=f(x)e^{-\frac{\delta}{2}}$$

$$\times\sum_{j=0}^{\infty}\left[\left(\frac{\frac{1}{2}\delta m_1x}{m_2+m_1x}\right)^j\frac{(m_1+m_2)(m_1+m_2+2)\cdots(m_1+m_2+2j-2)}{j!m_1(m_1+2)\cdots(m_1+2j-2)}\right]$$

ここで，$f(x)$ は $F(m_1, m_2)$ の確率密度関数である．

(4) r 次モーメント（原点まわり）

$$e^{-\frac{\delta}{2}}\left(\frac{m_2}{m_1}\right)^r\frac{\Gamma\left(\frac{m_2}{2}-r\right)}{\Gamma\left(\frac{m_2}{2}\right)}\sum_{j=0}^{\infty}\frac{\left(\frac{\delta}{2}\right)^j\Gamma\left(\frac{m_1}{2}+j+r\right)}{j!\Gamma\left(\frac{m_1}{2}+j\right)},\qquad m_2\geq 2r$$

(5) 期 待 値　$\dfrac{m_2(m_1+\delta)}{m_1(m_2-2)}$,　$m_2>2$

(6) 分　　散

$$2\left(\frac{m_2}{m_1}\right)^2\left[\frac{(m_1+\delta)^2+(m_1+2\delta)(m_2-2)}{(m_2-2)^2(m_2-4)}\right], \qquad m_2>4$$

(7) 平均偏差

$$\frac{2[(m_1+\delta)^2+(m_1+2\delta)(m_2-2)]}{[(m_1+\delta)^2(m_2-4)]^{\frac{1}{2}}}, \qquad m_2>4$$

9.8.2 グ　ラ　フ

図 9.14 は $m_2=10$, $\delta=2$ を固定して $m_1=2, 5, 10, 30$ の非心 F 分布の pdf のグラフ, **図 9.15** は $m_1=3$, $\delta=2$ を固定して $m_2=2, 5, 10, 30$ のグラフである.

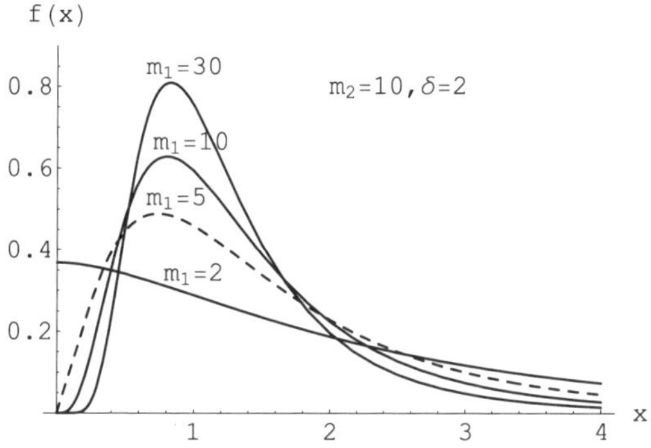

図 9.14 非心 F 分布

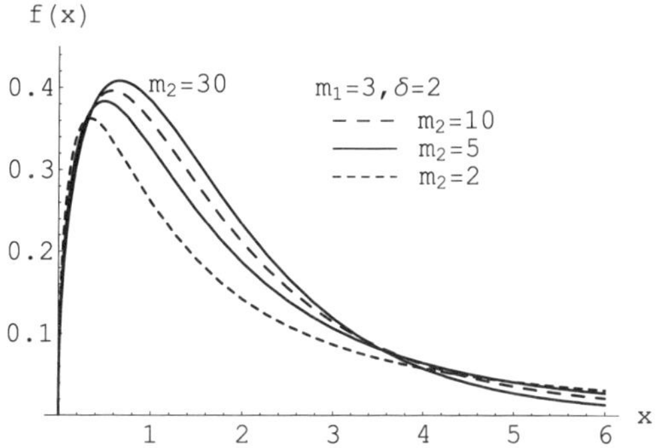

図 9.15 非心 F 分布

9.8.3 分布関数の正規近似

$X \sim F(m_1, m_2, \delta)$ の cdf を $F(x)$ とすると，$F(x)$ を標準正規変数の cdf Φ によって次式で近似することができる．(2) の近似の方が (1) よりよいといわれている (Patel and Read (1996), pp. 222〜223)．

(1)　$F(x) \simeq \Phi(u_1)$

ここで

$$u_1 = \frac{(1-h_2)(ax)^{\frac{1}{3}} - (1-h_1)}{\{h_2(ax)^{\frac{2}{3}} + h_1\}^{\frac{1}{2}}}$$

$$a = \frac{m_1}{m_1+\delta}$$

$$h_1 = \frac{2(m_1+2\delta)}{9(m_1+\delta)^2}$$

$$h_2 = \frac{2}{9m_2}$$

(2)　$F(x) \simeq \Phi(u_2)$

ここで

$$u_2 = \frac{\sqrt{2m_2-1}\sqrt{m_1x/m_2} - \sqrt{2(m_1+\delta)-b}}{\sqrt{(m_1x/m_2)+b}}$$

$$b = 1 + \frac{\delta}{m_1+\delta}$$

9.8.4 重回帰モデルにおける非心 F 分布の応用

9.7.5 項で述べた重回帰モデルにおける

$$H_0 : \boldsymbol{R\beta} = \boldsymbol{r}$$

$$H_1 : \boldsymbol{R\beta} \neq \boldsymbol{r}$$

の検定は，次の F 検定も同じ検定統計量を与える．

$$F = \frac{(SSRR-SSRU)/q}{SSRU/(n-k)} \overset{H_0}{\sim} F(q, n-k)$$

ここで

$SSRR = H_0 : \boldsymbol{R\beta} = \boldsymbol{r}$ の制約のもとでの最小 2 乗残差平方和

$SSRU =$ 制約なしの最小 2 乗残差平方和

$q =$ 制約条件の数

$n =$ 観測値の数

$k=$（定数項を含む）説明変数の数

ところが H_1 が正しければ

$(1/\sigma^2)(SSRR-SSRU)$ は自由度 q，非心度 δ のカイ2乗分布をする．ここで非心パラメータ δ は次式で与えられる．

$$\delta=\frac{1}{\sigma^2}\boldsymbol{\beta}'\boldsymbol{X}'(\boldsymbol{M}_R-\boldsymbol{M})\boldsymbol{X}\boldsymbol{\beta}$$

$\boldsymbol{M}=\boldsymbol{I}-\boldsymbol{X}(\boldsymbol{X}'\boldsymbol{X})^{-1}\boldsymbol{X}'$

$\boldsymbol{M}_R=H_0$ が正しいという制約のもとで，モデルに残る説明変数 $\boldsymbol{X}_R\,(n\times(k-q))$ を用いて作られる次のベキ等行列

$$\boldsymbol{I}-\boldsymbol{X}_R(\boldsymbol{X}_R'\boldsymbol{X}_R)^{-1}\boldsymbol{X}_R'$$

である．

他方，$(1/\sigma^2)SSRU$ は H_1 が正しくても正しくなくても，自由度 $n-k$ のカイ2乗分布をし，$(SSRR-SSRU)$ と独立であるから，H_1 が正しいとき，前述の検定統計量 F は

$$F\overset{H_1}{\sim}F(q,n-k,\delta) \tag{9.19}$$

と非心 F 分布をする．

H_1 が正しいとき H_0 を棄却して，この正しい H_1 を採択するという F 検定の検定力を求めるためには，非心 F 分布を用いて計算しなければならない．

9.9 標本平均偏差の分布

$X_1,\cdots,X_n$ は $N(\mu,\sigma^2)$ からの無作為標本とする．

標本平均偏差 sample mean deviation を

$$d=\frac{1}{n}\sum_{i=1}^{n}|X_i-\bar{X}| \tag{9.20}$$

と表すと，n が十分大きければ，d は近似的に

$$N\left(\sigma\sqrt{\frac{2}{\pi}},\ \left(1-\frac{2}{\pi}\right)\left(\frac{\sigma^2}{n}\right)\right) \tag{9.21}$$

に従う．

d の期待値と分散は次式で与えられる．

$$E(d)=\sigma\sqrt{\frac{2(n-1)}{n\pi}}$$

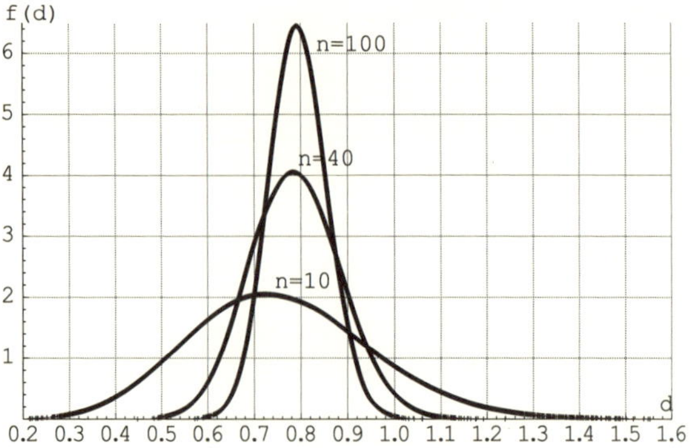

図 9.16　標本平均偏差 d のカーネル密度関数

$$\mathrm{var}(d)=\frac{2\sigma^2(n-1)\left[\dfrac{\pi}{2}+(n^2-2n)^{\frac{1}{2}}-n+\sin^{-1}(n-1)^{-1}\right]}{n^2\pi}$$

図 9.16 は $Z\sim N(0,1)$ を発生させ，30,000 回の実験から得られた $n=10$, 40, 100 に対する d のカーネル密度関数である．$\sigma=1$ を与えているから，n が十分大きければ

$$\text{期待値}\ \sqrt{\frac{2}{\pi}}\fallingdotseq 0.79788$$

$$\text{標準偏差}\ \left[\left(1-\frac{2}{\pi}\right)\left(\frac{1}{n}\right)\right]^{\frac{1}{2}}$$

$n=10$ のとき 0.19063，$n=40$ のとき 0.09531

$n=100$ のとき 0.060281

であるが，30,000 回の実験結果は $n=10, 40, 100$ のとき，それぞれ平均 0.75797，0.78850，0.79455 となり，次第に期待値に近づいている．標準偏差は $n=10, 40, 100$ に対してそれぞれ 0.18995，0.095106，0.060661 であり，$n=10$ と小さくても n 大のときの近似値とそれほど大きく異なっていない．

9.10　ギアリーの a

標本平均偏差 d と標本標準偏差

$$s=\left[\frac{1}{n}\sum_{i=1}^{n}(X_i-\bar{X})^2\right]^{\frac{1}{2}}$$

の比

$$a=\frac{d}{s} \tag{9.22}$$

はギアリー Geary の a とよばれ，正規母集団のとき $E(a)\fallingdotseq\sqrt{2/\pi}=0.79788456\cdots$ となる．母集団分布が尖度 <3 のとき $E(a)>0.798$，尖度 >3 のとき $E(a)<0.798$ となる性質に注目して母集団分布の正規性検定に用いられる．正規性のもとで a は次のモーメントをもつ．

$$E(a)=\left(\frac{n-1}{\pi}\right)^{\frac{1}{2}}\frac{\Gamma\left(\frac{n-1}{2}\right)}{\Gamma\left(\frac{n}{2}\right)}$$

$$E(a^2)=\frac{1}{n}+\left(\frac{2}{n\pi}\right)\left[(n^2-2n)^{\frac{1}{2}}+\sin^{-1}\left(\frac{1}{n-1}\right)\right]$$

$$E(a^3)=\frac{\left(\frac{n}{n-1}\right)^{\frac{1}{2}}E\left(\frac{d^3}{\sigma^3}\right)}{E\left(\frac{s}{\sigma}\right)}$$

$$E(a^4)=\left(\frac{n^2}{n^2-1}\right)E\left(\frac{d^4}{\sigma^4}\right)$$

Geary (1936) は次の展開を与えている．$m=n-1$ とする．

$$E(a)=\sqrt{\frac{2}{\pi}}+0.199471m^{-1}+0.024934m^{-2}$$
$$-0.031168m^{-3}-0.008182m^{-4}+O(m^{-5})$$

$$\mathrm{var}(a)=0.045070m^{-1}-0.124648m^{-2}+0.109849m^{-3}$$
$$+0.006323m^{-4}+O(m^{-5})$$

$$\mu_3(a)=-0.016857m^{-2}+0.084859m^{-3}-0.241825m^{-4}+O(m^{-5})$$

$$\mu_4(a)=3\{\mathrm{var}(a)\}^2+0.011051m^{-3}-0.145443m^{-4}+O(m^{-5})$$

歪度 $\sqrt{\beta_1}(a)=-1.7618\{1-(2.3681)m^{-1}-8.8646m^{-2}\}\sqrt{m}+O(m^{-\frac{7}{2}})$

尖度 $\beta_2(a)=3+5.441\{1-(7.628)m^{-1}\}/m+O(m^{-3})$

図 9.17 は $Z\sim N(0,1)$ を発生させ，30,000 回の実験から得られた $n=10$, 40, 100 に対する a のカーネル密度関数のグラフである．$n=10, 40, 100$ に対する $E(a)$ はそれぞれ 0.8203，0.8030，0.7999 であり，標準偏差 SD(a) はそ

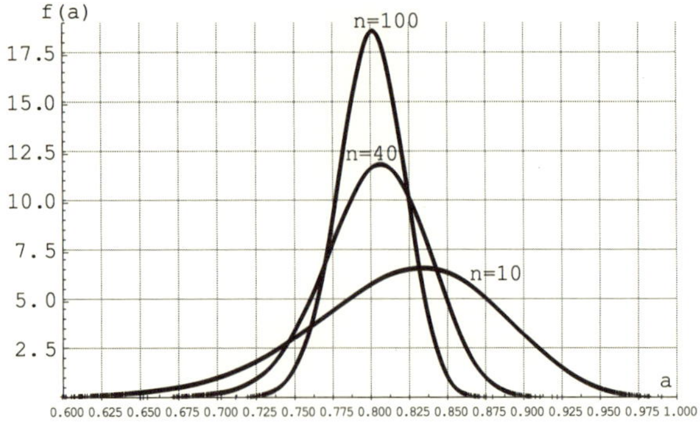

図 9.17　ギアリーの a のカーネル密度関数

れぞれ 0.05988, 0.03279, 0.02104 である．30,000 回の実験結果からは，$n=10,40,100$ に対して平均は 0.8205, 0.8030, 0.7998 であり理論値とほとんど同じである．標準偏差は $n=10,40,100$ に対してそれぞれ 0.05966, 0.03306, 0.02107 であり，理論値との相違はわずかである．

9.11 標本歪度

標本平均 $\bar{X}$ まわりの k 次モーメントを

$$m_k=\frac{1}{n}\sum_{i=1}^{n}(X_i-\bar{X})^k, \qquad k=1,2,\cdots$$

とすると，標本歪度 sample skewness

$$\sqrt{b_1}=\frac{m_3}{m_2^{\frac{3}{2}}} \tag{9.23}$$

は母歪度

$$\sqrt{\beta_1}=\frac{\mu_3}{\mu_2^{\frac{3}{2}}}$$

の推定量である．

$X_1,\cdots,X_n$ が $N(\mu,\sigma^2)$ からの無作為標本のとき，$\sqrt{b_1}$ の奇数次モーメントはすべて 0 であり

$$\mathrm{var}(\sqrt{b_1})=\frac{6(n-2)}{(n+1)(n+3)} \tag{9.24}$$

である．したがって

$$W=\left\{\frac{(n+1)(n+3)}{6(n-2)}\right\}^{\frac{1}{2}}\sqrt{b_1}\underset{\text{asy}}{\sim}N(0,1) \tag{9.25}$$

が成り立つ (Stuart and Ord (1994), pp. 440～442).

D'Agostino (1970) は次のような $\sqrt{b_1}$ のジョンソンの S_U システムへの変換による標準正規分布への近似を示した.

$$Z=\delta\log\left\{\frac{Y}{\alpha}+\left[\left(\frac{Y}{\alpha}\right)^2+1\right]^{\frac{1}{2}}\right\}\simeq N(0,1) \tag{9.26}$$

ここで

$$Y=\sqrt{b_1}\left\{\frac{(n+1)(n+3)}{6(n-2)}\right\}^{\frac{1}{2}}$$

$$\gamma=\frac{3(n^2+27n-70)(n+1)(n+3)}{(n-2)(n+5)(n+7)(n+9)}$$

$$B^2=-1+\{2(\gamma-1)\}^{\frac{1}{2}}$$

$$\delta=\frac{1}{\sqrt{\log B}}$$

$$\alpha=\left\{\frac{2}{B^2-1}\right\}^{\frac{1}{2}}$$

である.

(9.26) 式の Y が (9.25) 式である. (9.26) 式による近似は $n\geq 8$ で良い近似を与えるといわれているが, (9.25) 式でも十分良い近似を与える.

図 9.18 は $n=8$ として正規乱数 $N(0,1)$ を発生させ, (9.25) 式の W と

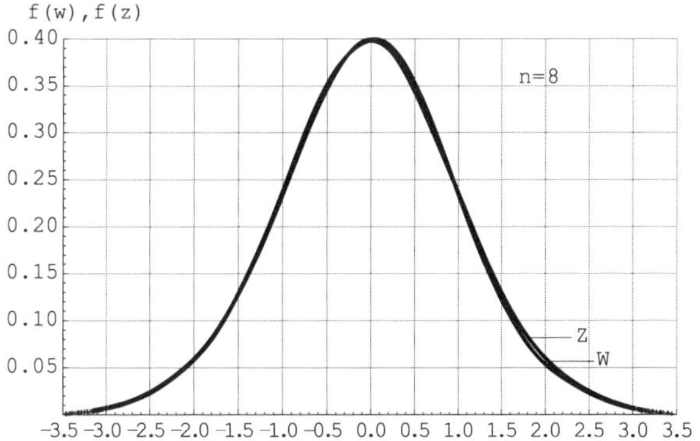

図 9.18 標本歪度 $\sqrt{b_1}$ の標準正規化 W((9.25)式)と Z((9.26)式)

(9.26) 式の Z の 30,000 回の実験によるカーネル密度関数であり，**表 9.3** はこの 30,000 回の実験から得られた W，Z の上側，下側分位点を $N(0,1)$ の分位点と比較した表であり，$n=8,40,100$ のケースが示されている．

図および表からわかるように，$n=8$ と小標本でも，(9.25) 式の近似は (9.26) 式と同じように良い．(9.25) 式，(9.26) 式とも n の大きさは近似のとき考慮されているから，n が大きくなるほど $N(0,1)$ への近似が良くなるということはない．(9.26) 式の Z の方が (9.25) 式の W より，n が大きくなれば，わずかとはいえ近似の精度は高い．

正規性のもとで

$$\mu_4(\sqrt{b_1})=\frac{108(n-2)(n^2+27n-70)}{(n+1)(n+3)(n+5)(n+7)(n+9)}$$

表 9.3 標本歪度の標準正規近似の分位点

n	分布	上側確率			下側確率		
		0.10	0.05	0.01	0.10	0.05	0.01
	標準正規分布	1.2816	1.6449	2.3264	−1.2816	−1.6449	−2.3264
8	W	1.2482	1.6295	2.3966	−1.2820	−1.6577	−2.3988
	Z	1.2941	1.6834	2.4019	−1.2798	−1.6726	−2.3908
40	W	1.2737	1.6661	2.4385	−1.2598	−1.6514	−2.4586
	Z	1.2701	1.6405	2.3113	−1.2804	−1.6307	−2.3078
100	W	1.2526	1.6219	2.3759	−1.2577	−1.6261	−2.3750
	Z	1.2709	1.6384	2.3525	−1.2718	−1.6389	−2.3490

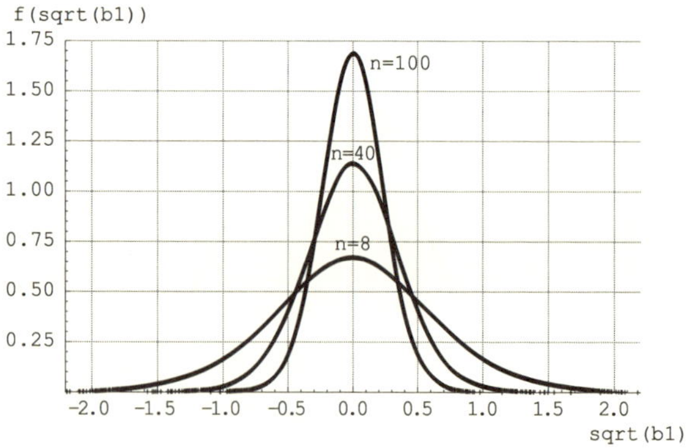

図 9.19 標本歪度 $\sqrt{b_1}$ のカーネル密度関数

であり，$\sqrt{b_1}$ の歪度は 0

$$\text{尖度}\ \beta_2(\sqrt{b_1})=3+\frac{36(n-7)(n^2+2n-5)}{(n-2)(n+5)(n+7)(n+9)} \qquad (9.27)$$

であるから，$\sqrt{b_1}$ は急速に正規分布に近づく．

図 9.19 は，$Z\sim N(0,1)$ を発生させ，30,000 回の実験から得られた $\sqrt{b_1}$ のカーネル密度関数である．$n=8, 40, 100$ のケースが示されている．

9.12 標 本 尖 度

標本尖度 sample kurtosis

$$b_2=\frac{m_4}{{m_2}^2}$$

は母尖度

$$\beta_2=\frac{\mu_4}{{\mu_2}^2}$$

の推定量である．

$X_1, \cdots, X_n$ が $N(\mu, \sigma^2)$ からの無作為標本のとき

$$E(b_2)=\frac{3(n-1)}{n+1}$$

$$\mathrm{var}(b_2)=\frac{24n(n-2)(n-3)}{(n+1)^2(n+3)(n+5)}$$

$$\text{歪度}\ \sqrt{\beta_1}(b_2)=\sqrt{\frac{216}{n}}\left\{\frac{(n+3)(n+5)}{(n-3)(n-2)}\right\}^{\frac{1}{2}}\frac{(n^2-5n+2)}{(n+7)(n+9)}$$

$$\text{尖度}\ \beta_2(b_2)=3+\frac{B}{A} \qquad (9.28)$$

$$A=n(n-3)(n-2)(n+7)(n+9)(n+11)(n+13)$$

$$B=36(15n^6-36n^5-628n^4+982n^3+5777n^2-6402n+900)$$

となる（Thode (2002), p. 51）．

図 9.20 は，標準正規乱数を発生させ，30,000 回の実験から得られた b_2 のカーネル密度関数である．$n=10, 40, 100$ のケースを示した．図 9.19 の $\sqrt{b_1}$ は n が小さくても期待値 0 のまわりの対称性は崩れないが，b_2 は n が小さいとき右すその長い分布になる．

(9.28) 式の b_2 の期値待と分散から b_2 を規準化すると

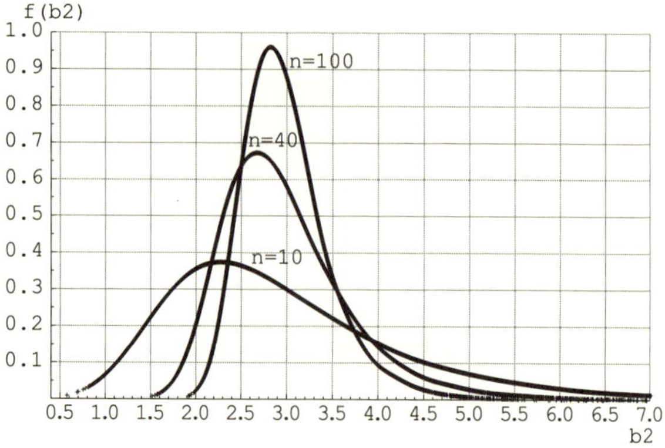

図 9.20　標本尖度 b_2 のカーネル密度関数

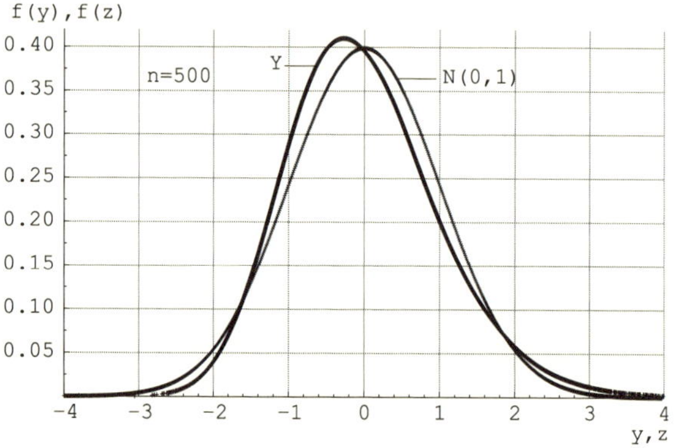

図 9.21　標準標本尖度 Y ((9.29) 式) と $N(0,1)$

$$Y=\frac{b_2-\dfrac{3(n-1)}{n+1}}{\left\{\dfrac{24n(n-2)(n-3)}{(n+1)^2(n+3)(n+5)}\right\}^{\frac{1}{2}}}\underset{\text{asy}}{\sim}N(0,1) \tag{9.29}$$

である．

しかしこの式による正規近似は相当大きな n であっても近似の精度は悪い．**図 9.21** は標準正規乱数を発生させ，(9.29) 式によって b_2 を規準化した Y の 30,000 回の実験から得られた $n=500$ という大標本のもとでのカーネル密度関数と $N(0,1)$ のグラフである．図から明らかなように Y の分布は $N(0,1)$ より左に大きくずれている．

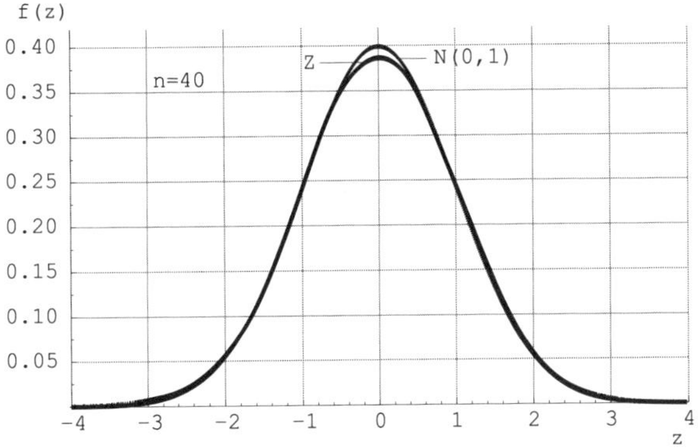

図 9.22 標本尖度 b_2 の標準正規化 Z((9.30)式)と $N(0,1)$

Anscombe and Glynn (1983) は $n>20$ に対して次のような正規近似を与えた.

$$Z=\left(\frac{2}{9A}\right)^{-\frac{1}{2}}\left\{1-\frac{2}{9A}-\left(\frac{1-\frac{2}{A}}{1+Y\sqrt{\frac{2}{A-4}}}\right)^{\frac{1}{3}}\right\}$$

$$\simeq N(0,1) \tag{9.30}$$

ここで

$$A=6+\frac{8}{c}\left\{\frac{2}{c}+\sqrt{1+\left(\frac{2}{c}\right)^2}\right\}$$

$$c=b_2\text{ の歪度 }\sqrt{\beta_1}(b_2)$$

$$Y=(9.29)\text{ 式}$$

である.

図 9.22 は $n=40$ のとき, 発生させた標準正規乱数から求めた (9.30) 式の Z のカーネル密度関数と $N(0,1)$ のグラフである. 0 の近傍で Z の確率密度が $N(0,1)$ より少し小さいが, 近似の精度は悪くない.

(9.26) 式と (9.30) 式の両式は 15 章で正規性の検定に用いられる.

9.13 標本変動係数

標本変動係数 sample coefficient of variation は

$$\mathrm{SCV}=\frac{S}{\bar{X}}$$

と定義される．

$X_1, \cdots, X_n$ が $N(\mu, \sigma^2)$ からの無作為標本のとき SCV の漸近的分布を求めよう．

$$\bar{X} \sim N\left(\mu, \frac{\sigma^2}{n}\right)$$

$$S^2 \underset{\text{asy}}{\sim} N\left(\sigma^2, \frac{2\sigma^4}{n}\right) \qquad (3\text{ 章例 }3.8)$$

$\bar{X}$ と S^2 は独立

であり

$$(\bar{X}, S^2) \underset{\text{asy}}{\sim} \mathrm{BVN}(\mu_1, \mu_2, \sigma_1{}^2, \sigma_2{}^2, 0)$$

$$\mu_1=\mu, \quad \mu_2=\sigma^2, \quad \sigma_1{}^2=\frac{\sigma^2}{n}, \quad \sigma_2{}^2=\frac{2\sigma^4}{n}$$

である．

$U=\bar{X}$，$W=S^2$ とおき

$$g_1(u, w)=u$$

$$g_2(u, w)=\frac{\sqrt{w}}{u}$$

とおくと，6.13 節の 2 変量正規分布の関数の分布で示したデルタ法を用いると

$$\boldsymbol{\Sigma}=\begin{bmatrix} \sigma_1{}^2 & 0 \\ 0 & \sigma_2{}^2 \end{bmatrix}, \qquad \boldsymbol{G}=\begin{bmatrix} 1 & 0 \\ -\dfrac{\sigma}{\mu^2} & \dfrac{1}{2\mu\sigma} \end{bmatrix}$$

となり

$$\boldsymbol{G\Sigma G}'=\begin{bmatrix} \dfrac{\sigma^2}{n} & -\dfrac{\sigma^3}{n\mu^2} \\ -\dfrac{\sigma^3}{n\mu^2} & \dfrac{\sigma^2(\mu^2+2\sigma^2)}{2n\mu^4} \end{bmatrix}$$

を得る．したがって次の結果が得られる．

$$\begin{bmatrix} \sqrt{n}(\bar{X}-\mu) \\ \sqrt{n}\left(\dfrac{S}{\bar{X}}-\dfrac{\sigma}{\mu}\right) \end{bmatrix} \xrightarrow{d} N\left(\begin{bmatrix} 0 \\ 0 \end{bmatrix}, \begin{bmatrix} \sigma^2 & -\dfrac{\sigma^3}{\mu^2} \\ -\dfrac{\sigma^3}{\mu^2} & \dfrac{\sigma^2(\mu^2+2\sigma^2)}{2\mu^4} \end{bmatrix}\right) \tag{9.31}$$

また次のことが知られている (Patel and Read (1996), pp. 124～126).

$$V=\frac{\sigma}{\mu},\quad v=\frac{S}{\bar{X}},\quad v_n=\frac{\hat{\sigma}}{\bar{X}},\quad \hat{\sigma}=\left[\frac{1}{n}\sum_{i=1}^{n}(X_i-\bar{X})^2\right]^{\frac{1}{2}}$$

とする.

$\sqrt{n}/v$ は自由度 $n-1$, 非心度 $\sqrt{n}/V$ の非心 t 分布をする. 標本変動係数の分布は近似的に次式で表すことができる.

$$B\frac{{v_n}^2}{1+{v_n}^2}=\left(\frac{n-1}{n}\right)B\frac{v^2}{1+v^2-\left(\frac{v^2}{n}\right)}\sim\chi^2(n-1)$$

ここで

$$B=n\left(1+\frac{1}{V^2}\right)$$

n が十分大きければ, さらに $v^2/n\fallingdotseq 0$ とおき

$$\left(\frac{n-1}{n}\right)B\frac{v^2}{1+v^2}\sim\chi^2(n-1)$$

と近似することができる.

μ が 0 に近くない, したがって V が大きくないとき次の近似的関係がモーメントで成り立つ.

$$E\left(\frac{v}{V}\right)\simeq 1+\frac{V^2}{n}-\frac{1}{4(n-1)}+\frac{3V^4}{n^2}-\frac{V^2}{4n(n-1)}+\frac{1}{32(n-1)^2}$$

$$\mathrm{var}\left(\frac{v}{V}\right)\simeq\frac{V^2}{n}+\frac{1}{2(n-1)}+\frac{8V^4}{n^2}+\frac{V^2}{n(n-1)}-\frac{1}{8(n-1)^2}$$

$$\mu_3\left(\frac{v}{V}\right)\simeq\frac{6V^4}{n^2}+\frac{3V^2}{n(n-1)}+\frac{1}{4(n-1)^2}$$

$$\mu_4\left(\frac{v}{V}\right)\simeq\frac{3V^4}{n^2}+\frac{3V^2}{n(n-1)}+\frac{3}{4(n-1)^2}$$

9.14 2変量正規分布からの標本平均の分布

$$(X_i,\ Y_i)\sim\mathrm{BVN}(\mu_1,\mu_2,{\sigma_1}^2,{\sigma_2}^2,\rho),\qquad i=1,\cdots,n$$

で, $(X_1,\ Y_1),\cdots,(X_n,\ Y_n)$ は独立のとき

$$\begin{pmatrix}\bar{X}\\ \bar{Y}\end{pmatrix}\sim N\left(\begin{bmatrix}\mu_1\\ \mu_2\end{bmatrix},\ \frac{1}{n}\begin{bmatrix}{\sigma_1}^2 & \rho\sigma_1\sigma_2\\ \rho\sigma_1\sigma_2 & {\sigma_2}^2\end{bmatrix}\right)\tag{9.32}$$

となる.

9.15　処理効果の大きさ

対比較の実験において，i 番目の対における処理反応 treatment responses W_i と対照反応 control responses V_i との差

$$X_i = W_i - V_i \sim \mathrm{iid}(\mu, \sigma^2), \qquad i=1, \cdots, n$$

と仮定する．

$\theta = \mu/\sigma$ は処理効果の大きさ effect size とよばれ，θ の値に関心がある．θ の推定量は $\bar{X}/S$ であり，9.13 節と同様の方法によって

$$\sqrt{n}\left(\frac{\bar{X}}{S} - \frac{\mu}{\sigma}\right) \xrightarrow{d} N(0, \tau^2) \tag{9.33}$$

を得る．ここで

$$\tau^2 = 1 + \frac{\mu}{\sigma^4}\mu_3 + \frac{\mu^2}{4\sigma^6}(\mu_4 - \sigma^4)$$

$$\mu_3 = E(X_i - \mu)^3, \qquad \mu_4 = E(X_i - \mu)^4$$

である．

正規母集団のとき $\mu_3 = 0$，$\mu_4 = 3\sigma^4$ であるから

$$\tau^2 = 1 + \frac{\mu^2}{2\sigma^2}$$

となり

$$\sqrt{n}\left(\frac{\bar{X}}{S} - \frac{\mu}{\sigma}\right) \xrightarrow{d} N\left(0, 1 + \frac{\mu^2}{2\sigma^2}\right) \tag{9.34}$$

が得られる（Lehman (1999), pp. 298～299)．

9.16　標本相関係数

$$(X_i, Y_i) \sim \mathrm{BVN}(\mu_1, \mu_2, \sigma_1{}^2, \sigma_2{}^2, \rho), \qquad i=1, \cdots, n$$

であり，$(X_1, Y_1), (X_2, Y_2), \cdots, (X_n, Y_n)$ は独立と仮定する．2 変量正規分布の pdf は (6.1) 式である．

$$S_1{}^2 = \frac{1}{n}\sum_{i=1}^{n}(X_i - \bar{X})^2$$

$$S_2{}^2 = \frac{1}{n}\sum_{i=1}^{n}(Y_i - \bar{Y})^2$$

とすると，X と Y の標本相関係数は

$$r=\frac{\frac{1}{n}\sum_{i=1}^{n}(X_i-\bar{X})(Y_i-\bar{Y})}{S_1S_2}=\frac{\sum_{i=1}^{n}(X_i-\bar{X})(Y_i-\bar{Y})}{\left[\sum_{i=1}^{n}(X_i-\bar{X})^2\sum_{i=1}^{n}(Y_i-\bar{Y})^2\right]^{\frac{1}{2}}}$$

である．

S_1，S_2，r の同時 pdf は次式になる．

$$g(s_1, s_2, r)=\frac{n^{n-1}}{\pi\left[\sigma_1\sigma_2(1-\rho^2)^{\frac{1}{2}}\right]^{n-1}\Gamma(n-2)}(s_1s_2)^{n-2}(1-r^2)^{\frac{1}{2}(n-4)}$$

$$\times\exp\left[-\frac{n}{2(1-\rho^2)}\left\{\frac{s_1^2}{\sigma_1^2}-\frac{2\rho r s_1 s_2}{\sigma_1\sigma_2}+\frac{s_2^2}{\sigma_2^2}\right\}\right] \qquad (9.35)$$

(Stuart and Ord (1994), p. 562).

9.16.1 フィッシャーの r の分布

この同時 pdf からフィッシャー（Fisher, Ronald Aylmer, 1890-1962）は次式の r の pdf を得た．

$$f(r)=\frac{(1-\rho^2)^{\frac{1}{2}(n-1)}}{\pi\Gamma(n-2)}(1-r^2)^{\frac{1}{2}(n-4)}\frac{d^{n-2}}{d(\rho r)^{n-2}}\left\{\frac{\cos^{-1}(-\rho r)}{(1-\rho^2r^2)^{\frac{1}{2}}}\right\}$$

$$|\rho|\leq 1, \quad |r|\leq 1 \qquad (9.36)$$

$\rho=0$ のときの r の pdf は

$$f(r)=\frac{1}{B\left[\frac{1}{2},\frac{1}{2}(n-2)\right]}(1-r^2)^{\frac{1}{2}(n-4)} \qquad (9.37)$$

となる（Stuart and Ord (1994), p. 563）．

図 9.23 は（9.37）式の $f(x)$ の $n=5, 10, 30, 60$ のグラフである．

（9.37）式において

$$T=r\left(\frac{n-2}{1-r^2}\right)^{\frac{1}{2}}$$

とおくと

$$r^2=\frac{t^2}{(n-2)+t^2}$$

$$1-r^2=\frac{1}{1+\frac{t^2}{n-2}}$$

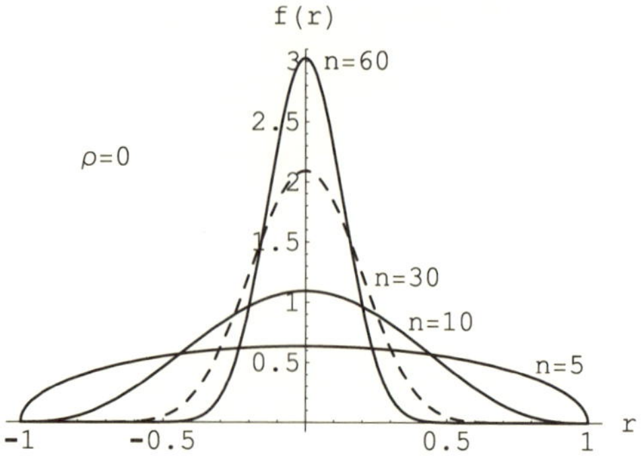

図 9.23 標本相関係数の分布($\rho=0$, (9.37)式)

$$\frac{dr}{dt}=(n-2)^{-\frac{1}{2}}(1-r^2)^{\frac{3}{2}}$$

となるから，$m=n-2$ とおき，T の pdf

$$h(t)=\frac{\Gamma\left(\frac{m+1}{2}\right)}{(m\pi)^{\frac{1}{2}}\Gamma\left(\frac{m}{2}\right)}\left(1+\frac{t^2}{m}\right)^{-\frac{m+1}{2}} \tag{9.38}$$

を得る．この$h(t)$ は自由度 $m=n-2$ の t 分布である．したがって $\rho=0$ の仮説検定は $T=r[(n-2)/(1-r^2)]^{1/2}\sim t(n-2)$ を用いて行うことができる．

9.16.2 ホテリングの r の分布

ホテリング (Hotelling, Harold, 1895-1973) による r の分布は次式である．

$$f(r)=\frac{(n-2)}{\sqrt{2}(n-1)B\left(\frac{1}{2}, n-\frac{1}{2}\right)}(1-\rho^2)^{\frac{1}{2}(n-1)}(1-r^2)^{\frac{1}{2}(n-4)}$$

$$\times(1-\rho r)^{\frac{3}{2}-n}F\left(\frac{1}{2},\frac{1}{2};n-\frac{1}{2};\frac{1}{2}(1+\rho r)\right) \tag{9.39}$$

ここで F は超幾何関数

$$F(\alpha,\beta;\gamma;x)=\sum_{k=0}^{\infty}\frac{\Gamma(\alpha+k)\Gamma(\beta+k)\Gamma(\gamma)}{\Gamma(\alpha)\Gamma(\beta)\Gamma(\gamma+k)}\cdot\frac{x^k}{k!}$$

である (Stuart and Ord (1994), p. 565)．

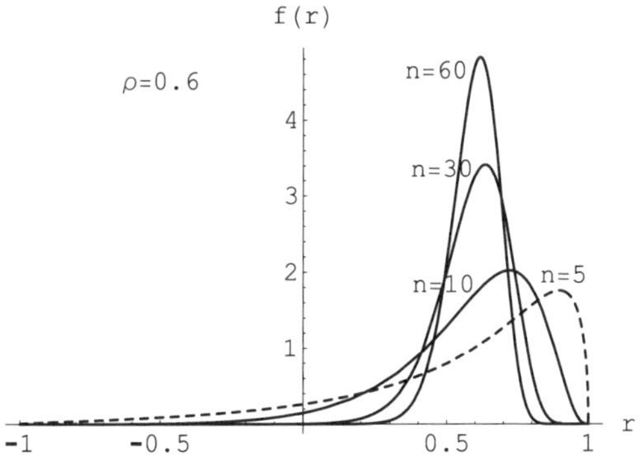

図 9.24 標本相関係数の分布((9.41)式)

9.16.3 クラメールの r の分布

クラメールは r の pdf として次式を与えている (Cramér (1946), p. 393).

$$f(r)=\frac{2^{n-3}}{\pi(n-3)\,!}(1-\rho^2)^{\frac{n-1}{2}}(1-r^2)^{\frac{n-4}{2}}\sum_{i=0}^{\infty}\frac{\left\{\Gamma\left[\frac{1}{2}(n+i-1)\right]\right\}^2(2\rho r)^i}{i!} \tag{9.40}$$

$$|\rho|\leq 1, \qquad |r|\leq 1$$

この pdf は次のように表すこともできる.

$$\left(\frac{\pi-2}{2}\right)(1-\rho^2)^{\frac{n-1}{2}}(1-r^2)^{\frac{n-4}{2}}\int_0^1\frac{u^{n-2}}{(1-\rho ru)^{n-1}}\cdot\frac{du}{\sqrt{1-u^2}} \tag{9.41}$$

この式を用いて得られる pdf のグラフを**図 9.24** に示した. $\rho=0.6$ のときの $n=5, 10, 30, 60$ のケースである.

9.16.4 フィッシャーの Z 変換

$$Z=\frac{1}{2}\log\frac{1+r}{1-r}, \qquad \zeta=\frac{1}{2}\log\frac{1+\rho}{1-\rho}$$

とおくと, $\sqrt{n-1}(Z-\zeta)$ の極限分布は $N(0,1)$ になる. これをフィッシャーの Z 変換という.

図 9.25 に $\rho=0.6$, $n=5, 10, 30, 60$ のときの Z のグラフ

$$Z\sim N\left(\zeta, \frac{1}{n-1}\right) \tag{9.42}$$

を示した. $\rho=0.6$ であるから $\zeta=0.693147$ である. 図 9.23 と比較されたい.

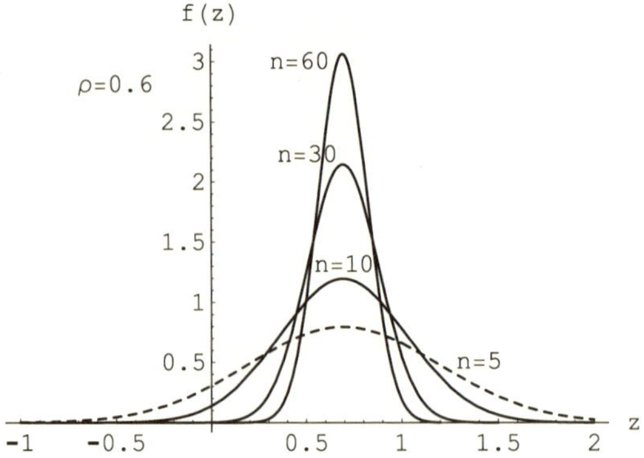

図 9.25 標本相関係数の Z 変換

Z の 4 次までのモーメントは次のとおりである.

$$\mu_1'(Z)=\zeta+\frac{\rho}{2(n-1)}\left\{1+\frac{5+\rho^2}{4(n-1)}+\cdots\right\}$$

$$\mu_2(Z)=\frac{1}{n-1}\left\{1+\frac{4-\rho^2}{2(n-1)}+\frac{22-6\rho^2-3\rho^4}{6(n-1)^2}+\cdots\right\}$$

$$\mu_3(Z)=\frac{\rho^3}{(n-1)^3}+\cdots$$

$$\mu_4(Z)=\frac{1}{(n-1)^2}\left\{3+\frac{14-3\rho^2}{n-1}+\frac{184-48\rho^2-21\rho^4}{4(n-1)^2}+\cdots\right\}$$

したがって Z の歪度および尖度は次のようになる.

$$\sqrt{\beta_1}(Z)=\frac{\rho^3}{(n-1)^{\frac{3}{2}}}+\cdots$$

$$\beta_2(Z)=3+\frac{2}{n-1}+\frac{4+2\rho^2-3\rho^4}{(n-1)^2}+\cdots$$

(Stuart and Ord (1994), pp. 567～568).

規準正規化という観点からフィッシャーの Z 変換を説明することができる. r の関数 $\sqrt{n-1}h(r)$ があり

$$\mathrm{var}[\sqrt{n-1}h(r)]=1$$

となる関数 $h(r)$ を求めたい. $h(r)$ を ρ のまわりでテイラー展開し, 2 次以上の項を無視すると

$$\sqrt{n-1}h(r)=\sqrt{n-1}h(\rho)+\left.\frac{\partial h(r)}{\partial r}\right|_{r=\rho}\sqrt{n-1}(r-\rho)$$

$$=\sqrt{n-1}h(\rho)+h'(\rho)\sqrt{n-1}(r-\rho)$$

そして (9.47) 式で示すが，$\sqrt{n-1}(r-\rho)$ の漸近的分散は $(1-\rho^2)^2$ であり，$r \xrightarrow{p} \rho$ であるから $h(r) \xrightarrow{p} h(\rho)$ となり，漸近的に

$$\mathrm{var}[\sqrt{n-1}h(r)]=[h'(\rho)]^2(1-\rho^2)^2$$

である．したがって

$$h'(\rho)=\frac{1}{1-\rho^2}$$

とすれば $\mathrm{var}[\sqrt{n-1}h(r)]=1$ となる．

$$h'(\rho)=\frac{1}{1-\rho^2}=\frac{1}{2}\left(\frac{1}{1-\rho}+\frac{1}{1+\rho}\right)$$

であるから

$$h(\rho)=\frac{1}{2}\log\frac{1+\rho}{1-\rho}$$

となる．すなわち

$$\sqrt{n-1}[h(r)-h(\rho)] \xrightarrow{d} N(0,1)$$

である．

9.16.5 $\rho\neq0$ の場合の r の分布

$\rho\neq0$ の場合には次式が自由度 $n-2$ の t 分布をする．

$$T=\frac{kr-\rho w}{l(1-\rho^2)^{\frac{1}{2}}(1-r^2)^{\frac{1}{2}}}(n-2)^{\frac{1}{2}}\sim t(n-2) \tag{9.43}$$

ここで

$$k=2\sigma_1\sigma_2+(\sigma_1{}^2+\sigma_2{}^2)(1-\rho^2)^{\frac{1}{2}}$$

$$l=2\sigma_1\sigma_2(1-\rho^2)^{\frac{1}{2}}+(\sigma_1{}^2+\sigma_2{}^2)$$

$$w=\frac{\sigma_1{}^2S_2{}^2+\sigma_2{}^2S_1{}^2+\sigma_1{}^2\sigma_2{}^2(S_1{}^2+S_2{}^2)(1-\rho^2)^{\frac{1}{2}}}{S_1S_2}$$

である．ただしこの式の

$$S_1{}^2=\frac{1}{n-1}\sum_{i=1}^{n}(X_i-\bar{X})^2$$

$$S_2{}^2=\frac{1}{n-1}\sum_{i=1}^{n}(Y_i-\bar{Y})^2$$

である (Patel and Read (1996), p. 353).

9.16.6 r のモーメント

k を整数とするとき，r の原点まわりのモーメントは次式で与えられる (Anderson (2003), p. 166).

$$E(r^{2k+1})=\frac{(1-\rho^2)^{\frac{1}{2}n}}{\sqrt{\pi}\Gamma\left(\frac{1}{2}n\right)}\sum_{i=0}^{\infty}\frac{(2\rho)^{2i+1}}{(2i+1)!}\frac{\Gamma^2\left[\frac{1}{2}(n+1)+i\right]\Gamma\left(k+i+\frac{3}{2}\right)}{\Gamma\left(\frac{1}{2}n+k+i+1\right)}$$

$$E(r^{2k})=\frac{(1-\rho^2)^{\frac{1}{2}n}}{\sqrt{\pi}\Gamma\left(\frac{1}{2}n\right)}\sum_{i=0}^{\infty}\frac{(2\rho)^{2i}}{(2i)!}\frac{\Gamma^2\left(\frac{1}{2}n+i\right)\Gamma\left(k+i+\frac{1}{2}\right)}{\Gamma\left(\frac{1}{2}n+k+i\right)} \tag{9.44}$$

$k=0$ のとき

$$E(r)=\frac{(1-\rho^2)^{\frac{1}{2}n}}{\Gamma\left(\frac{1}{2}n\right)}\sum_{i=0}^{\infty}\frac{\rho^{2i+1}\Gamma^2\left[\frac{1}{2}(n+1)+i\right]}{i\,!\Gamma\left(\frac{1}{2}n+i+1\right)} \tag{9.45}$$

となる.

Hotelling (1953) は次のような期待値と分散を与えている.

$$E(r)=\rho+(1-\rho^2)\left\{-\frac{\rho}{2(n-1)}+\frac{\rho(1-9\rho^2)}{8(n-1)}+\frac{\rho+42\rho^3-75\rho^5}{16(n-1)}\right\}$$
$$+O(n^{-4}) \tag{9.46}$$

$$\mathrm{var}(r)=(1-\rho^2)^2\left\{\frac{1}{n-1}+\frac{11\rho^2}{2(n-1)^2}+\frac{\rho^2(-24+75\rho^2)}{2(n-1)^3}\right\}+O(n^{-4})$$

したがって

$$\sqrt{n-1}(r-\rho)\xrightarrow{d}N(0,(1-\rho^2)^2)$$

を得る. (9.47)

$$\sqrt{n}(r-\rho)\xrightarrow{d}N(0,(1-\rho^2)^2)$$

と表してもよい.

また，一般に $0<\rho\le 1$ のとき

$$E(r)<\rho$$

となり，r は ρ を過小推定する. この偏りを補正する標本相関係数は

$$r^*=r\left[1+\frac{1-r^2}{2(n-3)}\right] \tag{9.48}$$

表 9.4 相関係数の補正

n	r	r^*
20	0.7913	0.7995
40	0.7963	0.8001
100	0.7980	0.7995

である (Mukhopadhyay (2009), p. 25).

実際，$\mu_1=\mu_2=0$，$\sigma_1=\sigma_2=1$，$\rho=0.8$ の 2 変量正規乱数を発生させ，r と偏りを補正した r^* の 10,000 回の実験結果の平均が**表 9.4** に示されている．$\rho=0.8$ に対する r の過小推定の偏りは n が大きくなるにしたがって小さくなること，r^* の方が偏りが r よりは小さいこと，r^* の平均は n の大きさと関係ない，ということを表 9.4 は示している．

ρ の不偏推定量は次式の r の関数 $G(r)$ によって与えられる．

$$G(r)=rF\left(\frac{1}{2},\frac{1}{2};\frac{n-2}{2};1-r^2\right)$$

ここで F は 9.16.2 項の超幾何関数である．そしてこの $G(r)$ は ρ の最小分散不偏推定量である (Zacks (1971), p. 114).

表 9.4 の n と r を用いると，$n=20$ のとき $G(0.7913)=0.7998$，$n=40$ のとき $G(0.7963)=0.8002$，$n=100$ のとき $G(0.7980)=0.7995$ となり，n が小さくても真の値 0.8 に近い．しかし実際には，偏りを補正した r^* の計算は簡単であり，r^* を用いると良い．

10

正規母集団からの標本順序統計量

$X_1, \cdots, X_n$ を小さい値から大きい値へと順序づけて並べた

$$X_{(1)} \leq X_{(2)} \leq \cdots \leq X_{(n)}$$

を順序統計量 order statistics という．$X_{(1)}$ は最小値，$X_{(n)}$ は最大値である．

$X_1, \cdots, X_n$ は同じ cdf F からの無作為標本とする．正規分布の cdf と仮定していない．

10.1　順序統計量の cdf

$X_{(r)}$ の cdf を $F_{(r)}(x)$ とすると

$$\begin{aligned} F_{(r)}(x) &= P[X_{(r)} \leq x] \\ &= P(X_i \text{ の少なくとも } r \text{ 個は } x \text{ 以下}) \\ &= \sum_{i=r}^{n} \binom{n}{i} [F(x)]^i [1-F(x)]^{n-i} \end{aligned} \tag{10.1}$$

である．とくに $r=n$（最大値）のとき $X_{(n)}$ の cdf は

$$\begin{aligned} F_{(n)}(x) &= P[X_{(n)} \leq x] = P(\text{すべての } X_i \leq x) \\ &= [F(x)]^n \end{aligned} \tag{10.2}$$

$r=1$（最小値）のとき，$X_{(1)}$ の cdf は

$$\begin{aligned} F_{(1)}(x) &= P[X_{(1)} \leq x] = 1 - P[X_{(1)} > x] \\ &= 1 - P(\text{すべての } X_i > x) = 1 - [1-F(x)]^n \end{aligned} \tag{10.3}$$

となる．

2 項分布とベータ分布の関係

$$\begin{aligned} \sum_{k=x}^{n} \binom{n}{k} p^k q^{n-k} &= \frac{1}{B(x, n-x+1)} \int_0^p y^{x-1} (1-y)^{n-x} dy \\ &= I_p(x, n-x+1) \end{aligned}$$

ここで

$$B(\alpha, \beta)=\int_0^1 y^{\alpha-1}(1-y)^{\beta-1}dy \quad (\text{ベータ関数})$$

$$I_p(\alpha, \beta)=\frac{B_p(\alpha, \beta)}{B(\alpha, \beta)} \quad (\text{不完全ベータ関数比})$$

$$B_p(\alpha, \beta)=\int_0^p y^{\alpha-1}(1-y)^{\beta-1}dy \quad (\text{不完全ベータ関数})$$

を用いると，(10.1) 式は

$$F_{(r)}(x)=I_{F(x)}(r, n-r+1) \tag{10.4}$$

と表すこともできる．

10.2 順序統計量の pdf

X の pdf を $f(x)$，$X_{(r)}$ の pdf を $f_{(r)}(x)$ とする．

(10.4) 式を微分すれば $f_{(r)}(x)$ が得られるから

$$f_{(r)}(x)=\frac{1}{B(r, n-r+1)}\frac{d}{dx}\int_0^{F(x)} y^{r-1}(1-y)^{n-r}dy$$

$$=\frac{1}{B(r, n-r+1)}[F(x)]^{r-1}[1-F(x)]^{n-r}f(x) \tag{10.5}$$

となる．

$r=n$ のとき

$$f_{(n)}(x)=\frac{1}{B(n,1)}[F(x)]^{n-1}f(x)=n[F(x)]^{n-1}f(x) \tag{10.6}$$

$r=1$ のとき

$$f_{(1)}(x)=\frac{1}{B(1,n)}[1-F(x)]^{n-1}f(x)=n[1-F(x)]^{n-1}f(x) \tag{10.7}$$

となる．

$X_1, \cdots, X_n$ が $N(0,1)$ からの無作為標本のとき $X_{(r)}$ の cdf を $\Phi_{(r)}(x)$，pdf を $\phi_{(r)}(x)$ と表すと，$\Phi_{(r)}(x)$ は (10.1) 式で F を Φ に，$\phi_{(r)}(x)$ は (10.5) 式で F を Φ，f を ϕ におき代えればよい．

$X_1, \cdots, X_n$ が $N(\mu, \sigma^2)$ からの無作為標本のときは，(10.1) 式の $F(x)$ を $\Phi[(x-\mu)/\sigma]$ に，(10.5) 式の $F(x)$ を $\Phi[(x-\mu)/\sigma]$，$f(x)$ を $(1/\sigma)\phi[(x-\mu)/\sigma]$ におき代えればよい．

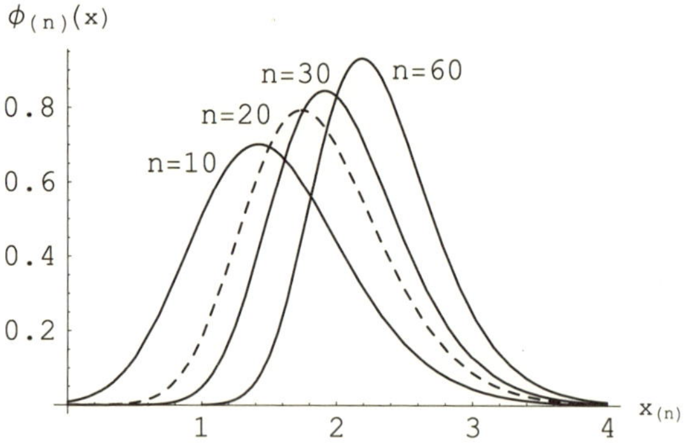

図 10.1　$N(0,1)$からの最大値の分布

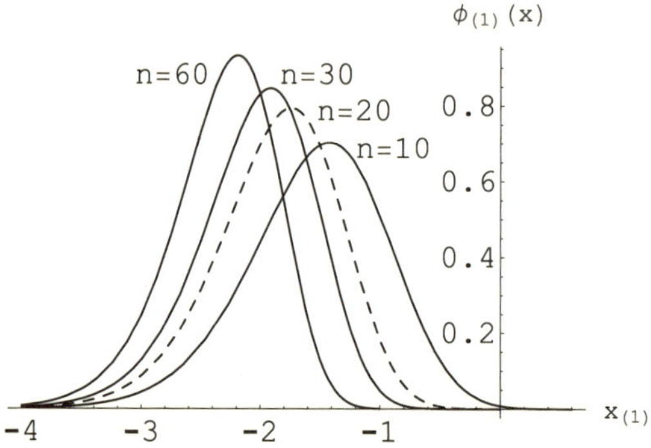

図 10.2　$N(0,1)$からの最小値の分布

図 10.1 は $N(0,1)$ からの無作為標本 $X_1, \cdots, X_n$ の最大値 $X_{(n)}$ の pdf のグラフであり，$n=10, 20, 30, 60$ のケースが示されている．

図 10.2 は最小値 $X_{(1)}$ の pdf のグラフである．$n=10, 20, 30, 60$ のケースを示した．

10.3　$X_{(r)}$ と $X_{(s)}$ の同時 cdf と pdf

$X_{(r)}$ と $X_{(s)}(1 \leq r < s \leq n)$ の同時 cdf を $F_{(r)(s)}(x, y)$ と表すと

$$\begin{aligned}F_{(r)(s)}(x, y) &= P(\text{少なくとも } r \text{ 個の } X_i \leq x, \text{ 少なくとも } s \text{ 個の } X_i \leq y)\\ &= \sum_{j=s}^{n}\sum_{i=r}^{j} P(\text{ちょうど } i \text{ 個の } X_i \leq x, \text{ ちょうど } j \text{ 個の } X_i \leq y)\\ &= \sum_{j=s}^{n}\sum_{i=r}^{j} \frac{n!}{i!(j-i)!(n-j)!}[F(x)]^i[F(y)-F(x)]^{j-i}\\ &\quad \times [1-F(y)]^{n-j} \qquad (10.8)\end{aligned}$$

となる．

また，$x \geq y$ のとき $X_{(s)} \leq y$ は $X_{(r)} \leq s$ を示唆するから

$$F_{(r)(s)}(x, y) = F_{(s)}(y)$$

である．

$X_{(r)}$ と $X_{(s)}$ の同時 pdf を $f_{(r)(s)}(x, y)$ と表すと，$x \leq y$ に対して

$$\begin{aligned}f_{(r)(s)}(x, y) &= \frac{n!}{(r-1)!(s-r-1)!(n-s)!}[F(x)]^{r-1}f(x)\\ &\quad \times [F(y)-F(x)]^{s-r-1}f(y)[1-F(y)]^{n-s} \qquad (10.9)\end{aligned}$$

と表すことができる．

一般に $X_{(n_1)}, \cdots, X_{(n_k)} (1 \leq n_1 < \cdots < n_k \leq n)$ の同時 pdf $f_{(n_1),\cdots,(n_k)}(x_1, \cdots, x_k)$ は次式で表される．

$$\begin{aligned}&f_{(n_1),\cdots,(n_k)}(x_1, \cdots, x_k)\\ &= \frac{n!}{(n_1-1)!(n_2-n_1-1)!\cdots(n-n_k)!}[F(x_1)]^{n_1-1}f(x_1)\\ &\quad \times [F(x_2)-F(x_1)]^{n_2-n_1-1}f(x_2)\cdots[1-F(x_k)]^{n-n_k}f(x_k)\\ &\qquad (10.10)\end{aligned}$$

$x_0 = -\infty$，$x_{k+1} = \infty$，$n_0 = 0$，$n_{k+1} = n+1$ と定義すれば，上式右辺は

$$n!\left[\prod_{j=1}^{k} f(x_j)\right]\prod_{j=0}^{k}\left\{\frac{[F(x_{j+1})-F(x_j)]^{n_{j+1}-n_j-1}}{(n_{j+1}-n_j-1)!}\right\} \qquad (10.11)$$

と表すこともできる．

$X_1, \cdots, X_n$ が $N(0, 1)$ からの無作為標本のとき，$X_{(1)}$ と $X_{(n)}$ の同時 pdf は，$r=1$，$s=n$ とおき

$$\phi_{(1),(n)}(x, y) = n(n-1)\phi(x)[\Phi(y)-\Phi(x)]^{n-2}\phi(y) \qquad (10.12)$$

となる．

図 10.3 はこの $\phi_{(1),(n)}(x, y)$ のグラフ，**図 10.4** はこの $\phi_{(1),(n)}$ の等高線である．

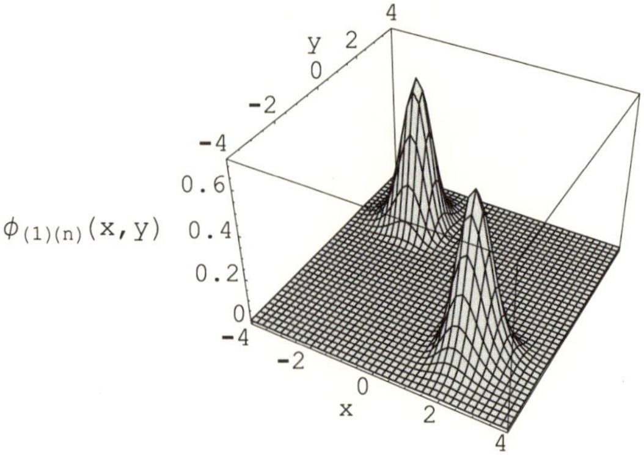

図 10.3　最小値，最大値の 2 変量分布

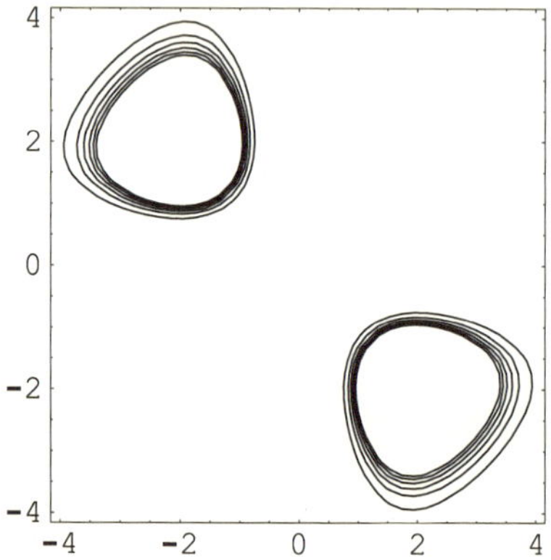

図 10.4　図 10.3 の等高線

10.4　順序統計量と $\bar{X}$ および S との関係

9.1.3 項で示したように，$N(\mu, \sigma^2)$ からの無作為標本において $\bar{X}$ と $(X_1-\bar{X}, \cdots, X_n-\bar{X})$ は独立であり，したがって $\bar{X}$ と S も独立である．

この性質を用いると，$X_{(i)}-\bar{X}$ は $X_1-\bar{X}, \cdots, X_n-\bar{X}$ のいずれかであるから，すべての $i=1, \cdots, n$ について $X_{(i)}-\bar{X}$ と $\bar{X}$ は独立である．

正規母集団からの順序統計量 $X_{(1)}, \cdots, X_{(n)}$ の線形結合を

$$U=\sum_{i=1}^{n} a_i X_{(i)}, \qquad \sum_{i=1}^{n} a_i=0 \tag{10.13}$$

とすると

$$U=\sum_{i=1}^{n} a_i (X_{(i)}-\bar{X})$$

と表すことができるから，$\bar{X}$ と U は独立である．さらに U/S と S も独立である (David and Nagaraja (2003), p. 148)．したがって

(1) $\bar{X}$，S，U/S は互いに独立であり，U は $\bar{X}$ および S と独立である (David and Nagaraja (2003), p. 123)．

(2) (10.13) 式において $a_n=1$，$a_1=-1$，$a_j=0$，$j=2, \cdots, n-1$ とすると，$U=X_{(n)}-X_{(1)}$ は標本範囲 sample range である．標本範囲を $R=X_{(n)}-X_{(1)}$ と表すと，$\bar{X}$，S，R/S は互いに独立である．

(3) (10.13) 式において n が奇数のとき $a_{3(n+1)/4}=1$，$a_{(n+1)/4}=-1$，その他の $a_j=0$ とおけば，$U=\mathrm{IQR}=Q_3-Q_1=$四分位数間範囲 inter-quartile range となる．$\bar{X}$，S，IQR/S は互いに独立である．

(4) 擬似範囲 quasi-range を $Q=X_{(n-r+1)}-X_{(r)}$ (たとえば $n=99$，$r=25$，$n-r+1=75$ のとき $Q=\mathrm{IQR}$) とすると $\bar{X}$，S，Q/S は互いに独立である．

10.5 順序統計量の期待値と分散

$X_1, \cdots, X_n$ を $N(0,1)$ からの無作為標本とし，順序統計量 $X_{(r)}$ の pdf を $\phi_{(r)}$ とすると

$$E[X_{(r)}]=\mu_{(r)}=\int_{-\infty}^{\infty} x\phi_{(r)}dx$$

は定義である．(10.5) 式より

$$\phi_{(r)}(x)=\frac{1}{B(r, n-r+1)}[\Phi(x)]^{r-1}[1-\Phi(x)]^{n-r}\phi(x) \tag{10.14}$$

であり，r，$n-r+1$ は整数であるから

$$B(r, n-r+1)=\frac{(r-1)!(n-r)!}{n!}=\left[r\binom{n}{r}\right]^{-1}$$

と表す．

さらに $u=\Phi(x)$ とおくと

$$x=\Phi^{-1}(u)$$
$$\phi(x)\,dx=d\Phi(x)=du$$
$$\Phi(-\infty)=0, \qquad \Phi(\infty)=1$$

であるから

$$\mu_{(r)}=r\binom{n}{r}\int_0^1 \Phi^{-1}(u)\,u^{r-1}(1-u)^{n-r}du \tag{10.15}$$

と表すこともできる.

順序統計量の分散および共分散の定義は次のとおりである.

$$\mathrm{var}[X_{(r)}]=\sigma_{(r)}^2=\int_{-\infty}^{\infty}(x-\mu_{(r)})^2 f_{(r)}(x)\,dx$$

$r<s$ のとき

$$\mathrm{cov}[X_{(r)}, X_{(s)}]=\sigma_{(r,s)}=\int_{-\infty}^{\infty}\int_{-\infty}^{y}(x-\mu_{(r)})(y-\mu_{(s)})f_{(r)(s)}(x, y)\,dxdy$$
$$1\leq r<s\leq n$$

また次のように表示する.

$$E[X_{(r)}X_{(s)}]=\mu_{(r,s)}$$
$$E[X_{(r)}^k]=\mu_{(r)}^k$$

$X_1, \cdots, X_n$ を $N(0,1)$ からの無作為標本とすると, X の順序統計量の間に次の関係がある.

(a)　$\mu_{(r)}=-\mu_{(n-r+1)}$

(b)　$\sigma_{(r,s)}=\sigma_{(s,r)}=\sigma_{(n-r+1,n-s+1)}=\sigma_{(n-s+1,n-r+1)}$
$\qquad =\mu_{(r,s)}-\mu_{(r)}\mu_{(s)}$

(c)　$\sum_{r=1}^{n}\sum_{s=1}^{n}\sigma_{(r,s)}=n, \qquad 1\leq r\leq s\leq n$

(d)　$\sum_{j=1}^{n}\mu_{(i,j)}=1, \qquad \sum_{j=1}^{n}\sigma_{(i,j)}=1, \qquad 1\leq i\leq n$

(e)　$\sum_{s=r}^{n}\mu_{(r,s)}=1+\sum_{s=r}^{n}\mu_{(r-1,s)}, \qquad r=1, \cdots, n$

(f)　$\sum_{s=r+1}^{n}\mu_{(r,s)}=\sum_{s=r+1}^{n}\mu_{(s,s)}-(n-r), \qquad r=1, \cdots, n-1$

10.6　$N(0,1)$ からの最大値のモーメント

$X_1, \cdots, X_n$ を $N(0,1)$ からの無作為標本とするとき，最大値 $X_{(n)}$ の原点まわりの k 次モーメントは $\mu_{(n)}^k$ と表される．$X_{(n)}$ の 4 次モーメントまでは以下の式で与えられる（Bose and Gupta (1959)）．

$$\mu_{(n)} = 2\binom{n}{2}(2\pi)^{-1}I_n(2)$$

$$\mu_{(n)}^2 = 1 + 3\binom{n}{3}(2\pi)^{-\frac{3}{2}}I_n(3)$$

$$\mu_{(n)}^3 = \frac{5}{2}\mu_{(n)} + 4\binom{n}{4}(2\pi)^{-2}I_n(4)$$

$$\mu_{(n)}^4 = -\frac{4}{3} + \frac{13}{3}\mu_{(n)}^2 + 5\binom{n}{5}(2\pi)^{-\frac{5}{2}}I_n(5)$$

ここで

$$I_n(k) = \int_{-\infty}^{\infty}[\Phi(x)]^{n-k}\exp\left(-\frac{kx^2}{2}\right)dx$$

である．ただし $k>n$ のとき $[\Phi(x)]^{n-k}$ は 0 とする．

10.7　標本中位数および四分位数

10.7.1　標本中位数の pdf

標本中位数 sample median を $\tilde{X}$ と表すと，$X_1, \cdots, X_n$ の無作為標本があるとき

$$\tilde{X} = \begin{cases} X_{(n+1)/2}, & n \text{ 奇数のとき} \\ \frac{1}{2}[X_{(n/2)} + X_{(n/2)+1}], & n \text{ 偶数のとき} \end{cases}$$

として求めることができる．以下，$X_1, \cdots, X_n$ が $N(0,1)$ からの無作為標本と仮定する．

$\tilde{X}$ の pdf を $g(\tilde{x})$ とすると，n が奇数のとき順序統計量 $X_{(r)} = X_{(n+1)/2}$ が $\tilde{X}$ である．(10.5) 式で F を Φ，$r = (n+1)/2$ とおき

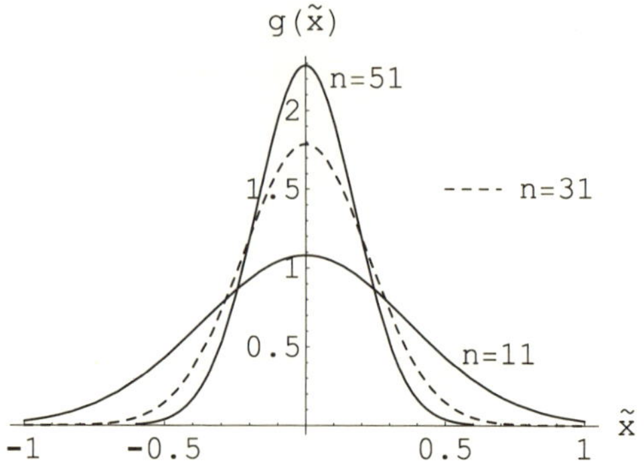

図 10.5　$N(0,1)$からの標本中位数の分布

$$g(\tilde{x})=\frac{n!}{\left[\left(\frac{n-1}{2}\right)!\right]^2}\left[\Phi(x)\{1-\Phi(x)\}\right]^{\frac{n-1}{2}}\phi(x) \qquad (10.16)$$

を得る．

図 10.5 は $n=11, 31, 51$ のときの (10.16) 式の $g(\tilde{x})$ のグラフである．

n が偶数のとき，$g(\tilde{x})$ は次式に比例する (Cadwell (1952))．

$$\exp(-x^2)\int_0^\infty\left[\Phi(x-u)\{1-\Phi(x+u)\}\right]^{\frac{n}{2}-1} \times\exp(-u^2)\,du \qquad (10.17)$$

10.7.2　標本中位数の期待値，分散，尖度および $\bar{X}$ との効率

$\tilde{X}$ の定義から $\tilde{X}$ は $X_1,\cdots,X_n$ のいずれか，あるいは2個の X の平均であり，すべての i について $E(X_i)=0$ であるから

$$E(\tilde{X})=0$$

$\mathrm{var}(\tilde{X})$ は n が奇数のときと偶数のときで異なる．n が奇数のとき

$$\mathrm{var}(\tilde{X})=\frac{\pi}{2(n+2)}+\frac{\pi^2}{4(n+2)(n+4)}+O(n^{-3}) \qquad (10.18)$$

(Stuart and Ord (1994), p. 480)

n が偶数のとき，$n\geq 7$ に対して

$$\mathrm{var}(\tilde{X})=\frac{\pi}{2n}\left\{1-\left(2-\frac{1}{2}\pi\right)n^{-1}-\left(3\pi-4-\frac{13}{24}\pi^2\right)n^{-2}\right\} +O(n^{-4}) \qquad (10.19)$$

となる（Patel and Read (1996), p. 270）.

$\tilde{X}$ の尖度 $\beta_2(\tilde{X})$ は次式で与えられる（Cadwell (1952)）.

$$\beta_2(\tilde{X}) \simeq \begin{cases} 3+\dfrac{16(\pi-3)m}{(\pi+4m)^3}, & n=2m+1 \\ 3+\dfrac{4(\pi-3)(m-1)}{(\pi+2m-2)^2}, & n=2m \end{cases} \tag{10.20}$$

標本中位数 $\tilde{X}$ も標本平均 $\bar{X}$ もともに正規母集団の μ（いまあつかっているのは $\mu=0$ のケース）の推定量を与える．推定量としてどちらがすぐれているかを比較するひとつの尺度が効率である．$\tilde{X}$ が $\bar{X}$ に対してどの程度の効率 efficiency を有しているかをそれぞれの標準偏差の比，すなわち

$$C_n=\frac{\tilde{X}\text{ の標準偏差}}{\bar{X}\text{ の標準偏差}}$$

によって測る．C_n は比であるから $N(\mu, \sigma^2)$ からの $\bar{X}$ と $\tilde{X}$ に対しても C_n の値は同じである．

n が奇数のとき，$n=2m+1$ とおくと

$$C_n \simeq \left\{\frac{\pi(2m+1)}{\pi+4m}\right\}^{\frac{1}{2}}\left\{1+\frac{4(\pi-3)m}{(\pi+4m)^2}\right\}$$
$$=\sqrt{\frac{\pi}{2}}-\frac{0.2690}{n}-\frac{0.0782}{n^2}+\cdots \tag{10.21}$$

n が偶数のとき，$n=2m$ とおくと

$$C_n \simeq \left(\frac{\pi m}{\pi+2m-2}\right)^{\frac{1}{2}}\left\{1-\frac{4-\pi}{4(\pi+2m-2)}+\frac{(\pi-3)(m-1)}{(\pi+2m-2)^2}\right\}$$
$$=\sqrt{\frac{\pi}{2}}-\frac{0.8941}{n}+o(n^{-2}) \tag{10.22}$$

である（Cadwell (1952)）．したがって $n\to\infty$ のとき

$$C_n \longrightarrow \sqrt{\frac{\pi}{2}} \fallingdotseq 1.253$$

となる．

Stuart and Ord (1996), p. 478 は C_n に**表 10.1** の値を与えている．

一般に，$X_1, \cdots, X_n$ は $N(\mu, \sigma^2)$ からの無作為標本のとき，$n=2m$（偶数）であろうと $n=2m+1$（奇数）であろうと，n が十分大きければ

$$\mathrm{var}(\tilde{X}) \simeq \frac{\pi\sigma^2}{4m}\left[1-\frac{(6-\pi)\pi\sigma^2}{2m}\right] \tag{10.23}$$

表 10.1　$\tilde{X}$ と $\bar{X}$ の標準偏差の比 C_n

n	C_n	n	C_n	n	C_n
2	1.000	6	1.135	10	1.177
3	1.161	7	1.214	15	1.235
4	1.092	8	1.160	20	1.214
5	1.120	9	1.223	∞	1.253

となる．

また，このとき

$$\begin{bmatrix} \bar{X} \\ \tilde{X} \end{bmatrix} \underset{\text{asy}}{\sim} N\left(\begin{bmatrix} \mu \\ \mu \end{bmatrix}, \begin{bmatrix} \dfrac{\sigma^2}{n} & \dfrac{\sigma^2}{n} \\ \dfrac{\sigma^2}{n} & \dfrac{\pi\sigma^2}{2n} \end{bmatrix} \right) \tag{10.24}$$

である（Wilks (1962), p. 275)．

10.7.3　四 分 位 数

第 1 四分位数 first quartile Q_1 は順序統計量 $X_{(r)}$ が，n 奇数のとき $r=(n+1)/4$ の場合であり，第 3 四分位数 third quartile Q_3 は $r=3(n+1)/4$ の場合である．

$X_1, \cdots, X_n$ が $N(0,1)$ からの無作為標本のとき，Q_1 の pdf は（10.5）式で，$r=(n+1)/4$，$F=\Phi$，$f=\phi$ とおくことによって得られる．**図 10.6** は $n=11, 31, 51$ のときの Q_1 の pdf である．$E(Q_1)=-0.67449$ である．

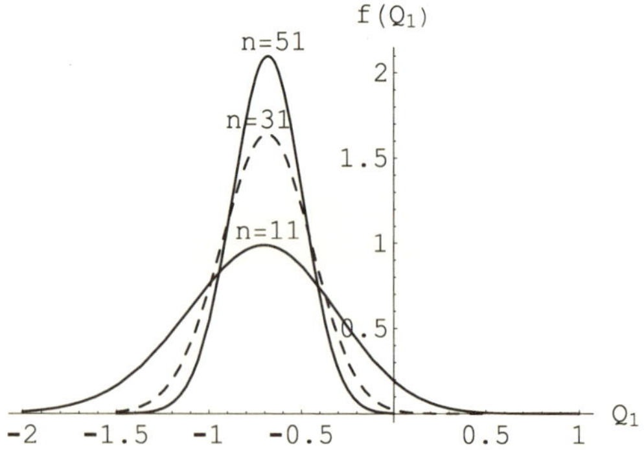

図 10.6　$N(0,1)$ からの第 1 四分位数の分布

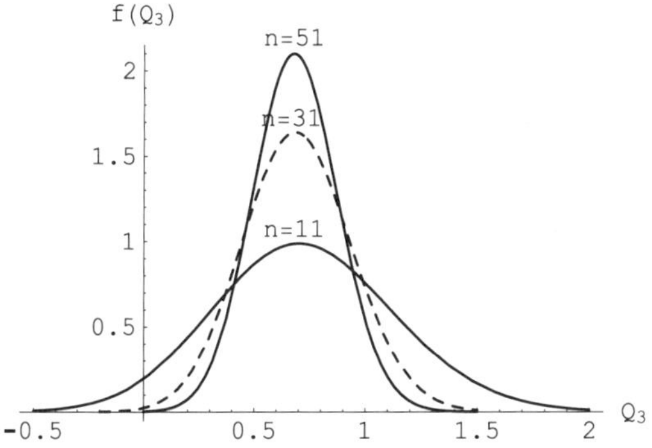

図 10.7　$N(0,1)$からの第 3 四分位数の分布

$X_1, \cdots, X_n$ が $N(0,1)$ からの無作為標本のとき，Q_3 の pdf は (10.5) 式で，$r=3(n+1)/4$，$F=\Phi$，$f=\phi$ とおくことによって得られる．**図 10.7** は $n=11, 31, 51$ のときの Q_3 の pdf である．$E(Q_3)=0.67449$ である．

10.8　標本範囲の分布，期待値および分散

10.8.1　cdf と pdf

$X_1, \cdots, X_n$ を $N(0,1)$ からの無作為標本とする．標本範囲 sample range を W とすると

$$W=X_{(n)}-X_{(1)}$$

であり，cdf と pdf は次式になる．

cdf：

$$F(x)=P(W\leq x)=n\int_{-\infty}^{\infty}[\Phi(x+w)-\Phi(x)]^{n-1}\phi(x)\,dx, \qquad w>0 \tag{10.25}$$

pdf：

$$f(w)=n(n-1)\int_{-\infty}^{\infty}[\Phi(x+w)-\Phi(x)]^{n-2}\phi(x)\,\phi(x+w)\,dx, \qquad w>0 \tag{10.26}$$

10.8.2　期待値と分散

一般に標本範囲の期待値と分散は

$$E(W)=\mu_{(n)}-\mu_{(1)}$$
$$\mathrm{var}(W)=\sigma_{(n)}^2-2\sigma_{(1,n)}+\sigma_{(1)}^2$$

によって与えられるが，正規分布の場合には 10.5 節の (a)，(b) の関係を用いると

$$E(W)=2\mu_{(n)}$$
$$\mathrm{var}(W)=2(\sigma_{(n)}^2-\sigma_{(1,n)}) \tag{10.27}$$

となる．

$\mu_{(n)}$ は (10.14) 式を用い，$r=n$ であるから次式となる．

$$\mu_{(n)}=n\int_{-\infty}^{\infty}x[\Phi(x)]^{n-1}\phi(x)\,dx$$

$n=2$ のときは $\mu_{(n)}$ の式から直接

$$\mu_{(2)}=2\int_{-\infty}^{\infty}x\Phi(x)\phi(x)\,dx$$

を，2.2 節の定積分 (17) を用いて

$$\mu_{(2)}=\sqrt{\frac{1}{\pi}}$$

を求め，$n=2$ のとき

$$E(W)=2\sqrt{\frac{1}{\pi}}\fallingdotseq 1.12838$$

を得る．

$n=3$ のとき

$$\mu_{(3)}=3\int_{-\infty}^{\infty}x[\Phi(x)]^2\phi(x)\,dx$$

となり，この積分は 2.2 節の定積分 (20) において，$a=0$，$b=1$ とおき

$$\mu_{(3)}=\frac{3}{2\sqrt{\pi}}$$

を得る．したがって $n=3$ のとき

$$E(W)=\frac{3}{\sqrt{\pi}}=1.69257$$

となる．

統計数値表編集委員会編『簡約統計数値表』(1991) の表 3.2 に，$N(0,1)$

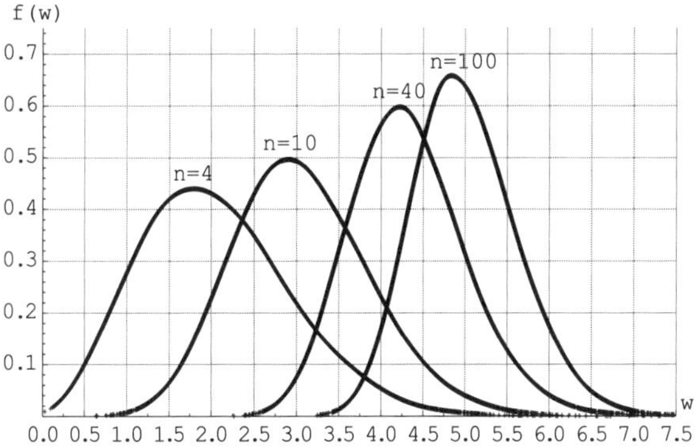

図 10.8　$N(0,1)$からの標本範囲の分布

表 10.2　標本範囲の期待値，分散，歪度，尖度

n	期待値	分　散	歪　度	尖　度
4	2.059	0.774	0.523	3.188
10	3.078	0.635	0.398	3.200
40	4.322	0.448	0.430	3.316
100	5.015	0.366	0.472	3.390

からの W の期待値，分散，歪度，尖度の値が，$n=2(1)50$ に対して示されている．

図 10.8 は発生させた標準正規乱数から範囲 W を求め，30,000 回の実験から得られた $n=4, 10, 40, 100$ のカーネル密度関数である．前述の『数値表』から得られる $n=4, 10, 40, 100$ のときの W の期待値，分散，歪度，尖度を示したのが**表 10.2** である．歪度，尖度の値から W の分布は正の歪みをもち，正規分布より若干右すそが厚いことがわかる．

10.9　スチューデント化範囲

$X_1, \cdots, X_n$ は $N(\mu, \sigma^2)$ からの無作為標本とし

$$W = X_{(n)} - X_{(1)}$$

$$S^2 = \frac{1}{n-1}\sum_{i=1}^{n}(X_i - \bar{X})^2$$

とする．このとき W/S はスチューデント化範囲 studentized range といわれる．W と S，W/S と S は独立である．

したがって

$$E(W^k)=E\left[\left(\frac{W}{S}\right)^k S^k\right]=E\left(\frac{W}{S}\right)^k E(S^k)$$

が成立する．

$$E\left(\frac{W}{S}\right)^k=\frac{E(W^k)}{E(S^k)}=\frac{E\left(\frac{W}{\sigma}\right)^k}{E\left(\frac{S}{\sigma}\right)^k}$$

$$E(S^k)=\sigma^k\left(\frac{2}{n-1}\right)^{\frac{k}{2}}\frac{\Gamma\left(\frac{n+k-1}{2}\right)}{\Gamma\left(\frac{n-1}{2}\right)} \quad \text{(9.2 節)}$$

であるから

$$E\left(\frac{W}{S}\right)^k=\frac{E(W^k)}{E(S^k)}=\left[\frac{1}{2}(n-1)\right]^{\frac{k}{2}}\frac{\Gamma\left[\frac{1}{2}(n-1)\right]}{\Gamma\left[\frac{1}{2}(n+k-1)\right]}E\left(\frac{W}{\sigma}\right)^k \tag{10.28}$$

となる．

スチューデント化範囲 W/S は 15 章で正規性検定に用いる．W/S の分位点は David *et al*. (1954), Pearson and Hartley (1966), Sarhan and Greenberg (eds.) (1962) Table 10 H. 8, Thode (2002) Arpendix B 10 に示されている．

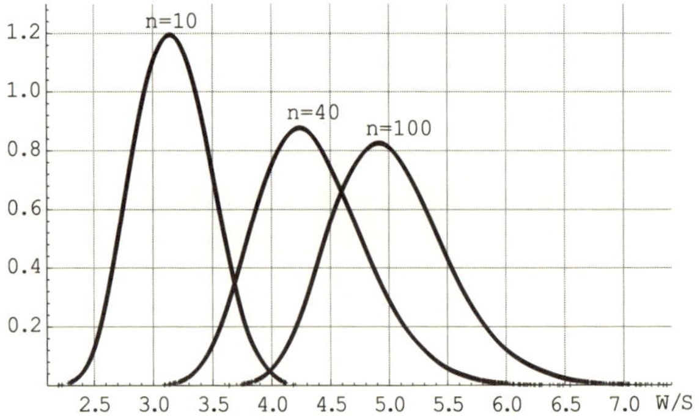

図 10.9　$N(0,1)$ からのスチューデント化範囲の分布

W/S は対立仮説 $\beta_2<3$ の仮説検定に高い検定力をもつ．

図 10.9 は発生させた標準正規乱数から得られた W/S のカーネル密度関数である．$n=10, 40, 100$ のケースが示されている．実験回数 30,000 回である．

10.10 標本分位点

$X_1, \cdots, X_n$ は cdf F をもつ分布からの無作為標本であり，$0<p<1$ とする．

$$F^{-1}(p)=\inf\{x\,;\,F(x)\geq p\}$$

は母分位点関数 population quantile function（あるいは逆分布関数）とよばれている．$F^{-1}(p)=\xi_p$ と表す．すなわち $F(\xi_p)=p$ である．たとえば標準正規分布のとき

$$\Phi(1.96)=0.975, \qquad \xi_{0.975}=1.96$$
$$\Phi(-1.645)=0.05, \qquad \xi_{0.05}=-1.645$$

である．

$$[np]=np \text{ 以下の最大の整数}=m$$

とおく．np が整数でないとき，$X_{([np]+1)}=X_{(m+1)}$ は標本 p 分位点 p-quantile である．np が整数のとき $X_{(m)}$ と $X_{(m+1)}$ の間の区間内にある任意の値が標本分位点であるが，通常 $(X_{(m)}+X_{(m+1)})/2$ が用いられる．以下，np が整数でない場合，したがって標本 p 分位点は $X_{([np]+1)}=X_{(m+1)}$ の場合をあつかう．

10.10.1 漸近的正規性

一般に，X の母集団分布に関わりなく，$X_{(m+1)}$ は漸近的に次の正規分布に従う．f は X の pdf である．

$$\sqrt{n}(X_{(m+1)}-\xi_p) \xrightarrow{d} N\left(0,\ \frac{p(1-p)}{[f(\xi_p)]^2}\right) \tag{10.29}$$

(Cramér (1946), p. 369)．

たとえば $p=0.5$ のとき $\xi_{0.5}$ は母中位数，$X_{([n/2]+1)}=\widetilde{X}$ は標本中位数であり

$$\sqrt{n}(\widetilde{X}-\xi_{0.5}) \xrightarrow{d} N\left(0,\ \frac{1}{4[f(\xi_{0.5})]^2}\right) \tag{10.30}$$

が成り立つ．正規母集団ならば $f(\xi_{0.5})=f(\mu)=(\sqrt{2\pi}\sigma)^{-1}$ であるから

$$\frac{1}{4[f(\xi_{0.5})]^2}=\frac{\pi\sigma^2}{2}$$

となり

$$\sqrt{n}(\tilde{X}-\xi_{0.5}) \xrightarrow{d} N\left(0,\ \frac{\pi\sigma^2}{2}\right) \tag{10.31}$$

が成り立つ．

$p=0.25$ のとき $\xi_{0.25}$ は母第 1 四分位数，$X_{([np]+1)}=Q_1$ は標本第 1 四分位数であり

$$\sqrt{n}(Q_1-\xi_{0.25}) \xrightarrow{d} N\left(0,\ \frac{3}{16[f(\xi_{0.25})]^2}\right) \tag{10.32}$$

が成立する．標準正規母集団のとき $\xi_{0.25}=-0.6745$ である．

$p=0.75$ のとき $\xi_{0.75}$ は母第 3 四分位数，$X_{([np]+1)}=Q_3$ は標本第 3 四分位数であり

$$\sqrt{n}(Q_3-\xi_{0.75}) \xrightarrow{d} N\left(0,\ \frac{3}{16[f(\xi_{0.75})]^2}\right) \tag{10.33}$$

が得られる．標準正規母集団のとき $\xi_{0.75}=0.6745$ である．

10.10.2　正規母集団からの $X_{(m+1)}$ の分布

$X_1, \cdots, X_n$ は $N(\mu, \sigma^2)$ からの無作為標本であり，cdf を F，pdf を f とする．

$$Y=X_{([np]+1)}=X_{(m+1)}$$

とおくと，Y の pdf は次式で与えられる．

$$g(y)=\binom{n}{m}(n-m)[F(y)]^m[1-F(y)]^{n-m-1}f(y) \tag{10.34}$$

$$-\infty<y<\infty$$

10.10.3　標本分位点の同時 pdf の漸近的正規性

$0<p_1<p_2<\cdots<p_r<1$ とし，母 p_j 分位点 ξ_{p_j} に対応する標本分位点を $X_{(m_j)}$

$$\frac{m_j}{n}-p_j=o(n^{-\frac{1}{2}})$$

$$0<f(\xi_{p_j})<\infty, \qquad j=1, \cdots, r$$

とすると，次式が成立する．

$$\sqrt{n}\begin{bmatrix} X_{(m_1)}-\xi_{p_1} \\ X_{(m_2)}-\xi_{p_2} \\ \vdots \\ X_{(m_r)}-\xi_{p_r} \end{bmatrix} \xrightarrow{d} N(\mathbf{0}, \boldsymbol{\Sigma}) \tag{10.35}$$

ここで $\boldsymbol{\Sigma}=\{\sigma_{ij}\}$ であり，$i\leq j$ のとき

$$\sigma_{ij}=\frac{p_i(1-p_j)}{[f(\xi_{p_i})f(\xi_{p_j})]} \tag{10.36}$$

である (David and Nagaraja (2003), p. 288).

たとえば，$p_1=0.25$，$p_2=0.75$ とすると，$\xi_{0.75}-\xi_{0.25}$ は母四分位数間範囲 inter quartile range (IQR と略す) であり，$X_{(0.75)}-X_{(0.25)}=Q_3-Q_1$ は標本 IQR である．そして

$$\sigma_{11}=\frac{3}{16[f(\xi_{0.25})]^2}, \qquad \sigma_{12}=\frac{1}{16[f(\xi_{0.25})f(\xi_{0.75})]}$$

$$\sigma_{22}=\frac{3}{16[f(\xi_{0.75})]^2}$$

$$\mathrm{var}(Q_3-Q_1)=\sigma_{11}+\sigma_{22}-2\sigma_{12}$$

となるから

$$\sqrt{n}(Q_3-Q_1-(\xi_{0.75}-\xi_{0.25})) \xrightarrow{d} N(0, \delta^2) \tag{10.37}$$

が得られる．ここで

$$\begin{aligned}\delta^2&=\sigma_{11}+\sigma_{22}-2\sigma_{12}\\&=\frac{1}{16}\left\{\frac{3}{[f(\xi_{0.25})]^2}+\frac{3}{[f(\xi_{0.75})]^2}-\frac{2}{[f(\xi_{0.25})f(\xi_{0.75})]}\right\}\end{aligned}$$

である．

正規母集団 $N(\mu, \sigma^2)$ のとき

$$\xi_{0.75}=\mu+0.6745\sigma, \qquad \xi_{0.25}=\mu-0.6745\sigma$$

であるから

$$\delta^2=\left(\frac{\pi\sigma^2}{2}\right)\exp(0.6745^2)=2.4757\sigma^2$$

となり

$$\sqrt{n}(Q_3-Q_1-1.3490\sigma) \xrightarrow{d} N(0, 2.4757\sigma^2) \tag{10.38}$$

が得られる．

10.10.4 $X_{(m)}$ のモーメント

$f(\xi_p)>0$, $0<p<1$, 任意の $m=[np]+O(n^{-1})$ に対して，$X_{(m)}$ の ξ_p まわりの k 次モーメントは次式で与えられる．$k>0$, $Z\sim N(0,1)$ とする．

$$n^{\frac{k}{2}}E(X_{(m)}-\xi_p)^k=[p(1-p)]^{\frac{k}{2}}\frac{E|Z|^k}{[f(\xi_p)]^k}+O(n^{-\frac{1}{2}}) \qquad (10.39)$$

(David and Nagaraja (2003), p. 288).

10.10.5 ξ_p の $(1-\alpha)\times100\%$ 信頼区間

(10.29) 式を用いて，漸近的な ξ_p の $(1-\alpha)\times100\%$ 信頼区間は次式によって与えられる．

$$\left(X_{(m+1)}-z_{\alpha/2}\frac{[p(1-p)]^{\frac{1}{2}}}{f(\xi_p)\,n^{\frac{1}{2}}},\qquad X_{(m+1)}+z_{\alpha/2}\frac{[p(1-p)]^{\frac{1}{2}}}{f(\xi_p)\,n^{\frac{1}{2}}}\right) \qquad (10.40)$$

ここで $z_{\alpha/2}$ は $N(0,1)$ の上側 $\alpha/2$ の確率を与える分位点である．

10.11 ランキット

10.11.1 ランキット

$X_1,\cdots,X_n$ は $N(\mu,\sigma^2)$ からの無作為標本のとき

$$Z_i=\frac{X_i-\mu}{\sigma}\sim N(0,1)$$

である．順序統計量

$$X_{(1)}\leq X_{(2)}\leq\cdots\leq X_{(n)}$$

を規準化した順序統計量を

$$Z_{(1)}\leq Z_{(2)}\leq\cdots\leq Z_{(n)}$$

とする．ここで

$$Z_{(i)}=\frac{X_{(i)}-\mu}{\sigma},\qquad i=1,\cdots,n$$

である．

$Z_{(i)}$ の期待値

$$\mu_{(i)}=E[Z_{(i)}]=E\left[\frac{X_{(i)}-\mu}{\sigma}\right]$$

は正規得点 normal score あるいはランキット rankit とよばれる．

上式より

$$E[X_{(i)}]=\mu+\sigma\mu_{(i)}, \qquad i=1, \cdots, n \tag{10.41}$$

が得られる．$X_1, \cdots, X_n$ が $N(\mu, \sigma^2)$ からの無作為標本ならば，$X_{(i)}$ の $\mu_{(i)}$ への回帰は切片 μ，勾配 σ の直線となる．$Z_{(i)}$ でいえば，$Z_{(i)}$ の $\mu_{(i)}$ への回帰は原点を通る勾配1の直線になる．

ランキット $\mu_{(i)}$ は (10.14) 式の pdf を用いて

$$\mu_{(i)}=i\binom{n}{i}\int_{-\infty}^{\infty}x[\Phi(x)]^{i-1}[1-\Phi(x)]^{n-i}\phi(x)\,dx$$

によって求めることができる．10.5節 (a) に示されているように

$$\mu_{(i)}=-\mu_{(n-i+1)}$$

の関係があるから，たとえば $n=5$ のとき，$\mu_1=-\mu_5$，$\mu_2=-\mu_4$，$\mu_3=-\mu_3$，したがって $\mu_3=0$ となり，μ_1，μ_2，μ_3 あるいは μ_3，μ_4，μ_5 の値がわかればその他の値はわかる．$\mu_{(i)}$ の値は10.8.2項で示した『簡約統計数値表』(1991) 表3.1，Beyer (ed.) (1991) Table VII.1 に与えられている．

これらの表に依らなくても実際的には $\mu_{(i)}$ を求める良い近似式がある．David and Nagaraja (2003), Harter (1961), Royston (1982 b) を参考にして，筆者が採用した $\mu_{(i)}$ の計算方法は次のとおりである．$\mu_{(i)}$ を

$$\mu_{(i)}\fallingdotseq\Phi^{-1}(a_i)$$

によって近似する．a_i は次のように与える．

(a) $n\leq 8$ のとき

$$a_i=\frac{i-\alpha}{n-2\alpha+1}$$

$$\alpha=0.327511+0.058212\log_{10}n-0.007909(\log_{10}n)^2$$

(b) $n\geq 9$ のとき

$i=1$ あるいは $i=n$ のとき

$$a_i=\frac{i-\frac{3}{8}}{n+\frac{1}{4}}$$

$i=2, \cdots, n-1$ のとき

$$a_i=\text{上記 (a) の値}$$

表10.3 は $n=5, 10, 15, 30$ の場合のみ示したが，ランキット $\mu_{(i)}$ と上記近似

表 10.3　ランキット $\mu_{(i)}$ と近似値

i	$n=5$		$n=10$		$n=15$		$n=30$	
	$\mu_{(i)}$	近似値	$\mu_{(i)}$	近似値	$\mu_{(i)}$	近似値	$\mu_{(i)}$	近似値
1	−1.16296	−1.17205	−1.53875	−1.54664	−1.73591	−1.73938	−2.04276	−2.04028
2	−0.49502	−0.49502	−1.00136	−1.00127	−1.24794	−1.24787	−1.61560	−1.61559
3	0.00000	0.00000	−0.65606	−0.65584	−0.94769	−0.94747	−1.36481	−1.36456
4			−0.37576	−0.37568	−0.71488	−0.71482	−1.17855	−1.17849
5			−0.12267	−0.12265	−0.51570	−0.51574	−1.02609	−1.02618
6					−0.33530	−0.33535	−0.89439	−0.89457
7					−0.16530	−0.16534	−0.77666	−0.77689
8					0.00000	0.00000	−0.66885	−0.66909
9							−0.56834	−0.56858
10							−0.47329	−0.47351
11							−0.38235	−0.38254
12							−0.29449	−0.29464
13							−0.20885	−0.20896
14							−0.12473	−0.12479
15							−0.04148	−0.04150

式による $\mu_{(i)}$ の近似値である．若干の相違はあるが十分実用に耐え得る値である．

10.11.2　正規確率プロット

観測値 $X_1, \cdots, X_n$ があるとき順序化して $X_{(i)}$ を求め

$$Z_{(i)}=\frac{X_{(i)}-\bar{X}}{S}$$

と規準化し，$(\mu_{(i)}, Z_{(i)})$ の散布図を描く．$X_1, \cdots, X_n$ の母集団分布が正規分布ならば，$(\mu_{(i)}, Z_{(i)})$，$i=1, \cdots, n$ は原点を通る勾配 1 の直線の近辺に散らばっている．もし正規分布でなければ直線から外れて散らばっているにちがいない．$(\mu_{(i)}, Z_{(i)})$ の散布図は正規確率プロット normal probability plot とよばれ，15 章で正規性の検定に用いる．

正規確率プロットの例を示しておこう．

図 10.10 は $Z_i \sim N(0, 1)$，$i=1, \cdots, 100$ を発生させ，$\mu=0$，$\sigma=1$ はわかっているが，ここでは得られた 100 個の Z_i の平均 $\bar{Z}$ と標準偏差 S_Z を用いて規準化して順序化して $Z_{(i)}$ を求め，$(\mu_{(i)}, Z_{(i)})$ をプロットしている．$\mu_{(i)}$ には近似式からの値を用いている．$Z_{(i)}$ の小さい値で直線から外れている値もあるが，

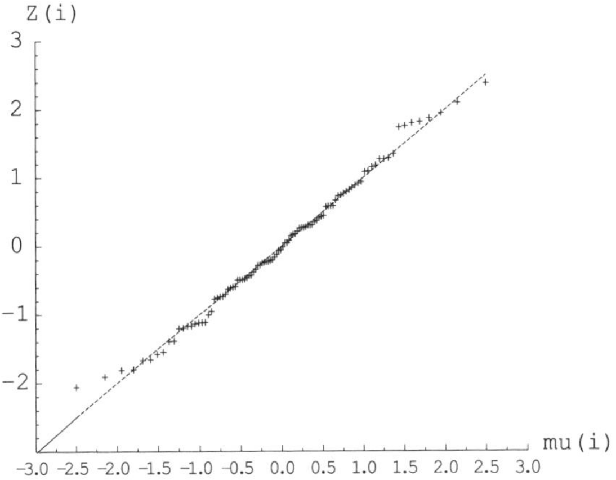

図 10.10　$N(0,1)$の正規確率プロット

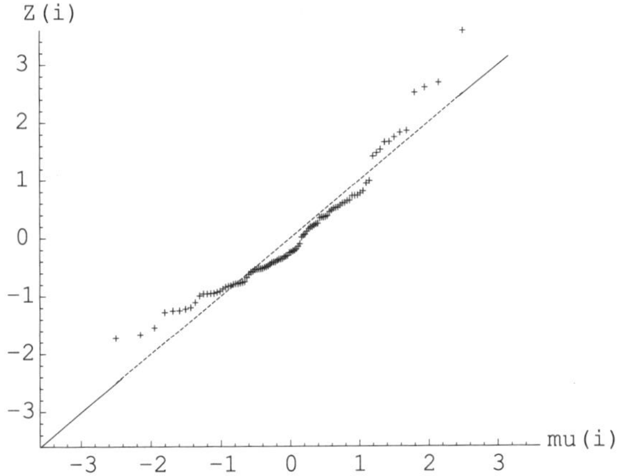

図 10.11　ガンマ分布 GAM(4, 2)の正規確率プロット

ほぼ直線の近辺に散らばっている．

図 10.11 は $X_1, \cdots, X_{100}$ をガンマ分布 GAM(4, 2)（$\sqrt{\beta_1}=1$, $\beta_2=4.5$）から発生させ，図 10.10 と同様にして描いた正規確率プロットであり，J 型パターンといわれる $\sqrt{\beta_1}>0$ の分布に特有のパターンである．

10.12 削除平均

10.12.1 削除平均と漸近的正規性

$X_1, \cdots, X_n$ は期待値 μ，分散 σ^2 の分布からの無作為標本とする．n 個の X のなかで小さい値を $[n\alpha_1]$ 個，大きい値を $[n\alpha_2]$ 個削除して，$n-[n\alpha_1]-[n\alpha_2]$ 個の X のみを用いて得られる平均を削除平均 trimmed mean とよび

$$\bar{X}_{(\alpha_1,\alpha_2)}=\frac{1}{n-[n\alpha_1]-[n\alpha_2]}\sum_{i=[n\alpha_1]+1}^{n-[n\alpha_2]}X_{(i)} \tag{10.42}$$

と表す．$0<\alpha_1$，$\alpha_2<1/2$ である．

$\alpha_1=\alpha_2=\alpha$ と削除が対称的な場合には，$[n\alpha]=k$ とおくと，このとき削除平均は

$$\bar{X}_{(\alpha)}=\frac{1}{n-2k}\sum_{i=k+1}^{n-k}X_{(i)} \tag{10.43}$$

となる．この $\bar{X}_{(\alpha)}$ に関して次の定理がある．

$X_1, \cdots, X_n$ は iid で連続な pdf $f(x-\theta)$ に従い，実数 z に対して $f(z)>0$，$f(z)=f(-z)$ とする．このとき，$0<\alpha<1/2$ に対して

$$\sqrt{n}(\bar{X}_{(\alpha)}-\theta) \xrightarrow{d} N(0, \sigma_\alpha{}^2) \tag{10.44}$$

が成立する．ここで

$$\sigma_\alpha{}^2=\frac{2}{(1-2\alpha)^2}\left[\int_0^{\xi_{1-\alpha}}z^2f(z)\,dz+\alpha\xi_{1-\alpha}^2\right] \tag{10.45}$$

$$\xi_{1-\alpha}=F^{-1}(1-\alpha)$$

$$f=X \text{ の pdf}$$

である（Lehman (1983), p. 361）．

とくに $X_i \sim \mathrm{NID}(0,1)$ のとき

$$\int z^2\phi(z)\,dz=\Phi(z)-z\phi(z)$$

を用いて $\xi_{1-\alpha}=z_{1-\alpha}$ と表し，次式を得る．

$$\sigma_\alpha{}^2=\frac{1}{(1-2\alpha)^2}\{1-2\alpha-2z_{1-\alpha}\phi(z_{1-\alpha})+2\alpha z_{1-\alpha}^2\} \tag{10.46}$$

削除平均が用いられる場合は，母集団分布が正規分布より両すその厚い分布（$\beta_2>3$ の分布）のため外れ値が発生しやすい場合である．このような分布の

ときには外れ値に敏感な標本平均に代わって，外れ値を削除する削除平均が用いられる．

10.12.2 削除平均の漸近的効率

$$\mathrm{var}(\bar{X})=\frac{\sigma^2}{n}, \qquad \mathrm{var}(\bar{X}_{(\alpha)})\simeq\frac{{\sigma_\alpha}^2}{n}$$

であるから，$\bar{X}_{(\alpha)}$ の $\bar{X}$ に対する漸近的効率は

$$\frac{\sigma^2}{{\sigma_\alpha}^2}$$

によって与えられる．

例として，$X_1, \cdots, X_n$ は ε-汚染正規分布（8.9.2 項）

$$f(x)=(1-\varepsilon)\phi(x)+\varepsilon h(x)$$

に従っていると仮定しよう．ここで

$$h(x)=\frac{1}{\sigma_h}\phi\left(\frac{x}{\sigma_h}\right)=N(0, {\sigma_h}^2), \quad {\sigma_h}^2>1$$

である．このとき

$$\mathrm{var}(X)=\sigma^2=(1-\varepsilon)+\varepsilon{\sigma_h}^2=1+({\sigma_h}^2-1)\varepsilon \tag{10.47}$$

$$\text{尖度 } \beta_2=\frac{3[1-\varepsilon+\varepsilon{\sigma_h}^4]}{[1-\varepsilon+\varepsilon{\sigma_h}^2]^2} \tag{10.48}$$

$$\begin{aligned} F(x)=P(X\leq x)&=\int_{-\infty}^{x} f(x)\,dx \\ &=(1-\varepsilon)\int_{-\infty}^{x}\phi(u)\,du+\varepsilon\int_{-\infty}^{x}\frac{1}{\sigma_h}\phi\left(\frac{u}{\sigma_h}\right)du \\ &=(1-\varepsilon)\,\Phi(x)+\varepsilon\int_{-\infty}^{\frac{x}{\sigma_h}}\phi(z)\,dz \\ &=(1-\varepsilon)\,\Phi(x)+\varepsilon\Phi\left(\frac{x}{\sigma_h}\right) \end{aligned} \tag{10.49}$$

を得る．次に (10.45) 式を用いて ${\sigma_\alpha}^2$ を求めよう．

$$\begin{aligned} &\int_0^{\xi_{1-\alpha}} z^2 f(z)\,dz \\ &=\int_0^{\xi_{1-\alpha}} z^2\left\{(1-\varepsilon)\,\phi(z)+\frac{\varepsilon}{\sigma_h}\phi\left(\frac{z}{\sigma_h}\right)\right\}dz \\ &=(1-\varepsilon)\int_0^{\xi_{1-\alpha}} z^2\phi(z)\,dz+\frac{\varepsilon}{\sigma_h}\int_0^{\xi_{1-\alpha}} z^2\phi\left(\frac{z}{\sigma_h}\right)dz \end{aligned}$$

$$\int_0^{\xi_{1-\alpha}} z^2\phi(z)\,dz=\{\Phi(z)-z\phi(z)\}\Big|_0^{\xi_{1-\alpha}}$$

$$=\Phi(\xi_{1-\alpha})-\xi_{1-\alpha}\phi(\xi_{1-\alpha})-\frac{1}{2}$$

$\dfrac{1}{\sigma_h}\displaystyle\int_0^{\xi_{1-\alpha}} z^2\phi\left(\frac{z}{\sigma_h}\right)dz$ は $y=\dfrac{z}{\sigma_h}$ とおき

$$=\sigma_h^2\int_0^{\frac{\xi_{1-\alpha}}{\sigma_h}} y^2\phi(y)\,dy=\sigma_h^2\{\Phi(y)-y\phi(y)\}\Big|_0^{\frac{\xi_{1-\alpha}}{\sigma_h}}$$

$$=\sigma_h^2\left\{\Phi\left(\frac{\xi_{1-\alpha}}{\sigma_h}\right)-\frac{\xi_{1-\alpha}}{\sigma_h}\phi\left(\frac{\xi_{1-\alpha}}{\sigma_h}\right)-\frac{1}{2}\right\}$$

となるから，これらの結果を用いて

$$\sigma_\alpha^2=\frac{2}{(1-2\alpha)^2}\Bigg\{(1-\varepsilon)\left[\Phi(\xi_{1-\alpha})-\xi_{1-\alpha}\phi(\xi_{1-\alpha})\right]$$
$$+\varepsilon\sigma_h^2\left[\Phi\left(\frac{\xi_{1-\alpha}}{\sigma_h}\right)-\frac{\xi_{1-\alpha}}{\sigma_h}\phi\left(\frac{\xi_{1-\alpha}}{\sigma_h}\right)\right]+\alpha\xi_{1-\alpha}^2-\frac{1}{2}\Bigg\} \qquad (10.50)$$

を得る．

数値例を挙げよう．$\sigma_h=3$ とする．まず，分布関数は (10.49) 式で与えられるから，ε と α を与えて

$$\xi_{1-\alpha}=F^{-1}(1-\alpha)$$

を満たす $\xi_{1-\alpha}$ をくりかえし収束計算によって求める．それが**表 10.4** に示されている $\xi_{1-\alpha}$ の値である．

次に ε を与えて (10.47) 式から σ^2 を求め，ε，α，$\xi_{1-\alpha}$ を与えて (10.50) 式によって σ_α^2 を求め，$\bar{X}_{(\alpha)}$ の $\bar{X}$ に対する漸近的効率 σ^2/σ_α^2 を計算する．**表 10.5** の σ^2 より左側の値がこの漸近的効率である．表 10.5 には ε に対する σ^2 の値，尖度 β_2 の値，ε，α に対する σ_α^2 の値も示されている．

この ε-汚染正規分布はすべて $\beta_2>3$ の分布であり，正規分布より両すそが

表 10.4　$\xi_{1-\alpha}$ の値

ε	α			
	0.050	0.100	0.125	0.250
0.05	1.774	1.352	1.208	0.701
0.10	1.932	1.433	1.273	0.729
0.25	2.655	1.750	1.518	0.831
0.30	2.947	1.888	1.622	0.871
0.50	3.845	2.578	2.168	1.079

表 10.5 $\bar{X}_{(\alpha)}$ の $\bar{X}$ に対する漸近的効率，$\sigma_h=3$

ε	α				σ^2	$\sigma_\alpha{}^2$				β_2
	0.050	0.100	0.125	0.250		0.050	0.100	0.125	0.250	
0.05	1.212	1.199	1.184	1.085	1.400	1.156	1.168	1.182	1.290	7.653
0.10	1.366	1.388	1.381	1.292	1.800	1.318	1.297	1.303	1.393	8.333
0.25	1.403	1.623	1.664	1.662	3.000	2.138	1.849	1.803	1.805	7.000
0.30	1.338	1.608	1.670	1.717	3.400	2.541	2.115	2.036	1.980	6.488
0.50	1.140	1.334	1.432	1.656	5.000	4.387	3.748	3.493	3.020	4.920

厚い．漸近的効率は汚染の小さい $\varepsilon=0.05$，削除率の大きい $\alpha=0.25$ のケースでも 1.085 と 1 をこえ，すべて 1 より大きい．すなわち σ^2 とくらべて $\sigma_\alpha{}^2$ の効率は高く，$\bar{X}_{(\alpha)}$ の方が $\bar{X}$ とくらべて外れ値に対して頑健であり，漸近的効率が高い．

$\sigma_h=3$，$\varepsilon=0.5$ の $f(x)$ は図 8.38 に示されている．

11

多変量正規分布

6 章で 2 変量正規分布を説明した．2 変量を p 変量へと一般化した多変量正規分布 multivariate normal distribution を本章であつかう．

$\boldsymbol{x}=(X_1, X_2, \cdots, X_p)'$ は $p\times 1$ の確率ベクトルとする．

表示を簡潔にするため p 重積分

$$\iint\cdots\int=\int_p$$

と表す．

11.1　特　　性

(1)　パラメータ　　$\boldsymbol{\mu}$, $\boldsymbol{\Sigma}$

$\boldsymbol{\mu}=(\mu_1, \mu_2, \cdots, \mu_p)'$, $-\infty<\mu_i<\infty$ は $p\times 1$ の期待値ベクトル

$\boldsymbol{\Sigma}=\{\sigma_{ij}\}$, $i, j=1, 2, \cdots, p$ は $p\times p$ の共分散行列で，正値定符号とする．

(2)　範　　囲　　$-\infty<x_i<\infty$,　$i=1, \cdots, p$

(3)　確率密度関数

$$f(\boldsymbol{x})=(2\pi)^{-\frac{p}{2}}|\boldsymbol{\Sigma}|^{-\frac{1}{2}}\exp\left[-\frac{1}{2}(\boldsymbol{x}-\boldsymbol{\mu})'\boldsymbol{\Sigma}^{-1}(\boldsymbol{x}-\boldsymbol{\mu})\right] \tag{11.1}$$

$$\int_p f(\boldsymbol{x})\,d\boldsymbol{x}=1$$

を証明する．

$p\times p$ 行列 $\boldsymbol{\Sigma}$ は対称であるから

$$\boldsymbol{P}'\boldsymbol{\Sigma}\boldsymbol{P}=\boldsymbol{I}$$

となる非特異行列 $\boldsymbol{P}$ が存在する．この関係から

$$\boldsymbol{\Sigma}^{-1}=\boldsymbol{P}\boldsymbol{P}'$$

である．他方

$$\boldsymbol{\Sigma}^{-1}=\boldsymbol{\Sigma}^{-\frac{1}{2}}\boldsymbol{\Sigma}^{-\frac{1}{2}}$$

と分解することができる（証明は蓑谷（2009 b），pp. 434～435 にある）．したがって

$$\boldsymbol{P}=\boldsymbol{P}'=\boldsymbol{\Sigma}^{-\frac{1}{2}}$$

である．

この $\boldsymbol{\Sigma}^{-1/2}$ を用いて

$$\boldsymbol{z}=\boldsymbol{\Sigma}^{-\frac{1}{2}}(\boldsymbol{x}-\boldsymbol{\mu}) \tag{11.2}$$

と変換するとヤコービアンは

$$|\boldsymbol{J}|=\left|\frac{d\boldsymbol{x}}{d\boldsymbol{z}}\right|=|\boldsymbol{\Sigma}^{\frac{1}{2}}|=|\boldsymbol{\Sigma}|^{\frac{1}{2}}$$

となり

$$\begin{aligned}(\boldsymbol{x}-\boldsymbol{\mu})'\boldsymbol{\Sigma}^{-1}(\boldsymbol{x}-\boldsymbol{\mu})&=[\boldsymbol{\Sigma}^{-\frac{1}{2}}(\boldsymbol{x}-\boldsymbol{\mu})]'[\boldsymbol{\Sigma}^{-\frac{1}{2}}(\boldsymbol{x}-\boldsymbol{\mu})]\\&=\boldsymbol{z}'\boldsymbol{z}\end{aligned}$$

と表すことができる．以上の結果を用いて

$$\begin{aligned}\int_p f(\boldsymbol{x})\,d\boldsymbol{x}&=\int_p (2\pi)^{-\frac{p}{2}}|\boldsymbol{\Sigma}|^{-\frac{1}{2}}\exp\left[-\frac{1}{2}(\boldsymbol{x}-\boldsymbol{\mu})'\boldsymbol{\Sigma}^{-1}(\boldsymbol{x}-\boldsymbol{\mu})\right]d\boldsymbol{x}\\&=\int_p (2\pi)^{-\frac{p}{2}}\exp\left(-\frac{1}{2}\boldsymbol{z}'\boldsymbol{z}\right)d\boldsymbol{z}\\&=\prod_{i=1}^{p}\int_{-\infty}^{\infty}(2\pi)^{-\frac{1}{2}}\exp\left(-\frac{1}{2}z_i^2\right)dz_i\\&=1\end{aligned}$$

が得られる．

上式は z_i～NID(0, 1) であることを示しているが，実際

$$\begin{aligned}E(\boldsymbol{z})&=\boldsymbol{\Sigma}^{-\frac{1}{2}}E(\boldsymbol{x}-\boldsymbol{\mu})=\boldsymbol{0}\\\mathrm{var}(\boldsymbol{z})&=E(\boldsymbol{z}\boldsymbol{z}')\\&=\boldsymbol{\Sigma}^{-\frac{1}{2}}E(\boldsymbol{x}-\boldsymbol{\mu})(\boldsymbol{x}-\boldsymbol{\mu})'\boldsymbol{\Sigma}^{-\frac{1}{2}}\\&=\boldsymbol{\Sigma}^{-\frac{1}{2}}\boldsymbol{\Sigma}\boldsymbol{\Sigma}^{-\frac{1}{2}}=\boldsymbol{\Sigma}^{-\frac{1}{2}}\boldsymbol{\Sigma}^{\frac{1}{2}}\boldsymbol{\Sigma}^{\frac{1}{2}}\boldsymbol{\Sigma}^{-\frac{1}{2}}=\boldsymbol{I}\end{aligned}$$

となる．

(4)　積率母関数

$$\exp\left(\boldsymbol{\mu}'\boldsymbol{t}+\frac{1}{2}\boldsymbol{t}'\boldsymbol{\Sigma}\boldsymbol{t}\right) \tag{11.3}$$

6.9 節で 2 変量の同時 mgf を示したが，p 変量の同時 mgf（11.3）式の証明

を以下に示す．

まず，$\boldsymbol{x}$ の mgf と $\boldsymbol{x}$ の線形関数の mgf との関係を示す．mgf の性質 (1.7) 式の一般化である．

$\boldsymbol{x}$ が $p\times1$ の連続確率変数ベクトルのとき，同時積率母関数 joint moment generating function は次式で定義される．$\boldsymbol{t}=(t_1,\cdots,t_p)'$ である．

$$\begin{aligned}M_X(\boldsymbol{t})&=E[\exp(\boldsymbol{t}'\boldsymbol{x})]\\&=E[\exp(t_1X_1+t_2X_2+\cdots+t_pX_p)]\\&=\int\cdots\int\exp(t_1x_1+\cdots+t_px_p)f(x_1,\cdots,x_p)\,dx_1\cdots dx_p\end{aligned}$$

期待値は $|t_i|<h_i$，$h_i>0$，$i=1,\cdots,p$ に対して存在すると仮定されている．

$\boldsymbol{x}$ の線形関数

$$\underset{q\times1}{\boldsymbol{y}}=\underset{q\times p}{\boldsymbol{A}}\underset{p\times1}{\boldsymbol{x}}+\underset{q\times1}{\boldsymbol{b}}$$

の同時 mgf $M_Y(\boldsymbol{t})$（この $\boldsymbol{t}$ は $q\times1$）は $M_X(\boldsymbol{t})$ から次のようにして得られる．

$$\begin{aligned}M_Y(\boldsymbol{t})&=E[\exp(\boldsymbol{t}'\boldsymbol{y})]\\&=E\{\exp[\boldsymbol{t}'(\boldsymbol{A}\boldsymbol{x}+\boldsymbol{b})]\}\\&=\exp(\boldsymbol{t}'\boldsymbol{b})E\{\exp[(\boldsymbol{t}'\boldsymbol{A})\boldsymbol{x}]\}\\&=\exp(\boldsymbol{b}'\boldsymbol{t})M_X(\boldsymbol{A}'\boldsymbol{t})\end{aligned}\tag{11.4}$$

(11.2) 式の $z_i\sim\mathrm{NID}(0,1)$ であるから，z_i の mgf は

$$M_i(t_i)=\exp\left(\frac{t_i^2}{2}\right)$$

であり，$z_1,\cdots,z_p$ は独立であるから，$\boldsymbol{z}=(z_1,\cdots,z_p)'$ の同時 mgf は，$\boldsymbol{t}=(t_1,\cdots,t_p)'$ とすると

$$M_Z(\boldsymbol{t})=\prod_{i=1}^{p}M_i(t_i)=\exp\left(\frac{1}{2}\sum_{i=1}^{p}t_i^2\right)=\exp\left(\frac{\boldsymbol{t}'\boldsymbol{t}}{2}\right)\tag{11.5}$$

となる．

$$\boldsymbol{z}=\boldsymbol{\Sigma}^{-\frac{1}{2}}(\boldsymbol{x}-\boldsymbol{\mu})$$

より

$$\boldsymbol{x}=\boldsymbol{\Sigma}^{\frac{1}{2}}\boldsymbol{z}+\boldsymbol{\mu}$$

であるから，(11.4) 式を用いて，$\boldsymbol{x}\sim N(\boldsymbol{\mu},\boldsymbol{\Sigma})$ の mgf は

$$\begin{aligned}M_X(\boldsymbol{t})&=\exp(\boldsymbol{\mu}'\boldsymbol{t})M_Z(\boldsymbol{\Sigma}^{\frac{1}{2}}\boldsymbol{t})\\&=\exp(\boldsymbol{\mu}'\boldsymbol{t})\exp\left(\frac{1}{2}\boldsymbol{t}'\boldsymbol{\Sigma}^{\frac{1}{2}}\boldsymbol{\Sigma}^{\frac{1}{2}}\boldsymbol{t}\right)\\&=\exp\left(\boldsymbol{\mu}'\boldsymbol{t}+\frac{1}{2}\boldsymbol{t}'\boldsymbol{\Sigma}\boldsymbol{t}\right)\end{aligned}$$

となる．

$\boldsymbol{x}\sim N(\boldsymbol{\mu},\boldsymbol{\Sigma})$ のとき

$$\underset{q\times1}{\boldsymbol{y}}=\underset{q\times p}{\boldsymbol{A}}\underset{p\times1}{\boldsymbol{x}}+\underset{q\times1}{\boldsymbol{b}}$$

とすると，$\boldsymbol{y}$ の mgf は (11.4) 式を用いて

$$\begin{aligned}M_Y(\boldsymbol{t})&=\exp(\boldsymbol{b}'\boldsymbol{t})M_X(\boldsymbol{A}'\boldsymbol{t})\\&=\exp(\boldsymbol{b}'\boldsymbol{t})\exp\left\{\boldsymbol{\mu}'(\boldsymbol{A}'\boldsymbol{t})+\frac{1}{2}(\boldsymbol{A}'\boldsymbol{t})'\boldsymbol{\Sigma}(\boldsymbol{A}'\boldsymbol{t})\right\}\\&=\exp\left[(\boldsymbol{A}\boldsymbol{\mu}+\boldsymbol{b})'\boldsymbol{t}+\frac{1}{2}\boldsymbol{t}'(\boldsymbol{A}\boldsymbol{\Sigma}\boldsymbol{A}')\boldsymbol{t}\right] \qquad (11.6)\end{aligned}$$

となる．すなわち

$$\boldsymbol{y}\sim N(\boldsymbol{A}\boldsymbol{\mu}+\boldsymbol{b},\ \boldsymbol{A}\boldsymbol{\Sigma}\boldsymbol{A}') \qquad (11.7)$$

と $\boldsymbol{x}$ の線形関数 $\boldsymbol{y}$ も正規分布し

$$E(\boldsymbol{y})=\boldsymbol{A}\boldsymbol{\mu}+\boldsymbol{b}$$
$$\mathrm{var}(\boldsymbol{y})=\boldsymbol{A}\boldsymbol{\Sigma}\boldsymbol{A}'$$

である．

(5)　特性関数　　$\exp\left(i\boldsymbol{\mu}'\boldsymbol{t}-\frac{1}{2}\boldsymbol{t}'\boldsymbol{\Sigma}\boldsymbol{t}\right)$

(6)　キュミュラント母関数

$$\boldsymbol{\mu}'\boldsymbol{t}+\frac{1}{2}\boldsymbol{t}'\boldsymbol{\Sigma}\boldsymbol{t}$$

(7)　期 待 値　　$\boldsymbol{\mu}$

(8)　分散共分散　　$\boldsymbol{\Sigma}$

(9)　モーメント (平均まわり)

3 次　　0

4 次　　$\sigma_{ij}\sigma_{kl}+\sigma_{ik}\sigma_{jl}+\sigma_{il}\sigma_{jk},\qquad i,j,k,l=1,\cdots,p$

(10)　*r* 次キュミュラント

$$0,\qquad r>2$$

11.2　共分散 0 は独立を意味する

$X_1, \cdots, X_p$ が独立ならば

$$\mathrm{cov}(X_i, X_j) = \sigma_{ij} = 0, \qquad i \neq j,\ \ i, j = 1, \cdots, p$$

であるが，一般に，逆は真ではない．すなわち共分散 0 であっても独立とは限らない．しかし，正規分布においては共分散 0 は独立も意味する．

$$\sigma_{ij} = 0, \qquad i \neq j, \qquad i, j = 1, \cdots, p$$

ならば，$\boldsymbol{x}$ の共分散行列 $\boldsymbol{\Sigma}$ は対角行列（$\sigma_{ii} = \sigma_i^2$ と表す）

$$\boldsymbol{\Sigma} = \begin{bmatrix} \sigma_1^2 & 0 & 0 & \cdots & 0 \\ 0 & \sigma_2^2 & 0 & \cdots & 0 \\ \vdots & \vdots & \vdots & & \vdots \\ 0 & 0 & 0 & \cdots & \sigma_p^2 \end{bmatrix}$$

になる．このとき $\boldsymbol{x}$ の要素 $X_1, \cdots, X_p$ は独立に正規分布に従う．これは次のようにして確かめることができる．

$\boldsymbol{\Sigma}$ が前述の対角行列のとき

$$(\boldsymbol{x} - \boldsymbol{\mu})' \boldsymbol{\Sigma}^{-1} (\boldsymbol{x} - \boldsymbol{\mu}) = \sum_{i=1}^{p} \left(\frac{X_i - \mu_i}{\sigma_i} \right)^2$$

$$|\boldsymbol{\Sigma}| = \prod_{i=1}^{p} \sigma_i^2$$

であるから，このとき同時 pdf $f(\boldsymbol{x})$ は次のようになる．

$$f(\boldsymbol{x}) = \prod_{i=1}^{p} \left\{ (2\pi\sigma_i^2)^{-\frac{1}{2}} \exp\left[-\frac{1}{2} \left(\frac{x_i - \mu_i}{\sigma_i} \right)^2 \right] \right\}$$

$$= \prod_{i=1}^{p} f_i(x_i)$$

ここで $f_i(x_i)$ は X_i の周辺 pdf である．

11.3　$\boldsymbol{x}$ の分割と独立

$p \times 1$ ベクトル $\boldsymbol{x}$ を

$$\boldsymbol{x} = \begin{bmatrix} \boldsymbol{x}^{(1)} \\ \boldsymbol{x}^{(2)} \end{bmatrix}$$

に分割する．ここで $\boldsymbol{x}^{(1)}$，$\boldsymbol{x}^{(2)}$ はそれぞれ次のような $q \times 1$，$(p-q) \times 1$ の $\boldsymbol{x}$

の部分ベクトルである.

$$\boldsymbol{x}^{(1)}=\begin{bmatrix} X_1 \\ X_2 \\ \vdots \\ X_q \end{bmatrix}, \qquad \boldsymbol{x}^{(2)}=\begin{bmatrix} X_{q+1} \\ X_{q+2} \\ \vdots \\ X_p \end{bmatrix}$$

この分割に対応して, $p\times 1$ の期待値ベクトル $\boldsymbol{\mu}$ および $p\times p$ の分散共分散行列を次のように分割する.

$$\boldsymbol{\mu}^{(1)}=\begin{bmatrix} \mu_1 \\ \mu_2 \\ \vdots \\ \mu_q \end{bmatrix}, \qquad \boldsymbol{\mu}^{(2)}=\begin{bmatrix} \mu_{q+1} \\ \mu_{q+2} \\ \vdots \\ \mu_p \end{bmatrix}, \qquad \boldsymbol{\Sigma}=\begin{bmatrix} \boldsymbol{\Sigma}_{11} & \boldsymbol{\Sigma}_{12} \\ \boldsymbol{\Sigma}_{21} & \boldsymbol{\Sigma}_{22} \end{bmatrix}$$

ここで $\boldsymbol{\Sigma}_{11}$ は $q\times q$ で非特異, $\boldsymbol{\Sigma}_{12}$ は $q\times(p-q)$, $\boldsymbol{\Sigma}_{21}=\boldsymbol{\Sigma}_{12}'$, $\boldsymbol{\Sigma}_{22}$ は $(p-q)\times(p-q)$ である.

$$\begin{aligned} \boldsymbol{y}^{(1)}&=\boldsymbol{x}^{(1)} \\ \boldsymbol{y}^{(2)}&=\boldsymbol{x}^{(2)}-\boldsymbol{\Sigma}_{21}\boldsymbol{\Sigma}_{11}^{-1}\boldsymbol{x}^{(1)} \end{aligned} \tag{11.8}$$

とおくと, $\boldsymbol{y}^{(1)}$ と $\boldsymbol{y}^{(2)}$ は独立であり

$$\begin{aligned} E[\boldsymbol{y}^{(1)}]&=\boldsymbol{\mu}^{(1)} \\ E[\boldsymbol{y}^{(2)}]&=\boldsymbol{\mu}^{(2)}-\boldsymbol{\Sigma}_{21}\boldsymbol{\Sigma}_{11}^{-1}\boldsymbol{\mu}^{(1)} \\ \mathrm{var}[\boldsymbol{y}^{(1)}]&=\boldsymbol{\Sigma}_{11} \\ \mathrm{var}[\boldsymbol{y}^{(2)}]&=\boldsymbol{\Sigma}_{22\cdot 1}=\boldsymbol{\Sigma}_{22}-\boldsymbol{\Sigma}_{21}\boldsymbol{\Sigma}_{11}{}^{-1}\boldsymbol{\Sigma}_{12} \end{aligned} \tag{11.9}$$

である.

証明は以下のとおりである.

$$\begin{aligned} \boldsymbol{y}=\begin{bmatrix} \boldsymbol{y}^{(1)} \\ \boldsymbol{y}^{(2)} \end{bmatrix}&=\begin{bmatrix} \boldsymbol{x}^{(1)} \\ \boldsymbol{x}^{(2)}-\boldsymbol{\Sigma}_{21}\boldsymbol{\Sigma}_{11}^{-1}\boldsymbol{x}^{(1)} \end{bmatrix} \\ &=\begin{bmatrix} \boldsymbol{I}_1 & \boldsymbol{0} \\ -\boldsymbol{\Sigma}_{21}\boldsymbol{\Sigma}_{11}^{-1} & \boldsymbol{I}_2 \end{bmatrix}\begin{bmatrix} \boldsymbol{x}^{(1)} \\ \boldsymbol{x}^{(2)} \end{bmatrix}=\boldsymbol{A}\boldsymbol{x} \end{aligned}$$

と表すことができる. ここで $\boldsymbol{I}_1$, $\boldsymbol{I}_2$ はそれぞれ $q\times q$, $(p-q)\times(p-q)$ の単位行列である.

$\boldsymbol{y}$ は正規変数 $\boldsymbol{x}$ の線形関数であるから, やはり正規分布をし

$$E(\boldsymbol{y})=\boldsymbol{A}\boldsymbol{\mu}=\begin{bmatrix} \boldsymbol{\mu}^{(1)} \\ \boldsymbol{\mu}^{(2)}-\boldsymbol{\Sigma}_{21}\boldsymbol{\Sigma}_{11}^{-1}\boldsymbol{\mu}^{(1)} \end{bmatrix}$$

$$\mathrm{var}(\boldsymbol{y})=\boldsymbol{A\Sigma A}'=\begin{bmatrix}\boldsymbol{\Sigma}_{11} & \boldsymbol{0}\\ \boldsymbol{0} & \boldsymbol{\Sigma}_{22\cdot 1}\end{bmatrix}$$

となるから，11.2 節より $\boldsymbol{y}^{(1)}$ と $\boldsymbol{y}^{(2)}$ は独立であり

$$\begin{aligned}&\boldsymbol{y}^{(1)}\sim N(\boldsymbol{\mu}^{(1)},\ \boldsymbol{\Sigma}_{11})\\ &\boldsymbol{y}^{(2)}\sim N(\boldsymbol{\mu}^{(2)}-\boldsymbol{\Sigma}_{21}\boldsymbol{\Sigma}_{11}^{-1}\boldsymbol{\mu}^{(1)},\ \ \boldsymbol{\Sigma}_{22\cdot 1})\end{aligned}\tag{11.10}$$

である．

さらに $\boldsymbol{\Sigma}_{12}=\boldsymbol{\Sigma}_{21}=\boldsymbol{0}$ ならば

$$\boldsymbol{y}^{(1)}=\boldsymbol{x}^{(1)},\qquad \boldsymbol{y}^{(2)}=\boldsymbol{x}^{(2)},\qquad \boldsymbol{\Sigma}_{22\cdot 1}=\boldsymbol{\Sigma}_{22}$$

となる．したがって $\boldsymbol{\Sigma}_{12}=\boldsymbol{0}$ ならば $\boldsymbol{x}^{(1)}$ と $\boldsymbol{x}^{(2)}$ は独立であり

$$\begin{aligned}&\boldsymbol{x}^{(1)}\sim N(\boldsymbol{\mu}^{(1)},\ \boldsymbol{\Sigma}_{11})\\ &\boldsymbol{x}^{(2)}\sim N(\boldsymbol{\mu}^{(2)},\ \boldsymbol{\Sigma}_{22})\end{aligned}$$

である．

11.4　条件つき分布

$\boldsymbol{x}^{(1)}$ が与えられたときの $\boldsymbol{x}^{(2)}$ の条件つき分布

$$f(\boldsymbol{x}^{(2)}\,|\,\boldsymbol{x}^{(1)})$$

は正規分布し

$$\begin{aligned}&E[\boldsymbol{x}^{(2)}\,|\,\boldsymbol{x}^{(1)}]=\boldsymbol{\mu}^{(2)}+\boldsymbol{\Sigma}_{21}\boldsymbol{\Sigma}_{11}^{-1}(\boldsymbol{x}^{(1)}-\boldsymbol{\mu}^{(1)})\\ &\mathrm{var}[\boldsymbol{x}^{(2)}\,|\,\boldsymbol{x}^{(1)}]=\boldsymbol{\Sigma}_{22\cdot 1}\end{aligned}\tag{11.11}$$

である．

証明は次のとおりである．

$$f(\boldsymbol{x}^{(2)}\,|\,\boldsymbol{x}^{(1)})=\frac{f(\boldsymbol{x}^{(1)},\ \boldsymbol{x}^{(2)})}{f_1(\boldsymbol{x}^{(1)})}=\frac{f(\boldsymbol{x})}{f_1(\boldsymbol{x}^{(1)})}$$

において，(11.10) 式より $\boldsymbol{y}^{(1)}=\boldsymbol{x}^{(1)}$ であるから

$$f_1(\boldsymbol{x}^{(1)})=(2\pi)^{-\frac{q}{2}}|\boldsymbol{\Sigma}_{11}|^{-\frac{1}{2}}\exp\left[-\frac{1}{2}(\boldsymbol{x}^{(1)}-\boldsymbol{\mu}^{(1)})'\boldsymbol{\Sigma}_{11}^{-1}(\boldsymbol{x}^{(1)}-\boldsymbol{\mu}^{(1)})\right]$$

である．11.3 節の

$$\boldsymbol{y}=\boldsymbol{Ax}$$

であり，ヤコービアン $|\boldsymbol{A}|=1$ であるから，$\boldsymbol{y}$ の同時 pdf を $g(\boldsymbol{y})=g(\boldsymbol{y}^{(1)},\ \boldsymbol{y}^{(2)})=g_1(\boldsymbol{y}^{(1)})\,g_2(\boldsymbol{y}^{(2)})$ とすると

$$f(\boldsymbol{x})=g(\boldsymbol{A}\boldsymbol{x})=g(\boldsymbol{x}^{(1)}, \boldsymbol{x}^{(2)}-\boldsymbol{\Sigma}_{21}\boldsymbol{\Sigma}_{11}^{-1}\boldsymbol{x}^{(1)})$$
$$=g_1(\boldsymbol{x}^{(1)})\,g_2(\boldsymbol{x}^{(2)}-\boldsymbol{\Sigma}_{21}\boldsymbol{\Sigma}_{11}{}^{-1}\boldsymbol{x}^{(1)})$$
$$=f_1(\boldsymbol{x}^{(1)})\,g_2(\boldsymbol{x}^{(2)}-\boldsymbol{\Sigma}_{21}\boldsymbol{\Sigma}_{11}{}^{-1}\boldsymbol{x}^{(1)})$$

と表すことができる．したがって

$$f(\boldsymbol{x}^{(2)}\,|\,\boldsymbol{x}^{(1)})=g_2(\boldsymbol{x}^{(2)}-\boldsymbol{\Sigma}_{21}\boldsymbol{\Sigma}_{11}{}^{-1}\boldsymbol{x}^{(1)})$$

である．すなわち

$$\begin{aligned}
&f(\boldsymbol{x}^{(2)}\,|\,\boldsymbol{x}^{(1)})\\
&=(2\pi)^{-\frac{p-q}{2}}\,|\,\boldsymbol{\Sigma}_{22\cdot 1}|^{-\frac{1}{2}}\\
&\quad\times\exp\Big\{-\frac{1}{2}[\boldsymbol{x}^{(2)}-(\boldsymbol{\mu}^{(2)}+\boldsymbol{\Sigma}_{21}\boldsymbol{\Sigma}_{11}{}^{-1}(\boldsymbol{x}^{(1)}-\boldsymbol{\mu}^{(1)}))]'\boldsymbol{\Sigma}_{22\cdot 1}^{-1}\\
&\quad\times[\boldsymbol{x}^{(2)}-(\boldsymbol{\mu}^{(2)}+\boldsymbol{\Sigma}_{21}\boldsymbol{\Sigma}_{11}{}^{-1}(\boldsymbol{x}^{(1)}-\boldsymbol{\mu}^{(1)}))]\Big\}
\end{aligned}\tag{11.12}$$

同様にして

$\boldsymbol{x}^{(2)}$ が与えられたときの $\boldsymbol{x}^{(1)}$ の条件つき分布

$$f(\boldsymbol{x}^{(1)}\,|\,\boldsymbol{x}^{(2)})$$

はやはり正規分布をし

$$\begin{aligned}
E[\boldsymbol{x}^{(1)}\,|\,\boldsymbol{x}^{(2)}]&=\boldsymbol{\mu}^{(1)}+\boldsymbol{\Sigma}_{12}\boldsymbol{\Sigma}_{22}^{-1}(\boldsymbol{x}^{(2)}-\boldsymbol{\mu}^{(2)})\\
\mathrm{var}[\boldsymbol{x}^{(1)}\,|\,\boldsymbol{x}^{(2)}]&=\boldsymbol{\Sigma}_{11}-\boldsymbol{\Sigma}_{12}\boldsymbol{\Sigma}_{22}^{-1}\boldsymbol{\Sigma}_{21}=\boldsymbol{\Sigma}_{11\cdot 2}
\end{aligned}\tag{11.13}$$

となる．

11.5　mgf とモーメント

(11.3) 式の mgf

$$\begin{aligned}
&M_X(t_1, t_2, \cdots, t_p)\\
&\quad=\exp\left(t_1\mu_1+t_2\mu_2+\cdots+t_p\mu_p+\frac{1}{2}\sum_{i=1}^{p}\sum_{j=1}^{p}t_it_j\sigma_{ij}\right)
\end{aligned}$$

より，X_i の mgf

$$M_X(0, \cdots, 0, t_i, 0, \cdots, 0)=\exp\left(t_i\mu_i+\frac{1}{2}t_i{}^2\sigma_{ii}\right)$$

X_i と X_j の mgf

$$M_X(0, \cdots, 0, t_i, 0, \cdots, 0, t_j, 0, \cdots, 0)$$
$$=\exp\left[t_i\mu_i+t_j\mu_j+\frac{1}{2}(t_i^2\sigma_{ii}+2t_it_j\sigma_{ij}+t_j^2\sigma_{jj})\right]$$

等々が得られる．

X_i の期待値は

$$E(X_i)=\left.\frac{\partial M_X(\boldsymbol{t})}{\partial t_i}\right|_{\boldsymbol{t}=\boldsymbol{0}}=\left.(\mu_i+\sum_{j=1}^{p}t_j\sigma_{ij})M_X(\boldsymbol{t})\right|_{\boldsymbol{t}=\boldsymbol{0}}=\mu_i$$

2 次モーメントは

$$\begin{aligned}E(X_iX_j)&=\frac{\partial^2 M_X(\boldsymbol{t})}{\partial t_j\partial t_i}\\&=\left.\{(\mu_i+\sum_{k=1}^{p}t_k\sigma_{ik})(\mu_j+\sum_{k=1}^{p}t_k\sigma_{kj})+\sigma_{ij}\}M_X(\boldsymbol{t})\right|_{\boldsymbol{t}=\boldsymbol{0}}\\&=\sigma_{ij}+\mu_i\mu_j\end{aligned}$$

として得られる．

このようにして次のモーメントを得る．

$$\mathrm{var}(X_i)=E(X_i-\mu_i)^2=\sigma_{ii} \tag{11.14}$$
$$\mathrm{cov}(X_i, X_j)=E(X_i-\mu_i)(X_j-\mu_j)=\sigma_{ij} \tag{11.15}$$
$$E(X_i-\mu_i)(X_j-\mu_j)(X_k-\mu_k)=0 \tag{11.16}$$
$$E(X_i-\mu_i)(X_j-\mu_j)(X_k-\mu_k)(X_l-\mu_l)=\sigma_{ij}\sigma_{kl}+\sigma_{ik}\sigma_{jl}+\sigma_{il}\sigma_{jk} \tag{11.17}$$

とくに $l=i$ のとき

$$E(X_i-\mu_i)^2(X_j-\mu_j)(X_k-\mu_k)=\sigma_{ii}\sigma_{jk}+2\sigma_{ij}\sigma_{ik} \tag{11.18}$$

$k=j$，$l=i$ のとき

$$E(X_i-\mu_i)^2(X_j-\mu_j)^2=\sigma_{ii}\sigma_{jj}+2\sigma_{ij}^2 \tag{11.19}$$

$j=k=l=i$ のとき

$$E(X_i-\mu_i)^4=3\sigma_{ii}^2 \tag{11.20}$$

11.6　正規変数の線形関数の独立

後で展開する表示の関係で p 変量をしばらく n 変量にする．

$n\times 1$ の確率ベクトル $\boldsymbol{x}$ は

$$\boldsymbol{x}\sim N(\boldsymbol{\mu}, \boldsymbol{\Sigma})$$

とする．$\boldsymbol{a}$，$\boldsymbol{b}$ をそれぞれ $n\times 1$ の定数ベクトルとすると

$$U=\boldsymbol{a}'\boldsymbol{x}\sim N(\boldsymbol{a}'\boldsymbol{\mu},\ \boldsymbol{a}'\boldsymbol{\Sigma}\boldsymbol{a})$$

$$V=\boldsymbol{b}'\boldsymbol{x}\sim N(\boldsymbol{b}'\boldsymbol{\mu},\ \boldsymbol{b}'\boldsymbol{\Sigma}\boldsymbol{b})$$

であり，U，V の mgf はそれぞれ次式で与えられる．

$$\begin{aligned} M_U(t)&=E(e^{tU})=E(e^{t\boldsymbol{a}'\boldsymbol{x}})\\ &=\exp\left[\boldsymbol{a}'\boldsymbol{\mu}t+\frac{1}{2}(\boldsymbol{a}'\boldsymbol{\Sigma}\boldsymbol{a})t^2\right] \end{aligned}$$

$$M_V(t)=\exp\left[\boldsymbol{b}'\boldsymbol{\mu}t+\frac{1}{2}(\boldsymbol{b}'\boldsymbol{\Sigma}\boldsymbol{b})t^2\right]$$

U と V の同時 mgf は

$$\begin{aligned} M_{U,V}(t)&=E[e^{t(U+V)}]=E[e^{t(\boldsymbol{a}'+\boldsymbol{b}')\boldsymbol{x}}]\\ &=\exp\left[\boldsymbol{a}'\boldsymbol{\mu}t+\boldsymbol{b}'\boldsymbol{\mu}t+\frac{1}{2}(\boldsymbol{a}'\boldsymbol{\Sigma}\boldsymbol{a}+\boldsymbol{b}'\boldsymbol{\Sigma}\boldsymbol{b})t^2\right.\\ &\qquad\left.+\frac{1}{2}(\boldsymbol{a}'\boldsymbol{\Sigma}\boldsymbol{b}+\boldsymbol{b}'\boldsymbol{\Sigma}\boldsymbol{a})t^2\right]\\ &=M_U(t)M_V(t)\exp\left[\frac{1}{2}(\boldsymbol{a}'\boldsymbol{\Sigma}\boldsymbol{b}+\boldsymbol{b}'\boldsymbol{\Sigma}\boldsymbol{a})t^2\right] \end{aligned}$$

となる．したがって U と V が独立となるのは

$$\boldsymbol{a}'\boldsymbol{\Sigma}\boldsymbol{b}=0$$

のときに限られる．

とくに $\boldsymbol{\Sigma}$ が対角行列，すなわち $X_1,\cdots,X_n$ が互いに独立のとき

$$\boldsymbol{\Sigma}=\begin{bmatrix}\sigma_1{}^2 & & \boldsymbol{0}\\ & \ddots & \\ \boldsymbol{0} & & \sigma_n{}^2\end{bmatrix}$$

となるから

$$\boldsymbol{a}'\boldsymbol{\Sigma}\boldsymbol{b}=\sum_{i=1}^{n}a_ib_i\sigma_i{}^2=0$$

となり，さらに $\sigma_i{}^2=\sigma^2$，$i=1,\cdots,n$ のとき，すなわち

$$X_i\sim \mathrm{NID}(\mu_i,\ \sigma^2)$$

のとき

$$\boldsymbol{a}'\boldsymbol{\Sigma}\boldsymbol{b}=\sigma^2\sum_{i=1}^{n}a_ib_i=0$$

は

$$\boldsymbol{a}'\boldsymbol{b}=0$$

に等しい．すなわち

$$X_i \sim \mathrm{NID}(\mu_i, \sigma^2), \quad i=1, \cdots, n$$

のとき，$\sum_{i=1}^{n} a_i X_i$ と $\sum_{i=1}^{n} b_i X_i$ は $\sum_{i=1}^{n} a_i b_i = 0$ のとき，そしてそのときに限り独立である．

たとえば

$$X_i \sim \mathrm{NID}(\mu, \sigma^2), \quad i=1, \cdots, n$$

と仮定しよう．

$$\bar{X} = \frac{1}{n} \sum_{i=1}^{n} X_i = \boldsymbol{a}' \boldsymbol{x}$$

と表す．ここで $\boldsymbol{a}$ はすべての要素が $1/n$ の $n \times 1$ ベクトルである．

$$X_j - \bar{X} = X_j - \frac{1}{n} \sum_{i=1}^{n} X_i = \boldsymbol{b}' \boldsymbol{x}$$

と表す．ここで $\boldsymbol{b}$ の要素 b_k は

$$b_k = \begin{cases} -\dfrac{1}{n}, & k \neq j, \ k=1, \cdots, n \\ 1-\dfrac{1}{n}, & k=j \end{cases}$$

である．このとき

$$\boldsymbol{a}' \boldsymbol{b} = -\frac{n-1}{n^2} + \frac{1}{n}\left(1-\frac{1}{n}\right) = 0$$

となるから，$\bar{X}$ と $X_j - \bar{X}$，$j=1, \cdots, n$ は独立である．j は任意であるから，$\bar{X}$ と $(X_1-\bar{X}, \cdots, X_n-\bar{X})$ は独立である．したがって，さらに，$\bar{X}$ と $(X_1-\bar{X}, \cdots, X_n-\bar{X})$ の関数 $g(X_1-\bar{X}, \cdots, X_n-\bar{X})$ は独立である．この結果を用いると，$X_i \sim \mathrm{NID}(\mu, \sigma^2)$ のとき $\bar{X}$ と $S^2 = \sum_{i=1}^{n} (X_i - \bar{X})^2/(n-1)$ は独立であることがわかる．このことはすでに 9.1.3 項でも述べた．

正規分布の仮定から，線形関数 U と V が独立であるための条件を求めたが，逆のケースをあつかっているのが次の定理である．

11.7 ダルムア-スキトヴィッチの定理

ダルムア-スキトヴィッチの定理 Darmois-Skitovitch theorem とよばれて

いるのは次の定理である (Balakrishnan and Nevzorov (2003), p. 224).

$X_1, \cdots, X_n$ を互いに独立な確率変数とし，X の2本の線形関数を

$$U=\sum_{i=1}^{n} a_i X_i, \qquad V=\sum_{i=1}^{n} b_i X_i$$

とする．$a_i b_i \neq 0$，$i=1, \cdots, n$ を仮定する．

このとき U と V が独立ならば，$X_1, \cdots, X_n$ は正規分布をする．

この定理は多変量のときも成立する (Rao (1973), p. 525)．$\boldsymbol{x}_1, \cdots, \boldsymbol{x}_n$ は互いに独立な $p\times 1$ の確率ベクトルとする．2本の $p\times 1$ ベクトル

$$\boldsymbol{v}_1=\sum_{i=1}^{n} a_i \boldsymbol{x}_i, \qquad \boldsymbol{v}_2=\sum_{i=1}^{n} b_i \boldsymbol{x}_i, \qquad a_i b_i \neq 0$$

が独立ならば，$\boldsymbol{x}_1, \cdots, \boldsymbol{x}_n$ は正規分布をする．

さらにこの定理は次のように拡張される．

$\boldsymbol{x}_1, \cdots, \boldsymbol{x}_n$ は互いに独立な $p\times 1$ の確率ベクトル，$\boldsymbol{A}_1, \cdots, \boldsymbol{A}_n$，$\boldsymbol{B}_1, \cdots, \boldsymbol{B}_n$ は $p\times p$ の非特異行列とする．

$$\boldsymbol{v}_1=\sum_{i=1}^{n} \boldsymbol{A}_i \boldsymbol{x}_i, \qquad \boldsymbol{v}_2=\sum_{i=1}^{n} \boldsymbol{B}_i \boldsymbol{x}_i$$

とすると，$\boldsymbol{v}_1$ と $\boldsymbol{v}_2$ が独立ならば $\boldsymbol{x}_1, \cdots, \boldsymbol{x}_n$ は正規分布をする (Ghurye and Olkin (1962), Kagan *et al*. (1973), pp. 89～94).

11.8 正規変数の2次形式の分布

(1) $n\times 1$ の確率ベクトル $\boldsymbol{z}$ が

$$\boldsymbol{z} \sim N(\boldsymbol{0}, \boldsymbol{I})$$

のとき，9.1.2項で述べたように

$$\sum_{i=1}^{n} Z_i^2 = \boldsymbol{z}'\boldsymbol{z} \sim \chi^2(n)$$

である．

(2) 少し仮定をゆるめて

$$\boldsymbol{z} \sim N(\boldsymbol{0}, \sigma^2 \boldsymbol{I})$$

のとき

$$\frac{\boldsymbol{z}}{\sigma} \sim N(\boldsymbol{0}, \boldsymbol{I})$$

であるから

$$\left(\frac{\boldsymbol{z}}{\sigma}\right)'\left(\frac{\boldsymbol{z}}{\sigma}\right)=\frac{\boldsymbol{z}'\boldsymbol{z}}{\sigma^2}\sim\chi^2(n)$$

書き直せば

$$\boldsymbol{z}'(\sigma^2\boldsymbol{I})^{-1}\boldsymbol{z}\sim\chi^2(n)$$

が成立する．

(3)　さらに仮定をゆるめ

$$\boldsymbol{z}\sim N(\boldsymbol{0},\boldsymbol{\Sigma})$$

としよう．$\boldsymbol{\Sigma}$ は $n\times n$ の正値定符号行列とする．このとき，$\boldsymbol{\Sigma}=\boldsymbol{\Sigma}'$，$\mathrm{rank}(\boldsymbol{\Sigma})=n$ であるから

$$\boldsymbol{C}'\boldsymbol{\Sigma}\boldsymbol{C}=\boldsymbol{I}$$

となる非特異行列 $\boldsymbol{C}$ が存在する．

この $\boldsymbol{C}$ を用いて

$$\boldsymbol{x}=\boldsymbol{C}'\boldsymbol{z}$$

と変換すると

$$E(\boldsymbol{x})=\boldsymbol{0}$$
$$\mathrm{var}(\boldsymbol{x})=E(\boldsymbol{x}\boldsymbol{x}')=E(\boldsymbol{C}'\boldsymbol{z}\boldsymbol{z}'\boldsymbol{C})=\boldsymbol{C}'E(\boldsymbol{z}\boldsymbol{z}')\boldsymbol{C}=\boldsymbol{C}'\boldsymbol{\Sigma}\boldsymbol{C}=\boldsymbol{I}$$

したがって

$$\boldsymbol{x}\sim N(\boldsymbol{0},\boldsymbol{I})$$

となるから

$$\boldsymbol{x}'\boldsymbol{x}\sim\chi^2(n)$$

である．

ところで

$$\boldsymbol{C}'\boldsymbol{\Sigma}\boldsymbol{C}=\boldsymbol{I}$$

より

$$\boldsymbol{\Sigma}^{-1}=\boldsymbol{C}\boldsymbol{C}'$$

となるから

$$\boldsymbol{x}'\boldsymbol{x}=(\boldsymbol{C}'\boldsymbol{z})'(\boldsymbol{C}'\boldsymbol{z})=\boldsymbol{z}'\boldsymbol{C}\boldsymbol{C}'\boldsymbol{z}=\boldsymbol{z}'\boldsymbol{\Sigma}^{-1}\boldsymbol{z}\sim\chi^2(n)$$

すなわち

$$\boldsymbol{z}'\boldsymbol{\Sigma}^{-1}\boldsymbol{z}\sim\chi^2(n) \tag{11.21}$$

が得られる．

(11.21) 式から(1)は $\boldsymbol{\Sigma}=\boldsymbol{I}$ の場合であり，(2)は $\boldsymbol{\Sigma}=\sigma^2\boldsymbol{I}$ の場合である．

(4)

$$\boldsymbol{z} \sim N(\boldsymbol{0}, \boldsymbol{I})$$

のとき

$$\left.\begin{array}{l} \underset{n\times n}{\boldsymbol{A}} = \boldsymbol{A}' = \boldsymbol{A}^2 \\ \mathrm{rank}(\boldsymbol{A}) = r \end{array}\right\} \iff \boldsymbol{z}'\boldsymbol{A}\boldsymbol{z} \sim \chi^2(r) \tag{11.22}$$

ここで $\boldsymbol{A}=\boldsymbol{A}^2$を満たす行列はベキ等行列 idempotent matrix とよばれており，$\boldsymbol{A}$の固有値は0か1である．1は$\boldsymbol{A}$のランクのr個あり，残り$n-r$個は0である．

さらに$\boldsymbol{A}=\boldsymbol{A}'=\boldsymbol{A}^2$とすると

$$\mathrm{rank}(\boldsymbol{A}) = \mathrm{tr}(\boldsymbol{A})$$

である．

$\boldsymbol{A}$は対称かつベキ等行列で$\mathrm{rank}(\boldsymbol{A})=r$であるから，0でない固有値(=1)が最初の$r$個とすると

$$\boldsymbol{P}'\boldsymbol{A}\boldsymbol{P} = \begin{bmatrix} \boldsymbol{I}_r & \boldsymbol{0} \\ \boldsymbol{0} & \boldsymbol{0} \end{bmatrix}$$

となる直交行列$\boldsymbol{P}$が存在する．この$\boldsymbol{P}$を用いて

$$\boldsymbol{x} = \boldsymbol{P}'\boldsymbol{z}$$

と変換すれば，$\boldsymbol{z}=\boldsymbol{P}\boldsymbol{x}$であり

$$E(\boldsymbol{x}) = \boldsymbol{0}$$
$$\mathrm{var}(\boldsymbol{x}) = E(\boldsymbol{x}\boldsymbol{x}') = E(\boldsymbol{P}'\boldsymbol{z}\boldsymbol{z}'\boldsymbol{P}) = \boldsymbol{P}'E(\boldsymbol{z}\boldsymbol{z}')\boldsymbol{P} = \boldsymbol{P}'\boldsymbol{P} = \boldsymbol{I}$$

であるから

$$\boldsymbol{x} \sim N(\boldsymbol{0}, \boldsymbol{I})$$

である．このとき

$$\boldsymbol{z}'\boldsymbol{A}\boldsymbol{z} = \boldsymbol{x}'\boldsymbol{P}'\boldsymbol{A}\boldsymbol{P}\boldsymbol{x} = \boldsymbol{x}'\begin{bmatrix} \boldsymbol{I}_r & \boldsymbol{0} \\ \boldsymbol{0} & \boldsymbol{0} \end{bmatrix}\boldsymbol{x} = \sum_{i=1}^{r} X_i^2$$

となる．ところが

$$X_i \sim \mathrm{NID}(0, 1)$$

であるから，$\sum_{i=1}^{r} X_i^2 \sim \chi^2(r)$ であり，したがって

$$\boldsymbol{z}'\boldsymbol{A}\boldsymbol{z} \sim \chi^2(r)$$

が得られる．

また逆に $\boldsymbol{A}=\boldsymbol{A}'$で，$\boldsymbol{A}$ の固有値を $\lambda_1, \cdots, \lambda_n$ とするとき

$$\boldsymbol{z}'\boldsymbol{A}\boldsymbol{z}=\sum_{i=1}^{n}\lambda_i X_i^2=\sum_{i=1}^{r}X_i^2\sim\chi^2(r)$$

となるのは，$\lambda_1=\lambda_2=\cdots=\lambda_r=1$，$\lambda_j=0$，$j=r+1, \cdots, n$ のときに限られ，これは $\boldsymbol{A}=\boldsymbol{A}^2$，$\mathrm{rank}(\boldsymbol{A})=r$ を意味している．

(11.16) 式を用いれば，$X_1, \cdots, X_n$ が $N(\mu, \sigma^2)$ からの無作為標本のとき 9.1.4 項で示した

$$\frac{(n-1)S^2}{\sigma^2}=\frac{\sum_{i=1}^{n}(X_i-\bar{X})^2}{\sigma^2}\sim\chi^2(n-1)$$

を次のようにして証明することができる．

$\boldsymbol{x}=(X_1, \cdots, X_n)'$ とすれば

$$\boldsymbol{x}\sim N(\boldsymbol{\mu}, \sigma^2\boldsymbol{I})$$

と表すことができる．ただし

$$\boldsymbol{\mu}=\begin{bmatrix}\mu\\ \mu\\ \vdots\\ \mu\end{bmatrix}=\mu\begin{bmatrix}1\\ 1\\ \vdots\\ 1\end{bmatrix}=\mu\boldsymbol{i}$$

である．$\boldsymbol{i}$ はすべての要素が1の $n\times 1$ ベクトルである．この $\boldsymbol{i}$ を用いて，$\bar{X}=(1/n)\boldsymbol{i}'\boldsymbol{x}$ と表すと

$$\begin{bmatrix}X_1-\bar{X}\\ X_2-\bar{X}\\ \vdots\\ X_n-\bar{X}\end{bmatrix}=\begin{bmatrix}X_1\\ X_2\\ \vdots\\ X_n\end{bmatrix}-\boldsymbol{i}\begin{bmatrix}\bar{X}\\ \bar{X}\\ \vdots\\ \bar{X}\end{bmatrix}=\boldsymbol{x}-\frac{1}{n}\boldsymbol{i}\boldsymbol{i}'\boldsymbol{x}=\left(\boldsymbol{I}-\frac{1}{n}\boldsymbol{i}\boldsymbol{i}'\right)\boldsymbol{x}=\boldsymbol{M}\boldsymbol{x}$$

となる．ここで

$$\boldsymbol{M}=\boldsymbol{I}-\frac{1}{n}\boldsymbol{i}\boldsymbol{i}'$$

は $\boldsymbol{M}=\boldsymbol{M}'=\boldsymbol{M}^2$ と対称かつベキ等行列になり

$$\mathrm{rank}(\boldsymbol{M})=\mathrm{tr}(\boldsymbol{M})=\mathrm{tr}\left(\boldsymbol{I}-\frac{1}{n}\boldsymbol{i}\boldsymbol{i}'\right)=n-1$$

である．すなわち $\boldsymbol{x}$に左からこの $\boldsymbol{M}$ を掛けると標本平均値からの偏差ベクトルになる．この $\boldsymbol{M}\boldsymbol{x}$ を用いると

$$\sum_{i=1}^{n}(X_i-\bar{X})^2=(\boldsymbol{M}\boldsymbol{x})'(\boldsymbol{M}\boldsymbol{x})=\boldsymbol{x}'\boldsymbol{M}\boldsymbol{x}$$

と表すことができる．

$$\frac{\boldsymbol{x}-\boldsymbol{\mu}}{\sigma}\sim N(\mathbf{0}, \boldsymbol{I})$$

であるから，(11.22) 式を用いると

$$\frac{(\boldsymbol{x}-\boldsymbol{\mu})'\boldsymbol{M}(\boldsymbol{x}-\boldsymbol{\mu})}{\sigma^2}\sim\chi^2(n-1)$$

を得る．ところが $\boldsymbol{M\mu}=\mathbf{0}$ であるから，上式は

$$\frac{\boldsymbol{x}'\boldsymbol{Mx}}{\sigma^2}=\frac{\sum_{i=1}^{n}(X_i-\overline{X})^2}{\sigma^2}=\frac{(n-1)S^2}{\sigma^2}\sim\chi^2(n-1)$$

に等しい．

(5)

$$\boldsymbol{z}\sim N(\mathbf{0}, \boldsymbol{\Sigma})$$

で，$\boldsymbol{\Sigma}$ は正値定符号とする．そして $n\times n$ 行列である $\boldsymbol{A}=\boldsymbol{A}'$，$\text{rank}(\boldsymbol{A})=r\leq n$ とする．このとき次式が成立する．

$$\boldsymbol{z}'\boldsymbol{Az}\sim\chi^2(r) \iff \boldsymbol{A\Sigma A}=\boldsymbol{A} \tag{11.23}$$

(証明は蓑谷 (2009 b)，pp. 407～408 参照)．

(6)

$$\boldsymbol{z}\sim N(\mathbf{0}, \boldsymbol{Q})$$

において $\boldsymbol{Q}$ は特異であるとする．$\boldsymbol{A}=\boldsymbol{A}'$のとき

$$\boldsymbol{z}'\boldsymbol{Az}\sim\chi^2(r) \iff \boldsymbol{QAQAQ}=\boldsymbol{QAQ} \text{ および } \text{rank}(\boldsymbol{QAQ})=r \tag{11.24}$$

証明は Pollock (1979), p. 319 を見よ．

(11.24) 式の系として

$$\boldsymbol{z}\sim N(\mathbf{0}, \boldsymbol{Q}) \implies \boldsymbol{z}'\boldsymbol{Q}^{-}\boldsymbol{z}\sim\chi^2(q) \tag{11.25}$$

が得られる．$\boldsymbol{Q}^{-}$ は $\boldsymbol{Q}$ の一般逆行列，$q=\text{rank}(\boldsymbol{Q})$ である．

11.9　1次関数と2次形式および2つの2次形式の独立

以下，結論のみ示す．証明は蓑谷 (2009 b, pp. 408～412) にある．正規母集団からの無作為標本において，標本平均 $\overline{X}$ と標本分散 S^2 が独立であることは 7.6.4 項で示した．$\overline{X}$ は $X_1, \cdots, X_n$ の1次関数であり，S^2 は2次関数である．

この正規確率変数の1次関数と2次関数の独立のための十分条件は何か．

また，ある統計量が F 分布するという条件のなかには「2つの2次関数の独立」がある．この2つの2次関数の独立のための条件は何かという問いも本節の問題である．いずれも正規分布が仮定されている．

(1) 1次関数と2次形式の独立

$n\times 1$ の確率ベクトル $\boldsymbol{z}$ は

$$\boldsymbol{z}\sim N(\boldsymbol{\mu},\sigma^2\boldsymbol{I})$$

であり，$\boldsymbol{B}$ は $q\times n$，$\boldsymbol{A}=\boldsymbol{A}'$ は $n\times n$ の行列とする．このとき

$$\boldsymbol{BA}=\boldsymbol{0}\ \Longrightarrow\ \boldsymbol{Bz}\ と\ \boldsymbol{z}'\boldsymbol{Az}\ は独立 \tag{11.26}$$

(11.26) 式を用いれば，正規分布 $N(\mu,\sigma^2)$ からの無作為標本において $\bar{X}$ と S^2 は独立である，というこれまでにすでに証明したことを簡単に示すことができる．

$$\boldsymbol{x}=(X_1,\cdots,X_n)',\qquad \boldsymbol{i}=(1,\cdots,1)'$$

とする．

$$\bar{X}=\frac{1}{n}\sum_{i=1}^{n}X_i=\frac{1}{n}\boldsymbol{i}'\boldsymbol{x}=\boldsymbol{Bx}$$

ここで

$$\boldsymbol{B}=\frac{1}{n}\boldsymbol{i}'$$

である．

$$\begin{bmatrix}X_1-\bar{X}\\ \vdots\\ X_n-\bar{X}\end{bmatrix}=\begin{bmatrix}X_1\\ \vdots\\ X_n\end{bmatrix}-\frac{1}{n}\begin{bmatrix}\sum_{i=1}^{n}X_i\\ \vdots\\ \sum_{i=1}^{n}X_i\end{bmatrix}=\boldsymbol{x}-\frac{1}{n}\boldsymbol{ii}'\boldsymbol{x}$$

$$=\left(\boldsymbol{I}-\frac{1}{n}\boldsymbol{ii}'\right)\boldsymbol{x}=\boldsymbol{Ax}$$

ここで

$$\boldsymbol{A}=\boldsymbol{I}-\frac{1}{n}\boldsymbol{ii}'$$

は対称，ベキ等行列であり，$\mathrm{rank}(\boldsymbol{A})=\mathrm{tr}(\boldsymbol{A})=n-1$ である．

$$\sum_{i=1}^{n}(X_i-\bar{X})^2=(\boldsymbol{Ax})'\boldsymbol{Ax}=\boldsymbol{x}'\boldsymbol{A}'\boldsymbol{Ax}=\boldsymbol{x}'\boldsymbol{Ax}$$

と表すことができるから，$\boldsymbol{i}'\boldsymbol{i}=n$ に注意すれば

$$\boldsymbol{BA}=\frac{1}{n}\boldsymbol{i}'\left(\boldsymbol{I}-\frac{1}{n}\boldsymbol{ii}'\right)=\boldsymbol{0}$$

となり，$\bar{X}$ と $\sum_{i=1}^{n}(X_i-\bar{X})^2$ は独立である．したがって $\bar{X}$ と $S^2=\sum_{i=1}^{n}(X_i-\bar{X})^2/(n-1)$ は独立である．

(2)　**2つの2次形式の独立**

$$\boldsymbol{z}\sim N(\boldsymbol{0},\boldsymbol{I})$$

とし，$n\times n$ の2つの正値半定符号行列を $\boldsymbol{A}$，$\boldsymbol{B}$ とする．$\boldsymbol{A}=\boldsymbol{A}'$，$\boldsymbol{B}=\boldsymbol{B}'$ である．このとき

$$\boldsymbol{AB}=\boldsymbol{0} \iff \boldsymbol{z}'\boldsymbol{Az} \text{ と } \boldsymbol{z}'\boldsymbol{Bz} \text{ は独立} \tag{11.27}$$

とくに，$\boldsymbol{A}=\boldsymbol{A}'=\boldsymbol{A}^2$，$\mathrm{rank}(\boldsymbol{A})=n_1$，$\boldsymbol{B}=\boldsymbol{B}'=\boldsymbol{B}^2$，$\mathrm{rank}(\boldsymbol{B})=n_2$ のとき

$$\boldsymbol{AB}=\boldsymbol{0} \Longrightarrow \boldsymbol{z}'\boldsymbol{Az}\sim\chi^2(n_1) \text{ と } \boldsymbol{z}'\boldsymbol{Bz}\sim\chi^2(n_2) \text{ は独立} \tag{11.28}$$

が成り立つ．

11.10　多変量正規分布からの標本分布

11.10.1　線形結合

$p\times 1$ の確率ベクトル $\boldsymbol{x}$ は

$$\boldsymbol{x}\sim N(\boldsymbol{\mu},\boldsymbol{\Sigma})$$

のとき

$$\underset{q\times 1}{\boldsymbol{y}}=\underset{q\times p}{\boldsymbol{A}}\ \underset{p\times 1}{\boldsymbol{x}}+\underset{q\times 1}{\boldsymbol{b}}\sim N(\boldsymbol{A\mu}+\boldsymbol{b},\boldsymbol{A\Sigma A}')$$

は (11.7) 式で示した．

同様に，mgf を用いれば，それぞれ $p\times 1$ ベクトル $\boldsymbol{x}_1,\cdots,\boldsymbol{x}_n$ は独立で

$$\boldsymbol{x}_j\sim N(\boldsymbol{\mu}_j,\boldsymbol{\Sigma}_j)$$

のとき

$$\boldsymbol{y}=\sum_{j=1}^{n}a_j\boldsymbol{x}_j\sim N\left(\sum_{j=1}^{n}a_j\boldsymbol{\mu}_j,\ \sum_{j=1}^{n}a_j{}^2\boldsymbol{\Sigma}_j\right) \tag{11.29}$$

が得られる．

11.10.2　$\bar{\boldsymbol{x}}$ の分布

それぞれ $p\times 1$ ベクトル $\boldsymbol{x}_1,\cdots,\boldsymbol{x}_n$ は独立で

$$\boldsymbol{x}_j \sim N(\boldsymbol{\mu}, \boldsymbol{\Sigma}), \qquad j=1, \cdots, n$$

のとき，$p \times 1$ の標本平均ベクトル $\bar{\boldsymbol{x}}$ を

$$\bar{\boldsymbol{x}} = \frac{1}{n}\sum_{j=1}^{n} \boldsymbol{x}_j = (\bar{X}_1, \cdots, \bar{X}_p)'$$

とする．ここで

$$\bar{X}_i = \frac{1}{n}\sum_{j=1}^{n} X_{ij}, \qquad i=1, \cdots, p$$

である．このとき

$$\bar{\boldsymbol{x}} \sim N\left(\boldsymbol{\mu}, \frac{1}{n}\boldsymbol{\Sigma}\right) \tag{11.30}$$

である．この結果は (11.29) 式で $\boldsymbol{\mu}_j = \boldsymbol{\mu}$, $\boldsymbol{\Sigma}_j = \boldsymbol{\Sigma}$, $a_j = 1/n$, $j=1, \cdots, n$ とおくことによって得られる．

11.10.3　カイ 2 乗分布

$\boldsymbol{x}_1, \cdots, \boldsymbol{x}_n$ は 11.10.2 項と同じである．このとき

$$n(\bar{\boldsymbol{x}} - \boldsymbol{\mu})'\boldsymbol{\Sigma}^{-1}(\bar{\boldsymbol{x}} - \boldsymbol{\mu}) \sim \chi^2(p) \tag{11.31}$$

が成り立つ．

証明は 11.8 節 (3) と同様である．$\sqrt{n}(\bar{\boldsymbol{x}} - \boldsymbol{\mu}) \sim N(\boldsymbol{0}, \boldsymbol{\Sigma})$ であるから

$$\boldsymbol{C}'\boldsymbol{\Sigma}\boldsymbol{C} = \boldsymbol{I}$$

となる非特異行列 $\boldsymbol{C}$ を用いると

$$\boldsymbol{z} = \sqrt{n}\boldsymbol{C}'(\bar{\boldsymbol{x}} - \boldsymbol{\mu}) \sim N(\boldsymbol{0}, \boldsymbol{I})$$

となり，次の結果を得る．

$$\begin{aligned} n(\bar{\boldsymbol{x}} - \boldsymbol{\mu})'\boldsymbol{\Sigma}^{-1}(\bar{\boldsymbol{x}} - \boldsymbol{\mu}) &= \sqrt{n}(\bar{\boldsymbol{x}} - \boldsymbol{\mu})'\boldsymbol{C}\boldsymbol{C}'\sqrt{n}(\bar{\boldsymbol{x}} - \boldsymbol{\mu}) \\ &= \boldsymbol{z}'\boldsymbol{z} \sim \chi^2(p) \end{aligned}$$

11.10.4　$\bar{\boldsymbol{x}}$ と $\boldsymbol{S}$ の独立

$\boldsymbol{x}_1, \cdots, \boldsymbol{x}_n$ は 11.10.2 項と同じである．このとき $p \times p$ 行列

$$\boldsymbol{S} = \frac{1}{n-1}\sum_{j=1}^{n} (\boldsymbol{x}_j - \bar{\boldsymbol{x}})(\boldsymbol{x}_j - \bar{\boldsymbol{x}})'$$

は標本共分散行列であり，$\boldsymbol{\Sigma}$ の推定量を与える．そして $\bar{\boldsymbol{x}}$ と $\boldsymbol{S}$ は独立である．

$$\boldsymbol{S}=\begin{bmatrix} S_{11} & S_{12} & \cdots & S_{1p} \\ S_{21} & S_{22} & \cdots & S_{2p} \\ \vdots & \vdots & & \vdots \\ S_{p1} & S_{p2} & \cdots & S_{pp} \end{bmatrix}$$

とすると，S_{ij} は次式で定義される．

$$S_{ij}=\frac{1}{n-1}\sum_{k=1}^{n}(X_{ik}-\bar{X}_i)(X_{jk}-\bar{X}_j)$$

$$i, j=1, \cdots, p$$

これまでとは異なる方法で $\bar{\boldsymbol{x}}$ と $\boldsymbol{S}$ の独立を証明しておこう．

$$\boldsymbol{X}=\begin{bmatrix} \boldsymbol{x}_1 \\ \boldsymbol{x}_2 \\ \vdots \\ \boldsymbol{x}_n \end{bmatrix}, \qquad \boldsymbol{y}=\begin{bmatrix} \bar{\boldsymbol{x}} \\ \boldsymbol{x}_1-\bar{\boldsymbol{x}} \\ \vdots \\ \boldsymbol{x}_n-\bar{\boldsymbol{x}} \end{bmatrix}$$

とする．$\boldsymbol{X}$ は $np\times 1$，$\boldsymbol{y}$ は $(n+1)p\times 1$ のベクトルである．

$$\boldsymbol{y}=\boldsymbol{C}\boldsymbol{X}$$

と表すことができる．ここで $\boldsymbol{C}$ は以下に示す $(n+1)p\times np$ の行列である．$\boldsymbol{C}$ に現れる $\boldsymbol{I}$ は $p\times p$ の単位行列である．

$$\boldsymbol{C}=\begin{bmatrix} \frac{1}{n}\boldsymbol{I} & \frac{1}{n}\boldsymbol{I} & \cdots & \frac{1}{n}\boldsymbol{I} \\ \left(1-\frac{1}{n}\right)\boldsymbol{I} & -\frac{1}{n}\boldsymbol{I} & \cdots & -\frac{1}{n}\boldsymbol{I} \\ \vdots & \vdots & & \vdots \\ -\frac{1}{n}\boldsymbol{I} & -\frac{1}{n}\boldsymbol{I} & \cdots & \left(1-\frac{1}{n}\right)\boldsymbol{I} \end{bmatrix}$$

$\boldsymbol{y}$ の期待値と共分散行列は次式になる．

$$E(\boldsymbol{y})=\boldsymbol{C}\boldsymbol{\xi}$$

$$\mathrm{var}(\boldsymbol{y})=\boldsymbol{C}E[(\boldsymbol{X}-\boldsymbol{\mu})(\boldsymbol{X}-\boldsymbol{\mu})']\boldsymbol{C}'=\boldsymbol{C}\boldsymbol{\Omega}\boldsymbol{C}'$$

ここで $\boldsymbol{\xi}$ は $p\times 1$ ベクトル $\boldsymbol{\mu}$ が n 個から成る $np\times 1$ ベクトルであり，$\boldsymbol{\Omega}$ は $p\times p$ 行列 $\boldsymbol{\Sigma}$ が対角に n 個並んでいる $np\times np$ 行列である．

いま $\boldsymbol{C}$ を

$$\boldsymbol{C}=\begin{bmatrix} \boldsymbol{A} \\ \boldsymbol{B} \end{bmatrix}$$

と分割する．

$$\boldsymbol{A}=\left[\frac{1}{n}\boldsymbol{I}\quad \frac{1}{n}\boldsymbol{I}\quad \cdots\quad \frac{1}{n}\boldsymbol{I}\right]$$

$$\boldsymbol{B}=\begin{bmatrix}\left(1-\frac{1}{n}\right)\boldsymbol{I} & -\frac{1}{n}\boldsymbol{I} & \cdots & -\frac{1}{n}\boldsymbol{I}\\ \vdots & \vdots & & \vdots\\ -\frac{1}{n}\boldsymbol{I} & -\frac{1}{n}\boldsymbol{I} & \cdots & \left(1-\frac{1}{n}\right)\boldsymbol{I}\end{bmatrix}$$

である．$\boldsymbol{A}$ は $p\times np$，$\boldsymbol{B}$ は $np\times np$ の行列である．このとき

$$\boldsymbol{C\Omega C'}=\begin{bmatrix}\frac{1}{n}\boldsymbol{\Sigma} & \boldsymbol{0}\\ \boldsymbol{0} & \boldsymbol{B\Omega B'}\end{bmatrix}$$

となる．したがって $\bar{\boldsymbol{x}}$ と $(\boldsymbol{x}_1-\bar{\boldsymbol{x}},\cdots,\boldsymbol{x}_n-\bar{\boldsymbol{x}})'$ の共分散行列は $\boldsymbol{0}$ であり，$\bar{\boldsymbol{x}}$ も $(\boldsymbol{x}_1-\bar{\boldsymbol{x}},\cdots,\boldsymbol{x}_n-\bar{\boldsymbol{x}})'$ も正規分布するから共分散 $\boldsymbol{0}$ は独立である．$\boldsymbol{S}$ は $(\boldsymbol{x}_1-\bar{\boldsymbol{x}},\cdots,\boldsymbol{x}_n-\bar{\boldsymbol{x}})'$ の関数であるから，$\bar{\boldsymbol{x}}$ と $\boldsymbol{S}$ は独立である．

$\boldsymbol{S}$ の分布と関連するのが次のウィッシャート分布である．

11.11　ウィッシャート分布

それぞれ $p\times 1$ のベクトル $\boldsymbol{x}_1,\boldsymbol{x}_2,\cdots,\boldsymbol{x}_n$ は互いに独立であり，p 変量正規分布 $N(\boldsymbol{0},\boldsymbol{\Sigma})$ に従うとき，$p\times p$ 行列

$$\boldsymbol{A}=\sum_{i=1}^{n}\boldsymbol{x}_i\boldsymbol{x}_i'$$

は自由度 n，共分散行列 $\boldsymbol{\Sigma}$ のウィッシャート分布 Wishart distribution をし，$W(\boldsymbol{\Sigma},p,n)$ と表される．$n\geq p$ とする．

11.11.1　特　　性

(1)　**パラメータ**　　p，n，$\boldsymbol{\Sigma}$

p はベクトル $\boldsymbol{x}$ の次元

n は自由度，$n\geq p$

$\boldsymbol{\Sigma}$ は $p\times p$ で，$\boldsymbol{x}$ の分散共分散行列，正値定符号

(2)　**確率密度関数**　$$\frac{|\boldsymbol{A}|^{\frac{1}{2}(n-p-1)}\exp\left(-\frac{1}{2}\mathrm{tr}\,\boldsymbol{\Sigma}^{-1}\boldsymbol{A}\right)}{2^{\frac{pn}{2}}\pi^{\frac{p(p-1)}{4}}|\boldsymbol{\Sigma}|^{\frac{n}{2}}\prod_{i=1}^{p}\Gamma\left(\frac{n-i+1}{2}\right)}$$

(3)　**積率母関数**　$|\boldsymbol{I}_p-2\boldsymbol{\Sigma}\boldsymbol{T}|^{-\frac{n}{2}}$

(4)　**特性関数**　$|\boldsymbol{I}_p-2i\boldsymbol{\Sigma}\boldsymbol{T}|^{-\frac{n}{2}}$

$\boldsymbol{T}$ は $p\times p$ の対称行列

$\boldsymbol{\Sigma}^{-1}-2\,\boldsymbol{T}$ は正値定符号

(5)　***r* 次モーメント**（原点まわり）

$$\frac{2^{pr}|\boldsymbol{\Sigma}|^{r}\prod_{i=1}^{p}\Gamma\left(\frac{n+1-i}{2}+r\right)}{\prod_{i=1}^{p}\Gamma\left(\frac{n+1-i}{2}\right)}$$

(6)　**期 待 値**　$n\boldsymbol{\Sigma}$

(7)　**分散共分散行列**　$2n\boldsymbol{\Sigma}\otimes\boldsymbol{\Sigma}$

11.11.2　ウィッシャート分布はカイ 2 乗分布の拡張である

$p=1$ のとき $W(\boldsymbol{\Sigma},1,n)$ の確率密度関数は

$$f(a_{11})=\frac{a_{11}{}^{\frac{n}{2}-1}\exp\left(-\frac{a_{11}}{2\sigma_{11}}\right)}{2^{\frac{n}{2}}\sigma_{11}{}^{\frac{n}{2}}\Gamma\left(\frac{n}{2}\right)}$$

となる．$\chi^2=a_{11}/\sigma_{11}$ とおけば，上式より

$$f(\chi^2)=\frac{1}{2^{\frac{n}{2}}\Gamma\left(\frac{n}{2}\right)}(\chi^2)^{\frac{n}{2}-1}\exp\left(-\frac{\chi^2}{2}\right)$$

となり，これは自由度 n のカイ 2 乗分布の確率密度関数である．したがってウィッシャート分布はカイ 2 乗分布の多変量への拡張である．

11.11.3　ウィッシャート分布の多変量ガンマ関数による表示

多変量ガンマ関数

$$\Gamma_p(t)=\pi^{\frac{p(p-1)}{4}}\prod_{i=1}^{p}\Gamma\left[t-\frac{1}{2}(i-1)\right]$$

を用いれば

$$\pi^{\frac{p(p-1)}{4}}\prod_{i=1}^{p}\Gamma\left(\frac{n+1-i}{2}\right)=\Gamma_p\left(\frac{n}{2}\right)$$

と表すことができるから，$W(\boldsymbol{\Sigma}, p, n)$ の確率密度関数は

$$\frac{|\boldsymbol{A}|^{\frac{1}{2}(n-p-1)}\exp\left(-\frac{1}{2}\operatorname{tr}\boldsymbol{\Sigma}^{-1}\boldsymbol{A}\right)}{2^{\frac{pn}{2}}|\boldsymbol{\Sigma}|^{\frac{n}{2}}\Gamma_p\left(\frac{n}{2}\right)}$$

と表すこともできる．

11.11.4　正規分布からの標本偏差平方和行列はウィッシャート分布をする

それぞれ $p\times 1$ の観測値ベクトル $\boldsymbol{x}_1, \boldsymbol{x}_2, \cdots, \boldsymbol{x}_n (n>p)$ は独立に $N(\boldsymbol{\mu}, \boldsymbol{\Sigma})$ に従うとき

$$\underset{p\times p}{\boldsymbol{A}}=\sum_{i=1}^{n}(\boldsymbol{x}_i-\bar{\boldsymbol{x}})(\boldsymbol{x}_i-\bar{\boldsymbol{x}})'$$

は，$W(\boldsymbol{\Sigma}, p, n-1)$ に従う．$\bar{\boldsymbol{x}}$ は $p\times 1$ の標本平均ベクトル

$$\bar{\boldsymbol{x}}=\frac{1}{n}\sum_{i=1}^{n}\boldsymbol{x}_i$$

である．

11.11.5　正規分布からの標本分散共分散行列はウィッシャート分布をする

それぞれ $p\times 1$ の観測値ベクトル $\boldsymbol{x}_1, \boldsymbol{x}_2, \cdots, \boldsymbol{x}_n (n>p)$ は独立に $N(\boldsymbol{\mu}, \boldsymbol{\Sigma})$ に従うとき，標本分散共分散行列

$$\underset{p\times p}{\boldsymbol{S}}=\frac{1}{n-1}\sum_{i=1}^{n}(\boldsymbol{x}_i-\bar{\boldsymbol{x}})(\boldsymbol{x}_i-\bar{\boldsymbol{x}})'$$

は $W\left(\frac{1}{n-1}\boldsymbol{\Sigma}, p, n-1\right)$ に従う．

11.11.6　ウィッシャート分布は再生性をもつ

それぞれ $p\times p$ 行列である $\boldsymbol{A}_1, \boldsymbol{A}_2, \cdots, \boldsymbol{A}_q$ は独立であり，$\boldsymbol{A}_i$ は $W(\boldsymbol{\Sigma}, p, n_i)$ に従うとき，$\boldsymbol{A}=\sum_{i=1}^{q}\boldsymbol{A}_i$ は $W(\boldsymbol{\Sigma}, p, \sum_{i=1}^{q}n_i)$ に従う．

11.11.7　分割行列とウィッシャート分布

$p\times p$ 行列 $\boldsymbol{A}$ はウィッシャート分布 $W(\boldsymbol{\Sigma}, p, n)$ をすると仮定する．

$$\boldsymbol{A}=\begin{bmatrix}\boldsymbol{A}_{11} & \boldsymbol{A}_{12}\\ \boldsymbol{A}_{21} & \boldsymbol{A}_{22}\end{bmatrix}$$

と分割し，$\boldsymbol{A}_{11}$ は $q\times q(q<p)$ 行列とする．この分割に対応して

$$\boldsymbol{\Sigma}=\begin{bmatrix}\boldsymbol{\Sigma}_{11} & \boldsymbol{\Sigma}_{12}\\ \boldsymbol{\Sigma}_{21} & \boldsymbol{\Sigma}_{22}\end{bmatrix}$$

と分割する．このとき次の結果が成り立つ．

(1)　$\boldsymbol{A}_{11}-\boldsymbol{A}_{12}\boldsymbol{A}_{22}^{-1}\boldsymbol{A}_{21}$ はウィッシャート分布

$$W(\boldsymbol{\Sigma}_{11}-\boldsymbol{\Sigma}_{12}\boldsymbol{\Sigma}_{22}^{-1}\boldsymbol{\Sigma}_{21}, q, n-(p-q))$$

をする．

(2)　$\boldsymbol{A}_{22}$ はウィッシャート分布

$$W(\boldsymbol{\Sigma}_{22}, p-q, n)$$

をする．

(3)　$\boldsymbol{A}_{22}=\boldsymbol{a}_{22}$ 所与のときの $\boldsymbol{A}_{12}\boldsymbol{A}_{22}^{-1}$ の条件つき分布は，

期待値 $\boldsymbol{\Sigma}_{12}\boldsymbol{\Sigma}_{22}^{-1}$

共分散行列 $(\boldsymbol{\Sigma}_{22}-\boldsymbol{\Sigma}_{21}\boldsymbol{\Sigma}_{11}\boldsymbol{\Sigma}_{12})\otimes\boldsymbol{a}_{22}^{-1}$

の正規分布をする．

(4)　$\boldsymbol{A}_{11}-\boldsymbol{A}_{12}\boldsymbol{A}_{22}^{-1}\boldsymbol{A}_{21}$ は $(\boldsymbol{A}_{12}, \boldsymbol{A}_{22})$ と独立である．

さらに $\boldsymbol{A}$ と $\boldsymbol{\Sigma}$ を次のように $(p_1, \cdots, p_q)$ 行 $(p_1, \cdots, p_q)$ 列に分割する．$\sum_{j=1}^{q} p_j=p$ である．

$$\boldsymbol{A}=\begin{bmatrix}\boldsymbol{A}_{11} & \cdots & \boldsymbol{A}_{1q}\\ \vdots & & \vdots\\ \boldsymbol{A}_{q1} & \cdots & \boldsymbol{A}_{qq}\end{bmatrix},\quad \boldsymbol{\Sigma}=\begin{bmatrix}\boldsymbol{\Sigma}_{11} & \cdots & \boldsymbol{\Sigma}_{1q}\\ \vdots & & \vdots\\ \boldsymbol{\Sigma}_{q1} & \cdots & \boldsymbol{\Sigma}_{qq}\end{bmatrix}$$

ここで $\boldsymbol{A}_{ij}$，$\boldsymbol{\Sigma}_{ij}$ は $p_i\times p_j$ $(i, j=1, \cdots, q)$ である．

このとき $\boldsymbol{\Sigma}_{ij}=\boldsymbol{0}$ $(i\neq j)$ ならば，$\boldsymbol{A}_{11}, \cdots, \boldsymbol{A}_{qq}$ は独立であり，$\boldsymbol{A}_{jj}$ はウィッシャート分布 $W(\boldsymbol{\Sigma}_{jj}, p_j, n)$ をする（Mukhopadhyay (2009), pp. 103～104)．

11.11.8　非特異行列をかけた行列もウィッシャート分布をする

$p\times p$ 行列 $\boldsymbol{A}$ が $W(\boldsymbol{\Sigma}, p, n)$ のウィッシャート分布をし，$\boldsymbol{C}$ を $p\times p$ の非特異行列とするとき，$\boldsymbol{CAC}'$ は

$$W(\boldsymbol{C\Sigma C}', p, n)$$

のウィッシャート分布をする．

さらに

$\boldsymbol{C}$ が $q\times p$, $\mathrm{rank}(\boldsymbol{C})=q$ の行列のとき

$$\boldsymbol{CAC}' \sim W(\boldsymbol{C\Sigma C}', q, n)$$

である．とくに $\boldsymbol{C}$ が $1\times p$ ベクトル $\boldsymbol{a}'$ のとき

$$\boldsymbol{CAC}'=\boldsymbol{a}'\boldsymbol{Aa}\sim W(\boldsymbol{a}'\boldsymbol{\Sigma a}, 1, n)$$

となる．11.11.2 項の

$$a_{11}=\boldsymbol{a}'\boldsymbol{Aa}, \qquad \sigma_{11}=\boldsymbol{a}'\boldsymbol{\Sigma a}\neq 0$$

と考えれば

$$\frac{\boldsymbol{a}'\boldsymbol{Aa}}{\boldsymbol{a}'\boldsymbol{\Sigma a}}\sim\chi^2(n)$$

を得る．

さらに，$\boldsymbol{y}$ は $p\times 1$ の確率ベクトルで $P(\boldsymbol{y}=\boldsymbol{0})=\boldsymbol{0}$ とすれば

$$\frac{\boldsymbol{y}'\boldsymbol{ay}}{\boldsymbol{y}'\boldsymbol{\Sigma y}}\sim\chi^2(n)$$

が成り立つ（Mukhopadhyay (2009), p. 104）．

11.11.9 逆行列とウィッシャート分布

$p\times p$ 行列 $\boldsymbol{A}$ は $W(\boldsymbol{\Sigma}, p, n)$ のウィッシャート分布をし，$k\times p$ 行列 $\boldsymbol{B}$ は $\mathrm{rank}(\boldsymbol{B})=k\leq p$ とする．このとき $(\boldsymbol{BA}^{-1}\boldsymbol{B}')^{-1}$ は

$$W((\boldsymbol{B\Sigma}^{-1}\boldsymbol{B}')^{-1},\ k,\ n-p+k)$$

のウィッシャート分布をする．

とくに $\boldsymbol{B}$ が $1\times p$ のベクトル $\boldsymbol{b}'$ のとき

$$(\boldsymbol{BA}^{-1}\boldsymbol{B}')^{-1}=(\boldsymbol{b}'\boldsymbol{A}^{-1}\boldsymbol{b})^{-1}=a_{11}$$

$$(\boldsymbol{B\Sigma}^{-1}\boldsymbol{B}')^{-1}=(\boldsymbol{b}'\boldsymbol{\Sigma}^{-1}\boldsymbol{b})^{-1}=\sigma_{11}$$

とおくと

$$\frac{\sigma_{11}}{a_{11}}=\frac{\boldsymbol{b}'\boldsymbol{\Sigma}^{-1}\boldsymbol{b}}{\boldsymbol{b}'\boldsymbol{A}^{-1}\boldsymbol{b}}\sim\chi^2(n-p+1)$$

また，$\boldsymbol{b}$ は i 番目の要素のみ 1 で残りが 0 の $1\times p$ ベクトルのとき，$\boldsymbol{\Sigma}^{-1}=\{\sigma^{ij}\}$，$\boldsymbol{A}^{-1}=\{a^{ij}\}$ とすると

$$\boldsymbol{b}'\boldsymbol{\Sigma}^{-1}\boldsymbol{b}=\sigma^{ii}, \qquad \boldsymbol{b}'\boldsymbol{A}^{-1}\boldsymbol{b}=a^{ii}$$

となり，したがって

$$\frac{\sigma^{ii}}{a^{ii}} \sim \chi^2(n-p+1)$$

が成り立つ．そして a^{ii} は a_{ii} を除く $\boldsymbol{A}$ のすべての要素と独立である（Mukhopadhyay（2009), p. 106).

11.11.10　ウィッシャート変数の行列式

$p\times p$ 行列 $\boldsymbol{A}$ は $W(\boldsymbol{\Sigma}, p, n)$ のウィッシャート分布をするとき

$$|\boldsymbol{A}| = |\boldsymbol{\Sigma}|\chi^2(n)\chi^2(n-1)\cdots\chi^2(n-p+1)$$

となる．ここですべてのカイ 2 乗変数は独立である（Mukhopadhyay（2009), p. 107).

11.11.11　逆ウィッシャート分布

$p\times p$ 行列 $\boldsymbol{A}$ は $W(\boldsymbol{\Sigma}, p, n)$ に従うとき，$\boldsymbol{B}=\boldsymbol{A}^{-1}$ は次の確率密度関数をもつ．

$$\frac{|\boldsymbol{\Sigma}^{-1}|^{\frac{n}{2}}|\boldsymbol{B}|^{-\frac{1}{2}(n+p+1)}\exp\left(-\frac{1}{2}\mathrm{tr}\,\boldsymbol{\Sigma}^{-1}\boldsymbol{B}^{-1}\right)}{2^{\frac{np}{2}}\Gamma_p\left(\frac{n}{2}\right)}$$

この分布は自由度 n の逆ウィッシャート分布 inverted Wishart distribution とよばれる．

11.11.12　非心ウィッシャート分布

$p\times 1$ ベクトル $\boldsymbol{x}_1, \cdots, \boldsymbol{x}_n$ は互いに独立であり，$\boldsymbol{x}_i$ は p 変量正規分布

$$\boldsymbol{x}_i \sim N(\boldsymbol{\mu}_i, \boldsymbol{\Sigma}), \qquad i=1, \cdots, n$$

に従うとする．$\boldsymbol{\mu}_i$ は $p\times 1$，$\boldsymbol{\Sigma}$ は $p\times p$ である．

$$\boldsymbol{X} = \begin{bmatrix} \boldsymbol{x}_1' \\ \vdots \\ \boldsymbol{x}_n' \end{bmatrix}, \qquad \boldsymbol{\mu} = \begin{bmatrix} \boldsymbol{\mu}_1' \\ \vdots \\ \boldsymbol{\mu}_n' \end{bmatrix}$$

$$\boldsymbol{A} = \boldsymbol{X}'\boldsymbol{X}$$

とする．

$\boldsymbol{X}$ は正規分布

$$\boldsymbol{X} \sim N(\boldsymbol{\mu}, \boldsymbol{I}_n \otimes \boldsymbol{\Sigma})$$

に従い，$n\times p$ 行列 $\boldsymbol{X}$ の pdf は次式で与えられる．

$$f_X(\boldsymbol{x})=(2\pi)^{-\frac{np}{2}}|\boldsymbol{\Sigma}|^{-\frac{n}{2}}\exp\left\{-\frac{1}{2}\operatorname{tr}\boldsymbol{\Sigma}^{-1}(\boldsymbol{x}-\boldsymbol{\mu})'(\boldsymbol{x}-\boldsymbol{\mu})\right\}$$

このとき $p\times p$ 行列 $\boldsymbol{A}$ は自由度 n，共分散行列 $\boldsymbol{\Sigma}$，非心度行列 $\boldsymbol{\Omega}=\boldsymbol{\Sigma}^{-1}\boldsymbol{\mu}'\boldsymbol{\mu}$ の非心ウィッシャート分布をし

$$W(\boldsymbol{\Sigma}, p, n, \boldsymbol{\Omega})$$

と表される．

$\boldsymbol{A}$ の pdf は次式で与えられる．

$$\frac{1}{2^{\frac{pn}{2}}\Gamma_p\left(\frac{n}{2}\right)|\boldsymbol{\Sigma}|^{\frac{n}{2}}}\exp\left(-\frac{1}{2}\operatorname{tr}\boldsymbol{\Sigma}^{-1}\boldsymbol{A}\right)|\boldsymbol{A}|^{\frac{n-p-1}{2}}$$

$$\times\exp\left(-\frac{1}{2}\operatorname{tr}\boldsymbol{\Omega}\right){}_0F_1\left(\frac{1}{2}n,\ \frac{1}{4}\boldsymbol{\Omega}\boldsymbol{\Sigma}^{-1}\boldsymbol{A}\right),\qquad \boldsymbol{A}>\boldsymbol{0}$$

ここで

$$\Gamma_p\left(\frac{n}{2}\right)=p\text{ 変量ガンマ関数}$$

$$=\pi^{\frac{p(p-1)}{4}}\prod_{i=1}^{p}\Gamma\left[\frac{n}{2}-\frac{1}{2}(i-1)\right],\qquad n>p-1$$

（不完全ガンマ関数ではない）

$$\boldsymbol{\Omega}=\boldsymbol{\Sigma}^{-1}\boldsymbol{\mu}'\boldsymbol{\mu}$$

$${}_0F_1\left(\frac{1}{2}n,\ \frac{1}{4}\boldsymbol{\Omega}\boldsymbol{\Sigma}^{-1}\boldsymbol{A}\right)=\text{超幾何関数}$$

$$=\sum_{k=0}^{\infty}\frac{\Gamma\left(\frac{n}{2}\right)\left(\frac{1}{4}\boldsymbol{\Omega}\boldsymbol{\Sigma}^{-1}\boldsymbol{A}\right)^k}{k!\,\Gamma\left(\frac{n}{2}+k\right)}$$

多変量正規分布とウィッシャート分布から次のホテリングの T^2 分布が得られる．

11.12　ホテリングの T^2

(1)　$p\times 1$ ベクトル $\boldsymbol{x}\sim N(\boldsymbol{0}, \boldsymbol{I})$

$p\times p$ 行列 $\boldsymbol{Z}\sim W(\boldsymbol{I}, p, n)$ のウィッシャート分布，$n\geq p$

$\boldsymbol{x}$ と $\boldsymbol{Z}$ は独立

とする．

$$T^2 = n\boldsymbol{x}'\boldsymbol{Z}^{-1}\boldsymbol{x}$$

とおくと，T^2 はパラメータ p，n のホテリングの T^2 分布 Hotelling's T^2 distribution に従うといわれ

$$T^2 = n\boldsymbol{x}'\boldsymbol{Z}^{-1}\boldsymbol{x} \sim T^2(p, n)$$

と表す．とくに $p=1$ のとき

$$x \sim N(0,1) \text{ であるから } x^2 \sim \chi^2(1)$$
$$Z \sim W(\boldsymbol{I}, 1, n) \sim \chi^2(n) \quad (11.11.2\text{ 項})$$

したがって

$$T^2 = nx'Z^{-1}x = \frac{x^2}{Z/n} \sim F(1, n)$$

であり

$$T = \frac{x}{\sqrt{Z/n}} \sim t(n)$$

は自由度 n のスチューデントの t 分布をする．

(2) T^2 と F の関係

一般に，(1) の $\boldsymbol{x}$ と $\boldsymbol{Z}$ のもとで，T^2 と F 分布の間に次の関係がある (Anderson (2003), p. 176)．

$$\frac{n-p+1}{p} \cdot \frac{T^2}{n} \sim F(p, n-p+1)$$

あるいは書きかえて

$$T^2(p, n) = \frac{np}{n-p+1} F(p, n-p+1)$$

(3) T^2 の pdf

上記 (2) の関係を用いて，$Y = T^2(p, n)$ とおくと，Y の pdf は次式で与えられる．

$$\frac{\Gamma\left(\frac{n+1}{2}\right)\left(\frac{1}{n}\right)^{\frac{p}{2}} y^{\frac{p}{2}-1}}{\Gamma\left(\frac{p}{2}\right)\Gamma\left(\frac{n-p+1}{2}\right)\left(1+\frac{1}{n}y\right)^{\frac{1+n}{2}}} \tag{11.32}$$

期待値と分散は以下のとおりである．

$$E(Y)=\frac{np}{n-p-1}, \qquad n-p>1$$

$$\text{var}(Y)=\frac{2n^2(n-1)p^2}{(n-p-1)^2(n-p-3)}, \qquad n-p>3$$

図 11.1 は $n=20$ を固定して $p=2, 3, 4, 6$ と動かしたときの T^2 の pdf のグラフである．

(4)

$p\times 1$ ベクトル　　$\boldsymbol{y}\sim N(\boldsymbol{\mu}, \boldsymbol{\Sigma})$

$p\times p$ 行列　　$\boldsymbol{A}\sim W(\boldsymbol{\Sigma}, p, n)$

$\boldsymbol{y}$ と $\boldsymbol{A}$ は独立

このとき

$$T^2=n(\boldsymbol{y}-\boldsymbol{\mu})'\boldsymbol{A}^{-1}(\boldsymbol{y}-\boldsymbol{\mu})\sim T^2(p, n)$$

この結果は次のようにして得られる．

$$\boldsymbol{x}=\boldsymbol{\Sigma}^{-\frac{1}{2}}(\boldsymbol{y}-\boldsymbol{\mu})\sim N(\boldsymbol{0}, \boldsymbol{I})$$

$$\boldsymbol{Z}=\boldsymbol{\Sigma}^{-\frac{1}{2}}\boldsymbol{A}\boldsymbol{\Sigma}^{-\frac{1}{2}}\sim W(\boldsymbol{I}, p, n) \quad (11.11.8\text{ 項})$$

とおくと

$$\begin{aligned} T^2 &= n(\boldsymbol{y}-\boldsymbol{\mu})'\boldsymbol{A}^{-1}(\boldsymbol{y}-\boldsymbol{\mu}) \\ &= n\boldsymbol{x}'\boldsymbol{\Sigma}^{\frac{1}{2}}\boldsymbol{\Sigma}^{-\frac{1}{2}}\boldsymbol{Z}^{-1}\boldsymbol{\Sigma}^{-\frac{1}{2}}\boldsymbol{\Sigma}^{\frac{1}{2}}\boldsymbol{x} \\ &= n\boldsymbol{x}'\boldsymbol{Z}^{-1}\boldsymbol{x}\sim T^2(p, n) \end{aligned}$$

を得る．

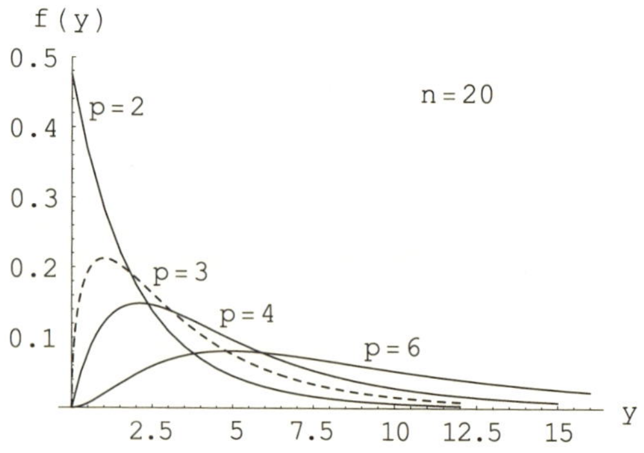

図 11.1　ホテリングの T^2 分布

(5)　$p\times 1$ ベクトル $\boldsymbol{x}_1, \cdots, \boldsymbol{x}_n$ は独立であり

$$\boldsymbol{x}_i \sim N(\boldsymbol{\mu}, \boldsymbol{\Sigma}), \qquad i=1, \cdots, n$$

$$\boldsymbol{S}=\frac{1}{n-1}\sum_{i=1}^{n}(\boldsymbol{x}_i-\bar{\boldsymbol{x}})(\boldsymbol{x}_i-\bar{\boldsymbol{x}})'$$

とする．このとき

$$\bar{\boldsymbol{x}}=\frac{1}{n}\sum_{i=1}^{n}\boldsymbol{x}_i \sim N\left(\boldsymbol{\mu}, \frac{1}{n}\boldsymbol{\Sigma}\right)$$

であり

$$T^2=n(\bar{\boldsymbol{x}}-\boldsymbol{\mu})'\boldsymbol{S}^{-1}(\bar{\boldsymbol{x}}-\boldsymbol{\mu}) \sim T^2(p, n-1)$$

が成り立つ．

証明の概略を示しておこう．

$$(n-1)\boldsymbol{S}=\sum_{i=1}^{n}(\boldsymbol{x}_i-\bar{\boldsymbol{x}})(\boldsymbol{x}_i-\bar{\boldsymbol{x}})' \sim W(\boldsymbol{\Sigma}, p, n-1) \quad (11.11.4 \text{項})$$

$\bar{\boldsymbol{x}}$ と $\boldsymbol{S}$ は独立　(11.10.4 項)

であるから

$$\boldsymbol{x}=\sqrt{n}\,\boldsymbol{\Sigma}^{-\frac{1}{2}}(\bar{\boldsymbol{x}}-\boldsymbol{\mu})-N(\boldsymbol{0}, \boldsymbol{I})$$

$$\boldsymbol{Z}=\boldsymbol{\Sigma}^{-\frac{1}{2}}(n-1)\boldsymbol{S}\boldsymbol{\Sigma}^{-\frac{1}{2}} \sim W(\boldsymbol{I}, p, n-1)$$

とおくと

$$\begin{aligned} T^2 &= (n-1)\boldsymbol{x}'\boldsymbol{Z}^{-1}\boldsymbol{x} \\ &= (n-1)(\bar{\boldsymbol{x}}-\boldsymbol{\mu})'\boldsymbol{\Sigma}^{-\frac{1}{2}}\sqrt{n}\,\boldsymbol{\Sigma}^{\frac{1}{2}}[(n-1)\boldsymbol{S}]^{-1}\boldsymbol{\Sigma}^{\frac{1}{2}}\sqrt{n}\,\boldsymbol{\Sigma}^{-\frac{1}{2}}(\bar{\boldsymbol{x}}-\boldsymbol{\mu}) \\ &= n(\bar{\boldsymbol{x}}-\boldsymbol{\mu})'\boldsymbol{S}^{-1}(\bar{\boldsymbol{x}}-\boldsymbol{\mu}) \sim T^2(p, n-1) \end{aligned}$$

を得る．

(6)　(2) と T^2 と F の関係から

$$\frac{n-p}{p}\cdot\frac{1}{n-1}T^2(p, n-1) \sim F(p, n-p)$$

が得られる．この結果は次のような仮説検定に用いることができる．

$p\times 1$ ベクトル $\boldsymbol{x}_1, \cdots, \boldsymbol{x}_n$ は独立で

$$\boldsymbol{x}_i \sim N(\boldsymbol{\mu}, \boldsymbol{\Sigma}), \qquad i=1, \cdots, n$$

のとき

$$H_0: \boldsymbol{\mu}=\boldsymbol{\mu}_0$$

$$H_1: \boldsymbol{\mu}\neq\boldsymbol{\mu}_0$$

の検定は，$\boldsymbol{\Sigma}$ 未知のとき，H_0 のもとで

$$T_0{}^2 = n(\bar{\boldsymbol{x}} - \boldsymbol{\mu}_0)' \boldsymbol{S}^{-1} (\bar{\boldsymbol{x}} - \boldsymbol{\mu}_0) \sim T^2(p, n-1)$$

であるから，H_0 のもとで，検定統計量は

$$F_0 = \frac{T_0{}^2}{n-1} \cdot \frac{n-p}{p} \sim F(p, n-p)$$

となり，有意水準を α とすると，棄却域は $F_0 > F_\alpha(p, n-p)$ となる．ここで $F_\alpha(p, n-p)$ は自由度 $(p, n-p)$ の F 分布の上側 α の確率を与える分位点である．

(7)

$$\boldsymbol{x} \sim N(\boldsymbol{\mu}, \boldsymbol{\Sigma})$$
$$\boldsymbol{Z} \sim W(\boldsymbol{\Sigma}, p, n)$$
$$\boldsymbol{x} \text{ と } \boldsymbol{Z} \text{ は独立}$$

のとき

$$T^2(\boldsymbol{x}) = n(\boldsymbol{x} - \boldsymbol{\mu})' \boldsymbol{Z}^{-1} (\boldsymbol{x} - \boldsymbol{\mu}) \sim T^2(p, n)$$

である（(4)）．いま

$$\boldsymbol{y} = \boldsymbol{A}\boldsymbol{x} + \boldsymbol{b}$$

とおくと

$$\boldsymbol{y} \sim N(\boldsymbol{A}\boldsymbol{\mu} + \boldsymbol{b}, \boldsymbol{A}\boldsymbol{\Sigma}\boldsymbol{A}')$$
$$\boldsymbol{A}\boldsymbol{Z}\boldsymbol{A}' \sim W(\boldsymbol{A}\boldsymbol{\Sigma}\boldsymbol{A}', p, n) \quad \text{(11.11.8 項)}$$

となる．ここで $\boldsymbol{A}$ は $p \times p$ の非特異行列，$\boldsymbol{b}$ は $p \times 1$ のベクトルである．

このとき

$$\begin{aligned} T^2(\boldsymbol{y}) &= n(\boldsymbol{y} - \boldsymbol{A}\boldsymbol{\mu} - \boldsymbol{b})' (\boldsymbol{A}\boldsymbol{Z}\boldsymbol{A}')^{-1} (\boldsymbol{y} - \boldsymbol{A}\boldsymbol{\mu} - \boldsymbol{b}) \\ &= n(\boldsymbol{x} - \boldsymbol{\mu})' \boldsymbol{Z}^{-1} (\boldsymbol{x} - \boldsymbol{\mu}) \sim T^2(p, n) \end{aligned}$$

が得られる．T^2 は線形変換のもとで不変である．

(8)

$$p \times 1 \text{ ベクトル } \boldsymbol{x} \sim N(\boldsymbol{0}, \boldsymbol{I})$$
$$p \times p \text{ 行列 } \boldsymbol{Z} \sim W(\boldsymbol{I}, p, n), \qquad n \geq p$$
$$\boldsymbol{x} \text{ と } \boldsymbol{Z} \text{ は独立}$$

とする．このとき

$$\boldsymbol{x}'\boldsymbol{x}\left(1 + \frac{1}{\boldsymbol{x}'\boldsymbol{Z}^{-1}\boldsymbol{x}}\right) \sim \chi^2(n+1)$$

であり，$\boldsymbol{x}'\boldsymbol{Z}^{-1}\boldsymbol{x}$ とは独立である（Mukhopadhyay (2009), p. 116）．

(9)　非心ホテリング T^2

$$\boldsymbol{x} \sim N(\boldsymbol{\mu}, \boldsymbol{\Sigma})$$
$$\boldsymbol{A} \sim W(\boldsymbol{\Sigma}, p, n)$$
$$\boldsymbol{x} \text{ と } \boldsymbol{A} \text{ は独立}$$

このとき，$T^2 = n\boldsymbol{x}'\boldsymbol{A}^{-1}\boldsymbol{x}$ は非心度 $\delta = \boldsymbol{\mu}'\boldsymbol{\Sigma}^{-1}\boldsymbol{\mu}$ の非心 T^2 分布をするといわれ

$$T^2 \sim T^2(n, p, \delta)$$

と表される．非心度 δ の T^2 は非心 F 分布と次の関係にある．

$$\frac{T^2}{n} \cdot \frac{n-p+1}{p} \sim F(p, n-p+1, \delta)$$

11.13　多変量 t 分布

$p \times 1$ ベクトル $\boldsymbol{x}$ は

$$\boldsymbol{x} \sim N(\boldsymbol{0}, \boldsymbol{\Sigma})$$

V は $\boldsymbol{x}$ と独立で

$$V \sim \chi^2(m)$$

とする．このとき

$$Y_j = \frac{X_j}{\sqrt{\dfrac{V}{m}}}, \qquad j = 1, \cdots, p$$

を j 要素とする $p \times 1$ ベクトル $\boldsymbol{y}$ は自由度 m の p 変量 t 分布 p-variate t distribution に従う．

11.13.1　特　　性

多変量 t 分布の pdf は次式である．

$$\frac{\Gamma\left[\dfrac{1}{2}(m+p)\right]}{\Gamma\left(\dfrac{m}{2}\right)(m\pi)^{\frac{p}{2}}} |\boldsymbol{\Sigma}|^{-\frac{1}{2}} \left(1 + \frac{\boldsymbol{y}'\boldsymbol{\Sigma}^{-1}\boldsymbol{y}}{m}\right)^{-\frac{1}{2}(m+p)} \tag{11.33}$$

多変量 t 分布に従う $\boldsymbol{y}$ は

$$\boldsymbol{y} = \left(\frac{V}{m}\right)^{-\frac{1}{2}} \boldsymbol{x}$$

と表すことができるから，この関係から $\boldsymbol{y}$ の期待値と分散を求めることができる．

$V\sim\chi^2(m)$ の原点まわりの r 次モーメントの式（9.1.1項（10））より

$$E(V^{-\frac{1}{2}})=\frac{2^{-\frac{1}{2}}\Gamma\left(\frac{m}{2}-\frac{1}{2}\right)}{\Gamma\left(\frac{m}{2}\right)},\qquad m>1$$

であり，$E(\boldsymbol{x})=\boldsymbol{0}$，$\boldsymbol{x}$ と V は独立であるから

$$E(\boldsymbol{y})=m^{\frac{1}{2}}E(V^{-\frac{1}{2}})E(\boldsymbol{x})=\boldsymbol{0}$$

となる．

$$\mathrm{var}(\boldsymbol{y})=E(\boldsymbol{y}\boldsymbol{y}')=mE(V^{-1})\boldsymbol{\Sigma}$$

であり

$$E(V^{-1})=\frac{2^{-1}\Gamma\left(\frac{m}{2}-1\right)}{\Gamma\left(\frac{m}{2}\right)}=\frac{1}{m-2}$$

となるから

$$\mathrm{var}(\boldsymbol{y})=\frac{m}{m-2}\boldsymbol{\Sigma},\qquad m>2$$

を得る．

もう少し一般化すると

$$\boldsymbol{x}\sim N(\boldsymbol{\mu},\boldsymbol{\Sigma})$$
$$V\sim\chi^2(m)$$
$$\boldsymbol{x}\text{ と }V\text{ は独立}$$

のとき

$$\boldsymbol{y}=\left(\frac{V}{m}\right)^{-\frac{1}{2}}(\boldsymbol{x}-\boldsymbol{\mu})+\boldsymbol{\mu}$$

とおけば，$\boldsymbol{y}$ はやはり p 変量 t 分布に従い，$\boldsymbol{y}$ の pdf は次式になる．

$$f(\boldsymbol{y})=\frac{\Gamma\left[\frac{1}{2}(m+p)\right]}{(\pi m)^{\frac{p}{2}}\Gamma\left(\frac{m}{2}\right)}|\boldsymbol{\Sigma}|^{-\frac{1}{2}}\left[1+\frac{(\boldsymbol{y}-\boldsymbol{\mu})'\boldsymbol{\Sigma}^{-1}(\boldsymbol{y}-\boldsymbol{\mu})}{m}\right]^{-\frac{m+p}{2}} \tag{11.34}$$

$$E(\boldsymbol{y})=\boldsymbol{\mu}$$

$$\mathrm{var}(\boldsymbol{y})=\frac{m}{m-2}\boldsymbol{\Sigma}$$

である．上式の pdf をもつ $\boldsymbol{y}$ を

$$\boldsymbol{y}\sim t(m, \boldsymbol{\mu}, \boldsymbol{\Sigma})$$

と表す．したがって $\boldsymbol{\mu}=\mathbf{0}$ のケースは

$$\boldsymbol{y}\sim t(m, \mathbf{0}, \boldsymbol{\Sigma})$$

である．

$p=2$ のとき $t(m, \mathbf{0}, \boldsymbol{\Sigma})$ のグラフを示しておこう．

$$\boldsymbol{\Sigma}=\begin{bmatrix} {\sigma_1}^2 & \rho\sigma_1\sigma_2 \\ \rho\sigma_1\sigma_2 & {\sigma_2}^2 \end{bmatrix}$$

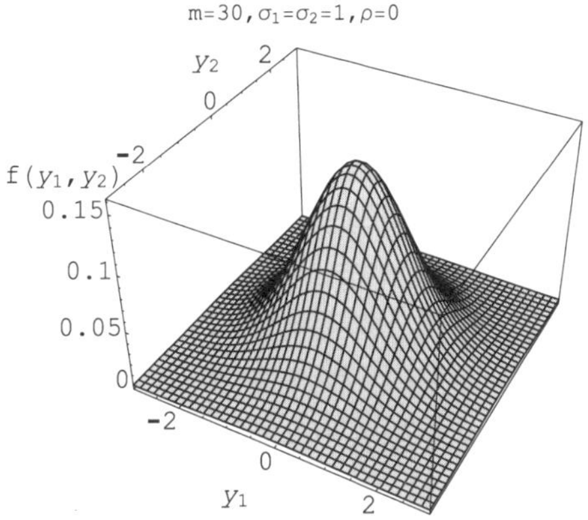

図 11.2　2 変量 t 分布

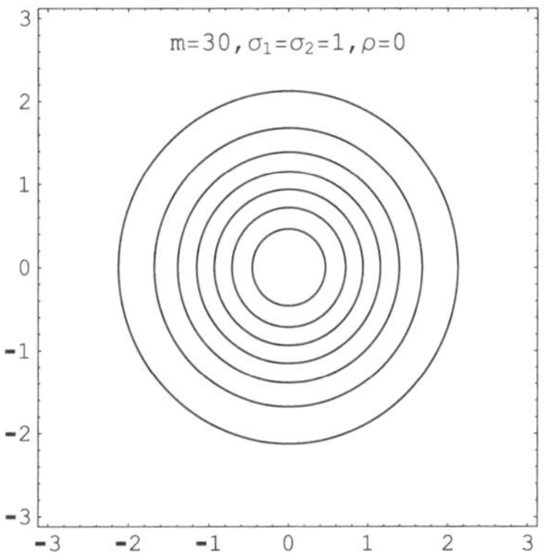

図 11.3　図 11.2 の等高線

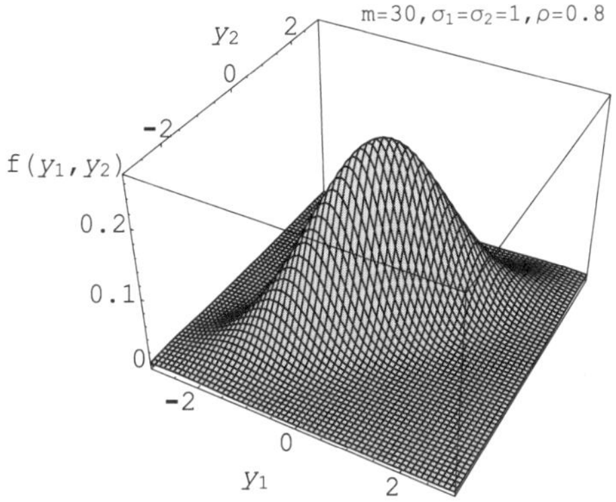

図 11.4　2 変量 t 分布

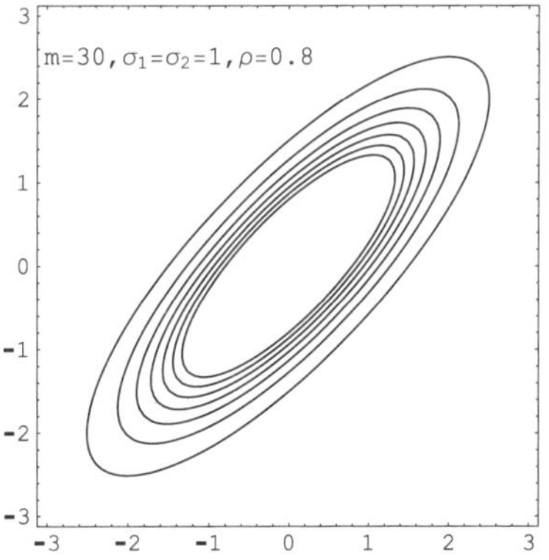

図 11.5　図 11.4 の等高線

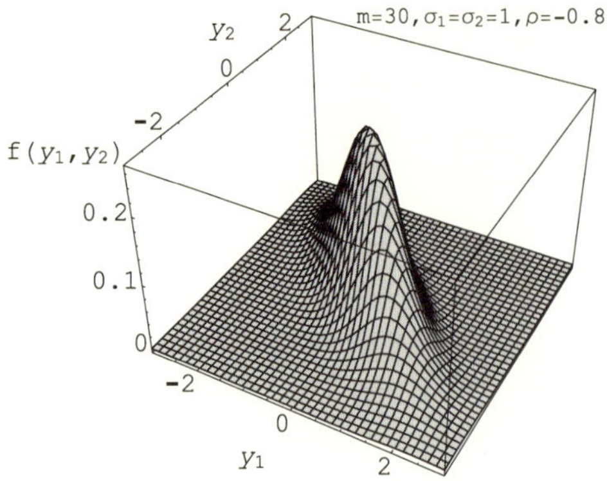

図 11.6 2変量 t 分布

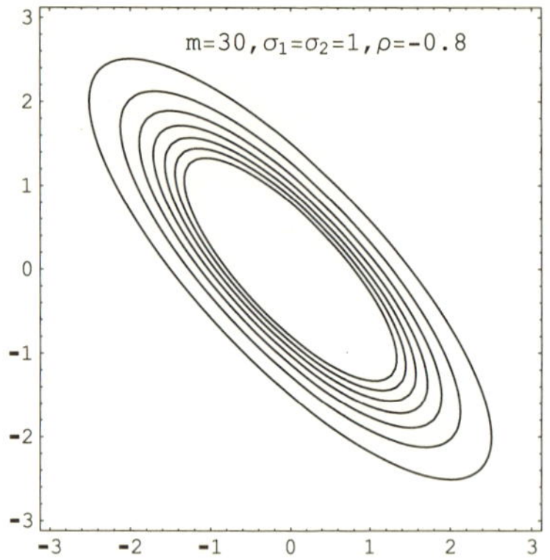

図 11.7 図 11.6 の等高線

とおく．$\sigma_1=\sigma_2=1$, $m=30$ を固定し，$\rho=0, 0.8, -0.8$ の 2 変量 t 分布の同時 pdf とその等高線が**図 11.2** から**図 11.7** である．

11.13.2 線形変換

$p\times 1$ ベクトル $\boldsymbol{y}$ が

$$\boldsymbol{y}\sim t(m, \boldsymbol{\mu}, \boldsymbol{\Sigma})$$

のとき，$r\times p$ の定数行列を $\boldsymbol{A}$, $\mathrm{rank}(\boldsymbol{A})=r(\leq p)$ とすると

$$\boldsymbol{Ay}\sim t(m, \boldsymbol{A\mu}, \boldsymbol{A\Sigma A}')$$

となり，$\boldsymbol{Ay}$ も r 変量 t 分布をする．

11.13.3 直積モーメント

$$X_j\sim N(0, 1), \quad j=1, \cdots, p$$
$$V\sim\chi^2(m)$$
$$(X_1, \cdots, X_p) \text{ と } V \text{ は独立}$$

のとき，$\mathrm{var}(\boldsymbol{x})=\boldsymbol{R}$ （単相関行列）となり

$$Y_j=\frac{X_j}{\sqrt{\dfrac{V}{m}}}$$

を j 要素とする $\boldsymbol{y}=(Y_1, \cdots, Y_p)'$ の pdf は次式になる．

$$f(\boldsymbol{y})=\frac{\Gamma\left[\frac{1}{2}(m+p)\right]}{(\pi m)^{\frac{p}{2}}\Gamma\left(\frac{m}{2}\right)}|\boldsymbol{R}|^{-\frac{1}{2}}\left(1+\frac{\boldsymbol{y}'\boldsymbol{R}^{-1}\boldsymbol{y}}{m}\right)^{-\frac{m+p}{2}} \tag{11.35}$$

この $(Y_1, \cdots, Y_p)$ の直積モーメント direct product moment は次式で与えられる.

$$\mu_{k_1,k_2,\cdots,k_p}=E(Y_1^{k_1}Y_2^{k_2}\cdots Y_p^{k_p})$$
$$=\frac{m^{\frac{k}{2}}\prod_{j=1}^{p}[1\cdot3\cdot5\cdot\cdots\cdot(2n_j-1)]}{(m-2)(m-4)\cdots(m-k)} \tag{11.36}$$

ここで

$$k=\sum_{j=1}^{p}k_j, \qquad k>m$$

すべての $k_1, \cdots, k_p$ は偶数

$$2n_j=k_j, \qquad j=1, \cdots, p$$

である.

この式を用いて次の結果を得る.

$$\mu_{2,0,\cdots,0}=E(Y_1^2)=\frac{m}{m-2}, \qquad m>2$$

$$\mu_{4,0,\cdots,0}=E(Y_1^4)=\frac{3m^2}{(m-2)(m-4)}, \qquad m>4$$

$$\mu_{2,2,0,\cdots,0}=E(Y_1^2Y_2^2)=\frac{m^2}{(m-2)(m-4)}, \qquad m>4$$

$$\mu_{2,4,0,\cdots,0}=E(Y_1^2Y_2^4)=\frac{3m^3}{(m-2)(m-4)(m-6)}, \qquad m>6$$

11.13.4 周辺分布

$p\times1$ ベクトル $\boldsymbol{y}$ は

$$\boldsymbol{y}\sim t(m, \boldsymbol{\mu}, \boldsymbol{\Sigma})$$

とするとき

$$\boldsymbol{y}=\begin{bmatrix}\boldsymbol{y}_1\\ \boldsymbol{y}_2\end{bmatrix}\begin{matrix}p_1\times1\\ p_2\times1\end{matrix}, \qquad p_1+p_2=p$$

と分割し, この分割に対応して

$$\boldsymbol{\mu}=\begin{bmatrix}\boldsymbol{\mu}_1\\ \boldsymbol{\mu}_2\end{bmatrix}, \qquad \boldsymbol{\Sigma}=\begin{bmatrix}\boldsymbol{\Sigma}_{11} & \boldsymbol{\Sigma}_{12}\\ \boldsymbol{\Sigma}_{21} & \boldsymbol{\Sigma}_{22}\end{bmatrix}$$

とするとき，11.13.2 項の線形変換で $p_1 \times p$ 行列を

$$\boldsymbol{A} = (\boldsymbol{I}_{p_1}, \boldsymbol{0})$$

とすれば，rank$(\boldsymbol{A}) = p_1$ であり

$$\boldsymbol{A}\boldsymbol{y} = \boldsymbol{y}_1, \qquad \boldsymbol{A}\boldsymbol{\mu} = \boldsymbol{\mu}_1, \qquad \boldsymbol{A}\boldsymbol{\Sigma}\boldsymbol{A}' = \boldsymbol{\Sigma}_{11}$$

となるから

$$\boldsymbol{y}_1 \sim t(m, \boldsymbol{\mu}_1, \boldsymbol{\Sigma}_{11})$$

と $\boldsymbol{y}_1$ の周辺分布も多変量 t 分布になる．

同様に

$$\boldsymbol{y}_2 \sim t(m, \boldsymbol{\mu}_2, \boldsymbol{\Sigma}_{22})$$

である．

11.13.5 条件つき分布

$\boldsymbol{y}_2$ が与えられたときの $\boldsymbol{y}_1$ の条件つき分布 $f(\boldsymbol{y}_1 | \boldsymbol{y}_2)$ は次式で示されるように多変量 t 分布にはならない．多変量正規分布の条件つき分布はやはり正規分布になるが，この違いに注意されたい．

$$f(\boldsymbol{y}_1 | \boldsymbol{y}_2) = \frac{\Gamma\left[\frac{1}{2}(m+p)\right]}{(\pi m)^{\frac{p_1}{2}} \Gamma\left[\frac{1}{2}(m+p_2)\right]} \left(1 + \frac{Q_2}{m}\right)^{-\frac{p_1}{2}}$$

$$\times |\boldsymbol{\Sigma}_{11\cdot 2}|^{-\frac{1}{2}} \left(1 + \frac{\frac{Q_{1\cdot 2}}{m}}{1 + \frac{Q_2}{m}}\right)^{-\frac{m+p}{2}} \tag{11.37}$$

ここで

$$Q_2 = (\boldsymbol{y}_2 - \boldsymbol{\mu}_2)' \boldsymbol{\Sigma}_{22}^{-1} (\boldsymbol{y}_2 - \boldsymbol{\mu}_2)$$

$$Q_{1\cdot 2} = \boldsymbol{z}' \boldsymbol{\Sigma}_{11\cdot 2}^{-1} \boldsymbol{z}$$

$$\boldsymbol{z} = \boldsymbol{y}_1 - \boldsymbol{\mu}_1 - \boldsymbol{\Sigma}_{12} \boldsymbol{\Sigma}_{22}^{-1} (\boldsymbol{y}_2 - \boldsymbol{\mu}_2)$$

$$\boldsymbol{\Sigma}_{11\cdot 2} = \boldsymbol{\Sigma}_{11} - \boldsymbol{\Sigma}_{12} \boldsymbol{\Sigma}_{22}^{-1} \boldsymbol{\Sigma}_{21}$$

である．

1 例を挙げよう．$p_1=1$，$p_2=2$，$p=3$ とする．

$$\boldsymbol{y}_1 = (Y_1), \qquad \boldsymbol{y}_2 = \begin{bmatrix} Y_2 \\ Y_3 \end{bmatrix}$$

とし，上三角のみ示すと

$$\boldsymbol{\Sigma}=\begin{bmatrix} \sigma_1{}^2 & \rho_{12}\sigma_1\sigma_2 & \rho_{13}\sigma_1\sigma_3 \\ & \sigma_2{}^2 & \rho_{23}\sigma_2\sigma_3 \\ & & \sigma_3{}^2 \end{bmatrix}$$

である．したがって

$$\boldsymbol{\Sigma}_{11}=\sigma_1{}^2$$

$$\boldsymbol{\Sigma}_{12}=[\rho_{12}\sigma_1\sigma_2 \quad \rho_{13}\sigma_1\sigma_3], \qquad \boldsymbol{\Sigma}_{21}=\boldsymbol{\Sigma}_{12}'$$

$$\boldsymbol{\Sigma}_{22}=\begin{bmatrix} \sigma_2{}^2 & \rho_{23}\sigma_2\sigma_3 \\ \rho_{23}\sigma_2\sigma_3 & \sigma_3{}^2 \end{bmatrix}$$

である．

$\sigma_1=\sigma_2=\sigma_3=1$，$\rho_{12}=\rho_{13}=0$ とすると

$$f(y_1\,|\,y_2, y_3)=K\left(1+\frac{Q_2}{m}\right)^{-\frac{p_1}{2}}\left(1+\frac{Y_1{}^2/m}{1+Q_2/m}\right)^{-\frac{m+p}{2}}$$

$$K=\frac{\Gamma\left[\frac{1}{2}(m+p)\right]}{(\pi m)^{\frac{p_1}{2}}\Gamma\left[\frac{1}{2}(m+p_2)\right]}$$

$$Q_2=\frac{1}{1-\rho_{23}{}^2}(Y_2{}^2-2\rho_{23}Y_2Y_3+Y_3{}^2)$$

となる．自由度 $m+2$ のスチューデントの t 分布の pdf と比較されたい．t 分布の pdf ではない．

図 11.8 は $m=30$ とし，$Y_2=Y_3=3$ を与えたとき，$\rho_{23}=-0.8, 0, 0.8$ の Y_1 の条件つき分布 $f(y_1\,|\,y_2, y_3)$ のグラフである．

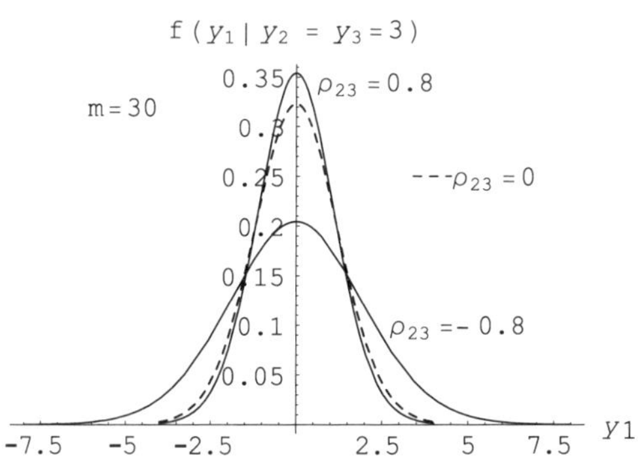

図 11.8　条件つき 3 変量 t 分布

11.13.6 多変量 t 分布と t 分布，F 分布

（i） $p\times1$ ベクトル $\boldsymbol{y}$ は

$$\boldsymbol{y}\sim t(m, \boldsymbol{\mu}, \boldsymbol{\Sigma})$$

とする．任意の $p\times1$ 定数ベクトルを $\boldsymbol{a}$ （$\neq\boldsymbol{0}$） とするとき

$$(\boldsymbol{a}'\boldsymbol{\Sigma}\boldsymbol{a})^{-\frac{1}{2}}\boldsymbol{a}'(\boldsymbol{y}-\boldsymbol{\mu})\sim t(m)$$

となる．

（ii） $p\times1$ ベクトル $\boldsymbol{y}$ が

$$\boldsymbol{y}\sim t(m, \boldsymbol{0}, \boldsymbol{\Sigma})$$

のとき

$$\frac{\boldsymbol{y}'\boldsymbol{\Sigma}^{-1}\boldsymbol{y}}{p}\sim F(p, m)$$

である．

$$\boldsymbol{y}\sim t(m, \boldsymbol{\mu}, \boldsymbol{\Sigma})$$

のときは

$$\frac{\boldsymbol{y}'\boldsymbol{\Sigma}^{-1}\boldsymbol{y}}{p}\sim F(p, m,\delta)$$

$$\delta(\text{非心度})=\frac{\boldsymbol{\mu}'\boldsymbol{\Sigma}^{-1}\boldsymbol{\mu}}{p}$$

となる．

11.13.7 回帰モデル

重回帰モデル

$$\underset{n\times1}{\boldsymbol{y}}=\underset{n\times k}{\boldsymbol{X}}\ \underset{k\times1}{\boldsymbol{\beta}}+\underset{n\times1}{\boldsymbol{u}}$$

において，誤差項に正規分布より両すその厚い分布を仮定した方が適切な場合がある．このような場合，$\boldsymbol{u}$ に n 変量 t 分布

$$\boldsymbol{u}\sim t(m, \boldsymbol{0}, \sigma_u{}^2\boldsymbol{I})$$

が仮定されることがある．$\sigma_u{}^2=\dfrac{m}{m-2}\sigma^2$ とする．$\boldsymbol{u}$ の pdf は次式である．

$$f(\boldsymbol{u})=\frac{\Gamma\left[\frac{1}{2}(n+m)\right]}{(\pi m)^{\frac{n}{2}}(\sigma^2)^{\frac{n}{2}}\Gamma\left(\frac{m}{2}\right)}\left(1+\frac{\boldsymbol{u}'\boldsymbol{u}}{m\sigma^2}\right)^{-\frac{n+m}{2}}$$

(1)　パラメータ推定

$\boldsymbol{X}$，m 所与のとき，$\boldsymbol{\beta}$ の最小 2 乗推定量 $\widehat{\boldsymbol{\beta}}$ は($\boldsymbol{u}$ の確率分布は関係ないから)

$$\widehat{\boldsymbol{\beta}}=(\boldsymbol{X}'\boldsymbol{X})^{-1}\boldsymbol{X}'\boldsymbol{y}$$

で与えられ

$$\mathrm{var}(\widehat{\boldsymbol{\beta}})=\frac{m\sigma^2}{m-2}(\boldsymbol{X}'\boldsymbol{X})^{-1}$$

となる．$m\sigma^2/(m-2)=\sigma_u{}^2=\mathrm{var}(u_i)$，$i=1,\cdots,n$ である．

$\sigma_u{}^2$ の不偏推定量は $s^2=\sum_{i=1}^{n}e_i{}^2/(n-k)$ であるから，σ^2 の不偏推定量は次式で与えられる．

$$s^{*2}=\frac{m-2}{m(n-k)}\sum_{i=1}^{n}e_i{}^2$$

ここで e_i=OLS 残差である．

したがって $\mathrm{var}(\widehat{\boldsymbol{\beta}})$ の不偏推定量は

$$V(\widehat{\boldsymbol{\beta}})=\frac{ms^{*2}}{m-2}(\boldsymbol{X}'\boldsymbol{X})^{-1}=s^2(\boldsymbol{X}'\boldsymbol{X})^{-1}$$

によって与えられる．

$\boldsymbol{u}$ の自由度 m は通常，未知である．Singh (1988) は m の推定量として次式を与えた．

$$\widehat{m}=\frac{2(2\widehat{a}-3)}{\widehat{a}-3},\qquad \widehat{a}>4$$

ここで

$$\widehat{a}=\frac{\dfrac{1}{n}\sum_{i=1}^{n}e_i{}^4}{\left(\dfrac{1}{n}\sum_{i=1}^{n}e_i{}^2\right)^2}$$

したがって m 未知のとき，σ^2 の推定量は次式になる．

$$\widehat{s}^2=\frac{\widehat{m}-2}{\widehat{m}(n-k)}\sum_{i=1}^{n}e_i{}^2=\frac{\widehat{a}}{(2\widehat{a}-3)(n-k)}\sum_{i=1}^{n}e_i{}^2$$

m 所与のとき，$\boldsymbol{\beta}$ と σ^2 の最尤推定量はそれぞれ次式で与えられる．

$$\widetilde{\boldsymbol{\beta}}=(\boldsymbol{X}'\boldsymbol{X})^{-1}\boldsymbol{X}'\boldsymbol{y}=\widehat{\boldsymbol{\beta}}$$

$$\widetilde{\sigma}^2=\frac{1}{n}\sum_{i=1}^{n}\widetilde{e}_i{}^2,\qquad \widetilde{e}_i=e_i$$

(2) 仮説検定

$$H_0: \boldsymbol{\beta}=\boldsymbol{\beta}_0, \qquad H_1: \boldsymbol{\beta}\neq\boldsymbol{\beta}_0$$

の仮説検定は，$\boldsymbol{u}$ が n 変量正規分布

$$\boldsymbol{u}\sim N(\boldsymbol{0}, \sigma_u^2\boldsymbol{I})$$

のときと同じ検定統計量

$$F=\frac{(\widehat{\boldsymbol{\beta}}-\boldsymbol{\beta}_0)'(\boldsymbol{X}'\boldsymbol{X})(\widehat{\boldsymbol{\beta}}-\boldsymbol{\beta}_0)/k}{\boldsymbol{e}'\boldsymbol{e}/(n-k)} \overset{H_0}{\sim} F(k, n-k)$$

を用いることができる．

この結果は次のようにして得られる．$\boldsymbol{u}|\sigma_u^2\sim N(\boldsymbol{0}, \sigma_u^2\boldsymbol{I})$，$\sigma_u^2\sim$逆ガンマ分布より $\boldsymbol{u}$ の n 変量 t 分布が得られ（蓑谷（2010），p. 718），F と σ_u^2 は独立であるから，F の条件つき分布 $f(F|\sigma_u^2)=f(F)$ となり，したがって $\boldsymbol{u}$ の正規分布のもとでの結果をそのまま用いることができる．

$$H_0: \beta_j=0, \qquad H_1: \beta_j\neq 0$$

の仮説検定の検定統計量も $\boldsymbol{u}$ が正規分布の場合と同じである（Zellner (1976)）．

11.14 多変量中心極限定理

$p\times 1$ ベクトル $\boldsymbol{x}_1, \cdots, \boldsymbol{x}_n$ は独立で

$$E(\boldsymbol{x}_i)=\boldsymbol{\mu}, \qquad \mathrm{var}(\boldsymbol{x}_i)=\boldsymbol{\Sigma}, \qquad i=1, \cdots, n$$

のとき，CLT

$$\sqrt{n}(\bar{\boldsymbol{x}}-\boldsymbol{\mu}) \xrightarrow{d} N(\boldsymbol{0}, \boldsymbol{\Sigma})$$

が成立することは 3.2 節で述べた（(3.25) 式）．

多変量の CLT について 1 つ補足する．

$$\boldsymbol{S}=\frac{1}{n-1}\sum_{i=1}^{n}(\boldsymbol{x}_i-\bar{\boldsymbol{x}})(\boldsymbol{x}_i-\bar{\boldsymbol{x}})'$$

とすると

$$\sqrt{n}(\boldsymbol{S}-\boldsymbol{\Sigma}) \xrightarrow{d} N(\boldsymbol{0}, \boldsymbol{V})$$

ここで

$$\boldsymbol{V}=\mathrm{cov}[\mathrm{vec}\{(\boldsymbol{x}_1-\boldsymbol{\mu})(\boldsymbol{x}_1-\boldsymbol{\mu})'\}]$$

$$\boldsymbol{C}=(\boldsymbol{x}_1-\boldsymbol{\mu})(\boldsymbol{x}_1-\boldsymbol{\mu})'=(\boldsymbol{C}_1, \cdots, \boldsymbol{C}_p), \qquad \boldsymbol{C}_i \text{ は } p\times 1$$

とすると

$$\underset{p^2\times 1}{\mathrm{vec}}(\boldsymbol{C})=\begin{bmatrix}\boldsymbol{C}_1\\ \vdots\\ \boldsymbol{C}_p\end{bmatrix}$$

であり，$\boldsymbol{V}$ は $p^2\times p^2$ の共分散行列である．

12
パラメータの点推定

本章は正規分布のパラメータおよびパラメータの関数の点推定をあつかう．推定方法としてモーメント法 method of moment，最尤法 maximum likelihood method，平均平方誤差 mean squared error（以下，MSE と略す）最小基準の 3 つをとりあげる．主要な推定法は最尤法である．

推定量の不偏性，一致性などの特性も述べる．

12.1　$X_i \sim \mathrm{NID}(\mu, \sigma^2)$ の μ，σ^2 および σ の推定

$$X_i \sim \mathrm{NID}(\mu, \sigma^2),\quad i=1, \cdots, n$$

とする．μ，σ^2 および σ の推定量 estimator を 3 つの推定法から推定する．

(1)　モーメント法による推定

原点まわりの k 次モーメント，平均まわりの k 次モーメントをそれぞれ

$$\mu'_k = E(X^k)$$

$$\mu_k = E(X-\mu)^k$$

とする．原点まわりおよび平均まわりの標本 k 次モーメントをそれぞれ

$$m'_k = \frac{1}{n}\sum_{i=1}^{n} X_i^k$$

$$m_k = \frac{1}{n}\sum_{i=1}^{n} (X_i - \overline{X})^k$$

とする．

$$\mu = \mu'_1$$

$$\sigma^2 = \mu_2 = \mu'_2 - \mu'^2_1$$

であるから，母モーメントを標本モーメントで推定するモーメント法によって，μ，σ^2 のモーメント推定量はそれぞれ

$$\hat{\mu} = m'_1 = \overline{X} \tag{12.1}$$

$$\hat{\sigma}^2 = m_2' - m_1'^2 = \frac{1}{n}\sum_{i=1}^{n} X_i^2 - \bar{X}^2 = \frac{1}{n}\sum_{i=1}^{n}(X_i - \bar{X})^2 \qquad (12.2)$$

となる．σ のモーメント推定量も

$$\sigma = (\mu_2' - \mu_1'^2)^{\frac{1}{2}}$$

であるから

$$\hat{\sigma} = \left[\frac{1}{n}\sum_{i=1}^{n}(X_i - \bar{X})^2\right]^{\frac{1}{2}}$$

となる．

(2) 最尤法による推定

X_i の pdf

$$f(x_i) = \frac{1}{\sqrt{2\pi}\,\sigma}\exp\left[-\frac{1}{2\sigma^2}(x_i - \mu)^2\right]$$

より，尤度関数 likelihood function

$$L = \prod_{i=1}^{n} f(x_i) = (2\pi)^{-\frac{n}{2}}(\sigma^2)^{-\frac{n}{2}}\exp\left[-\frac{1}{2\sigma^2}\sum_{i=1}^{n}(x_i - \mu)^2\right] \qquad (12.3)$$

が得られ，対数尤度関数は

$$\log L = -\frac{n}{2}\log(2\pi) - \frac{n}{2}\log\sigma^2 - \frac{1}{2\sigma^2}\sum_{i=1}^{n}(x_i - \mu)^2 \qquad (12.4)$$

となる．μ, σ^2 の最尤推定量 maximum likelihood estimator（以下，MLE と略す）は

$$\frac{\partial \log L}{\partial \mu} = \frac{1}{\sigma^2}\sum_{i=1}^{n}(x_i - \mu) = 0$$

$$\frac{\partial \log L}{\partial \sigma^2} = -\frac{n}{2\sigma^2} + \frac{1}{2\sigma^4}\sum_{i=1}^{n}(x_i - \mu)^2 = 0$$

の解として得られる．

1 番目の必要条件の式から μ の MLE として $\bar{x}$ が得られ，2 番目の式の μ に $\bar{x}$ を代入して σ^2 の MLE として $\hat{\sigma}^2$ が得られる．すなわち μ, σ^2 とも MLE はモーメント法推定量と同じになる．

最尤推定量の不変性 invariance（未知パラメータ θ の MLE を $\hat{\theta}$ とするとき，θ の関数 $g(\theta)$ の MLE は $g(\hat{\theta})$ である）より，$\sigma = g(\sigma^2) = \sqrt{\sigma^2}$ の MLE は $\hat{\sigma}$ である．

(3) 最小 MSE 基準による推定

一般に，未知パラメータ θ の推定量を $\hat{\theta}$ とするとき

$$\mathrm{MSE}(\hat{\theta})=E(\hat{\theta}-\theta)^2$$

と定義される．

$$\hat{\theta}-\theta=\hat{\theta}-E(\hat{\theta})+E(\hat{\theta})-\theta$$

と分解し，$\hat{\theta}$ の偏り bias を

$$B(\hat{\theta})=E(\hat{\theta})-\theta$$

と表すと

$$\mathrm{MSE}(\hat{\theta})=\mathrm{var}(\hat{\theta})+[B(\hat{\theta})]^2 \tag{12.5}$$

となる．$\hat{\theta}$ の偏りと分散の両者が MSE では考慮されている．

(a)　MSE を最小にする μ の推定量を $a\bar{X}$ とすると

$$B(a\bar{X})=E(a\bar{X})-\mu=(a-1)\mu$$

$$\mathrm{var}(a\bar{X})=a^2\mathrm{var}(\bar{X})=\frac{a^2}{n}\sigma^2$$

であるから

$$\mathrm{MSE}(a\bar{X})=\frac{a^2}{n}\sigma^2+(a-1)^2\mu^2$$

a は

$$\frac{\partial\mathrm{MSE}(a\bar{X})}{\partial a}=\frac{2a}{n}\sigma^2+2(a-1)\mu^2=0$$

を満たさなければならないから，この必要条件より

$$a=\frac{\mu^2}{\mu^2+\dfrac{\sigma^2}{n}}$$

が得られ，したがって μ の最小 MSE 推定量は

$$a\bar{X}=\left(\frac{\mu^2}{\mu^2+\dfrac{\sigma^2}{n}}\right)\bar{X}$$

となる．しかしこの $a\bar{X}$ には未知パラメータ μ と σ^2 が含まれており，推定量として意味がない．$a\bar{X}<\bar{X}$ であること，$n\to\infty$ のとき $a\bar{X}\to\bar{X}$ となることがわかるだけである．

(b)　最小 MSE 基準からの σ^2 の推定量を aS^2 とする．

$$S^2=\frac{1}{n-1}\sum_{i=1}^{n}(X_i-\bar{X})^2$$

$$E(S^2)=\sigma^2\quad(9.1.4\,項) \tag{12.6}$$

$$\mathrm{var}(S^2) = \frac{2\sigma^4}{n-1} \quad (9.1.4\text{ 項})$$

である．したがって

$$B(aS^2) = aE(S^2) - \sigma^2 = (a-1)\sigma^2$$

$$\mathrm{var}(aS^2) = \frac{2a^2\sigma^4}{n-1}$$

となるから

$$\mathrm{MSE}(aS^2) = \frac{2a^2\sigma^4}{n-1} + (a-1)^2\sigma^4$$

である．a は

$$\frac{\partial \mathrm{MSE}(aS^2)}{\partial a} = \frac{4a\sigma^4}{n-1} + 2(a-1)\sigma^4 = 0$$

を満たさなければならないから

$$a = \frac{n-1}{n+1}$$

を得る．したがって

$$aS^2 = \frac{1}{n+1}\sum_{i=1}^{n}(X_i - \bar{X})^2 = \tilde{\sigma}^2$$

が最小 MSE 基準からの σ^2 の推定量を与える．

$$E(\tilde{\sigma}^2) = \frac{n-1}{n+1}\sigma^2 = \sigma^2 - \frac{2}{n+1}\sigma^2 < \sigma^2 \tag{12.7}$$

であるから $\tilde{\sigma}^2$ は負の偏り $-2\sigma^2/(n+1)$ をもつ．

$$\mathrm{var}(\tilde{\sigma}^2) = \frac{2(n-1)\sigma^4}{(n+1)^2} \tag{12.8}$$

となるから

$$\mathrm{MSE}(\tilde{\sigma}^2) = \frac{2\sigma^4}{n+1}$$

である．

σ^2 の 3 つの推定量 S^2, $\hat{\sigma}^2$, $\tilde{\sigma}^2$ の MSE を比較すると

$$\mathrm{MSE}(S^2) = \mathrm{var}(S^2) = \frac{2\sigma^4}{n-1}$$

$$\mathrm{MSE}(\hat{\sigma}^2) = \frac{(2n-1)\sigma^4}{n^2}$$

となるから

$$\mathrm{MSE}(\tilde{\sigma}^2) < \mathrm{MSE}(\hat{\sigma}^2) < \mathrm{MSE}(S^2)$$

の不等式が得られ，S^2 は偏り 0 であるが MSE は 3 つの推定量のなかで一番大きい．

(c)　最小 MSE 推定量に MLE のような不変性はないから，σ の最小 MSE 推定量は $\tilde{\sigma}$ にならない．

MSE を最小にする σ の推定量を aS としよう．

$$E(S)=\sigma\sqrt{\frac{2}{n-1}}\frac{\Gamma\left(\frac{n}{2}\right)}{\Gamma\left(\frac{n-1}{2}\right)} \quad (9.2 節) \tag{12.9}$$

である．

$$S=\frac{\sigma}{\sqrt{n-1}}\times(自由度\ n-1\ のカイ分布) \quad (9.2 節)$$

であるから

$$\mathrm{var}(S)=\frac{\sigma^2}{n-1}\left[n-1-2\left\{\frac{\Gamma\left(\frac{n}{2}\right)}{\Gamma\left(\frac{n-1}{2}\right)}\right\}^2\right]$$

$$=\sigma^2\left[1-\frac{2}{n-1}\left\{\frac{\Gamma\left(\frac{n}{2}\right)}{\Gamma\left(\frac{n-1}{2}\right)}\right\}^2\right] \tag{12.10}$$

を得る．したがって

$$\mathrm{MSE}(aS)=a^2\sigma^2\left[1-\frac{2}{n-1}\left\{\frac{\Gamma\left(\frac{n}{2}\right)}{\Gamma\left(\frac{n-1}{2}\right)}\right\}^2\right]$$

$$+\sigma^2\left[a\sqrt{\frac{2}{n-1}}\frac{\Gamma\left(\frac{n}{2}\right)}{\Gamma\left(\frac{n-1}{2}\right)}-1\right]^2$$

となり，$\partial\mathrm{MSE}(aS)/\partial a=0$ より

$$a=\sqrt{\frac{2}{n-1}}\frac{\Gamma\left(\frac{n}{2}\right)}{\Gamma\left(\frac{n-1}{2}\right)}$$

が得られるから，最小 MSE 基準による σ の推定量は

$$\tilde{\sigma}=\sqrt{\frac{2}{n-1}}\frac{\Gamma\left(\frac{n}{2}\right)}{\Gamma\left(\frac{n-1}{2}\right)}S \tag{12.11}$$

となる．

$$\Gamma\left(\frac{n+1}{2}\right)=\Gamma\left(\frac{n-1}{2}+1\right)=\left(\frac{n-1}{2}\right)\Gamma\left(\frac{n-1}{2}\right)$$

の関係を用いると

$$\tilde{\sigma}=\frac{\Gamma\left(\frac{n}{2}\right)}{2^{\frac{1}{2}}\Gamma\left(\frac{n+1}{2}\right)}(n-1)^{\frac{1}{2}}S \tag{12.12}$$

と表すこともできる．

一般に，最小 MSE 基準による σ^r の推定量は

$$\tilde{\sigma}^r=\frac{\Gamma\left(\frac{n-1+r}{2}\right)}{2^{\frac{r}{2}}\Gamma\left(\frac{n-1+2r}{2}\right)}(n-1)^{\frac{r}{2}}S^r,\quad r=1, 2, \cdots \tag{12.13}$$

によって得ることができる（Stuart and Ord (1991), p. 645)．

12.2 推定量の特性

$X_1, \cdots, X_n$ に関しては 12.1 節と同じ

$$X_i \sim \mathrm{NID}(\mu, \sigma^2),\quad i=1, \cdots, n$$

を仮定する．

12.2.1 $\bar{X}$ の特性

μ の推定量 $\bar{X}$ はモーメント法による推定量であり，MLE でもある．$\bar{X}$ は次の性質をもつ．

（i） 不偏性 unbiasedness

（ii） 有効性 efficiency

（iii） 一致性 consistency

（i）

$$E(\bar{X})=\frac{1}{n}\sum_{i=1}^{n}E(X_i)=\mu$$

は直ちに得られる．

（ii） μ のあらゆる不偏推定量のクラスのなかで，$\bar{X}$ の分散は最小である．$\bar{X}$ は μ の有効推定量 efficient estimator，あるいは最小分散不偏推定量 minimum variance unbiased estimator（MVUE）あるいは一様最小分散不偏推定量 uniformly minimum variance unbiased estimator（UMVU）といわれる．

$\bar{X}$ が μ の MVUE であることはクラメール-ラオの不等式 Cramér-Rao's inequality によって証明することができる．

$\boldsymbol{\theta}$ は $k\times 1$ のパラメータベクトル，$\hat{\boldsymbol{\theta}}$ は $\boldsymbol{\theta}$ の不偏推定量，すなわち

$$E(\hat{\boldsymbol{\theta}})=\boldsymbol{\theta}$$

とする．$\hat{\boldsymbol{\theta}}$ の共分散行列を $\boldsymbol{V}(\hat{\boldsymbol{\theta}})$ とすると，次のクラメール-ラオ不等式が成立する．

$$\boldsymbol{V}(\hat{\boldsymbol{\theta}})\geq \boldsymbol{I}(\boldsymbol{\theta})^{-1} \tag{12.14}$$

ここで不等号は

$$\boldsymbol{V}(\hat{\boldsymbol{\theta}})-\boldsymbol{I}(\boldsymbol{\theta})^{-1}\text{ は正値半定符号}$$

ということを意味する．

$\boldsymbol{I}(\boldsymbol{\theta})$ はフィッシャーの情報行列であり

$$\boldsymbol{I}(\boldsymbol{\theta})=-E\left[\frac{\partial^2\log L(\boldsymbol{\theta})}{\partial\boldsymbol{\theta}\partial\boldsymbol{\theta}'}\right] \tag{12.15}$$

$$-E\left[\underset{k\times k}{\frac{\partial^2\log L(\boldsymbol{\theta})}{\partial\boldsymbol{\theta}\partial\boldsymbol{\theta}'}}\right]=\begin{bmatrix} -E\left(\dfrac{\partial^2\log L(\boldsymbol{\theta})}{\partial\theta_1^2}\right) & \cdots & -E\left(\dfrac{\partial^2\log L(\boldsymbol{\theta})}{\partial\theta_1\partial\theta_k}\right) \\ \vdots & \ddots & \vdots \\ -E\left(\dfrac{\partial^2\log L(\boldsymbol{\theta})}{\partial\theta_k\partial\theta_1}\right) & \cdots & -E\left(\dfrac{\partial^2\log L(\boldsymbol{\theta})}{\partial\theta_k^2}\right) \end{bmatrix} \tag{12.16}$$

である．

θ がスカラー，$\hat{\theta}$ はその不偏推定量のとき，クラメール-ラオの不等式は

$$\operatorname{var}(\hat{\theta})\geq\frac{1}{-E\left(\dfrac{\partial^2\log L}{\partial\theta^2}\right)} \tag{12.17}$$

である．

$$-E\left(\frac{\partial^2\log L}{\partial\theta^2}\right)=E\left[\left(\frac{\partial\log L}{\partial\theta}\right)^2\right]$$

であるから，クラメール-ラオの不等式は次のように表すこともできる．

$$\mathrm{var}(\hat{\theta}) \geq \frac{1}{E\left(\dfrac{\partial \log L}{\partial \theta}\right)^2} \tag{12.18}$$

MLE との関連でいえば，$\boldsymbol{\theta}$ の MLE を $\hat{\boldsymbol{\theta}}$ とすると，MLE は，正規分布の σ^2 の MLE $\hat{\sigma}^2$ がそうであるように，一般的には $\boldsymbol{\theta}$ の不偏推定量ではない．しかし

$$\hat{\boldsymbol{\theta}} \xrightarrow{d} N(\boldsymbol{\theta}, \boldsymbol{I}(\boldsymbol{\theta})^{-1}) \tag{12.19}$$

が成立し，$\hat{\boldsymbol{\theta}}$ は漸近的に正規分布し，しかもその共分散行列はクラメール-ラオ限界 $\boldsymbol{I}(\boldsymbol{\theta})^{-1}$ に等しい．$\boldsymbol{\theta}$ の MLE $\hat{\boldsymbol{\theta}}$ は漸近的有効推定量である．

(12.19) 式は

$$\sqrt{n}(\hat{\boldsymbol{\theta}} - \boldsymbol{\theta}) \xrightarrow{d} N\left(\mathbf{0}, \left[\frac{\boldsymbol{I}(\boldsymbol{\theta})}{n}\right]^{-1}\right)$$

と表すこともできる．

モーメント法による推定量も漸近的に正規分布するが，一般的に，共分散行列は $\boldsymbol{I}(\boldsymbol{\theta})^{-1}$ に等しくならない．最尤法を完成させた R. A. フィッシャーが，K. ピアソンの提唱したモーメント法より最尤法の方がすぐれていると主張したのはこの MLE の漸近的有効性である．

フィッシャーの情報行列を求めるためには $\log L$ のパラメータに関する 2 次微分が必要である．(12.4) 式の $\log L$ から

$$\frac{\partial \log L}{\partial \sigma^2} = -\frac{n}{2\sigma^2} + \frac{1}{2\sigma^4}\sum_{i=1}^{n}(x_i - \mu)^2$$

$$\frac{\partial^2 \log L}{\partial \mu^2} = -\frac{n}{\sigma^2}$$

$$\frac{\partial^2 \log L}{\partial \sigma^2 \partial \mu} = -\frac{1}{\sigma^4}\sum_{i=1}^{n}(x_i - \mu)$$

$$\frac{\partial^2 \log L}{\partial (\sigma^2)^2} = \frac{n}{2\sigma^4} - \frac{1}{\sigma^6}\sum_{i=1}^{n}(x_i - \mu)^2$$

となる．$\boldsymbol{\theta}' = (\mu, \sigma^2)$ とすると

$$\boldsymbol{I}(\boldsymbol{\theta}) = -E\begin{bmatrix} \dfrac{\partial^2 \log L}{\partial \mu^2} & \dfrac{\partial^2 \log L}{\partial \mu \partial \sigma^2} \\ \dfrac{\partial^2 \log L}{\partial \sigma^2 \partial \mu} & \dfrac{\partial^2 \log L}{\partial (\sigma^2)^2} \end{bmatrix} = \begin{bmatrix} \dfrac{n}{\sigma^2} & 0 \\ 0 & \dfrac{n}{2\sigma^4} \end{bmatrix}$$

が得られるから，$\boldsymbol{\theta} = (\mu, \sigma^2)'$ の不偏推定量の分散のクラメール-ラオ限界は

$$I(\boldsymbol{\theta})^{-1}=\begin{bmatrix} \dfrac{\sigma^2}{n} & 0 \\ 0 & \dfrac{2\sigma^4}{n} \end{bmatrix} \tag{12.20}$$

となる．

すなわち μ の不偏推定量の分散の下限は σ^2/n であるが，これは $\mathrm{var}(\bar{X})$ に等しいから，$\bar{X}$ は μ の MVUE である．

標本中位数 $\tilde{X}$ も μ の不偏推定量であり，n が奇数のとき $\mathrm{var}(\tilde{X})$ は (10.18) 式に示されている．$\tilde{X}$ が $\bar{X}$ にくらべてどの程度の効率 efficiency をもつかは，10.7.2 項で示した C_n 以外に

$$\frac{\mathrm{var}(\bar{X})}{\mathrm{var}(\tilde{X})}$$

によって測られることが多い．**表 12.1** にこの効率の値が示されている (Stuart and Ord (1991), p. 613)．この表から n が十分大きくても，$\tilde{X}$ は $\bar{X}$ にくらべて約 64% の効率しかない，ということがわかる．ともに μ の不偏推定量であっても，$\tilde{X}$ は $\bar{X}$ にくらべて分散が大きく，μ から離れた値を推定値として得るリスクが大きい，ということを意味する．**図 12.1** は $X_i \sim \mathrm{NID}(0,1)$，$n=21$ のときの $\bar{X}$ の分布（実線）と $\tilde{X}$ の分布（点線）である．

$\mu=0$ の近辺で $\tilde{X}$ の確率密度は $\bar{X}$ より小さく，$\tilde{X}$ の分散は $\bar{X}$ の分散より大きいから両すそも $\tilde{X}$ の分布は $\bar{X}$ の分布より厚い．

表 12.1 $\tilde{X}$ の $\bar{X}$ に対する効率

n	効率
1	1
3	0.743
5	0.697
7	0.679
9	0.669
11	0.663
13	0.659
15	0.656
17	0.653
19	0.651
∞	0.637

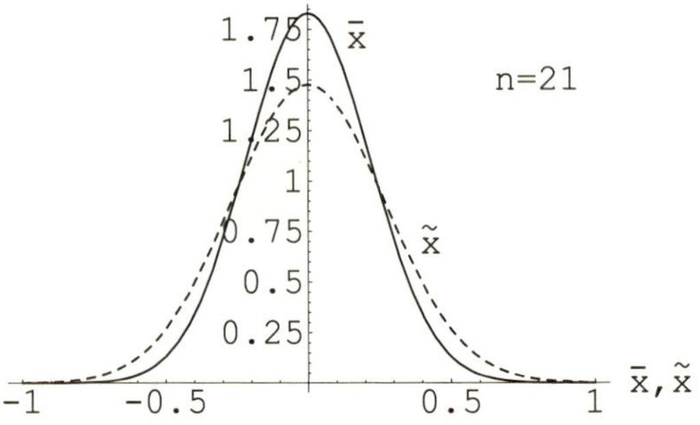

図 12.1 $N(0,1)$ からの $\tilde{X}$ と $\bar{X}$ の分布

(iii)

$$E(\bar{X})=\mu$$

$$\lim_{n\to\infty}\mathrm{var}(\bar{X})=\lim_{n\to\infty}\left(\frac{\sigma^2}{n}\right)=0$$

であるから，$\bar{X}$ は一致性のための十分条件を満たし

$$\operatorname*{plim}_{n\to\infty}\bar{X}=\mu$$

すなわち $\bar{X}$ は μ の一致推定量である．

12.2.2 $\hat{\sigma}^2$ の特性

(12.2) 式で与えられる $\hat{\sigma}^2$ は σ^2 のモーメント法による推定量であり，MLE でもある．次の特性をもつ．

(i) $E(\hat{\sigma}^2)<\sigma^2$

(ii) $\lim_{n\to\infty}E(\hat{\sigma}^2)=\sigma^2$

(iii) $\operatorname*{plim}_{n\to\infty}\hat{\sigma}^2=\sigma^2$

(i)

$$V=\frac{(n-1)S^2}{\sigma^2}\sim\chi^2(n-1)$$

であり

$$\hat{\sigma}^2=\left(\frac{n-1}{n}\right)S^2=\frac{\sigma^2}{n}V$$

$$E(V)=n-1,\ \mathrm{var}(V)=2(n-1)$$

であるから

$$E(\hat{\sigma}^2)=\frac{\sigma^2}{n}E(V)=\left(\frac{n-1}{n}\right)\sigma^2=\sigma^2-\frac{1}{n}\sigma^2<\sigma^2$$

となり，$\hat{\sigma}^2$ は負の偏り $-\sigma^2/n$ をもち，σ^2 の不偏推定量ではない．σ^2 の不偏推定量は S^2 である．しかし

$$\mathrm{var}(\hat{\sigma}^2)=\frac{\sigma^4}{n^2}\mathrm{var}(V)=\frac{2(n-1)\sigma^4}{n^2}$$

$$\mathrm{var}(S^2)=\frac{\sigma^4}{(n-1)^2}\mathrm{var}(V)=\frac{2\sigma^4}{n-1}$$

であるから

$$\mathrm{var}(\hat{\sigma}^2)<\mathrm{var}(S^2)$$

の関係があり，分散は $\hat{\sigma}^2$ の方が S^2 より小さい．MSE でも $\hat{\sigma}^2$ の方が S^2 より小さいことはすでに示した．

σ^2 の推定量としては負の偏りをもつ $\hat{\sigma}^2$ ではなく，不偏性をもつ S^2 が用いられる．しかし $\mathrm{var}(S^2)$ は (12.20) 式に示されている σ^2 の不偏推定量の分散のクラメール-ラオ限界の $2\sigma^4/n$ より少し大きい．クラメール-ラオ限界に等しい分散をもつ σ^2 の不偏推定量はないのか，という疑問が生ずる．最小十分統計量の概念とラオ-ブラックウェルの定理を用いて，実は，S^2 が σ^2 の MVUE であることを証明できるので，S^2 の分散より小さい分散をもつ σ^2 の不偏推定量はない（蓑谷（2009 b），pp. 580～582）．十分統計量の概念を使わなくても，$X_1, \cdots, X_n$ の 2 次形式で表される σ^2 の不偏推定量のなかで S^2 の分散が最小であるという証明は蓑谷（1996）pp. 14～18 に示されている．

（ii）　$\hat{\sigma}^2$ は不偏性は有していないが，偏り

$$B(\hat{\sigma}^2) = E(\hat{\sigma}^2) - \sigma^2 = -\frac{1}{n}\sigma^2 \xrightarrow[n\to\infty]{} 0$$

であるから，漸近的不偏性

$$\lim_{n\to\infty} E(\hat{\sigma}^2) = \sigma^2$$

をもつ．

（iii）

$$\lim_{n\to\infty} E(\hat{\sigma}^2) = \sigma^2$$

$$\mathrm{var}(\hat{\sigma}^2) = \frac{2(n-1)\sigma^4}{n^2} \xrightarrow[n\to\infty]{} 0$$

であるから

$$\operatorname*{plim}_{n\to\infty} \hat{\sigma}^2 = \sigma^2$$

が得られ，$\hat{\sigma}^2$ は σ^2 の一致推定量である．

S^2 についてもその特性を示しておこう．

（i）　$E(S^2) = \sigma^2$

（ii）　S^2 は σ^2 の MVUE

（iii）　$\operatorname*{plim}_{n\to\infty} S^2 = \sigma^2$

12.2.3　S，$\hat{\sigma}$ の特性，σ の不偏推定量

$\hat{\sigma}$ は σ のモーメント法による推定量であり，MLE でもある．S も σ の推

定量として当然考えることができる．しかし，9.2 節で示したように

$$E(S) < \sigma$$

であり，S は σ を，平均的に過小推定し，σ の不偏推定量ではない．

$$\hat{\sigma} = \sqrt{\frac{n-1}{n}} S < S$$

であるから，$\hat{\sigma}$ は S 以上に σ を過小推定しがちである．

σ の不偏推定量を求めよう．9.9 節で標本平均偏差を

$$d = \frac{1}{n} \sum_{i=1}^{n} |X_i - \bar{X}|$$

とすると

$$E(d) = \sigma \sqrt{\frac{2(n-1)}{n\pi}}$$

であることを示した．この d の期待値は次のようにして得られる．

$$X_i \sim \mathrm{NID}(\mu, \sigma^2), \quad i = 1, \cdots, n$$

とすると

$$X_i - \bar{X} \sim N\left(0, \left(\frac{n-1}{n}\right)\sigma^2\right)$$

が得られ

$$Z_i = \frac{X_i - \bar{X}}{\sqrt{\frac{n-1}{n}}\sigma} \sim N(0, 1)$$

である．$E|Z_i| = (2/\pi)^{\frac{1}{2}}$ （(8.29) 式）を用いて

$$E|X_i - \bar{X}| = \sqrt{\frac{2}{\pi}\left(\frac{n-1}{n}\right)}\sigma, \quad i = 1, \cdots, n$$

となるから，上式 $E(d)$ を得る．

したがって，σ の推定量を

$$\tilde{\sigma} = \sqrt{\frac{\pi}{2}\left(\frac{n}{n-1}\right)} \frac{1}{n} \sum_{i=1}^{n} |X_i - \bar{X}| \tag{12.21}$$

とすれば

$$E(\tilde{\sigma}) = \sigma$$

である．

他方，(12.9) 式より

$$\sigma^*=\frac{\Gamma\left(\frac{n-1}{2}\right)}{2^{\frac{1}{2}}\Gamma\left(\frac{n}{2}\right)}(n-1)^{\frac{1}{2}}S \tag{12.22}$$

とすれば

$$E(\sigma^*)=\sigma$$

と σ^* も σ の不偏推定量であり，さらに σ^* は σ の MVUE である．

一般に σ^r の MVUE は

$$\sigma^{r*}=\frac{\Gamma\left(\frac{n-1}{2}\right)}{2^{\frac{r}{2}}\Gamma\left(\frac{n+r-1}{2}\right)}(n-1)^{\frac{r}{2}}S^r \tag{12.23}$$

$$n>-r+1$$

によって与えられる（Lehman (1983), p. 85）．

$$\mathrm{var}(\sigma^*)=\frac{1}{2}\left\{\frac{\Gamma\left(\frac{n-1}{2}\right)}{\Gamma\left(\frac{n}{2}\right)}\right\}^2(n-1)\,\mathrm{var}(S)$$

$$=\sigma^2\left[\left(\frac{n-1}{2}\right)\left\{\frac{\Gamma\left(\frac{n-1}{2}\right)}{\Gamma\left(\frac{n}{2}\right)}\right\}^2-1\right] \tag{12.24}$$

となる．

σ^* の pdf は S の pdf (9.6) 式と，σ^* と S の関係 (12.22) 式を用いて次式になる．$\sigma^*=y$，$m=n-1$ とおく．

$$g(y)=\frac{a^m y^{m-1}}{b\sigma^m}\exp\left(-\frac{ma^2}{2\sigma^2}y^2\right) \tag{12.25}$$

ここで

$$a=\frac{\Gamma\left(\frac{m}{2}\right)}{2^{\frac{1}{2}}\Gamma\left(\frac{m+1}{2}\right)}$$

$$b=\frac{m^{\frac{m}{2}}}{2^{\frac{m}{2}-1}\Gamma\left(\frac{m}{2}\right)}$$

である．

図 12.2 は $\sigma=5$ としたとき $m=10, 30, 50$ の $\sigma^*=y$ の pdf である．

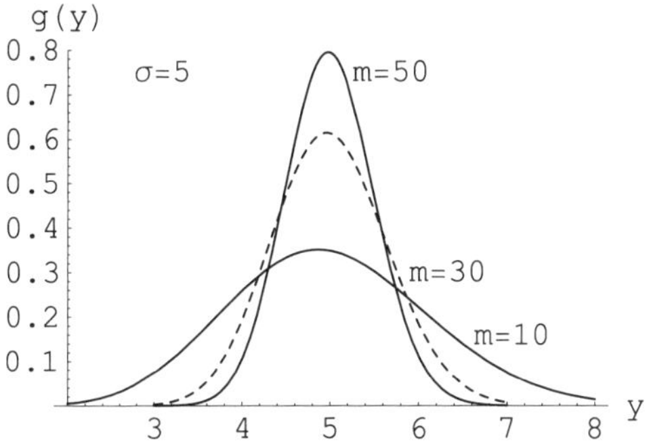

図 12.2 $\sigma^*=y$ の確率密度関数

(12.24) 式の $\mathrm{var}(\sigma^*)$ が σ の不偏推定量の最小分散を与える．もう１つの σ の不偏推定量である (12.21) 式の $\tilde{\sigma}$ の分散は 9.9 節の $\mathrm{var}(d)$ を用いて次式になる．

$$\mathrm{var}(\tilde{\sigma})=\frac{\sigma^2}{n}\left\{\frac{\pi}{2}+[n(n-2)]^{\frac{1}{2}}-n+\sin^{-1}\left(\frac{1}{n-1}\right)\right\} \qquad (12.26)$$

例 12.1

簡単な実験によって S, $\tilde{\sigma}$, σ^*, $\mathrm{var}(\tilde{\sigma})$, $\mathrm{var}(\sigma^*)$ の値をくらべてみよう．

$$X_i \sim \mathrm{NID}(5, 25), \quad i=1, \cdots, 30$$

を発生させ，10,000 回の実験の S, $\tilde{\sigma}$, σ^* の平均，標準偏差，$\mathrm{var}(\tilde{\sigma})$, $\mathrm{var}(\sigma^*)$ の平均，標準偏差を**表 12.2** に示した．$\mathrm{var}(\tilde{\sigma})$, $\mathrm{var}(\sigma^*)$ を計算するときには $\sigma^2=25$ で固定しないで，σ^2 に推定値 S^2 を用いている．$n=30$, $\sigma^2=25$ のとき (12.26) 式から得られる $\mathrm{var}(\tilde{\sigma})=0.49003$ が真の値であり，$\mathrm{var}(\sigma^*)$ の真の値は (12.24) 式から得られる 0.43468 である．

表 12.2 から，平均的に，S は σ をわずかであるが過小推定すること，$\tilde{\sigma}$,

表 12.2 σ の推定量の比較

	平均	標準偏差
S	4.96110	0.64938
$\tilde{\sigma}$	5.00086	0.69125
σ^*	5.00404	0.65500
$\mathrm{var}(\tilde{\sigma})$	0.49070	0.12799
$\mathrm{var}(\sigma^*)$	0.43528	0.11354

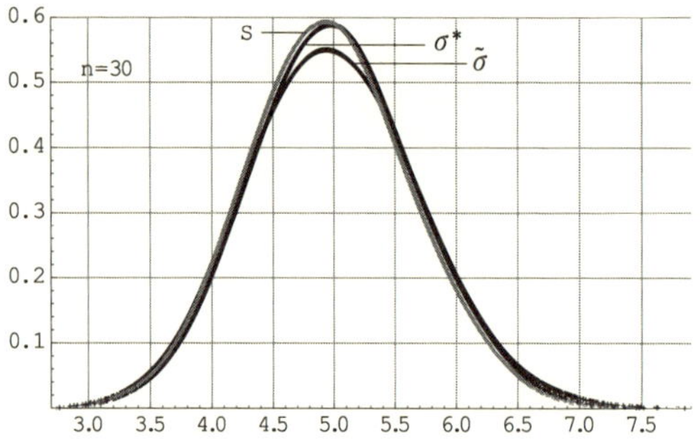

図 12.3　$N(5, 25)$ からの S，$\tilde{\sigma}$，σ^*の分布

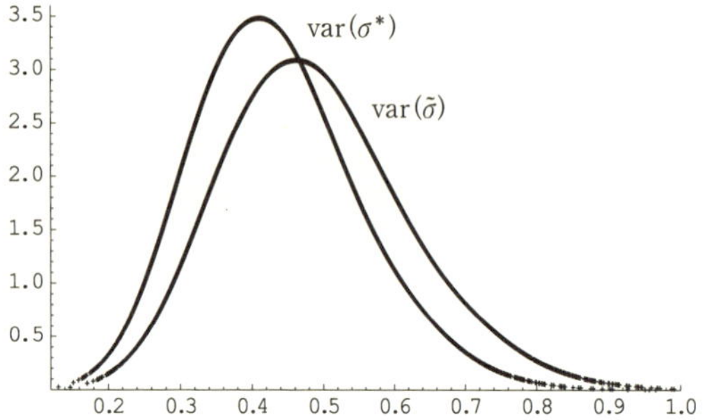

図 12.4　$N(5, 25)$からの $\mathrm{var}(\tilde{\sigma})$ と $\mathrm{var}(\sigma^*)$の分布

表 12.3　$\tilde{\sigma}$のσ^*に対する効率

n	$\mathrm{var}(\tilde{\sigma})$	$\mathrm{var}(\sigma^*)$	効率
10	0.06264	0.05701	0.91009
20	0.02986	0.02665	0.89271
30	0.01960	0.01739	0.88705
40	0.01459	0.01290	0.88425
50	0.01162	0.01026	0.88258
60	0.00965	0.00851	0.88147
70	0.00826	0.00727	0.88068
80	0.00721	0.00635	0.88009
90	0.00640	0.00563	0.87963
100	0.00576	0.00506	0.87926
110	0.00523	0.00460	0.87896
120	0.00479	0.00421	0.87871
130	0.00442	0.00388	0.87850
140	0.00410	0.00360	0.87832
150	0.00383	0.00336	0.87816
160	0.00359	0.00315	0.87802
170	0.00338	0.00296	0.87790
180	0.00319	0.00280	0.87779
190	0.00302	0.00265	0.87770
200	0.00287	0.00252	0.87761

σ^* は真の値 5.0 とほとんど同じであること，σ の MVUE である σ^* より $\tilde{\sigma}$ の標準偏差や分散は大きいことを確かめることができる．

図 12.3 は 10,000 回の実験から得られた S，$\tilde{\sigma}$，σ^* のカーネル密度関数，**図 12.4** は $\mathrm{var}(\tilde{\sigma})$，$\mathrm{var}(\sigma^*)$ のカーネル密度関数である．

表 12.3 は $\sigma=1$ を与え，$n=10(10)200$ のときの $\mathrm{var}(\tilde{\sigma})$，$\mathrm{var}(\sigma^*)$ および $\tilde{\sigma}$ の σ^* に対する効率を

$$\frac{\mathrm{var}(\sigma^*)}{\mathrm{var}(\tilde{\sigma})}$$

として表している．効率は分母，分子で σ^2 は消えるから，σ の値とは関係なく表の値は不変である．

12.3 μ^k の MVUE

$$X_i \sim \mathrm{NID}(\mu, 1),\quad i=1, \cdots, n$$

とする．このとき μ^k の MVUE は

$$T_k = \left(-\frac{1}{\sqrt{n}}\right)^k H_k(-\sqrt{n}\,\bar{X}) \tag{12.27}$$

によって与えられる．ここで H_k はエルミート多項式（(3.56) 式）である．T_k の分散は

$$\mathrm{var}(T_k) = \frac{1}{n^k}\sum_{i=0}^{k}\left[n^i \mu^{2i}\binom{k}{i}^2 (k-i)!\right] - \mu^{2k} \tag{12.28}$$

であり，$k \geq \ell$ とすると

$$\mathrm{cov}(T_k, T_\ell) = \frac{\mu^{k-\ell}}{n^k}\sum_{i=0}^{\ell}\left[n^i \mu^{2i}\binom{k}{k-\ell+i}\binom{\ell}{i}(\ell-i)!\right] - \mu^{k+\ell} \tag{12.29}$$

となる (Zacks (1971), pp. 129～131).

たとえば $k=2$ のとき，$H_2(x)=x^2-1$ であるから

$$T_2 = \left(-\frac{1}{\sqrt{n}}\right)^2 \{(-\sqrt{n}\,\bar{X})^2 - 1\} = \bar{X}^2 - \frac{1}{n}$$

となり，μ^2 の MVUE は $\bar{X}^2$ ではない．実際

$$E(\bar{X}^2) = \frac{1}{n^2}\sum_{i=1}^{n}\{\mathrm{var}(X_i) + n\mu^2\} = \frac{1}{n} + \mu^2$$

となり，μ^2 にはならない．

12.4 クラメール-ラオ限界からバタチャリヤ限界へ

パラメータ θ の関数 $g(\theta)$ があり，t を $g(\theta)$ の不偏推定量とする．すなわち

$$E(t)=g(\theta)$$

である．このとき次のクラメール-ラオ不等式が成立する．

$$\mathrm{var}(t)=E\{t-g(\theta)\}^2\geq\frac{\{g'(\theta)\}^2}{E\left(\dfrac{\partial\log L}{\partial\theta}\right)^2} \tag{12.30}$$

等号が成立するのは $t-g(\theta)$ が $\partial\log L/\partial\theta$ と比例関係にあるとき，すなわち

$$\frac{\partial\log L}{\partial\theta}=A(\theta)\{t-g(\theta)\} \tag{12.31}$$

の関係があるときである．ここで $A(\theta)$ は観測値とは独立である．いいかえれば $g(\theta)$ の不偏推定量 t は $\partial\log L/\partial\theta$ の線形関数のとき，そしてそのときに限り MVUE である．

いま，$t-g(\theta)$ が (12.31) 式のように $\partial\log L/\partial\theta$ の線形関数であるというケースが成立しない推定量を考えよう．$t-g(\theta)$ は

$$\frac{\partial\log L}{\partial\theta}=\frac{1}{L}\frac{\partial L}{\partial\theta}\text{ および }\frac{1}{L}\frac{\partial^2 L}{\partial\theta^2}$$

の線形関数，あるいは一般に

$$\frac{1}{L}\frac{\partial^r L}{\partial\theta^r}$$

の線形関数という場合である．このとき $\mathrm{var}(t)$ に関して次の不等式が成立する．

$$\mathrm{var}(t)\geq\sum_{r=1}^{s}\sum_{p=1}^{s}g^{(p)}J_{rp}{}^{-1}g^{(r)} \tag{12.32}$$

ここで

$$g^{(p)}=\frac{\partial^p g(\theta)}{\partial\theta^p}$$

$$J_{rp}=E\left[\frac{L^{(r)}}{L}\cdot\frac{L^{(p)}}{L}\right],\qquad r,p=1,\cdots,s$$

$$L^{(r)} = \frac{\partial^r L}{\partial \theta^r}$$

$J_{rp}{}^{-1} = J_{rp}$ を要素とする $s \times s$ 行列の逆行列の (r, p) 要素

である．

(12.32) 式で $s=1$ のとき

$$J_{11} = E\left(\frac{1}{L}\frac{\partial L}{\partial \theta}\right)^2 = E\left(\frac{\partial \log L}{\partial \theta}\right)^2$$

$$g^{(1)} = g'(\theta)$$

となるから (12.32) 式は (12.30) 式と同じになる．

(12.32) 式で等号が成立するバタチャリヤ限界は

$$t - g(\theta) = \sum_{p=1}^{s} \sum_{r=1}^{s} g^{(p)} J_{rp}{}^{-1} \frac{L^{(r)}}{L} \tag{12.33}$$

の場合である．(12.33) 式は $t - g(\theta)$ が $L^{(r)}/L$ の線形関数であるということを示している．

(12.32) 式は (12.30) 式の一般化であり，(12.33) 式が成立するとき，t は $g(\theta)$ の不偏推定量であり，MVUE である (Stuart and Ord (1991), pp. 619〜621)．

バタチャリヤ限界を用いて，12.3 節の μ^2 の MVUE が $\bar{X}^2 - (1/n)$ であることを示すことができる (Stuart and Ord (1991), p. 643)．

(12.28) 式より

$$T_2 = \bar{X}^2 - \frac{1}{n}$$

の分散は

$$\mathrm{var}(T_2) = \frac{2}{n^2} + \frac{4\mu^2}{n}$$

となる．この分散が μ^2 の不偏推定量のなかで最小分散を与える．

バタチャリヤ限界は標本分布が指数分布族に属するとき，最良不偏推定量 best unbiased estimator の分散に収束する (Blight and Rao (1974))．

12.5　$X \sim N(\mu, V(\mu))$ の μ の MLE

正規分布の分散 σ^2 が μ の関数 $V(\mu)$ である場合に μ の MLE を求めたい．

たとえば

$$V(\mu)=\sigma_0{}^2\mu^2$$

のときは変動係数 $\sqrt{V(\mu)}/\mu=\sigma_0$ と一定の場合であり，計量経済学ではしばしば

$$V(\mu)=\sigma_0{}^2\mu^2$$

のケースが生ずる．

$X_1,\cdots,X_n$ は独立で

$$X_i\sim N(\mu,\ V(\mu)),\quad i=1,\cdots,n$$

とする．

対数尤度関数は次式になる．

$$\log L=-\frac{n}{2}\log(2\pi)-\frac{n}{2}\log[V(\mu)]-\frac{1}{2V(\mu)}\sum_{i=1}^{n}(x_i-\mu)^2$$

$$\frac{\partial\log L}{\partial\mu}=-\frac{nV'(\mu)}{2V(\mu)}-\frac{1}{2}\left\{\frac{-2\sum_{i=1}^{n}(x_i-\mu)V(\mu)-V'(\mu)\sum_{i=1}^{n}(x_i-\mu)^2}{[V(\mu)]^2}\right\}=0$$

より

$$V'(\mu)=2(\bar{x}-\mu)+\frac{V'(\mu)}{V(\mu)}\frac{1}{n}\sum_{i=1}^{n}(x_i-\mu)^2$$

が得られるから，μ の MLE $\hat{\mu}$ は $\bar{x}$ と $\sum_{i=1}^{n}x_i{}^2$ の関数であることがわかる．

とくに $V(\mu)=\sigma^2\mu^k$，$\sigma^2>0$ 既知のとき

$$V'(\mu)=k\sigma^2\mu^{k-1},\quad \frac{V'(\mu)}{V(\mu)}=\frac{k}{\mu}$$

となるから，必要条件は次式になる．

$$k\sigma^2\mu^{k-1}=2(\bar{x}-\mu)+\frac{k}{\mu}\frac{1}{n}\sum_{i=1}^{n}(x_i-\mu)^2$$

$k=0$ ならば $V(\mu)=\sigma^2$ であり

$$0=2(\bar{x}-\mu)\quad より\quad \hat{\mu}=\bar{x}$$

$k=1$ ならば $V(\mu)=\mu\sigma^2$ であり

$$\sigma^2=2(\bar{x}-\mu)+\frac{1}{\mu}\frac{1}{n}\sum_{i=1}^{n}(x_i-\mu)^2$$

より，$V(\mu)>0$，したがって $\mu>0$ であるから

$$\hat{\mu}=\frac{-\sigma^2+\sqrt{\sigma^2+\frac{4}{n}\sum_{i=1}^{n}x_i{}^2}}{2}$$

が得られ，$\hat{\mu}$ は $\sum_{i=1}^{n}x_i{}^2$ のみの関数である．

$k=2$ のとき $V(\mu)=\mu^2\sigma^2$

$$2\sigma^2\mu=2(\bar{x}-\mu)+\frac{2}{\mu}\frac{1}{n}\sum_{i=1}^{n}(x_i-\mu)^2$$

となり，$\hat{\mu}$ は $\bar{x}$ と $\sum_{i=1}^{n}x_i{}^2$ の関数になる．

12.6 SBVN(ρ) の ρ の MLE

(X_i, Y_i)，$i=1, \cdots, n$ が標準 2 変量正規分布 SBVN(ρ) に従う場合の ρ の MLE を求めよう．

(X, Y) の同時 pdf は

$$f(x, y)=\frac{1}{2\pi(1-\rho^2)^{\frac{1}{2}}}\exp\left[-\frac{1}{2(1-\rho^2)}(x^2-2\rho xy+y^2)\right]$$

であるから，対数尤度関数は次式になる．

$$\log L=-n\log(2\pi)-\frac{n}{2}\log(1-\rho^2)$$
$$-\frac{1}{2(1-\rho^2)}\left(\sum_{i=1}^{n}x_i{}^2-2\rho\sum_{i=1}^{n}x_iy_i+\sum_{i=1}^{n}y_i{}^2\right) \qquad (12.34)$$

ρ の MLE は

$$\frac{\partial\log L}{\partial\rho}=0$$

の解として得られる．$\partial\log L/\partial\rho=0$ は次の ρ の 3 次方程式をもたらす．和の演算は $i=1$ から n までである．

$$g(\rho)=\rho(1-\rho^2)+(1+\rho^2)\frac{1}{n}\Sigma xy-\rho\left(\frac{1}{n}\Sigma x^2+\frac{1}{n}\Sigma y^2\right)$$
$$=0$$

$g(\rho)=0$ は 3 つの根をもつが

$$g(-1)=\frac{1}{n}\sum(x+y)^2>0$$

$$g(1)=-\frac{1}{n}\sum(x-y)^2<0$$

であるから，中間値の定理により $(-1,1)$ のなかに実根が1つあり，この実根を ρ_1 とすると ρ_1 は $|\rho_1|<1$ を満たす．そして $g(0)=(1/n)\sum xy$ であるから，ρ_1 は $\sum xy$ と同符号である．すなわち $\sum xy>0$ であれば $0<\rho_1<1$（**図 12.5(a)**），$\sum xy<0$ であれば $-1<\rho_1<0$ である（**図 12.5(b)**）．

$g(\rho)=0$ は

$$g'(\rho)=-\left(2\rho^2+\frac{1-\rho^2}{\rho}\cdot\frac{1}{n}\sum xy\right)$$

を与え，$\rho=\rho_1$ のとき上式（　）内は正であるから，$g'(\rho)<0$ となり，ρ_1 は

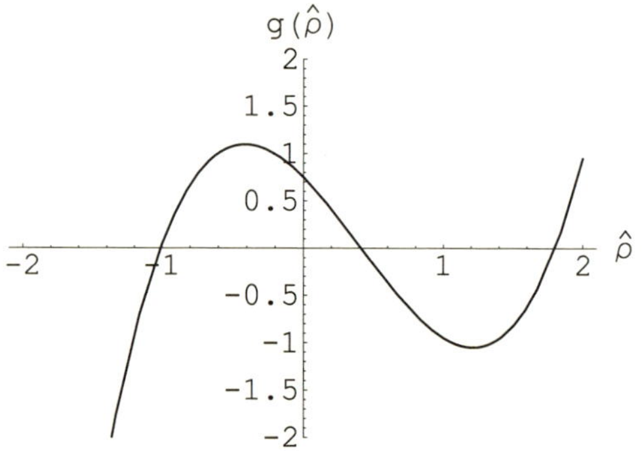

図 12.5(a)　$g(\hat{\rho})=0$ の実根 $0<\hat{\rho}_1<1$

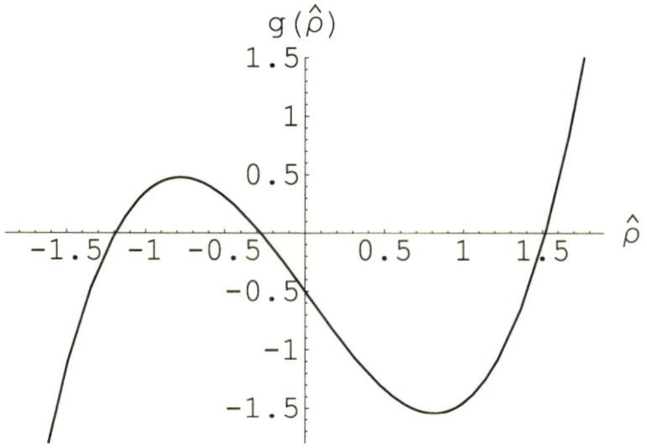

図 12.5(b)　$g(\hat{\rho})=0$ の実根 $-1<\hat{\rho}_1<0$

$\log L$ を最大にする ρ の MLE である．そして 2 つ以上の実根が $\log L$ の最大値を与えることはない（Stuart and Ord (1991), pp. 653～654）.

結局，$g(\rho)=0$ の $(-1,1)$ に含まれる実根が ρ の MLE である.

$$g(\rho)=\frac{(1-\rho^2)^2}{n}\frac{\partial \log L}{\partial \rho}$$

に等しいから

$$g'(\rho)=\frac{(1-\rho^2)^2}{n}\cdot\frac{\partial^2 \log L}{\partial \rho^2}-4\rho\frac{(1-\rho^2)}{n}\frac{\partial \log L}{\partial \rho}$$

となるが $\partial \log L/\partial\rho=0$ のとき，$g'(\rho)$ は

$$g'(\rho)=\frac{(1-\rho^2)^2}{n}\cdot\frac{\partial^2 \log L}{\partial \rho^2}=1-3\rho^2-\frac{1}{n}\left(\sum x^2-2\rho\sum xy+\sum y^2\right)$$

と表すこともできる．$E(x^2)=E(y^2)=1$，$E(xy)=\rho$ であるから，上式の両辺の期待値をとると

$$\frac{(1-\rho^2)^2}{n}E\left(\frac{\partial^2 \log L}{\partial \rho^2}\right)=-(1+\rho^2)$$

となり

$$E\left(\frac{\partial^2 \log L}{\partial \rho^2}\right)=\frac{-n(1+\rho^2)}{(1-\rho^2)^2}$$

が得られる.

したがって ρ の MLE $\hat{\rho}$ $(=\hat{\rho}_1)$ の漸近的分布の分散は

$$\mathrm{var}(\hat{\rho})=\frac{(1-\rho^2)^2}{n(1+\rho^2)}$$

となり，MLE は漸近的に正規分布するから

$$\sqrt{n}(\hat{\rho}-\rho)\xrightarrow{d}N\left(0,\frac{(1-\rho^2)^2}{1+\rho^2}\right) \tag{12.35}$$

を得る.

12.7 BVN$(\mu_1, \mu_2, \sigma_1, \sigma_2, \rho)$ のパラメータの MLE

2 変量正規分布 BVN$(\mu_1, \mu_2, \sigma_1, \sigma_2, \rho)$ に従う (X, Y) の同時 pdf は (6.1) 式に示されている（(6.1) 式の $X_1=X, X_2=Y$）．この pdf から $(X_1, Y_1), \cdots, (X_n, Y_n)$ の対数尤度関数は次式になる．和の演算は 1 から n まで，添字の i は省略する.

$$\log L=-n\log(2\pi)-\frac{1}{2}n\{\log\sigma_1^2+\log\sigma_2^2+\log(1-\rho^2)\}$$
$$-\frac{1}{2(1-\rho^2)}\Sigma\left\{\left(\frac{x-\mu_1}{\sigma_1}\right)^2-2\rho\left(\frac{x-\mu_1}{\sigma_1}\right)\left(\frac{y-\mu_2}{\sigma_2}\right)+\left(\frac{y-\mu_2}{\sigma_2}\right)^2\right\}$$

μ_1，μ_2，σ_1^2，σ_2^2，ρ の MLE は次の必要条件を解くことによって得られる．

$$\left.\begin{aligned}\frac{\partial\log L}{\partial\mu_1}&=\frac{n}{\sigma_1(1-\rho^2)}\left\{\left(\frac{\bar{x}-\mu_1}{\sigma_1}\right)-\rho\left(\frac{\bar{y}-\mu_2}{\sigma_2}\right)\right\}=0\\ \frac{\partial\log L}{\partial\mu_2}&=\frac{n}{\sigma_2(1-\rho^2)}\left\{\left(\frac{\bar{y}-\mu_2}{\sigma_2}\right)-\rho\left(\frac{\bar{x}-\mu_1}{\sigma_1}\right)\right\}=0\end{aligned}\right\}\tag{12.36}$$

$$\frac{\partial\log L}{\partial(\sigma_1^2)}=-\frac{1}{2\sigma_1^2(1-\rho^2)}\left\{n(1-\rho^2)-\frac{\sum(x-\mu_1)^2}{\sigma_1^2}+\rho\frac{\sum(x-\mu_1)(y-\mu_2)}{\sigma_1\sigma_2}\right\}$$
$$=0\tag{12.37}$$

$$\frac{\partial\log L}{\partial(\sigma_2^2)}=-\frac{1}{2\sigma_2^2(1-\rho^2)}\left\{n(1-\rho^2)-\frac{\sum(y-\mu_2)^2}{\sigma_2^2}+\rho\frac{\sum(x-\mu_1)(y-\mu_2)}{\sigma_1\sigma_2}\right\}$$
$$=0\tag{12.38}$$

$$\frac{\partial\log L}{\partial\rho}=\frac{1}{(1-\rho^2)}\left\{n\rho-\frac{1}{(1-\rho^2)}\left[\rho\left(\frac{\sum(x-\mu_1)^2}{\sigma_1^2}+\frac{\sum(y-\mu_2)^2}{\sigma_2^2}\right)\right.\right.$$
$$\left.\left.-(1+\rho^2)\frac{\sum(x-\mu_1)(y-\mu_2)}{\sigma_1\sigma_2}\right]\right\}=0\tag{12.39}$$

$\mu_1=\mu_2=0$，$\sigma_1=\sigma_2=1$ のケースが 12.6 節で説明した SBVN(ρ) の場合であり，(12.39) 式から ρ の MLE は ρ の 3 次方程式の解となる．

5 個のパラメータの MLE を求めよう．$|\rho|\neq1$ と仮定している．(12.36) 式より

$$\frac{\bar{x}-\mu_1}{\sigma_1}=\rho\frac{\bar{y}-\mu_2}{\sigma_2}$$
$$\frac{\bar{y}-\mu_2}{\sigma_2}=\rho\frac{\bar{x}-\mu_1}{\sigma_1}$$

が得られる．$|\rho|\neq1$ であるから，この 2 本の式より

$$\bar{x}-\mu_1=\bar{y}-\mu_2=0$$

すなわち，μ_1，μ_2 の MLE

$$\hat{\mu}_1=\bar{x},\quad \hat{\mu}_2=\bar{y}$$

が得られる．

この $\hat{\mu}_1$，$\hat{\mu}_2$ をそれぞれ (12.37) 式，(12.38) 式，(12.39) 式の μ_1，μ_2 へ代入し，次式を得る．

$$n(1-\rho^2)=\frac{\sum(x-\bar{x})^2}{\sigma_1{}^2}-\rho\frac{\sum(x-\bar{x})(y-\bar{y})}{\sigma_1\sigma_2} \quad (12.40)$$

$$n(1-\rho^2)=\frac{\sum(y-\bar{y})^2}{\sigma_2{}^2}-\rho\frac{\sum(x-\bar{x})(y-\bar{y})}{\sigma_1\sigma_2} \quad (12.41)$$

$$n(1-\rho^2)=\frac{\sum(x-\bar{x})^2}{\sigma_1{}^2}+\frac{\sum(y-\bar{y})^2}{\sigma_2{}^2}-\frac{1+\rho^2}{\rho}\frac{\sum(x-\bar{x})(y-\bar{y})}{\sigma_1\sigma_2} \quad (12.42)$$

この 3 本の式の最初の 2 本の式 (12.40) 式, (12.41) 式を加え, (12.42) 式を引くと次式を得る.

$$n(1-\rho^2)=\frac{1-\rho^2}{\rho}\frac{\sum(x-\bar{x})(y-\bar{y})}{\sigma_1\sigma_2}$$

この式より

$$\rho=\frac{\frac{1}{n}\sum(x-\bar{x})(y-\bar{y})}{\sigma_1\sigma_2}$$

が得られる.

この式から

$$\sum(x-\bar{x})(y-\bar{y})=n\rho\sigma_1\sigma_2$$

となるから, これを (12.37) 式, (12.38) 式へ代入して, σ_1^2, σ_2^2 の MLE はそれぞれ

$$\hat{\sigma}_1{}^2=\frac{1}{n}\sum(x-\bar{x})^2$$

$$\hat{\sigma}_2{}^2=\frac{1}{n}\sum(y-\bar{y})^2$$

となる. したがって ρ の MLE

$$\hat{\rho}=\frac{\frac{1}{n}\sum(x-\bar{x})(y-\bar{y})}{\hat{\sigma}_1\hat{\sigma}_2}=\frac{\sum(x-\bar{x})(y-\bar{y})}{\sqrt{\sum(x-\bar{x})^2\sum(y-\bar{y})^2}}$$

が得られる.

結局, μ_1, μ_2, σ_1^2, σ_2^2, ρ の MLE は次式になる.

$$\begin{aligned}&\hat{\mu}_1=\bar{x},\quad \hat{\mu}_2=\bar{y}\\&\hat{\sigma}_1{}^2=\frac{1}{n}\sum(x-\bar{x})^2,\quad \hat{\sigma}_2{}^2=\frac{1}{n}\sum(y-\bar{y})^2\\&\hat{\rho}=\frac{\sum(x-\bar{x})(y-\bar{y})}{\sqrt{\sum(x-\bar{x})^2\sum(y-\bar{y})^2}}\end{aligned} \quad (12.43)$$

最尤推定量 $\hat{\mu}_1$, $\hat{\mu}_2$, $\hat{\sigma}_1^2$, $\hat{\sigma}_2^2$, $\hat{\rho}$ のフィッシャー情報行列は以下のようになる.

$$-E\begin{bmatrix} \dfrac{\partial^2 \log L}{\partial \mu_1^2} & \dfrac{\partial^2 \log L}{\partial \mu_2 \partial \mu_1} \\ \dfrac{\partial^2 \log L}{\partial \mu_1 \partial \mu_2} & \dfrac{\partial^2 \log L}{\partial \mu_2^2} \end{bmatrix} = \frac{n}{1-\rho^2}\begin{bmatrix} \dfrac{1}{\sigma_1^2} & -\dfrac{\rho}{\sigma_1\sigma_2} \\ -\dfrac{\rho}{\sigma_1\sigma_2} & \dfrac{1}{\sigma_2^2} \end{bmatrix} = \boldsymbol{I}_1$$

$$-E\begin{bmatrix} \dfrac{\partial^2 \log L}{\partial (\sigma_1^2)^2} & \dfrac{\partial^2 \log L}{\partial \sigma_2^2 \partial \sigma_1^2} & \dfrac{\partial^2 \log L}{\partial \rho \partial \sigma_1^2} \\ \dfrac{\partial^2 \log L}{\partial \sigma_1^2 \partial \sigma_2^2} & \dfrac{\partial^2 \log L}{\partial (\sigma_2^2)^2} & \dfrac{\partial^2 \log L}{\partial \rho \partial \sigma_2^2} \\ \dfrac{\partial^2 \log L}{\partial \sigma_1^2 \partial \rho} & \dfrac{\partial^2 \log L}{\partial \sigma_2^2 \partial \rho} & \dfrac{\partial^2 \log L}{\partial \rho^2} \end{bmatrix}$$

$$= \frac{n}{1-\rho^2}\begin{bmatrix} \dfrac{2-\rho^2}{4\sigma_1^4} & \dfrac{-\rho^2}{4\sigma_1^2\sigma_2^2} & \dfrac{-\rho}{2\sigma_1^2} \\ \dfrac{-\rho^2}{4\sigma_1^2\sigma_2^2} & \dfrac{2-\rho^2}{4\sigma_2^4} & \dfrac{-\rho}{2\sigma_2^2} \\ \dfrac{-\rho}{2\sigma_1^2} & \dfrac{-\rho}{2\sigma_2^2} & \dfrac{1+\rho^2}{1-\rho^2} \end{bmatrix} = \boldsymbol{I}_2$$

となり，さらに

$$E\left(\frac{\partial^2 \log L}{\partial \sigma_j^2 \partial \mu_i}\right) = 0, \quad i, j = 1, 2$$

$$E\left(\frac{\partial^2 \log L}{\partial \rho \partial \mu_i}\right) = 0, \quad i = 1, 2$$

であるから，5 個のパラメータ $\boldsymbol{\theta} = (\mu_1, \mu_2, \sigma_1^2, \sigma_2^2, \rho)'$ の 2 次導関数から成る 5×5 行列を $\boldsymbol{D}(\boldsymbol{\theta})$ とすると

$$-E[\boldsymbol{D}(\boldsymbol{\theta})] = \boldsymbol{I}(\boldsymbol{\theta}) = \begin{bmatrix} \boldsymbol{I}_1 & \boldsymbol{0} \\ \boldsymbol{0} & \mathbf{I}_2 \end{bmatrix}$$

となり，$\boldsymbol{\theta}$ の漸近的共分散行列は

$$\boldsymbol{I}(\boldsymbol{\theta})^{-1} = \begin{bmatrix} \boldsymbol{I}_1^{-1} & \boldsymbol{0} \\ \boldsymbol{0} & \boldsymbol{I}_2^{-1} \end{bmatrix}$$

となる．ここで

$$\boldsymbol{I}_1^{-1} = \frac{1}{n}\begin{bmatrix} \sigma_1^2 & \rho\sigma_1\sigma_2 \\ \rho\sigma_1\sigma_2 & \sigma_2^2 \end{bmatrix} \tag{12.44}$$

$$\boldsymbol{I}_2^{-1} = \frac{1}{n}\begin{bmatrix} 2\sigma_1^4 & 2\rho^2\sigma_1^2\sigma_2^2 & \rho(1-\rho^2)\sigma_1^2 \\ 2\rho^2\sigma_1^2\sigma_2^2 & 2\sigma_2^4 & \rho(1-\rho^2)\sigma_2^2 \\ \rho(1-\rho^2)\sigma_1^2 & \rho(1-\rho^2)\sigma_2^2 & (1-\rho^2)^2 \end{bmatrix} \tag{12.45}$$

である．

したがって

$$\begin{bmatrix} \hat{\mu}_1-\mu_1 \\ \hat{\mu}_2-\mu_2 \end{bmatrix} \xrightarrow{d} N(\mathbf{0}, \boldsymbol{I}_1^{-1}) \tag{12.46}$$

$$\begin{bmatrix} \hat{\sigma}_1{}^2-\sigma_1{}^2 \\ \hat{\sigma}_2{}^2-\sigma_2{}^2 \\ \hat{\rho}-\rho \end{bmatrix} \xrightarrow{d} N(\mathbf{0}, \boldsymbol{I}_2^{-1}) \tag{12.47}$$

が得られる．

$\rho=0$ のときには $\boldsymbol{I}_1^{-1}$, $\boldsymbol{I}_2^{-1}$ とも対角行列になり，$\hat{\mu}_1$, $\hat{\mu}_2$, $\hat{\sigma}_1{}^2$, $\hat{\sigma}_2{}^2$ は，漸近的に独立である．

12.8　多変量正規分布のパラメータ推定

それぞれ $p\times1$ のベクトル $\boldsymbol{x}_1, \cdots, \boldsymbol{x}_n$ は互いに独立であり，p 変量正規分布 $N(\boldsymbol{\mu}, \boldsymbol{\Sigma})$ に従う．$\boldsymbol{x}$ の pdf は (11.1) 式である．$\boldsymbol{x}_1, \cdots, \boldsymbol{x}_n$ から $\boldsymbol{\mu}$, $\boldsymbol{\Sigma}$ の MLE を求めよう．

対数尤度関数は次式になる．$n\geq p+1$ とする．

$$\log L=-\frac{np}{2}\log(2\pi)-\frac{n}{2}\log|\boldsymbol{\Sigma}|-\frac{1}{2}\sum_{i=1}^{n}(\boldsymbol{x}_i-\boldsymbol{\mu})'\boldsymbol{\Sigma}^{-1}(\boldsymbol{x}_i-\boldsymbol{\mu}) \tag{12.48}$$

そして

$$\begin{aligned}(\boldsymbol{x}_i-\boldsymbol{\mu})'\boldsymbol{\Sigma}^{-1}(\boldsymbol{x}_i-\boldsymbol{\mu}) &= (\boldsymbol{x}_i-\bar{\boldsymbol{x}})'\boldsymbol{\Sigma}^{-1}(\boldsymbol{x}_i-\bar{\boldsymbol{x}}) \\ &\quad +(\bar{\boldsymbol{x}}-\boldsymbol{\mu})'\boldsymbol{\Sigma}^{-1}(\bar{\boldsymbol{x}}-\boldsymbol{\mu}) \\ &\quad +2(\bar{\boldsymbol{x}}-\boldsymbol{\mu})'\boldsymbol{\Sigma}^{-1}(\boldsymbol{x}_i-\bar{\boldsymbol{x}})\end{aligned}$$

と分解し

$$\bar{\boldsymbol{x}}=\frac{1}{n}\sum_{i=1}^{n}\boldsymbol{x}_i$$

であるから，上式右辺の第 3 項は $i=1$ から n までの和をとると $\mathbf{0}$ になる．

また

$$\sum_{i=1}^{n}(\boldsymbol{x}_i-\bar{\boldsymbol{x}})'\boldsymbol{\Sigma}^{-1}(\boldsymbol{x}_i-\bar{\boldsymbol{x}})=\mathrm{tr}\left\{\boldsymbol{\Sigma}^{-1}\sum_{i=1}^{n}(\boldsymbol{x}_i-\bar{\boldsymbol{x}})(\boldsymbol{x}_i-\bar{\boldsymbol{x}})'\right\}$$

$$\sum_{i=1}^{n}(\bar{\boldsymbol{x}}-\boldsymbol{\mu})'\boldsymbol{\Sigma}^{-1}(\bar{\boldsymbol{x}}-\boldsymbol{\mu})=n(\bar{\boldsymbol{x}}-\boldsymbol{\mu})'\boldsymbol{\Sigma}^{-1}(\bar{\boldsymbol{x}}-\boldsymbol{\mu})$$
$$=n\,\mathrm{tr}\{\boldsymbol{\Sigma}^{-1}(\bar{\boldsymbol{x}}-\boldsymbol{\mu})(\bar{\boldsymbol{x}}-\boldsymbol{\mu})'\}$$
$$\sum_{i=1}^{n}(\boldsymbol{x}_i-\bar{\boldsymbol{x}})(\boldsymbol{x}_i-\bar{\boldsymbol{x}})'=n\boldsymbol{C}$$

と表すと，対数尤度関数は

$$\log L=-\frac{np}{2}\log(2\pi)-\frac{n}{2}\log|\boldsymbol{\Sigma}|-\frac{n}{2}\mathrm{tr}(\boldsymbol{\Sigma}^{-1}\boldsymbol{C})$$
$$-\frac{n}{2}\mathrm{tr}\{\boldsymbol{\Sigma}^{-1}(\bar{\boldsymbol{x}}-\boldsymbol{\mu})(\bar{\boldsymbol{x}}-\boldsymbol{\mu})'\}$$
$$=-\frac{np}{2}\log(2\pi)-\frac{n}{2}\log|\boldsymbol{\Sigma}|$$
$$-\frac{n}{2}\mathrm{tr}[\boldsymbol{\Sigma}^{-1}\{\boldsymbol{C}+(\bar{\boldsymbol{x}}-\boldsymbol{\mu})(\bar{\boldsymbol{x}}-\boldsymbol{\mu})'\}] \qquad (12.49)$$

となる．$\boldsymbol{\mu}=\boldsymbol{0}$, $\boldsymbol{\Sigma}=\boldsymbol{I}$ のときには

$$\log L=-\frac{np}{2}\log(2\pi)-\frac{n}{2}\mathrm{tr}(\boldsymbol{C})-\frac{n}{2}\mathrm{tr}(\bar{\boldsymbol{x}}\bar{\boldsymbol{x}}')$$

となる．

$$\boldsymbol{\Sigma}^{-1}=\boldsymbol{B}$$

とおくと

$$|\boldsymbol{\Sigma}|=|\boldsymbol{\Sigma}^{-1}|^{-1}=|\boldsymbol{B}|^{-1}$$

であるから

$$\log L=-\frac{np}{2}\log(2\pi)+\frac{n}{2}\log|\boldsymbol{B}|-\frac{n}{2}\mathrm{tr}(\boldsymbol{BC})$$
$$-\frac{n}{2}\mathrm{tr}\{\boldsymbol{B}(\bar{\boldsymbol{x}}-\boldsymbol{\mu})(\bar{\boldsymbol{x}}-\boldsymbol{\mu})'\} \qquad (12.50)$$

と表すことができる．

$$\mathrm{tr}\{\boldsymbol{B}(\bar{\boldsymbol{x}}-\boldsymbol{\mu})(\bar{\boldsymbol{x}}-\boldsymbol{\mu})'\}=\mathrm{tr}(\boldsymbol{B}\bar{\boldsymbol{x}}\bar{\boldsymbol{x}}'-\boldsymbol{B}\bar{\boldsymbol{x}}\boldsymbol{\mu}'-\boldsymbol{B}\boldsymbol{\mu}\bar{\boldsymbol{x}}'+\boldsymbol{B}\boldsymbol{\mu}\boldsymbol{\mu}')$$
$$\frac{\partial\,\mathrm{tr}(\boldsymbol{B}\bar{\boldsymbol{x}}\boldsymbol{\mu}')}{\partial\boldsymbol{\mu}}=\boldsymbol{B}\bar{\boldsymbol{x}}$$
$$\frac{\partial\,\mathrm{tr}(\boldsymbol{B}\boldsymbol{\mu}\bar{\boldsymbol{x}}')}{\partial\boldsymbol{\mu}}=\boldsymbol{B}'\bar{\boldsymbol{x}}=\boldsymbol{B}\bar{\boldsymbol{x}}$$
$$\frac{\partial\,\mathrm{tr}(\boldsymbol{B}\boldsymbol{\mu}\boldsymbol{\mu}')}{\partial\boldsymbol{\mu}}=\frac{\partial\,\mathrm{tr}(\boldsymbol{\mu}'\boldsymbol{B}\boldsymbol{\mu})}{\partial\boldsymbol{\mu}}=(\boldsymbol{B}+\boldsymbol{B}')\boldsymbol{\mu}=2\boldsymbol{B}\boldsymbol{\mu}$$

であるから

$$\frac{\partial \mathrm{tr}\{\boldsymbol{B}(\bar{\boldsymbol{x}}-\boldsymbol{\mu})(\bar{\boldsymbol{x}}-\boldsymbol{\mu})'\}}{\partial \boldsymbol{\mu}} = -2\boldsymbol{B}(\bar{\boldsymbol{x}}-\boldsymbol{\mu})$$

となり

$$\frac{\partial \log L}{\partial \boldsymbol{\mu}} = n\boldsymbol{B}(\bar{\boldsymbol{x}}-\boldsymbol{\mu}) \tag{12.51}$$

を得る．

次に $\partial \log L/\partial \boldsymbol{B}$ を求める．

$$\frac{\partial \log|\boldsymbol{B}|}{\partial \boldsymbol{B}} = 2\boldsymbol{B}^{-1} - \mathrm{diag}(\boldsymbol{B}^{-1}) = 2\boldsymbol{\Sigma} - \mathrm{diag}(\boldsymbol{\Sigma})$$

ここで $\mathrm{diag}(\boldsymbol{\Sigma})$ は $\boldsymbol{\Sigma}$ の対角要素からなる対角行列である（Searle（1982), p. 337,（37）式を使用)．

また，$\boldsymbol{B}$，$(\bar{\boldsymbol{x}}-\boldsymbol{\mu})(\bar{\boldsymbol{x}}-\boldsymbol{\mu})'$ は対称行列であるから

$$\frac{\partial \mathrm{tr}(\boldsymbol{BC})}{\partial \boldsymbol{B}} = \boldsymbol{C} + \boldsymbol{C}' - \mathrm{diag}(\boldsymbol{C}) = 2\boldsymbol{C} - \mathrm{diag}(\boldsymbol{C})$$

$$\frac{\partial \mathrm{tr}\{\boldsymbol{B}(\bar{\boldsymbol{x}}-\boldsymbol{\mu})(\bar{\boldsymbol{x}}-\boldsymbol{\mu})'\}}{\partial \boldsymbol{B}} = 2(\bar{\boldsymbol{x}}-\boldsymbol{\mu})(\bar{\boldsymbol{x}}-\boldsymbol{\mu})' - \mathrm{diag}[(\bar{\boldsymbol{x}}-\boldsymbol{\mu})(\bar{\boldsymbol{x}}-\boldsymbol{\mu})']$$

となる（Searle（1982), p. 336（28）式を使用)．

以上の結果を用いると

$$\begin{aligned}\frac{\partial \log L}{\partial \boldsymbol{B}} = &\frac{n}{2}\{2\boldsymbol{\Sigma} - \mathrm{diag}(\boldsymbol{\Sigma})\} - \frac{n}{2}\{2\boldsymbol{C} - \mathrm{diag}(\boldsymbol{C})\} \\ &- \frac{n}{2}\{2(\bar{\boldsymbol{x}}-\boldsymbol{\mu})(\bar{\boldsymbol{x}}-\boldsymbol{\mu})' - \mathrm{diag}[(\bar{\boldsymbol{x}}-\boldsymbol{\mu})(\bar{\boldsymbol{x}}-\boldsymbol{\mu})']\}\end{aligned} \tag{12.52}$$

を得る．

(12.51) 式$=\boldsymbol{0}$ より，$\boldsymbol{B}$ は正値定符号であるから，$\boldsymbol{\mu}$ の MLE は

$$\hat{\boldsymbol{\mu}} = \bar{\boldsymbol{x}} \tag{12.53}$$

となる．

$$\boldsymbol{D} = \boldsymbol{\Sigma} - \boldsymbol{C} - (\bar{\boldsymbol{x}}-\boldsymbol{\mu})(\bar{\boldsymbol{x}}-\boldsymbol{\mu})'$$

とおき，$\boldsymbol{\mu}$ に $\hat{\boldsymbol{\mu}} = \bar{\boldsymbol{x}}$ を代入すると

$$\boldsymbol{D} = \boldsymbol{\Sigma} - \boldsymbol{C}$$

となる．(12.52) 式$=\boldsymbol{0}$ の必要条件は

$$2\boldsymbol{D} - \mathrm{diag}(\boldsymbol{D}) = \boldsymbol{0}$$

になるが，これは $\boldsymbol{D}=\boldsymbol{0}$ をもたらす．したがって $\boldsymbol{\Sigma}$ の MLE

$$\hat{\boldsymbol{\Sigma}}=\boldsymbol{C}=\frac{1}{n}\sum_{i=1}^{n}(\boldsymbol{x}_i-\bar{\boldsymbol{x}})(\boldsymbol{x}_i-\bar{\boldsymbol{x}})' \tag{12.54}$$

が得られる．

$$E(\bar{\boldsymbol{x}})=\frac{1}{n}\sum_{i=1}^{n}E(\boldsymbol{x}_i)=\boldsymbol{\mu}$$

となり，$\bar{\boldsymbol{x}}$ は $\boldsymbol{\mu}$ の不偏推定量である．

$$\begin{aligned}(\boldsymbol{x}_i-\bar{\boldsymbol{x}})(\boldsymbol{x}_i-\bar{\boldsymbol{x}})'=&(\boldsymbol{x}_i-\boldsymbol{\mu})(\boldsymbol{x}_i-\boldsymbol{\mu})'+(\bar{\boldsymbol{x}}-\boldsymbol{\mu})(\bar{\boldsymbol{x}}-\boldsymbol{\mu})'\\&-(\boldsymbol{x}_i-\boldsymbol{\mu})(\bar{\boldsymbol{x}}-\boldsymbol{\mu})'-(\bar{\boldsymbol{x}}-\boldsymbol{\mu})(\boldsymbol{x}_i-\boldsymbol{\mu})'\end{aligned}$$

と分解し

$$E(\boldsymbol{x}_i-\boldsymbol{\mu})(\boldsymbol{x}_i-\boldsymbol{\mu})'=\boldsymbol{\Sigma}$$

$$E(\bar{\boldsymbol{x}}-\boldsymbol{\mu})(\bar{\boldsymbol{x}}-\boldsymbol{\mu})'=\frac{1}{n}\boldsymbol{\Sigma}$$

$$E(\boldsymbol{x}_i-\boldsymbol{\mu})(\bar{\boldsymbol{x}}-\boldsymbol{\mu})'=E(\bar{\boldsymbol{x}}-\boldsymbol{\mu})(\boldsymbol{x}_i-\boldsymbol{\mu})'=\frac{1}{n}\boldsymbol{\Sigma}$$

であるから

$$E(\boldsymbol{x}_i-\bar{\boldsymbol{x}})(\boldsymbol{x}_i-\bar{\boldsymbol{x}})'=\boldsymbol{\Sigma}-\frac{1}{n}\boldsymbol{\Sigma}=\left(\frac{n-1}{n}\right)\boldsymbol{\Sigma}$$

を得る．以上の結果を用いると

$$E(\hat{\boldsymbol{\Sigma}})=\left(\frac{n-1}{n}\right)\boldsymbol{\Sigma}<\boldsymbol{\Sigma}$$

となり，したがって $\boldsymbol{\Sigma}$ の不偏推定量は

$$\boldsymbol{S}=\frac{n}{n-1}\hat{\boldsymbol{\Sigma}}=\frac{1}{n-1}\sum_{i=1}^{n}(\boldsymbol{x}_i-\bar{\boldsymbol{x}})(\boldsymbol{x}_i-\bar{\boldsymbol{x}})' \tag{12.55}$$

によって与えられる．

$$\bar{\boldsymbol{x}}\sim N\left(\boldsymbol{\mu},\frac{1}{n}\boldsymbol{\Sigma}\right)\quad\text{((11.30) 式)}$$

$$\boldsymbol{S}\sim W\left(\frac{1}{n-1}\boldsymbol{\Sigma},p,n-1\right)\quad\text{(11.11.5 項)}$$

はすでに述べた．

次にパラメータの MLE の関数の漸近的分布について説明する．例として取り上げた対数正規分布のパラメータ推定に関する以下の説明に必要となるので，まずパラメータの関数のクラメール-ラオ限界について述べる．

12.9 パラメータの関数のクラメール-ラオの不等式

パラメータ θ の関数 $g(\theta)$ の不偏推定量を t とするとき，$\mathrm{var}(t)$ に関するクラメール-ラオの不等式は (12.30) 式に示されている．この不等式を関数ベクトルへ一般化しよう．$\boldsymbol{\theta}'=(\theta_1,\cdots,\theta_k)$ とし，$\boldsymbol{\theta}$ のスカラー関数を $g_i(\boldsymbol{\theta})$ とする．

$$\underset{p\times 1}{\boldsymbol{G}(\boldsymbol{\theta})}=\begin{bmatrix} g_1(\boldsymbol{\theta}) \\ \vdots \\ g_p(\boldsymbol{\theta}) \end{bmatrix}$$

は $p\times 1$ の関数ベクトルであり，この $\boldsymbol{G}(\boldsymbol{\theta})$ の不偏推定量を

$$\underset{p\times 1}{\boldsymbol{T}}=\begin{bmatrix} t_1 \\ \vdots \\ t_p \end{bmatrix}$$

とする．

$$\underset{p\times k}{\boldsymbol{D}(\boldsymbol{\theta})}=\begin{bmatrix} \dfrac{\partial g_1}{\partial \theta_1} & \cdots & \dfrac{\partial g_1}{\partial \theta_k} \\ \vdots & & \vdots \\ \dfrac{\partial g_p}{\partial \theta_1} & \cdots & \dfrac{\partial g_p}{\partial \theta_k} \end{bmatrix}$$

とすると

$$\mathrm{var}(\boldsymbol{T})-\boldsymbol{D}(\boldsymbol{\theta})\boldsymbol{I}(\boldsymbol{\theta})^{-1}\boldsymbol{D}'(\boldsymbol{\theta})$$

は正値半定符号である．これを

$$\mathrm{var}(\boldsymbol{T})\geq \boldsymbol{D}(\boldsymbol{\theta})\boldsymbol{I}(\boldsymbol{\theta})^{-1}\boldsymbol{D}'(\boldsymbol{\theta}) \tag{12.56}$$

と表す．$k\times k$ 行列 $\boldsymbol{I}(\boldsymbol{\theta})$ はフィッシャーの情報行列 (12.16) 式である (Zacks (1971), p. 194)．

$\hat{\boldsymbol{\theta}}$ を $\boldsymbol{\theta}$ の MLE とすると

$$\sqrt{n}(\hat{\boldsymbol{\theta}}-\boldsymbol{\theta}) \xrightarrow{d} N\left(\mathbf{0},\left[\frac{\boldsymbol{I}(\boldsymbol{\theta})}{n}\right]^{-1}\right)$$

である．

$g_j(\boldsymbol{\theta})$ の MLE は $g_j(\hat{\boldsymbol{\theta}})$ であり，したがって

$$\boldsymbol{G}(\hat{\boldsymbol{\theta}})=\begin{bmatrix} g_1(\hat{\boldsymbol{\theta}}) \\ \vdots \\ g_p(\hat{\boldsymbol{\theta}}) \end{bmatrix}$$

は $\boldsymbol{G}(\boldsymbol{\theta})$ の MLE である．そして

$$\sqrt{n}[\boldsymbol{G}(\hat{\boldsymbol{\theta}})-\boldsymbol{G}(\boldsymbol{\theta})] \xrightarrow{d} N\left(\boldsymbol{0}, \boldsymbol{D}(\boldsymbol{\theta})\left[\frac{\boldsymbol{I}(\boldsymbol{\theta})}{n}\right]^{-1}\boldsymbol{D}'(\boldsymbol{\theta})\right) \quad (12.57)$$

が成立する．

12.10 対数正規分布の $\boldsymbol{\mu}_X$ の推定

$X_1, \cdots, X_n$ は独立で，対数正規分布，すなわち

$$Y_i=\log X_i \sim N(\mu, \sigma^2), \quad i=1, \cdots, n$$

のとき，X の期待値 μ_X，分散 $\sigma_X{}^2$ は，7.1 節で示したように，次式で与えられる．

$$\mu_X=\exp\left(\mu+\frac{\sigma^2}{2}\right)$$

$$\sigma_X{}^2=\mu_X{}^2[\exp(\sigma^2)-1]$$

μ_X は μ と σ^2 の関数であるから

$$\mu_X=g(\mu, \sigma^2)$$

とおくと

$$\frac{\partial g}{\partial \mu}=\mu_X, \quad \frac{\partial g}{\partial \sigma^2}=\frac{1}{2}\mu_X$$

であるから，t を $\mu_X=g(\mu, \sigma^2)$ の不偏推定量とすると，$\mathrm{var}(t)$ のクラメール-ラオ限界は，(12.20) 式の $\boldsymbol{I}(\boldsymbol{\theta})^{-1}$ を用い

$$\mathrm{CRB}(t)=\mu_X\left(1 \quad \frac{1}{2}\right)\begin{bmatrix} \dfrac{\sigma^2}{n} & 0 \\ 0 & \dfrac{2\sigma^4}{n} \end{bmatrix}\mu_X\begin{bmatrix} 1 \\ \dfrac{1}{2} \end{bmatrix}$$

$$=\mu_X{}^2\left(\frac{\sigma^2}{n}\right)\left(1+\frac{\sigma^2}{2}\right) \quad (12.58)$$

となる．

μ_X の不偏推定量として $\bar{X}$ を用いると

$$\mathrm{var}(\bar{X})=\frac{\sigma_X{}^2}{n}=\mu_X{}^2\cdot\frac{1}{n}[\exp(\sigma^2)-1] \quad (12.59)$$

である．

$$\exp(\sigma^2)=1+\sigma^2+\frac{\sigma^4}{2}+\frac{\sigma^6}{6}+\cdots$$

であるから

$$\mathrm{var}(\bar{X})=\mu_X{}^2\left(\frac{\sigma^2}{n}\right)\left(1+\frac{\sigma^2}{2}+\frac{\sigma^4}{6}+\cdots\right)>\mathrm{CRB}(t)$$

となり，$\mathrm{var}(\bar{X})$ は μ_X の不偏推定量 t のクラメール-ラオ限界 $\mathrm{CRB}(t)$ より大きい．

μ_X の不偏推定量で $\mathrm{var}(\bar{X})$ より小さい分散をもつ不偏推定量，もしあれば CRB に等しい分散をもつ不偏推定量 t が存在するだろうか，という問題が生ずる．

$$Y_i=\log X_i\sim N(\mu,\sigma^2),\quad i=1,\cdots,n$$

であるから

$$\bar{Y}=\frac{1}{n}\sum_{i=1}^{n}Y_i,\quad d=\sum_{i=1}^{n}(Y_i-\bar{Y})^2$$

とすると，$(\bar{Y},d)$ は $\boldsymbol{\theta}=(\mu,\sigma^2)$ の完備十分統計量であるから，推定量 $t(\bar{Y},d)$ は μ_X の不偏推定量で MVUE になるのではないかと予想される．

$$\bar{Y}\sim N\left(\mu,\frac{\sigma^2}{n}\right)$$

であるから，$\exp(\bar{Y})=u$ とおくと

$$E(u)=\exp\left(\mu+\frac{\sigma^2}{2n}\right)=E\{\exp(\bar{Y})\}$$

となる．$\bar{Y}$ と d は独立であるから

$$E[\exp(\bar{Y})\phi(d)]=E[\exp(\bar{Y})]E[\phi(d)]=\mu_X$$
$$=\exp\left(\mu+\frac{\sigma^2}{2}\right)$$

となるためには

$$E[\phi(d)]=\exp\left[\frac{\sigma^2}{2}\left(1-\frac{1}{n}\right)\right]$$

を満たす $\phi(d)$ を見つけることができればよい．

$$E(d^k)=2^k\sigma^{2k}\frac{\Gamma\left(\frac{n-1}{2}+k\right)}{\Gamma\left(\frac{n-1}{2}\right)},\quad k=0,1,\cdots \qquad (9.2\text{ 節参照})$$

$$\exp\left[\frac{\sigma^2}{2}\left(1-\frac{1}{n}\right)\right]=\sum_{k=0}^{\infty}\frac{1}{k\,!}\left(\frac{\sigma^2}{2}\right)^k\left(1-\frac{1}{n}\right)^k$$

であるから，$E(d^k)$ の式から

$$\sigma^{2k}=2^{-k}\frac{\Gamma\left(\dfrac{n-1}{2}\right)}{\Gamma\left(\dfrac{n-1}{2}+k\right)}d^k$$

を上式に代入して得られる次式の

$$\phi(d)=\Gamma\left(\frac{n-1}{2}\right)\sum_{k=0}^{\infty}\left\{\frac{1}{k!\,\Gamma\left(\dfrac{n-1}{2}+k\right)}\left(\frac{d}{4}\right)^k\left(1-\frac{1}{n}\right)^k\right\} \quad (12.60)$$

は $\exp\left[\frac{\sigma^2}{2}\left(1-\frac{1}{n}\right)\right]$ の不偏推定量である．

したがって

$$\begin{aligned}t(\bar{Y},d)&=\exp(\bar{Y})\,\phi(d)\\&=\exp(\bar{Y})\,\Gamma\left(\frac{n-1}{2}\right)\sum_{k=0}^{\infty}\left\{\frac{1}{k!\,\Gamma\left(\dfrac{n-1}{2}+k\right)}\left(\frac{d}{4}\right)^k\left(1-\frac{1}{n}\right)^k\right\}\end{aligned}$$

(12.61)

は μ_X の MVUE である．しかし $t(\bar{Y},d)$ の pdf は指数分布族に属さないから，その分散が CRB にならない (Zacks (1971), pp. 197～199).

$$\hat{\sigma}^2=\frac{1}{n}\sum_{i=1}^{n}(Y_i-\bar{Y})^2$$

とすると $d=n\hat{\sigma}^2$ であるから

$$t(\bar{Y},d)=\exp(\bar{Y})\,\phi(n\hat{\sigma}^2) \quad (12.62)$$

と表すこともできる．μ_X の MVUE が存在することは確認できたが，しかし計算することができない．

12.11　対数正規分布の μ_X，$\sigma_X{}^2$ の MLE の漸近的分布

$$Y_i=\log X_i\sim \mathrm{NID}(\mu,\sigma^2),\quad i=1,\cdots,n$$

とする．μ，σ^2 の MLE は，$Y_1,\cdots,Y_n$ から得られる $\bar{Y}$，$\hat{\sigma}^2$ である．

(12.19) 式，(12.20) 式より

$$\begin{bmatrix} \sqrt{n}(\bar{Y}-\mu) \\ \sqrt{n}(\hat{\sigma}^2-\sigma^2) \end{bmatrix} \xrightarrow{d} N\left(\begin{bmatrix} 0 \\ 0 \end{bmatrix}, \begin{bmatrix} \sigma^2 & 0 \\ 0 & 2\sigma^4 \end{bmatrix}\right)$$

が成立する．

MLE の不変性から

$$\mu_X = \exp\left(\mu + \frac{\sigma^2}{2}\right) = \xi = g_1(\mu, \sigma^2)$$

の MLE は

$$\hat{\xi} = g_1(\bar{Y}, \hat{\sigma}^2) = \exp\left(\bar{Y} + \frac{\hat{\sigma}^2}{2}\right) \tag{12.63}$$

$${\sigma_X}^2 = {\mu_X}^2[\exp(\sigma^2) - 1] = \tau^2 = g_2(\mu, \sigma^2)$$

の MLE は

$$\hat{\tau}^2 = g_2(\bar{Y}, \hat{\sigma}^2) = \exp(2\bar{Y} + \hat{\sigma}^2)[\exp(\hat{\sigma}^2) - 1] \tag{12.64}$$

になる．

$$\frac{\partial g_1}{\partial \mu} = \exp\left(\mu + \frac{\sigma^2}{2}\right) = \xi, \quad \frac{\partial g_1}{\partial \sigma^2} = \frac{1}{2}\exp\left(\mu + \frac{\sigma^2}{2}\right) = \frac{1}{2}\xi$$

$$\frac{\partial g_2}{\partial \mu} = 2\exp(2\mu + \sigma^2)[\exp(\sigma^2) - 1] = 2\tau^2$$

$$\frac{\partial g_2}{\partial \sigma^2} = \exp(2\mu + \sigma^2)[2\exp(\sigma^2) - 1] = 2\tau^2 + \xi^2$$

であるから $\begin{bmatrix} \sqrt{n}(\hat{\xi}-\xi) \\ \sqrt{n}(\hat{\tau}^2-\tau^2) \end{bmatrix}$ の漸近的共分散行列は

$$\begin{aligned}
&\boldsymbol{D}(\boldsymbol{\theta})\left[\frac{\boldsymbol{I}(\boldsymbol{\theta})}{n}\right]^{-1}\boldsymbol{D}'(\boldsymbol{\theta}) \\
&= \xi^2 \begin{bmatrix} 1 & \dfrac{1}{2} \\ \dfrac{2\tau^2}{\xi} & \dfrac{2\tau^2}{\xi} + \xi \end{bmatrix} \begin{bmatrix} \sigma^2 & 0 \\ 0 & 2\sigma^4 \end{bmatrix} \begin{bmatrix} 1 & \dfrac{2\tau^2}{\xi} \\ \dfrac{1}{2} & \dfrac{2\tau^2}{\xi} + \xi \end{bmatrix} \\
&= \xi^2 \begin{bmatrix} \sigma^2\left(1 + \dfrac{\sigma^2}{2}\right) & \dfrac{2\sigma^2\tau^2}{\xi}(1+\sigma^2) + \sigma^4\xi \\ \dfrac{2\sigma^2\tau^2}{\xi}(1+\sigma^2) + \sigma^4\xi & 8\sigma^2\tau^2\left(\dfrac{\tau^2}{\xi^2} + \sigma^2\right) + 2\sigma^4\xi^2 \end{bmatrix}
\end{aligned} \tag{12.65}$$

となる．したがって

$$\begin{bmatrix} \sqrt{n}(\hat{\xi}-\xi) \\ \sqrt{n}(\hat{\tau}^2-\tau^2) \end{bmatrix} \xrightarrow{d} N\left(\boldsymbol{0}, \boldsymbol{D}(\boldsymbol{\theta})\left[\frac{\boldsymbol{I}(\boldsymbol{\theta})}{n}\right]^{-1}\boldsymbol{D}'(\boldsymbol{\theta})\right) \tag{12.66}$$

が得られる．$\hat{\xi}$ の漸近的分散は (12.58) 式の CRB に等しい．

$E(X)=\mu_X=\xi$ を $\bar{X}$ によって推定するということも当然考えられるが，12.10 節で述べたように $\mathrm{var}(\bar{X})$ は $\hat{\xi}$ の漸近的分散=CRB より大きい．たとえば $\sigma^2=1$ のとき，$\bar{X}$ の $\hat{\xi}$ に対する漸近的効率は 0.873 である．

しかし有限標本においては

$$E(\hat{\xi})=\xi\exp\left[-\left(\frac{n-1}{n}\right)\left(\frac{\sigma^2}{2}\right)\right]\left(1-\frac{\sigma^2}{n}\right)^{-\frac{n-1}{2}} \qquad (12.67)$$

となり (証明は章末数学注参照)

$$E(\hat{\xi})>\xi$$

である．$n\to\infty$ のとき

表 12.4　対数正規分布の μ_X の推定量の分散と期待値

n	CRB	$\mathrm{var}(\bar{X})$	$E(\hat{\xi})$	n	CRB	$\mathrm{var}(\bar{X})$	$E(\hat{\xi})$
10	0.40774	0.46708	1.68898	260	0.01568	0.01796	1.65031
20	0.20387	0.23354	1.66910	270	0.01510	0.01730	1.65025
30	0.13591	0.15569	1.66236	280	0.01456	0.01668	1.65019
40	0.10194	0.11677	1.65897	290	0.01406	0.01611	1.65014
50	0.08155	0.09342	1.65693	300	0.01359	0.01557	1.65009
60	0.06796	0.07785	1.65557	310	0.01315	0.01507	1.65005
70	0.05825	0.06673	1.65459	320	0.01274	0.01460	1.65001
80	0.05097	0.05838	1.65386	330	0.01236	0.01415	1.64997
90	0.04530	0.05190	1.65329	340	0.01199	0.01374	1.64993
100	0.04077	0.04671	1.65283	350	0.01165	0.01335	1.64990
110	0.03707	0.04246	1.65246	360	0.01133	0.01297	1.64987
120	0.03398	0.03892	1.65215	370	0.01102	0.01262	1.64983
130	0.03136	0.03593	1.65189	380	0.01073	0.01229	1.64981
140	0.02912	0.03336	1.65166	390	0.01045	0.01198	1.64978
150	0.02718	0.03114	1.65147	400	0.01019	0.01168	1.64975
160	0.02548	0.02919	1.65129	410	0.00994	0.01139	1.64973
170	0.02398	0.02748	1.65114	420	0.00971	0.01112	1.64970
180	0.02265	0.02595	1.65101	430	0.00948	0.01086	1.64968
190	0.02146	0.02458	1.65089	440	0.00927	0.01062	1.64966
200	0.02039	0.02335	1.65078	450	0.00906	0.01038	1.64964
210	0.01942	0.02224	1.65068	460	0.00886	0.01015	1.64962
220	0.01853	0.02123	1.65059	470	0.00868	0.00994	1.64960
230	0.01773	0.02031	1.65051	480	0.00849	0.00973	1.64958
240	0.01699	0.01946	1.65044	490	0.00832	0.00953	1.64956
250	0.01631	0.01868	1.65037	500	0.00815	0.00934	1.64955

$\xi=1.64872$，$\mathrm{CRB}/\mathrm{var}(\bar{X})=0.87297$

$$\left(1-\frac{\sigma^2}{n}\right)^{-\frac{n-1}{2}} \longrightarrow \exp\left(-\frac{\sigma^2}{2}\right)$$

であるから

$$\lim_{n\to\infty} E(\hat{\xi})=\xi$$

となり，$\hat{\xi}$ は漸近的不偏性をもつ．

表 12.4 は対数正規分布において $\mu=0$，$\sigma=1$ としたときの $n=10(10)500$ に対する μ_X の不偏推定量 t の分散の CRB（(12.58) 式），$\mathrm{var}(\bar{X})$（(12.59) 式），$E(\hat{\xi})$（(12.67) 式）の値である．$\xi=1.64872$，$\bar{X}$ の $\hat{\xi}$ に対する漸近的効率$=\mathrm{CRB}/\mathrm{var}(\bar{X})=0.87297$ である．$\mathrm{var}(\bar{X})>\mathrm{CRB}$ であること，しかし効率は約 87% あること，$E(\hat{\xi})>\xi$ の過大推定は $n=40$ ぐらいになれば偏りはそれほど大きくないこと，しかし $n=500$ と大標本でも依然正の偏りがあることを表から読みとることができる．

12.12　正規線形回帰モデルのパラメータ推定

重回帰モデルを

$$Y_i=\beta_1+\beta_2X_{2i}+\cdots+\beta_kX_{ki}+u_i,\quad i=1,\cdots,n$$

とする．

$$\boldsymbol{y}=\begin{bmatrix} Y_1\\ Y_2\\ \vdots\\ Y_n\end{bmatrix},\quad \boldsymbol{X}=\begin{bmatrix} 1 & X_{21} & \cdots & X_{k1}\\ 1 & X_{22} & \cdots & X_{k2}\\ \vdots & \vdots & & \vdots\\ 1 & X_{2n} & \cdots & X_{kn}\end{bmatrix},\quad \boldsymbol{\beta}=\begin{bmatrix}\beta_1\\ \beta_2\\ \vdots\\ \beta_k\end{bmatrix},\quad \boldsymbol{u}=\begin{bmatrix}u_1\\ u_2\\ \vdots\\ u_n\end{bmatrix}$$

とすれば，この重回帰モデルは

$$\boldsymbol{y}=\boldsymbol{X\beta}+\boldsymbol{u} \tag{12.68}$$

と表すことができる．

正規線形回帰モデルとは，次の諸仮定が成立する場合である．

(1)　$E(\boldsymbol{u})=\boldsymbol{0}$

(2)　$E(\boldsymbol{uu}')=\sigma^2\boldsymbol{I}$

　　$\boldsymbol{I}$ は $n\times n$ の単位行列

(3) u_i は正規分布に従う

(4) $\boldsymbol{X}$ は所与

$$\mathrm{rank}(\boldsymbol{X}) = k < n$$

$$\lim_{n\to\infty}\frac{\boldsymbol{X}'\boldsymbol{X}}{n} = \boldsymbol{Q} \neq \boldsymbol{0},\quad \boldsymbol{Q}\text{ は非特異行列}$$

仮定 (2) は u_i が自己相関なし，均一分散 σ^2 をもつということを表している．さらに仮定 (3) より u_i が正規分布に従えば自己相関なし（u_i の共分散 0）という仮定は u_i の独立を意味する．

仮定 (4) の $\boldsymbol{X}$ 所与は説明変数 X_{ji}，$j=2,\cdots,k$ のなかに Y_i と同時決定される変数はなく，X_{ji} は確率変数であってもその値は所与である，ということを意味する．したがって正確には，たとえば $\boldsymbol{y}$ の期待値は $E(\boldsymbol{y}|\boldsymbol{x})$ と書くべきであるが，以下簡単に $E(\boldsymbol{y})$ と表す．

$\mathrm{rank}(\boldsymbol{X})=k$ は (12.68) 式の $\boldsymbol{X}$ の k 本の列ベクトルが 1 次独立であるということを意味する．

$\lim_{n\to\infty}\frac{\boldsymbol{X}'\boldsymbol{X}}{n}=\boldsymbol{Q}$ の仮定は X_{ji}，$j=2,\cdots,k$，$i=1,\cdots,n$ が定常過程に従っており，非定常過程ではない，ということも意味している．

この重回帰モデルのパラメータは β_j，$j=1,\cdots,k$ と σ^2 である．最小 2 乗法 ordinary least squares（以下 OLS と略す）と最尤法によるパラメータ推定を説明する．

12.12.1 最小 2 乗法による β の推定と σ^2 の不偏推定

$\boldsymbol{\beta}$ の通常の最小 2 乗推定量 ordinary least square's estimator（OLSE と略す）を $\hat{\boldsymbol{\beta}}$ とすると，モデルからの $\boldsymbol{y}$ の推定値は

$$\hat{\boldsymbol{y}} = \boldsymbol{X}\hat{\boldsymbol{\beta}} \tag{12.69}$$

であり，$\boldsymbol{y}$ と $\hat{\boldsymbol{y}}$ の差は残差

$$\boldsymbol{e} = \boldsymbol{y} - \hat{\boldsymbol{y}}$$

である．残差平方和を最小にするのが $\hat{\boldsymbol{\beta}}$ であるから，$\hat{\boldsymbol{\beta}}$ は次の必要条件の解として得られる．

$$\frac{\partial \boldsymbol{e}'\boldsymbol{e}}{\partial \hat{\boldsymbol{\beta}}} = \boldsymbol{0} \tag{12.70}$$

$$\boldsymbol{e}'\boldsymbol{e}=(\boldsymbol{y}-\hat{\boldsymbol{y}})'(\boldsymbol{y}-\hat{\boldsymbol{y}})=(\boldsymbol{y}-\boldsymbol{X}\hat{\boldsymbol{\beta}})'(\boldsymbol{y}-\boldsymbol{X}\hat{\boldsymbol{\beta}})$$
$$=\boldsymbol{y}'\boldsymbol{y}-\boldsymbol{y}'\boldsymbol{X}\hat{\boldsymbol{\beta}}-\hat{\boldsymbol{\beta}}'\boldsymbol{X}'\boldsymbol{y}+\hat{\boldsymbol{\beta}}'\boldsymbol{X}'\boldsymbol{X}\hat{\boldsymbol{\beta}}$$
$$\frac{\partial \boldsymbol{y}'\boldsymbol{X}\hat{\boldsymbol{\beta}}}{\partial \hat{\boldsymbol{\beta}}}=\frac{\partial \hat{\boldsymbol{\beta}}'\boldsymbol{X}'\boldsymbol{y}}{\partial \hat{\boldsymbol{\beta}}}=\boldsymbol{X}'\boldsymbol{y}$$
$$\frac{\partial \hat{\boldsymbol{\beta}}'\boldsymbol{X}'\boldsymbol{X}\hat{\boldsymbol{\beta}}}{\partial \hat{\boldsymbol{\beta}}}=2(\boldsymbol{X}'\boldsymbol{X})\hat{\boldsymbol{\beta}}$$

であるから，必要条件（12.70）式は

$$\frac{\partial \boldsymbol{e}'\boldsymbol{e}}{\partial \hat{\boldsymbol{\beta}}}=-2\boldsymbol{X}'\boldsymbol{y}+2(\boldsymbol{X}'\boldsymbol{X})\hat{\boldsymbol{\beta}}=\boldsymbol{0}$$

となる．この必要条件を書き直すと，最小 2 乗法の正規方程式といわれる次式を得る．

$$(\boldsymbol{X}'\boldsymbol{X})\hat{\boldsymbol{\beta}}=\boldsymbol{X}'\boldsymbol{y}$$

この正規方程式を $\hat{\boldsymbol{\beta}}$ について解き

$$\hat{\boldsymbol{\beta}}=(\boldsymbol{X}'\boldsymbol{X})^{-1}\boldsymbol{X}'\boldsymbol{y} \tag{12.71}$$

が得られる．

σ^2 の推定には，残差平方和を $e_1, \cdots, e_n$ の自由度 $n-k$ で割った

$$s^2=\frac{\sum e^2}{n-k} \tag{12.72}$$

が用いられる．この s^2 は σ^2 の不偏推定量である．s^2 の不偏性の証明は次のとおりである．

最小 2 乗残差 $\boldsymbol{e}$ は

$$\boldsymbol{e}=\boldsymbol{y}-\hat{\boldsymbol{y}}=\boldsymbol{y}-\boldsymbol{X}\hat{\boldsymbol{\beta}}=\boldsymbol{y}-\boldsymbol{X}(\boldsymbol{X}'\boldsymbol{X})^{-1}\boldsymbol{X}'\boldsymbol{y}$$
$$=[\boldsymbol{I}-\boldsymbol{X}(\boldsymbol{X}'\boldsymbol{X})^{-1}\boldsymbol{X}']\boldsymbol{y}=\boldsymbol{M}\boldsymbol{y}$$

と表すことができる．ここで

$$\boldsymbol{M}=\boldsymbol{I}-\boldsymbol{X}(\boldsymbol{X}'\boldsymbol{X})^{-1}\boldsymbol{X}'$$

であり

$$\boldsymbol{M}=\boldsymbol{M}'=\boldsymbol{M}^2$$

と $\boldsymbol{M}$ は対称，ベキ等行列である．$\boldsymbol{M}\boldsymbol{X}=\boldsymbol{0}$ であるから

$$\boldsymbol{e}=\boldsymbol{M}\boldsymbol{u}$$

と表すこともできる．この関係から，残差平方和は

$$\sum e^2=\boldsymbol{e}'\boldsymbol{e}=(\boldsymbol{M}\boldsymbol{u})'(\boldsymbol{M}\boldsymbol{u})=\boldsymbol{u}'\boldsymbol{M}\boldsymbol{u}$$

となり，したがって

$$E(\sum e^2)=E(\boldsymbol{u}'\boldsymbol{M}\boldsymbol{u})=E[\mathrm{tr}(\boldsymbol{u}'\boldsymbol{M}\boldsymbol{u})]$$
$$=E(\mathrm{tr}\boldsymbol{M}\boldsymbol{u}\boldsymbol{u}')=\mathrm{tr}\boldsymbol{M}E(\boldsymbol{u}\boldsymbol{u}')=\mathrm{tr}\boldsymbol{M}\sigma^2\boldsymbol{I}$$
$$=\sigma^2\,\mathrm{tr}\boldsymbol{M}$$

ところが

$$\mathrm{tr}\boldsymbol{M}=\mathrm{tr}[\boldsymbol{I}-\boldsymbol{X}(\boldsymbol{X}'\boldsymbol{X})^{-1}\boldsymbol{X}']=\mathrm{tr}\boldsymbol{I}-\mathrm{tr}[\boldsymbol{X}(\boldsymbol{X}'\boldsymbol{X})^{-1}\boldsymbol{X}']$$
$$=\mathrm{tr}\boldsymbol{I}-\mathrm{tr}[(\boldsymbol{X}'\boldsymbol{X})^{-1}\boldsymbol{X}'\boldsymbol{X}]=n-\mathrm{tr}\boldsymbol{I}$$
$$=n-k$$

結局

$$E(\boldsymbol{e}'\boldsymbol{e})=(n-k)\sigma^2$$

であるから

$$E(s^2)=E\left(\frac{\boldsymbol{e}'\boldsymbol{e}}{n-k}\right)=\sigma^2 \qquad (12.73)$$

が得られる．

12.12.2　$\hat{\boldsymbol{\beta}}$ および $\boldsymbol{s}^2$ の特性

(a)　$\boldsymbol{\beta}$ の OLSE $\hat{\boldsymbol{\beta}}$ は次の特性をもつ．

(1)　不偏性

(2)　最良線形不偏性（仮定（3）の u_i の正規性の仮定不要）

(3)　MVUE（仮定（3）必要）

(4)　一致性

(5)　$\hat{\boldsymbol{\beta}}$ は正規分布する．

(1)　$E(\hat{\boldsymbol{\beta}})=\boldsymbol{\beta}$

$$\hat{\boldsymbol{\beta}}=(\boldsymbol{X}'\boldsymbol{X})^{-1}\boldsymbol{X}'\boldsymbol{y}=(\boldsymbol{X}'\boldsymbol{X})^{-1}\boldsymbol{X}'(\boldsymbol{X}\boldsymbol{\beta}+\boldsymbol{u})$$
$$=\boldsymbol{\beta}+(\boldsymbol{X}'\boldsymbol{X})^{-1}\boldsymbol{X}'\boldsymbol{u}$$

したがって

$$E(\hat{\boldsymbol{\beta}})=\boldsymbol{\beta}+(\boldsymbol{X}'\boldsymbol{X})^{-1}\boldsymbol{X}'E(\boldsymbol{u})=\boldsymbol{\beta}$$

この不偏性の証明には，$E(\boldsymbol{u})=\boldsymbol{0}$，$\boldsymbol{X}$ は所与という 2 つの仮定のみを使用している．いいかえれば，誤差項が不均一分散であっても，自己相関をしていても，正規分布していなくても，前述の 2 つの仮定さえ満たされていれば，$\hat{\boldsymbol{\beta}}$ は不偏性をもつ．しかし，$E(\boldsymbol{u})=\boldsymbol{0}$ が成立せず，あるいは $\boldsymbol{X}$ と $\boldsymbol{u}$ が相関していれば不偏性は成立しない，ということでもある．

(2) $\hat{\boldsymbol{\beta}}$ は $\boldsymbol{\beta}$ の最良線形不偏推定量 best linear unbiased estimator (BLUE と略す) である (ガウス-マルコフの定理).

まず, $\hat{\boldsymbol{\beta}}$ の共分散行列を求めよう.

$$\begin{aligned}\mathrm{var}(\hat{\boldsymbol{\beta}}) &= E[(\hat{\boldsymbol{\beta}}-\boldsymbol{\beta})(\hat{\boldsymbol{\beta}}-\boldsymbol{\beta})'] = E[(\boldsymbol{X}'\boldsymbol{X})^{-1}\boldsymbol{X}'\boldsymbol{u}\boldsymbol{u}'\boldsymbol{X}(\boldsymbol{X}'\boldsymbol{X})^{-1}] \\ &= (\boldsymbol{X}'\boldsymbol{X})^{-1}\boldsymbol{X}'E(\boldsymbol{u}\boldsymbol{u}')\boldsymbol{X}(\boldsymbol{X}'\boldsymbol{X})^{-1} \\ &= (\boldsymbol{X}'\boldsymbol{X})^{-1}\boldsymbol{X}'(\sigma^2\boldsymbol{I})\boldsymbol{X}(\boldsymbol{X}'\boldsymbol{X})^{-1} \\ &= \sigma^2(\boldsymbol{X}'\boldsymbol{X})^{-1} \qquad (12.74)\end{aligned}$$

である.

いま, $\boldsymbol{y}$ に関して線形である $\boldsymbol{\beta}$ の任意の不偏推定量を

$$\tilde{\boldsymbol{\beta}} = \boldsymbol{C}\boldsymbol{y}$$

とおく. $\boldsymbol{C}$ は $k\times n$ の行列である.

$$\boldsymbol{C} = (\boldsymbol{X}'\boldsymbol{X})^{-1}\boldsymbol{X}' + \boldsymbol{D}$$

とおくと

$$E(\tilde{\boldsymbol{\beta}}) = \boldsymbol{\beta} + \boldsymbol{D}\boldsymbol{X}\boldsymbol{\beta}$$

となり, $E(\tilde{\boldsymbol{\beta}}) = \boldsymbol{\beta}$ となるためには $\boldsymbol{D}\boldsymbol{X} = \boldsymbol{0}$ でなければならない. このとき

$$\tilde{\boldsymbol{\beta}} = \boldsymbol{\beta} + [(\boldsymbol{X}'\boldsymbol{X})^{-1}\boldsymbol{X}' + \boldsymbol{D}]\boldsymbol{u}$$

となるから, $\tilde{\boldsymbol{\beta}}$ の共分散行列は

$$\begin{aligned}\mathrm{var}(\tilde{\boldsymbol{\beta}}) &= E[(\tilde{\boldsymbol{\beta}}-\boldsymbol{\beta})(\tilde{\boldsymbol{\beta}}-\boldsymbol{\beta})'] \\ &= \sigma^2(\boldsymbol{X}'\boldsymbol{X})^{-1} + \sigma^2\boldsymbol{D}\boldsymbol{D}' \quad (\boldsymbol{D}\boldsymbol{X} = \boldsymbol{0}\ \text{を使用})\end{aligned}$$

$k\times k$ の行列 $\boldsymbol{D}\boldsymbol{D}'$ は正値半定符号であるから

$$\mathrm{var}(\tilde{\boldsymbol{\beta}}) = \mathrm{var}(\hat{\boldsymbol{\beta}}) + \text{正値半定符号行列}$$

となり, $\hat{\boldsymbol{\beta}}$ は $\tilde{\boldsymbol{\beta}}$ より有効である.

$\boldsymbol{y}$ に関して線形である $\boldsymbol{\beta}$ の任意の不偏推定量 $\tilde{\boldsymbol{\beta}}$ の共分散行列は, $\hat{\boldsymbol{\beta}}$ の共分散行列より正値半定符号行列の大きさだけ大きくなる, というこのガウス-マルコフの定理の証明には $\boldsymbol{u}$ が正規分布をするという仮定は用いていない. いいかえれば, $\boldsymbol{u}$ が正規分布していなくても, 期待値 $\boldsymbol{0}$, 自己相関なし, 均一分散, $\boldsymbol{X}$ 所与の仮定が成立していれば, このガウス-マルコフの定理は成立する.

最小2乗推定量の魅力の1つは, 誤差項の分布にかかわらず, このガウス-マルコフの定理が成立することにある.

(3)　$\hat{\boldsymbol{\beta}}$ は MVUE である．

$\hat{\boldsymbol{\beta}}$ が $\boldsymbol{\beta}$ の BLUE である，ということを証明するために $\boldsymbol{u}$ の正規分布の仮定は不要であった．さらに $\boldsymbol{u}$ の正規性の仮定が正しければ，$\hat{\boldsymbol{\beta}}$ は $\boldsymbol{\beta}$ のあらゆる不偏推定量のクラスのなかで（つまり，$\boldsymbol{y}$ に関して線形である不偏推定量という線形の制約がとれ）もっとも小さい分散共分散行列をもつ MVUE になる．証明は 12.12.3 項で行う．

(4)　$\hat{\boldsymbol{\beta}}$ は $\boldsymbol{\beta}$ の一致推定量である．

一致性の十分条件を用いる．$E(\hat{\boldsymbol{\beta}})=\boldsymbol{\beta}$ であるから，漸近的不偏性 $\lim_{n\to\infty} E(\hat{\boldsymbol{\beta}})=\boldsymbol{\beta}$ ももちろん成立する．他方

$$\lim_{n\to\infty}\mathrm{var}(\hat{\boldsymbol{\beta}})=\lim_{n\to\infty}\sigma^2(\boldsymbol{X}'\boldsymbol{X})^{-1}=\lim_{n\to\infty}\frac{\sigma^2}{n}\left(\frac{\boldsymbol{X}'\boldsymbol{X}}{n}\right)^{-1}$$

$$=\lim_{n\to\infty}\frac{\sigma^2}{n}\boldsymbol{Q}^{-1}=\boldsymbol{0}$$

したがって

$$\operatorname*{plim}_{n\to\infty}\hat{\boldsymbol{\beta}}=\boldsymbol{\beta}$$

が得られる．

(5)

$$\hat{\boldsymbol{\beta}}=\boldsymbol{\beta}+(\boldsymbol{X}'\boldsymbol{X})^{-1}\boldsymbol{X}'\boldsymbol{u}$$

と，$\hat{\boldsymbol{\beta}}$ は正規分布をする $\boldsymbol{u}$ の線形関数であるから，$\hat{\boldsymbol{\beta}}$ も正規分布する．すなわち

$$\hat{\boldsymbol{\beta}}\sim N(\boldsymbol{\beta},\sigma^2(\boldsymbol{X}'\boldsymbol{X})^{-1}) \qquad (12.75)$$

である．

(b)　s^2 の特性

(1)　不偏性

(2)　MINQUE

(3)　BQUE

(4)　一致性

(5)　$\dfrac{(n-k)s^2}{\sigma^2}\sim\chi^2(n-k)$

(6)　s^2 と $\hat{\boldsymbol{\beta}}$ は独立

(1)　不偏性は（12.73）式で示した．

(2)　s^2 は σ^2 の最小ノルム 2 次不偏推定量 minimum norm quadratic unbiased estimator（MINQUE と略す）である．

σ^2 の任意の 2 次推定量を

$$\tilde{\sigma}^2 = \boldsymbol{y}'\boldsymbol{A}\boldsymbol{y}$$

$\boldsymbol{A}$ は $n\times n$ の正値半定符号行列

とする．

$$\begin{aligned} E(\tilde{\sigma}^2) &= E(\boldsymbol{y}'\boldsymbol{A}\boldsymbol{y}) = E[(\boldsymbol{X\beta}+\boldsymbol{u})'\boldsymbol{A}(\boldsymbol{X\beta}+\boldsymbol{u})] \\ &= E(\boldsymbol{\beta}'\boldsymbol{X}'\boldsymbol{AX\beta}+\boldsymbol{\beta}'\boldsymbol{X}'\boldsymbol{Au}+\boldsymbol{u}'\boldsymbol{AX\beta}+\boldsymbol{u}'\boldsymbol{Au}) \\ &= \boldsymbol{\beta}'\boldsymbol{X}'\boldsymbol{AX\beta}+E(\boldsymbol{u}'\boldsymbol{Au}) \\ &= \boldsymbol{\beta}'\boldsymbol{X}'\boldsymbol{AX\beta}+\sigma^2\mathrm{tr}(\boldsymbol{A}) \end{aligned}$$

となる．あらゆる $\boldsymbol{\beta}$ に対して $\tilde{\sigma}^2$ が不偏性をもつためには

$$\boldsymbol{X}'\boldsymbol{AX}=\boldsymbol{0} \text{ および } \mathrm{tr}(\boldsymbol{A})=1$$

を行列 $\boldsymbol{A}$ は満たさなければならない．

行列 $\boldsymbol{A}=\{a_{ij}\}$ のノルムは

$$\|\boldsymbol{A}\| = \left(\sum_{i=1}^{n}\sum_{j=1}^{n} a_{ij}{}^2\right)^{\frac{1}{2}} = [\mathrm{tr}(\boldsymbol{AA}')]^{\frac{1}{2}}$$

である．このノルムを $\boldsymbol{X}'\boldsymbol{AX}=\boldsymbol{0}$ および $\mathrm{tr}(\boldsymbol{A})=1$ の制約のもとで最小にする $\boldsymbol{A}$ が MINQUE を与える．この最小問題を解くと

$$\boldsymbol{A} = \frac{\boldsymbol{M}}{n-k}$$

が得られ，σ^2 の MINQUE は

$$\begin{aligned} \boldsymbol{y}'\left(\frac{\boldsymbol{M}}{n-k}\right)\boldsymbol{y} &= \frac{1}{n-k}\boldsymbol{y}'\boldsymbol{My} = \frac{1}{n-k}\boldsymbol{u}'\boldsymbol{Mu} \\ &= \frac{1}{n-k}\sum_{i=1}^{n} e_i{}^2 = s^2 \end{aligned}$$

となる（証明は蓑谷（2007），pp. 21～22 参照）．

s^2 は σ^2 の MINQUE であるというこの証明には $\boldsymbol{u}$ が正規分布するという仮定は用いていない．$\boldsymbol{u}$ が正規分布すれば MINQUE は次の BQUE になる．

(3)　s^2 は σ^2 の最良 2 次不偏推定量 best quadratic unbiased estimator（BQUE と略す）である．

2 次不偏推定量とは $\boldsymbol{y}$ に関して 2 次の σ^2 の不偏推定量 $\tilde{\sigma}^2$ であり，次の条件を満たす．

$$\tilde{\sigma}^2 = \boldsymbol{y}'\boldsymbol{A}\boldsymbol{y}$$

$\boldsymbol{A}$ は正値半定符号

$$E(\tilde{\sigma}^2) = \sigma^2$$

この 2 次不偏推定量のクラスのなかで分散最小の推定量が最良の推定量であり，s^2 がこの最良 2 次不偏推定量となる．

証明は蓑谷（1996），pp. 14～18 を参照されたい．証明には $\boldsymbol{u}$ の正規性の仮定を用いている．

(4)　s^2 は σ^2 の一致推定量である．

一致性の十分条件から証明する．

$$E(s^2) = \sigma^2$$

はすでに示した．

次の（5）で示すように

$$\mathrm{var}(s^2) = \frac{2\sigma^4}{n-k}$$

であるから

$$\lim_{n\to\infty} \mathrm{var}(s^2) = 0$$

であり，したがって

$$\operatorname*{plim}_{n\to\infty} s^2 = \sigma^2$$

となる．

(5)　s^2 と関連ある分布

$$\boldsymbol{e}'\boldsymbol{e} = (\boldsymbol{M}\boldsymbol{u})'(\boldsymbol{M}\boldsymbol{u}) = \boldsymbol{u}'\boldsymbol{M}\boldsymbol{u}$$

$$\boldsymbol{M} = \boldsymbol{M}' = \boldsymbol{M}^2$$

$$\mathrm{rank}(\boldsymbol{M}) = \mathrm{tr}(\boldsymbol{M}) = n-k$$

$$\boldsymbol{u} \sim N(\boldsymbol{0}, \sigma^2\boldsymbol{I})$$

であるから，(11.22) 式を用いて

$$\frac{\boldsymbol{u}'\boldsymbol{M}\boldsymbol{u}}{\sigma^2} \sim \chi^2(n-k)$$

である．したがって

$$\frac{(n-k)s^2}{\sigma^2} \sim \chi^2(n-k) \tag{12.76}$$

が得られる．自由度 $n-k$ の χ^2 分布する $(n-k)s^2/\sigma^2 = v$ とおくと，$E(v) =$

$n-k$，$\mathrm{var}(v)=2(n-k)$ であるから

$$\mathrm{var}(s^2)=\mathrm{var}\left(\frac{\sigma^2 v}{n-k}\right)=\left(\frac{\sigma^2}{n-k}\right)^2 \mathrm{var}(v)$$

$$=\frac{2\sigma^4}{n-k} \tag{12.77}$$

が得られる．

$v \sim \chi^2(n-k)$ の pdf より s^2 の pdf は次式になる．

$$g(s^2)=\frac{(s^2)^{\frac{n-k}{2}-1}\exp\left[-\frac{(n-k)s^2}{2\sigma^2}\right]}{\left(\frac{2\sigma^2}{n-k}\right)^{\frac{n-k}{2}}\Gamma\left(\frac{n-k}{2}\right)},\quad s^2>0 \tag{12.78}$$

そして

$$s^2\text{の歪度}=\frac{2\sqrt{2}}{\sqrt{n-k}}$$

$$s^2\text{の尖度}=3+\frac{12}{n-k}$$

であるから，$n\to\infty$ のとき歪度 $\to 0$ と対称性が高まり，尖度 $\to 3$ となる．

図 12.6 は $k=3$，$\sigma^2=10$ を固定して，$n=10$，30，60 のときの s^2 の pdf である．$n=30$ でかなり対称的な分布に近づいている．$n=30$，$k=3$ のとき歪度$=0.544$，尖度$=3.444$ である．

(6)　$\hat{\boldsymbol{\beta}}$ と s^2 は独立である．

(11.26) 式で示したように，$\boldsymbol{u}\sim N(\boldsymbol{0}, \sigma^2\boldsymbol{I})$ で $\boldsymbol{u}$ の 1 次関数 $\boldsymbol{Au}$ と 2 次関数 $\boldsymbol{u}'\boldsymbol{Bu}$ があるとき $\boldsymbol{AB}=\boldsymbol{0}$ ならば $\boldsymbol{Au}$ と $\boldsymbol{u}'\boldsymbol{Bu}$ は独立である．この十分条件を

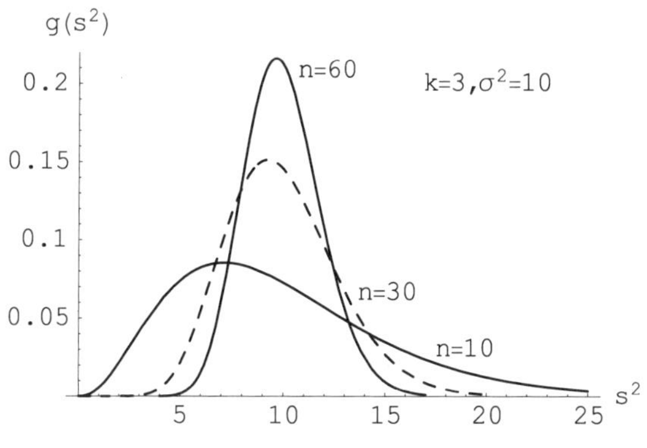

図 12.6　s^2 の確率密度関数

用いると $\hat{\boldsymbol{\beta}}$ と s^2 が独立であることは直ちに得られる．

$$\hat{\boldsymbol{\beta}}-\boldsymbol{\beta}=(\boldsymbol{X}'\boldsymbol{X})^{-1}\boldsymbol{X}'\boldsymbol{u}=\boldsymbol{A}\boldsymbol{u}$$
$$\boldsymbol{e}'\boldsymbol{e}=\boldsymbol{u}'\boldsymbol{M}\boldsymbol{u}$$

であるから

$$\boldsymbol{A}\boldsymbol{M}=(\boldsymbol{X}'\boldsymbol{X})^{-1}\boldsymbol{X}'\boldsymbol{M}=(\boldsymbol{X}'\boldsymbol{X})^{-1}(\boldsymbol{M}\boldsymbol{X})'=\boldsymbol{0}$$

となり，$\hat{\boldsymbol{\beta}}-\boldsymbol{\beta}$ と $\boldsymbol{e}'\boldsymbol{e}$ は独立である．したがって，$\hat{\boldsymbol{\beta}}$ と s^2 は独立である．

12.12.3 最尤法による $\boldsymbol{\beta}$ と σ^2 の推定

最尤法によって (12.68) 式のパラメータを推定しよう．

$\boldsymbol{y}$ は $\boldsymbol{u}$ の線形関数であるから，$\boldsymbol{y}$ も正規分布をし

$$E(\boldsymbol{y})=\boldsymbol{X}\boldsymbol{\beta}$$
$$\mathrm{var}(\boldsymbol{y})=E(\boldsymbol{y}-\boldsymbol{X}\boldsymbol{\beta})(\boldsymbol{y}-\boldsymbol{X}\boldsymbol{\beta})'=E(\boldsymbol{u}\boldsymbol{u}')=\sigma^2\boldsymbol{I}$$

であるから

$$\boldsymbol{y}\sim N(\boldsymbol{X}\boldsymbol{\beta},\ \sigma^2\boldsymbol{I})$$

が成り立つ．したがって尤度関数は

$$L=(2\pi\sigma^2)^{-\frac{n}{2}}\exp\left\{-\frac{1}{2\sigma^2}(\boldsymbol{y}-\boldsymbol{X}\boldsymbol{\beta})'(\boldsymbol{y}-\boldsymbol{X}\boldsymbol{\beta})\right\}$$

となるから，対数尤度関数は次式で与えられる．

$$\log L=-\frac{n}{2}\log 2\pi-\frac{n}{2}\log\sigma^2-\frac{1}{2\sigma^2}(\boldsymbol{y}-\boldsymbol{X}\boldsymbol{\beta})'(\boldsymbol{y}-\boldsymbol{X}\boldsymbol{\beta}) \quad (12.79)$$

$\boldsymbol{\beta}$ と σ^2 の最尤推定量は次の必要条件から得られる．

$$\frac{\partial\log L}{\partial\boldsymbol{\beta}}=-\frac{1}{2\sigma^2}\frac{\partial}{\partial\boldsymbol{\beta}}(\boldsymbol{y}'\boldsymbol{y}-2\,\boldsymbol{y}'\boldsymbol{X}\boldsymbol{\beta}+\boldsymbol{\beta}'\boldsymbol{X}'\boldsymbol{X}\boldsymbol{\beta})$$
$$=\frac{1}{\sigma^2}(\boldsymbol{X}'\boldsymbol{y}-\boldsymbol{X}'\boldsymbol{X}\boldsymbol{\beta})=\boldsymbol{0}$$
$$\frac{\partial\log L}{\partial\sigma^2}=-\frac{n}{2\sigma^2}+\frac{1}{2\sigma^4}(\boldsymbol{y}-\boldsymbol{X}\boldsymbol{\beta})'(\boldsymbol{y}-\boldsymbol{X}\boldsymbol{\beta})=0$$

この必要条件より，$\boldsymbol{\beta}$，σ^2 の最尤推定量をそれぞれ $\tilde{\boldsymbol{\beta}}$，$\hat{\sigma}^2$ とすれば

$$\tilde{\boldsymbol{\beta}}=(\boldsymbol{X}'\boldsymbol{X})^{-1}\boldsymbol{X}'\boldsymbol{y} \quad (12.80)$$

$$\hat{\sigma}^2=\frac{1}{n}\tilde{\boldsymbol{e}}'\tilde{\boldsymbol{e}}$$
$$\tilde{\boldsymbol{e}}=\boldsymbol{y}-\boldsymbol{X}\tilde{\boldsymbol{\beta}} \quad (12.81)$$

が得られる．$\boldsymbol{\beta}$ の MLE $\tilde{\boldsymbol{\beta}}$ は最小 2 乗推定量 $\hat{\boldsymbol{\beta}}$ と同じである．σ^2 の MLE $\hat{\sigma}^2$

は残差平方和を n で割っているから，σ^2 の不偏推定量 s^2 とは異なっている．

$\tilde{\boldsymbol{e}}'\tilde{\boldsymbol{e}}=\boldsymbol{e}'\boldsymbol{e}$ であるから

$$E(\hat{\sigma}^2)=\frac{1}{n}E(\boldsymbol{e}'\boldsymbol{e})=\left(\frac{n-k}{n}\right)\sigma^2=\sigma^2-\frac{k}{n}\sigma^2$$

となり，$\hat{\sigma}^2$ は $-\dfrac{k}{n}\sigma^2$ だけ，平均的にみて，σ^2 を過小推定する偏りのある推定量をもたらすことがわかる．

結局，$\boldsymbol{u}\sim N(\boldsymbol{0},\sigma^2\boldsymbol{I})$ のとき，$\boldsymbol{\beta}$ の最小2乗推定量 $\hat{\boldsymbol{\beta}}$ と最尤推定量 $\tilde{\boldsymbol{\beta}}$ は等しい．σ^2 の最尤推定量 $\hat{\sigma}^2$ は，負の偏りをもち，不偏性をもたない．したがって σ^2 の不偏推定量であり，さらにBQUEである s^2 とは異なることがわかった．

$\boldsymbol{\theta}'=(\boldsymbol{\beta}'\ \ \sigma^2)$，$\tilde{\boldsymbol{\theta}}'=(\tilde{\boldsymbol{\beta}}'\ \ \hat{\sigma}^2)$ とおくと，最尤推定量の特性から

(1) $\tilde{\boldsymbol{\theta}}$ は $\boldsymbol{\theta}$ の一致推定量である．

実際，$\tilde{\boldsymbol{\beta}}=\hat{\boldsymbol{\beta}}$ が一致性をもつことはすでに述べた．$\hat{\sigma}^2$ の一致性は次のようにして確かめることができる．まず

$$\lim_{n\to\infty}E(\hat{\sigma}^2)=\lim_{n\to\infty}\left(\frac{n-k}{n}\right)\sigma^2=\sigma^2$$

であるから，$\hat{\sigma}^2$ は漸近的不偏性を満たす．次に

$$v=\frac{n\hat{\sigma}^2}{\sigma^2}=\frac{\boldsymbol{e}'\boldsymbol{e}}{\sigma^2}=\frac{\boldsymbol{u}'\boldsymbol{M}\boldsymbol{u}}{\sigma^2}\sim\chi^2(n-k)$$

であるから

$$\begin{aligned}\mathrm{var}(\hat{\sigma}^2)&=\mathrm{var}\left(\frac{\sigma^2 v}{n}\right)=\frac{\sigma^4}{n^2}\mathrm{var}(v)\\&=\frac{\sigma^4}{n^2}2(n-k)=\frac{2(n-k)}{n^2}\sigma^4\end{aligned}\qquad(12.82)$$

したがって

$$\lim_{n\to\infty}\mathrm{var}(\hat{\sigma}^2)=\lim_{n\to\infty}\frac{2(n-k)}{n^2}\sigma^4=0$$

となり，結局

$$\operatorname*{plim}_{n\to\infty}\hat{\sigma}^2=\sigma^2$$

が成立する．

(2) $\tilde{\boldsymbol{\theta}}$ は $\boldsymbol{\theta}$ の漸近的有効推定量である．

最尤推定量の漸近的分布は次の正規分布をする．

$$\sqrt{n}(\tilde{\boldsymbol{\theta}}-\boldsymbol{\theta}) \underset{\text{asy}}{\sim} N(\mathbf{0}, \boldsymbol{M}^{-1}(\boldsymbol{\theta})) \tag{12.83}$$

ここで

$$\boldsymbol{M}(\boldsymbol{\theta})=\frac{1}{n}\boldsymbol{I}(\boldsymbol{\theta})$$

$$\boldsymbol{I}(\boldsymbol{\theta})=-E\left(\frac{\partial^2 \log L}{\partial\boldsymbol{\theta}\partial\boldsymbol{\theta}'}\right)$$

である．

情報行列 $\boldsymbol{I}(\boldsymbol{\theta})$ を求めよう．

$$\frac{\partial \log L}{\partial\boldsymbol{\beta}}=\frac{1}{\sigma^2}(\boldsymbol{X}'\boldsymbol{y}-\boldsymbol{X}'\boldsymbol{X}\boldsymbol{\beta})$$

$$\frac{\partial \log L}{\partial\sigma^2}=-\frac{n}{2\sigma^2}+\frac{1}{2\sigma^4}(\boldsymbol{y}-\boldsymbol{X}\boldsymbol{\beta})'(\boldsymbol{y}-\boldsymbol{X}\boldsymbol{\beta})$$

であるから

$$\frac{\partial^2 \log L}{\partial\boldsymbol{\beta}\partial\boldsymbol{\beta}'}=-\frac{1}{\sigma^2}\boldsymbol{X}'\boldsymbol{X}$$

$$\frac{\partial^2 \log L}{\partial\boldsymbol{\beta}\partial\sigma^2}=-\frac{1}{\sigma^4}(\boldsymbol{X}'\boldsymbol{y}-\boldsymbol{X}'\boldsymbol{X}\boldsymbol{\beta})$$

$$\frac{\partial^2 \log L}{\partial(\sigma^2)^2}=\frac{n}{2\sigma^4}-\frac{1}{\sigma^6}(\boldsymbol{y}-\boldsymbol{X}\boldsymbol{\beta})'(\boldsymbol{y}-\boldsymbol{X}\boldsymbol{\beta})$$

したがって

$$-E\left(\frac{\partial^2 \log L}{\partial\boldsymbol{\beta}\partial\boldsymbol{\beta}'}\right)=\frac{1}{\sigma^2}\boldsymbol{X}'\boldsymbol{X}$$

$$\begin{aligned}-E\left(\frac{\partial^2 \log L}{\partial\boldsymbol{\beta}\partial\sigma^2}\right)&=\frac{1}{\sigma^4}E(\boldsymbol{X}'\boldsymbol{y}-\boldsymbol{X}'\boldsymbol{X}\boldsymbol{\beta})\\&=\frac{1}{\sigma^4}\boldsymbol{X}'E(\boldsymbol{y}-\boldsymbol{X}\boldsymbol{\beta})=\frac{1}{\sigma^4}\boldsymbol{X}'E(\boldsymbol{u})=\mathbf{0}\end{aligned}$$

$$\begin{aligned}-E\left(\frac{\partial^2 \log L}{\partial(\sigma^2)^2}\right)&=-\frac{n}{2\sigma^4}+\frac{1}{\sigma^6}E(\boldsymbol{u}'\boldsymbol{u})=-\frac{n}{2\sigma^4}+\frac{1}{\sigma^6}(n\sigma^2)\\&=\frac{n}{2\sigma^4}\end{aligned}$$

以上より

$$\boldsymbol{I}(\boldsymbol{\theta})=\begin{bmatrix}\frac{1}{\sigma^2}(\boldsymbol{X}'\boldsymbol{X}) & \mathbf{0}\\ \mathbf{0}' & \frac{n}{2\sigma^4}\end{bmatrix}$$

となる．したがって

$$\boldsymbol{I}(\boldsymbol{\theta})^{-1}=\begin{bmatrix} \sigma^2(\boldsymbol{X}'\boldsymbol{X})^{-1} & \boldsymbol{0} \\ \boldsymbol{0}' & \dfrac{2\sigma^4}{n} \end{bmatrix} \tag{12.84}$$

となる．$\boldsymbol{I}(\boldsymbol{\theta})^{-1}$ は不偏推定量の分散共分散のクラメール-ラオ限界である．

$$\mathrm{var}(\tilde{\boldsymbol{\beta}})=\mathrm{var}(\hat{\boldsymbol{\beta}})=\sigma^2(\boldsymbol{X}'\boldsymbol{X})^{-1}$$

はこの下限に等しく，n が大きいとき

$$\mathrm{var}(\hat{\sigma}^2)=\frac{2(n-k)}{n^2}\sigma^4 \fallingdotseq \frac{2\sigma^4}{n}$$

であるから，$\tilde{\boldsymbol{\beta}}$，$\hat{\sigma}^2$ はそれぞれ $\boldsymbol{\beta}$，σ^2 の漸近的有効推定量である．

この結果は次のように表されることもある．

$$\sqrt{n}(\tilde{\boldsymbol{\beta}}-\boldsymbol{\beta}) \underset{\text{asy}}{\sim} N\left(\boldsymbol{0}, \sigma^2\left(\frac{\boldsymbol{X}'\boldsymbol{X}}{n}\right)^{-1}\right)$$

$$\sqrt{n}(\hat{\sigma}^2-\sigma^2) \underset{\text{asy}}{\sim} N(0, 2\sigma^4)$$

$\tilde{\boldsymbol{\beta}}=\hat{\boldsymbol{\beta}}$ については

$$\hat{\boldsymbol{\beta}} \sim N(\boldsymbol{\beta}, \sigma^2(\boldsymbol{X}'\boldsymbol{X})^{-1})$$

が有限標本で成立することを (12.75) 式で示したから，上の結果は当然漸近的にも成立する．そして $\hat{\boldsymbol{\beta}}$ は $\boldsymbol{\beta}$ の MVUE である．

12.12.4 プロファイル尤度関数

未知パラメータが1個の場合には，パラメータ θ が変化することによって尤度 $L(\theta)$ がどのように変化するかを簡単に調べることができる．しかし未知パラメータが複数になると，たとえば $N(\mu, \sigma^2)$ の場合に σ^2 を固定して μ だけ変化させても尤度関数の値としては意味がない．なぜならば μ をある値 μ_0 で固定したとき，σ^2 の MLE は

$$\hat{\sigma}^2(\mu_0)=\frac{1}{n}\sum_{i=1}^{n}(x_i-\mu_0)^2$$

となり，μ_0 を変化させれば $\hat{\sigma}^2$ も異なった値になるからである．

未知パラメータが θ，ϕ と2個あり，尤度関数を $L(\theta, \phi)$ とする．θ を固定したときの ϕ の MLE を $\hat{\phi}(\theta)$ と表すと

$$L[\theta, \hat{\phi}(\theta)]=\max_{\phi} L(\theta, \phi)$$

である．$L[\theta, \hat{\phi}(\theta)]$ は θ のプロファイル尤度関数 profile likelihood function とよばれる．尤度関数であるから，観測値 $(x_1, \cdots, x_n)$ は所与である．

たとえば $X_i \sim \mathrm{NID}(\mu, \sigma^2)$, $i=1, \cdots, n$ のとき

$$L(\mu, \sigma^2) = (2\pi\sigma^2)^{-\frac{n}{2}} \exp\left[-\frac{1}{2\sigma^2}\sum_{i=1}^{n}(x_i-\mu)^2\right]$$

において，μ を固定したとき，σ^2 の MLE は

$$\hat{\sigma}^2(\mu) = \frac{1}{n}\sum_{i=1}^{n}(x_i-\mu)^2$$

である．したがって μ のプロファイル尤度関数は

$$L[\mu, \hat{\sigma}^2(\mu)] = [2\pi\hat{\sigma}^2(\mu)]^{-\frac{n}{2}} \exp\left[-\frac{1}{2\hat{\sigma}^2(\mu)}\sum_{i=1}^{n}(x_i-\mu)^2\right]$$
$$= (2\pi)^{-\frac{n}{2}} \exp\left(-\frac{n}{2}\right)[\hat{\sigma}^2(\mu)]^{-\frac{n}{2}} \tag{12.85}$$

となる．簡単な例をあげよう．

例 12.2

$N(0,1)$ から発生させた $x_1, \cdots, x_{30}$ を観測値と考え

$$\bar{x} = -0.00656, \quad \hat{\sigma}^2 = 1.23613$$

を得た．μ を -3 から 3 まで動かし，(12.85) 式の対数，すなわち μ のプロファイル対数尤度関数のグラフを描いたのが**図 12.7** である．$\mu = -0.00656$ の値で対数尤度の値は最大になる．

例 12.3

回帰モデルのパラメータのプロファイル尤度関数の例を示そう．モデルは次式である．

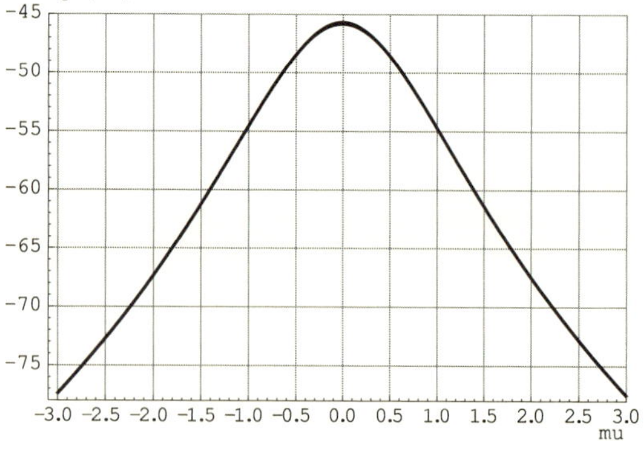

図 12.7 μ のプロファイル対数尤度関数

表 12.5　貨幣賃金率変化率モデルのデータ

FY	WDOT	DRUIV	CPIDOT	RUIV$_{(-1)}$	FY	WDOT	DRUIV	CPIDOT	RUIV$_{(-1)}$
1965	10.63	−0.1812	6.5844	0.8181	1987	2.21	0.0061	0.5656	0.1573
1966	11.06	−0.0087	4.6332	0.6369	1988	3.33	0.0455	0.7874	0.1634
1967	13.09	0.0748	4.4280	0.6282	1989	4.36	0.0365	2.7902	0.2089
1968	13.32	0.1150	4.5936	0.7030	1990	4.60	0.0255	3.1488	0.2453
1969	16.38	0.0131	6.4189	0.8181	1991	4.11	−0.0023	2.7368	0.2708
1970	17.02	−0.0854	4.7619	0.8312	1992	0.56	−0.0252	1.6393	0.2686
1971	14.00	−0.1261	6.0606	0.7458	1993	0.89	−0.0643	1.3105	0.2434
1972	15.34	0.0000	5.7143	0.6197	1994	1.23	−0.0293	0.2985	0.1790
1973	20.82	0.0171	15.4054	0.6197	1995	1.06	−0.0252	−0.1984	0.1497
1974	28.02	−0.1551	20.8431	0.6369	1996	0.21	−0.0065	0.3976	0.1245
1975	12.73	−0.1756	10.4651	0.4818	1997	1.11	−0.0077	2.0792	0.1180
1976	10.77	−0.0055	9.4737	0.3062	1998	−1.28	−0.0358	0.1940	0.1103
1977	9.92	−0.0253	6.8910	0.3008	1999	−1.12	−0.0106	−0.4840	0.0745
1978	6.36	−0.0282	3.7481	0.2755	2000	−0.27	0.0002	−0.6809	0.0639
1979	5.99	0.0379	4.9133	0.2473	2001	−0.88	−0.0098	−0.9794	0.0642
1980	5.29	−0.0120	7.5758	0.2852	2002	−2.09	−0.0039	−0.5935	0.0544
1981	6.21	−0.0298	3.9693	0.2731	2003	−2.06	0.0046	−0.1990	0.0505
1982	3.81	−0.0405	2.5862	0.2434	2004	−0.37	0.0107	−0.0997	0.0552
1983	2.28	−0.0262	1.9208	0.2029	2005	0.17	0.0083	−0.1996	0.0659
1984	4.12	−0.0012	2.2379	0.1767	2006	0.52	0.0089	0.2000	0.0742
1985	3.61	0.0035	1.8433	0.1755	2007	−1.09	0.0099	0.3992	0.0831
1986	2.26	−0.0217	0.0000	0.1790	2008	−0.25	−0.0124	1.0934	0.0930

$$\mathrm{WDOT} = \beta_1 + \beta_2\,\mathrm{DRUIV} + \beta_3\,\mathrm{CPIDOT} + \beta_4\,\mathrm{RUIV}_{-1} + u \qquad (12.86)$$

ここで

WDOT＝貨幣賃金率変化率（対前年度，%）

DRUIV＝RUIV の対前年度変化＝RUIV－RUIV_{-1}

CPIDOT＝消費者物価変化率（対前年度，%）

RUIV＝$\mathrm{RU}^{-1.772}$，RU は完全失業率

である．

表 12.5 に示されている 1965 年度から 2008 年度までのデータを用いて，(12.86) 式を最尤法で推定した結果は次のとおりである．この場合 β_j の MLE と OLSE は等しい．係数の下の（　）内は標準偏差の推定値である．たとえば $\hat{\beta}_j$ の標準偏差の推定値 s_j は

$$s_j = s\,(q^{jj})^{\frac{1}{2}}$$

$$q^{jj} = (\boldsymbol{X}'\boldsymbol{X})^{-1} \text{ の } (j, j) \text{ 要素}$$

である.

$$\underset{(0.3628)}{\text{WDOT}=-1.7467}+\underset{(4.4475)}{12.1748}\,\text{DRUIV}$$
$$+\underset{(0.0734)}{0.9266}\,\text{CPIDOT}+\underset{(1.2731)}{14.8968}\,\text{RUIV}_{-1}$$
$$R^2=0.956,\ s=1.508 \qquad (12.87)$$

R^2 は次節で説明する決定係数であり，モデルの説明力を示す.

(12.86) 式の β_2 のプロファイル対数尤度関数は，β_2 の値をたとえば 0.4 と固定し，(12.86) 式を ML で推定して対数尤度関数の値を求める. 次に，たとえば，β_2 を 0.5 に固定して (12.86) 式を ML で推定すれば β_2 以外の β_j の推定値および $\hat{\sigma}^2$ は $\beta_2=0.4$ のときとは異なる値になり，したがって対数尤度関数の値も異なってくる. このようにして得られたのが**図 12.8** の β_2 のプロファイル対数尤度関数であり，(12.87) 式の $\hat{\beta}_2=12.1748$ で対数尤度は最大になる.

β_2 のプロファイル対数尤度関数は次式である.

$$\log L(\beta_2)=-\frac{n}{2}\log(2\pi)-\frac{n}{2}\log\hat{\sigma}^2(\beta_2)-\frac{n}{2}$$

ここで

$$\hat{\sigma}^2(\beta_2)=\beta_2\text{ を固定したときの (12.86) 式の }\sigma^2\text{ の MLE}$$

である.

同様にして (12.86) 式の β_3 のプロファイル対数尤度関数が**図 12.9** に示されている. 対数尤度関数は $\hat{\beta}_3=0.9266$ で最大になる.

図 12.10 は (12.86) 式の β_4 のプロファイル対数尤度関数である. $\hat{\beta}_4=$

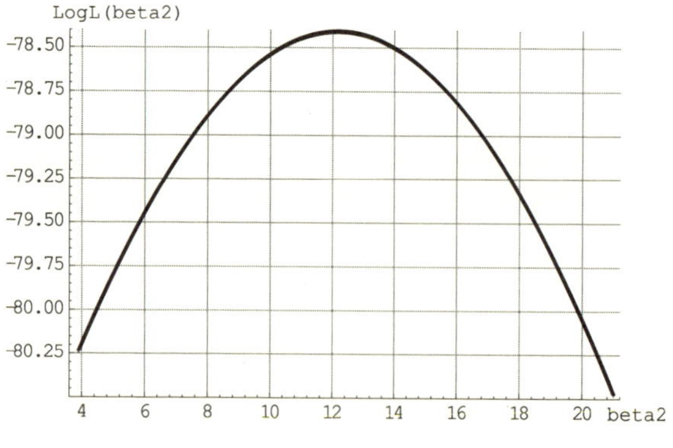

図 12.8　β_2 のプロファイル対数尤度関数

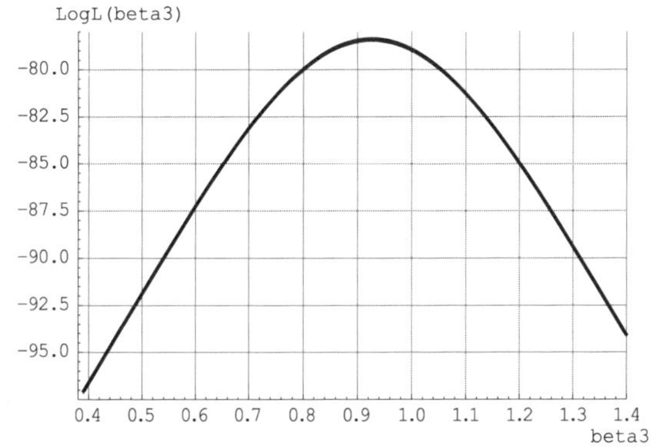

図 12.9 β_3 のプロファイル対数尤度関数

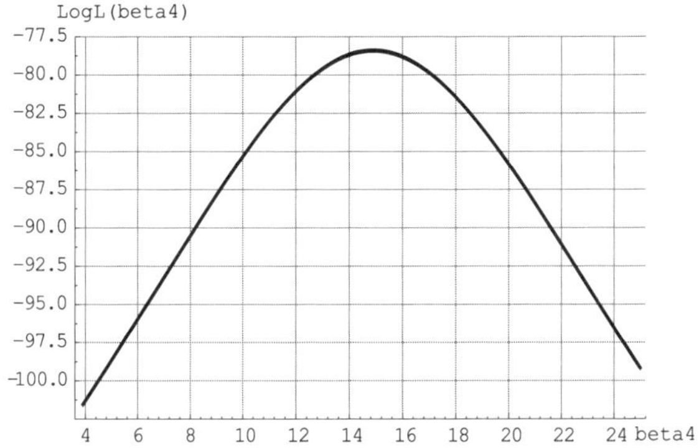

図 12.10 β_4 のプロファイル対数尤度関数

14.8968 のとき対数尤度は最大になる.

12.12.5 決定係数

回帰モデルが (12.86) 式のように定数項をもつとき

$$\sum_{i=1}^{n}(Y_i-\overline{Y})^2=\sum_{i=1}^{n}(\widehat{Y}_i-\overline{Y})^2+\sum_{i=1}^{n}e_i^2 \qquad (12.88)$$

が成立する. ここで

$$\widehat{Y}_i=\widehat{\beta}_1+\widehat{\beta}_2X_{2i}+\cdots+\widehat{\beta}_kX_{ki}$$
$$e_i=Y_i-\widehat{Y}_i$$

である.

(12.88) 式の左辺は全変動, 右辺第 1 項はモデルによって説明される平方和, 右辺第 2 項はモデルでは説明できない残差平方和である.

したがって全変動のうちモデルによってどの程度説明できるかは

$$R^2 = \frac{\sum_{i=1}^{n} (\hat{Y}_i - \bar{Y})^2}{\sum_{i=1}^{n} (Y_i - \bar{Y})^2} \tag{12.89}$$

によって測ることができる．R^2 は決定係数 coefficient of determination とよばれる．(12.87) 式は $R^2=0.956$ であるから，全変動の 95.6% はこのモデルで説明することができる．

$$\hat{Y}_i = Y_i, \quad i=1, \cdots, n$$

したがって $e_i=0$, $i=1, \cdots, n$ のとき $R^2=1$

$$\hat{Y}_i = \bar{Y}, \quad i=1, \cdots, n$$

したがって $e_i = Y_i - \bar{Y}$ のとき $R^2=0$ である．

12.12.6 プロビットモデルの推定

被説明変数 Y が 0 か 1 の値という二値変数の場合がある．たとえば 2010 年に容量 500 ℓ 以上の大型冷蔵庫を購入した世帯は 1，購入しなかった世帯は 0，既婚女性で就業していれば 1，未就業であれば 0，地対空ミサイルの発射実験で攻撃目標に命中すれば 1，命中しなかったら 0，ある疾患に対して開発された薬品の効果があれば 1，なければ 0 等々である．

この二値変数に対する回帰モデルとして代表的なモデルがプロビットモデル probit model であり，ロジットモデル logit model である．ここでは正規分布との関係でプロビットモデルを説明する．

プロビットモデルにおいて観測された Y_i は次の潜在変数 latent variable Y^* を用いて定義される．

$$Y_i = \begin{cases} 1, & Y_i^* > 0 \text{ のとき} \\ 0, & \text{その他} \end{cases} \tag{12.90}$$

$Y_i^* > l_i$ のときは $Y_i^* - l_i > 0$ かどうかを考えればよいから上式は一般性を失わない．

そしてこの Y_i^* に線形モデル

$$Y_i^* = \underset{1\times k}{\boldsymbol{x}_i'} \underset{k\times 1}{\boldsymbol{\beta}} + u_i \tag{12.91}$$

$$\boldsymbol{x}_i' = (1 \ X_{2i} \cdots X_{ki})$$

$$\boldsymbol{\beta}' = (\beta_1 \cdots \beta_k)$$

$$u_i \sim \text{iid}(0, \sigma^2)$$

を仮定する．

(12.90) 式は Y_i^* を σ で割って

$$Y_i = \begin{cases} 1, & \dfrac{Y_i^*}{\sigma} > 0 \text{ のとき} \\ 0, & \text{その他} \end{cases}$$

と表しても同じであるから (12.91) 式の u_i を

$$u_i \sim \text{iid}(0, 1) \tag{12.92}$$

と仮定することができる．以下 (12.92) 式を仮定する．

このとき

$$\begin{aligned} p_i &= P(Y_i = 1) = P(Y_i^* > 0) \\ &= P(\boldsymbol{x}_i'\boldsymbol{\beta} + u_i > 0) = P(u_i > -\boldsymbol{x}_i'\boldsymbol{\beta}) \\ &= 1 - P(u_i \leq -\boldsymbol{x}_i'\boldsymbol{\beta}) \end{aligned} \tag{12.93}$$

となる．

u_i の分布が，正規分布やロジスティック分布のように，期待値 0 のまわりで対称的な分布のとき，u_i の分布関数 cdf を F とすると

$$1 - F(-z) = F(z)$$

の関係が成り立つから，(12.93) 式にこの関係を適用して

$$p_i = P(Y_i = 1) = F(\boldsymbol{x}_i'\boldsymbol{\beta}) \tag{12.94}$$

したがって

$$1 - p_i = P(Y_i = 0) = 1 - F(\boldsymbol{x}_i'\boldsymbol{\beta}) \tag{12.95}$$

と表すことができる．F は分布関数であるから，$0 \leq p_i \leq 1$ は必ず満たされる．

(1)　プロビットモデル

プロビットモデルは u_i に標準正規分布，すなわち

$$u_i \sim \text{NID}(0, 1)$$

を仮定したモデルである．この標準正規変数の cdf，確率密度関数 pdf をそれぞれ Φ，ϕ で表すと，プロビットモデルは

$$p_i = P(Y_i = 1) = \Phi(\boldsymbol{x}_i'\boldsymbol{\beta}) \tag{12.96}$$

$$1 - p_i = P(Y_i = 0) = 1 - \Phi(\boldsymbol{x}_i'\boldsymbol{\beta})$$

と表すことができる．

$$\frac{p_i}{1-p_i}=\frac{\Phi(\boldsymbol{x}_i'\boldsymbol{\beta})}{1-\Phi(\boldsymbol{x}_i'\boldsymbol{\beta})}$$

はオッズ odds とよばれる．$\{Y_i=1\}$ を“成功”，$\{Y_i=0\}$ を“失敗”とすれば，オッズは失敗確率に対する成功確率の比を表す．

(12.94) 式で F に標準ロジスティック分布の cdf

$$p_i=[1+\exp(-\boldsymbol{x}_i'\boldsymbol{\beta})]^{-1}$$

を仮定したモデルがロジットモデルである．ロジットモデルのとき

$$\log\left(\frac{p_i}{1-p_i}\right)=\boldsymbol{x}_i'\boldsymbol{\beta}=\beta_1+\beta_2X_{2i}+\cdots+\beta_kX_{ki}$$

とオッズの対数は X_j，$j=2,\cdots,k$ の線形関数になる．

(2) プロビットモデルの限界効果

$p_i=P(Y_i=1)$ が

$$p_i=\beta_1+\beta_2X_{2i}+\cdots+\beta_kX_{ki}$$

と定式化されれば，限界効果 marginal effect は

$$\frac{\partial p_i}{\partial X_{ji}}=\beta_j,\quad j=2,\cdots,k$$

と一定である．しかしプロビットモデルの場合には (12.96) 式より限界効果は次式になる．

$$\frac{\partial p_i}{\partial X_{ji}}=\Phi'(\boldsymbol{x}_i'\boldsymbol{\beta})\beta_j=\beta_j\phi(\boldsymbol{x}_i'\boldsymbol{\beta}) \qquad (12.97)$$

$$j=1,\cdots,k,\quad i=1,\cdots,n$$

(3) パラメータ推定

(12.94) 式，(12.95) 式はプロビットモデル，ロジットモデルいずれにおいても成立するから，cdf を F，pdf を f として説明する．プロビットモデルの場合には F を Φ，f を ϕ にすればよい．

(12.94)，(12.95) 式より，同時確率密度関数

$$g(y_1,y_2,\cdots,y_n)=\prod_{i=1}^{n}\{F(\boldsymbol{x}_i'\boldsymbol{\beta})^{y_i}[1-F(\boldsymbol{x}_i'\boldsymbol{\beta})]^{1-y_i}\} \qquad (12.98)$$

が得られるから，g を尤度関数 L とみなせば，対数尤度関数は次式となる．

$$\log L=\sum_{\substack{i\\(y_i=1)}}y_i\log F(\boldsymbol{x}_i'\boldsymbol{\beta})+\sum_{\substack{i\\(y_i=0)}}(1-y_i)\log[1-F(\boldsymbol{x}_i'\boldsymbol{\beta})] \qquad (12.99)$$

$\boldsymbol{\beta}$ の MLE は次の必要条件の解として得られる．$f=F'$ である．

$$\frac{\partial \log L}{\partial \boldsymbol{\beta}} = \sum_{\substack{i \\ (y_i=1)}} \frac{f(\boldsymbol{x}_i'\boldsymbol{\beta})}{F(\boldsymbol{x}_i'\boldsymbol{\beta})}\boldsymbol{x}_i - \sum_{\substack{i \\ (y_i=0)}} \frac{f(\boldsymbol{x}_i'\boldsymbol{\beta})}{1-F(\boldsymbol{x}_i'\boldsymbol{\beta})}\boldsymbol{x}_i = \boldsymbol{0} \quad (12.100)$$

上式を書き直して次式を得る．

$$\boldsymbol{0} = \sum_{i=1}^{n}\left\{\frac{y_i}{F(\boldsymbol{x}_i'\boldsymbol{\beta})} - \frac{1-y_i}{1-F(\boldsymbol{x}_i'\boldsymbol{\beta})}\right\} f(\boldsymbol{x}_i'\boldsymbol{\beta})\boldsymbol{x}_i$$

$$= \sum_{i=1}^{n}\left\{\frac{y_i - F(\boldsymbol{x}_i'\boldsymbol{\beta})}{F(\boldsymbol{x}_i'\boldsymbol{\beta})[1-F(\boldsymbol{x}_i'\boldsymbol{\beta})]}\right\} f(\boldsymbol{x}_i'\boldsymbol{\beta})\boldsymbol{x}_i \quad (12.101)$$

このようにプロビットモデルの $\boldsymbol{\beta}$ の MLE を求めるためには (12.101) 式の非線形モデルを解かねばならない．

(4)　MLE の漸近的分布

$\widehat{\boldsymbol{\beta}}_{\mathrm{ML}}$ を $\boldsymbol{\beta}$ の MLE とすると (12.19) 式で示したように次式が成り立つ．

$$\widehat{\boldsymbol{\beta}}_{\mathrm{ML}} \xrightarrow{d} N(\boldsymbol{\beta}, \boldsymbol{\Omega}^{-1}) \quad (12.102)$$

ここで $\boldsymbol{\Omega} = -E\left[\dfrac{\partial^2 \log L}{\partial\boldsymbol{\beta}\partial\boldsymbol{\beta}'}\right]$ はフィッシャーの情報行列である．

したがって

$$\left\{-E\left[\frac{\partial^2 \log L}{\partial\boldsymbol{\beta}\partial\boldsymbol{\beta}'}\right]\right\}^{\frac{1}{2}}(\widehat{\boldsymbol{\beta}}_{\mathrm{ML}} - \boldsymbol{\beta}) \xrightarrow{d} N(\boldsymbol{0}, \boldsymbol{I}_k) \quad (12.103)$$

が成り立つ．$\boldsymbol{\beta}$ は未知パラメータであるから，実際には

$$\mathrm{asy\,var}(\widehat{\boldsymbol{\beta}}_{\mathrm{ML}}) = \left\{-E\left(\frac{\partial^2 \log L}{\partial\boldsymbol{\beta}\partial\boldsymbol{\beta}'}\right)\right\}^{-1}_{\boldsymbol{\beta}=\hat{\boldsymbol{\beta}}_{\mathrm{ML}}} \quad (12.104)$$

が $\boldsymbol{\Omega}^{-1}$ の推定量を与える．asy は「漸近的に」を意味する．

情報行列を求めよう．(12.100) 式から

$$\frac{\partial^2 \log L}{\partial\boldsymbol{\beta}\partial\boldsymbol{\beta}'} = \frac{\partial}{\partial\boldsymbol{\beta}}\left[\frac{\partial \log L}{\partial\boldsymbol{\beta}}\right]'$$

$$= \sum_{\substack{i \\ (y_i=1)}}\left(\frac{f'F-f^2}{F^2}\right)\boldsymbol{x}_i\boldsymbol{x}_i' - \sum_{\substack{i \\ (y_i=0)}}\left[\frac{f'(1-F)+f^2}{(1-F)^2}\right]\boldsymbol{x}_i\boldsymbol{x}_i'$$

$$= \sum_{i=1}^{n}\left\{\left(\frac{f'F-f^2}{F^2}\right)\boldsymbol{x}_i\boldsymbol{x}_i' y_i - \left[\frac{f'(1-F)+f^2}{(1-F)^2}\right]\boldsymbol{x}_i\boldsymbol{x}_i'(1-y_i)\right\}$$

が得られる．ここで $F = F(\boldsymbol{x}_i'\boldsymbol{\beta})$，$f = f(\boldsymbol{x}_i'\boldsymbol{\beta})$ である．

$E(Y_i) = p_i = F(\boldsymbol{x}_i'\boldsymbol{\beta})$ であるから

$$\begin{aligned}\boldsymbol{\Omega} &= -E\left(\frac{\partial^2 \log L}{\partial\boldsymbol{\beta}\partial\boldsymbol{\beta}'}\right)\\ &= \sum_{i=1}^{n}\left\{\left(\frac{f^2-f'F}{F}\right)\boldsymbol{x}_i\boldsymbol{x}_i' + \left[\frac{f'(1-F)+f^2}{(1-F)}\right]\boldsymbol{x}_i\boldsymbol{x}_i'\right\}\\ &= \sum_{i=1}^{n}\left\{\left(\frac{f^2}{F(1-F)}\right)\boldsymbol{x}_i\boldsymbol{x}_i'\right\}\end{aligned}$$

すなわち次式を得る.

$$\boldsymbol{\Omega} = \sum_{i=1}^{n}\left\{\frac{[f(\boldsymbol{x}_i'\boldsymbol{\beta})]^2}{F(\boldsymbol{x}_i'\boldsymbol{\beta})[1-F(\boldsymbol{x}_i'\boldsymbol{\beta})]}\boldsymbol{x}_i\boldsymbol{x}_i'\right\} \tag{12.105}$$

したがって $\mathrm{var}(\hat{\boldsymbol{\beta}}_{\mathrm{ML}}) = \boldsymbol{\Omega}^{-1}$ は

$$\hat{\boldsymbol{\Omega}}^{-1} = \left\{\sum_{i=1}^{n}\frac{[f(\boldsymbol{x}_i'\hat{\boldsymbol{\beta}}_{\mathrm{ML}})]^2}{F(\boldsymbol{x}_i'\hat{\boldsymbol{\beta}}_{\mathrm{ML}})[1-F(\boldsymbol{x}_i'\hat{\boldsymbol{\beta}}_{\mathrm{ML}})]}\boldsymbol{x}_i\boldsymbol{x}_i'\right\}^{-1} \tag{12.106}$$

によって推定することができる.

また

$$p_i = F(\boldsymbol{x}_i'\boldsymbol{\beta})$$

は

$$\hat{p}_i = F(\boldsymbol{x}_i'\hat{\boldsymbol{\beta}}_{\mathrm{ML}})$$

によって推定することができる. そして $F(\boldsymbol{x}_i'\hat{\boldsymbol{\beta}}_{\mathrm{ML}})$ を $\boldsymbol{x}_i'\boldsymbol{\beta}$ のまわりでテイラー展開し, 1 次の項まで求めると

$$\begin{aligned}\hat{p}_i &= F(\boldsymbol{x}_i'\hat{\boldsymbol{\beta}}_{\mathrm{ML}})\\ &= F(\boldsymbol{x}_i'\boldsymbol{\beta}) + \left.\frac{\partial F}{\partial \boldsymbol{x}_i'\hat{\boldsymbol{\beta}}_{\mathrm{ML}}}\right|_{\boldsymbol{x}_i'\hat{\boldsymbol{\beta}}_{\mathrm{ML}}=\boldsymbol{x}_i'\boldsymbol{\beta}}\cdot(\boldsymbol{x}_i'\hat{\boldsymbol{\beta}}_{\mathrm{ML}} - \boldsymbol{x}_i'\boldsymbol{\beta})\\ &= p_i + f(\boldsymbol{x}_i'\boldsymbol{\beta})\boldsymbol{x}_i'(\hat{\boldsymbol{\beta}}_{\mathrm{ML}} - \boldsymbol{\beta})\end{aligned} \tag{12.107}$$

となるから, 漸近的に

$$\begin{aligned}E(\hat{p}_i) &= p_i\\ \mathrm{var}(\hat{p}_i) &= f^2\boldsymbol{x}_i'\mathrm{var}(\hat{\boldsymbol{\beta}}_{\mathrm{ML}})\boldsymbol{x}_i\\ &= [f(\boldsymbol{x}_i'\boldsymbol{\beta})]^2\boldsymbol{x}_i'\boldsymbol{\Omega}^{-1}\boldsymbol{x}_i\end{aligned}$$

を得る.

漸近的に $\hat{\boldsymbol{\beta}}_{\mathrm{ML}}$ は正規分布をするから, (12.107) 式より $\hat{p}_i$ も漸近的に正規分布に従う. すなわち

$$\hat{p}_i \xrightarrow{d} N(p_i, [f(\boldsymbol{x}_i'\boldsymbol{\beta})]^2\boldsymbol{x}_i'\boldsymbol{\Omega}^{-1}\boldsymbol{x}_i) \tag{12.108}$$

この (12.108) 式を用いて, p_i に関する区間推定あるいは仮説検定をすることができる.

たとえば

$$H_0：\beta_2=\beta_3=0$$

$$H_1：\beta_2,\ \beta_3\text{ の少なくとも 1 つは 0 でない}$$

の検定は，プロビットモデルでもロジットモデルでも次の尤度比検定を行えばよい．

$$\lambda=-2(\log L_0-\log L_1)\sim\chi^2(2) \tag{12.109}$$

ここで

$\log L_0=X_{2i},\ X_{3i}$ を含まないモデルの最大対数尤度

$\log L_1=$全説明変数を含むモデルの最大対数尤度

である．

H_0 に含まれる制約条件が q 個あるときの検定統計量は

$$\lambda=-2(\log L_0-\log L_1)\sim\chi^2(q)$$

である．

(5) 限界効果の推定量の漸近的分散

プロビットモデル（ロジットモデルもそうであるが）の限界効果は

$$\delta_{ij}=\frac{\partial p_i}{\partial X_{ji}}=\beta_j f(\boldsymbol{x}_i'\boldsymbol{\beta}),\quad i=1,\cdots,n,\quad j=1,\cdots,k$$

$$f=\mathrm{pdf}$$

で与えられるから，限界効果の推定量は β_j の MLE を $\hat{\beta}_j$ で表すと

$$\hat{\delta}_{ij}=\hat{\beta}_j f(\boldsymbol{x}_i'\hat{\boldsymbol{\beta}})=\hat{\beta}_j\hat{f}_i \tag{12.110}$$

となり，$\hat{\beta}_j$，$\hat{f}_i$ の非線形関数になる．したがって $\hat{\delta}_{ij}$ の分散をデルタ法で求め，この分散を用いて $\hat{\delta}_{ij}$ の有意性検定をせざるを得ない．

$$\underset{k\times1}{\boldsymbol{\delta}_i}=\begin{bmatrix}\beta_1 f(\boldsymbol{x}_i'\boldsymbol{\beta})\\ \vdots\\ \beta_k f(\boldsymbol{x}_i'\boldsymbol{\beta})\end{bmatrix}=\boldsymbol{\beta}f(\boldsymbol{x}_i'\boldsymbol{\beta})$$

$$\underset{k\times1}{\hat{\boldsymbol{\delta}}_i}=\begin{bmatrix}\hat{\beta}_1\hat{f}_i\\ \vdots\\ \hat{\beta}_k\hat{f}_i\end{bmatrix}=\hat{\boldsymbol{\beta}}f(\boldsymbol{x}_i'\hat{\boldsymbol{\beta}})$$

とする．デルタ法から次式が成立する（3.5.4 項参照）．

$$\hat{\boldsymbol{\delta}}_i\underset{\text{asy}}{\sim}N(\boldsymbol{\delta}_i,\boldsymbol{\Gamma\Omega}^{-1}\boldsymbol{\Gamma}') \tag{12.111}$$

ここで

$$\boldsymbol{\Gamma}=\frac{\partial\boldsymbol{\delta}_i}{\partial\boldsymbol{\beta}'}=\operatorname*{plim}_{n\to\infty}\frac{\partial\hat{\boldsymbol{\delta}}_i}{\partial\hat{\boldsymbol{\beta}}'}$$

$$\boldsymbol{\Omega}=(12.105)\text{ 式}$$

である．$z=\boldsymbol{x}_i'\hat{\boldsymbol{\beta}}$ とおくと，$\hat{f}_i=f(\boldsymbol{x}_i'\hat{\boldsymbol{\beta}})=f(z)$ である．このとき

$$\begin{aligned}\frac{\partial\hat{\boldsymbol{\delta}}_i}{\partial\hat{\boldsymbol{\beta}}'}&=\hat{f}_i\left(\frac{\partial\hat{\boldsymbol{\beta}}}{\partial\hat{\boldsymbol{\beta}}'}\right)+\hat{\boldsymbol{\beta}}\left(\frac{\partial\hat{f}_i}{\partial z}\right)\left(\frac{\partial z}{\partial\hat{\boldsymbol{\beta}}'}\right)\\&=\hat{f}_i\boldsymbol{I}+\left(\frac{\partial\hat{f}_i}{\partial z}\right)\hat{\boldsymbol{\beta}}\boldsymbol{x}_i'\end{aligned}\tag{12.112}$$

となる．

プロビットモデルのとき $\hat{f}_i=\phi(z)$

$$\frac{\partial\hat{f}_i}{\partial z}=\frac{\partial\phi(z)}{\partial z}=-z\phi(z)$$

であるから

$$\begin{aligned}&\text{asy var}(\hat{\boldsymbol{\delta}}_i)\\&\quad=\boldsymbol{\Gamma}\boldsymbol{\Omega}^{-1}\boldsymbol{\Gamma}'\\&\quad=[\phi(\boldsymbol{x}_i'\boldsymbol{\beta})\boldsymbol{I}-(\boldsymbol{x}_i'\boldsymbol{\beta})\phi(\boldsymbol{x}_i'\boldsymbol{\beta})(\boldsymbol{\beta}\boldsymbol{x}_i')]\boldsymbol{\Omega}^{-1}[\phi(\boldsymbol{x}_i'\boldsymbol{\beta})\boldsymbol{I}-(\boldsymbol{x}_i'\boldsymbol{\beta})\phi(\boldsymbol{x}_i'\boldsymbol{\beta})(\boldsymbol{\beta}\boldsymbol{x}_i')]'\\&\quad=[\phi(\boldsymbol{x}_i'\boldsymbol{\beta})]^2[\boldsymbol{I}-(\boldsymbol{x}_i'\boldsymbol{\beta})(\boldsymbol{\beta}\boldsymbol{x}_i')]\boldsymbol{\Omega}^{-1}[\boldsymbol{I}-(\boldsymbol{x}_i'\boldsymbol{\beta})(\boldsymbol{\beta}\boldsymbol{x}_i')]'\end{aligned}\tag{12.113}$$

となる．asy var$(\hat{\boldsymbol{\delta}}_i)$ の推定量を $s^2(\hat{\boldsymbol{\delta}}_i)$ とすると

$$s^2(\hat{\boldsymbol{\delta}}_i)=[\phi(\boldsymbol{x}_i'\hat{\boldsymbol{\beta}})]^2[\boldsymbol{I}-(\boldsymbol{x}_i'\hat{\boldsymbol{\beta}})(\hat{\boldsymbol{\beta}}\boldsymbol{x}_i')]\hat{\boldsymbol{\Omega}}^{-1}[\boldsymbol{I}-(\boldsymbol{x}_i'\hat{\boldsymbol{\beta}})(\hat{\boldsymbol{\beta}}\boldsymbol{x}_i')]'\tag{12.114}$$

$$\hat{\boldsymbol{\Omega}}^{-1}=(12.106)\text{ 式}$$

となる．

(6) モデルの説明力

プロビットモデルやロジットモデルのように，未知パラメータに関して非線形のモデルで (12.88) 式は成立しない．このような非線形でさらに二値変数のモデルで説明力を測る尺度はいくつかあるが次の 3 種類を示しておこう．

（i） Y と $\hat{Y}$ の相関係数の 2 乗

$$R^2_{Y\hat{Y}}=\frac{\left[\sum_{i=1}^{n}(Y_i-\bar{Y})(\hat{Y}_i-\bar{\hat{Y}})\right]^2}{\sum_{i=1}^{n}(Y_i-\bar{Y})^2\cdot\sum_{i=1}^{n}(\hat{Y}_i-\bar{\hat{Y}})^2}\tag{12.115}$$

ここで

$$\bar{Y}=\frac{1}{n}\sum_{i=1}^{n}Y_i$$

$$\bar{\hat{Y}}=\frac{1}{n}\sum_{i=1}^{n}\hat{Y}_i$$

（ii）　擬似決定係数——McFadden（1974）の R^2

$$\text{McFadden}\,R^2=1-\frac{\log L_{UR}}{\log L_R} \tag{12.116}$$

ここで

$\log L_{UR}$＝モデルの最大対数尤度

$\log L_R=\beta_j=0$，$j=2,\cdots,k$ の制約のもとで得られる最大尤度（定数項のみへの回帰モデル）

（iii）　擬似決定係数——Estrella（1998）

$$R^2=1-\left(\frac{\log L_{UR}}{\log L_R}\right)^{-\left(\frac{2}{n}\right)\log L_R} \tag{12.117}$$

例 12.4　白血病患者の生存期間

プロビットモデルの例として白血病患者の生存期間を考えよう．**表 12.6** の

表 12.6　白血病に関するデータ

No.	SV	Y	WBC	AG	No.	SV	Y	WBC	AG
1	65	1	2300	1	18	56	1	4400	0
2	156	1	750	1	19	65	1	3000	0
3	100	1	4300	1	20	17	0	4000	0
4	134	1	2600	1	21	7	0	1500	0
5	16	0	6000	1	22	16	0	9000	0
6	108	1	10500	1	23	22	0	5300	0
7	121	1	10000	1	24	3	0	10000	0
8	4	0	17000	1	25	4	0	19000	0
9	39	0	5400	1	26	2	0	27000	0
10	143	1	7000	1	27	3	0	28000	0
11	56	1	9400	1	28	8	0	31000	0
12	26	0	32000	1	29	4	0	26000	0
13	22	0	35000	1	30	3	0	21000	0
14	5	0	52000	1	31	30	0	79000	0
15	1	0	100000	1	32	4	0	100000	0
16	1	0	100000	1	33	43	0	100000	0
17	65	1	100000	1					

出所：Ryan(2009)，Table 16.5

データは白血病と診断された33人の患者の生存期間（週）SV，白血球数WBC，白血球が有するある形態特性AGである．

$$Y_i=\begin{cases}1, & \text{SV}\geq 52\ (\text{週})\ \text{のとき}\\ 0, & \text{SV}<52\ (\text{週})\ \text{のとき}\end{cases}$$

とする．これが表12.6の Y である．

この二値変数 Y_i にWBCとAGが影響を与えるかどうかをみるために次のプロビットモデルを推定する．

$$p_i=P(Y_i=1)=\Phi(\beta_1+\beta_2\log(\text{WBC}_i)+\beta_3\text{AG}_i) \qquad i=1,\cdots,33 \tag{12.118}$$

WBCが多くなると，$P(Y_i=1)$ の可能性が低くなると考えられるから

$$\frac{\partial p_i}{\partial\log(\text{WBC})_i}=\frac{\partial p_i}{\partial\text{WBC}_i/\text{WBC}_i}=\beta_2\phi(\beta_1+\beta_2\log(\text{WBC})_i+\beta_3\text{AG}_i)<0$$

すなわち $\beta_2<0$ と予想され，この限界効果はAG一定のとき，WBCが1%増えれば p_i がどれぐらい小さくなるかを示す．

(12.118) 式を推定した結果は次式である．

$$Y_i^*=\underset{\substack{(2.1799)\\(2.14)}}{4.6691}-\underset{\substack{(0.2456)\\(-2.62)}}{0.6440}\log(\text{WPC})_i+\underset{\substack{(0.6208)\\(2.46)}}{1.5254}\,\text{AG}_i \tag{12.119}$$

$R^2_{Y\hat{Y}}=0.399$

マクファーデンの擬似決定係数＝0.366

エストレーリャの擬似決定係数＝0.440

係数 $\hat{\beta}_j$ の下の最初の（　）内は (12.106) 式から得られる漸近的分散の平方根 s_j であり，その下の（　）内は“t 値”

$$t=\frac{\hat{\beta}_j}{s_j},\quad j=1,2,3,\cdots$$

である．しかし t 検定ではなく (12.102) 式に示されているように漸近的正規検定である．仮説検定は第14章で説明するが，(12.119) 式の“t 値”はlog (WBC)，AGとも生存期間に影響を与える要因であることを示している．

表 12.7　限界効果とその標準偏差

説明変数	限界効果	限界効果の標準偏差
定数項	1.0426	0.5511
log(WBC)	−0.1438	0.0654
AG	0.3406	0.1552

定数項，log(WBC)，AG の (12.110) 式から計算される限界効果および (12.114) 式から計算される限界効果の標準偏差は**表 12.7** のとおりである．いずれも平均，たとえば

$$\bar{\hat{\delta}}_j=\frac{1}{n}\sum_{i=1}^{n}\hat{\delta}_{ij},\quad n=33,\quad j=1,2,3,\cdots$$

として限界効果を求めている．

log(WBC) の限界効果−0.1438 は WBC 1% の増加は $Y=1$ の可能性，52 週以上生存する可能性を 0.1438 小さくする．AG の限界効果は AG=1 で示される白血球の形態特性があれば，ない場合にくらべて 52 週以上生存する可能性を 0.3406 高くする，ということを示している．

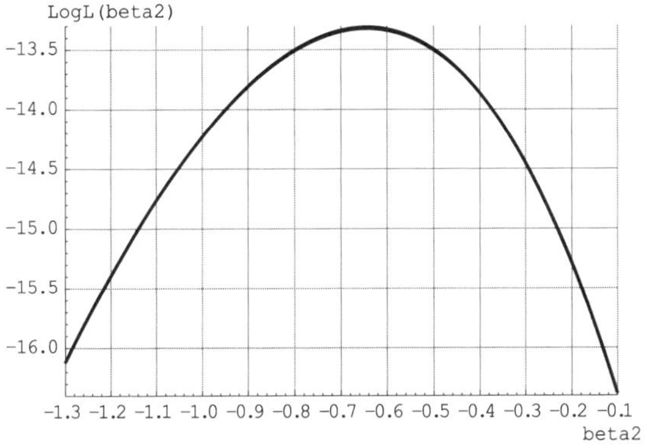

図 12.11　β_2 のプロファイル対数尤度関数

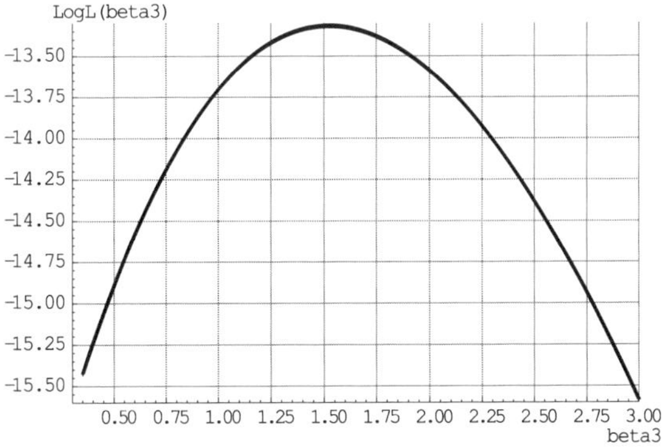

図 12.12　β_3 のプロファイル対数尤度関数

決定係数はどの尺度でも0.4ぐらいであるから，生存期間を説明できる他の要因もあるはずである．

(12.118) 式の β_2，β_3 のプロファイル対数尤度関数を**図 12.11**，**図 12.12** に示した．

表12.6のデータから#17の患者はWBC=100,000と異常に高いにもかかわらず，生存期間が65週を記録して52週を超え，この観測値のなかでは外れ値 outlier と考えざるを得ない．#17のデータを用いないで，32人の患者データのみ用いると，推定結果は次式になる．

$$Y_i^* = \underset{\substack{(3.5353)\\(2.35)}}{8.3231} - \underset{\substack{(0.4204)\\(-2.56)}}{1.0749}\log(\mathrm{WBC}_i) + \underset{\substack{(0.7352)\\(2.18)}}{1.6008}\,\mathrm{AG}$$

AGのパラメータ β_3 以外の β_1 および β_2 の推定値は大幅に (12.119) 式とは異なった値になる．log(WBC) の限界効果も−0.1868と絶対値でもっと大きくなる．決定係数もエストレーリャの擬似決定係数で0.562と高くなる．

数学注

$\bar{Y}$ と $\hat{\sigma}^2$ は独立であるから

$$E(\hat{\xi}) = E\left\{\exp\left(\bar{Y} + \frac{1}{2}\hat{\sigma}^2\right)\right\} = E[\exp(\bar{Y})]E\left\{\exp\left(\frac{1}{2}\hat{\sigma}^2\right)\right\}$$

$\exp(\bar{Y}) = W$ とおくと，$\bar{Y} = \log W \sim N(\mu, \sigma^2/n)$

であるから

$$\begin{aligned} E(W) &= E[\exp(\bar{Y})] = \exp\left(\mu + \frac{\sigma^2}{2n}\right) \\ &= \exp\left(\mu + \frac{1}{2}\sigma^2\right)\exp\left[-\left(\frac{n-1}{n}\right)\left(\frac{\sigma^2}{2}\right)\right] \\ &= \xi\exp\left[-\left(\frac{n-1}{n}\right)\left(\frac{\sigma^2}{2}\right)\right] \end{aligned}$$

となる．次に $E\left[\exp\left(\frac{1}{2}\hat{\sigma}^2\right)\right]$ を求めよう．

$$\frac{n\hat{\sigma}^2}{\sigma^2} \sim \chi^2(n-1) = \mathrm{GAM}\left(\frac{n-1}{2}, 2\right)$$

であるから (GAM(α, β) はパラメータ α，β のガンマ分布)

$$\hat{\sigma}^2 \sim \mathrm{GAM}\left(\frac{n-1}{2}, \frac{2\sigma^2}{n}\right)$$

であり，$\hat{\sigma}^2$ の pdf は

$$f(\hat{\sigma}^2)=\frac{(\hat{\sigma}^2)^{\frac{n-1}{2}-1}\exp\left(-\frac{n\hat{\sigma}^2}{2\sigma^2}\right)}{\left(\frac{2\sigma^2}{n}\right)^{\frac{n-1}{2}}\Gamma\left(\frac{n-1}{2}\right)}$$

になる．

$$\exp\left(\frac{1}{2}\hat{\sigma}^2\right)=v$$

とおき，$\hat{\sigma}^2$ の pdf の分母$=A$ とおくと，v の pdf

$$g(v)=\frac{1}{A}\left\{2^{\frac{n-1}{2}}(\log v)^{\frac{n-3}{2}}\exp\left(-\frac{n\log v}{\sigma^2}\right)\right\}\frac{1}{v}$$

を得る．

$$E(v)=\int_1^\infty vg(v)\,dv$$

において，$dv=vd\log v$ に注意し，$E(v)$ を求めると

$$E(v)=E\left(\frac{1}{2}\hat{\sigma}^2\right)=\left(1-\frac{\sigma^2}{n}\right)^{-\frac{n-1}{2}}$$

を得る．

以上の結果を用いると

$$E(\hat{\xi})=E(W)E(v)=\xi\exp\left[-\left(\frac{n-1}{n}\right)\left(\frac{\sigma^2}{2}\right)\right]\left(1-\frac{\sigma^2}{n}\right)^{-\frac{n-1}{2}}$$

となる．

13

信頼区間と許容区間

未知パラメータ θ の点推定量 $\hat{\theta}$ と $\hat{\theta}$ の散らばりの両者から，α を与えたとき

$$P(\theta_L \leq \theta \leq \theta_U) = 1-\alpha$$

を満たす θ_L と θ_U を求めるのが θ の区間推定である．θ_L，θ_U は標本（$X_1, \cdots, X_n$）から得られる統計量である．(θ_L, θ_U) は θ の信頼区間 confidence interval（CI と略す），$1-\alpha$ は信頼係数 confidence coefficient とよばれる．

13.1　2 項分布の p —— 正規近似

X はパラメータ n，p の 2 項分布に従うとき，p の推定量 $\hat{p}=x/n$ の期待値と分散は

$$E(\hat{p}) = p, \qquad \mathrm{var}(\hat{p}) = \frac{pq}{n}, \qquad q=1-p$$

である．n が 30 以上あれば

$$Z = \frac{\hat{p}-p}{\sqrt{\dfrac{pq}{n}}} \simeq N(0,1) \tag{13.1}$$

と近似することができる．

$z_{\alpha/2}$ を規準正規分布の上側 $\alpha/2$ の確率を与える分位点とすると

$$P(|Z| \leq z_{\alpha/2}) = 1-\alpha \tag{13.2}$$

の Z に（13.1）式を代入して整理し

$$P\left(\hat{p} - z_{\alpha/2}\sqrt{\frac{pq}{n}} \leq p \leq \hat{p} + z_{\alpha/2}\sqrt{\frac{pq}{n}}\right) = 1-\alpha$$

を得る．しかし上式の誤差限界

$$\varepsilon = z_{\alpha/2}\sqrt{\frac{pq}{n}}$$

には未知パラメータ p が現れる．簡便法とよばれている方法は ε に現れる p を $\hat{p}$，したがって q を $\hat{q}=1-\hat{p}$ でおきかえ

$$P\left(\hat{p}-z_{\alpha/2}\sqrt{\frac{\hat{p}\hat{q}}{n}}\leq p\leq \hat{p}+z_{\alpha/2}\sqrt{\frac{\hat{p}\hat{q}}{n}}\right)=1-\alpha \tag{13.3}$$

を p の $(1-\alpha)\times100\%$ 信頼区間として用いる．

13.2 μ の信頼区間

$$X_i \sim \mathrm{NID}(\mu, \sigma^2), \qquad i=1, \cdots, n$$

とする．

13.2.1 σ 既知のとき

σ が既知であれば

$$Z=\frac{\sqrt{n}(\bar{X}-\mu)}{\sigma}\sim N(0,1)$$

であるから，Z を (13.2) 式へ代入し，μ の $(1-\alpha)\times100\%$ 信頼区間は次式で与えられる．

$$P\left(\bar{X}-z_{\alpha/2}\frac{\sigma}{\sqrt{n}}\leq\mu\leq\bar{X}+z_{\alpha/2}\frac{\sigma}{\sqrt{n}}\right)=1-\alpha \tag{13.4}$$

13.2.2 σ 未知，大標本のとき

σ が未知であるから

$$S=\left[\frac{1}{n-1}\sum_{i=1}^{n}(X_i-\bar{X})^2\right]^{\frac{1}{2}}$$

によって σ を推定し，n が十分大きければ $S\fallingdotseq\sigma$ と考えられるから

$$Z=\frac{\sqrt{n}(\bar{X}-\mu)}{S}\simeq N(0,1)$$

より，μ の $(1-\alpha)\times100\%$ 信頼区間は次式となる．

$$P\left(\bar{X}-z_{\alpha/2}\frac{S}{\sqrt{n}}\leq\mu\leq\bar{X}+z_{\alpha/2}\frac{S}{\sqrt{n}}\right)\fallingdotseq1-\alpha \tag{13.5}$$

$E(S)<\sigma$ であるから，S ではなく (12.22) 式に示されている σ の MVUE σ^* を用いると μ の $(1-\alpha)\times100\%$ 信頼区間は次式になる．

$$P\left(\bar{X}-z_{\alpha/2}\frac{\sigma^*}{\sqrt{n}}\le\mu\le\bar{X}+z_{\alpha/2}\frac{\sigma^*}{\sqrt{n}}\right)=1-\alpha \tag{13.6}$$

例 13.1

簡単な実験によって (13.5) 式と (13.6) 式をくらべてみよう．$\alpha=0.05$ とする．したがって $z_{\alpha/2}=1.96$ である．

$$X_i\sim\mathrm{NID}(5, 8^2),\qquad i=1,\cdots,n$$

を発生させ，S，σ^* を求め，(13.5) 式，(13.6) 式で示される区間内に，各 n に対して 10,000 回の実験において μ が入る割合を示したのが**表 13.1** である．表の右側の 2 列 S および σ^* は 10,000 回の平均値である．

表から，σ^* を用いる信頼区間の方がわずかであるとはいえ S を用いる信頼区間より良いこと，また n は少なくとも 40 はないと (13.5) 式，(13.6) 式によって μ の信頼区間を設定しない方が良い，ということがわかる．表の t 分布 95% CI は次項の t 分布による μ の 95% 信頼区間である．

13.2.3　σ 未知，小標本のとき

この状況においては

$$T=\frac{\sqrt{n}(\bar{X}-\mu)}{S}\sim t(n-1)$$

を用いる．自由度 $n-1$ の t 分布の上側 $\alpha/2$ の確率を与える分位点を $t_{\alpha/2}$ とおくと

$$P(|T|\le t_{\alpha/2})=1-\alpha$$

であるから，μ の $(1-\alpha)\times 100\%$ 信頼区間は

$$P\left(\bar{X}-t_{\alpha/2}\frac{S}{\sqrt{n}}\le\mu\le\bar{X}+t_{\alpha/2}\frac{S}{\sqrt{n}}\right)=1-\alpha \tag{13.7}$$

によって与えられる．

$$t_{\alpha/2}>z_{\alpha/2}$$

であるから，(13.7) 式による信頼区間の幅は (13.5) 式の信頼区間の幅より広くなる．

表 13.1 の t 分布 95% CI は，例 13.1 の実験で (13.7) 式による μ の 95% 信頼区間である．n が 30 以下のとき明らかに t 分布を用いる信頼区間の方が信頼係数 0.95 (95%) に近い．たとえば $n=10$ と小標本のとき，(13.5) 式を

表 13.1 μ の 95% 信頼区間

n	S による 95% CI	σ^* による 95% CI	t 分布 95% CI	S	σ^*
10	92.12	92.87	95.36	7.744	7.961
20	93.71	94.07	95.24	7.883	7.988
30	94.12	94.27	94.88	7.928	7.997
40	94.81	94.86	95.34	7.953	8.005
50	94.48	94.66	95.13	7.957	7.997
60	94.47	94.53	94.90	7.972	8.006
70	94.10	94.18	94.52	7.956	7.985
80	94.83	94.94	95.23	7.968	7.993
90	94.70	94.75	95.03	7.972	7.994
100	94.72	94.78	94.98	7.982	8.002
110	94.82	94.88	95.12	7.984	8.003
120	95.22	95.27	95.42	7.983	7.999
130	94.81	94.86	95.07	7.980	7.996
140	94.47	94.53	94.73	7.986	8.001
150	94.65	94.72	94.89	7.986	8.000
160	94.58	94.63	94.76	7.991	8.003
170	94.99	95.01	95.13	7.987	7.999
180	94.77	94.82	94.93	7.991	8.002
190	95.08	95.12	95.19	7.986	7.996
200	94.59	94.62	94.67	7.985	7.995
210	95.18	95.21	95.29	7.989	7.998
220	94.90	94.93	95.07	7.992	8.001
230	95.32	95.34	95.39	7.987	7.996
240	94.97	94.99	95.15	7.995	8.003
250	94.74	94.77	94.82	7.993	8.001
260	94.82	94.84	94.92	7.995	8.003
270	94.63	94.65	94.73	7.992	7.999
280	95.19	95.23	95.31	7.990	7.998
290	95.27	95.30	95.40	7.996	8.003
300	94.87	94.88	94.92	7.995	8.001

用いると，この区間内に真の $\mu=5$ は 92.12% しか入らない．いいかえれば，$\mu=5$ が正しいとき，$\bar{X}$ が信頼区間の下限界より小さい，あるいは上限界より大きくなる確率が $1-0.9212=0.0788$ となり，仮説 $\mu=5$ を棄却する確率を 0.05 以下に制御できない．“スチューデント”によって t 分布発見の契機となったのはこの問題である（“スチューデント”による t 分布の発見とその意義については蓑谷（2009 a）を参照されたい）．

13.3　$\mu_1-\mu_2$ の信頼区間

$$X_i \sim \mathrm{NID}(\mu_1, \sigma_1{}^2), \quad i=1, \cdots, n_1$$
$$Y_j \sim \mathrm{NID}(\mu_2, \sigma_2{}^2), \quad j=1, \cdots, n_2$$
X_i と Y_j は独立

とする．このとき $\mu_1-\mu_2$ の $(1-\alpha)\times 100\%$ 信頼区間を設定する．

$$\bar{X}=\frac{1}{n_1}\sum_{i=1}^{n_1} X_i, \quad S_1{}^2=\frac{1}{n_1-1}\sum_{i=1}^{n_1}(X_i-\bar{X})^2$$
$$\bar{Y}=\frac{1}{n_2}\sum_{j=1}^{n_2} Y_j, \quad S_2{}^2=\frac{1}{n_2-1}\sum_{j=1}^{n_2}(Y_j-\bar{Y})^2$$

とする．

(a)　$\sigma_1{}^2=\sigma_2{}^2=\sigma^2$ のとき

$$V_1=\frac{(n_1-1)S_1{}^2}{\sigma^2} \sim \chi^2(n_1-1)$$
$$V_2=\frac{(n_2-1)S_2{}^2}{\sigma^2} \sim \chi^2(n_2-1)$$
V_1 と V_2 は独立

であるから

$$V=V_1+V_2 \sim \chi^2(n_1+n_2-2)$$

他方，$\bar{X}$ と $\bar{Y}$ も独立であるから，$\mathrm{cov}(\bar{X}, \bar{Y})=0$ であり

$$\bar{X}-\bar{Y} \sim N\left(\mu_1-\mu_2, \left(\frac{1}{n_1}+\frac{1}{n_2}\right)\sigma^2\right)$$

より

$$Z=\frac{\bar{X}-\bar{Y}-(\mu_1-\mu_2)}{\left(\frac{1}{n_1}+\frac{1}{n_2}\right)^{\frac{1}{2}}\sigma} \sim N(0, 1)$$

である．

$\bar{X}-\bar{Y}$ と V は独立，したがって Z と V は独立であるから

$$T=\frac{Z}{\sqrt{\dfrac{V}{n_1+n_2-2}}} \sim t(n_1+n_2-2)$$

となる．σ^2 未知のとき 2 つの標本をプールして得られる分散 σ^2 の推定量を

$$S_p{}^2=\frac{(n_1-1)S_1{}^2+(n_2-1)S_2{}^2}{n_1+n_2-2} \tag{13.8}$$

とおくと

$$T=\frac{\bar{X}-\bar{Y}-(\mu_1-\mu_2)}{S_p\left(\frac{1}{n_1}+\frac{1}{n_2}\right)^{\frac{1}{2}}}\sim t(n_1+n_2-2) \tag{13.9}$$

となる．自由度 n_1+n_2-2 の t 分布の上側 $\alpha/2$ の確率を与える分位点を $t_{\alpha/2}$ とすると，$\mu_1-\mu_2$ の $(1-\alpha)\times100\%$ 信頼区間の下限界 L および上限界 U は次式によって与えられる．

$$P(L\leq\mu_1-\mu_2\leq U)=1-\alpha$$

$$L=\bar{X}-\bar{Y}-t_{\alpha/2}S_p\left(\frac{1}{n_1}+\frac{1}{n_2}\right)^{\frac{1}{2}} \tag{13.10}$$

$$U=\bar{X}-\bar{Y}+t_{\alpha/2}S_p\left(\frac{1}{n_1}+\frac{1}{n_2}\right)^{\frac{1}{2}}$$

(13.8) 式に示されている $S_p{}^2$ は2組の標本を連結して得られる共通の分散 σ^2 の不偏推定量を与え，連結分散 pooled variance とよばれる．

(b)　$\sigma_1{}^2\neq\sigma_2{}^2$ のとき

n_1，n_2 ともに大きければ

$$S_1{}^2\fallingdotseq\sigma_1{}^2,\qquad S_2{}^2\fallingdotseq\sigma_2{}^2$$

とみなすことができるから

$$\mathrm{var}(\bar{X}-\bar{Y})=\frac{\sigma_1{}^2}{n_1}+\frac{\sigma_2{}^2}{n_2}\fallingdotseq\frac{S_1{}^2}{n_1}+\frac{S_2{}^2}{n_2}$$

と近似して

$$Z=\frac{\bar{X}-\bar{Y}-(\mu_1-\mu_2)}{\left(\frac{S_1{}^2}{n_1}+\frac{S_2{}^2}{n_2}\right)^{\frac{1}{2}}}\simeq N(0,1)$$

より，$\mu_1-\mu_2$ の $(1-\alpha)\times100\%$ 信頼区間の下限界 L および上限界 U は次式になる．

$$L=\bar{X}-\bar{Y}-z_{\alpha/2}\left(\frac{S_1{}^2}{n_1}+\frac{S_2{}^2}{n_2}\right)^{\frac{1}{2}}$$
$$U=\bar{X}-\bar{Y}+z_{\alpha/2}\left(\frac{S_1{}^2}{n_1}+\frac{S_2{}^2}{n_2}\right)^{\frac{1}{2}} \tag{13.11}$$

n_1，n_2 がともに十分大きいという条件が満たされないときは，ベーレンス-

フィッシャー問題として知られている状況であり，14.10 節 (4) で説明する．

例 13.2

熟練を要する仕事に産業労働者を訓練する 2 つの計画を比較するため，20 人の労働者が実験に参加する．この中で 10 人が無作為に選ばれ，方法 1 で訓練を受け，残り 10 人が方法 2 で訓練を受ける．訓練終了後，20 人全員が熟練を要する仕事の達成速度を記録する時間-作業能率テストを受ける．実験結果は**表 13.2** に示されている．

表 13.2　仕事の達成速度

No	X	Y
1	15	23
2	20	31
3	11	13
4	23	19
5	16	23
6	21	17
7	18	28
8	16	26
9	27	25
10	24	28

出所：Bhattacharyya and Johnson (1977)，訳書 2 p. 75，問題 1

表の X は方法 1 による時間（単位：分），Y は方法 2 による時間である．表 13.2 から

$$\bar{X}=19.1, \qquad S_1^2=23.21$$
$$\bar{Y}=23.3, \qquad S_2^2=30.90$$

を得る．X，Y それぞれに正規分布を仮定する．
実際，15 章の正規性検定から，X，Y それぞれの正規性は棄却されない．次の問題は X の分散 σ_1^2 と Y の分散 σ_2^2 が等しいと仮定してよいかどうかである．例 13.4 で示すが，σ_2^2/σ_1^2 の 95% 信頼区間は (0.331, 5.360) となり，この区間内に 1 が入るから，$\sigma_1^2=\sigma_2^2=\sigma^2$ と仮定してよいことがわかる．

したがって $E(X)=\mu_1$，$E(Y)=\mu_2$ として $\mu_1-\mu_2$ の 95% 信頼区間を (13.10) 式より求める．

$n_1=n_2=10$ であるから

$$S_p^2=\frac{S_1^2+S_2^2}{2}=27.056, \qquad S_p=5.2015$$

$$t_{0.025}(18)=2.10092$$

を用いて

$$L=-9.087, \qquad U=0.687$$

が得られる．$\mu_1-\mu_2$ は $(-9.087,\ 0.687)$ の区間内にあることを信頼係数 0.95 で信頼することができる．この区間内に 0 が含まれるから，$\mu_1-\mu_2=0$，すなわち方法 1 と 2 の間で仕事の達成時間に差はないと確率 0.95 で確信することができる．

13.4 対　比　較

対比較 paired comparison が適切な状況とその有用性について Bhattacharyya and Johnson (1977) は次のように述べている．少し長くなるが，すぐれた説明なので引用する．

「2 つの処理を比較するとき，実験単位は可能な限り同質的であることが望ましい．なぜなら，そのときには 2 つのグループ間の反応の相違を処理の相違に帰することができるからである．もし反応に影響を与え得るある条件が制御されずに実験単位間で変化するならば，その条件は観測値に大きな変動をもたらし，処理効果の真の相違をあいまいにするであろう．他方，同質性の要求は比較実験に利用できる実験対象数に厳しい制約を課す．たとえば，2 つの鎮静剤を比較するため，同じ性，年齢，一般的健康状態および同じつらさの痛みをもっている相当数の患者を探すことは実際的ではないであろう．実用可能性の問題を別にしても，通常，そのような狭いグループに比較を限定したくはない．広範囲に適用可能な推測は，男女両性，異なった年齢グループ，異なった健康状態の多様な患者に処理を施すことによって達成される．

対（つい）化あるいはブロック化の概念は，実験単位の同質性と多様性という 2 つの対立する要求の間に妥協をもたらす重要な概念である．その方法は次の通りである．グループあるいはブロックで実験単位を選択するが，そのとき各ブロック内の単位は同質的であり，異なったブロック間の単位は異質的であるようにする．各ブロック内の若干の単位に処理 1 を割当て，それ以外の単位には処理 2 を割当てる．この方法によって各ブロック内で比較の有効性は保持され，多様な条件が異なったブロック間で存在することが許容される．

対比較をするとき，実験単位の反応は次の 3 つの要因から構成されていると考えることができる．(a) ブロック内を支配している条件に帰因する効果，(b) 処理効果，(c) 説明できない偶然要因．1 ブロック内の 2 つの観測値の差をとることによって，2 つの観測値に共通なブロック効果を取り除くことができる．これらの差を用いることによって，好ましくない変動原因が除去され，処理効果に注意を集中することができる．」

(Bhattacharyya and Johnson (1977)，訳書 2 pp. 58〜60)．

対比較のデータ構造は次のとおりである．

対	処理1	処理2	差
1	X_1	Y_1	$D_1=X_1-Y_1$
2	X_2	Y_2	$D_2=X_2-Y_2$
⋮	⋮	⋮	⋮
n	X_n	Y_n	$D_n=X_n-Y_n$

対 $(X_1, Y_1), \cdots, (X_n, Y_n)$ は独立であるが，$(X_1, \cdots, X_n)$ と $(Y_1, \cdots, Y_n)$ は，実験単位を対にすることが効果的であれば，通常，高い正の相関をもつであろう．

もし

$$\begin{pmatrix} X \\ Y \end{pmatrix} \sim N\left(\begin{bmatrix} \mu_1 \\ \mu_2 \end{bmatrix}, \begin{bmatrix} \sigma_1^2 & \rho\sigma_1\sigma_2 \\ \rho\sigma_1\sigma_2 & \sigma_2^2 \end{bmatrix}\right)$$

ならば

$$D_i \sim N(\delta, \sigma_D^2)$$
$$\delta=\mu_1-\mu_2$$
$$\sigma_D^2=\sigma_1^2+\sigma_2^2-2\rho\sigma_1\sigma_2$$

である．

$$\bar{D}=\frac{1}{n}\sum_{i=1}^{n} D_i$$
$$S_D^2=\frac{1}{n-1}\sum_{i=1}^{n}(D_i-\bar{D})^2$$

とすると

$$T=\frac{\sqrt{n}(\bar{D}-\delta)}{S_D} \sim t(n-1) \tag{13.12}$$

である．

D_i が正規分布しなくても，n が大きければ中心極限定理から

$$Z=\frac{\sqrt{n}(\bar{D}-\delta)}{S_D} \xrightarrow{d} N(0, 1) \tag{13.13}$$

となる．

(13.12) 式が成立するとき，δ の $(1-\alpha)\times 100\%$ 信頼区間は次式になる．

$$P\left(\bar{D}-t_{\alpha/2}\frac{S_D}{\sqrt{n}} \leq \delta \leq \bar{D}+t_{\alpha/2}\frac{S_D}{\sqrt{n}}\right)=1-\alpha \tag{13.14}$$

n が大きければ(13.13) 式から δ の $(1-\alpha)\times 100\%$ 信頼区間は次式によっ

て近似することができる．

$$P\left(\bar{D}-z_{\alpha/2}\frac{S_D}{\sqrt{n}}\leq\delta\leq\bar{D}+z_{\alpha/2}\frac{S_D}{\sqrt{n}}\right)=1-\alpha \tag{13.15}$$

例 13.3

電子レンジのメーカーはオーブンのドアを閉めたときに漏れる放射線の量を監視するよう義務づけられている．42 個の電子レンジが無作為抽出され，オーブンドアが閉じているときに漏れる放射線の量が**表 13.3** の X_1，開けているときの放射線の量が X_2 である．

この X_1，X_2 を正規分布に従うよう変換したのが表の $X=X_1^{0.25}$，$Y=X_2^{0.25}$ である．この変換を Johnson and Wichern (1998) はボックス-コックス変換から求めている．**表 13.4** に X_1，X_2，X，Y および $D=X-Y$ の特性が示されている．X_1 から X，X_2 から Y への変換によって分散が X，Y でほぼ同じになり，歪度は X，Y とも 0 といってよく，尖度も X_1，X_2 よりは 3 に近い値になっている．10.11.2 項で説明した確率プロットも，**図 13.1**，**図 13.2** に X_1 と X のみ示したが，X は X_1 のように直線から大きく外れた値がなく，直線のまわりに散らばっている．しかし Y の正規性には若干の疑問が残る．実際，差 $D=X-Y$ は表 13.4 の D の歪度，尖度からわかるように正規分布には従っていない．

D_i に正規分布は仮定できないが，$n=42$ と大きいので (13.15) 式より $E(D)=\delta$ の 95% 信頼区間を求めよう．

$$\bar{d}=-0.038724,\qquad S_D=0.073923,\qquad z_{0.025}=1.96$$

であるから

$$\bar{d}-z_{0.025}\frac{S_D}{\sqrt{n}}=-0.611$$

$$\bar{d}+z_{0.025}\frac{S_D}{\sqrt{n}}=-0.016$$

となる．信頼区間 $(-0.611, -0.016)$ のなかに 0 は含まれないから，$\delta=0$ という仮説は棄却され，オーブンのドアが閉まっているときの放射線の漏れは開いているときよりも約 0.0388 少ないということがわかる．

対比較をすべきこの問題を，$E(X-Y)=\mu_1-\mu_2$ の信頼区間として (13.11) 式によって求めると

表 13.3 電子レンジの放射線

No	X_1	X_2	$X=X_1^{0.25}$	$Y=X_2^{0.25}$	$D=X-Y$
1	0.15	0.30	0.62233	0.74008	−0.11775
2	0.09	0.09	0.54772	0.54772	0.00000
3	0.18	0.30	0.65136	0.74008	−0.08873
4	0.10	0.10	0.56234	0.56234	0.00000
5	0.05	0.10	0.47287	0.56234	−0.08947
6	0.12	0.12	0.58857	0.58857	0.00000
7	0.08	0.09	0.53183	0.54772	−0.01589
8	0.05	0.10	0.47287	0.56234	−0.08947
9	0.08	0.09	0.53183	0.54772	−0.01589
10	0.10	0.10	0.56234	0.56234	0.00000
11	0.07	0.07	0.51437	0.51437	0.00000
12	0.02	0.05	0.37606	0.47287	−0.09681
13	0.01	0.01	0.31623	0.31623	0.00000
14	0.10	0.45	0.56234	0.81904	−0.25669
15	0.10	0.12	0.56234	0.58857	−0.02623
16	0.10	0.20	0.56234	0.66874	−0.10640
17	0.02	0.04	0.37606	0.44721	−0.07115
18	0.10	0.10	0.56234	0.56234	0.00000
19	0.01	0.01	0.31623	0.31623	0.00000
20	0.40	0.60	0.79527	0.88011	−0.08484
21	0.10	0.12	0.56234	0.58857	−0.02623
22	0.05	0.10	0.47287	0.56234	−0.08947
23	0.03	0.05	0.41618	0.47287	−0.05669
24	0.05	0.05	0.47287	0.47287	0.00000
25	0.15	0.15	0.62233	0.62233	0.00000
26	0.10	0.30	0.56234	0.74008	−0.17774
27	0.15	0.15	0.62233	0.62233	0.00000
28	0.09	0.09	0.54772	0.54772	0.00000
29	0.08	0.09	0.53183	0.54772	−0.01589
30	0.18	0.28	0.65136	0.72743	−0.07607
31	0.10	0.10	0.56234	0.56234	0.00000
32	0.20	0.10	0.66874	0.56234	0.10640
33	0.11	0.10	0.57590	0.56234	0.01356
34	0.30	0.30	0.74008	0.74008	0.00000
35	0.02	0.12	0.37606	0.58857	−0.21251
36	0.20	0.25	0.66874	0.70711	−0.03837
37	0.20	0.20	0.66874	0.66874	0.00000
38	0.30	0.40	0.74008	0.79527	−0.05519
39	0.30	0.33	0.74008	0.75793	−0.01785
40	0.40	0.32	0.79527	0.75212	0.04315
41	0.30	0.12	0.74008	0.58857	0.15152
42	0.05	0.12	0.47287	0.58857	−0.11570

出所：Johnson and Wichern (1998, Table 4.1, Table 4.5)

表 13.4 電子レンジの放射線

	X_1	X_2	$X=X_1^{0.25}$	$Y=X_2^{0.25}$	$D=X-Y$
平　均	0.12833	0.16381	0.56426	0.60298	−0.03872
分　散	0.01005	0.01619	0.01435	0.01455	0.00546
標準偏差	0.10026	0.12724	0.11979	0.12060	0.07392
歪　度	1.28054	1.50591	−0.09037	−0.00354	−0.56457
尖　度	4.12197	5.28819	2.81109	3.42801	4.99043

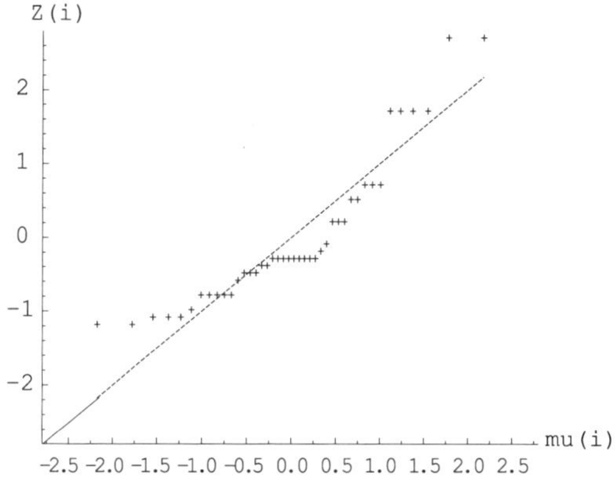

図 13.1　X_1 の正規確率プロット

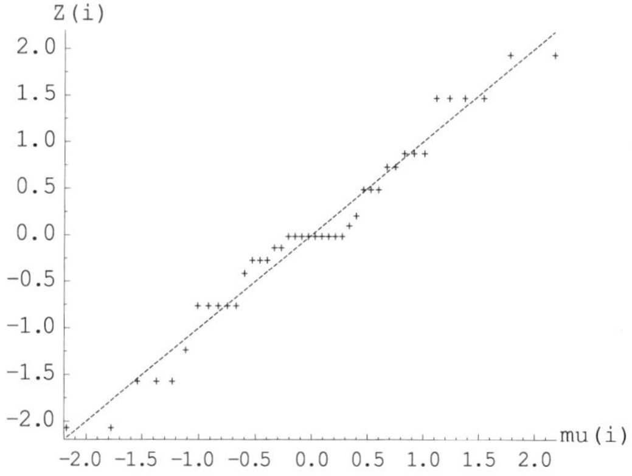

図 13.2　X の正規確率プロット

$$0.56426-0.60298\pm1.96\left[\frac{1}{42}(0.01435+0.01455)\right]^{\frac{1}{2}}$$

すなわち（−0.090, 0.013）となる．この区間内に0は含まれるから，$\mu_1-\mu_2=0$，いいかえればオーブンの放射線漏れは，平均的にドアの開閉に関係なく同じであるという対比較とは異なる結論になる．

このような相違が生ずるのは，(13.11) 式で仮定されている $(X_1, \cdots, X_n)$ と $(Y_1, \cdots, Y_n)$ の独立という仮定が，同じオーブンのドアの，開閉による放射線漏れを比較しているため満たされないからである．

(13.15) 式と (13.11) 式の相違は

$$\frac{S_D^2}{n} \quad と \quad \frac{S_1^2}{n_1}+\frac{S_2^2}{n_2}$$

である．いまの例は $n_1=n_2=n=42$ であるから，S_D^2 と $S_1^2+S_2^2$ の相違である．X と Y が独立でなければ

$$\begin{aligned}S_D^2&=S_1^2+S_2^2-2rS_1S_2\\&=(S_1-S_2)^2+2S_1S_2(1-r)\end{aligned}$$

である．r は X と Y の標本相関係数である．

したがって，この例のように，S_1 と S_2 の差が小さく，r が正で1に近いほど S_D^2 は小さくなり

$$S_D^2<S_1^2+S_2^2$$

となる．実際，この例では $r=0.81$ であり，**図13.3** の散布図に示されているように Y と X の間には高い相関がある．対比較をすべき状況で13.3節の $\mu_1-\mu_2$ の信頼区間は用いるべきでない．

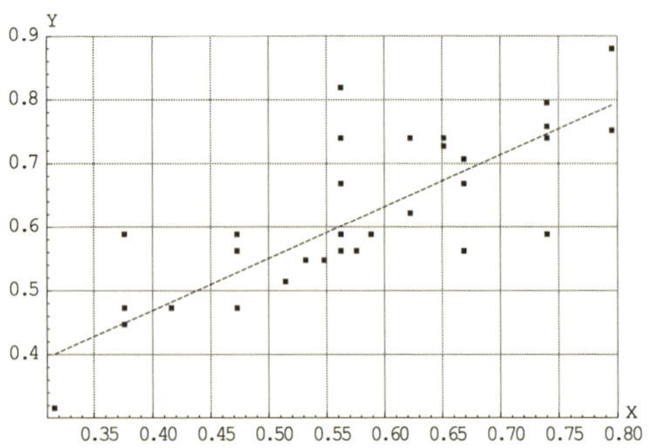

図13.3　X と Y の散布図

13.5 σ^2 の信頼区間

$$X_i \sim \mathrm{NID}(\mu, \sigma^2), \qquad i=1, \cdots, n$$

$$S^2 = \frac{1}{n-1}\sum_{i=1}^{n}(X_i - \bar{X})^2$$

とする．

$$\frac{(n-1)S^2}{\sigma^2} \sim \chi^2(n-1) \qquad ((9.1)\ 式)$$

であるから，$\chi^2_{1-\alpha/2}$, $\chi^2_{\alpha/2}$ をそれぞれ自由度 $n-1$ のカイ 2 乗分布の上側 $1-\alpha/2$（＝下側 $\alpha/2$），$\alpha/2$ の確率を与える分位点とすると

$$P\left(\chi^2_{1-\alpha/2} \leq \frac{(n-1)S^2}{\sigma^2} \leq \chi^2_{\alpha/2}\right) = 1-\alpha$$

より，σ^2 の $(1-\alpha)\times 100\%$ 信頼区間は次式になる．

$$P\left(\frac{(n-1)S^2}{\chi^2_{\alpha/2}} \leq \sigma^2 \leq \frac{(n-1)S^2}{\chi^2_{1-\alpha/2}}\right) = 1-\alpha \qquad (13.16)$$

上式より σ の $(1-\alpha)\times 100\%$ 信頼区間は

$$P\left(\left(\frac{n-1}{\chi^2_{\alpha/2}}\right)^{\frac{1}{2}} S \leq \sigma \leq \left(\frac{n-1}{\chi^2_{1-\alpha/2}}\right)^{\frac{1}{2}} S\right) = 1-\alpha \qquad (13.17)$$

となる．$[\chi^2_{\alpha/2}]^{1/2}$ は自由度 $n-1$ のカイ分布の上側 $\alpha/2$ の確率を与える分位点に等しい．

13.6 σ_2^2/σ_1^2 の信頼区間

$$X_i \sim \mathrm{NID}(\mu_1, \sigma_1^2), \qquad i=1, \cdots, n_1$$

$$Y_j \sim \mathrm{NID}(\mu_2, \sigma_2^2), \qquad j=1, \cdots, n_2$$

X_i と Y_j は独立

$$\bar{X} = \frac{1}{n_1}\sum_{i=1}^{n_1} X_i, \qquad S_1^2 = \frac{1}{n_1-1}\sum_{i=1}^{n_1}(X_i - \bar{X})^2$$

$$\bar{Y} = \frac{1}{n_2}\sum_{j=1}^{n_2} Y_j, \qquad S_2^2 = \frac{1}{n_2-1}\sum_{j=1}^{n_2}(Y_j - \bar{Y})^2$$

とする．このとき

$$V_1=\frac{(n_1-1)S_1^2}{\sigma_1^2}\sim\chi^2(n_1-1)$$

$$V_2=\frac{(n_2-1)S_2^2}{\sigma_2^2}\sim\chi^2(n_2-1)$$

V_1 と V_2 は独立

であるから

$$F=\frac{\dfrac{V_1}{n_1-1}}{\dfrac{V_2}{n_2-1}}=\frac{\dfrac{S_1^2}{\sigma_1^2}}{\dfrac{S_2^2}{\sigma_2^2}}=\frac{\sigma_2^2}{\sigma_1^2}\cdot\frac{S_1^2}{S_2^2}\sim F(n_1-1,n_2-1)$$

が成立する．

自由度（n_1-1，n_2-1）の F 分布の上側 $1-\alpha/2$，$\alpha/2$ の確率を与える分位点をそれぞれ $F_{1-\alpha/2}$，$F_{\alpha/2}$ とすると，上式より σ_2^2/σ_1^2 の $(1-\alpha)\times 100\%$ 信頼区間は次式で与えられる．

$$P\left(F_{1-\alpha/2}\frac{S_2^2}{S_1^2}\leq\frac{\sigma_2^2}{\sigma_1^2}\leq F_{\alpha/2}\frac{S_2^2}{S_1^2}\right)=1-\alpha \tag{13.18}$$

例 13.4

表 13.2 のデータを例とする．例 13.2 で示したように

$$S_1^2=23.21,\qquad S_2^2=30.90,\qquad n_1=n_2=10$$

であるから，自由度 (9,9) の $F_{0.975}=0.24839$，$F_{0.025}=4.026$ を用いて，σ_2^2/σ_1^2 の 95% 信頼区間は

$$F_{0.975}\frac{S_2^2}{S_1^2}=0.2489\left(\frac{30.90}{23.21}\right)=0.331$$

$$F_{0.025}\frac{S_2^2}{S_1^2}=4.026\left(\frac{30.90}{23.21}\right)=5.360$$

すなわち (0.331, 5.360) となる．この区間内に 1 が含まれるから，$\sigma_1^2=\sigma_2^2$ という仮説は棄却されない．

13.7 (μ, σ^2) の信頼域

正規母集団からの $\bar{X}$ と S^2 は独立であるから，$\bar{X}$ と S^2 を用いて (μ, σ^2) の信頼域 confidence region を設定することができる．

$$P\left(-a\leq\frac{\sqrt{n}(\bar{X}-\mu)}{\sigma}\leq a\right)=1-\gamma_1$$

$$P\left(b\leq\frac{(n-1)S^2}{\sigma^2}\leq c\right)=1-\gamma_2$$

とすると，$\bar{X}$ と S^2 は独立であるから

$$P\left\{-a\leq\frac{\sqrt{n}(\bar{X}-\mu)}{\sigma}\leq a,\ b\leq\frac{(n-1)S^2}{\sigma^2}\leq c\right\}=(1-\gamma_1)(1-\gamma_2) \tag{13.19}$$

が成立する．

たとえば，$1-\gamma_1=1-\gamma_2=\sqrt{0.95}=0.974679\fallingdotseq 0.97468$ とすれば，$\gamma_1=\gamma_2=0.02532$，$\gamma_1/2=\gamma_2/2=0.01266$ となるから，(μ,σ^2) の95％信頼域を与える a，b，c は

$$a=z_{0.01266},\qquad b=\chi^2_{0.98734}(n-1),\qquad c=\chi^2_{0.01266}(n-1)$$

である．

13.8　ρの信頼区間

$(X, Y)\sim \mathrm{BVN}(\mu_1, \mu_2, {\sigma_1}^2, {\sigma_2}^2, \rho)$ のとき，ρ の $(1-\alpha)\times 100\%$ 信頼区間を求めよう．$(X_1, Y_1), \cdots, (X_n, Y_n)$ から得られる標本相関係数を

$$r=\frac{\sum(X_i-\bar{X})(Y_i-\bar{Y})}{[\sum(X_i-\bar{X})^2\sum(Y_i-\bar{Y})^2]^{\frac{1}{2}}}$$

とする．r は ρ の MLE である．和の $i=1\sim n$ までの表示を省略している．

(a)　簡便法

(9.47) 式あるいは (12.45) 式と (12.47) 式より

$$r\xrightarrow{d}N\left(\rho, \frac{(1-\rho^2)^2}{n}\right)$$

であるから，n が大きければ

$$Z=\frac{\sqrt{n}(r-\rho)}{1-\rho^2}\simeq N(0,1)$$

が成立する．

したがって

$$P\left(|r-\rho|\leq z_{\alpha/2}\frac{1-\rho^2}{\sqrt{n}}\right)=1-\alpha$$

すなわち

$$P\left(r-z_{\alpha/2}\frac{1-\rho^2}{\sqrt{n}}\leq\rho\leq r+z_{\alpha/2}\frac{1-\rho^2}{\sqrt{n}}\right)=1-\alpha \tag{13.20}$$

を得る．しかし誤差限界に ρ^2 が現れるのでこの式で信頼区間は得られない．大標本が仮定されているから r の推定誤差は小さいと考え，誤差限界の ρ^2 を r^2 で近似し

$$P\left(r-z_{\alpha/2}\frac{1-r^2}{\sqrt{n}}\leq\rho\leq r+z_{\alpha/2}\frac{1-r^2}{\sqrt{n}}\right)=1-\alpha \tag{13.21}$$

を ρ の $(1-\alpha)\times100\%$ 信頼区間とする方法を簡便法1とよんでおこう．

ρ の推定量としては r よりも (9.48) 式に示されている r^* の方が良いから，(13.21) 式の r を r^* に代えた

$$P\left(r^*-z_{\alpha/2}\frac{1-r^{*2}}{\sqrt{n}}\leq\rho\leq r^*+z_{\alpha/2}\frac{1-r^{*2}}{\sqrt{n}}\right)=1-\alpha \tag{13.22}$$

を簡便法2としよう．

(b) フィッシャーの Z 変換からの ρ の信頼区間

9.16.4 項でフィッシャーの Z 変換を

$$Z=\frac{1}{2}\log\frac{1+r}{1-r}=\tanh^{-1}(r)$$

とし

$$\zeta=\frac{1}{2}\log\frac{1+\rho}{1-\rho}=\tanh^{-1}(\rho)$$

とすると

$$\sqrt{n-1}(Z-\zeta)\xrightarrow{d}N(0,1)$$

が成立することを示した．

したがって

$$P\left(-z_{\alpha/2}\leq\frac{Z-\tanh^{-1}(\rho)}{\sqrt{\dfrac{1}{n-1}}}\leq z_{\alpha/2}\right)\simeq1-\alpha$$

より，ρ の $(1-\alpha)\times100\%$ 信頼区間として次式が得られる．

$$P\left(\tanh\left(Z-\frac{z_{\alpha/2}}{\sqrt{n-1}}\right)\leq\rho\leq\tanh\left(Z+\frac{z_{\alpha/2}}{\sqrt{n-1}}\right)\right)\simeq1-\alpha \tag{13.23}$$

Rencher and Schaalje (2008) は $\sqrt{n-1}$ ではなく $\sqrt{n-3}$ を用いて次式を与えている．

$$P\left(\tanh\left(Z-\frac{z_{\alpha/2}}{\sqrt{n-3}}\right)\leq\rho\leq\tanh\left(Z+\frac{z_{\alpha/2}}{\sqrt{n-3}}\right)\right)\simeq 1-\alpha \qquad (13.24)$$

例 13.5

モンテ・カルロ実験によって (13.21) 式, (13.22) 式, (13.23) 式, (13.24) 式で示される信頼区間内に真の ρ が何% ぐらい含まれるかを実験してみよう. $\alpha=0.05$, すなわち 95% 信頼区間とし, $\rho=-0.8$, 0, 0.8 の 3 通り, $n=20(20)300$, 実験回数は n, ρ それぞれについて 10,000 回行った.

2 変量正規乱数 $(X, Y)\sim \mathrm{BVN}(1,2,2^2,4^2,\rho)$, $\rho=-0.8$, 0, 0.8 は次の方法で発生させた.

1. $V\sim N(0,1)$
2. $W\sim N(0,1)$
3. $X=\mu_1+\sigma_1 V,\quad \mu_1=1,\quad \sigma_1=2$
   $Y=\mu_2+\sigma_2(\rho V+\sqrt{1-\rho^2}\,W),\quad \mu_2=2,\quad \sigma_2=4$

実験結果は**表 13.5** に示されている. 表の (1)～(4)

$$(1)=(13.21)\text{ 式},\qquad (2)=(13.22)\text{ 式}$$
$$(3)=(13.23)\text{ 式},\qquad (4)=(13.24)\text{ 式}$$

である.

明らかに (4) に示されている (13.24) 式が他の方法よりすぐれている. $n=20$ の小標本においても, ρ の値いかんに関わらず 0.95 の信頼係数をもつ. 2 番目に良いのは (3) の (13.23) 式である. (1), (2) の信頼区間は 95% に達しない.

結局, ρ の点推定値のみに関心があれば, (9.48) 式の r^* が偏りをもつ r より良いが, ρ の信頼区間は (13.24) 式が良い.

13.9 多変量正規分布のパラメータの信頼域

$p\times 1$ ベクトル $\boldsymbol{x}_1, \cdots, \boldsymbol{x}_n$ は独立で

$$\boldsymbol{x}_i\sim N(\boldsymbol{\mu}, \boldsymbol{\Sigma}),\qquad i=1,\cdots,n$$

とする.

表 13.5　ρ に対する 95%信頼区間の信頼度

$\rho=-0.8$

n	(1)	(2)	(3)	(4)
20	89.78	87.73	94.23	95.48
40	92.20	91.23	94.34	94.98
60	92.91	92.11	94.50	94.98
80	93.50	92.88	94.66	94.98
100	93.82	93.48	94.75	95.05
120	94.26	93.95	94.98	95.17
140	93.96	93.70	94.68	94.84
160	94.23	94.04	94.77	94.95
180	94.05	93.88	94.38	94.49
200	94.26	94.18	94.69	94.78
220	94.60	94.43	94.66	94.74
240	94.48	94.30	94.88	94.97
260	94.54	94.49	95.05	95.07
280	94.62	94.51	95.17	95.27
300	94.44	94.32	94.68	94.74

$\rho=0.8$

n	(1)	(2)	(3)	(4)
20	89.27	87.12	93.54	94.96
40	92.14	91.17	94.08	94.62
60	92.94	92.37	94.42	94.85
80	93.36	92.80	94.57	95.02
100	94.22	93.84	95.11	95.33
120	94.03	93.73	94.24	94.46
140	94.04	93.86	94.63	94.83
160	94.43	94.26	95.05	95.22
180	94.61	94.46	95.09	95.20
200	94.23	94.06	94.79	94.92
220	94.89	94.76	95.33	95.44
240	94.42	94.21	95.05	95.11
260	93.90	93.85	94.42	94.52
280	94.59	94.37	95.02	95.08
300	94.56	94.35	94.87	94.98

$\rho=0$

n	(1)	(2)	(3)	(4)
20	90.06	89.14	93.61	94.97
40	92.74	92.31	94.67	95.36
60	93.20	92.95	94.51	94.91
80	93.97	93.77	94.86	95.06
100	93.98	93.81	94.73	94.91
120	94.24	94.15	94.79	95.03
140	94.31	94.26	94.94	95.09
160	93.98	93.88	94.43	94.63
180	94.55	94.50	95.00	95.11
200	94.74	94.73	95.14	95.26
220	94.73	94.68	95.07	95.16
240	94.39	94.35	94.68	94.75
260	94.42	94.35	94.71	94.75
280	94.71	94.66	94.95	95.02
300	94.90	94.87	95.12	95.21

$$\bar{\boldsymbol{x}}=\frac{1}{n}\sum_{i=1}^{n}\boldsymbol{x}_i$$

は $p\times 1$ の標本平均ベクトル

$$\boldsymbol{S}=\frac{1}{n-1}\sum_{i=1}^{n}(\boldsymbol{x}_i-\bar{\boldsymbol{x}})(\boldsymbol{x}_i-\bar{\boldsymbol{x}})'$$

は $p\times p$ の標本共分散行列である．

13.9.1 $\boldsymbol{\mu}$ の信頼域

(1) $\boldsymbol{\Sigma}$ 既知のとき

$$n(\bar{\boldsymbol{x}}-\boldsymbol{\mu})'\boldsymbol{\Sigma}^{-1}(\bar{\boldsymbol{x}}-\boldsymbol{\mu})\sim\chi^2(p) \qquad ((11.31)\text{ 式})$$

であるから，$\boldsymbol{\mu}$ の $(1-\alpha)\times100\%$ 信頼域は

$$P\{n(\bar{\boldsymbol{x}}-\boldsymbol{\mu})'\boldsymbol{\Sigma}^{-1}(\bar{\boldsymbol{x}}-\boldsymbol{\mu})\leq\chi_\alpha{}^2(p)\}=1-\alpha \tag{13.25}$$

によって与えられる．ここで $\chi_\alpha{}^2(p)$ は自由度 p のカイ 2 乗分布の上側 α の確率を与える分位点である．

(2) $\boldsymbol{\Sigma}$ 未知のとき

$$n(\bar{\boldsymbol{x}}-\boldsymbol{\mu})'\boldsymbol{S}^{-1}(\bar{\boldsymbol{x}}-\boldsymbol{\mu})\sim T^2(p,n-1)$$
$$=\frac{(n-1)p}{n-p}F(p,n-p)$$
$$(11.12\text{ 節 }(5),\ (6))$$

であるから，$\boldsymbol{\mu}$ の $(1-\alpha)\times100\%$ 信頼域は次式によって与えられる．

$$P\left\{n(\bar{\boldsymbol{x}}-\boldsymbol{\mu})'\boldsymbol{S}^{-1}(\bar{\boldsymbol{x}}-\boldsymbol{\mu})\leq\frac{(n-1)p}{n-p}F_\alpha(p,n-p)\right\}=1-\alpha \tag{13.26}$$

ここで $F_\alpha(p,n-p)$ は自由度 $(p,n-p)$ の F 分布の上側 α の確率を与える分位点である．

$\boldsymbol{\mu}$ の信頼域を

$$\left\{\boldsymbol{\mu}:n(\boldsymbol{\mu}-\bar{\boldsymbol{x}})'\boldsymbol{S}^{-1}(\boldsymbol{\mu}-\bar{\boldsymbol{x}})\leq\frac{(n-1)p}{n-p}F_\alpha(p,n-p)\right\} \tag{13.27}$$

と書き直すと，この楕円は中心が $\bar{\boldsymbol{x}}$ で，軸は

$$\pm\left\{\sqrt{\lambda_i}\sqrt{\frac{(n-1)p}{n(n-p)}F_\alpha(p,n-p)}\,\boldsymbol{v}_i\right\}$$

である．ここで $(\lambda_i,\boldsymbol{v}_i)$，$i=1,\cdots,p$ は $\boldsymbol{S}$ の（固有値，固有ベクトル）である．

例 13.6

表 13.3 に示されている X，Y のデータを用いて $\boldsymbol{\mu}$ の 95% 信頼域を求めよう．$p=2$，$n=42$

$$\boldsymbol{x}_1=\begin{bmatrix}X_1\\Y_1\end{bmatrix},\cdots,\boldsymbol{x}_n=\begin{bmatrix}X_n\\Y_n\end{bmatrix}$$

$$\boldsymbol{\mu}=\begin{bmatrix}\mu_1\\\mu_2\end{bmatrix}=\begin{bmatrix}E(X)\\E(Y)\end{bmatrix},$$

$$\boldsymbol{\Sigma}=\begin{bmatrix}\sigma_1^2 & \sigma_{12}\\\sigma_{21} & \sigma_2^2\end{bmatrix}=\begin{bmatrix}\mathrm{var}(X) & \mathrm{cov}(X,Y)\\\mathrm{cov}(X,Y) & \mathrm{var}(Y)\end{bmatrix}$$

である．表 13.3 の X，Y のデータより

$$\bar{\boldsymbol{x}}=\begin{bmatrix}0.56426\\0.60298\end{bmatrix},\qquad \boldsymbol{S}=\begin{bmatrix}0.014350 & 0.011715\\0.011715 & 0.014545\end{bmatrix}$$

$$\boldsymbol{S}^{-1}=\begin{bmatrix}203.49815 & -163.90694\\-163.90694 & 200.76907\end{bmatrix}$$

が得られる．

$\boldsymbol{S}$ の固有値と固有ベクトルは次のとおりである．

$$\lambda_1=0.026164,\qquad \boldsymbol{v}_1'=(0.70416,\ 0.71004)$$

$$\lambda_2=0.0027319,\qquad \boldsymbol{v}_2'=(-0.71004,\ 0.70416)$$

$\boldsymbol{\mu}$ の 95% 信頼域は，(13.27) 式を用いて

$$42[\mu_1-0.56426,\ \mu_2-0.60298]\begin{bmatrix}203.49815 & -163.90694\\-163.90694 & 200.76907\end{bmatrix}$$

$$\times\begin{bmatrix}\mu_1-0.56426\\\mu_2-0.60298\end{bmatrix}\le\frac{(41)2}{40}F_{0.05}(2,40)$$

となる．$F_{0.05}(2,40)=3.23173$ であるから，上式は次のようになる．

$$42(203.49815)(\mu_1-0.56426)^2+42(200.76907)(\mu_2-0.60298)^2$$
$$-84(163.90694)(\mu_1-0.56426)(\mu_2-0.60298)\le 6.625 \qquad (13.28)$$

この楕円の長軸，短軸の半分の長さは

長軸 $\sqrt{\lambda_1}\sqrt{\dfrac{(n-1)p}{n(n-p)}F_\alpha(p,n-p)}$

$$=\sqrt{0.026164}\sqrt{\frac{(41)2}{42(40)}(3.23173)}=0.064242$$

短軸 $\sqrt{\lambda_2}\sqrt{\dfrac{(n-1)p}{n(n-p)}F_\alpha(p,n-p)}$

$$=\sqrt{0.0027319}\sqrt{\frac{(41)2}{42(40)}(3.23173)}=0.020759$$

となる．

$\bar{\boldsymbol{x}}$ を原点として固有ベクトル $\boldsymbol{v}_1'=(0.70416,\ 0.71004)$，$\boldsymbol{v}_2'=(-0.71004,\ 0.70416)$ の点をプロットすると，長軸は $\boldsymbol{v}_1'$，短軸は $\boldsymbol{v}_2'$ の傾斜をもつ．

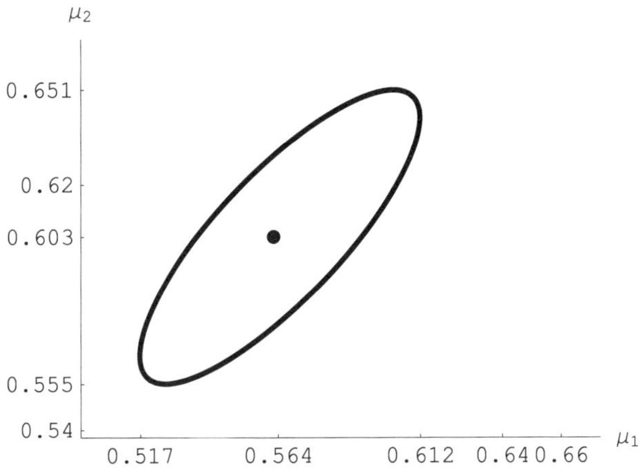

図 13.4 (μ_1, μ_2) の 95%信頼域

図 13.4 は (μ_1, μ_2) の 95% 信頼域を示す楕円であり，楕円の中心は $\bar{\boldsymbol{x}}'=(0.56426, 0.60298)$ である．

$(\mu_1, \mu_2)=(0.60, 0.60)$ がこの楕円の中に入るかどうかを調べると，(13.28) 式の左辺の μ_1，μ_2 に 0.60 を代入して 12.461 が得られ，楕円の外に落ちる．したがって仮説 $\mu_1=\mu_2=0.60$ は棄却される．

13.9.2 $\boldsymbol{a}'\boldsymbol{\mu}$ の信頼区間

$p\times 1$ ベクトル $\boldsymbol{a}$ は定数ベクトルとする．このとき

$$\boldsymbol{a}'\bar{\boldsymbol{x}} \sim N\left(\boldsymbol{a}'\boldsymbol{\mu}, \frac{\boldsymbol{a}'\boldsymbol{\Sigma}\boldsymbol{a}}{n}\right)$$

である．

$$\boldsymbol{S} \sim W\left(\frac{1}{n-1}\boldsymbol{\Sigma}, p, n-1\right) \qquad \text{(11.11.5 項)}$$

$$V=\frac{\boldsymbol{a}'\boldsymbol{S}\boldsymbol{a}}{\boldsymbol{a}'\left(\frac{1}{n-1}\boldsymbol{\Sigma}\right)\boldsymbol{a}}=\frac{(n-1)\boldsymbol{a}'\boldsymbol{S}\boldsymbol{a}}{\boldsymbol{a}'\boldsymbol{\Sigma}\boldsymbol{a}} \sim \chi^2(n-1) \qquad \text{(11.11.8 項)}$$

はすでに 11.11 節に示されている．

$$Z=\frac{\sqrt{n}(\boldsymbol{a}'\bar{\boldsymbol{x}}-\boldsymbol{a}'\boldsymbol{\mu})}{(\boldsymbol{a}'\boldsymbol{\Sigma}\boldsymbol{a})^{\frac{1}{2}}} \sim N(0, 1)$$

$\bar{\boldsymbol{x}}$ と $\boldsymbol{S}$ は独立 (11.10.4 項) であるから Z と V は独立

したがって

$$T=\frac{Z}{\sqrt{\frac{V}{n-1}}}=\frac{\sqrt{n}(\boldsymbol{a}'\bar{\boldsymbol{x}}-\boldsymbol{a}'\boldsymbol{\mu})}{(\boldsymbol{a}'\boldsymbol{S}\boldsymbol{a})^{\frac{1}{2}}}\sim t(n-1) \tag{13.29}$$

が得られるから，この式より $\boldsymbol{a}'\boldsymbol{\mu}$ の $(1-\alpha)\times100\%$ 信頼区間は次式となる．

$$P\left(\boldsymbol{a}'\bar{\boldsymbol{x}}-t_{\alpha/2}(n-1)\sqrt{\frac{\boldsymbol{a}'\boldsymbol{S}\boldsymbol{a}}{n}}\leq\boldsymbol{a}'\boldsymbol{\mu}\leq\boldsymbol{a}'\bar{\boldsymbol{x}}+t_{\alpha/2}(n-1)\sqrt{\frac{\boldsymbol{a}'\boldsymbol{S}\boldsymbol{a}}{n}}\right)=1-\alpha \tag{13.30}$$

たとえば，$\boldsymbol{a}$ を第 j 要素のみ 1 で残りの要素は 0 の $p\times1$ ベクトルとすると

$$\boldsymbol{a}'\bar{\boldsymbol{x}}=\bar{X}_j,\qquad \boldsymbol{a}'\boldsymbol{\mu}=\mu_j,\qquad \boldsymbol{a}'\boldsymbol{S}\boldsymbol{a}=S_{jj}$$

であるから，$\boldsymbol{a}'\boldsymbol{\mu}=\mu_j$ の $(1-\alpha)\times100\%$ 信頼区間

$$P\left(\bar{X}_j-t_{\alpha/2}(n-1)\sqrt{\frac{S_{jj}}{n}}\leq\mu_j\leq\bar{X}_j+t_{\alpha/2}(n-1)\sqrt{\frac{S_{jj}}{n}}\right)=1-\alpha \tag{13.31}$$

を得る．

第 j 要素が 1，第 k 要素が -1，残りの要素は 0 の $p\times1$ ベクトルを $\boldsymbol{a}$ とすると

$$\boldsymbol{a}'\bar{\boldsymbol{x}}=\bar{X}_j-\bar{X}_k,\qquad \boldsymbol{a}'\boldsymbol{\mu}=\mu_j-\mu_k$$
$$\boldsymbol{a}'\boldsymbol{S}\boldsymbol{a}=S_{jj}-2S_{jk}+S_{kk}$$

となるから，$\boldsymbol{a}'\boldsymbol{\mu}=\mu_j-\mu_k$ の $(1-\alpha)\times100\%$ 信頼区間の下限界 L，上限界 U はそれぞれ次式になる．

$$\begin{aligned}L&=\bar{X}_j-\bar{X}_k-t_{\alpha/2}(n-1)\sqrt{\frac{S_{jj}-2S_{jk}+S_{kk}}{n}}\\U&=\bar{X}_j-\bar{X}_k+t_{\alpha/2}(n-1)\sqrt{\frac{S_{jj}-2S_{jk}+S_{kk}}{n}}\end{aligned} \tag{13.32}$$

(13.31) 式，(13.32) 式は特定化された $\boldsymbol{a}$ に対してのみ，すなわち (13.31) 式は μ_j に対してのみ，(13.32) 式は $\mu_j-\mu_k$ に対してのみ妥当する．

13.9.3 $\boldsymbol{a}'\boldsymbol{\mu}$ の T^2 同時信頼区間

(13.30) 式は次のように表すことができる．

$$|t|=\left|\frac{\sqrt{n}(\boldsymbol{a}'\bar{\boldsymbol{x}}-\boldsymbol{a}'\boldsymbol{\mu})}{\sqrt{\boldsymbol{a}'\boldsymbol{S}\boldsymbol{a}}}\right|\leq t_{\alpha/2}(n-1)$$

両辺を 2 乗して次式を得る．

$$t^2=\frac{n(\boldsymbol{a}'\bar{\boldsymbol{x}}-\boldsymbol{a}'\boldsymbol{\mu})^2}{\boldsymbol{a}'\boldsymbol{S}\boldsymbol{a}}=\frac{n[\boldsymbol{a}'(\bar{\boldsymbol{x}}-\boldsymbol{\mu})]^2}{\boldsymbol{a}'\boldsymbol{S}\boldsymbol{a}}\leq t^2_{\alpha/2}(n-1) \qquad (13.33)$$

任意の $\boldsymbol{a}$ に対して (13.33) 式が成り立つためには

$$\max_{\boldsymbol{a}}\left\{\frac{n[\boldsymbol{a}'(\bar{\boldsymbol{x}}-\boldsymbol{\mu})]^2}{\boldsymbol{a}'\boldsymbol{S}\boldsymbol{a}}\right\}\leq c^2$$

を満たす c^2 があればよい．

ここで次の定理を用いる（Johnson and Wichern (1998), pp. 82～83)．

$p\times p$ 行列 $\boldsymbol{B}$ は正値定符号，$\boldsymbol{d}$ は $p\times 1$ の所与のベクトルとする．任意の $p\times 1$ ベクトル $\boldsymbol{x}\neq\boldsymbol{0}$ に対して

$$\max_{\boldsymbol{x}}\frac{(\boldsymbol{x}'\boldsymbol{d})^2}{\boldsymbol{x}'\boldsymbol{B}\boldsymbol{x}}=\boldsymbol{d}'\boldsymbol{B}^{-1}\boldsymbol{d}$$

であり，最大値は $\boldsymbol{x}=k\boldsymbol{B}^{-1}\boldsymbol{d}$ のときに達成される．$k\neq 0$ は定数である．

この定理を用いると，(13.33) 式で $\boldsymbol{a}=\boldsymbol{x}$，$(\bar{\boldsymbol{x}}-\boldsymbol{\mu})=\boldsymbol{d}$，$\boldsymbol{S}=\boldsymbol{B}$ とおき

$$\max_{\boldsymbol{a}}\left\{\frac{n[\boldsymbol{a}'(\bar{\boldsymbol{x}}-\boldsymbol{\mu})]^2}{\boldsymbol{a}'\boldsymbol{S}\boldsymbol{a}}\right\}=n(\bar{\boldsymbol{x}}-\boldsymbol{\mu})'\boldsymbol{S}^{-1}(\bar{\boldsymbol{x}}-\boldsymbol{\mu})$$
$$=T^2(p,n-1) \qquad (13.34)$$

を得る．したがって (13.26) 式より

$$c^2=\frac{(n-1)p}{n-p}F_\alpha(p,n-p) \qquad (13.35)$$

が求めたかった値である．

$$T^2(p,n-1)=n(\bar{\boldsymbol{x}}-\boldsymbol{\mu})'\boldsymbol{S}^{-1}(\bar{\boldsymbol{x}}-\boldsymbol{\mu})\leq c^2$$

は (13.34) 式より

$$\frac{n(\boldsymbol{a}'\bar{\boldsymbol{x}}-\boldsymbol{a}'\boldsymbol{\mu})^2}{\boldsymbol{a}'\boldsymbol{S}\boldsymbol{a}}\leq c^2$$

を意味する．

結局，あらゆる $\boldsymbol{a}$ に対して，$\boldsymbol{a}'\boldsymbol{\mu}$ の $(1-\alpha)\times 100\%$ T^2 同時信頼区間は次式で与えられる．

$$\boldsymbol{a}'\bar{\boldsymbol{x}}-c\sqrt{\frac{\boldsymbol{a}'\boldsymbol{S}\boldsymbol{a}}{n}}\leq\boldsymbol{a}'\boldsymbol{\mu}\leq\boldsymbol{a}'\bar{\boldsymbol{x}}+c\sqrt{\frac{\boldsymbol{a}'\boldsymbol{S}\boldsymbol{a}}{n}} \qquad (13.36)$$

$$c=\sqrt{\frac{(n-1)p}{n-p}F_\alpha(p,n-p)}$$

$\boldsymbol{a}'=(1,0,\cdots,0)$，$\boldsymbol{a}'=(0,1,0,\cdots,0),\cdots,\boldsymbol{a}'=(0,0,\cdots,1)$ を順次与えると，T^2 同時信頼区間

$$\bar{X}_1 - c\sqrt{\frac{S_{11}}{n}} \le \mu_1 \le \bar{X}_1 + c\sqrt{\frac{S_{11}}{n}}$$
$$\bar{X}_2 - c\sqrt{\frac{S_{22}}{n}} \le \mu_2 \le \bar{X}_2 + c\sqrt{\frac{S_{22}}{n}} \qquad (13.37)$$
$$\vdots$$
$$\bar{X}_p - c\sqrt{\frac{S_{pp}}{n}} \le \mu_p \le \bar{X}_p + c\sqrt{\frac{S_{pp}}{n}}$$

が得られる．この p 本の不等式は信頼係数 $1-\alpha$ で同時に成立する．

第 j 要素が 1，第 k 要素が -1，残りの要素 0 の $p\times 1$ ベクトルを $\boldsymbol{a}$ とすると

$$\boldsymbol{a}'\boldsymbol{S}\boldsymbol{a} = S_{jj} - 2S_{jk} + S_{kk}$$

であるから，$\mu_j - \mu_k$ の $(1-\alpha)\times 100\%$ T^2 信頼区間は

$$\bar{X}_j - \bar{X}_k - c\sqrt{\frac{S_{jj}-2S_{jk}+S_{kk}}{n}} \le \mu_j - \mu_k$$
$$\le \bar{X}_j - \bar{X}_k + c\sqrt{\frac{S_{jj}-2S_{jk}+S_{kk}}{n}} \qquad (13.38)$$

となる．

T^2 同時信頼区間と (13.31) 式の相違を明確にしておこう．各 μ_j, $j=1, \cdots, p$ の信頼区間を (13.31) 式によって設定するとき，この p 本の信頼区間の同時確率は $(1-\alpha)^p$ になる．たとえば $\alpha=0.05$ のとき，$p=2$ ならば $0.95^2=0.9025$，$p=3$ ならば $0.95^3=0.8574$ と同時確率の信頼係数は 0.95 より小さくなる．これに対して (13.37) 式に示されている p 本の信頼区間の同時確率は $1-\alpha$ である．$\boldsymbol{a}'\boldsymbol{\mu}$ の T^2 同時信頼区間は，すべての $\boldsymbol{a}$ に対して ((13.37) 式は $\boldsymbol{a}'=(1,0,\cdots,0)$，$\boldsymbol{a}'=(0,1,0,\cdots,0),\cdots,\boldsymbol{a}'=(0,0,\cdots,1)$ のすべての $\boldsymbol{a}$ に対して) $\boldsymbol{a}'\boldsymbol{\mu}$ の同時確率が $(1-\alpha)$ となる信頼区間を求めている．当然，(13.31) 式より信頼区間の幅は大きくなる．

13.9.4 ボンフェローニの同時信頼区間

T^2 同時信頼区間ではなく，p 以下の m に対して $\boldsymbol{a}_1'\boldsymbol{\mu},\cdots,\boldsymbol{a}_m'\boldsymbol{\mu}$ の同時信頼区間を求めたいという場合がある．たとえば $\boldsymbol{a}_1'\boldsymbol{\mu}$ と $\boldsymbol{a}_2'\boldsymbol{\mu}$ の同時信頼区間にのみ関心があるという場合がある．$\boldsymbol{a}_1'=(1,0,0,\cdots,0)$，$\boldsymbol{a}_2'=(0,1,0,\cdots,0)$ であれば (μ_1, μ_2) の同時信頼区間である．

$$c_i = \{\boldsymbol{a}'_i\bar{\boldsymbol{x}} - b_i \leq \boldsymbol{a}'_i\boldsymbol{\mu} \leq \boldsymbol{a}'_i\bar{\boldsymbol{x}} + b_i\}$$

とすると，求めたいのは

$$(c_1, c_2, \cdots, c_m \text{ が同時に成立する})$$

という確率を少なくとも $1-\alpha$ にしたいということにある．

事象 A_i の余事象を A_i^c とすると，ボンフェローニの不等式 Bonferroni's inequality は

$$P(\bigcap_{i=1}^{m} A_i) \geq 1 - \sum_{i=1}^{m} P(A_i^c) \tag{13.39}$$

である．この不等式で

$$A_i = \{c_i \text{ は正しい}\}$$
$$P(A_i) = 1-\alpha_i, \qquad P(A_i^c) = \alpha_i$$

とすると

$$P(c_1, c_2, \cdots, c_m \text{ が同時に成立する}) = P(\bigcap_{i=1}^{m} A_i) \geq 1 - \sum_{i=1}^{m} \alpha_i \tag{13.40}$$

を得る．

$$1 - \sum_{i=1}^{m} \alpha_i \geq 1-\alpha$$

を満たすひとつの解は $\alpha_i = \alpha/m$ である．

(13.30) 式を用いて

$$\begin{aligned} &P(A_i) \\ &= P\left(\boldsymbol{a}'_i\bar{\boldsymbol{x}} - t_{\alpha_i/2}(n-1)\sqrt{\frac{\boldsymbol{a}'_i\boldsymbol{S}\boldsymbol{a}_i}{n}} \leq \boldsymbol{a}'_i\boldsymbol{\mu} \leq \boldsymbol{a}'_i\bar{\boldsymbol{x}} + t_{\alpha_i/2}(n-1)\sqrt{\frac{\boldsymbol{a}'_i\boldsymbol{S}\boldsymbol{a}_i}{n}}\right) \\ &= 1-\alpha_i = 1-\frac{\alpha}{m} \end{aligned}$$

であるから，(13.40) 式より

$$P(\bigcap_{i=1}^{m} A_i) \geq 1 - \sum_{i=1}^{m} \alpha_i \geq 1-\alpha$$

すなわち $\boldsymbol{a}'_1\boldsymbol{\mu}, \cdots, \boldsymbol{a}'_m\boldsymbol{\mu}$ に対するボンフェローニの同時信頼区間

$$P\left(\boldsymbol{a}'_j\bar{\boldsymbol{x}} - t_{\alpha/2m}(n-1)\sqrt{\frac{\boldsymbol{a}'_j\boldsymbol{S}\boldsymbol{a}_j}{n}} \leq \boldsymbol{a}'_j\boldsymbol{\mu} \leq \boldsymbol{a}'_j\bar{\boldsymbol{x}} + t_{\alpha/2m}(n-1)\sqrt{\frac{\boldsymbol{a}'_j\boldsymbol{S}\boldsymbol{a}_j}{n}}\right) \geq 1-\alpha \tag{13.41}$$

$$j = 1, \cdots, m$$

が得られる．ここで $t_{\alpha/2m}(n-1)$ は自由度 $n-1$ の t 分布の上側 $\alpha/2m$ の確率

を与える分位点である．

$m=p$，$\boldsymbol{a}_j'=$第 j 要素のみ 1 で残りの要素 0，$j=1,\cdots,p$ とすれば次の結果がボンフェローニの同時信頼区間として得られる．

$$\begin{aligned}
\bar{X}_1-t_{\alpha/2p}(n-1)\sqrt{\frac{S_{11}}{n}}\le\mu_1&\le\bar{X}_1+t_{\alpha/2p}(n-1)\sqrt{\frac{S_{11}}{n}}\\
\vdots\qquad\qquad\quad\vdots\quad&\quad\vdots\\
\bar{X}_p-t_{\alpha/2p}(n-1)\sqrt{\frac{S_{pp}}{n}}\le\mu_p&\le\bar{X}_p+t_{\alpha/2p}(n-1)\sqrt{\frac{S_{pp}}{n}}
\end{aligned}\tag{13.42}$$

$\boldsymbol{a}'\boldsymbol{\mu}$ の信頼区間について 3 種類説明してきた．特定の $\boldsymbol{a}$ に対する信頼区間 (13.30) 式，T^2 同時信頼区間 (13.36) 式およびボンフェローニの同時信頼区間 (13.41) 式である．特定の $\boldsymbol{a}$ かあらゆる $\boldsymbol{a}$ か，少数の $\boldsymbol{a}$ かという相違はあるが，ある $\boldsymbol{a}$ が与えられたとき，3 種類の信頼区間の相違は

(13.30) 式　$t_{\alpha/2}(n-1)$

(13.36) 式　$c=\sqrt{\dfrac{(n-1)p}{n-p}F_\alpha(p,n-p)}$

(13.41) 式　$t_{\alpha/2p}(n-1)$

の相違として現れる．**表 13.6** に $\alpha=0.05$ としたとき $n=10(10)300$，$p=2(1)5$ に対して $t_{\alpha/2}(n-1)$ を t，c は c，$t_{\alpha/2p}(n-1)$ は Bon t としてこれらの値を示した．信頼区間の幅は (13.30) 式が一番短く，次が (13.41) 式，(13.36) 式は一番長くなることが表からわかる．

例 13.7

表 13.3 の X，Y の期待値 μ_1，μ_2 それぞれについて (13.30) 式，(13.36) 式，(13.41) 式から 95% 信頼区間を求めてみよう．$\alpha=0.05$，$p=2$，$n=42$ である．

(1)　(13.30) 式

$t_{0.025}(41)=2.01954$ である．$\boldsymbol{a}'=(1,0)$ に対して μ_1 の 95% 信頼区間は

$$\bar{X}_1\pm t_{\alpha/2}(n-1)\sqrt{\frac{S_{11}}{n}}=0.56426\pm(2.01954)\sqrt{\frac{0.01435}{42}}$$

より (0.5269, 0.6016) となる．

表 13.6 95%信頼区間を与える t, Bonferroni の t および c

		$p=2$		$p=3$		$p=4$		$p=5$	
		$\alpha/2p=0.0125$		$\alpha/2p=0.00833$		$\alpha/2p=0.00625$		$\alpha/2p=0.005$	
n	t	Bon t	c	Bon t	c	Bon t	c	Bon t	c
10	2.262	2.685	3.167	2.933	4.095	3.111	5.216	3.250	6.742
20	2.093	2.433	2.739	2.625	3.274	2.759	3.779	2.861	4.287
30	2.045	2.364	2.630	2.541	3.089	2.663	3.498	2.756	3.886
40	2.023	2.331	2.581	2.502	3.007	2.619	3.378	2.708	3.721
50	2.010	2.312	2.552	2.479	2.961	2.593	3.312	2.680	3.631
60	2.001	2.300	2.534	2.464	2.931	2.577	3.270	2.662	3.575
70	1.995	2.291	2.521	2.454	2.910	2.565	3.240	2.649	3.536
80	1.990	2.285	2.511	2.446	2.895	2.556	3.219	2.640	3.508
90	1.987	2.280	2.504	2.440	2.884	2.549	3.203	2.632	3.486
100	1.984	2.276	2.498	2.435	2.874	2.544	3.190	2.626	3.470
110	1.982	2.273	2.494	2.431	2.867	2.540	3.179	2.622	3.456
120	1.980	2.270	2.490	2.428	2.861	2.536	3.171	2.618	3.445
130	1.979	2.268	2.486	2.426	2.856	2.533	3.163	2.614	3.435
140	1.977	2.266	2.484	2.423	2.851	2.531	3.157	2.612	3.427
150	1.976	2.264	2.481	2.421	2.847	2.528	3.152	2.609	3.420
160	1.975	2.263	2.479	2.420	2.844	2.526	3.147	2.607	3.414
170	1.974	2.262	2.477	2.418	2.841	2.525	3.143	2.605	3.409
180	1.973	2.260	2.475	2.417	2.838	2.523	3.140	2.604	3.404
190	1.973	2.259	2.474	2.415	2.836	2.522	3.136	2.602	3.400
200	1.972	2.258	2.473	2.414	2.834	2.521	3.134	2.601	3.396
210	1.971	2.258	2.471	2.413	2.832	2.520	3.131	2.600	3.393
220	1.971	2.257	2.470	2.413	2.831	2.519	3.129	2.598	3.390
230	1.970	2.256	2.469	2.412	2.829	2.518	3.126	2.597	3.387
240	1.970	2.256	2.468	2.411	2.828	2.517	3.124	2.597	3.384
250	1.970	2.255	2.468	2.410	2.826	2.516	3.123	2.596	3.382
260	1.969	2.255	2.467	2.410	2.825	2.515	3.121	2.595	3.380
270	1.969	2.254	2.466	2.409	2.824	2.515	3.119	2.594	3.378
280	1.969	2.254	2.465	2.409	2.823	2.514	3.118	2.594	3.376
290	1.968	2.253	2.465	2.408	2.822	2.513	3.117	2.593	3.374
300	1.968	2.253	2.464	2.408	2.821	2.513	3.115	2.592	3.373

$\boldsymbol{a}'=(0,1)$ より μ_2 の 95% 信頼区間は

$$\bar{X}_2 \pm t_{\alpha/2}(n-1)\sqrt{\frac{S_{22}}{n}} = 0.60298 \pm (2.01954)\sqrt{\frac{0.014545}{42}}$$

より (0.5654, 0.6406) となる．

(2) T^2 同時信頼区間

$$c=\sqrt{\frac{(n-1)p}{n-p}F_\alpha(p,\,n-p)}=\sqrt{\frac{(41)2}{40}(6.62504)}=2.57392$$

$$\bar{X}_1 \pm c\sqrt{\frac{S_{11}}{n}} = 0.56426 \pm (2.57392)\sqrt{\frac{0.01435}{42}}$$

より μ_1 の 95% 信頼区間 (0.5167, 0.6118) を得る.

μ_2 の 95% 信頼区間

$$\bar{X}_2 \pm c\sqrt{\frac{S_{22}}{n}} = 0.60298 \pm (2.57392)\sqrt{\frac{0.014545}{42}}$$

より (0.5551, 0.6509) となる.

(3) ボンフェローニの同時信頼区間

$$t_{\alpha/2p}(n-1) = t_{0.0125}(41) = 2.32672$$

μ_1 の 95% 信頼区間

$$\bar{X}_1 \pm t_{\alpha/2p}(n-1)\sqrt{\frac{S_{11}}{n}} = 0.56426 \pm (2.32672)\sqrt{\frac{0.01435}{42}}$$

より (0.5213, 0.6073) となる.

μ_2 の 95% 信頼区間

$$\bar{X}_2 \pm t_{\alpha/2p}(n-1)\sqrt{\frac{S_{22}}{n}} = 0.60298 \pm (2.32672)\sqrt{\frac{0.014545}{42}}$$

より (0.5597, 0.6463) となる.

μ_1 の T^2 信頼区間は (13.28) 式の (μ_1, μ_2) の信頼域を示す楕円 (図 13.4) の真上からの μ_1 軸上への影であり, μ_2 の T^2 信頼区間はこの楕円の右真横からの μ_2 軸上への影である. それぞれ**図 13.5** の μ_1 軸の点線 0.517 から 0.612,

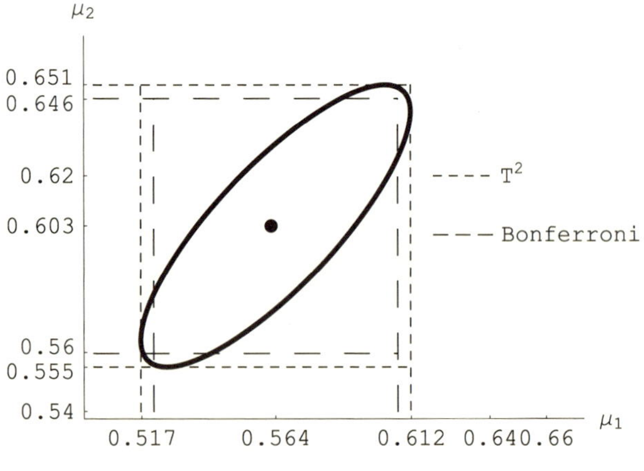

図 13.5 (μ_1, μ_2)の 95%信頼域, T^2 およびボンフェローニ同時信頼区間

μ_2 軸の点線 0.555 から 0.651 までの区間である．図 13.5 の粗い点線の区間はボンフェローニの同時信頼区間であり，μ_1 軸は（0.521，0.607），μ_2 軸は（0.560，0.646）である．

13.10　多変量対比較の信頼域

個体 i に対して次のように変数を定義する．

X_{1i}＝処理 1 のもとでの変数 1

X_{2i}＝処理 1 のもとでの変数 2

$\vdots$

X_{pi}＝処理 1 のもとでの変数 p

Y_{1i}＝処理 2 のもとでの変数 1

Y_{2i}＝処理 2 のもとでの変数 2

$\vdots$

Y_{pi}＝処理 2 のもとでの変数 p

$i=1, \cdots, n$

処理 1 と 2 の差を

$$\boldsymbol{D}_i=\begin{bmatrix} D_{1i} \\ D_{2i} \\ \vdots \\ D_{pi} \end{bmatrix}=\begin{bmatrix} X_{1i}-Y_{1i} \\ X_{2i}-Y_{2i} \\ \vdots \\ X_{pi}-Y_{pi} \end{bmatrix}$$

とし

$$E(\boldsymbol{D}_i)=\boldsymbol{\delta}=\begin{bmatrix} \delta_1 \\ \delta_2 \\ \vdots \\ \delta_p \end{bmatrix}, \qquad i=1, \cdots, n$$

$$\mathrm{var}(\boldsymbol{D}_i)=\boldsymbol{\Sigma}_d, \qquad i=1, \cdots, n$$

とする．$p\times 1$ ベクトル $\boldsymbol{D}_1$, $\boldsymbol{D}_2, \cdots, \boldsymbol{D}_n$ は独立であり

$$\boldsymbol{D}_i \sim N(\boldsymbol{\delta}, \boldsymbol{\Sigma}_d), \qquad i=1, \cdots, n \tag{13.43}$$

と仮定する．

$$\overline{\boldsymbol{D}}=\frac{1}{n}\sum_{i=1}^{n}\boldsymbol{D}_i$$

$$\boldsymbol{S}_d=\frac{1}{n-1}\sum_{i=1}^{n}(\boldsymbol{D}_i-\overline{\boldsymbol{D}})(\boldsymbol{D}_i-\overline{\boldsymbol{D}})'$$

である．

(1) 特定の $\boldsymbol{a}$ に対する $\boldsymbol{a}'\boldsymbol{\delta}$ の $(1-\alpha)\times100\%$ 信頼区間は (13.30) 式と同様

$$P\left(\boldsymbol{a}'\overline{\boldsymbol{d}}-t_{\alpha/2}(n-1)\sqrt{\frac{\boldsymbol{a}'\boldsymbol{S}_d\boldsymbol{a}}{n}}\leq\boldsymbol{a}'\boldsymbol{\delta}\leq\boldsymbol{a}'\overline{\boldsymbol{d}}+t_{\alpha/2}(n-1)\sqrt{\frac{\boldsymbol{a}'\boldsymbol{S}_d\boldsymbol{a}}{n}}\right)=1-\alpha \tag{13.44}$$

となる．

したがって個々の δ_j に対する $(1-\alpha)\times100\%$ 信頼区間は次のようになる．

$$P\left(\bar{d}_j-t_{\alpha/2}(n-1)\sqrt{\frac{S_{d_{jj}}}{n}}\leq\delta_j<\bar{d}_j+t_{\alpha/2}(n-1)\sqrt{\frac{S_{d_{jj}}}{n}}\right)=1-\alpha,\quad j=1,2,3 \tag{13.45}$$

ここで

$$S_{d_{jj}}=\boldsymbol{S}_d \text{ の } (j,j) \text{ 要素}$$

である．

(2) $\boldsymbol{\delta}$ に対する $(1-\alpha)\times100\%$ 信頼域は (13.27) 式と同様

$$T^2=n(\overline{\boldsymbol{d}}-\boldsymbol{\delta})'\boldsymbol{S}_d^{-1}(\overline{\boldsymbol{d}}-\boldsymbol{\delta})\leq\frac{(n-1)p}{n-p}F_\alpha(p,n-p) \tag{13.46}$$

によって与えられる．

$\boldsymbol{a}$ を $p\times1$ の定数ベクトルとすると，13.9.3 項と同様にして，あらゆる $\boldsymbol{a}$ に対する $\boldsymbol{a}'\boldsymbol{\delta}$ の $(1-\alpha)\times100\%$ T^2 同時信頼区間は次式になる．

$$\boldsymbol{a}'\overline{\boldsymbol{d}}-c\sqrt{\frac{\boldsymbol{a}'\boldsymbol{S}_d\boldsymbol{a}}{n}}\leq\boldsymbol{a}'\boldsymbol{\delta}\leq\boldsymbol{a}'\overline{\boldsymbol{d}}+c\sqrt{\frac{\boldsymbol{a}'\boldsymbol{S}_d\boldsymbol{a}}{n}} \tag{13.47}$$

$$c=\sqrt{\frac{(n-1)p}{n-p}F_\alpha(p,n-p)}$$

(3) 個々の処理平均の差 δ_j に対するボンフェローニの $(1-\alpha)\times100\%$ 同時信頼区間は次式によって与えられる．

$$\bar{d}_j-t_{\alpha/2p}(n-1)\sqrt{\frac{S_{d_{jj}}}{n}}\leq\delta_j\leq\bar{d}_j+t_{\alpha/2p}(n-1)\sqrt{\frac{S_{d_{jj}}}{n}} \tag{13.48}$$

$S_{d_{jj}}=\boldsymbol{S}_d$ の (j,j) 要素

$t_{\alpha/2p}(n-1)$ = 自由度 $n-1$ の t 分布の上側 $\alpha/2p$ の確率を与える分位点

例 13.8

表 13.7 のデータを用いて対比較の信頼域，信頼区間の具体例を示そう．

X_{ji}＝個体 i の状況 j における空腹時血糖値とする．$j=1, 2, 3$，$i=1, \cdots, n$，$n=52$ である．Mukhopadhyay (2009) に状況の説明はないが，たとえば

状況 1＝月曜日朝食前

状況 2＝水曜日朝食前

状況 3＝金曜日朝食前

を想定すればよい．表 13.7 の X_1 は 52 人の状況 1 における血糖値である．ただし Mukhopadhyay (2009) の X_1 の #20 は 6，#27 は 5 となっているが，明らかに転記ミスと思われるので同書に示されている標本平均を信用し，標本

表 13.7　血糖値（空腹時 X_1, X_2, X_3 および砂糖摂取 1 時間後の Y_1, Y_2, Y_3）

NO	X_1	X_2	X_3	Y_1	Y_2	Y_3	NO	X_1	X_2	X_3	Y_1	Y_2	Y_3
1	60	69	62	97	69	98	27	65	60	70	119	94	89
2	56	53	84	103	78	107	28	52	70	76	92	94	100
3	80	69	76	66	99	130	29	68	66	90	119	85	109
4	55	80	90	80	85	114	30	78	73	75	164	98	138
5	62	75	68	116	130	91	31	103	77	77	160	117	121
6	74	64	66	77	102	130	32	77	68	74	144	71	153
7	73	70	64	115	110	109	33	60	77	68	77	82	89
8	68	67	75	76	85	119	34	70	70	72	114	93	122
9	69	82	74	72	133	127	35	75	65	71	77	70	109
10	60	67	71	130	134	121	36	91	74	93	118	115	150
11	70	74	78	150	158	100	37	66	75	73	170	147	121
12	66	74	78	150	131	142	38	75	82	76	153	132	115
13	83	70	74	99	98	105	39	74	71	68	143	105	100
14	48	77	75	113	124	97	40	76	70	64	114	113	129
15	66	93	97	136	112	122	41	74	90	86	73	106	116
16	74	70	76	109	88	105	42	74	77	80	116	81	77
17	60	74	76	109	88	105	43	67	71	69	63	87	70
18	60	74	71	72	90	71	44	78	75	80	105	132	80
19	63	75	66	130	101	90	45	64	66	71	83	94	133
20	76	80	86	130	117	144	46	67	71	68	63	87	70
21	77	67	74	83	92	107	47	78	75	80	105	132	80
22	70	67	100	150	142	146	48	64	66	71	83	94	133
23	73	76	81	119	120	119	49	71	80	76	81	87	86
24	78	90	77	122	133	149	50	63	75	73	120	89	59
25	73	68	80	102	90	122	51	90	103	74	107	109	101
26	72	83	68	104	69	96	52	60	76	61	99	111	98

出所：Mukhopadhyay (2009), p. 449, Table 11. E. 3

平均と一致するよう＃20は76に，＃27は65に訂正した．空腹時血糖値の標準は70～109といわれているから，5とか6という数値は考えられない．

$$Y_{ji}=\text{個体 } i \text{ の状況 } j \text{ における砂糖摂取1時間後の血糖値}$$

$$j=1, 2, 3, \quad i=1, \cdots, n, \quad n=52$$

とすると，状況1，2，3における砂糖摂取1時間後の52人の血糖値が表のY_1，Y_2，Y_3である．

$$\boldsymbol{D}_i=\begin{bmatrix} D_{1i} \\ D_{2i} \\ D_{3i} \end{bmatrix}=\begin{bmatrix} X_{1i}-Y_{1i} \\ X_{2i}-Y_{2i} \\ X_{3i}-Y_{3i} \end{bmatrix}, \quad i=1, \cdots, n$$

$$\boldsymbol{D}_i \sim N(\boldsymbol{\delta}, \boldsymbol{\Sigma}_d), \quad i=1, \cdots, n$$

と仮定する．$\boldsymbol{\delta}$は3×1，$\boldsymbol{\Sigma}_d$は3×3である．

$$\bar{\boldsymbol{D}}=\begin{bmatrix} \bar{D}_1 \\ \bar{D}_2 \\ \bar{D}_3 \end{bmatrix}=\begin{bmatrix} \frac{1}{n}\sum_{i=1}^{n} D_{1i} \\ \frac{1}{n}\sum_{i=1}^{n} D_{2i} \\ \frac{1}{n}\sum_{i=1}^{n} D_{3i} \end{bmatrix}$$

$$\boldsymbol{S}_d=\frac{1}{n-1}\sum_{i=1}^{n}(\boldsymbol{D}_i-\bar{\boldsymbol{D}})(\boldsymbol{D}_i-\bar{\boldsymbol{D}})'$$

とし，$\bar{D}_j$の標本値を$\bar{d}_j$，$j=1$，2，3とすると，表13.7のデータより次の結果が得られる．

$$\bar{\boldsymbol{d}}=\begin{bmatrix} \bar{d}_1 \\ \bar{d}_2 \\ \bar{d}_3 \end{bmatrix}=\begin{bmatrix} -38.96154 \\ -30.23077 \\ -34.44231 \end{bmatrix}$$

対称行列$\boldsymbol{S}_d$，$\boldsymbol{S}_d^{-1}$は下三角のみ示す．

$$\boldsymbol{S}_d=\begin{bmatrix} 763.52790 & & \\ 268.77336 & 437.98492 & \\ 101.13499 & 102.05279 & 457.38876 \end{bmatrix}$$

$$\boldsymbol{S}_d^{-1}=\begin{bmatrix} 0.0016802 & & \\ -0.0099629 & 0.0029992 & \\ -0.00014922 & -0.00044888 & 0.0023195 \end{bmatrix}$$

$\boldsymbol{S}_d$の固有値および固有ベクトルは次のとおりである．

$$\lambda_1=953.64718, \quad \lambda_2=428.91639, \quad \lambda_3=276.33802$$

$$\boldsymbol{v}_1{}'=(0.83110,\ 0.48651,\ 0.26492)$$

$$\boldsymbol{v}_2{}'=(0.35617, -0.093578, -0.92972)$$

$$\boldsymbol{v}_3{}'=(0.42710, -0.86865,\ 0.25105)$$

(1)　(13.45) 式による δ_j の 95% 信頼区間

$$t_{0.025}(51)=2.00758$$

$\bar{d}_j$, S_{djj}, $j=1, 2, 3$ は前述の $\bar{\boldsymbol{d}}$, $\boldsymbol{S}_d$ に示されている.

結果のみ示す.

$$\delta_1 : (-46.65, -31.27)$$

$$\delta_2 : (-36.06, -24.40)$$

$$\delta_3 : (-40.40, -28.49)$$

(2)　$\boldsymbol{\delta}$ に対する 95% 信頼域は (13.46) 式に, 前述の $n=52$, $\bar{\boldsymbol{d}}$, $\boldsymbol{S}_d^{-1}$ を代入し, $F_{0.05}(3, 49)=2.79395$ を用いて

$$52(\boldsymbol{\delta}-\bar{\boldsymbol{d}})'\boldsymbol{S}_d^{-1}(\boldsymbol{\delta}-\bar{\boldsymbol{d}}) \leq \frac{(51)3}{49}(2.79395) \leq 8.72396 \qquad (13.49)$$

となる.

$\boldsymbol{\delta}'=(\delta_1, \delta_2, \delta_3)=(-30, -30, -30)$ を (13.49) 式の左辺に代入すると 8.52513 になり信頼域に入るから, この仮説 $\delta_1=\delta_2=\delta_3=-30$ は受容される.

仮説 $\boldsymbol{\delta}'=(-20, -30, -30)$ とすると (13.47) 式の左辺は 31.99293 となり, 信頼域の外に落ちるから, この仮説は棄却される.

δ_j に対する 95% T^2 同時信頼区間は (13.47) 式を用いて次のようになる. 結果のみ示す.

$$F_{0.05}(3, 49)=2.79395, \quad c=2.95364$$

$$\delta_1 : (-50.28, -27.64)$$

$$\delta_2 : (-38.80, -21.66)$$

$$\delta_3 : (-43.20, -25.68)$$

(3)　δ_j に対する 95% ボンフェローニ同時信頼区間は(13.48)式を用いる.

$$t_{0.05/6}(51)=2.74508$$

である. 結果のみ示す.

$$\delta_1 : (-49.48, -28.44)$$

$$\delta_2 : (-38.20, -22.63)$$

$$\delta_3 : (-42.58, -26.30)$$

13.11 $C\mu$ に対する信頼域

$\boldsymbol{C}$ は$q\times p$の定数行列，$\mathrm{rank}(\boldsymbol{C})=q\leq p$である．$q$ は $\boldsymbol{\mu}$ に対する線形制約の数である．

$p\times 1$ ベクトル $\boldsymbol{x}_1,\cdots,\boldsymbol{x}_n$ は $N(\boldsymbol{\mu},\boldsymbol{\Sigma})$ からの標本とする．$\boldsymbol{\mu}$ は $p\times 1$，$\boldsymbol{\Sigma}$ は $p\times p$ である．

$$\bar{\boldsymbol{x}}=\frac{1}{n}\sum_{i=1}^{n}\boldsymbol{x}_i$$

$$\boldsymbol{S}=\frac{1}{n-1}\sum_{i=1}^{n}(\boldsymbol{x}_i-\bar{\boldsymbol{x}})(\boldsymbol{x}_i-\bar{\boldsymbol{x}})'$$

とする．

$$\bar{\boldsymbol{x}}\sim N\left(\boldsymbol{\mu},\frac{\boldsymbol{\Sigma}}{n}\right)$$

$$\boldsymbol{S}\sim W\left(\frac{1}{n-1}\boldsymbol{\Sigma},p,n-1\right)$$

であるから

$$\boldsymbol{C}\bar{\boldsymbol{x}}\sim N\left(\boldsymbol{C}\boldsymbol{\mu},\frac{\boldsymbol{C\Sigma C}'}{n}\right)$$

$$\boldsymbol{CSC}'\sim W\left(\frac{\boldsymbol{C\Sigma C}'}{n-1},q,n-1\right) \qquad (11.11.8\text{項})$$

$\bar{\boldsymbol{x}}$ と $\boldsymbol{S}$ は独立であるから $\boldsymbol{C}\bar{\boldsymbol{x}}$ と $\boldsymbol{CSC}'$ は独立

が得られる．したがって

$$T^2=n(\boldsymbol{C}\bar{\boldsymbol{x}}-\boldsymbol{C}\boldsymbol{\mu})'(\boldsymbol{CSC}')^{-1}(\boldsymbol{C}\bar{\boldsymbol{x}}-\boldsymbol{C}\boldsymbol{\mu})\sim T^2(q,n-1)$$

より，$\boldsymbol{C}\boldsymbol{\mu}$ の $(1-\alpha)\times 100\%$ 信頼域は次式で与えられる．

$$n(\boldsymbol{C}\bar{\boldsymbol{x}}-\boldsymbol{C}\boldsymbol{\mu})'(\boldsymbol{CSC}')^{-1}(\boldsymbol{C}\bar{\boldsymbol{x}}-\boldsymbol{C}\boldsymbol{\mu})\leq\frac{(n-1)q}{n-q}F_{\alpha}(q,n-q) \tag{13.50}$$

$\boldsymbol{C}\boldsymbol{\mu}$ の要素の線形関数 $\boldsymbol{a}'\boldsymbol{C}\boldsymbol{\mu}$ の $(1-\alpha)\times 100\%$ T^2 同時信頼区間は次式になる．$\boldsymbol{a}$ は $q\times 1$ の定数ベクトルである．

$$P\left(\boldsymbol{a}'\boldsymbol{C}\bar{\boldsymbol{x}}-h\sqrt{\frac{\boldsymbol{a}'(\boldsymbol{CSC}')\boldsymbol{a}}{n}}\leq\boldsymbol{a}'\boldsymbol{C}\boldsymbol{\mu}\leq\boldsymbol{a}'\boldsymbol{C}\bar{\boldsymbol{x}}+h\sqrt{\frac{\boldsymbol{a}'(\boldsymbol{CSC}')\boldsymbol{a}}{n}}\right)=1-\alpha \tag{13.51}$$

ここで

$$h=\sqrt{\frac{(n-1)q}{n-q}F_\alpha(q,n-q)}$$

である．

$\boldsymbol{C}$ の任意の行ベクトルを $\boldsymbol{c}'$ とすると，$\boldsymbol{c}'\boldsymbol{\mu}$ の $(1-\alpha)\times 100\%$ ボンフェローニ同時信頼区間は次式で与えられる．

$$P\left(\boldsymbol{c}'\bar{\boldsymbol{x}}-t_{\alpha/2q}(n-1)\sqrt{\frac{\boldsymbol{c}'\boldsymbol{S}\boldsymbol{c}}{n}}\leq\boldsymbol{c}'\boldsymbol{\mu}\leq\boldsymbol{c}'\bar{\boldsymbol{x}}+t_{\alpha/2q}(n-1)\sqrt{\frac{\boldsymbol{c}'\boldsymbol{S}\boldsymbol{c}}{n}}\right)=1-\alpha \tag{13.52}$$

ここで

$t_{\alpha/2q}(n-1)=$ 自由度 $n-1$ の t 分布の上側 $\alpha/2q$ の確率を与える分位点

である．(13.52) 式は $\boldsymbol{c}$ ではなく，一般に $q\times 1$ のベクトル $\boldsymbol{a}$ でも良い．

とくに $\boldsymbol{C\mu}$ で興味あるケースは，$\boldsymbol{\mu}$ のすべての要素 μ_1，$\mu_2, \cdots, \mu_p$ が等しいという制約のケースである．あるいは

$$H_0: \mu_1=\mu_2=\cdots=\mu_p$$

の仮説を検定したい場合である．$\mu_1, \cdots, \mu_p$ がすべて等しいという制約を

$$\mu_1-\mu_2=\mu_2-\mu_3=\cdots=\mu_{p-1}-\mu_p=0$$

と表すと，$q=p-1$ 個の制約であり，このとき

$$\boldsymbol{C}=\begin{bmatrix}1 & -1 & 0 & \cdots & 0 & 0\\ 0 & 1 & -1 & \cdots & 0 & 0\\ \vdots & \vdots & \vdots & & & \\ 0 & 0 & 0 & \cdots & 1 & -1\end{bmatrix}$$

となり，制約は $\boldsymbol{C\mu}=\boldsymbol{0}$ である．

したがって $\boldsymbol{C\mu}=\boldsymbol{0}$ に対する $(1-\alpha)\times 100\%$ 信頼域は

$$n(\boldsymbol{C}\bar{\boldsymbol{x}})'(\boldsymbol{CSC}')^{-1}(\boldsymbol{C}\bar{\boldsymbol{x}})\leq\frac{(n-1)(p-1)}{n-p+1}F_\alpha(p-1,n-p+1) \tag{13.53}$$

となる．

例 13.9

表 13.7 のデータを用いて説明しよう．X_1，X_2，X_3 のそれぞれの期待値を μ_1，μ_2，μ_3 とする．

$$\mu_1=\mu_2=\mu_3$$

という制約，あるいは仮説を

$$\mu_1-\mu_2=\mu_2-\mu_3=0$$

と表す．

$$\boldsymbol{C}=\begin{bmatrix}1 & -1 & 0\\ 0 & 1 & -1\end{bmatrix}$$

とすれば，この制約あるいは仮説は

$$\boldsymbol{C\mu}=\begin{bmatrix}\mu_1-\mu_2\\ \mu_2-\mu_3\end{bmatrix}=\begin{bmatrix}0\\ 0\end{bmatrix}$$

と表すことができる．

表 13.7 より次の結果が得られる．

$$\bar{\boldsymbol{x}}=\begin{bmatrix}\bar{X}_1\\ \bar{X}_2\\ \bar{X}_3\end{bmatrix}=\begin{bmatrix}70.11538\\ 73.67308\\ 75.44231\end{bmatrix}$$

$\boldsymbol{S}$，$\boldsymbol{CSC'}$，$(\boldsymbol{CSC'})^{-1}$ は対称行列であるから，下三角を示す．

$$\boldsymbol{S}=\begin{bmatrix}97.04525 & & \\ 20.05807 & 69.16554 & \\ 12.57541 & 13.34351 & 69.42798\end{bmatrix}$$

$$\boldsymbol{CSC'}=\begin{bmatrix}126.09465 & \\ -48.33937 & 111.90649\end{bmatrix}$$

$$(\boldsymbol{CSC'})^{-1}=\begin{bmatrix}0.0095045 & \\ 0.0041056 & 0.010709\end{bmatrix}$$

$$F_{0.05}(2,50)=3.18261$$

$$\frac{(51)2}{50}F_{0.05}(2,50)=6.49252$$

(1)　$\boldsymbol{C\mu}$ の 95% 信頼域は (13.53) 式より

$$n(\boldsymbol{C\bar{x}})'(\boldsymbol{CSC'})^{-1}\boldsymbol{C\bar{x}}=10.68631$$

となり，この値は 6.49252 より大きく，95% 信頼域の外に落ちる．したがって $\mu_1=\mu_2=\mu_3$ という制約，あるいは仮説は棄却される．

$\mu_1=\mu_2=\mu_3$ が成立しないということは

$$\mu_1\neq\mu_2,\qquad \mu_1\neq\mu_3,\qquad \mu_2\neq\mu_3,\qquad \mu_1\neq\mu_2\neq\mu_3$$

等々が考えられ，これらのいずれかが生じている．したがって次に (13.51)

式を用いて

$$\mu_1-\mu_2=0, \qquad \mu_2-\mu_3=0, \qquad \mu_1-\mu_3=0$$

の 95% T^2 同時信頼区間を求め，その区間内に 0 が含まれるかどうかを調べてみよう．

(2)　$\mu_i-\mu_j$ の 95% T^2 同時信頼区間

(i)　$\mu_1-\mu_2$

$\boldsymbol{a}'=(1,0)$ とおくと

$$\boldsymbol{a}'\boldsymbol{C}\boldsymbol{\mu}=\mu_1-\mu_2$$
$$\boldsymbol{a}'\boldsymbol{C}\boldsymbol{S}\boldsymbol{C}'\boldsymbol{a}=S_{11}-2S_{12}+S_{22}$$

となる．$S_{ij}=\boldsymbol{S}$ の $\{i,j\}$ 要素である．

$$h=\sqrt{\frac{(51)2}{50}F_{0.05}(2,50)}=\sqrt{6.49252}=2.54804$$
$$S_{11}-2S_{12}+S_{22}=126.09465$$

より，$\mu_1-\mu_2$ の 95% T^2 同時信頼区間は

$$(-7.53,\ 0.41)$$

となり，この区間内に 0 が入るから $\mu_1-\mu_2=0$ は受容される．

(ii)　$\mu_2-\mu_3$

$\boldsymbol{a}'=(0,1)$ とおくと

$$\boldsymbol{a}'\boldsymbol{C}\boldsymbol{\mu}=\mu_2-\mu_3$$
$$\boldsymbol{a}'\boldsymbol{C}\boldsymbol{S}\boldsymbol{C}'\boldsymbol{a}=S_{22}-2S_{23}+S_{33}=111.90649$$

となる．したがって $\mu_2-\mu_3$ の 95% T^2 同時信頼区間は

$$(-5.51,\ 1.97)$$

となり，この区間内に 0 は含まれるから $\mu_2-\mu_3=0$ は受容される．

(iii)　$\mu_1-\mu_3$

$\boldsymbol{a}'=(1,1)$ とおくと

$$\boldsymbol{a}'\boldsymbol{C}\boldsymbol{\mu}=\mu_1-\mu_3$$
$$\boldsymbol{a}'\boldsymbol{C}\boldsymbol{S}\boldsymbol{C}'\boldsymbol{a}=S_{11}-2S_{13}+S_{33}=141.32240$$

となる．したがって $\mu_1-\mu_3$ の 95% T^2 同時信頼区間は

$$(-9.53,\ -1.13)$$

となり，この区間内に 0 は含まれないから，$\mu_1-\mu_3=0$ は棄却され，$\overline{X}_1<\overline{X}_3$ であるから $\mu_1<\mu_3$ である．

結局，$\mu_1=\mu_2=\mu_3$ が棄却されたのは $\mu_1 \neq \mu_3$ に依るということがわかる．

(3)　$\mu_i-\mu_j$ の 95% ボンフェローニ同時信頼区間

(13.52) 式を用いて $\mu_i-\mu_j$ の 95% ボンフェローニ同時信頼区間を求める．

$$t_{0.05/4}(51)=2.30951$$

である．(13.52) 式のベクトル $\boldsymbol{c}$ は $\boldsymbol{a}$ に代える．

(i)　$\mu_1-\mu_2$

$\boldsymbol{a}'=(1,-1,0)$ とおき

$$\boldsymbol{a}'\boldsymbol{S}\boldsymbol{a}=S_{11}-2S_{12}+S_{22}=126.09465$$

$$t_{0.05/4}(51)\sqrt{\frac{126.09465}{52}}=3.59639$$

より，$\mu_1-\mu_2$ の 95% ボンフェローニ同時信頼区間は

$$(-7.15,\ 0.04)$$

となり，この区間内に 0 は含まれる．

以下，結果のみ示す．

(ii)　$\mu_2-\mu_3$

$$\boldsymbol{a}'=(0,1,-1)$$

$$t_{0.05/4}(51)\sqrt{\frac{111.90649}{52}}=3.38802$$

$$(-5.16,\ 1.62)，0 を含む$$

(iii)　$\mu_1-\mu_3$

$$\boldsymbol{a}'=(1,0,-1)$$

$$t_{0.05/4}(51)\sqrt{\frac{141.3224}{52}}=3.80736$$

$$(-9.13,\ -1.52)$$

この区間内に 0 は含まれないから，ボンフェローニ同時信頼区間においても $\mu_1-\mu_3=0$ は棄却される．同じ 52 人の空腹時血糖値の平均は，状況 3 の方が状況 1 より高いという状況による相違が出ている．

個々の信頼区間とあらゆる $\boldsymbol{a}$ に対する $\boldsymbol{a}'\boldsymbol{C}\boldsymbol{\mu}$ に対する同時信頼区間，$\boldsymbol{a}'\boldsymbol{\mu}$ に対するボンフェローニ同時信頼区間との相違である．とくに，$p\geq 3$ のときにはどの信頼区間を設定しようとしているのかを明示しなければならない．

(4)　対比較による平均の差の 95% 信頼区間

X_1, X_2, X_3 は同じ 52 人の状況の相違であるから，13.4 節の対比較による平均の差の信頼区間を求めることができる．同時信頼区間ではなく，個々の信頼区間である．

$$D_{1i}=X_{1i}-X_{2i}$$
$$D_{2i}=X_{2i}-X_{3i}$$
$$D_{3i}=X_{1i}-X_{3i}$$
$$i=1,\cdots,n$$
$$D_{ji}\sim N(\delta_j,\Sigma_j),\qquad j=1,2,3,\qquad i=1,\cdots,n$$

とする．表 13.7 より

$$\bar{d}_1=\bar{X}_1-\bar{X}_2=-3.55769,\qquad S_1=11.22919$$
$$\bar{d}_2=\bar{X}_2-\bar{X}_3=-1.76923,\qquad S_2=10.57859$$
$$\bar{d}_3=\bar{X}_1-\bar{X}_3=-5.32692,\qquad S_3=11.88791$$

が得られる．S_j は D_{ji} の標準偏差である．

$$\bar{d}_j\pm t_{\alpha/2}(n-1)\frac{S_j}{\sqrt{n}},\qquad j=1,2,3$$

において $\alpha=0.05$, $n=52$ のとき

$$t_{0.025}(51)=2.00758$$

であるから，δ_1, δ_2, δ_3 の 95% 信頼区間は以下のようになる．

$$\delta_1:(-6.68,-0.43)$$
$$\delta_2:(-4.71,\ 1.18)$$
$$\delta_3:(-8.64,-2.02)$$

同時信頼区間と結論が異なるのは $\delta_1=\mu_1-\mu_2$ の信頼区間内に 0 は含まれず $\delta\neq 0$, すなわち $\mu_1\neq\mu_2$ と，この対比較からは判断される．

13.12　正規線形回帰モデルのパラメータの信頼区間

重回帰モデルを

$$\underset{n\times 1}{\boldsymbol{y}}=\underset{n\times k}{\boldsymbol{X}}\underset{k\times 1}{\boldsymbol{\beta}}+\underset{n\times 1}{\boldsymbol{u}}$$

とし，(12.68) 式の下で説明されている (1)～(4) の仮定をここでも仮定す

る．

13.12.1　$\boldsymbol{\beta}$ の信頼域

$\boldsymbol{\beta}$ の OLSE（ここでは MLE でもある）を $\widehat{\boldsymbol{\beta}}$ とすると

$$\widehat{\boldsymbol{\beta}} \sim N(\boldsymbol{\beta}, \sigma^2(\boldsymbol{X}'\boldsymbol{X})^{-1}) \qquad ((12.75)\text{ 式})$$

であり，(11.21) 式を用いると

$$V_1 = \frac{(\widehat{\boldsymbol{\beta}}-\boldsymbol{\beta})'(\boldsymbol{X}'\boldsymbol{X})(\widehat{\boldsymbol{\beta}}-\boldsymbol{\beta})}{\sigma^2} \sim \chi^2(k)$$

である．他方

$$V_2 = \frac{(n-k)s^2}{\sigma^2} \sim \chi^2(n-k) \qquad ((12.76)\text{ 式})$$

$\widehat{\boldsymbol{\beta}}$ と s^2 は独立であるから V_1 と V_2 は独立

これらを用いて次の F 分布を得る．

$$F = \frac{\dfrac{V_1}{k}}{\dfrac{V_2}{n-k}} = \frac{(\widehat{\boldsymbol{\beta}}-\boldsymbol{\beta})'(\boldsymbol{X}'\boldsymbol{X})(\widehat{\boldsymbol{\beta}}-\boldsymbol{\beta})}{ks^2} \sim F(k, n-k) \qquad (13.54)$$

(1)　$\boldsymbol{\beta}$ の $(1-\alpha)\times 100\%$ 信頼域

(13.54) 式より $\boldsymbol{\beta}$ の $(1-\alpha)\times 100\%$ 信頼域は次式で与えられる．

$$(\widehat{\boldsymbol{\beta}}-\boldsymbol{\beta})'(\boldsymbol{X}'\boldsymbol{X})(\widehat{\boldsymbol{\beta}}-\boldsymbol{\beta}) \leq ks^2F_\alpha(k, n-k) \qquad (13.55)$$

(2)　β_j の同時 $(1-\alpha)\times 100\%$ 信頼区間

$\boldsymbol{a}$ を $k\times 1$ の定数ベクトルとすると

$$\boldsymbol{a}'\widehat{\boldsymbol{\beta}} \sim N(\boldsymbol{a}'\boldsymbol{\beta}, \sigma^2\boldsymbol{a}'(\boldsymbol{X}'\boldsymbol{X})^{-1}\boldsymbol{a})$$

であるから

$$Z = \frac{\boldsymbol{a}'\widehat{\boldsymbol{\beta}}-\boldsymbol{a}'\boldsymbol{\beta}}{\sigma[\boldsymbol{a}'(\boldsymbol{X}'\boldsymbol{X})^{-1}\boldsymbol{a}]^{\frac{1}{2}}} \sim N(0, 1)$$

であり

$$t = \frac{Z}{\sqrt{\dfrac{V_2}{n-k}}} = \frac{\boldsymbol{a}'\widehat{\boldsymbol{\beta}}-\boldsymbol{a}'\boldsymbol{\beta}}{s[\boldsymbol{a}'(\boldsymbol{X}'\boldsymbol{X})^{-1}\boldsymbol{a}]^{\frac{1}{2}}} \sim t(n-k) \qquad (13.56)$$

となる．

$$t^2 = \frac{[\boldsymbol{a}'(\widehat{\boldsymbol{\beta}}-\boldsymbol{\beta})]^2}{s^2[\boldsymbol{a}'(\boldsymbol{X}'\boldsymbol{X})^{-1}\boldsymbol{a}]}$$

に対して 13.9.3 項と同様に

$$\max\left\{\frac{[\boldsymbol{a}'(\hat{\boldsymbol{\beta}}-\boldsymbol{\beta})]^2}{s^2[\boldsymbol{a}'(\boldsymbol{X}'\boldsymbol{X})^{-1}\boldsymbol{a}]}\right\}=\frac{1}{s^2}(\hat{\boldsymbol{\beta}}-\boldsymbol{\beta})'(\boldsymbol{X}'\boldsymbol{X})(\hat{\boldsymbol{\beta}}-\boldsymbol{\beta})$$
$$=kF(k, n-k)$$

が得られる．この結果は

$$t^2=\frac{(\boldsymbol{a}'\hat{\boldsymbol{\beta}}-\boldsymbol{a}'\boldsymbol{\beta})^2}{s^2[\boldsymbol{a}'(\boldsymbol{X}'\boldsymbol{X})^{-1}\boldsymbol{a}]}\leq c^2=kF(k, n-k)$$

を意味する．

したがってあらゆる $\boldsymbol{a}$ に対する $\boldsymbol{a}'\boldsymbol{\beta}$ の $(1-\alpha)\times 100\%$ 同時信頼区間は次式で与えられる．

$$\boldsymbol{a}'\hat{\boldsymbol{\beta}}-cs[\boldsymbol{a}'(\boldsymbol{X}'\boldsymbol{X})^{-1}\boldsymbol{a}]^{\frac{1}{2}}\leq\boldsymbol{a}'\boldsymbol{\beta}\leq\boldsymbol{a}'\hat{\boldsymbol{\beta}}+cs[\boldsymbol{a}'(\boldsymbol{X}'\boldsymbol{X})^{-1}\boldsymbol{a}]^{\frac{1}{2}} \qquad (13.57)$$

ここで

$$c=\sqrt{kF_\alpha(k, n-k)}$$

である．

$\boldsymbol{a}$ を第 j 要素のみ 1 でその他の要素は 0 の $k\times 1$ ベクトルとすると

$$\boldsymbol{a}'\hat{\boldsymbol{\beta}}=\hat{\beta}_j, \qquad \boldsymbol{a}'\boldsymbol{\beta}=\beta_j$$
$$\boldsymbol{a}'(\boldsymbol{X}'\boldsymbol{X})^{-1}\boldsymbol{a}=q^{jj}, \qquad q^{jj}=(\boldsymbol{X}'\boldsymbol{X})^{-1}\text{ の }(j,j)\text{ 要素}$$
$$s[\boldsymbol{a}'(\boldsymbol{X}'\boldsymbol{X})^{-1}\boldsymbol{a}]^{\frac{1}{2}}=s(q^{jj})^{\frac{1}{2}}$$
$$=\hat{\beta}_j\text{ の標準偏差 }\sigma(q^{jj})^{\frac{1}{2}}\text{の推定量}=s_j$$

と表すことができるから，β_j の $(1-\alpha)\times 100\%$ 同時信頼区間は次式で与えられる．

$$\hat{\beta}_j-cs_j\leq\beta_j\leq\hat{\beta}_j+cs_j \qquad (13.58)$$
$$j=1, 2, \cdots, k$$

$\boldsymbol{a}$ を第 i 要素が 1，第 j 要素が -1，残りの要素は 0 の $k\times 1$ ベクトルとすると

$$\boldsymbol{a}'\hat{\boldsymbol{\beta}}=\hat{\beta}_i-\hat{\beta}_j, \qquad \boldsymbol{a}'\boldsymbol{\beta}=\beta_i-\beta_j$$
$$\boldsymbol{a}'(\boldsymbol{X}'\boldsymbol{X})^{-1}\boldsymbol{a}=q^{ii}-2q^{ij}+q^{jj}$$

となるから

$$s[\boldsymbol{a}'(\boldsymbol{X}'\boldsymbol{X})^{-1}\boldsymbol{a}]^{\frac{1}{2}}=s(q^{ii}-2q^{ij}+q^{jj})^{\frac{1}{2}}$$
$$=s_{i-j}$$

とおくと，$\beta_i-\beta_j$ の $(1-\alpha)\times 100\%$ 同時信頼区間は次式で与えられる．

$$\hat{\beta}_i-\hat{\beta}_j-cs_{i-j}\leq\beta_i-\beta_j\leq\hat{\beta}_i-\hat{\beta}_j+cs_{i-j} \qquad (13.59)$$

(3)　特定の $\boldsymbol{a}$ に対する $\boldsymbol{a}'\boldsymbol{\beta}$ の $(1-\alpha)\times100\%$ 信頼区間

あらゆる $\boldsymbol{a}$ ではなく，特定の $\boldsymbol{a}$ に対する $\boldsymbol{a}'\boldsymbol{\beta}$ の $(1-\alpha)\times100\%$ 信頼区間は (13.56) 式より次式になる．

$$\boldsymbol{a}'\hat{\boldsymbol{\beta}}-t_{\alpha/2}(n-k)s[\boldsymbol{a}'(\boldsymbol{X}'\boldsymbol{X})^{-1}\boldsymbol{a}]^{\frac{1}{2}}\leq\boldsymbol{a}'\boldsymbol{\beta}\leq\boldsymbol{a}'\hat{\boldsymbol{\beta}}+t_{\alpha/2}(n-k)s[\boldsymbol{a}'(\boldsymbol{X}'\boldsymbol{X})^{-1}\boldsymbol{a}]^{\frac{1}{2}} \qquad (13.60)$$

$\boldsymbol{a}$ を第 j 要素のみ 1 で残りの要素が 0 の $k\times1$ ベクトルとすると

$$\boldsymbol{a}'\hat{\boldsymbol{\beta}}=\hat{\beta}_j, \qquad \boldsymbol{a}'\boldsymbol{\beta}=\beta_j$$

$$s[\boldsymbol{a}'(\boldsymbol{X}'\boldsymbol{X})^{-1}\boldsymbol{a}]^{\frac{1}{2}}=s(q^{jj})^{\frac{1}{2}}=s_j$$

となるから，β_j の $(1-\alpha)\times100\%$ 信頼区間は次式になる．

$$\hat{\beta}_j-t_{\alpha/2}(n-k)s_j\leq\beta_j\leq\hat{\beta}_j+t_{\alpha/2}(n-k)s_j$$

$$j=1,\cdots,k \qquad (13.61)$$

(4)　$\boldsymbol{a}'\boldsymbol{\beta}$ の $(1-\alpha)\times100\%$ ボンフェローニ同時信頼区間

$m\leq k$ とすると，$\boldsymbol{a}'\boldsymbol{\beta}$ の $(1-\alpha)\times100\%$ 同時信頼区間は次式で与えられる．

$$\boldsymbol{a}'\hat{\boldsymbol{\beta}}-t_{\alpha/2m}(n-k)s[\boldsymbol{a}'(\boldsymbol{X}'\boldsymbol{X})^{-1}\boldsymbol{a}]^{\frac{1}{2}}\leq\boldsymbol{a}'\boldsymbol{\beta}\leq\boldsymbol{a}'\hat{\boldsymbol{\beta}}+t_{\alpha/2m}(n-k)s[\boldsymbol{a}'(\boldsymbol{X}'\boldsymbol{X})^{-1}\boldsymbol{a}]^{\frac{1}{2}} \qquad (13.62)$$

$\boldsymbol{a}$ を第 j 要素のみ 1 で残りの要素が 0 の $k\times1$ ベクトルとすると，β_j の $(1-\alpha)\times100\%$ ボンフェローニ同時信頼区間は次式になる．

$$\hat{\beta}_j-t_{\alpha/2m}(n-k)s_j\leq\beta_j\leq\hat{\beta}_j+t_{\alpha/2m}(n-k)s_j$$

$$j=1,2,\cdots,k \qquad (13.63)$$

ここで

$$t_{\alpha/2m}(n-k)=\text{自由度 } n-k \text{ の } t \text{ 分布の上側 } \frac{\alpha}{2m}$$

の確率を与える分位点

$$s_j=s[\boldsymbol{a}'(\boldsymbol{X}'\boldsymbol{X})^{-1}\boldsymbol{a}]^{\frac{1}{2}}=s(q^{jj})^{\frac{1}{2}}$$

$$q^{jj}=(\boldsymbol{X}'\boldsymbol{X})^{-1} \text{ の } (j,j) \text{ 要素}$$

である．

例 13.9

貨幣賃金率変化率関数

$$\mathrm{WDOT}=\beta_1+\beta_2\,\mathrm{DRUIV}+\beta_3\,\mathrm{CPIDOT}+\beta_4\,\mathrm{RUIV}_{-1}+u$$

の推定結果は (12.87) 式に示されている.

$$\hat{\beta}_1=-1.7467,\qquad \hat{\beta}_2=12.1748$$
$$\hat{\beta}_3=0.9266,\qquad \hat{\beta}_4=14.8968$$

である.

(1) $\boldsymbol{\beta}=(\beta_1,\beta_2,\beta_3,\beta_4)'$ の95% 信頼域を与える (13.55) 式の右辺は $\alpha=0.05$, $k=4$, $n=44$ であるから

$$ks^2F_\alpha(k,n-k)=4(2.27386)(2.60597)=23.7025$$

となる.

$$\boldsymbol{X}'\boldsymbol{X}=\begin{bmatrix} 44.0 & & & \\ -0.73740 & 0.14950 & & \\ 149.27394 & -6.70588 & 1326.10429 & \\ 13.12295 & -0.40611 & 75.04462 & 6.46114 \end{bmatrix}$$

$$(\boldsymbol{X}'\boldsymbol{X})^{-1}=\begin{bmatrix} 0.057878 & & & \\ -0.036987 & 8.69902 & & \\ 0.00023876 & 0.037815 & 0.0023675 & \\ -0.12265 & 0.18267 & -0.025606 & 0.71277 \end{bmatrix}$$

である.

いま, 仮説として

$$(\beta_1,\beta_2,\beta_3,\beta_4)=(-2,12,1,15)$$

とすると, (13.55) 式の左辺

$$Q=(\hat{\boldsymbol{\beta}}-\boldsymbol{\beta})'(\boldsymbol{X}'\boldsymbol{X})(\hat{\boldsymbol{\beta}}-\boldsymbol{\beta})=5.0596$$

となり, この値は23.7025より小さく, 95% 信頼域の中に入り, 仮説は棄却されない.

$$(\beta_1,\beta_2,\beta_3,\beta_4)=(0,12,1,15)$$

とすると, $Q=186.217$ となり, 95% 信頼域の外に落ちるから, この仮説は棄却される.

(2) (13.58) 式を用いて β_j の95% 同時信頼区間, (13.60) 式を用いて個々の β_j の95% 信頼区間を求めた結果が**表 13.8** に示されている.

$$c=\sqrt{kF_\alpha(k,n-k)}=\sqrt{4F_{0.05}(4,40)}=\sqrt{4(2.60597)}$$
$$=3.2286$$

表 13.8 貨幣賃金率変化率関数の β_j の推定値と95%信頼区間

パラメータ	推定値	標準偏差	個々の信頼区間	同時信頼区間
β_1	−1.747	0.363	(−2.480, −1.013)	(−2.918, −0.575)
β_2	12.175	4.448	(3.186, 21.64)	(−2.184, 26.534)
β_3	0.927	0.073	(0.778, 1.075)	(0.690, 1.164)
β_4	14.897	1.273	(12.323, 17.470)	(10.787, 19.007)

$$t_{\alpha/2}(n-k)=t_{0.025}(40)=2.02108$$

$$s_1=0.36278, \quad s_2=4.44752, \quad s_3=0.073371, \quad s_4=1.27308$$

である.

β_j の個々の信頼区間と同時信頼区間をくらべたとき，個々の β_2 の信頼区間内に0は含まれないから，$\beta_2=0$ という仮説は棄却されないが，β_2 の同時信頼区間に0は含まれ，個々の信頼区間からの判断と異なってくる．しかし，計量経済学で同時信頼区間が設定され，議論されることはない．消費者物価変化率のパラメータと失業率のパラメータのボンフェローニ同時信頼区間は十分意義があるが，もっぱら個々の信頼区間による区間推定である．

β_j, $j=2,3,4$ の95% ボンフェローニ同時信頼区間は次のようになり，いずれも信頼区間内に0を含まない．

$$\beta_2：(1.061,\ 23.288)$$

$$\beta_3：(0.743,\ 1.110)$$

$$\beta_4：(11.715,\ 18.078)$$

13.12.2 σ^2 の信頼区間

回帰モデルの誤差項 u_i には均一分散

$$E(u_i^2)=\sigma^2, \qquad i=1,\cdots,n$$

が仮定されている．

$$\frac{(n-k)s^2}{\sigma^2}\sim\chi^2(n-k) \qquad \text{((12.76) 式)}$$

であるから，σ^2 の $(1-\alpha)\times100\%$ 信頼区間は次式で与えられる．

$$P\left(\frac{(n-k)s^2}{\chi^2_{\alpha/2}(n-k)}\leq\sigma^2\leq\frac{(n-k)s^2}{\chi^2_{1-\alpha/2}(n-k)}\right)=1-\alpha \qquad (13.64)$$

ここで

$\chi_\gamma^2(n-k)$＝自由度 $n-k$ のカイ２乗分布の上側 γ の確率を与える分位点

である．

貨幣賃金率変化率関数を例にとると，$n=44$，$k=4$，$\alpha=0.05$ とすると

$$\chi^2_{0.025}(40)=59.34171, \qquad \chi^2_{0.975}(40)=24.43304$$

であり，$s^2=2.27386$ を用いて，σ^2 の 95% 信頼区間は

$$(1.533,\ 3.723)$$

となる．

13.12.3 $\boldsymbol{R\beta}=\boldsymbol{r}$ の信頼域

$\boldsymbol{\beta}$ に関する線形制約 $\boldsymbol{R\beta}=\boldsymbol{r}$ を考えよう．$\boldsymbol{R}$ は $q\times k$ の定数行列，$\boldsymbol{r}$ は $q\times 1$ の定数ベクトル，q は $\boldsymbol{\beta}$ に関する線形制約の数である．$\mathrm{rank}(\boldsymbol{R})=q$ とする．

たとえば $k=4$ のとき

$$\beta_2-\beta_3=0$$
$$\beta_4=b_4$$

の制約があるとき

$$\boldsymbol{R}=\begin{bmatrix}0 & 1 & -1 & 0\\ 0 & 0 & 0 & 1\end{bmatrix}, \qquad \boldsymbol{r}=\begin{bmatrix}0\\ b_4\end{bmatrix}$$

である．

$\beta_2=\beta_3=\beta_4=0$ の制約は

$$\boldsymbol{R}=\begin{bmatrix}0 & 1 & 0 & 0\\ 0 & 0 & 1 & 0\\ 0 & 0 & 0 & 1\end{bmatrix}, \qquad \boldsymbol{r}=\begin{bmatrix}0\\ 0\\ 0\end{bmatrix}$$

とすればよい．

$$\boldsymbol{R}\hat{\boldsymbol{\beta}}\sim N(\boldsymbol{R\beta},\ \sigma^2\boldsymbol{R}(\boldsymbol{X}'\boldsymbol{X})^{-1}\boldsymbol{R}')$$

であるから

$$\boldsymbol{R}\hat{\boldsymbol{\beta}}-\boldsymbol{r}\sim N(\boldsymbol{R\beta}-\boldsymbol{r},\ \sigma^2\boldsymbol{R}(\boldsymbol{X}'\boldsymbol{X})^{-1}\boldsymbol{R}')$$

となり，$\boldsymbol{R\beta}-\boldsymbol{r}=\boldsymbol{0}$ が正しければ

$$\boldsymbol{R}\hat{\boldsymbol{\beta}}-\boldsymbol{r}\sim N(\boldsymbol{0},\ \sigma^2\boldsymbol{R}(\boldsymbol{X}'\boldsymbol{X})^{-1}\boldsymbol{R}')$$

が成り立つ．

したがって

$$V_1=\frac{(\boldsymbol{R}\hat{\boldsymbol{\beta}}-\boldsymbol{r})'[\boldsymbol{R}(\boldsymbol{X}'\boldsymbol{X})^{-1}\boldsymbol{R}']^{-1}(\boldsymbol{R}\hat{\boldsymbol{\beta}}-\boldsymbol{r})}{\sigma^2}\sim\chi^2(q)$$

であるから，13.12 節と同様，次式を得る．

$$F=\frac{(\boldsymbol{R}\hat{\boldsymbol{\beta}}-\boldsymbol{r})'[\boldsymbol{R}(\boldsymbol{X}'\boldsymbol{X})^{-1}\boldsymbol{R}']^{-1}(\boldsymbol{R}\hat{\boldsymbol{\beta}}-\boldsymbol{r})}{qs^2}\sim F(q,n-k) \qquad (13.65)$$

ゆえに，$\boldsymbol{R\beta}-\boldsymbol{r}=\boldsymbol{0}$ に対する $(1-\alpha)\times100\%$ 信頼域は次式で与えられる．

$$(\boldsymbol{R}\hat{\boldsymbol{\beta}}-\boldsymbol{r})'[\boldsymbol{R}(\boldsymbol{X}'\boldsymbol{X})^{-1}\boldsymbol{R}']^{-1}(\boldsymbol{R}\hat{\boldsymbol{\beta}}-\boldsymbol{r})\leq qs^2F_\alpha(q,n-k) \qquad (13.66)$$

例 13.10

例 13.9 の貨幣賃金率変化率の関数で

$$\beta_2=\beta_4$$
$$\beta_3=1$$

という制約（仮説といってもよい）が成立するかどうかみてみよう．この 2 本の制約（$q=2$）は

$$\boldsymbol{R}=\begin{bmatrix}0 & 1 & 0 & -1\\ 0 & 0 & 1 & 0\end{bmatrix},\qquad \boldsymbol{r}=\begin{bmatrix}0\\1\end{bmatrix}$$

になる．

$$\boldsymbol{R}\hat{\boldsymbol{\beta}}-\boldsymbol{r}=\begin{bmatrix}\hat{\beta}_2-\hat{\beta}_4\\ \hat{\beta}_3\end{bmatrix}-\begin{bmatrix}0\\1\end{bmatrix}=\begin{bmatrix}-2.72206\\-0.073381\end{bmatrix}$$

$$\boldsymbol{R}(\boldsymbol{X}'\boldsymbol{X})^{-1}\boldsymbol{R}'=\begin{bmatrix}9.04645 & \\ 0.063421 & 0.0023675\end{bmatrix}$$

$$[\boldsymbol{R}(\boldsymbol{X}'\boldsymbol{X})^{-1}\boldsymbol{R}']^{-1}=\begin{bmatrix}0.13610 & \\ -3.64594 & 520.06085\end{bmatrix}$$

$$F_{0.05}(2,40)=3.23173$$

$$s^2=2.27386$$

より，(13.66) 式の左辺を Q とすると

$$Q=2.35235<qs^2F_\alpha(2,42)=14.69702$$

となり，Q は 95% 信頼域に入るから，この制約（仮説）は受容される．

次に，この貨幣賃金率変化率関数で

$$\beta_1=0,\qquad \beta_3=1$$

という 2 個の制約が成り立つかどうかを調べてみよう．

$$\boldsymbol{R}=\begin{bmatrix}1 & 0 & 0 & 0\\ 0 & 0 & 1 & 0\end{bmatrix},\qquad \boldsymbol{r}=\begin{bmatrix}0\\ 1\end{bmatrix}$$

であるから

$$\boldsymbol{R}\hat{\boldsymbol{\beta}}-\boldsymbol{r}=\begin{bmatrix}-1.74666\\ -0.073381\end{bmatrix}$$

$$\boldsymbol{R}(\boldsymbol{X}'\boldsymbol{X})^{-1}\boldsymbol{R}'=\begin{bmatrix}0.057878 & \\ 0.00023876 & 0.0023675\end{bmatrix}$$

$$[\boldsymbol{R}(\boldsymbol{X}'\boldsymbol{X})^{-1}\boldsymbol{R}']^{-1}=\begin{bmatrix}17.28490 & \\ -1.74315 & 422.56718\end{bmatrix}$$

となり

$$Q=54.56145>14.69702$$

を得る．この Q の値は95% 信頼域の外に落ちるから $\beta_1=0$，$\beta_3=1$ という制約あるいは仮説は棄却される．

13.13 予 測 区 間

重回帰モデルの説明変数 $\boldsymbol{x}_0=(1, X_{20}, \cdots, X_{k0})'$ が与えられたときの Y の値を

$$Y_0=\beta_1+\beta_2X_{20}+\cdots+\beta_kX_{k0}+u_0 \tag{13.67}$$

とする．誤差項 u_0 は

$$u_0\sim N(0, \sigma^2)$$

$$u_0 \text{ は } u_1, \cdots, u_n \text{ と独立}$$

の仮定を満たすものとする．したがって

$$E(Y_0|\boldsymbol{x}_0)=\beta_1+\beta_2X_{20}+\cdots+\beta_kX_{k0}=\boldsymbol{x}'_0\boldsymbol{\beta}$$

である．この条件つき期待値の予測量 predictor を

$$\hat{Y}_0=\boldsymbol{x}_0'\hat{\boldsymbol{\beta}} \tag{13.68}$$

とすると

$$E(\hat{Y}_0)=\boldsymbol{x}_0'E(\hat{\boldsymbol{\beta}})=\boldsymbol{x}_0'\boldsymbol{\beta}=E(Y_0|\boldsymbol{x}_0)$$

$$\mathrm{var}(\hat{Y}_0)=\mathrm{var}(\boldsymbol{x}_0'\hat{\boldsymbol{\beta}})=E[\boldsymbol{x}_0'\,\mathrm{var}(\hat{\boldsymbol{\beta}})\,\boldsymbol{x}_0]$$

$$=\sigma^2\boldsymbol{x}_0'(\boldsymbol{X}'\boldsymbol{X})^{-1}\boldsymbol{x}_0$$

となり，$\hat{Y}_0$ は $E(Y_0|\boldsymbol{x}_0)$ の最小分散不偏予測量を与える．

$$Z=\frac{\hat{Y}_0-\boldsymbol{x}_0'\boldsymbol{\beta}}{\sigma[\boldsymbol{x}_0'(\boldsymbol{X}'\boldsymbol{X})^{-1}\boldsymbol{x}_0]^{\frac{1}{2}}}\sim N(0,1)$$

$$V=\frac{(n-k)s^2}{\sigma^2}\sim\chi^2(n-k)$$

Z と V は独立

であるから

$$\frac{Z}{\sqrt{\dfrac{V}{n-k}}}\sim t(n-k)$$

となり，$E(Y_0|\boldsymbol{x}_0)=\boldsymbol{x}_0'\boldsymbol{\beta}$ の $(1-\alpha)\times100\%$ 予測区間は次式で与えられる．

$$\boldsymbol{x}_0'\hat{\boldsymbol{\beta}}-t_{\alpha/2}(n-k)s_0\leq\boldsymbol{x}_0'\boldsymbol{\beta}\leq\boldsymbol{x}_0'\hat{\boldsymbol{\beta}}+t_{\alpha/2}(n-k)s_0 \tag{13.69}$$

ここで

$$s_0=s[\boldsymbol{x}_0'(\boldsymbol{X}'\boldsymbol{X})^{-1}\boldsymbol{x}_0]^{\frac{1}{2}}$$

である．

u_0 の値が予測できれば，Y_0 の値を

$$\boldsymbol{x}_0'\hat{\boldsymbol{\beta}}+u_0$$

によって予測できるが，u_0 に関して何ら情報を有していなければ，Y_0 を

$$\hat{Y}_0=\boldsymbol{x}_0'\hat{\boldsymbol{\beta}}$$

によって予測せざるを得ない．このとき予測誤差は

$$e_0=Y_0-\hat{Y}_0=Y_0-\boldsymbol{x}_0'\hat{\boldsymbol{\beta}}$$

であり

$$E(e_0)=0$$

$$e_0=\boldsymbol{x}_0'\boldsymbol{\beta}+u_0-\boldsymbol{x}_0'\hat{\boldsymbol{\beta}}=\boldsymbol{x}_0'(\boldsymbol{\beta}-\hat{\boldsymbol{\beta}})+u_0$$

となり，$\boldsymbol{x}_0$ は所与であるから

$$\mathrm{var}(e_0)=\sigma^2[1+\boldsymbol{x}_0'(\boldsymbol{X}'\boldsymbol{X})^{-1}\boldsymbol{x}_0]=\sigma_0^2$$

$$e_0\sim N(0,\sigma_0^2)$$

である．

$$Z=\frac{e_0}{\sigma_0}=\frac{Y_0-\hat{Y}_0}{\sigma_0}\sim N(0,1)$$

と前述の V より

$$\frac{Y_0-\hat{Y}_0}{s_0{}^*}\sim t(n-k)$$

が成立するから，Y_0 の $(1-\alpha)\times 100\%$ 予測区間は次式で与えられる．

$$\hat{Y}_0 - t_{\alpha/2}(n-k)\,s_0{}^* \leq Y_0 \leq \hat{Y}_0 + t_{\alpha/2}(n-k)\,s_0{}^* \qquad (13.70)$$

ここで

$$s_0{}^* = s\left[1+\boldsymbol{x}_0'(\boldsymbol{X}'\boldsymbol{X})^{-1}\boldsymbol{x}_0\right]^{\frac{1}{2}}$$

である．

例 13.11

貨幣賃金率変化率関数の 1965 年度から 2008 年度までの前述の推定結果を用いて 2009 年度の WDOT の予測値と 95% 予測区間を設定し，実績値と比較してみよう．

$$Y=\mathrm{WDOT}, \quad X_2=\mathrm{DRUIV}, \quad X_3=\mathrm{CPIDOT}, \quad X_4=\mathrm{RUIV}_{-1}$$

とおくと，これらの変数の 2009 年度の実績値は以下のとおりである．完全失業率を RU とすると，2009 年度の RU=5.19(%) であるから，2009 年度

$$\mathrm{RUIV}=5.19^{-1.772}=0.054041$$

となり，2008 年度の RU=4.14 であるから，2008 年度

$$\mathrm{RUIV}=4.14^{-1.772}=0.080663$$

となる．

$$Y_0=-3.09, \quad X_{20}=-0.026622, \quad X_{30}=-1.7,$$
$$X_{40}=0.080663$$

が 2009 年度の実績値である．

$$\boldsymbol{x}_0=(1, -0.026622, -1.7, 0.080663)'$$

を用いて，2009 年度の Y_0 の予測値は

$$\hat{Y}_0=-1.74666+12.1748X_{20}+0.926619X_{30}+14.8968X_{40}$$
$$=-2.44(\%)$$

となる．実績値は−3.09 であるから，絶対値で 0.65 の過小推定である．

Y_0 の 95% 予測区間は

$$s^2=2.27386$$
$$t_{0.025}(40)=2.0218$$
$$s_0{}^*=1.55731$$

を用いて

$$(-5.59,\ 0.70)$$

となる．実績値−3.09 はこの区間に含まれる．

$E(Y_0|\boldsymbol{x}_0)$ の 95% 予測区間は $s_0=0.38902$ であるから

$$(-3.23,\ -1.66)$$

と区間の幅は Y_0 の予測区間の幅よりかなり短くなる．

13.14 許容区間と許容限界

前節までの説明は信頼区間であった．たとえば $X_1, \cdots, X_n$ は $N(\mu, \sigma^2)$ からの無作為標本のとき，n 小，σ 未知であれば，μ の 95% 信頼区間は

$$\bar{X} \pm t_{0.025}\frac{S}{\sqrt{n}}$$

によって与えられ，μ はこの区間内にあると確率 0.95 で確信できる．これはパラメータ μ に関する確率言明であって X の分布に関するものではない．X の分布の 90% 以上が U 以下である確率を，信頼係数 0.95 で確信できる U の値はいくつか，という問題に対して信頼区間は答えることはできない．

あるいは品質管理において，X の分布の 99% 以上が区間 $[L, U]$ 内にあることを信頼係数 0.95 で確信できる L と U の値はいくつか，この L と U は X に要求されている仕様 $[\ell, u]$ を満たすか，標本 $X_1, \cdots, X_n$ にもとづくとき $P(L \leq X \leq U)$ の値は管理されていると判断できるほど高い確率を有するか，というような問題に信頼区間は答えることはできない．

本節の許容区間はこれらの問題をあつかうが，基本的なことを説明しているにすぎない．最近 30 年間の統計的許容域の理論と応用に関する成書に Krishnamoorthy and Mathew (2009) がある．本節もこの書に多くを負っている．

13.14.1 片側許容区間

$N(\mu, \sigma^2)$ からの無作為標本 $X_1, \cdots, X_n$ にもとづいて，この母集団からくりかえし標本が抽出され，同じ母集団から $X_1, \cdots, X_n$ とは独立で異なる X が得られるとき，X に対して，分布の上側確率 $1-p$ を与える U，すなわち

$$P(X \leq U) = p$$

を求めたい．

標準正規分布 $Z \sim N(0,1)$ の上側 $1-p$ の確率を与える分位点を z_{1-p} とすると

$$P(X \leq U) = P\left(\frac{X-\mu}{\sigma} \leq \frac{U-\mu}{\sigma}\right)$$
$$= P\left(Z \leq \frac{U-\mu}{\sigma}\right) = p$$

であるから

$$\frac{U-\mu}{\sigma} = z_{1-p}$$

より

$$U = \mu + z_{1-p}\sigma$$

となる．μ と σ が既知であれば，これが求めたかった U であるが，μ と σ は未知である．U を $\overline{X} + z_{1-p}S$ によって推定するということも考えられるが，$\overline{X}$，S ともに標本変動を免れることはできないから

$$P(X \leq \overline{X} + z_{1-p}S) = p$$

が満たされるかどうかはわからない．しかし U の推定量は

$$\hat{U} = \overline{X} + \lambda S$$

という形をとるであろう．

さらに $\hat{U}$ を U の上側信頼限界となるように λ を決めたい．すなわち X も $N(\mu, \sigma^2)$ に従い，$X_1, \cdots, X_n$ と独立であるとき，p，α を所与とし

$$P\{P_X(X \leq \hat{U} \mid \overline{X}, S) \geq p\} = 1-\alpha \qquad (13.71)$$

を満たす λ を求めたい．$N(\mu, \sigma^2)$ の母集団から標本抽出が続けられるとき，この標本の $100p\%$ 以上が $\hat{U}$ 以下であることを信頼係数 $1-\alpha$ で確信できる $\hat{U}$ すなわち λ を定めたいという意味である．

(13.71) 式で示される $(-\infty, \hat{U}(X))$ は水準 p，信頼係数 $1-\alpha$ ($(p, 1-\alpha)$ と表されることもある) の上側許容限界 upper tolerance limit とよばれる．(13.71) 式の

$$P_X(X \leq \hat{U} \mid \overline{X}, S) \geq p$$
$$= P_X\left\{\left(\frac{X-\mu}{\sigma} \leq \frac{\overline{X}-\mu+\lambda S}{\sigma} \,\middle|\, \overline{X}, S\right) \geq p\right\}$$
$$= P_Z\{(Z \leq Z_n + \lambda V \mid Z_n, V) \geq p\}$$
$$= \Phi(Z_n + \lambda V) \geq p$$

と表すことができる．ここで

$$Z=\frac{X-\mu}{\sigma}\sim N(0,1)$$

$$Z_n=\frac{\bar{X}-\mu}{\sigma}\sim N\left(0,\frac{1}{n}\right)$$

$$V^2=\frac{S^2}{\sigma^2}\sim\frac{1}{n-1}\chi^2(n-1)$$

である．したがって (13.71) 式は

$$P\{\Phi(Z_n+\lambda V)\geq p\}=1-\alpha \tag{13.72}$$

と表すことができる．

$\Phi(Z_n+\lambda V)\geq p$ は，$Z_n+\lambda V$ が $Z_n+\lambda V\geq z_{1-p}$ のとき，そしてそのときにのみ成立するから

$$\begin{aligned}P\{\Phi(Z_n+\lambda V)\geq p\}&=P(Z_n+\lambda V\geq z_{1-p})\\&=P\left(\frac{Z_n-z_{1-p}}{V}\geq-\lambda\right)=P\left\{\sqrt{\frac{1}{n}}\left(\frac{\sqrt{n}Z_n+\sqrt{n}z_{1-p}}{V}\leq\lambda\right)\right\}\\&=1-\alpha\end{aligned} \tag{13.73}$$

となる．上式3番目の等号は Z_n と $-Z_n$ は同じ分布に従うということを用いている．

$$\sqrt{n}Z_n=\frac{\sqrt{n}(\bar{X}-\mu)}{\sigma}\sim N(0,1)$$

$$V^2=\frac{S^2}{\sigma^2}\sim\frac{1}{n-1}\chi^2(n-1)$$

Z_n と V^2 は独立

であるから

$$\frac{\sqrt{n}Z_n+\sqrt{n}z_{1-p}}{V}\sim t(n-1,\sqrt{n}z_{1-p}) \tag{13.74}$$

となる．ここで

$t(n-1,\sqrt{n}z_{1-p})=$ 自由度 $n-1$，非心度 $\sqrt{n}z_{1-p}$ の非心 t 分布

である (9.6 節)．

したがって (13.73) 式を満たす λ は

$$\lambda=\sqrt{\frac{1}{n}}t_\alpha(n-1,\sqrt{n}z_{1-p}) \tag{13.75}$$

によって与えられる．ここで $t_\alpha(n-1,\sqrt{n}z_{1-p})$ は自由度 $n-1$，非心度

$\sqrt{n}z_{1-p}$ の非心 t 分布の上側確率 α を与える分位点である．

以上より $(p, 1-\alpha)$ の上側許容限界は

$$\bar{X}+\lambda S=\bar{X}+t_\alpha(n-1, \sqrt{n}z_{1-p})\frac{S}{\sqrt{n}} \tag{13.76}$$

によって与えられる．

同じ λ を用いて，$P\{P_X(X \geq L) \geq p\}=1-\alpha$ を満たす下側許容限界は

$$\bar{X}-\lambda S=\bar{X}-t_\alpha(n-1, \sqrt{n}z_{1-p})\frac{S}{\sqrt{n}} \tag{13.77}$$

によって与えられる．

λ の値は Odeh and Owen (1980) の Table 1 に，$p=0.750$，0.900，0.950，0.975，0.990，0.999，0.9999，$1-\alpha$ (Table 1 の γ) $=0.995$，0.990，0.975，0.950，0.900，0.750，0.500，0.250，0.100，0.050，0.010，0.005 のそれぞれについて $n=2(1)100(2)180(5)300(10)400(25)650(50)1000(500)2000$，3000，5000，10000，$\infty$ について示されている．$n\to\infty$ のとき $\lambda\to z_{1-p}$ である．

Krishnamoorthy and Mathew (2009) の Table B1 には，$p=0.50$，0.75，0.80，0.90，0.95，0.99，0.999，$1-\alpha=0.90$，0.95，0.99 それぞれについて

表 13.9　片側許容区間の λ $(1-\alpha=0.95)$

n	$p=0.90$	$p=0.95$	$p=0.99$	n	$p=0.90$	$p=0.95$	$p=0.99$
10	2.35464	2.91096	3.98112	29	1.78798	2.23241	3.08033
11	2.27531	2.81499	3.85234	30	1.77733	2.21984	3.06390
12	2.21013	2.73634	3.74708	31	1.76729	2.20800	3.04844
13	2.15544	2.67050	3.65920	32	1.75781	2.19682	3.03384
14	2.10877	2.61443	3.58451	33	1.74884	2.18625	3.02005
15	2.06837	2.56600	3.52013	34	1.74033	2.17623	3.00699
16	2.03300	2.52366	3.46394	35	1.73225	2.16672	2.99459
17	2.00171	2.48626	3.41440	36	1.72456	2.15768	2.98281
18	1.97380	2.45295	3.37033	37	1.71724	2.14906	2.97160
19	1.94870	2.42304	3.33082	38	1.71025	2.14085	2.96090
20	1.92599	2.39600	3.29516	39	1.70357	2.13300	2.95070
21	1.90532	2.37142	3.26277	40	1.69718	2.12549	2.94094
22	1.88641	2.34896	3.23320	45	1.66893	2.09235	2.89791
23	1.86902	2.32832	3.20607	50	1.64556	2.06499	2.86245
24	1.85297	2.30929	3.18108	60	1.60891	2.02216	2.80705
25	1.83810	2.29167	3.15796	70	1.58122	1.98987	2.76539
26	1.82427	2.27530	3.13649	80	1.55937	1.96444	2.73265
27	1.81137	2.26005	3.11650	90	1.54158	1.94376	2.70607
28	1.79930	2.24578	3.09782	100	1.52675	1.92654	2.68396

$n=2(1)80(5)100(25)300(50)500(100)700$，1000 の λ の値が示されている．

$1-\alpha=0.95$，$p=0.90$，0.95，0.99，$n=10(1)40(5)50(10)100$ の λ の値を**表 13.9** に示した．Mathematica で計算した．

たとえば，X は労働者の職場の環境基準として用いられる環境汚染の指標としよう．ある職場の $X_1, \cdots, X_n$ を測定する．$X_1, \cdots, X_n$ に正規分布を仮定することができれば（標本データによっては対数正規分布 $\log X \sim N(\mu, \sigma)$ が適切な場合もある），p，α を与えて

$$P\{P_X(X<U(X))\geq p\}=1-\alpha$$

となる $U(X)=\overline{X}+\lambda S$ を求め，この $U(X)$ の値が（対数正規分布の場合は $\exp[U(X)]$ の値が）許容水準を超えていなければ，この職場の環境汚染は安全であり，もし超えていれば環境汚染に対する改善が必要になる．

13.14.2　両側許容区間

$N(\mu, \sigma^2)$ からの無作為標本 $X_1, \cdots, X_n$ にもとづいて，この正規母集団から新たに X が観測されるとき，X の分布の少なくとも $100p\%$ が含まれる区間 $[L, U]$ を信頼係数 $1-\alpha$ で求めたい．すなわち，$f(x)$ を X の pdf とすると

$$A=P_X(L\leq X\leq U)=\int_L^U f(x)\,dx$$

とするとき，α を所与として

$$P(A\geq p)=1-\alpha \tag{13.78}$$

となる L と U を求めたい．L，U は分布の許容限界 tolerance limit とよばれ，区間 (L, U) は許容区間 tolerance interval とよばれる．この区間は以下のケースと区別するために水準 p の両側許容区間 p-content two-sided tolerance interval とよばれることもある．

たとえば X を大量生産工程からのある製品の特性とするとき，この製品の業界規準として L より小さい，あるいは U より大きな特性を有する製品は不十分な製品として許容できない，というのはこのケースである．

もし L と U が

$$P\{P_X(X\leq L)\leq p_1 \text{ および } P_X(X\geq U)\leq p_2\}=1-\alpha \tag{13.79}$$

を満たすように決定されるならば，区間 (L, U) は両側許容区間 two-sided

tolerance interval とよばれる．通常，$p_1=p_2=p/2$ である．

もし L と U が $f(x)$ のすべての (μ, σ^2) に対して

$$E(A)=E\{P_X(L\leq X\leq U)\}=\beta \tag{13.80}$$

を満たすように決定されるとき，区間 (L, U) は β 期待両側許容区間 β-expectation two-sided tolerance interval とよばれる．

(1)　水準 p の両側許容区間

$N(\mu, \sigma^2)$ からの無作為標本 $X_1, \cdots, X_n$ を所与とする．したがって $\bar{X}$，S は所与である．$f(x)$ を X の pdf とする．

$$L=\bar{X}-\lambda S, \qquad U=\bar{X}+\lambda S$$

$$A=P_X(L\leq X\leq U)=\int_L^U f(x)\,dx$$

とするとき，所与の p，α に対して

$$P(A\geq p)=P\{P_X(L\leq X\leq U)\geq p\}=1-\alpha \tag{13.81}$$

を満たす λ を求めたい．

$$\begin{aligned}&P_X(L\leq X\leq U)\\&=P_X\left(\frac{\bar{X}-\mu-\lambda S}{\sigma}\leq\frac{X-\mu}{\sigma}\leq\frac{\bar{X}-\mu+\lambda S}{\sigma}\right)\\&=\Phi(Z_n+\lambda V)-\Phi(Z_n-\lambda V)\end{aligned}$$

ここで

$$Z_n=\frac{\bar{X}-\mu}{\sigma}\sim N\left(0, \frac{1}{n}\right)$$

$$V^2=\frac{S^2}{\sigma^2}\sim\frac{1}{n-1}\chi^2(n-1)$$

$$Z_n \text{ と } V^2 \text{ は独立}$$

である．

したがって (13.81) 式は

$$P\{[\Phi(Z_n+\lambda V)-\Phi(Z_n-\lambda V)]\geq p\}=1-\alpha \tag{13.82}$$

と表すことができる．

Z_n 所与とすれば，$\Phi(Z_n+\lambda V)-\Phi(Z_n-\lambda V)$ は λV の増加関数であるから

$$\Phi(Z_n+\lambda V)-\Phi(Z_n-\lambda V)\geq p$$

となるのは $\lambda V>r$ のとき，そしてそのときに限られる．ここで r は

$$\Phi(Z_n+r)-\Phi(Z_n-r)=p$$

の解である．

なぜならば，所与の Z_n に対して

$$\lambda V > r \Rightarrow \Phi(Z_n+\lambda V)-\Phi(Z_n-\lambda V) > \Phi(Z_n+r)-\Phi(Z_n-r)=p$$

であり，逆も真であるからである．

$Z \sim N(0,1)$，Z_n 所与のとき

$$\begin{aligned}&\Phi(Z_n+r)-\Phi(Z_n-r)\\&=P_Z(Z_n-r\leq Z\leq Z_n+r\,|\,Z_n)\\&=P_Z(|Z-Z_n|^2\leq r^2\,|\,Z_n)=p\end{aligned}$$

と表すことができる．そして Z_n 所与のとき $Z-Z_n \sim N(-Z_n,1)$ であるから

$$(Z-Z_n)^2 \sim \chi^2(1, Z_n{}^2) \qquad (9.4\text{ 節})$$

と自由度 1，非心度 $Z_n{}^2$ の非心カイ 2 乗分布をする．この非心カイ 2 乗分布の上側確率 $1-p$ を与える分位点を $\chi^2_{1-p}(1, Z_n{}^2)$ とすると，上式より

$$r^2=\chi^2_{1-p}(1, Z_n{}^2)$$

である．

したがって

$$\begin{aligned}&P\{[\Phi(Z_n+\lambda V)-\Phi(Z_n-\lambda V)]\geq p\,|\,Z_n\}\\&=P_V(\lambda V>r\,|\,Z_n)=P_V\left(V^2>\frac{r^2}{\lambda^2}\,\middle|\,Z_n\right)=1-\alpha\end{aligned}$$

となる．Z_n の分布に関して両辺の期待値をとると

$$E_{Z_n}\left[P\left(V^2>\frac{\chi^2_{1-p}(1, Z_n{}^2)}{\lambda^2}\right)\right]=1-\alpha$$

を得る．$Z_n \sim N(0, 1/n)$ であるから，上式は

$$\sqrt{\frac{n}{2\pi}}\int_{-\infty}^{\infty}P\left(V^2>\frac{\chi^2_{1-p}(1, Z_n{}^2)}{\lambda^2}\right)\exp\left(-\frac{n}{2}z_n{}^2\right)dz_n=1-\alpha$$

となり，$V^2=\chi^2(n-1)/(n-1)$ であるから，上式は

$$\sqrt{\frac{2n}{\pi}}\int_0^{\infty}P\left[\chi^2(n-1)>\frac{(n-1)\chi^2_{1-p}(1, Z_n{}^2)}{\lambda^2}\right]\exp\left(-\frac{n}{2}z_n{}^2\right)dz_n =1-\alpha \qquad (13.83)$$

と表すことができる．

(13.83) 式の解として得られる λ の値は，Odeh and Owen (1980)，Table 3 に p=0.75，0.90，0.95，0.975，0.99，0.995，0.99，$1-\alpha$ (Table 3 では

γ)＝0.995，0.990，0.975，0.950，0.900，0.750，0.500，n＝2(1)100(2)180(5)300(10)400(25)650(50)1000，1500，2000，3000，5000，10000，∞について示されている．$n\to\infty$ のとき α の値とは関わりなく p=0.90 ならば $\lambda\to$ 1.645，p=0.950 ならば $\lambda\to$ 1.960 等々 $N(0,1)$ の分位点になる．Krishnamoorthy and Mathew (2009) の Table B2 には p=0.50，0.75，0.80，0.90，0.95，0.99，0.999，$1-\alpha$=0.90，0.95，0.99，n=2(1)80(5)100(25)300(50)500(100)700，1000 について λ の値が示されている．

たとえば，$1-\alpha$=0.95 の場合の λ の値を一部紹介すると，**表 13.10** になる．

(13.83) 式の解として得られる λ を次の近似式で求めることができる (Krishnamoorthy and Mathew (2009), p. 31)．

$$\lambda\simeq\left(\frac{(n-1)\chi^2_{1-p}\left(\frac{1}{n}\right)}{\chi^2_{1-\alpha}(n-1)}\right)^{\frac{1}{2}} \tag{13.84}$$

ここで $\chi^2_{1-\alpha}(n-1)$ は自由度 $n-1$ のカイ 2 乗分布の上側確率 $1-\alpha$ を与える分位点である．**表 13.11** に (13.84) 式からの近似値と正確な値を示した．

Krishnamoorthy and Mathew (2009), p. 32 Table 2.2 に $1-\alpha$=0.90，0.95，p=0.90，0.95，0.99，n=3(1)10 の (13.84) 式による λ の近似値と (13.83) 式からの正確な値とが示されている．n が 3 から 10 までと小さくて

表 13.10 両側許容区間の λ ($1-\alpha$=0.95)

n	p=0.90	p=0.95	p=0.99
10	2.856	3.393	4.437
15	2.492	2.965	3.885
20	2.319	2.760	3.621
25	2.215	2.638	3.462
30	2.145	2.555	3.355
35	2.094	2.495	3.276
40	2.005	2.448	3.216
50	1.999	2.382	3.129
60	1.960	2.335	3.068
70	1.931	2.300	3.023
80	1.908	2.274	2.988
90	1.890	2.252	2.959
100	1.875	2.234	2.936

出所：Krishnamoorthy and Mathew (2009) Table B2.

表 13.11 両側許容区間の λ の近似値と正確な値($1-\alpha=0.95$)

n	$p=0.90$		$p=0.95$		$p=0.99$	
	近似値	正確な値	近似値	正確な値	近似値	正確な値
10	2.839	2.856	3.379	3.393	4.433	4.437
11	2.737	2.754	3.259	3.273	4.277	4.282
12	2.655	2.670	3.162	3.175	4.150	4.156
13	2.587	2.601	3.081	3.093	4.044	4.051
14	2.529	2.542	3.012	3.024	3.955	3.962
15	2.480	2.492	2.954	2.965	3.878	3.885
16	2.437	2.449	2.903	2.913	3.812	3.819
17	2.400	2.410	2.858	2.868	3.754	3.761
18	2.366	2.376	2.819	2.828	3.702	3.709
19	2.337	2.346	2.784	2.793	3.656	3.663
20	2.310	2.319	2.752	2.760	3.615	3.621
21	2.286	2.294	2.723	2.731	3.577	3.583
22	2.264	2.272	2.697	2.705	3.543	3.549
23	2.244	2.251	2.673	2.681	3.512	3.518
24	2.225	2.232	2.651	2.658	3.483	3.489
25	2.208	2.215	2.631	2.638	3.457	3.462
26	2.193	2.199	2.612	2.619	3.432	3.437
27	2.178	2.184	2.595	2.601	3.409	3.415
28	2.164	2.170	2.579	2.585	3.388	3.393
29	2.152	2.157	2.564	2.569	3.368	3.373
30	2.140	2.145	2.549	2.555	3.350	3.355
40	2.052	2.055	2.445	2.448	3.212	3.216
50	1.996	1.999	2.379	2.382	3.126	3.129
60	1.958	1.960	2.333	2.335	3.066	3.068
70	1.929	1.931	2.299	2.300	3.021	3.023
80	1.907	1.908	2.272	2.274	2.986	2.988
90	1.889	1.890	2.251	2.252	2.958	2.959
100	1.874	1.875	2.233	2.234	2.934	2.936

注：正確な値は Krishnamoorthy and Mathew(2009), Table B2.

も近似の精度はきわめて良い．

例 13.12

表 13.12 に示されているデータはある機械部品の直径であり，標準仕様は 1 cm, ±0.03 cm の限界まで許容できる．この生産工程からは今後も大量に部品は生産される．表 13.2 の標本を所与とするとき，この生産工程からこれからも生産され続ける部品 X の直径の $100p$% 以上が含まれる区間 $[L, U]$ を，信頼係数 $1-\alpha$ で求めたい．L が 0.97 cm 未満あるいは U が 1.03 cm を超え

表 13.12　機械部品のデータ

0.9810	1.0102	0.9881	0.9697	0.9970	0.9836	0.9745	0.9793
1.0213	0.9876	0.9935	1.0168	1.0114	0.9914	0.9963	0.9862
1.0103	1.0204	0.9845	0.9840	1.0086	1.0025	0.9776	0.9940
0.9842							

出所：Krishnamoorthy and Mathew (2009), p. 55.

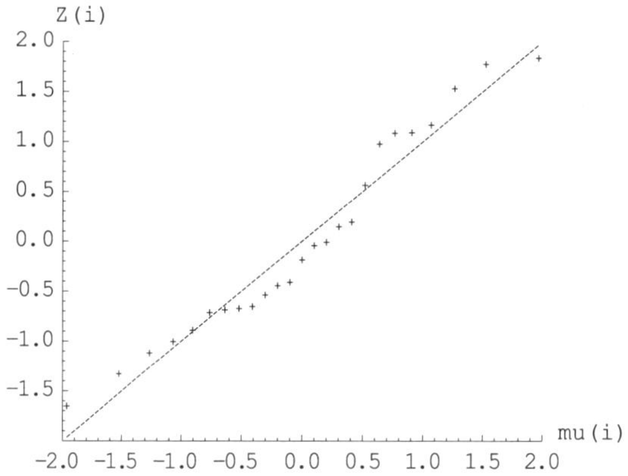

図 13.6　機械部品の正規プロット

ればXは標準仕様を満たさない．この標本データの

$$\bar{X}=0.994160, \qquad S=0.014797$$

である．

（i）　まず母集団分布として正規分布の仮定が適切かどうかをチェックしよう．**図 13.6** は 25 個の確率プロットである．直線から大きく外れている値はない．標本の歪度 0.38406，尖度 2.0464 であり，尖度は正規分布の 3 より小さいが，15 章で説明する正規性検定量はすべて非正規性を示さず，正規分布という仮説は採択される．

（ii）　水準 p，信頼係数 $1-\alpha$（$(p, 1-\alpha)$ と表す）の両側許容区間（13.81）式の L と U を求めよう．$1-\alpha=0.95$ とする．表 13.10 の λ の値を用いる．

$n=25$，$(p, 1-\alpha)=(0.90, 0.95)$ のとき $\lambda=2.215$，したがって

$$L=\bar{X}-2.215S=0.96138$$

$$U=\bar{X}+2.215S=1.02694$$

$(0.95, 0.95)$ のとき $\lambda=2.638$，したがって

$$L=\bar{X}-2.638S=0.95513$$
$$U=\bar{X}+2.638S=1.03319$$

(0.99, 0.95) のとき $\lambda=3.462$，したがって

$$L=\bar{X}-3.462S=0.94293$$
$$U=\bar{X}+3.462S=1.04539$$

を得る．(0.99, 0.95) からは，部品の少なくとも99%は，確率0.95で (0.94293, 1.04539) の区間内にあると確信することができる．許容下限界 0.94293 は部品仕様の下限界 0.97 より小さく，許容上限界 1.04539 は部品仕様の上限界 1.03 より大きい．(0.90, 0.95) で判断しても $L=0.96138$ は 0.97 より小さい．それゆえ次に

(iii)　$P\{(0.97\le X\le 1.03)\ge p\}=0.95$

を満たす p を求めよう．

$$\bar{X}-\lambda S=0.97, \qquad \bar{X}+\lambda S=1.03$$

より $\lambda=2.0284$ となる．Krishnamoorthy and Mathew (2009) の Table B2, $1-\alpha=0.95$，$n=25$ より

$$\lambda=1.727 \text{ のとき } p=0.80,\ \lambda=2.215 \text{ のとき } p=0.90$$

であるから，線形補間して $p=0.862$ となる．すなわち，部品の約86.2%しか標準仕様の限界内に入らないと推定される．

次に片側許容限界を超える部品の割合を求める．

(iv)　直径が 1.03 cm を超える部品の割合を，信頼係数 0.95 で求めよう．すなわち

$$P(X>1.03)=1-P(X\le 1.03)$$

であるから，まず

$$P\{(X\le 1.03)\ge p\}=0.95$$

を満たす p を求める．

$$\bar{X}+\lambda S=0.99416+\lambda(0.014797)=1.03$$

より $\lambda=2.422$ となる．表13.9の $n=25$ の行から $p=0.95$ のとき $\lambda=2.29167$, $p=0.99$ のとき $\lambda=3.15796$ であり，$\lambda=2.422$ は $p=0.90$ と 0.99 の間にある．線形補間によって $p=0.956$ となるから求めたかった値は $1-0.956=0.044$, すなわち 1.03 を超える部品の割合は 4.4% と推定される．

(v)　直径が 0.97 cm より小さい部品の割合を信頼係数 0.95 で求めよう．

すなわち

$$P(X<0.97)=1-P(X\geq 0.97)$$

であるから

$$P\{(X\geq 0.97)\geq p\}=0.95$$

を満たす p を求める．

$$\bar{X}-\lambda S=0.99416-\lambda(0.014797)=0.97$$

より $\lambda=1.633$ となる．Krishnamoorthy and Mathew (2009) の Table B1，$1-\alpha=0.95$，$n=25$ の箇所より，$p=0.80$ のとき $\lambda=1.302$，$p=0.90$ のとき $\lambda=1.838$ である．線形補間して $\lambda=1.633$ のとき $p=0.862$ となるから，$1-p=0.138$ を得る．すなわち直径 0.97 cm より小さい部品の割合は 13.8% あると推定され，1.03 を超える部品の割合 4.4% よりかなり多い．

13.14.3　両すそが等しい許容区間

信頼係数 $1-\alpha$ で，正規分布の両すそを除いた中心の少なくとも $100p$% のデータが含まれる許容区間 (I_ℓ, I_u) を決めたい．この区間は

$$P(X<I_\ell)=P(X>I_u)=\frac{1-p}{2}$$

と両すそが等確率となるように設定したい．

$$P(X>I_u)=P\left(\frac{X-\mu}{\sigma}>\frac{I_u-\mu}{\sigma}\right)=\frac{1-p}{2}$$

より，$Z\sim N(0,1)$ の上側確率 $(1-p)/2$ を与える分位点を $z_{(1-p)/2}$ とすると

$$\frac{I_u-\mu}{\sigma}=z_{(1-p)/2}$$

であるから

$$I_u=\mu+\sigma z_{(1-p)/2}$$

となる．$N(0,1)$ の下側 $(1-p)/2$ の確率を与える分位点は $-z_{(1-p)/2}$ であるから

$$I_\ell=\mu-\sigma z_{(1-\alpha)/2}$$

となる．この結果から (I_ℓ, I_u) は $(\bar{X}-\lambda S, \bar{X}+\lambda S)$ の形となることがわかる．$Z=(X-\mu)/\sigma\sim N(0,1)$ とおくと

$$P_X(\bar{X}-\lambda_e S \leq X \leq \bar{X}+\lambda_e S)$$
$$=P_X\left(\frac{\bar{X}-\mu-\lambda_e S}{\sigma} \leq Z \leq \frac{\bar{X}-\mu+\lambda_e S}{\sigma}\right)$$

であるから，λ_e は

$$\frac{\bar{X}-\mu-\lambda_e S}{\sigma}=-z_{(1-p)/2}$$
$$\frac{\bar{X}-\mu+\lambda_e S}{\sigma}=z_{(1-p)/2}$$

すなわち

$$P(\bar{X}-\lambda_e S<\mu-\sigma z_{(1-p)/2} \text{ および } \mu+\sigma z_{(1-p)/2}<\bar{X}+\lambda_e S)=1-\alpha \tag{13.85}$$

を満たすように決定される．(13.85) 式は

$$P\left(\frac{\frac{Z}{\sqrt{n}}+z_{(1-p)/2}}{\frac{S}{\sigma}}<\lambda_e \text{ および } \frac{\frac{Z}{\sqrt{n}}-z_{(1-p)/2}}{\frac{S}{\sigma}}>-\lambda_e\right)$$
$$=1-\alpha \tag{13.86}$$

に等しい．ここで

$$Z=\frac{\sqrt{n}(\bar{X}-\mu)}{\sigma}\sim N(0,1)$$

である．

$$\delta=\sqrt{n}z_{(1-p)/2}$$
$$U^2=\frac{S^2}{\sigma^2}\sim\frac{\chi^2(n-1)}{n-1}$$

とすると，(13.86) 式は次のように表すことができる．

$$P(Z<-\delta+\lambda_e\sqrt{n}U \text{ および } Z>\delta-\lambda_e\sqrt{n}U)=1-\alpha \tag{13.87}$$

上式の不等式は

$$\delta-\lambda_e\sqrt{n}U<-\delta+\lambda_e\sqrt{n}U$$

のときのみ，すなわち

$$U^2>\frac{\delta^2}{n\lambda_e^2}$$

のときのみ成立する．したがって (13.87) 式は

$$E_U\left\{P_Z\left(\delta-\lambda_e\sqrt{n}\,U<Z<-\delta+\lambda_e\sqrt{n}\,U \mid U^2>\frac{\delta^2}{n\lambda_e{}^2}\right)\right\}$$
$$=1-\alpha \tag{13.88}$$

と表すことができる．ここで E_U は U の分布に関する期待値である．

$$P_Z(\delta-\lambda_e\sqrt{n}\,U<Z<-\delta+\lambda_e\sqrt{n}\,U)$$
$$=\Phi(-\delta+\lambda_e\sqrt{n}\,U)-\Phi(\delta-\lambda_e\sqrt{n}\,U)$$
$$=2\Phi(-\delta+\lambda_e\sqrt{n}\,U)-1$$
$$U^2\sim\frac{\chi^2(n-1)}{n-1}$$

であるから，(13.88) 式より λ_e は

$$\frac{1}{2^{\frac{n-1}{2}}\Gamma\left(\frac{n-1}{2}\right)}\int_a^\infty\left[2\Phi\left(-\delta+\frac{\lambda_e\sqrt{nx}}{\sqrt{n-1}}\right)-1\right]\exp\left(-\frac{x}{2}\right)x^{\frac{n-1}{2}-1}dx=1-\alpha \tag{13.89}$$

の解として得られる．ここで

$$a=\frac{(n-1)\,\delta^2}{n\lambda_e{}^2}$$

である．

(13.89) 式の解として得られる λ_e の値は Odeh and Owen (1980) Table 4 は，$(1-p)/2=0.125$，0.10，0.05，0.025，0.01，0.005，0.0005，$1-\alpha$

表 13.13　両すそが等しい区間の λ_e $(1-\alpha=0.95)$

n	$p=0.90$	$p=0.95$	$p=0.99$
10	3.197	3.704	4.704
15	2.765	3.216	4.103
20	2.555	2.978	3.812
25	2.426	2.833	3.634
30	2.338	2.734	3.513
35	2.273	2.661	3.424
40	2.223	2.605	3.356
50	2.149	2.522	3.255
60	2.097	2.464	3.184
70	2.058	2.420	3.131
80	2.027	2.386	3.089
90	2.002	2.358	3.056
100	1.982	2.335	3.028

出所：Krishnamoorthy and Mathew (2009) Table B3.

(Table 4 の γ) $=0.995$, 0.990, 0.975, 0.950, 0.900, 0.750, 0.500, $n=2(1)100(2)180(5)300(10)400(25)650(50)1000$, 1500, 2000, 3000, 5000, 10000, ∞ に対する詳細な表である．$(1-p)/2=0.025$，すなわち $p=0.95$ のとき $n\to\infty$ の λ_e の値は $N(0,1)$ の上側確率 0.025 を与える分位点 1.96 になる．

Krishnamoorthy and Mathew (2009) Table B 3 には，$p=0.50$, 0.75, 0.80, 0.90, 0.95, 0.99, 0.999, $1-\alpha=0.90$, 0.95, 0.99, $n=2(1)80(5)100(25)300(50)500(100)800$, 1000 に対して λ_e の値が示されている．

$1-\alpha=0.95$ のときの λ_e の一部の値を**表 13.13** に示した．

例 13.13

表 13.12 のデータで $1-\alpha=0.95$ を固定して $p=0.90$, 0.95, 0.99 の場合，表 13.13，$n=25$ のケースから $\lambda_e=2.426$, 2.833, 3.634 である．$\bar{X}=0.99416$, $S=0.014797$ であるから

$p=0.90$ のとき $\bar{X}\pm\lambda_e S$ より許容区間は (0.95826, 1.03006)

$p=0.95$ のとき許容区間 (0.95224, 1.03608)

$p=0.99$ のとき許容区間 (0.94039, 1.04793)

となる．$p=0.90$ を例にすると，信頼係数 0.95 で直径が 0.95826 より小さい部品が 5%，直径が 1.03006 より大きい部品が 5% はあるということを意味する．いずれも規格外の部品になる．

13.14.4 β 期待両側許容区間

(13.80) 式の β 期待両側許容区間は

$$E\{P_X(L\leq X\leq U)\}=\beta$$

を満たす区間であり

$$L=\bar{X}-\lambda S, \qquad U=\bar{X}+\lambda S$$

である．

$X\sim N(\mu,\sigma^2)$ は所与の観測値 $X_1,\cdots,X_n$ と同じ正規母集団に従うが，$X_1,\cdots,X_n$ とは独立の将来値である．このとき λ は

$$E_{\bar{X},S}\{P(\bar{X}-\lambda S\leq X\leq \bar{X}+\lambda S\mid \bar{X},S)\}=\beta \tag{13.90}$$

を満たすように決定される．上式は

$$P_{X,\bar{X},S}(\bar{X}-\lambda S \le X \le \bar{X}+\lambda S)=\beta \tag{13.91}$$

を満たす X の予測区間と同じになることがわかっている（Krishnamoorthy and Mathew (2009), p. 294).

X と $\bar{X}$ は独立であるから

$$X-\bar{X} \sim N\left(0, \sigma^2\left(1+\frac{1}{n}\right)\right)$$

であり，したがって

$$Z=\frac{X-\bar{X}}{\sigma\sqrt{1+\frac{1}{n}}} \sim N(0,1)$$

である．また

$$V^2=\frac{S^2}{\sigma^2} \sim \frac{\chi^2(n-1)}{n-1}$$

Z と V^2 は独立

であるから次式が成り立つ．

$$T=\frac{Z}{\sqrt{\frac{(n-1)V^2}{n-1}}}=\frac{Z}{V} \sim t(n-1)$$

(13.91) 式は

$$P\left(-\frac{\lambda}{\sqrt{1+\frac{1}{n}}} \le \frac{Z}{V} \le \frac{\lambda}{\sqrt{1+\frac{1}{n}}}\right)=\beta$$

と表すことができるから，$Z/V \sim t(n-1)$ より

$$\frac{\lambda}{\sqrt{1+\frac{1}{n}}}=t_{(1-\beta)/2}(n-1)$$

すなわち

$$\lambda=\sqrt{1+\frac{1}{n}}\,t_{(1-\beta)/2}(n-1) \tag{13.92}$$

が得られる．ここで $t_{(1-\beta)/2}(n-1)$ は自由度 $n-1$ の t 分布の上側 $(1-\beta)/2$ の確率を与える分位点である．

したがって β 期待両側許容区間は

$$\bar{X} \pm \sqrt{1+\frac{1}{n}}\,t_{(1-\beta)/2}(n-1)\,S \tag{13.93}$$

によって与えられる．

例 13.14

例 13.12 のデータで $\beta=0.95$ とすると

$$t_{0.025}(24)=2.0639$$

であるから，X の 95% 期待両側許容区間は

$$0.994160\pm\sqrt{1+\frac{1}{25}}(2.0639)(0.014797)$$

$$=0.994160\pm0.031144$$

すなわち（0.963016, 1.025304）になる．上限は規格 1.03 より小さいが，下限は規格 0.97 に達していない．

13.14.5 回帰モデルの片側許容区間

12.12 節の重回帰モデルを前提とする．

$$\underset{n\times1}{\boldsymbol{y}}=\underset{n\times k}{\boldsymbol{X}}\underset{k\times1}{\boldsymbol{\beta}}+\underset{n\times1}{\boldsymbol{u}} \tag{13.94}$$

$$\boldsymbol{u}\sim N(\boldsymbol{0},\sigma^2\boldsymbol{I})$$

$$\boldsymbol{X}\text{ は所与，}\operatorname{rank}(\boldsymbol{X})=k<n$$

のモデルである．$\boldsymbol{\beta}$ の OLSE(=MLE) および σ^2 の不偏推定量は次式である．

$$\hat{\boldsymbol{\beta}}=(\boldsymbol{X}'\boldsymbol{X})^{-1}\boldsymbol{X}'\boldsymbol{y}$$

$$s^2=\frac{1}{n-k}\boldsymbol{e}'\boldsymbol{e}$$

$$\boldsymbol{e}=\boldsymbol{y}-\boldsymbol{X}\hat{\boldsymbol{\beta}}$$

所与の $\boldsymbol{X}$ のもとで（$Y_1,\cdots,Y_n$）の観測値がある．したがって $\hat{\boldsymbol{\beta}}$，s は所与である．

$k\times1$ の説明変数ベクトル $\boldsymbol{x}$ に対する Y の将来値を

$$Y(\boldsymbol{x})=\boldsymbol{x}'\boldsymbol{\beta}+u,\qquad u\sim N(0,\sigma^2)$$

と表し，$Y(\boldsymbol{x})$ は (13.94) 式の $\boldsymbol{y}$ とは独立と仮定する．$Y(\boldsymbol{x})$ の下側許容区間 lower tolerance interval，上側許容区間 upper tolerance interval はそれぞれ次の区間の形をとる．

$$[\boldsymbol{x}'\hat{\boldsymbol{\beta}}-k(\boldsymbol{x})s,\infty)$$

$$(-\infty,\boldsymbol{x}'\hat{\boldsymbol{\beta}}+k(\boldsymbol{x})s]$$

ここで $k(\boldsymbol{x})$ は許容因子 tolerance factor であり，この値を決定したい．

上側許容区間を

$$C(\boldsymbol{x};\hat{\boldsymbol{\beta}},s)=P_{Y(\boldsymbol{x})}(Y(\boldsymbol{x})\leq\boldsymbol{x}'\hat{\boldsymbol{\beta}}+k(\boldsymbol{x})s\mid\hat{\boldsymbol{\beta}},s) \qquad (13.95)$$

と表すと，水準 p，信頼係数 $1-\alpha$ のとき，$k(\boldsymbol{x})$ は

$$P(C(\boldsymbol{x};\hat{\boldsymbol{\beta}},s)\geq p)=1-\alpha$$

を満たすように決定される．

$$Z=\frac{Y(\boldsymbol{x})-\boldsymbol{x}'\boldsymbol{\beta}}{\sigma}\sim N(0,1)$$

$$\boldsymbol{Z}_x=\frac{\hat{\boldsymbol{\beta}}-\boldsymbol{\beta}}{\sigma}\sim N(\boldsymbol{0},(\boldsymbol{X}'\boldsymbol{X})^{-1})$$

$$U^2=\frac{s^2}{\sigma^2}\sim\frac{\chi^2(n-k)}{n-k}$$

であるから，(13.95) 式は次のように表すことができる．

$$C(\boldsymbol{x};\hat{\boldsymbol{\beta}},s)=P_Z(Z\leq\boldsymbol{x}'\boldsymbol{Z}_x+k(\boldsymbol{x})U\mid\boldsymbol{Z}_x,U) \qquad (13.96)$$

上式の

$$\boldsymbol{x}'\boldsymbol{Z}_x\sim N(0,\boldsymbol{x}'(\boldsymbol{X}'\boldsymbol{X})^{-1}\boldsymbol{x})$$

であるから

$$h^2=\boldsymbol{x}'(\boldsymbol{X}'\boldsymbol{X})^{-1}\boldsymbol{x}$$

とおくと

$$V=\frac{\boldsymbol{x}'\boldsymbol{Z}_x}{h}\sim N(0,1) \qquad (13.97)$$

となり，(13.96) 式は

$$\begin{aligned}C(\boldsymbol{x};\hat{\boldsymbol{\beta}},s)&=P_Z(Z\leq hV+k(h)U\mid V,U)\\&=\Phi(hV+k(h)U\mid V,U)\\&=C(h;V,U)\end{aligned} \qquad (13.98)$$

と表すことができる．$k(\boldsymbol{x})$ は (13.97) 式より h を通じてのみ $\boldsymbol{x}$ に依存するから $k(h)$ と表している．

(13.98) 式と (13.95) 式より，$k(h)$ は

$$P_{U,V}\{\Phi(hV+k(h)U)\geq p\}=1-\alpha \qquad (13.99)$$

を満たすように決定される．

$N(0,1)$ の上側確率 $1-p$ を与える分位点を z_{1-p} とすると

$$\Phi(hV+k(h)U)\geq p$$

となるのは $hV+k(h)U\geq z_{1-p}$ のとき，そしてそのときに限られるから，(13.99) 式から次式を得る．

$$P_{U,V}\{(hV+k(h)U)\geq z_{1-p}\}=1-\alpha$$

$$W=hV\sim N(0,h^2)$$

とおくと，上式は

$$\begin{aligned}&P\{(W+k(h)U)\geq z_{1-p}\}\\&=P\left(\frac{W-z_{1-p}}{U}\geq -k(h)\right)\\&=P\left(h\frac{\frac{W}{h}+\frac{z_{1-p}}{h}}{U}\leq k(h)\right)=1-\alpha\end{aligned}\tag{13.100}$$

と表すことができる（$-W$ と W は同じ分布に従う）．

$$\frac{W}{h}\sim N(0,1)$$

$\hat{\boldsymbol{\beta}}$ と s は独立であるから W と U は独立

したがって

$$T=\frac{\frac{W}{h}+\frac{z_{1-p}}{h}}{U}\sim t\left(n-k,\frac{z_{1-p}}{h}\right)$$

すなわち T は自由度 $n-k$，非心度 z_{1-p}/h の非心 t 分布に従う（9.6 節）．

したがって（13.100）式は

$$P\left(\frac{\frac{W}{h}+\frac{z_{1-p}}{h}}{U}\leq\frac{k(h)}{h}\right)$$

$$=P\left(T\leq\frac{k(h)}{h}\right)=1-\alpha$$

となり

$$k(h)=ht_\alpha\left(n-k,\frac{z_{1-p}}{h}\right)\tag{13.101}$$

が得られる．$t_\alpha(n-k,z_{1-p}/h)$ は自由度 $n-k$，非心度 z_{1-p}/h の非心 t 分布の上側確率 α を与える分位点である．

以上より，水準 p，信頼係数 $1-\alpha$ の上側許容区間は，$\boldsymbol{x}$ 所与のとき

$$(-\infty,\boldsymbol{x}'\hat{\boldsymbol{\beta}}+ht_\alpha(n-k,z_{1-p}/h)]\tag{13.102}$$

によって与えられる．

同様に，水準 p，信頼係数 $1-\alpha$ の下側許容区間は，$\boldsymbol{x}$ 所与のとき次式によ

って与えられる．

$$[\boldsymbol{x}'\hat{\boldsymbol{\beta}}-ht_{\alpha}(n-k, z_{1-p}/h), \infty) \tag{13.103}$$

例 13.15

例 13.9 の貨幣賃金率変化率の関数を例にとり，$Y(\boldsymbol{x})$ の片側許容区間を求めよう．例 13.11 で用いた 2009 年度の（1，DRUIV，CPIDOT，RUIV_{-1}）の値を

$$\boldsymbol{x}=(1, -0.0026622, -1.7, 0.080663)'$$

とする．$(\boldsymbol{X}'\boldsymbol{X})^{-1}$ の値は例 13.9 に示されている．$1-\alpha=0.95$，$p=0.95$ の上側許容区間を求める．

$$\hat{\boldsymbol{\beta}}=(-1.74666, 12.1748, 0.926619, 14.8968)'$$

$$s=1.50793$$

$$z_{0.05}=1.64485$$

$$h=(\boldsymbol{x}'(\boldsymbol{X}'\boldsymbol{X})^{-1}\boldsymbol{x})^{\frac{1}{2}}=(0.066554)^{\frac{1}{2}}=0.25798$$

$$\delta=\frac{z_{0.05}}{h}=6.37586$$

$$t_{0.05}(40, \delta)=8.70679$$

を用いて

$$k(h)=ht_{\alpha}\left(n-k, \frac{z_{1-p}}{h}\right)$$
$$=0.25798(8.70679)=2.24619$$

が得られるから

$$\boldsymbol{x}'\hat{\boldsymbol{\beta}}+k(h)s=-2.4444+2.24619(1.50793)=0.943$$

したがって，WDOT の信頼係数 0.95，95% 上側許容区間は前述の $\boldsymbol{x}$ を所与として $(-\infty, 0.943)$ となる．WDOT の少なくとも 95% は 0.943% より小さいであろう．

同様にして，95% 下側許容区間は

$$[\boldsymbol{x}'\hat{\boldsymbol{\beta}}-k(h)s, \infty)=[-5.83, \infty)$$

となり，信頼係数 0.95 で WDOT の少なくとも 95% は前述の $\boldsymbol{x}$ に対して -5.83% を超える．2009 年度の WDOT の実際値は -3.09% であった．

13.14.6　回帰モデルの両側許容区間

$Y(\boldsymbol{x})$ の両側許容区間

$$C_2(\boldsymbol{x};\hat{\boldsymbol{\beta}},s)=P_{Y(\boldsymbol{x})}(\boldsymbol{x}'\hat{\boldsymbol{\beta}}-k_2(\boldsymbol{x})s\leq Y(\boldsymbol{x})\leq \boldsymbol{x}'\hat{\boldsymbol{\beta}}+k_2(\boldsymbol{x})s\mid\hat{\boldsymbol{\beta}},s) \tag{13.104}$$

を与える許容因子 $k_2(\boldsymbol{x})$ を求める．

$$\begin{aligned}
&C_2(\boldsymbol{x};\hat{\boldsymbol{\beta}},s)\\
&=P_{Y(\boldsymbol{x})}(\boldsymbol{x}'\hat{\boldsymbol{\beta}}-k_2(\boldsymbol{x})s\leq Y(\boldsymbol{x})\leq \boldsymbol{x}'\hat{\boldsymbol{\beta}}+k_2(\boldsymbol{x})s\mid\hat{\boldsymbol{\beta}},s)\\
&=P_Z\left(\boldsymbol{x}'\boldsymbol{Z}_x-k_2(\boldsymbol{x})\frac{s}{\sigma}\leq Z\leq \boldsymbol{x}'\boldsymbol{Z}_x+k_2(\boldsymbol{x})\frac{s}{\sigma}\,\middle|\,\hat{\boldsymbol{\beta}},s\right)\\
&=P_Z\left(\boldsymbol{x}'\boldsymbol{Z}_x-k_2(\boldsymbol{x})U\leq Z\leq \boldsymbol{x}'\boldsymbol{Z}_x+k_2(\boldsymbol{x})U\mid\boldsymbol{Z}_x,U\right)
\end{aligned}$$

と表すことができる．ここで

$$Z=\frac{Y(\boldsymbol{x})-\boldsymbol{x}'\boldsymbol{\beta}}{\sigma}\sim N(0,1)$$

$$\boldsymbol{Z}_x=\frac{\hat{\boldsymbol{\beta}}-\boldsymbol{\beta}}{\sigma}\sim N(\boldsymbol{0},(\boldsymbol{X}'\boldsymbol{X})^{-1})$$

$$U=\frac{s^2}{\sigma^2}\sim\frac{\chi^2(n-k)}{n-k}$$

である．

$$h^2=\boldsymbol{x}'(\boldsymbol{X}'\boldsymbol{X})^{-1}\boldsymbol{x}$$

とおくと

$$\boldsymbol{x}'\boldsymbol{Z}_x\sim N(0,h^2)$$

$$V=\frac{\boldsymbol{x}'\boldsymbol{Z}_x}{h}\sim N(0,1)$$

であるから

$$\begin{aligned}
&C_2(\boldsymbol{x};\hat{\boldsymbol{\beta}},s)\\
&=P_Z(hV-k_2(h)U\leq Z\leq hV+k_2(h)U\mid V,U)\\
&=\Phi(hV+k_2(h)U)-\Phi(hV-k_2(h)U)
\end{aligned}$$

となる．$k_2(h)$ は次式を満たすように決定される．

$$P\{[\Phi(hV+k_2(h)U)-\Phi(hV-k_2(h)U)]\geq p\}=1-\alpha \tag{13.105}$$

13.14.2 項 (1) と同様にして上式を満たす $k_2(h)$ は次の積分方程式の解として得られる．

$$\sqrt{\frac{2}{\pi h^2}}\int_0^\infty P\left\{\chi^2(n-k) > \frac{(n-k)\chi_{1-p}^2(1, x^2)}{[k_2(h)]^2}\right\}\exp\left(-\frac{x^2}{2h^2}\right)dx$$
$$=1-\alpha \tag{13.106}$$

Krishnamoorthy and Mathew (2009), pp. 70～72 に $k_2(h)$ を求める次の 3 通りの近似式が紹介されている.

(1)

$$k_{2W}(h)=\left[\frac{(n-k)\chi_{1-p}^2(1, h^2)}{\chi_{1-\alpha}^2(n-k)}\right]^{\frac{1}{2}} \tag{13.107}$$

(2)

$$k_{2LM}(h)=\frac{ef}{1+\delta}\chi_{1-p}^2(1, \delta)F_{1-p}(e, n-k-1) \tag{13.108}$$

ここで

$$e=\frac{(1+h^2)^2}{h^4},\quad f=\frac{h^2}{1+h},\quad \delta=h^2\left[\frac{3h^2+\sqrt{9h^4+6h^2+3}}{2h^2+1}\right]$$

$F_{1-p}(e, n-k-1)=$自由度 $(e, n-k-1)$ の F 分布の上側 $1-p$ の確率を与える分位点

である.

(3)

$$k_{2O}(h)=h\times t_{\alpha/2}\left(n-k, \frac{z_{1-p}}{h}\right) \tag{13.109}$$

Krishnamoorthy and Mathew (2009) は h^2 が小さければ $k_{2W}(h)$ あるいは $k_{2LM}(h)$ を，$h^2 \geq 0.3$ ならば $k_{2O}(h)$ の近似を奨めている.

例 13.16

例 13.9 の貨幣賃金率変化率の関数を例に WDOT の両側許容区間を求めよう．信頼係数 $1-\alpha=0.95$, $p=0.95$ とする．$n=44$, $k=4$ である.

$h^2=0.066554$ と小さいので $k_{2W}(h)$ を用いる.

$$\chi_{0.05}^2(1, h^2)=4.09449$$
$$\chi_{0.95}^2(40)=55.75848$$

を用いて

$$k_{2W}(h)=2.9373$$

となる．したがって例 13.14 と同じ $\boldsymbol{x}$ に対して

$$\boldsymbol{x}'\hat{\boldsymbol{\beta}} \pm k_{2W}(h)s$$

を求めると（−6.874, 1.985）とWDOTのかなり広い許容区間になる．信頼係数0.95で，例13.14の$\boldsymbol{x}$に対してWDOTの少なくとも95%は(−6.874, 1.985）の許容区間内にある．

14

仮説検定

ネイマン (Neyman, Jerzy, 1894-1981) およびピアソン (Pearson, Egon Sharpe, 1895-1980) 二人の 1928 年から 1938 年までの 10 年間にわたる共同研究によって統計的仮説検定の理論は確立した．

このネイマン-ピアソンの仮説検定の論理を，簡単な例を用いて，次の 5 段階に分けて説明する．

1. 仮説の設定
2. 検定統計量とその分布の決定
3. 有意水準と棄却域の決定
4. 検定方式の確認
5. 検定の実施と結論

説明に用いるのは次の例である．Montgomery *et al.* (2007), p. 174, Exercise 4-36 に示されているデータを用いるが，文章の内容は少し変更した．

暖房炉で使用される熱電対の平均寿命時間は，これまでの製品は 540 時間ぐらいといわれてきた．熱電対の新製品の平均寿命時間は 540 時間より長いとメーカーは主張している．この主張が正しいかどうかを調べるために，新しく開発された熱電対 15 個の無作為標本の寿命時間を測定し，次の結果を得た．

553, 552, 567, 579, 550, 541, 537, 553,
552, 546, 538, 553, 581, 539, 529

寿命時間 X は正規分布に従い，寿命時間の散らばりはこれまでの製品と同様 $\sigma=20$ (時間) であるとメーカーは述べている．

$X_1, \cdots, X_{15}$ の観測値より次の結果を得る．

$$\bar{X}=551.33, \quad S^2=219.38, \quad S=14.81$$

$S=14.81$ は $\sigma=20$ より小さいが，この S から (13.17) 式によって σ の 95 % 信頼区間は

$$10.84 \leq \sigma \leq 23.36$$

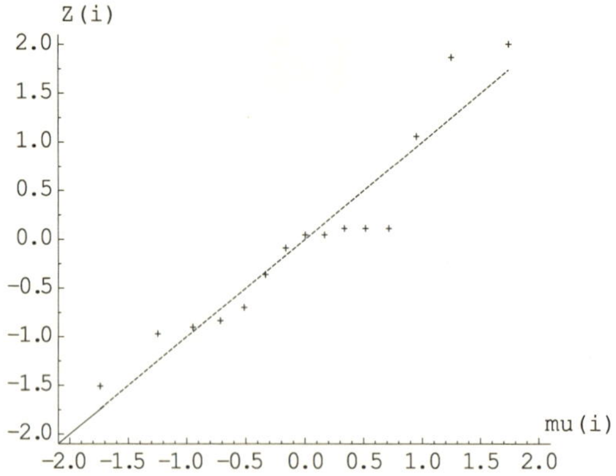

図 14.1　熱電対の寿命時間の正規確率プロット

となり，$\sigma=20$ はこの区間内に含まれるから，$\sigma=20$ は既知と考え，この値を以下の検定で用いる．

$$\text{標本歪度 } \sqrt{b_1}=0.71809, \qquad \text{標本尖度 } b_2=2.82841$$

である．$X_1, \cdots, X_{15}$ の正規確率プロットは**図 14.1** に示されている．図 14.1 では直線から外れている観測点もあるが，次章で説明する複数の正規性検定統計量すべてが，X は正規分布するという仮説を棄却しない．したがって

$$X_i \sim N(\mu, \sigma^2), \qquad i=1, \cdots, 15$$

$$\sigma^2=(20)^2 \text{ は既知}$$

と仮定する．

14.1　仮説の設定

帰無仮説 null hypothesis を H_0，対立仮説 alternative hypothesis を H_1 と表すと

$$H_0: \mu=540, \qquad H_1: \mu>540$$

と設定する．

$\mu<540$ の新製品を $\mu>540$ と偽って市場へ出し，企業の評価を下げることはしないであろうと考え $\mu<540$ の可能性は H_0 にも H_1 にも反映されていない．もし $\mu<540$ の可能性ある怪しげな企業であれば，$H_1: \mu \neq 540$ が適切である．

立証したいのは $\mu>540$ であるが，H_0 には $\mu>540$ の否定命題（$\mu<540$ の可能性はいま排除しているので）$\mu=540$ と設定している．立証したい命題 $\mu>540$ の否定を H_0 として設定し，観測事実にもとづいて H_0 が棄却されて H_1 が支持されるかどうかという二重否定の論理を用いようとしている．なぜか？ この理由は第 3 段階で説明する 2 種類の過誤と関係がある．

14.2　検定統計量とその分布の決定

$$X_i \sim N(\mu, \sigma^2), \qquad i=1, \cdots, 15$$

$\sigma=20$ は既知と仮定しているから

$$Z=\frac{\sqrt{n}(\bar{X}-\mu)}{\sigma} \sim N(0, 1) \tag{14.1}$$

が成立し，正規検定になる．もし σ が未知のときには

$$T=\frac{\sqrt{n}(\bar{X}-\mu)}{S} \sim t(n-1)$$

と t 検定になる．

X_i の母集団分布が正規分布ではなく，σ も未知の場合には大標本ならば (少なくとも $n \geq 30$ ぐらい)，中心極限定理より

$$\frac{\sqrt{n}(\bar{X}-\mu)}{S} \simeq N(0, 1)$$

と近似的な正規検定になる．

いま問題にしている例では（14.1）式を用いることができる．

14.3　有意水準と棄却域の決定

片側対立仮説 one-sided alternative hypothesis H_1：$\mu>540$ から，直観的に，μ の推定量 $\bar{X}$ が 540 より大きいある値 C を超えたら，H_1 を支持する証拠になるのではないかと考えることができる．この直観は尤度比基準による棄却域の決定によって支持される．

$$H_0: \mu=\mu_0, \qquad H_1: \mu>\mu_0$$

と表すと，H_0 のもとで尤度関数の値は

$$L(\mu_0)=(2\pi\sigma^2)^{-\frac{n}{2}}\exp\left\{-\frac{1}{2\sigma^2}\sum_{i=1}^{n}(X_i-\mu_0)^2\right\}$$

となり，全パラメータ空間において尤度関数を最大にする μ の MLE を $\hat{\mu}$ とすると，$\hat{\mu}=\bar{X}$ であり，尤度関数の最大値は次式になる．

$$L(\hat{\mu})=(2\pi\sigma^2)^{-\frac{n}{2}}\exp\left\{-\frac{1}{2\sigma^2}\sum_{i=1}^{n}(X_i-\bar{X})^2\right\}$$

$$X_i-\mu_0=X_i-\bar{X}+(\bar{X}-\mu_0)$$

と分解すると

$$\sum_{i=1}^{n}(X_i-\mu_0)^2=\sum_{i=1}^{n}(X_i-\bar{X})^2+n(\bar{X}-\mu_0)^2+2(\bar{X}-\mu_0)\sum_{i=1}^{n}(X_i-\bar{X})$$

となり，右辺第3項は0であるから，尤度比 λ は

$$\lambda=\frac{L(\mu_0)}{L(\hat{\mu})}=\exp\left\{-\frac{n}{2\sigma^2}(\bar{X}-\mu_0)^2\right\} \tag{14.2}$$

となる．

H_0 が正しくなければ，$\hat{\mu}$ は μ_0 を推定せず，$L(\mu_0)$ は $L(\hat{\mu})$ にくらべて小さい．$\lambda>0$ であるから，λ が0に近いほど H_0 に不利な証拠となる．逆に H_0 が正しければ $\hat{\mu}$ は正しい値 μ_0 を推定し $L(\mu_0)$ と $L(\hat{\mu})$ の差は小さく，λ は1に近いであろう．したがって H_0 の棄却域は

$$0<\lambda<c$$

の型をとる．

λ は (14.2) 式によって与えられるから，上式に代入し

$$-\frac{n}{2\sigma^2}(\bar{X}-\mu_0)^2\leq\log c$$

書き直して

$$(\bar{X}-\mu_0)^2\geq-\frac{2\sigma^2}{n}\log c=C$$

が H_0 の棄却域を与える．$0<c<1$ であるから $\log c<0$，したがって $C>0$ である．

$\bar{X}$ で示される棄却域を $R_{\bar{X}}$ と表すと，C は

$$P(\bar{X}\in R_{\bar{X}})=\alpha$$

となるように決定される．α は有意水準 significance level といわれる．

$\bar{X}<\mu_0$ の可能性はないと仮定しているから

$$(\bar{X}-\mu_0)^2>C\Rightarrow\bar{X}>\mu_0+\sqrt{C}$$

が棄却域になる．

z_α を $N(0,1)$ の上側 α の確率を与える分位点とすると H_0：$\mu=\mu_0$ が正しいとき

$$Z=\frac{\sqrt{n}(\bar{X}-\mu_0)}{\sigma}\sim N(0,1) \tag{14.3}$$

であるから

$$P\left(\frac{\sqrt{n}(\bar{X}-\mu_0)}{\sigma}\geq z_\alpha\right)=\alpha$$

より

$$P\left(\bar{X}\geq\mu_0+z_\alpha\frac{\sigma}{\sqrt{n}}\right)=\alpha$$

となり，したがって

$$R_{\bar{X}}=\left\{\bar{X};\bar{X}>\mu_0+z_\alpha\frac{\sigma}{\sqrt{n}}\right\} \tag{14.4}$$

を得る．前述の $\sqrt{C}=z_\alpha(\sigma/\sqrt{n})$ である．

(14.3) 式の Z で棄却域を示せば

$$R_Z=\{Z;Z>z_\alpha\} \tag{14.5}$$

である．いずれにせよ直観的に想定された棄却域は尤度比基準から導くことができた．ネイマン自身，「確率計算は結局のところ，良識が計算で示されたものにすぎない」というラプラスの金言に言及している．

有意水準 α を決めないと棄却域は定まらない．α は 0.05 あるいは 0.01 が通常用いられるが，客観的な基準から 0.05 や 0.01 が決定されたわけではない．H_0 が正しいと仮定したとき，この H_0 がたかだか 0.01 とか 0.05 という小さな確率でしか生じないとすれば，この仮説 H_0 は間違っていると考えるべきであろうと述べたR. A. フィッシャーの主張が定着した．

熱電対の平均寿命時間の例で，$\alpha=0.05$ としよう．$\mu_0=540$，$z_{0.05}=1.645$ であるから

$$Z=\frac{\sqrt{n}(\bar{X}-\mu_0)}{\sigma}=\frac{\sqrt{15}(\bar{X}-540)}{20}$$

の H_0 棄却域は

$$R_Z=\{Z;Z>1.645\}$$

である（**図 14.2(a)**）．

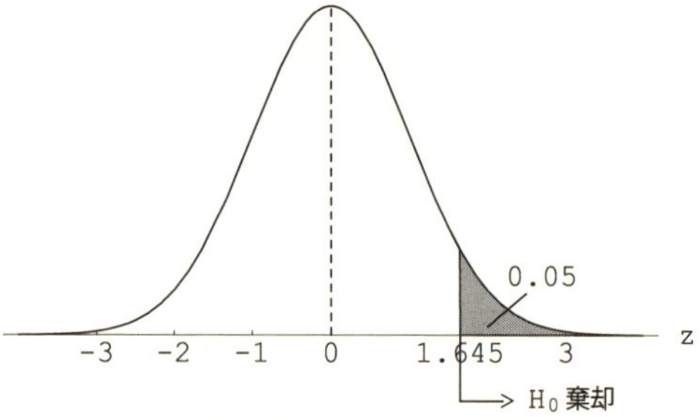

図 14.2(a) $Z\sim N(0,1)$ の棄却域

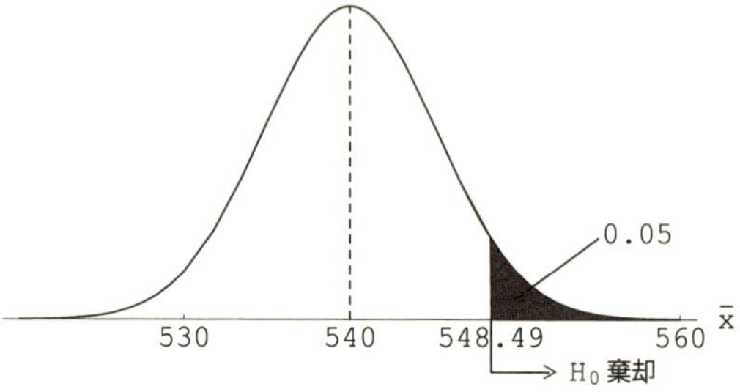

図 14.2(b) $\bar{X}$ の棄却域

$\bar{X}$ で H_0 の棄却域を示すと，(14.4) 式の

$$\mu_0+z_\alpha\frac{\sigma}{\sqrt{n}}=540+1.645\,\frac{20}{\sqrt{15}}=548.49$$

となるから

$$R_{\bar{X}}=\{\bar{X}\,;\bar{X}>548.49\}$$

である（**図 14.2(b)**）.

14.4　検定方式の確認

前節で説明したことを検定方式として確認しておこう.

(i)
$$Z=\frac{\sqrt{15}(\bar{X}-540)}{20}\in R_Z=\{Z\,;Z>1.645\}$$

あるいは

$$\bar{X}\in R_{\bar{X}}=\{\bar{X}\,;\bar{X}>548.49\}$$

ならば H_0：$\mu=540$ を有意水準 0.05 で棄却し，H_1：$\mu>540$ を支持する証拠が得られたと判断する．

(ii) $Z\notin R_Z$ あるいは $\bar{X}\notin R_{\bar{X}}$ のときは，H_0：$\mu=540$ は H_0 のもとで 0.05 より大きい確率で生じたと判断し，H_0 を棄却しない．したがって H_1 は支持されない．

(i)，(ii) についてくわしく説明しよう．

14.4.1 検定統計量の値が棄却域に落ちたとき

検定統計量

$$Z=\frac{\sqrt{n}(\bar{X}-\mu_0)}{\sigma}=\frac{\sqrt{15}(\bar{X}-540)}{20}$$

の値が 1.645 を超え棄却域 $R_Z=\{Z;Z>1.645\}$ に落ちる，あるいは $\bar{X}$ でいえば，$\bar{X}>548.49$ となり $R_{\bar{X}}$ に属するとき H_0 を棄却し H_1 が支持される．

検定統計量の値が棄却域に落ちたとき次の 2 つの可能な判断がある．

(1) H_0：$\mu=540$ は正しいにもかかわらず，たかだか確率 0.05 で生ずるまれなことが起きた．

(2) まれなことが H_0 のもとで生じたのではなく，H_0 は間違っており，H_1：$\mu>540$ が正しい．

前述の H_0 棄却という判断は，この 2 つの可能な判断のなかの (1) を捨て (2) を採ったのである．しかし (1) の方が正しかったのにそれを捨てたという誤りを犯す可能性が 0 ではない．この判断の間違いは第 I 種の過誤 I type error といわれる．すなわち第 I 種の過誤を犯す確率を $P(\mathrm{I})$ と表すと

$$P(\mathrm{I})=P(H_0\text{を棄却}\mid H_0\text{が正しい})$$

である．熱電対の $\bar{X}$ を例にすると

$$P(\mathrm{I})=P(\bar{X}>548.49\mid\mu=540)$$

である．しかしこの $P(\mathrm{I})$ は図 14.2(b) からわかるように，0.05 以下である．一般的に

$$P(\mathrm{I})\leq\alpha$$

であり，$P(\mathrm{I})$ は α 以下でコントロールされている．

いいかえれば有意水準 α の値を 0.05 にするということは，$P(\mathrm{I})$ を 0.05 以下に抑えたいという意思表示である．熱電対の例でいえば，新製品の平均寿

命時間は $\mu=540$ で従来のものと同じであるにもかかわらず，$\mu>540$ と主張し，これまでの製品より平均寿命時間は長いと間違った言明をする可能性を 0.05 以下に抑えたい，という意味である．$\alpha=0.01$ にすれば $P(\mathrm{I})$ を 0.01 以下でコントロールすることができる．しかし α を小さくすることによって支払わなければならない代償がある．それが次の第II種の過誤である．

14.4.2　検定統計量の値が棄却域に落ちないとき

検定統計量 Z あるいは $\bar{X}$ の値が棄却域に落ちないときには，観測事実は H_0 のもとで生じ得る結果と判断し，H_0 を棄却しない．したがって H_1 を支持しない，というのが検定方式であった．

しかし観測事実は H_0 のもとでのみ生ずるのではなく，H_1 のもとで生じたのかも知れない．もしそうであれば，H_0 を受容し，H_1 を支持しなかったことによってエラーを犯したことになる．これが第II種の過誤II type error になる．第II種の過誤を犯す確率を $P(\mathrm{II})$ と表すと

$$P(\mathrm{II})=P(H_0\text{を採択}\,|\,H_1\text{が正しい}) \tag{14.6}$$

である．熱電対の例では

$$P(\mathrm{II})=P(\bar{X}\leq 548.49\,|\,\mu>540)$$

となる．$\mu>540$ を満たす μ は無数にあり $P(\mathrm{II})$ は μ の関数であるから，$P(\mathrm{II})$ を

$$\beta(\mu)=P(\bar{X}\leq 548.49\,|\,\mu>540)$$

と表そう．

たとえば $\mu=545$ が正しいとき，$Z\sim N(0,1)$ とすると

$$\begin{aligned}\beta(\mu)&=P(\bar{X}\leq 548.49\,|\,\mu=545)\\&=P\left(\frac{\sqrt{15}(\bar{X}-545)}{20}\leq\frac{\sqrt{15}(548.49-545)}{20}\right)\\&=P(Z\leq 0.67583)=0.750\end{aligned}$$

となる．$\mu=545$ が正しいにもかかわらず $\bar{X}$ が $\bar{X}\leq 548.49$ と棄却域に落ちない確率が 0.75 と高いために H_0 を採択するというエラーである．この β の値は**図 14.3** に示されている $\mu=545$ のときの $\bar{X}$ の分布において薄く塗りつぶした部分の面積である．

$$1-P(\mathrm{II})=P(H_0\text{棄却}\,|\,H_1\text{が正しい})$$

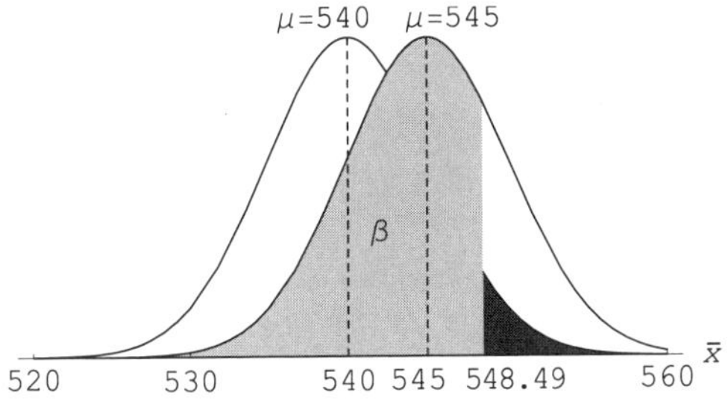

図 14.3　$\mu=545$ が正しいときの $\beta=P(\text{II})$

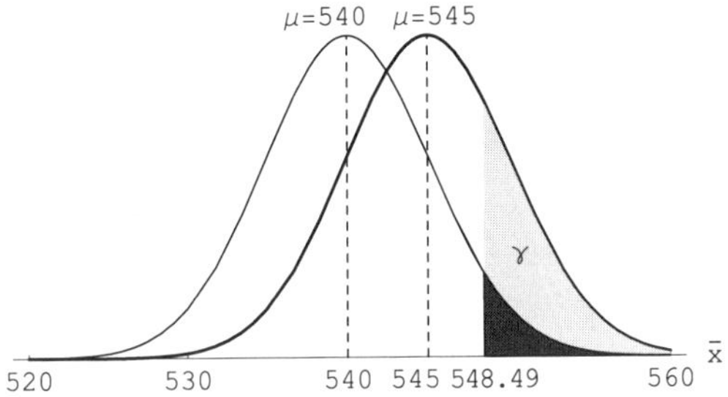

図 14.4　$\mu=545$ のときの検定力 γ

は，H_1 が正しいときに H_0 を棄却して正しい H_1 が支持される正しい判断を示し，検定力 power とよばれる．検定力を $\gamma(\mu)$ と表すと，熱電対の例では

$$\gamma(\mu)=P(\bar{X}>548.49\,|\,\mu>540) \tag{14.7}$$

となる．$\mu=545$ が正しいとき $\gamma(\mu)=1-0.750=0.250$ となる．検定力 $\gamma(545)$ は**図 14.4** の $\mu=545$ が正しいときの $\bar{X}$ の分布で $\bar{X}>548.49$ となる薄く塗りつぶした部分の面積である．

$\mu=540(1)570$ に対して，$\alpha=0.01$，0.05，0.10 のそれぞれについて検定力と $P(\text{II})$ を示したのが**表 14.1**，検定力曲線と $P(\text{II})$ 曲線を描いたのが**図 14.5** である．右上りの曲線が検定力曲線であり，下から $\alpha=0.01$，0.05，0.10 である．表 14.1 および図 14.5 から次のことがわかる．

有意水準 α を小さくすれば $P(\text{I})$ の可能性を小さく抑えることができる．しかし α を小さくすることによって $P(\text{II})$ が大きくなり，検定力は落ちるという代償を支払わなければならない．たとえば α を 0.10 から 0.01 にすれば $P(\text{I})$ を 0.10 から 0.01 以下に抑えることができるが，たとえば $\mu=550$ が正

表 14.1 H_0：$\mu=540$, H_1：$\mu>540$ の検定力および P(II)

μ	検定力			P(II)		
	$\alpha=0.01$	$\alpha=0.05$	$\alpha=0.10$	$\alpha=0.01$	$\alpha=0.05$	$\alpha=0.10$
540	0.01000	0.05000	0.10000	0.99000	0.95000	0.90000
541	0.01648	0.07336	0.13832	0.98353	0.92664	0.86168
542	0.02625	0.10428	0.18559	0.97375	0.89572	0.81441
543	0.04046	0.14369	0.24178	0.95954	0.85631	0.75822
544	0.06036	0.19208	0.30609	0.93964	0.80792	0.69391
545	0.08722	0.24933	0.37702	0.91278	0.75067	0.62298
546	0.12212	0.31456	0.45238	0.87788	0.68544	0.54762
547	0.16582	0.38617	0.52949	0.83418	0.61383	0.47051
548	0.21853	0.46190	0.60551	0.78147	0.53810	0.39449
549	0.27978	0.53903	0.67771	0.72022	0.46097	0.32229
550	0.34832	0.61472	0.74375	0.65168	0.38528	0.25625
551	0.42222	0.68626	0.80195	0.57778	0.31374	0.19805
552	0.49898	0.75141	0.85135	0.50102	0.24859	0.14865
553	0.57577	0.80856	0.89175	0.42423	0.19144	0.10825
554	0.64979	0.85684	0.92357	0.35021	0.14316	0.07643
555	0.71850	0.89614	0.94773	0.28150	0.10386	0.05228
556	0.77995	0.92696	0.96538	0.22005	0.07304	0.03462
557	0.83290	0.95024	0.97781	0.16710	0.04976	0.02219
558	0.87684	0.96718	0.98624	0.12316	0.03282	0.01376
559	0.91197	0.97905	0.99175	0.08803	0.02095	0.00825
560	0.93902	0.98706	0.99522	0.06098	0.01294	0.00478
561	0.95910	0.99228	0.99732	0.04091	0.00772	0.00268
562	0.97344	0.99554	0.99855	0.02656	0.00446	0.00145
563	0.98331	0.99752	0.99924	0.01669	0.00248	0.00076
564	0.98986	0.99866	0.99962	0.01014	0.00134	0.00038
565	0.99405	0.99930	0.99981	0.00595	0.00070	0.00019
566	0.99662	0.99965	0.99991	0.00338	0.00035	0.00009
567	0.99815	0.99983	0.99996	0.00185	0.00017	0.00004
568	0.99902	0.99992	0.99998	0.00098	0.00008	0.00002
569	0.99950	0.99996	0.99999	0.00050	0.00004	0.00000
570	0.99975	0.99998	1.00000	0.00025	0.00002	0.00000

しいとき検定力は 0.74375 から 0.34832 まで下がり，P(II) は 0.25625 から 0.65168 まで高くなる．α と $\beta(\mu)$，α と $\gamma(\mu)$ との間は trade-off の関係にある．

結局，統計的仮説検定においては

$$P(\mathrm{I})\leq\alpha$$

とコントロールされているが，$\beta(\mu)=P(\mathrm{II})$，$\gamma(\mu)=1-P(\mathrm{II})$ は μ の関数

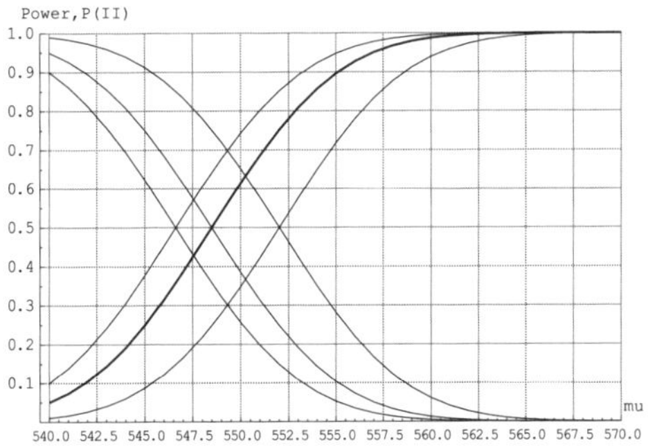

図 14.5　検定力曲線と P(II) 曲線

であり，たとえば $\mu=\mu_1$ のとき $\beta(\mu_1)\leq q$ となるようにコントロールされていない．ということは，第１段階の仮説の設定において，H_0 の設定の仕方によって P(I)，P(II) の意味する内容が異なってくるから，コントロールされている P(I) の方を P(II) より重視する仮説設定をすべきであるということになる．

熱電対の例で，立証したいのは $\mu>540$ であるから

$$H_0：\mu>540,\ \ H_1：\mu=540$$

と仮説を設定すると，コントロールされる P(I) は $\mu>540$ が正しいときにこの H_0 を棄却し，$\mu=540$ で従来の製品と平均寿命時間は同じであると判断するエラーである．いわば熱電対メーカーが避けたい生産者危険である．P(II) の内容がこの場合どうなるかは読者に任せよう．

第１段階で

$$H_0：\mu=540,\qquad H_1：\mu>540$$

と設定したのは，生産者危険よりも消費者危険を α 以下に抑えたいという意思表示であると言ってもよい．

$\beta(\mu)$ や $\gamma(\mu)$ はコントロールされていないと述べたが，実はこの熱電対の例のように，片側対立仮説に対する片側棄却域は

$$P(\text{I})\leq\alpha$$

$$\max_{\mu}\gamma(\mu)=\min\beta(\mu)$$

を満たす棄却域であることがネイマン-ピアソンのレンマから証明することが

できる（蓑谷（2009 b），pp. 638～641）．

$P(\mathrm{I})\leq\alpha$ を満たす棄却域は，H_0 のもとで右片側ばかりでなく，分布の適当な区間を選んで無数に作ることができる．その中で片側対立仮説に対する片側棄却域は，$P(\mathrm{I})\leq\alpha$ のもとで，他のいかなる棄却域よりも検定力が最大になる．このような棄却域をもつ検定は一様最強力検定 uniformly most powerful test（UMP 検定）とよばれる．

$P(\mathrm{I})\leq\alpha$ のもとで，さらに H_1 に属する特に関心ある μ の値で $\beta(\mu)$ を確率 q 以下に抑えたい，という場合には n の大きさを変えざるを得ない．熱電対の例で示そう．$P(\mathrm{I})\leq\alpha$ とし，$\mu=\mu_1\in H_1$ において $P(\mathrm{II})=\beta(\mu)$ が q 以下になるようにしたい．すなわち

$$\beta(\mu_1)=P\left(\bar{X}<\mu_0+z_\alpha\frac{\sigma}{\sqrt{n}}\,|\,\mu=\mu_1\right)\leq q$$

を満たすように n を決めたい．$Z\sim N(0,1)$ とすると

$$\beta(\mu_1)=P\left(\frac{\sqrt{n}(\bar{X}-\mu_1)}{\sigma}<z_\alpha+\frac{\sqrt{n}(\mu_0-\mu_1)}{\sigma}\right)$$

$$=P\left(Z<z_\alpha+\frac{\sqrt{n}(\mu_0-\mu_1)}{\sigma}\right)\leq q$$

であるから，Z の上側 $1-q$ の確率を与える分位点を z_{1-q} とすると

$$z_\alpha+\frac{\sqrt{n}(\mu_0-\mu_1)}{\sigma}\leq z_{1-q}$$

より

$$n\geq\left[\frac{\sigma(z_\alpha-z_{1-q})}{\mu_1-\mu_0}\right]^2 \tag{14.8}$$

となる．

たとえば，$\alpha=0.05$，$n=15$，$\sigma=20$ のとき，表 14.1 より $\mu_1=550$ とすれば $P(\mathrm{II})=0.38528$ である．この $P(\mathrm{II})$ を 0.10 以下にしたいとすれば，(14.8) 式において

$$\sigma=20,\quad z_\alpha=1.645,\quad z_{1-q}=z_{0.90}=1.2816,\quad \mu_1=550,\quad \mu_0=540$$

を代入して

$$n\geq 34.3$$

が得られるから $n=35$ が必要な標本の大きさである．$n=35$ のとき $\mu_1=550$ において $P(\mathrm{II})=0.09456$，したがって検定力$=0.90544$ となる．

14.5 検定を実施し，結論を述べる

観測結果より

$$Z=\frac{\sqrt{n}(\bar{X}-\mu_0)}{\sigma}=\frac{\sqrt{15}(551.33-540)}{20}=2.194>1.645$$

あるいは

$$\bar{X}=551.33>548.49$$

であるから，有意水準 0.05 で H_0：$\mu=540$ は棄却され，H_1：$\mu>540$ を支持する証拠が得られた．この判断によって第I種の過誤を犯す可能性があるが，この可能性は 0.05 以下である．

さらに最近は p 値 p-value が示される．p 値とは検定統計量 Z の観測値を $z^*>0$ とすると

$$P(|Z|\geq z^*|H_0) \tag{14.9}$$

すなわち H_0 が正しいときの検定統計量 Z の分布において

$$P(Z\geq z^*|H_0)+P(Z\leq -z^*|H_0)$$

が p 値である．H_0 が正しいとき観測された z^* 以上のあるいは $-z^*$ 以下の Z が得られる確率である．片側検定のときには $P(Z\geq z^*|H_0)$ あるいは $P(Z\leq -z^*|H_0)$ のみが意味をもつ．熱電対の p 値は

$$P(Z\geq 2.194)=0.014$$

であるから，H_0：$\mu=540$ が正しいとき，$z^*=2.194$ 以上の値が H_0 のもとで生ずる可能性は 0.014 ある．したがってこの p 値は 0.01 を超えるから，有意水準 1% ならば H_0 は棄却できない，ということがわかる．実際 $z_{0.01}=2.326$ であり，$z^*=2.194$ はこの $z_{0.01}$ より小さい．

14.6 両側検定の場合

熱電対の例で，$\mu<540$ の可能性も否定できないとすれば，仮説の設定は両側対立仮説 two-sided alternative hypothesis

$$H_0: \mu=540, \qquad H_1: \mu\neq 540$$

が適切である．この場合，棄却域は尤度比基準より両側検定になり，棄却域は

$$R_Z=\{Z;Z\geq z_{\alpha/2}\quad \text{あるいは}\quad Z\leq -z_{\alpha/2}\}$$
$$R_{\bar{X}}=\left\{\bar{X};\bar{X}\geq \mu_0+z_{\alpha/2}\frac{\sigma}{\sqrt{n}}\quad \text{あるいは}\quad \bar{X}\leq \mu_0-z_{\alpha/2}\frac{\sigma}{\sqrt{n}}\right\} \tag{14.10}$$

と両側になる．$\alpha=0.05$ のとき R_Z が**図 14.6** に示されている．

熱電対の例を両側対立仮説にした場合の $\alpha=0.01,\ 0.05,\ 0.10$ のときの検定力および $P(\mathrm{II})$ が $\mu=510(5)570$ に対して**表 14.2** に，検定力曲線および $P(\mathrm{II})$ 曲線が**図 14.7** に示されている．図 14.7 で V 字型の曲線が検定力曲線であり，下から $\alpha=0.01,\ 0.05,\ 0.10$ のときの検定力である．

この両側棄却域をもつ両側検定は UMP 検定ではない．すなわちあらゆる μ の値に対して両側棄却域の検定力は他の棄却域より検定力が高いとはいえな

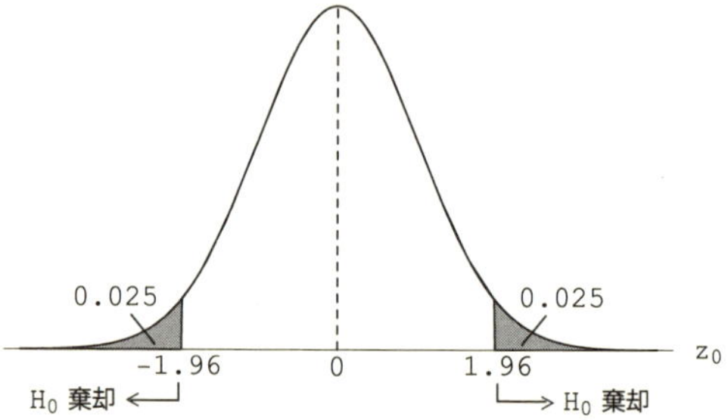

図 14.6 両側対立仮説の棄却域（$\alpha=0.05$）

表 14.2 両側検定 $H_0: \mu=540$, $H_1: \mu\neq 540$ の検定力および $P(\mathrm{II})$

μ	検定力			$P(\mathrm{II})$		
	$\alpha=0.01$	$\alpha=0.05$	$\alpha=0.10$	$\alpha=0.01$	$\alpha=0.05$	$\alpha=0.10$
510	0.99939	0.99994	0.99998	0.00061	0.00006	0.00002
515	0.98826	0.99802	0.99930	0.01174	0.00198	0.00070
520	0.90271	0.97213	0.98706	0.09729	0.02787	0.01294
525	0.62889	0.82761	0.89615	0.37111	0.17239	0.10385
530	0.26130	0.49069	0.61489	0.73870	0.50931	0.38511
535	0.05416	0.16237	0.25381	0.94584	0.83763	0.74619
540	0.01000	0.05000	0.10000	0.99000	0.95000	0.90000
545	0.05416	0.16237	0.25381	0.94584	0.83763	0.74619
550	0.26130	0.49069	0.61489	0.73870	0.50931	0.38511
555	0.62889	0.82761	0.89615	0.37111	0.17239	0.10385
560	0.90271	0.97213	0.98706	0.09729	0.02787	0.01294
565	0.98826	0.99802	0.99930	0.01174	0.00198	0.00070
570	0.99939	0.99994	0.99998	0.00061	0.00006	0.00002

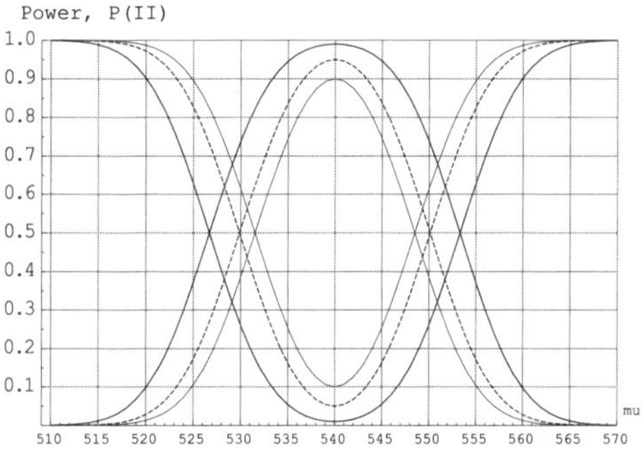

図 14.7　両側検定の検定力曲線と P(II) 曲線

い．たとえば，$\alpha=0.05$，$\mu=560$ のとき両側棄却域の検定力は表 14.2 より 0.97213 であるが，片側棄却域の検定力は表 14.1 より 0.98706 であり，0.97213 より大きい．

UMP 検定ではないが，この両側検定は一様最強力不偏検定である．不偏検定とは

$$\begin{aligned} &P(\mathrm{I}) \leq \alpha, && \mu \in H_0 \\ &\gamma(\mu) \geq \alpha, && \mu \in H_1 \end{aligned} \tag{14.11}$$

を満たす検定である．いいかえれば H_0 が正しいとき H_0 を棄却する確率よりも，H_0 が間違っているとき H_0 を棄却する確率の方が高い，という検定である．この不偏検定のクラスのなかで，前述の両側棄却域をもつ検定は検定力が一番高いという意味で一様最強力不偏検定である (Lehman (1986))．

次節以降は仮説，検定統計量，棄却域などについてのみ記すが，これまで述べてきた仮説検定の背後にある考え方が重要である．設定した仮説で発生し得る第 I 種，第 II 種の過誤の内容，検定力はどれぐらいあるのかを考察することこそ統計的仮説検定である．

14.7　2項分布の p —— 正規近似

X はパラメータ n，p の2項分布に従うとき $X\sim b(n,p)$ と表す．p の推定量 $\hat{p}=x/n$ は，n が大きければ $\hat{p}$ の分布は

$$\hat{p} \simeq N\left(p, \frac{pq}{n}\right), \qquad q = 1 - p$$

と正規近似が可能である．したがって

$$H_0 : p = p_0, \qquad H_1 : p \neq p_0$$

のとき，H_0 が正しければ，$q_0 = 1 - p_0$ とすると，検定統計量は

$$Z = \frac{\hat{p} - p_0}{\sqrt{\dfrac{p_0 q_0}{n}}} \simeq N(0, 1)$$

となる．有意水準を α とすると，H_0 の棄却域は

$$R_Z = \{Z ; |Z| > z_{\alpha/2}\}$$

あるいは

$$R_{\hat{p}} = \left\{\hat{p} ; \hat{p} > p_0 + z_{\alpha/2}\sqrt{\frac{p_0 q_0}{n}} \quad \text{あるいは} \quad \hat{p} < p_0 - z_{\alpha/2}\sqrt{\frac{p_0 q_0}{n}}\right\}$$

の両側検定になる．

$$H_0 : p \leq p_0, \qquad H_1 : p > p_0$$

のときは片側検定であり，H_0 の棄却域は次のようになる．

$$R_Z = \{Z ; Z > z_\alpha\}$$

あるいは

$$R_{\hat{p}} = \left\{\hat{p} ; \hat{p} > p_0 + z_\alpha\sqrt{\frac{p_0 q_0}{n}}\right\}$$

14.8　2 項分布の $p_1 - p_2$ —— 正規近似

$$X_1 \sim b(n_1, p_1)$$

$$X_2 \sim b(n_2, p_2)$$

$$X_1 \text{ と } X_2 \text{ は独立}$$

このとき p_1，p_2 の推定量をそれぞれ $\hat{p}_1 = x_1/n_1$，$\hat{p}_2 = x_2/n_2$ とすると，n_1，n_2 が大きければ，$q_1 = 1 - p_1$，$q_2 = 1 - p_2$ とすると

$$\hat{p}_1 - \hat{p}_2 \simeq N\left(p_1 - p_2, \frac{p_1 q_1}{n_1} + \frac{p_2 q_2}{n_2}\right)$$

が成立する．したがって

$$Z=\frac{\hat{p}_1-\hat{p}_2-(p_1-p_2)}{\sqrt{\dfrac{p_1q_1}{n_1}+\dfrac{p_2q_2}{n_2}}}\simeq N(0,1) \tag{14.12}$$

である．

$$H_0 : p_1=p_2$$

のとき，$H_0 : p_1=p_2=p$ が正しければ，$q=1-p$ とすると

$$Z=\frac{\hat{p}_1-\hat{p}_2}{\sqrt{pq\left(\dfrac{1}{n_1}+\dfrac{1}{n_2}\right)}}\simeq N(0,1) \tag{14.13}$$

である．p は未知パラメータであるから，p を

$$\hat{p}=\frac{x_1+x_2}{n_1+n_2}$$

によって推定し，検定統計量は，$\hat{q}=1-\hat{p}$ とすると

$$Z=\frac{\hat{p}_1-\hat{p}_2}{\sqrt{\hat{p}\hat{q}\left(\dfrac{1}{n_1}+\dfrac{1}{n_2}\right)}}\simeq N(0,1) \tag{14.14}$$

となる．

Z に関する棄却域のみ示す．

(i)　$H_1 : p_1\neq p_2$ のとき $R_Z=\{Z\,;|Z|>z_{\alpha/2}\}$

(ii)　$H_1 : p_1>p_2$ のとき $R_Z=\{Z\,;Z>z_\alpha\}$

(iii)　$H_1 : p_1<p_2$ のとき $R_Z=\{Z\,;Z<-z_\alpha\}$

14.9　μに関する検定

$X_1,\cdots,X_n$ は $N(\mu,\sigma^2)$ からの無作為標本とし

$$\bar{X}=\frac{1}{n}\sum_{i=1}^{n}X_i$$

$$S^2=\frac{1}{n-1}\sum_{i=1}^{n}(X_i-\bar{X})^2$$

とする．

$$\bar{X}\sim N\left(\mu,\frac{\sigma^2}{n}\right)$$

が成立する．

(1)　σ 既知のとき

$$Z=\frac{\sqrt{n}(\bar{X}-\mu)}{\sigma}\sim N(0,1)$$

である．

$$H_0 : \mu=\mu_0$$

とすると，H_0 が正しいとき

$$Z=\frac{\sqrt{n}(\bar{X}-\mu_0)}{\sigma}\sim N(0,1) \tag{14.15}$$

であるから，H_0 の棄却域は H_1 の型によって次のようになる．Z についてのみ示す．

（i） $H_1 : \mu\neq\mu_0$ のとき $R_Z=\{Z;|Z|>z_{\alpha/2}\}$

（ii） $H_1 : \mu>\mu_0$ のとき $R_Z=\{Z;Z>z_\alpha\}$

（iii） $H_1 : \mu<\mu_0$ のとき $R_Z=\{Z;Z<-z_\alpha\}$

(2) σ 未知のとき

$$T=\frac{\sqrt{n}(\bar{X}-\mu)}{S}\sim t(n-1)$$

であるから

$$H_0 : \mu=\mu_0$$

が正しいとき

$$T=\frac{\sqrt{n}(\bar{X}-\mu_0)}{S}\sim t(n-1) \tag{14.16}$$

が成立する．したがって H_0 の棄却域は t，$\bar{X}$ の両方を示すと，H_1 の型によって次のようになる．

（i） $H_1 : \mu\neq\mu_0$ のとき

$$R_t=\{t;|t|>t_{\alpha/2}(n-1)\}$$

$$R_{\bar{X}}=\left\{\bar{X};\bar{X}>\mu_0+t_{\alpha/2}(n-1)\frac{S}{\sqrt{n}}\quad\text{あるいは}\quad\bar{X}<\mu_0-t_{\alpha/2}(n-1)\frac{S}{\sqrt{n}}\right\}$$

（ii） $H_1 : \mu>\mu_0$ のとき

$$R_t=\{t;t>t_\alpha(n-1)\}$$

$$R_{\bar{X}}=\left\{\bar{X};\bar{X}>\mu_0+t_\alpha(n-1)\frac{S}{\sqrt{n}}\right\}$$

（iii） $H_1 : \mu<\mu_0$ のとき

$$R_t=\{t;t<-t_\alpha(n-1)\}$$

$$R_{\bar{X}}=\left\{\bar{X}\,;\bar{X}<\mu_0-t_\alpha(n-1)\frac{S}{\sqrt{n}}\right\}$$

例 14.1

本章の最初に説明例として用いた熱電対の寿命時間 15 個の標本では $\sigma=20$ が既知と仮定されていた．いま σ は既知ではなく未知とする．正規分布の仮定は成立しているものとする．

$$n=15, \qquad \bar{X}=551.33, \qquad S=14.81$$

であった．

$$H_0 : \mu=540, \qquad H_1 : \mu>540$$

の仮説検定は（14.16）式の T が検定統計量である．

$H_0 : \mu=540$ が正しいとき

$$T=\frac{\sqrt{n}(\bar{X}-540)}{S}\sim t(n-1)$$

であるから，H_0 の棄却域は $\alpha=0.05$ とすると，$t_{0.05}(14)=1.761$ より

$$R_t=\{t\,;t>1.761\}$$
$$R_{\bar{X}}=\{\bar{X}\,;\bar{X}>546.74\}$$

となる．

検定統計量の観測値は

$$t=2.963>1.761$$
$$\bar{X}=551.33>546.74$$

と棄却域に入り，有意水準 0.05 で $H_0 : \mu=540$ は棄却され，$H_1 : \mu>540$ を支持する証拠が得られた．

$$P(t(14)>2.963)=0.0051$$

と p 値は小さい．

この t 検定の検定力を求めよう．$H_1 : \mu>540$ に属する μ の任意の値を μ_1 とすると，$\mu=\mu_1(>540)$ が正しいとき，自由度 $n-1$ の t 分布するのは

$$\frac{\sqrt{n}(\bar{X}-\mu_1)}{S}$$

である．したがって検定統計量は

$$T=\frac{\sqrt{n}(\bar{X}-540)}{S}=\frac{\sqrt{n}(\bar{X}-\mu_1)}{S}+\frac{\sqrt{n}(\mu_1-540)}{S}$$

と表すことができる．$\mu=\mu_1$ が正しいとき

$$Z=\frac{\sqrt{n}(\bar{X}-\mu_1)}{\sigma}\sim N(0,1)$$

$$U=\frac{(n-1)S^2}{\sigma^2}\sim\chi^2(n-1)$$

Z と U は独立

であるから，検定統計量 T は $\mu=\mu_1$ が正しいとき

$$T=\frac{Z}{\sqrt{\dfrac{U}{n-1}}}+\frac{\delta}{\sqrt{\dfrac{U}{n-1}}}\sim t(n-1,\delta) \tag{14.17}$$

$$\delta=\frac{\sqrt{n}(\mu_1-540)}{\sigma}$$

と自由度 $n-1$，非心パラメータ δ の非心 t 分布をする（9.6 節）．

非心度 δ に現れる σ は未知であるから S で推定し，S を検定力の計算において固定し

$$\delta=\frac{\sqrt{n}(\mu_1-540)}{S}$$

を非心パラメータとする．結局，検定力は

$$\gamma(\mu_1)=P(t\in R_t\,|\,\mu=\mu_1)$$
$$=P(t(n-1,\delta)>t_\alpha)$$

によって計算することができる．

表 14.3 に非心 t 分布 $t(14,\delta)$ を用いて $\alpha=0.01$，0.05，0.10 それぞれに対して $\mu=540(5)565$ のときの検定力を示した．たとえば $\alpha=0.05$，$\mu=550$ のとき検定力は約 0.8，したがって第 II 種の過誤は約 0.2 である．

表 14.3 片側 t 検定 $H_0:\mu=540$，$H_1:\mu>540$ の検定力

μ	検定力		
	$\alpha=0.01$	$\alpha=0.05$	$\alpha=0.10$
540	0.01000	0.05000	0.10000
545	0.12688	0.34435	0.49484
550	0.51429	0.79968	0.89511
555	0.88592	0.98117	0.99413
560	0.99103	0.99954	0.99992
565	0.99979	1.00000	1.00000

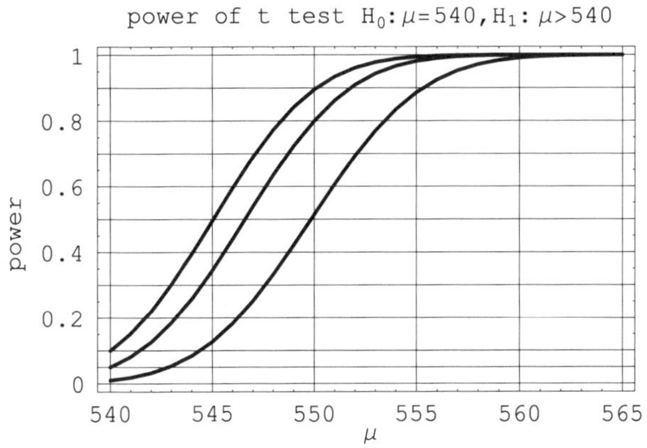

図 14.8　片側 t 検定の検定力曲線

図 14.8 はこの片側 t 検定の検定力曲線であり，下から $\alpha=0.01$, 0.05, 0.10 である．

14.10　$\mu_1-\mu_2$ に関する検定

$X_{1i} \sim \mathrm{NID}(\mu_1, \sigma_1^2), \quad i=1, \cdots, n_1$

$X_{2j} \sim \mathrm{NID}(\mu_2, \sigma_2^2), \quad j=1, \cdots, n_2$

X_{1i} と X_{2j} は独立

$$\bar{X}_1=\frac{1}{n_1}\sum_{i=1}^{n_1} X_{1i}, \quad S_1^2=\frac{1}{n_1-1}\sum_{i=1}^{n_1}(X_{1i}-\bar{X}_1)^2$$

$$\bar{X}_2=\frac{1}{n_2}\sum_{j=1}^{n_2} X_{2j}, \quad S_2^2=\frac{1}{n_2-1}\sum_{j=1}^{n_2}(X_{2j}-\bar{X}_2)^2$$

とする．仮説

$$H_0: \mu_1-\mu_2=\mu_0$$

を有意水準 α で検定したい．

(1)　σ_1^2, σ_2^2 ともに既知のとき

$$\bar{X}_1-\bar{X}_2 \sim N\left(\mu_1-\mu_2, \frac{\sigma_1^2}{n_1}+\frac{\sigma_2^2}{n_2}\right)$$

であるから

$$Z=\frac{\bar{X}_1-\bar{X}_2-(\mu_1-\mu_2)}{\sqrt{\dfrac{\sigma_1{}^2}{n_1}+\dfrac{\sigma_2{}^2}{n_2}}}\sim N(0,1) \tag{14.18}$$

となる．したがって対立仮説の型によって H_0 の棄却域は以下のようになる．

（i） H_1：$\mu_1-\mu_2 \neq \mu_0$ のとき

$$R_Z=\{Z\,;|Z|>z_{\alpha/2}\}$$

（ii） H_1：$\mu_1-\mu_2>\mu_0$ のとき

$$R_Z=\{Z\,;Z>z_\alpha\}$$

（iii） H_1：$\mu_1-\mu_2<\mu_0$ のとき

$$R_Z=\{Z\,;Z<-z_\alpha\}$$

(2) $\sigma_1{}^2$，$\sigma_2{}^2$ ともに未知であるが，n_1，n_2 ともに大標本のとき

$$Z=\frac{\bar{X}_1-\bar{X}_2-(\mu_1-\mu_2)}{\sqrt{\dfrac{S_1{}^2}{n_1}+\dfrac{S_2{}^2}{n_2}}}\simeq N(0,1) \tag{14.19}$$

であるから，この正規近似を用いて (1) と同様に検定することができる．

(3) $\sigma_1{}^2$，$\sigma_2{}^2$ ともに未知であるが，$\sigma_1{}^2=\sigma_2{}^2$ のとき，すなわち $\sigma_1{}^2=\sigma_2{}^2=\sigma^2$ とすると

$$X_{1i}\sim \mathrm{NID}(\mu_1,\sigma^2),\qquad i=1,\cdots,n_1$$
$$X_{2j}\sim \mathrm{NID}(\mu_2,\sigma^2),\qquad j=1,\cdots,n_2$$
$$X_{1i}\ \text{と}\ X_{2j}\ \text{は独立}$$

のときである．

共通の分散 σ^2 は 2 組の標本をプールして得られる連結分散

$$S_p{}^2=\frac{(n_1-1)S_1{}^2+(n_2-1)S_2{}^2}{n_1+n_2-2}$$

が σ^2 の不偏推定量を与える．

$$V_1=\frac{(n_1-1)S_1{}^2}{\sigma^2}\sim\chi^2(n_1-1)$$

$$V_2=\frac{(n_2-1)S_2{}^2}{\sigma^2}\sim\chi^2(n_2-1)$$

$$V_1\ \text{と}\ V_2\ \text{は独立}$$

であるから，カイ 2 乗分布の再生性から

$$V_1+V_2=\frac{(n_1+n_2-2)S_p{}^2}{\sigma^2}\sim\chi^2(n_1+n_2-2)$$

が成立する．他方

$$Z=\frac{\bar{X}_1-\bar{X}_2-(\mu_1-\mu_2)}{\sigma\sqrt{\dfrac{1}{n_1}+\dfrac{1}{n_2}}}\sim N(0,1)$$

Z と V_1+V_2 は独立

であるから

$$T=\frac{Z}{\sqrt{\dfrac{V_1+V_2}{n_1+n_2-2}}}=\frac{\bar{X}_1-\bar{X}_2-(\mu_1-\mu_2)}{S_p\sqrt{\dfrac{1}{n_1}+\dfrac{1}{n_2}}}\sim t(n_1+n_2-2) \qquad (14.20)$$

が成立し，この T が検定統計量になる．

H_1 の型によって H_0 の棄却域は次のようになる．

（i）　H_1：$\mu_1-\mu_2\neq\mu_0$ のとき

$$R_t=\{t;|t|>t_{\alpha/2}(n_1+n_2-2)\}$$

（ii）　H_1：$\mu_1-\mu_2>\mu_0$ のとき

$$R_t=\{t;t>t_\alpha(n_1+n_2-2)\}$$

(iii)　H_1：$\mu_1-\mu_2<\mu_0$ のとき

$$R_t=\{t;t<-t_\alpha(n_1+n_2-2)\}$$

(4)　σ_1^2，σ_2^2 ともに未知で $\sigma_1^2\neq\sigma_2^2$ であり，小標本のとき

——ベーレンス-フィッシャー問題——

母平均を比較しようとしている 2 つの母集団の分布がともに正規分布であるとしても，$\sigma_1^2\neq\sigma_2^2$ であり，n_1，n_2 が小さい（実際上の目安として n_1，n_2 とも 30 より小さい）ときには，σ_1^2，σ_2^2 をそれぞれ S_1^2，S_2^2 で推定する (14.19) 式は t 分布には従わず，正規近似も小標本のため近似の精度は悪い．

正規母集団，$\sigma_1^2\neq\sigma_2^2$，小標本のもとで μ_1 と μ_2 の差を検定しようとするこの問題はベーレンス-フィッシャー問題 (Behrence-Fisher problem) として知られている．

この問題に対する Welch (1937) の解法を示そう．

$$X_{1i}\sim \mathrm{NID}(\mu_1,\sigma_1^2),\qquad i=1,\cdots,n_1$$

$$X_{2j}\sim \mathrm{NID}(\mu_2,\sigma_2^2),\qquad j=1,\cdots,n_2$$

μ_1，μ_2，σ_1^2，σ_2^2 すべて未知

とするとき，H_0：$\mu_1=\mu_2$ を H_1：$\mu_1\neq\mu_2$（あるいは $\mu_1<\mu_2$，あるいは $\mu_1>\mu_2$）に対して検定したい．

H_0：$\mu_1=\mu_2$ が正しいとき

$$Z=\frac{\bar{X}_1-\bar{X}_2}{\left(\frac{\sigma_1^2}{n_1}+\frac{\sigma_2^2}{n_2}\right)^{\frac{1}{2}}}\sim N(0,1) \tag{14.21}$$

である．

$$W=\frac{\bar{X}_1-\bar{X}_2}{\left(\frac{S_1^2}{n_1}+\frac{S_2^2}{n_2}\right)^{\frac{1}{2}}}=Z\frac{\left(\frac{\sigma_1^2}{n_1}+\frac{\sigma_2^2}{n_2}\right)^{\frac{1}{2}}}{\left(\frac{S_1^2}{n_1}+\frac{S_2^2}{n_2}\right)^{\frac{1}{2}}}=\frac{Z}{\left(\dfrac{\frac{S_1^2}{n_1}+\frac{S_2^2}{n_2}}{\frac{\sigma_1^2}{n_1}+\frac{\sigma_2^2}{n_2}}\right)^{\frac{1}{2}}}$$

とおくと

$$W^2=\frac{Z^2}{\left(\dfrac{\frac{S_1^2}{n_1}+\frac{S_2^2}{n_2}}{\frac{\sigma_1^2}{n_1}+\frac{\sigma_2^2}{n_2}}\right)}$$

である．W^2 の分母を U とおく．すなわち

$$U=\dfrac{\frac{S_1^2}{n_1}+\frac{S_2^2}{n_2}}{\frac{\sigma_1^2}{n_1}+\frac{\sigma_2^2}{n_2}}$$

である．

$$V_1=\frac{(n_1-1)S_1^2}{\sigma_1^2}\sim\chi^2(n_1-1)$$

$$V_2=\frac{(n_2-1)S_2^2}{\sigma_2^2}\sim\chi^2(n_2-1)$$

とおくと次の結果が成り立つ．

$$E(V_1)=n_1-1,\qquad \mathrm{var}(V_1)=2(n_1-1)$$

$$E(V_2)=n_2-1,\qquad \mathrm{var}(V_2)=2(n_2-1)$$

U の分子を

$$S^2=\frac{S_1^2}{n_1}+\frac{S_2^2}{n_2}=\frac{\sigma_1^2V_1}{n_1(n_1-1)}+\frac{\sigma_2^2V_2}{n_2(n_2-1)}$$

と表すと

$$E(S^2)=\frac{{\sigma_1}^2}{n_1}+\frac{{\sigma_2}^2}{n_2}$$

$$\mathrm{var}(S^2)=\frac{2{\sigma_1}^4}{{n_1}^2(n_1-1)}+\frac{2{\sigma_2}^4}{{n_2}^2(n_2-1)}$$

となる.

以上の結果を用いると次の結果を得る.

$$E(U)=1$$

$$\mathrm{var}(U)=\frac{\dfrac{2{\sigma_1}^4}{{n_1}^2(n_1-1)}+\dfrac{2{\sigma_2}^4}{{n_2}^2(n_2-1)}}{\left(\dfrac{{\sigma_1}^2}{n_1}+\dfrac{{\sigma_2}^2}{n_2}\right)^2}$$

ところで U は

$$U=\frac{\left(\dfrac{{\sigma_1}^2}{n_1(n_1-1)}\right)}{\left(\dfrac{{\sigma_1}^2}{n_1}+\dfrac{{\sigma_2}^2}{n_2}\right)}V_1+\frac{\left(\dfrac{{\sigma_2}^2}{n_2(n_2-1)}\right)}{\left(\dfrac{{\sigma_1}^2}{n_1}+\dfrac{{\sigma_2}^2}{n_2}\right)}V_2$$

と表すことができるから, U はそれぞれカイ2乗分布する V_1 と V_2 の加重和である. したがって

$$U=\mu V$$

$$V\sim\chi^2(m)$$

と近似することができると仮定すると

$$E(U)=\mu E(V)=\mu m$$

$$\mathrm{var}(U)=\mu^2\,\mathrm{var}(V)=2\mu^2 m$$

を得る. 前述した $E(U)$ と $\mathrm{var}(U)$ との対応から次の関係を得る.

$$\mu m=1$$

$$2\mu^2 m=\frac{2\left\{\dfrac{{\sigma_1}^4}{{n_1}^2(n_1-1)}+\dfrac{{\sigma_2}^4}{{n_2}^2(n_2-1)}\right\}}{\left(\dfrac{{\sigma_1}^2}{n_1}+\dfrac{{\sigma_2}^2}{n_2}\right)^2}$$

他方

$$\mathrm{var}(U)=2\mu^2 m=2\left(\frac{1}{m}\right)^2 m=\frac{2}{m}$$

であるから, V の自由度 m は

$$m=\frac{2}{\mathrm{var}(U)}=\frac{\left(\dfrac{\sigma_1{}^2}{n_1}+\dfrac{\sigma_2{}^2}{n_2}\right)^2}{\dfrac{1}{n_1-1}\left(\dfrac{\sigma_1{}^2}{n_1}\right)^2+\dfrac{1}{n_2-1}\left(\dfrac{\sigma_2{}^2}{n_2}\right)^2} \tag{14.22}$$

となる．

結局，$H_0：\mu_1=\mu_2$ が正しいとき

(14.21) 式の $Z\sim N(0,1)$

$V\sim\chi^2(m),\qquad V=\dfrac{U}{\mu}=mU$

Z と V は独立（Z と S^2 は独立，したがって Z と U，したがって Z と V は独立）

が成立するから，次の近似式を得る．

$$W=\frac{Z}{U^{\frac{1}{2}}}=\frac{Z}{\left(\dfrac{V}{m}\right)^{\frac{1}{2}}}\simeq t(m) \tag{14.23}$$

(14.22) 式の m に現れる未知パラメータ σ_1^2，σ_2^2 をそれぞれ S_1^2，S_2^2 で推定して，自由度 m を

$$m\simeq\frac{\left(\dfrac{S_1{}^2}{n_1}+\dfrac{S_2{}^2}{n_2}\right)^2}{\dfrac{1}{n_1-1}\left(\dfrac{S_1{}^2}{n_1}\right)^2+\dfrac{1}{n_2-1}\left(\dfrac{S_2{}^2}{n_2}\right)^2} \tag{14.24}$$

と近似することによって，$\sigma_1{}^2\neq\sigma_2{}^2$ のとき，$H_0：\mu_1=\mu_2$ は

$$W=\frac{\bar{X}-\bar{Y}}{\left(\dfrac{S_1{}^2}{n_1}+\dfrac{S_2{}^2}{n_2}\right)^{\frac{1}{2}}}\overset{H_0}{\sim}t(m) \tag{14.25}$$

を用いて検定することができる．m は通常，整数にはならない．たとえば $m=15.6$ のとき自由度 15 と 16 それぞれの分位点を用いて線形補間し，$m=15.6$ の分位点を求める．$m=15.6$ の t 分布の上側 5% 点を求めたいとき

$$t_{0.05}(15)=1.7531,\qquad t_{0.05}(16)=1.7459$$

であるから

$$t_{0.05}(15.6)=1.7531+\frac{1.7459-1.7531}{16-15}(15.6-15)=1.7488$$

となる．

例 14.2 σ_1^2, σ_2^2 ともに既知

プラスチック製のボトルに16オンス（約474 cc）の液体を入れるため，2種類の機械が使用されている．ボトルに入る液体量は正規分布し，$\sigma_1=0.020$, $\sigma_2=0.025$（単位はオンス）と仮定する．2つの機械はともに16オンスを平均的に満たすかどうか，平均に差はないかどうかを検定するためそれぞれの機械から10本のボトルが無作為抽出され，容量が記録された．それが**表 14.4** である（Montgomery *et al*. (2007), p. 223）．

表 14.4 ボトルの容量（オンス）

機械 1	機械 2
16.03	16.02
16.04	15.97
16.05	15.96
16.05	16.01
16.02	15.99
16.01	16.03
15.96	16.04
15.98	16.02
16.02	16.01
15.99	16.00

機械1からのボトル容量を X_{1i}, $i=1,\cdots,10$, 機械2からのボトル容量を X_{2j}, $j=1,\cdots,10$ とすると

$$X_{1i}\sim\mathrm{NID}(\mu_1, 0.020^2), \quad i=1,\cdots,10$$
$$X_{2j}\sim\mathrm{NID}(\mu_2, 0.025^2), \quad j=1,\cdots,10$$
$$X_{1i} \text{ と } X_{2j} \text{ は独立}$$

が仮定されている．表14.4のデータから次の結果が得られる．

$$\bar{X}_1\doteqdot 16.015, \quad S_1=0.030277$$
$$\bar{X}_2=16.005, \quad S_2=0.025495$$

$S_2=0.025495$ は仮定されている $\sigma_2=0.025$ とほとんど同じであるが，S_1 の値は仮定されている0.020とかなり異なっている．(13.17) 式から σ_1 の95%信頼区間を求めると

$$n=10, \quad \chi^2_{0.025}(9)=19.023, \quad \chi^2_{0.975}(9)=2.7004$$

を用いて

$$0.02083\leq\sigma_1\leq 0.05527$$

となる．この区間内に仮定されている0.020は含まれない．σ_1 の99%信頼区間を求めると（0.01870, 0.06896）となり，仮定されている0.020はこの区間内に含まれる．このように $\sigma_1=0.020$ の仮定には若干疑問が残るが，既知の仮定で検定してみよう．

まず，μ_1, μ_2 のそれぞれの95%信頼区間を (13.4) 式，$\mu_1-\mu_2$ の95%信頼区間を

$$(\bar{X}_1-\bar{X}_2)\pm(1.96)\frac{1}{\sqrt{10}}(0.020^2+0.025^2)^{\frac{1}{2}}$$

によって求めると次のようになる．

$$16.0026 \leq \mu_1 \leq 16.0274$$

$$15.9895 \leq \mu_2 \leq 16.0205$$

$$-0.0098 \leq \mu_1 - \mu_2 \leq 0.0298$$

μ_1 の 95% 信頼区間に 16.0 は含まれず，μ_2 の信頼区間内に 16.0 は含まれる．$\mu_1-\mu_2$ の 95% 信頼区間内に 0 は含まれるから $\mu_1-\mu_2=0$ は棄却されない．全体としてこの 3 つの言明は矛盾している．

$$H_0 : \mu_1 = 16.0, \quad H_1 : \mu_1 \neq 16.0$$

を $\alpha=0.05$ で検定すると

$$Z = \frac{\sqrt{n}(\bar{X}_1 - \mu_1)}{\sigma_1} = \frac{\sqrt{10}(16.015-16.0)}{0.020} = 2.3717 > 1.96$$

となり，H_0 は棄却され，H_1 が支持される．H_1 は $\mu_1>16.0$ あるいは $\mu_1<16.0$ であるが $\bar{X}_1$ の値から $\mu_1>16.0$ が支持され，機械 1 からの平均ボトル容量 μ_1 は 16.0 よりわずかではあるが多いと推測される．

$$H_0 : \mu_2 = 16.0, \quad H_1 : \mu_2 \neq 16.0$$

を $\alpha=0.05$ で検定すると

$$Z = \frac{\sqrt{n}(\bar{X}_2 - \mu_2)}{\sigma_2} = \frac{\sqrt{10}(16.005-16.0)}{0.025} = 0.6324 < 1.96$$

となり，H_0 は棄却されない．

$$H_0 : \mu_1 - \mu_2 = 0, \quad H_1 : \mu_1 - \mu_2 \neq 0$$

を $\alpha=0.05$ で検定すると，(14.18) 式を用いて

$$Z = \frac{\sqrt{10}(16.015-16.005)}{(0.020^2+0.025^2)^{\frac{1}{2}}} = 0.9877 < 1.96$$

となり，H_0 は棄却されない．信頼区間と両側検定の結果は，当然であるが，一致する．

この結果は興味深い．$H_0 : \mu_1-\mu_2=0$，あるいは $\mu_1=\mu_2$ は棄却されないけれども，$\mu_1=\mu_2=16.0$ は支持されないのではないか，という点である．そこで (μ_1, μ_2) の同時信頼域からアプローチしてみよう．

6.14 節 (a) で述べたように，X_1，X_2 が正規分布しても (X_1, X_2) が 2 変量正規分布するとは限らない．しかしここでは (X_1, X_2) は 2 変量正規分布に従い

$$\boldsymbol{\Sigma}=\begin{bmatrix}\sigma_1{}^2 & 0\\ 0 & \sigma_2{}^2\end{bmatrix}=\begin{bmatrix}0.020^2 & 0\\ 0 & 0.025^2\end{bmatrix}$$

は既知とする．

$$\bar{\boldsymbol{x}}=\begin{bmatrix}\bar{X}_1\\ \bar{X}_2\end{bmatrix},\qquad \boldsymbol{\mu}=\begin{bmatrix}\mu_1\\ \mu_2\end{bmatrix}$$

と表すと，$\boldsymbol{\mu}$ の 95% 信頼域は (13.25) 式で与えられる．(13.25) 式で $n=10$，$\alpha=0.05$，$p=2$ であるから

$$\chi^2_{0.05}(2)=5.9915$$

$$Q=n(\bar{\boldsymbol{x}}-\boldsymbol{\mu})'\boldsymbol{\Sigma}^{-1}(\bar{\boldsymbol{x}}-\boldsymbol{\mu})=n\left\{\left(\frac{\bar{X}_1-\mu_1}{\sigma_1}\right)^2+\left(\frac{\bar{X}_2-\mu_2}{\sigma_2}\right)^2\right\}$$

$$=10\left\{\left(\frac{16.015-\mu_1}{0.020}\right)^2+\left(\frac{16.005-\mu_2}{0.025}\right)^2\right\}$$

となる．$\mu_1=\mu_2=16.0$ のとき $Q=6.0250>5.9915$ とわずかに 5.9915 より大きく，$(\mu_1,\mu_2)=(16.0,16.0)$ は 95% 信頼域の外に落ち，$(\mu_1,\mu_2)=(16.0,16.0)$ は信頼係数 0.95 で棄却される．その他，たとえば

$$(\mu_1,\mu_2)=(16.02,16.02)\ \text{のとき}\ Q=4.2250$$

$$(\mu_1,\mu_2)=(16.02,16.0)\ \text{のとき}\ Q=1.025$$

となり，いずれも 95% 信頼域に入り，この仮説は棄却されない．

$$Q\leq 5.9915$$

で与えられる (μ_1,μ_2) の 95% 信頼域は**図 14.9** に示されている．中心は $(\bar{X}_1,\bar{X}_2)=(16.015,16.005)$ である．

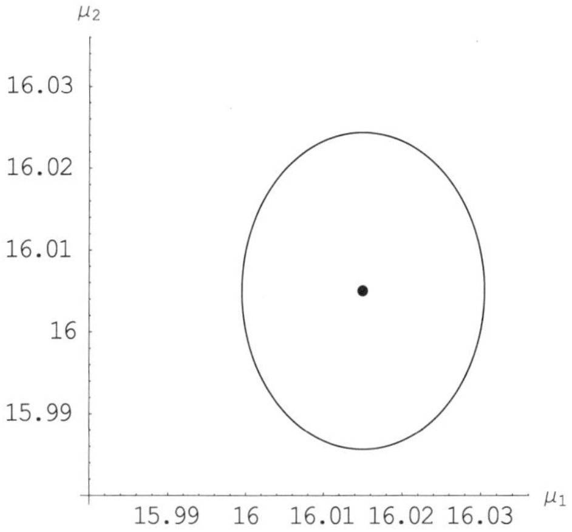

図 14.9　(μ_1,μ_2) の 95%信頼域

$$H_0：\mu_1-\mu_2=0, \qquad H_1：\mu_1-\mu_2\neq 0$$

の仮説検定は，$\alpha=0.05$ で H_0 が棄却されなかったから，この判断によって第II種の過誤の可能性がある．$\alpha=0.05$ の正規検定の検定力および $P(\mathrm{II})$ の値は $\mu_1-\mu_2=-0.06, -0.05(0.005)0.060$ に対して**表 14.5** に，$\alpha=0.01$，0.05，0.10 の検定力曲線および $P(\mathrm{II})$ 曲線は**図 14.10** に示されている．図 14.10 の V 字型が検定力曲線であり，下から $\alpha=0.01$，0.05，0.10 である．

表 14.5 より $|\mu_1-\mu_2|=0.01$ のとき $P(\mathrm{II})$ は 0.80884，$|\mu_1-\mu_2|=0.02$ のとき 0.41914 と大きい．$|\mu_1-\mu_2|=0.03$ で約 0.10，$|\mu_1-\mu_2|=0.04$ になれば $P(\mathrm{II})$ は 0.00894 まで小さくなる．

表 14.5　$H_0 : \mu_1-\mu_2=0$，$H_1 : \mu_1-\mu_2\neq 0$　($\alpha=0.05$)

$\mu_1-\mu_2$	検定力	$P(\mathrm{II})$	$\mu_1-\mu_2$	検定力	$P(\mathrm{II})$
−0.060	1.00000	0.00000	0.005	0.08415	0.91585
−0.050	0.99972	0.00028	0.010	0.19116	0.80884
−0.045	0.99819	0.00181	0.015	0.36824	0.63176
−0.040	0.99106	0.00894	0.020	0.58086	0.41914
−0.035	0.96615	0.03385	0.025	0.77188	0.22812
−0.030	0.90079	0.09921	0.030	0.90079	0.09921
−0.025	0.77188	0.22812	0.035	0.96615	0.03385
−0.020	0.58086	0.41914	0.040	0.99106	0.00894
−0.015	0.36824	0.63176	0.045	0.99819	0.00181
−0.010	0.19116	0.80884	0.050	0.99972	0.00028
−0.005	0.08415	0.91585	0.055	0.99997	0.00003
0.000	0.05000	0.95000	0.060	1.00000	0.00000

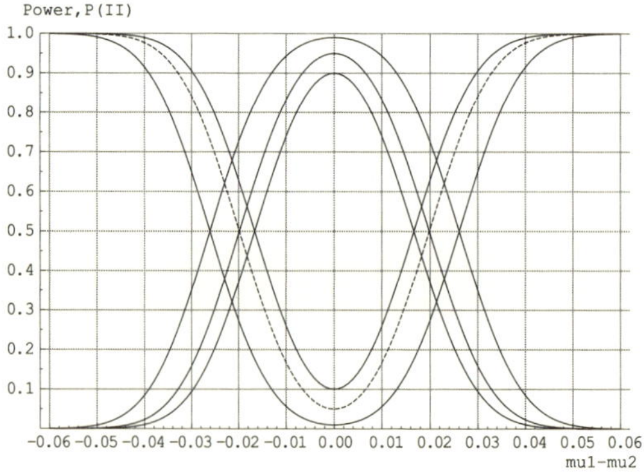

図 14.10　ボトル容量 $H_0：\mu_1-\mu_2=0$ の両側検定の検定力曲線と $P(\mathrm{II})$ 曲線

例 14.3　ベーレンス-フィッシャー問題

(14.25) 式を用いるべき例を挙げよう．自動車用のゴム製部品を製造している2つの企業がある．この部品はゴム製のため摩損するので摩耗テストを行い，部品性能を比較する．それぞれの企業から25個の部品を無作為抽出し，摩耗量を測定する．テスト結果は次のとおりである．単位 mg/1000 cycles である．

$$企業1 \quad \bar{X}_1=20.12, \qquad S_1=1.9$$
$$企業2 \quad \bar{X}_2=11.64, \qquad S_2=7.9$$

(Montgomery *et al.* (2007), p. 236, Exercise 5-26).

$$X_{1i}\sim N(\mu_1, \sigma_1^2), \qquad i=1, \cdots, 25$$
$$X_{2j}\sim N(\mu_2, \sigma_2^2), \qquad j=1, \cdots, 25$$
$$X_{1i} と X_{2j} は独立$$

を仮定し，まず $\sigma_1^2=\sigma_2^2$ が成立するかどうかを (13.18) 式を用いて σ_2^2/σ_1^2 の95% 信頼区間を設定し検定しよう．

$$F_{0.975}(24, 24)=0.44067, \qquad F_{0.025}(24, 24)=17.28809$$

であるから，σ_2^2/σ_1^2 の 95% 信頼区間は

$$(7.618, 39.231)$$

となり，この区間内に1は含まれないから $\sigma_1^2\neq\sigma_2^2$ である．S_1，S_2 の大きさから $\sigma_1^2<\sigma_2^2$ であろう．

$\sigma_1^2\neq\sigma_2^2$ であり，$n_1=n_2=25$ は大標本ではないから，(14.25) 式によって

$$H_0：\mu_1-\mu_2=0,\ H_1：\mu_1-\mu_2\neq 0$$

を検定する．

(14.24) 式の $m=26.76722$ になるから

$$t_{0.025}(26)=2.05553, \qquad t_{0.025}(27)=2.05183$$

を用いて線形補間から $t_{0.025}(m)=2.05269$ となる．

$$\sqrt{\frac{S_1^2}{n_1}+\frac{S_2^2}{n_2}}=1.62505$$

であるから

$$W=\frac{20.12-11.64}{1.62505}=5.218>t_{0.025}(m)=2.053$$

となる．したがって H_0 は棄却され，$\bar{X}_1>\bar{X}_2$ より $\mu_1>\mu_2$ である．すなわち企

業1の部品の平均摩耗量の方が企業2の部品より大きい．自由度27の t 分布から $W=5.218$ に対する p-値は0.00002ときわめて小さい．

14.11 対 比 較

対比較をすべき状況とその意義およびデータ構造については13.4節で説明した．13.4節の変数記号を用いる．

$$D_i = X_i - Y_i \sim N(\delta, \sigma_D^2), \quad i=1, \cdots, n$$

$$\delta = E(X) - E(Y) = \mu_1 - \mu_2$$

$$\bar{D} = \frac{1}{n}\sum_{i=1}^{n} D_i, \qquad S_D^2 = \frac{1}{n-1}\sum_{i=1}^{n}(D_i - \bar{D})^2$$

である．

$$H_0 : \delta = \delta_0$$

の検定統計量は（13.12）式より

$$T = \frac{\sqrt{n}(\bar{D} - \delta_0)}{S_D} \sim t(n-1) \tag{14.26}$$

n が大きければ（13.13）式より

$$Z = \frac{\sqrt{n}(\bar{D} - \delta_0)}{S_D} \simeq N(0, 1) \tag{14.27}$$

である．

棄却域は対立仮説によって次のようになる．

（i） $H_1 : \delta \neq \delta_0$ のとき

$$R_t = \{t ; |t| > t_{\alpha/2}(n-1)\}$$

（ii） $H_1 : \delta > \delta_0$ のとき

$$R_t = \{t ; t > t_{\alpha}(n-1)\}$$

（iii） $H_1 : \delta < \delta_0$ のとき

$$R_t = \{t ; t < -t_{\alpha}(n-1)\}$$

例 14.4

携帯電話を使用しながら車を運転すると運転動作反応時間が遅れると懸念されている．32人の学生に携帯電話を使用しているときと使用していないときの運転動作反応テストが実施され，反応時間がミリセカンド（1/1000秒）を単位として記録された．それが**表 14.6** のデータである．

X_i＝携帯電話を使用しているときの反応時間

Y_i＝使用していないときの反応時間

$D_i = X_i - Y_i$

$$i = 1, \cdots, 32$$

とすると

$$\bar{D} = \bar{X} - \bar{Y} = 585.188 - 534.563 = 50.625$$

$$S_D = 52.4858$$

が得られる．

$D_1, \cdots, D_{32}$ に正規分布を仮定することができるかどうかをみるため，正規確率プロットを描くと，**図 14.11** に示されているように正規性の仮定は怪しい．この正規確率プロットの型は，次章で説明するが，尖度 $\beta_2 < 3$ のパターンである．標本歪度 $\sqrt{b_1} = 0.5656$，標本尖度 $b_2 = 2.1919$ である．しかし正規性検定量のなかには正規性の仮説を棄却しないものもあり，若干問題があるが正規性の仮定のもとで検定する．

仮説は

$$H_0 : \delta = 0, \quad H_1 : \delta > 0$$

表 14.6　携帯電話使用あるいは非使用の運転動作反応時間(単位 1/1000 秒)

学生	X(使用)	Y(非使用)	D	学生	X(使用)	Y(非使用)	D
1	636	604	32	17	626	525	101
2	623	556	67	18	501	508	−7
3	615	540	75	19	574	529	45
4	672	522	150	20	468	470	−2
5	601	459	142	21	578	512	66
6	600	544	56	22	560	487	73
7	542	513	29	23	525	515	10
8	554	470	84	24	647	499	148
9	543	556	−13	25	456	448	8
10	520	531	−11	26	688	558	130
11	609	599	10	27	679	589	90
12	559	537	22	28	960	814	146
13	595	619	−24	29	558	519	39
14	565	536	29	30	482	462	20
15	573	554	19	31	527	521	6
16	554	467	87	32	536	543	−7

出所：Agresti and Franklin (2007), p. 459, Table 9.9

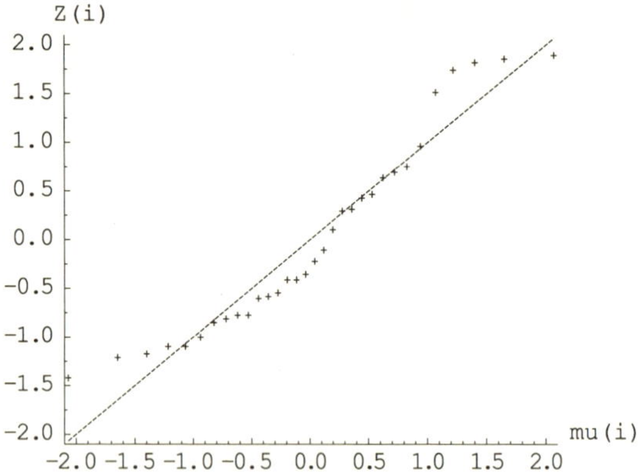

図 14.11 D の正規確率プロット

である．検定統計量および棄却域は

$$T=\frac{\sqrt{n}\overline{D}}{S_D}$$

$$R_t=\{t;t>t_\alpha(n-1)\}$$

である．T の観測値は

$$t=\frac{\sqrt{32}(50.625)}{52.4858}=5.456$$

であるから，$\alpha=0.05$ とすると $t_{0.05}(31)=1.696$ より t 値は大きく，$H_0:\delta=0$ は棄却され，$H_1:\delta>0$ が支持される．携帯電話を使用しながら車を運転することによってある運転動作への反応時間は，平均的に，約 51 ミリセカンド遅れる．

正規性の仮定に若干疑問があるので，$n=32$ を大標本とみなして正規検定を行っても，$z_{0.05}=1.645$ と $t_{0.05}(31)=1.696$ より小さいから，やはり H_0 は棄却される．

この t 検定の検定力は非心 t 分布を用いて計算することができる．**図 14.12** は検定力曲線であり，下から $\alpha=0.01$，0.05，0.10 である．図の δ は非心パラメータではなく，D の期待値である．$\overline{D}=52.4858$ より少し小さい $\delta=50$ の検定力はほとんど 1 であり，$H_1:\delta>0$ を支持する強い証拠が得られたと言うことができよう．

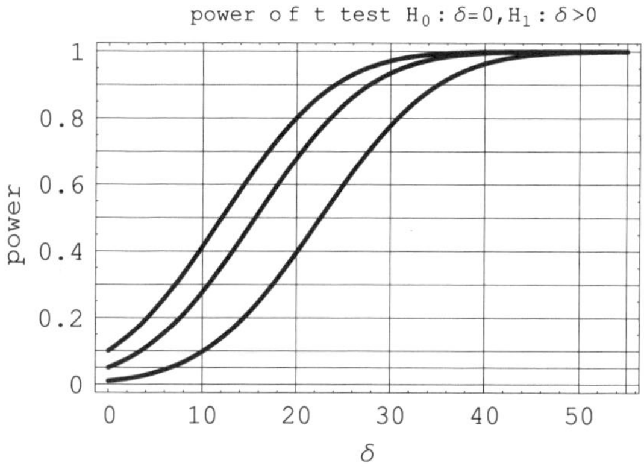

図 14.12　片側 t 検定の検定力曲線

14.12　σ^2 に関する検定

$$X_i \sim \mathrm{NID}(\mu, \sigma^2), \quad i=1, \cdots, n$$

$$\bar{X}=\frac{1}{n}\sum_{i=1}^{n} X_i$$

$$S^2=\frac{1}{n-1}\sum_{i=1}^{n}(X_i-\bar{X})^2$$

とすると

$$\frac{(n-1)S^2}{\sigma^2} \sim \chi^2(n-1)$$

であるから

$$H_0 : \sigma^2=\sigma_0{}^2$$

が正しいとき

$$V=\frac{(n-1)S^2}{\sigma_0{}^2} \sim \chi^2(n-1) \tag{14.28}$$

が成立し，この V が検定統計量である．

棄却域は対立仮説の型に依存する．

(i)　$H_1 : \sigma^2 \neq \sigma_0{}^2$ のとき

$$R_v=\{v ; v<\chi^2_{1-\alpha/2}(n-1) \quad \text{あるいは} \quad v>\chi^2_{\alpha/2}(n-1)\}$$

(ii)　H_1：$\sigma^2>\sigma_0^2$ のとき

$$R_v=\{v\,;v>\chi^2_\alpha(n-1)\}$$

(iii)　H_1：$\sigma^2<\sigma_0^2$ のとき

$$R_v=\{v\,;v<\chi^2_{1-\alpha}(n-1)\}$$

例 14.5

ある機械から生産されるプラスチック板は，厚さが変動しうるため定期的に監視される．液体状の鋳型の粘度が同質になるように制御できないために，厚さが若干変動するのは避けられない．しかしながら，厚さの真の標準偏差が 1.5 mm をこえれば，品質を心配すべき理由がある．この機械でつくられた 10 枚の標本の厚さ（単位 mm）は次のとおりであった．

226，228，226，225，232，228，227，229，225，230.

データによって，生産工程の変動は一定水準 1.5 mm をこえたという疑念が実証されるか（$\alpha=0.05$ で検定せよ）．(Bhattacharyya and Johnson (1977)，訳書 2 p. 42，問題 33)．

わずか 10 個のデータであるが，この 10 個の観測値の正規確率プロットは図 **14.13** に示されており，直線からの乖離は小さく正規性の仮定は問題ない．

標本データから次の結果を得る．

$$\bar{X}=227.6,\qquad S^2=5.15556,\qquad S=2.27058$$

点推定値 S は 1.5 をこえている．仮説を

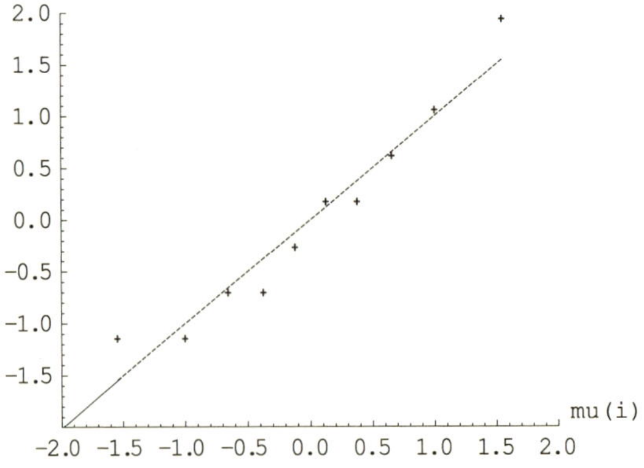

図 14.13　プラスチック板の厚みの正規確率プロット

$$H_0: \sigma^2 \geq 1.5^2, \qquad H_1: \sigma^2 < 1.5^2$$

と設定する．このように H_0 を設定することによって，$\sigma \geq 1.5$ が正しく，生産工程の変動を心配すべき状況のとき，この H_0 を棄却して H_1 を支持し，生産工程の変動に問題がないという間違った判断（第I種の過誤）を α 以下でコントロールしたいという意思表示である．

H_0 と H_1 の境界値 $\sigma_0 = 1.5$ で検定統計量の分布を考え，棄却域を決める（なぜ 1.5 をこえる σ の値で検定統計量の分布と棄却域を決めないのかを読者は考えるべきである）．

検定統計量は $\sigma_0{}^2 = 1.5^2$ とし，(14.28) 式，棄却域は

$$R_v = \{v; v < \chi^2_{0.95}(9) = 3.32511\}$$

である．

$$v = \frac{(n-1)S^2}{\sigma_0{}^2} = \frac{9(5.15556)}{1.5^2} = 20.6222$$

となり，棄却域に落ちない．H_1 を支持する証拠は得られなかったから，生産工程の変動は大きく品質を心配すべき状況にある．p 値も $P(\chi^2(9) \leq 20.6222) = 0.986$ ときわめて大きい．

H_0 を棄却しなかったから第II種の過誤の可能性がある．この片側検定は μ 未知であるから UMP 検定ではないが不偏検定である．検定力を求めよう．

H_1 に属する σ^2 の任意の値を $\sigma_1{}^2$ $(<1.5^2)$ とすると，$\sigma^2 = \sigma_1{}^2$ が正しいとき

$$\frac{(n-1)S^2}{\sigma_1{}^2} \sim \chi^2(n-1)$$

である．

$$\frac{(n-1)S^2}{\sigma_0{}^2} = \frac{(n-1)S^2}{\sigma_1{}^2}\left(\frac{\sigma_1{}^2}{\sigma_0{}^2}\right)$$

と表すことができるから，$\sigma^2 = \sigma_1{}^2$ が正しいときの検定力は

$$P\left\{\frac{(n-1)S^2}{\sigma_1{}^2} < \frac{\sigma_0{}^2}{\sigma_1{}^2}\chi^2_{1-\alpha}(n-1)\right\}$$
$$= G\left(\frac{\sigma_0{}^2}{\sigma_1{}^2}\chi^2_{1-\alpha}(n-1)\right) \qquad (14.29)$$

によって求めることができる．$G(x)$ は $X \sim \chi^2(n-1)$ の cdf である．

表 14.7 に $\sigma = 0.40(0.1)1.50$ に対して $\alpha = 0.01$，0.05，0.10 の検定力と第II種の過誤 $P(\mathrm{II})$ が示されている．$\alpha = 0.05$ の場合をみると，$\sigma = 1.40$ が正

表 14.7　片側カイ 2 乗検定の検定力と P(II)，$H_0: \sigma^2 \geq 1.5^2$，$H_1: \sigma^2 < 1.5^2$

		検定力			P(II)		
σ	σ^2	$\alpha=0.01$	$\alpha=0.05$	$\alpha=0.10$	$\alpha=0.01$	$\alpha=0.05$	$\alpha=0.10$
0.40	0.16	0.99944	1.00000	1.00000	0.00056	0.00000	0.00000
0.50	0.25	0.97297	0.99955	0.99998	0.02703	0.00045	0.00002
0.60	0.36	0.83962	0.98635	0.99800	0.16038	0.01366	0.00200
0.70	0.49	0.61508	0.91618	0.97597	0.38492	0.08382	0.02403
0.80	0.64	0.39826	0.76864	0.89910	0.60174	0.23136	0.10090
0.90	0.81	0.24022	0.58426	0.76186	0.75978	0.41574	0.23814
1.00	1.00	0.14018	0.41288	0.59689	0.85982	0.58712	0.40311
1.10	1.21	0.08102	0.27853	0.44055	0.91898	0.72147	0.55945
1.20	1.44	0.04702	0.18306	0.31230	0.95298	0.81694	0.68770
1.30	1.69	0.02761	0.11886	0.21596	0.97239	0.88114	0.78404
1.40	1.96	0.01647	0.07697	0.14736	0.98353	0.92303	0.85264
1.50	2.25	0.01000	0.05000	0.10000	0.99000	0.95000	0.90000

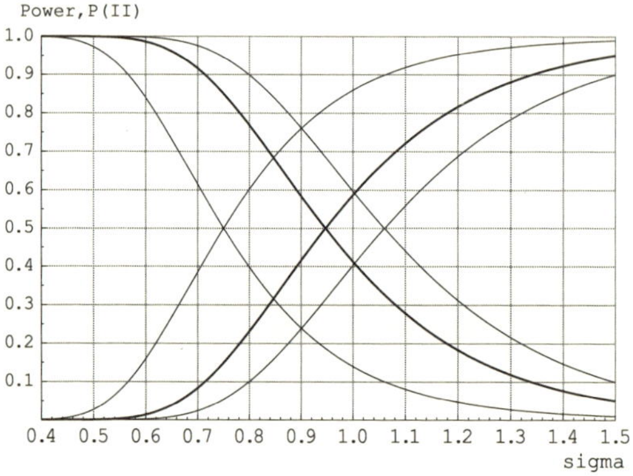

図 14.14　片側カイ 2 乗検定の検定力曲線と P(II) 曲線

しいとき検定力はわずか 0.07697，$P(\text{II})=0.92303$ である．検定力が 0.9 をこえるのは $\sigma=0.7$ のときである．

図 14.14 は検定力曲線と P(II) 曲線であり，右下りの曲線が検定力曲線で下から $\alpha=0.01$，0.05，0.10 である．横軸は σ である．

14.13　$\sigma_1^2=\sigma_2^2$ の検定

13.6 節と同じ変数記号を用いる．

$$X_i \sim \mathrm{NID}(\mu_1, \sigma_1^2), \quad i=1, \cdots, n_1$$
$$Y_j \sim \mathrm{NID}(\mu_2, \sigma_2^2), \quad j=1, \cdots, n_2$$
X_i と Y_j は独立
$$\bar{X}=\frac{1}{n_1}\sum_{i=1}^{n_1} X_i, \quad S_1^2=\frac{1}{n_1-1}\sum_{i=1}^{n_1}(X_i-\bar{X})^2$$
$$\bar{Y}=\frac{1}{n_2}\sum_{j=1}^{n_2} Y_j, \quad S_2^2=\frac{1}{n_2-1}\sum_{j=1}^{n_2}(Y_j-\bar{Y})^2$$

とすると

$$F=\frac{\sigma_2^2}{\sigma_1^2}\cdot\frac{S_1^2}{S_2^2}\sim F(n_1-1, n_2-1)$$

であるから

$$H_0:\sigma_1^2=\sigma_2^2$$

の検定統計量は

$$F=\frac{S_1^2}{S_2^2}\sim F(n_1-1, n_2-1) \tag{14.30}$$

である．

棄却域は H_1 の型によって次のようになる．

(i) $\sigma_1^2 \neq \sigma_2^2$ のとき

$R_f=\{f;f<F_{1-\alpha/2}(n_1-1, n_2-1)$ あるいは $f>F_{\alpha/2}(n_1-1, n_2-1)\}$

(ii) $\sigma_1^2>\sigma_2^2$ のとき

$$R_f=\{f;f>F_\alpha(n_1-1, n_2-1)\}$$

(iii) $\sigma_1^2<\sigma_2^2$ のとき

$$R_f=\{f;f<F_{1-\alpha}(n_1-1, n_2-1)\}$$

例 14.6

例 14.3 は

$$n_1=25, \quad S_1^2=1.9^2=3.61$$
$$n_2=25, \quad S_2^2=7.9^2=62.41$$

であった．

$$H_0:\sigma_1^2=\sigma_2^2, \quad H_1:\sigma_1^2\neq\sigma_2^2$$

を $\alpha=0.05$ で検定しよう．

$$F_{0.025}(24, 24)=17.28809, \quad F_{0.975}(24, 24)=0.44067$$

$$f=\frac{S_1^2}{S_2^2}=0.05784$$

であるから，f は下側棄却域に落ち，H_0 は棄却され，$S_1^2<S_2^2$ であるから H_1 の $\sigma_1^2<\sigma_2^2$ の方が支持される．p 値は 0 である．

例 13.2 は

$$n_1=10,\quad S_1^2=23.21$$

$$n_2=10,\quad S_2^2=30.90$$

であった．

$$H_0 : \sigma_1^2=\sigma_2^2,\quad H_1 : \sigma_1^2\neq\sigma_2^2$$

を $\alpha=0.05$ で検定しよう．

$$F_{0.025}(9,9)=4.026,\quad F_{0.975}(9,9)=0.24839$$

$$f=\frac{S_1^2}{S_2^2}=0.7511$$

であるから，f は棄却域に落ちず，H_0 は棄却されない．

p 値は

$$P(F(9,9)<0.7511)=0.33838$$

であるから $2\times0.33838=0.67676$ である．

この例 13.2 の両側検定の検定力を求めよう．

$$H_1 : \sigma_1^2\neq\sigma_2^2$$

が正しいとき

$$\frac{\sigma_2^2}{\sigma_1^2}\cdot\frac{S_1^2}{S_2^2}\sim F(n_1-1, n_2-1)$$

であるから

$$f=\frac{S_1^2}{S_2^2}=\left(\frac{\sigma_2^2}{\sigma_1^2}\cdot\frac{S_1^2}{S_2^2}\right)\frac{\sigma_1^2}{\sigma_2^2}$$

と表すと，検定力は，$a=\sigma_2^2/\sigma_1^2$ とすると

$$G(aF_{1-\alpha/2}(n_1-1, n_2-1))+1-G(aF_{\alpha/2}(n_1-1, n_2-1)) \quad (14.31)$$

となる．ここで $G(x)$ は $X\sim F(n_1-1, n_2-1)$ の cdf である．

表 14.8 に $a=0.05$，0.10(0.10)1.00(1.0)10.0(5.0)25.0(1.0)27.0 について $\alpha=0.01$，0.05，0.10 のときの検定力を，**図 14.15** に検定力曲線を示した．下から $\alpha=0.01$，0.05，0.10 である．a が 1 より小さくなると（σ_2^2 にくらべて σ_1^2 が大きくなると）検定力は急速に高くなるが 1 をこえる a（σ_1^2 より大き

表 14.8　分散比の両側 F 検定の検定力

a	検定力		
	α=0.01	α=0.05	α=0.10
0.05	0.94432	0.98719	0.99427
0.10	0.73141	0.90425	0.94853
0.20	0.34776	0.62399	0.74492
0.30	0.16489	0.39189	0.52842
0.40	0.08420	0.24548	0.36560
0.50	0.04653	0.15839	0.25595
0.60	0.02777	0.10708	0.18541
0.70	0.01804	0.07718	0.14171
0.80	0.01300	0.06047	0.11632
0.90	0.01065	0.05232	0.10364
1.00	0.01000	0.05000	0.10000
2.00	0.04653	0.15839	0.25595
3.00	0.13063	0.33467	0.46758
4.00	0.23761	0.49639	0.63154
5.00	0.34776	0.62399	0.74492
6.00	0.44989	0.71916	0.82113
7.00	0.53940	0.78877	0.87241
8.00	0.61543	0.83954	0.90733
9.00	0.67891	0.87675	0.93150
10.00	0.73141	0.90425	0.94853
15.00	0.88389	0.96839	0.98485
20.00	0.94432	0.98719	0.99427
25.00	0.97072	0.99400	0.99743
26.00	0.97400	0.99477	0.99778
27.00	0.97685	0.99542	0.99807

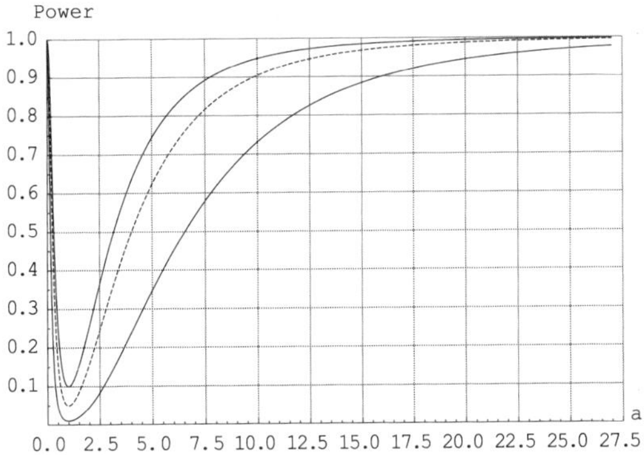

図 14.15　分散比の両側 F 検定の検定力曲線

い σ_2^2) に対する検定力の上昇は緩慢であり，$\alpha=0.05$ のとき検定力が 0.90 をこえるのは $a=10$ に達してからである．

14.14 非正規分布のもとでの F 検定の P(Ⅰ)

t 検定も F 検定も母集団分布に正規分布が仮定されている．母集団分布が正規分布でなくても，t 検定の P(Ⅰ) の名目サイズからのズレは小さい（蓑谷（2009 b），pp. 869～876）．他方，F 検定は母集団分布が非正規分布のとき，非正規性に対して頑健でない，といわれている．ここでは簡単な実験結果を示し，P(Ⅰ) が名目サイズから大きく崩れることを示す．

(1) ガンマ分布

パラメータ α，β のガンマ分布に従う X を

$$X \sim \mathrm{GAM}(\alpha, \beta)$$

と表す．$E(X)=\alpha\beta$，$\mathrm{var}(X)=\alpha\beta^2$ である．

$$X_i \sim \mathrm{GAM}(1, 5), \qquad i=1, \cdots, n$$

$$Y_j \sim \mathrm{GAM}\left(3, \sqrt{\frac{25}{3}}\right), \qquad j=1, \cdots, n$$

$$X_i \text{ と } Y_j \text{ は独立}$$

とする．$\mathrm{var}(X)=\sigma_1^2=25$，$\mathrm{var}(Y)=\sigma_2^2=25$ である．

(2) ラプラス分布

パラメータ μ，ϕ のラプラス分布に従う X を

$$X \sim \mathrm{Laplace}(\mu, \phi)$$

と表す．$E(X)=\mu$，$\mathrm{var}(X)=2\phi^2$ である．

$$X_i \sim \mathrm{Laplace}\left(0, \frac{5}{\sqrt{2}}\right), \qquad i=1, \cdots, n$$

$$Y_j \sim \mathrm{Laplace}\left(0, \frac{5}{\sqrt{2}}\right), \qquad j=1, \cdots, n$$

$$X_i \text{ と } Y_j \text{ は独立}$$

とする．$\mathrm{var}(X)=\sigma_1^2=25$，$\mathrm{var}(Y)=\sigma_2^2=25$ である．

上記に示したガンマ分布，ラプラス分布に従う乱数を発生させ

$$H_0: \sigma_1^2=\sigma_2^2, \qquad H_1: \sigma_1^2 \neq \sigma_2^2$$

を（14.30）式を検定統計量として両側検定を行う．

ガンマ分布，ラプラス分布いずれも H_0：$\sigma_1{}^2=\sigma_2{}^2$ が真であるから，H_0 を棄却する確率は $P(\mathrm{I})$ である．

$\alpha=0.01$，0.05，0.10，$n_1=n_2=n=30$，100 の両側 F 検定の実験結果が**表 14.9** に示されている．実験回数は α，n のそれぞれに対して 10,000 回である．

表で下側と示されているのは，$f=S_1{}^2/S_2{}^2$ が下側棄却域へ落ちる確率

$$P(f<F_{1-\alpha/2}(n_1-1,\, n_2-1)$$

上側と示されているのは，f が上側棄却域へ落ちる確率

$$P(f>F_{\alpha/2}(n_1-1,\, n_2-1))$$

であり，表の $P(\mathrm{I})$ はこの両者を合わせた値である．

表から次のことがわかる．

1. $P(\mathrm{I})$ は設定した名目サイズよりはるかに大きくなり，正規性が崩れると $P(\mathrm{I})$ は全くコントロールできない．t 検定の $P(\mathrm{I})$ が非正規性に対して頑健であることと対照的である．
2. 標本の大きさが 100 になっても上記 1 の問題点の解決にならない．
3. ガンマ分布の歪度は X が 2，Y が $2/\sqrt{3}$ でいずれも正の歪みをもち，ラプラス分布の歪度は 0 である．この歪度の相違が下側，上側の棄却率の相違をもたらしている．対称的分布であるラプラス分布の下側，上側の棄却率はほぼ同じであるが，ガンマ分布のとき $P(\mathrm{I})$ の約 6 割は下

表 14.9 非正規分布のもとでの F 検定の $P(\mathrm{I})$

	ガンマ分布					
	$n=30$			$n=100$		
有意水準	$P(\mathrm{I})$	下側	上側	$P(\mathrm{I})$	下側	上側
$\alpha=0.10$	0.3133	0.1774	0.1359	0.3312	0.1803	0.1509
$\alpha=0.05$	0.2272	0.1292	0.0980	0.2400	0.1310	0.1090
$\alpha=0.01$	0.1065	0.0624	0.0441	0.1214	0.0668	0.0546

	ラプラス分布					
	$n=30$			$n=100$		
有意水準	$P(\mathrm{I})$	下側	上側	$P(\mathrm{I})$	下側	上側
$\alpha=0.10$	0.2674	0.1369	0.1305	0.2899	0.1474	0.1425
$\alpha=0.05$	0.1877	0.0960	0.0917	0.2048	0.1050	0.0998
$\alpha=0.01$	0.0816	0.0415	0.0401	0.0977	0.0493	0.0484

側棄却率である.

いずれにせよ，正規性の仮定に疑念があるとき F 検定は用いない方がよい.

14.15 相関係数に関する検定

14.15.1 $\rho=0$ の検定

(X_i, Y_i) $i=1,\cdots,n$ が 2 変量正規分布 $\mathrm{BVN}(\mu_1, \mu_2, \sigma_1, \sigma_2, \rho)$ に従うとき，標本相関係数を

$$r=\frac{\sum_{i=1}^{n}(X_i-\bar{X})(Y_i-\bar{Y})}{\left\{\sum_{i=1}^{n}(X_i-\bar{X})^2\sum_{i=1}^{n}(Y_i-\bar{Y})^2\right\}^{\frac{1}{2}}}$$

とすると，$\rho=0$ のとき (9.37) 式のすぐ下に示されているように

$$T=r\sqrt{\frac{n-2}{1-r^2}}\sim t(n-2) \tag{14.32}$$

であるから，仮説

$$H_0: \rho=0,\qquad H_1: \rho\neq 0$$

の検定はこの (14.32) 式が検定統計量となる.

棄却域は

$$R_t=\{t;|t|>t_{\alpha/2}(n-2)\}$$

である.

$$H_0: \rho=\rho_0,\qquad H_1: \rho\neq\rho_0$$

の検定は (13.24) 式を用いて ρ の $(1-\alpha)\times 100\%$ 信頼区間を設け，その区間内に ρ_0 が含まれるかどうかを検定した方がよい.

例 14.7

対比較に現れる 2 変数の相関係数を例にしよう. 表 14.6 の携帯電話使用時と非使用時の運転動作反応時間 X_i と Y_i は，同じ学生 i であるから，X と Y の間には高い正の相関が予想される.

表 14.6 のデータから X と Y の相関係数

$$r=0.81394$$

が得られる.

$$H_0 : \rho = 0, \qquad H_1 : \rho \neq 0$$

を $\alpha = 0.05$ で検定しよう．$t_{0.025}(30) = 2.042$ である．(14.32) 式の

$$t = 0.81394\sqrt{\frac{30}{1-0.81394^2}} = 7.674$$

となり，H_0 は棄却される．p 値は 0 である．

(13.24) 式を用いて ρ の 95% 信頼区間を求めると

$$Z = \frac{1}{2}\log\left(\frac{1+r}{1-r}\right) = 1.1386, \qquad z_{0.025} = 1.96, \qquad n = 32$$

であるから

$$(0.641, 0.908)$$

となる．区間内に 0 は含まれない．

14.15.2　$\boldsymbol{\rho_1 = \rho_2}$ の検定

$(X_i, Y_i) \sim \mathrm{BVN}(\mu_1, \mu_2, \sigma_1, \sigma_2, \rho_1), \qquad i = 1, \cdots, n_1$

$(U_j, V_j) \sim \mathrm{BVN}(\xi_1, \xi_2, \tau_1, \tau_2, \rho_2), \qquad j = 1, \cdots, n_2$

r_1 は (X_i, Y_i) の標本相関係数，r_2 は (U_j, V_j) の標本相関係数とする．

$$H_0 : \rho_1 = \rho_2, \qquad H_1 : \rho_1 \neq \rho_2$$

を有意水準 α で検定したい．

H_0 が正しいとき

$$z_1 = \frac{1}{2}\log\frac{1+r_1}{1-r_1}$$

$$z_2 = \frac{1}{2}\log\frac{1+r_2}{1-r_2}$$

とすると

$$z_1 - z_2 \simeq N\left(0, \frac{1}{n_1-3} + \frac{1}{n_2-3}\right)$$

が成立するから，H_0 が正しいとき

$$Z = \frac{z_1 - z_2}{\sqrt{\frac{1}{n_1-3} + \frac{1}{n_2-3}}} \simeq N(0, 1) \qquad (14.33)$$

となり，棄却域は

$$R_Z = \{Z ; |Z| > z_{\alpha/2}\}$$

である（Anderson (2003), p. 135).

14.16 多変量正規分布に関する仮説検定

$p\times 1$ ベクトル $\boldsymbol{x}_i$ は

$$\boldsymbol{x}_i \sim N(\boldsymbol{\mu}, \boldsymbol{\Sigma}), \quad i=1, \cdots, n$$

とする．$\boldsymbol{\mu}$ に関する仮説検定は 13 章で説明した信頼域あるいは信頼区間を求めることによって行うことができるから，ここでは 13 章で説明した結果のみ示す．

14.16.1 $\boldsymbol{\mu}$ に関する検定

(i) $\boldsymbol{\mu}=(\mu_1, \cdots, \mu_p)'$ に関する仮説は

$\boldsymbol{\Sigma}$ 既知のとき（13.25）式

$\boldsymbol{\Sigma}$ 未知のとき（13.26）式

で示される $\boldsymbol{\mu}$ の $(1-\alpha)\times 100\%$ 信頼域で検定することができる．

(ii) $\boldsymbol{a}'\boldsymbol{\mu}$ に関する仮説検定は

(a) 特定の $\boldsymbol{a}$ に対して（13.30）式の $(1-\alpha)\times 100\%$ 信頼区間

(b) すべてのあらゆる可能な $\boldsymbol{a}$ に対して，$(1-\alpha)\times 100\%$ T^2 同時信頼区間（13.36）式

(c) $\boldsymbol{a}_1'\boldsymbol{\mu}, \cdots, \boldsymbol{a}_m'\boldsymbol{\mu}$ $(m\leq p)$ の $(1-\alpha)\times 100\%$ ボンフェローニ同時信頼区間（13.41）式

によって行うことができる．

14.16.2 多変量対比較

$$D_{ji}=X_{ji}-Y_{ji}, \quad j=1, \cdots, p, \quad i=1, \cdots, n$$

$$\boldsymbol{D}_i=\begin{bmatrix} D_{1i} \\ \vdots \\ D_{pi} \end{bmatrix}$$

$$\boldsymbol{D}_i \sim N(\boldsymbol{\delta}, \boldsymbol{\Sigma}_d), \quad i=1, \cdots, n$$

とするとき

(i) $\boldsymbol{\delta}=(\delta_1, \cdots, \delta_p)'$ に関する仮説検定は（13.46）式の $\boldsymbol{\delta}$ の $(1-\alpha)\times 100$

% 信頼域によって行うことができる．

(ii) $\boldsymbol{a}'\boldsymbol{\delta}$ に関する仮説検定は

(a) $\boldsymbol{a}'\boldsymbol{\delta}$ の $(1-\alpha)\times 100\%$ 信頼区間（13.44）式

(b) $\boldsymbol{a}'\boldsymbol{\delta}$ の $(1-\alpha)\times 100\%$ T^2 同時信頼区間（13.47）式

(c) δ_j に対する $(1-\alpha)\times 100\%$ ボンフェローニ信頼区間（13.48）式

によって行うことができる．

14.16.3 $\boldsymbol{C\mu}$ に関する仮説検定

$\boldsymbol{C}$ は $q\times p$ の定数行列，$\mathrm{rank}(\boldsymbol{C})=q\leq p$ とする．

$\boldsymbol{C\mu}$ に対する $(1-\alpha)\times 100\%$ 信頼域（13.50）式によって仮説検定を行うことができる．

$$H_0: \mu_1=\mu_2=\cdots=\mu_p, \qquad H_1: \text{少なくとも 1 個の } \mu_i \text{ は異なる}$$

あるいは

$$H_0: \mu_i-\mu_j=0, \qquad H_1: \mu_i-\mu_j\neq 0$$

などの仮説検定も，仮説 H_0 に対応する $\boldsymbol{C}$ を設定することによって行うことができる．

14.17 正規線形回帰モデルにおける仮説検定

12.12 節の線形回帰モデルと仮定を用いる．

14.17.1 $\boldsymbol{\beta}$ に関する仮説検定

$$H_0: \boldsymbol{\beta}=\boldsymbol{\beta}_0, \qquad H_1: \boldsymbol{\beta}\neq\boldsymbol{\beta}_0$$

の検定は（13.54）式より，検定統計量は

$$F=\frac{(\widehat{\boldsymbol{\beta}}-\boldsymbol{\beta}_0)'(\boldsymbol{X}'\boldsymbol{X})(\widehat{\boldsymbol{\beta}}-\boldsymbol{\beta}_0)}{ks^2}\sim F(k, n-k) \qquad (14.34)$$

棄却域は

$$R_f=\{f; f>F_\alpha(k, n-k)\}$$

である．

14.17.2 $\boldsymbol{a}'\boldsymbol{\beta}$ に関する仮説検定

(13.56) 式より

$$T=\frac{\boldsymbol{a}'\widehat{\boldsymbol{\beta}}-\boldsymbol{a}'\boldsymbol{\beta}}{s[\boldsymbol{a}'(\boldsymbol{X}'\boldsymbol{X})^{-1}\boldsymbol{a}]^{\frac{1}{2}}}\sim t(n-k) \tag{14.35}$$

であるから，この T を用いて

$$H_0 : \boldsymbol{a}'\boldsymbol{\beta}=\alpha_0, \qquad H_1 : \boldsymbol{a}'\boldsymbol{\beta}\neq\alpha_0$$

の仮説検定をすることができる．

(1) 第 j 要素のみが 1 で残りの要素が 0 の $k\times 1$ ベクトルを $\boldsymbol{a}$ とすると

$$\boldsymbol{a}'\widehat{\boldsymbol{\beta}}=\widehat{\beta}_j, \qquad \boldsymbol{a}'\boldsymbol{\beta}=\beta_j$$

であるから

$$H_0 : \beta_j=0$$

は

$$T=\frac{\widehat{\beta}_j-\beta_j}{s_j}=\frac{\widehat{\beta}_j}{s_j} \tag{14.36}$$

によって検定する．ここで

$$s_j=\widehat{\beta}_j \text{ の標準偏差 } \sigma(q^{jj})^{\frac{1}{2}} \text{ の推定量}$$
$$=s(q^{jj})^{\frac{1}{2}}$$
$$q^{jj}=(\boldsymbol{X}'\boldsymbol{X})^{-1} \text{ の } (j,j) \text{ 要素}$$

である．

棄却域は対立仮説の型によって次のようになる．

(i) $H_1 : \beta_j\neq 0$ のとき

$$R_t=\{t;|t|>t_{\alpha/2}(n-k)\}$$

(ii) $H_1 : \beta_j>0$ のとき

$$R_t=\{t;t>t_\alpha(n-k)\}$$

(iii) $H_1 : \beta_j<0$ のとき

$$R_t=\{t;t<-t_\alpha(n-k)\}$$

(2) 第 i 要素 1，第 j 要素 -1，残りの要素は 0 の $k\times 1$ ベクトルを $\boldsymbol{a}$ とすると

$$\boldsymbol{a}'\widehat{\boldsymbol{\beta}}=\widehat{\beta}_i-\widehat{\beta}_j, \qquad \boldsymbol{a}'\boldsymbol{\beta}=\beta_i-\beta_j$$

であるから

$$H_0 : \beta_i-\beta_j=0$$

は

$$T=\frac{\hat{\beta}_i-\hat{\beta}_j-(\beta_i-\beta_j)}{s[\boldsymbol{a}'(\boldsymbol{X}'\boldsymbol{X})^{-1}\boldsymbol{a}]^{\frac{1}{2}}}=\frac{\hat{\beta}_i-\hat{\beta}_j}{s(q^{ii}-2q^{ij}+q^{jj})^{\frac{1}{2}}} \tag{14.37}$$

によって検定することができる．ここで

$$q^{ij}=(\boldsymbol{X}'\boldsymbol{X})^{-1} \text{ の } (i,j) \text{ 要素}$$

である．棄却域は対立仮説

(i)　$\mu_i-\mu_j=0$,　(ii)　$\mu_i-\mu_j>0$,　(iii)　$\mu_i-\mu_j<0$

に対応して (1) と同じである．

14.17.3　$\boldsymbol{R\beta}=\boldsymbol{r}$ の検定

$\boldsymbol{R}$ は $q\times k$ の定数行列で $\mathrm{rank}(\boldsymbol{R})=q\leq k$，$\boldsymbol{r}$ は $q\times 1$ の定数ベクトルとする．このとき

$$H_0：\boldsymbol{R\beta}=\boldsymbol{r},\qquad H_1：\boldsymbol{R\beta}\neq\boldsymbol{r}$$

の検定は (13.65) 式より

$$F=\frac{(\boldsymbol{R}\hat{\boldsymbol{\beta}}-\boldsymbol{r})[\boldsymbol{R}(\boldsymbol{X}'\boldsymbol{X})^{-1}\boldsymbol{R}']^{-1}(\boldsymbol{R}\hat{\boldsymbol{\beta}}-\boldsymbol{r})}{qs^2}\sim F(q,n-k) \tag{14.38}$$

によって行うことができる．棄却域は

$$R_f=\{f;f>F_\alpha(q,n-k)\}$$

である．

若干の例を挙げよう．

(a)

$$H_0：\beta_2=\beta_3=\cdots=\beta_k=0$$

$$H_1：\beta_2,\cdots,\beta_k \text{ の少なくとも 1 つは 0 でない}$$

は $(k-1)\times k$ 行列 $\boldsymbol{R}$，$(k-1)\times 1$ ベクトル $\boldsymbol{r}$ が

$$\boldsymbol{R}=\begin{bmatrix} 0 & 1 & 0 & \cdots & 0 & 0 \\ 0 & 0 & 1 & \cdots & 0 & 0 \\ \vdots & \vdots & \vdots & & \vdots & \vdots \\ 0 & 0 & 0 & \cdots & 0 & 1 \end{bmatrix},\qquad \boldsymbol{r}=\begin{bmatrix} 0 \\ 0 \\ \vdots \\ 0 \end{bmatrix}$$

の場合である．

(b)

$$H_0：\beta_2+\beta_3=1 \quad \text{および} \quad \beta_4-\beta_5=0$$

は

$$\boldsymbol{R}=\begin{bmatrix}0 & 1 & 1 & 0 & 0 & \cdots & 0\\ 0 & 0 & 0 & 1 & -1 & \cdots & 0\end{bmatrix},\qquad \boldsymbol{r}=\begin{bmatrix}1\\ 0\end{bmatrix}$$

の場合である.

(14.38) 式の検定統計量の値は行列演算をしなくても次のように簡単に求めることができる. 重回帰モデル

$$Y_i=\beta_1+\beta_2X_{2i}+\cdots+\beta_kX_{ki}+u_i$$
$$i=1,\cdots,n$$

の OLS 残差平方和を $\sum_{i=1}^{n}e_i^2$, H_0：$\boldsymbol{R\beta}=\boldsymbol{r}$ の制約のもとでの OLS 残差平方和を $\sum_{i=1}^{n}e_i^{*2}$ とすると

$$\sum_{i=1}^{n}e_i^{*2}-\sum_{i=1}^{n}e_i^2=(14.38)\ \text{式の分子}$$

となるから, (14.38) 式は

$$F=\frac{\sum_{i=1}^{n}e_i^{*2}-\sum_{i=1}^{n}e_i^2}{qs^2}\sim F(q,n-k) \tag{14.39}$$

に等しい (証明は蓑谷 (2007), pp. 55～57 にある).

たとえば

$$H_0：\beta_2=\cdots=\beta_k=0$$

の制約のもとでモデルは

$$Y_i=\beta_1,\qquad i=1,\cdots,n$$

となるから

$$\sum_{i=1}^{n}e_i^{*2}=\sum_{i=1}^{n}(Y_i-\bar{Y})^2$$

であり

$$H_0：\beta_2+\beta_3=1\quad \text{および}\quad \beta_4-\beta_5=0$$

の制約のもとでモデルは

$$Y_i=\beta_1+\beta_2X_{2i}+(1-\beta_2)X_{3i}+\beta_4X_{4i}+\beta_4X_{5i}+\cdots+\beta_kX_{ki}+u_i$$

すなわち

$$Y_i-X_{3i}=\beta_1+\beta_2(X_{2i}-X_{3i})+\beta_4(X_{4i}+X_{5i})+\cdots+\beta_kX_{ki}+u_i$$

となるから, この上式の OLS 残差平方和が $\sum_{i=1}^{n}e_i^{*2}$ になる.

例 14.8

車の燃料タンクにガソリンを注入するとき気体ガスが放出される．この気体ガス量 Y を予測するため，次の 4 変数が考察される．

X_2＝タンク内の温度（°F）

X_3＝ガソリンの温度（°F）

X_4＝タンク内蒸気圧（プサイ）

X_5＝ガソリンの蒸気圧（プサイ）

表 14.10 に Y_i，X_{ji}，$j=2,3,4,5$，$i=1,\cdots,32$ のデータが示されている．

まず

$$Y_i=\beta_1+\beta_2X_{2i}+\beta_3X_{3i}+\beta_4X_{4i}+\beta_5X_{5i}+u_i$$

を OLS で推定した結果は次のとおりである．係数 $\widehat{\beta}_j$ の下の（　）内は s_j，その下の（　）内は t 値とよばれる $\widehat{\beta}_j/s_j$ である（有効数字 6 桁で計算し，四捨五入）．

$$\underset{\substack{(1.859)\\(0.544)}}{Y=1.012}-\underset{\substack{(0.090)\\(-0.307)}}{0.028X_2}+\underset{\substack{(0.068)\\(3.20)}}{0.216X_3}-\underset{\substack{(2.844)\\(-1.525)}}{0.434X_4}+\underset{\substack{(2.768)\\(3.243)}}{8.977X_5}$$

$$R^2=0.926,\qquad s=2.73$$

表 14.10　気体ガスデータ

Y	X_2	X_3	X_4	X_5	Y	X_2	X_3	X_4	X_5
29	33	53	3.32	3.42	40	90	64	7.32	6.70
24	31	36	3.10	3.26	46	90	60	7.32	7.20
26	33	51	3.18	3.18	55	92	92	7.45	7.45
22	37	51	3.39	3.08	52	91	92	7.27	7.26
27	36	54	3.20	3.41	29	61	62	3.91	4.08
21	35	35	3.03	3.03	22	59	42	3.75	3.45
33	59	56	4.78	4.57	31	88	65	6.48	5.80
34	60	60	4.72	4.72	45	91	89	6.70	6.60
32	59	60	4.60	4.41	37	63	62	4.30	4.30
34	60	60	4.53	4.53	37	60	61	4.02	4.10
20	34	35	2.90	2.95	33	60	62	4.02	3.89
36	60	59	4.40	4.36	27	59	62	3.98	4.02
34	60	62	4.31	4.42	34	59	62	4.39	4.53
23	60	36	4.27	3.94	19	37	35	2.75	2.64
24	62	38	4.41	3.49	16	35	35	2.59	2.59
32	62	60	4.39	4.39	22	37	37	2.73	2.59

出所：Rencher and Schaalje (2008), p. 183, Table 7.3.

(a)　H_0：$\beta_j=0$ の検定

推定式1番下の（　）内の値が，H_0：$\beta_j=0$ を検定する（14.36）式の t 値である．H_1：$\beta_j\neq 0$ とすると，$\alpha=0.05$ のとき，$n=32$，$k=5$ であるから

$$t_{0.025}(27)=2.0518$$

であり，推定結果から $\widehat{\beta}_1$ の t 値 0.544，$\widehat{\beta}_2$ の t 値 −0.307，$\widehat{\beta}_4$ の t 値 −1.525 は絶対値で 2.0518 より小さい．したがって H_0：$\beta_1=0$，H_0：$\beta_2=0$，H_0：$\beta_4=0$ は棄却されない．しかしこのことは $(\beta_1, \beta_2, \beta_3, \beta_4, \beta_5)=(0, 0, \beta_3, 0, \beta_5)$ すなわち3個のパラメータ β_1，β_2，β_4 が同時に0という仮説が棄却されなかったということを意味しない．

（14.38）式によって

$$H_0：\beta_1=\beta_2=\beta_4=0, \qquad H_1：\beta_1, \beta_2, \beta_4 \text{ の少なくとも1つは0でない}$$

を検定すると

$$f=4.1447>F_{0.05}(3, 27)=2.9604$$

となり，H_0 は棄却され，β_1，β_2，β_4 が同時に0という仮説は棄却される．

(b)　H_0：$\beta_2=\beta_3=\beta_4=\beta_5=0$ の検定

この H_0 を（14.39）式を用いて検定する．完全モデルの OLS 残差平方和は

$$\sum_{i=1}^{n} e_i^2=200.52265$$

であり，H_0 のもとでの OLS 残差平方和は

$$\sum_{i=1}^{n} e_i^{*2}=\sum_{i=1}^{n}(Y_i-\overline{Y})^2=2721.5$$

$$n=32, \qquad q=4, \qquad s^2=7.44104$$

であるから，（14.39）式を用いて

$$f=84.6855>F_{0.05}(4, 27)=2.7278$$

が得られ，H_0 は棄却される．

この H_0 の検定は，決定係数を

$$R^2=1-\frac{\sum_{i=1}^{n} e_i^2}{\sum_{i=1}^{n}(Y_i-\overline{Y})^2}$$

と表すと，（14.39）式は

$$F=\frac{n-k}{k}\cdot\frac{R^2}{1-R^2}$$

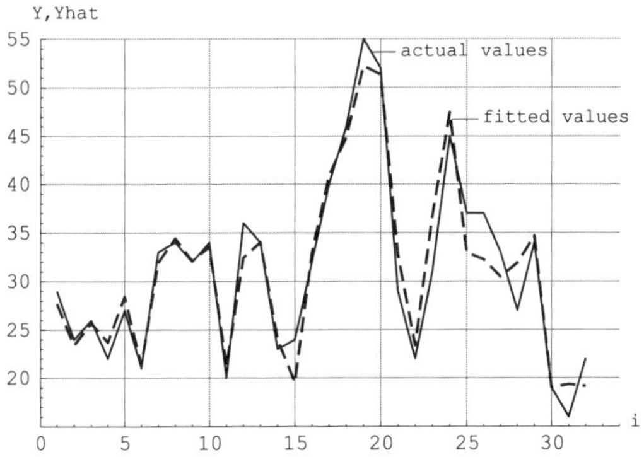

図 14.16 Y と Y の推定値

に等しい．H_0 が正しいとき $R^2=0$ であるから，上式からもわかるように，この H_0 の検定は H_0：$R^2=0$ の検定に等しい．

試行錯誤の結果，次の推定結果を採用することにした．

$$
\underset{\substack{(4.566)\\(-2.24)}}{Y=-10.23}+\underset{\substack{(0.911)\\(3.35)}}{3.05\sqrt{X_3}}-\underset{\substack{(2.148)\\(-2.33)}}{5.00X_4}+\underset{\substack{(2.534)\\(3.73)}}{9.46X_5}
$$

$$
R^2=0.926, \qquad s=2.68
$$

パラメータはいずれも 0 と有意に異なる．この推定結果から得られる Y の推定値と実際値 Y は図 **14.16** に示されている．実線が Y の実際値，点線が Y の推定値である．

ガソリンの温度（X_3），ガソリンの蒸気圧（X_5）が高いほど発生する気体ガスは多くなり，タンク内蒸気圧（X_4）が高いと気体ガスは少なくなる．タンク内の温度（X_2）は Y を説明する系統的要因ではない．

(b)　$\boldsymbol{\beta}=\boldsymbol{\beta}_0$ の検定

$$
Y_i=\beta_1+\beta_2\sqrt{X_{3i}}+\beta_3X_{4i}+\beta_4X_{5i}+u_i
$$

において

$$
\boldsymbol{\beta}_0=(0, 3, -5, 9.5)
$$

とし，(14.34) 式を用いて

$$
H_0：\boldsymbol{\beta}=\boldsymbol{\beta}_0, \qquad H_1：\boldsymbol{\beta}\neq\boldsymbol{\beta}_0
$$

を検定すると

$$f=112.875>F_{0.05}(4,28)=2.714$$

となり，H_0 は $\alpha=0.05$ で棄却される．p 値は 0 であるから，$\alpha=0.01$ でも棄却される．

14.18　許容限界に関する仮説検定

1 ロットから n 個の製品 $X_1,\cdots,X_n$ が無作為に抽出され，製品のある特性（長さ，厚み，重さなど）に注目する．L_ℓ より小さい値をもつ製品の割合が $(1-p)/2\times100\%$ をこえず，かつ L_u より大きな値をもつ製品の割合が $(1-p)/2\times100\%$ をこえないとき，そのロットは受け入れられるという受入れ検査を考えよう．

$$X_i\sim\mathrm{NID}(\mu,\sigma^2),\qquad i=1,\cdots,n$$

を仮定する．$z_{(1-p)/2}$ を $N(0,1)$ の上側確率 $(1-p)/2$ を与える分位点とすると，上述の受入れ検査は，もし標本が

$$L_\ell<\mu-z_{(1-p)/2}\sigma \quad かつ \quad \mu+z_{(1-p)/2}\sigma<L_u$$

を示していればロットを受け入れるという検査である．

仮説は次のように設定される．

$$H_0：L_\ell\geq\mu-z_{(1-p)/2}\sigma \quad あるいは \quad \mu+z_{(1-p)/2}\sigma\geq L_u$$

$$H_1：L_\ell<\mu-z_{(1-p)/2}\sigma \quad かつ \quad \mu+z_{(1-p)/2}\sigma<L_u$$

もし H_0 が真ならばロットは受け入れられない．検定によって H_0 が棄却され，H_1 が支持されるならばロットは受け入れられる．

μ，σ は未知であるから，それぞれ $\bar{X}$，S で推定し，有意水準を α とすると

$$L_\ell\leq\bar{X}-\lambda_n S \quad かつ \quad \bar{X}+\lambda_n S\leq L_u$$

のとき H_0 を棄却して H_1 が支持されロットを受け入れる．λ_n は

$$P(\bar{X}-\lambda_n S\geq L_\ell \quad かつ \quad \bar{X}+\lambda_n S\leq L_u\,|\,H_0)=\alpha$$

すなわち

$$P(\bar{X}-\lambda_n S>\mu-z_{(1-p)/2}\sigma \quad かつ \quad \bar{X}+\lambda_n S<\mu+z_{(1-p)/2}\sigma)=\alpha \qquad (14.40)$$

を満たすように決定される．

$$Z_n=\frac{\bar{X}-\mu}{\sigma}$$

とすると，(14.40) 式は

$$P\left(\frac{Z_n+z_{(1-p)/2}}{\frac{S}{\sigma}}>\lambda_h \quad \text{かつ} \quad \frac{-Z_n+z_{(1-p)/2}}{\frac{S}{\sigma}}>\lambda_h\right)=\alpha \tag{14.41}$$

と表すことができる．

$$Z_n=\frac{\bar{X}-\mu}{\sigma}\sim N\left(0,\frac{1}{n}\right)$$

であるから

$$Z=\sqrt{n}Z_n\sim N(0,1)$$

である．この Z を用いると (14.41) 式は

$$P\left(\frac{\frac{Z}{\sqrt{n}}+z_{(1-p)/2}}{\frac{S}{\sigma}}>\lambda_h \quad \text{かつ} \quad \frac{\frac{-Z}{\sqrt{n}}+z_{(1-p)/2}}{\frac{S}{\sigma}}>\lambda_h\right)$$

$$=P\left(\frac{Z+\sqrt{n}z_{(1-p)/2}}{\sqrt{n}\frac{S}{\sigma}}>\lambda_h \quad \text{かつ} \quad \frac{-Z+\sqrt{n}z_{(1-p)/2}}{\sqrt{n}\frac{S}{\sigma}}>\lambda_h\right)$$

$$=\alpha \tag{14.42}$$

と書き直すことができる．

$$\delta=\sqrt{n}z_{(1-p)/2}$$

$$U^2=\frac{S^2}{\sigma^2}\sim\frac{\chi^2(n-1)}{n-1}$$

とおくと，(14.42) 式は

$$P(Z>-\delta+\sqrt{n}\lambda_h U \quad \text{かつ} \quad -Z>-\delta+\sqrt{n}\lambda_h U)=\alpha \tag{14.43}$$

と表すことができる．(14.43) 式は

$$-\delta+\sqrt{n}\lambda_h U<\delta-\sqrt{n}\lambda_h U$$

のときのみ，すなわち

$$\delta>\sqrt{n}\lambda_h U$$

すなわち

$$U^2<\frac{\delta^2}{n{\lambda_h}^2}$$

のときのみ成立する．したがって (14.43) 式は

$$E_U\left\{P\left(-\delta+\sqrt{n}\lambda_h U<Z<\delta-\sqrt{n}\lambda_h U \,\middle|\, U^2<\frac{\delta^2}{n{\lambda_h}^2}\right)\right\}=\alpha \tag{14.44}$$

と表すことができる．

$$(n-1)\,U^2 = V \sim \chi^2(n-1)$$

であるから

$$U^2 < \frac{\delta^2}{n\lambda_h{}^2} \Rightarrow V < \frac{(n-1)\,\delta^2}{n\lambda_h{}^2}$$

$$U = \frac{\sqrt{V}}{\sqrt{n-1}}$$

となり，カイ 2 乗分布する V を用いて (14.44) 式を表すと

$$E_V\left\{P\left(-\delta + \frac{\lambda_h\sqrt{nV}}{\sqrt{n-1}} < Z < \delta - \frac{\lambda_h\sqrt{nV}}{\sqrt{n-1}} \,\middle|\, V < \frac{(n-1)\,\delta^2}{n\lambda_h{}^2}\right)\right\} = \alpha \tag{14.45}$$

となる.

$$P\left(-\delta + \frac{\lambda_h\sqrt{nV}}{\sqrt{n-1}} < Z < \delta - \frac{\lambda_h\sqrt{nV}}{\sqrt{n-1}}\right)$$

$$= 2\Phi\left(\delta - \frac{\lambda_h\sqrt{nV}}{\sqrt{n-1}}\right) - 1$$

$$V \sim \chi^2(n-1)$$

であるから，λ_h は

$$\frac{1}{2^{\frac{n-1}{2}}\Gamma\left(\frac{n-1}{2}\right)} \int_0^a \left[2\Phi\left(\delta - \frac{\lambda_h\sqrt{nv}}{\sqrt{n-1}}\right) - 1\right] \exp\left(-\frac{v}{2}\right) v^{\frac{n-1}{2}-1} dv = \alpha \tag{14.46}$$

の解として得られる. ここで

$$a = \frac{(n-1)\,\delta^2}{n\lambda_h{}^2}$$

である.

λ_h の値は Krishnamoorthy and Mathew (2009) の Table B4 に示されている.

$\alpha = 0.10,\ 0.05,\ 0.01$

$p = 0.70,\ 0.80,\ 0.90,\ 0.95,\ 0.98,\ 0.99$

$n = 2(1)80(5)100(25)300(50)500(100)800, 1000$

に対する λ_h の値である.

$\alpha = 0.05$，$p = 0.90$，0.95，0.99 のとき Table B4 の一部を示すと**表 14.11** が λ_h の値である.

表 14.11　λ_h の値($\alpha=0.05$)

	p		
n	0.90	0.95	0.99
10	2.375	2.881	3.877
15	2.165	2.616	3.502
20	2.064	2.488	3.322
25	2.003	2.411	3.213
30	1.962	2.359	3.139
35	1.931	2.320	3.085
40	1.908	2.291	3.043
45	1.889	2.267	3.009
50	1.873	2.248	2.982
100	1.796	2.150	2.845

出所：Krishnamoorthy and Mathew (2009), Table B4

例 14.9

シャフトの直径の基本的なサイズは1.5インチ，許容限界は (1.4968, 1.4985) である．この許容限界内にシャフトのどれだけの割合が入るかをチェックしたい．24個のシャフトが無作為に抽出され，直径が測られた．その値が**表 14.12** に示されている．この標本データからシャフトの少なくとも95%がこの許容限界内に入るかどうか検定したい．仮説は

$$H_0: 1.4968 \geq \mu - z_{(1-p)/2}\sigma \quad \text{あるいは} \quad \mu + z_{(1-p)/2}\sigma \geq 1.4985$$

$$H_1: 1.4968 < \mu - z_{(1-p)/2}\sigma \quad \text{かつ} \quad \mu + z_{(1-p)/2}\sigma < 1.4985$$

である．$\alpha=0.05$ とすると，Krishnamoorthy and Mathew (2009) Table B4 の $\alpha=0.05$，$p=0.95$，$n=24$ より $\lambda_h=2.424$ である．

$$\bar{X}=1.4975542, \qquad S=0.00047455166$$

が表 14.12 より得られるから

$$\bar{X}-\lambda_h S=1.4964$$

$$\bar{X}+\lambda_h S=1.4987$$

表 14.12　シャフトの直径

1.4970	1.4972	1.4970	1.4973	1.4979	1.4978	1.4974	1.4975
1.4981	1.4980	1.4981	1.4984	1.4972	1.4979	1.4974	1.4968
1.4978	1.4973	1.4973	1.4974	1.4974	1.4987	1.4973	1.4971

出所：Krishnamoorthy and Mathew (2009), p. 36, Table 2.4

となる．1.4964は許容限界の1.4968より小さく，1.4987は許容限界の1.4985をこえ，H_0を棄却できない．すなわちシャフトの95%が仕様の許容限界内にあると主張することはできない．

$\alpha=0.05$，$p=0.90$，$n=24$のとき$\lambda_h=2.013$であるから

$$\bar{X}-\lambda_h S=1.4966, \qquad \bar{X}+\lambda_h S=1.4985$$

となり，1.4985は許容上限界1.4985に等しいが，1.4966は許容限界1.4968より小さい．したがってシャフトの90%が仕様の許容限界内にあるとも主張できない．

$\alpha=0.05$，$p=0.80$，$n=24$のとき$\lambda_h=1.543$であるからこのとき

$$\bar{X}-\lambda_h S=1.4968, \qquad \bar{X}+\lambda_h S=1.4983$$

となり，$p=0.80$のとき許容限界内に入るから，シャフトの10%より多くは1.4968より小さくなることはなく，10%より多くが1.4985をこえることはないと主張することができる．

仕様の許容限界が

$$1.50\pm\delta$$

の形であれば例13.12で示した方法を適用できるが，このシャフトの仕様は1.5をこえないということが要求されており，この形をしていない．

ところで，このシャフト24個の標本は正規母集団からの無作為標本であることが仮定されている．24個のデータの正規確率プロットは**図14.17**になり，正規性を疑うべきパターンは示していない．標本歪度$\sqrt{b_1}=0.6664$，標本尖度

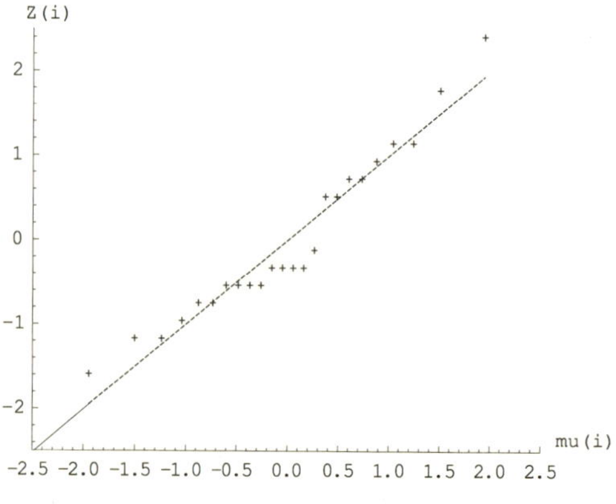

図14.17 シャフトの正規確率プロット

2.7676 であり，次章の正規性検定統計量も非正規性を検出せず，正規性の仮定は満たされている（この例 14.9 は Krishnamoorthy and Mathew (2009), p. 36, Example 2.4 に依る）.

15

正規性の検定

正規分布の仮定は t 分布を用いる μ の信頼区間，仮説検定，カイ 2 乗分布を用いる σ^2 の信頼区間，仮説検定，F 分布を用いる分散比の信頼区間，仮説検定，多変量正規分布における μ の信頼域，13 章で説明した μ の許容区間等々を支えている．

この正規性の仮定を本章で検定する．正規確率プロットの型と確率分布との対応を知ることによって，非正規性をかなりの程度，目で判断することができる．

いくつかの正規性検定統計量とその特徴を説明し，モンテ・カルロ実験によって，検定統計量の $P(\mathrm{I})$ と検定力を比較する．

15.1　正規確率プロット

正規確率プロットについてはすでに 10.11.2 項でその作成方法と，正規分布の場合には $(\mu_{(i)}, Z_{(i)})$ 平面で直線の近くに散らばっているということを説明した．正規確率プロットの代表的な型とその見方を示そう．歪度を $\sqrt{\beta_1}$，尖度を β_2 と表す．n はすべて 100 の乱数からのプロットである．

(1)　正規分布

$$\sqrt{\beta_1}=0, \qquad \beta_2=3$$

図 15.1(a) は標準正規分布の pdf，図 15.1(b) はこの標準正規分布に従う 100 個の正規乱数の正規確率プロットである．10.11.2 項で述べたように直線

$$Z_{(i)}=\mu_{(i)}$$

のまわりの散らばりである．

(2)　ラプラス分布

$$\sqrt{\beta_1}=0, \qquad \beta_2=6$$

パラメータ μ，ϕ のラプラス分布に従う X を

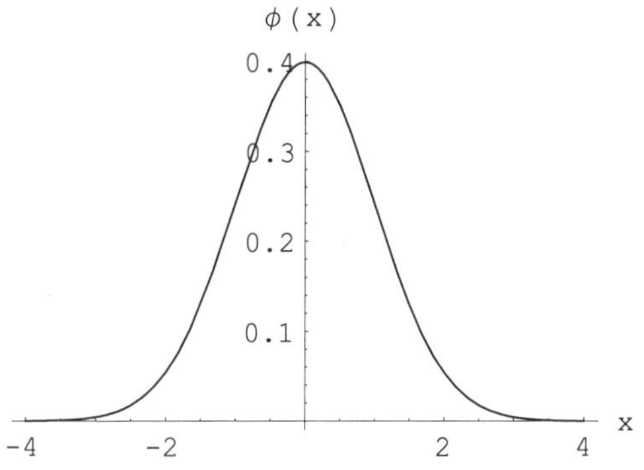

図 15.1(a)　標準正規分布

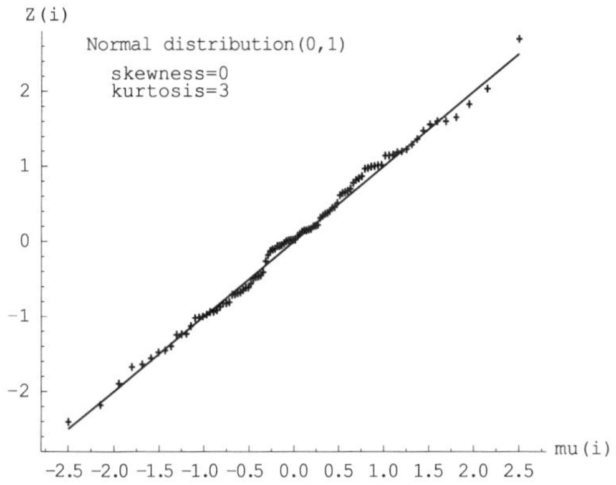

図 15.1(b)　正規分布の正規確率プロット

$$X \sim \mathrm{Laplace}(\mu, \phi)$$

と表すと，X の pdf，期待値および分散は次のとおりである．

$$f(x) = \frac{1}{2\phi}\exp\left[-\frac{|x-\mu|}{\phi}\right], \qquad -\infty < x < \infty$$

$$-\infty < \mu < \infty, \qquad \phi > 0$$

$$E(X) = \mu, \qquad \mathrm{var}(X) = 2\phi^2$$

図 15.2(a) は $\mu=0$，$\phi=1/\sqrt{2}$，したがって $\mathrm{var}(X)=1$ のラプラス分布の pdf（実線）と $N(0,1)$ の pdf（点線），図 15.2(b) はラプラス分布の正規確率プロットであり，$\beta_2>3$ の分布の典型的な型である．

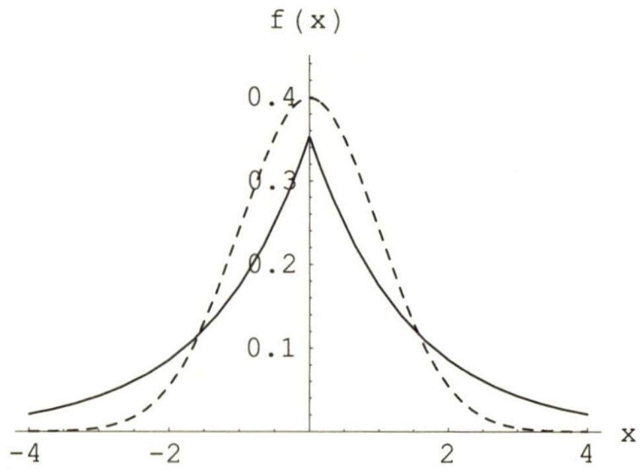

図 15.2(a) ラプラス分布 $(0, 1/\sqrt{2})$ と $N(0,1)$

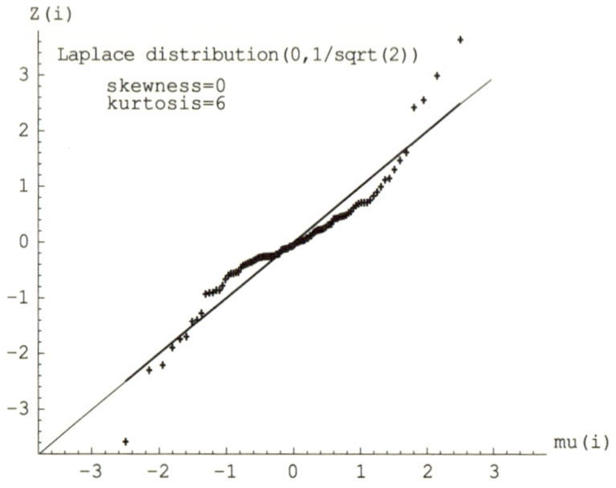

図 15.2(b) ラプラス分布 $(0, 1/\sqrt{2})$ の正規確率プロット

(3) 誤差分布(0, 1, 0.1)

$$\sqrt{\beta_1}=0, \qquad \beta_2=1.824$$

パラメータ μ, ϕ, γ の誤差分布の pdf は次式である.

$$f(x)=\frac{\exp\left[-\frac{1}{2}\left|\frac{x-\mu}{\phi}\right|^{\frac{2}{\gamma}}\right]}{2^{\frac{\gamma}{2}+1}\Gamma\left(\frac{\gamma}{2}+1\right)\phi}, \qquad -\infty<x<\infty$$

$$-\infty<\mu<\infty, \quad \phi>0, \quad \gamma>0$$

期待値, 分散, 歪度, 尖度は以下のとおりである.

$$E(X)=\mu, \qquad \mathrm{var}(X)=\frac{2^{\gamma}\phi^{2}\Gamma\left(\frac{3\gamma}{2}\right)}{\Gamma\left(\frac{\gamma}{2}\right)}$$

$$\sqrt{\beta_1}=0, \qquad \beta_2=\frac{\Gamma\left(\frac{5\gamma}{2}\right)\Gamma\left(\frac{\gamma}{2}\right)}{\left[\Gamma\left(\frac{3\gamma}{2}\right)\right]^{2}}$$

図 15.3(a) は $\mu=0$, $\phi=1$, $\gamma=0.1$ の誤差分布，したがって $E(X)=0$, $\mathrm{var}(X)=0.34241$, $\sqrt{\beta_1}=0$, $\beta_2=1.82444$ の誤差分布の pdf（実線）と $N(0, 0.34241)$ の pdf（点線）である．**図 15.3(b)** はこの誤差分布の正規確率プロットであり，$\beta_2<3$ の分布の典型的な型である．S 型とよばれることもある．

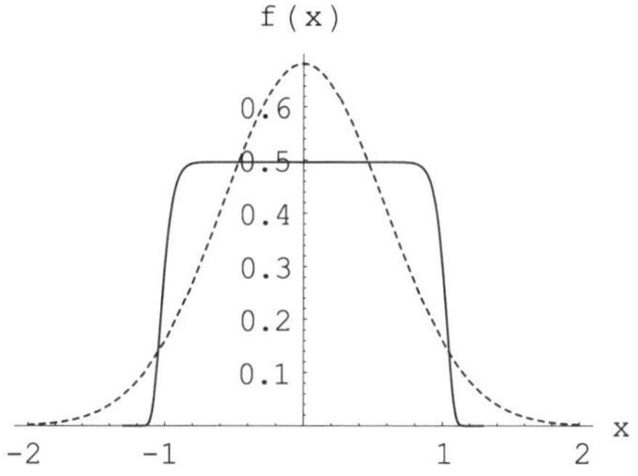

図 15.3(a)　誤差分布(0, 1, 0.1) と $N(0, 0.3424)$

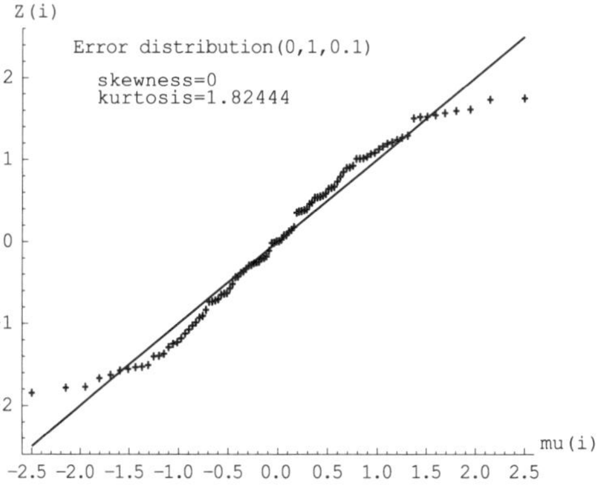

図 15.3(b)　誤差分布(0, 1, 0.1) の正規確率プロット

このよび方をすれば (2) の $\beta_2>3$ のケースは逆 S 型である.

(4)　ベータ分布 BETA(2, 6)

$$\sqrt{\beta_1}=0.69282, \qquad \beta_2=3.10909$$

パラメータ p, q のベータ分布に従う X を

$$X\sim \mathrm{BETA}(p, q)$$

と表すと, X の pdf, 期待値, 分散, 歪度および尖度は以下のとおりである.

$$f(x)=\frac{x^{p-1}(1-x)^{q-1}}{B(p, q)}, \qquad 0\leq x\leq 1$$

$$p>0, \quad q>0$$

ここで $B(p, q)$ はベータ関数

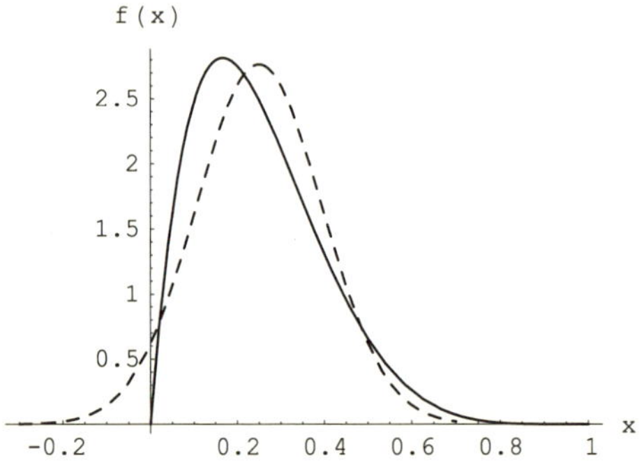

図 15.4(a)　BETA(2, 6) と $N(0.25, 0.020833)$

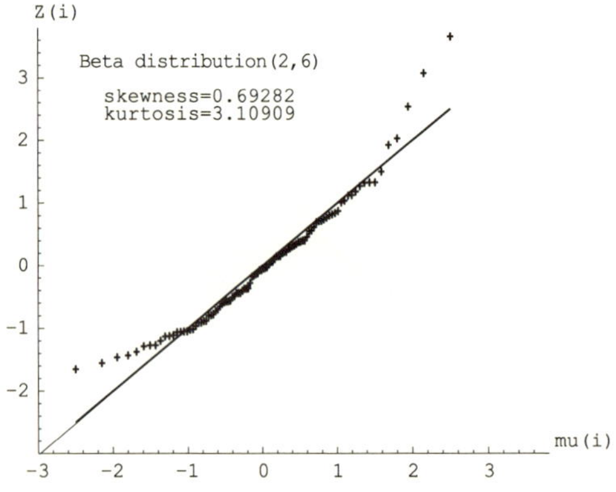

図 15.4(b)　BETA(2, 6) の正規確率プロット

$$B(p,q)=\int_0^1 u^{p-1}(1-u)^{q-1}du$$

である．

$$E(X)=\frac{p}{p+q},\qquad \mathrm{var}(X)=\frac{pq}{(p+q)^2(p+q+1)}$$

$$\sqrt{\beta_1}=\frac{2(q-p)(p+q+1)^{\frac{1}{2}}}{(p+q+2)(pq)^{\frac{1}{2}}}$$

$$\beta_2=3+\frac{6(p-q)^2(p+q+1)}{pq(p+q+2)(p+q+3)}-\frac{6}{p+q+3}$$

図 15.4(a) は $p=2$, $q=6$, したがって $E(X)=0.25$, $\mathrm{var}(X)=0.020833$, $\sqrt{\beta_1}=0.69282$, $\beta_2=3.10909\fallingdotseq 3.0$ のベータ分布の pdf（実線）と $N(0.25, 0.020833)$ の pdf（点線）である．**図 15.4(b)** はこのベータ分布の正規確率プロットであり，$\sqrt{\beta_1}>0$, $\beta_2\fallingdotseq 3$ の典型的な型であり，J 型とよばれることもある．

(5)　**ベータ分布 BETA(8, 3)**

$$\sqrt{\beta_1}=-0.54393,\qquad \beta_2=2.98352$$

$p=8$, $q=3$ のベータ分布の $E(X)=0.72728$, $\mathrm{var}(X)=0.016529$, $\sqrt{\beta_1}=-0.54393$, $\beta_2=2.98352$ となる．**図 15.5(a)** はこのベータ分布の pdf（実線）と $N(0.72728, 0.016529)$ の pdf（点線）であり，**図 15.5(b)** は正規確率プロットである．このプロットは $\beta_2\fallingdotseq 3$, $\sqrt{\beta_1}<0$ の典型的なパターンであり，逆 J 型とよばれることもある．

以上 (1)～(5) が正規確率プロットの典型的な型である．とくに分布の両すそに注目して正規分布の pdf と比較し，正規確率プロットを見て頂きたい．pdf の下側のすそが正規分布より厚ければ，正規分布から予想されるよりも小さな値が多く現れ，$Z_{(i)}$ の値は $\mu_{(i)}$ より小さくなり，直線の下にプロットされる．逆に pdf の下側のすそが正規分布より薄ければ，正規分布から予想されるよりも小さな値は少ないから，$Z_{(i)}$ の値は $\mu_{(i)}$ より大きくなり直線の上にプロットされる．分布の上側のすそについても同様に考えればよい．

以下 (6)～(9) はいずれも $\sqrt{\beta_1}\neq 0$ かつ $\beta_2\neq 3$ の分布と正規確率プロットである．とくに pdf の両すそを正規分布と比較し，上記の説明を参考にしつつ，正規確率プロットをチェックされるとよい．

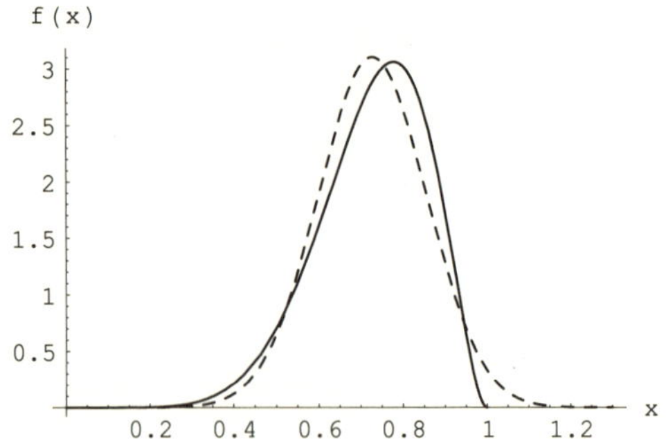

図 15.5(a) BETA(8, 3) と $N(0.72728, 0.016529)$

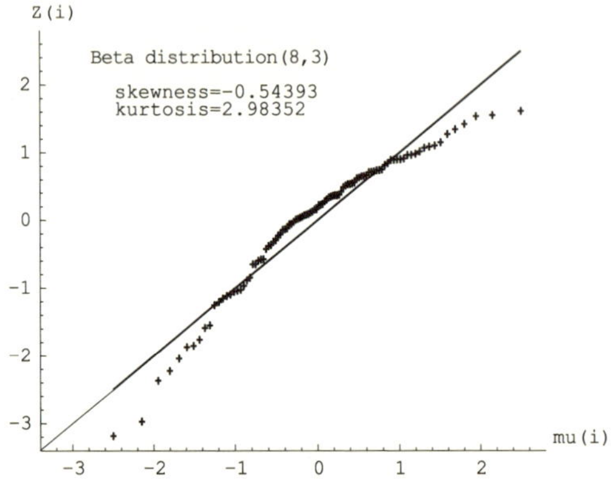

図 15.5(b) BETA(8, 3)の正規確率プロット

(6) 対数正規分布(−0.2, 0.15)

$$\sqrt{\beta_1}=1.27196, \qquad \beta_2=6.00832$$

X がパラメータ μ, σ^2 の対数正規分布，すなわち

$$\log X \sim N(\mu, \sigma^2)$$

に従うとき，X の pdf，期待値，分散，歪度，尖度は 7.1 節に示されている．$\mu=-0.2$, $\sigma^2=0.15$ のとき

$$E(X)=0.8825, \qquad \mathrm{var}(X)=0.12604$$

$$\sqrt{\beta_1}=1.27196, \quad \beta_2=6.00832$$

となる．

図 15.6(a) はこの X の pdf（実線）と $N(0.8825, 0.12604)$ の pdf（点

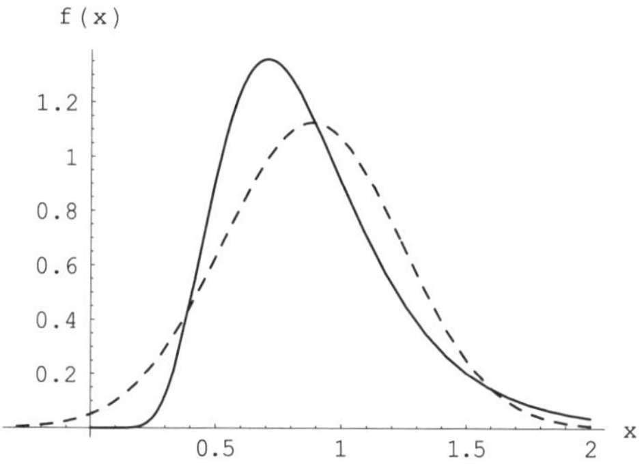

図 15.6(a) 対数正規分布($-0.2, 0.15$)と$N(0.8825, 0.12604)$

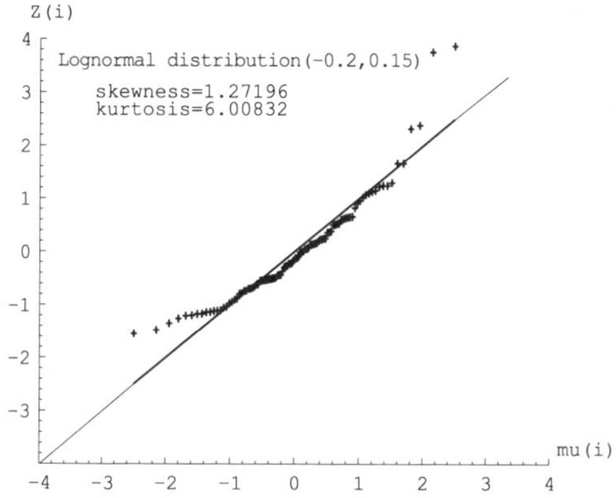

図 15.6(b) 対数正規分布($-0.2, 0.15$)の正規確率プロット

線), **図 15.6(b)** は X の正規確率プロットである.

(7) ジョンソン SU (2, 3)

$$\sqrt{\beta_1}=-0.642, \qquad \beta_2=4.091$$

ジョンソン分布システムに属するパラメータ γ, δ の SU の pdf は次式で与えられる.

$$f(x)=\frac{\delta}{\sqrt{2\pi}\sqrt{x^2+1}}\exp\left\{-\frac{1}{2}\left[\gamma+\delta\log\left(x+\sqrt{x^2+1}\right)\right]^2\right\}$$

$$-\infty<x<\infty, \qquad -\infty<\gamma<\infty, \qquad \delta>0$$

$\gamma=2$, $\delta=3$ のとき

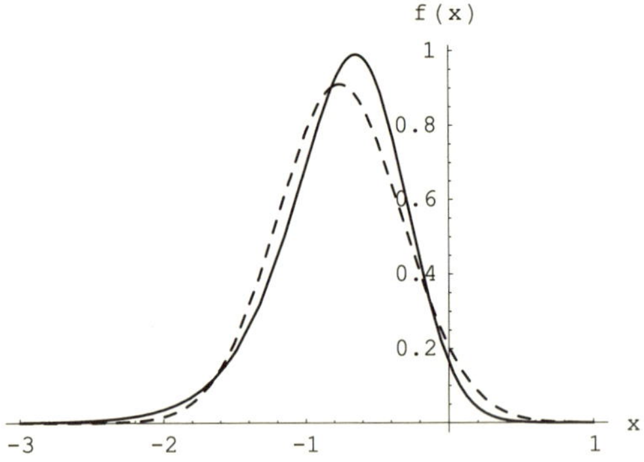

図 15.7(a) SU(2, 3)と$N(-0.758, 0.192)$

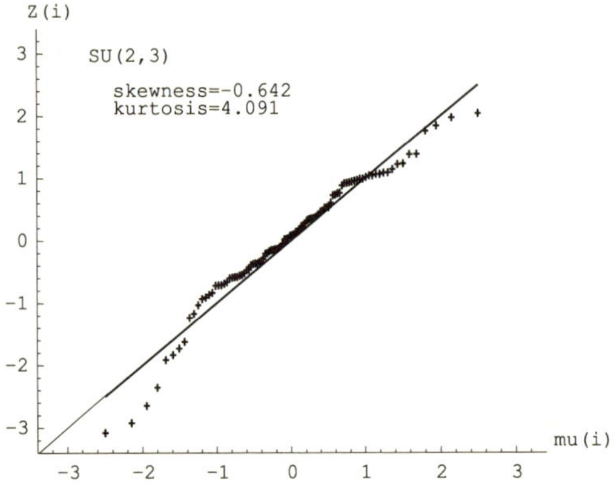

図 15.7(b) SU(2, 3)の正規確率プロット

$$E(X)=-0.758, \qquad \mathrm{var}(X)=0.192$$

$$\sqrt{\beta_1}=-0.642, \qquad \beta_2=4.091$$

になる．

図 15.7(a) はこの SU(2, 3) の pdf（実線）と $N(-0.758, 0.192)$ の pdf（点線）であり，**図 15.7(b)** は SU(2, 3) の正規確率プロットである．

(8)　**ジョンソン SB(0.5, 1, 0, 1)**

$$\sqrt{\beta_1}=0.3578, \qquad \beta_2=2.3241$$

ジョンソン分布システムに属するパラメータ γ，δ，a，b の SB の pdf は次式で与えられる．

$$f(x)=\frac{\delta(b-a)}{(x-a)(b-x)\sqrt{2\pi}}\exp\left\{-\frac{1}{2}\left[\gamma+\delta\log\left(\frac{x-a}{b-x}\right)\right]^2\right\}$$

$$a<x<b,\quad -\infty<\gamma<\infty,\quad \delta>0,\quad b>a,\quad -\infty<a<\infty$$

$\gamma=0.5$, $\delta=1$, $a=0$, $b=1$ のとき

$$E(X)=0.398,\quad \mathrm{var}(X)=0.0406$$

$$\sqrt{\beta_1}=0.3578,\quad \beta_2=2.3241$$

となる．

図 15.8(a) はこのパラメータの SB の pdf（実線）と $N(0.398, 0.0406)$ の pdf（点線）であり，**図 15.8(b)** はこの SB の正規確率プロットである．

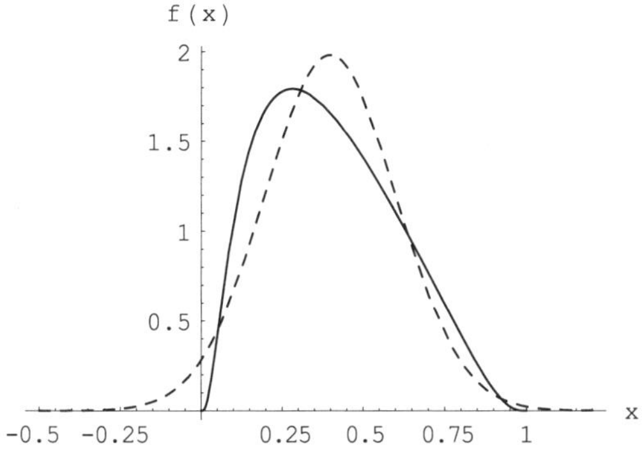

図 15.8(a)　SB(0.5, 1) と $N(0.398, 0.0406)$

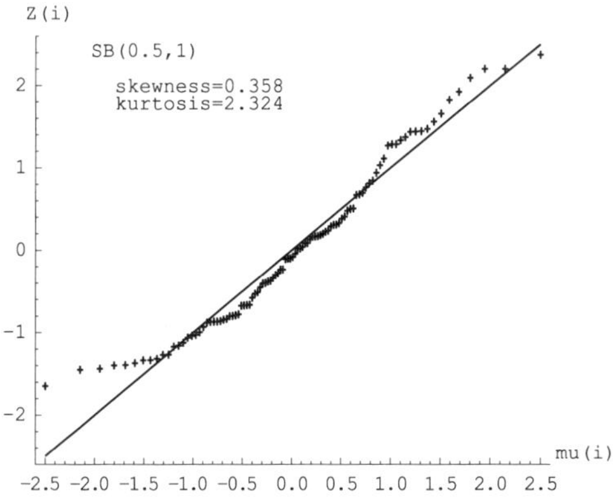

図 15.8(b)　SB(0.5, 1) の正規確率プロット

(9)　SB(−0.5, 1, −2, 2)

$$\sqrt{\beta_1}=-0.3578, \qquad \beta_2=2.3241$$

$\gamma=-0.5$, $\delta=1$, $a=-2$, $b=2$ の SB に従う X の

$$E(X)=0.4081, \qquad \mathrm{var}(X)=0.6497$$

$$\sqrt{\beta_1}=-0.3578, \qquad \beta_2=2.3241$$

となる．

図 15.9(a) はこのパラメータの SB の pdf（実線）と $N(0.4081, 0.6497)$ の pdf（点線），**図 15.9(b)** は SB の正規確率プロットである．

例 15.1

図 15.10 は 2008 年 1 月 4 日から 2010 年 12 月 30 日まで 733 営業日の日経平均株価（午後 5 時終値）NIKKEI の対数

$$X=\log(\mathrm{NIKKEI})$$

である．

$$Y=100\times \Delta X$$

は NIKKEI の変化率（% 表示）を与える．Y を規準化した柱状図とカーネル密度関数および $N(0,1)$ のグラフが**図 15.11** に示されている．この図 15.11 から Y は正規分布には従っていそうもないことがわかる．**図 15.12** は Y の正規確率プロットであり，図 15.2(b) の $\beta_2>3$ の型を示している．実際，Y の標本歪度 $\sqrt{b_1}=-0.3394$，標本尖度 $b_2=9.0564$ であり，$\sqrt{\beta_1}<0$，$\beta_2>3$ が予想される．

正規確率プロットは，プロットの型によって非正規性，さらに歪度と尖度に関する情報を読み取ることが可能であり，目による判断方法としてすぐれた正規性検定の方法である．しかし標本の大きさが小さい（$n\leq 16$）とき，正規確率プロットはしばしば線形性から著しく乖離することがある．大標本（$n\geq 30$ ぐらい）においてはプロットの検出力はよい．正規確率プロットによって正規性を検定する場合，通常，少なくとも約 20 ぐらいの n が必要である．

次に正規性検定量を説明する．きわめて多くの正規性検定統計量があるが代表的な検定統計量のみに限定する．

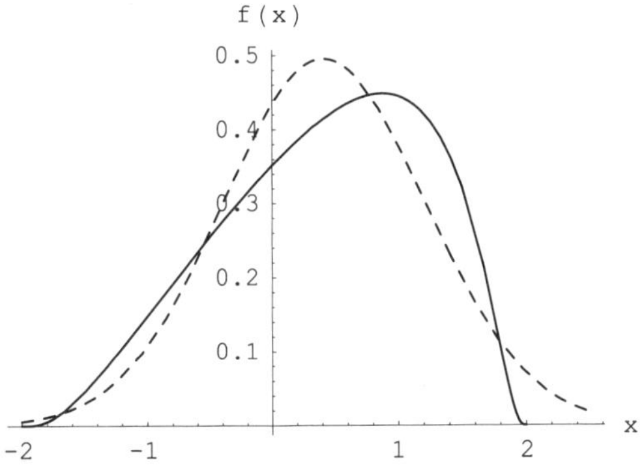

図 15.9(a)　SB(−0.5, 1) と $N(0.4081, 0.6497)$

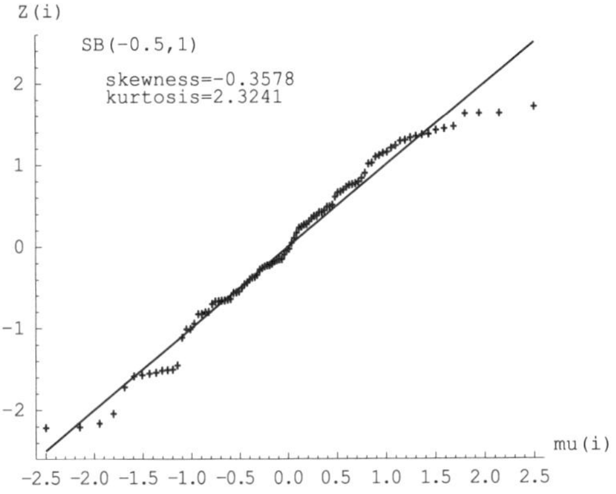

図 15.9(b)　SB(−0.5, 1) の正規確率プロット

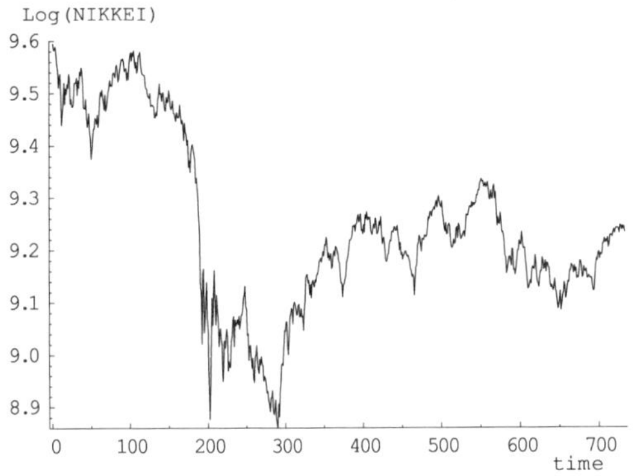

図 15.10　log(NIKKEI), 2008/1/4〜2010/12/30

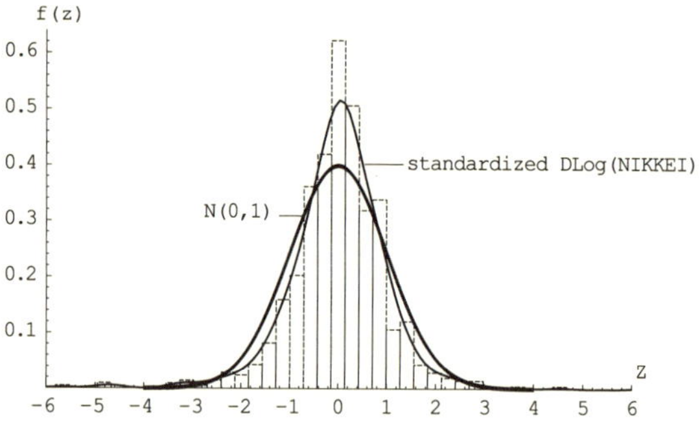

図 15.11　規準化$\Delta\log$(NIKKEI)と$N(0,1)$

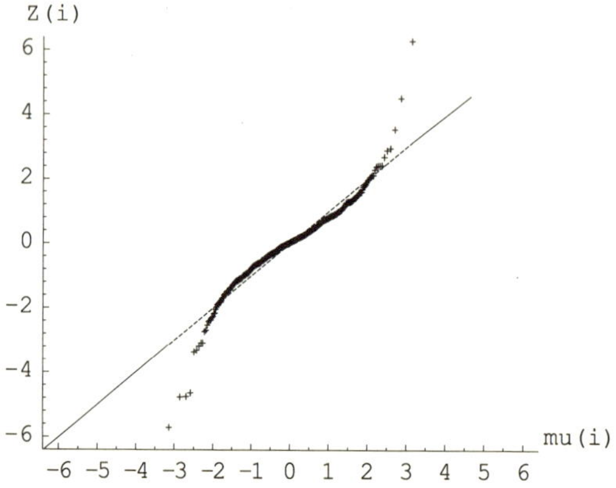

図 15.12　$\Delta\log$(NIKKEI)の正規確率プロット

15.2　歪度と尖度を用いる正規性の検定

歪度$\sqrt{\beta_1}$と尖度β_2を用いて正規性検定がなぜ可能であるかをまず示しておこう．

(3.55) 式のエッジワース展開の$\lambda_3=\sqrt{\beta_1}$，$\lambda_4=\beta_2-3$であるから，(3.55) 式のエッジワース展開は次のように表すこともできる．

$$F_n(x)=\Phi(x)-\phi(x)\left\{\frac{1}{3!\sqrt{n}}\sqrt{\beta_1}H_2(x)\right.$$
$$+\left[\frac{1}{4!}(\beta_2-3)H_3(x)+\frac{10}{6!}(\sqrt{\beta_1})^2H_5(x)\right]\left.\frac{1}{n}\right\}$$
$$+R_n(x) \tag{15.1}$$
$$\lim_{n\to\infty} nR_n(x)=0$$

このエッジワース展開から，$F_n(x)$ の $\Phi(x)$ との乖離 $|F_n(x)-\Phi(x)|$ は，$\sqrt{\beta_1}$ と β_2-3 に依存していることがわかる．$\sqrt{\beta_1}$ と β_2-3 がともに 0 かどうかは正規性からの乖離を示す尺度になる．

したがって $\sqrt{\beta_1}$ と β_2 の推定量を用いて正規性検定が可能になる．$\sqrt{\beta_1}$ と β_2 の推定量はそれぞれ

$$\sqrt{b_1}=\frac{m_3}{m_2^{\frac{3}{2}}} \tag{15.2}$$

$$b_2=\frac{m_4}{m_2^{2}} \tag{15.3}$$

によって与えられることはすでに述べた（9.11 節，9.12 節）．

また

$$\begin{aligned}
&E(\sqrt{b_1})=0\\
&\mathrm{var}(\sqrt{b_1})=\frac{6(n-2)}{(n+1)(n+3)}\approx\frac{6}{n}\\
&E(b_2)=\frac{3(n-1)}{n+1}\approx 3\\
&\mathrm{var}(b_2)=\frac{24n(n-2)(n-3)}{(n+1)^2(n+3)(n+5)}\approx\frac{24}{n}
\end{aligned} \tag{15.4}$$

である（(9.24) 式，(9.28) 式）．

(1)　ジャルク-ベラ検定

この $\sqrt{b_1}$ と b_2 は，正規分布においても

$$E(b_1b_2)=\frac{216n^2(n-1)^2}{(n-2)^2(n+1)(n+3)(n+5)(n+7)}$$
$$\rho(b_1,b_2)\fallingdotseq\left(\frac{27}{n}\right)^{\frac{1}{2}},\qquad \rho \text{ は相関係数} \tag{15.5}$$

であるから $\sqrt{b_1}$ と b_2 は独立ではない（Stuart and Ord (1994)，p. 454）．たとえば $n=100$ でも b_1，b_2 の相関係数は 0.52 とまだかなり高い．

X_i, $i=1,\cdots,n$ が正規分布からの無作為標本である，という仮説

$$H_0: X_i \sim \mathrm{NID}(\mu, \sigma^2)$$

が正しいとしても，$\sqrt{b_1}$ と b_2 は独立ではない．しかし，n が十分大きいならば（$n \geq 100$），Bowman and Shenton（1986）は，$\sqrt{b_1}$ と b_2 はほとんど独立とみなしてもよいと述べている．すでに Bowman and Shenton は 1975 年に次の検定統計量を与えている．$\sqrt{b_1}$ と b_2 を規準化し，漸近的に正規分布による近似と，近似的に独立を仮定して得られた大標本検定である．

$$JB=\left(\frac{\sqrt{b_1}-0}{\sqrt{\dfrac{6}{n}}}\right)^2+\left(\frac{b_2-3}{\sqrt{\dfrac{24}{n}}}\right)^2$$

$$=\frac{nb_1}{6}+\frac{n(b_2-3)^2}{24} \underset{\text{asy}}{\overset{H_0}{\sim}} \chi^2(2) \tag{15.6}$$

歴史的な順序からいえば，(15.6) 式はボウマン-シェントン検定というべきであるが，計量経済学では Jarque and Bera（1987）の論文によってジャルク-ベラ検定の名で知られている．

小標本においては，(15.6) 式のように $\mathrm{var}(\sqrt{b_1})$，$E(b_2)$，$\mathrm{var}(b_2)$ の近似式ではなく，(15.4) 式を用いて規準化した次の修正 JB のほうが，(15.6) 式の JB より検定力が高いと述べたのは，Urzúa（1996）である．

$$CJB=\left\{\frac{\sqrt{b_1}-0}{\sqrt{\dfrac{6(n-2)}{(n+1)(n+3)}}}\right\}^2+\left\{\frac{b_2-\dfrac{3(n-1)}{n+1}}{\sqrt{\dfrac{24n(n-2)(n-3)}{(n+1)^2(n+3)(n+5)}}}\right\}^2$$

$$=\frac{b_1(n+1)(n+3)}{6(n-2)}+\frac{(n+1)^2(n+3)(n+5)}{24n(n-2)(n-3)}\left\{b_2-\frac{3(n-1)}{n+1}\right\}^2$$

$$\underset{\text{asy}}{\overset{H_0}{\sim}} \chi^2(2) \tag{15.7}$$

(15.6) 式は自由度 2 のカイ 2 乗分布を用いる大標本検定であるが，Deb and Sefton（1996）は，有限標本における JB 検定の臨界点を与えた．**表 15.1** はこの臨界点の一部である．

たとえば，$n=100$ のとき，(15.6) 式の JB は自由度 2 のカイ 2 乗分布を用いるから，棄却域を与える上側 10% 点，5% 点はそれぞれ 4.6052，5.9915 であるが，表 15.1 を用いると，それぞれ 3.6703，5.4365 ともう少し小さい．したがって，たとえば $n=100$，$JB=5.8$ のとき自由度 2 のカイ 2 乗分布からは，有意水準 0.05 で H_0 は棄却されないが，表 15.1 からは H_0 が棄却され，正規

表 15.1　*JB* テストの臨界点

n	$\alpha=0.10$	$\alpha=0.05$
20	2.3327	3.7737
30	2.7430	4.3852
40	2.9942	4.7407
50	3.1880	5.0002
75	3.4190	5.3030
100	3.6703	5.4365
150	3.9033	5.5979
200	4.0463	5.7113

出所：Deb and Sefton (1996)

分布ではない，と判断される．

しかし，*JB* テストの検定力は，正規性から大きく乖離している分布以外では高くない．また *CJB* および表 15.1 を用いる検定は第 I 種の過誤が名目サイズより大きくなり，後の検定力テストからは外している．

$\sqrt{b_1}$ と b_2 を用いるオムニバス検定ではなく，$\sqrt{b_1}$ のみを，あるいは b_2 のみを単独に用いて，それぞれ歪度＝0，尖度＝3 の検定をすることができる．

(2)　ダゴスティーノの $\sqrt{\beta_1}=0$ の検定

D'Agostino (1971) は $n>8$ のとき，(9.26) 式で示したように，$\sqrt{b_1}$ を次のように変換することによって，H_0：$\sqrt{\beta_1}=0$ の正規検定ができることを示した．

$$Z_1=\delta\log\left\{\frac{Y}{\alpha}+\left[\left(\frac{Y}{\alpha}\right)^2+1\right]^{\frac{1}{2}}\right\}\overset{H_0}{\sim}N(0,1) \tag{15.8}$$

ここで

$$Y=\sqrt{b_1}\left\{\frac{(n+1)(n+3)}{6(n-2)}\right\}^{\frac{1}{2}}=\sqrt{b_1}\text{ の規準化}$$

$$\gamma=\frac{3(n^2+27n-70)(n+1)(n+3)}{(n-2)(n+5)(n+7)(n+9)}$$

$$B^2=-1+\{2(\gamma-1)\}^{\frac{1}{2}}$$

$$\delta=\frac{1}{\sqrt{\log B}}$$

$$\alpha=\left\{\frac{2}{B^2-1}\right\}^{\frac{1}{2}}$$

である．

対立仮説が $H_1:\sqrt{\beta_1}>0$ あるいは $H_1:\sqrt{\beta_1}<0$ の場合には片側検定，$H_1:\sqrt{\beta_1}\neq 0$ ならば両側検定になる．

$\sqrt{\beta_1}=0$ と仮定できるかどうかだけに関心があるならば，(15.8) 式を用いる検定は意味がある．しかし，いうまでもなく，この検定で H_0 が棄却されなかったとしても，β_2 を考慮していないからそれは正規性を与えるものではない．

(3)　アンスコム-グリンの $\beta_2=3$ の検定

尖度 β_2 の推定値 b_2 が 3 と有意に異なるかどうかを調べることによって急尖的分布 ($\beta_2>3$) か緩尖的分布 ($\beta_2<3$) かを検定することができる．X が正規分布に従うならば，(15.4) 式の $E(b_2)$ と $\mathrm{var}(b_2)$ を用いて b_2 を規準化した

$$Y=\frac{b_2-E(b_2)}{\sqrt{\mathrm{var}(b_2)}}$$

は漸近的に標準正規分布に従うが，この近似は十分大きい n (1000 をこえる n) のときのみ有効である．したがって有限標本におけるもっと精度の高い近似が必要とされる．Anscombe and Glynn (1983) は $n>20$ に対して次のような標準正規分布による近似を与えた．$H_0:\beta_2=3$ の検定統計量である ((9.30) 式)．

$$Z_2=\frac{\left(1-\dfrac{2}{9A}\right)-\left\{\dfrac{1-(2/A)}{1+Y\sqrt{2/(A-4)}}\right\}^{\frac{1}{3}}}{\sqrt{2/(9A)}}\overset{H_0}{\sim}N(0,1) \qquad (15.9)$$

ここで

$$A=6+\frac{8}{\kappa_3}\left\{\frac{2}{\kappa_3}+\sqrt{1+\left(\frac{2}{\kappa_3}\right)^2}\right\}$$

$$\kappa_3=\frac{6(n^2-5n+2)}{(n+7)(n+9)}\sqrt{\frac{6(n+3)(n+5)}{n(n-2)(n-3)}}$$

であり，Y は規準化 b_2 である．

(4)　ダゴスティーノ-ピアソン検定

$\sqrt{b_1}$ を規準化した (15.8) 式の Z_1，b_2 を規準化した (15.9) 式の Z_2 を用いるかばん検定 (portmanteau test)

$$DP=Z_1{}^2+Z_2{}^2\overset{H_0}{\sim}\chi^2(2) \qquad (15.10)$$

はダゴスティーノ-ピアソン検定とよばれる．この検定は，JB が大標本検定であるのに対し，ダゴスティーノによれば $n\geq 20$ でも適用可能である．

15.3 ギアリー検定

Geary (1935) は，対称的な確率分布，すなわち歪度0の対称分布のすその長さは,平均偏差を標準偏差で割った次式で測ることができることに注目した.

$$\delta=\frac{\nu_1}{\sigma} \tag{15.11}$$

ここで

$$\nu_1=E\,|X-\mu|$$
$$\mu=E(X)$$
$$\sigma^2=E(X-\mu)^2$$

である．X が正規分布に従うとき，$\nu_1=\sigma(2/\pi)^{1/2}$ であるから

$$\delta=\left(\frac{2}{\pi}\right)^{\frac{1}{2}}=0.79788456\cdots$$

である．

一般誤差分布を例にして，β_2 と δ の関係を調べてみよう．一般誤差分布の pdf は 15.1 節(3)，$\mu=0$，$\phi=1$ のときのグラフは**図 15.13** に示されている．

一般誤差分布の

$$\nu_1=\frac{2^{\frac{\gamma}{2}}\phi\Gamma(\gamma)}{\Gamma\left(\dfrac{\gamma}{2}\right)}$$

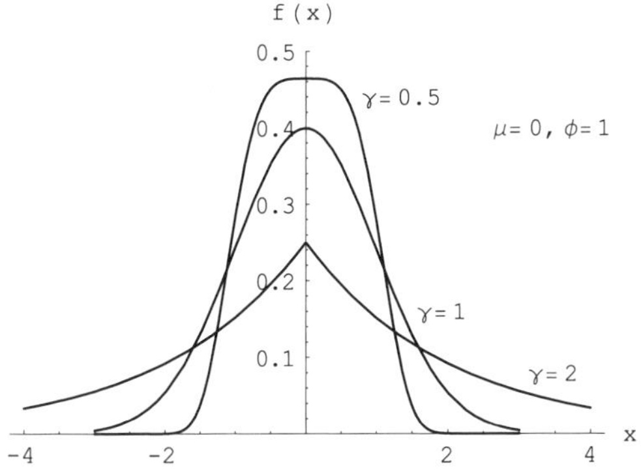

図 15.13　一般誤差分布

$$\delta=\frac{\Gamma(\gamma)}{\left\{\Gamma\left(\frac{3}{2}\gamma\right)\Gamma\left(\frac{\gamma}{2}\right)\right\}^{\frac{1}{2}}}$$

である．$\mu=0$，$\phi=\gamma=1$ のとき，一般誤差分布は $N(0,1)$ になる．

γ を 0.2(0.2)2.0 と動かしたときの β_2 と δ の値は**表 15.2** に示されている．$\gamma=1$ のとき $\beta_2=3$，$\delta=0.79788456\cdots$ の正規分布であり，$\gamma>1$ のとき $\beta_2>3$，$\gamma<1$ のとき $\beta_2<3$ であることが表 15.2 よりわかる（図 15.13 も参照）．また表 15.2 より，すその長い分布（$\beta_2>3$）のとき δ は正規分布のときの 0.798 より小さくなり，すその短い分布（$\beta_2<3$）のとき δ は 0.798 より大きくなることがわかる．

したがって，(15.11) 式の δ に現れる $\nu_1=E(|X-\mu|)$ を $\frac{1}{n}\sum_{i=1}^{n}|X_i-\bar{X}|$，$\sigma$ を $\sqrt{\frac{1}{n}\sum_{i=1}^{n}(X_i-\bar{X})^2}$ によって推定する

$$G1=\frac{\sum_{i=1}^{n}|X_i-\bar{X}|}{\sqrt{n\sum_{i=1}^{n}(X_i-\bar{X})^2}} \tag{15.12}$$

を，「H_0：X は正規分布する」という仮説の検定統計量として用いることができる．9.10 節で説明したギアリーの a がこの $G1$ である．δ の推定値を与える $G1$ の値が 0.798 をこえて大きな値をとるほど $\beta_2<3$ を示唆し，0.798 より小さい値をとるほど $\beta_2>3$ の分布が示唆されるから，検定方式は，臨界点を G_l，G_u とすれば

$G1<G_l$ のとき，すその長い対称分布

$G1>G_u$ のとき，すその短い対称分布

である．Geary (1935) は $G1$ の漸近的分布を導出した．

有意水準を与えたときの臨界点 G_l，G_u の値は柴田 (1981) に示されている．n が十分大きければ，有意水準 α のとき $N(0,1)$ の上側確率 $\alpha/2$ を与える分位点を $z_{\alpha/2}$ とすると，G_l と G_u は次式によって近似することができる．

表 15.2　一般誤差分布の β_2 と δ

γ	0.2	0.4	0.6	0.8	1.0	1.2	1.4	1.6	1.8	2.0
β_2	1.884	2.070	2.322	2.631	3.000	3.433	4.122	4.527	5.209	6.000
δ	0.860	0.848	0.833	0.816	0.798	0.780	0.761	0.743	0.725	0.707

$$G_l \doteqdot \sqrt{\frac{2}{\pi}} - z_{\alpha/2}\sqrt{\frac{1}{n}\left(1-\frac{3}{\pi}\right)}$$
$$G_u \doteqdot \sqrt{\frac{2}{\pi}} + z_{\alpha/2}\sqrt{\frac{1}{n}\left(1-\frac{3}{\pi}\right)} \qquad (15.13)$$

平均偏差 $E(|X-\mu|)$ を，標本中位数 $\tilde{X}$ を用いて

$$\frac{1}{n}\sum_{i=1}^{n}|X_i-\tilde{X}|$$

によって推定した δ の推定量

$$G2=\frac{\sum_{i=1}^{n}|X_i-\tilde{X}|}{\sqrt{n\sum_{i=1}^{n}(X_i-\bar{X})^2}} \qquad (15.14)$$

が用いられることもある．

X_i が正規分布より両すその厚い分布（$\beta_2>3$ の分布）に従うとき，「外れ値」が発生しやすく，$\bar{X}$ は「外れ値」の影響を大きく受ける．$\beta_2>3$ の分布に対しては，$\bar{X}$ ではなく，「外れ値」に頑健な $\tilde{X}$ を用いる $G2$ のほうが $G1$ より検定力は高い．

検定統計量 $G2$ は Uthoff (1973) の U テストともよばれている．$G2$ の漸近的分布は $G1$ と同じになるが，有限標本における臨界点は**表 15.3** に示されているように $G2$ と $G1$ で若干異なる．モンテ・カルロ実験で求められた $G2$

表 15.3　ギアリー検定の臨界点

	$G1$				$G2$			
n	下側 1%	下側 5%	上側 1%	上側 5%	下側 1%	下側 5%	上側 1%	上側 5%
20	0.693	0.730	0.901	0.878	0.678	0.718	0.893	0.869
30	0.709	0.740	0.884	0.863	0.700	0.732	0.877	0.857
40	0.720	0.747	0.873	0.854	0.715	0.740	0.868	0.849
50	0.728	0.752	0.865	0.848	0.724	0.747	0.861	0.844
60	0.734	0.755	0.860	0.844	0.729	0.751	0.856	0.840
70	0.739	0.758	0.855	0.841	0.735	0.755	0.852	0.837
80	0.743	0.761	0.852	0.838	0.739	0.757	0.849	0.835
90	0.746	0.763	0.849	0.835	0.743	0.759	0.846	0.833
100	0.748	0.764	0.846	0.833	0.746	0.762	0.844	0.831
120	0.752	0.767	0.846	0.830	0.750	0.765	0.840	0.828
140	0.755	0.769	0.839	0.828	0.753	0.768	0.837	0.826
150	0.757	0.770	0.837	0.827	0.755	0.769	0.836	0.826

$G1$ の 20 から 100 までは，柴田(1981)付表 3.3，120 から 150 および $G2$ はモンテ・カルロ実験(30,000 回)より．

の臨界点は，Thode (2002) B 9 に示されているが，表 15.3 の $G2$ および $G1$ の 120，140，150 の臨界点は筆者 (蓑谷) の 30,000 回のモンテ・カルロ実験からの値である．

15.7 節に示されているように，ギアリーの正規性検定統計量は $\sqrt{\beta_1}=0$，$\beta_2 \neq 3$ の非正規分布に対して高い検定力をもつ．

15.4　範囲テスト

範囲テスト (range test) は，David, Hartley and Pearson (1954) によって，最初は外れ値の検定統計量および尖度の推定量 b_2 に代わる推定量として提唱された．その後このテストは，対称的 ($\sqrt{\beta_1}=0$) であるが，正規分布より両すその短い ($\beta_2<3$) の分布に対して高い検定力をもつことが示された (Barnett and Lewis, 1994)．

X_i，$i=1,\cdots,n$ は $N(\mu,\sigma^2)$ からの無作為標本であると仮定しよう．順序統計量を

$$X_{(1)} \leq X_{(2)} \leq \cdots \leq X_{(n)}$$

とし

$$W=\sum_{i=1}^{n} c_i X_{(i)}, \qquad \sum_{i=1}^{n} c_i=0$$

$$S^2=\frac{\sum_{i=1}^{n}(X_i-\bar{X})^2}{n-1}$$

とすると $U=W/S$ と S は独立である．

10.9 節でスチューデント化範囲とよんだ $U=W/S$ のカーネル密度関数が $n=10, 40, 100$ に対して図 10.9 に示されている．

$U=W/S$ を用いる正規性検定の臨界点は，David, Hartley and Pearson (1954) にある．Thode (2002) Appendix B 10 にこの臨界点の表が収められている．

n	1%	5%	95%	99%
20	3.01	3.18	4.49	4.79
30	3.27	3.46	4.89	5.25
40	3.46	3.66	5.15	5.54
100	4.09	4.31	5.90	6.36

上の表はその一部である．この表を用いて $n=30$ のとき $U<3.46$ ならば有意水準5% で X_i の分布は正規分布より両すその短い分布と判断する．正規分布より両すその短い分布に対して U は高い検定力をもつから，対立仮説は $\beta_2<3$ が適切である．

15.5 シャピロ-ウィルク検定

15.5.1 シャピロ-ウィルク検定

正規確率プロットと関連している，検定力の高い正規性検定のための重要な検定統計量は，Shapiro and Wilk (1965) の W である．

$Y_i\sim\text{NID}(\mu,\sigma^2)$ とし，Y_i の順序化された値を

$$Y_{(1)}\leq Y_{(2)}\leq\cdots\leq Y_{(n)}$$

とすれば

$$E[Y_{(i)}]=\mu+\sigma\mu_{(i)}$$

である（(10.41) 式）．ここで

$$\mu_{(i)}=E[Z_{(i)}]$$

であり，$Z_{(i)}$ は $Z_i=(Y_i-\mu)/\sigma$ の順序化された値である．

$$E[Y_{(i)}]=\mu+\sigma\mu_{(i)}$$

は

$$Y_{(i)}=\mu+\sigma\mu_{(i)}+\varepsilon_i \tag{15.15}$$

という回帰モデルの期待値である．ここで

$$E(\varepsilon_i)=0 \tag{15.16}$$

$$E(\varepsilon_i\varepsilon_j)=\sigma^2 v_{ij} \tag{15.17}$$

である．そして

$$\boldsymbol{y}_{(i)}=\begin{bmatrix} Y_{(1)} \\ Y_{(2)} \\ \vdots \\ Y_{(n)} \end{bmatrix}, \quad \boldsymbol{X}=\begin{bmatrix} 1 & \mu_{(1)} \\ 1 & \mu_{(2)} \\ \vdots & \vdots \\ 1 & \mu_{(n)} \end{bmatrix}=\begin{bmatrix} 1 & m_1 \\ 1 & m_2 \\ \vdots & \vdots \\ 1 & m_n \end{bmatrix}=[\boldsymbol{i} \quad \boldsymbol{m}]$$

$$\boldsymbol{\beta}=\begin{bmatrix} \mu \\ \sigma \end{bmatrix}, \quad \boldsymbol{\varepsilon}=\begin{bmatrix} \varepsilon_1 \\ \varepsilon_2 \\ \vdots \\ \varepsilon_n \end{bmatrix}$$

とおくと，(15.15) 式～(15.17) 式は次のように表すことができる．

$$\boldsymbol{y}_{(i)}=\boldsymbol{X\beta}+\boldsymbol{\varepsilon} \tag{15.18}$$

$$E(\boldsymbol{\varepsilon})=\boldsymbol{0}$$

$$E(\boldsymbol{\varepsilon\varepsilon}')=\sigma^2\boldsymbol{V}$$

$\boldsymbol{V}$ は正値定符号であるから

$$\boldsymbol{P}'\boldsymbol{VP}=\boldsymbol{I} \tag{15.19}$$

となる非特異行列 $\boldsymbol{P}$ が存在する．$\boldsymbol{P}'$ を (15.18) 式の両辺に左から掛けると

$$\boldsymbol{P}'\boldsymbol{y}_{(i)}=\boldsymbol{P}'\boldsymbol{X\beta}+\boldsymbol{P}'\boldsymbol{\varepsilon} \tag{15.20}$$

となる．

$$E(\boldsymbol{P}'\boldsymbol{\varepsilon})=\boldsymbol{P}'E(\boldsymbol{\varepsilon})=\boldsymbol{0}$$

$$\mathrm{var}(\boldsymbol{P}'\boldsymbol{\varepsilon})=E(\boldsymbol{P}'\boldsymbol{\varepsilon\varepsilon}'\boldsymbol{P})=\boldsymbol{P}'E(\boldsymbol{\varepsilon\varepsilon}')\boldsymbol{P}=\sigma^2\boldsymbol{P}'\boldsymbol{VP}=\sigma^2\boldsymbol{I}$$

となるから，(15.20) 式に OLS を適用すれば $\boldsymbol{\beta}$ の最良線形不偏推定量 (BLUE) が得られる．(15.20) 式の $\boldsymbol{\beta}$ の OLSE を $\hat{\boldsymbol{\beta}}$ とすると

$$\hat{\boldsymbol{\beta}}=(\boldsymbol{X}'\boldsymbol{PP}'\boldsymbol{X})^{-1}\boldsymbol{X}'\boldsymbol{PP}'\boldsymbol{y}_{(i)}$$

である．(15.19) 式より $\boldsymbol{PP}'=\boldsymbol{V}^{-1}$ であるから

$$\hat{\boldsymbol{\beta}}=(\boldsymbol{X}'\boldsymbol{V}^{-1}\boldsymbol{X})^{-1}\boldsymbol{X}'\boldsymbol{V}^{-1}\boldsymbol{y}_{(i)} \tag{15.21}$$

となる．この $\hat{\boldsymbol{\beta}}$ は $\boldsymbol{\beta}$ の一般化最小 2 乗推定量である．

ところが

$$\boldsymbol{X}'\boldsymbol{V}^{-1}\boldsymbol{X}=\begin{bmatrix} \boldsymbol{i}'\boldsymbol{V}^{-1}\boldsymbol{i} & \boldsymbol{i}'\boldsymbol{V}^{-1}\boldsymbol{m} \\ \boldsymbol{m}'\boldsymbol{V}^{-1}\boldsymbol{i} & \boldsymbol{m}'\boldsymbol{V}^{-1}\boldsymbol{m} \end{bmatrix}$$

$$\boldsymbol{X}'\boldsymbol{V}^{-1}\boldsymbol{y}_{(i)}=\begin{bmatrix} \boldsymbol{i}'\boldsymbol{V}^{-1}\boldsymbol{y}_{(i)} \\ \boldsymbol{m}'\boldsymbol{V}^{-1}\boldsymbol{y}_{(i)} \end{bmatrix}$$

において

$$\boldsymbol{i}'\boldsymbol{V}^{-1}\boldsymbol{m}=0 \tag{15.22}$$

であるから（章末数学注参照）

$$\boldsymbol{X}'\boldsymbol{V}^{-1}\boldsymbol{X}=\begin{bmatrix}\boldsymbol{i}'\boldsymbol{V}^{-i}\boldsymbol{i} & 0\\ 0 & \boldsymbol{m}'\boldsymbol{V}^{-1}\boldsymbol{m}\end{bmatrix}$$

したがって μ および σ の一般化最小 2 乗推定量は次式で与えられる．

$$\hat{\mu}=\frac{\boldsymbol{i}'\boldsymbol{V}^{-1}\boldsymbol{y}_{(i)}}{\boldsymbol{i}'\boldsymbol{V}^{-1}\boldsymbol{i}} \tag{15.23}$$

$$\hat{\sigma}=\frac{\boldsymbol{m}'\boldsymbol{V}^{-1}\boldsymbol{y}_{(i)}}{\boldsymbol{m}'\boldsymbol{V}^{-1}\boldsymbol{m}} \tag{15.24}$$

$\hat{\sigma}$ は

$$\hat{\sigma}=(\boldsymbol{m}'\boldsymbol{V}^{-1}\boldsymbol{m})^{-1}\boldsymbol{m}'\boldsymbol{V}^{-1}\boldsymbol{y}_{(i)}=\boldsymbol{a}'\boldsymbol{y}_{(i)}=\sum_{i=1}^{n}a_iY_{(i)}$$

と書くこともできる．ここで

$$\boldsymbol{a}'=(\boldsymbol{m}'\boldsymbol{V}^{-1}\boldsymbol{m})^{-1}\boldsymbol{m}'\boldsymbol{V}^{-1}$$

である．Shapiro and Wilk（1965）は

$$H_0：Y_i\sim N(\mu,\sigma^2)$$

の検定統計量として

$$W=\frac{(k\hat{\sigma})^2}{s^2}=\frac{\left\{\sum_{i=1}^{n}ka_iY_{(i)}\right\}^2}{s^2} \tag{15.25}$$

を提唱した．ここで

$$s^2=\sum_{i=1}^{n}(Y_i-\overline{Y})^2 \tag{15.26}$$

であり，k は W がつねに 0 と 1 の間をとるよう

$$\sum_{i=1}^{n}(ka_i)^2=1$$

という規準化を満たす定数である．

$$\sum_{i=1}^{n}(ka_i)^2=k^2\sum_{i=1}^{n}a_i{}^2=k^2\boldsymbol{a}'\boldsymbol{a}$$

と表すと

$$\begin{aligned}\boldsymbol{a}'\boldsymbol{a}&=(\boldsymbol{m}'\boldsymbol{V}^{-1}\boldsymbol{m})^{-1}\boldsymbol{m}'\boldsymbol{V}^{-1}\boldsymbol{V}^{-1}\boldsymbol{m}(\boldsymbol{m}'\boldsymbol{V}^{-1}\boldsymbol{m})^{-1}\\&=(\boldsymbol{m}'\boldsymbol{V}^{-1}\boldsymbol{m})^{-2}\boldsymbol{m}'\boldsymbol{V}^{-1}\boldsymbol{V}^{-1}\boldsymbol{m}\end{aligned}$$

であるから

$$k^2=(\boldsymbol{a}'\boldsymbol{a})^{-1}=(\boldsymbol{m}'\boldsymbol{V}^{-1}\boldsymbol{m})^2(\boldsymbol{m}'\boldsymbol{V}^{-1}\boldsymbol{V}^{-1}\boldsymbol{m})^{-1}$$

ゆえに

$$k=\frac{\boldsymbol{m}'\boldsymbol{V}^{-1}\boldsymbol{m}}{(\boldsymbol{m}'\boldsymbol{V}^{-1}\boldsymbol{V}^{-1}\boldsymbol{m})^{\frac{1}{2}}}$$

したがって

$$k\hat{\sigma}=\frac{\boldsymbol{m}'\boldsymbol{V}^{-1}\boldsymbol{y}_{(i)}}{(\boldsymbol{m}'\boldsymbol{V}^{-1}\boldsymbol{V}^{-1}\boldsymbol{m})^{\frac{1}{2}}}$$

また

$$\boldsymbol{c}'=(c_1, c_2, \cdots, c_n)=\frac{\boldsymbol{m}'\boldsymbol{V}^{-1}}{(\boldsymbol{m}'\boldsymbol{V}^{-1}\boldsymbol{V}^{-1}\boldsymbol{m})^{\frac{1}{2}}} \tag{15.27}$$

とおくと

$$k\hat{\sigma}=\sum_{i=1}^{n}c_iY_{(i)}$$

と書くことができるから，W は次のように表すこともできる．

$$W=\frac{\left\{\sum_{i=1}^{n}c_iY_{(i)}\right\}^2}{\sum_{i=1}^{n}(Y_i-\bar{Y})^2} \tag{15.28}$$

あるいは，ランキットの間に

$$m_i+m_{n-i+1}=0$$

の関係があるから（10.5 節(a)）

$$c_i+c_{n-i+1}=0, \qquad i=1, \cdots, n$$

の関係が成立し，W は

$$W=\frac{\sum_{i=1}^{[n/2]}c_{n-i+1}\{Y_{(n-i+1)}-Y_{(i)}\}^2}{\sum_{i=1}^{n}(Y_i-\bar{Y})^2} \tag{15.29}$$

と表すこともできる．$[n/2]$ は $n/2$ の整数部分である．

15.5.2 W の性質

(1) W は順序化された標本値 $Y_{(i)}$ と c_i との間の相関係数の 2 乗である．$Y_{(i)}$ と c_i の相関係数の 2 乗は

$$r^2=\frac{\left\{\sum_{i=1}^{n}[Y_{(i)}-\bar{Y}](c_i-\bar{c})\right\}^2}{\sum_{i=1}^{n}[Y_{(i)}-\bar{Y}]^2\sum_{i=1}^{n}(c_i-\bar{c})^2}$$

である．ところが（15.22）式と（15.27）式より

$$\sum_{i=1}^{n} c_i = 0 \quad したがって \quad \bar{c} = 0$$

であるから

$$\sum_{i=1}^{n} (c_i - \bar{c})^2 = \sum_{i=1}^{n} c_i^2 = \boldsymbol{c}'\boldsymbol{c} = 1$$

となることに注意すれば $r^2 = W$ となる.

さらに (15.27) 式の分子に現れる $\boldsymbol{m}'\boldsymbol{V}^{-1}$ の i 番目の要素を a_i^* とおくと, a_i^* は近似的にランキット m_i に比例する (Shapiro and Wilk (1965), p. 596). したがって $Y_{(i)}$ と c_i の相関係数の 2 乗である W は, $Y_{(i)}$ とランキット m_i の線形関係を測る尺度でもある. Y_i が正規分布に従っていれば, $Y_{(i)}$ と m_i との間に線形関係が成立し ((10.41) 式), W は 1 に近い値をとるであろう. いいかえれば W が 1 より有意に小さければ, Y_i の正規性の仮定は棄却される. 実際, Shapiro and Wilk (1965) は種々の非正規分布のもとで $E(W)$ をモンテ・カルロ実験によって求め, それが正規分布のもとでの W の期待値より小さくなることから

$$W \leq w_0$$

のとき H_0 を棄却すべきであると述べた.

(2) W は尺度パラメータ σ と期待値 μ が変わっても不変である. いいかえれば, 正規母集団からの標本に対して W の分布は n にのみ依存する.

(3) 正規母集団からの標本において, W は s^2 と $\bar{Y}$ から独立である.

(4) $E(W^r) = \dfrac{E(b^{2r})}{E(s^{2r})} = \dfrac{k^{2r}E(\hat{\sigma}^{2r})}{E(s^{2r})}$

ここで

$$b = \frac{\boldsymbol{m}'\boldsymbol{V}^{-1}\boldsymbol{y}_{(i)}}{(\boldsymbol{m}'\boldsymbol{V}^{-1}\boldsymbol{V}^{-1}\boldsymbol{m})^{\frac{1}{2}}} = k\hat{\sigma}, \qquad r \text{ は任意の実数}$$

(5) $\dfrac{nc_1^2}{n-1} \leq W \leq 1$

W の最小値の証明は Shapiro and Wilk (1965) を見よ. W の最大値が 1 であることは次のように示すことができる.

$\sum_{i=1}^{n} c_i = 0$ であるから

$$\sum_{i=1}^{n} c_i Y_{(i)} = \sum_{i=1}^{n} c_i [Y_{(i)} - \bar{Y}]$$

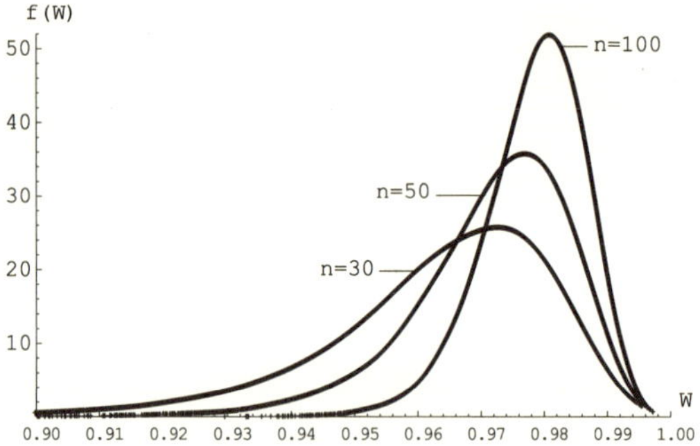

図 15.14　シャピロ-ウィルクの W

ゆえに

$$W=\frac{\left[\sum_{i=1}^{n} c_i Y_{(i)}\right]^2}{\sum_{i=1}^{n}(Y_i-\bar{Y})^2}=\frac{\left\{\sum_{i=1}^{n} c_i[Y_{(i)}-\bar{Y}]\right\}^2}{\sum_{i=1}^{n}(Y_i-\bar{Y})^2}$$

$$\leq\frac{\sum_{i=1}^{n} c_i^2\sum_{i=1}^{n}[Y_{(i)}-\bar{Y}]^2}{\sum_{i=1}^{n}(Y_i-\bar{Y})^2}=\sum_{i=1}^{n} c_i^2=1$$

(6)　$n=3$ のとき W の pdf $f(w)$ は

$$f(w)=\frac{3}{\pi}(1-w)^{-\frac{1}{2}}w^{-\frac{1}{2}},\qquad \frac{3}{4}\leq w\leq 1$$

で与えられる.

図 15.14 に正規分布の帰無仮説のもとでの $n=30, 50, 100$ のときの W の分布をカーネル密度関数で示した.

15.5.3　W の計算

W の値を計算するためには，c_i の値を知る必要がある．c_i の値は Shapiro and Wilk (1965), Barnett and Lewis (1984), D'Agostino and Stephens (1986), 柴田 (1981) に示されている.

しかし W の値を計算するために，c_i の値をコンピュータ・プログラムのなかに入れておくことは不経済であり，あるいは表から一回一回読みとることは面倒である．以下の方法によって W を求めることができる．計算方法は

Shapiro and Wilk (1965) および Royston (1982 a) を参考にしている.

まず (15.27) 式の分子を

$$\boldsymbol{a}^{*\prime}=\boldsymbol{m}'\boldsymbol{V}^{-1}$$

とおくと, $\boldsymbol{a}^*$ の i 番目の要素 a_i^* の近似値 $\hat{a}_i^*$ は次式で与えられる.

$$\hat{a}_i^*=\begin{cases} 2m_i, & i=2,3,\cdots,n-1 \\ \left(\dfrac{\hat{c}_1{}^2}{1-2\hat{c}_1{}^2}\displaystyle\sum_{i=2}^{n-1}\hat{c}_i{}^2\right)^{\frac{1}{2}}, & i=1,\ i=n \end{cases} \tag{15.30}$$

ここで

$$\hat{c}_1{}^2=\hat{c}_n{}^2=\begin{cases} g(n-1), & n\leq 20 \\ g(n), & n>20 \end{cases} \tag{15.31}$$

$$\hat{c}_1<0, \qquad \hat{c}_n>0$$

$$g(n)=\frac{\Gamma\left(\frac{1}{2}[n+1]\right)}{\sqrt{2}\,\Gamma\left(\frac{1}{2}n+1\right)}\fallingdotseq\left[\frac{6n+7}{6n+13}\right]\left(\frac{\exp(1)}{n+1}\left[\frac{n+1}{n+2}\right]^{n-2}\right)^{\frac{1}{2}}$$

である.

(15.27) 式の分母を

$$B=(\boldsymbol{m}'\boldsymbol{V}^{-1}\boldsymbol{V}^{-1}\boldsymbol{m})^{\frac{1}{2}}$$

とおくと次式を得る.

$$B^2=\boldsymbol{a}^{*\prime}\boldsymbol{a}^*=\sum_{i=2}^{n-1}a_i{}^{*2}+2a_1{}^{*2}=\sum_{i=2}^{n-1}a_i{}^{*2}+2B^2\hat{c}_1{}^2$$

ここで上式を得るために

$$m_j=-m_{n-j+1}$$

$$v_{ij}=v_{n-j+1,n-i+1}$$

を用いると

$$a_n{}^*=\sum_{j=1}^{n}m_jv_{jn}=-\sum_{j=1}^{n}m_{n-j+1}v_{1,n-j+1}$$

$$=-\sum_{j=1}^{n}m_{n-j+1}v_{n-j+1,1}=-\sum_{j=1}^{n}m_jv_{j,1}=-a_1{}^*$$

であるから

$$a_1{}^{*2}=a_n{}^{*2}$$

であること, そして c_i は

$$\hat{c}_i=\frac{a_i^*}{B} \tag{15.32}$$

によって近似することができるということを用いている．したがって B^2 は次式で近似することができる．

$$\hat{B}^2=\frac{\sum_{i=2}^{n-1}\hat{a}_i^{*2}}{1-2\hat{c}_1^2} \tag{15.33}$$

ランキット $\mu_{(i)}=m_i$ の計算も含め，以上の点をまとめれば，W の計算は次の順序で行えばよい．

(1)　ランキット m_i を求める（10.11 節）．

(2)　$\hat{a}_i^*$，$i=2,3,\cdots,n-1$（(15.30) 式），$\hat{c}_1$，$\hat{c}_n$（(15.31) 式）を求める．

表 15.4　シャピロ-ウィルク検定のための係数 c_i と近似値 $\hat{c}_i$

	$n=20$		$n=30$		$n=40$		$n=50$	
i	c_i	$\hat{c}_i$	c_i	$\hat{c}_i$	c_i	$\hat{c}_i$	c_i	$\hat{c}_i$
1	−0.4734	−0.4758	−0.4254	−0.4255	−0.3964	−0.3964	−0.3751	−0.3751
2	−0.3211	−0.3183	−0.2944	−0.2944	−0.2737	−0.2736	−0.2574	−0.2574
3	−0.2565	−0.2557	−0.2487	−0.2486	−0.2368	−0.2367	−0.2260	−0.2260
4	−0.2085	−0.2082	−0.2148	−0.2147	−0.2098	−0.2097	−0.2032	−0.2031
5	−0.1686	−0.1686	−0.1870	−0.1870	−0.1878	−0.1878	−0.1847	−0.1847
6	−0.1334	−0.1335	−0.1630	−0.1630	−0.1691	−0.1691	−0.1691	−0.1691
7	−0.1013	−0.1014	−0.1415	−0.1416	−0.1526	−0.1526	−0.1554	−0.1554
8	−0.0711	−0.0712	−0.1219	−0.1219	−0.1376	−0.1376	−0.1430	−0.1430
9	−0.0422	−0.0423	−0.1036	−0.1036	−0.1237	−0.1238	−0.1317	−0.1317
10	−0.0140	−0.0140	−0.0862	−0.0863	−0.1108	−0.1109	−0.1212	−0.1212
11			−0.0697	−0.0697	−0.0986	−0.0987	−0.1113	−0.1114
12			−0.0537	−0.0537	−0.0870	−0.0870	−0.1020	−0.1021
13			−0.0381	−0.0381	−0.0759	−0.0759	−0.0932	−0.0932
14			−0.0227	−0.0227	−0.0651	−0.0651	−0.0846	−0.0847
15			−0.0076	−0.0076	−0.0546	−0.0546	−0.0764	−0.0765
16					−0.0444	−0.0444	−0.0685	−0.0685
17					−0.0343	−0.0343	−0.0608	−0.0608
18					−0.0244	−0.0244	−0.0532	−0.0533
19					−0.0146	−0.0146	−0.0459	−0.0459
20					−0.0049	−0.0049	−0.0386	−0.0386
21							−0.0314	−0.0315
22							−0.0244	−0.0244
23							−0.0174	−0.0174
24							−0.0104	−0.0104
25							−0.0035	−0.0035

(3) $\widehat{B}$ を求める ((15.33) 式).

(4) $\hat{c}_i=\hat{a}_i{}^*/\widehat{B}$ ((15.32) 式), $i=2, 3, \cdots, n-1$ を求める.

(5) $A=\sum_{i=1}^{n}\hat{c}_i Y_{(i)}$, $s^2=\sum_{i=1}^{n}(Y_i-\overline{Y})^2$ を計算し $W=A^2/s^2$ ((15.28) 式) を求める.

表 15.4 は上述の方法で求めた c_i の近似値 $\hat{c}_i$ と, Shapiro and Wilk (1965) が与えている c_i の値である. $n=20, 30, 40, 50$ の場合についてのみ c_i と $\hat{c}_i$ の値を表に示した. $n=20$ のとき $\hat{c}_i$ の有効数字 2 桁は c_i と同じであり, 30, 40, 50 のときほとんど両者は等しく, $\hat{c}_i$ は十分な近似を与えている.

15.5.4 W のパーセント点および W から標準正規変数への変換

Shapiro and Wilk (1965) は, 正規分布の帰無仮説のもとでの W の分布をジョンソン有界システム

$$Z=\gamma+\delta\log\left(\frac{W-\varepsilon}{1-W}\right)$$

によって近似し, W のパーセント点を求めた. Z は標準正規変数, γ, δ, ε は所与の n に対して一定の値が与えられる. W のパーセント点は $n=3(1)50$ の場合が Shapiro and Wilk (1965), 同じ表が D'Agostino and Stephens (1986), 柴田 (1981) に示されている.

Wetherill (1986) は $10\leq n\leq 50$ に対して, γ, δ, ε の 3 つのパラメータを n の関数によって回帰し, 有意水準 α に対応する Z を $\alpha=\Phi(Z)$ によって求め, $e=\exp\{(Z-\gamma)/\delta\}$ から

$$W=\frac{\varepsilon+e}{1+e}$$

によって W のパーセント点を求めている.

W の観測値を, W のパーセント点の表を参照して一回一回検定するのは面倒であり, $n>50$ に対しては利用可能な表がないので, 本書で採用した W の検定方法は Royston (1982 a) を参考にした次の方法である.

W の分布は漸近的にも正規ではないが, Royston (1982 a) は $n=750$ の近くで正規分布と見なしてよいことに注目し

$$y=(1-W)^{\lambda} \tag{15.34}$$

によって W から y へ変換し, 次に y から標準正規変数 Z への変換

$$Z=\frac{y-\mu_y}{\sigma_y} \tag{15.35}$$

を行う．ここで，λ，μ_y，σ_y はすべて n の関数である．

n の値に応じて λ は次式で与えられる．

$$\lambda=\sum_{i=0}^{5} d_i(\log n-D)^i \tag{15.36}$$

$$D=\begin{cases} 3, & n\leq 20 \\ 5, & 21\leq n\leq 2000 \end{cases}$$

係数 d_i は次のとおりである．

$7\leq n\leq 20$ のとき

$d_0=0.118898$,　$d_1=0.133414$,

$d_2=0.327907$,　$d_3=d_4=d_5=0$

$21\leq n\leq 2000$ のとき

$d_0=0.480385$,　$d_1=0.318828$,　$d_2=0$,

$d_3=-0.0241665$,　$d_4=0.00879701$,　$d_5=0.002989646$

μ_y および σ_y は次式で与えられる．対数は自然対数である．

$$\log \mu_y=\sum_{i=0}^{5} e_i(\log n-D)^i \tag{15.37}$$

係数 e_i は次のとおりである．

$7\leq n\leq 20$ のとき

$e_0=-0.37542$,　$e_1=-0.492145$,　$e_2=-1.124332$,

$e_3=-0.199422$,　$e_4=e_5=0$

$21\leq n\leq 2000$ のとき

$e_0=-1.91487$,　$e_1=-1.37888$,　$e_2=-0.04183209$,

$e_3=0.1066339$,　$e_4=-0.03513666$,　$e_5=-0.01504614$

$$\log \sigma_y=\sum_{i=0}^{6} f_i(\log n-D)^i \tag{15.38}$$

係数 f_i は次のとおりである．

$7\leq n\leq 20$ のとき

$f_0=-3.15805$,　$f_1=0.729399$,　$f_2=3.01855$,

$f_3=1.558776$,　$f_4=f_5=f_6=0$

$21\leq n\leq 2000$ のとき

$$f_0=-3.73538,\quad f_1=-1.015807,$$
$$f_2=-0.331885,\quad f_3=0.1773538,$$
$$f_4=-0.01638782,\quad f_5=-0.03215018,$$
$$f_6=0.003852646$$

このようにして，n が与えられれば，(15.36) 式～(15.38) 式によって λ, μ_y, σ_y が得られる．そして (15.34) 式，(15.35) 式より

$$P(Z>z_\alpha)=\alpha$$

は

$$P(W\leq w_\alpha)=\alpha$$

に等しい．ここで

$$w_\alpha=1-(\mu_y+\sigma_y z_\alpha)^{\frac{1}{\lambda}} \qquad (15.39)$$

である．したがって W 検定において W のパーセント点の表を見なくても，(15.39) 式で w_α を計算するか，あるいは

$$z_0=\frac{(1-W)^\lambda-\mu_y}{\sigma_y} \qquad (15.40)$$

の有意確率 $P(Z>z_0)$ を計算すればよい．

このシャピロ-ウィルク検定は，Shapiro, Wilk and Chen (1968) によって，他の検定統計量にくらべて検定力が一番大きいと述べられている．D'Agostino (1982) は，この W 検定に「この分野における 1930 年以来最高の真に革新的な業績」と高い評価を与えた．15.7 節のモンテ・カルロ実験も $\sqrt{\beta_1}\neq 0$, $\beta_2\neq 3$ の非正規分布に対してシャピロ-ウィルク検定は高い検定力を示す．しかし，15.7 節のモンテ・カルロ実験で示されているようにすべての非正規性に対して W 検定の検定力が一番高いわけではない．

シャピロ-ウィルクの W は $Y_{(i)}$ の $\mu_{(i)}$ への回帰

$$Y_{(i)}=\mu+\sigma\mu_{(i)}+\varepsilon_i$$

において σ を一般化最小 2 乗法で推定する場合に定義されたが，Shapiro and Francia (1972) は σ を OLS で推定するときに定義される決定係数 W' を正規性の検定統計量として提唱した．すなわち

$$W'=\frac{\left\{\sum_{i=1}^{n} b_i Y_{(i)}\right\}^2}{\sum_{i=1}^{n}(Y_i-\bar{Y})^2}$$

$$\boldsymbol{b}' = (b_1, \cdots, b_n) = \frac{\boldsymbol{m}'}{(\boldsymbol{m}'\boldsymbol{m})^{\frac{1}{2}}}$$

である．彼らは W' のパーセント点を $n=35(15)50(2)99$ に対して与えた．W' は W のように V の知識を必要とせず，ランキットから b_i を求めればよいだけであるから計算はきわめて簡単であり，しかも W と W' のパーセント点は類似している．とくに n が大きいとき $Y_{(i)}$ は独立であるかのように扱うことができるから，W と W' の相違は小さくなり，W' を用いてもよい(Weisberg and Bingham (1975))．

15.6　ダゴスティーノの D

D'Agostino (1972) はシャピロ-ウィルク検定の検定統計量の計算が複雑なことから，計算を簡便化した次のような正規性検定統計量を示した．

$$D = \frac{\sum_{i=1}^{n} c_i X_{(i)}}{n^{\frac{3}{2}}\left\{\sum_{i=1}^{n} (X_i - \bar{X})^2\right\}^{\frac{1}{2}}} \tag{15.41}$$

ここで

$$c_i = i - \frac{1}{2}(n+1)$$

であり，$X_{(i)}$ は $X_1, \cdots, X_n$ を大きさの順に並びかえた順序統計量

$$X_{(1)} \leq X_{(2)} \leq \cdots \leq X_{(n)}$$

である．

D'Agostino (1972) は規準化された D のパーセント点を与えている．規準化された D とは，もし X_i が正規母集団からの無作為標本ならば

$$E(D) \fallingdotseq \frac{1}{2\sqrt{\pi}} = 0.28209479$$

$$\mathrm{var}(D) \fallingdotseq \frac{12\sqrt{3} - 27 + 2\pi}{24\pi n} = \left(\frac{0.02998598}{\sqrt{n}}\right)^2$$

となるから，これを用いて規準化した

$$Y = \frac{\sqrt{n}(D - 0.28209479)}{0.02998598} \tag{15.42}$$

のことである．

D'Agostino and Stephens (1986) の Table 9.7 に詳細な Y の臨界点が示されている．さらに，$E(D)$ および var(D) の次のような十分な近似が，Wetherill (1986) によって与えられた．

$$E(D)=0.2820948-\frac{0.07052370}{n}+\frac{0.008815462}{n^2}+\frac{0.01101933}{n^3}-\frac{0.002892575}{n^4} \tag{15.43}$$

$$\mathrm{var}(D)=\frac{0.0008991591}{n}-\frac{0.0004779168}{n^2}-\frac{0.004973592}{n^3}+\frac{0.003108496}{n^4} \tag{15.44}$$

正規分布という帰無仮説が間違っていれば，Y は 0 から乖離するようになる．$\beta_2<3$ の非正規分布のとき $Y>0$ となり，$\beta_2>3$ の非正規分布のとき $Y<0$ となることを D'Agostino は示し，Y のパーセント点も与えている．たとえば，有意水準 1%，5% の片側検定の臨界点の一部を**表 15.5** に示した．$n=30$ のとき $Y<-2.33$ ならば $\beta_2>3$，$Y>0.743$ ならば $\beta_2<3$ の非正規分布と判断する（この臨界点は両側検定の臨界点ではない）．

D のパーセント点を参照しなくても次のような方法によって正規性の検定が可能である．D_p，Z_p をそれぞれ D，Z（標準正規変数）の $100p$ パーセント点とすれば

$$D_p=E(D)+V_p\sqrt{\mu_2(D)}, \qquad \mu_2(D) \text{ は } D \text{ の分散} \tag{15.45}$$

と表すことができる．なぜならば，D を規準化した

表 15.5 ダゴスティーノの規準化 $D(=Y)$ の臨界点

n	下側 0.01	下側 0.05	上側 0.01	上側 0.05
20	−3.8300	−2.4400	0.6900	0.5650
30	−3.6400	−2.3300	0.9060	0.7430
40	−3.5100	−2.2600	1.0600	0.8370
50	−3.4100	−2.2100	1.1800	0.9370
60	−3.3400	−2.1700	1.2600	0.9970
70	−3.2700	−2.1400	1.3300	1.0500
80	−3.2200	−2.1100	1.3900	1.0800
90	−3.1700	−2.0900	1.4400	1.1200
100	−3.1400	−2.0700	1.4800	1.1400
150	−3.0090	−2.0040	1.6230	1.2330
200	−2.9220	−1.9600	1.7150	1.2900

出所：D'Agostino and Stephens (eds.) (1986), Table 9.7

$$X=\frac{D-E(D)}{\sqrt{\mu_2(D)}}$$

の $100p$ パーセント点を V_p とすれば

$$P(X\leq V_p)=P(D\leq E(D)+V_p\sqrt{\mu_2(D)})=P(D\leq D_p)=p$$

となるからである．ここで V_p は Z_p と近似的に次の関係がある．

$$V_p=Z_p+\frac{\gamma_1(Z_p{}^2-1)}{6}+\frac{\gamma_2(Z_p{}^3-3Z_p)}{24}-\frac{\gamma_1{}^2(2Z_p{}^3-5Z_p)}{36} \qquad (15.46)$$

ここで，γ_1，γ_2 はそれぞれ D の 3 次キュミュラント，4 次キュミュラントである．

検定の有意水準を α とすれば，$p=\alpha/2$ および $p=1-\alpha/2$ とおいて D_p を求め，D が $(D_{\alpha/2}, D_{1-\alpha/2})$ の外へ落ちれば，母集団分布は正規であるという帰無仮説を棄却する．$\beta_2>3$ の非正規分布のとき D は，$D_{\alpha/2}$ より小さくなり，$\beta_2<3$ の非正規分布においては D は $D_{1-\alpha/2}$ より大きくなる．

さて，以上の D による正規性検定の手続きは次のとおりである．

(1)　D を (15.41) 式で求める．

(2)　有意水準 α を与え，$p=1-\alpha/2$ とし，Z_p＝標準正規分布の上側 $100p$ パーセントの値を求める．

(3)　$E(D)$ を (15.43) 式，$\mu_2(D)$ を (15.44) 式によって求める．

(4)　γ_1，γ_2 を次式で求める (Wetherill (1986))．

$$\gamma_1=-\frac{8.5836542}{\sqrt{n}}\left(1-\frac{3.938688}{n}+\frac{7.344405}{n^2}\right)$$
$$\gamma_2=\frac{114.732}{n}\left(1-\frac{8.38004}{n}\right) \qquad (15.47)$$

(5)　V_p を (15.46) 式によって求める．

(6)　D_p を (15.45) 式によって求める．

(7)　D_p を $D_{1-\alpha/2}$ とする．

(8)　$-Z_p$ を Z_p とおいて (5)～(6) をくり返し，D_p を $D_{\alpha/2}$ とする．

(9)　$D<D_{\alpha/2}$ のとき $\beta_2>3$ の非正規分布，$D>D_{1-\alpha/2}$ のとき $\beta_2<3$ の非正規分布，と判断する．

このダゴスティーノの D 検定は，他の検定量にくらべ，$\sqrt{\beta_1}=0$，$\beta_2>3$ の分布に対してもっとも検定力が高いことを，モンテ・カルロ実験は示している．$\beta_2>3$ という両すその厚い分布においては「外れ値」が発生しやすく，そ

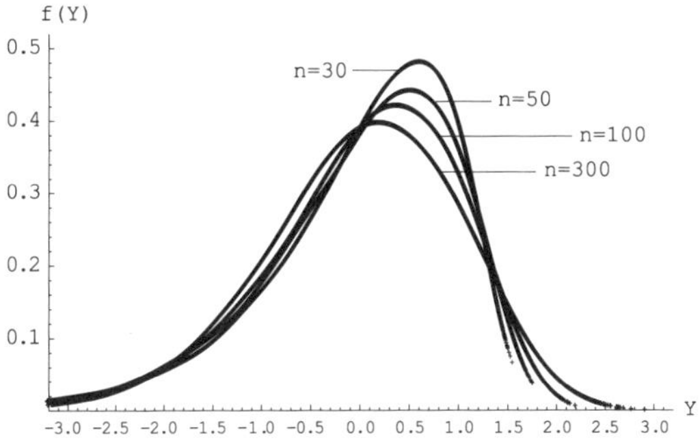

図 15.15 ダゴスティーノの規準化 D((15.42)式の Y)

の「外れ値」に対して $\bar{X}$ や OLS による線形回帰モデルの $\hat{\beta}_j$ は敏感に反応し，$\bar{X}$ や最小 2 乗推定量の信頼性は著しく低下する．金融の分野で為替レート変化率，株価変化率などの資産収益率が，$\beta_2>3$ という正規分布より両すその厚い分布に従っている例はきわめて多い．したがって，$\beta_2>3$ の非正規分布に対する検出力の高いダゴスティーノの D は，標準的な正規性検定統計量として用いられるべきである．

図 15.15 は正規分布の帰無仮説のもとでの $n=30, 50, 100, 300$ のときの Y ((15.42) 式) の分布をカーネル密度関数によって示している．

例 15.2

これまで正規確率プロットのみを示してきたいくつかの標本データを，検定統計量によって正規性を検定しよう．帰無仮説は

$$H_0: X_i \sim N(\mu, \sigma^2), \qquad i=1, \cdots, n$$

である．

14 章の最初に仮説検定の論理を説明するために用いた熱電対の寿命時間，14 章例 14.4 の反応時間の差，例 14.5 のプラスチック板，例 14.9 のシャフトの直径，例 15.1 の日経平均株価変化率のデータを例とする．

検定結果を**表 15.6** に示した．$\alpha=0.05$ である．表の検定統計量の変数記号は以下の意味である．

$JB=$(15.6) 式

$CJB=$(15.7) 式

表 15.6 正規性検定

検定統計量	対立仮説の型	熱電対の寿命時間 $n=15$ 歪度 0.7181	尖度 2.8284	反応時間の差(例 14.4) $n=32$ 歪度 0.5656	尖度 2.1919	プラスチック板(例 14.5) $n=10$ 歪度 0.5835	尖度 2.3991
		臨界点	統計量の値	臨界点	統計量の値	臨界点	統計量の値
JB	A	5.9915	1.3075	5.9915	2.5766	5.9915	0.7179
CJB	A	5.9915	1.9719	5.9915	2.8803	5.9915	1.0197
Z_1	B	$\|Z_1\|>1.96$	1.4077	$\|Z_1\|>1.96$	1.459	$\|Z_1\|>1.96$	1.0312
Z_2	C	$\|Z_2\|>1.96$	0.4917	$\|Z_2\|>1.96$	−1.061	$\|Z_2\|>1.96$	0.1205
DP	A	5.9915	2.2234	5.9915	3.254	5.9915	1.0779
$G1$	D	0.69045	0.73922	0.72433	0.85446	0.6663	0.8356
$G2$	D	0.69045	0.73612	0.72433	0.83359	0.6663	0.8356
W	A	0.88131	0.90955	0.91625	0.93095*	0.84573	0.9377
z_0	A	1.645	1.1078	1.645	2.083*	1.645	−0.0281
D	D	0.2581	0.2699	0.26672	0.2812	0.25303	0.2785
U	E	2.96	3.5108	3.5	3.3158*	2.67	3.0829

検定統計量	対立仮説の型	シャフトの直径(例 14.9) $n=24$ 歪度 0.6664	尖度 2.7676	日経平均株価変化率(例 15.1) $n=732$ 歪度 −0.3394	尖度 9.0564
		臨界点	統計量の値	臨界点	統計量の値
JB	A	5.9915	1.8304	5.9915	1132.801*
CJB	A	5.9915	2.271	5.9915	1159.143*
Z_1	B	$\|Z_1\|>1.96$	1.5295	$\|Z_1\|>1.96$	−3.6878*
Z_2	C	$\|Z_2\|>1.96$	0.2452	$\|Z_2\|>1.96$	10.0785*
DP	A	5.9915	2.4	5.9915	115.17*
$G1$	D	0.71295	0.84533	0.7825	0.69267*
$G2$	D	0.71295	0.78031	0.7825	0.69210*
W	A	0.91694	0.94031	0.98149	0.94766*
z_0	A	1.645	0.9523	1.645	14.073*
D	D	0.26378	0.27599	0.27967	0.25780*
U	E	3.29	4.0038	5.56	11.9981*

$Z_1=$(15.8) 式

$Z_2=$(15.9) 式

$DP=$(15.10) 式

$G1=$(15.12) 式

$G2=$(15.14) 式

$W=$(15.29) 式

z_0＝W を規準正規化した (15.40) 式

D＝(15.41) 式

U＝W/S＝スチューデント化範囲，15.4 節．

表 15.6 の対立仮説の型は次の意味である．

$$A=\sqrt{\beta_1}\neq 0 \quad \text{あるいは} \quad \beta_2\neq 3$$

$$B=\sqrt{\beta_1}\neq 0$$

$$C=\beta_2\neq 3$$

$$D=\beta_2>3$$

$$E=\beta_2<3$$

表で＊を付けた統計量の値は有意水準 5% で H_0 を棄却し，型で示されている対立仮説を支持する証拠を与える．まず，日経平均株価変化率 $\Delta\log$(NIKKEI) はすべての検定統計量が H_0 を棄却し，$\sqrt{b_1}$，b_2 の値から判断して $\sqrt{\beta_1}<0$，$\beta_2>3$ の非正規分布である．U の 11.9981 の＊は $\beta_2<3$ ではなく，$\beta_2>3$ を支持する＊である．

反応時間差のデータは $\sqrt{b_1}=2.1919<3$ から予想されるように，シャピロ-ウィルク検定および $\beta_2<3$ の分布に対して検出力の高い範囲テストで H_0 が棄却されるが，その他の検定統計量は H_0 を棄却しない．

熱電対の寿命時間，プラスチック板の厚み，シャフトの穴の直径のデータはすべての検定統計量が H_0 を棄却しない．

15.7 P(I) および検定力の比較

主要な正規性検定統計量の，H_0：正規分布に対する P(I) および検定力をモンテ・カルロ実験によって確かめよう．取り上げた確率分布は 15.1 節で正規確率プロットを示した 9 種類の分布である．LN は対数正規分布を示す．実験結果は**表 15.7～表 15.11** である．有意水準は $\alpha=0.05$ を固定し，$n=30$, 100 の場合である．実験回数は分布，n それぞれに対して 10,000 回の結果である．表の数値は % 表示である．

(15.8) 式の Z_1 と (15.9) 式の Z_2 は正規検定，(15.10) 式の DP は自由度 2 のカイ 2 乗分布の上側 5% 点 5.9915 が臨界点である．

ギアリー検定は $G2$ のみ表に示した．$G1$ の P(I) および検定力は $G2$ とほ

表 15.7　正規性検定統計量の $P(I)$ および検定力

検定統計量	計算式	臨界点	正規分布		ラプラス分布 $(0,1/\sqrt{2})$	
			$n=30$	$n=100$	$n=30$	$n=100$
Z_1	(15.8)式	$\|Z_1\|>1.96$	4.99	4.58	30.27$	40.62$
Z_2	(15.9)式	$\|Z_2\|>1.96$	4.78	5.50	32.99	76.11
DP	(15.10)式	5.9915	5.21	5.46	38.02	73.16
$G2L$	(15.13)式の G_l	$n=30$, -0.732, $n=100$, -0.762	4.94	4.99	**51.48**	**94.18**
$G2U$	(15.13)式の G_u	$n=30$, -0.857, $n=100$, -0.831	4.55	5.04	0.16$	0.00$
$Y(<0)$	(15.42)式	$n=30$, -2.33, $n=100$, -2.07	4.91	5.10	49.87	91.69
$Y(>0)$	(15.42)式	$n=30$, 0.743, $n=100$, 1.14	4.76	4.92	0.25$	0.00$
U(下側)	15.4節	$n=30$, 3.46, $n=100$, 4.31	4.60	4.92	0.43$	0.01$
U(上側)	15.4節	$n=30$, 4.89, $n=100$, 5.90	4.77	5.18	37.56	67.70
z_0	(15.40)式	z_0 の p 値<0.05	4.75	5.12	32.29	67.70
			歪度	尖度	歪度	尖度
			0	3	0	6

太字は検定力の一番高い値，$ を付した数値はエラー確率

表 15.8　正規性検定統計量の検定力

検定統計量	計算式	臨界点	誤差分布(0, 1, 0.1)		BETA(2, 6)	
			$n=30$	$n=100$	$n=30$	$n=100$
Z_1	(15.8)式	$\|Z_1\|>1.96$	0.26$	0.21$	27.54	82.71
Z_2	(15.9)式	$\|Z_2\|>1.96$	53.98	99.72	11.19	11.70
DP	(15.10)式	5.9915	36.31	99.30	21.32	74.03
$G2L$	(15.13)式の G_l	$n=30$, -0.732, $n=100$, -0.762	0.03$	0.00$	6.56	5.61
$G2U$	(15.13)式の G_u	$n=30$, -0.857, $n=100$, -0.831	46.74	96.19	8.09	9.69
$Y(<0)$	(15.42)式	$n=30$, -2.33, $n=100$, -2.07	0.03$	0.00$	12.83	19.32
$Y(>0)$	(15.42)式	$n=30$, 0.743, $n=100$, 1.14	34.34	97.50	4.73$	2.80$
U(下側)	15.4節	$n=30$, 3.46, $n=100$, 4.31	**74.53**	**100.00**	13.94	32.03
U(上側)	15.4節	$n=30$, 4.89, $n=100$, 5.90	0.00$	0.00$	1.05$	0.16$
z_0	(15.40)式	z_0 の p 値<0.05	37.23	99.91	**35.12**	**96.53**
			歪度	尖度	歪度	尖度
			0	1.82444	0.69282	3.10909

太字は検定力の一番高い値，$ を付した数値はエラー確率

表 15.9 正規性検定統計量の検定力

検定統計量	計算式	臨界点	BETA(8, 3)		LN(−0.2, 0.15)	
			$n=30$	$n=100$	$n=30$	$n=100$
Z_1	(15.8)式	$\|Z_1\|>1.96$	16.75	58.39	**51.94**	97.23
Z_2	(15.9)式	$\|Z_2\|>1.96$	8.46	10.96	25.50	57.59
DP	(15.10)式	5.9915	13.74	44.67	44.83	93.65
$G2L$	(15.13)式の G_l	$n=30$, −0.732, $n=100$, −0.762	4.90	3.91	25.78	54.30
$G2U$	(15.13)式の G_u	$n=30$, −0.857, $n=100$, −0.831	7.22	10.70	2.70$	0.66$
$Y(<0)$	(15.42)式	$n=30$, −2.33, $n=100$, −2.07	8.09	9.72	36.58	75.45
$Y(>0)$	(15.42)式	$n=30$, 0.743, $n=100$, 1.14	6.18$	5.92$	1.90$	0.1$
U(下側)	15.4節	$n=30$, 3.46, $n=100$, 4.31	10.13	21.49	5.38$	4.57$
U(上側)	15.4節	$n=30$, 4.89, $n=100$, 5.90	1.59$	0.41$	8.64	19.06
z_0	(15.40)式	z_0 の p 値<0.05	**19.20**	**73.64**	51.55	**97.25**
			歪度	尖度	歪度	尖度
			−0.54393	2.98352	1.27196	6.00832

太字は検定力の一番高い値，$ を付した数値はエラー確率

表 15.10 正規性検定統計量の検定力

検定統計量	計算式	臨界点	SU(2, 3)		SB(0.5, 1)	
			$n=30$	$n=100$	$n=30$	$n=100$
Z_1	(15.8)式	$\|Z_1\|>1.96$	**23.21**	**59.79**	5.57	22.00
Z_2	(15.9)式	$\|Z_2\|>1.96$	13.32	28.34	14.32	47.95
DP	(15.10)式	5.9915	21.94	52.38	9.08	58.68
$G2L$	(15.13)式の G_l	$n=30$, −0.732, $n=100$, −0.762	15.35	28.95	1.04$	0.06$
$G2U$	(15.13)式の G_u	$n=30$, −0.857, $n=100$, −0.831	2.03$	1.16$	17.40	44.57
$Y(<0)$	(15.42)式	$n=30$, −2.33, $n=100$, −2.07	18.58	38.49	1.75$	0.21$
$Y(>0)$	(15.42)式	$n=30$, 0.743, $n=100$, 1.14	2.73$	1.03$	12.76	35.87
U(下側)	15.4節	$n=30$, 3.46, $n=100$, 4.31	3.59$	2.29$	**26.07**	79.73
U(上側)	15.4節	$n=30$, 4.89, $n=100$, 5.90	9.64	17.31	0.12$	0.00$
z_0	(15.40)式	z_0 の p 値<0.05	19.40	44.70	19.16	**90.94**
			歪度	尖度	歪度	尖度
			−0.642	4.091	0.358	2.324

太字は検定力の一番高い値，$ を付した数値はエラー確率

表 15.11　正規性検定統計量の検定力

検定統計量	計算式	臨界点	SB(−0.5, 1)	
			n=30	n=100
Z_1	(15.8)式	$\lvert Z_1\rvert>1.96$	5.00	20.85
Z_2	(15.9)式	$\lvert Z_2\rvert>1.96$	14.34	48.95
DP	(15.10)式	5.9915	8.98	57.92
$G2L$	(15.13)式の G_l	n=30, −0.732,　n=100, −0.762	0.95$	0.14$
$G2U$	(15.13)式の G_u	n=30, −0.857,　n=100, −0.831	17.05	45.53
$Y(<0)$	(15.42)式	n=30, −2.33,　n=100, −2.07	1.41$	0.25$
$Y(>0)$	(15.42)式	n=30, 0.743,　n=100, 1.14	13.06	36.81
U(下側)	15.4節	n=30, 3.46,　n=100, 4.31	**26.39**	80.68
U(上側)	15.4節	n=30, 4.89,　n=100, 5.90	0.11$	0.00$
z_0	(15.40)式	z_0 の p 値<0.05	18.88	**91.50**
			歪度	尖度
			−0.358	2.324

太字は検定力の一番高い値，$ を付した数値はエラー確率

とんど同じである．$G2$ は片側検定で (15.13) 式によって片側5% 点の G_e, G_u を求め

$$G2<G_l, \qquad G2>G_u$$

が棄却域である．$G2<G_\ell$ かどうかを表で $G2L$，$G2>G_u$ かどうかを $G2U$ としている．

ダゴスティーノの D は (15.42) 式の規準化 $D=Y$ によるやはり片側検定である．たとえば n=100 のとき

$$Y<-2.07 \text{ ならば } \beta_2>3$$

$$Y>1.14 \text{ ならば } \beta_2<3$$

と判断する片側それぞれ $\alpha=0.05$ の検定である．$\beta_2>3$ かどうかの検定を表では $Y<0$，$\beta_2<3$ かどうかの検定を $Y>0$ と表している．

スチューデント化範囲 U を用いる範囲テストも片側検定で，たとえば n=100 のとき

$$U<4.31 \text{ ならば } \beta_2<3$$

$$U>5.90 \text{ ならば } \beta_2>3$$

と判断する．

シャピロ-ウィルク検定は (15.40) 式の z_0 を求め

$$z_0 \text{ の } p \text{ 値}<0.05$$

ならば H_0：正規分布を棄却するという方法を採った.

表 15.7 で $ を付した数値はエラー確率である. たとえばラプラス分布 $(0, 1/\sqrt{2})$ のとき，$\sqrt{\beta_1}=0$ であるから，Z_1 で $\sqrt{\beta_1}\neq 0$ と判断される場合，$\beta_2=6$ であるから $G2U$ で $\beta_2<3$，Y で $\beta_2<3$，U で $\beta_2<3$ と判断される場合はエラーである. 太字の数値は検定力が一番高いケースである.

実験結果から得られた主な点をまとめておこう.

(1)　正規分布のとき，表の数値は $P(\mathrm{I})$ を表す. $n=30$ とそれほど大きな標本でなくても，すべての検定統計量の $P(\mathrm{I})$ は $\alpha=0.05$ からのズレはほとんどない.

(2)　8 種類の非正規分布に対して UMP 検定を与える検定統計量はない.

(3)　$\sqrt{\beta_1}\neq 0$ かつ $\beta_2\neq 3$ の非正規分布に対して高い検定力を示しているのはシャピロ-ウィルクの検定である.

(4)　$\sqrt{\beta_1}=0$，$\beta_2>3$ のラプラス分布に対して検定力がとくに高いのはギアリーテスト $G2L$ とダゴスティーノの D（$Y<0$ のケース）である.

(5)　$\sqrt{\beta_1}=0$，$\beta_2<3$ の誤差分布 $(0, 1, 0.1)$ に対して検定力が高いのは範囲テスト U が際立っており，シャピロ-ウィルク，Z_2，DP，$Y(>0)$，$G2U$ も $n=100$ のとき 0.96 以上の検定力をもつ.

結局，

$\sqrt{\beta_1}\neq 0$，$\beta_2\neq 3$ の非正規性にはシャピロ-ウィルクの W

$\sqrt{\beta_1}=0$，$\beta_2>3$ の非正規性には $G2$（あるいは $G1$），ダゴスティーノの D

$\sqrt{\beta_1}=0$，$\beta_2<3$ の非正規性には範囲テスト U

の検定力が高く，標本から得られる正規確率プロットの型および $\sqrt{b_1}$，b_2 の値から判断してこれらの検定統計量を状況に応じて使い分けるとよい. 1 つの検定統計量のみによって非正規性を判断しない方がよい.

正規性検定統計量は，ここで検討した統計量以外にもいくつかある. D'Agostino and Stephens (1986), Thode (2002)，蓑谷 (2001)，(2007) などを参照されたい.

15.8　正規線形回帰モデルにおける正規性検定

重回帰モデル

$$\boldsymbol{y}=\boldsymbol{X\beta}+\boldsymbol{u}$$

$$\boldsymbol{u}\sim N(\boldsymbol{0},\sigma^2\boldsymbol{I})$$

の $\boldsymbol{\beta}$ の OLSE を $\hat{\boldsymbol{\beta}}$ とすると，$\boldsymbol{y}$ の推定値は

$$\hat{\boldsymbol{y}}=\boldsymbol{X}\hat{\boldsymbol{\beta}}=\boldsymbol{X}(\boldsymbol{X}'\boldsymbol{X})^{-1}\boldsymbol{X}'\boldsymbol{y}=\boldsymbol{Hy}$$

によって与えられる．ここで $n\times n$ 行列

$$\boldsymbol{H}=\boldsymbol{X}(\boldsymbol{X}'\boldsymbol{X})^{-1}\boldsymbol{X}'$$

は $\boldsymbol{y}$ ハットを与えるのでハット行列とよばれている．

最小 2 乗残差 $\boldsymbol{e}$ は $\boldsymbol{HX}=\boldsymbol{X}$ を用いて

$$\boldsymbol{e}=\boldsymbol{y}-\hat{\boldsymbol{y}}=(\boldsymbol{I}-\boldsymbol{H})\boldsymbol{y}=(\boldsymbol{I}-\boldsymbol{H})(\boldsymbol{X\beta}+\boldsymbol{u})=(\boldsymbol{I}-\boldsymbol{H})\boldsymbol{u} \tag{15.48}$$

と表すことができる．

誤差項 $\boldsymbol{u}$ には正規分布が仮定されており，この仮定のもとで

$$H_0: \beta_j=0$$

の t 検定や

$$H_0: \boldsymbol{R\beta}=\boldsymbol{r}$$

の F 検定が導かれた．また正規分布の仮定のもとで $\boldsymbol{\beta}$ の MLE は OLSE の $\hat{\boldsymbol{\beta}}$ と同じである（12.12.3 項）．$\boldsymbol{u}$ の正規性が成立しなければ，これらの結果はすべて成り立たない．

$u_1,\cdots,u_n$ の正規性検定を考えよう．$u_1,\cdots,u_n$ は観測不可能であるから最小 2 乗残差 $e_1,\cdots,e_n$ を用いざるを得ない．まず正規確率プロットを描く．

線形回帰モデルの誤差項 u_i が平均 0，分散 σ^2 の正規分布に従うならば

$$Z_i=\frac{u_i}{\sigma}\sim N(0,1) \tag{15.49}$$

であるから，順序化された標準正規変数 $Z_{(i)}$ とランキット $\mu_{(i)}$ とのプロット $(Z_{(i)},\mu_{(i)})$ は切片 0，勾配 1 の直線になる．したがって $(Z_{(i)},\mu_{(i)})$ をプロットして，このプロットが直線かどうか，あるいはどのようなパターンを示しているかによって u_i の正規性を検定する方法が正規確率プロットあるいはランキットプロットである．線形回帰モデルにおける Z_i の標本対応はスチューデント化残差

$$r_i=\frac{e_i}{s(1-h_{ii})^{\frac{1}{2}}} \tag{15.50}$$

あるいは

$$t_i = \frac{e_i}{s(i)(1-h_{ii})^{\frac{1}{2}}} \tag{15.51}$$

である．ここで

e_i＝最小 2 乗残差

h_{ii}＝ハット行列 $\boldsymbol{H}=\boldsymbol{X}(\boldsymbol{X}'\boldsymbol{X})^{-1}\boldsymbol{X}'$ の（i, i）要素

s^2＝誤差分散の不偏推定量

$s^2(i)$＝i 番目の観測値を除いたときの誤差分散の不偏推定量

である．r_i，t_i に関する詳細な説明は蓑谷（2007）第 8 章にある．

したがって r_i の順序化された $r_{(i)}$ あるいは t_i の順序化された $t_{(i)}$ とランキット $\mu_{(i)}$ をプロットすることによって，線形回帰モデルの誤差項の正規性を検定することができる．

ただし，正規確率プロットを正規性の検定に用いるとき，次の点に注意すべきである．

(1)　正規分布を示す直線からの乖離は，誤差項が非正規である場合に生ずることはいうまでもないが，モデルの特定化の誤りからも生ずる．したがってパラメータ推定値の理論との整合性（符号条件，大きさ）および統計的有意性，説明力，誤差項の均一分散，自己相関なしの仮定，これらを吟味したうえで「正しい」と思われるモデルの残差についてのみ正規性検定の意義がある．

(2)　線形回帰モデルの誤差項が正規分布をしていないにもかかわらず，この非正規性が残差を用いる正規確率プロットには現れないことがある．残差 e_i は単純な確率変数ではなく，パラメータ推定を行ったあとの残余であり，(15.48) 式より

$$e_i = u_i - \sum_{j=1}^{n} h_{ij}u_j = (1-h_{ii})u_i - \sum_{\substack{j=1 \\ (j \neq i)}}^{n} h_{ij}u_j \tag{15.52}$$

であるから，e_i は $u_1, \cdots, u_n$ の線形関数であることに注目しよう．h_{ij} はハット行列の（i, j）要素である．

(a)　$(1-h_{ii})u_i$ が支配的ならば，e_i は u_i の変動と同じになる．$(1-h_{ii})u_i$ が支配的となるのは，h_{ii} が最小値（モデルに定数項があるとき $1/n$，定数項がないとき 0）に近く，X_{ji} が平均 $\bar{X}_j$ に近い場合である．

(b)　(15.52) 式右辺第 2 項が支配的ならば，e_i は u_i の動きとは離れ，この第 2 項からの影響を強く受ける．単純回帰モデルを例にとると，h_{ii} が最大

値1に近い，すなわち，X_i が $\bar{X}$ から遠く離れている高い作用点のとき，e_i は第2項の動きに左右される．$h_{ii} \geq 0.5$ のとき $(1-h_{ii})u_i \leq 0.5u_i$ であり，e_i の動きは u_i の動きの 50% 以下しか反映しない．

(c)　n が十分大きいとき，説明変数と u が無相関ならば，最小2乗残差 e_i は u_i に確率収束するから，このとき e_i を用いる正規性検定も u_i の正規あるいは非正規性を十分反映することになる．

単純回帰でこのことを示そう．$x_i = X_i - \bar{X}$ とする．

$$h_{ij} = \frac{1}{n} + \frac{x_i x_j}{\sum x^2}$$

であるから

$$\sum_{j=1}^{n} h_{ij} u_j = \sum_{j=1}^{n} \left(\frac{u_j}{n} + \frac{\dfrac{x_i x_j u_j}{n}}{\dfrac{\sum x^2}{n}} \right) = \bar{u} + \frac{x_i}{\left(\dfrac{\sum x^2}{n}\right)} \cdot \frac{1}{n} \sum_{j=1}^{n} x_j u_j$$

$$\xrightarrow[n\to\infty]{} E(u) + \frac{x_i}{\sigma_x{}^2} \mathrm{cov}(x_j, u_j) = 0 + \frac{x_i}{\sigma_x{}^2} \cdot 0 = 0$$

したがって

$$e_i \xrightarrow{p} u_i$$

となる．

(3)　e_i は (15.52) 式に示されているように，$u_1, \cdots, u_n$ の和であるから，u が正規分布していなくても，e_i は正規性を示すようになる（超正規性 super normality といわれる）．

誤差項の分布に誤差分布 $(0, 2^{-1.5}, 2)$，SU(0, 1.5)，SB(0, 0.5)，LN(0.2, $\sqrt{0.2}$) を仮定したときの単純回帰モデルの最小2乗残差を用いたモンテ・カルロ実験は蓑谷・縄田・和合編 (2007) 第9章に示されている．結論は 15.7 節と同じである．

例 15.3

(12.87) 式の WDOT の最小2乗残差から (15.51) 式の t_i を求め，順序化した $t_{(i)}$ を用いて正規確率プロット $(\mu_{(i)}, t_{(i)})$ を描いたのが**図 15.16** である．このプロットの型は図 15.2(b) の $\beta_2 > 3$ の型に近い．b_2 も $4.065 > 3$ である．表 15.12 に WDOT の最小2乗残差に対する $\alpha = 0.05$ の正規性検定の結果が示

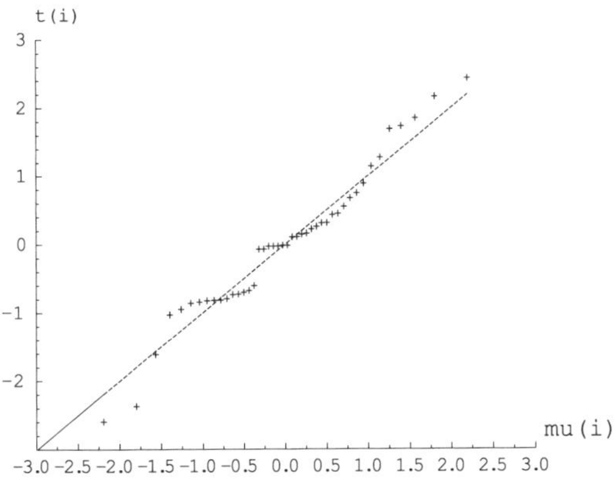

図 15.16　WDOT 関数の最小 2 乗残差の正規確率プロット

されている．＊を付した *CJB* とダゴスティーノの D のみ非正規性を示唆し，ダゴスティーノの D は $\beta_2>3$ を検出しているが，その他の検定統計量は H_0：u は正規分布する，を棄却しない．$\alpha=0.10$ であれば H_0 はすべての検定統計量で棄却されないが，$\alpha=0.05$ のとき正規確率プロット，*CJB*，ダゴスティーノの D からは u の正規性の仮定に疑いを抱かせる結果となっている．

図 15.17 の正規確率プロットは例 14.8(b) に示されている説明変数 $\sqrt{X_3}$, X_4, X_5 の気体ガス関数の（$\mu_{(i)}$, $t_{(i)}$）である．このプロットは非正規性の何らかの型を示しているとは思われない．実際，**表 15.12** に示したように，すべての検定統計量はこの関数の誤差項 u の正規性を棄却しない．

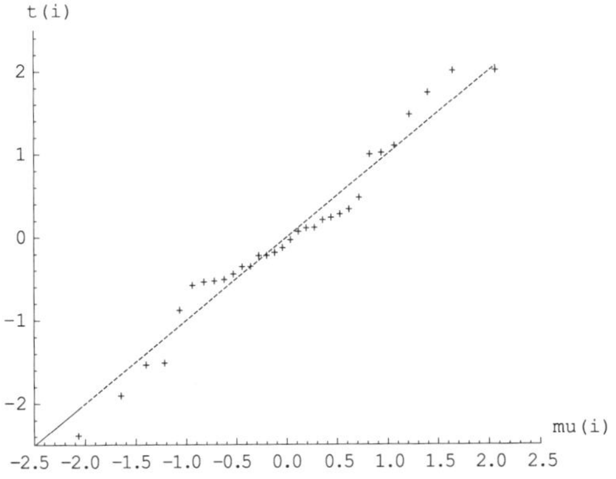

図 15.17　気体ガス関数の最小 2 乗残差の正規確率プロット

表 15.12 最小 2 乗残差の正規性検定

検定統計量	対立仮説の型	WDOT 関数((12.87)式)の最小 2 乗残差, $n=44$ 歪度 −0.5351	尖度 4.065	気体ガス関数(例 14.8(b))の最小 2 乗残差, $n=32$ 歪度 −0.1219	尖度 2.880
		臨界点	統計量の値	臨界点	統計量の値
JB	A	5.9915	4.1794	5.9915	0.09852
CJB	A	5.9915	6.0865*	5.9915	0.1034
Z_1	B	$\|Z_1\|>1.96$	−1.5667	$\|Z_1\|>1.96$	−0.3267
Z_2	C	$\|Z_2\|>1.96$	1.6743	$\|Z_2\|>1.96$	0.3265
DP	A	5.9915	5.2575	5.9915	0.2134
$G1$	D	0.7352	0.7656	0.72433	0.7613
$G2$	D	0.7352	0.7656	0.72433	0.7599
W	A	0.94425	0.94506	0.93095	0.97179
z_0	A	1.645	1.609	1.645	−0.2767
D	D	0.26946	0.26934*	0.26672	0.27842
U	E	3.724	4.879	3.5	4.1452

数学注

Y_i が母平均 μ を中心にして対称的な分布に従うとき，$(Y_{(1)}\ Y_{(2)} \cdots\ Y_{(n)})$ の分布と $(-Y_{(n)}\ -Y_{(n-1)} \cdots -Y_{(1)})$ の分布は同じである．

$$\begin{bmatrix} -Y_{(n)} \\ -Y_{(n-1)} \\ \vdots \\ -Y_{(1)} \end{bmatrix} = -\boldsymbol{J} \begin{bmatrix} Y_{(1)} \\ Y_{(2)} \\ \vdots \\ Y_{(n)} \end{bmatrix}$$

とおくと

$$\boldsymbol{J} = \begin{bmatrix} 0 & 0 & \cdots & 0 & 1 \\ 0 & 0 & \cdots & 1 & 0 \\ \vdots & \vdots & \ddots & \vdots & \vdots \\ 0 & 1 & \cdots & 0 & 0 \\ 1 & 0 & \cdots & 0 & 0 \end{bmatrix}$$

であり，$\boldsymbol{J}$ は次式を満たす．

$$\boldsymbol{J} = \boldsymbol{J}' = \boldsymbol{J}^{-1}$$

$$\boldsymbol{J}'\boldsymbol{i} = \boldsymbol{i}$$

$$\boldsymbol{J}^2 = \boldsymbol{I}$$

$\boldsymbol{y}_{(i)}$ と $-\boldsymbol{J}\boldsymbol{y}_{(i)}$ は同一の分布に従うから

$$E[\boldsymbol{y}_{(i)}] = E[-\boldsymbol{J}\boldsymbol{y}_{(i)}]$$

すなわち

$$\boldsymbol{m} = -\boldsymbol{J}\boldsymbol{m}$$

$\boldsymbol{m}$ の要素で表せば，$m_i = \mu_{(i)}$ であるから

$$\mu_{(i)} = -\mu_{(n-i+1)}, \qquad i = 1, \cdots, n$$

そして

$$\boldsymbol{i}'\boldsymbol{m} = -\boldsymbol{i}'\boldsymbol{J}\boldsymbol{m} = -\boldsymbol{i}'\boldsymbol{m}$$

したがって

$$\sum_{i=1}^{n} m_i = \sum_{i=1}^{n} \mu_{(i)} = 0$$

次に $\boldsymbol{y}_{(i)}$ の分散共分散行列を $\mathrm{var}(\boldsymbol{y}_{(i)}) = \boldsymbol{V}$ とすると

$$\mathrm{var}(\boldsymbol{y}_{(i)}) = \mathrm{var}(-\boldsymbol{J}\boldsymbol{y}_{(i)}) = -\boldsymbol{J}\boldsymbol{V}(-\boldsymbol{J}') = \boldsymbol{J}\boldsymbol{V}\boldsymbol{J}'$$

ゆえに

$$\boldsymbol{V}^{-1} = \boldsymbol{J}'^{-1}\boldsymbol{V}^{-1}\boldsymbol{J}^{-1} = \boldsymbol{J}\boldsymbol{V}^{-1}\boldsymbol{J}$$

したがって

$$\boldsymbol{i}'\boldsymbol{V}^{-1}\boldsymbol{m} = \boldsymbol{i}'(\boldsymbol{J}\boldsymbol{V}^{-1}\boldsymbol{J})(-\boldsymbol{J}\boldsymbol{m}) = -(\boldsymbol{i}'\boldsymbol{J})\boldsymbol{V}^{-1}\boldsymbol{J}^2\boldsymbol{m} = -\boldsymbol{i}'\boldsymbol{V}^{-1}\boldsymbol{m}$$

ゆえに (15.22) 式

$$\boldsymbol{i}'\boldsymbol{V}^{-1}\boldsymbol{m} = 0$$

を得る．

とくに $Y_i \sim N(0, 1)$ のとき

$$\sum_{j=1}^{n} v_{ij} = 1, \qquad i = 1, 2, \cdots, n$$

であるから (David (1981), p. 40)

$$\sum_{i=1}^{n}\sum_{j=1}^{n} v_{ij} = n$$

となる．したがって

$$\boldsymbol{V}\boldsymbol{i} = \begin{bmatrix} \sum_j v_{1j} \\ \vdots \\ \sum_j v_{nj} \end{bmatrix} = \begin{bmatrix} 1 \\ \vdots \\ 1 \end{bmatrix} = \boldsymbol{i}$$

ゆえに

$$\boldsymbol{i}'\boldsymbol{V}^{-1} = (\boldsymbol{V}\boldsymbol{i})'\boldsymbol{V}^{-1} = \boldsymbol{i}'\boldsymbol{V}\boldsymbol{V}^{-1} = \boldsymbol{i}'$$

したがって

$$\boldsymbol{i}'\boldsymbol{V}^{-i}\boldsymbol{i} = \boldsymbol{i}'\boldsymbol{i} = n$$

このとき (15.23) 式は

$$\hat{\mu}=\bar{Y}$$

となる.

参 考 文 献

Adams, W. J. (2009). *The Life and Times of the Central Limit Theorem*, 2nd ed., AMS.

Agresti, A. and Franklin, C. (2007). *Statistics—The Art and Science of Learning from Data*, Pearson Prentice Hall.

Anderson, T. W. (2003). *An Introduction to Multivariate Statistical Analysis*, 3rd ed., John Wiley & Sons.

安藤洋美 (1992).『確率論の生い立ち』, 現代数学社.

安藤洋美 (1995).『最小二乗法の歴史』, 現代数学社.

Anscombe, F. J. and Glynn, W. J. (1983). Distribution of the kurtosis statistics b_2 for normal statistics, *Biometrika*, **70**, 227-234.

Arnold, B. C., Beaver, R. J., Groeneveld, R. A. and Meeker, W. Q. (1993). The nontruncated marginal of a truncated bivariate normal distribution, *Psychometrika*, **58**, 471-488.

Arnold, B. C. and Beaver, R. J. (2004). Elliptical models subject to hidden truncation or selective sampling, *in* Genton, M. J. (ed.). *Skew-Elliptical Distributions and their Applications*, Chapman & Hall/CRC.

Aroian, L. A. (1986). The distribution of the quotient of two correlated normal random variables, A. S. A., *Proceedings of the Business and Economics Section*, 612-613.

Azzalini, A. (1985). A class of distributions which includes the normal ones, *Scandinavian Journal of Statistics*, **12**, 171-185.

Azzalini, A. and Capitanio, A. (2003). Distribution generated by perturbation of symmetry with emphasis on a skew t distribution, *Journal of the Royal Statistical Society B*, **65**, 367-389.

Azzalini, A. and Valle, A. D. (1996). The multivariate skew-normal distribution, *Biometrika*, **83**, 5, 715-726.

Balakrishnan, N. and Lai, C. D. (2009). *Continuous Bivariate Distributions*, 2nd ed., Springer.

Balakrishnan, N. and Nevzorov, V. B. (2003). *A Primer on Statistical Distributions*, John Wiley & Sons.

Barndorff-Nielsen, O. E. and Cox, D. R. (1991). *Asymptotic Techniques for Use in Statistics*, Chapman & Hall.

Barnett, V. and Lewis, T. (1994). *Outliers in Statistical Data*, 3rd ed., John Wiley & Sons.

Basu, A. P. and Ghosh, J. K. (1978). Identifiability of the multinormal and other distributions under competing risks models, *Journal of Multivariate Analysis*, 8, 413-429.

Bell, E. J. (1937). *Men of Mathematics*, Vol. 2, Penguin Books. 田中勇・銀林浩訳 (1974)『数学をつくった人びと』II, 東京図書.

Beyer, W. H. (ed.) (1991). *CRC Standard Probability and Statistics Tables and Formulae*, CRC Press.

Bhattacharyya, R. N. and Ghosh, J. K. (1978). On the validity of the formal Edgeworth expansion, *Annals of Statistics*, **2**, 434-451.

Bhattacharyya, R. N. and Rao, P. R. (1976). *Normal Approximation and Asymptotic Expansions*, John Wiley & Sons.

Bhattacharyya, G. K. and Johnson, R. A. (1977). *Statistical Concepts and Methods*, John Wiley & Sons. 蓑谷千凰彦訳 (1980)『初等統計学』1, 2, 東京図書.

Bickel, P. J. and Doksum, K. A. (2001). *Mathematical Statistics*, I, 2nd ed., Prentice -Hall.

Blight, B. J. N. and Rao, P. V. (1974). The convergence of Bhattacharyya bounds, *Biometrika*, **61**, 137-142.

Bose, R. C. and Gupta, S. S. (1959). Moments of order statistics from a normal population, *Biometrika*, **46**, 433-440.

Bowman, K. O. and Shenton, B. R. (1986). Moment ($\sqrt{b_1}$, b_2) technique, *in* D'Agostino, R. B. and Stephens, M. A. (eds.), *Goodness-of-Fit Techniques*, Marcel Dekker.

Brockwell, P. J. and Davis, R. A. (1991). *Time Series : Theory and Methods*, 2nd ed., Springer.

Brown, B. M. (1971). Martingale central limit theorems, *Annals of Mathematical Statistics*, **42**, 59-66.

Cadwell, J. H. (1952). The distribution of quantiles of small samples, *Biometrika*, **39**, 207 -211.

Cain, M. (1994). The moment generating function of the minimum of bivariate normal random variables, *The American Statistician*, **48**, 124-125.

Cain, M. and Pan, E. (1995). Moments of the minimum of bivariate normal random variables, *The Mathematical Scientist*, **20**, 119-122.

Callaert, H. and Jansen, P. (1978). The Berry-Esseen theorem for *U*-Statistics, *Annals of Statistics*, **6**(**2**), 417-421.

Callaert, H., Jansen, P. and Veraverbeke, N. (1980). An Edgeworth expansion for *U*-statistics, *Annals of Statistics*, **8**(**2**), 299-312.

Cam, L. Le (1986). The central limit theorem around 1935 (with discussion), *Statistical Science*, **1**, 78-96.

Casella, G. and Berger, R. L. (2002). *Statistical Inference*, 2nd ed., Duxbury.

Chatterjee, S. H. (2003). *Statistical Thought : A Perspective and History*, Oxford University Press.

Chow, Y. S. and Teicher, H. (1997). *Probability Theory*, 2nd ed., Springer-Verlag.

Chu, J. T. (1955). On the distribution of the sample median, *Annals of Mathematical Statistics*, **26**, 593-606.

Chu, J. T. and Hotelling, H. (1955). The moment of the sample median, *Annals of Mathematical Statistics*, **26**, 112-116.

Chung, K. L. (1974). *Elementary Probability Theory with Stochastic Processes*, Springer-Verlag.

Chung, K. L. (2001). *A Course in Probability Theory*, 3rd ed., Academic Press.

Cramér, H. (1946). *Mathematical Methods of Statistics*, Princeton University Press.

Cramér, H. (1976). Half a century with probability theory : some personal recollections, *Annals of Probability*, Vol. 4, No. 4, special invited paper, 509-546.

D'Agostino, R. B. (1970). Linear estimation of the normal distribution standard deviation, *The American Statistician*, **14**, No. 3, 14.

D'Agostino, R. B. (1971). An omnibus test of normality for moderate and large size samples, *Biometrika*, **58**, 341-348.

D'Agostino, R. B. (1972). Small sample probability points for D test of normality, *Biometrika*, **59**, 219-221.

D'Agostino, R. B. (1982). Departures from normality, tests for, *Encyclopedia of Statistical Science*, Vol. 2, John Wiley & Sons.

D'Agostino, R. B. and Stephens, M. A. (1986). *Handbook of Goodness-of-Fit Techniques*, Marcel Dekker.

Dasgupta, A. (2008). *Asymptotic Theory of Statistics and Probability*, Springer.

David, F. N. (1962). *Games, Gods & Gambling—A History of Probability and Statistical Ideas*, Charles Griffin & Co. Ltd. 安藤洋美訳 (1975)『確率論の歴史—遊びから科学へ—』, 海鳴社.

David, H. A. (1981). *Order Statistics*, 2nd ed., John Wiley & Sons.

David, H. A. and Edwards, A. W. F. (2001). *Annotated Readings in the History of Statistics*, Springer.

David, H. A. and Nagaraja, H. N. (2003). *Order Statistics*, 3rd ed., John Wiley & Sons.

David, H. A., Hartley, H. O. and Pearson, E. S. (1954). The distribution of the ratio, in a single normal sample, of the range to standard deviation, *Biometrika*, **41**, 482-493.

Deb, P. and Sefton, M. (1996). The distribution of a Laglange multiplier test of normality, *Economics Letters*, **51**, 123-130.

Dunn, O. J. (1965). A property of the multivariate t distribution, *American Mathematical Statistics*, **36**, 712-714.

Dunnigton, G. W. (1955). *Carl Friedrich Gauss—Titan of Science*, Hafner Publishing Company. 銀林浩・小島穀男・田中勇訳 (1985)『ガウスの生涯』, 東京図書.

Durrett, R. (2010). *Probability—Theory and Examples*, 4th ed., Cambridge University Press.

Eberhardt, K. R., Mee, R. W. and Reeve, C. P. (1989). Computing factors for exact two-sided tolerance limits for a normal distribution, *Communications in Statistics-Simulation and Computation*, **B18**, 397-413.

Elfving, G. (2001). Jarl Waldemar Lindberg, *in* Heyde, C. C. and Seneta, E. (eds.), *Statisticians of the Centuries*, Springer.

Ellison, B. E. (1964). On two-sided tolerance intervals for a normal distribution, *Annals of Mathematical Statistics*, **35**, 762-772.

Estrella, A. (1998). A new measure of fit for equations with dichotomous dependent variables, *Journal of Business and Economic Statistics*, April, 198-205.

Fang, K. T., Kotz, S. and Ng, K. W. (1990). *Symmetric Multivariate and Related Distributions*, Chapman & Hall.

Feller, W. (1968). *An Introduction to Probability Theory and its Applications*, Vol. I, 3rd ed., John Wiley & Sons. 河田龍夫監訳 (1960)『確率論とその応用』上，下，紀伊國屋書店.

Feller, W. (1971). *An Introduction to Probability Theory and its Applications*, Vol. II, 2nd ed., John Wiley & Sons.

Ferreira, P. E. (1982). Multiparametric estimating equations, *Annals of the Institute of Statistical Mathematics*, **34A**, 423-431.

Fisher, H. (2001). Pierre-Simon Marquis Laplace, *in* Heyde, C. C. and Seneta, E. (eds.), *Statisticians of the Centuries*, Springer.

Fuller, W. A. (1996). *Introduction to Statistical Time Series*, 2nd ed., John Wiley & Sons.

Galton, F. (1877). Typical laws of heredity, *Proceedings of the Royal Institution*, **8**, 282-301.

Galton, F. (1879). The geometric mean, in vital and social statistics, *Proceedings of the Royal Society of London*, **29**, 365-367.

Galton, F. (1889). *Natural Inheritance*, Macmillan.

Gauss, C. F. (1821). *Theoria Combinations Observationum*. 飛田武幸・石川耕春訳 (1981)『誤差論』，紀伊國屋書店.

Gayen, A. K. (1949). The distribution of "Student's" t in random samples of any size drawn from non-normal universes, *Biometrika*, **36**, 353-369.

Geary, R. C. (1935). The ratio of the mean deviation to the standard deviation as a test of normality, *Biometrika*, **27**, 310-332.

Genton, M. G. (ed.) (2004). *Skew-Elliptical Distributions and their Applications*, Chapman & Hall/CRC.

Gentle, J. E. (2003). *Random Number Generation and Monte Carlo Methods*, 2nd ed., Springer-Verlag

Ghurye, S. G. and Olkin, I. (1962). A characterization of multivariate normal distribution, *Annals of Mathematical Statistics*, **33**, 533-541.

Giri, N. C. (1993). *Introduction to Probability and Statistics*, 2nd ed., Marcel Dekker.

Giri, N. C. (1996). *Multivariate Statistical Analysis*, Marcel Dekker.

グネジェンコ著・鳥居一雄訳 (1971, 1972).『確率論教程』I，II，森北出版.

Gnedenko, B. V. (1997). *Theory of Probability*, 6th ed., Gordon and Breach Science Publishers.

Gnedenko, B. V. and Kolmogorov, A. N. (1954). *Limit Distributions for Sums of Independent Random Variables*, translated by Chung, K. L. (1968), Addison-Wesley.

Götze, F. (1991). On the rate of convergence in the multivariate CLT, *Annals of Probability*, **19**, 724-739.

Gradshteyn, I. S. and Ryzhik, I. M. (1980). *Table of Integrals, Series, and Products*,

Corrected and Enlarged Edition, Academic Press.

Gurland, J. and Tripathi, R. (1971). A simple approximation for unbiased estimation of the standard deviation, *The American Statistician*, **25**, No. 4, 30-32.

Hald, A. (1990). *A History of Probability and Statistics and their Applications before 1750*, John Wiley & Sons.

Hald, A. (1998). *A History of Mathematical Statistics from 1750 to 1930*, John Wiley & Sons.

Hald, A. (2007). *A History of Parametric Statistical Inference from Bernoulli to Fisher, 1713-1935*, Springer.

Hall, P. (1987). Edgeworth expansions for Student's t-statistic under minimal moment conditions, *Annals of Probability*, **15(3)**, 920-931.

Hamilton, J. D. (1994). *Time Series Analysis*, Princeton University Press.

Harter, H. L. (1961). Expected values of normal order statistics, *Biometrika*, **48**, 151-165.

Heyde, C. C. and Seneta, E. (eds.). *Statisticians of the Centuries*, Springer.

Hinkley, D. V. (1969). On the ratio of two correlated normal random variables, *Biometrika*, **56**, 635; correction, **57**, 683.

Hoeffding, W. (1948). A class of statistics with asymptotically normal distribution, *Annals of Mathematical Statistics*, **19**, 293-325.

Hotelling, H. (1953). New light on the correlation coefficient and its transforms, *Journal of the Royal Statistical Society B*, **15**, 193-232.

Howe, W. G. (1969). Two-sided tolerance limits for normal population-some improvements, *Journal of the American Statistical Association*, **64**, 610-620.

Jarque, C. M. and Bera, A. K. (1987). A test for normality of observations and regression residuals, *International Statistical Review*, **55**, 163-172.

Jeffrey, A. (2000). *Handbook of Mathematical Formulas and Integrals*, 2nd ed., Academic Press.

Johnson, N. L. (1949). Systems of frequency curves generated by methods of translation, *Biometrika*, **36**, 149-176.

Johnson, N. L., Kotz, S. and Balakrishnan, N. (1994). *Continuous Univariate Distributions*, Vol. I, 2nd ed., John Wiley & Sons.

Johnson, N. L., Kotz, S. and Balakrishnan, N. (1995). *Continuous Univariate Distributions*, Vol. II, 2nd ed., John Wiley & Sons.

Johnson, R. A. and Wichern, D. W. (1998). *Applied Multivariate Statistical Analysis*, 4th ed., Prentice-Hall International.

Jones, M. C. and Faddy, M. J. (2003). A skew extension of the t-distribution with applications, *Journal of the Royal Statistical Society B*, **65**, 159-174.

Kagan, A. M., Linnik, Y. K. and Rao, C. R. (1973). *Characterization Problems in Mathematical Statistics*, Wiley-Interscience.

Kamat, A. R. (1953). Incomplete and absolute moments of the multivariate normal distribution with some applications, *Biometrika*, **40**, 20-34.

Kendall, D. (1974). Obituary, Paul Lévy, *Journal of the Royal Statistical Society A*, 259-

260.

Keynes, J. M. (1921). *A Treatise on Probability*, Macmillan, 1973 (The Collected Writings of John Maynard Keynes, Vol. VIII). 佐藤隆三訳 (2010)『確率論』, ケインズ全集第8巻, 東洋経済新報社.

Klein, J. L. (1997). *Statistical Visions in Time-A History of Time Series Analysis 1662-1938*, Cambridge University Press.

Korolyuk, V. S. and Borovskikh, Yu, V. (1985). Approximation of nondegenerate *U*-statistics, *Theory of Probability and its Applications*, **30**, 439-450.

Kotz, S. and Nadarajah, S. (2004). *Multivariate t Distribution and Their Applications*, Cambridge University Press.

Krishnamoorthy, K. (2006). *Handbook of Statistical Distributions with Applications*, Chapman & Hall/CRC.

Krishnamoorthy, K. and Mathew, T. (2009). *Statistical Tolerance Regions : Theory, Applications, and Computation*, John Wiley & Sons.

Landers, D. and Rogge, L. (1977). Inequalities for conditional normal approximations, *Annals of Probability,* **5**, 595-600.

Laplace, P. S. (1812). *Theórie Analytique des Probabilitiés*, Courcier. 伊藤清・樋口順四郎訳 (1986)『ラプラス確率論』, 共立出版.

Lehmann, E. L. (1983). *Theory of Point Estimation*, John Wiley & Sons.

Lehmann, E. L. (1986). *Testing Statistical Hypotheses*, 2nd ed., John Wiley & Sons.

Lehmann, E. L. (1999). *Elements of Large Sample Theory*, Springer.

Leone, F. C., Nelson, L. S. and Nottingham, R. B. (1961). The folded normal distribution, *Technometrics*, **3**, No. 4, 543-550.

Lin, P. (1972). Some characterizations of the multivariate *t* distribution, *Journal of Multivariate Analysis*, **2**, 339-344.

Lindsey, J. K. (1996). *Parametric Statistical Inference*, Oxford University Press.

Loperfido, N. M. R. (2004). Generalized skew-normal distributions, *in* Genton, M. G. (ed.), *Skew-Elliptical Distributions and their Applications*, Chapman & Hall/CRC.

Mackenzie, D. A. (1981). *Statistics in Britain 1865-1930 : The Social Construction of Scientific Knowledge*, Edinburgh University Press.

前園宜彦 (2001).『統計的推測の漸近理論』, 九州大学出版会.

Mage, D. T. (1982). An objective graphical methods using probability plots, *The American Statistician*, **36**, 2, 116-120.

Maistrov, L. E. (1974). *Probability Theory : A Historical Sketch*, translated and edited by Kotz, S., Academic Press.

Markowitz, E. (1968). Minimum mean-square-error estimation of the standard deviation of the normal distribution, *The American Statistician*, **22(3)**, 26.

McFadden, D. L. (1974). The measurement of urban travel demand, *Journal of Public Economics*, **3**, 303-328.

Merrington, M. and Pearson, E. S. (1958). An approximation to the distribution of non-central *t*, *Biometrika*, **45**, 484-491.

蓑谷千凰彦 (1992).『計量経済学における頑健推定』, 多賀出版.
蓑谷千凰彦 (1996).『計量経済学の理論と応用』, 日本評論社.
蓑谷千凰彦 (2001).『金融データの統計分析』, 東洋経済新報社.
蓑谷千凰彦 (2007).『計量経済学大全』, 東洋経済新報社.
蓑谷千凰彦・縄田和満・和合肇編 (2007).『計量経済学ハンドブック』, 朝倉書店.
蓑谷千凰彦 (2009a).『これからはじめる統計学』, 東京図書.
蓑谷千凰彦 (2009b).『数理統計ハンドブック』, みみずく舎.
蓑谷千凰彦 (2010).『統計分布ハンドブック［増補版］』, 朝倉書店.
蓑谷千凰彦・牧厚志編 (2010).『応用計量経済学ハンドブック』, 朝倉書店.

Montgomery, D. C. and Runger, G. C. (2007). *Applied Statistics and Probability for Engineers*, 4th ed., John Wiley & Sons.

Montgomery, D. C. Runger, G. C. and Hubele, N. F. (2007). *Engineering Statistics*, John Wiley & Sons.

Mood, A. M., Graybill, F. A. and Boes, D. C. (1974). *Introduction to the Theory of Statistics*, 3rd ed., McGraw-Hill.

Moore, D. S. and McCabe, G. P. (2006). *Introduction to the Practice of Statistics*, 5th. ed., W. H. Freeman and Company.

森口繁一・宇田川銈久・一松信 (1968).『数学公式 I』, 岩波書店.

Mukhopadhyay, N. (2000). *Probability and Statistical Inference*, Marcel Dekker.

Mukhopadhyay, P. (2009). *Multivariate Statistical Analysis*, World Scientific.

Nadarajah, S. and Gupta, A. K. (2004). Beta function and incomplete beta function, *in* Gupta, A. K. and Nadarajah, S. (eds.), *Handbook of Beta Distribution and its Applications*, Marcel Dekker.

Nelson, L. S. (1980). The folded normal distribution, *Journal of Quality Technology*, **12**, No. 4, 236-238.

Odeh, R. E. (1978). Tables of two-sided tolerance factors for a normal distribution, *Communications in Statistics-Simulation and Computation*, **7**, 183-201.

Odeh, R. E. and Owen, D. B. (1980). *Tables for Normal Tolerance Limits, Sampling Plans, and Screening*, Marcel Dekker.

大槻義彦監修・室谷義昭訳 (1991).『数学公式集 I ―初等関数』, 丸善.

Owen, D. B. (1964). Control of percentage in both tails of the normal distribution, *Technometrics*, **10**, 445-478.

Owen, D. B. (1980). A Table of normal integrals, *Communications in Statistics*, **B9**, 389-419, Errate (1981), **B10**, 541.

Partel, J. K. (1986). Tolerance limits: a review, *Communications in Statistics, Part A-Theory and Methods*, **15**, 2719-2762.

Partel, J. K. and Read, C. B. (1996). *Handbook of the Normal Distribution*, 2nd ed., Marcel Dekker.

Pawitan, Y. (2001). *In All Likelihood : Statistical Modelling and Inference Using Likelihood*, Oxford University Press.

Pearson, E. S. (ed.) (1978). *The History of Statistics in the 17th & 18th Centuries*, Charles

Griffin & Co. Limited.

Pearson, E. S. and Hartley, H. O. (1966). *Biometrika Tables for Statisticians*, Vol. 1, 3rd ed., Cambridge University Press.

Pearson, E. S. and Kendall, M. G. (eds.) (1966). *Studies in the History of Statistics and Probability*, Vol. I, 1970, Vol. II, 1977, Charles Griffin & Co. Limited.

Peizer, D. B. and Pratt, J. W. (1968). A normal approximation for binomial, F, beta, and other common, related tail probabilities, I, *Journal of the American Statistical Association*, **63**, 1416-1456.

Petrov, V. (1996). *Limit Theorems of Probability Theory*, Oxford University Press.

Pollock, D. S. G. (1979). *The Algebra of Econometrics*, John Wiley & Sons.

Quetlet, A. (1835). *Sur l'homme.* 平貞蔵・山村喬訳 (1937)『人間について』, 岩波文庫.

Rao, C. R. (1973). *Linear Statistical Inference and Its Applications*, 2nd ed., John Wiley & Sons.

Reiss, R. D. (1976). Asymptotic expansions for sample quantiles, *Annals of Probability*, **4**(**2**), 249-258.

Reiss, R. (1989). *Approximate Distribution of Order Statistics*, Springer-Verlag.

Rencher, A. C. and Schaalje, G. B. (2008). *Linear Models in Statistics*, 2nd ed., John Wiley & Sons.

Rohatgi, V. K. (1976). *An Introduction to Probability Theory and Mathematical Statistics*, John Wiley & Sons.

Royston, J. P. (1982a). Algorithm AS 181, The W test for normality, *Applied Statistics*, **31**, 176-180.

Royston, J. P. (1982b). Expected normal order statistics (exact and approximate), Algorithm AS 177, *Applied Statistics*, **31**, 161-165.

Ruskeepaa, H. (1999). *Mathematica Navigator*, Academic Press.

Ryan, T. P. (2009). *Modern Regression Methods*, 2nd ed., John Wiley & Sons.

Salsburg, D. (2001). *The Lady Tasting Tea : How Statistics Revolutionized Science in the Twentieth Century*, W. H. Freeman. 竹内惠行・熊谷悦生訳 (2006)『統計学を拓いた異才たち』, 日本経済新聞社.

Samiuddin, M. (1970). On a test for an assigned value of correlation in a bivariate normal distribution, *Biometrika*, **57**, 461-464.

Sarhan, A. E. and Greenberg, B. G. (eds.) (1962). *Contributions to Order Statistics*, John Wiley & Sons.

Searle, S. R. (1982). *Matrix Algebra Useful for Statistics*, John Wiley & Sons.

Seneta, E. (2001). Pafnutii Lvovich Chebyshev (or Tchébichef), *in* Heyde, C. C. and Seneta, E. (eds.) *Statisticians of the Centuries*, Springer.

Seneta, E. (2001). Andrei Andreevich Markov, *in* Heyde, C. C. and Seneta, E. (eds.) *Statisticians of the Centuries*, Springer.

Serfling, R. J. (1968). Contributions to central limit theory for dependent variables, *Annals of Mathematical Statistics*, **39**, 1158-1175.

Serfling, R. J. (1980). *Approximation Theorems of Mathematical Statistics*, John Wiley &

Sons.

Shapiro, S. S. and Francia, R. S. (1972). An approximate analysis of variance test for normality, *Journal of the American Statistical Association*, **67**, 215-216.

Shapiro, S. S. and Wilk, M. B. (1965). An analysis of variance test for normality, *Biometrika*, **52**, 3 and 4, 591-611.

Shapiro, S. S., Wilk, M. B. and Chen, H. J. (1968). A comparative study of various test for normality, *Journal of the American Statistical Association*, **63**, 1343-1372.

Sheynin, O. B. (2001). Carl Friedrich Gauss, *in* Heyde, C. C. and Seneta, E. (eds.) *Statisticians of the Centuries*, Springer.

柴田義貞 (1981). 『正規分布－特性と応用』, 東京大学出版会.

清水良一 (1981). 『中心極限定理』, 教育出版.

Singh, R. S. (1988). Estimating of error variance in linear regression models with errors having multivariate Student-t distribution with unknown degrees, *Economics Letters* **27**, 47-53.

Singh, R. K., Mistra, S. and Pandey, S. K. (1995). A generalized class of estimators in linear regression models with multivariate-t distributed error, *Statistics and Probability Letters*, **23**, 171-178.

Spanos, A. (1994). On modeling heteroskedasticity : the Student's t and empirical linear regression models, *Econometric Theory*, **10**, 286-315.

Stigler, S. M. (1986). *The History of Statistics－The Measurement of Uncertainty before 1900*, The Belknap Press of Harvard University Press.

Stigler, S. M. (1999). *Statistics on the Table－The History of Statistical Concepts and Methods*, Harvard University Press.

Stoyanov, J. (1997). *Counterexamples in Probability*, 2nd ed., John Wiley & Sons.

Stuart, A. (1969). Reduced mean-square-error estimation of σ^p in normal samples, *The American Statistician*, **23(4)**, 27.

Stuart, A. and Ord, J. K. (1991). *Kendall's Advanced Theory of Statistics*, Vol. 2, 5th ed., Edward Arnold.

Stuart, A. and Ord, J. K. (1994). *Kendall's Advanced Theory of Statistics*, Vol. 1, 6th ed., Edward Arnold.

Sutradhar, B. C. (1986). On the characteristic function of the multivariate Student t-distribution, *Canadian Journal of Statistics* **14**, 329-337.

Sutradhar, B. C. (1988 a). Author's revision, *Canadian Journal of Statistics,* **16**, 323.

Sutradhar, B. C. (1988 b). Testing linear hypothesis with t error variable, *Sankhyā*, B, **50**, 175-180.

竹内啓 (1975). 『確率分布と統計解析』, 日本規格協会.

竹内啓・藤野和建 (1981). 『2 項分布とポアソン分布』, 東京大学出版会.

Thode, Jr. H. C. (2002). *Testing for Normality*, Marcel Dekker.

Thompson, W. R. (1935). On a criterion for the rejection of observations and the distribution of the ratio of deviation to sample standard deviation, *Annals of Mathematical Statistics*, **6**, 213-219.

Todhunter, I. (1865). *A History of the Mathematical Theory of Probability from the Time of Pascal to that of Laplace*, Macmillan. 安藤洋美訳 (2002)『確率論史』, 現代数学社, 改訂版.

統計数値表編集委員会編 (1991).『簡約統計数値表』, 日本規格協会.

Tong, G. L. (1990). *The Multivariate Normal Distribution*, Springer-Verlag.

Urzua, C. M. (1996). On the correct use of omnibus tests for normality, *Economics Letters*, **53**, 247-251.

Uthoff, V. A. (1973). The most powerful scale and location invariant test of the normal versus the double exponential, *Annals of Statistics*, **1**, 170-174.

Valle, A. D. (2004). The skew-normal distribution, *in* Genton, M. G. (ed.). *Skew-Elliptical Distributions and their Applications*, Chapman & Hall/CRC.

Vianelli, S. (1983). The family of normal and lognormal distribution of order r, *Metron*, **41**, 3-10.

Wald, A. and Wolfowitz, J. (1946). Tolerance limits for a normal distribution, *Annals of Mathematical Statistics*, **17**, 208-215.

Walker, H. M. (1929). *Studies in the History of Statistical Method*, Williams and Wilkins.

Weisberg, S. and Bingham, C. (1975). An analysis of variance test for normality suitable for machine calculation, *Technometrics*, **17**, 133.

Welch, B. L. (1937). The significance of the difference between two means when the population variances are unequal, *Biometrika*, **29**, 350-361.

Westergaard, H. (1932). *Contribution to the History of Statistics*, King, reprinted by Kelley, 1969. 森谷喜一郎訳 (1943)『統計学史』, 栗田書店.

Wetherill, G. B. (1986). *Regression Analysis with Applications*, Chapman & Hall.

Wilk, M. B. and Gnanadesikan, R. (1968). Probability plotting methods for the analysis of data, *Biometrika*, **55**, 1-17.

Wilks, S. S. (1962). *Mathematical Statistics*, John Wiley & Sons.

Zacks, S. (1971). *The Theory of Statistical Inference*, John Wiley & Sons.

Zellner, A. (1971). *An Introduction to Bayesian Inference in Econometrics*, John Wiley & Sons. 福場庸・大澤豊訳 (1986)『ベイジアン計量経済学入門』, 培風館.

Zellner, A. (1976). Bayesian and non-Bayesian analysis of the regression model with multivariate Student-t error terms, *Journal of the American Statistical Association*, **71**, 400-405.

付　　表

付表 1　　標準正規分布
付表 2　　t 分布
付表 3　　χ^2 分布
付表 4　　F 分布（1％点）
付表 5　　F 分布（5％点）

付表 1　標準正規分布（上側確率）

$$P(Z>z_\alpha)=\alpha,\qquad \alpha=\int_{z_\alpha}^{\infty}\frac{1}{\sqrt{2\pi}}e^{-\frac{x^2}{2}}dx$$

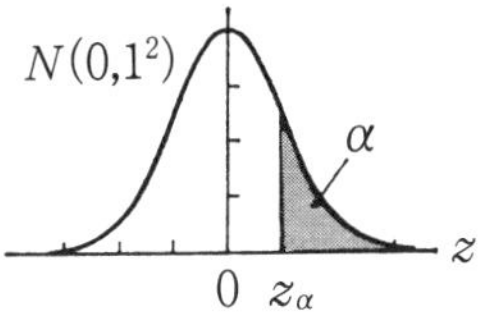

z_α	.00	.01	.02	.03	.04	.05	.06	.07	.08	.09
.0	.50000	.49601	.49202	.48803	.48405	.48006	.47608	.47210	.46812	.46414
.1	.46017	.45620	.45224	.44828	.44433	.44038	.43644	.43251	.42858	.42465
.2	.42074	.41683	.41294	.40905	.40517	.40129	.39743	.39358	.38974	.38591
.3	.38209	.37828	.37448	.37070	.36693	.36317	.35942	.35569	.35197	.34827
.4	.34458	.34090	.33724	.33360	.32997	.32636	.32276	.31918	.31561	.31207
.5	.30854	.30503	.30153	.29806	.29460	.29116	.28774	.28434	.28096	.27760
.6	.27425	.27093	.26763	.26435	.26109	.25785	.25463	.25143	.24825	.24510
.7	.24196	.23885	.23576	.23270	.22965	.22663	.22363	.22065	.21770	.21476
.8	.21186	.20897	.20611	.20327	.20045	.19766	.19489	.19215	.18943	.18673
.9	.18406	.18141	.17879	.17619	.17361	.17106	.16853	.16602	.16354	.16109
1.0	.15866	.15625	.15386	.15151	.14917	.14686	.14457	.14231	.14007	.13786
1.1	.13567	.13350	.13136	.12924	.12714	.12507	.12302	.12100	.11900	.11702
1.2	.11507	.11314	.11123	.10935	.10749	.10565	.10383	.10204	.10027	.098525
1.3	.096800	.095098	.093418	.091759	.090123	.088508	.086915	.085343	.083793	.082264
1.4	.080757	.079270	.077804	.076359	.074934	.073529	.072145	.070781	.069437	.068112
1.5	.066807	.065522	.064255	.063008	.061730	.060571	.059380	.058206	.057053	.055917
1.6	.054799	.053699	.052616	.051551	.050503	.049471	.048457	.047460	.046479	.045514
1.7	.044565	.043633	.042716	.041815	.040930	.040059	.039204	.038364	.037538	.036727
1.8	.035930	.035148	.034380	.033625	.032884	.032157	.031443	.030742	.030054	.029379
1.9	.028717	.028067	.027429	.026803	.026190	.025588	.024998	.024419	.023852	.023295
2.0	.022750	.022216	.021692	.021178	.020675	.020182	.019699	.019226	.018763	.018309
2.1	.017864	.017429	.017003	.016586	.016177	.015778	.015386	.015003	.014629	.014262
2.2	.013903	.013553	.013209	.012874	.012545	.012224	.011911	.011604	.011304	.011011
2.3	.010724	.010444	.010170	$.0^{2}99031$	$.0^{2}96419$	$.0^{2}93867$	$.0^{2}91375$	$.0^{2}88940$	$.0^{2}86563$	$.0^{2}84242$
2.4	$.0^{2}81975$	$.0^{2}79763$	$.0^{2}77603$	$.0^{2}75494$	$.0^{2}73436$	$.0^{2}71428$	$.0^{2}69469$	$.0^{2}67557$	$.0^{2}65691$	$.0^{2}63872$
2.5	$.0^{2}62097$	$.0^{2}60366$	$.0^{2}58677$	$.0^{2}57031$	$.0^{2}55426$	$.0^{2}53861$	$.0^{2}52336$	$.0^{2}50849$	$.0^{2}49400$	$.0^{2}47988$
2.6	$.0^{2}46612$	$.0^{2}45271$	$.0^{2}43965$	$.0^{2}42692$	$.0^{2}41453$	$.0^{2}40246$	$.0^{2}39070$	$.0^{2}37926$	$.0^{2}36811$	$.0^{2}35726$
2.7	$.0^{2}34670$	$.0^{2}33642$	$.0^{2}32641$	$.0^{2}31667$	$.0^{2}30720$	$.0^{2}29798$	$.0^{2}28901$	$.0^{2}28028$	$.0^{2}27179$	$.0^{2}26354$
2.8	$.0^{2}25551$	$.0^{2}24771$	$.0^{2}24012$	$.0^{2}23274$	$.0^{2}22557$	$.0^{2}21860$	$.0^{2}21182$	$.0^{2}20524$	$.0^{2}19884$	$.0^{2}19262$
2.9	$.0^{2}18658$	$.0^{2}18071$	$.0^{2}17502$	$.0^{2}16948$	$.0^{2}16411$	$.0^{2}15889$	$.0^{2}15382$	$.0^{2}14890$	$.0^{2}14412$	$.0^{2}13949$
3.0	$.0^{2}13499$	$.0^{2}13062$	$.0^{2}12639$	$.0^{2}12228$	$.0^{2}11829$	$.0^{2}11442$	$.0^{2}11067$	$.0^{2}10703$	$.0^{2}10350$	$.0^{2}10008$
3.1	$.0^{3}96760$	$.0^{3}93544$	$.0^{3}90426$	$.0^{3}87403$	$.0^{3}84474$	$.0^{3}81635$	$.0^{3}78885$	$.0^{3}76219$	$.0^{3}73638$	$.0^{3}71136$
3.2	$.0^{3}68714$	$.0^{3}66367$	$.0^{3}64095$	$.0^{3}61895$	$.0^{3}59765$	$.0^{3}57703$	$.0^{3}55706$	$.0^{3}53774$	$.0^{3}51904$	$.0^{3}50094$
3.3	$.0^{3}48342$	$.0^{3}46648$	$.0^{3}45009$	$.0^{3}43423$	$.0^{3}41889$	$.0^{3}40406$	$.0^{3}38971$	$.0^{3}37584$	$.0^{3}36243$	$.0^{3}34946$
3.4	$.0^{3}33693$	$.0^{3}32481$	$.0^{3}31311$	$.0^{3}30179$	$.0^{3}29086$	$.0^{3}28029$	$.0^{3}27009$	$.0^{3}26023$	$.0^{3}25071$	$.0^{3}24151$
3.5	$.0^{3}23263$	$.0^{3}22405$	$.0^{3}21577$	$.0^{3}20778$	$.0^{3}20006$	$.0^{3}19262$	$.0^{3}18543$	$.0^{3}17849$	$.0^{3}17180$	$.0^{3}16534$
3.6	$.0^{3}15911$	$.0^{3}15310$	$.0^{3}14730$	$.0^{3}14171$	$.0^{3}13632$	$.0^{3}13112$	$.0^{3}12611$	$.0^{3}12128$	$.0^{3}11662$	$.0^{3}11213$
3.7	$.0^{3}10780$	$.0^{3}10363$	$.0^{4}99611$	$.0^{4}95740$	$.0^{4}92010$	$.0^{4}88417$	$.0^{4}84957$	$.0^{4}81624$	$.0^{4}78414$	$.0^{4}75324$
3.8	$.0^{4}72348$	$.0^{4}69483$	$.0^{4}66726$	$.0^{4}64072$	$.0^{4}61517$	$.0^{4}59059$	$.0^{4}56694$	$.0^{4}54418$	$.0^{4}52228$	$.0^{4}50122$
3.9	$.0^{4}48096$	$.0^{4}46148$	$.0^{4}44274$	$.0^{4}42473$	$.0^{4}40741$	$.0^{4}39076$	$.0^{4}37475$	$.0^{4}35936$	$.0^{4}34458$	$.0^{4}33037$
4.0	$.0^{4}31671$	$.0^{4}30359$	$.0^{4}29099$	$.0^{4}27888$	$.0^{4}26726$	$.0^{4}25609$	$.0^{4}24536$	$.0^{4}23507$	$.0^{4}22518$	$.0^{4}21569$
4.1	$.0^{4}20658$	$.0^{4}19783$	$.0^{4}18944$	$.0^{4}18138$	$.0^{4}17365$	$.0^{4}16624$	$.0^{4}15912$	$.0^{4}15230$	$.0^{4}14575$	$.0^{4}13948$
4.2	$.0^{4}13346$	$.0^{4}12769$	$.0^{4}12215$	$.0^{4}11685$	$.0^{4}11176$	$.0^{4}10689$	$.0^{4}10221$	$.0^{5}97736$	$.0^{5}93447$	$.0^{5}89337$
4.3	$.0^{5}85399$	$.0^{5}81627$	$.0^{5}78015$	$.0^{5}74555$	$.0^{5}71241$	$.0^{5}68069$	$.0^{5}65031$	$.0^{5}62123$	$.0^{5}59340$	$.0^{5}56675$
4.4	$.0^{5}54125$	$.0^{5}51685$	$.0^{5}49350$	$.0^{5}47117$	$.0^{5}44979$	$.0^{5}42935$	$.0^{5}40980$	$.0^{5}39110$	$.0^{5}37322$	$.0^{5}35612$
4.5	$.0^{5}33977$	$.0^{5}32414$	$.0^{5}30920$	$.0^{5}29492$	$.0^{5}28127$	$.0^{5}26823$	$.0^{5}25577$	$.0^{5}24386$	$.0^{5}23249$	$.0^{5}22162$
4.6	$.0^{5}21125$	$.0^{5}20133$	$.0^{5}19187$	$.0^{5}18283$	$.0^{5}17420$	$.0^{5}16597$	$.0^{5}15810$	$.0^{5}15060$	$.0^{5}14344$	$.0^{5}13660$
4.7	$.0^{5}13008$	$.0^{5}12386$	$.0^{5}11792$	$.0^{5}11226$	$.0^{5}10686$	$.0^{5}10171$	$.0^{6}96796$	$.0^{6}92113$	$.0^{6}87648$	$.0^{6}83391$
4.8	$.0^{6}79333$	$.0^{6}75465$	$.0^{6}71779$	$.0^{6}68267$	$.0^{6}64920$	$.0^{6}61731$	$.0^{6}58693$	$.0^{6}55799$	$.0^{6}53043$	$.0^{6}50418$
4.9	$.0^{6}47918$	$.0^{6}45538$	$.0^{6}43272$	$.0^{6}41115$	$.0^{6}39061$	$.0^{6}37107$	$.0^{6}35247$	$.0^{6}33476$	$.0^{6}31792$	$.0^{6}30190$

注：$.0^{2}62097$ = .0062097,　$.0^{3}23263$ = .00023263 の意味である.

付表 2　t 分布

$P(|t_m| \geqq t_0) = p$

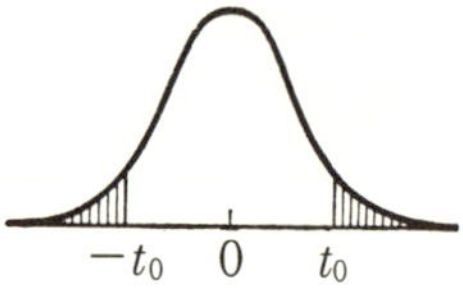

m \ p	.9	.8	.7	.6	.5	.4	.3	.2	.1	.05	.02	.01
1	.158	.325	.510	.727	1.000	1.376	1.963	3.078	6.314	12.706	31.821	63.657
2	.142	.289	.445	.617	.816	1.061	1.386	1.886	2.920	4.303	6.965	9.925
3	.137	.277	.424	.584	.765	.978	1.250	1.638	2.353	3.182	4.541	5.841
4	.134	.271	.414	.569	.741	.941	1.190	1.533	2.132	2.776	3.747	4.604
5	.132	.267	.408	.559	.727	.920	1.156	1.476	2.015	2.571	3.365	4.032
6	.131	.265	.404	.553	.718	.906	1.134	1.440	1.943	2.447	3.143	3.707
7	.130	.263	.402	.549	.711	.896	1.119	1.415	1.895	2.365	2.998	3.499
8	.130	.262	.399	.546	.706	.889	1.108	1.397	1.860	2.306	2.896	3.355
9	.129	.261	.398	.543	.703	.883	1.100	1.383	1.833	2.262	2.821	3.250
10	.129	.260	.397	.542	.700	.879	1.093	1.372	1.812	2.228	2.764	3.169
11	.129	.260	.396	.540	.697	.876	1.088	1.363	1.796	2.201	2.718	3.106
12	.128	.259	.395	.539	.695	.873	1.083	1.356	1.782	2.179	2.681	3.055
13	.128	.259	.394	.538	.694	.870	1.079	1.350	1.771	2.160	2.650	3.012
14	.128	.258	.393	.537	.692	.868	1.076	1.345	1.761	2.145	2.624	2.977
15	.128	.258	.393	.536	.691	.866	1.074	1.341	1.753	2.131	2.602	2.947
16	.128	.258	.392	.535	.690	.865	1.071	1.337	1.746	2.120	2.583	2.921
17	.128	.257	.392	.534	.689	.863	1.069	1.333	1.740	2.110	2.567	2.898
18	.127	.257	.392	.534	.688	.862	1.067	1.330	1.734	2.101	2.552	2.878
19	.127	.257	.391	.533	.688	.861	1.066	1.328	1.729	2.093	2.539	2.861
20	.127	.257	.391	.533	.687	.860	1.064	1.325	1.725	2.086	2.528	2.845
21	.127	.257	.391	.532	.686	.859	1.063	1.323	1.721	2.080	2.518	2.831
22	.127	.256	.390	.532	.686	.858	1.061	1.321	1.717	2.074	2.508	2.819
23	.127	.256	.390	.532	.685	.858	1.060	1.319	1.714	2.069	2.500	2.807
24	.127	.256	.390	.531	.685	.857	1.059	1.318	1.711	2.064	2.492	2.797
25	.127	.256	.390	.531	.684	.856	1.058	1.316	1.708	2.060	2.485	2.787
26	.127	.256	.390	.531	.684	.856	1.058	1.315	1.706	2.056	2.479	2.779
27	.127	.256	.389	.531	.684	.855	1.057	1.314	1.703	2.052	2.473	2.771
28	.127	.256	.389	.530	.683	.855	1.056	1.313	1.701	2.048	2.467	2.763
29	.127	.256	.389	.530	.683	.854	1.055	1.311	1.699	2.045	2.462	2.756
30	.127	.256	.389	.530	.683	.854	1.055	1.310	1.697	2.042	2.457	2.750
∞	.12566	.25335	.38532	.52440	.67449	.84162	1.03643	1.2815	1.64485	1.95996	2.32634	2.57582

注：$m>30$ のときは $N(0, 1)$ と考えてよい.

付表 3　χ^2 分布

$P(\chi_m^{\,2} \geqq \chi_0^{\,2}) = p$

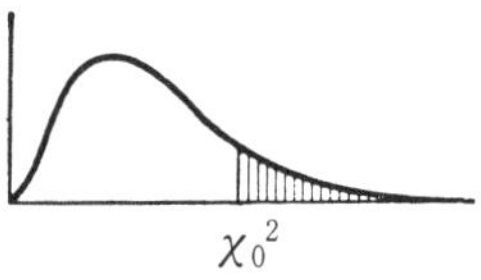

m \ p	.99	.98	.95	.90	.80	.70	.50	.30	.20	.10	.05	.02	.01
1	.000157	.000628	.00393	.0158	.0642	.148	.455	1.074	1.642	2.706	3.841	5.412	6.635
2	.0201	.0404	.103	.211	.446	.713	1.386	2.408	3.219	4.605	5.991	7.824	9.210
3	.115	.185	.352	.584	1.005	1.424	2.366	3.665	4.642	6.251	7.815	9.837	11.341
4	.297	.429	.711	1.054	1.649	2.195	3.357	4.878	5.989	7.779	9.488	11.668	13.277
5	.554	.752	1.145	1.610	2.343	3.000	4.351	6.064	7.289	9.236	11.070	13.388	15.086
6	.872	1.134	1.635	2.204	3.070	3.828	5.358	7.231	8.558	10.645	12.592	15.033	16.812
7	1.239	1.564	2.167	2.533	3.822	4.671	6.345	8.383	9.803	12.017	14.067	16.622	18.475
8	1.646	2.032	2.733	3.490	4.594	5.527	7.344	9.524	11.030	13.362	15.507	18.168	20.090
9	2.088	2.532	3.325	4.168	5.380	6.393	8.343	10.656	12.242	14.684	16.919	19.679	21.666
10	2.558	3.059	3.940	4.865	6.179	7.267	9.342	11.781	13.442	15.987	18.307	21.161	23.209
11	3.053	3.609	4.575	5.533	6.989	8.148	10.341	12.899	14.631	17.275	19.675	22.618	24.725
12	3.571	4.178	5.226	6.304	7.807	9.034	11.340	14.011	15.812	18.549	21.026	24.054	26.217
13	4.107	4.765	5.892	7.042	8.634	9.926	12.340	15.119	16.985	19.812	22.362	25.472	27.688
14	4.660	5.368	6.571	7.790	9.467	10.821	13.339	16.222	18.151	21.064	23.685	26.873	29.141
15	5.229	5.985	7.261	8.547	10.307	11.721	14.339	17.322	19.311	22.307	24.996	28.259	30.578
16	5.812	6.614	7.962	9.312	11.152	12.624	15.338	18.418	20.465	23.542	26.296	29.633	32.000
17	6.408	7.255	8.672	10.035	12.002	13.531	16.338	19.511	21.615	24.769	27.587	30.995	33.409
18	7.015	7.906	9.390	10.855	12.857	14.440	17.338	20.601	22.760	25.989	28.869	32.346	34.805
19	7.633	8.567	10.117	11.651	13.716	15.352	18.338	21.689	23.900	27.204	30.144	33.687	36.191
20	8.260	9.237	10.851	12.443	14.578	16.266	19.337	22.775	25.038	28.412	31.410	35.020	37.566
21	8.897	9.915	11.591	13.240	15.445	17.182	20.337	23.858	26.171	29.615	32.671	36.343	38.932
22	9.542	10.600	12.338	14.041	16.314	18.101	21.337	24.939	27.301	30.813	33.924	37.659	40.289
23	10.196	11.293	13.091	14.843	17.187	19.021	22.337	26.018	28.429	32.007	35.172	38.968	41.638
24	10.856	11.992	13.848	15.659	18.062	19.943	23.337	27.096	29.553	33.196	36.415	40.270	42.980
25	11.524	12.697	14.611	16.473	18.940	20.867	24.337	28.172	30.675	34.382	37.652	41.566	44.314
26	12.198	13.409	15.379	17.292	19.820	21.792	25.336	29.246	31.795	35.563	38.885	42.856	45.642
27	12.879	14.125	16.151	18.114	20.703	22.719	26.336	30.319	32.912	36.741	40.113	44.140	46.963
28	13.565	14.847	16.928	18.939	21.588	23.647	27.336	31.391	34.027	37.916	41.337	45.419	48.278
29	14.256	15.574	17.708	19.763	22.475	24.577	28.336	32.461	35.139	39.087	42.557	46.693	49.588
30	14.953	16.306	18.493	20.559	23.364	25.508	29.336	33.530	36.250	40.256	43.773	47.962	50.892

注：$m>30$ のときは $\sqrt{2\chi^2}-\sqrt{2m-1}$ が $N(0,1)$ に従うと考えてよい．

付表 4　F 分布（1% 点）

$P(F>F_0)=0.01$

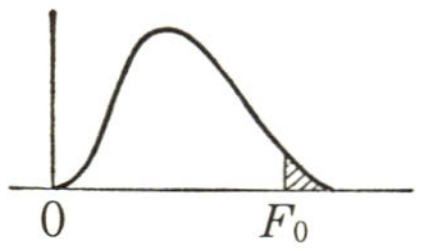

m_2 \ m_1	1	2	3	4	5	6	7	8	9	10	12	14	16	20	30	40	50	100	200	∞
1	4052	5000	5403	5625	5764	5859	5928	5982	6023	6056	6106	6142	6169	6209	6261	6287	6302	6334	6352	6366
2	98.50	99.00	99.17	99.25	99.30	99.33	99.36	99.37	99.39	99.40	99.42	99.43	99.44	99.45	99.47	99.47	99.48	99.49	99.49	99.50
3	34.12	30.82	29.46	28.71	28.24	27.91	27.67	27.49	27.35	27.23	27.05	26.92	26.38	26.69	26.51	26.41	26.30	26.23	26.18	26.13
4	21.20	18.00	16.69	15.98	15.52	15.21	14.98	14.80	14.66	14.55	14.37	14.24	14.15	14.02	13.84	13.75	13.69	13.57	13.52	13.46
5	16.26	13.27	12.06	11.39	10.97	10.67	10.46	10.29	10.16	10.05	9.89	9.77	9.68	9.55	9.38	9.29	9.24	9.13	9.07	9.02
6	13.75	10.93	9.78	9.15	8.75	8.47	8.26	8.10	7.98	7.87	7.72	7.60	7.52	7.40	7.23	7.14	7.09	6.99	6.94	6.88
7	12.25	9.55	8.45	7.85	7.46	7.19	6.99	6.84	6.72	6.62	6.47	6.35	6.27	6.16	5.99	5.91	5.85	5.75	5.70	5.65
8	11.26	8.65	7.59	7.01	6.63	6.37	6.18	6.03	5.91	5.81	5.67	5.56	5.48	5.36	5.20	5.12	5.06	4.96	4.91	4.86
9	10.56	8.02	6.99	6.42	6.06	5.80	5.61	5.47	5.35	5.26	5.11	5.00	4.92	4.81	4.65	4.57	4.51	4.41	4.36	4.31
10	10.04	7.56	6.55	5.99	5.64	5.39	5.20	5.06	4.94	4.85	4.71	4.60	4.52	4.41	4.25	4.17	4.12	4.01	3.96	3.91
12	9.33	6.93	5.95	5.41	5.06	4.82	4.64	4.50	4.39	4.30	4.16	4.05	3.98	3.86	3.70	3.62	3.56	3.46	3.41	3.36
14	8.86	6.51	5.56	5.04	4.70	4.46	4.28	4.14	4.03	3.94	3.80	3.70	3.62	3.51	3.35	3.27	3.21	3.11	3.06	3.00
16	8.53	6.23	5.29	4.77	4.44	4.20	4.03	3.89	3.78	3.69	3.55	3.45	3.37	3.26	3.10	3.02	2.96	2.86	2.80	2.75
18	8.29	6.01	5.09	4.58	4.25	4.01	3.84	3.71	3.60	3.51	3.37	3.27	3.19	3.08	2.92	2.84	2.78	2.68	2.62	2.57
20	8.10	5.85	4.94	4.43	4.10	3.87	3.70	3.56	3.46	3.37	3.23	3.13	3.05	2.94	2.78	2.69	2.63	2.53	2.47	2.42
30	7.56	5.39	4.51	4.02	3.70	3.47	3.30	3.17	3.07	2.98	2.84	2.74	2.66	2.55	2.39	2.30	2.24	2.13	2.07	2.01
40	7.31	5.18	4.31	3.83	3.51	3.29	3.12	2.99	2.89	2.80	2.66	2.56	2.49	2.37	2.20	2.11	2.05	1.94	1.88	1.80
50	7.17	5.06	4.20	3.72	3.41	3.18	3.02	2.83	2.78	2.70	2.56	2.46	2.39	2.26	2.10	2.00	1.94	1.82	1.76	1.68
100	6.90	4.82	3.98	3.51	3.20	2.99	2.82	2.69	2.59	2.51	2.36	2.26	2.19	2.06	1.89	1.79	1.73	1.59	1.51	1.43
200	6.76	4.71	3.88	3.41	3.11	2.90	2.73	2.60	2.50	2.41	2.28	2.17	2.09	1.97	1.79	1.69	1.62	1.48	1.39	1.28
∞	6.63	4.61	3.78	3.32	3.02	2.80	2.64	2.51	2.41	2.32	2.18	2.07	1.99	1.88	1.70	1.59	1.52	1.36	1.25	1.00

注：m_1 は分子，m_2 は分母の自由度．

付表 5　F 分布（5% 点）

$P(F>F_0)=0.05$

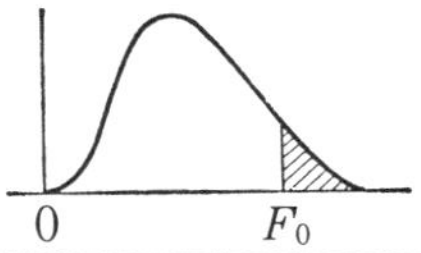

m_2 \ m_1	1	2	3	4	5	6	7	8	9	10	12	14	16	20	30	40	50	100	200	∞
1	161	200	216	225	230	234	237	239	241	242	244	245	246	248	250	251	252	253	254	254
2	18.51	19.00	19.16	19.25	19.30	19.33	19.35	19.37	19.39	19.40	19.41	19.42	19.43	19.45	19.46	19.47	19.47	19.49	19.49	19.50
3	10.13	9.55	9.28	9.12	9.01	8.94	8.89	8.85	8.81	8.79	8.74	8.71	8.69	8.66	8.62	8.60	8.58	8.56	8.54	8.53
4	7.71	6.94	6.59	6.39	6.26	6.16	6.09	6.04	6.00	5.96	5.91	5.87	5.84	5.80	5.74	5.72	5.70	5.66	5.65	5.63
5	6.61	5.79	5.41	5.19	5.05	4.95	4.88	4.82	4.77	4.74	4.68	4.64	4.60	4.56	4.50	4.46	4.44	4.40	4.38	4.37
6	5.99	5.14	4.76	4.53	4.39	4.28	4.21	4.15	4.10	4.06	4.00	3.96	3.92	3.87	3.81	3.77	3.75	3.71	3.69	3.67
7	5.59	4.74	4.35	4.12	3.97	3.87	3.79	3.73	3.68	3.64	3.57	3.52	3.49	3.44	3.38	3.34	3.32	3.28	3.25	3.23
8	5.32	4.46	4.07	3.84	3.69	3.58	3.50	3.44	3.39	3.35	3.28	3.23	3.20	3.15	3.08	3.04	3.03	2.98	2.96	2.93
9	5.12	4.26	3.86	3.63	3.48	3.37	3.29	3.23	3.18	3.14	3.07	3.02	2.98	2.94	2.86	2.83	2.80	2.76	2.73	2.71
10	4.96	4.10	3.71	3.48	3.33	3.22	3.14	3.07	3.02	2.98	2.91	2.86	2.82	2.77	2.70	2.66	2.64	2.59	2.56	2.54
12	4.75	3.89	3.49	3.26	3.11	3.00	2.91	2.85	2.80	2.75	2.69	2.64	2.60	2.54	2.47	2.43	2.40	2.35	2.32	2.30
14	4.60	3.74	3.34	3.11	2.96	2.85	2.76	2.70	2.65	2.60	2.53	2.48	2.44	2.39	2.31	2.27	2.24	2.19	2.16	2.13
16	4.49	3.63	3.24	3.01	2.85	2.74	2.66	2.59	2.54	2.49	2.42	2.37	2.33	2.28	2.19	2.15	2.13	2.07	2.04	2.01
18	4.41	3.55	3.16	2.93	2.77	2.66	2.58	2.51	2.46	2.41	2.34	2.29	2.25	2.19	2.11	2.06	2.04	1.98	1.95	1.92
20	4.35	3.49	3.10	2.87	2.71	2.60	2.51	2.45	2.39	2.35	2.28	2.23	2.18	2.12	2.04	1.99	1.96	1.90	1.87	1.84
30	4.17	3.32	2.92	2.69	2.53	2.42	2.33	2.27	2.21	2.16	2.09	2.04	1.99	1.93	1.84	1.79	1.76	1.69	1.66	1.62
40	4.08	3.23	2.84	2.61	2.45	2.34	2.25	2.18	2.12	2.08	2.00	1.95	1.90	1.84	1.74	1.69	1.66	1.59	1.55	1.51
50	4.03	3.18	2.79	2.56	2.40	2.29	2.20	2.13	2.07	2.02	1.95	1.90	1.85	1.78	1.69	1.63	1.60	1.52	1.48	1.44
100	3.94	3.09	2.70	2.46	2.30	2.19	2.10	2.03	1.97	1.92	1.85	1.79	1.75	1.68	1.57	1.51	1.48	1.39	1.34	1.28
200	3.89	3.04	2.65	2.41	2.26	2.14	2.05	1.98	1.92	1.87	1.80	1.74	1.69	1.62	1.52	1.45	1.42	1.32	1.26	1.19
∞	3.84	3.00	2.60	2.37	2.21	2.10	2.01	1.94	1.88	1.83	1.75	1.69	1.64	1.57	1.46	1.39	1.35	1.24	1.17	1.00

索　　引

記号・略号

ア

イ

ウ

著者略歴

蓑谷千凰彦（みのたに ちおひこ）

1939 年　岐阜県に生まれる
1970 年　慶應義塾大学大学院経済学研究科博士課程修了
現　在　日本大学大学院総合科学研究科教授
　　　　慶應義塾大学名誉教授
　　　　博士（経済学）
主　著　『計量経済学ハンドブック』（編，朝倉書店，2007）
　　　　『応用計量経済学ハンドブック』（編，朝倉書店，2010）
　　　　『統計分布ハンドブック［増補版］』（朝倉書店，2010）

正規分布ハンドブック　　定価はカバーに表示

2012 年 2 月 25 日　初版第 1 刷

著　者　蓑　谷　千　凰　彦
発行者　朝　倉　邦　造
発行所　株式会社　朝　倉　書　店
東京都新宿区新小川町 6-29
郵 便 番 号　162-8707
電　話　03(3260)0141
FAX　03(3260)0180
http://www.asakura.co.jp

〈検印省略〉

中央印刷・牧製本

ISBN 978-4-254-12188-9　C 3041　Printed in Japan